Bibliographie der Veröffentlichungen über den Leichtbau und seine Randgebiete im deutschen und ausländischen Schrifttum

aus den Jahren 1955 bis 1959

(Fortsetzung)

von

DR.-ING. H. WINTER

ord. Professor an der Technischen Hochschule Braunschweig

Im Buchhandel durch den

SPRINGER-VERLAG BERLIN—GÖTTINGEN—HEIDELBERG

1960

ISBN-13: 978-3-642-92797-3   e-ISBN-13: 978-3-642-92796-6
DOI: 10.1007/978-3-642-92796-6

Bibliography of Publications on Light Weight Constructions and Related Fields in German and Foreign Literature

from 1955 to 1959

(Continuation)

by

DR.-ING. H. WINTER

Professor an der Technischen Hochschule Braunschweig

Supplied to booksellers by

SPRINGER-VERLAG BERLIN—GÖTTINGEN—HEIDELBERG

1960

Vorwort

Die beifällige Kritik, mit welcher die „Bibliographie der Veröffentlichungen über den Leichtbau und seine Randgebiete im deutschen und ausländischen Schrifttum aus den Jahren 1940 bis 1954" aufgenommen wurde, ermutigte dazu, das Werk fortzusetzen. Zahlreiche Kritiker hatten unmittelbar eine solche Fortsetzung gefordert. Für manche Anregungen, die in den Buchbesprechungen enthalten sind, möchte ich den Beteiligten meinen aufrichtigen Dank abstatten. Durch diese Anregungen ist die vorliegende Fortsetzung gegenüber der eingangs erwähnten Bibliographie in manchen Punkten verbessert worden. Einige Lücken, die sich noch in der Bibliographie von 1940 bis 1954 herausstellten, wurden durch die Fortsetzung behoben. Durch Überlassung von Quellenmaterial, Aufsätzen und Ratschlägen von zahlreichen Persönlichkeiten des In- und Auslandes wurde mir wertvolle Hilfe zuteil. Es ist nicht möglich, allen hier den Dank einzeln abzustatten. Bei den Arbeiten an der Bibliographie waren alle wissenschaftlichen Mitarbeiter der von mir geleiteten Institute, nämlich: dem Institut für Flugzeugbau und Leichtbau der Technischen Hochschule Braunschweig einerseits und dem Institut für Flugzeugbau der Deutschen Forschungsanstalt für Luftfahrt Braunschweig andererseits beteiligt. Ich bin ihnen für die Hilfe sehr zu Dank verbunden. Ein ganz besonderer Dank gilt meinem Mitarbeiter, Herrn Ingenieur Schlünz. Er war unermüdlich mit großer Umsicht und Sorgfalt tätig, auch trug er die Hauptlast der Arbeit.

Für wohlwollende Förderung der Arbeit durch Bereitstellung von Mitteln ist der Verfasser der Deutschen Forschungsgemeinschaft in Bad Godesberg dankbar. Als die Forschungsmittel noch vor der Fertigstellung der Bibliographie ausgingen, half mir zum Abschluß der Arbeit die Deutsche Forschungsanstalt für Luftfahrt Braunschweig ein Stück weiter. Auch für diese freundliche Unterstützung möchte ich meinen Dank aussprechen.

Dem Springer-Verlag, Berlin, Göttingen, Heidelberg, bei dem nun die Bibliographie erscheint, danke ich für das überaus rege Interesse an dieser Arbeit. Der Druck der Bibliographie wurde in vorbildlicher Weise von der Firma ACO Druck, Braunschweig ausgeführt. Bei dem Geschäftsführer dieser Firma, Herrn Schütte, habe ich mich für manchen guten Rat zu bedanken. Er scheute keine Mühe, um der Arbeit auch rein äußerlich ein ansprechendes Gewand zu geben. Dafür möchte ich ihm an dieser Stelle besonders danken.

Für alle Anregungen, was in der Zukunft verbessert werden kann, bin ich zu Dank verbunden. Möge nun auch dieses Werk wie die erste Bibliographie ihren Nutzen bringen für alle, die am Leichtbau interessiert sind.

Braunschweig, den 1. 1. 1961.   Hermann Winter

Inhaltsverzeichnis

Seite

I. Vorbemerkungen zur Bibliographie 1

II. Einführung in die Fortsetzung der Bibliographie 1

III. Aufstellung der in der Bibliographie ausgewerteten und verwendeten bibliographischen Arbeiten 6

IV. Schlüssel für verwendete Abkürzungen 8

V. Aufstellung der in der Bibliographie benutzten Zeitschriften 10

VI. Bücher 24

VII. Zeitschriften-Aufsätze 59

VIII. Sach-Verzeichnis 607

IX. Autoren-Verzeichnis 619

Alphabetisches Anzeigenverzeichnis

                                               Seite

Aluminium Walzwerke Singen GmbH., Singen/Hohentwiel 448

Becker & van Hüllen, Niederrheinische Maschinenfabrik, Krefeld 473

Blomberger-Holzindustrie, Blomberg-Lippe 463

BMA, Braunschweig 474

Gebr. Claas, Maschinenfabrik GmbH., Harsewinkel 499

Felten & Guillaume Carlswerk GmbH., Köln-Mülheim 453

Th. Goldschmidt AG., Essen 460

Hoesch Walzwerke, Hohenlimburg 447

Luther-Werke, Luther & Jordan, Braunschweig 500

Salzgitter Industriebau, Salzgitter-Drütte 454

Südostholz-GmbH., Göttingen 459

Vereinigte Leichtmetallwerke, Bonn 543

Weser-Flugzeugbau, Bremen 544

Wetzel-Gummiwerke, Hildesheim 464

I. Vorbemerkungen zur Bibliographie

Das vorliegende Werk stellt die Fortsetzung der im Jahre 1955 im Springer-Verlag Berlin-Göttingen-Heidelberg erschienenen Bibliographie der Veröffentlichungen über den Leichtbau und seine Randgebiete im deutschen und ausländischen Schrifttum aus den Jahren 1940 bis 1954 dar. Es ist auch in gleicher Weise wie die 1955 erschienene Bibliographie aufgebaut. Durch die technische Entwicklung bedingt sind noch einige Erweiterungen vorgenommen, ohne daß jedoch die Systematik des Aufbaues geändert wurde.

Die in der 1955 erschienenen Bibliographie gemachten Ausführungen über den Anlaß zur Leichtbaubibliographie sowie die Bemerkungen über den Leichtbau sollen hier wegen Platzmangel nicht wiederholt werden. Wer sich hierüber informieren will, möge dies in der ersten Bibliographie nachlesen. Ferner wurde in diesem Werk aus dem gleichen Grunde auf die englische Fassung der ersten beiden Bibliographieabschnitte verzichtet. Wenn ein ausländischer Leser die Vorbemerkungen zur Bibliographie sowie die Einführung in die Bibliographie in englischer Sprache lesen möchte, so wird er gebeten, diese beiden Abschnitte in der 1955 erschienenen Bibliographie nachzulesen.

II. Einführung in die Fortsetzung der Bibliographie

1. Aufgabenstellung und Abgrenzung

Das gesammelte und nach Sachgebieten geordnete Schrifttum umfaßt für die Zeit von 1955 bis 1959 rd. 10 000 Quellen gegenüber rd. 20 000 Quellen der 1955 erschienenen Bibliographie. Wegen der Schwierigkeiten, die auch heute noch vorhanden sind bei der Beschaffung von Auslandsliteratur besonders für Forschungs- und Firmenberichte, die nicht in Zeitschriften veröffentlicht worden sind, kann natürlich kein Anspruch auf Lückenlosigkeit der Dokumentation erhoben werden. Es wird immer nötig sein, Ergänzungen und Nachträge zu machen, um einen gewissen Vollständigkeitsgrad anzustreben. So sind auch in dieser ersten Fortsetzung der Leichtbaubiliographie noch eine ganze Reihe von Nachträgen aus der Zeit vor 1955 aufgenommen worden, die der Dokumentationsstelle inzwischen bekannt geworden sind. Das gesammelte Schrifttum erstreckt sich nicht auf Patentliteratur, da es über Patente Sonderbibliographien gibt.

Vom Auslandsschrifttum steht im Vordergrund die anglo-amerikanische Literatur, dann folgen das französische, holländische, schwedische, italienische und vereinzelt spanisches Schrifttum und selbstverständlich die Literatur des deutschsprechenden Auslandes: Österreich und die Schweiz. Das Schrifttum der osteuropäischen Länder, wie Rußland, Polen und der übrigen Ostblockstaaten ist nur dann aufgenommen, wenn diese Literatur in Übersetzungen vorliegt oder in einer Sprache Westeuropas abgefaßt ist.

Auf einigen Gebieten der Technik, in denen der Leichtbau vertreten ist, existieren bereits umfangreiche Bibliographien, auf die in den betreffenden Abschnitten hingewiesen ist. Trotzdem werden in dieser Leichtbau-Bibliographie eine ganze Reihe wichtiger Arbeiten gesondert aufgeführt, um den suchenden Wissenschaftler, Ingenieur oder Forscher über das Wesentliche zu unterrichten, ohne daß er in die Sonderbibliographien, die vielleicht nicht schnell greifbar sind, Einsicht zu nehmen braucht.

Hinsichtlich der Abgrenzungen des Stoffes in den einzelnen Kapiteln der Bibliographie muß darauf hingewiesen werden, daß z. B. das gesamte Schrifttum über Titan, über Holzfaser- und Holzspanplatten nur in diesen Kapiteln zusammengestellt ist. In den Abschnitten über metallische Werkstoffe stehen im Vordergrund die Festigkeitsfragen, so daß metallurgische und metallographische Probleme nicht zu finden sind; es sei denn, daß sie mit Festigkeitseigenschaften in engem Zusammenhang stehen. Beim Flugzeugbau sind keine Quellen über Hubschrauber aufgenommen, da sich für das Hubschrauberschrifttum eine spezielle Dokumentationsstelle in Stuttgart befindet. Ferner sind beim Flugzeugbau in dieser Bibliographie keine aerodynamischen Aufsätze enthalten, wenn sie nicht mit Festigkeitsproblemen beim Flattern in Zusammenhang stehen. In den Kapiteln über Kraft- und Arbeitsmaschinen sind keine Literaturstellen über thermodynamische Probleme enthalten, sondern nur Konstruktions-, Werkstoff- und Fertigungsfragen behandelt.

2. Hinweise auf die Quellenermittlung

Die bei der Dokumentationsarbeit zur ersten Bibliographie gesammelten Erfahrungen kamen der Nachtrags- und Ergänzungsarbeit zu dieser Bibliographie sehr zugute. Bei der Quellenermitlung des Schrifttums, dem ersten bibliographischen Arbeitsgang, wurde vorwiegend aufgrund der Autopsie, d. h. durch direkte Einsichtnahme in Zeitschriften, Bücher und Berichte, vorgegangen. Da aber leider nicht alles erschienene Schrifttum greifbar war, mußte auch auf Referateblätter und Berichtsverzeichnisse zurückgegriffen werden. Von der Verwendung sogenannter versteckter Bibliographien zur Quellenermittlung wurde, sofern diese Stellen nicht kontrolliert werden konnten, Abstand genommen, da die Erfahrung gezeigt hat, daß hier oft fehlerhafte und unvollständige Angaben zu finden sind. Manche Autoren lieben es, nicht Verfasser und Titel einer Quelle, sondern nur die Zeitschriften oder Verfasser und Zeitschrift aber ohne Titel bei ihren Hinweisen zu vermerken. Trotzdem wäre es im Hinblick auf spätere Dokumentationsarbeit wünschenswert, wenn jeder Autor bemüht sein würde, Schrifttumshinweise so vollständig wie möglich anzugeben.

Um die Übersichtlichkeit beim Aufsuchen der einzelnen Kapitel, d. h. Sachgebiete, zu fördern, sind die Seitenzahlen in der Gliederung der Sachgebiete vermerkt und außerdem auf jeder Seite der Quellensammlung außer der unten am Außenrand befindlichen Seitenzahl noch die Einordnungsziffern der Gliederung am oberen äußeren Seitenrand angegeben. Dadurch ist ein schnelles Auffinden wesentlich erleichtert. Eine weitere Erleichterung für das Aufsuchen bestimmter Sachgebiete oder von Arbeiten bestimmter Autoren bilden am Ende der Quellensammlung das Sachverzeichnis sowie das Autorenverzeichnis.

3. Ordnung des Schrifttums

a) Grundsätzliche Bemerkungen

Um die Erfahrungen des Leichtbaues und seiner Randgebiete in einer Bibliographie zusammenzustellen, war es nötig, eine breite Grundlage zu wählen,

wobei insbesondere Grundwissen und Fachwissen getrennt berücksichtigt
wurden. Dementsprechend wurde die Leichtbau-Bibliographie in 7 Abschnitte
unterteilt. Der erste sehr umfangreiche Abschnitt behandelt das Grundwissen,
d. h. Lastannahmen und Sicherheiten, die Statik der ebenen und räumlichen Fachwerke, der Platten und Schalen, der Holzkonstruktionen, die Schwingungen, die
Werkstoff-Festigkeiten (statisch und dynamisch, d. h. Zeit- und Dauerfestigkeit),
die Gestaltfestigkeit (ebenfalls statisch und dynamisch) auch unter Berücksichtigung
von Wärmebeanspruchungen, ferner die Bauelemente des Leichtbaues und die
Verbindungselemente sowie Wirtschaftlichkeit im Leichtbau. Der zweite Abschnitt befaßt sich mit Fertigungsfragen, der dritte mit Normung, der vierte mit
Prüfung und Messen, der fünfte mit der Konstruktionslehre. Der sechste und
größte Abschnitt ist den Anwendungen gewidmet, wobei zunächst allgemein
gültige Fragen des Leichtbaues in Stahl, Leichtmetall und sonstigen Werkstoffen des Leichtbaues und die Sandwichkonstruktionen behandelt werden;
danach folgen die verschiedenen technischen Anwendungsgebiete wie der allgemeine Maschinenbau mit seinen vielen Sondergebieten, der Fahrzeugbau, unterteilt nach Land-, Wasser- und Luftfahrzeugen, die Fördertechnik, das Bauwesen
und ein Kapitel über Fernlenkkörper, das in der vorliegenden Bibliographie neu
aufgenommen wurde. Ein letzter Abschnitt befaßt sich mit Gewichtsunterlagen.
Die Ordnung des Schrifttums in der Leichtbaubibliographie erfolgt nicht nach
der DK (Dezimalklassifikation) oder UDC (Universal Decimal Classification),
sondern nach Sachgebieten in ähnlicher Weise, wie sie früher bei der ZWB
(Zentrale für wissenschaftliches Berichtswesen in Berlin-Adlershof) üblich war
und auch heute noch bei dem NACA (National Advisory Committee of Aeronautics) in den USA üblich ist. Diese Ordnung hat sich bisher gut bewährt, da
es hierdurch möglich war, das Zahlennetz feinmaschiger zu gestalten, als es
bei der bedingungslosen Anwendung der DK möglich gewesen wäre, wenn auch
kein noch so feines System auf alle Fälle die Gewähr bietet, den Platz für jeden
Aufsatz mit zwingender Notwendigkeit zu bestimmen. Nicht selten werden
daher Eintragungen in mehrere Gruppen erforderlich, wie dies später noch
näher erläutert wird. Schwierigkeiten, die die systematische Ordnung nach Sachgebieten mit sich bringt, können aber durch ein gut angelegtes Sachregister
beseitigt werden, in dem alle Begriffe, die im Hauptverzeichnis systematisch
gegliedert sind, in alphabetischer Ordnung wiederholt werden, wie dies in
Abschnitt VIII der Leichtbaubibliographie zusammengestellt ist.

b) B e m e r k u n g e n   z u m   A b s c h n i t t   III :   A u f s t e l l u n g   d e r   i n   d e r
   B i b l i o g r a p h i e   v e r w e n d e t e n   u n d   a u s g e w e r t e t e n   b i b l i o -
   g r a p h i s c h e n   A r b e i t e n .

Allgemein sollen unter bibliographischen Arbeiten solche Arbeiten verstanden
werden, die Schrifttumsquellen ganz bestimmter Arbeitsgebiete umfassen. Dabei
kann die Art der Erfassung verschieden sein. Es ist zu unterscheiden zwischen
sogenannten Titelbibliographien oder Schrifttumsschauen, die nur die Titel der
Bücher oder Aufsätze angeben und Referateblättern, die zusätzlich ein Referat
enthalten. Zwischen diesen beiden Arten bibliographischer Arbeiten gibt es noch
solche, die eine Mischung zwischen Titelbibliographie und Referateblättern dar-
stellen und teilweise nur Titel wie auch Titel mit Referaten enthalten. Für die
Berichterstattung werden die Buchform insbesondere für die retrospektive Dokumentation und die Heft- bzw. Karteikartenform für die laufende Dokumentation
verwendet. Wenn es bei der Auswahl von Büchern in einigen Fällen nicht
möglich war, Titel, Verfasser, Erscheinungsort, Verlag, Erscheinungsjahr und
Umfang durch Autopsie zu erfassen, wurden auch Bücher-Kataloge von Verlagen
benutzt.

c) Bemerkungen zum Abschnitt IV: Schlüssel für verwendete Abkürzungen

Um einen hinsichtlich der bibliographischen Abkürzungen wenig geübten Leser
eine Möglichkeit zu geben, sich insbesondere über ausländische Abkürzungen
schnell informieren zu können, sind in Abschnitt IV die verwendeten allgemeinen wie auch besonderen Abkürzungen alphabetisch zusammengestellt.
Dabei wurde für die allgemeinen Abkürzungen das Normblatt DIN 1502 Beiblatt vom März 1940 zugrunde gelegt. Darüber hinaus sind noch besonders die
für die Auslandsliteratur und für die bibliographischen Arbeiten verwendeten
Abkürzungen zusammengetragen.

d) Bemerkungen zum Abschnitt V: Aufstellung der in der
Bibliographie benutzten Zeitschriften, Abhandlungen, Jahrbücher, Berichte, Mitteilungen und Schriften.

Die Zusammenstellung der Zeitschriften, Abhandlungen, Berichte usw. in Abschnitt V ist des besseren Überblicks wegen in deutsche und ausländische
Zeitschriften unterteilt. Bei allen Zeitschriften und sonstigen Fundstellen ist
der Erscheinungsort und Verlag und, sofern dies zu ermitteln war, auch die
Anschrift vermerkt. Außerdem wurde die verwendete Abkürzung angegeben.

e) Bemerkungen zum Abschnitt VI: Bücher

Die Bücher wurden wieder getrennt von den Zeitschriftenaufsätzen aufgeführt.
Sie wurden zu größeren Gruppen zusammengefaßt als bei den Zeitschriftenaufsätzen. Die Gruppeneinteilung ist aus der dem Bücherabschnitt vorangestellten Gliederung zu ersehen. Die Ordnung innerhalb der Gruppen erfolgte
nur alphabetisch nach Verfassern, um schnell ermitteln zu können, ob ein
Werk enthalten ist oder fehlt. Für den Fall, daß mehrere Bücher in einer
Gruppe von demselben Verfasser stammen, sind diese chronologisch geordnet.
Die Titelnennung ist in folgender Reihenfolge vorgenommen: Verfasser, Vor-
name, Titel, Auflage, Erscheinungsort, Verlag, Erscheinungsjahr, Seitenzahl,
wobei die Vorwortseiten durch römische Ziffern gekennzeichnet sind, s. B.

Flügge, Wilhelm: Statik und Dynamik der Schalen. 2. Aufl. Berlin—Göttingen—
Heidelberg: Springer 1957. VIII, 286 S.

Wenn mehrere Verfasser an einem Werk beteiligt sind, werden die Vornamen
der dem ersten Verfasser folgenden vor dem Familiennamen genannt. Von
der Angabe des Buchformats, der Abbildungen und Tabellen wurde abgesehen.
Befindet sich hinter dem Gesamttitel eine Ziffer in eckigen Klammern, so deutet
diese darauf hin, daß das betreffende Buch auch noch in die durch die eingeklammerte Ziffer gekennzeichnete Gruppe aufgenommen wurde. Der Inhalt
eines Buches kann sich also auch auf mehrere Gruppen der Gliederung er-
strecken.

Nicht immer war eine Einsichtnahme in die aufgeführten Bücher möglich. In
solchen Fällen erfolgte die Einordnung des betreffenden Werkes nach dem
Titel bzw. nach vorhandenen Inhaltsübersichten oder Referaten. In vielen
Fällen wurden auch Bücher aufgenommen, deren Inhalt nicht unmittelbar den
Leichtbau angeht, die aber allgemeine Grundlagen des Fachabschnittes bringen
und einen guten Überblick über die Entwicklung aufzeigen.

f) Bemerkungen zum Abschnitt VII: Zeitschriften-Aufsätze

Die Ordnung der Zeitschriftenaufsätze usw. erfolgte nach der dem Abschnitt VII
vorangestellten Gliederung, die eine Einteilung des Stoffes nach Sachgebieten
darstellt, wie es bereits vorangehend erwähnt wurde. Sie enthält in 7 Haupt-

abschnitten insgesamt 402 Einzelgruppen. Die Einordnung des Schrifttums in diese Gruppen erfolgte chronologisch nach Erscheinungsjahren und innerhalb dieser Jahre alphabetisch nach Verfassern. Die folgende Literaturstelle gibt ein Beispiel über die Art der Dokumentation:

Kirste, L.: Konstruktive Grundlagen des Leichtbaus: Werkstoff — Berechnung — Gestaltung. Z. VDI **98** (1957) 23 1373—1380; Nachr.-Bl. AGM Leichtbau **5** (1956) 11 20.

Dabei bedeuten: die fette Ziffer hinter der Zeitschrift im Kurztitel den Jahrgang oder Band, die eingeklammerte das Erscheinungsjahr, die rechts neben der Klammer befindliche das Heft oder die Nummer (bei Doppelnummern durch Schrägstrich verbunden), die darauf folgenden Ziffern die Seitenzahlen (durch einen waagerechten Strich verbunden) und gegebenenfalls die Zahl zitierter Literaturstellen. Damit ist die Titelangabe erschöpft. Sind nun für eine Literaturstelle noch ein oder mehrere Referate bei der Dokumentationsarbeit gefunden worden, so sind diese mit der Quellenangabe in derselben Weise hinter einem Semikolon vermerkt. Dadurch ist dem Leser der Titelbibliographie noch die Möglichkeit gegeben, auch ein oder mehrere Referate über die betreffende Arbeit nachlesen zu können, wenn ihm die eine oder die andere Zeitschrift, die referiert, leichter zugänglich ist als die Originalzeitschrift. Der Sachtitel ist, soweit es möglich war, in Originalsprache (oder in der des Referatorganes) angegeben. Titel in englischer und französischer Sprache wurden nicht übersetzt, doch sind Titel in weniger geläufigen Sprachen, wie z. B. italienisch, schwedisch usw. meist auch ins Deutsche übersetzt worden. Formatkennzeichnungen sowie Angaben über Abbildungen, Zeichnungen und Tabellen wurden nicht vermerkt, es sei denn, daß es sich um ausgesprochene Tabellenwerke handelt.

Bei anonymen Arbeiten ist an Stelle des fehlenden Verfassernamens ein waagerechter Strich gesetzt. Aufsätze ohne Verfasser sind innerhalb der Erscheinungsjahre stets hinter den Aufsätzen mit Verfasser eingefügt, und zwar ist die Wiedergabe auch in alphabetischer Reihenfolge nach dem ersten kennzeichnenden Schlagwort des Textes, das den Sinn des Titels charakterisiert, vorgenommen. Wenn ein Aufsatz mehrere Probleme anspricht, wie dies häufig der Fall ist, so ist diese Literaturstelle ihrem Titel entsprechend doppelt oder mehrfach eingruppiert worden. In solchen Fällen sind die Gruppen, in denen der Aufsatz noch zu finden ist, durch Angabe ihrer Gliederungsziffern in eckigen Klammern am Schluß der Titelangabe vermerkt. Aufsätze mit allgemeinem Inhalt sind den entsprechenden Fachabschnitten vorangestellt, so daß der Quellensuchende manchmal auch in den übergeordneten Gruppen nachsehen muß.

III. Aufstellung der in der Bibliographie ausgewerteten und verwendeten bibliographischen Arbeiten (Titelbibliographien, Referateblätter usw.)

1. Titelbibliographien

— Aeronautical Research Committee. London: Her Majesty's Stationery Office. Reports and Memoranda
ARC R & M No. 1950 June 1945, No. 2050 June 1946, No. 2150 Dec. 1946, No. 2250 June 1947, No. 2450 Jan. 1954, No. 2550 July 1954, No. 2650 July 1954.

— Bibliographie des ausländischen forst- und forstwissenschaftlichen Schrifttums. Hrsg. Bundesanstalt für Forst- und Holzwirtschaft. Reinbeck bei Hamburg.

— Index of NACA Technical Publications. National Advisory Committee for Aeronautics. Washington 25, D. C. 1949—May 1951, June 1951—May 1953, June 1953—May 1954, June 1954—May 1955, June 1955—June 1956, July 1956—June 1957.

— Index of NACA Technical Publications. National Aeronautics and Space Administration. Washington 25, D. C. July 1957—Sept. 1958.

— Index of NASA Technical Publications. National Aeronautics and Space Administration, Washington 25, D. C. Oct. 1958—June 1959.

— Verzeichnis der ZWB-Berichte. Wissenschaftliche Gesellschaft für Luftfahrt, Braunschweig 1954 220 S. (mit 2 Ergänzungen 1954 11 und 14 S.).

— Verzeichnis früherer Arbeiten deutschen Luftfahrtschrifttums. Zentralstelle der Luftfahrtdokumentation (ZLD), München 64, Flughafen Riem, 1957, I. Flugwerk 128 S., II. Triebwerk 65 S., III. Ausrüstung 66 S., Aufsätze aus den Jahrbüchern der Deutschen Luftfahrtforschung 55 S., Beiträge aus dem Ringbuch der Luftfahrttechnik 13 S., Schriften und Mitteilungen der Deutschen Akademie der Luftfahrtforschung 10 S.

— Verzeichnis der bei der ZLDI vorhandenen in- u. ausländischen Forschungs-, Industrie- und Tagungsberichte. Zentralstelle für Luftfahrtdokumentation und -Information, München 64, Flughafen Riem, 1959, I. Flugwerk 257 S., II. Triebwerk 102 S., III. Ausrüstung und Verschiedenes 102 S.

— Verzeichnis früheren deutschen Luftfahrtschrifttums. Nachtrag, Zentralstelle für Luftfahrtdokumentation und -Information, München 64, Flughafen Riem, 1960. I. Flugwerk 38 S., II. Triebwerk 16 S., III. Ausrüstung und Verschiedenes 4 S.

— Zeitschriftenschau der Zeitschrift des Vereins Deutscher Ingenieure, Düsseldorf, VDI-Verlag.

2. Referateblätter

— Abstract Bulletin of Aluminium Laboratories, Ltd. Kingston, Canada.

— Index Aeronauticus. A review of technical Information, London: Ministry of Supply.

— International Aeronautical Abstracts. A review of worldwide scientific and technical literature. Aero/Space Engineering (formerly Aeronautical Engineering Review), New York 21, N. Y., 2 East 64th Street.

— Lists of Publications. Forest Products Laboratory. Forest Service U. S. Department of Agriculture. Madison 5, Wisconsin.

— Nickel-Berichte. Nickel-Informationsbüro, Frankfurt/Main.
— Referatedienst Werkstoffkunde und Materialprüfung der Bundesanstalt für mechanische und chemische Materialprüfung. Berlin-Dahlem (ab Juli 1955).
— Reports (Abstracts). Journal of the Royal Aeronautical Society. London S. W. 1, 4 Hamilton Place.
— Research Reports and Memoranda (Abstracts). Aircraft Engineering. London W. C. 1: Bunhill Publications Ltd., 12 Bloomsbury Square.
— Schrifttumsberichte der Zeitschrift Holz als Roh- und Werkstoff. Berlin-Göttingen-Heidelberg: Springer.
— Schrifttumskarteidienst der österreichischen Gesellschaft für Holzforschung, Wien.
— Titanium Abstract Bulletin. A summary of published information on titanium and its alloys issued by Imperial Chemical Industries Ltd., Metals Division, Birmingham, England, P. O. Box 216.
— Titel und Referate über Aluminium in der Fachzeitschrift Aluminium, Düsseldorf: Aluminium-Verlag.
— Titel und Referate über Blechverarbeitung aus der Fachdokumentation des Vereins Deutscher Maschinenbauanstalten (VDMA) in: Mitteilungen der Forschungsgesellschaft für Blechverarbeitung, Düsseldorf.

3. Bibliographien teilweise mit Referaten und teilweise nur mit Titelangaben

— Aero/Space Reviews. Current literature of aeronautical engineering and space technology. Aero/Space Engineering (formely: Aeronautical Engineering Review), New York 21, N. Y., 2 East 64th Street.
— Applied Mechanics Reviews. A critical review of the world literature in applied mechanics. American Society of Mechanical Engineers, New York 18, N. Y., 29 West 39th Street.
— Leichtbau der Verkehrsfahrzeuge. Organ der Studiengesellschaft Leichtbau der Verkehrsfahrzeuge, Köln. Dokumentation der Fachpresse (früher: Nachrichtenblatt der Arbeitsgemeinschaft Leichtbau der Verkehrsfahrzeuge, Köln).

4. Verlags-Kataloge und -Informationen

— Information. Technik. Berlin-Wilmersdorf: Lange & Springer, Heidelberger Platz 3.
— Neue Technische Bücher (NTB). Monatsberichte über das technische Schrifttum. Hamburg: Boysen & Maasch. Hannover: Weidemann. Braunschweig: Wollermann & Bodenstab.
— Deutsche Verlagskataloge: Springer, Berlin-Göttingen-Heidelberg und Wien. Ernst, Berlin-Wilmersdorf. Verlag Technik u. Akademie-Verlag, Berlin. Aluminium-Verlag u. VDI-Verlag, Düsseldorf. Oldenbourg u. Hanser, München. Teubner u. Franckh, Stuttgart. Girardet, Essen. Vieweg, Braunschweig.
— Englische Verlags-Kataloge: Butterworth, London W. C. 2. Chapman & Hall, London W. C. 1. Iliffe, London S. E. 1. Longmans, London W. 1. Pitman, London W. C. 2. Temple Press, London E. C. 1.
— Amerikanische Verlags-Kataloge: Academic Press, New York 10. American Society for Metals, Cleveland, Ohio. Macmillan, New York 11. McGraw Hill, New York. van Nostrand, New York. Prentice Hall, New York 11. Reinhold, New York 36. Ronald, New York 3. Wiley, New York 16.
— Französiche Verlags-Kataloge: Béranger, Paris. Dunod, Paris 6e. Eyrolles, Paris 5e.

IV. Schlüssel für verwendete Abkürzungen

1. Allgemeine Abkürzungen (General Abbreviations)

Auszug aus: Zeitschriftenkurztitel
DIN 1502 Beiblatt März 1940   DK 05 : 001.811

Abhandlungen	Abh.	Heft(e)	H.
Abstracts	Abstr.		
American	Amer.	Imperial	Imp.
Angewandte	Angew.	Indian	Ind.
Annalen	Ann.	Industrial	Industr.
Annual	Ann.	Information	Inform.
Anzeiger	Anz.	Ingenieur	Ing.
Applied	Appl.	Institut(e)	Inst.
Archiv	Arch.	Institution	Instn.
Association	Ass.	International	Int.
Auszug	Ausz.		
		Jahrbuch	Jb.
Bericht(e)	Ber.	Journal	J.
Blatt (Blätter)	Bl.		
British	Brit.	Kongreß	Kongr.
Bulletin(s)	Bull.	-kunde	-kde.
		Laboratory	Lab.
Circular	Circ.	Literatur	Lit.
College	Coll.		
Commission	Comm.	Magazin	Mag.
Committee	Comm.	Material(ien)	Mater.
Compte(s) Rendu(s)	C. R.	Meddelanden	Medd.
Conference	Conf.	Mémoires	Mém.
Congress	Congr.	Memoranda	Mem.
Courier	Cour.	Memorandum	Mem.
		Methode	Meth.
Department	Dep.	Miscellaneous	Misc.
Deutsch(er)	Dtsch.	Mitteilung(en)	Mitt.
Digest	Dig.	Monatshefte	Mh.
Dissertation	Diss.		
		Nachrichten	Nachr.
Engineer	Engr.	Nachrichtenblatt	Nachr.-Bl.
Engineering	Engng.	National	Nat.
Experiment(al)	Exp.		
		Österreichisch	Öst.
Forschung(en)	Forsch.	Office	Off.
Forschungs-Arbeiten	Forsch.-Arb.	Organ	Org.
Forschungs-Berichte	Forsch.-Ber.		
Forskning	Forskn.	Papers	Pap.
		Preliminary	Prelim.
Gazette	Gaz.	Proceedings	Proc.
General	Gen.	Progress	Progr.
Gesellschaft	Ges.	Publications	Publ.

Quarterly	Quart.	Technik	Techn.
		Technisch	Techn.
Rapport	Rapp.	Tidskrift	T.
Recherches	Rech.	Transactions	Trans.
Record	Rec.	Translation	Translat.
Report	Rep.		
Reprints	Repr.	Universität	Univ.
Research(es)	Res.		
Review(s)	Rev.	Verein	Ver.
Revue	Rev.	Vereinigung	Vereinig.
Rundschau	Rdsch.	Verlag	Verl.
Schrift(en)	Schr.	Veröffentlichungen	Veröff.
Science	Sci.	Versuche	Vers.
Scientific	Sci.	Verzeichnis	Verz.
Section	Sect.	Vorschriften	Vorschr.
Selected	Sel.	Vorträge	Vortr.
Serie	Ser.		
Service(s)	Serv.	Wesen	Wes.
Société	Soc.	Wirtschaft	Wirtsch.
Society	Soc.	Wissen	Wiss.
Special	Spec.	Wissenschaft(lich)	Wiss.
Specification	Specif.		
Sprawozdanie	Spraw.	Year Book	Yearb.
Station	Stat.		
Summary	Summ.	Zeitschrift	Z.
Supplement	Suppl.	Zeitschriftenschau	Z.-Schau
Tagung	Tag.	Zeitung	Ztg.
Technical	Techn.	Zentralblatt	Zbl.

2. Weitere verwendete Abkürzungen

Australian	Austral.	Part	Pt.
Band	Bd.	Preprint	Prepr.
Development	Devel.	Sonderheft	S. H.
Establishment	Establ.	Technische Hochschule	TH
Government	Govmt.	Technology	Technol.
Her Majesty's		Transport(ation)	Transp.
Stationery Office	HMSO	United States, Department of Agriculture	USDA
Lieferung	Lfg.		
Materialprüfungsanstalt	MPA		

3. Einige besondere Abkürzungen für bibliographische Zeitschriften aus Abschnitt III

Zeitschrift	Abkürzung
Abstract Bulletin, The	AB
Applied Mechanics Review	AMR
Index Aeronauticus	Index. Aeron.
Nachrichtenblatt der Arbeitsgemeinschaft Leichtbau der Verkehrsfahrzeuge	Nachr. Bl. AGM Leichtbau

Weitere verwendete Zeitschriften-Abkürzungen sind im folgenden Abschnitt zusammen mit der Aufstellung der deutschen und ausländischen Zeitschriften zu finden.

V. Aufstellung der in der Bibliographie benutzten Zeitschriften, Abhandlungen, Berichte, Jahrbücher, Mitteilungen und Schriften

1. Deutsche und deutschsprachige Zeitschriften

Zeitschrift, Erscheinungsort und Verlag	Abkürzung
Acier-Stahl-Steel. Intern. Zeitschrift f. Stahlverwendung, deutsche Ausg. Hrsg. Belg.-Luxemburg. Beratungsstelle f. Stahlverwendung, Brüssel, 154, avenue Louise (früher „L'Ossature Métallique")	Acier-Stahl-Steel
Adhäsion. Zeitschrift über mineralische, pflanzliche, tierische und synthetische Klebe-, Verdickungs- und Bindemittel aller Art. Berlin W 30: Hadert-Lexikon-Verl., Martin-Luther-Str. 88	Adhäsion
Aluminium. Fachzeitschrift der deutschen Aluminium-Industrie. Düsseldorf: Aluminium-Verlag, Jägerhofstr. 26/29	Aluminium
Aluminium Ranshofen Mitteilungen. Österreichische Metallwerke AG. u. Vereinigte Aluminiumwerke AG., Ranshofen bei Braunau am Inn	Aluminium Ranshofen Mitt.
Aluminium (Suisse). Zürich: Fachschriften-Verlag, Stauffacherquai 40	Aluminium (Suisse)
Archiv für Eisenhüttenwesen. Düsseldorf: Verlag Stahleisen, Schließfach 669	Arch. Eisenhüttenwes.
Automobiltechnische Zeitschrift. Stuttgart: Franckh, Pfitzerstraße 5—7	ATZ
Bauingenieur, Der. Zeitschrift für das gesamte Bauwesen. Berlin—Göttingen—Heidelberg: Springer, Berlin-Wilmersdorf: Heidelberger Platz 3	Bauing.
Bauplanung und Bautechnik. Berlin C 2: Verlag Technik, Oranienburger Str. 13/14	Bauplanung u. Bautechn.
Bautechnik, Die. Fachschrift für das gesamte Bauingenieurwesen. Berlin-Wilmersdorf: Ernst & Sohn, Hohenzollerndamm 169	Bautechnik
Bautechnik-Archiv. Berlin-Wilmersdorf: Ernst & Sohn, Hohenzollerndamm 169	Bautechn.-Archiv
Bau und die Bauindustrie, Der. Düsseldorf-Lohausen: Werner Verlag	Bau
Bauwirtschaft, Die. Zentralblatt für das gesamte Bauwesen. Wiesbaden: Bau-Verlag	Bauwirtschaft
Berg- und Hüttenmännische Monatshefte der Montanistischen Hochschule in Leoben. Wien: Springer, Wien I, Mölkerbastei 5	Berg- u. Hüttenmänn. Mh.
Blech. Coburg	Blech
Bundesbahn, Die. Organ der Hauptverwaltung der Deutschen Bundesbahn. Darmstadt	Bundesbahn

Zeitschrift, Erscheinungsort und Verlag	Abkürzung
Chemie-Ingenieur-Technik. Hrsg. Gesellschaft Deutscher Chemiker, VDI und DECHEMA. Weinheim/Bergstr.: Verlag Chemie, Pappelallee 3	Chemie-Ing.-Techn.
Chemiker-Zeitung/Chemische Apparatur. Heidelberg	Chemiker-Ztg.
Deutsche Eisenbahntechnik. Berlin C 2: Verlag Technik, Oranienburger Str. 13/14	Dtsch. Eisenbahntechn.
Deutsche Kraftfahrtforschung und Straßenverkehrstechnik (Hrsg. Verein Deutscher Ingenieure). Düsseldorf 10: VDI-Verlag	Dtsch. Kraftf.-Forsch. u. Straßenverkehrstechn.
Deutsche Textiltechnik. Berlin C 2: Verlag Technik, Oranienburger Str. 13/14	Dtsch. Textiltechn.
Draht. Fachzeitschrift für Drahtherstellung, Drahtbearbeitung, Drahtverarbeitung. Coburg: Prost & Meiner, Bahnhofstr. 31	Draht
Eisenbahn-Ingenieur, Der. Zeitschrift des Verbandes Deutscher Eisenbahningenieure, Frankfurt/Main	Eisenbahn-Ing.
Eisenbahntechnische Rundschau (ETR). Hrsg. Jacobshagen/Raab. Darmstadt	Eisenbahntechn. Rdsch.
Elektrische Bahnen. München II: Oldenbourg, Lotzbeckstr. 2 a u. 2 b	Elektr. Bahnen
Elektrotechnische Zeitschrift (ETZ). Ausgabe A bzw. Ausgabe B. Düsseldorf: VDI-Verlag, Prinz-Georg-Str. 77/79	Elektrotechn. Z. (A) bzw. (B)
Elektrotechnik und Maschinenbau, Zeitschrift des Elektrotechnischen Vereins Österreichs, Wien: Springer	Elektrotechn. u. Masch.-Bau
Faserforschung und Textiltechnik. Berlin W 1: Akademie-Verlag, Leipziger Str. 3/4	Faserforsch. u. Textiltechn.
Flugwelt. Köln: Flugwelt-Verlag, Venloer Str. 48	Flugwelt
Fördern und Heben. Wiesbaden: Krausskopf, Bahnhofstr. 61	Fördern u. Heben
Forschung auf dem Gebiete des Ingenieurwesens. Düsseldorf: VDI-Verlag, Prinz-Georg-Str. 77/79	Forsch. Ing.-Wes.
Forschungshefte aus dem Gebiete des Stahlbaues. Köln: Stahlbau-Verlag GmbH.	Forsch.-H. Stahlbau
Gießerei. Düsseldorf: Gießerei-Verlag, Breite Str. 27	Gießerei, Techn.-Wiss. Beihefte
Glasers Annalen. Zeitschrift für Verkehrstechnik und Maschinenbau. Berlin W 30: Georg-Siemens-Verlagsbuchhandlung, Nollendorfstr. 28	Glas. Ann.
Glückauf. Bergmännische Zeitschrift. Essen-Kettwig: Verlag Glückauf, Bismarckstr. 41	Glückauf
Grundlagen der Landtechnik. Düsseldorf: VDI-Verlag, Prinz-Georg-Str. 77/79	Grundl. Landtechn.
Gummi und Asbest. Stuttgart: Gentner	Gummi u. Asbest
Hansa. Zentralorgan f. Schiffahrt, Schiffsbau, Hafen. Hamburg: Schiffahrts-Verlag „Hansa", C. Schroedter	Hansa
Holz. Mering/Augsburg	Holz
Holz als Roh- und Werkstoff. Berlin-Göttingen-Heidelberg: Springer, Berlin-Wilmersdorf: Heidelberger Platz 3	Holz als Roh- u. Werkstoff

Zeitschrift, Erscheinungsort und Verlag	Abkürzung
Holztechnik. Mainz: Holztechnik-Verlag, Große Bleiche 46/48	Holztechnik
Holz-Zentralblatt. Holz-Zentralblatt-Verlag, Stuttgart S: Kolbstr. 4c	Holz-Zbl.
Industrie-Anzeiger. Zeitschrift für die gesamte technische Industrie. Essen: Girardet, Gerswidastr. 2	Industrie-Anz.
Industrieblatt, Das. Fachzeitschrift für die gesamte metallverarbeitende Industrie. Stuttgart: Industrieblatt-Verlag	Industrieblatt
Ingenieur-Archiv. Berlin - Göttingen - Heidelberg: Springer, Berlin-Wilmersdorf, Heidelberger Platz 3	Ing.-Arch.
Interavia. Genf: Interavia (Deutsche Ausgabe)	Interavia
Karosserie- und Fahrzeugbau. Stuttgart: Gentner	Karosserie- u. Fahrzeugbau
Kautschuk und Gummi. Berlin-Borsigwalde: Verlag für Radio-Foto-Kinotechnik. Eichborndamm 141/167	Kautschuk u. Gummi
Kolloid-Zeitschrift. Darmstadt: Steinkopff	Kolloid-Z.
Konstruktion. Werkstoffe/Versuchswesen im Maschinen- und Apparatebau. Berlin—Göttingen—Heidelberg: Springer, Berlin-Wilmersdorf, Heidelberger Platz 3	Konstruktion
Kraftfahrzeugtechnik. Berlin NW 7: Verlag Technik, Unter den Linden 12	Kraftfahrzeugtechnik
Kunststoffe. München 27: Carl Hanser Zeitschriftenverlag, Kolberger Str. 22. (Ab Jan. 1958 mit Anhang „German Plastics Digest" mit gekürzten englischen Übersetzungen)	Kunststoffe
Kunststoff-Rundschau. Hamburg 26: Brunke Garrels Verlagsbuchhandlung, Borgfelder Str. 83	Kunststoff-Rdsch.
Landtechnische Forschung. München-Wolfratshausen: Neureuter	Landtechn. Forsch.
Luftfahrt-Schrifttum des Auslandes in Übersetzungen. Zentrale für wissenschaftliches Berichtswesen, Berlin-Adlershof (erscheint nicht mehr)	Luftf.-Schrifttum Ausland
Luftfahrttechnik. Düsseldorf: VDI-Verlag, Prinz-Georg-Str. 77/79	Luftf.-Techn.
Maschinenbautechnik. Berlin NW 7: Verlag Technik Unter den Linden 12	Maschinenbautechnik
Maschinenmarkt, Der. Würzburg	Maschinenmarkt
Maschinenschaden, Der. München 22. Königstr. 28	Maschinenschaden
Materialprüfung — Materials Testing — Matériaux, Essais et Recherches. Hrsg. Dtsch. Verb. f. Materialprüfung. Düsseldorf: VDI-Verlag, Prinz-Georg-Str. 77/79	Materialprüfung
Melliand Textilberichte. Heidelberg: Melliand Textilberichte KG, Rohrbacherstr. 76	Melliand Textilberichte
Metall, Zeitschrift für Technik, Industrie und Handel. Berlin-Grunewald: Metall-Verlag, Hubertusallee 18	Metall

Zeitschrift, Erscheinungsort und Verlag	Abkürzung
Metalloberfläche, München 27: Carl Hanser, Leonhard-Eck-Str. 7	Metalloberfläche
Motortechnische Zeitschrift. Stuttgart: Franckh, Pfitzer Str. 5/7	MTZ
Nahverkehrs-Praxis. Dortmund	Nahverkehrs-Praxis
Österreichisches Ingenieur-Archiv. Wien: Springer, Mölkerbastei 5	Öst. Ing.-Arch.
Österreichische Ingenieur-Zeitschrift. Wien: Springer, Mölkerbastei 5	Öst. Ing.-Z.
Plaste und Kautschuk. Berlin C 2: Verlag Technik, Oranienburger Str. 13/14	Plaste u. Kautschuk
Plastic-Rohr, Das. Fachliche Mitteilungen über Plastic-Rohre von Wavin. Düsseldorf: Plastic-Rohr, Marienstr. 41	Plastic-Rohr
Plastverarbeiter, Der. Speyer/Rhein: Zechner-Verlag, Mörschgasse 33/35	Plastverarbeiter
Reyon, Zellwolle und andere Chemiefasern. Offizielles Organ d. intern. Chemiefaser-Vereinigung Frankfurt/Main: Deutscher Fachverlag, Frhr.-v.-Stein-Str. 7	Reyon, Zellwolle
Schiffbautechnik. Berlin NW 7: Verlag Technik, Unter den Linden 12	Schiffbautechnik
Schiff und Hafen. Uetersen (Holstein): Heydorn, Großer Sand 3	Schiff u. Hafen
Schweißen und Schneiden. Zeitschrift für die autogenen und elektrischen Schweiß-, Schneid- und Oberflächenbehandlungsverfahren. Düsseldorf: Deutscher Verband für Schweißtechnik, Braunschweig, Vieweg, Burgplatz 1	Schweißen u. Schneiden
Schweißtechnik. Berlin NW 7: Verlag Technik, Unter den Linden 12	Schweißtechnik (Berlin)
Schweizer Archiv für angewandte Wissenschaft u. Technik. Solothurn: Vogt-Schild AG, Dornacher Str. 35/39	Schweiz. Arch.
Schweizerische Bauzeitung. Zürich: Jegher	Schweiz. Bau-Ztg.
Stahlbau, Der. Beilage zu „Die Bautechnik". Berlin-Wilmersdorf: Ernst & Sohn, Hohenzollerndamm 169	Stahlbau
Stahl und Eisen. Zeitschrift für das deutsche Eisenhüttenwesen. Düsseldorf: Verlag Stahleisen, Breite Str. 27	Stahl u. Eisen
Technica. Basel: Birkhäuser	Technica
Technik, Die. Berlin NW 7: Verlag Technik, Unter den Linden 12	Technik (Berlin)
Technische Mitteilungen. Haus der Technik, Essen: Vulkan Verlag	Techn. Mitt. HdT (Essen)
Technische Mitteilungen Krupp. Hrsg. Zentralabteilung Technik, Essen: Fachbücherei Krupp, Postfach 917	Techn. Mitt. Krupp
Technische Rundschau. Bern: Hallwag	Techn. Rdsch. (Bern)

Zeitschrift, Erscheinungsort und Verlag	Abkürzung
Textil-Praxis. Berichte aus Betrieb und Forschung für Spinnerei, Weberei, Strickerei, Wirkerei, Flechterei, Bleicherei, Färberei, Druckerei und Veredelung. Stuttgart: Konradin-Verlag Robert Kohlhammer, Stuttgart S: Danneckerstr. 52	Textil-Praxis
Umschau in Wissenschaft und Technik, Die. Frankfurt/Main: Umschau Verlag, Stuttgarter Str. 20/22	Umschau
VDI-Forschungshefte. Düsseldorf: Verlag des Vereins deutscher Ingenieure. Prinz-Georg-Str. 77/79	VDI-Forsch.-H.
Verkehr und Technik. Zeitschrift für Transportwesen, Verkehrs- und Fahrzeugtechnik. Berlin—Bielefeld—Detmold: Erich Schmidt, Berlin W 35, Genthiner Str. 30g	Verkehr u. Techn.
Werkstatt und Betrieb. Zeitschrift für Maschinenbau und Fertigung. München: Carl Hanser, Leonhard-Eck-Str. 7	Werkstatt u. Betrieb
Werkstattstechnik und Maschinenbau. Zeitschrift f. Fertigung im Maschinenbau, Apparatebau und Feinmechanik. Berlin — Göttingen — Heidelberg: Springer, Berlin-Wilmersdorf: Heidelberger Platz 3	Werkstattstechn. u. Masch.-Bau
Werkstoffe und Korrosion. Weinheim: Verlag Chemie, Hauptstr. 127	Werkstoffe u. Korrosion
Wirtschaft und Technik im Transport. Economie et Technique des Transports. Zürich: Jean Dutoit, Solothurn: Buchdruckerei Gassmann AG	Wirtsch. Techn. Transp.
Zeitschrift f. angewandte Mathematik u. Mechanik. Ingenieurwissenschaftliche Forschungsarbeiten. Berlin W 1: Akademie Verlag, Leipziger Str. 3/4	ZAMM
Zeitschrift für angewandte Mathematik und Physik. Basel-Stuttgart: Birkhäuser, Stuttgart, Humboldtstr. 10	ZAMP
Zeitschrift für Flugtechnik und Motorluftschiffahrt. München II: Oldenbourg, Lotzbeckstr. 2a/b (nur bis 1933 erschienen)	ZFM
Zeitschrift für Flugwissenschaften. Braunschweig: Vieweg, Burgplatz 1	ZFW
Zeitschrift für die gesamte Textilindustrie. M. Gladbach: Heinrich Lapp, Düsseldorf-Oberkassel: L. A. Klepzig, M. Gladbach, Textilindustrie, Lüpertzender Str. 157/163	Z. gesamte Textilindustrie
Zeitschrift für Metallkunde. Stuttgart: Dr. Riederer, Marienstr. 50	Z. Metallkde.
Zeitschrift für Schweißtechnik (Journal de la Soudure). Fachblatt für die gesamte Schweiß-, Schneid- und Löttechnik und der verwandten Gebiete. Zürich: Stauffacherquai 36	Z. Schweißtechn.
Zeitschrift des Vereins Deutscher Ingenieure. Düsseldorf: VDI-Verlag, Prinz-Georg-Str. 77/79	Z. VDI

2. Deutsche Abhandlungen, Berichte, Jahrbücher

Zeitschrift, Erscheinungsort und Verlag	Abkürzung
Abhandlungen. Internationale Vereinigung f. Brückenbau und Hochbau[1]). Zürich: Leemann	Abh. Int. Vereinig. Brücken- u. Hochbau
Berichte des Deutschen Ausschusses für Stahlbau. Köln: Stahlbau-Verl.-GmbH	Ber. Dtsch. Ausschuß Stahlbau
Berichte der Deutschen Forschungsanstalt für Luftfahrt. Braunschweig-Waggum	DFL-Ber.
Berichte der Deutschen Versuchsanstalt für Luftfahrt. Essen-Mülheim	DVL-Ber.
Brown-Boveri-Mitteilungen. Brown, Boveri & Co, Baden, Schweiz	Brown-Boveri-Mitt.
Forschungsberichte des Wirtschafts- und Verkehrsministeriums Nordrhein-Westf. Köln-Opladen: Westdeutscher Verlag	Forsch.-Ber. Wirtsch.- u. Verkehrsministerium Nordrhein-Westfalen
Jahrbücher der Wissenschaftlichen Gesellschaft für Luftfahrt (WGL). Braunschweig: Vieweg, Burgplatz 1	WGL-Jb.
Luftfahrt-Forschungsberichte des Bundesministers für Verkehr. Düsseldorf: VDI-Verlag, Prinz-Georg-Str. 77/79	Luftf.-Forsch.-Ber.
MAN-Forschungshefte. Hrsg. Maschinenfabrik Augsburg-Nürnberg AG	MAN-Forsch.H.
Mitteilungen der Forschungsgesellschaft Blechverarbeitung e. V. Düsseldorf 10: Prinz-Georg-Str. 42	Mitt. Forsch.-Ges. Blechverarb.
VDI-Berichte. Vorträge und Aussprachen von Tagungen des VDI. Düsseldorf 10: VDI-Verlag, Prinz-Georg-Str. 77/79	VDI-Ber.

3. Ausländische Zeitschriften

Zeitschrift, Erscheinungsort und Verlag	Abkürzung
Acta Metallurgica. 122 E. 55th Str. New York 22, N. Y.	Acta Metallurgica
Acta Polytechnica Scandinavica, Civil Engineering and Building Construction Series, Mechanical Engineering Series, Stockholm 5: Acta Polytechnica Scandinavica Publishing Office P. O. Box 5073	Acta Polytechn. Scand. Civil Engng. & Building Construction Ser., Mech. Engng. Ser.
Acta Technica Academica Scientiarum Hungaricae Budapest	Acta Techn. Acad. Sci. Hungaricae
Advisory Group for Aeronautical Research and Development, North Atlantic Treaty Organization, Palais de Chaillot, Paris 16, Reports	AGARD Rep.
Aero Digest. New York: Aeronautical Digest. Publishing Corp.	Aero Dig.
Aeronautical Engineering Review. Easton (Pa.), New York: Institute of the Aeronautical Sciences. 2 E. 64th St., New York 21, N. Y.	Aeron. Engng. Rev.
Aeronautical Quarterly. Royal Aeronautical Soc. 4 Hamilton Place, London W 1	Aeron. Quart.

---

1) Siehe auch Abschnitt V 3 Publ. Int. Ass. Bridge & Struct. Engng. Publ. Ass. Int. Pents & Charpentes.

Zeitschrift, Erscheinungsort und Verlag	Abkürzung
Aeronautical Research Council. Reports & Memoranda. Current Papers. London W. C. 2: HMSO	ARC R & M ARC Curr. Pap.
Aeronautical Research Laboratories. Melbourne Reports Notes	 ARL Reports ARL Notes
Aeronautics. Tower House, Southampton St., Strand London WC 2	Aeronautics
Aeroplane. London E C 1, Temple Press, Bowling Green Lane	Aeroplane
Aero/Space Engineering. (Formerly Aeronautical Engineering Review) Institute of the Aeronautical Sciences, 2 East 64th Street, New York 21, N. Y.	Aero Space Engng.
Aerotecnica, L'. Associazone Italiana di Aerotecnica Piazza S. Bernardo 101, Rome	Aerotecnica
Aircraft Engineering. Bloomsbury Sq., London W. C. 1: Bunhill	Aircr. Engng.
Aircraft and Missiles Manufacturing. Philadelphia 39, Pa., Chestnut and 56th Sts.	Aircr. & Missiles Mfg.
Aircraft Production. Dorset House, Stamford St. London S. E. 1: Iliffe	Aircr. Production
Air Force Office of Scientific Research. Air Research and Development Command, Washington Technical Notes	AFOSR TN
Alluminio. Milano. Istituto Sperimentale dei Metalli Leggere, Via della Poste 8/10	Alluminio
Aluminium Development Association. London W 1: Reprints Research Reports Informations Bulletin	 ADA Repr. Res. Rep. Inform. Bull.
American Machinist. Magazine of Metalworking Production. New York: McGraw Hill	Amer. Machinist
American Society of Mechanical Engineers. New York. Papers	ASME-Pap.
American Society for Testing Materials Bulletin. Special Technical Publication. Philadelphia 3, Pa, Race St.	ASTM Bull. ASTM Spec. Techn. Publ.
Applied Scientific Research. Section A, Mechanics, Heat. The Hague	Appl. Sci. Res. (The Hague) (A)
Archiwum Mechaniki Stosowanej. Polska Akademia Nauk, Nowy Swiat 72, Warszawa	Arch. Mech. Stos.
Armed Services Technical Information Agency. Document Service Center	ASTIA
Australian Journal of Applied Science. Commonwealth Scientific and Industrial Research Organization, East Melbourne C. 2, 314 Albert Street	Australian J. Appl. Sci.
Automobile Engineer. London S. E. 1: Iliffe	Automob. Engr.
Automotive Industries. Philadelphia: Chilton	Automat. Industries
Aviation Age. New York 17, N. Y. 205 East, 42th Str.	Aviation Age
Battelle Memorial Institute, Columbus 1, Ohio, 505 King Ave. Titanium Metallurgical Laboratory	Battelle Memorial Inst. Titanium Metallurgical Lab.

| --- | --- |

Zeitschrift, Erscheinungsort und Verlag	Abkürzung
British Journal of Applied Physics (and Supplement). Institute of Physics. London SW 1, 47 Belgrave Sq.	Brit. J. Appl. Phys., Suppl.
British Plastics. London S E 1: Iliffe, Dorset House, Stamford St.	Brit. Plastics
British Welding Journal. Institute of Welding, London S W 1, 2 Buckingham Gardens	Brit. Welding J.
Bulletin l'Academie Polonaise des Sciences, Warszawa	Bull. de l'Académie Polonaise des Sciences, Warszawa
Bulletin of the Calcutta Mathematical Society. Calcutta	Bull. Calcutta Math. Soc.
California Institute of Technology, Guggenheim Aeronautical Laboratory	California Inst. Technol., Guggenheim Aeron. Lab
Canadian Aeronautical Journal. Ottawa: Canadian Aeronautical Institute, 77 Metcalfe St., Commonwealth Building	Canad. Aeron. J.
Chalmers Tekniska Högskolans Handlingar, Gothenburg, Sweden	Chalmers Tekniska Högskolans Handl.
Chartered Mechanical Engineer, The. The Journal of the Institution of Mechanical Engineers. London SW 1, Westminster, 1 Birdcage Walk	Chartered Mech. Engr.
CIBA Technical Notes, Aircraft Bulletin. CIBA, The Technical Service Department, Duxford Cambridge	CIBA TN CIBA Aircr. Bull.
Civil Engineering and Public Works Review. London	Civil Engng. (London)
Civil Engineering. New York	Civil Engng. (New York)
College of Aeronautics, Cranfield, Bletchley, Bucks. Reports Notes	Coll. Aeron. Cranfield Rep. Note
Columbia University, Department of Civil Engineering and Engineering Mechanics, Institute of Flight Structures, Technical Notes	Columbia Univ., Dep. of Civil Engng. & Engng. Mech., Inst. of Flight Structures TN
Communications on Pure and Applied Mathematics. Institute of Mathematical Sciences. New York University. New York 1, N. Y.: Interscience Publishers, Fifth Avenue 250	Commun. on Pure & Appl. Math.
Comptes Rendus des Journées Internationales de Sciences Aéronautiques, Mai 27—29, 1957, Paris. ONERA	C. R. des Journées Int. de Sci. Aéron., Paris, Mai 1957, Pt. 1, Pt. 2
Cornell Aeronautical Laboratory Report, Cornell University Ithaca, New York	Cornell Univ., Cornell Aeron. Lab. Rep.
Corrosion. National Association of Corrosion Engineers Houston 2: Texas	Corrosion
Corrosion Prevention and Control. Technical Journal dealing with corrosion prevention, resistant materials, equipment, processes and products. England	Corrosion Prevention & Control
Corrosion Technology. Journal of corrosion control, prevention, engineering and research. England	Corrosion Technol.

Zeitschrift, Erscheinungsort und Verlag	Abkürzung
Council of the Scientific and Industrial Research Organization, Forest Products Newsletter, Melbourne	CSIRO Forest Prod. Newsletter
David W. Taylor Model Basin. U.S. Navy, Reports. Washington, D. C.	David W. Taylor Model Basin, Washington, D. C., Rep.
Development Bulletin, The, of Aluminium Laboratories Limited, Banbury	Devel. Bull.
Diesel Railway Traction. London	Diesel Railway Traction (London)
Docaéro. Service de Documentation et d'Information Technique de l'Aéronautique. Paris 15, Avenue de la Porte d'Issy	Docaéro
Engineer, The. London W. C. 2: Morgan Brothers 28 Essex St.	Engineer
Engineering. London W. C. 2: Harrison	Engineering
Engineering Journal. Montreal: Engineering Institute of Canada, 2050 Mansfield Street	Engng. J.
Engineer's Digest, The. London W 1, 120 Wigmore St.	Engrs. Dig.
European Shipbuilding. Oslo	European Shipbuilding (Oslo)
Flight. London S E 1: Stamford Street, Dorset House	Flight
Flygtekniska Försöksanstalten. Stockholm: Meddelanden	FFA Medd.
Reports	Rep.
Technical Notes	TN
Fonderie, Paris	Fonderie
Forest Products Journal. Forest Products Research Society. Madison 5 (Wisc.), 417 North Walnut St.	Forest Products J.
Forest Products Laboratory. Reports U.S. Department of Agriculture. Madison 5 (Wisc.)	FPL-Rep.
Foundry, The. Cleveland, Ohio	Foundry
Foundry Trade Journal, Official organ of the Institute of British Foundrymen. London	Foundry Trade J.
Génie Civil, Le. Paris: Génie civil	Génie Civil
Industrial Aeronautics. Montreal, P. Q. , Willcocks Street	Industr. Aeronautics (Montreal)
Industrial and Engineering Chemistry. American Chemical Society, The Ohio-State University, Ohio 10	Industr. & Engng. Chem.
Industrie des Plastiques Modernes. Société de Chimie Industrielle. La Presse Documentaire, Paris VII, 28 Rue Saint Dominique	Industrie Plastiques Modernes (Paris)
L'Industrie des Voies Ferrées et des Transports Automobiles. Paris	Industrie Voies Ferrées et Transports Automobiles (Paris)
Ingenieur, De. s'Gravenhage	Ingenieur
Institute of the Aeronautic Sciences. New York 21, N. Y., 2 East 64th St. Preprints	IAS Prepr.
Institution of Mechanical Engineers. London SW 1: Instn. Prepr.	Inst. Mech. Engrs. Prepr.
Iron Age, The. New York: Chilton	Iron Age

Zeitschrift, Erscheinungsort und Verlag	Abkürzung
Japan Society of Mechanical Engineers, Bull. Tokyo	Japan Soc. Mech. Engrs. Bull.
Jet Propulsion. American Rocket Society. New York 36, N. Y., 500 Fifth Avenue (Formerly Journal of the American Rocket Society)	Jet Propulsion
Journal of the Acoustical Society of America, The.	J. Acoustical Soc. Amer.
Journal of the Aeronautical Sciences. Institute of the Aeronautical Sciences. New York 21, N. Y., 2 East 64th St. (from July 1958: Journal of the Aero/space Sciences)	J. Aeron. Sci. (J. Aero/Space Sci.)
Journal of the Aeronautical Society of India	J. Aeron. Soc. India
Journal of Applied Mechanics. American Society of Mechanical Engineers (ASME). New York 18, N. Y., 29 W. 39 St.	J. Appl. Mech.
Journal of Applied Physics. American Institute of Physics, 57 E. 55 St., New York 22, N. Y.	J. Appl. Phys. (New York)
Journal of the Forest Products Research Society (s. Forest Products Journal)	J. Forest Prod. Res. Soc.
Journal of the Franklin Institute. Philadelphia	J. Franklin Inst.
Journal of the Institute of Metals and Metallurgical Abstracts. London: Inst.	J. Inst. Metals
Journal of the Institution of Engineers, Calcutta	J. Instn. Engrs. (Calcutta)
Journal of the Institution of Production Engineers.	J. Instn. Production Engrs.
Journal of the Iron and Steel Institute. London: Inst.	J. Iron & Steel Inst.
Journal of the Japan Society of Aeronautical Engineering	J. Japan Soc. Aeron. Engng.
Journal of the Japan Society of Mechanical Engineers	J. Japan Soc. Mech. Engrs.
Journal of the Japan Society for Testing Materials.	J. Japan Soc. Testing Mater.
Journal of the Japan Welding Society.	J. Japan Welding Soc.
Journal of Mathematics and Physics. Cambridge 39, Mass.	J. Math. & Phys.
Journal of the Mechanics and Physics of Solids. London W 1, 4 Fitzroy Sqare, New York 22, N. Y., 122 E. 55th St.	J. Mech. & Phys. Solids
Journal of Metals. New York: American Institute of Mining and Metallurgical Engineering	J. Metals Sect. 1, Sect. 2
Journal of the Physical Society of Japan. Tokyo	J. Phys. Soc. Japan (Tokyo)
Journal of Railway Engineering Research. Railway Technical Research Institute	J. Railway Engng. Res. (Japan)
Journal of Research, National Bureau of Standards. Washington 25, D. C.: US Government Printing Office	J. Res. Nat. Bur. Stand.
Journal of the Royal Aeronautical Society. London W 1	J. Roy. Aeron. Soc.
Journal of the Society of Licensed Aircraft Engineers	J. Soc. Lic. Aircr. Engrs.
Journal of the Society of Naval Architects of Japan	J. Soc. Naval Architects Japan

Zeitschrift, Erscheinungsort und Verlag	Abkürzung
Journal of the Textile Institute, Transactions. Manchester, England	J. Textile Inst., Trans. (Manchester)
Kungliga Tekniska Högskolans Handlingar, Stockholm. (Transaction of the Royal Institute of Technology)	Kungl. Tekn. Högskolans Handl. (Stockholm)
Kyushu University, Research Institute for Applied Mechanics, Reports	Kyushu Iniv., Japan, Res. Inst. Appl. Mech., Rep.
Kyoto University, Faculty of Engineering, Memoirs	Kyoto Univ., Japan, Fac. of Engng., Mem.
Light Metal Age. Chicago 4 (Ill.)	Light Metal Age
Light Metals. London E. C. 1: Temple Press Bowling Green Lane	Light Metals
Machine Design. Cleveland, Ohio, Penton Publ. Co.	Machine Design
Machine Moderne. La. Paris	Machine Moderne
Machinery. London: Machinery Publ.	Machinery (London)
Machinery. New York 13: Industrial Press	Machinery (New York)
Magazine of Magnesium. Detroit 16, Mich.: Brooks & Perkins 1950 Fort St.	Mag. Magnesium
Materials in Design Engineering. New York 22, N. Y., 430 Park Ave.	Mater. in Design Engng.
Materials and Methods. New York: Reinhold (from Sept. 1957 s. Materials in Design Engineering)	Mater. & Meth.
Materie Plastiche. Milano: Editrice l'Industria r. l., Via Farneti 8	Materie Plastiche (Milano)
Mechanical Engineering. American Society of Mechanical Engineers. New York 18, N. Y., 29 W. 39 St.	Mech. Engng.
Mechanical World and Engineering Record. Manchester 3: Emmott & Co.	Mech. World & Engng. Rec.
Meiji University, Faculty of Engineering, Research Reports	Meiji Univ., Japan, Fac. of Engng., Res. Rep.
Metalen. 's Gravenhage: de Hofstad	Metalen
Metal Industry. London S. E. 1: Cassier	Metal Industry
Metallurgia. Manchester 3: Kennedy Press 31 King St.	Metallurgia
Metal Progress. Cleveland 3, Ohio: American Society for Metals	Metal Progr.
Metal Treatment and Drop Forging. London W. C. 2: Adelphi, 17/19 John Adam St.	Metal Treatm. & Drop Forging
Metalworking Production. Incorporating The Machinist, London E. C. 4, Brit. McGraw Hill Publ.	Metalworking Production
Métaux, Corrosion-Industries. St. Germain-en-Laye: Ed. Métaux	Métaux, Corrosion
Ministry of Supply, Technical Information and Library Services Translation. London S. E. 9	Ministry of Supply, Techn. Inform. & Lib. Serv. Translat.
Missiles and Rockets. Washington 5, D. C., 1001 Vermont Avenue, NW.	Missiles & Rockets
Modern Metals. Chicago 4 (Ill.): Griffin	Modern Metals
Modern Plastics. New York 22, N. Y.: Breskin Publ. Inc., 275 Madison Ave.	Modern Plastics

Zeitschrift, Erscheinungsort und Verlag	Abkürzung
Nationaal Luchtvaart Laboratorium. Amsterdam. Reports	NLL Rep.
National Advisory Committee for Aeronautics. Washington, D. C.	NACA
Reports	Rep.
Technical Notes	TN
Research Memorandums	RM
National Aeronautics and Space Administration. Washington. Memorandum	NASA Mem.
Non-Destructive Testing. USA	Non-Destructive Testing
Officiel des Matières Plastiques, L'. Paris IX, 1 Rue Taitbout	Officiel Matières Plastiques
Office National d'Etudes et de Recherches Aéronautiques. Paris: ONERA. Notes Techniques	ONERA NT
Plastica. Kunststoffeninstitutet T. N. O., Julianlaan 134, Delft	Plastica (Delft)
Plastics. London E. C. 1: Temple Press, Bowling Green Lane	Plastics
Plating. Philadelphia	Plating
Poliplasti e Plastici Rinforzati. Milano	Poliplasti e Plastici Rinforzati
Polytechnic Institute of Brooklyn, Department of Aeronautical Engineering and Applied Mechanics, Aeronautical Laboratory Reports	Polytechn. Inst. Brooklyn, Aeron. Lab., PIBAL-Rep.
Polytechnisch Tijdschrift. Ausgabe A bzw. Ausgabe B, Den Haag	Polytechn. T. (A) bzw. (B)
Proceedings of the American Society of Civil Engineers. New York 18: ASCE	Proc. ASCE (J. Struct. Div.), (J. Engng. Mech. Div.)
Proceedings of the American Society for Testing Materials. Philadelphia: ASTM	Proc. ASTM
Proceedings of the Cambridge Philosophical Society. London	Proc. Cambridge Phil. Soc.
Proceedings of the Institute of Civil Engineers. London	Proc. ICE
Proceedings of the Institution of Mechanical Engineers. London S. W. 1: Instn.	Proc. IME
Proceedings of the Royal Society. Series A. London: Cambridge University Press	Proc. Roy. Soc. (London) (A)
Proceedings of the Society for Experimental Stress Analysis. Cambridge, Mass.	Proc. SESA
Proceedings of the U. S. National Congress of Applied Mechanics, Easton, Pa.: Amer. Soc. Mech. Engrs. 1955	Proc. US Nat. Congr. Appl. Mech.
Product Engineering. New York 36, 330 W. 42 St.	Product Engng.
Publications of the International Association for Bridge and Structural Engineering. Zürich: Leemann	Publ. Int. Ass. Bridge & Struct. Engng.
Publications de l'Association Internationale des Ponts et Charpentes. Zürich: Leemann	Publ. Ass. Int. Ponts & Charpentes
Quarterly of Applied Mathematics. Brown University, Providence 12, Rhode Island	Quart. Appl. Math.

Zeitschrift, Erscheinungsort und Verlag	Abkürzung
Quarterly Journal of Mechanics and Applied Mathematics. Oxford: Clarendon Press	Quart. J. Mech. & Appl. Math.
Railway Age. New York: Simmonds-Boardman	Railway Age
Railway Gazette, The. London: Transport Ltd.	Railway Gaz.
Recherche Aéronautique, La. Bulletin bimestriel de l'Office National d'Etudes et de Recherches Aéronautiques (ONERA) Chatillon-sous-Bagneux (Seine), 29, Avenue de la Division Leclerc	Rech. Aéron.
Revue de l'Aluminium. Paris: Faroux	Rev. Aluminium
Revue de Métallurgie (Memoires). Paris	Rev. Métallurgie
Royal Aircraft Establishment. Great Britain	Roy. Aircr. Establ.
Technical Notes Structures	TN S
Technical Notes Metals	TN M
Technical Notes Chem.	TN Chem.
SAE-Journal. New York 17, N. Y.: Society of Automotive Engineers, 485 Lex. Ave.	SAE-J.
SAE-Quarterly Transactions. New York 17, N. Y.: Society of Automotive Engineers, 485 Lex. Ave.	SAE-Quart. Trans.
Sheet Metal Industries. London: Industrial Newspapers	Sheet Metal Industries
Shipbuilder and Marine Engine Builder. Newcastle upon Tyne.	Shipbuilder & Marine Engine Builder
Shipbuilding and Shipping Record. London	Shipbuilding & Shipping Rec.
Shipping World, The, and Shipbuilding and Marine Engineering News. London	Shipping World
Society of Plastic Engineers Journal. Greenwich, Conn., 35 East Putnam Ave.	SPE-J.
Southern Lumberman. Nashville, Tenn.	South. Lumberman
Steel. Cleveland, Ohio	Steel
Steel Processing and Conversion. Pittsburgh 30, Pa., 624 Grant Building	Steel Processing
Structural Engineer, The. London S. W. 1, Princes Press	Struct. Engr.
Svenska Aeroplan Aktiebolaget (SAAB) Aircraft Company Co., Linköping, Sweden, Technical Notes	SAAB TN
Svenska Träforskningsinstitutet Trätekniska Avdelningen, Meddelande, Stockholm Ö, Drottning Kristinas Väg 61	Svenska Träforskningsinstitutet (Stockholm) Medd.
Svensk Pappers Tidning. The Swedish Paper Journal. Stockholm Ö, Villagatan 1	Svensk Pappers Tidning
Technique et Science Aéronautiques. Organe de l'Association Française des Ingénieurs et Techniciens de l'Aéronautique. Paris	Techn. et Sci. Aéron.
Textile Research Journal. New York	Textile Res. J. (New York)
Timber Technology and Machine Woodworking, Wood Preservation and Seasoning. London: Timber News Ltd.	Timber Technol.
Tool Engineer. Detroit 38, Mich., American Society of Tool Engineers, 10700 Puritan Ave.	Tool Engr.

Zeitschrift, Erscheinungsort und Verlag	Abkürzung
Transactions of the American Society of Mechanical Engineers. New York: Soc.	Trans. ASME
Transactions of the American Society for Metals. Cleveland 3, Ohio, 7301 Euclid Ave.	Trans. Amer. Soc. Metals
Transactions of the Institute of Marine Engineers. London	Trans. Inst. Marine Engrs.
Transactions of the Institution of Naval Architects. London S. W. 1	Trans. Instn. Naval Architects
Transactions of the Japan Society of Mechanical Engineers. Tokyo	Trans. Japan Soc. Mech. Engrs. (Tokyo)
Transactions of the North East Coast Institution of Engineers and Shipbuilders, Newcastle upon Tyne	Trans. N. E. Coast Instn. Engrs. & Shipbuilders
United States Air Force, Office of Scientific Research. Air Research and Development Command, Technical Notes, Technical Reports	US Air Force, Office of Sci. Res., Air Res. & Devel. Command, AFOSR Techn. Rep., TN
University of Illinois, Engineering Experiment Station, Bulletins, Technical Reports	Univ. Illinois, Engng. Exper. Stat. Bull.
University of Tokyo, Aeronautical Research Institute. Reports	Univ. Tokyo, Aeron. Res. Inst. Rep.
University of Tokyo, Institute of Science and Technology, Reports	Univ. Tokyo, Japan, Inst. Sci. & Technol., Rep.
Virginia Polytechnic Institute. Wood Research Laboratory. Bulletin, Blacksburg, Va.	Virginia Polytechn. Inst. Wood Res. Lab. Bull.
Welding and Metal Fabrication. Great Britain. (Formely: Welding)	Welding
Welding Journal, The.	Welding J.
Welding Journal Research Supplement. New York 18, N. Y.: American Welding Society, 33 W. 39 St.	Welding J. Res. Suppl.
Wire and Wire Products. USA	Wire & Wire Products
Wood. London: Tothill Press	Wood (London)
Wood and Wood Products. Chicago	Wood & Wood Products
Wood Working Digest. Wheaton. Ill.	Wood Working Dig.
Wright Air Development Center. Air Research and Development Command. US Air Force, Wright-Patterson Air Force Base, Ohio, Technical Notes, Technical Reports	WADC TN, Techn. Rep.

Über den Rahmen der hier aufgeführten Zeitschriften hinaus ist für die Bibliographie noch etwa die gleiche Zahl von Zeitschriften verwendet worden, in denen aber nur vereinzelt Aufsätze über Leichtbau enthalten sind, so daß sich eine systematische Verfolgung nicht lohnt.

VI. Bücher

Leichtbau   Lightweight construction UDC   016 (100) : 62.002.2—183.4

Gliederung für die Aufstellung der Bücher	Gruppe	Arrangement of Titles for Books	Seite
Theorie und Grundlagen	1	Theory and Principles	26
Beanspruchungen, Lastannahmen, Sicherheiten und Vorschriften	1.1.	Stresses, Loadings, Safety Factors and Rules	26
Maschinenbau	1.11	Mechanical Engineering	26
Straßenfahrzeugbau	1.132	Automotive Engineering	26
Wasserfahrzeugbau	1.133	Marine Engineering	26
Luftfahrzeugbau	1.134	Aeronautical Engineering	26
Förderanlagen	1.14	Conveyor Systems	27
Bauwesen, Brücken- u. Hochbau	1.16	Civil Engineering	27
Statik und Dynamik	1.2	Statics and Dynamics	27
Statik der Fachwerke, Vollwandträger und Rahmen	1.21	Statics of Framework, Frames and Solid Girders	27
Statik der Platten und Schalen	1.22—1.24	Statics of Plates and Shells	29
Statik und Festigkeit von Holzkonstruktionen	1.25	Statics and Ultimate Strength of Wood Structures	31
Dynamik (Schwingungen)	1.27	Dynamics (Vibrations)	31
Festigkeit und andere Eigenschaften von Werkstoffen, Gestaltfestigkeit	1.3	Strength and other Properties of Materials, Ultimate Structure Strength	32
Allgemeine Grundlagen der Werkstoffestigkeit	1.31	Fundamental Knowledge of Strength of Materials	32
Werkstoffestigkeiten und andere Eigenschaften	1.32	Strength of Materials and other Properties	33
Werkstoffestigkeiten von Metallen einschließlich Eisen	1.321	Strength of Metals Including Iron	33
Eisenwerkstoffe	1.322	Iron Materials	33
Nichteisenmetalle	1.323	Non-ferrous Metals	34
Nichtmetallische Werkstoffe	1.324	Non-metal Materials	35
Holz und Holzwerkstoffe	1.324.2	Timber and Wood	35
Kunststoffe	1.324.3	Plastics	36
Gummi	1.324.32	Rubber	37
Leime und Klebstoffe	1.324.4	Adhesives	37
Faserstoffe und Fasererzeugnisse	1.324.5	Textile Fibres and Fibre Products	38
Oberflächenschutzmittel	1.325	Coatings	38
Hitzebeständige, keramische Werkstoffe	1.326	Heat Resistant Ceramic Materials	38
Ermüdungsfestigkeit	1.33	Fatigue Strength	38
Gestaltfestigkeit	1.34—1.35	Ultimate Structure Strength	39
Werkstoffverhalten bei Korrosion	1.36	Material Behaviour at Corrosion	40
Wärmebeanspruchungsprobleme	1.37	Thermal Stress Problems	40
Gestaltung und Festigkeit von Elementen (Halbzeuge)	1.4—1.42	Design and Strength of Construction Elements (Semi-finished Products)	41
Bauelemente	1.43	Construction Elements	41

Gruppe		Seite
Genormte und teilweise genormte Bauelemente	1.431	Standardized and Partly Standardized Elements	41
Festigkeit von Verbindungselementen	1.44	Strength of Connection Elements	42
Allgemeines	1.441	General	42
Feste Verbindungen (Knoten usw.)	1.442	Rigid Connections (Knots etc.)	42
Schweißverbindungen	1.442.1	Welded Connections	42
Leim- und Klebverbindungen	1.442.3	Bonded Connections	42
Nietverbindungen	1.442.4	Riveted Connections	42
Nagelverbindungen	1.442.5	Nail Connections	
Wirtschaftlichkeitsfragen	1.5	Economic Problems	43
Fertigung	2	Manufacturing	43
Allgemeines	2.1	General	43
Gießen, Druckgießen, Genaugießen	2.2	Casting, Die Casting, Precision Casting	43
Spanlose Formung	2.3	Non-Chipping Forming	44
Spangebende Formung	2.4	Separating (Chipping Forming)	44
Fügen (Verbinden)	2.5	Bonding (Joining)	44
Fügen durch Stoffschluß	2.51	Joining by Fusion of Materials	44
Schweißen	2.511	Welding	44
Löten	2.512	Soldering and Brazing	45
Leimen und Kleben	2.53	Glueing and Adhesive Bonding	46
Oberflächenbehandlung	2.7	Surface Treatment	46
Prüfen und Messen	4	Testing and Measuring	46
Gestaltungslehre	5	Structural Design	48
Anwendungsgebiete für den Leichtbau	6	Application Ranges for Lightweight Construction	48
Allgemeines	6.1	General	48
Anwendungsgebiete für den Leichtbau in den einzelnen Zweigen der Technik	6.2	Application Ranges for Lightweight Construction in Individual Technical Branches	49
Allgemeiner Maschinenbau	6.21	Mechanical Engineering	49
Kraftmaschinen	6.211	Engines	50
Pumpen und Verdichter	6.212	Pumps and Compressors	51
Elektrische Anlagen, Maschinen, Geräte und Teile	6.213	Electric Machines and Equipment	52
Landmaschinen	6.214	Agricultural Implements and Machines	52
Behälter, Apparate usw.	6.215	Container, Apparatusses etc.	52
Werkzeugmaschinen	6.23	Machine Tools	52
Beförderungsmittel	6.25	Transportation Means	52
Landfahrzeuge	6.252	Land Vehicles	52
Wasserfahrzeuge	6.253	Marine Vessels	53
Luftfahrzeuge	6.254	Aircraft	54
Förderanlagen	6.26	Conveying Systems	55
Bauwesen	6.27	Buildings	55
Häuser	6.271	Houses	56
Brücken	6.272	Bridges	57
Hochbau, Hallenbau, Industriebau	6.273	High Structures, Hangars	57
Gelenkte Flugkörper	6.29	Guided Missiles	57

Theorie und Grundlagen 1

Beanspruchungen, Lastannahmen, Sicherheiten und Vorschriften 1.1

Maschinenbau 1.11

— Werkstoff- und Bauvorschriften für Dampfkessel. Verein. d. Techn. Überwachungsvereine, Essen. Köln: Heymann 1955. 170 S.

Straßenfahrzeugbau 1.132

— Kraftfahrzeug-Bau- und Betriebsvorschriften im In- und Ausland. Leipzig: Fachbuchverl. 1959. 480 S.

Wasserfahrzeugbau 1.133

Mohr, W.: Gesetzliche Schiffbauvorschriften. (Taschenausgabe Verl. Technik, Bd. 33). Berlin: Verl. Technik 1953. 192 S.

— Rules and regulations for the construction and classification of steel ships. Metric ed. Lloyd's Register of Shipping (London) 1956. 527 p.; Leichtbau d. Verkehrsfahrzeuge 1 (1957) 5 136.

— Rules for building and classifying steel vessels. New York: Amer. Bureau of Shipping 1957. 431 p.; Leichtbau d. Verkehrsfahrzeuge 1 (1957) 5 136.

— Rules for the construction and classification of steel ships. British units. Det Norske Veritas (Oslo) 1956. 387 p.; Leichtbau d. Verkehrsfahrzeuge 1 (1957) 5 136

— Vorschriften für Klassifikation und Bau von stählernen Seeschiffen 1956. Hrsg. vom Germanischen Lloyd. Hamburg: Selbstverlag 1956. 209 S.

Luftfahrzeugbau 1.134

— Airworthiness of aircraft. Int. Standards and Recommended Practices to the Convention on Int. Civil Avitation. Annex 8. 3rd ed. Int. Civil Aviation Organization (ICAO), Montreal-Paris. Apr. 1952.

— British Civil Airworthiness Requirements. Section C: Engines and propellers, Jan. 1951. Section D: Aeroplanes, July 1956. Section E: Gliders, March 1948.

— Civil Air Regulations (CAR) of the Civil Aeronautics Board (CAB). Washington 25 D.C.: Superintendent of Documents, U.S. Government Printing Office. Part 3: Airplane Airworthiness. Normal, Utility, Acrobatic Categories. May 1956 (with Amendments). Deutsche Übersetzung Luftfahrt-Bundesamt Braunschweig 1956. Lufttüchtigkeit von Flugzeugen. Part 4b: Airplane Airworthiness. Transport Categories. Dec. 1953. Part 5: Glider Airworthiness. May 1953. Part 8: Aircraft Airworthiness. Restricted Category. Part 13A, B: Aircraft Engine Airworthiness, May 1953. Part 14: Aircraft Propeller Airworthiness, May 1953.

— Civil air regulations and reference for mechanics. 14th ed. Los Angeles: Aero Publishers 1959. 152 p.

— Handbook for aircraft accident investigators. (Prepared by US Naval Aviation Safety Center, Issued by Off. of the Chief of Naval Operations, NAVAER 00-80T-67). Washington: Superintendent of Documents 1957. 120 p.

— Ministère de l'air et Ministère de la défense nationale. Sécrétariat d'état aux forces armées (air). Direction technique et industrielle. Air 2004: Conditions générales de résistance statique des avions et hydravions. Févr. 1947. Air 2104: Conditions générales de résistance statique des planeurs. Oct. 1951.

— Ministère des Armées (Air) Direction technique et industrielle de l'Aéronautique. Air 2004 D Résistance des avions. Ed. No. 5, Mars 1960. 72 p.

Förderanlagen   **1.14**

von Busch, H.: Bestimmungen über Einrichtung und Betrieb der Aufzüge. 5. Aufl.
Köln—Berlin: Heymann 1959. VII, 250 S.
— Technische Vorschriften zur Verordnung über die Errichtung und den Betrieb
von Aufzügen. Entwurf. Essen: Vereinig. Techn. Überwachungsvereine 1958.
XI, 139 S.

Bauwesen, Brücken- u. Hochbau   **1.16**

Boerner, Franz: Statische Tabellen. Berechnungsvorschriften mit Lastannahmen,
Formel- und Tabellenwerten für Bauten aus Holz, Stein, Stahl und Stahl-
beton. 14. Ausgabe. Berlin: Ernst 1957. XII, 675 S.
Gottsch, H. u. S. Hasenjäger: Technische Baubestimmungen. Hochbau — Tief-
bau — Baulenkung — Wiederaufbau. 4. Aufl. 1. u. 2. Lfg. Köln-Braunsfeld:
R. Müller 1954. 1. Lfg. 88 S., 2. Lfg. 61 S.
Gottsch, H. u. S. Hasenjäger: Technische Baubestimmungen. Hochbau — Tief-
bau — Baulenkung — Wiederaufbau. 4. Aufl. 6. bis 10. Lfg. Köln-Braunsfeld:
R. Müller 1955. 6. Lfg. 61 S., 7. Lfg. 112 S., 8. Lfg. 77 S., 9. Lfg. 119 S., 10. Lfg.
114 S.
Gottsch, H u. S. Hasenjäger: Technische Baubestimmungen. 11. Lfg. Holzschutz —
Gerüstbau. 4. Aufl. Köln-Braunsfeld: Rudolf Müller 1957. 82 Bl.
Gottsch, H. u. S. Hasenjäger: Technische Baubestimmungen. 13. Lfg. 4. Aufl. Köln-
Braunsfeld: Rudolf Müller 1957. 114 Bl.
Gottsch, H. u. S. Hasenjäger: Technische Baubestimmungen. 4. Aufl., 16. Lfg.: Bau-
stähle — Gütevorschriften. Köln-Braunsfeld: Rudolf Müller 1958. 123 S.
Gottsch, H. u. S. Hasenjäger: Technische Baubestimmungen. Hochbau — Tief-
bau — Baulenkung — Wiederaufbau. 4. Aufl. 17. Lfg.: Neuer Wegweiser.
47 Bl. 18. Lfg.: Aluminium, Zulassungs- und Prüfbescheide, Bautenschutz.
137 Bl. Köln-Braunsfeld: R. Müller 1958.
Mahly, Werner: Bau- und Betriebsvorschriften für Lichtspieltheater, Theater,
Versammlungsräume, Zirkusanlagen, Waren- und Geschäftshäuser. Köln-
Berlin: Heymann 1957. XVI, 279 S.
Wedler, Bernhard: Berechnungsgrundlagen für Bauten. Lastannahmen, Baustoffe,
Beanspruchungen, Wärmeschutz, Schallschutz, Gerüste und Leichtmetallbau.
23. Aufl., Stand Jan. 1959. Berlin: Ernst 1959. XII, 648 S.
— Stahlbau. Ein Handbuch für Studium und Praxis. (Hrsg. Dtsch. Stahlbau-
Verband). Bd. III. Stahlbauvorschriften. Köln: Stahlbau-Verlag 1959. 1200 S.

Statik und Dynamik   **1.2**

Statik der Fachwerke, Vollwandträger und Rahmen   **1.21**

Abdank, R.: Rahmen, Bogen, Durchlaufkonstruktionen. Berlin: Verl. Technik
1959. 227 S.
Anger, Georg: Zehnteilige Einflußlinien für durchlaufende Träger. I. Formeln zur
raschen und genauen Berechnung von durchlaufenden Trägern bei beliebiger
Felderzahl. 7. Aufl. 1958. VIII, 272 S. II. Tabellen der Momente, Querkräfte
und Auflagerkräfte für durchlaufende Träger von 2 bis 5 Feldern. 7. Aufl.
1958. VIII, 276 S. III. Ordinaten der Einflußlinien und Momentenkurven
durchlaufender Träger von 2 bis 5 Feldern. 9. Aufl. 1959. IV, 250 S. Berlin:
Ernst 1958/59.
Baldauf, Heinrich: Hochgradig statisch unbestimmte Tragwerke. Leipzig: Hirzel
1956. 210 S.
Beedle, L. S.: Plastic design of steel frames. New York: Wiley 1958. XIII, 406 p.

Beer, Ferdinand P. and *E. Russel Johnston jr.:* Mechanics for engineers — Statics and dynamics. New York—Toronto—London: McGraw-Hill 1957. XVI, 673 p. [1.27].

Benjamin, Jack. R.: Statically indeterminate structures. New York—Toronto—London: McGraw Hill 1959. IX, 350 p.

Biermann, W.: Trägerrostberechnung. Ein allgemeines Berechnungsverfahren unter Anwendung einer Theorie der Federkonstanten. Berlin: Verl. Technik 1955. 114 S.

Charon, P.: La méthode de Cross et le calcul pratique des constructions hyperstatiques. Théorie et applications. 2e éd. Paris: Eyrolles 1955. XI, 303 p.

Dernedde, Wolfgang u. *Rudolf Barbré:* Das Cross'sche Verfahren zur schrittweisen Berechnung durchlaufender Träger und Rahmen. 4. Aufl. Berlin: Ernst 1960. 184 S.

Glatz, R.: Allgemeines Iterationsverfahren für verschiebliche Stabwerke. Berlin: Ernst 1958. VII, 117 S.

Grassie, J. C.: Analysis of indeterminate structures. New York: Longmans, Green & Co. 1957. VIII, 418 p.

Graudenz, H.: Momenten-Einflußzahlen für Durchlaufträger mit beliebigen Stützweiten. 2. Aufl. Berlin—Göttingen—Heidelberg: Springer 1956. 90 S.

Guldan, Richard: Die Cross-Methode und ihre praktische Anwendung. Wien: Springer 1955. XIX, 472 S.

Guldan, Richard: Elementare Baustatik. Wien: Springer 1956. XVI, 295 S.

Guldan, Richard: Rahmentragwerke und Durchlaufträger. 6. Aufl. Wien: Springer 1959. XXIII, 501 S.

Hahn, Josef: Durchlaufträger, Rahmen, Platten. 4. Aufl. Düsseldorf: Werner Verl. 1959. 276 S.

Heide, H.: Praktische Statik nach Cross und Steinman. Leipzig: Teubner 1957. 110 S.

Heyman, J.: Plastic design of portal frames. New York: Cambridge Univ. Press 1957. VIII, 104 p.

Hirschfeld, Kurt: Baustatik. Theorie und Beispiele. Berlin—Göttingen—Heidelberg: Springer 1959. XVI, 823 S.

Homberg, Hellmut u. *Josef Weinmeister:* Einflußflächen für Kreuzwerke. Freiauffliegende und über mehrere Öffnungen durchlaufende Systeme. 2. Aufl. Berlin—Göttingen—Heidelberg: Springer 1956. VII, 156 S.

Johannson, Johannes u. *Günter Raczat:* Das Cross-Verfahren. Die Berechnung biegefester Tragwerke nach der Methode des Momentenausgleichs. 2. Aufl. Berlin—Göttingen—Heidelberg: Springer 1955. XII, 168 S.

Kani, Gaspar: Die Berechnung mehrstöckiger Rahmen. Ein zeitsparendes Verfahren mit Berücksichtigung der Knotenverschieblichkeit in einfacher Form. 7. Aufl. Stuttgart: Wittwer 1959. 99 S.

Kani, Gaspar: Analysis of multistory frames. New York: Ungar Publ. Co. 128 p.

Kaufmann, Walther: Statik der Tragwerke. 4. Aufl. Berlin—Göttingen—Heidelberg: Springer 1957. VIII, 327 S.

Kinney, J. Sterling: Indeterminate structural analysis. Reading (Mass.): Addison-Wesley Publ. Co. 1957. XIII, 655 p.

Kleinlogel, Adolf u. *Arthur Haselbach:* Belastungsglieder. Statische und elastische Werte für den einfachen und eingespannten Balken als Element von Stabwerken. 8. Aufl. Berlin: Ernst 1956. 275 S.

Kleinlogel, Adolf: Beam formulas. (Translated from „Belastungsglieder"). New York: Ungar Publ. Co. 143 p.

Kleinlogel, Adolf: Rahmenformeln. Gebrauchsfertige Formeln für alle statischen Größen zu allen praktisch vorkommenden Einfeld-Rahmenformen aus Stahlbeton, Stahl oder Holz. 13. Aufl. Berlin: Ernst 1958. XX, 460 S.

Kleinlogel, Adolf u. *Arthur Haselbach:* Mehrfeldrahmen. I. 7. Aufl. Berlin: Ernst 1959. XXXII, 460 S.

Klose, Gerhard: Durchlaufträger. München. Lindauer 1957. 158 S.

Klose, Gerhard: Tabellarische Berechnung der Durchlaufträger ohne Vorgabe fester Steifigkeitsverhältnisse für beliebige Belastungen und unbegrenzte Felderzahl. München: Lindauer 1958. 157 S.

Kohl, Ernst: Praktische Winke zum Studium der Statik. Grundlagen, Anwendungen, Rechenkontrollen. Berlin—Göttingen—Heidelberg: Springer 1957. VIII, 224 S.

Matheson, J. A. L.: Hyperstatic structures. Vol. 1. An introduction to the theory of statically indeterminate structures. New York: Academic Press, London: Butterworth 1959. XV, 474 p.

Michalos, J.: Theory of structural analysis. New York: Ronald Press 1958. VII, 552 p.

Neal, B. G.: The plastic methods of structural analysis. New York: Wiley, London: Chapman & Hall 1956. XI, 353 p.

Neal, B. G.: Die Verfahren der plastischen Berechnung biegesteifer Stahlstabwerke. Berlin—Göttingen—Heidelberg: Springer 1958. XI, 312 S.

Novák, O.: Stockwerkrahmen in Theorie und Beispielen. Berlin: Verl. Technik 1958. 448 S.

Prager, William: Probleme der Plastizitätstheorie. Basel—Stuttgart: Birkhäuser 1955. 100 S. [1.22—1.24]

Prenzlow, Curt: Tragwerksberechnung nach Cross. 4. Aufl. Düsseldorf-Lohausen: Werner 1956. 132 S.

Schleicher, Ferdinand: Taschenbuch für Bauingenieure. 2. Aufl. Bd. I. XX, 1087 S., Bd. II. XX, 1159 S. Berlin—Göttingen—Heidelberg: Springer 1955. [6.27]

Shermer, Carl L.: Fundamentals of statically indeterminate structures. New York: Ronald Press 1957. 255 p.

Teichmann, Alfred: Statik der Baukonstruktionen. I. Grundlagen. 1956. 101 S., II. Statisch bestimmte Stabwerke. 1957. 107 S., III. Statisch unbestimmte Systeme. 1958. 112 S. Berlin: de Gruyter 1956—1958.

Touchet, F.: Méthodes pratiques pour le calcul des structures hyperstatiques. Paris: Dunod 1959. 266 p.

Vetter, H.: Stabwerkknickung. Verzweigungslasten und ihre theoretischen Grundlagen, Bemessungsverfahren. Berlin: Verl. Technik 1960. 612 S.

Zaytzeff, S.: Calcul des constructions hyperstatiques par les méthodes de relaxation. 3 éd. de „La Méthode de Hardy Cross". Paris: Dunod 1957. 329 p.

Statik der Platten und Schalen **1.22—1.24**

Aas-Jakobsen, A.: Die Berechnung der Zylinderschalen. Berlin—Göttingen—Heidelberg: Springer 1958. XII, 160 S.

Biezeno, C. B. and *R. Grammel:* Theory of elasticity: Analytical and experimental methods. (Engineering dynamics, Vol. 1). London: Blackie & Son Ltd. [1.27]

Born, Joachim: Praktische Schalenstatik. Band I. Die Rotationsschalen 1. Teil. Die Schalentheorie. 2. Teil. Berechnungsbeispiele. Berlin: Ernst 1960. VIII, 220 S.

Casacci, S. et *J. Bosc:* Calcul à la flexion des coques coniques d'épaisseur constante soumises à des charges axisymétrique. Paris: Dunod 1959. XIV, 161 p.

Chronowicz, A: The design of shells. London: Crosby Lockwood & Son Ltd. 1959. 202 p.

Cravina, P. B. F.: Teoria e calculo das cascas — cascas de revolucao. (Theory and calculation of shells — shells of revolution). Sao Paulo, Brazil, Escola Politecnica de Universidade de Sao Paulo 1957. XII, 335 p.

Dubas, Pierre: Calcul numérique des plaques et des parois minces. (Publ. de l'Inst. de Statique Appliquée, No. 27). Zürich: Leemann 1955. 175 p.

Flügge, Wilhelm: Statik und Dynamik der Schalen. 2. Aufl. Berlin—Göttingen—Heidelberg: Springer 1957. VIII, 286 S. [1. 27].

Flügge, Wilhelm: Stresses in shells. Berlin—Göttingen—Heidelberg: Springer 1960. XI, 499 S.

Gerard, George: Minimum weight analysis of compression structures. New York: New York Univ. Press 1956. XXI, 194 p.

Girkmann, Karl: Flächentragwerke. Einführung in die Elastostatik der Scheiben, Platten, Schalen und Faltwerke. 5. Aufl. Wien: Springer 1959. XXX, 632 S.

Goldenblat, I. I. u. *A. M. Sisow:* Die Berechnung von Baukonstruktionen auf Stabilität und Schwingungen. (Übers. aus dem Russ.). Berlin: Verl. Technik 1955. 220 S. [1.22—1.24], [1.34—1.35].

Goodier, J. N. and *P. G. Hodge:* The mathematical theory of elasticity and plasticity. Surveys in applied mathematics, Vol. 1. New York: Wiley, London: Chapman & Hall 1958. 152 p.

Green, A. E. and *W. Zerna:* Theoretical elasticity. Oxford: At the Clarendon Press, New York: Oxford Univ. Press 1954. XIII, 442 p.

Holand, Ivar: Design of circular cylindrical shells. (Norges Tekniske Vitenskapsakademi, Series 2, No. 3). Oslo: Univ. Press 1957. XV, 253 p.

Homberg, H. u. *W.-R. Marx:* Schiefe Stäbe und Platten. Düsseldorf: Werner-Verl. 1958. 328 S.

Kan, S. N. u. *J. G. Panowko:* Festigkeit dünnwandiger Konstruktionen. Blechbaustatik. Berlin: Verl. Technik 1956. 169 S. [1.34—1.35], [6.254].

Klöppel, Kurt und *Joachim Scheer:* Beulwerte ausgesteifter Rechteckplatten. Kurventafeln zum direkten Nachweis der Beulsicherheit für verschiedene Steifenanordnungen und Belastungen. Berlin: Ernst 1960. V, 160 S.

Kollbrunner, Curt F. u. *Martin Meister:* Ausbeulen. Theorie und Berechnung von Blechen. Berlin—Göttingen—Heidelberg: Springer 1958. XI, 344 S.

Kuhn, Paul: Stresses in aircraft and shell structures. New York—Toronto—London: McGraw-Hill 1956. XX, 435 p. [6.254].

Pflüger, Alf: Elementare Schalenstatik. 3. Aufl. Berlin—Göttingen—Heidelberg: Springer 1960. VII, 112 S.

Prager, William: Probleme der Plastizitätstheorie. Basel—Stuttgart: Birkhäuser 1955. 100 S. [1.21].

Reinitzhuber, Fritz u. *Hugo Olsen:* Die zweiseitig gelagerte Platte. I. Biegemomente und Durchbiegungen. 3. Aufl. Berlin: Ernst 1959. VIII, 113 S.

Rüdiger, D. u. *J. Urban:* Kreiszylinderschalen. Ein Tabellenwerk zur Berechnung kreiszylindrischer Schalenkonstruktionen beliebiger Abmessungen. Leipzig: Teubner 1955. X, 270 S.

Stüssi, Fritz: Tragwerke aus Aluminium. Berlin—Göttingen—Heidelberg: Springer 1955. VII, 198 S. [1.34—1.35], [6.27].

Tetzlaff, W.: Die praktischen Berechnungsverfahren für tonnen- und trogartige Schalen. Hrsg. Dtsch. Bauakademie. 2. Aufl. Berlin: Verl. Technik 1959. 143 S.

Timoshenko, Stephen: Strength of materials. II. Advanced theory and problems. 3rd ed. London—New York—Toronto: van Nostrand 1956. XVI, 572 p.

Timoshenko, S. H. and *S. Woinowsky-Krieger:* Theory of plates and shells. 2nd ed. New York—Toronto—London: McGraw-Hill 1959. XIV, 580 S.

Wlassow, W. S.: Allgemeine Schalentheorie u. ihre Anwendung in der Technik. Berlin: Akademie-Verl. 1958. XIII, 661 S.

Statik und Festigkeit von Holzkonstruktionen   **1.25**

Blankenstein, Curt: Holztechnisches Taschenbuch. München: Hanser 1956. 931 S. [1.324.2], [6.1].

Fonrobert, F., W. Stoy u. *G. Dröge:* Grundzüge des Holzbaues im Hochbau. Ein Leitfaden für Studium und Praxis. 7. Aufl. Berlin: Ernst 1959. XVI, 332 S.

Fonrobert, F. u. *W. Stoy:* Holz-Nagelbau. 7. Aufl. Berlin: Ernst 1960. VIII, 100 S.

v. Halasz, Robert: Holzbau-Taschenbuch. 5. Aufl. Berlin: Ernst 1957 VIII, 428 S.

Lehmann, H.-A. u. *B. Stolze:* Ingenieurholzbau. Stuttgart: Teubner 1959. 156 S.

Mönck, W.: Holzbau. Hrsg. Dt. Bauakademie Zentrale Abt. Hoch- u. Fachschulen. Bd. 1. Grundlagen für die Bemessung im Holzbau 1959. 369 S.

Dynamik (Schwingungen)   **1.27**

Beer, Ferdinand P. and *E. Russell Johnston jr.:* Mechanics for engineers — Statics and dynamics. New York—Toronto—London: McGraw-Hill 1957. XVI, 673 p. [1.21].

Biezeno, C. B. and *R. Grammel:* Theory of elasticity: Analytical and experimental methods. (Engineering dynamics, Vol. 1). London: Blackie & Son Ltd. [1.22—1.24].

Bishop, R. E. D. and *D. C. Johnson:* Vibration analysis tables. New York: Cambridge Univ. Press 1957. VIII, 59 p.

Bishop, R. E. D. u. *D. C. Johnson:* Schwingungstechnische Tabellen. Tafeln zur Berechnung von Schwingungen. (Übers. aus dem Engl.) Baden-Baden: Verl. f. Angewandte Wissenschaften 1958. VIII, 60 S.

(Brennan, J. N.): Bibliography on shock and shock excited vibrations. Univ. Park, Pa., Pennsylvania State Univ. Vol. I (Engng. Res. Bull. 68) 1957. VI, 348 p., Vol. II (Engng. Res. Bull. **69**) 1958. X, 181 p. [1.34—1.35].

Burton, Ralph A.: Vibration and impact. Reading (Mass.): Addison Wesley Publ. Co. 1958. X, 310 p.

Church, Austin H.: Mechanical vibrations. New York: Wiley, London: Chapman & Hall 1957. XII, 275 p.

Cole, E. B.: The theory of vibrations for engineers. 3rd ed. New York: Macmillan 1957. XIV, 362 p.

Flügge, Wilhelm: Statik und Dynamik der Schalen. 2. Aufl. Berlin—Göttingen—Heidelberg: Springer 1957. VII, 286 S. [1.22—1.24].

Goldenblatt, I. I. u. *A. M. Sisow:* Die Berechnung von Baukonstruktionen auf Stabilität und Schwingungen. (Übers. aus dem Russ.). Berlin: Verl. Technik 1955. 220 S. [1.22—1.24], [1.34—1.35].

Hannah, John and *R. C. Stevens:* Examples in mechanical vibrations. London: Edward Arnold 1956. 152 p.

den Hartog, J. P.: Mechanical vibrations. 4th ed. New York—Toronto—London: McGraw-Hill 1956. XI, 436 p.

Hübner, Erhard: Technische Schwingungslehre in ihren Grundzügen. Berlin—Göttingen—Heidelberg: Springer 1957. XI, 322 S.

Jacobsen, Lydik S. and *Robert S. Ayre:* Engineering vibrations with applications to structures and machinery. New York—Toronto—London: McGraw-Hill 1958. XII, 564 p.

Koloušek, V. Z.: Baudynamik der Durchlaufträger und -rahmen. (Übers. aus dem Tschech.). Leipzig: Fachbuchverlag 1953. 217 S.

Mazet, R.: Mécanique vibratoire. Liège-Paris: Librairie Polytechnique Béranger 1955. XIX, 280 p.

Morrill, B.: Mechanical vibrations. New York: Ronald Press 1957. VIII, 262 p.

Myklestad, Nils O.: Fundamentals of vibration analysis. New York—Toronto—London: McGraw-Hill 1956. VIII, 260 p.

(Oldenburger R.): Frequency response. New York: Macmillan 1956. XII, 372 p. [6.254].

Rausch, E.: Maschinenfundamente und andere dynamisch beanspruchte Baukonstruktionen. 3. Aufl. Düsseldorf: VDI-Verl. 1959. XIV, 857 S.

Rogers, Grover L.: An introduction to the dynamics of framed structures. New York: Wiley, London: Chapman & Hall 1959. XV, 355 p.

van Santen, G. W.: Einführung in das Gebiet der mechanischen Schwingungen. (Übers. aus dem Holländ.). Eindhoven: N. V. Philips' Gloeilampenfabrieken 1954. 330 S.

Schuler, Max: Mechanische Schwingungslehre. I. Einfache Schwinger. 2. Aufl. II. Mehrfache Schwinger. Leipzig: Akad. Verl.-Ges. Geest & Portig 1958. VI, 158 S., 1959. V, 150 S.

Timoshenko S. and D. H. Young: Vibration problems in engineering. 3rd ed. New York—Toronto—London: Van Nostrand Co. 1955. IX, 468 p.

Weigand, A.: Einführung in die Berechnung mechanischer Schwingungen. Berlin: Verl. Technik Bd. 1 2. Aufl. 1959. 124 S., Bd. 2 1958. 176 S.

Wilson, W. Ker: Practical solution of torsional vibration problems. I. Frequency calculations. 3rd ed. New York: Wiley, London: Chapman & Hall 1956. XXXII, 704 p.

Festigkeit und andere Eigenschaften von Werkstoffen, Gestaltfestigkeit **1.3**

Allgemeine Grundlagen der Werkstoffestigkeit **1.31**

Bacha, C. P., J. L. Schwalje and *A. J. Del Mastro:* Elements of engineering materials. New York: Harper & Brothers 1957. XIII, 494 p.

Courbon, J.: Cours de résistance des matériaux. Paris: Dunod 1955. 782 p.

(Eirich, F. R.): Rheology. I. Theory and applications. New York: Academic Press 1956. 761 p.

Finnie, I. and *R. Heller:* Creep of engineering materials. New York—Toronto—London: McGraw-Hill 1959. IX, 341 p.

Freudenthal, Alfred M.: Inelastisches Verhalten von Werkstoffen. (Übers. aus dem Engl.). Berlin: Verl. Technik 1955. 440 S.

(Mantell, Charles L.): Engineering materials handbook. New York—Toronto—London: McGraw-Hill 1958. XXXII, 1887 p.

(Marin, J.): Materials engineering design for high temperatures. Univ. Park, Pa., Pennsylvania State Univ. 1958. 418 p.

Miner, Douglas F. and *John B. Seastone:* Handbook of engineering materials. New York: Wiley, London: Chapman & Hall 1955. XI, 1380 p.

Muhlenbruch, Carl: Experimental mechanics and properties of materials. 2nd ed. London—New York—Toronto: van Nostrand 1955. VIII, 243 p.

Phillips, Aris: Introduction to plasticity. New York: Ronald Press 1956. 230 p.

Shanley, F. R.: Strength of materials. New York—Toronto—London: McGraw-Hill 1957. XXII, 783 p. [1.33], [1.34—1.35].

Sokolovskij, V. V.: Theorie der Plastizität. (Übers. aus dem Russ.). Berlin: Verl. Technik 1955. 484 S.

Titterton, George F.: Aircraft materials and processes. 5th ed. New York: Pitman 1956. 162 p.

Urry, S. A.: Solution of problems in strength of materials. 2nd ed. London: Pitman 1957. 406 p.

Zimmermann, E.: Werkstoffkunde und Werkstoffprüfung. 12 Aufl. Berlin—Hannover—Darmstadt: H. Schroedel 1955. 264 S. [4].

— Conversion charts, data sheets and equivalence lists for American aircraft materials. (In Engl. and French). 2nd ed. Paris: NATO Febr. 1957. 346 p. (Unclassified Doc. AC/82-D/4).

Werkstoffestigkeiten und andere Eigenschaften **1.32**

Werkstoffestigkeiten von Metallen einschließlich Eisen **1.321**

Bickel, E.: Die metallischen Werkstoffe des Maschinenbaues. 2. Aufl. Berlin—Göttingen—Heidelberg: Springer 1958. XII, 439 S.

Chillon, P.: Résistance des matériaux. I. 1957. VIII, 317 p., II. 1958. 193 p. Paris: Dunod 1957/58.

Knipp, Erwin: Die gegossenen metallischen Werkstoffe. Zahlentafeln über Zusammensetzungen, Eigenschaften und Verwendungszwecke von Grauguß, Temperguß, Stahlguß, Schwermetallen, Leichtmetallen und Lagermetallen. Düsseldorf: Gießerei Verlag 1956. 173 S.

Lips, E. M. H.: Metallkunde für den Konstrukteur. Hamburg: Dtsch. Philips GmbH. 250 S. [2.1], [5].

Low, Bevis Brunel: Strength of materials. 2nd ed. London: Longmans, Green & Co. 1955. 320 p.

Lüpfert, H.: Metallische Werkstoffe. 5. Aufl. Leipzig: Akad. Verl.-Ges. Geest & Portig 1958. XII, 346 S.

Masing, Georg: Grundlagen der Metallkunde in anschaulicher Darstellung. 4. Aufl. Berlin—Göttingen—Heidelberg: Springer 1955. 153 S.

Mott, N. F and *J. Jones:* The theory of the properties of metals and alloys. 2nd ed. New York: Dover Publications 1958. X, 326 p.

Polushkin, E. P.: Defects and failures of metals. Amsterdam—London—New York: Elsevier 1956. 399 p.

Olsen, Gerner A.: Strength of materials. New Jersey 1956. 444 p.

Rauhut, H. U. u. *H. v. Renesse:* Werkstoff-Ratgeber. 5. Aufl. Girardet 1956. 514 S.

Schimpke, Paul u. *H. Schropp:* Technologie der Maschinenbaustoffe. 5. Aufl. Stuttgart: Hirzel 1959. XIII, 333 S.

Späth, Wilhelm: Fließen u. Kriechen der Metalle. Berlin: Metall-Verl. 1955. 164 S.

Wellinger, Karl u. *Paul Gimmel:* Werkstofftabellen der Metalle. Bezeichnung, Festigkeitswerte, Verwendung, Lieferwerke. 5. Aufl. Stuttgart: Alfred Kröner 1958. 305 S.

— Behaviour of metals at elevated temperatures. (Instn. of Metallurgists). New York: Philosophical Library, London: Iliffe 1957. VII, 122 p.

— Creep and fracture of metals at high temperatures. Proceedings of a symposium held at the National Physical Laboratory 31 May — 2 June 1954. London: HMSO, New York: British Information Services 1956. IV, 419 S.

— Handbook of new engineering materials. New York: Reinhold Publ. Corp. 1957. 310 p.

— VDM Handbuch. Hrsg. Vereinigte Deutsche Metallwerke AG. Frankfurt/Main: Selbstverlag der VDM-AG. 1960. XXV, 409 S.

— Werkstoff-Handbuch der Deutschen Luftfahrt. I. Metallische Werkstoffe. Berlin—Köln: Beuth-Vertr. 1958.

Eisenwerkstoffe **1.322**

Arend, Heinrich u. *Werner Neuhaus:* Die Härtbarkeit des Stahles. Essen: Girardet 1955. 260 S.

Daeves, Karl: Werkstoff-Handbuch Stahl und Eisen. Ergänzung I zur 3. Aufl. 1953. Düsseldorf: Verl. Stahleisen 1957.

Eisenkolb, Friedrich: Eisenwerkstoffe. (Einführung in die Werkstoffkunde Bd. 3) Berlin: Verl. Technik 1959. 280 S.

Houdremont, Eduard: Handbuch der Sonderstahlkunde. 2 Bde. 3. Aufl. Berlin—Göttingen—Heidelberg: Springer 1956. XVI, VII, 1538 S.

Keating, F. H.: Chromium-nickel austenitic steels. London: Butterworth 1956. X, 138 p.

Küntscher, W., H. Kilger u. H. Biegler: Technische Baustähle. Eigenschaften —
Behandlung — Verwendung — Prüfung. 3. Aufl. Halle/Saale: Knapp 1958.
750 S.

Pelou, Maurice: Les aciers des fabrications françaises. 6me éd. Paris: Science
et Industrie 1956. 156 p.

Piwowarsky, Eugen: Hochwertiges Gußeisen (Grauguß), seine Eigenschaften und
die physikalische Metallurgie seiner Herstellung. 2. Aufl. Berlin—Göttingen—
Heidelberg: Springer 1958. XII, 1070 S.

Ricken, Th.: Werkstoffe. Teil I. Stahl u. Eisen. 2. Aufl. München:Hanser 1959.
108 S.

Ruhfus, Heinrich: Wärmebehandlung der Eisenwerkstoffe. (Stahleisen-Bücheɪ
Bd. 15). Düsseldorf: Verl. Stahleisen 1958. XII, 483 S.

— Hochwertiger Stahlguß. (Übers. aus dem Russ.). Berlin: Verl. Technik 1955.
267 S.

Nichteisenmetalle

Altenpohl, Dietrich: Aluminium von innen betrachtet. Eine Einführung in die
Metallkunde der Aluminiumverarbeitung. Düsseldorf: Aluminium-Verl. 1957.
XII, 200 S.; AB **29** (1958) 3 192—193.

(Benesovsky, F.): Warmfeste und korrosionsbeständige Sinterwerkstoffe. (Vorträge 2. Plansee Seminar „De re metallica" Juni 1955 Reutte/Tirol). Wien:
Springer 1956. VIII. 472 S.

(Benesovsky, F.): Hochschmelzende Metalle. (Vortäge 3. Plansee Seminar „De re
Metallica" Juni 1958 Reutte/Tirol). Wien: Springer 1959. XII, 465 S.

Betteridge, W.: The Nimonic alloys. London: Arnold 1959. 332 p.

Brunhuber, E.: Legierungs-Handbuch der Nichteisenmetalle. Zustandsschaubilder,
Legierungszusammensetzungen, Eigenschaften, Anwendungsbereiche. 2. Aufl.
Berlin: Schiele & Schön 1960. 312 S.

(Campbell, I. E.): High-temperature technology. New York: Wiley, London: Chapman & Hall 1956. XIV, 526 p.

Comstock, George F.: Titanium in iron and steel. New York: Wiley, London:
Chapman & Hall 1955. 294 p.

Eisenkolb, Friedrich u. Fritz Thümmler: Die neuere Entwicklung der Pulvermetallurgie. Berlin: Verl. Technik 1955. 484 S.

Franz, Hermann: Über die Aushärtung von Aluminium-Kupfer-Legierungen.
Düsseldorf: Aluminium-Verl. 1957. 156 S.

Frith, P. H.: Properties of wrought and cast aluminium and magnesium alloys,
at room and elevated temperatures. London: HMSO for Ministry of Supply
1956. 178 p.

Hehemann. R. F. and G. Mervin Ault: High temperature materials. New York:
Wiley, London: Chapman & Hall 1959. XVI, 544 p.

Kieffer, Richard, Paul Schwarzkopf, Fritz Benesovsky u. Werner Leszynski:
Hartstoffe und Hartmetalle. Wien: Springer 1953. XVI, 717 S.

McQuillan, A. D. and M. K. McQuillan: Titanium. London: Butterworth 1956.
XIX, 466 p.

Miller, G. L.: Zirconium. (Metallurgy of the rarer metals, No. 2). London: Lange,
Maxwell & Springer 1954. 400 p.

Miller, J. A.: Titanium, a materials survey. Washington: U.S. Bureau of Mines,
Circular 7791 1957. 202 p.

Pagonis, George A.: The light metals handbook. 2 Vol. London—New York—
Toronto: van Nostrand 1954. 384 S.

Panseri, Carlo: Manuale de tecnologia della leghe leggere da lavorazione plastica. (Handbook of the technology of wrought light alloys). Milano: Hoepli 1957. 845 p.

Reiprich, Johannes u. *Wilhelm v. Zwehl:* Aluminium-Taschenbuch. 11. Aufl. Düsseldorf: Aluminium-Verl. Berichtigt. Nachdr 1957. XXVII, 965 S.

Ricken, Th.: Nichteisenmetalle und nichtmetallische Werkstoffe. München: Hanser 1960. 103 S. [1.324].

Roberts, C. S.: Magnesium and its alloys. 1960. V, 230 p.

Schichtel, Georg: Magnesium-Taschenbuch. Berlin: Verl. Technik 1954. 484 S.

Schwarzkopf, Paul, Richard Kieffer, Werner Leszynski and *Fritz Benesovsky:* Refractory hard metals. Borides, carbides, nitrides and silicides. New York: Macmillan 1953. 458 p.

Simmons, Ward F. and *Howard C. Cross:* Report on the elevated-temperature properties of selected super-strength alloys. (ASTM Spec. Techn. Publ. 160). Philadelphia: Amer. Soc. Testing Mater. 1954. 207 p.

Udy, M. J.: Chromium. II. Metallurgy of chromium and its alloys. New York: Reinhold Publ. Corp., London: Chapman & Hall 1956. 402 p.

— The aluminum data book. Reynolds Metals Co. 1954. 219 p.

— Magnesium design. Handbook. Midland, Michigan: Dow Chemical Co., Dep. MA 1451 X-2, 235 p.

— Plansee Proceedings, 1955. Sintered high-temperature and corrosion-resistant materials. Papers presented at the Second Plansee Seminar, „De Re Metallica", June 1955, Reutte/Tirol. London—New York: Pergamon Press 1956. 472 p.

Nichtmetallische Werkstoffe 1.324

Ricken, Th.: Nichteisenmetalle und nichtmetallische Werkstoffe. München: Hanser 1960. 103 S. [1.323].

Tiedemann, Werner: Werkstoffe für die Elektrotechnik. II. Nichtmetallische Werkstoffe. Leipzig: Fachbuchverlag 1957. 253 S.

— Werkstoffhandbuch der Deutschen Luftfahrt II. Nichtmetallische Werkstoffe. Köln: Beuth Vertrieb 1959.

Holz und Holzwerkstoffe 1.324.2

Blankenstein, Curt: Holztechnisches Taschenbuch. München: Hanser 1956. 931 S. [1.25], [6.1].

Giordano, G.: Tecnologia del legno. II. Il legno della foresta ai vari impieghi. Milano: Ulrico Hoepli 1956. 949 p.

Göhre, Kurt: Werkstoff Holz. Technologische Eigenschaften und Vergütung. Berlin: Verl. Technik 1954. 366 S.

Göhre, Kurt u. *E. Wagenknecht:* Die Roteiche und ihr Holz. Berlin: Dtsch. Bauern-Verl. 1955. 300 S.

Göhre, Kurt: Die Douglasie und ihr Holz. Berlin: Akademie Verl. 1958. 596 S.

Hausner, H. H.: Modern materials. Vol. I. New York: Academic Press 1958. XI, 402 p. [1.324.3], [1.326].

Knuchel, H.: Das Holz. Entstehung und Bau. Physikalische und gewerbliche Eigenschaften. Verwendung. Holzartenlexikon. Berlin—Frankfurt: Sauerländer 1955. 427 S.

König, Ewald: Holz als Werkstoff — Holz als Baustoff. Stuttgart: Holz-Zentralblatt-Verlag 1959. XII, 290 S.

Poniatowski, St., A. Wierzbicki u. *Z. Wyganowski:* Holzfaserplatten im Bauwesen. Übers. aus dem Polnischen. Leipzig: Fachbuch-Verl. 1959. 173 S.

Scheibert, W.: Spanplatten. Leipzig: Fachbuch-Verl. 1958. 348 S.

Tiemann, H. D.: Wood technology. 3rd ed. New York: Pitman 1951. XVII, 396 p.
— Douglas fir use book. Portland, Ore.: West Coast Lumbermens Ass. 1958. 294 p.
— Fibreboard and particle board. Rom: Food & Agriculture Organiz. 1958. 179 p.
— Timber design and construction handbook. (Edited by Timber Engineering Co.). New York: F. W. Dodge Corp. 1956. 622 p. [6.1].
— Wood Handbook. (U.S. Dep. Agriculture Handbook 72). Madison, Wisc.: U. S. Forest Prod. Lab. 1955. 528 p.

Kunststoffe **1.324.3**

Beyer, Waldemar: Glasfaserverstärkte Kunststoffe. 2. Aufl. (Kunststoffverarbeitung Folge 2) München: Hanser 1959. 134 S.
Bjorksten, J.: Polyesters and their applications. New York: Reinhold Publ. Corp. 1956. 618 p.
Duffin, D. J.: Laminated plastics. New York: Reinhold Publ. Corp. 1958. 256 p.
Hagen, Harro: Glasfaserverstärkte Kunststoffe. Berlin-Göttingen-Heidelberg: Springer 1956. X, 519 S.
Haim, George u. *Emil Rottner:* Polyäthylen-Halbzeug. München: Hanser 1960. 221 S.
Hausner, H. H.: Modern materials Vol. I. New York: Academic Press 1958. XI, 402 p. [1.324.2], [1.326].
Houwink, R.: Chemie und Technologie der Kunststoffe. Bd. II. Herstellungsmethoden und Eigenschaften. 3. Aufl. Leipzig: Akad. Verl.-Ges. Geest & Portig 1956. XVI, 700 S.
Jungnickel, H. u. *Wippenhohn:* PVC-Kunststoffe für Industrie und Handwerk. Leipzig: Fachbuchverl. 1955. 178 S.
Kinney, Gilbert Ford: Engineering properties and applications of plastics. New York: Wiley 1957. VII, 278 p. [6.1].
Kresser, Theodore O. J.: Polyethylene. New York: Reinhold Publ. Corp., London: Chapman & Hall 1957. 217 p.
Lever, A. E. and *J. Rhys:* The properties and testing of plastics materials. London: Temple Press 1957. 197 p. [4].
Mandler, H.: Duroplaste. Ein Leitfaden für die Praxis. Halle/Saale: Marhold 174 S.
(Morgan, Phillip): Glass reinforced plastics. 2nd Ed. London: Iliffe 1957. XV, 276 p.
Morgan, Philippe: Plastiques stratifiés au verre textile. (Trad. par Georges et Michel Génin). Paris: Ed. Eyrolles 1957. 384 p.
(Morgan, Phillip): Plastics progress 1957. Papers and discussions at the British Plastics convention 1957. London: Iliffe 1958. 394 p.
Ohlinger, Helmut: Polystyrol. I. Herstellungsverfahren und Eigenschaften der Produkte. Berlin—Göttingen—Heidelberg: Springer 1955. VIII, 155 S.
Pabst, F., H.-J. Saechtling u. *W. Zebrowski:* Kunststoff-Taschenbuch. 14. Aufl München: Hanser 1959. 487 S.
Redfarn, C. A.: A guide to plastics. 2nd ed. London: Iliffe 1958. 150 p.
(Renfrew, A. and *Ph. Morgan):* Polythene. The technology and uses of ethylene polymers. London: Iliffe 1957. 567 p.
Roff, W. J.: Fibres, plastics, and rubbers. A handbook of common polymers. London: Butterworth, New York: Academic Press 1956. 400 p. [1.324.32].
Seymour, Raymond B. and *Robert H. Steiner:* Plastics for corrosion-resistant applications. New York: Reinhold Publ. Corp. 1955. 423 p.
Simonds, Herbert R.: A concise guide to plastics. New York: Reinhold Publ. Corp. 1957. 318 p.

Simonds, Herbert R.: Source book of the new plastics. New York: Reinhold
Publ. Corp. 1959. 380 p.
Smith, W. Mayo: Vinyl resins. New York: Reinhold Publ. Corp. 1958. 285 p.
Späth, Wilhelm: Gummi und Kunststoffe. Beiträge zur Technologie der Hoch-
polymeren. Stuttgart: Gentner 1956. 280 S. [1.324.32].
(Stoeckhert, Klaus): Kunststoff-Lexikon. 2. Aufl. München: Hanser 1958. 345 S.
Uzac, R. et F. Laporte: Les plastiques armés. Paris: Dunod 1957. 335 p.
Wandeberg, Erich: Kunststoffe, ihre Verwendung in Industrie und Technik.
2. Aufl. Berlin—Göttingen—Heidelberg: Springer 1959. VII, 431 S. [6.1].
— 13th Annual technical and management conference, reinforced plastic division. New York: The Society of the Plastics Industry 1958. 649 p.
— Matières plastiques. Procédés de transformation. Paris: Presses Documentaires 1956. 342 p.
— Matières plastiques. Les principales matières plastiques caractéristiques et
utilisations. I. 243 p., II. 219 p. Paris: Presses Documentaires 1958.

Gummi 1.324.32

Bostörm, S.: Handbuch der Kautschuktechnologie. 3 Bde. Stuttgart: Berliner
Union 1958—1960.
le Bras, Jean: Grundlagen der Wissenschaft und Technologie des Kautschuks.
Stuttgart: Berliner Union 1956. 408 S.
Fisher, Harry L.: Chemistry of natural and synthetic rubbers. New York: Rein-
hold Publ. Corp. 1957. 208 p.
Roff, W. J.: Fibres, plastics, and rubbers. A handbook of common polymers.
London: Butterworth, New York: Academic Press 1956. 400 p. [1.324.3].
Späth, Wilhelm: Gummi und Kunststoffe. Beiträge zur Technologie der Hoch-
polymeren. Stuttgart: Gentner 1956. 280 S. [1.324.3].
Springer, A.: Werkstoffkunde und allgemeine Einführung in die Gummitech-
nologie. 2. Aufl. Leipzig: Fachbuchverl. 1958. 347 S.
Treue, Wilhelm: Gummi in Deutschland. Hrsgeg. im Auftr. der Continental-
Gummi-Werke AG, Hannover. München: F. Bruckmann 1955. 347 S.

Leime und Klebstoffe 1.324.4

Blais, John F.: Amino resins. New York: Reinhold 1959. 232 p.
Floyd, D. E.: Polyamide resins. New York: Reinhold Publ. Corp., London: Chap-
man & Hall 1958. 230 p.
Lee, Henry L. and *Kris D. Neville:* Epoxy resins, their application and tech-
nology. New York—Toronto—London: McGraw-Hill 1957. 305 p.
Lüttgen, C.: Die Technologie der Klebstoffe. Teil 2. Kitte, Kleb- und Dichtungs-
massen. Berlin-Wilmersdorf: Pansegrau 1957. 274 S.
Paquin, Alfred Max: Epoxydverbindungen und Epoxydharze. Berlin—Göttin-
gen—Heidelberg: Springer 1958. XX, 833 S.
Pinto, E. H.: Wood adhesives. 2nd ed. London: E. Spon Ltd. 1955. 180 p.
Rivat-Lahousse, A.: Les colles industrielles. Paris: Dunod 1956. 432 p.
Schrade, Jean: Les résines epoxy. Paris: Dunod 1957. X, 181 p.
Skeist, Irving: Epoxy resins. New York: Reinhold Publ. Corp. 1958. 308 p.
— Adhesion and adhesives; fundamentals and practice. New York: Wiley,
London: Society of Chemical Industry 1954. 229 p. [1.442.3].
— Bonded aircraft structures. Duxford, Cambridge: CIBA (ARL) 1959. VII,
177 p. [1.442.3], [2.53].

Faserstoffe und Fasererzeugnisse **1.324.5**

Jaumann, Ant. u. *G. Rordorf:* Textilkunde. 2. Aufl. Gütersloh: Pfanneberg 1956. 1076 S.

Moncrieff, R. W.: Man-made fibers. 3rd ed. New York: Wiley, London: Chapman & Hall 1957. 661 p.

Vatter, A.: Textilkunde. Teil 1. Rohstoffe und Verarbeitung 7. Aufl. Stuttgart: Holland & Josenhans 1955. 160 S.

— ASTM Standards on textile materials, D-13. Philadelphia: Amer. Soc. for Testing Materials 1958. 880 p.

Oberflächenschutzmittel **1.325**

Blasberg, Fr.: Lexikon für Korrosionsschutz und moderne Galvanotechnik. 2. Aufl. Solingen: Selbstverl. Fr. Blasberg 1956. X, 266 S. [2.7].

Burns, R. M. and *W. W. Bradley:* Protective coatings for metals. 2nd ed. New York: Reinhold Publ. Corp. 1955. 657 p.

Holland, L.: Vacuum deposition of thin films. London: Chapman & Hall 1956. 541 p.

Machu, W.: Oberflächenvorbehandlung von Eisen- und Nichteisenmetallen. 2. Aufl. Leipzig: Akad. Verl.-Ges. Geest & Portig 1957. XXIV, 960 S.

Ragg, Manfred: Schiffsbodenfarben und Schiffs-Anstrichmittel. Berlin: Pansegrau 1955. 412 S.

Werner, E.: Metallische Überzüge auf elektrolytischem und chemischem Wege und das Färben der Metalle. 5. Aufl. München: Hanser 1959. 173 S.

Hitzebeständige keramische Werkstoffe **1.326**

Hausner, H. H.: Modern materials. Vol. I. New York: Academic Press 1958. XI, 402 p. [1.324.2], [1.324.3].

Ermüdungsfestigkeit **1.33**

Cazaud, R.: La fatigue des métaux. 4e éd. Paris: Dunod 1959. XVIII, 574 p. [1.34—1.35].

Dolan, Thomas J., B. J. Lazan and *Oscar J. Horger:* Fatigue. Cleveland (Ohio): Amer. Soc. for Metals 1954. 121 p.

(Freudenthal, Alfred M.): Fatigue in aircraft structures. (Proc. Int. Conf. Columbia Univ., Jan.—Febr. 1956). New York: Academic Press 1956. XIII, 456 p. [1.34—1.35], [6.254].

Grover, H. J., S. A. Gordon and *L. R. Jackson:* Fatigue of metals and structures. Washington: Superintendent of Documents 1954. 394 p.; London: Thames & Hudson 1956. X, 401 p. [1.34—1.35].

Mann, J. Y.: Bibliography on the fatigue of materials, components, and structures. I. 1843—1938. Melbourne: Aeron. Res. Lab., Res. & Devel. Branch, Austral. Dep. of Supply Aug. 1954. 288 p. [1.34—1.35].

Pope, J. A.: Metal fatigue. London: Chapman & Hall 1959. XIV, 381 p.

Rassweiler, G. M. and *W. L. Grube:* Internal stresses and fatigue in metals. Amsterdam: Elsevier 1959. 466 p.

(Sines, George and *J. L. Waisman):* Metal fatigue. New York-Toronto-London: McGraw-Hill 1959. X, 415 p. [134—1.35], [6.254].

Shanley, F. R.: Strength of materials. New York-Toronto-London: McGraw-Hill 1957. XXII, 783 p. [1.31], [1.34—135].

(*Weibull, Waloddi* and *Folke K. G. Odqvist*): Colloquium on fatigue—Coloque de fatigue — Kolloquium über Ermüdungsfestigkeit. (Proc. Int. Union of Theoretical & Appl. Mech. (IUTAM), Stockholm May 25—27, 1955) Berlin—Göttingen—Heidelberg: Springer 1956. XI, 339 p. [1.34—1.35].
— Fatigue of metals. London: Instn. of Metallurgists 1956. 148 p. [1.34—1.35], [1.36].
— Proceedings of the international conference on fatigue of metals 1956. London: Instn. Mech. Engrs. 1958. 951 p.

Gestaltfestigkeit **1.34—1.35**

(*Brennan, J. N.*): Bibliography on shock and shock excited vibrations. Univ. Park, Pa., Pennsylvania State Univ. Vol. I (Engng. Res. Bull. 68) 1957. VI, 348 p., Vol. II (Engng. Res. Bull. 69) 1958 X, 181 p. [1.27].
Bürgermeister, Gustav u. *Herbert Steup:* Stabilitätstheorie mit Erläuterungen zu DIN 4114. 2. Aufl. Berlin: Akademie-Verl. 1959. XII, 407 S.
Cazaud, R.: La fatigue des métaux. 4e éd. Paris: Dunod 1959. XVIII, 574 p. [1.33].
Crandall, Stephen H.: Random vibration. New York: Wiley, London: Chapman & Hall 1959. 423 p.
Deyarmond, Albert and *Albert Arslan:* Fundamentals of stress analysis. I. Los Angeles: Aero Publishers.
(*Freudenthal, Alfred M.*): Fatigue in aircraft structures. (Proc Int. Conf. Columbia Univ., Jan.—Febr. 1956). New York: Academic Press 1956. XIII, 456 p. [1.33], [6.254].
Goldenblat, I. I. u. *A. M. Sisow:* Die Berechnung von Baukonstruktionen auf Stabilität und Schwingungen. (Übers. aus dem Russ.) Berlin: Verl. Technik 1955. 220 S. [1.22—1.24], [1.27].
Grover, H. J., S. A. Gordon and *L. R. Jackson:* Fatigue of metals and structures. Washington: Superintendent of Documents 1954. 394 p.; London: Thames & Hudson 1956. X, 401 p. [1.33].
Hoff, Nicholas John: The analysis of structures based on the minimal principles and the principle of virtual displacements. New York: Wiley, London: Chapman & Hall 1956. X, 493 p. [6.254].
Kan, S. N. u. *J. G. Panowko:* Festigkeit dünnwandiger Konstruktionen. Blechbaustatik. Berlin: Verl. Technik 1956. 169 S. [1.22—1.24], [6.254].
Kollbrunner, Curt F. und *Martin Meister:* Knicken. Theorie und Berechnung von Knickstäben. Knickvorschriften. Berlin—Göttingen—Heidelberg: Springer 1955. VIII, 232 S.
Lisarelli, Frederick R.: Essential strength of materials. New York—Toronto—London: McGraw-Hill 1957. 261 p.
Mann, J. Y.: Bibliography on the fatigue of materials, components, and structures. I. 1843—1938. Melbourne: Aeron. Res. Lab., Res. & Devel. Branch, Austral. Dep. of Supply Aug. 1954. 288 p. [1.33].
Neuber, H.: Kerbspannungslehre. 2. Aufl. Berlin—Göttingen—Heidelberg: Springer 1958. IX, 226 S.
Norris, Charles H., Robert J. Hansen, Myle J. Holley jr., John M. Biggs, Saul Namyet and *John K. Minami:* Structural design for dynamic loads. New York-Toronto-London: McGraw-Hill 1959. XVIII, 453 p.
Prager, W. u. *P. G. Hodge jr.:* Theorie ideal plastischer Körper. Wien: Spinger 1954. X, 274 S.
Sawin, G. N.: Spannungserhöhung am Rande von Löchern. (Übers. aus dem Russ.) Berlin: Verl. Technik 1956. 448 p.
Seely, Fred B. and *James O. Smith:* Resistance of materials. 4th ed. New York: Wiley, London: Chapman & Hall 1956. XVI, 459.

Serensen, S. W.: Höhere Gestaltfestigkeit durch Oberflächenverfestigung. (Übersetzt aus dem Russ.) Berlin: Verl. Technik 1954. 246 S.

Shanley, F. R.: Strength of materials. New York—Toronto—London: McGraw-Hill 1957. XXII, 783 p. [1.31], [1.33].

(Sines, George and *J. L. Waisman):* Metal fatigue. New York—Toronto—London: McGraw-Hill 1959. X, 415 p. [1.33], [6.254].

Sokolnikoff, I. S.: Mathematical theory of elasticity. 2nd ed. New York: Mc Graw-Hill 1956. 476 p.

Stüssi, Fritz: Tragwerke aus Aluminium. Berlin—Göttingen—Heidelberg: Springer 1955. VII, 198 S. [1.22—1.24], [6.27].

Timoshenko, Stephen: Strength of materials. I. Elementary theory and problems. 3rd ed. London—New York—Toronto: van Nostrand 1955. XIV, 434 p.

Weber, Constantin u. *Wilhelm Günther:* Torsionstheorie. Braunschweig: Vieweg 1958. 307 S.

(Weibull, Waloddi and *Folke K. G. Odqvist):* Colloquium on fatigue — Colloque de fatigue — Kolloquium über Ermüdungsfestigkeit. (Proc. Int. Union of Theoretical & Appl. Mech. (IUTAM), Stockholm May 25—27, 1955) Berlin—Göttingen—Heidelberg: Springer 1956. XI, 339 p. [1.33].

— Fatigue of metals. London: Instn. of Metallurgists 1956. 148 p. [1.33], [1.36].

Werkstoffverhalten bei Korrosion 1.36

Akimow, G. W.: Korrosion und Verschleiß von Stählen und ihre Bekämpfung in Dampferzeugungsanlagen sowie im Maschinen- und Fahrzeugbau. (Übers. aus dem Russ.) Berlin: Verl. Technik 1956. 180 S.

Zatrakow, W. P.: Korrosion metallischer Werkstoffe in aggressiven Mitteln. (Übers. aus dem Russ.) Berlin: Verl. Technik 1955. 512 S.

Evans, V. R.: The corrosion and oxydation of metals. 1959. 1080 p.

Klas, Heinrich u. *Heinrich Steinrath:* Die Korrosion des Eisens und ihre Verhütung. Düsseldorf: Verlag Stahleisen 1956. XII, 494 S.

Ritter, Franz: Korrosionstabellen nichtmetallischer Werkstoffe, geordnet nach angreifenden Stoffen. Wien: Springer 1956. IV, 232 S.

Ritter, Franz: Korrosionstabellen metallischer Werkstoffe, geordnet nach angreifenden Stoffen. 4. Aufl. Wien: Springer 1958. IV, 290 S.

(Robertson, William D.): Stress corrosion cracking and embrittlement. New York: Wiley, London: Chapman & Hall 1956. 202 p.

(Tödt, F): Korrosion und Korrosionsschutz. Berlin: de Gruyter 1955. XXXII, 1102 S.

Tödt, F.: Metallkorrosion. Allgemeines, Messung und Verhütung. 2. Aufl. Berlin: de Gruyter 1958. XIV, 111 S.

— Das chemische Verhalten von Aluminium. Hrsg. Aluminium-Zentrale, Düsseldorf: Aluminium Verl. März 1955. XI, 333 S.

— Corrosion, a symposium. (Univ. of Melbourne on 28th Nov. — 2nd Dec. 1955). Carlton, Australia: Committee of the Symposium on Corrosion, Melbourne Univ. 1956. 609 p.

— Fatigue of metals. London: Instn. of Metallurgists 1956. 148 p. [1.33], [1.34—1.35]

Wärmebeanspruchungsprobleme 1.37

Gatewood, B. E.: Thermal stresses. With applications to airplanes, missiles, turbines, and nuclear reactors. New York—Toronto—London: McGraw-Hill 1957. XV, 232 p. [6.211], [6.254].

Hoff, Nicholas John: High temperature effects in aircraft structures. AGARDograph 28, London—New York: Pergamon Press 1958. VII, 357 p. [6.254].

Melan, Ernst u. Heinz Parkus: Wärmespannungen infolge stationärer Temperaturfelder. Wien: Springer 1953. V, 114 S.

Parkus, Heinz: Instationäre Wärmespannungen. Wien: Springer 1959. V, 166 S.

Gestaltung und Festigkeit von Elementen (Halbzeuge) **1.4—1.42**

Bucher, G.: Drahtseile und ihre Herstellung. Berlin: Verl. Technik 1958. 106 S.

Meebold, R.: Die Drahtseile in der Praxis. 3. Aufl. Berlin—Göttingen—Heidelberg: Springer 1959. VII, 110 S.

Shitkow, D. G. u. I. T. Pospechow: Drahtseile. (Übers. aus dem Russ.) Berlin: Verlag Technik 1957. 352 S.

Soled, Julius: Fasteners Handbook. New York: Reinhold Publ. Corp. 1957. 430 p.

Wyss, Theophil: Die Stahldrahtseile der Transport- und Förderanlagen, insbesondere der Standseil- und Schwebebahnen. Ihre Beanspruchung und Berechnung. Zürich: Schweizer Druck- u. Verl.-Haus 1957. 448 S.

— Stahldrahterzeugnisse. (Hrsg. Ausschuß f. Drahtverarb. im VD Eisenhüttenleute). Bd. I: XIV, 340 S., Bd. II: X, 315 S. Düsseldorf: Verl. Stahleisen 1956.

Bauelemente **1.43**

Genormte und teilweise genormte Bauelemente **1.431**

Dudley, D. W.: Practical gear design. New York—Toronto—London: McGraw-Hill 1954. X, 335 p.

Dudley, Darle W.: Zahnräder. Berechnung, Entwurf und Herstellung nach amerikanischen Erfahrungen. Deutsche Bearbeitung: Hans Winter. Berlin—Göttingen—Heidelberg: Springer 1960. 570 S.

Göbel, E. F.: Berechnung und Gestaltung von Gummifedern. 2. Aufl. (Konstruktionsbücher Bd. 7). Berlin—Göttingen—Heidelberg: Springer 1955. VI, 86 S.

Gross, S.: Berechnung und Gestaltung von Metallfedern. 3. Aufl. (Konstruktionsbücher Bd. 3). Berlin—Göttingen—Heidelberg: Springer 1960. IV, 156 S.

Heidebroek, Enno: Tragfähigkeitswerte für Lagerstoffe und Konstruktionsbeispiele. Wälzlager / Gleitlager. Berlin: Verl. Technik 1954. 96 S.

Henriot, G.: Traité théorique et pratique des engrenages. I. Theorie et technologie. Paris: Dunod 1954. 394 p.

Illmann, Alfred u. Hans Kurt Obst: Wälzlager in Eisenbahnwagen und in Dampflokomotiven. Berlin: Ernst 1957. 184 S.

Kaempf, Paul u. Helmut Kreisel: Berechnung und Herstellung von Zahnrädern. Leipzig: Fachbuchverlag 1956. X, 432 S.

Keck, K. F.: Die Zahnradpraxis. I. Geradzahn-Stirnräder. 1956. 318 S. II. Schrägzahnstirnräder, Geradzahn- und Spiralkegelräder. 1958. 404 S. München: Oldenbourg.

Lindner, W.: Zahnräder. Bd. 2. Stirn- und Kegelräder mit schrägen Zähnen, Schraubgetriebe. 4. Aufl. Berlin—Göttingen—Heidelberg: Springer 1957. VIII, 132 S.

Niemann, Gustav: Maschinenelemente. Entwerfen, Berechnen und Gestalten im Maschinenbau. II. Getriebe. Berlin—Göttingen—Heidelberg: Springer 1960. XI, 310 S. [6.21]

Thomas, A. K.: Die Tragfähigkeit der Zahnräder. Neuzeitliche Berechnungsweise der Zahnbeanspruchungen von Stirn-, Kegel-, Schnecken- und Schraubenrädern. 3. Aufl. München: Hanser 1957. 182 S.

Unger, Hans: Wälzlagerhandbuch. Bd. I. 1957. 364 S., Bd. II. 1958. 364 S. Berlin. Verl. Technik 1957/58.

Vogelpohl, Georg: Betriebssichere Gleitlager. Berechnungsverfahren für Konstruktion und Betrieb. Berlin—Göttingen—Heidelberg: Springer 1958. XII. 315 S.

Wilcock, Donald F. and *Richard Booser:* Bearing design and application. New York—Toronto—London: McGraw-Hill 1957. 464 p.

Winter, Hans u. *Gustav Niemann:* Die tragfähigste Evolventen-Geradverzahnung. Untersuchung und Vergleich verschiedener Verzahnungssysteme. (Schr.-Reihe Antriebstechnik, H. 15). Braunschweig: Vieweg 1954. 142 S.

— Purrmann-Schraubenfibel (Hrsg. Purrmann-Schrauben Carlheinz Purrmann). 2. Aufl. Stuttgart: Stuttgarter Werbe-Agentur GmbH. 1959. 764 S.

— Zahnräder, Zahnradgetriebe. Vorträge und Diskussionsbeiträge der Fachtagung „Antriebselemente", Essen 1954. (Schr.-Reihe Antriebstechnik, Bd. 61) Braunschweig: Vieweg 1955. 266 S.

Festigkeit von Verbindungselementen   **1.44**

Allgemeines   **1.441**

Decker, K.-H.: Verbindungselemente. Leipzig: Fachbuch-Verl. 1955. 292 S.

Laughner, Vallory H. and *Augustus D. Hargan:* Handbook of fastening and joining of metal parts. New York—Toronto—London: McGraw-Hill 1956. VII, 622 p.

Feste Verbindungen (Knoten usw.)   **1.442**

Schweißverbindungen   **1.442.1**

Erdmann-Jesnitzer, F.: Werkstoff und Schweißung. Handbuch für die Werkstoff- und werkstoffbedingte Verfahrenstechnik der Schweißung. Bd. 2. Berlin: Akademie-Verl. 1954. XVII, 617 S. [2.511].

Erker, A., A. Stoll u. *H. W. Hermsen:* Gestaltung und Berechnung von Schweißkonstruktionen (Fachbuchreihe Schweißtechnik Bd. 9). Braunschweig: Vieweg 1959. 180 S. [5].

Jensen, A.: Applied strength of materials. New York—Toronto—London: McGraw-Hill 1957. XIII, 343 p. [1.442.4].

Neumann, Alexis: Probleme der Dauerfestigkeit von Schweißverbindungen. Berlin: Verl. Technik 1959. 160 S.

Okerblom, N. O.: Schweißspannungen in Metallkonstruktionen. (Übers. aus dem Russ.). Halle/Saale: Marhold 1959. 190 S.

Schimpke, P., H. A. Horn u. *J. Ruge:* Praktisches Handbuch der gesamten Schweißtechnik. Bd. 3. Berechnen und Entwerfen der Schweißkonstruktionen. 2. Aufl. Berlin—Göttingen—Heidelberg: Springer 1959. XI, 334 S.

Sudasch, Erich: Schweißtechnik. 2. Aufl. München: Hanser 1959. XIV, 798 S. [2.511].

Leim- und Klebverbindungen   **1.442.3**

de Bruyne, Norman Adrian u. *R. Houwink: Klebtechnik.* Die Adhäsion in Theorie und Praxis. Stuttgart: Berliner Union 1957. 501 S. [2.53].

Perry, Henry Alexander: Adhesive bonding of reinforced plastics. New York—Toronto—London: McGraw-Hill 1959. XI, 275 p. [2.53].

— Adhesion and adhesives; fundamentals and practice. New York: Wiley, London: Society of Chemical Industry 1954. 229 p. [1.324.4].

— Bonded aircraft structures. Duxford, Cambridge: CIBA (ARL) 1959. VII, 177 p. [1.324.4], [2.53].

Nietverbindungen   **1.442.4**

Jensen, A.: Applied strength of materials. New York—Toronto—London: McGraw-Hill 1957. XIII, 343 p. [1.442.1].

Wirtschaftlichkeitsfragen des Leichtbaues **1.5**

Malisius, R.: Wirtschaftlichkeitsfragen der praktischen Schweißtechnik. (Fachbuchreihe Schweißtechnik Bd. 2). Braunschweig: Vieweg 1956. VIII, 200 S. [2.511].

Schneider, Heinrich: Wirtschaftliches Schweißen nach den Grundsätzen des REFA. (Fachbuchreihe Schweißtechnik Bd. 1). Braunschweig: Vieweg 1956. 68 S. [2.511].

Fertigung **2**

Allgemeines **2.1**

Büchner, Hermann: Moderne Metallbearbeitung. München: Hanser 1956. 288 S.

Lips, E. M. H.: Metallkunde für den Konstrukteur. Hamburg: Dtsch. Philips GmbH. 250 S. [1.321], [5].

Gießen, Druckgießen, Genaugießen **2.2**

Allendorf, H.: Präzisionsgießverfahren mit Ausschmelzmodellen. 2. Aufl. Leipzig: Fachbuch-Verl. 1958. VIII, 326 S.

Brace, A. W. and F. A. Allen: Magnesium casting technology. London: Chapman & Hall, New York: Reinhold Publ. Corp. 1957. 174 p.

Brunhuber, Ernst: Leichtmetall- und Schwermetall-Kokillenguß. 2. Aufl. Berlin: Schiele & Schön 1958. 184 S.

Cretin, André: Connaissance du moulage par injection. I. Paris: „Industrie des Plastiques Modernes" 1957. 191 p.

Goederitz, A. H. F. u. Joachim Müller: Metallguß. Entwicklung der deutschen Metallgußtechnik. II. Schmelzen und Legieren. Halle/Saale: Knapp 1955. 942 S.

Herrmann, E.: Handbuch des Stranggießens. Düsseldorf: Aluminium-Verl. 1958. 928 S.

(Howard, E. D.): Modern foundry practice. 3rd ed. New York: Phil. Library 1959. 464 p.

Irmann, Roland: Aluminiumguß in Sand und Kokille. 6. Aufl. Düsseldorf: Aluminium-Verl. 1959. VIII, 302 S.

Laeis, Max Eduard: Der Spritzguß thermoplastischer Massen. 2. Aufl. München: Hanser 1959. 301 S.

Lott, W.: Aluminium-Formguß für hohe Oberflächenansprüche. Berlin: Verlag Technik 1955. 259 S.

Newell, W. C.: The casting of steel. New York: Philosophical Library 1957. 599 p.

v. Reimer, Vinzenz: Der Druckguß. München. Hanser 1959. 304 S.

(Roll, F.): Handbuch der Gießerei-Technik. I. 1. Teil. Werkstoffe. I. Rohstoffe, Prüfung, Oberflächenbehandlung, Schweißen. Berlin—Göttingen—Heidelberg: Springer 1959. XVI, 892 S.

(Schulenburg, A.): Gießerei-Lexikon. Berlin: Schiele & Schön 1958. 872 S.

Schwarzmaier, Waldemar: Stranggießen, Entwicklung und Anwendung. (Schr.-Reihe „Technik von heute", Bd. 2). Stuttgart: Berliner Union 1957. 296 S.

Wood, Rawson L. and Davidlee v. Ludwig: Investment castings for engineers. New York: Reinhold 1952. 482 p.

— Gußfehler-Atlas. (Album de défauts de fonderie.) Bd. 1: Klassifikation, Fehler allgemeiner Art und Graugußfehler. Bd. 2: Stahlguß, Temperguß, Aluminium- und Magnesiumlegierungen. (Comité International des Associations Techniques de Fonderie. Hrsg. d. Übers.: Verein Deutscher Gießereifachleute) Düsseldorf: Gießerei-Verl. Bd. 1, 1955. IX, 196 S., Bd. 2, 1956. 229 S.

— Taschenbuch der Gießerei-Praxis 1959. Berlin: Schiele & Schön 1959. 516 S.

— Aus Wissenschaft und Praxis des Gießereiwesens. Eine Sammlung von Beiträgen. Düsseldorf: Kommissionsverl. Gießerei-Verl. 1955. 447 S.

— Zinc and light metal diecasting. Paris: OEEC 1955. 149 p.

Spanlose Formung **2.3**

Bruchanow, A. N. u. *A. W. Rebelski:* Gesenkschmieden und Warmpressen. Berlin: Verl. Technik 1955. 952 S.

Brünn, E.: Brennschneiden und Trennen. Berlin: Verl. Technik 1954. 200 S.

Butzko, Robert L.: Plastic sheet forming. New York: Reinhold Publ. Corp., London: Chapman & Hall 1958. 181 p.

Feldmann, Heinz D.: Fließpressen von Stahl. Berlin—Göttingen—Heidelberg: Springer 1959. VIII, 208 S.

Gentzsch, Gerhard: Fachbibliographie der bildsamen Formung der Metalle. Bd. 4. Schmieden und Pressen. Berlin: Akademie-Verl. 1958. 299 S.

Gentsch, Gerhard: Fachbibliographie der bildsamen Formung der Metalle. Bd. 2 Blechformung. Berlin: Akad. Verl. 1959. 488 S.

Hilbert, Heinrich L.: Stanzereitechnik. II. Umformende Werkzeuge. 4. Aufl. München: Hanser 1956. 462 S.

Chrenow, K. K.: Schweißen, Schneiden und Löten von Metallen. (Übers. aus dem Russ.). Halle/Saale: Marhold 1958. 440 S. [2.511], [2.512].

Krist, Thomas: Tabellen der Praxis: Schweißen, Schneiden, Löten. Darmstadt: Technik-Tabellen-Verlag 1958. XLI, 613 S. [2.511], [2.512].

Lange, Kurt: Gesenkschmieden von Stahl. Berlin—Göttingen—Heidelberg: Springer 1958. XII, 379 S.

Missoshnikow, W. M. u. *M. J. Grinberg:* Kaltpressen und Kaltstauchen. (Übers. aus dem Russ.). Berlin: Verl. Technik 1955. 336 S.

— Genaupressen von Metallen. (Schr.-Reihe Verl. Technik, Bd. 85). Berlin: Verl. Technik 1954. 168 S.

Spangebende Formung **2.4**

Leyensetter, W.: Wirtschaftlich Zerspanen. Grundlagen und Prüfverfahren für Zerspanung, insbesondere des Drehens. 2. Aufl. Braunschweig: Westermann 1953. 168 S.

— Machining Kaiser aluminum. Chicago: Kaiser Aluminum & Chemical Sales 1955. 308 p.

Fügen (Verbinden) **2.5**

Fügen durch Stoffschluß **2.51**

Schweißen **2.511**

Buray, Z.: Aluminiumverbindungen. I. Das Schweißen von Aluminium. Halle/S.: Marhold 1958. 288 S.

Chrenow, K. K.: Schweißen, Schneiden und Löten von Metallen. (Übers. aus dem Russ.). Halle/Saale: Marhold 1958. 440 S. [2.3], [2.512].

Davies, A. C.: The science and practice of welding. Cambridge Univ. Press 1956. 502 p.

Erdmann-Jesnitzer, Friedrich: Werkstoff und Schweißung. Handbuch für die Werkstoff- und werkstoffbedingte Verfahrenstechnik der Schweißung. Bd. 2. Berlin: Akademie-Verl. 1954. XVII, 617 S. [1.442.1].

Erdmann-Jesnitzer, Friedrich: Werkstoff und Schweißung. Handbuch für die Werkstoff- und werkstoffbedingte Verfahrenstechnik der Schweißung. Bd. 3. Berlin: Akademie-Verl. 1959. XX, 626 S.

Günther, Werner: Arbeitsbestverfahren durch UP-Schweißung. Berlin: Verlag Technik 1955. 208 S.

Haim, G.: Soudure des plastiques. II. Polyéthylène. Paris: Dunod 1957. 157 p.

Haim, G.: Manual for plastic welding. Vol. 3. Polyvinylchloride. London: Crosby Lockwood. 324 p.

Kotschergin, K. A.: Leitfaden des Widerstandsschweißens (Übers. aus dem Russ.). (Schr.-Reihe Verl. Technik, Bd. 204.) Berlin: Verl. Technik 1956. 104 S.

Krist, Thomas: Tabellen der Praxis: Schweißen, Schneiden, Löten. Darmstadt: Technik-Tabellen-Verlag 1958. XLI, 613 S. [2.3], [2.512].

Malisius, R.: Wirtschaftlichkeitsfragen der praktischen Schweißtechnik. (Fachbuchreihe Schweißtechnik, Bd. 2.) Braunschweig: Vieweg 1956. VIII, 200 S. [1.5].

Malisius, R.: Schrumpfungen, Spannungen und Risse beim Schweißen. (Fachbuchreihe Schweißtechnik, Bd. 10.) Düsseldorf: Dtsch. Verl. Schweißtechnik, Braunschweig: Vieweg 1957. 140 S.

(Matting, Alexander): Das Schweißen der Leichtmetalle und seine Randgebiete. Fachbuchreihe „Schweißtechnik", Bd. 14. Düsseldorf: Dtsch. Verl. Schweißtechnik 1959. 200 S.

Müller-Busse, A.: Neuerungen auf dem Gebiete der Leichtmetall-Punktschweißung. (Fachbuchreihe Schweißtechnik Bd. 3) Braunschweig: Vieweg 1955.

Neese, H.: Theorie und Praxis der Lichtbogenschweißung. Halle/Saale: Marhold 1954. 397 S.

Neumann, J. A. and *F. J. Bockhoff:* Welding of plastics. New York: Reinhold Publ. Corp. 1959. VIII, 279 p.

Norén, Tore: Werkstoffkunde für die Lichtbogenschweißung von Eisen und Stahl. Solingen: Selbstverl. Kjellberg-Esab GmbH 1955. 218 S.

Paton, E. O.: Automatische Lichtbogenschweißung. (Übers. aus dem Russ.) Halle/ Saale: Marhold 1958. 496 S.

(Philipps, Arthur L.): Welding handbook. I. Basic principles and data. 4th ed. London: Cleaver-Hume Press 1957. 564 p.

Rykalin. N. N.: Berechnung der Wärmevorgänge beim Schweißen. Berlin: Verl. Technik 1957. 328 S.

Schrader, W.: Die Kunststoff-Verarbeitung und -Schweißung. 4. Aufl. Halle/Saale: Marhold 1958. XVIII, 472 S. [6.1].

Schneider, Heinrich: Wirtschaftliches Schweißen nach den Grundsätzen des REFA. (Fachbuchreihe Schweißtechnik Bd. 1) Braunschweig: Vieweg 1956. 68 S. [1.5.].

Sergejew-Feigenson: Die elektrische Widerstandsschweißung. Halle/Saale: Marhold 1956. 286 S.

Sudasch, Erich: Schweißtechnik. 2. Aufl. München: Hanser 1959. XIV, 798 S. [1.442.1].

Zade, H. P.: Thermisches und Hochfrequenzschweißen von Kunststoffen. München: Hanser 1959. 203 S.

Zade, Hans Peter: Heat sealing and high frequency welding of plastics. New York: Interscience Publishers, London: Temple Press 1959. 211 p.

— Handbuch Lichtbogenschweißen. Berlin: Verl. Technik 1958. 364 S.

— Resistance welding — theory and use. (Resistance Welding Comm., Amer. Welding Soc.). New York: Reinhold Publ. Corp. 1956. 255 p.

— Schweißen von Gußeisen. (Fachbuchreihe Schweißtechnik Bd. 4). Düsseldorf: Dtsch. Verl. f. Schweißtechnik, Braunschweig: Vieweg 1958. 112 S.

— Steigerung der Wirtschaftlichkeit und der Produktivität durch die Schweißtechnik. Düsseldorf: Dtsch. Verl. Schweißtechnik: Vieweg 1957. 148 S.

Löten   2.512

Chrenow, K. K.: Schweißen, Schneiden und Löten von Metallen. (Übers. aus dem Russ.). Halle/Saale: Marhold 1958. 440 S. [2.3], [2.511].

Krist, Thomas: Tabellen der Praxis: Schweißen, Schneiden, Löten. Darmstadt: Technik-Tabellen-Verlag 1958. 613, XLI S. [2.3], [2.511].

Lüder, Erich: Handbuch der Löttechnik. Berlin: Verl. Technik 1952. 440 S.
— Brazing manual. (Comm. on Brazing & Soldering, Amer. Welding Soc.). New York: Reinhold Publ. Corp. 1955. 202 p.

Leimen und Kleben   **2.53**

de Bruyne, Norman Adrian u. *R. Houwink:* Klebtechnik. Die Adhäsion in Theorie und Praxis. Stuttgart: Berliner Union 1957. 501 S. [1.442.3].
Marian, J. E.: Lim och limning. Stockholm: Strömbergs 1954. 265 S.
Perry, Henry Alexander: Adhesive bonding of reinforced plastics. New York—Toronto—London: McGraw-Hill 1959. XI, 275 p. [1.442.3].
— Bonded aircraft structures. Duxford, Cambridge: CIBA (ARL) 1959. VII, 177 p. [1.324.4], [1.442.3].

Oberflächenbehandlung   **2.7**

Blasberg, Fr.: Lexikon für Korrosionsschutz und moderne Galvanotechnik. 2. Aufl. Solingen: Selbstverl. Fr. Blasberg 1956. X, 266 S. [1.325].
Brunst, Walter: Die induktive Wärmebehandlung. Berlin—Göttingen—Heidelberg: Springer 1957. XII, 240 S.
Graham, A. Kenneth: Electroplating engineering handbook. New York: Reinhold Publ. Corp. 1955. 670 p.
Hübner, Walther W. G. u. *A. Schiltknecht:* Die Praxis der anodischen Oxidation des Aluminiums. Düsseldorf: Aluminium-Verl. 1956. XIV, 408 S.
Langdon, Palmer H. and Nathaniel Hall: Metal finishing guidebook 1957. 25th ed. Westwood N. J.: Finishing Publ. Inc. 640 p.
Minkewitsch, A. N.: Chemisch-thermische Oberflächenbehandlung von Stahl. Berlin: Verl. Technik 1953. 436 S.
Naboka, M. W.: Oberflächenbrennhärten. Leipzig: Fachbuchverl. 1955. 126 S.
Wernick, S. and R. Pinner: Surface treatment and finishing of aluminium and its alloys, 2nd ed. Teddington, Middlesex: R. Draper 1959. XLV, 607 p.
Wiederholt, W.: Jahrbuch der Oberflächentechnik. 15. Aufl. Berlin: Metall-Verl. 1959. 1098 S.

Prüfen und Messen   **4**

Coker, E. G. and L. N. G. Filon: A treatise on photo-elasticity. 2nd ed. Cambridge: Univ. Press 1957. 720 p.
Damerow, E., A. Herr u. *O. Niezoldi:* Hilfsbuch für die praktische Werkstoffabnahme in der Metallindustrie. Berlin—Göttingen—Heidelberg: Springer 1955. IV, 123 S.
Davis, Harmer E., George Earl Troxell and Clement T. Wiskocil: The testing and inspection of engineering materials. 2nd ed. New York—Toronto—London: McGraw-Hill 1955. 431 p.
Durelli, A. J., E. A. Phillips and C. H. Tsao: Introduction to the theoretical and experimental analysis of stress and strain. New York—Toronto—London: McGraw-Hill 1958. XXX, 498 p.
Eisenkolb, Friedrich: Mechanische Prüfung metallischer Werkstoffe. (Einführung in die Werkstoffkunde Bd. 2) 2. Aufl. Berlin: Verl. Technik 1959. 156 S.
(Fink, Kurt u. *Christof Rohrbach):* Handbuch der Spannungs- und Dehnungsmessung. Düsseldorf: VDI-Verl. 1958. 532 S.
Föppl, Ludwig u. *Ernst Mönch:* Praktische Spannungsoptik. 2. Aufl. Berlin—Göttingen—Heidelberg: Springer 1959. XI, 209 S.
Frank, Karl: Prüfungsbuch für Kautschuk und Kunststoffe. Stuttgart: Berliner Union 1955. 140 S.

(Frank, Karl): Taschenbuch der Härteprüfung metallischer Werkstoffe. Füssen: C. F. Winter'sche Verl.-Buchhandlung 1956. 176 S.

Glocker, Richard: Materialprüfung mit Röntgenstrahlen unter besonderer Berücksichtigung der Röntgenmetallkunde. 4. Aufl. Berlin—Göttingen—Heidelberg: Springer 1958. VII, 530 S.

Graf, Ulrich u. Hans Joachim Henning: Statistische Methoden bei textilen Untersuchungen. 3. Aufl. Berlin—Göttingen—Heidelberg: Springer 1960. 304 S.

Gunnert, R.: Residual welding stresses. Method for measuring residual stresses and its application to a study of residual welding stresses. Stockholm: Almqvist & Wiksell 1955. 135 S.

Hanke, E.: Prüfung metallischer Werkstoffe. Bd. II. Zerstörungsfreie Prüfverfahren. 2. Aufl. Berlin: Verl. Technik 1960. 733 S.

Koch, Paul-August u. Erich Wagner: Textile Prüfungen. 7. Aufl. Wuppertal-Barmen: Staats GmbH. Abt. Dr. Spohr Verl. 1959. XVI, 104, 240, 146 S.

Kuske, A.: Einführung in die Spannungsoptik. Stuttgart: Wiss. Verlagsges. 1959. XI, 220 S.

Lehmann, H.: Werkstoffprüfung. I. Metalle. 4. Aufl. Leipzig: Fachbuchverl. 1959. 432 S.

Lever, A. E. and J. Rhys: The properties and testing of plastics materials. London: Temple Press 1957. 197 p. [1.324.3].

Mebus, H. G.: Dehnungsmessungen. Geeignete Geräte und ihre Anwendung. Füssen: Winter 1960. 136 S.

Mondina, Aldo: La fotoelasticità. Biblioteca del Tecnico Meccanico, V. Milano: Casa Editrice „rivista di meccanica" 1958. 128 p.

Moore, M. B.: Principles of experimental stress analysis. New York: Prentice-Hall 1954. X, 146 p.

Mott, B. W.: Micro-indentation hardness testing. London: Butterworth 1956. 272 p.

Mott, B. W. u. Karl F. Frank: Die Mikrohärteprüfung. Stuttgart: Berliner Union 1957. 300 S.

Müller, E. A. W.: Handbuch der zerstörungsfreien Materialprüfung. 1. Lfg. 1959 296 S., 2. Lfg. 1960 344 S. München: Oldenbourg 1959/60.

Murray, W. M. and P. K. Stein: Strain gage techniques. Pt. I and II. Cambridge, Mass.: Massachusetts Inst. Technol. 1957. Pt. I VIII, 320 p. Pt. II VIII, 337 p.

Perry, C. C. and H. R. Lissner: The strain gage primer. New York—Toronto—London: McGraw-Hill 1955. XII, 281 p.

Pignet, J.-L.: Méthodes non destructives pour l'étude et le contrôle des matériaux. Paris: Revue d'Optique 1957. 280 p.

Reicherter, Georg: Die Härteprüfungen nach Brinell, Rockwell, Vickers. 2. Aufl. Berlin—Göttingen—Heidelberg: Springer 1959. 216 S.

Rumjanzew, S. W. u. J. A. Grigorowitsch: Prüfung metallischer Werkstoffe mit Gammastrahlen. (Übers. aus dem Russ.) Berlin: Verl. Technik 1957. 294 S.

(Siebel, Erich): Handbuch der Werkstoffprüfung. Bd. II. Die Prüfung metallischer Werkstoffe. 2. Aufl. Berlin—Göttingen—Heidelberg: Springer 1955. XV, 754 S.

(Siebel, Erich u. Otto Graf): Handbuch der Werkstoffprüfung. Bd. III. Die Prüfung nichtmetallischer Baustoffe. 2. Aufl. Berlin—Göttingen—Heidelberg: Springer 1957. XXXI, 1026 S.

(Siebel, Erich): Handbuch der Werkstoffprüfung. Bd. I. Prüf- und Meßeinrichtungen. 2. Aufl. Berlin—Göttingen—Heidelberg: Springer 1958. XVI, 890 S.

(Siebel, Erich): Handbuch der Werkstoffprüfung. Bd. V. Die Prüfung der Textilien. 1. u. 2. Aufl. Berlin—Göttingen—Heidelberg: Springer 1960. XXX, 1440 S.

Späth, Wilhelm: Der Schlagversuch in der Werkstoffprüfung. Stuttgart: Gentner 1957. 184 S.

(Vaupel, Otto): Bildatlas für die zerstörungsfreie Materialprüfung. I, II. Berlin:
   Verl. Bild u. Forschung, Ernst Höppner 1955. 200 Bildtafeln.
Zelbstein, U.: Technique et utilisation des jauges de contrainte. Paris: Dunod
   1956. 262 p.
Zimmermann, E.: Werkstoffkunde und Werkstoffprüfung. 12. Aufl. Berlin—
   Hannover—Darmstadt: H. Schroedel 1955. 264 S. [1.31].
— Compte rendu général des traveaux de la conférence internationale sur les
   méthodes non destructives pour l'étude et le contrôle des matériaux. Ass. des
   Industriels de Belgique, Bruxelles 1955. 400 p.

Gestaltungslehre 5

Erker, A., A. Stoll u. *H. W. Hermsen:* Gestaltung und Berechnung von Schweißkonstruktionen. (Fachbuchreihe Schweißtechnik, Bd. 9) Braunschweig: Vieweg
   1959. 180 S. [1.442.1].
Lips, E. M. H.: Metallkunde für den Konstrukteur. Hamburg: Dtsch. Philips GmbH.
   250 S. [1.321], [2.1].
Neumann, Alexis: Schweißtechnisches Handbuch für Konstrukteure. Bd. 1, 484 S.,
   Bd. 2, 408 S. Berlin: Verl. Technik, 1954/55.
Sahmel, Paul u. *H. J. Veit:* Schweißtechnische Gestaltung im Stahlbau. Ein Leit-
   faden für den Schweißfachmann nach DIN 4100. (Fachbuchreihe Schweiß-
   technik, Bd. 12) 2. Aufl. Düsseldorf: Dtsch. Verl. f. Schweißtechnik, Braun-
   schweig: Vieweg 1960. 56 S.
Williams, Clifford D. and *Ernest C. Harris:* Structural design in metals. 2nd ed.
   New York: Ronald Press 1957. 655 p.
— Konstruieren und Gießen. (Hrsg. VDI u. Verein Dtsch. Gießereifachleute).
   Düsseldorf: Gießerei-Verl., VDI-Verl. 1957. 155 S.

Anwendungsgebiete für den Leichtbau 6
Allgemeines 6.1

(Abbett, R. W.): American civil engineering practice. Vol. III. New York: Wiley
   1957. XIII, 1263 p.
(Baker, M. B. and *J. M. Adle):* Kaiser aluminum sheet and plate product information. 2nd ed. Chicago: Kaiser Aluminum & Chemical Sales 1958. 308 p.
Beck, Hans: Spritzgießen. (Kunststoffverarbeitung, Folge 5) München: Hanser
   1957. 118 S.
Blankenstein, Curt: Holztechnisches Taschenbuch. München: Hanser 1956. 931 S.
   [1.25], [1.324.2].
Delorme, Jean, Maurice Fournier et *Henri Tatu:* Le rôle des matières plastiques
   dans le textile et le cuir. Paris: Editions Amphora 1954. 270 p.
Kinney, Gilbert Ford: Engineering properties and applications of plastics. New
   York: Wiley 1957. VII, 278 p. [1.324.3].
Hertel, Heinrich: Leichtbau. Bauelemente, Bemessungen und Konstruktionen von
   Flugzeugen und anderen Leichtbauwerken. Berlin—Göttingen—Heidelberg:
   Springer 1960. XXVIII, 526 S. [6.254].
McPherson, A. T. and *Alexander Klemin:* Engineering uses of rubber. New York:
   Reinhold Publ. Corp. 1956. 490 p.
Roloff, Paul: Das Stahlrohrgerüst. Berlin: Ullstein 1957. 183 S.
Rühl, K.: Die Sprödbruchsicherheit von Stahlkonstruktionen. Eine Übersicht über
   Erfahrungen, Versuche und Probleme mit Heranziehung der Versuche des
   Deutschen Ausschusses für Stahlbau. Düsseldorf: Werner-Verl. 1959. 152 S.
Schrader, W.: Die Kunststoff-Verarbeitung und -Schweißung. 4. Aufl. Halle/Saale:
   Marhold 1958. XVIII, 472 S. [2.511].

(Stoeckhert, K.): Verarbeitung von Kunststoffen. Vortragsreihe des Württembergischen Ingenieurvereins im VDI, Stuttgart, Jan./Febr. 1957. München: Hanser 1957. 108 S.

Stradtmann, F. H.: Stahlrohr-Handbuch. 5. Aufl. Essen: Vulkan-Verl. 1956. 728 S.

v. Thielmann, C. A. u. *Walter Munz:* Handbuch der Spanplattenverarbeitung. Bearbeitung, Betriebsmittel-Organisation. Mering bei Augsburg: Holz-Verl. u. Holzfachbuchdienst E. Kittel 1960. 480 S.

Wandeberg, Erich: Kunststoffe, ihre Verwendung in Industrie und Technik. 2. Aufl. Berlin—Göttingen—Heidelberg: Springer 1959. VII, 431 S. [1.324.3].

Wolf, E.: Anwendung der Leichtbautechnik. Leipzig: Fachbuchverl. 1956. 153 S.

— ALCOA structural handbook. Pittsburgh: Aluminum Co. of America 1955. 363 p.

— Timber design and construction handbook (Edited by Timber Engineering Co.). New York: F. W. Dodge Corp. 1956. 622 p. [1.324.2].

Anwendungsgebiete für den Leichtbau in den einzelnen Zweigen der Technik   **6.2**

Allgemeiner Maschinenbau   **6.21**

Berard, Samuel J., Everett O. Waters and *Charles W. Phelps:* Principles of machine design. New York: Ronald Press 1955. 534 p.

Black, Paul H.: Machine design. 2nd ed. New York—Toronto—London: McGraw-Hill 1955. VIII, 471 p.

Bobek, Karl, A. Heiß u. *Fr. Schmidt:* Stahlleichtbau von Maschinen. 2. Aufl. (Konstruktionsbücher, Bd. 1) Berlin—Göttingen—Heidelberg: Springer 1955. VII, 183 S.

Frischherz, Adolf u. *Rudolf Domayer:* Maschinenelemente in der Werkzeichnung. Entwurf und praktische Gestaltung normrichtiger und werkstattreifer Werkzeichnungen. München: Hanser 1960. XI, 206 S.

Hänchen, Richard: Neue Festigkeitsberechnung für den Maschinenbau. München: Hanser 1956. 282 S.

Hinkle, R. T.: Design of machines. New York: Prentice Hall 1957. XI, 188 p.

Ludwig, O.: Handbuch des Maschinenbaues. 4 Aufl. Gütersloh: Pfanneberg 1957. 832 S.

Luft, E.: Maschinenelemente. 6. Aufl. Leipzig: Fachbuchverlag 1955. 231 S.

Matousek, Robert: Konstruktionslehre des allgemeinen Maschinenbaues. Ein Lehrbuch für angehende Konstrukteure unter besonderer Berücksichtigung des Leichtbaues. Berlin—Göttingen—Heidelberg: Springer 1957. VII, 211 S.

Niemann, Gustav: Maschinenelemente. Entwerfen, Berechnen und Gestalten im Maschinenbau. I. Grundlagen, Verbindungen, Lager, Wellen und Zubehör. 4. Neudr. Berlin—Göttingen—Heidelberg: Springer 1960. IX, 308 S.

Niemann, Gustav: Maschinenelemente. Entwerfen, Berechnen und Gestalten im Maschinenbau. II. Getriebe. Berlin—Göttingen—Heidelberg: Springer 1960. XI, 310 S. [1.431].

(Rögnitz, H. u. *G. Köhler):* Fertigungsgerechtes Gestalten im Maschinen- und Gerätebau. 2. Aufl. Stuttgart: Teubner 1959. VI, 112 S. [6.215].

Rosenthal, Emanuel and *George P. Bischof:* Machine design. New York—Toronto —London: McGraw-Hill 1955. 233 p.

Shigley, Joseph Edward: Machine design. New York—Toronto—London: McGraw-Hill 1956. XIII, 523 p.

Tauscher, H.: Berechnung der Dauerfestigkeit von Bau- und Maschinenteilen. 5. Aufl. Leipzig: Fachbuchverl. 1959. 150 S.

Tochtermann, W.: Maschinenelemente. 7. Aufl. Berlin—Göttingen—Heidelberg: Springer 1956. XII, 542 S.

Kraftmaschinen **6.211**

Ambs, Otto: Grundlagen für die Berechnung von Kraftwagen und ihrer Motoren. 2. Aufl. Braunschweig—Berlin: R. C. Schmidt 1955. 166 S. [6.252].

Armstrong, L. V. and J. B. Hartman: The diesel engine, its theory, basic design and economics. New York: Macmillan 1959. XVIII, 360 p.

Barker, A., T. R. F. Nonweiler and R. Smelt: Jets and Rockets. London: Chapman & Hall 1959. 282 p.

Biezeno, C. B. and R. Grammel: Internal combustion engines. (Engineering dynamics, IV). London: Blackie & Son Ltd. 1954. 282 p.

Casamassa, Jack V. and Ralph D. Bent: Jet aircraft power systems. 2nd ed. New York—Toronto—London: McGraw-Hill 1957. 329 p.

Cox, Harold Roxbee: Gas turbine principles and practice. London—New York—Toronto: Van Nostrand 1955. 960 p.

Driggs, Ivan H. and Otis E. Lancaster: Gas turbines for aircraft. New York: Ronald Press 1955. XV, 349 p.

Englisch, Carl: Kolbenringe. I. Theorie, Herstellung und Bemessung. VII, 457 S., II. Betriebsverhalten und Prüfung. VII, 331 S. Wien: Springer 1958.

Finch, Volney C.: Jet Propulsion. Turbojets. Rev. ed. Palo Alto, Calif.: Nat. Press 1955. XV, 327 p.

Gatewood, B. E.: Thermal stresses. With applications to airplanes, missiles, turbines, and nuclear reactors. New York—Toronto—London: McGraw-Hill 1957. XV, 232 p. [1.37], [6.254].

Heldt, P.-M.: Les moteurs Diesel à grande vitesse pour l'automobile, l'aéronautique, la marine, la traction sur rail et les applications industrielles. 5e éd. Paris: Dunod 1955. 479 p.

Hesse, Walter J.: Jet propulsion. New York: Pitman 1958. 567 p. [6.212].

Inosemzew, N. W.: Wärmekraftmaschinen. Bd. I. Verbrennungsmotoren. (Übers. aus dem Russ.). Berlin: Verl. Technik 1954. 398 S.

Jante, A.: Über Verbrennungsmotoren und Kraftfahrwesen. Bd. I. Berlin: Verl. Technik 1956. 624 S. [6.252].

Judge, Arthur W.: The testing of high speed internal combustion engines. 4th ed. London: Chapman & Hall 1955. 494 p.

Judge, Arthur W.: Modern petrol engines. 2nd ed. London: Chapman & Hall 1955. 574 p.

Judge, Arthur W.: High speed diesel engines. 5th ed. London—New York—Toronto: Van Nostrand 1957. VII, 578 p.

Judge, Arthur W.: Gas turbines for aircraft. London: Chapman & Hall 1958. VII, 439 p.

Judge, Arthur W.: Small gas turbines and free piston engines. London: Chapman & Hall 1960. VII, 328 p.

Kalnin, A. et M. Laborie: Le turboréacteur et autres moteurs à réaction. Paris: Dunod 1958. 418 p.

Kruschik, J.: Die Gasturbine. Ihre Theorie, Konstruktion und Anwendung für stationäre Anlagen, Schiffs-, Lokomotiv-, Kraftfahrzeug- und Flugzeugantrieb. 2. Aufl. Wien: Springer 1960. XIV, 874 S.

Lanoy, Henry: Les petites turbines à gaz de 30 à 300 Ch. Paris: Girardot 1954. 128 p.

Lucas, Geoffrey and James Francis Pollock: Gas turbine materials. A survey of high-temperature materials and their application to the gas turbine. London: Temple Press 1957. XI, 163 p.

Mebus, H. G.: Berechnung von Raketentriebwerken. Füssen/Allgäu: C. F. Winter'sche Verl.-Buchhandlung 1957. 120 S.

(Nestorides, E. J.): A handbook on torsional vibration. London: Cambridge Univ. Press. 1958. XXII, 664 p.

Sass, Friedrich: Bau und Betrieb von Dieselmaschinen. Bd. 2. Die Maschinen und ihr Betrieb. 2. Aufl. Berlin—Göttingen—Heidelberg: Springer 1957. X, 475 S.

Smith, C. W.: Aircraft gas turbines. New York: Wiley. London: Chapman & Hall 1956. XV, 448 p.

Smith, G. Geoffrey and *F. C. Sheffield:* Gas turbines and jet propulsion. 6th ed. London: Iliffe 1955. 412 p.

Sutton, G. P.: Rocket propulsion elements. 2nd ed. New York: Wiley 1956. X, 483 p.

Welsh, R. I. and *Geoffrey Waller:* The gas turbine manual. 2nd ed. London: Temple Press 1955. 296 p.

Zucrow, M. J.: Aircraft and missile propulsion. I. Thermodynamics of fluid flow and application to propulsion engines. II. The gas turbine power plant, the turboprop, turbojet, ramjet, and rocket engines. New York: Wiley 1958. Vol. I, XIV, 538 p., Vol. II, XIV, 636 p.

Zumbühl, Hans: Motoren. Ein Buch über Wärmekraftmaschinen und ihre Brennstoffe. 3. Aufl. Zürich: Schweizer Druck- u. Verl.-Haus 1958. 315 S.

— Deutsche Verbrennungsmotoren. (Hrsg. Fachgemeinschaft Kraftmaschinen im VDMA). 5. Aufl. Frankfurt/M.: Maschinenbau-Verl. 1958. 217 S.

— Nüral-Kolbenhandbuch. (Hrsg. Aluminium-Werke Nürnberg). Nürnberg 1957. 240 S.

Pumpen und Verdichter 6.212

Addison, Herbert: Centrifugal and other rotodynamic pumps. 2nd ed. London: Chapman & Hall 1955. 540 p.

Eck, Bruno: Ventilatoren. Entwurf und Betrieb der Schleuder- und Schraubengebläse. 3. Aufl. Berlin—Göttingen—Heidelberg: Springer 1957. XI, 493 S.

Fuchslocher, Eugen u. *Hellmuth Schulz:* Die Pumpen. Arbeitsweise, Berechnung, Konstruktion. 10. Aufl. Berlin—Göttingen—Heidelberg: Springer 1959. VIII, 248 S.

Gebhardt, H.: Arbeitsweise und Berechnung von Kolbenpumpen und Kolbenverdichtern. Leipzig: Fachbuch-Verl. 1958. 131 S.

Hesse, Walter J.: Jet propulsion. New York 1958. 567 p. [6.211].

Horlock, J. H.: Axial flow compressors. London: Butterworth 1958. XVI, 189 p.

v. der Nuell, Werner T. u. *Alexander Garve:* Kreiselpumpen und -verdichter. Kreiselradarbeitsmaschinen. 2. Aufl. Stuttgart: Teubner 1957. 131 S.

Pfleiderer, Carl: Die Kreiselpumpen für Flüssigkeiten und Gase. Wasserpumpen, Ventilatoren, Turbogebläse, Turbokompressoren. 4. Aufl. Berlin—Göttingen—Heidelberg: Springer 1955. XI, 589 S.

Pfleiderer, Carl: Strömungsmaschinen. 2. Aufl. Berlin—Göttingen—Heidelberg: Springer 1957. XIV, 421 S.

Stepanoff, Alexey J.: Turboblowers. Theory, design and application of centrifugal and axial flow compressors and fans. New York: Wiley, London: Chapman & Hall 1955. 386 p.

Stepanoff, A. J.: Radial- und Axialpumpen. Theorie, Entwurf, Anwendung. Dtsch. Übers. von A. Haltmeier. Berlin—Göttingen—Heidelberg: Springer 1959. XII, 401 S.

Stepanoff, Alexey J.: Centrifugal and axial flow pumps; theory, design, and application. 2nd ed. New York: Wiley 1957. 462 p.

Elektrische Anlagen, Maschinen, Geräte und Teile   **6.213**

(Stäger, Hans): Werkstoffkunde der elektrotechnischen Isolierstoffe. 2. Aufl. Berlin-Nikolassee: Gebr. Borntraeger 1955. 477 S.

Still, Alfred and *Charles S. Siskind:* Elements of electrical machine design. 3rd ed. New York—Toronto—London: McGraw-Hill 1954. 465 p.

Vidmar, Milan: Neuartige Aluminiumleiter in Starkstromfreileitungen. Ljubljana: Slovenska Akademija Znanosti in Umetnosti 1953. 209 S.

Landmaschinen   **6.214**

Dobrochotow, M. N.: Landmaschinenbau. Berlin: Verl. Technik 1955. 272 S.

Gerth, R. u. *H. Thömke:* Hydraulik, Schweißen, Metallkleben, Metallspritzen im Landmaschinenbau. Leipzig: Fachbuch-Verl. 1958. 195 S.

Foltin. E.: Konstruktive Probleme der Landtechnik. Berlin: Verl. Technik 1953. 172 S.

Krutikow, Smirnow, Stscherbakow u. *Popow:* Theorie, Berechnung und Konstruktion der Landmaschinen. Bd. 1. Maschinen und Geräte für Bodenbearbeitung, Aussaat und Pflanzenpflege. Berlin: Verl. Technik 1956. 689 S.

Segler, G.: Maschinen in der Landwirtschaft. Berlin: Parey 1956. 447 S.

— Deutsche Landmaschinen und Ackerschlepper. 4. Aufl. Bonn: Maschinenbau-Verl. 1956. 119 S.

Behälter, Apparate usw.   **6.215**

Arnold, W.: Der Apparatebau. München: Hanser 1959. 429 S.

Eßlinger, Maria: Statische Berechnung von Kesselböden. Berlin—Göttingen—Heidelberg: Springer 1959. VIII, 100 S.

Kantorowitsch, S. B.: Die Festigkeit der Apparate und Maschinen für die chemische Industrie. (Übers. aus dem Russ.) Berlin: Verl. Technik 1955. 610 S.

Nemec, Jaroslav: Festigkeit von Druckbehältern unter verschiedenen Betriebsbedingungen. (Übers. aus dem Tschech.) Berlin: Verl. Technik 1956. 160 S.

(Rögnitz, H. u. *G. Köhler):* Fertigungsgerechtes Gestalten im Maschinen- und Gerätebau. 2. Aufl. Stuttgart: Teubner 1959. VI, 112 S. [6.21].

— Die Schweißtechnik im Dienste der chemischen Industrie. (Fachbuchreihe Schweißtechnik Bd. 15) Düsseldorf: Dtsch. Verl. f. Schweißtechnik 1958. 124 S.

Werkzeugmaschinen   **6.23**

Atscherkan, N. S.: Werkzeugmaschinen. I. 2. Aufl. Berlin: Verl. Technik 1957. 602 S.

Schlesinger, Georg: Prüfbuch für Werkzeugmaschinen. Die Arbeitsgenauigkeit der Werkzeugmaschinen. 6. Aufl. Middelburg: den Boer-Verl. 1955. 102 S.

Schwerd, Friedrich: Spanende Werkzeugmaschinen. Grundlagen und Konstruktionen. Berlin—Göttingen—Heidelberg: Springer 1956. XI, 543 S.

Beförderungsmittel   **6.25**

Landfahrzeuge   **6.252**

Ambs, Otto: Grundlagen für die Berechnung von Kraftwagen und ihrer Motoren. 2. Aufl. Braunschweig—Berlin: R. C. Schmidt 1955. 166 S. [6.211].

Born, Erhard: Lokomotiven und Wagen der Deutschen Eisenbahnen. Mainz: Hüthig & Dreyer Verl. 1958. 180 S.

Bosch, Robert: Kraftfahrtechnisches Taschenbuch. 14. Aufl. Düsseldorf: VDI-Verl. 1959. 483 S.

Gebauer, Richard, Werner Buck u. *K. Wiecking:* Die Fahrgestelle der Personenkraftwagen. Stuttgart: Chr. Belser 1956. 662 S.

Jante, A.: Über Verbrennungsmotoren und Kraftfahrwesen. Bd. I. Berlin: Verl. Technik 1956. 624 S. [6.211].

Kreissig, Ernst u. *Emil Sperling:* Berechnung des Eisenbahnwagens. 4. Aufl. Köln: Stauf-Verl. 1958. 360 S.

Lehmann, Heinrich u. *Erhard Pflug:* Der Fahrzeugpark der Deutschen Bundesbahn und neue, von der Industrie entwickelte Schienenfahrzeuge. Berlin-Bielefeld: G. Siemens 1957. 255 S.

(Neubauer, Erwin): Das gelbe Schlepperbuch. Schlepper-Jahrbuch 1957/58. Bd. 5. Wiesbaden-Sonnenberg: Verl. „technic" 1957. 903 S.

Reichenbächer, Hans: Gestaltung von Fahrzeugetrieben. (Konstruktionsbücher, Bd. 15) Berlin—Göttingen—Heidelberg: Springer 1955. VII, 155 S.

Rocard, Y.: Dynamic instability: Automobiles, aircraft, suspension bridges. London: Crosby, Lockwood 1957. 218 p. [6.254], [6.272].

Rochel, U.: Kleinkraftfahrzeuge — Fahrräder mit Anbaumotoren, Mopeds, Leichtmotorräder. Berlin: Verl. Technik 1955. 144 S.

Thoelz, W.: Motorrad und Motorroller. 4. Aufl. Braunschweig: R. C. Schmidt 1957. 864 S.

Wedemeyer, E. A.: Schwingungen des Kraftfahrzeuges und der Motoren. Berlin: Cram 1955. VIII, 124 S.

Wenzel, Willi: Das Schweißen im Eisenbahnwesen. I. Die Schweißverfahren. Halle/Saale: Marhold 1959. 106 S.

— Kraftfahrtechnisches Taschenbuch. 13.Aufl. Hrsg. Robert Bosch GmbH, Stuttgart. Düsseldorf: VDI-Verl. 1957. 483 S.

Wasserfahrzeuge 6.253

Arkenbout Schokker, J. C., E. M. Neuerburg, E. J. Vossnack and *B. Burggraef:* The design of merchant ships. 2nd ed. Haarlem (Holland): De Technische Uitgeverry H. Stam N. V. 1959, 600 p.

Barth, F.: Festigkeitsberechnungen im Stahlschiffbau. Leipzig: Fachbuch Verl. 1957. 134 S.

Bell, C.: How to build fiberglassboats. A comprehensive manual of fiberglass boatbuilding techniques, with complete information on how to improve and repair any boat with fiberglass. 1957. 202 p.

(Henschke, W.): Schiffsbautechnisches Handbuch. Bd. I. Schiffstheorie. Widerstand und Propulsion, Schiffsfestigkeit. 2. Aufl. Berlin: Verl. Technik 1957. 1086 S.

Manning, George C.: The theory and technique of ship design. New York: Wiley, London: Chapman & Hall 1956. 278 p.

Muckle, William: Modern naval architecture. New York: Philosophical Library 1956. VI, 154 p.

Strasburger, E.: Die Schweißtechnik mit besonderer Berücksichtigung des Schiffbaues. Leipzig: Fachbuch-Verl. 1955. 309 S.

— Aluminium im Schiffsbau. Vorträge und Diskussionen. Jahrbuch der Schiffbautechnischen Gesellschaft, Bd. 52. Berlin—Göttingen—Heidelberg: Springer 1958. 367 S.

— Neuzeitliche Werkstoffe und Einrichtungen im Schiffbau. (Schr.-Reihe Verl. Techn. Bd. 52) Berlin: Verl. Technik 1952. 104 S.

— Segeljachtbau. Berlin: Verl. Technik 1954. 116 S.

— The use and welding of aluminium in ship building. (Symposium organized by the Inst. of Welding.) London: Inst. of Welding 1956. 144 p.

Abramson, H. N.: An introduction to the dynamics of airplanes. 1st ed., New York: Ronald Press 1958. VIII, 225 p.

Afanassjew, A. M., N. G. Kalinin u. *W. A. Marin:* Grundzüge der Baumechanik unter besonderer Berücksichtigung der Flugzeugkonstruktionen. (Übers. aus dem Russ.) Berlin: Verl. Technik 1954. 536 S.

Alexandrow, W. L.: Luftschrauben. (Übers. aus dem Russ.) Berlin: Verl. Technik 1954. 445 S.

Bisplinghoff, Raymond L., H. Ashley and *R. L. Halfman:* Aeroelasticity. Cambridge, Mass.: Addison-Wesley Publ. Co. 1955. IX, 860 p.

Bruhn, E. F.: Analysis and design of airplane structures. Cincinnati 2 (Ohio): Tri-State Offset Co. 1952. 400 p.

Bruhn, E. F. and *A. F. Schmitt:* Analysis and design of aircraft structures. (Rev. ed.) I. Analysis for stress and strain. New York: 1958. 450 p.

Conway, H. G.: Landing gear design. New York: Macmillan, London: Chapman & Hall 1958. 342 p.

Conway, H. G.: Aircraft hydraulics. I. Hydraulic systems. 146 p., II. Component design. 198 p. London: Chapman & Hall 1957.

D'Estout, Henri G.: Aircraft weight & balance control. 3rd ed. Los Angeles: Aero Publishers 1959. 128 p.

Feofanow, A. F.: Die Kräfteermittlung in dünnwandigen Blechkonstruktionen. (Hrsg. W. A. Marjin, aus dem Russ. übersetzt von Walther Ballerstedt) Berlin: Cram 1958. 224 S.

(Freudenthal, Alfred M.): Fatigue in aircraft structures. (Proc. Int. Conf. Columbia Univ., Jan.—Febr. 1956). New York: Academic Press 1956. XIII, 456 p. [1.33], [1.34—1.35].

Fung, Y. C.: An introduction to the theory of aeroelasticity. New York: Wiley, London: Chapman & Hall 1955. 490 p.

Gatewood, B. E.: Thermal stresses. With applications to airplanes, missiles, turbines, and nuclear reactors. New York—Toronto—London: McGraw-Hill 1957. XV, 232 p. [1.37], [6.211].

Grobecker, D. W.: Metals for supersonic aircraft and missiles. Cleveland, Ohio: Amer. Soc. for Metals 1958. 432 p. [6.29].

Guibert, M. P.: Fabrication des avions et missiles. Paris: Dunod 1960. XX, 848 p.

Hertel, Heinrich: Leichtbau. Bauelemente, Bemessungen und Konstruktionen von Flugzeugen und anderen Leichtbauwerken. Berlin—Göttingen—Heidelberg: Springer 1960. XXVIII, 526 S. [6.1].

Hoff, Nicholas John: The analysis of structures based on the minimal principles and the principle of virtual displacements. New York: Wiley, London: Chapman & Hall 1956. X, 493 p. [1.34—1.35].

Hoff, Nicholas John: High temperature effects in aircraft structures. AGARDograph 28, London—New York: Pergamon Press 1958. VII, 357 S. [1.37].

Jacobs, Hans u. *Herbert Lück:* Werkstatt-Praxis für den Bau von Gleit- und Segelflugzeugen. 7. Aufl. Ravensberg: Otto Maier Verl. 1955. 354 S.

Kan, S. N. u. *J. G. Panowko:* Festigkeit dünnwandiger Konstruktionen. Blechbaustatik. Berlin: Verl. Technik 1956. 169 S. [1.22—1.24] [1.34—1.35].

Keller, George R.: Aircraft hydraulic design. London: Industrial Publ. Corp. 1957. 132 p.

Kuhn, Paul: Stresses in aircraft and shell structures. New York—Toronto—London: McGraw-Hill 1956. XX, 435 p. [1.22—1.24].

Lanoy, Henry: Les avions modernes. Paris: Girardot 1956. Tome I: La cellule 264 p. Tome II: Les moteurs 334 p.

Öry, H.: Aufbau und Bemessung von Flugzeugen. Konzept für Studierende. (In ungar.) Budapest 1956.

(Oldenburger, R.): Frequency response. New York: Macmillan 1956. XII, 372 p. [1.27].

Otto, Gerd: Moderne Leichtbautechnik im Flugzeugbau und weiteren Anwendungsgebieten. Bd. 1. Rumpf. Braunschweig: Vieweg 1960. XII, 284 S.

Petur, A.: Flugzeug-Festigkeitslehre. (In ungar.) Budapest: Lehrbuch-Verl. 1952.

Rácz, E. u. a.: Konstruieren von Flugzeugen. I. (In ungar.) Budapest: Lehrbuch-Verl. 1955.

Rocard, Y.: Dynamic instability: Automobiles, aircraft, suspension bridges. London: Crosby, Lockwood 1957. 218 p. [6.252], [6.272].

Rudnai, G.: Fabrikation und Reparatur von Flugzeugen. (In ungar.) Budapest: Lehrbuch-Verl. 1954.

Samu, B.: Flugzeugelemente. (In ungar.) Budapest: Lehrbuch-Verl. 1952.

Schwengler, Joh.: Statik im Flugzeugbau. Eine Einführung in die Berechnungsweisen für die Lufttüchtigkeit und Festigkeit der Flugzeuge. 4. Aufl. Braunschweig—Berlin: Verl. R. C. Schmidt 1957. IX, 245 S.

(Sines, George and *J. L. Waisman):* Metal fatigue. New York—Toronto—London: McGraw-Hill 1959. X, 415 p. [1.33], [1.34—1.35].

Teichmann, Frederick K.: Airplane design manual. 4th ed. New York—Toronto—London: Pitman 1958. 488 p.

Templeton, H.: Massbalancing of aircraft control surfaces. London: Chapman & Hall 1954. X, 241 p.

Tringham, T. C. E.: Causes and prevention of corrosion in aircraft. London: Pitman 1958. VII, 124 p.

— Aircraft propeller handbook. (ANC-9 Bull.). Washington: Superintendent of Documents. Sept. 1956. 391 p.

— Flight handbook. The theory and practice of aeronautics. Compiled by the staff of "Flight". London: Iliffe 1954. 282 p.

— United States Air Force parachute handbook. WADC Techn. Rep. 55-265 (AD 118036) (OTS, PB 121934) Dec. 1956. 310 p.

Förderanlagen   **6.26**

Aumund, Heinrich u. *Fritz Mechtold:* Hebe- und Förderanlagen. 4. Aufl. Berlin—Göttingen—Heidelberg: Springer 1958. VII, 309 S.

Barat, I. J. u. *W. I. Plawinski:* Kabelkrane. (Übers. aus dem Russ.) Berlin: Verl. Technik 1956. 352 S.

Ernst, Hellmut: Die Hebezeuge. I. Grundlagen und Bauteile. 5. Aufl. 1958. XII, 358 S., II. Winden und Krane. 4. Aufl. 1959. VIII, 306 S., III. Sonderausführungen. 3. Aufl. 1959. VIII, 295 S. Braunschweig: Vieweg 1958—1959.

Luetkens, Otto: Bauen im Bergbaugebiet. Bauliche Maßnahmen zur Verhütung von Bergschäden. Berlin—Göttingen—Heidelberg: Springer 1957. XI, 163 S.

Schleicher, Eugen: Krane, Hebezeuge und Transportgeräte. Wiesbaden—Berlin: Bauverlag GmbH 1957. 186 S.

(Spruth, Fritz): Streckenausbau in Stahl. Ein Handbuch für die Praxis. (Glückauf-Betriebsbücher, Bd. 2) 2. Aufl. Essen: Verl. Glückauf 1959. 256 S.

Stradthausen, E.: Hebemaschinen. I. Berechnen und Entwerfen der Einzelteile. 2. Aufl. 1955. 182 S. II. Entwerfen und Berechnen von Krananlagen. 2. Aufl. 1958. 218 S. Braunschweig: Westermann 1955/1958.

Bauwesen   **6.27**

Baker, J. F.: The steel skeleton. I. Elastic behaviour and design. Cambridge: Univ. Press 1954. 215 p.

Baker, J. F., M. R. Horne and *J. Heyman:* The steel skeleton. II. Plastic behavior and design. New York—London: Cambridge Unv. Press. 1956. X, 408.

Buchenau, H.: Stahlhochbau. I. 15. Aufl. 1956. 124 S., II. 13. Aufl. 1958. VI, 146 S. Stuttgart: Teubner 1956—1958.

Brimelow, E. J.: Aluminium in building. London: Macdonald 1957. 378 p.

Frick, A. u. *H. Knöll:* Baukonstruktionslehre. Teil 2. Holzbau. 20. Aufl. Neubearb von Friedrich Neumann. Stuttgart: Teubner 1959. VI, 266 S.

Gaylord, Edwin H. jr. and *Charles N. Gaylord:* Design of steel structures, including applications in aluminum. New York—Toronto—London: McGraw-Hill 1957. XVI, 539 p. (Civil Engng. Series).

Gibson, J. E. and *D. W. Cooper:* The design of cylindrical shell roofs. London-New York—Toronto: Van Nostrand 1955. XII, 186 p.

Kani, G.: Spannbeton in Entwurf und Ausführung. Stuttgart: Wittwer 1955. XII, 573 S.

Mittag, M.: Baukonstruktionslehre. Ein Nachschlagewerk für den Bauschaffenden über Grundnormen, Baustoffe, Verbindungen, Konstruktions-Systeme, Bauteile und Bauarten. Mit den dtsch. Normen und techn. Baubestimmungen. 10. Aufl. Gütersloh: Bertelsmann 1959. 352 S.

Neufert, Ernst: Bau-Entwurfslehre. 20. Aufl. Berlin: Ullstein Fachverl. 1959. 448 S.

Peter, John: Aluminum in modern architecture. I. New York: Reinhold Publ. Corp. 1956. 255 p.

Radek, H.: Grundlagen des Stahlbaus. Braunschweig: Westermann 1956. 258 S.

Rudmann, Karl.: Baustatik für die Praxis. Leitfaden für die Praxis zur Berechnung geradstäbiger Balkenträger und parallelstieliger Stockwerkrahmen Basel-Stuttgart: Birkhäuser 1955. 136 S.

Saechtling, Hansjürgen: Kunststoffe im Bauwesen. Düsseldorf: Econ-Verl. 1955. 220 S.

Schieicher, Ferdinand: Taschenbuch für Bauingenieure. 2. Aufl. Bd. I. II, 1087 S., Bd. II. XX, 1159 S. Berlin—Göttingen—Heidelberg: Springer 1955. [1.21].

Schreyer, C., Hermann Ramm u. *W. Wagner:* Praktische Baustatik. Teil 1. 11. Aufl. 1959. VI, 156 S., Teil 2. 9. Aufl. 1960. VI, 245 S., Teil 3. 4. Aufl. 1960. VI, 245 S. Stuttgart: Teubner 1959—1960.

Schwabe, A. u. *H. Saechtling:* Bauen mit Kunststoffen. Berlin: Ullstein 1959. 452 S.

Stüssi, Fritz: Tragwerke aus Aluminium. Berlin—Göttingen—Heidelberg: Springer 1955. VII, 198 S. [1.22—1.24], [1.34—1.35].

Stüssi, Fritz: Entwurf und Berechnung von Stahlbauten. I. Grundlagen des Stahlbaues. Berlin—Göttingen—Heidelberg: Springer 1958. XI, 577 S.

Weidlinger, Paul: Aluminum in modern architecture. II. New York: Reinhold Publ. Corp. 1956. 403 S.

— Stahlbau. Ein Handbuch für Studium und Praxis. (Hrsg. Dtsch. Stahlbau-Verband). I. Grundlagen. 1956. 332 S., II. Stahlkonstruktionen. 1957. 703 S. Köln: Stahlbau-Verl.

Häuser   **6.271**

Arcangeli, A.: La struttura nell'architettura moderna (Structures in modern architecture). Bologna: Sansoni Edizioni Scientifiche 1956. 370 p.

Hempel, G.: Sparren- und Kehlbalkendächer. Formeln, Tabellen und Beispiele. (Bau-Fachzeitschriften Nr. 12) Karlsruhe: Bruder 1958. 85 Bl.

Hempel, G.: Freigespannte Holzbinder. Konstruktions- und Berechnungsgrundlagen mit 19 kompletten statischen Berechnungen und Ausführungszeichnungen. (Bau-Fachzeitschriften Nr. 1) 6. Aufl. Karlsruhe: Bruder-Verl. 1959. 408 S.

Parker, Harry, Charles Merrick Gay and *John W. MacGuire:* Materials and methods of architectural construction. New York—London: Wiley 1958. 724 p.

Schneck, Adolf G.: Türen aus Holz, Metall und Glas. 5. Aufl. Stuttgart: Hoffmann Verl. 1956. 180 S.

Wedler, B.: Hölzerne Hausdächer. Baustoffbedarf und Arbeitsaufwand, Standsicherheitsnachweis. 6. Aufl. Düsseldorf: Werner-Verl. 1957. 172 S.

Brücken **6.272**

Hawranek, Alfred u. *Otto Steinhardt:* Theorie und Berechnung der Stahlbrücken. Berlin—Göttingen—Heidelberg: Springer 1958. XII, 426 S.

Koch, Werner: Brückenbau. Holz-, Massiv- und Stahlvollwand-Balkenbrücken. I. Planung der Brücken — Lastannahmen — Massivbrücken. Stuttgart: Teubner 1955. 330 S.

Laskus, August u. *Hans Schröder:* Hölzerne Brücken. Statische Berechnung und Bau der gebräuchlichsten Anordnungen. 8. Aufl. Berlin: Ernst 1955. XII, 260 S.

Moppert, Hugo: Statische und dynamische Berechnung erdverankerter Hängebrücken mit Hilfe von Greenschen Funktionen und Integralgleichungen. Veröff. Deutsch. Stahlbau-Verband H. 9. Köln: Stahlbau-Verl. 1955. 114 S.

Pugsley, Alfred: The theory of suspension bridges. New York: St. Martins Press, London: Edward Arnold 1957. VII, 136 p.

Rocard, Y,: Dynamic instabilility: Automobiles, aircraft, suspension bridges. London: Crosby, Lockwood 1957. 218 p. [6.252], [6.254].

Valette, R.: La construction des ponts. Evolution et tendances. 3e éd. Paris: Dunod 1959. 174 p.

Hochbau, Hallenbau, Industriebau **6.273**

Büstraan, P.: Handboekje voor staalconstructies. 2. Aufl. Deventer—Antwerpen: N. V. Uitgevers-Maatschappij AE. E. Kluwer 1958. 184 Blz.

Erdmenger, Franz u. *Leonhard Haberäcker:* Hochbau-Taschenbuch. 3. Aufl. Stuttgart: Franckh 1958. XVI, 583 S.

Gattnar, Anton u. *Franz Trysna:* Hölzerne Dach- und Hallenbauten. 7. Aufl. Berlin: Ernst 1960. 348 S.

Kersten, Carl u. *Werner Tramitz:* Der Stahlhochbau. Bd. 2. 6. Aufl. Berlin: Ernst 1959. X, 278 S.

Schmitt, Heinrich: Hochbaukonstruktion. Die Bauteile und das Baugefüge — Grundlagen des heutigen Bauens. Ravensberg: O. Maier 1956. 584 S.

Stegmann, G.: Berechnungsgrundlagen im Hochbau. 2. Aufl. Berlin: Verl. Technik 1957. 608 S.

Yitzhaki, D.: The design of prismatic and cylindrical shell roofs. Amsterdam: North-Holland Publ. Co. 1959. XV, 253 p.

— Bauen in Stahl. Hallenbauten — Stockwerkbauten —- Vordächer und Treppen. Hrsg. Schweizer Stahlbauverband. Zürich: Verl. Schweizer Stahlbauverband 1956. 372 S.

— Stahl im Hochbau. Handbuch für Entwurf, Berechnung und Ausführung von Stahlbauten. 12. Aufl. 2. Nachdr. Düsseldorf: Verl. Stahleisen 1959. 1036 S.

Gelenkte Flugkörper **6.29**

(Benecke, Th. and *A. W. Quick):* History of German guided missiles development. AGARDograph 20, Braunschweig: Appelhans 1957. VIII, 420 p.

Besserer, C. W.: Missile engineering handbook. London: Van Nostrand 1958. IX, 600 p.

Bonney, E. A., M. J. Zucrow and *C. W. Besserer:* Principles of guided missile design. II. Aerodynamics, propulsion, structures. Princeton, N. J.: Van Nostrand 1956. 595 S.

Bowman, Norman J.: The handbook of rockets and guided missiles. Chicago: Perastadion Press 1957. 328 p.

Dow, Richard B.: Fundamentals of advanced missiles. New York: Wiley, London: Chapman & Hall 1958. 583 p.

Gatland, Kenneth W.: Development of the guided missile. 2nd ed. London: Iliffe 1954. 292 p.

Grobecker, D. W.: Metals for supersonic aircraft and missiles. Cleveland, Ohio: Amer. Soc. for Metals 1958. 432 p. [6.254].

Humphries, John: Rockets and guided missiles. London: Ernest Benn 1956. 229 p.

Locke, Arthur S. a. o.: Guidance. (Principles of guided missile design series, Ed. G. Merrill). Princeton, N. J.: Van Nostrand Co. 1955. 729 p.

Merrill, Grayson: Principles of guided missile design. II. Aerodynamics, propulsion, structures and design practice. Princeton, N. J.: Van Nostrand 595 S.

Merrill, G., H. Goldberg and *R. H. Helmholz:* Principles of guided missile design. III. Operations research, armament, launching. Princeton, N. J.: Van Nostrand 1956. 508 p.

Parson, Nels A. jr.: Guided missiles in war and peace. Cambridge, Mass.: Harvard Univ. Press 1956.

(Puckett, Allen E. and *Simon Ramo):* Guided missile engineering. New York—Toronto—London: McGraw-Hill 1958. 486 p.

Sänger, Eugen: Entwicklungsstand 1957 der unbemannten Flugkörper, Überschall-Fluggeräte und Raumfahrzeuge. München: Oldenbourg 1957. 143 S.

Stemmer, J.: Raketenantriebe. Zürich: Schweizer Druck- und Verlagshaus 1952. 523 S.

— Guided missiles — operations, design and theory. New York—Toronto—London: McGraw-Hill 1958. 575p.

— Fundamentals of guided missiles. Design, theory, operation, maintenance. Los Angeles: Aero Publishers 1959. 600 p.

VII. Zeitschriften - Aufsätze

Leichtbau   Lightweight construction   UDC 016 (100) : 62.002—183.4

Gliederung der Literaturangaben   Arrangement of Titles

	Gruppe		Seite
Theorie und Grundlagen	1	Theory and Principles	75
Beanspruchungen, Lastannahmen, Sicherheiten und Vorschriften	1.1	Stresses, Loadings, Safety Factors and Rules	75
Maschinenbau	1.11	Mechanical Engineering	75
Landmaschinenbau	1.12	Agricultural Engineering	75
Fahrzeugbau	1.13	Transportation Engineering	75
Schienenfahrzeugbau	1.131	Railway Engineering	75
Straßenfahrzeugbau	1.132	Automotive Engineering	76
Wasserfahrzeugbau	1.133	Marine Engineering	76
Luftfahrzeugbau	1.134	Aeronautical Engineering	76
Förderanlagen	1.14	Conveyor Systems	83
Bergbau	1.15	Mining Engineering	
Bauwesen, Brücken- und Hochbau	1.16	Civil Engineering	84
Statik und Dynamik	1.2	Statics and Dynamics	84
Statik der Fachwerke, Vollwandträger und Rahmen	1.21	Statics of Frameworks, Frames and Solid Girders	84
Allgemeines	1.211	General	84
Ebene Tragwerke	1.212	Plane Structures	85
Fachwerkträger	1.212.1	Framework Girders	85
Vollwandträger	1.212.2	Solid Girders	85
Durchlaufträger	1.212.3	Continuous Beams	86
Rahmen und rahmenartige Träger	1.212.4	Frames and Similar Girders	86
Räumliche Tragwerke	1.213	Three Dimensional Structures	89
Räumliche Fachwerke (Flechtwerke)	1.213.1	Three Dimensional Frameworks (Trellisworks)	89
Räumliche Rahmen und rahmenartige Tragwerke	1.213.2	Three Dimensional Frames and Framelike Structures	89
Trägerroste (Kreuzwerke)	1.213.3	Girder Grillages	90
Statik der Platten	1.22	Statics of Plates	91
Allgemeines	1.221	General	91
Stabilität und Festigkeit der unversteiften Platten im elastischen und unelastischen Bereich (Belastung in Plattenebene)	1.222	Stability and Strength of Unstiffened Plates in the Elastic and Unelastic Range (Loaded in the Plane of the Plate)	92
Platten aus homogenen, insbesondere metallischen Werkstoffen	1.222.1	Homogenous, Especially Metal Plates	92

	Gruppe		Seite
Isotrope Platten	1.222.11	Isotropic Plates	92
Allgemeines	1.222.111	General	92
Druckbeanspruchung	1.222.112	Compression Load	93
Schubbeanspruchung	1.222.113	Shear Load	95
Zusammengesetze Be- anspruchung	1.222.114	Composite Load	95
Anisotrope Platten	1.222.12	Anisotropic Plates	96
Allgemeines	1.222.121	General	96
Druckbeanspruchung	1.222.122	Compression Load	96
Schubbeanspruchung	1.222.123	Shear Load	96
Zusammengesetzte Be- beanspruchung	1.222.124	Composite Load	97
Platten aus Sperrholz	1.222.2	Plywood Plates	97
Allgemeines	1.222.21	General	
Druckbeanspruchung	1.222.22	Compression Load	97
Schubbeanspruchung	1.222.23	Shear Load	97
Zusammengesetzte Be- anspruchung	1.222.24	Composite Load	
Verbund-Platten mit Füllstoffen (Stabilitäts- und Festigkeits- probleme)	1.222.3	Sandwich Plates (Stability and Strength)	97
Allgemeines	1.222.31	General	97
Druckbeanspruchung	1.222.32	Compression Load	97
Schubbeanspruchung	1.222.33	Shear Load	98
Zusammengesetzte Be- anspruchung	1.222.34	Composite Load	98
Kernmaterial	1.222.35	Core Material	98
Stabilität und Festigkeit der versteiften Platten (Be- anspruchung in Plattenebene)	1.223	Stability and Ultimate Strength of Stiffened Plates (Loaded in their Planes)	99
Platten aus homogenen, ins- besondere metallischen Werk- stoffen	1.223.1	Homogenous, Especially Metal Plates	99
Allgemeines	1.223.11	General	99
Druckbeanspruchung	1.223.12	Compression Load	100
Allgemeines	1.223.121	General	100
Mittragende Breite	1.223.122	Effective Width	101
Schubbeanspruchung	1.223.13	Shear Load	101
Zugdiagonalenfeld	1.223.14	Diagonal Tension Field	102
Zusammengesetzte Be- anspruchung	1.223.15	Composite Load	102
Platten aus Sperrholz	1.223.2	Plywood Plates	102
Allgemeines	1.223.21	General	
Druckbeanspruchung	1.223.22	Compression Load	102
Allgemeines	1.223.221	General	
Mittragende Breite	1.223.222	Effective Width	102
Schubbeanspruchung und Zug- diagonalfeld	1.223.23	Shear Load and Tension Field	

Gruppe   Seite

Orthotrope Platten	1.223.3	Orthotropic Plates	102
Allgemeines	1.223.31	General	102
Druckbeanspruchung	1.223.32	Compression Load	103
Krafteinleitung und Spannungs- störung an unversteiften und versteiften Platten (Be- anspruchung in Plattenebene	1.224	Diffusion of Load and Stress Disturbances in Unstiffened and Stiffened Plates (Loaded in their Planes)	103
Platten aus homogenen, ins- besondere metallischen Werk- stoffen	1.224.1	Homogenous, Especially Metal Plates	103
Krafteinleitung	1.224.12	Diffusion of Load	103
Platten mit Störungen	1.224.13	Plates with Cutouts	104
Platten aus Sperrholz, aniso- trope Platten	1.224.2	Plywood and Anisotropic Plates	104
Krafteinteilung	1.224.22	Diffusion of Load	104
Platten mit Störungen	1.224.23	Plates with Cutouts	105
Verbund-Platten mit Füllstoffen	1.224.3	Sandwich-Plates	
Biegung senkrecht zur Platten- ebene	1.225	Bending of Plates Normal to their Planes	105
Platten aus homogenen, ins- besondere metallischen Werk- stoffen	1.225.1	Homogenous, Especially Metal Plates	105
Allgemeines	1.225.11	General	105
Quadratische und rechteckige Platten	1.225.12	Square and Rectangular Plates	107
Kreisförmige und elliptische Platten	1.225.13	Circular and Elliptic Plates	109
Sonderfälle	1.225.14	Special Cases	112
Anisotrope, insbesondere orthotrope Platten	1.225.15	Anisotropic Especially Ortho- tropic Plates	112
Platten aus Sperrholz	1.225.2	Plywood Plates	
Verbund-Platten mit Füllstoffen	1.225.3	Sandwich Plates	113
Krafteinleitung und Spannungs- störungen	1.225.5	Diffusion of Load and Stress Disturbances	113
Mehrachsige Beanspruchung in Plattenebene, Beanspruchung in- und Biegung senkrecht zur Plattenebene	1.226	Stress in- and Bending Normal to the Plane of Plate	114
Sonderprobleme	1.227	Special Problems	115
Statik der Schalenelemente (Flächen einfach oder doppelt gekrümmt)	1.23	Statics of Shell-Elements (Simple or Double Curved Panels)	115
Allgemeines	1.230	General	115
Stabilität und Festigkeit gekrümmter unversteifter Streifen	1.231	Stability and Strength of Curved Unstiffened Strips	116

	Gruppe		Seite
Streifen aus homogenen, insbesondere metallischen Werkstoffen	1.231.1	Homogenous, Especially Metal Sheet Strips	116
Isotrope Streifen	1.231.11	Isotropic, Sheet Strips	116
Allgemeines	1.231.111	General	116
Druckbeanspruchung	1.231.112	Compression Load	117
Schubbeanspruchung	1.231.113	Shear Load	117
Zusammengesetzte Beanspruchung einschl. Innen- und Außendruck	1.231.114	Composite Load incl. Internal and External Pressure	117
Anisotrope, insbesondere orthotrope Streifen	1.231.12	Anisotropic, Especially Orthotropic Sheet Strips	117
Streifen aus Sperrholz	1.231.2	Plywood Strips	117
Verbundstreifen mit Füllstoffen	1.231.3	Sandwich Strips	
Streifen aus sonstigen Werkstoffen	1.231.4	Strips of Other Materials	
Stabilität und Festigkeit versteifter, gekrümmter Schalenelemente	1.232	Stability and Strength of Stiffened, Curved Shell Elements	117
Streifen aus homogenen, insbesondere metallischen Werkstoffen	1.232.1	Homogenous, Especially Metal Sheet Strips	117
Allgemeines	1.232.11	General	117
Druckbeanspruchung	1.232.12	Compression Load	118
Allgemeines	1.232.121	General	118
Mittragende Breite	1.232.122	Effective Width	
Schubbeanspruchung	1.232.13	Shear Load	
Unvollständiges Zugfeld	1.232.14	Incomplete Tension Field	
Zusammengesetzte Beanspruchung einschl. Innen- und Außendruck	1.232.15	Composite Load incl. Internal and External Pressure	
Sperrholz-Schalenelemente	1.232.2	Plywood Shell Elements	
Spannungsstörungen bei gekrümmten Schalenstreifen	1.232.5	Stress Disturbances of Curved Shell Strips	118
Stabilität und Festigkeit von Vollschalen	1.24	Stability and Strength of Complete Shells	118
Allgemeines	1.240	General	118
Zylindrische Vollschalen	1.241	Cylindrical Shells	119
Unversteifte Vollschalen	1.241.1	Unstiffened Shells	119
Vollschalen aus homogenen, insbesondere metallischen Werkstoffen	1.241.11	Homogenous, Especially Metal Shells	119
Isotrope Vollschalen	1.241.111	Isotropic Shells	119
Allgemeines	1.241.111.1	General	119
Druckbeanspruchung	1.241.111.2	Compression Load	122
Biegebeanspruchung	1.241.111.3	Bending Load	123
Drillbeanspruchung	1.241.111.4	Torsion Load	123

Gruppe			Seite
Zusammengesetzte Beanspruchung einschl. Innen- und Außendruck	1.241.111.5	Composite Load incl. Internal and External Pressure	124
Orthotrope Vollschalen	1.241.112	Orthotropic Shells	128
Vollschalen aus Sperrholz	1.241.12	Plywood Shells	128
Hohlschalen mit Füllstoffen	1.241.13	Hollow Sandwich Shells	128
Versteifte Vollschalen	1.241.2	Stiffened Shells	129
Vollschalen aus homogenen insbesondere metallischen Werkstoffen	1.241.21	Homogenous Especially Metal Shells	129
Allgemeines	1.241.211	General	129
Druckbeanspruchung	1.241.212	Compression Load	129
Biegebeanspruchung	1.241.213	Bending Load	130
Drillbeanspruchung	1.241.214	Torsion Load	130
Zusammengesetzte Beanspruchung einschl. Innen- und Außendruck	1.241.215	Composite Load incl. Internal and External Pressure	130
Vollschalen aus Sperrholz	1.241.22	Plywood Shells	131
Sonstige anisotrope Vollschalen	1.241.23	Other Anisotropic Shells	132
Vollschalen in beliebiger Form	1.242	Complete Shells of Any Configuration	132
Allgemeines	1.242.0	General	132
Unversteifte Vollschalen	1.242.1	Unstiffened Shells	133
Schalen aus homogenen, insbesondere metallischen Werkstoffen	1.242.11	Homogenous, Especially Metal Shells	133
Allgemeines	1.242.111	General	133
Druckbeanspruchung	1.242.112	Compression Load	135
Biegebeanspruchung	1.242.113	Bending Load	135
Torsionsbeanspruchung	1.242.114	Torsion Load	135
Zusammengesetzte Beanspruchung einschl. Innen- und Außendruck	1.242.115	Composite Load incl. Internal and External Pressure	135
Versteifte Vollschalen aus homogenen, insbesondere metallischen Werkstoffen	1.242.2	Stiffened Homogenous, Especially Metal Shells	136
Krafteinleitung und Spannungsstörung an Schalen	1.243	Diffusion of Load and Stress Disturbances on Shells	137
Schalen aus homogenen, insbesondere metallischen Werkstoffen	1.243.1	Homogenous, Especially Metal Shells	137
Krafteinleitung	1.243.12	Diffusion of Load	137
Schalen mit Störungen (Ausschnitte usw.)	1.243.13	Shells with Cut-outs	138
Spantprobleme von Schalen	1.243.14	Frame Problems of Shells	138

Gruppe Seite

	Gruppe		Seite
Membrantheorie	1.244	Membrane Theory	139
Biegetheorie	1.245	Flexure Theory of Shells	140
Kastenträger	1.246	Box Beams	141
Faltwerke	1.247	Prismatic Structures	142
Statik und Festigkeit von Holzkonstruktionen	1.25	Statics and Strength of Wood Structures	143
Allgemeines	1.251	General	143
Knickstäbe	1.252	Buckling Members	143
Allgemeines	1.252.0	General	143
Voller Querschnitt	1.252.1	Solid Cross Section	143
Gegliederter Querschnitt	1.252.2	Distributed Section	
Biegeträger	1.253	Flexural Girder	143
Gerader Träger mit vollem Querschnitt	1.253.1	Straight Girder with Solid Cross Section	143
Gerader Träger mit aufgelöstem Querschnitt	1.253.2	Straight Girder with Disbanded Section	144
Gekrümmter Biegeträger	1.253.3	Curved Flexural Girder	
Knickbiegung	1.253.4	Buckling and Bending	144
Rahmen- und andere Tragwerke	1.254	Frames and Other Structures	144
Holzfachwerke (Fachwerkbinder)	1.255	Wood Frameworks	
Sonstige Konstruktionsprobleme	1.256	Other Structural Problems	144
Statik und Festigkeit von Gemischtbauweisen	1.26	Statics and Ultimate Strength of Composite Structural Configurations	144
Dynamik (mechanische Schwingungen)	1.27	Dynamics (Mechanical Vibrations)	144
Allgemeine Grundlagen	1.271	General Concepts	144
Schwingungen von Bauteilen	1.272	Vibrations of Structure Elements	146
Schwingungen von Tragwerken	1.273	Vibrations of Structures	151
Schwingungsverhütung und Dämpfung	1.274	Vibration Prevention and Damping	156
Festigkeit und andere Eigenschaften von Werkstoffen, Gestaltfestigkeit	1.3	Strength and Other Properties of Materials and Structures	157
Allgemeine Grundlagen der Werkstoffestigkeit	1.31	General Principles of Strength of Materials	157
Werkstoffestigkeiten und andere Eigenschaften	1.32	Strength of Materials and Other Properties	158
Allgemeines über Werkstoffestigkeiten von Metallen einschließlich Eisen	1.321	General on Strength of Metals Including Iron	158
Eisenwerkstoffe	1.322	Ferrous-Materials	160
Stähle	1.322.1	Steels	160
Allgemeines und Wärmebehandlung	1.322.10	General and Heat Treatment	160

	Gruppe		Seite
Unlegierte Stähle	1.322.11	Plain Carbon Steels	163
Legierte Stähle	1.322.12	Steel Alloys	164
Festigkeits- und Form- änderungseigenschaften	1.322.121	Strength- and Deformation- Properties	164
Kriechverhalten	1.322.122	Creep Behaviour	165
Eigenschaften rostfreier Stähle	1.322.123	Properties of Stainless Steels	168
Eisengußarten	1.322.2	Iron Castingtypes	170
Allgemeines und Wärme- behandlung	1.322.21	General and Heat Treatment	170
Stahlguß	1.322.22	Cast Steel	170
Gußeisen mit Kugelgraphit und Temperguß	1.322.23	Nodular Graphite and Malleable Cast Iron	171
Grauguß und sonstiger Eisenguß	1.322.24	Grey Cast Iron and Other Iron Castings	173
Sintereisen	1.322.3	Sintered Iron	173
Nichteisenmetalle	1.323	Non-ferrous Metals	173
Allgemeines	1.323.1	General	173
Leichtmetalle	1.323.2	Light Metals	173
Allgemeines	1.323.20	General	173
Aluminium und Aluminium- legierungen	1.323.21	Aluminium and Its Alloys	174
Allgemeines und Wärme- behandlung	1.323.210	General and Heat Treatment	174
Knetlegierungen	1.323.211	Wrought Alloys	178
Festigkeits- und Form- änderungseigenschaften	1.323.211.1	Strength- and Deformation- Properties	178
Kriechverhalten	1.323.211.2	Creep Behaviour	181
Gußlegierungen	1.323.212	Casting Alloys	185
Aluminium-Sinterwerkstoffe	1.323.213	Sintered Aluminium	187
Magnesiumlegierungen	1.323.22	Magnesium Alloys	189
Allgemeines und Wärme- behandlung	1.323.220	General and Heat Treatment	189
Knetlegierungen	1.323.221	Wrought Alloys	189
Gußlegierungen	1.323.222	Casting Alloys	190
Titan	1.323.23	Titanium	191
Sonstige Metall-Legierungen und warmfeste Sintermetalle	1.323.3	Other Metal Alloys and Sintered Metals	219
Nichtmetallische Werkstoffe	1.324	Non-metal Materials	225
Allgemeines	1.324.1	General	225
Holz und Holzwerkstoffe	1.324.2	Timber and Wood	225
Zusammenfassende Darstellun- gen und Grundlagen der Holzvergütung	1.324.21	General and Principles of Wood Improvement	225
Rohhölzer	1.324.22	Raw-Wood	225

<table>
<tr><td></td><td>Gruppe</td><td></td><td>Seite</td></tr>
<tr><td>Schichthölzer</td><td>1.324.23</td><td>Laminated Wood</td><td></td></tr>
<tr><td>Preßschichthölzer</td><td>1.324.24</td><td>Compressed Laminated Wood</td><td></td></tr>
<tr><td>Sperrhölzer</td><td>1.324.25</td><td>Plywood</td><td>225</td></tr>
<tr><td>Preßsperrhölzer und Kunst-
harzpreßhölzer</td><td>1.324.26</td><td>Compressed Plywood</td><td>227</td></tr>
<tr><td>Metallschichthölzer</td><td>1.324.27</td><td>Laminated Metallic Wood</td><td>228</td></tr>
<tr><td>Platten aus faserigem oder
stückigem Rohholz</td><td>1.324.28</td><td>Fabricated Wood-Panels</td><td>228</td></tr>
<tr><td>Holzfaserwerkstoffe</td><td>1.324.281</td><td>Wood-fibre Materials</td><td>228</td></tr>
<tr><td>Holzspanwerkstoffe</td><td>1.324.282</td><td>Wood-chip Materials</td><td>229</td></tr>
<tr><td>Sonderhölzer</td><td>1.324.29</td><td>Special Wood</td><td>232</td></tr>
<tr><td>Kunststoffe</td><td>1.324.3</td><td>Plastics</td><td>233</td></tr>
<tr><td>Allgemeines</td><td>1.324.31</td><td>General</td><td>233</td></tr>
<tr><td>Thermoplaste</td><td>1.324.311</td><td>Thermoplastic Materials</td><td>234</td></tr>
<tr><td>Aushärtbare Kunststoffe</td><td>1.324.312</td><td>Thermosetting Plastics</td><td>238</td></tr>
<tr><td>Kunststoffe mit Füllstoffen
(nichtgeschichtete Preßstoffe)</td><td>1.324.312.1</td><td>Plastics with Fillers
(Non-laminated)</td><td>238</td></tr>
<tr><td>Geschichtete Kunststoffe</td><td>1.324.312.2</td><td>Laminated Plastics</td><td>239</td></tr>
<tr><td>Kunststoffe mit Glasfaser
oder Glasgewebeeinlage</td><td>1.324.312.3</td><td>Plastics with Glass-fibres
or Glasscloth</td><td>239</td></tr>
<tr><td>Leichte Kunststoffe, insbeson-
dere Schaumstoffe</td><td>1.324.313</td><td>Light Plastics, Especially
Foam Materials</td><td>247</td></tr>
<tr><td>Gummi</td><td>1.324.32</td><td>Rubber</td><td>249</td></tr>
<tr><td>Leime und Klebstoffe</td><td>1.324.4</td><td>Glues and Adhesives</td><td>251</td></tr>
<tr><td>Allgemeines</td><td>1.324.40</td><td>General</td><td>251</td></tr>
<tr><td>Tierische Leime</td><td>1.324.41</td><td>Animal Glues</td><td>252</td></tr>
<tr><td>Pflanzenleime</td><td>1.324.42</td><td>Vegetable Glues</td><td>252</td></tr>
<tr><td>Synthetische Leime und Kitte</td><td>1.324.43</td><td>Synthetic Resin Glues and
Cements</td><td>252</td></tr>
<tr><td>Faserstoffe und Fasererzeug-
nisse</td><td>1.324.5</td><td>Textile Fibres and Fibre
Products</td><td>257</td></tr>
<tr><td>Oberflächenschutzmittel</td><td>1.325</td><td>Coatings</td><td>264</td></tr>
<tr><td>Allgemeines</td><td>1.325.0</td><td>General</td><td>264</td></tr>
<tr><td>Oberflächenschutzmittel für
Stahl und Eisen</td><td>1.325.1</td><td>Coatings on Steel and Iron</td><td>265</td></tr>
<tr><td>Oberflächenschutzmittel für
Leichtmetall</td><td>1.325.2</td><td>Coatings on Light Metals</td><td>267</td></tr>
<tr><td>Oberflächenschutzmittel für
Holz</td><td>1.325.3</td><td>Coatings on Wood</td><td>268</td></tr>
<tr><td>Keramische Überzüge</td><td>1.325.4</td><td>Ceramic Coatings</td><td>268</td></tr>
<tr><td>Hitzebeständige keramische
Werkstoffe</td><td>1.326</td><td>Heat Resistant Ceramic
Materials</td><td>269</td></tr>
<tr><td>Ermüdungsfestigkeit</td><td>1.33</td><td>Fatigue Strength</td><td>270</td></tr>
<tr><td>Allgemeines</td><td>1.331</td><td>General</td><td>270</td></tr>
<tr><td>Stähle, Gußeisen und
Schwermetalle</td><td>1.332</td><td>Steels, Cast Iron and Heavy
Metals</td><td>277</td></tr>
</table>

	Gruppe		Seite
Stähle	1.332.1	Steels	277
Gußeisen	1.332.2	Cast Iron	280
Schwermetalle	1.332.3	Heavy Metals	280
Leichtmetalle	1.333	Light Metals	280
Allgemeines	1.333.1	General	280
Aluminium und Aluminium-Legierungen	1.333.2	Aluminium and Its Alloys	281
Magnesium und Magnesium-Legierungen	1.333.3	Magnesium and Its Alloys	284
Holz und Holzwerkstoffe	1.334	Wood	284
Rohhölzer	1.334.1	Raw Wood	284
Lagenhölzer und Platten mit Fasern und Spänen	1.334.2	Laminated Woods and Fabricated Wood Panels	285
Plaste	1.335	Plastics	285
Gummi	1.336	Rubber	285
Keramische Werkstoffe	1.337	Ceramic Materials	
Faserstoffe	1.338	Textile Fibres	286
Gestaltfestigkeit	1.34	Ultimate Structure Strength	286
Allgemeines	1.341	General	286
Gestaltfestigkeit bei zügiger Belastung	1.342	Ultimate Structure Strength due to permanently increasing load	286
Allgemeines	1.342.1	General	286
Zugbeanspruchung	1.342.2	Tensile Load	287
Beulen und Knicken infolge Druckbeanspruchung	1.342.3	Buckling and Crippling due to Compression Load	287
Allgemeines	1.342.31	General	287
Geschlossene Hohlquerschnitte	1.342.32	Closed Hollow Sections	292
Offene Profile	1.342.33	Open Profiles	293
Aufgelöste Querschnitte	1.342.34	Combined Sections	293
Verdrehungsknickung	1.342.35	Torsion and Buckling	293
Biegebeanspruchung und Kippen	1.342.4	Bending Load and Lateral Buckling	294
Drillbeanspruchung	1.342.5	Torsion Load	299
Reine Drillbeanspruchung	1.342.51	Pure Torsion Load	299
Biegungsverdrehung	1.342.52	Bending and Torsion	301
Schubbeanspruchung	1.342.6	Shear Load	301
Schubmittelpunkt	1.342.7	Shear Centre	301
Knickbiegung	1.342.8	Buckling and Bending (Beam Columns)	302
Sonstige zusammengesetzte Beanspruchungen	1.342.9	Other Composite Loads	303
Stoßbeanspruchung	1.343	Impact Load	303
Allgemeines	1.343.1	General	303
Stoßbeanspruchung bei Konstruktionselementen	1.343.2 / 1.343.21	Impact Loading on Structural Elements	303 / 303
Platten und Schalen	1.343.22	Plates and Shells	305
Gestaltfestigkeit bei wechselnder Beanspruchung	1.343.3	Fatigue Limit under Alternating Load	305

	Gruppe		Seite
Allgemeines	1.343.31	General	305
Zug-Druck-Beanspruchung	1.343.32	Tension-Compression Alternating Load	309
Biege-Wechselbeanspruchung	1.343.33	Alternating Bending Load	310
Verdrehungs-Wechselbeanspruchung	1.343.34	Alternating Torsion Load	310
Sonstige Wechselbeanspruchungen	1.343.35	Other Alternating Loads	310
Gestaltfestigkeit bei Spannungsunstetigkeiten	1.35	Static Strength and Fatigue Strength at Stress Disturbances	310
Allgemeines	1.351	General	310
Spannungserhöhung an Kerben und Löchern bei	1.352	Stress Increase at Notches and Holes under	311
Statischer Belastung	1.352.1	Static Load	311
Dynamischer Belastung	1.352.2	Dynamic Load	316
Sonstige Unstetigkeiten	1.353	Other Stress Disturbances	
Werkstoffverhalten bei Korrosion	1.36	Material Behavior at Corrosion	320
Allgemeines	1.361	General	320
Nichtoberflächenbehandelte Werkstoffe	1.362	Not Surface Treated Materials	322
Oberflächenbehandelte Werkstoffe	1.363	Surface Treated Materials	327
Spannungskorrosion	1.364	Stress Corrosion	327
Korrosionsermüdung	1.365	Corrosion Fatigue	329
Wärmebeanspruchungsprobleme	1.37	Thermal Stress Problems	331
Gestaltung und Festigkeit von Halbzeugen und Elementen	1.4	Design and Strength of Semi-finished Products and Construction Elements	341
Allgemeines	1.41	General	341
Halbzeuge	1.42	Semi-finished Products	341
Bleche	1.421	Sheets	341
Drähte und Seile	1.422	Wires and Cables	341
Offene Profile	1.423	Open Profiles	343
Hohlprofile	1.424	Hollow Profiles	
Bauelemente	1.43	Structural Elements	343
Genormte und teilweise genormte Bauelemente	1.431	Standardized and Partially Standardized Elements	343
Verbindungselemente	1.431.1	Connection Elements	343
Nieten	1.431.11	Rivets	343
Schrauben und Muttern	1.431.12	Screws, Bolts and Nuts	343
Bolzen	1.431.13	Bolts	
Nägel	1.431.15	Nails	344
Spannschlösser	1.431.16	Turnbuckles	
Sicherungselemente	1.431.17	Locking Elements	344

	Gruppe		Seite
Federungselemente	1.431.2	Springs	344
Metallfedern	1.431.21	Metal Springs	344
Gummifedern	1.431.22	Rubber Springs	346
Lager	1.431.3	Bearings	346
Zahnräder (Stirn-, Kegel-, Schneckenräder u. dgl.)	1.431.4	Gears (Spur, Bevel, Worm etc.)	348
Festigkeit von Verbindungselementen	1.44	Strength of Connection Elements	350
Allgemeines	1.441	General	350
Feste Verbindungen	1.442	Rigid Connections	351
Schweißverbindungen	1.442.1	Welded Connections	351
Allgemeines	1.442.11	General	351
Stähle	1.442.12	Steels	352
Leichtmetalle	1.442.13	Light Metals	354
Dauerfestigkeit	1.442.14	Endurance Fatigue Limit	355
Prüfungen	1.442.15	Testing	356
Lötverbindungen	1.442.2	Soldered and Brazed Connections	358
Klebverbindungen	1.442.3	Adhesive Bonded Connections	358
Allgemeines	1.442.31	General	358
Leimverbindungen bei Holz	1.442.32	Glued Wooden Connections	359
Metallklebverbindungen	1.442.33	Metal Bonded Connections	361
Metall-Holz-Klebverbindungen	1.442.34	Metal-Wood Connections	368
Klebverbindungen sonstiger Werkstoffe	1.442.35	Bonding of Other Materials	368
Dauerfestigkeit	1.442.36	Endurance Fatigue Limit	368
Prüfungen	1.442.37	Testing	369
Nietverbindungen	1.442.4	Riveted Connections	370
Allgemeines	1.442.41	General	370
Stähle	1.442.42	Steels	371
Leichtmetalle	1.442.43	Light Metals	371
Dauerfestigkeit	1.442.44	Endurance Fatigue Limit	372
Prüfungen	1.442.45	Testing	
Nagelverbindungen	1.442.5	Nail Connections	373
Lösbare Verbindungen	1.443	Loosening Connections	374
Schrauben- und Bolzenverbindungen	1.443.1	Screw and Bolt Connections	374
Allgemeines	1.443.11	General	374
Stähle	1.443.12	Steels	375
Leichtmetalle	1.443.13	Light Metals	375
Holz	1.443.14	Timber	376
Plaste und sonstige Werkstoffe	1.443.15	Plastic and Other Materials	376
Dauerfestigkeit	1.443.16	Endurance Fatigue Limit	376
Prüfungen	1.443.17	Testing	
Sonstige Verbindungen	1.444	Other Connections	377
Wirtschaftlichkeitsfragen des Leichtbaues	1.5	Economic Problems in Light Construction	377

	Gruppe		Seite
Allgemeines	1.51	General	377
Wirtschaftliche Fertigung	1.52	Rationalization in Manufacturing	377
Fertigung	2	Manufacturing	378
Allgemeines	2.1	General	378
Gießen, Druckgießen, Genaugießen	2.2	Casting, Pressure Die Casting, Precision Casting	378
Spanlose Formung	2.3	Non chipping Forming	383
Allgemeines	2.31	General	383
Schmieden, Pressen, Fließpressen, Ziehen	2.32	Forging, Pressing, Drawing	384
Schneiden, auch Brennschneiden	2.33	Cutting, Flame Cutting	387
Stanzen	2.34	Stamping	388
Biegen	2.35	Bending	388
Metalle	2.351	Metals	388
Nichtmetalle	2.352	Non metals	389
Tiefziehen, Streckziehen, Drücken	2.36	Deep Drawing, Stretch Forming, Spinning	389
Spangebende Formung, ausgewählte Probleme	2.4	Chipping Forming, Selected Problems	392
Fügen (Verbinden)	2.5	Bonding (Joining)	393
Allgemeines	2.50	General	393
Fügen durch Stoffschluß	2.51	Joining by Fusion of Materials	394
Schweißen	2.511	Welding	394
Allgemeines	2.511.1	General	394
Stähle und Schwermetalle	2.511.2	Steels and Heavy Metals	399
Leichtmetalle	2.511.3	Light Metals	402
Plaste	2.511.4	Plastics	406
Löten	2.512	Soldering and Brazing	406
Nieten	2.52	Riveting	408
Leimen und Kleben	2.53	Gluing and Adhesive Bonding	409
Allgemeines	2.531	General	409
Hochfrequenzverleimung	2.532	High Frequency Gluing	415
Spezielle Fertigungsverfahren einschl. Verbundbauweisen mit Füllstoffen	2.6	Special Production Methods incl. Sandwich Types	416
Oberflächenbehandlung	2.7	Surface Treatment	418
Allgemeines	2.71	General	418
Chemische und elektrolytische Behandlung	2.72	Chemical and Eletrolytical Treatment	420
Stähle	2.721	Steels	420
Leichtmetalle	2.722	Light Metals	420
Anstrichverfahren	2.73	Painting Practice	423
für Metalle	2.731	Metals	423
für Nichtmetalle	2.732	Non-Metals	424
Herstellung keramischer Überzüge	2.74	Fabrication Ceramic Coatings	

	Gruppe		Seite
Metallspritzen	2.75	Metal Spraying	424
Oberflächenhärten und Nitrieren	2.76	Surface Hardening and Nitriding	424
Kugelstrahlen, Oberflächendrücken	2.77	Shot Peening	425
Normung	3	Standardization	425
Prüfen und Messen	4	Testing and Measuring	426
Allgemeines	4.1	General	426
Prüfung der statischen Festigkeits- und Formänderungseigenschaften von Werkstoffen	4.2	Testing of Statical Strength and Deformation Properties of Materials	426
Metalle	4.21	Metals	426
Nichtmetalle	4.22	Non-Metals	428
Prüfung der Werkstoffdauerfestigkeit	4.3	Testing of Fatigue Strength	430
Zerstörungsfreie Werkstoffprüfung	4.4	Non-destructive Testing	430
Allgemeines	4.40	General	430
Härteprüfung	4.41	Hardness Testing	431
Röntgenprüfung und verwandte Prüfverfahren	4.42	X-Ray Testing and Related Testing	432
Ultraschallprüfung	4.43	Ultrasonic Testing	434
Magnetische und elektrische Prüfung	4.44	Magnetical and Electrical Testing	436
Statische und dynamische Bauteilfestigkeitsversuche und Methoden der Spannungsermittlung	4.5	Statical and Dynamical Strength Experiments on Structures and Methods of Stress Determination	437
Statische und dynamische Bauteilversuche	4.51	Statical and Dynamical Experiments on Structures	437
Mechanische Spannungsmeßverfahren	4.52	Mechanical Stress Measuring Methods	437
Elektrische Spannungsmeßverfahren	4.53	Electrical Stress Measuring Methods	437
Spannungsoptik	4.54	Photo-Elastic Methods	438
Lackrißprüfung	4.55	Strain Determination with Brittle Lacquer	440
Prüfung der technologischen Eigenschaften	4.6	Testing of Technological Properties	441
Metallische Werkstoffe	4.61	Metals	441
Nichtmetallische Werkstoffe	4.62	Non-metallic Materials	441
Untersuchungen an ganzen Konstruktionen	4.7	Experiments with complete Structures	442
Statische Prüfungen	4.71	Statical Testing	
Schwingungsuntersuchungen	4.72	Vibration Testing	442
Wärme-Prüfungen	4.73	High Temperature Testing	442

	Gruppe		Seite
Korrosions- u. Korrosions-schutz-Prüfverfahren	4.8	Corrosion Testing and Corrosion Protection Testing Methods	442
Sonstige Prüfungen	4.9	Other Testing Methods	443
Konstruktionslehre im Leichtbau	5	Structural Design in Lightweight Construction	443
Allgemeines	5.1	General	443
Gestaltung von Gußteilen	5.2	Structural Design of Castings	444
Gestaltung von Schmiede-teilen	5.3	Structural Design of Forgings	445
Gestaltung von Kunstharz-Preßteilen	5.4	Structural Design of Pressed Elements	445
Gestaltung von Schweißteilen	5.5	Structural Design of Weldings	445
Anwendungsgebiete für den Leichtbau	6	Applications in Lightweight Construction	446
Zusammenfassende Dar-stellungen	6.1	Comprehensive Survey	446
Allgemeines	6.11	General	446
Stahlleichtbau	6.12	Lightweight Steel Construction	449
Allgemeines	6.121	General	449
Stahlrohrbau	6.122	Steel Tube Construction	450
Leichtmetall-Leichtbau	6.13	Light Metals Construction	451
Allgemeines	6.131	General	451
In den einzelnen Industrien, Gesamtdarstellungen	6.132	In the Individual Industries, General Survey	452
Leichtmetallrohrbau	6.133	Light Metal Tube Construction	455
Leichtbau in Hölzern, Plasten u. sonst. Werkstoffen	6.14	Light Constructions in Wood, Plastics and Other Materials	455
Verbundbauweisen mit Füll-stoffen	6.15	Sandwich-Types	467
Gebiete für den Leichtbau in den einzelnen Zweigen der Technik	6.2	Light Weight Construction in the Individual Technical Branches	472
Allgemeiner Maschinenbau	6.21	General Mechanical Engineering	472
Kraftmaschinen	6.211	Engines	475
Kolbenmaschinen	6.211.1	Reciprocating Engines	475
Gasturbinen	6.211.2	Gas Turbines	480
Staustrahltriebwerke	6.211.3	Ram-jets	489
Raketentriebwerke	6.211.4	Rocket-engines	490
Pumpen und Verdichter	6.212	Pumps and Compressors	492
Elektrische Anlagen, Maschi-nen, Geräte und Teile	6.213	Electric Machines and Equipment	494
Landmaschinen	6.214	Agricultural Implements and Machines	498
Behälter, Apparate usw.	6.215	Containers, Apparatuses etc.	501
Sonstige Maschinen	6.216	Other Machines	

	Gruppe		Seite
Textilmaschinen	6.22	Textile Machines	504
Werkzeugmaschinen, Werkzeuge u. Vorrichtungen	6.23	Machine Tools, Tools and Assembly Jigs	505
Fein-Maschinen u. -Geräte	6.24	Precision Machines and Instruments	505
Beförderungsmittel	6.25	Transportation Means	506
Allgemeines	6.251	General	506
Landfahrzeuge	6.252	Land Vehicles	506
Allgemeines	6.252.1	General	506
Schienenfahrzeuge	6.252.2	Railway Vehicles	507
Allgemeines	6.252.21	General	507
Personenwagen	6.252.22	Passenger Vehicles	510
Güterwagen	6.252.23	Freight Cars	514
Kesselwagen, Transportwagen u. ä.	6.252.24	Tank Vehicles	515
Lokomotiven	6.252.25	Locomotives	515
Straßenbahn- und Untergrundbahn-Wagen	6.252.26	Tram-ways and Subways	515
Triebwagen, Schienen-Omnibusse, Schiestrabusse	6.252.27	Railway-Motorcars, Railway Buses, Railway-Road-Buses	517
Transportbehälter	6.252.3	Transport Containers	517
Straßenfahrzeuge	6.252.4	Automotive Vehicles	518
Allgemeines	6.252.41	General	518
Personenkraftwagen	6.252.42	Passenger Automobiles	521
Omnibusse, Obusse usw. u. Anhänger	6.252.43	Buses and Trailers	524
Lastwagen u. dgl. u. Anhänger	6.252.44	Trucks and Trailers	526
Schlepper	6.252.45	Tractors	528
Krafträder	6.252.46	Motor-cycles	528
Fahrräder	6.252.47	Bicycles	528
Sonstige Fahrzeuge (Ackerwagen u. ä.)	6.252.48	Other Vehicles	529
Wasserfahrzeuge	6.253	Marine Vessels	529
Allgemeines	6.253.1	General	529
Schiffe	6.253.2	Ships	531
Boote usw.	6.253.3	Boats etc.	534
Flugzeuge (Hubschrauber ausgenommen)	6.254	Airplanes (Without Helicopters)	536
Allgemeines	6.254.0	General	536
Tragwerke und Leitwerke	6.254.1	Wing Unit and Control Surfaces	548
Schwingungen (Flattern)	6.254.2	Flutter	556
Allgemeines	6.254.20	General	556
Flügelschwingungen	6.254.21	Wing Flutter	562
Leitwerksschwingungen	6.254.22	Flutter of Controlling Surfaces	571
Rumpfschwingungen	6.254.23	Fuselage Flutter	572
Rumpf	6.254.3	Fuselage	572
Fahrwerk	6.254.4	Undercarriage	575
Schwimmwerk	6.254.5	Alighting Gear	577

	Gruppe		Seite
Steuerwerk	6.254.6	Controls	578
Triebwerkseinbau und Trieb- werkszubehör	6.254.7	Power Unit Mounting and Accessories	578
Triebwerkseinbauten	6.254.71	Power Unit Mounting	578
Luftschrauben	6.254.72	Aircrews	578
Triebwerkszubehör	6.254.73	Power Unit Accessories	579
Sonstige Flugzeugbauteile	6.254.8	Other Aircraft Parts	579
Spezielle Flugzeugfertigung	6.254.9	Special Aircraft Production	580
Seilbahnen	6.255	Cableways	585
Förderanlagen	6.26	Conveying Systems	586
Hebezeugbau	6.261	Hoistings	586
Allgemeines	6.261.1	General	586
Krane	6.261.2	Cranes	587
Fördermaschinen, Aufzüge usw.	6.261.3	Lifts, Elevators and Other Hoists	588
Fördergeräte	6.262	Cages, Buckets, Conveyors etc.	588
Förderung im Bergbau	6.263	Hoisting in Mining	588
Allgemeines	6.263.1	General	588
Förderanlagen	6.263.2	Conveyor Systems	588
Grubenausbau (Strecken- u. Strebausbau)	6.263.3	Mining (Pillars and Braces)	589
Bauwesen	6.27	Buildings	589
Allgemeines	6.270	General	589
Häuser	6.271	Houses	591
Brücken	6.272	Bridges	593
Hochbau, Hallenbau, Industriebau	6.273	High Structures, Industrial Structures	597
Fliegende Bauten	6.274	Movable Buildings	599
Mastenbau	6.275	Mast Structures	599
Sonstige Zweige (Nahrungs- mittelindustrie, Verpackung usw.)	6.28	Other Branches (Food Industries, Packaging etc.)	600
Gelenkte Flugkörper	6.29	Guided Missiles	602
Gewichtsunterlagen	7	Light Weight Considerations	605
Allgemeines	7.1	General	605
Zahlenwerte	7.2	Numerical Data	606

Theorie und Grundlagen 1

Beanspruchungen, Lastannahmen, Sicherheiten und Vorschriften **1.1**
Maschinenbau **1.11**
Hänchen, Richard: Die zulässigen Spannungen der Konstruktionsstähle im Maschinenbau. Werkstatt u. Betrieb **88** (1955) 4 173—182; Draht **7** (1956) 9 357—358.

Landmaschinenbau **1.12**

Kremer, Heinrich u. *Walter Söhne:* Die Seitenführungskräfte, starrer, nicht angetriebener Räder. 14. Konstrukteur-H. Düsseldorf: VDI-Verl. 1957 101—108 (Grundl. Landtechn. H. 9).
Getzlaff, G.: Kräfte an Schar- und Scheibenpflügen. Z. VDI **98** (1956) 5 172—175 12 Lit.-St.
Söhne, Walter: Bodenkräfte am Pflugkörper. Landtechn. Forsch. **6** (1956) 5 159—160.
Getzlaff, Günter: Kräftemessungen an Häufelkörpern. 14. Konstrukteur-H. Düsseldorf: VDI-Verl. 1957 61—68 (Grundl. d. Landtechn. H. 9).
Gerlach, A.: Erfassung der Triebwerksbelastung von Ackerschleppern. Landtechn. Forsch. **8** (1958) 3 61—67.
Kloth, Willi: Baustil und Beanspruchungen der Landmaschinen. Grundl. Landtechn. H. 10 1958 5—7.
Mewes, Ernst: Kraftmessungen an Strohpressen. Grundl. Landtechn. H. 10 1958 18—35.
Sonnen, F. J.: Untersuchung der Fahrwiderstände von Norm- und Breitreifen an Ackerwagen. Landtechn. Forsch. **8** (1958) 4 89—92.
Thiel, Roman: Kräfte und Drehmomente im Schleppermähwerk mit Zahnradantrieb. Grundl. Landtechn. H. 10 1958 109—121.
Thiel, Roman: Kräfte und Drehmomente im Schleppermähwerk mit Keilriemenantrieb. Grundl. Landtechn. H. 10 1958 122—133.
Thiel, Roman: Spitzenkräfte in keilriemengetriebenen Schleppermähwerken bei verschiedenen Betriebszuständen und bei Störungen. Grundl. Landtechn. H. 10 1958 133—142.
Thiel, Roman: Kräfte im Schubkurbelgetriebe von Schlepper-Anbaumähwerken. Theoretische Grundlagen und Meßverfahren. Grundl. Landtechn. H. 10 1958 96—108.
Mewes, Ernst: Zusammensetzung der Kräfte an Schlepperpflügen. Landtechn. Forsch. **9** (1959) 1 8—17.

Fahrzeugbau **1.13**
Schienenfahrzeugbau **1.131**
Schröder, Ernst: Entstehung und Entwicklung der Bestimmungen der Technischen Vereinbarungen (TV) des Vereins Mitteleuropäischer Eisenbahn-Verwaltungen (VMEV) über Räder, Achswellen und Radsätze. Nachr.-Bl. AGM Leichtbau **5** (1956) 11 7—11.
Krekel, Paul: Leichtbau und Sicherheit. Aluminium **33** (1957) 12 816.
Olson, P. E. u. *S. Johnsson:* Seitenkräfte zwischen Rad und Schiene. Eine experimentelle Untersuchung. Glas. Ann. **83** (1959) 5 153—161. 3 Lit.-St.; Leichtbau d. Verkehrsfahrzeuge **3** (1959) 5 208.

Straßenfahrzeugbau 1.132

Beermann, Hans Joachim: Untersuchungen der dynamischen Vertikalkraftwirkungen der ungefederten Massen von Straßenfahrzeugen. Diss. TH Braunschweig 1956.

Dupius, H.: Die menschliche Beanspruchung bei der Bedienung von Kraftfahrzeugen, insbesondere landwirtschaftlichen Schleppern. ATZ **58** (1956) 7 181—191.

Poppe, W.: Beitrag zur Frage: Fahrzeugbauprogramm und Verordnung über Abmessungen und Gewichte vom 21. 3. 1956. ATZ **58** (1956) 7 196—197.

Essers, E.: Deichselkräfte an Lastzügen. Forsch.-Ber. Wirtsch.- u. Verkehrsministerium Nordrhein-Westfalen Nr. 326 1957. 96 S.

Kotitschke, J.: Die dynamischen Radlasten von Kraftfahrzeugen, ihre Messung und ihre Einflußfaktoren. Diss. TH Aachen 1957.

Bode, Otto u. *Paul Ochner:* Untersuchungen über dynamische Bodenkräfte schwerer Kraftfahrzeuge. Dtsch. Kraftf.-Forsch. u. Straßenverkehrstechn. H. 120 1958. 30 S.; VDI **101** (1959) 29 1383.

Bode, Otto u. *Heinrich Meyer:* Kräfte in Einrichtungen zur Verbindung von Kraftfahrzeugen mit Einachsanhängern über 20 km/h Höchstgeschwindigkeit. Dtsch. Kraftf.-Forsch. u. Straßenverkehrstechn. H. 121 1958. 22 S.

Bode, Otto u. *Heinrich Meyer:* Kräfte in Einrichtungen zur Verbindung von Kraftfahrzeugen mit Mehrachsanhängern über 20 km/h Höchstgeschwindigkeit. Dtsch. Kraftf.-Forsch. u. Straßenverkehrstechn. H. 113 1958. 37 S.

Bode, Otto u. *Heinrich Meyer:* Kräfte in Kugelgelenk-Flächenkupplungen bei Omnibuszügen mit Zweiachsenanhänger. Dtsch. Kraftf.-Forsch. u. Straßenverkehrstechn. H. 114 1958. 20. S.

Croseck, Heinrich: Betrachtung über die Unfallsicherheit von Straßenkraftfahrzeugen. Leichtbau d. Verkehrsfahrzeuge **2** (1958) 1 2—19.

Koeßler, Paul u. *Hans Joachim Beermann:* Reihenuntersuchungen über die dynamischen Lasten von Straßenfahrzeugen. ATZ **60** (1958) 1 1—6.

Kurz, Hubert: Seitenführungskraft des Kraftwagenrades bei wechselnder Radlast. ATZ **60** (1958) 5 124—129.

Mitschke, M.: Schwingungsverhalten und Sicherheit eines Kraftfahrzeuges. ATZ **60** (1958) 6 168—174.

Wasserfahrzeugbau 1.133

Hishida, T., N. Tanaka, H. Kitamura and *R. Hayashi:* On the loads in the tankstructure of a ship due to cargo oil. J. Kansai Soc. Naval Architects (Japan) **82** (1956) June 18—27.

— Abnahme- und Prüfvorschriften des Germanischen Lloyd für Aluminium im Schiffbau 1956. Hansa **93** (1956) 46/47 2195—2196; Schiff u. Hafen **8** (1956) 10 839; Aluminium **32** (1956) 12 792—793; Nachr.-Bl. AGM Leichtbau **5** (1956) 12 14.

Gröschel, Hans: Schiffssicherheitsfragen im Hinblick auf die Internationale Schiffssicherheitskonferenz in London 1960. Hansa **96** (1959) 28/29 1481—1484.

Luftfahrzeugbau (s. auch 6.254.0) 1.134

Finn, E. and *A. E. Woodward Nutt:* Measurements of accelerations on aircraft during manoeuvres. ARC R & M 1392. Dec. 1930.

Kaul, Hans W.: Statistical analysis of the time and fatigue strength of aircraft wing structures. NACA TM 992. Oct. 1941.

Kaul, Hans W.: Statistical analysis of service stresses in aircraft wings. NACA TM 1015. June 1942.

Pugsley, A. G.: A philosophy of aeroplane strength factors. ARC R & M 1906. Sept. 1942.

Bland, R. B. and *P. E. Sandorff:* The control of life expectancy in airplane structures. Aeron. Engng. Rev. **2** (1943) 8 7—21.

Rhode, Richard V. and *Philip Donely:* Frequency of occurrence of atmospheric gusts and of related loads on airplane structures. NACA ARR L 4 I 21 (WRL-121). Nov. 1944.

Crewe, P. R.: A proposed theory to cover water impacts of sea-planes in which the craft has constant attitude and a tangential-to-keel velocity relative to the water. ARC R & M 2513. Dec. 1946; Aircr. Engng. **27** (1955) 311 28.

Lundberg, Bo: "Bear-up" requirements for aircraft. Aero Dig. **55** (1947) 6 56—58, 120—122.

Lundberg, Bo: Note on fatigue strength requirements for aircraft. Provisional Int. Civil Aviation Organiz. Airworthiness Div., 2nd Session, DOC 2936, Air/147 March 1947; FFA TN HE-206 1947.

Donely, Philip: Summary of information relating to gust loads on airplanes. NACA Rep. 997, 36. Ann. Rep. 1950. 807—857. 44 ref.

O'Brien, T. F. and *T. H. H. Pian:* Effect of structural flexibility on aircraft loading. I. Ground loads. WADC Techn. Rep. 6358 Pt. I. July 1951. 202 p.

Isakson, Gabriel and *Norman P. Hobbs:* Effect of structural flexibility on aircraft loading. III. Maneuvering load dynamic overstress. WADC Techn. Rep. 6358 Pt. III. 1951. 21 p.

Pian, T. H. H. and *H. Lin:* Effect of structural flexibility on aircraft loading. II. Spanwise airload distribution. WADC Techn. Rep. 6358 Pt. II. 1951. 203 p.

Wright, T. P.: Research and development to promote safety in aviation. SAE Quart. Trans. **5** (1951) 2 173—193.

Isakson, Gabriel and *Claude W. Brenner:* Effect of structural flexibility on aircraft loading. IV. Horizontal tail maneuvering loads. WADC Techn. Rep. 6358 Pt. IV. 112 p.

Lin, H. and *T. H. H. Pian:* Effect of structural flexibility on aircraft loading. VII. A graphical method for determining the dynamic load of a nonlinear two-degrees-of-freedom system. WADC Techn. Rep. 6358 Pt. VII. 27 p.

Pian, T. H. H. and *H. Lin:* Effect of structural flexibility on aircraft loading. V. Rapid estimation of some effects of aeroelasticity on airload distribution at an abrupt aileron deflection. WADC Techn. Rep. 6358 Pt. V. 34 p.

Press, H. and *R. L. McDougal:* The gust and gust-load experience of a twin-engine low-altitude transport airplane in operation on a northern transcontinental route. NACA TN 2663. Apr. 1952. 33 p.; AMR **5** (1952) 8 373.

Walker, W. G. and *R. Steiner:* Summary of acceleration and airspeed data from commercial transport airplanes during the period from 1933 to 1945. NACA TN 2625. Febr. 1952. 30 p.; AMR **5** (1952) 7 321—322.

Ayvazian, Mihran and *T. F. O'Brien:* Effect of structural flexibility on aircraft loading. XV. A parametric study of symmetrical landing and taxiing loads by means of analogue computations. WADC Techn. Rep. 6358 Pt. XV. 91 p.

Carta, F. O., T. H. H. Pian and *H. Lin:* Effect of structural flexibility on aircraft loading. IX. Lift and moment growths on a swept, tapered, rigid wing upon entering a gust. WADC Techn. Rep. 6358 Pt. IX. 1953. 93 p.

Codik, A., H. Lin and *T. H. H. Pian:* Effect of structural flexibility on aircraft loading. XII. The gust response of a sweptback tapered wing including bending flexibility. WADC Techn. Rep. 6358 Pt. XII. 1953. 52 p.

Engel, S. J. and *J. F. McCarthy jr.:* Effect of structural flexibility on aircraft loading. XIV. An analogue study of horizontal tail maneuvering loads at various speeds for a typical bomber. WADC Techn. Rep. 6358 Pt. XIV. 35 p.

Foss, K. A.: Effect of structural flexibility on aircraft loading. XI. A general parametric study of maneuvering horizontal tail loads on a flexible airplane. WADC Techn. Rep. 6358 Pt. XI. 1953. 68 p.

Lin, H. and T. H. H. Pian: Effect of structural flexibility on aircraft loading. VIII. Symmetric airload distribution over a thin elastic delta wing with subsonic leading edge at supersonic speed. WADC Techn. Rep. 6358 Pt. VIII. 1953. 68 p.

McCarthy, J. F. jr. and *A. A. Kirsch:* Effect of structural flexibility on aircraft loading. XIII. Vertical tail maneuvering loads without banking degree of freedom. WADC Techn. Rep. 6358 Pt. XIII. Nov. 1953. 73 p.

Shen, S. F.: Effect of structural flexibility on aircraft loading. X. A new lifting-line theory for the unsteady lift of a swept or unswept wing in an incompressible fluid. WADC Techn. Rep. 6358 Pt. X. 1953. 41 p.

Pratt, K. G.: A revised formula for the calculation of gust loads. NACA TN 2964. June 1953. 15 p.; AMR **7** (1954) 1 34.

Walker, W. G.: Summary of revised gust-velocity data obtained from V-G records taken on civil transport airplanes from 1933 to 1950. NACA TN 3041. Nov. 1953. 16 p.; AMR **7** (1954) 6 261.

O'Brien, T. F. and *Mihran Ayvazian:* Effect of structural flexibility on aircraft loading. XVII. An analogue study of nonsymmetrical landing and taxiing loads and a rational formulation of the symmetrical spinup loads problem. WADC Techn. Rep. 6358 Pt. XVII. 1954. 85 p.

Hooke, F. H.: The influence of aeroplane characteristics on the response to gusts of various forms. I. The rigid aeroplane. II. The flexible aeroplane. Aeron. Res. Consultative Comm. (Australia) Rep. ACA-54. Aug. 1954. 35 p. 23 ref.; Index Aeron. **11** (1955) 12 24; Aeron. Engng. Rev. **14** (1955) 11 112; Aircr. Engng. **27** (1955) 320 352; J. Roy. Aeron. Soc. **59** (1955) 538 719.

Kirsch, A. A. and *J. F. McCarthy jr.:* Effect of structural flexibility on aircraft loading. XVIII. Vertical tail maneuvering loads with banking degrees of freedom. WADC Techn. Rep. 6358 Pt. XVIII. 1954. 88 p.

Parker, R.: Full scale measurement of impact loads on a large flying boat (Sunderland Mk. 5). III. Data for impacts on main step. IV. Data for impacts on the afterbody. ARC Curr. Pap. 340, Curr. Pap. 341. Aug. 1954; Aircr. Engng. **30** (1958) 348 56.

Pian, T. H. H., K. A. Foss and *T. F. O'Brien:* Effect of structural flexibility on aircraft loading. XX. Summary report. WADC Techn. Rep. 6358. Pt. XX. 1954. 92 p.

Pratt, G. and *W. G. Walker:* A revised gust-load formula and a re-evaluation of V-G data taken on civil transport airplanes from 1933 to 1950. NACA Rep. 1206 1954; Aircr. Engng. **28** (1956) 326 137.

Taylor, J.: Gusts and their measurement. J. Roy. Aeron. Soc. **58** (1954) 528 826—832; Luftf.-Techn. **1** (1955) 3 VII.

Abel, R. Cox: Safety factors. Aeronautics (1955) May 31—33; Aeron. Engng. Rev. **14** (1955) 8 116.

Atkinson, R. J.: Permissible design values and variability test factors. ARC R & M 2877. 1955. 20 p. 8 ref.; Index Aeron. **11** (1955) 10 105; Aeron. Engng. Rev. **14** (1955) 11 116; AMR **9** (1956) 2 67.

Chilver, A. H.: Some problems of structural safety. Brit. Welding J. **2** (1955) Aug. 333—339. 21 ref.; Aeron. Engng. Rev. **14** (1955) 11 138.

Coleman, Thomas L. and *Mary W. Fetner:* An analysis of acceleration, airspeed, and gust-velocity data from a four-engine transport airplane in operations on an eastern United States route. NACA TN 3483. Sept. 1955. 20 p. 8 ref.; Index Aeron. **11** (1955) 12 25.

Kloos, J.: Some basic considerations on loads of aircraft during landing. Techn. Sci. Aéron. (1955) 4. 261—264. 18 ref.

Monaghan, R. J.: Formulae for estimating the forces in seaplanewater impacts without rotation or chine immersion. ARC R & M 2804. Jan. 1949 publ. 1955; J. Roy. Aeron. Soc. **59** (1955) 539 787.

van der Neut, A.: Opmerkingen over die nieuwe sterktvoorschriften voor vliegtuigen. Ingenieur, Luchtvaarttechniek **67** (1955) 3 1—7; Luftf.-Techn. **1** (1955) 1 V.

Parker, R. and *J. K. Friswell:* Full scale measurements of impacts loads on a large flying boat (Sunderland Mk. 5). V. Results of rough water tests. ARC Curr. Pap. 342. March 1955; Aircr. Engng. **30** (1958) 348 56.

Press, Harry and *May T. Meadows:* A reevaluation of gust-load statistics for applications in spectral calculations. NACA TN 3540. Aug. 1955. 19 p. 17 ref.; Index Aeron. **11** (1955) 12 26.

Press, Harry, May T. Meadows and *Ivan Hadlock:* Estimates of probability distribution of root-mean-square gust velocity of atmospheric turbulence from operational gust-load data by random-process theory. NACA TN 3362. March 1955. 48 p. 15 ref.; Index Aeron. **11** (1955) 7 24.

Tolefson, H. B.: Summary of derived gust velocities obtained from measurements within thunderstorms. NACA TN 3538. Oct. 1955. 19 p.; NACA Rep. 1285. 1956. 7 p.; AMR **9** (1956) 2 87; Aircr. Engng. **29** (1957) 341 224.

Tymms, Frederick: International and national regulation of airworthiness. J. Soc. Lic. Aircr. Engrs. **4** (1955) 8.

Walker, Walter G.: Gust-load and airspeed data from one type of four-engine airplane on five routes from 1947 to 1954. NACA TN 3358. Jan. 1955. 28 p. 11 ref.; Index Aeron. **11** (1955) 7 24.

Walker, W. G.: Gust-load and airspeed on six civil airline routes from 1947 to 1955. NACA TN 3621. Febr. 1956; J. Roy. Aeron. Soc. **60** (1956) 546 427.

Allen, J. E.: Impact measurements on a large model of a representative landplane fuselage on water. ARC Curr. Pap. 283. 1956. 67 p. 17 ref.; Index Aeron. **13** (1957) 2 77; Aircr. Engng. **29** (1957) 336 59; J. Roy Aeron. Soc. **61** (1957) 555 222.

Baum, Queenie: Flight loads during combat training. An experimental determination using V-g recorders of manoeuvres in Mustang Aircraft of the R. A. A. F. Aircr. Engng. **28** (1956) 330 262—264; Index Aeron. **12** (1956) 9 18.

Burns, Anne: Fatigue loadings in flight: Loads in the tailplane and fin of a Varsity. ARC Curr. Pap. 256. Jan. 1956. 20 p.; Index Aeron. **12** (1956) 10 83—84; AMR **10** (1957) 7 312; Aircr. Engng. **29** (1957) 335 27; AB **28** (1957) 2 66—67.

Burns, A.: Notes on the dynamic response of an aircraft to gusts and on the variation of gust velocity along the flight path with special reference to measurements made in Lancaster P. D. 119. ARC R & M 2759. 1954. 18 p.; AMR **9** (1956) 2 87—88.

Burns, Anne: Fatigue loadings in flight: loads in the wing of a Varsity. Roy Aircr. Establ. TN S 192. May 1956; ARC Curr. Pap. 285. 1956. 23 p. 2 ref.; Index Aeron. **13** (1957) 3 20; Aircr. Engng. **29** (1957) 336 59.

Chalk, Charles: Flight test of an autopilot installation as a lateral gust alleviator in a PT-26 airplane. WADC Techn. Rep. 55—269 (OTS, PB 121244). March 1956. 63 p. 11 ref.; Aeron. Engng. Rev. **16** (1957) 8 122.

Cooney, T. V. and *Russel L. Schott:* Initial results of a flight investigation of the wing and tail loads on an airplane equipped with a vane-controlled gust-alleviation system. NACA TN 3746. Sept. 1956. 31 p.; Index Aeron. **12** (1956) 11 28; AMR **10** (1957) 4 166—167; J. Roy. Aeron. Soc. **61** (1957) 533 63; Aeron. Engng. Rev. **16** (1957) 1 98.

Czaykowski, T.: Loading conditions of tailed aircraft in longitudinal manoeuvres. ARC R & M 3001. 1956. 59 p. 25 ref.; Index Aeron. **13** (1957) 1 19—20; Aircr. Engng. **29** (1957) 337 90; J. Roy. Aeron. Soc. **61** (1957) 554 140; Aeron. Engng. Rev. **16** (1957) 1 123.

Donely, Philip: The measurement and assessment of repeated loads on airplane components. AGARD Rep. 45 Apr. 1956. VII, 35 p. 23 ref.; NACA Misc. Publ. 66 Apr. 1956, 37 p. 23 ref.; Index Aeron. **13** (1957) 2 21, 10 20; J. Roy. Aeron. Soc. **61** (1957) 563 790; Aeron. Engng. Rev. **17** (1958) 1 120.

Hoff, N. J.: Philosophy of safety in the supersonic age. AGARD Rep. 87. Aug. 1956. 15 p. 42 ref.; Index Aeron. **13** (1957) 8 82; J. Roy. Aeron. Soc. **61** (1957) 562 708; Aeron. Engng. Rev. **17** (1958) 1 118.

Hooke, F. H. and *Queenie Baum:* Gust research with V-g recorders in aircraft on Australian routes. ARL Rep. SM 241 Apr. 1956, 46 p. 14 ref.; Index Aeron. **13** (1957) 2 20; Aircr. Engng. **29** (1957) 340 186; J. Roy. Aeron. Soc. **61** (1957) 555 220.

Kloos, J. and *F. Turner:* The determination of a factor of safety on the basis of a single probability parameter. SAAB TN 37 June 1956 13 p.; Index Aeron. **13** (1957) 10 84; J. Roy. Aeron. Soc. **61** (1957) 563 790—791; Aeron. Engng. Rev. **16** (1957) 11 107; AMR **11** (1958) 4 156; Aircr. Engng. **30** (1958) 350 120.

Lundberg, Bo and *Sigge Eggwertz:* The relationship between load spectra and fatigue life. FAA Rep. 67 March 1956 32 p. 24 ref.; Index Aeron. **12** (1956) 10 83; AMR **10** (1957) 8 357; Aircr. Engng. **29** (1957) 335 27; AB **28** (1957) 2 66.

Manabe, D.: Statistical considerations of three dimensional oscillations of a plane due to air turbulence or gustiness. I. Kyushu Univ., Japan, Technol. Rep. **29** (1956) 3 136—141.

Mar, J. W., T. H. H. Pian and *J. M. Calligeros:* A note on methods for the determination of transient stresses. J. Aeron. Sci. **23** (1956) 1 94—95 3 ref.; Index Aeron. **12** (1956) 2 102 [6.254.21].

Molyneux, W. G.: Measurement of the aerodynamic forces on oscillating aerofoils. AGARD Rep. 35. Apr. 1956. VI, 35 p. 35 ref.

Press, H., M. T. Meadows and *I. Hadlock:* A reevaluation of data on atmospheric turbulence and airplane gust loads for application in spectral calculations. NACA Rep. 1272 1956 29 p.; AMR **10** (1957) 11 540; J. Roy. Aeron. Soc. **61** (1957) 559 507.

Puttock, D. R.: Fin-and-rudder loads in a yawing manoeuvre: Effect of direct and power assisted rudder movement. ARC Curr. Pap. 301 1956 51 p.; Index Aeron. **13** (1957) 2 20; AMR **10** (1957) 12 577; Aircr. Engng. **29** (1957) 337 90; J. Roy. Aeron. Soc. **61** (1957) 555 219.

Sandifer, R. H.: Flight loads. J. Roy. Aeron. Soc. **60** (1956) 545 301—306 4 ref.

Turner, F.: Aspects of fatigue design of aircraft structures. „Fatigue in aircraft structures. Proc. Int. Conf. Columbia Univ., Jan./Febr. 1956", Ed. A. M. Freudenthal. New York: Academic Press 1956. 323—340, disc. 341—346 [1.343.31], [6.254.0].

Tye, W.: Philosophy of airworthiness. AGARD Rep. 58. Aug. 1956. IV, 15 p.; Index. Aeron. **13** (1957) 8 85; J. Roy. Aeron. Soc. **61** (1957) 561 650; Aeron. Engng. Rev. **16** (1957) 11 118.

Wells, E. W.: Fatigue loadings in flight: Loads in the fuselage and nose undercarriage of a varsity. ARC Curr. Pap. 287 May 1956 18 p.; Index Aeron. **13** (1957) 2 77; Aircr. Engng. **29** (1957) 336 59; J. Roy. Aeron. Soc. **61** (1957) 554 142.

Williams, J. K.: Safety factors. J. Roy. Aeron. Soc. **60** (1956) 545 306—312 [6.254.0].

Acker, L. W., D. O. Black and *J. C. Moser:* Accelerations in fighter-airplane crashes. Appendix — Description of telemetering data recording system. NACA RM E 57 G 11. Nov. 1957. 78 p.; Aeron. Engng. Rev. **17** (1958) 1 96.

Barrett, J. O.: Preliminary study of atmospheric gust conditions at low altitude. WADC Techn. Rep. 57—253 (AD 142015). Oct. 1957. 92 p. 18 ref.; Aero Space Engng. **17** (1958) 7 72.

Beeler, De E.: Flight loads measurements on NACA research airplanes. AGARD Rep. 109 1957 35 p. 15 ref.

Bullen, N. I.: The variation of gust frequency with gust velocity and altitude. Roy. Aircr. Establ. Rep. S 216 Oct. 1956 12 p. 11 ref.; ARC Curr. Pap. 324 1957 11 p. 11 ref.; Aeron. Engng. Rev. **16** (1957) 4 126—127; Index Aeron. **13** (1957) 8 40.

Braun, Winfried: Zur Frage der Fahrwerkslastannahmen. WGL-Jb. 1957 139—146 [6.254.4].

Brönn, Carl E.: Some aspects of prediction of load spectrum for airplanes. AGARD Rep. 106. May 1957. IX, 41 p.

Bullen, N. I.: Aircraft loads in continuous turbulence. AGARD Rep. 116. Apr./May 1957. 26 p.; Index Aeron. **14** (1958) 4 30.

Ebner, H.: The problem of structural safety with particular reference to safety requirements. AGARD Rep. 150. Nov. 1957. IV, 23 p. 33 ref.

Edge, P. M. jr.: Impact-loads investigation of chine-immersed models having concave-convex transverse shape and straight or curved keel lines. NACA TN 3940. Febr. 1957. 66 p. 8 ref.; Aeron. Engng. Rev. **16** (1957) 3 116; AMR **10** (1957) 9 397; Index. Aeron. **13** (1957) 4 23.

Edge, P. M. jr.: Impact-loads investigation of chine-immersed model having a circular-arc transverse shape. NACA TN 4103. Sept. 1957. 35 p.; Aeron. Engng. Rev. **16** (1957) 11 112.

Edge, P. M. jr. and *J. S. Mixon:* Impact-loads investigation of a chine-immersed model having a longitudinally curved bow and a V-bottom with a dead-rise angle of 30°. NACA TN 4106. Sept. 1957. 24 p.; Aeron. Engng. Rev. **16** (1957) 11 112; Index Aeron. **13** (1957) 12 23.

Eggleston, John M.: A theory for the lateral response of airplanes to random atmospheric turbulence. NACA TN 3954. May 1957. 75 p. 21 ref.; Aeron. Engng. Rev. **16** (1957) 7 120—121; Index Aeron. **13** (1957) 8 15.

Fiala, E.: Lateral forces on rolling pneumatic tires. Cornell Aeron. Lab. Translat. Febr. 1957. 19 p. 10 ref.; Aeron. Engng. Rev. **16** (1957) 6 124.

Fisher, W. A. P.: Substantiation of safe fatigue life for rotorcraft. ARC Curr. Pap. 317 1957 18 p. 4 ref.; Index Aeron. **13** (1957) 6 101.

Freudenthal, Alfred M.: The safety of aircraft structures. WADC Techn. Rep. 57—131 (AD 130910). July 1957. 37 p.; Aeron. Engng. Rev. **16** (1957) 12 106.

Freudenthal, Alfred M.: Safety and safety factors for airframes. AGARD Rep. 153. Nov. 1957. VI, 21 p. 13 ref.

Goldman, G. M.: Discussion on safety-factor requirements for supersonic aircraft structures. Trans. ASME **79** (1957) 5 986—989; AMR **11** (1958) 6 296.

Hakkinen, Raimo J. and *A. S. Richardson jr.:* Theoretical and experimental investigation of random gust loads. I. Aerodynamic transfer function of a simple wing configuration in incompressible flow. NACA TN 3878. May 1957. 64 p. 27 ref.; Inedx Aeron. **13** (1957) 8 16—17; AMR **10** (1957) 11 540.

Heath-Smith, J. R.: Atmospheric turbulence encountered by Hermes aircraft. Roy. Aircr. Establ. TN S 214. Jan. 1957. 20 p.; Aeron. Engng. Rev. **16** (1957) 8 108.

Huston, Wilber B.: A study of the correlation between flight and wind-tunnel buffet loads. AGARD Rep. 111 Apr./May 1957 25 p. 11 ref.; Index Aeron. **14** (1958) 3 20; Aero Space Engng. **17** (1958) 10 75.

Mangurian, George N.: The aircraft structural factor of safety. AGARD Rep. 154 Nov. 1957 24 p.; J. Roy. Aeron. Soc. **62** (1958) 571 538; Index Aeron. **14** (1958) 7 84; Aero Space Engng. **17** (1958) 10 104.

McBrearty, J. F.: A review of landing gear and ground loads problems. AGARD Rep. 118 Apr./May 1957 22 p.; J. Roy. Aeron. Soc. **62** (1958) 570 467.

van der Neut, A.: Some remarks on the fundamentals of structural safety. AGARD Rep. 155 Nov. 1957 25 p.; Index Aeron. **14** (1958) 11 93—94; J. Roy. Aeron. Soc. **62** (1958) 576 914.

Phillips, William H.: Load implications of gust-alleviation systems. NACA TN 4056. June 1957. 11 p. 5 ref.; Index Aeron. **13** (1957) 9 22; J. Roy. Aeron. Soc. **61** (1957) 562 710; Aeron. Engng. Rev. **16** (1957) 10 129.

Prot, E. Marcel: Reflexions générales sur la sécurité des matériaux et les structures. AGARD Rep. 151 Nov. 1957 11 p. 35 réf.; Index Aeron. **14** (1958) 7 84; Aero Space Engng. **17** (1958) 10 104.

Richardson, A. S. jr.: Theoretical and experimental investigation of random gust loads. II. Theoretical formulation of atmospheric gust response problem. NACA TN 3879 May 1957 50 p. 19 ref.; Aeron. Engng. Rev. **16** (1957) 7 120; Index Aeron. **13** (1957) 8 17; AMR **10** (1957) 11 540.

Smith, A. G., C. H. E. Warren and *D. F. Wright:* Investigations of the behaviour of aircraft when making a forced landing on water (ditching). ARC R & M 2917 1957 53 p. 77 ref.; Index Aeron. **14** (1958) 4 117; Aero Space Engng. **17** (1958) 7 96.

Westfall, John R., Benjamin Milwitzky, Norman S. Silsby and *Robert C. Dreher:* A summary of ground-loads statistics. NACA TN 4008 May 1957 15 p. 17 ref.; Index Aeron. **13** (1957) 8 77; J. Roy. Aeron. Soc. **61** (1957) 562 710; Aeron. Engng. Rev. **16** (1957) 9 114.

Widmayer, Edward jr.: Structural and impact loads for the flexible airplane during water landings. Inst. Aeron. Sci. 25th Ann. Meeting, New York, Jan. 1957, Prepr. 689 36 p. 8 ref.; Index Aeron. **13** (1957) 5 31; Aeron. Engng. Rev. **16** (1957) 3 115—116.

Zbrozek, J., K. W. Smith and *D. White:* Preliminary report on a gust alleviator investigation on a Lancaster aircraft. ARC R & M 2972 1957 42 p. 11 ref.; Index Aeron. **13** (1957) 8 17—18; Aircr. Engng. **29** (1957) 343 291.

— British Civil Airworthiness Requirements, section A: General information and procedure. Issue no. 4. London: Air Registration Board Febr. 1957 64 p.

— British Civil Airworthiness Requirements, section C: Engines and propellers. Issue no. 4. London: Air Registration Board, March 1957, 100 p.

Aubrey, E.: Safety and large aircraft. J. Roy. Aeron. Soc. **62** (1958) 569 385.

Blinkhorn, J. W.: Ground loads on aircraft undercarriages at touch-down. Assessment of loads for the purpose of undercarriage design. Aircr. Engng. **30** (1958) 355 277—279; Index Aeron. **14** (1958) 10 92; Aero Space Engng. **17** (1958) 12 77 [6.254.4].

Fine, M.: A random distribution of gusts corresponding to a measured frequency of vertical gusts. Aeron. Quart. **9** (1958) 3 251—257 6 ref.; Index Aeron. **14** (1958) 10 23; Aero Space Engng. **17** (1958) 11 98.

Hall, A. W., R. H. Sawyer and *J. M. McKay:* Study of ground-reaction forces measured during landing impacts of a large aircraft. NACA TN 4247 May 1958 40 p.; Index Aeron. **14** (1958) 8 21—22; J. Roy. Aeron. Soc. **62** (1958) 572 614.

Harpur, N. F.: Fail-safe structural design. J. Roy. Aeron. Soc. **62** (1958) 569 363—376 23 ref.; Aero Space Engng. **17** (1958) 7 77 [6.254.0].

Krumhaar, H.: Zusammenfassender Bericht über neuere Untersuchungen zur Frage der Böenbelastung von Flugzeugen. Mitt. Max-Planck-Inst. Strömungsforsch. H. 21. Göttingen 1958. 143 S.

Preston, G. M. and *G. J. Pesman:* Accelerations in transport-airplane crashes. Appendix: Variation of crash-impact forces normal to longitudinal axis with angle of impact. NACA TN 4158 Febr. 1958 76 p.; Aeron. Engng. Rev. **17** (1958) 4 90; Index Aeron. **14** (1958) 5 92.

Preston, G. Merritt and *Gerard J. Pesman:* Transport airplane crash loads. Inst. Aeron. Sci. 26th Ann. Meeting, New York, Jan. 1958 Prepr. 772 19 p.; Aeron. Engng. Rev. **17** (1958) 4 110; Index Aeron. **14** (1958) 5 91.

Schairer, George S. and *Herbert S. Clayman:* Designing for aircraft reliability. SAE J. **66** (1958) Jàn. 76—77; Aero Space Engng. **17** (1958) 5 96.

Smiley, J. R.: Relation between time of day and aircraft landing accidents. J. Aviation Medicine (1958) Jan. 33—36; Aero Space Engng. **17** (1958) 5 144.

Staufenbiel, R.: Beitrag zur Bestimmung der Stoßgeschwindigkeit von Flugzeugen bei der Landung. DVL-Ber. 71 Juli 1958 37 S.; Index Aeron. **14** (1958) 11 26; Aero Space Engng. **17** (1958) 12 77; ZFW **6** (1958) 10 304.

Widmayer, Edward jr. and *Robert H. Schwab:* Structural and impact loads for the flexible airplane during water landings. J. Aeron. Sci. **25** (1958) 3 161—170, 216 6 ref.; AMR **11** (1958) 12 674.

Widmayer, E. jr., S. A. Clevenson and *S. A. Leadbetter:* Some measurements of aerodynamic forces and moments at subsonic speeds on a rectangular wing of aspect ratio 2 oscillating about the midchord. NACA TN 4240 May 1958 45 p.; Index Aeron. **14** (1958) 8 25—26; J. Roy. Aeron Soc. **62** (1958) 572 613; AMR **12** (1959) 2 125—126.

Woodham, R. M.: Important factors in aviation safety. Canad. Aeron. J. **4** (1958) 3 94—98; Index Aeron. **14** (1958) 6 102; Aero Space Engng. **17** (1958) 6 101.

Zbrozek, J. K.: Gust alleviation factor. I. Incompressible flow. II. Compressibility effect. III. Gust loads on swept wings (based on NACA gust-tunnel tests). ARC R & M 2970 1958 50 p. 25 ref.; Index Aeron. **14** (1958) 5 26; Aero Space Engng. **17** (1958) 7 63; Aircraft. Engng. **30** (1958) 357 346—347.

— Gusts, load factors and gust envelopes. Log (1958) Jan. 14—19; Aero Space Engng. **17** (1958) 5 96.

Bullen, N. I.: The distribution of gusts in the atmosphere. An integration of U. K. and U. S. data. ARC Curr Pap. 419 1959.

Jackson, Charles E. and *John E. Wherry:* A comparison of theoretical and experimental loads on the B-47 resulting from discrete vertical gusts. J. Aero Space Sci. **26** (1959) 1 33—45 11 ref.

Sharman, P. W.: Approximate bending moment diagrams for flight maneuvers. J. Aero Space Sci. **26** (1959) 8 530—532.

Knott, H.: Luftfahrtgerät, seine Prüfung und Zulassung. Essen: Heimat-Verl. Alfred Müller 1960 80 S.

Förderanlagen 1.14

Götzlinger, J. and *S. Johnsson:* Dynamic forces in cranes. Acta Polytechn. Scand. 175, Mech. Engng. Ser. **3** (1955) 7 34 p.; AMR **9** (1956) 2 58 [6.261.2].

Kindervater, R.: Statische und dynamische Radlasten gleisloser Flurfördergeräte. Fördern u. Heben **6** (1956) 6 496—497.

— Vorläufige Richtlinien für Berechnung, Ausführung und bauliche Durchbildung von gleitfesten Schraubenverbindungen (HV-Verbindungen) für stählerne Ingenieur- und Hochbauten, Brücken und Krane. Köln: Stahlbau-Verl. 1956 20 S.; Schweißen u. Schneiden **9** (1957) 9 436 [1.16].

Bendix, H.: Die Standsicherheit fahr- und drehbarer Krane. Vorschriften im In- und Ausland. Technik (Berlin) **12** (1957) 4 309—311, 5 365—371.

Ose, Karl: Neue Unfall-Verhütungsvorschriften zur elektrischen Ausrüstung von Laufkranen. Fördern u. Heben **9** (1959) 5 318—322.

Talke, Kurt: Planungsangaben, Sicherheits- und Berechnungsvorschriften für Industriegebäude mit Brückenkranen. Bau- u. Bauindustrie **12** (1959) 16 416—421.

Gottsch, H. u. *S. Hasenjäger:* Technische Baubestimmungen. Hochbau — Tiefbau — Baulenkung — Wiederaufbau. 4. Aufl. 3. bis 5. Lfg. Köln-Braunsfeld: R. Müller 1955 3. Lfg. 52 S., 4. Lfg. 71 S., 5. Lfg. 111 S. '

Wedler, Bernhard: Holzbauwerke. Vorschriften und Erläuterungen. Berlin: Ernst 1955 87 S.; Holz als Roh- u. Werkstoff **15** (1957) 7 320.

Wedler, B.: Entwicklung der Technischen Baubestimmungen im Jahre 1955. Bauwelt **47** (1956) 14 313—320.

— Vorläufige Richtlinien für Berechnung, Ausführung und bauliche Durchbildung von gleitfesten Schraubenverbindungen (HV-Verbindungen) für stählerne Ingenieur- und Hochbauten, Brücken und Krane. Köln: Stahlbau-Verl. 1956 20 S.; Schweißen u. Schneiden **9** (1957) 9 436 [1.14].

Wah, Thein: Distribution of loads in two types of railway bridges. Publ. Int. Ass. Bridge & Struct. Engng. **17** (1957) 241—268 9 ref.

— Vorschriften für die Verwendung hochfester Stahlschrauben im Stahlbau (Februar 1954) Anhang B, genehmigt am 15. 12. 1955. Draht **8** (1957) 4 146.

Bürgermeister, Gustav u. *A. Neumann:* Die neue Vorschrift für geschweißte Stahlhochbauten DIN 4100. Schweißen u. Schneiden **10** (1958)5 158—162.

Hiba, Z.: Winddruck auf Hängebrücken mit schräg liegenden Tragkabeln. Stahlbau **28** (1959) 4 98—101 10 Lit.-St.

Kollbrunner, Curt u. *S. Milosavljević:* Betrachtungen zur Frage von Stahlbauvorschriften. (Mitt. Forsch. u. Konstruktion im Stahlbau H. 23) Zürich: Leemann 1958 18 S.; Schweiz. Bau-Ztg. **77** (1959) 11 161.

Möhler, K.: Kritische Betrachtung der bestehenden Holzbauvorschriften und Vorschläge für ihre Neufassung. Bautechnik **35** (1958) 7 261—267.

Norén, Bengt: Sicherheitsprobleme im Holzbau. Holz als Roh- u. Werkstoff **16** (1958) 4 146—150.

Thunell, Bertil: Sortierungs- und Sicherheitsfragen bei der Verwendung von Holz für Tragwerke und Gerüste. Holz als Roh- u. Werkstoff **16** (1958) 4 127—132 5 Lit.-St.

Jez-Gala, C.: Die derzeit zulässigen Knickspannungen in Stahlbauvorschriften verschiedener Länder. Acier-Stahl-Steel **24** (1959) 4 187—194 9 Lit.-St.

Kollbrunner, C. F. u. *S. Milosavljević:* Betrachtungen zur Frage von Stahlbauvorschriften. Hrsg. AG. Conrad Zschokke, Stahlbau und Kesselschmiede, Döttingen (Aargau). Zürich: Leemann 1959.

Kollbrunner, Curt F.: Feuersicherheit der Stahlkonstruktionen. III. Feuerversuche mit belasteten Stahlrahmen. (Mitt. Techn. Komm. Schweiz. Stahlbauverband, Nr. 18) Zürich: Schweizer Stahlbauverband 1959 57 S.

Kußmann, Ernst: Die technischen Baubestimmungen für die Holzverwendung. Holz-Zbl. **85** (1959) 107 1429.

Statik und Dynamik   **1.2**

Statik der Fachwerke, Vollwandtträger und Rahmen   **1.21**

Allgemeines   **1.211**

Bechert, H. G.: Zur Statik räumlich gekrümmter Träger. Diss. TH Karlsruhe 1954 42 Bl.

Argyris, J. H.: Energy theorems and structural analysis. A generalized discourse with applications on energy principles of structural analysis including the effects of temperature and non-linear stress-strain relations Aircr. Engng. **27** (1955) 313 80—94; Index Aeron. **11** (1955) 4 92.

de C. Henderson, J. C. and *W. G. Bickley:* Statical indeterminacy of a structure. A study of a necessary topological condition relating to the degree of statical indeterminacy of a skeletal structure. Aircr. Engng. **27** (1955) 322 400—402; Index Aeron. **12** (1956) 1 67; AMR **9** (1956) 4 153.

Ghaswala, S. K.: Some aspects of the plastic design of aluminium structures. Publ. Int. Ass. Bridge & Struct. Engng. **16** (1956) 231—254 94 ref. [1.222.111], [1.333.2], [1.342.31].

Sossenheimer, H.: Rekursive Berechnung von β-Werten für hochgradig statisch unbestimmte Systeme. Ermittlung der β-Matrix unter Verwendung der Theorie der statisch unbestimmten Hauptsysteme. Diss. TH Darmstadt 1956.

Turner, M. J., R. W. Clough, H. C. Martin and *L. J. Topp:* Stiffness and deflection analysis of complex structures. J. Aeron. Sci. **23** (1956) 9 805—823, 854 14 ref.; Index Aeron. **12** (1956) 10 76; AMR **10** (1957) 6 251 [1.221], [1.240].

Vargo, Louis G.: Nonlinear minimum-weight design of planar structures. J. Aeron. Sci. **23** (1956) 10 956—960 9 ref.; Index Aeron. **12** (1956) 11 99; Aeron. Engng. Rev. **15** (1956) 10 145; AMR **10** (1957) 8 347.

Argyris, John H.: Die Matrizentheorie der Statik. Ing.-Arch. **25** (1957) 3 174—192; AMR **11** (1958) 1 14; Aeron. Engng. Rev. **17** (1958) 2 112.

Bienert, Gerhard: Analogiebetrachtungen zum Kraftgrößen- und Formänderungsverfahren statisch unbestimmter Tragwerke. Wiss. Z. Hochsch. Verkehrswes. Dresden **5** (1957/58) 6 881—884.

Biermann, W.: Über periodische Iterationsfolgen bei der Berechnung statisch unbestimmter Stabsysteme. Bautechnik **35** (1958) 11 432—436.

Hemp, W. S.: Theory of structural design. Coll. Aeron. Cranfield Rep. 115 Aug. 1958 63 p.; AGARD Rep. 214 Oct. 1958 47 p.; J. Roy. Aeron. Soc. **63** (1959) 577 72 [1.221]

Pilz, Dietrich: Beitrag zur Berechnung mehrgradig statisch unbestimmter Systeme. Bautechnik **36** (1959) 2 75—76.

Ebene Tragwerke **1.212**

Fachwerkträger **1.212.1**

Foulon, Emile: Théorie des lignes d'influence des poutres droites en treillis à croix de Saint-André. Publ. Ass. Int. Ponts & Charpentes **3** (1935) 87—99.

Dundurs, J.: A method for analyzing deformations of plane trusses. Publ. Int. Ass. Bridge & Struct. Engng. **18** (1958) 1—14.

Gruber, Ernst: Die Berechnung der gelenkigen Fachwerke bei Berücksichtigung ihrer Verformungen. Stahlbau **27** (1958) 8 197—202.

Laushey, L. M.: Direct design of optimum indeterminate trusses. Proc. ASCE **84** (1958) St. 8 (J. Struct. Div.) Pap. 1867 35 p.; AMR **12** (1959) 10 696.

Schmidt, L. C.: Fully-stressed design of elastic redundant trusses under alternative load systems. Austral. J. Appl. Sci. **9** (1958) 4 337—348; AMR **12** (1959) 10 696.

Schumpich, G.: Beitrag zur Kinetik und Statik ebener Stabwerke mit gekrümmten Stäben. Diss. TH Hannover 1958.

Vollwandträger **1.212.2**

Baldauf, Heinrich: Beitrag zur Theorie ebener Fachwerke. Ing. Arch. **26** (1958) 5 338—342; AMR **12** (1959) 11 773.

Zellerer, Ernst u. Hanns Thiel: Über das Kraftfeld einer Tragwand auf zwei Stützen mit drei Türöffnungen bei unsymmetrischer Einzelbelastung. Bautechnik **36** (1959) 3 84—95, 4 147—153 21 Lit.-St. [1.224.23].

Durchlaufträger **1.212.3**

Hendry, Arnold W. and *Leslie G. Jaeger:* The load distribution in interconnected bridge girders with special reference to continuous beams. Publ. Int. Ass. Bridge & Struct. Engng. **15** (1955) 95—116 5 ref.; AMR **10** (1957) 4 150 [6.272].

Falk, S: Die Berechnung des beliebig gestützten Durchlaufträgers nach dem Reduktionsverfahren. Ing.-Arch. **24** (1956) 3 216—232; AMR **9** (1956) 12 523.

Hutter, G: Die lastverteilende Wirkung von Durchlaufträgern infolge elastischer Stützung bei starrer und elastischer Unterlage der Stützen. Diss. TH München 1956.

Inoue, H.: Analysis of continuous beam on elastic supports by successive approximations. Gifu Univ., Japan, Fac. of Engng., Res. Rep. 6 1956 7—10.

Mombach, M.: La pratique du calcul des systèmes continus. Paris: Dunod, Liège: Desoer 1957 80 p.

Blamauer, Otto: Vom Dreimomentensatz zur Plattengleichunq. (Ein Beitrag zur Differenzenrechnung.) Bautechnik **35** (1958) 7 271—278 [1.225.12].

Craemer, Herm.: Verbessertes Iterationsverfahren für durchlaufende Balken. Bauing. **33** (1958) 9 336—338.

Grasshoff, Heinz: Lehrheft des Cross-Verfahrens. Köln-Braunsfeld: R. Müller 1958 32 S.

Johnson, L. P. jr. and *H. A. Sawyer, jr.:* Elasti-plastic analysis of continuous frames and beams. Proc. ASCE **84** (1958) St 8 (J. Struct. Div.) Pap. 1879 23 p.; AMR **12** (1959) 10 695.

Laue, Kurt: Das δ-Verfahren zur Berechnung durchlaufender Träger. Bautechnik **35** (1958) 3 100—102.

Posner, H.: Moments in beams by the method of partial moments. Proc. ASCE ST 2 (J. Struct. Div.) **84** (1958) Pap. 1567 34 p.; AMR **12** (1959) 3 175.

Scheer, J.: Benutzung programmgesteuerter Rechenautomaten für statische Aufgaben, erläutert am Beispiel der Durchlaufträgerberechnung. Stahlbau **27** (1958) 9 225—229, 10 275—280.

Todorow, Marko: Ein iteratives Verfahren zur Berechnung von Durchlaufträgern und Rahmen mit unverschieblichen Knotenpunkten. Bautechnik **35** (1958) 1 21—22 [1.212.4].

Wöller, Günter: Zur Berechnung von Durchlaufträgern mit feldweise konstantem Trägheitsmoment unter Benutzung der Angerschen Tabellen. Bautechnik **35** (1958) 5 182—186, 12 496.

Bogunović, V.: Der durchlaufende Balken auf äquidistanten elastischen Stützen. Ing.-Arch. **27** (1959) 2 104—112.

Jensen, Jorgen A.: Diagramme zur Berechnung elastisch unterstützter Träger. Bautechnik **36** (1959) 4 144—146.

Resinger, Fritz: Beitrag zur Lösung von Stabwerksproblemen der Theorie II. Ordnung. Stahlbau **28** (1959) 3 75—78 14 Lit.-St., 4 102—107 14 Lit.-St.

Resinger, F.: Der Momentenausgleich nach Cross bei Berücksichtigung der Schubverformung. Bauing. **34** (1959) 7 266—268 4 Lit.-St.

Rahmen und rahmenartige Träger **1.212.4**

Allen, H. G.: The estimation of the critical load of a braced framework. Proc. Roy. Soc. (London) (A) **231** (1955) 1184 25—36; AMR **9** (1956) 2 65—66.

Asplund, Sven Olof: Matrix-analysis of successive moment-distribution. Publ. Int. Ass. Bridge & Struct. Engng. **15** (1955) 17—29.

Das Baul, R.: Exact solution of statically indeterminate frame structures containing members with absolutely variable moments of inertia by the fixed point method. J. Instn. Engrs. (Calcutta) (1) **35** (1955) 4 415—462; AMR **9** (1956) 1 21.

Dorn, W. S. and *H. J. Greenberg:* Safety factors and superposition in the elastic and plastic analysis of frames. Proc. 2nd Midwestern Conf. Solid Mech., Purdue Univ., Sept. 1955 135—149; AMR **10** (1957) 8 355.

Murray, N. W.: Behaviour in the elastic range of triangular frameworks with rigid joints. Civil Engng. (London) **50** (1955) 590 875—876, 591 1001—1004; AMR **10** (1957) 10 465.

Petterson, O.: Some stability and second-order stress problems of beams, frames, arches, and plates. (In Swedish) Instn. for Hallfasthetslära, Kungl. Tekniske Hogskolan, Stockholm, Publ. 113 1955. IV, 113 p.; AMR **10** (1957) 1 14 [1.226], [1.342.8].

Onat, E. T.: On certain second-order effects in the limit design of frames. J. Aeron. Sci. **22** (1955) 10 681—684 4 ref.; AMR **9** (1956) 6 249—250.

Yoshimura, T.: Analysis of rigid frames by balancing member series. Kumamoto Univ., Mem. Fac. Engng. **2** No. 1 1955 40 p.; AMR **9** (1956) 12 523.

Anevi, Gunnar: Determination of crippling stresses for curved frames of alclad 24 S-T in bending. (In Engl.) SAAB TN 36 July 1956 73 p.; J. Roy. Aeron. Soc. **61** (1957) 563 790; Aircr. Engng. **30** (1958) 350 120; Index Aeron. **13** (1957) 10 77; Aeron. Engng. Rev. **16** (1957) 11 107.

Barnoff, R. M.: Simplified analysis of rigid frames. Proc. ASCE Vol. 82, ST 6 (J. Struct. Div.), Pap. 1106 Nov. 1956 19 p.; AMR **10** (1957) 5 196.

Boley, Bruno A.: On thin-ring analysis. J. Aeron. Sci. **23** (1956) 8 802—804; Index Aeron. **12** (1956) 9 72.

Charlton, T. M.: Statically indeterminate frames; the two basic approaches to analysis. Engineering **182** (1956) 4738 822—823; Index Aeron. **13** (1957) 2 72.

Chilver, A. H.: Buckling of a simple portal frame. J. Mech. & Phys. Solids **5** (1956) 1 18—25; AMR **10** (1957) 12 559.

Hansbo, Sven: The critical load of rectangular frames analysed by convergence methods. Chalmers Tekniska Högskolans Handl. 179 1956 47 p. 46 ref.; AMR **10** (1957) 10 463.

Herber, K.-H.: Berechnung von Rahmen mit veränderlichen Trägheitsmomenten nach dem Verfahren von Kani. Bautechnik **33** (1956) 8 276—278.

Ishii, I.: New approximate method for stress analysis of rectangular frame subjected to lateral forces. II. J. Technological Res. (Kanto Gakuin Univ., Fac. of Engng., Japan) **1** (1956) 2 127—148.

King, J. W. H. and *D. E. Jenkins:* Effect of a stiff-jointed frame on its plastic collapse load. Engineer **201** (1956) 5229 320—323; AMR **9** (1956) 10 424.

Kirste, Leo: Simplified calculus of the stability of multi-story frames. Publ. Int. Ass. Bridge & Struct. Engng. **16** (1956) 295—300; AMR **10** (1957) 8 355.

Lightfoot, E.: The analysis for wind loading of rigid-jointed multi-storey building frames. Civil Engng. (London) **51** (1956) 601 757—759, 602 887—889; AMR **10** (1957) 10 464—465.

Michalos, J. and *L. M. Louw:* Properties for numerical analyses of gusseted frameworks. Bull. Amer. Railway Engng. Ass. **58** (1956) 530 1—51; AMR **11** (1958) 7 361—362.

Prager, W.: Minimum-weight design of a portal frame. Proc. ASCE Vol. 82, EM 4 (J. Engng. Mech. Div.) Pap. 1073 Oct. 1956 10 p.; AMR **10** (1957) 10 464.

Venkatraman, B. and *P. G. Hodge jr.:* Bending of rigid frames in the presence of steady creep. Polytechn. Inst. Brooklyn, Dept. of Aeron. Engng. & Appl. Mech., PIBAL Rep. 346 (AFOSR TN 56-455) (AD 97071) May 1956 22 p. 13 ref.; Aeron. Engng. Rev. **16** (1957) 1 130.

Allen, H. G.: The design of triangulated frameworks on an elastic basis. Civil Engng. (London) **52** (1957) 609 313—316, 610 436—438; AMR **10** (1957) 12 559.

Allen, H. G.: The estimation of the critical loads of certain frameworks. Struct. Engr. **35** (1957) Apr. 135—140; AMR **10** (1957) 9 407.

Anevi, Gunnar: An empirical method of determining the crippling stress for flanged frames of alclad 24S-T at room temperature and elevated temperature. SAAB TN 40 Dec. 1957 24 p.; Aero Space Engng. **17** (1958) 11 96; J. Roy. Aeron. Soc. **62** (1958) 573 689; Index Aeron. **14** (1958) 9 74; AMR **12** (1959) 1 27.

Brouwer, G. and *S. van der Meer:* A network analog of a statically loaded two-dimensional frame. Proc. SESA **15** (1957) 1 35—42; AMR **11** (1958) 5 223; Aeron. Engng. Rev. **17** (1958) 1 118—119.

Enneper, P.: Der Rahmenträger, Stabilität und Berechnung nach der Spannungstheorie II. Ordnung. Techn. Mitt. Krupp **15** (1957) 8 231—244.

French, F. W. jr., S. A. Patel and *N. J. Hoff:* Creep deformations of rectangular frames. Polytechn. Inst. Brooklyn, Aeron. Lab. Rep. 340 July 1957 24 p.; AMR **11** (1958) 8 430; Aeron. Engng. Rev. **17** (1958) 2 89.

Hickerson, T. F.: Analysis of multi-story building frames. Proc. ASCE Vol. 83, ST 3 (J. Struct. Div.) Pap. 1233 May 1957 20 p.; AMR **10** (1957) 10 464.

Masur, E. F. and *A. Cukurs:* Lateral buckling of plane frameworks. Proc. ASCE Vol. 83, EM 1 (J. Engng. Mech. Div.), Pap. 1140 Jan. 1957 15 p.; AMR **10** (1957) 8 352 [1.342.4].

Matheson, J. A. L.: The degree of redundancy of plane frameworks. Civil Engng. (London) **52** (1957) 612 655—656; AMR **10** (1957) 12 560.

Murray, N. W.: A method of determining an approximate value of the critical loads at which lateral buckling occurs in rigidly jointed trusses. Proc. ICE **7** (1957) June 387—403; AMR **10** (1957) 12 560.

Nelson, H. M., D. T. Wright and *J. W. Dolphin:* Demonstrations of plastic behavior of steel frames. Proc. ASCE Vol. 83, EM 4 (J. Engng. Mech. Div.), Pap. 1390 Oct. 1957 38 p.; AMR **11** (1958) 4 169.

Zimmermann, R. Z. jr.: The design of rigid frame bents. Proc. ASCE Vol. 83, ST 6 (J. Struct. Div.), Pap. 1434 Nov. 1957 39 p.; AMR **11** (1958) 7 361.

Bechert, Hch.: Bemerkungen zur Berechnung seitenverschieblicher Rahmen mit den Momentenausgleichsverfahren. Bautechnik **35** (1958) 10 401.

Beck, Hubert: Ein Beitrag zur Berechnung regelmäßig gegliederter Scheiben. Ing. Arch. **26** (1958) 5 343—357; AMR **12** (1959) 11 773.

Chen, L. K. and *S. P. Li:* Analysis of rigid frames by successive replacement. Proc. ASCE ST 5 (J. Struct. Div.), Part I. **84** (1958), Pap. 1761 18 p.; AMR **12** (1959) 9 619.

Falk, Sigurd: Berechnung offener Rahmentragwerke nach dem Reduktionsverfahren. Ing. Arch. **26** (1958) 1 61—80; AMR **12** (1959) 7 473.

Freda, D. and *C. Greco:* An extension of the Kani method to the calculation of frames with discontinuous beams. (In Italian). Giornale del Genio Civile (Roma) **96** (1958) 1 73—77; AMR **11** (1958) 12 671.

Goldberg, John E.: General instability of low framed buildings. Publ. Int. Ass. Bridge & Struct. Engng. **18** (1958) 15—36.

Hangan, M.: Die Bestimmung der Säulenknicklänge bei Stockwerkrahmen durch schrittweise Näherung. Bautechnik **35** (1958) 8 303—308.

Heyman, J.: Minimum weight of frames under shakedown loadings. Proc. ASCE EM 4 (J. Engng. Mech. Div.) **84** (1958) Pap. 1790 25 p.; AMR **12** (1959) 5 329.

Home, M. R.: Plastic design of a four-storey steel frame. Part. I,II. Engineer **206** (1958) 5350 204—207, 5351 244—245.

Klöppel, K. u. *M. Yamadá:* Fließpolyeder des Rechteck- und I-Querschnittes unter der Wirkung von Biegemoment, Normalkraft und Querkraft. Ein Beitrag zum allgemeinen Traglastverfahren für ebene Rahmen. Stahlbau **27** (1958) 11 284—290.

Neal, B. G. and *P. S. Symonds:* Cyclic loading of portal frames. Theory and tests. Publ. Int Ass. Bridge & Struct. Engng. **18** (1958) 171—199 8 ref. [1.343.33].

Polz, Karl: Der Stockwerkrahmen mit verschieblichen Knoten und dynamischer (harmonischer) Belastung. Bautechnik **35** (1958) 2 50—58.

Todorow, Marko: Ein iteratives Verfahren zur Berechnung von Durchlaufträgern und Rahmen mit unverschieblichen Knotenpunkten. Bautechnik **35** (1958) 1 21—22 [1.212.3].

Tuma, J.J., K. S. Havner and *F. Hedges:* Analysis of frames with curved and bent members. Proc. ASCE **84** (1958) St. 5 (J. Struct. Div.) Part I, Pap. 1764 22 p.; AMR **12** (1959) 10 696.

Tyler, R. G.: The plane-frame method of analysis for lattice girders. J. Iron & Steel Inst. **190** (1958) 2 187—196.

Westrup, Robert W. and *Philip Silver:* Some effects of curvature on frames. Inst. Aeron. Sci. 26th Ann. Meeting, New York, Jan. 1958, Prepr. 778 1958 22 p.; J. Aero Space Sci. **25** (1958) 9 567—572; Index Aeron. **14** (1958) 6 79—80; Aeron. Engng. Rev. **17** (1958) 2 87—88 [6.29].

Appeltauer, J. u. *Th. Barta:* Beitrag zur Knicklängenberechnung lotrechter Rahmenstiele im Falle geknickter und bogenförmiger Riegel. Bauing. **34** 1959) 8 320—323 19 Lit.-St.

Beck, Hubert: Ein Beitrag zur Berücksichtigung der Dehnungsverformungen bei Rahmen mit schlanken und gedrungenen Konstruktionsgliedern. Bautechnik **36** (1959) 5 178—184 4 Lit.-St.

Dolphin, J. W.: Plastic behaviour of steel frames. Experimental verification of theory. Engng. J. **42** (1959) 1 52—54.

Goder, W.: Beitrag zur praktischen Berechnung von Rahmentragwerken nach der Stabilitätsvorschrift DIN 4114. Diss. TH Darmstadt 1959; Stahlbau **28** (1959) 10 265—274, 11 304—311 10 Lit.-St.

Jenne, Gustav: Berechnung von Rahmen mit im Untergrund eingespannten Stielen. Bauing. **34** (1959) 9 349—353.

Magyar, Adam: Rahmenberechnung mit elastisch gelagerten Fundamenten. (Die Berücksichtigung der elastischen Einspannung der Fundamente bei der Rahmenberechnung nach Cross.) Bautechnik **36** (1959) 12 465—467.

Opladen, Klaus: Rahmenformeln für symmetrische Rechteckrahmen mit elastisch eingespannten Stielfüßen. Dtsch. Bau-Z. **7** (1959) 12 1463—1468.

Räumliche Tragwerke   **1.213**

Räumliche Fachwerke   **1.213.1**

Kron, Gabriel: Solution of complex nonlinear plastic structures by the method of tearing. J. Aeron. Sci. **23** (1956) 6 557—562 7 ref.; AMR **9** (1956) 11 476.

Klemmt, K. H.: Beitrag zur statischen Untersuchung räumlicher Systeme im Stahlwasserbau. Techn. Mitt. Krupp **15** (1957) 8 251—262.

Kapucuoglu, R.: Lösung unsymmetrisch räumlicher Stabsysteme nach dem Formänderungsverfahren insbesondere unter Verwendung kinematischer Ketten für die virtuellen Verschiebungszustände. Stahlbau **28** (1959) 9 239—248, 10 280—287 9 Lit.-St.

Martini, L.: Versuche an Modellen von Fachwerkkonstruktionen. Inst. Physics, London, Stress Analysis Group — Inst. T. N. O. Delft Conf. 31. 3.—4. 4. 1959 Advance Copy 26 38 S.

Räumliche Rahmen und rahmenartige Tragwerke   **1.213.2**

Herber, K.-H.: Vereinfachte, einheitliche Berechnung von Knickproblemen für Stäbe mit starrer Lagerung und Rahmentragwerke. Bautechnik **33** (1956) 5 157—160, 9 326—329, 12 435—442; AMR **11** (1958) 7 358 [1.342.31].

1.213.2

Livesley, R. K. and *D. B. Chandler:* Stability functions for structural frameworks. Manchester: Univ. Press 1956 33 p.

Jaeger, L. G.: The analysis of grid frameworks of negligible torsional stiffness by means of basic functions. Proc. ICE **6** (1957) Apr. 735—757; AMR **10** (1957) 12 552.

Klement, Richard: Knickuntersuchung von Rahmentragwerken nach DIN 4114 Ri 10,2 mit Hilfe des Ausgleichverfahrens von Kani. Stahlbau **26** (1957) 12 372—380.

Béres, E., V. Lovass-Nagy u. *J. Szabó:* Die Berechnung räumlicher Rahmen von zyklischer Symmetrie. Stahlbau **27** (1958) 11 281—284.

Falk, S.: Die Berechnung geschlossener Rahmentragwerke nach dem Reduktionsverfahren. Ing.-Arch. **26** (1958) 2 96—109; AMR **11** (1958) 12 672.

Halbritter, Franz: Berücksichtigung der Torsionssteifigkeit von Randträgern in rahmenartigen Tragwerken. Beton- u. Stahlbetonbau **53** (1958) 10 267—271.

Watson, H.: Matrix methods for framework analysis. The analysis of pin-jointed, redundant frameworks by matrix methods using an electronic computer. Aircr. Engng. **30** (1958) 358 362—366.

Trägerroste (Kreuzwerke)   **1.213.3**

Maugh, L. C.: The analysis of Vierendeel trusses by successive approximations. (Die Berechnung von Vierendeel-Trägern durch Iteration.) Publ. Int. Ass. Bridge & Struct. Engng. **3** (1935) 333—354.

Robert, E. et *L. Musette:* Note sur le calcul des poutres Vierendeel. Publ. Ass. Int. Ponts & Charpentes **15** (1955) 187—198.

Cox, Hugh L. and *Paul H. Denke:* Stress distribution, instability, and free vibration of beam grid-works on elastic foundations. J. Aeron. Sci. **23** (1956) 2 173—176 2 ref.; AMR **9** (1956) 6 240; Aeron. Engng. Rev. **15** (1956) 2 118—119; Index Aeron. **12** (1956) 3 87 [1.273].

Melle, Gerhard: Trägerrostrechnung bei Normallast und gleichzeitigem Horizontaldruck. Schiffbautechnik **6** (1956) 1 11—15, 18.

Wicka, B.: Die strenge Bestimmung der maximalen Durchbiegung eines parallelgurtigen Vierendeelträgers nach dem „schematisierten Drehwinkelverfahren". Bautechnik **33** (1956) 4 131—133.

Clarkson, J.: The design for minimum weight of simply-supported flat grillages to withstand a single concentrated load. Trans. N. E. Coast Instn. Engrs. & Shipbuilders **73** (1957) 3 145—155; AMR **10** (1957) 7 295.

Ellington, J. P. and *H. McCallion:* Moments and deflections of a simply-supported beam grillage. Aeron. Quart. **8** (1957) 4 360—368; AMR **11** (1958) 12 666.

Holman, D. F.: A finite series solution for grillages under normal loading. Aeron. Quart. **8** (1957) 1 49—57 2 ref.; Index Aeron. **13** (1957) 4 85; AMR **10** (1957)9 400.

Hondros, G. and *D. A. Kirkby:* The use of wire models to solve the continuous Vierendeel girder. Civil Engng. (London) **52** (1957) 607 51—54, 608 171—172; AMR **10** (1957) 11 509.

Woinowsky-Krieger, S.: Zur Theorie schiefwinkliger Trägerroste. Ing. Arch. **25** (1957) 5 350—358; AMR **11** (1958) 3 112.

Csonka, P.: Stiffness characteristics of Vierendeel girders with parallel chords. Acta Techn. Acad. Sci. Hungaricae **20** (1958) 3/4 251—260; AMR **11** (1958) 12 671.

Lightfoot, E. A.: A moment-distribution method for Vierendeel bents and girders with inclined chords. Proc. Instn. Civ. Engrs. **10** (1958) July 321—352; AMR **12** (1959) 6 408.

Szabó, J.: Die Berechnung von Brücken-Trägerrosten. Stahlbau **27** (1958) 6 141—147.

Sattler, Konrad: Betrachtungen über Trägerroste mit Steifigkeitsunterschieden zwischen Rand- und Innenträgern. Bauing. **34** (1959) 1 1—9, 2 53—59.

Stein, P.: Die Anwendung der Singularitätenmethode zur Berechnung orthogonal anisotroper Rechteckplatten, einschließlich Trägerrosten. Diss. TU Berlin 1959 [1.225.12].

Statik der Platten **1.22**

Allgemeines **1.221**

Ziegler, H.: Die Stabilitätskriterien der Elastomechanik. Ing.-Arch. **20** (1952) 1 49—56; AMR **5** (1952) 12 511.

Prager, W.: The general theory of limit design. Proc. 8th Int. Congr. Theor. & Appl. Mech. 1955 65—72; AMR **10** (1957) 1 15 [1.240].

Loewenfeld, K.: Die statische und dynamische Steifigkeit von Platten. Maschinenmarkt **62** (1956) 76 15—25, 83 26—30; Nachr.-Bl. AGM Leichtbau **5** (1956) 12 14 [1.272].

Turner, M. J., R. W. Clough, H. C. Martin and *L. J. Topp:* Stiffness and deflection analysis of complex structures. J. Aeron. Sci. **23** (1956) 9 805—823, 854 14 ref.; Index Aeron. **12** (1956) 10 76; AMR **10** (1957) 6 251 [1.240], [1.211].

Winter, Hermann, Eberhard Schapitz u. *Günter Levin:* Berechnungsunterlagen für Platten- und Schalenkonstruktionen einschließlich Sandwich-Bauweisen. 1. Teilbericht: Festigkeit der Bauelemente. 1.1. Elementare Berechnung von Schalen und Vollwandsystemen (Spannungsberechnungen). DFL, Braunschweig, Inst. Flugzeugbau Ber. F-56-01 1956 270 S., Ergänzungs-Ber. 1956 58 S.; Luftf.-Techn. **3** (1957) 12 VI [1.240].

Hoff, N. J.: Buckling at high temperature. J. Roy. Aeron. Soc. **61** (1957) 563 756—774 47 ref.; Index Aeron. **13** (1957) 12 83—84; AMR **11** (1958) 11 606; Aeron. Engng. Rev. **17** (1958) 2 112 [1.240], [1.342.31], [1.37].

Prager, W.: On the analogy between plates and disks. Proc. Roy. Soc. (London) (A) **239** (1957) 1218 394—398; AMR **10** (1957) 10 460.

Sanders, J. Lyell jr., Harvey G. McComb jr. and *Floyd R. Schlechte:* A variational theorem for creep with applications to plates and columns. NACA TN 4003 May 1957 23 p. 12 ref.; NACA Rep. 1342 1958 7 p. 12 ref.; Index Aeron. **13** (1957) 8 69; AMR **10** (1957) 12 556; J. Roy. Aeron. Soc. **61** (1957) 562 710; Aeron. Engng. Rev. **16** (1957) 9 136 [1.240], [1.342.31].

Bozajian, John M.: Inelastic stability theory for creep buckling of plates and shells under transient loading. J. Aero Space Sci. **25** (1958) 12 795—796 7 ref. [1.240].

Hemp, W. S.: Notes on the problem of the optimum design of structures. Coll. Aeron. Cranfield Note 73 Jan. 1958 8 p.; J. Roy. Aeron. Soc. **62** (1958) 570 467; Aero Space Engng. **17** (1958) 5 111; Aircr. Engng. **30** (1958) 356 319.

Hemp, W. S.: Theory of structural design. Coll. Aeron. Cranfield Rep. 115 Aug. 1958 63 p.; AGARD Rep. 214 Oct. 1958 47 p.; J. Roy. Aeron. Soc. **63** (1959) 577 72 [1.211].

Kollbrunner, Curt F. u. *Martin Meister:* Formeln für das Ausbeulen von Blechen im elastischen und plastischen Bereich. (Mitt. Techn. Komm. Schweiz. Stahlbauverband, Nr. 17) Zürich: Schweizer Stahlbauverband 1958 12 S.

Balmer, Hans A.: Stress functions for plates of convex polygonal shape. J. Aero Space Sci. **26** (1959) 10 675—676.

Stabilität und Festigkeit der unversteiften Platten im elastischen und
   unelastischen Bereich (Belastung in Plattenebene) **1.222**
Platten aus homogenen, insbesondere metallischen Werkstoffen **1.222.1**
Isotrope Platten **1.222.11**
Allgemeines **1.222.111**

Ban, Shizuo: Knickung der rechteckigen Platte bei veränderlicher Randbelastung. Abh. Int. Vereinig. Brücken- u. Hochbau **3** (1935) 1—18.

Chwalla, Ernst: Beitrag zur Stabilitätstheorie des Stegbleches vollwandiger Träger. Stahlbau **9** (1936) 21/22 161—166 [1.223.11].

Kollbrunner, Curt F. u. *G. Herrmann:* Reine Biegungsbeulung rechteckiger Platten im elastischen Bereich. Mitt. TKVSB Nr. 2 Febr. 1949.

Kollbrunner, Curt F. u. *G. Herrmann:* Der Einfluß der Poissonschen Zahl auf die Stabilität rechteckiger Platten. Mitt. TKVSB Nr. 4 Okt. 1951.

Wang, C. T., A. L. Ross and *E. L. Reiss:* An investigation of a method for pre-stressing flat plates to increase their buckling strength. WADC Techn. Rep. 54-8 Febr. 1954 190 p.; AMR **9** (1956) 12 523.

Clark, J. W.: Buckling efficiencies of plate materials at elevated temperatures. J. Aeron. Sci. **22** (1955) 9 659—660; AMR **10** (1957) 1 14.

Krivetzky, Alexander: Plasticity coefficients for the plastic buckling of plates and shells. J. Aeron. Sci. **22** (1955) 6 432—435 7 ref. [1.241.111.1].

*) *Reiss, E. L.:* Finite deflections of thin elastic plates. Sect. I, II. New York Univ., Rep. to Off. Naval Res. Contract Nonr-285-(16) May 1955 319 p.

Benthem, J. P.: On the buckling of bars and plates in the plastic range. II. NACA TM 1392 March 1956 79 p.; Aircr. Engng. **28** (1956) 331 336 [1.342.31].

Gerard, George: A creep buckling hypothesis. J. Aeron. Sci. **23** (1956) 9 879—882, 887 10 ref.; Index Aeron. **12** (1956) 10 48; Aeron. Engng. Rev. **15** (1956) 9 110 [1.241.111.1], [1.342.31].

Ghaswala, S. K.: Some aspects of the plastic design of aluminium structures. Publ. Int. Ass. Bridge & Struct. Engng. **16** (1956) 231—254 94 ref. [1.333.2], [1.342.31], [1.211].

*) *Rjanizyn, A. R.:* Design of plates and shells by the method of limit state. 9. Int. Congr. Appl. Mech. Brussels 1956 [1.231.111], [1.240].

Nagai, T.: One note for measurement of buckling stress in plate structure. II. Yokohama Nat. Univ., Japan, Fac. of Engng., Bull. **5** (1956) March (E) 43—53.

Salles, Francisque: Contribution à la détermination mathématique approchée des contraintes dans les plaques. Publ. Sci. et Techn. du Ministère de l'Air, France (Paris) No. 321 1956 160 p.; Index Aeron. **13** (1957) 4 86; Aircr. Engng. **29** (1957) 340 187; Aeron. Engng. Rev. **16** (1957) 4 133.

Sechler, E. E.: Inelastic buckling — from a designer's viewpoint. J. Aeron. Sci. **23** (1956) 5 500—506 41 ref.; AMR **9** (1956) 10 423; Aeron. Engng. Rev. **15** (1956) 5 190; Index Aeron. **12** (1956) 6 93 [1.240], [1.342.31].

Zuk, William: Creep buckling of plates at elevated temperatures. J. Aeron Sci. **23** (1956) 6 610—611; AMR **9** (1956) 10 423.

Dorléac, B.: Le calcul des variations en elasticité; applications — flambage des surfaces. Docaéro (1957) 44 35—50; Aron. Engng. Rev. **16** (1957) 8 128; Index Aeron. **13** (1957) 8 39.

Eid, Abdel-Rahman: Ausbeulen trapezförmiger Platten. Mitt. Inst. Baustatik ETH Zürich Nr. 31, Zürich: Leemann 1957 96 S.; Bauing. **34** (1959) 1 35 [1.226].

---

*) Die mit Stern versehenen Quellen stammen aus „Nash, William A.: Bibliography on shells and shell-like structures (1954—1956) Dept. Engng. Mech., Engng. & Industr. Exp. Station, Univ. of Florida, Gainesville, Florida, June 1957".

Gerard, George and *Herbert Becker:* Buckling of flat plates. Handbook of structural stability. Pt. I. NACA TN 3781 July 1957 102 p. 64 ref.; Index Aeron. **13** (1957) 10 76; Aeron. Engng. Rev. **16** (1957) 11 107; J. Roy. Aeron. Soc. **62** (1958) 566 149; AMR **11** (1958)3 115.

Haaijer, G.: Plate buckling in the strain-hardening range. Proc. ASCE Vol. 83, EM 2 (J. Engng. Mech. Div.) Pap. 1212 Apr. 1957 48 p.; AMR **10** (1957) 10 463.

Niedenfuhr, F. W.: On choosing stress functions in rectangular coordinates. J. Aeron. Sci. **24** (1957) 6 460—461; Index Aeron. **13** (1957) 7 70.

Pian, T. H. H.: On the variational theorem for creep. J. Aeron. Sci. **24** (1957) 11 846—847 [1.342.31].

Gerard, George and *Arthur C. Gilbert:* A critical strain approach to creep buckling of plates and shells. J. Aero Space Sci. **25** (1958) 7 429—434, 458 8 ref.; Aero Space Engng. **17** (1958) 7 79—80; Index Aeron. **14** (1958) 8 96 [1.241.111.1].

Masur, E. F.: On the analysis of buckled plates. Proc. Third U. S. Nat. Congr. Appl. Mech. June 1958, Amer. Soc. Mech. Engrs. 1958 411—417; AMR **12** (1959) 11 758.

Schnell, W. u. G. Fischer: Berechnung der Beulwerte von Platten unter ungleichmäßiger Temperaturbeanspruchung nach dem Mehrstellenverfahren. DVL-Ber. 78 Nov. 1958 35 S. 17 Lit.-St. [1.37].

Hoff, Nicholas J.: On "a critical strain approach to creep buckling of plates and shells". J. Aero Space Sci. **26** (1959) 2 117—118 5 ref. [1.241.111.5].

Reckling, Karl-August: Zur Theorie der Plattenbeulung im plastischen Materialbereich. „Festschrift R. Grammel", Ing.-Arch. **28** (1959) 263—276.

Druckbeanspruchung

Besseling, J. F.: On the buckling problem in the plastic range for struts and plates. III. Experiments and non-dimensional buckling curves. NLL Rep. S 444 Apr. 1955 15 p. 22 ref.; Index Aeron. **11** (1955) 10 98; Aeron. Engng. Rev. **14** (1955) 10 153; J. Roy. Aeron. Soc. **59** (1955) 538 720 [1.342.32].

Bijlaard, P. P.: Theory of plastic buckling of plates and application to simply supported plates subjected to bending or eccentric compression in their plane. Amer. Soc. Mech. Engrs. Ann. Meeting, Chicago, Ill., Nov. 1955, Pap. 55-A-8 8 p.; AMR **9** (1956) 6 248 [1.225.11].

Klein, B.: Buckling of simply supported plates tapered in planform. Amer. Soc. Mech. Engrs. Ann. Meeting, Chicago, Ill., Nov. 1955, Pap. 55-A-39 7 p.; J. Appl. Mech. **23** (1956) 2 207—213; AMR **9** (1956) 7 293.

Mayers, J. and *B. Budiansky:* Analysis of behavior of simply supported flat plates compressed beyond the buckling load into the plastic range. NACA TN 3368 1955 44 p.; AMR **9** (1956) 2 65.

Przemieniecki, J. S.: Buckling of rectangular plates under bi-axial compression. J. Roy. Aeron. Soc. **59** (1955) 536 566—568 5 ref.

Yamamoto, Y.: A general theory of plastic buckling of plate. Int. Shipbuilding Progr. (Rotterdam) **2** (1955) 14 458—462; AMR **9** (1956) 7 296.

Anderson, R. A. and *M. S. Anderson:* Correlation of crippling strength of plate structures with material properties. NACA TN 3600 Jan. 1956 50 p.; AMR **9** (1956) 7 297.

Capey, E. C.: The buckling under longitudinal compression of a simply supported panel that changes in thickness across the width. ARC Curr. Pap. 235 1956 19 p.; AMR **9** (1956) 10 422.

Fujimoto, I.: Study on the buckling of riveted thin plate. J. Technological Res. (Kanto Gakuin Univ., Fac. of Engng., Japan) **1** (1956) 2 191—195. [1.442.41].

Guest, J.: A lower-bound solution to the buckling stress of uniformly clamped parallelogram plates. Australian J. Appl. Sci. **7** (1956) 4 336—345 9 ref.; AMR **10** (1957) 6 250—251; Aeron. Engng. Rev. **16** (1957) 3 161; Index Aeron. **13** (1957) 6 89.

Klein, Bertram: The buckling of tapered plates in compression. Compressive buckling under varying loading of simply supported plates simultaneously tapered in plan form and in thickness. Aircr. Engng. **28** (1956) 334 427—430; Aeron. Engng. Rev. **16** (1957) 2 147; Index Aeron. **13** (1957) 1 88.

Lin, T. H.: Creep deflection of viscoelastic plate under uniform edge compression. J. Aeron. Sci. **23** (1956) 9 883—887 18 ref.; Aeron. Engng. Rev. **15** (1956) 9 112; Index Aeron. **12** (1956) 10 78; AMR **10** (1957) 4 149.

Mathauser, E. E. and *W. D. Deveikis:* Investigation of the compressive strength and creep lifetime of 2024-T 3 aluminum-alloy plates at elevated temperatures. NACA TN 3552 Jan. 1956 30 p.; NACA Rep. 1308 1957; Index Aeron. **12** (1956) 4 43; AMR **9** (1956) 5 206 [1.37].

Shibaoka, Yoshio: On the buckling of an elliptic plate with clamped edge. I. J. Phys. Soc. Japan (Tokyo). **11** (1956) 10 1088—1091; AMR **10** (1957) 9 405—406; Aeron. Engng. Rev. **16** (1957) 3 113.

Shuleshko, P.: Buckling of rectangular plates with one unsupported edge, compressed by forces distributed along its edges. J. Roy. Aeron. Soc. **60** (1956) 547 488—489.

Yamaki, Noboru: Buckling of a circular plate under locally distributed forces. Trans. Japan Soc. Mech. Engrs. **22** (1956) 115 119—122; Japan Sci. Rev., Mech. & Electr. Engng. **3** (1957) 1 69.

Yanowitch, Michael: Non-linear buckling of circular elastic plates. Comm. on Pure & Appl. Math. **9** (1956) 4 661—672 9 ref.; AMR **10** (1957) 12 558—559; Aeron. Engng. Rev. **16** (1957) 3 113; Index Aeron. **13** (1957) 6 88. [1.225.13].

Bijlaard, P. P.: Buckling of plates under non-homogeneous stress. Proc. ASCE Vol. 83, EM 3 (J. Engng. Mech. Div.), Pap. 1293 July 1957 32 p.; AMR **11** (1958) 7 358—359.

Cox, Hugh L.: Further comments on the buckling of triangular plates. J. Aeron. Sci. **24** (1957) 10 775. [1.222.114].

Gerard, George: Failure of plates and composite elements. Handbook of structural stability. Pt. IV. NACA TN 3784 Aug. 1957 93 p. 31 ref.; AMR **11** (1958) 5 222; J. Roy. Aeron. Soc. **62** (1958) 566 149; Aeron. Engng. Rev. **16** (1957) 12 106. [1.223.121].

Kaul, R. K. and *S. G. Tewari:* On the bounds of the critical load of a clamped plate in compression. J. Aeron. Soc. India **9** (1957) 4 56—59; AMR **11** (1958) 12 670—671.

Klein, Bertram: Limitations of the finite difference method of structural analysis. J. Aeron. Sci. **24** (1957) 10 774—775 6 ref. [1.222.14].

Nowacki, W. and *M. Sokolowski:* Certain stability problems of rectangular plate (Engl.). Arch. Mech. Stos. **9** (1957) 2 109—124; AMR **12** (1957) 7 462.

Rabotnov, G. N. and *S. A. Shesterikov:* Creep stability of columns and plates. J. Mech. & Phys. Solids **6** (1957) 1 27—34; AMR **11** (1958) 10 539; Aero Space Engng. **17** (1958) 7 79; Index Aeron. **14** (1958) 3 83. [1.342.31].

Shuleshko, P.: Buckling of rectangular plates with two unsupported edges. Amer. Soc. Mech. Engrs. Summer Conf., Berkeley, Calif., June 1957, Pap. 57-APM-46 4 p.; J. Appl. Mech. **24** (1957) 4 537—540; AMR **11** (1958) 2 64; Aeron. Engng. Rev. **17** (1958) 3 119.

Weingarten, Victor I.: The buckling of triangular or skew plates. J. Aeron. Sci. **24** (1957) 5 384 4 ref.; AMR **10** (1957) 12 558; Index Aeron. **13** (1957) 6 87. [1.222.114].

Yamaki, N.: Buckling of a circular plate under locally distributed forces. Tohoku Univ., Sendai, Rep. Inst. High Speed Mech. **8** (1957) 13—24; Aeron. Engng. Rev. **16** (1957) 11 109; AMR **11** (1958) 6 293.

Yamaki, N.: Buckling of a thin annular plate under uniform compression. Amer. Soc. Mech. Engrs. Ann. Meeting, New York, N. Y., Dec. 1957, Pap. 57-A-11 7 p.; AMR **11** (1958) 5 222.

Zender, George W. and *Richard A. Pride:* The combinations of thermal and load stresses for the onset of permanent buckling in plates. NACA TN 4053, June 1957, 10 p.; Index Aeron. **13** (1957) 8 72; J. Roy. Aeron. Soc. **61** (1957) 563 791; Aeron. Engng. Rev. **16** (1957) 9 162; AMR **11** (1958) 1 17. [1.37].

Benthem, J. P.: Experiments on the post buckling behaviour of simply supported panels that change in thickness across the bay. NLL TM S 522, March 1958; J. Roy. Aeron. Soc. **63** (1959) 585 562.

McComb, Harvey G. jr.: Analysis of the creep behavior of a square plate loaded in edge compression. NACA TN 4398, Sept. 1958, 42 p. 12 ref.

Haaijer, G. and *B. Thurlimann:* On inelastic buckling in steel. Proc. ASCE EM 2 (J. Engng. Mech. Div.) **84** (1958) Pap. 1581 49 p.; AMR **12** (1959) 3 163.

Seide, Paul: Compressive buckling of a long simply supported plate on an elastic foundation. J. Aeron. Sci. **25** (1958) 6 382—384, 394; Aero Space Engng. **17** (1958) 6 117; Index Aeron. **14** (1958) 7 80.

Seide, Paul: On „buckling of a simply supported plate under compression reacted by shear". J. Aero Space Sci. **25** (1958) 7 472; Index Aeron. **14** (1958) 8 96.

Weingarten, Victor I.: Buckling of a simply supported rectangular plate under compression reacted by shear. J. Aeron. Sci. **25** (1958) 3 207—208.

Schubbeanspruchung

Pflüger, Alf: Zur Schubbeulung rechteckiger Blechfelder. Bauplanung u. Bautechn. **2** (1948) 7.

Wittrick, W. H.: On the buckling of oblique plates in shear. Aircr. Engng. **28** (1956) 323 25—27; AMR **9** (1956) 6 248.

Hemp, W. S.: Plastic buckling of a plate in shear. Coll. Aeron. Cranfield Note 64, May 1957, 5 p.; Index Aeron. **13** (1957) 12 81.

Klein, Bertram: Buckling of simply-supported rhombic plates under externally applied shear. J. Roy. Aeron. Soc. **61** (1957) 557 357—358 6 ref.; AMR **11** (1958) 1 17.

Simmons, J. C.: Shear moduli for flat panels and the effect of flange flexibility. J. Roy. Aeron. Soc. **61** (1957) 562 696—700 5 ref.; Index Aeron. **13** (1957) 11 87; Aeron. Engng. Rev. **17** (1958) 1 120.

Emslie, B.: Some values of the reduction factor for plastic buckling of plates in shear. Coll. Aeron. Cranfield Note 90, Jan. 1959; Aircr. Engng. **31** (1959) 363 149.

Kollbrunner, C. F. und *G. Hermann:* Plattenbeulung im plastischen Bereich mit Berücksichtigung der Schubverzerrung. Mitt. Techn. Komm. Schweiz. Stahlbauverband, Zürich: Schweiz. Stahlbauverband 1959. 34 S.

Zusammengesetzte Beanspruchung

Jindra, E.: Reine ebene Biegung bei einem nichtlinearen Elastizitätsgesetz. Ing. Arch. **23** (1955) 5 373—378; AMR **9** (1956) 7 290.

Wittrick, W. H.: Buckling of an infinite simply supported strip under combined longitudinal compression, transverse compression, bending and shear. ARL Rep. SM 234 Sept. 1955 21 p.; AMR **9** (1956) 9 380.

Cox, Hugh L.: The buckling of isosceles triangular plates subjected to combined compression and shear. J. Aeron. Sci. **23** (1956) 3 287—288 2 ref.; Index. Aeron. **12** (1956) 4 78.

Korányi, I.: Limit curves between the elastic and the plastic range of buckling of webs under bending and shear stress. (In German.) Acta Techn. Acad. Sci. Hungaricae **13** (1956) 1/2 61—68.

Bijlaard, P. P.: Plastic buckling of simply supported plates subjected to combined shear and bending or eccentric compression in their plane. J. Aeron. Sci. **24** (1957) 4 291—303 26 ref.; Aeron. Engng. Rev. **16** (1957) 4 133.

Cox, Hugh L.: Further comments on the buckling of triangular plates. J. Aeron. Sci. **24** (1957) 10 775 [1.222.112].

Klein, Bertram: Limitations of the finite difference method of structural analysis. J. Aeron. Sci. **24** (1957) 10 774—775 6 ref. [1.222.112].

Weingarten, Victor I.: The buckling of triangular or skew plates. J. Aeron. Sci. **24** (1957) 5 384 4 ref.; AMR **10** (1957) 12 558; Index Aeron. **13** (1957) 6 87 [1.222.112].

Johnson, A. E. jr.: Charts relating the compressive and shear buckling stresses of longitudinally supported plates to the effective deflectional stiffness of the supports. NACA TN 4188 Febr. 1958 42 p.; J. Roy. Aeron. Soc. **62** (1958) 570 467; Aeron. Engng. Rev. **17** (1958) 4 91; Index Aeron. **14** (1958) 5 74.

Anisotrope Platten   **1.222.12**

Allgemeines   **1.222.121**

Oehler, Gerhard: Diskussionsbeitrag. „Leichtbau-Konstuktionen, Vorträge der VDI-Tagung Braunschweig 1957", VDI-Ber. 28 1958 121.

Pflüger, Alf: Zum Beulproblem der orthotropen Rechteckplatte. „Leichtbau-Konstruktionen", VDI-Ber. Bd. 28 1958 15—19.

Druckbeanspruchung   **1.222.122**

Shuleshko, P.: A solution of some problems of the buckling of ortho-anisotropic plates under bi-axial and uni-axial loading using a reduction method. Univ. Technol., School Civil Engng., Australia, Bull. 3 1955 14 p.; AMR **9** (1956) 10 422.

Thielemann, W.: Über die Beulung anisotroper Plattenstreifen. DVL-Ber. 16 Juni 1956 70 S.; Luftf.-Techn. **4** (1958) 1 V; Aircr. Engng. **29** (1957) 337 90—91; AMR **10** (1957) 1 14 [1.222.123], [1.222.22], [1.222.23].

Herrmann, George and *Hu-Nan Chu.:* Theoretical determination of lifetime of compressed plates at elevated temperatures. NASA Mem. 2-24-59 W March 1959 21 p. 13 ref.

Schubbeanspruchung   **1.222.123**

Kollbrunner, Curt F. u. G. Herrmann: Der Einfluß des Schubes auf die Stabilität der Platten im elastischen Bereich. Mitt. TKVSB 14 1956 38 S.; AMR **10** (1957) 12 559.

Thielemann, W.: Über die Beulung anisotroper Plattenstreifen. DVL-Ber. 16 Juni 1956 70 S.; Luftf.-Techn. **4** (1958) 1 V; Aircr. Engng. **29** (1957) 337 90—91; AMR **10** (1957) 1 14 [1.222.122], [1.222.22], [1.222.23].

Klein, Bertram: Shear buckling of simply supported rectangular plates tapered in thickness. J. Franklin Inst. **263** (1957) 6 537—541 3 ref.; Aeron. Engng. Rev. **16** (1957) 9 136; Index Aeron. **13** (1957) 8 69.

Klein, Bertram: Shear buckling of simply supported plates tapered in planform. J. Franklin Inst. **264** (1957) 1 43—48; Aeron. Engng. Rev. **16** (1957) 9 136.

Zusammengesetzte Beanspruchung   **1.222.124**

Norris, Charles B.: Strength of orthotropic materials subjected to combined stresses. FPL Rep. 1816 March 1955 34 p. 23 ref.

Platten aus Sperrholz   **1.222.2**
Druckbeanspruchung   **1.222.22**

Thielemann, W.: Über die Beulung anisotroper Plattenstreifen. DVL-Ber. 16 Juni 1956 70 S.; Luftf.-Techn. 4 (1958) 1 V; Aircr. Engng. **29** (1957) 337 90—91; AMR **10** (1957) 1 14 [1.222.122], [1.222.123], [1.222.23].

Schubbeanspruchung   **1.222.23**

Thielemann, W.: Über die Beulung anisotroper Plattenstreifen. DVL-Ber. 16 Juni 1956 70 S.; AMR **10** (1957) 1 14; Aircr. Engng. **29** (1957) 337 90—91; Luftf. Tech. 4 (1958) 1 V [1.222.122], [1.222.123], [1.222.22].

Verbundplatten mit Füllstoffen (Stabilitäts- und Festigkeitsprobleme) **1.222.3**
Allgemeines   **1.222.31**

Robinson, J. R.: The buckling and bending of orthotropic sandwich panels with all edges simply supported. Aeron. Quart. **6** (1955) 2 125—148 5 ref.; Index Aeron. **11** (1955) 7 105.

Bijlaard, P. P.: Method of split rigidities and its application to various buckling problems. NACA TN 4085 July 1958 97 p. 51 ref.; Aero Space Engng. **17** (1958) 10 96; Index Aeron. **14** (1958) 10 89 [1.342.31].

Chang, Ch. C. and *I. K. Ebcioglu:* Elastic instability of rectangular sandwich panel of orthotropic core with different face thicknesses and materials. Univ. Minnesota, Inst. Technol., Dep. Aeron. Engng., SSR Rep. 1 (AFOSR TN 58-221) (AD 154122) March 1958 54 p. 19 ref.; Aero Space Engng. **17** (1958) 8 87.

Grigoljuk, E. I.: Buckling of sandwich constructions beyond the elastic limit. J. Mech. & Phys. Solids **6** (1958) 4 253—266 22 ref.; Aero Space Engng. **17** (1958) 9 80—81; Index Aeron. **14** (1958) 8 99 [1.241.13], [1.342.31].

Druckbeanspruchung   **1.222.32**

Johnson, A. E. jr. and *J. W. Semonian:* A study of the efficiency of high-strength, steel, cellular-core sandwich plates in compression. NACA TN 3751 Sept. 1956 26 p.; Index Aeron. **12** (1956) 11 108; AMR **10** (1957) 3 104—105; J. Roy. Aeron. Soc. **6** (1957) 553 67; Titanium Abstr. Bull. **2** (1956/57) 261.

Anderson, Melvin S. and *Richard G. Updegraff:* Some research results on sandwich structures. NACA TN 4009 June 1957 12 p.; AMR **11** (1958) 3 115; Index Aeron. **13** (1957) 8 87; J. Roy. Aeron. Soc. **61** (1957) 562 710; Aeron. Engng. Rev. **16** (1957) 9 162 [6.15].

Guest, J. and *J. Solvey:* Elastic stability of rectangular sandwich plates under bi-axial compression. ARL Rep. SM 251 May 1957 22 p.; J. Roy. Aeron. Soc. **62** (1958) 566 149; AMR **11** (1958) 7 359; Index Aeron. **14** (1958) 3 80; Aeron. Engng. Rev. **17** (1958) 1 98.

Anderson, M. S.: Local instability of the elements of a truss-core sandwich plate NACA TN 4292 Juli 1958 21 p.; Index Aeron. **14** (1958) 10 85; J. Roy. Aeron. Soc. **62** (1958) 574 768; Aero Space Engng. **17** (1958) 9 80.

Norris, C. B.: Compressive buckling design curves for sandwich panels with isotropic facings and orthotropic cores. FPL-Rep. 1854 rev. Jan. 1958 23 p.; J. Roy. Aeron. Soc. **63** (1959) 577 72.

Ericksen, W. S. and *H. W. March:* Effects of shear deformation in the core of a flat rectangular sandwich panel: Compressive buckling of sandwich panels having dissimilar facings of unequal thickness. FPL Rep. 1583-B Nov. 1958 [1.222.35].

Anderson, M. S.: Optimum proportions of truss-core and web-core sandwich plates loaded in compression. NASA TN D-98 Sept. 1959; J. Roy. Aeron. Soc. **63** (1959)588 746.

Mathauser, E. E. and *R. A. Pride:* Compressive strength of stainless-steel sandwiches at elevated temperatures. NASA Mem. 6-2-59 L TIL 6472 June 1959; J. Roy. Aeron. Soc **63** (1959) 586 613.

Weikel, Raymond C. and *Albert S. Kobayashi:* On the local elastic stability of honeycomb face plate subjected to uniaxial compression. J. Aero Space Sci. **26** (1959) 10 672—674.

Schubbeanspruchung 1.222.33

Nichols, R.: The stability of honeycomb sandwich panels in shear. Coll. Aeron. Cranfield Note 55 Oct. 1956 7 p.; Index Aeron. **13** (1957) 1 94—95; Aircr. Engng. **29** (1957) 337 89; J. Roy. Aeron. Soc. **61** (1957) 555 222.

Zusammengesetzte Beanspruchung 1.222.34

Robinson, J. R.: The buckling and bending of orthotropic sandwich panels with all edges simply-supported. Aeron. Quart. **6** (1955)2 125—148; Index Aeron. **11** (1955) 7 105; AMR **10** (1957) 4 149.

Thurston, G. A.: Bending and buckling of clamped sandwich plates. Inst. Aeron. Sci. 25th Ann. Meeting, New York, Jan. 1957, Prepr. 662 11 p.; J. Aeron. Sci. **24** (1957) 6 407—412 9 ref.; Aeron. Engng. Rev. **16** (1957) 3 114; Index Aeron. **13** (1957) 4 88; AMR **11** (1958) 1 17.

Kernmaterial 1.222.35

Kuenzi, Edward W.: Mechanical properties of aluminum honeycomb cores. FPL-Rep. 1849 Sept. 1955 18 p. 14 ref.; AMR **9** (1956) 2 67 [6.15].

Norris, Charles B. and *Kenneth H. Boller:* Transfer of longitudinal load from one facing of a sandwich panel to the other by means of shear in the core. FPL Rep. 1846 Apr. 1955 30 p.; AMR **9** (1956) 4 154 [6.15].

Kuenzi, Edward W. and *Vance C. Setterholm:* Mechanical properties of aluminum multiwave cores. FPL Rep. 1855 Sept. 1956 30 p. 15 ref.; AMR **10** (1957) 11 509—510.

Noton, Bryan R.: The shear strength at elevated temperatures of an aluminium alloy honeycomb core bonded to loading plates with two types of adhesive films. FFA Rep. 72 Jan. 1957 35 p. 15 ref.; Aircr. Engng. **29** (1957) 340 187; J. Roy. Aeron. Soc. **61** (1957) 559 507; Aeron. Engng. Rev. **16** (1957) 6 146; AMR **10** (1957) 11 509 [1.442.33].

Hoffman, George A.: Poisson's ratio for honeycomb sandwich cores. RAND Corp. Pap. P-946 Apr. 1957; J. Aero Space Sci. **25** (1958) 8 534—535 4 ref.; Index Aeron. **14** (1958) 9 77; Aero Space Engng. **17** (1958) 9 108.

Ericksen, W. S. and *H. W. March:* Effects of shear deformation in the core of a flat rectangular sandwich panel: Compressive buckling of sandwich panels having dissimilar facings of unequal thickness. FPL Rep. 1583-B Nov. 1958 [1.222.32].

Humke, R. K.: Selection guide for sandwich-panels core materials. Product Engng. (Design Ed.) **29** (1958) 3 70—75; Index Aeron. **14** (1958) 3 86; Aero Space Engng. **17** (1958) 5 126 [6.15].

Stabilität und Festigkeit der versteiften Platten (Beanspruchung in
Plattenebene)   **1.223**

Platten aus homogenen, insbesondere metallischen Werkstoffen   **1.223.1**

Allgemeines   **1.223.11**

Chwalla, Ernst: Beitrag zur Stabilitätstheorie des Stegbleches vollwandiger
Träger. Stahlbau **9** (1936) 21/22 161—166 [1.222.111].

Dow, Norris F., Charles Libove and *Ralph E. Hubka:* Formulas for the elastic
constants of plates with integral waffle-like stiffening. NACA Rep. 1195
1954, NACA Fortieth Ann. Rep. 1954 907—930; Aircr. Engng. **28** (1956) 324 63.

Garner, K. A.: Integral machined panels. 4th ser. Bristol Aircr. Ltd., Engng.
Devel. Lab. Rep. 56/3/3 Nov. 1955.

Radok, Jens Rainer Maria: Die Stabilität der versteiften Platten und Schalen.
Groningen-Djakarta: Noordhoff 1955 47 S.; AMR **9** (1956) 9 380.

Kienzle, O., Lehmann u. *F. Garbers:* Festigkeitsberechnung eines Blechstreifens
mit durchlaufender trapezförmiger Einzelsicke nach der Faltwerkstheorie.
Ber. FB 26 Inst. Werkzeugmaschinen TH Hannover 1956.

Klöppel, K. u. *J. Scheer:* Das praktische Aufstellen von Beuldeterminanten für
Rechteckplatten mit randparallelen Steifen bei Navierschen Randbedingungen. Stahlbau **25** (1956) 5 117—126; Leichtbau d. Verkehrsfahrzeuge **1**
(1957) 2/3 69.

Reeves, L. W.: Integral machined panels. 3rd Series. Bristol Aircr. Ltd., Engng.
Devel. Lab. Rep. 56/3/4 July 1956.

*) *Vlasov, V. Z.:* Method of initial function in the theory of laminated thick
plates and shells. 9. Int. Congr. Appl. Mech. Brussels 1956 [1.232.11].

Becker, Herbert: Buckling of composite elements. Handbook of structural stability. Pt. II. NACA TN 3782 July 1957 72 p. 30 ref.; Index Aeron. **13** (1957) 10
70; Aeron. Engng. Rev. **16** (1957) 11 107; AMR **11** (1958)5 222; J. Roy. Aeron.
Soc. **62** (1958) 566 149

Klöppel, K. u. *J. Scheer:* Beulwerte der durch eine Längssteife im Drittelspunkt
der Feldbreite ausgesteiften Rechteckplatte bei Navierschen Randbedingungen. Stahlbau **26** (1957) 12 364—372.

Cox, H. L.: The application of the theory of stability in structural design.
J. Roy. Aeron. Soc. **62** (1958) 571 497—519 9 ref.; Aero Space Engng. **17** (1958)
9 78—79.

Klöppel, K. u. *J. Scheer:* Beulwerte der durch eine Längssteife im Viertelspunkt
der Feldbreite ausgesteiften Rechteckplatte bei Navierschen Randbedingungen. Stahlbau **27** (1958) 8 206—212.

Rockey, K. C.: Web buckling and the design of web-plates. Struct. Engr.
36 (1958) 2 45—60; AMR **11** (1958) 11 606.

Stüssi, F., Charles Dubas et *Pierre Dubas:* Le voilement de l'âme des poutres
fléchies, avec raidisseur au cinquième supérieur. Etude complémentaire.
Publ. Ass. Int. Ponts & Charpentes **18** (1958) 215—248.

— 15 plate-stiffenings compared. Product Engng. **29** (1958) 21./7. 82—83; Aero
Space Engng. **17** (1958) 12 102.

Börsch-Supan, Wolfgang: Berechnung von Beulwerten versteifter Platten auf
Rechenautomaten: Mathematische Grundlagen und praktisches Vorgehen.
Stahlbau **28** (1959) 2 37—46 16 Lit.-St.

Druckbeanspruchung   **1.223.12**

Allgemeines   **1.223.121**

Anderson, Roger A. and *Joseph W. Semonian:* Charts relating the compressive buckling stress of longitudinally supported plates to the effective deflectional and rotational stiffness of the supports. NACA Rep. 1202 1954; Aircr. Engng. **28** (1956) 326 137.

Cox, Hugh L. and *Bertram Klein:* The buckling of isosceles triangular plates. J. Aeron. Sci. **22** (1955) 5 321—325 5 ref.; AMR **9** (1956) 5 201 [1.223.13].

Dunne, P. C.: Instability of integral panels. J. Roy. Aeron. Soc. **59** (1955) 540 853—854 4 ref.

Kelsey, S.: Instability of integral panels. J. Roy Aeron. Soc. **59** (1955) 538 699—701 6 ref.

Semonian, Joseph W. and *James P. Peterson:* An analysis of the stability and ultimate compressive strength of short sheet-stringer panels with special reference to the influence of riveted connection between sheet and stringer. NACA TN 3431 March 1955 49 p. 25 ref.; NACA Rep. 1255 1956 18 p.; Index Aeron. **11** (1955) 7 104; Aircr. Engng. **29** (1957) 337 91; J. Roy. Aeron. Soc. **61** (1957) 555 222 [1.442.41].

Blume, W.: Knickversuche mit ebenen, durch Hut- bzw. Z-Profile längsversteiften Platten aus den Materialien 24S-T und 75S-T6 bei verschiedenen Verhältnissen der Wandstärken von Stringern und Haut. 2 Teile. Ber. des Ing. Büro Leichtbau u. Strömungstechnik Prof. W. Blume, Duisburg-Ruhrort; Luftf. Techn. **2** (1956) 9 VI.

Doman, J. P. and *E. B. Schwartz:* Study of size effect in sheet-stringer panels. NACA TN 3756 July 1956 25 p. 7 ref.; Index Aeron. **12** (1956) 10 82; AMR **10** (1957) 1 12; J. Roy. Aeron. Soc. **61** (1957) 553 67.

Guest, J.: The compressive buckling of a clamped parallelogram plate with a longitudinal stiffener along the centre-line. Australien J. Appl. Sci. **7** (1956) 3 191—198; AMR **10** (1957) 8 352; Aeron. Engng. Rev. **16** (1957) 1 146.

King, C. W.: Creep buckling of integrally stiffened aluminum alloy panels. WADC Techn. Rep. 55-349 PB 121, 466 1956 70 p.; AB **28** (1957) 3 175—176.

Mathauser, E. E. and *W. D. Deveikis:* Investigation of the compressive strength and creep lifetime of 2024-T aluminum-alloy skin-stringer panels at elevated temperatures. NACA TN 3647 May 1956 29 p.; AMR **9** (1956) 9 385.

Schnell, W.: Zur Berechnung der Beulwerte von längs- und querversteiften rechteckigen Platten unter Drucklast. ZAMM **36** (1956) 1/2 36—51; AMR **9** (1956) 9 380; Index Aeron **12** (1956) 4 77; Luftf. Techn. **3** (1957) 2 VI.

Cutcliffe, J. L. and *H. S. Heaps:* Symmetrical buckling of a series of uniformly loaded parallel struts supported by spot connections to a long thin plate. Amer. Soc Mech. Engrs. Prepr. 57-APM-7 1957 6 p.; J. Appl. Mech. **24** (1957) 4 531—536 15 ref.; Index Aeron. **13** (1957) 7 77; AMR **11** (1958) 10 540 [1.342.31].

Gerard, George: Compressive strength of flat stiffened panels. Handbook of structural stability. Pt. V. NACA TN 3785 Aug. 1957 89 p. 44 ref.; Aeron. Engng. Rev. **16** (1957)12 106; AMR **11** (1958) 5 222; J. Roy. Aeron. Soc. **62** (1958) 566 149.

Gerard, George: Failure of plates and composite elements. Handbook of structural stability. Pt. IV. NACA TN 3784 Aug. 1957 93 p. 31 ref.; AMR **11** (1958) 5 222; J. Roy. Aeron. Soc. **62** (1958) 566 149; Aeron. Engng. Rev. **16** (1957) 12 106 [1.222.112].

Jeffrey, W. G. and *A. G. Bound-Pearce:* Z-Section stringer research compression panels. Bristol Aircr. Ltd., Engng. Devel. Lab. Rep. 56/9 Febr. 1957.

Jojic, K. V.: The buckling of a reinforced rectangular plate. (Engl.) 9ième Congr. Intern. Mécan. Appl., Univ. Bruxelles **7** (1957) 56—69; AMR **12** (1959) 12 832.

Woinowsky-Krieger, S.: Über die Beulsicherheit von Kreisplatten mit kreiszylindrischer Aelotropie. Ing. Arch. **26** (1958) 2 129—133; AMR **12** (1959) 4 244.

Yusuff, Syed: Buckling phenomena of stiffened panels. J. Aero. Space Sci. **25** (1958) 8 507—514 19 ref.; Aero Space Engng. **17** (1958) 8 87; Index Aeron. **14** (1958) 9 76.

Gerard, George: The crippling strength of compression elements. J. Aeron. Sci. **25** (1958) 1 37—52 26 ref.; AMR **11** (1958) 9 483 [1.342.31].

Yusuff, Syed: Buckling and optimum design of stiffened panels with particular reference to integral construction. Bristol Aircr. Ltd. Techn. Off. Rep. 113 Jan. 1958.

Caldwell, J. B.: Elastic instability of stiffened sheet under compression reacted by shear. J. Roy. Aeron. Soc. **63** (1959) 582 366—367.

Chilver, A. H.: The local instability of a simple integral panel. J. Roy. Aeron. Soc. **59** (1959) 538 690—693 4 ref.; AMR **9** (1956) 7 294.

Mittragende Breite 1.223.122

Botman, M. and *J. F. Besseling:* The effective width in the plastic range of flat plates under compression. NLL Rep. S 445 Sept. 1954 60 p.; Aircr. Engng. **27** (1955) 320 354; AMR **9** (1956) 7 294.

Bijlaard, P. P.: On the buckling of stringer panels including forced crippling. J. Aeron. Sci. **22** (1955) 7 491—501 12 ref.

Boley, Sara R.: A procedure for the approximate analysis of buckled plates. J. Aeron. Sci. **22** (1955) 5 337—339 6 ref.

Botman, M.: The effective width in the plastic range of flat plates under compression, III. (In Engl.). NLL Rep. S 465 June 1955 58 p. 4 ref.; Index Aeron. **12** (1956) 1 69; AMR **10** (1957) 3 97—98.

van der Neut, A.: Post buckling behaviour of structures. Vliegtuigbouwkunde Techn. Hogeschool Delft Rep. 69 July 1956; AGARD Rep. 60 Aug. 1956 33 p.; J. Roy. Aeron. Soc. **61** (1957) 563 790 [1.223.13], [1.223.14], [1.232.121], [1.37].

Ojalvo, M. and *F. H. Hull:* Effective width on thin rectangular plates. Proc. ASCE EM 3 (J. Engng. Mech. Div.) **84** (1958) Pap. 1718 21 p.

Schubbeanspruchung 1.223.13

Cox, Hugh L. and *Bertram Klein:* The buckling of isosceles triangular plates. J. Aeron. Sci. **22** (1955) 5 321—325 5 ref.; AMR **9** (1956) 5 201 [1.223.121].

Crawford, R. F. and *C. Libove:* Shearing effectiveness of integral stiffening. NACA TN 3443 June 1955; J. Roy. Aeron. Soc. **59** (1955) 538 720.

Kosara, J.: Diagonal stiffening of simply supported square plate submitted to shearing stresses. Bull. Acad. Serbe des Sci., Classe Sci. Techn. **13** (1955) 4 5—9; AMR **9** (1956) 10 422.

Kleeman, P. W.: The buckling shear stress of simply-supported, infinitely-long plates with transverse stiffeners. ARC R & M 2971 1956 18 p. 7 ref.; Index Aeron. **12** (1956) 10 77; AMR **10** (1957) 7 293; J. Roy. Aeron. Soc. **61** (1957) 553 66.

van der Neut, A.: Post buckling behaviour of structures. Vliegtuigbouwkunde Techn. Hogeschool Delft Rep. 69 July 1956; AGARD Rep. 60 Aug. 1956 33 p.; J. Roy. Aeron. Soc. **61** (1957) 563 790 [1.223.14], [1.232.121], [1.37], [1.223.122].

Rockey, K. C.: The design of intermediate vertical stiffeners on web plates subjected to shear. Aeron. Quart. **7** (1956) 4 275—296 25 ref.; ADA Res. Rep. 31 1956 22 p. 25 ref.; Index Aeron. **13** (1957) 1 90; AMR **10** (1957) 7 293; Aeron. Engng. Rev. **16** (1957) 2 146—147.

Symonds, Malcolm F.: Minimum weight design of a simply supported transversely stiffened plate loaded in shear. J. Aeron. Sci. **23** (1956) 7 685—693 12 ref., 11 1057; Aeron. Engng. Rev. **15** (1956) 7 147; Index Aeron. **12** (1956) 8 67—68; AMR **10** (1957) 2 61.

Mansfield, E. H.: The stress distribution in panels bounded by constant-stress edge members. ARC R & M 2965 1957 15 p. 4 ref.; Aircr. Engng. **29** (1957) 346 389; Index Aeron. **13** (1957) 9 72; Aeron. Engng. Rev. **16** (1957) 11 148; AMR **11** (1958) 2 63.

Mitchell, L. H. and *K. C. Rockey:* The design of intermediate vertical stiffeners on web plates subjected to shear. Aeron. Quart. **8** (1957) 4 395, 396; Index Aeron. **14** (1958) 2 88; Aeron. Engng. Rev. **17** (1958) 3 119.

Rockey, K. C.: Shear buckling of a web reinforced by vertical stiffeners and a central horizontal stiffener. Publ. Int. Ass. Bridge & Struct. Engng. **17** (1957) 161—171 13 ref.

Benthem, J. P. and *J. van de Vooren:* Analysis of panels with bonded, hat-shaped stiffeners loaded in shear. NLL TN S 520 Febr. 1958 18 p.; Index Aeron. **14** (1958) 12 86—87; J. Roy. Aeron. Soc. **62** (1958) 576 914; Aircr. Engng. **31** (1959) 361 87 [1.422.33].

Mansfield, E. H.: On the post-buckling behaviour of stiffened plane sheet under shear. ARC R & M 3073 1958 21 p. 7 ref.; J. Roy. Aeron. Soc. **62** (1958) 573 690; Index Aeron. **14** (1958) 9 75; Aircr. Engng. **30** (1958) 357 347.

<table>
<tr><td>Zugdiagonalenfeld</td><td align="right">1.223.14</td></tr>
</table>

Zugdiagonalenfeld   **1.223.14**

Jacobson, J. M.: Ein einfaches Schaubild für die Berechnung von Nietabmessungen in Zugdiagonalfeldern. (Übers. Aero Dig. (1936) Aug.). Luftf.-Schrifttum Ausland **3** (1937) 5 105—106 [1.442.41].

van der Neut, A.: Post buckling behaviour of structures. Vliegtuigbouwkunde Techn. Hogeschool Delft Rep. 69 July 1956; AGARD Rep. 60 Aug. 1956 33 p.; J. Roy. Aeron. Soc. **61** (1957) 563 790 [1.232.121], [1.37], [1.223.122], [1.223.13].

Noble, K. G. F.: A tension field calculator. J. Roy. Aeron. Soc. **61** (1957) 561 634—635; Index. Aeron. **13** (1957) 10 79.

Zusammengesetzte Beanspruchung   **1.223.15**

Stüssi, F., Charles Dubas et *Pierre Dubas:* Le voilement de l'âme des poutres fléchies, avec raidisseur au cinquième supérieur. Publ. Ass. Int. Ponts & Charpentes **17** (1957) 217—240.

Barth, W., W. Börsch-Supan u. *J. Scheer:* Beulsicherheit ausgesteifter Rechteckplatten bei zusammengesetzter Beanspruchung. Stahlbau **28** (1959) 3 68—74 9 Lit.-St.

Platten aus Sperrholz   **1.223.2**

Druckbeanspruchung   **1.223.22**

Mittragende Breite   **1.223.222**

Tottenham, H.: The effective width of plywood flanges in stressed skin construction. TDA Res. Rep. E/RR/3 March 1958; J. Roy. Aeron. Soc. **63** (1959) 577 72.

Orthotrope Platten   **1.223.3**

Allgemeines   **1.223.31**

Eras, G. u. *H. Elze:* Zur Berechnung orthotroper Platten mit nur einer Schar torsionssteifer Hohlrippen. Stahlbau **27** (1958) 12 314—317.

Wilde, P.: The general solution for a rectangular orthotropic plate expressed by double trigonometric series. (Engl.). Arch. Mech. Stos. **10** (1958) 5 746—754; AMR **12** (1959) 10 683.

Druckbeanspruchung **1.223.32**

Hijab, Wasfi A.: The effect of shape on the orthotropic characteristics of a rectangular plate. J. Aeron. Sci. **23** (1956) 7 696—697 2 ref.; Index Aeron. **12** (1956) 8 68.

Pflüger, Alf: Das Beulproblem der orthotropen Platte mit Hohlsteifen. ZFW **5** (1957) 6 178—181; Aeron. Engng. Rev. **16** (1957) 9 135; Index Aeron. **13** (1957) 8 68; AMR **11** (1958) 3 114—115.

Shuleshko, P.: A reduction method for buckling problems of orthotropic plates. Aeron. Quart. **8** (1957) 2 145—156 13 ref.; Aeron. Engng. Rev. **16** (1957) 7 128; AMR **10** (1957) 12 558; Index Aeron. **13** (1957) 7 71.

Witte, Horst: Beuluntersuchung für eine orthotrope Platte mit Hohlsteifen unter Schub und Druckbelastung. Stahlbau **28** (1959) 9 249—253 6 Lit.-St.

Kräfteeinleitung und Spannungsstörung an unversteiften und
versteiften Platten (Beanspruchung in Plattenebene) **1.224**

Platten aus homogenen, insbesondere metallischen Werkstoffen **1.224.1**

Kräfteeinleitung **1.224.12**

Paria, G.: Stress distribution in thin aeolotropic plates. Bull. Calcutta Math. Soc. **46** (1954) 2 103—107, 3 153—161; Index Aeron. **11** (1955) 4 43; AMR **10** (1957) 4 148.

Koiter, W. T.: On the diffusion of load from a stiffener into a sheet. Quart. J. Mech. & Appl. Math. **8** (1955) 2 164—178; Index Aeron. **11** (1955) 8 90; Aeron. Engng. Rev. **14** (1955) 9 100; AMR **9** (1956) 5 199.

Mitchell, L. H.: An experimental investigation of stress diffusion in non-buckling plates. ARC R & M 2878 1955 20 p. 22 ref.; Index Aeron. **11** (1955) 11 92—93; Aircr. Engng. **27** (1955) 320 353; AMR **9** (1956) 9 379.

Tucker, L. M. and *R. B. Twiss:* Load diffusion in plastic structures. ARC Curr. Pap. 186 1955 79 p. 12 ref.; Index Aeron. **11** (1955) 4 46; Aeron. Engng. Rev. **14** (1955) 5 194.

Yamaki, Noboru: Buckling of a rectangular plate under locally distributed forces applied on the two opposite edges. IV. Tohoku Univ., Sendai, Rep. Inst. High Speed Mech. No. 48 1955 159—174.

Choudhury, Pritindu: Stress distribution in a thin aeolotropic strip due to a nucleus of strain. ZAMM **36** (1956) 11/12 413—416; AMR **11** (1958) 6 292.

Szelagowski, F.: The tension with concentrated forces of an infinite plate with a rigid circular inclusion. Bull. de l'Académie Polonaise des Sciences, Warszawa, (1956) 3 145—152; Aeron. Engng. Rev. **16** (1957) 1 129.

Brown, E. H.: The diffusion of load from a stiffener into an infinite elastic sheet. Proc. Roy. Soc. (London) (A) **239** (1957) 1218 296—310 9 ref.; AMR **11** (1958) 1 14; Aeron. Engng. Rev. **16** (1957) 5 194; Index Aeron. **13** (1957) 5 98.

Frasier, J. T. and *L. Rongved:* Force in the plane of two joined semi-infinite plates. J. Appl. Mech. **24** (1957) 4 582—584; AMR **11** (1958) 7 356.

Zaid, M.: On the carrying capacity of plates of arbitrary shape and variable fixity under a concentrated load. J. Appl. Mech. **25** (1958) 4 598—602; AMR **12** (1959) 10 683.

Platten mit Störungen   **1.224.13**

Beskin, Leon: Strengthening of circular holes in plates under edge loads. J. Appl. Mech. **11** (1944) 3 A 140—A 148.

Radok, J. R. M.: Problems of plane elasticity for reinforced boundaries. Amer. Soc. Mech. Engrs. Prepr. 54-A-92 1954 6 p. 8 ref.; J. Appl. Mech. **22** (1955) 2 249—254; Index Aeron. **11** (1955) 3 7; Aeron. Engng. Rev. **14** (1955) 9 100.

Hoskin, B. C.: The stress analysis of flat stiffened panels with cut-outs. ARL SM 3 Febr. 1955; J. Roy. Aeron. Soc. **60** (1956) 542 146.

Mansfield, E. H.: Neutral holes in plane sheet: reinforced holes which are elastically equivalent to the uncut sheet. ARC R & M No. 2815 1955; J. Roy. Aeron. Soc. **60** (1956) 546 427.

Hayashi, I.: The orthotropic plate subjected to forces on its circular hole. Proc. 6th Japan Nat. Congr. Appl. Mech., Univ. of Kyoto, Japan, Oct. 1956 47—50.

Kubo, T.: Stresses on the orthogonally aeolotropic plate with a row of holes. Proc. 6th Japan Nat. Congr. Appl. Mech., Univ. of Kyoto, Japan, Oct. 1956 51—55.

Muckle, William: Stresses in the neighbourhood of discontinuities. Trans. N. E. Coast Instn. Engrs. & Shipbuilders **73** (1956) 1 29—36; AMR **10** (1957) 6 245—246.

Alblas, J. B.: Theorie van de driedimensionale Spanningstoestand in een door-boorde plaat. Thesis. Amsterdam: H. J. Paris 1957 XII, 127 Blz.

Argyris, John H. and *S. Kelsey:* The matrix force method of structural analysis and some new applications. ARC R & M 3034 1957 33 p.; J. Roy. Aeron. Soc. **62** (1958) 566 149; AMR **11** (1958) 10 543; Aeron. Engng. Rev. **17** (1958) 3 94; Index Aeron. **14** (1958) 1 94 [1.243.13].

Borg, M. F.: Maximum stress concentration factors caused by two equal circular holes in a plate subjected to uniform axial loading. David W. Taylor Model Basin, Washington, D. C., Rep. 907 Sept. 1957 13 p.; AMR **11** (1958) 12 668.

Hicks, Raymond: Reinforced elliptical holes in stressed plates. J. Roy. Aeron. Soc. **61** (1957) 562 688—693 4 ref.; Index Aeron. **13** (1957) 11 85; Aeron. Engng. Rev. **16** (1957) 12 107; AMR **11** (1958) 6 280.

Hicks, R.: Reinforced holes in plates: Total weight reduced by varying thickness of reinforcement. Engineering **184** (1957) 4773 280—281; Index Aeron. **13** (1957) 10 78.

Worley, Will J. and *Shuji Taira:* The effects of inelastic action on the resistance to various types of loads of ductile members made from various classes of metals. II. Inelastic behavior of aluminum alloy I-beams with rectangular web section cutouts. WADC Techn. Rep. 56—330 Pt. II (AD 118185) Apr. 1957 58 p.; Aeron. Engng. Rev. **16** (1957) 8 128 [1.342.4].

Zelenka, R.: Ein Beitrag zur approximativen Berechnung der Spannungen an den Rändern quadratischer Scheiben endlicher Abmessungen mit quadratischen oder rechteckigen Öffnungen. Diss. TH Darmstadt 1958.

Marin, Joseph: Creep stresses and strains in an axially loaded plate with a hole. J. Franklin Inst. **268** (1959) 1 53—60.

Platten aus Sperrholz, anisotrope Platten   **1.224.2**

Kräfteeinleitung   **1.224.22**

March, H. W.: Summary of formulas for flat plates of plywood under uniform or concentrated loads. FPL Rep. 1300 rev. Jan. 1953 8 p.

Conway, H. D.: Stresses in orthotropic strips. J. Appl. Mech. **22** (1955) 3 353—354.

Platten mit Störungen   **1.224.23**

Zellerer, Ernst u. *Hanns Thiel:* Über das Kraftfeld einer Tragwand auf zwei Stützen mit drei Türöffnungen bei unsymmetrischer Einzelbelastung. Bautechnik **36** (1959) 3 84—95, 4 147—153 21 Lit.-St. [1.212.2].

Biegung senkrecht zur Plattenebene   **1.225**
Platten aus homogenen, insbesondere metallischen Werkstoffen   **1.225.1**
Allgemeines   **1.225.11**

Carrier, G. F.: The bending of the clamped sectorial plate. J. Appl. Mech. **11** (1944) 3 A 134—A 139.

Reissner, Eric: The effect of transverse shear deformation on the bending of elastic plates. J. Appl. Mech. **12** (1945) 2 A 69—A 77 11 ref.

Berger, H. M.: A new approach to the analysis of large deflections of plates. J. Appl. Mech. **22** (1955) 4 465—472 18 ref.; AMR **9** (1956) 7 292.

Bijlaard, P. P.: Theory of plastic buckling of plates and application to simply supported plates subjected to bending or eccentric compression in their plane. Amer. Soc. Mech. Engrs. Ann. Meeting, Chicago, Ill., Nov. 1955, Pap. 55-A-8 8 p.; AMR **9** (1956) 6 248 [1.222.112].

Craemer, H.: Idealplastische isotrope und orthotrope Platten bei Vollausnutzung aller Elemente. Ing.-Arch. **23** (1955) 3 151—158; AMR **9** (1956) 6 251.

Godfrey, D. E. R.: Normal loading on a wedged-shaped plate. Aeron. Quart. **6** (1955) Aug. Pt. 3 196—204; AMR **9** (1956) 4 148.

Kaul, R. K. and *V. Cadambe:* A simple approximation for plate deflection problems. J. Roy. Aeron. Soc. **59** (1955) Nov. 778—780 4 ref.; AMR **9** (1956) 5 199.

Mansfield, E. H.: The inextensional theory for thin flat plates. Quart. J. Mech. & Appl. Math. **8** (1955) 3 338—352; AMR **11** (1958) 6 291.

Mohammed, I. A. and *E. P. Popov:* Effective stiffness of a plate subjected to a local edge moment. Proceedings of the Second U. S. National Congress of Applied Mechanics, June 1954, Easton, Pa.: Amer. Soc. Mech. Engrs. 1955 423—426; AMR **9** (1956) 5 199.

Prager, W.: Minimum weight design of plates. Ingenieur **67** (1955) 48 141—142; AMR **9** (1956) 4 155.

Riparbelli, C.: Oblique bending of a trapezoidal plate. Cornell Univ., Cornell Aeron. Lab. Rep. OSR-TN-56-9 Nov. 1955 6 p.; AMR **9** (1956) 8 330.

Riparbelli, C.: General bending of a plate into a developable surface. III. Cornell Univ., Cornell Aeron. Lab. Rep. OSR-TN-56-31 Dec. 1955 12 p.; AMR **9** (1956) 12 520.

Riparbelli, C.: Edge curling of a plate undergoing oblique bending. IV. Cornell Univ., Cornell Aeron. Lab. Rep. OSR-TN-56-32 Dec. 1955 15 p.; AMR **9** (1956) 12 520.

Riparbelli, C.: Geometry of the lines of maximum curvature in bending of thin plates. V. Cornell Univ., Cornell Aeron. Lab. Rep. OSR-TN-56-33 Dec. 1955 9 p.; AMR **9** (1956) 12 520.

Schumann, Walter: Theoretische und experimentelle Untersuchungen über das de Saint-Venantsche Prinzip, speziell mit Anwendung auf die Plattentheorie. (Publ. Lab. de Photoélasticité, No. 6) Zürich: Leemann 1955 84 S.; Z.VDI **98** (1956) 23 1446.

Tiffen, R.: Some problems of thin clamped elastic plates. Quart. J. Mech. & Appl. Math. **8** (1955) June Pt. 2 237—250; AMR **9** (1956) 1 19.

Williams, M. L.: Large deflection analysis for a plate strip subjected to normal pressure and heating. J. Appl. Mech. **22** (1955) 4 458—464; AMR **9** (1956) 8 328.

Woinowsky-Krieger, S.: Über ein Verfahren zur Bestimmung der Biegemomente von Platten unter Einzellasten. Ing.-Arch. **23** (1955) 5 349—353.

Yu, Y.-Y.: On the complex representation of the general extensional and flexural problems of thin plates and their analogies. J. Franklin Inst. **260** (1955) 4 269—282; AMR **9** (1956) 2 64.

Chapman, J. C. and *Jean E. Slatford:* Bending of plating with widely spaced stiffeners. Instn. Mech. Engrs. Prepr. Nov. 1956 11 p.; Proc. IME **170** (1956) 37 1101—1112.; Index Aeron. **13** (1957) 1 87—88; Aeron. Engng. Rev. **16** (1957) 10 123; AMR **11** (1958) 3 114; Leichtbau d. Verkehrsfahrzeuge **2** (1958) 1 51.

Crawford, R. F.: A theory for the elastic deflections of plates integrally stiffened on one side. NACA TN 3646 Apr. 1956 21 p.; AMR **9** (1956) 9 378.

El-Hashimy, Mohamed M.: Ausgewählte Plattenprobleme. (Exzentrische Kreisringplatte, Einflußflächen der Kreisplatte, Rechteckplatten mit Aussparungen.) (Mitt. Inst. Baustatik ETH Zürich, No. 29) Zürich: Leemann 1956 96 S.; AMR **9** (1956) 8 330; Z. VDI **98** (1956) 31 1787.

Hoeland, Günter: Stützmomenteneinflußfelder durchlaufender elastischer Platten mit zwei frei drehbar gelagerten Rändern. Ing.-Arch. **24** (1956) 2 124—132; AMR **9** (1956) 10 421.

Huffington, N. J. jr.: Theoretical determination of rigidity properties of orthogonally stiffened plates. J. Appl. Mech. **23** (1956) 1 15—20; AMR **9** (1956) 8 331.

Koppe, Eberhard: Methoden der nichtlinearen Elastizitätstheorie mit Anwendung auf die dünne Platte endlicher Durchbiegung. ZAMM **36** (1956) 11/12 455—462 4 Lit.-St.; AMR **11** (1958) 5 219—220; Aeron. Engng. Rev. **16** (1957) 6 161.

Olszak, W. and *Z. Mróz:* The method of inversion in the theory of plates. Publ. Int. Ass. Bridge & Struct. Engng. **16** (1956) 399—424 13 ref.

Özden, K.: Biegung dünner Platten und Variationssätze bei einem nichtlinearen Elastizitätsgesetz. Ing.-Arch. **24** (1956)3 133—147; AMR **10** (1957) 3 97.

Bassali, W. A.: The transverse flexure of thin elastic plates supported at several points. Proc. Cambridge Phil. Soc. **53** (1957) July 728—743 15 ref.; Aeron. Engng. Rev. **16** (1957) 10 123; AMR **11** (1958) 5 219.

Bassali, W. A.: Transverse bending of infinite and semiinfinite thin elastic plates. Part. II. Bull. Calcutta Math. Soc. **49** (1957) 3 119—127; AMR **12** (1959) 9 606.

Bild, H.-P.: Beitrag zur Berechnung durchlaufender Platten mit freien Längsrändern. Diss. TH Stuttgart 1957.

Buchwald, V. T.: A mixed boundary-value problem in the elementary theory of elastic plates. Quart. J. Mech. & Appl. Math. **10** (1957) 2 183—190; Aeron. Engng. Rev. **16** (1957) 7 127; AMR **11** (1958) 2 62.

Chapman, J. C. and *Jean E. Slatford:* Bending of plating with widely-spaced stiffeners. Shipbuilder & Marine Engine Builder **64** (1957) 588 191—193.

Deverall, L. I.: Solution of some problems in bending of thin clamped plates by means of the method of Muskhelishvili. J. Appl. Mech. **24** (1957) 2 295—298 26 ref.; Index Aeron. **13** (1957) 8 68.

Hoeland, Günter: Stützmomenten-Einflußfelder durchlaufender Platten. Berlin—Göttingen—Heidelberg: Springer 1957 19 S. 75 Tafeln.

Hopkins, H. G.: On the plastic theory of plates. Proc. Roy. Soc. (London) (A) **241** (1957) 1225 153—179 22 ref.; Index Aeron. **13** (1957) 9 71.

Jones, P. D.: Small deflection theory of flat plates using complex variables. I. Fundamental equations in complex form. II. Clamped plates. ARL Rep. SM 252 June 1957 22 p. 23 ref., Rep. SM 260 Jan. 1958 51 p.; Aeron. Engng. Rev. **16** (1957) 12 107; Index Aeron. **14** (1958) 3 80; J. Roy. Aeron. Soc. **62** (1958) 565 78, 576 914; AMR **11** (1958) 7 356; Aero Space Engng. **17** (1958) 11 95,

Mader, Fritz W.: Beitrag zur Berechnung in Querrichtung durchlaufender Platten-streifen mit Hilfe Fourierscher Integrale. Ing.-Arch. (1957) 3 201—204; Aeron. Engng. Rev. **17** (1958) 2 112; AMR **11** (1958) 1 16.

Palmer, P. J.: The bending stresses in cantilever plates by Moiré fringes. An experimental technique giving directly the gradient at all points on a model's surface. Aircr. Engng. **29** (1957) 346 377—380; AMR **11** (1958) 10 535; Aeron. Engng. Rev. **17** (1958) 2 89; Index Aeron. **14** (1958) 1 96.

Williams, M. L.: Further large deflection analysis for a plate strip subjected to normal pressure and heating. Amer. Soc. Mech. Engrs. Prepr. 57-A-14 1957 8 p. 5 ref.; Index Aeron. **13** (1957) 12 81.

Yu, Y.-Y.: Flexural problems of thin plates under lateral loading by the complex variable method. (Engl.). 9ième Congrès. Inst. Mécan. Appl. Univ. Bruxelles **6** (1957) 378—389; AMR **12** (1959) 7 458.

Bassali, W. A.: Problems concerning the bending of isotropic thin elastic plates subject to various distributions of normal pressure. Proc. Cambridge Phil. Soc. **54** (1958) 2 265—287; AMR **11** (1958) 12 668; Index Aeron. **14** (1958) 7 79.

Bassali, W. A. and *M. Nassif:* Transverse bending of infinite and semi-infinite thin elastic plates. III. Proc. Cambridge Phil. Soc. **54** (1958) 2 288—299; AMR **11** (1958) 12 667—668; Aero Space Engng. **17** (1958) 7 79.

Gladwell, G. M. L.: Some mixed boundary value problems in isotropic thin plate theory. Quart. J. Mech. & Appl. Math. **11** (1958) 2 159—171 10 ref.; AMR **11** (1958) 12 667; Aero Space Engng. **17** (1958) 7 79; Index Aeron. **14** (1958) 7 82.

Heinen, Richard: Beitrag zur Berechnung von Einflußflächen schiefwinkliger Platten. Ing.-Arch. **26** (1958) 4 268—287; AMR **12** (1959) 8 525.

Medwadowski, S. J. and *K. S. Pister:* Strong cylindrical bending of elastic plates. Proc. ASCE EM 3 (J. Engng. Mech.) **84** (1958) Pap. 1692 12 p.; AMR **12** (1959) 1 13.

Pucher, Adolf: Einflußfelder elastischer Platten. 2. Aufl. Wien: Springer 1958. VIII, 15 S.; Z. VDI **100** (1958) 35 1705.

Schumann, Walter: On limit analysis of plates. Quart. Appl. Math. **16** (1958) 1 61—71 10 ref.; Aero Space Engng. **17** (1958) 5 110; Index. Aeron. **14** (1958) 7 81.

Vodicka, V.: Elementary solution of some plate problems. (Engl.). ZAMP **9a** (1958) 2 206—210; AMR **12** (1959) 9 606.

Wah, T.: Large deflection theory of elastoplastic plates. Proc. ASCE EM 4 (J. Engng. Mech. Div.) **84** (1958) Pap. 1822 24 p.; AMR **12** (1959) 7 458.

Cox, H. L. and *D. Dawson:* The effect of initial lateral tension or slackness on the deflection of long, thin plates under normal pressure. J. Roy. Aeron. Soc. **63** (1959) 587 672—674.

Quadratische und rechteckige Platten 1.225.12

Erzin, Cevdet Z.: Solution for small deflections of rectangular plates with different edge conditions. (Muhtelif sinir sartlari altinda dikdörtgen plaklarin ufak sehimlerinin hesabi.) Istanbul Techn. Univ. Bull. 1954 50—58; Aeron. Engng. Rev. **14** (1955) 9 100.

Hoeland, Günter: Stützmomenteneinflußfelder durchlaufender elastischer Platten mit zwei frei drehbar gelagerten Rändern. Diss. TH Hannover 1954 52 Bl.

Cadambe, F., R. K. Kaul and *S. G. Tewari:* Flexure of thin elastic plates under specified edge tractions. Indian J. Phys. **29** (1955) 9 403—416; AMR **10** (1957) 1 12.

Favre, H. and *W. Schumann:* Study of bending of rectangular plates with linear varying thickness and different edge conditions: Application to case of hydrostatic load. (In French). Bull. Techn. Suisse Rom. **81** (1955) 11 161—174; AMR **9** (1956) 3 101.

Greenspon, J. E.: An approximation to the plastic deformation of a rectangular plate under static load with design applications. David W. Taylor Model Basin, Washington, D. C., Rep. 940, June 1955 21 p.; AMR **9** (1956) 9 383.

Riparbelli, C.: Oblique bending of a rectangular plate. Cornell Univ., Cornell Aeron. Lab. Rep. OSR-TN-55-147 May 1955 21 p.; AMR **9** (1956) 9 378.

Yeh, G. C. K.: Bending of a rectangular plate on an elastic foundation with two adjacent edges fixed and the others free. Proceedings of the Second U. S. National Congress of Applied Mechanics, June 1954, Easton, Pa.: Amer. Soc. Mech. Engrs. 1955 375—380; AMR **9** (1956) 5 200.

Böhning, A.: Die Berechnung von Einflußflächen der dreiseitig sowie der allseits eingespannten Quadratplatte unter Ausnutzung von Symmetrien. Diss. TH Aachen 1956.

Broglio, Luigi: An exact solution for free rectangular plates laterally loaded. Roma Univ., School of Aeron. Engng., Inst. Aeron. Construction SIARgraph 8 (AFEOARDC TN 2, AFOSR TN 57—288) (AD 132359) Aug. 1956 116 p.; Aeron. Engng. Rev. **16** (1957) 9 135.

Higashi, Y.: Bending of thin rectangular plates with any boundary conditions. Tokyo Metropolitan Univ., Japan, Fac. of Technol., Mem. No. 6 March 1956 (E) 359—391; AMR **10** (1957) 7 291.

Kurata, M. and S. Hatano: Bending of uniformly loaded and simply supported but partially clamped rectangular plate. Proc. 6th Japan Nat. Congr. Appl. Mech., Univ. of Kyoto, Japan, Oct. 1956 57—60; AMR **11** (1958) 4 166.

Stippes, M.: A note on the simply-supported plate. Quart. Appl. Math. **14** (1956) 1 90—93; AMR **9** (1956) 8 330.

Wegner, Udo: Berechnung von teilweise eingespannten rechteckigen Platten bei Vorgabe von Randmomenten. ZAMM **36** (1956) 9/10 340—355; Aeron. Engng. Rev. **16** (1957) 2 146; AMR **10** (1957) 8 350.

Wu, Ching-Sheng: Bending of rectangular plate with clamped edges. J. Aeron. Sci. **23** (1956) 6 601—602; Index Aeron. **12** (1956) 7 83.

Bassali, W. A.: Transverse bending of infinite and semi-infinite thin elastic plates. I. Proc. Cambridge Phil. Soc. **53** (1957) 1 248—255 11 ref.; AMR **10** (1957) 9 402; Aeron. Engng. Rev. **16** (1957) 3 113.

Chien, W. Z. and K.-Y. Yeh: On the large deflection of rectangular plates. (Engl.). 9ième Congrès Int. Appl., Univ. Bruxelles **6** (1957) 403—412; AMR **12** (1959) 4 243.

Clarkson, J.: The strength of approximately flat, long rectangular plates under lateral pressure. Trans. N. E. Coast Instn. Engrs. & Shipbuilders **74** (1957) 1 21—40; AMR **11** (1958) 9 480—481.

Koiter, W. T and J. B. Alblas: On the bending of cantilever rectangular plates. IV. Proc. Koninklijke Nederlandsche Akad. van Wetenschappen (B) **60** (1957) 3 173—181; AMR **11** (1958) 2 61.

L'heureux, P.: Calcul des plaques rectangulaires minces. 2ième éd. Paris: Gauthier-Villars 1957 36 p.; AMR **12** (1959) 12 829.

Magnus, Herbert A.: Maximum stress and deflection in flat rectangular plates. Design News **12** (1957) 7 142—147; Index Aeron. **13** (1957) 6 88.

Magnus, Herbert A.: Stress and deflections in flat rectangular plates. Design News **12** (1957) 15./4. 144—149; Aeron. Engng. Rev. **16** (1957) 7 160.

Nachbar, W.: Bending of a rectangular plate with one free edge. Proc. ASCE Vol. 83, EM 2 (J. Engng. Mech. Div.), Pap. 1196 Apr. 1957 46 p.; AMR **10** (1957) 9 402.

Parsons, H. W.: The deflection of a normally loaded square plate elastically supported along its edges. (Engl.) 9ième Congrès Inst. Mécan. Appl., Univ. Bruxelles **6** (1957) 390—395; AMR **12** (1959) 7 459.

Shuleshko, P.: Buckling of rectangular plates with one unsupported edge. J. Instn. Engrs. (Sydney) **29** (1957) 9 215—218; AMR **11** (1958) 8 427.

Winslow, A. M.: Stress solutions for rectangular plates by conformal transformation. Quart. J. Mech. & Appl. Math. **10** (1957) May 160—168; Aeron. Engng. Rev. **16** (1957) 7 128.

Blamauer, Otto: Vom Dreimomentensatz zur Plattengleichung. (Ein Beitrag zur Differenzenrechnung.) Bautechnik **35** (1958) 7 271—278 [1.212.3].

Broglio, L.: An exact solution for free rectangular plates laterally loaded. Ministero Difesa-Aeronautica, Rome, Centro Consultivo Studi e Ricerche Monograph 4 Dec. 1958; Aircr. Engng. **31** (1959) 366 258.

Conway, H. D.: The flexure of infinite rectangular plates of varying thickness. (Engl.) Ing. Arch. **26** (1958) 143—145; AMR **12** (1958) 2 92; Aero Space Engng. **17** (1958) 12 102.

Fo-Van, Chang: Bending of the clamped edged anisotropic rectangular plates. Appendix: The limiting sums of some infinite series. Scientia Sinica (1958) July 716—729; Aero Space Engng. **17** (1958) 11 95.

Lakshmi Kantham, C.: Bending of elastically restrained rectangular plates under uniform pressure. J. Roy. Aeron. Soc. **62** (1958) 575 834—836 8 ref.; Index Aeron. **14** (1958) 12 84—85.

Quinlan, P. M.: Rectangular plates; a new approach. Nat. Univ. Ireland TN 3 (USAF EOARDC TN-58-259) (AD 154163) Jan. 1958 48 p.; Aero Space Engng. **17** (1958) 9 80.

Czerny, F.: Tafeln für hydrostatisch belastete Rechteckplatten. Bautechn.-Arch. H. 14 1959 IV, 116 S.

Soper, W. G.: Large deflections of stiffened plates. J. Appl. Mech. **25** (1958) 4 444—448; AMR **12** (1959) 11 755.

Stanek, F. J.: Uniformly loaded square plate with no lateral or tangential edge displacements. Proc. Third U. S. Nat. Congr. Appl. Mech. June 1958, Amer. Soc. Mech. Engrs. 1958 461—466; AMR **12** (1959) 11 754.

Zaid, M. and *M. Forray:* Bending of elastically supported rectangular plates. Proc. ASCE EM 3 (J. Engng. Mech.) **84** (1958) Pap. 1719 26 p.; AMR **12** (1959) 1 13.

Mader, Fritz W.: Berechnung orthotroper Platten mit Hilfe von Übertragungsmatrizen. Stahlbau **28** (1959) 8 223—227 11 Lit.-St.

Stein, P.: Die Anwendung der Singularitätenmethode zur Berechnung orthogonal anisotroper Rechteckplatten, einschließlich Trägerrosten. Diss. TU Berlin 1959 [1.213.3].

Strels, E.: Die einseitig eingespannte Kragplatte unter Einzellasten. Bautechnik **36** (1959) 2 62—68 9 Lit.-St.

Volkersen, Olaf: Die eingespannte, an den Rändern versteifte, dünne Rechteckplatte mit gleichmäßig verteilter Belastung. DVL Ber. 86 März 1959 60 S. 5 Lit.-St.

Kreisförmige und elliptische Platten

Cooper, R. M. and *G. A. Shifrin:* An experiment on circular plates in the plastic range. Proceedings of the Second U.S. National Congress of Applied Mechanics, June 1954, Easton, Pa.: Amer. Soc. Mech. Engrs. 1955 527—534; AMR **9** (1956) 5 200.

Frederick, D.: On some problems in bending of thick circular plates on an elastic foundation. Amer. Soc. Mech. Engrs. Ann. Meeting, Chicago, Ill., Nov. 1955, Pap. 55-A-36 6 p.; J. Appl. Mech. **23** (1956) 2 195—200; AMR **9** (1956) 7 293.

Haythornthwaite, R. M.: The deflection of plates in the elastic-plastic range. Proceedings of the Second U. S. National Congress of Applied Mechanics, June 1954, Easton, Pa.: Amer. Soc. Mech. Engrs. 1955 521—526; AMR **9** (1956) 5 200.

Haythornthwaite, R. M. and *E. T. Onat:* The load carrying capacity of initially flat circular steel plates under reversed loading. J. Aeron. Sci. **22** (1955) 12 867—869 12 ref.; AMR **10** (1957) 1 17.

Hopkins, H. G. and *W. Prager:* Limits of economy of material in plates. Amer. Soc. Mech. Engrs. Prepr. 55-APM-2 1955 3 p. 10 ref.; J. Appl. Mech. **22** (1955) 3 372—374 10 ref.; Index Aeron. **11** (1955) 5 96; Aeron. Engng. Rev. **14** (1955) 12 101; AMR **9** (1956) 7 293.

McKenzie, K. I. and *M. Rothman:* Note on the bending of a circular plate under continuous non-normal loading. J. Roy. Aeron. Soc. **59** (1955) 537 632—635.

Onat, E. T. and *R. M. Haythornthwaite:* The load-carrying capacity of circular plates at large deflection. Amer. Soc. Mech. Engrs. Ann. Meeting, Chicago, Ill., Nov. 1955, Pap. 55-A-14 7 p; AMR **9** (1956) 5 203.

Wahl, A. M.: Recent research on flat diaphragms and circular plates with particular reference to instrument applications. Amer. Soc. Mech. Engrs. Ann. Meeting, Chicago, Ill., Nov. 1955, Pap. 55-A-116 10 p.; AMR **9** (1956) 7 292 [1.244].

Weil, N. A. and *N. M. Newmark:* Large deflections of elliptical plates. Amer. Soc. Mech. Engrs. Ann. Meeting, Chicago, Ill., Nov. 1955, Pap. 55-A-2 6 p.; AMR **9** (1956) 7 292—293.

Woinowsky-Krieger, S.: Clamped semi-circular plate under uniform bending load. J. App. Mech. **22** (1955)1 129—130.

Ando, Tsuneyo: Bending stress in symmetrically loaded circular plates. Trans. Japan Soc. Mech. Engrs. **22** (1956) 119 457—462; Japan Sci. Rev., Mech. & Electr. Engng. **3** (1958) 2 72.

Bassali, W. A.: Bending of an elastically restrained circular plate under a linearly varying load over an eccentric circle. Proc. Cambridge Phil. Soc. **52** (1956) 4 734—741 10 ref.; AMR **10** (1957) 6 249—250.

Bassali, W. A.: Transverse bending of a thin circular plate loaded normally over an eccentric circle. Proc. Cambridge Phil. Soc. **52** (1956) 4 742—749 15 ref.; AMR **11** (1958) 5 220.

Bassali, W. A. and *R. H. Dawoud:* Thin circular plates under certain distributions of normal loading. Mathematika (London) **3** (1956) 6 144—152; AMR **10** (1957) 10 461.

Boyce, William E.: The bending of a work-hardening circular plate by a uniform transverse load. Quart. Appl. Math. **14** (1956) 3 277—288; AMR **10** (1957) 6 249; Index Aeron. **13** (1957) 1 88; Aeron. Engng. Rev. **16** (1957) 1 146.

Bromberg, Eleazer: Non-linear bending of a circular plate under normal pressure. Commun. on Pure & Appl. Math. **9** (1956) 4 633—659; Aeron. Engng. Rev. **16** (1957) 3 113; AMR **10** (1957) 12 556; Index Aeron. **13** (1957) 6 88.

Gaydon, F. A. and *H. Nuttall:* The elastic-plastic bending of a circular plate by an all-round couple. J. Mech. & Phys. Solids **5** (1956) 1 62—65 3 ref.; AMR **10** (1957) 5 192; Index Aeron. **13** (1957) 1 88.

Herrmann, J. and *C. S. Ades:* Experimental verification of circular plate bending theory. J. Franklin Inst. **261** (1956) 6 631—635; AMR **9** (1956) 12 520.

Hopkins, H. G.: The theory of deformation of non-hardening rigid-plastic plates under transverse load. „Verformung und Fließen des Festkörpers, Kolloquium Madrid, Sept. 1955", Hrsg. R. Grammel, Berlin—Göttingen—Heidelberg: Springer 1956 176—183; AMR **10** (1957) 11 510.

Saito, A., O. Kawakami and *J. Saito:* Bending of a circular plate under a distributed load in sectional domain. Trans. Japan Soc. Mech Engrs. **22** (1956) 119 519—521.

Müggenburg, Hans: Einflußflächen für die am bogenförmigen Rand eingespannte und am geraden Rand freie Halbkreisfläche. Ing. Arch. **24** (1956) 5 308—316.

Muster, D. F. and *M. A. Sadowsky:* Bending of a uniformly loaded semicircular plate simply supported around the curved edge and free along the diameter. Amer. Soc. Mech. Engrs. Prepr. 56-APM-7 1956 7 p. 10 ref.; J. Appl. Mech. **23** (1956) 3 329—335; Index Aeron. **12** (1956) 7 83; AMR **10** (1957) 7 291.

Okada, O.: About a circular plate bent by an eccentric circular rod fixed to the plate. Nagoya Inst. of Technol., Japan, Bull. **8** (1956) 28—32.

Saito, A. and *N. Hirai:* Bending of circular plate loaded along radius or circular arc. Proc. 6th Japan Nat. Congr. Appl. Mech., Univ. of Kyoto, Japan, Oct. 1956 141—144; AMR **11** (1958)6 291.

Saito, A.: Bending of a circular plate under a distributed load in radial domain. Trans. Japan Soc. Mech. Engrs. **22** (1956) 119 516—518.

Woinowsky-Krieger, S.: Über die Verwendung von Bipolar-Koordinaten zur Lösung einiger Probleme der Plattenbiegung. Ing. Arch. **24** (1956) 1 47—52; AMR **9** (1956) 10 421.

Yanowitch, Michael: Non-linear buckling of circular elastic plates. Comm. on Pure & Appl. Math. **9** (1956) 4 661—672 9 ref.; AMR **10** (1957) 12 558—559; Aeron. Engng. Rev. **16** (1957) 3 113; Index Aeron. **13** (1957) 6 88 [1.222.112].

Bassali, W. A. and *R. H. Dawoud:* Bending of an elastically restrained circular plate under normal loading over a sector. Amer. Soc. Mech. Engrs. Ann. Meeting, New York, Dec. 1957 Pap. 57-A-8 10 p. 11 ref.; J. Appl. Mech. **25** (1958) 1 37—46; AMR **11** (1958) 7 356; Aero Space Engng. **17** (1958) 6 119; Index Aeron. **13** (1957) 11 86.

Bassali, W. A.: Thin circular plates supported at several points along the boundary. Proc. Cambridge Phil. Soc. **53** (1957) Apr. 525—535 6 ref.; Aeron. Engng. Rev. **16** (1957) 7 127; Index Aeron. **13** (1957) 7 71.

Conway, H. D.: Note on Way's large-deflection solution for the uniformly loaded and clamped circular plate. J. Appl. Mech. **24** (1957) 1 151—152.

Conway, H. D.: Nonaxial bending of ring plates of varying thickness. Amer. Soc. Mech. Engrs. Ann. Meeting, New York, N. Y., Dec. 1957 Pap. 57-A-92 3 p.; AMR **11** (1958) 5 219.

Erickson, Burton, S. A. Patel and *N. J. Hoff:* Experimental investigation of clamped circular plates subjected to rapid creep. Polytechn. Inst. Brooklyn, Dep. Aeron. Engng. & Appl. Mech., PIBAL Rep. 411 (AFOSR TN 58-51) (AD 148093) July 1957 10 p.; Aero Space Engng. **17** (1958) 5 111.

Hodge, P. G. jr.: Plastic bending of an annular plate. J. Math. & Phys. **36** (1957) July 130—137 12 ref.; Aeron. Engng. Rev. **16** (1957) 11 109.

Olesiak, Z.: A bent circular plate with linear supports inside the plate region. (Engl.). Arch. Mech. Stos. **9** (1957) 2 227—246; AMR **12** (1959) 7 458.

Olesiak, Z.: Gebogene Kreisplatte mit linearen Stützen innerhalb der Platte. (In deutsch). Bull. de l'Académie Polonaise des Sciences, Warszawa, (1957)3 129—134 14 ref.; Aeron. Engng. Rev. **16** (1957) 12 136.

Onat, E. T., W. Schumann and *R. T. Shield:* Design of circular plates for minimum weight. (Engl.). ZAMP **8** (1957) 6 485—499; AMR **12** (1959) 10 682.

Tekinalp, Bekir: Elastic-plastic bending of a built-in circular plate under a uniformly distributed load. J. Mech. & Phys. Solids **5** (1957) 2 135—142 18 ref.; Aeron. Engng. Rev. **16** (1957) 5 197; Index. Aeron. **13** (1957) 5 97; AMR **11** (1958) 7 356.

Venkatraman B. and *P. G. Hodge jr.:* Creep behaviour of circular plates. Polytechn. Inst. Brooklyn, Dep. Aeron. Engng. & Appl. Mech., PIBAL Rep. 369 1957 27 p. 13 ref.; J. Mech. & Phys. Solids **6** (1958) 2 163—176 13 ref.; Aeron. Engng. Rev. **16** (1957) 8 129; AMR **10** (1957) 12 564; Index Aeron. **14** (1958) 4 98.

Yu, Yi-Yuan: Axisymmetrical bending of circular plates under simultaneous action of lateral load, force in the middle plane, and elastic foundation. J. Appl. Mech. **24** (1957) 1 141—143 6 ref.; Aeron. Engng. Rev. **16** (1957) 6 161.

Hamada, M.: A suggestion regarding the problem of large deflection of plates. Bull. Jap. Soc. Mech. Engrs. **1** (1958) 1 20—23; AMR **12** (1959) 3 163.

Keller, H. B. and *E. L. Reiss:* Iterative solutions for the non-linear bending of circular plates. Commun. on Pure & Appl. Math. (1958) Aug. 273—292; Aero Space Engng. **17** (1958) 11 95.

Lakshmi Kantham, C.: Bending and vibration of elastically restrained circular plates. J. Franklin Inst. (1958) June 483—491; Aero Space Engng. **17** (1958) 8 80 [1.273].

Bassali, W. A.: Bending of a thin circular plate under hydrostatic pressure over a concentric ellipse. Proc. Camb. Phil. Soc. **55** (1959) 1 110—120; AMR **12** (1959) 8 526.

Szabó, I. u. *Kh. Nasitta:* Beitrag zur rechnerischen und spannungsoptischen Behandlung der dicken, achsensymmetrisch belasteten Kreisplatte auf elastischer Unterlage. Konstruktion **11** (1959) 1 2—13.

Sonderfälle

Büscher, G.: Beitrag zur praktischen Ermittlung von Einflußflächen schiefwinkliger Platten. Diss. TH Aachen 1955 27 S.

Covert, Eugene E.: An application of variation methods to the computation of the deformation of a cantilever plate subjected to nonuniform and aeroelastically induced loads. J. Aeron. Sci. **22** (1955) 8 555—560 11 ref.

Kirste, L.: Les déformations developpables des tôles minces. Techn. Sci. Aéron. (1955) 3 192—194 [1.241.111.2].

Thürlimann, Bruno: Influence surfaces for support moments of continuous slabs. Publ. Int. Ass. Bridge & Struct. Engng. **16** (1956) 485—498 9 ref.

Kawai, Tadahiko and *Bruno Thürlimann:* Influence surfaces for moments in slabs continuous over flexible cross beams. Publ. Int. Ass. Bridge & Struct. Engng. **17** (1957) 117—138.

Reissner, Eric: Finite twisting and bending of thin rectangular elastic plates. Amer. Soc. Mech. Engrs. Summer Conf., Berkeley, Calif., June 1957, Pap. 57-APM-23 6 p. 5 ref.; J. Appl. Mech. **24** (1957) 3 391—396 5 ref.; AMR **11** (1958) 11 604; Aeron. Engng. Rev. **17** (1958) 1 120; Index Aeron. **13** (1957) 7 72.

Scherer, Alfons: Einflußflächen einer Dreieckplatte mit Aufpunkt am freien Rand. Ing. Arch. **25** (1957) 4 255—272; AMR **11** (1958) 4 165—166; Aeron. Engng. Rev. **17** (1958) 2 112.

Kawai, Tadahiko: On the bending of a sectorial plate. Publ. Int. Ass. Bridge & Struct. Engng. **18** (1958) 63—80 5 ref.

Daniel, H. u. *W. Richter:* Modellversuche mit elastisch gelagerten schiefen Platten. Bauing. **34** (1959) 10 406—407.

Naruoka, Masao: Untersuchung der schiefen Platte mit Benutzung des Rechenautomaten. Bauing. **34** (1959) 10 401—406.

Anisotrope, insbesondere orthotrope Platten

Hoppmann, W. H.: Bending of orthogonally stiffened plates. J. Appl. Mech. **22** (1955) 2 267—271 16 ref.; AB **26** (1955) 7 447—448.

Hoppmann, W. H. II.: Elastic compliances of orthogonally stiffened plates. Proc. SESA **14** (1956) 1 137—144 5 ref.; AMR **10** (1957) 10 461; Index Aeron. **13** (1957) 4 86—87.

Choudhury, P.: On bending of a circular plate of aeolotropic material under certain non-uniform distribution of load. Indian J. Theor. Phys. **5** (1957) 4 97—104; AMR **12** (1959) 10 684.

Iwinski, T. and *J. Nowinski:* The problem of large deflection of orthotropic plates. I. (Engl.). Arch. Mech. Stos. **9** (1957) 5 593—603; AMR **12** (1959) 9 606.

Olszak, W. and *J. Murzewski:* Elastic-plastic bending of non-homogeneous orthotropic circular plates. Part. I. (Engl.). Arch. Mech. Stos. **9** (1957) 4 467—485; AMR **12** (1959) 1 14.

Olszak, W. and *J. Murzewski:* Elastic-plastic bending of non-homogeneous orthotropic circular plates. II. (Engl.). Arch. Mech. Stos. **9** (1957) 5 605—630; AMR **12** (1959) 8 526.

Woinowsky-Krieger, S.: Über die Biegung des orthotropen Plattenstreifens durch Einzellasten. Ing. Arch. **25** (1957) 2 90—99; AMR **10** (1957) 9 402.

Eßlinger, Maria: Die orthotrope Scheibe. Stahlbau **28** (1959) 7 183—187.

Naruoka, Masao u. *Hiroshi Ohmura:* Über die Berechnung der Einflußkoeffizienten für Durchbiegung und Biegemoment der orthotropen Parallelogramm-Platte. Stahlbau **28** (1959) 7 187—194.

Verbundplatten mit Füllstoffen 1.225.3

March, H. W. and *C. B. Smith:* Flexural rigidity of a rectangular strip of sandwich construction. FPL Rep. 1505 rev. Febr. 1955 18 p. [6.15].

Raville, Milton E.: Deflection and stresses in a uniformly loaded, simply supported, rectangular sandwich plate. FPL Rep. 1847 Dec. 1955 52 p. [6.15].

Zaid, M.: Symmetrical bending of circular sandwich plates. Proceedings of the Second U. S. National Congress of Applied Mechanics, June 1954, Easton Pa.: Amer. Soc. Mech. Engrs. 1955 413—422; AMR **9** (1956) 5 200.

Lewis, Wayne C.: Deflection and stresses in a uniformly loaded, simply supported, rectangular sandwich plate. Experimental verification of theory. FPL Rep. 1847-A Dec. 1956 23 p. [6.15].

Krafteinleitung und Spannungsstörungen 1.225.5

Drucker, D. C. and *H. G. Hopkins:* Combined concentrated and distributed load on ideally-plastic circular plates. Proceedings of the Second U. S. National Congress of Applied Mechanics, June 1954, Easton, Pa.: Amer. Soc. Mech. Engrs. 1955 517—520; AMR **9** (1956) 6 251.

Naghdi, P. M.: The effect of elliptic holes on the bending of thick plates. J. Appl. Mech. **22** (1955) 1 89—94 21 ref.

Nasitta, Karlheinz: Über die Dimensionierung dünner Kreisplatten unter exzentrisch aufgebrachten Einzellasten. Ing. Arch. **23** (1955) 2 85—101; AMR **9** (1956) 7 293.

Bassali, W. A. and *R. H. Dawoud:* Bending of a circular plate with an eccentric circular patch symmetrically loaded with respect to its centre. Proc. Cambridge Phil. Soc. **52** (1956) 3 584—598; AMR **9** (1956) 11 473.

Olszak, W., J. Murzewski and *J. Golecki:* A non-homogeneous elastic-plastic semi-infinite plate loaded by a concentrated force. (In Engl.). Archiwum Mechaniki Stosowanej (Warszawa) **9** (1956) 2 197—214; AMR **11** (1958) 5 220.

Stadelmaier, Hans H.: Spannungsfeld einer auf den Rand einer Halbebene wirkenden Einzellast bei elastischer Anisotropie. ZAMP **7** (1956) 5 393—402; AMR **10** (1957) 4 145; Aeron. Engng. Rev. **16** (1957) 1 129.

Tamate, Osamu: The effect of a circular hole on the pure twist of an infinite strip. Amer. Soc. Mech. Engrs. Ann. Meeting, New York, Nov. 1956, Pap. 56-A-17 7 p.; J. Appl. Mech. **24** (1957) 1 115—121 17 ref.; Aeron. Engng. Rev. **16** (1957) 5 194; AMR **10** (1957) 7 291.

Vartak, G. V.: Cantilever moments in plates fixed along one of the long edges and subject to concentrated loads at a point on the other long free edge. J. Instn. Engrs. (Calcutta) (1) **37** (1956) 3 203—212.

Bassali, W. A.: The transverse flexure of thin perforated elastic plates supported at several points. Proc. Cambridge Phil. Soc. **53** (1957) 3 744—754; Aeron. Engng. Rev. **16** (1957) 11 150; AMR **11** (1958) 5 219.

Bassali, W. A. and *R. H. Dawoud:* Green's functions for thin isotropic plates containing holes. Proc. Cambridge Phil. Soc. **53** (1957) 3 755—763; AMR **11** (1958) 5 219.

Georgian, J. C.: Uniformly loaded circular plates with a central hole and both edges supported. J. Appl. Mech. **24** (1957) 2 306—310; AMR **11** (1958) 1 16.

Olszak, W. and *Z. Morz:* Elastic bending of circular plates with eccentric holes (application of the method of inversion). (Engl.). Arch. Mech. Stos. **9** (1957) 2 125—153; AMR12 (1959) 7 458.

Yamaki, N.: Stress distribution in a rectangular plate under a pair of concentrated forces. Tohôku Univ., Sendai, Rep. Inst. High Speed Mech. **8** (1957) 1—12; Aeron. Engng. Rev. **16** (1957) 11 109; AMR **11** (1958) 6 281.

Hicks, R.: Asymmetrically ring reinforced circular hole in a uniformly end-loaded flat plate with reference to pressure vessel design. Instn. Mech. Engrs., Prepr. 1958 11 p.; AMR **12** (1959) 10 679—680.

Hicks, Raymond: Laterally loaded plates. Engineer **205** (1958) 5328 350—355; Index Aeron. **14** (1958) 4 96; Aero Space Engng. **17** (1958) 8 107.

Silberstein, J. P. O.: The infinitely wide cantilever plate under concentrated load. ARL Rep. SM 257 May 1958 31 p.; Index Aeron. **14** (1958) 12 86; J. Roy. Aeron. Soc. **62** (1958) 576 914; Aero Space Engng. **17** (1958) 12 71—72.

Tamate, O.: Einfluß eines Kreisloches auf die Durchbiegung einer dünnen Halbebene. Ing.-Arch. **26** (1958) 3 181—186; Aero Space Engng. **17** (1958) 12 102.

Mehrachsige Beanspruchung in Plattenebene,

Beanspruchung in und Biegung senkrecht zur Plattenebene **1.226**

Floor, W. K. G.: Investigation of the post-buckling effective strain distribution in stiffened, flat, rectangular plates subjected to shear and normal loads. NLL Rep. S 427 July 1953 26 p. 3 ref.; Index Aeron. **11** (1955) 7 100—101. Aircr. Engng. **27** (1955) 318 267.

Pettersson, O.: Circular plates subjected to radially symmetrical transverse load combined with uniform compression or tension in the plane of the plate. Acta Polytechn. Scand. 138, Mech. Engng. Ser. **3** (1954) 1 30 p.

Guest, J.: The buckling of a clamped parallelogram plate under combined bending and compression. ARL Rep. S. M. 277 March 1955 13 p. 5 ref.; Index Aeron. **11** (1956) 11 89; J. Roy. Aeron. Soc. **59** (1955) 538 720.

Mansfield, E. H. and *P. W. Kleeman:* Stress analysis of triangular cantilever plates. A theoretical investigation using the inextensional theory for thin plates. Aircr. Engng. **27** (1955) 319 287—291; Index Aeron. **11** (1955) 10 106.

Pettersson, O.: Some stability and second-order stress problems of beams, frames, arches, and plates. (In Swedish). Instn. for Hallfasthetslära, Kungl. Tekniske Hogskolan, Stockholm, Publ. 113 1955 IV, 113 p.; AMR **10** (1957) 1 14 [1.342.8], [1.212.4].

Ordway, Donald Earl and *Carlo Riparbelli:* An application of the method of equivalence to the deflection of a triangular plate. J. Aeron. Sci. **23** (1956) 3 252—258 8ref.; AMR **9** (1956) 8 330; Aeron. Engng. Rev. **15** (1956) 3 137; Index Aeron. **12** (1956) 4 85 [6.254.1].

Burghgraef, B.: Simply supported rectangular plates subjected to the combined action of a uniformly distributed lateral load and compressive forces in the middle plane. Int. Shipbuilding Progr. (Rotterdam) **4** (1957) 39 572—578; AMR **11** (1958) 8 425—426.

Eid, Abdel-Rahman: Ausbeulen trapezförmiger Platten. Mitt. Inst. Baustatik ETH Zürich Nr. 31, Zürich: Leemann 1957 96 S.; Bauing. **34** (1959) 1 35 [1.222.111].

Guest, J.: The buckling of a clamped parallelogram plate under combined bending and compression. Australian J. Appl. Sci. **8** (1957) March 27—34; Aeron. Engng. Rev. **16** (1957) 6 145.

Kimel, W. R.: Elastic buckling of a simply supported rectangular sandwich panel subjected to combined edgewise bending and compression. FPL Rep. 1857 1956 II, 125 p.; AMR **10** (1957) 8 352; J. Roy. Aeron. Soc. **61** (1957) 559 507 [6.15].

Kimel, W. R.: Elastic buckling of a simply supported rectangular sandwich panel subjected to combined edgewise bending and compression. Results for panels with facings of either equal or unequal thickness and with orthotropic cores. FPL Rep. 1857-A Nov. 1956 28 p.; J. Roy. Aeron. Soc. **61** (1957) 559 507—508 [6.15].

Kimel, W. R.: Elastic buckling of a simply supported rectangular sandwich panel subjected to combined edgewise bending, compression, and shear. FPL Rep. 1859 Nov. 1956 64 p.; AMR **10** (1957) 8 352; J. Roy. Aeron. Soc. **61** (1957) 559 508.

Pezzoli, G.: Circular plate in pressure buckling. (In Italian). Giornale del Genio Civile (Roma) **95** (1957) 3 208—213; AMR **11** (1958) 2 64.

Harris, L. A. and *R. R. Auelmann:* Stability of flat, simply supported, corrugated core sandwich plates under combined longitudinal compression and bending, transverse compression and bending, and shear. Inst. Aeron. Sci. Nat. Summer Meeting, Los Angeles, June 1959 Rep. 59—87.

Sonderprobleme **1.227**

Boresi, A. P.: A refinement of the theory of buckling of rings under uniform pressure. J. Appl. Mech. **22** (1955) 1 95.

Weinel, E.: Torsionsbeulung eines Plattenstreifens. ZAMM **36** (1956) 7/8 293—296.

Maunder, L. and *E. Reissner:* Pure bending of pretwisted rectangular plates. J. Mech. & Phys. Solids **5** (1957) 4 261—266 2 ref.; Aeron. Engng. Rev. **16** (1957) 11 109; Index Aeron. **13** (1957) 11 85.

Quinlan, P. M.: Multi-ring plates; a step function approach. Nat. Univ. Ireland TN 2 (AFOSR TN 58-211) (AD 154112) Jan. 1958 27 p.; Aero Space Engng. **17** (1958) 7 79.

Rumpel, G.: Über das Verhalten dünner Platten in den Eckpunkten. Bau-Ing. **33** (1958) 2 50—54 5 Lit.-St.; Leichtbau d. Verkehrsfahrzeuge **2** (1958) 4 181.

Hahn, J.: Torsion oder Drillung. Über den Einfluß der Drillmomente in Platten mit zweiachsiger Biegung. Bauing. **34** (1959) 8 296—299.

Statik der Schalenelemente (Flächen einfach oder doppelt gekrümmt) **1.23**
Allgemeines **1.230**

*) *Arkilic, G. M.:* Analysis of toroidal shells of semi-elliptical cross-section. Diss. Northwestern Univ. (Evanston, Ill.) 1955.

*) *Eason, G.* and *R. T.* Shield: The influence of free ends on the load-carrying capacities of cylindrical shells. Armament Res. & Devel. Establ. Rep. (B) 28/55 (Fort Halstead, England) Dec. 1955; J. Mech. & Phys. Solids **4** (1955) 1 17—27.

*) *Onat, E. T.* and *W. Prager:* Limit of economy of material in shells. De Ingenieur **67** (1955) 0.46—0.49 [1.240].

1.230

*) *Clark, R. A.:* Asymptotic integration in shell theory with application to toroidal-shell expansion joints. Case Inst. Technol. (Cleveland, Ohio) Final Techn. Rep. 1956 20 p. (15 Oct. 1955—14 Oct. 1956).

Csonka, P.: Ein Beitrag zur zweckmäßigen Formgebung der Kappenschalen über rechteckigem Grundriß. Abh. Int. Vereinig. Brücken- u. Hochbau **16** (1956) 71—84.

*) *Marshall, W. T.:* Experiments on model shell roofs. Int. Ass. Bridge & Struct. Engng. Preliminary Publ., Lisbon, Portugal, 1956 355—370.

*) *Mönch, E.:* Photoelastic investigation of shells by means of a model in whose middle surface a semi-transparent mirror layer is embedded. 9. Int. Congr. Appl. Mech. Brussels 1956 [4.54].

Reiss, Edward L., Herbert J. Greenberg and *Herbert B. Keller:* Nonlinear deflections of shallow spherical shells. Inst. Aeron. Sci. 25th Ann. Meeting, New York, Jan. 1957, Prepr. 663 1957 23 p. 16 ref.; J. Aeron. Sci. **24** (1957) 7 533—543 16 ref.; Aeron. Engng. Rev. **16** (1957) 3 112; Index Aeron. **13** (1957) 4 89; AMR **11** (1958) 2 64.

Oravas, Gunhard-Aestius: Analysis of thin elastic shallow segmental shells. Publ. Int. Ass. Bridge & Struct. Engng. **18** (1958) 201—214 [1.245].

Stabilität und Festigkeit gekrümmter unversteifter Streifen	**1.231**
Streifen aus homogenen, insbesondere metallischen Werkstoffen	**1.231.1**
Isotrope Streifen	**1.231.11**
Allgemeines	**1.231.111**

*) *Gibson, J. E.:* The application of matrices to the design of long cylindrical shell roofs. Civil Engng. (London) **50** (1955) 590 863—865, 591 992—994, 592 1121—1123.

*) *Salvadori, M. G.:* Shell versus arch action in barrel shells. Proc. ASCE Vol. 81 March 1955 Separate No. 653 10 p.

*) *Szmodits, K.:* Shell structure over elliptical base free from lateral thrusts. Acta Techn. Acad. Sci. Hungaricae **13** (1955) 3/4 327—335.

*) *Taylor, C. E.* and *E. Wenk jr.:* Analysis of stresses in the conical elements of shell structures. Proc. 2nd US Nat. Congr. Appl. Mech., June 1954, Easton, Pa.: Amer. Soc. Mech. Engrs. 1955 323—331; David W. Taylor Model Basin (Washington, D. C.) Rep. 981 May 1956.

*) *Vorovich, I. I.:* On certain direct methods in the non-linear theory of sloping shells. (In Russian). Doklady Akademiia SSSR, Novaya Seriya, **105** (1955) 42—45; Translated by M. D. Friedman, 572 California St., Newtonville, Mass.

*) *Weibel, E.:* The strains and the energy in thin elastic shells of arbitrary shape for arbitrary deformation. Diss. Swiss Federal Inst. Technol. 1955.

*) *Csonka, P.:* The buckling of a spheroidal shell curved in two directions. Acta Techn. Acad. Sci. Hungaricae **14** (1956) 3/4 425—437.

*) *Naghdi, P. M.:* Note on the equations of shallow elastic shells. Quart. Appl. Math. **14** (1956) Oct. 331—333 [1.240].

*) *Reiss, E. L., H. J. Greenberg* and *H. B. Keller:* Non-linear deflections of shallow spherical shells. New York Univ., Inst. Math. Sci. AEC Res. & Devel. Rep. NYO—7695, AEC Computing Facility, Contract AT (30—1)—1480 Dec. 1956 58 p.; 9. Int. Congr. Appl. Mech. Brussels 1956.

*) *Rjanizyn, A. R.:* Design of plates and shells by the method of limit state. 9. Int. Congr. Appl. Mech. Brussels 1956 [1.240] [1.222.111].

*) *Schwalbe, W. L.:* Conjugate load-method for a thin shell with extensional resistance only. 9. Int. Congr. Appl. Mech. Brussels 1956.

*) *Stevens, B.:* Contribution to the analysis of the continuous thin wall shells. V. Int. Congr. Int. Ass. Bridge & Struct. Engng. Lisbon, Portugal, 1956.

*) *Vorovich, I. I.:* On the Bubnov-Galerkin method in the nonlinear theory of shallow shells. (In Russian). Doklady Akademiia Nauk USSR **110** (1956) 5 723—726; Translated by M. D. Friedman, 572 California St., Newtonville 60, Mass. 1956 7 p.

Gerard, George and *Herbert Becker:* Buckling of curved plates and shells. Handbook of structural stability. Pt. III. NACA TN 3783 Aug. 1957 154 p. 84 ref.; Aeron. Engng. Rev. **16** (1957) 11 107; AMR **11** (1958) 5 222; J. Roy. Aeron. Soc. **62** (1958) 566 149 [1.242.111].

Druckbeanspruchung   **1.231.112**

*) *Archer, R. R.:* Stability limits for a clamped spherical shell segment under uniform pressure. Ph. D. Diss. Massachussetts Inst. Technol. May 1956.

Lew, H. G., J. A. Fox and *T. T. Loo:* Large deflection of curved plates. NACA TN 3684 Oct. 1956 38 p. 7 ref.; Index Aeron. **12** (1956) 12 82; AMR **10** (1956) 7 291—292; Aeron. Engng. Rev. **16** (1957) 1 129 [1.231.113].

Schubbeanspruchung   **1.231.113**

Lew, H. G., J. A. Fox and *T. T. Loo:* Large deflection of curved plates. NACA TN 3684 Oct. 1956 38 p. 7 ref.; Index Aeron. **12** (1956) 12 82; AMR **10** (1957) 7 291—292; Aeron. Engng. Rev. **16** (1957) 1 129 [1.231.112].

Zusammengesetzte Beanspruchung einschl. Innen- und Außendruck   **1.231.114**

*) *Villasor, A. P. jr.:* Effects of area loading on isotropic cylindrical shells. Diss. Cornell Univ. (Ithaca, N. Y.) 1955

*) *Struble, R. A.:* Biezeno pressure vessel heads. J. Appl. Mech. **23** (1956) 4 642—645.

*) *Reiss, E. L.:* Buckling of shallow spherical shells under external pressure. New York Univ., Inst. Math. Sci., AEC Res. & Devel. Rep. NYO—7969, AEC Computing Facility, Contract AT (30—1)—1480 Apr. 1957 23 p.

Anisotrope, insbesondere orthotrope Streifen   **1.231.12**

Drückler, Friedrich: Zur Beulung des flachen kreiszylindrischen Schalenstreifens bei beliebiger orthogonaler Anisotropie. Ing. Arch. **23** (1955) 4 288—294.

Streifen aus Sperrholz   **1.231.2**

Kuenzi, Edward W.: Buckling of thin, curved, plywood plates in axial compression. FPL Rep. 1508 rev. Jan. 1953 28 p.

Stabilität und Festigkeit versteifter gekrümmter Schalenelemente   **1.232**

Streifen aus homogenen, insbesondere metallischen Werkstoffen   **1.232.1**

Allgemeines   **1.232.11**

Becker, Herbert: Strength of stiffened curved plates and shells. Handbook of structural stability, Pt. VI. NACA TN 3786 July 1958 82 p. 56 ref.; Index Aeron. **14** (1958) 10 84; J. Roy. Aeron. Soc. **62** (1958) 576 914; AMR **12** (1959) 3 164; Aero Space Engng. **17** (1958) 9 79—80 [1.241.211].

*) *Rosenblueth, E.:* Shell reinforcement not parallel to principal stresses. J. Amer. Concrete Inst. (Detroit) **27** (1955) 1 61—71.

*) *Vlasov, V. Z.:* Method of initial function in the theory of laminated thick plates and shells. 9. Int. Congr. Appl. Mech. Brussels 1956. [1.223.11].

Druckbeanspruchung **1.232.12**

Allgemeines **1.232.121**

Koiter, W. T.: Buckling and post-buckling behaviour of a cylindrical panel under axial compression. NLL Rep. S 476 May 1956 14 p. 13 ref.; Index Aeron. **13** (1957) 2 72—73; Aeron. Engng. Rev. **16** (1957) 3 112—113; Aircr. Engng. **29** (1957) 337 91; J. Roy. Aeron. Soc. **61** (1957) 555 222; AMR **11** (1958) 3 115.

van der Neut, A.: Post buckling behaviour of structures. Vliegtuigbouwkunde Techn. Hogeschool Delft Rep. 69 July 1956; AGARD Rep. 60 Aug. 1956 33 p.; J. Roy. Aeron. Soc. **61** (1957) 563 790 [1.37] [1.223.122] [1.223.13] [1.223.14].

Spannungsstörungen bei gekrümmten Schalenelementen **1.232.5**

McComb, H. G. jr. and *E. F. Low jr.:* Comparison between theoretical and experimental stresses in circular semimonocoque cylinders with rectangular cutouts. NACA TN 3544 Oct. 1955 20 p.; AMR **9** (1956) 8 331.

Misztal, F.: Diffusion of concentrated axial end loads into cylindrical panels by elements of constant strength. Bull. de l'Académie Polonaise des Sciences, Warszawa, (1955) 2 71—78.

Stabilität und Festigkeit von Vollschalen **1.24**

Allgemeines **1.240**

*) *Naghdi, P. M.:* On the theory of thin elastic shells. I, II. Univ. Michigan (Ann. Arbor, Mich.) Techn. Rep. 1 Contract Nonr—1224(01) Jan. 1955 17 p., Techn. Rep. 2 Contract Nonr—1224(01) March 1955 20 p.

Nash, William A. and *Wasfi Hijab:* Stresses in non-uniformly supported cylindrical tanks. Publ. Int. Ass. Bridge & Struct. Engng. **15** (1955) 153—166 11 ref. [1.245].

*) *Onat, E. T.* and *W. Prager:* Limit of economy of material in shells. De Ingenieur **67** (1955) 0.46—0.49 [1.230].

Prager, W.: The general theory of limit design. Proc. 8th Int. Congr. Theor. & Appl. Mech. 1955 65—72; AMR **10** (1957) 1 15 [1.221].

Wille, G.: Zum Problem der Ermittlung von Spannungs- und Formänderungsgrößen der Kreiszylinderschalen. Diss. TH Hannover 1955.

Naghdi, P. M.: A survey of recent progress in the theory of elastic shells. AMR **9** (1956) 9 365—368 46 ref.

*) *Naghdi, P. M.:* Note on the equations of shallow elastic shells. Quart. Appl. Math. **14** (1956) Oct. 331—333 [1.231.111].

*) *Rjanizyn, A. R.:* Design of plates and shells by the method of limit state. 9. Int. Congr. Appl. Mech. Brussels 1956 [1.222.111] [1.231.111].

*) *Salvadori, M. G.:* Analysis and testing of translational shells. J. Amer. Concrete Inst. (Detroit) **27** (1956) 10 1099—1114.

Schwarze, G.: Allgemeine Stabilitätstheorie der Schalen. Diss. TH Hannover 1956.

Sechler, E. E.: Inelastic buckling — from a designer's viewpoint. J. Aeron. Sci. **23** (1956) 5 500—506 41 ref.; AMR **9** (1956) 10 423; Aeron. Engng. Rev. **15** (1956) 5 190; Index Aeron. **12** (1956) 6 93 [1.342.31], [1.222.111].

Turner, M. J., R. W. Clough, H. C. Martin and *L. J. Topp:* Stiffness and deflection analysis of complex structures. J. Aeron. Sci. **23** (1956) 9 805—823, 854 14 ref.; Index Aeron. **12** (1956) 10 76; AMR **10** (1957) 6 251 [1.211], [1.221].

Winter, Hermann, Eberhard Schapitz und *Günter Levin:* Berechnungsunterlagen für Platten- und Schalenkonstruktionen einschließlich Sandwich-Bauweisen. 1. Teilbericht: Festigkeit der Bauelemente. 1.1 Elementare Berechnung von Schalen und Vollwandsystemen (Spannungsberechnungen). DFL, Braunschweig, Inst. Flugzeugbau Ber. F—56—01 1956 270 S., Ergänzungs-Ber. 1956 58 S.; Luftf.-Techn. **3** (1957) 12 VI [1.221].

Gerard, George: Plastic stability theory of thin shells. J. Aeron. Sci. **24** (1957) 4 269—274 8 ref.; Aeron. Engng. Rev. **16** (1957) 4 132; Index Aeron. **13** (1957) 5 100; AMR **11** (1958) 7 359.

Hoff, N. J.: Buckling at high temperature. J. Roy. Aeron. Soc. **61** (1957) 563 756—774 47 ref.; Index Aeron. **13** (1957) 12 83—84; AMR **11** (1958) 11 606; Aeron. Engng. Rev. **17** (1958) 2 112 [1.342.31] [1.37] [1.221].

Naghdi, P. M.: On the theory of thin elastic shells. Quart. Appl. Math. **14** (1957) 4 369—380 5 ref.; AMR **10** (1957) 8 349; Index Aeron. **13** (1957) 6 89; Aeron. Engng. Rev. **16** (1957) 3 112.

Sanders, J. Lyell jr., Harvey G. McComb jr. and *Floyd R. Schlechte:* A variational theorem for creep with applications to plates and columns. NACA TN 4003 May 1957 23 p. 12 ref.; NACA Rep. 1342 1958 7 p. 12 ref.; Index Aeron. **13** (1957) 8 69; AMR **10** (1957) 12 556; J. Roy. Aeron. Soc. **61** (1957) 562 710; Aeron. Engng. Rev. **16** (1957) 9 136 [1.221], [1.342.31].

Schwarze, G.: Allgemeine Stabilitätstheorie der Schalen. Ing. Arch. **25** (1957) 4 278—291; AMR **11** (1958) 3 113; Aeron. Engng. Rev. **17** (1958) 2 110.

Wittrick, W. H.: Edge stresses in thin shells of revolution. ARL Rep. SM 253 June 1957 31 p.; Australien J. Appl. Sci. **8** (1957) 4 235—260; AMR **11** (1958) 7 357; Aeron. Engng. Rev. **17** (1958) 3 95; Index Aeron. **14** (1958) 3 81.

Yu, Yi-Yuan: On the Donnell equations and Donnell-type equations of thin cylindrical shells. Syracuse Univ., Res. Inst. Mech. Engng. Dep. Rep. ME 390—578 TN 3 (AFOSR TN 57—464) (AD 136455) Aug. 1957 21 p. 19 ref.; Aeron. Engng. Rev. **16** (1957) 11 108.

Bozajian, John M.: Inelastic stability theory for creep buckling of plates and shells under transient loading. J. Aero Space Sci. **25** (1958) 12 795—796 7 ref. [1.221].

Kirchner, G.: Zur Berechnung langer Zylinderschalen. Bauing. **33** (1958) 9 331—336.

Schapitz, Eberhard: Berechnungsverfahren für Schalenkonstruktionen. „Leichtbau-Konstruktionen", VDI-Ber. Bd. 28 1958 5—14.

Schwarze, Gerhard: Beitrag zur Stabilität dünner Schalen. Beton- und Stahlbetonbau **53** (1958) 11 284—288.

Johns, David J.: Comments on thermal buckling of clamped cylindrical shells. J. Aero Space Sci. **26** (1959) 1 59 2 ref.

Rüdiger, D.: Zur Theorie elastischer Schalen. „Festschrift R. Grammel", Ing.-Arch. **28** (1959) 281—288.

Sanders, J. L.: An improved first-approximation theory for thin shells. NASA Rep. 24 June 1959; J. Roy. Aeron. Soc. **63** (1959) 587 680.

Zylindrische Vollschalen	**1.241**
Unversteifte Vollschalen	**1.241.1**
Vollschalen aus homogenen, insbesondere metallischen Werkstoffen	**1.241.11**
Isotrope Vollschalen	**1.241.111**
Allgemeines	**1.241.111.1**

*) *Hodge, P. G. jr.:* Ultimate dynamic load of a circular cylindrical shell. Polytechn. Inst. Brooklyn, Aeron. Lab., PIBAL Rep. 265 Nov. 1954 39 p.; Proc. 2nd Midwestern Conf. Solid Mech., Purdue Univ. (Lafayette, Ind.). Sept. 1955 150—177 [1.272].

Hoff, N. J.: Boundary-value problems of the thin walled circular cylinder. J. Appl. Mech. **21** (1954) 4 343—350.

*) *Bijlaard, P. P.:* Stresses from radial loads and external moments in cylindrical pressure vessels. Design information on deflections, bending moments and membrane forces, and on the influence of internal pressure. Welding Res., Suppl. (1955) Dec. 608 s—617 s.

*) *Chronowicz, A.:* Simplified solution of the differential equation of cylindrical shells. Civil Engng. (London) **50** (1955) 586 397—400, 587 539—541, 588 664—666 [1.245].

*) *Freiberger, W.:* Minimum weight design of cylindrical shells subjected to axial loading and arbitrary internal or external pressure. Brown Univ. (Providence, R. I.) Div. Appl. Math. Techn. Rep. 20 May 1955 15 p.

*) *Herrmann, G.* and *I. Mirsky:* Three-dimensional and shell-theory analysis of axially-symmetric motions of cylinders. Columbia Univ. (New York) Inst. Air Flight Structures, Air Force TN 1 Apr. 1955 29 p.; J. Appl. Mech. **23** (1956) 4 563—568 [1.272].

*) *Huddleston, J. V.* and *M. G. Salvadori:* Dead-load and live-load moments in shells of revolution built-in into cylinders. Proc. ASCE Vol. 81 Aug. 1955 Separate No. 772 21 p. [1.242.111].

Kennard, E. H.: Cylindrical shells: Energy, equilibrium, addenda, and erratum. J. Appl. Mech. **22** (1955) 1 111—116.

Krivetzky, Alexander: Plasticity coefficients for the plastic buckling of plates and shells. J. Aeron. Sci. **22** (1955) 6 432—435 7 ref. [1.222.111].

*) *Lin, T. C.* and *G. W. Morgan:* A study of axisymmetric vibrations of cylindrical shells as affected by rotatory inertia and transverse shear. Brown Univ. (Providence, R. I.) Div. Appl. Math. Techn. Rep. 3 Febr. 1955; Amer. Soc. Mech. Engrs. Ann. Meeting, Chicago, Ill., Nov. 1955, Pap. 55-A-59 7 p.; J. Appl. Mech. **23** (1956) 2 255—261; AMR **9** (1956) 6 241. [1.272].

*) *Naghdi, P. M.* and *R. M. Cooper:* Propagation of elastic waves in cylindrical shells. Univ. Michigan (Ann. Arbor, Mich.) Techn. Rep. 4 Contract Nonr-1224 (01) Aug. 1955 16 p. [1.272].

*) *Norris, C. H.:* Investigation of strength and buckling characteristics of transverse bulkheads in cylindrical shells. Massachusetts Inst. Technol. (Cambridge, Mass.) Contract DA 19-020-ORD-2800 Final Rep. July 1955 80 p.

*) *Pohle, F. V.* and *S. V. Nardo:* Simplified formulas for boundary-value problems of the thin-walled circular cylinder. J. Appl. Mech. **22** (1955) 3 389—390.

*) *Pohle, F. V.* and *N. Perrone:* Clamped circular cylindrical shell under sinusoidal line load — Comparison of analytical solution with relaxation solution. Polytechn. Inst. Brooklyn, Aeron. Lab., PIBAL Rep. 283 Jan. 1955 13 p.

*) *Sledd, M. B.:* On circular cylindrical shells of variable wall thickness. Diss. Massachusetts Inst. Technol. (Cambridge, Mass.) 1955.

*) *Smith, P. W. jr.:* Phase velocities and displacement characteristics of free waves in a thin cylindrical shell. J. Acoustical Soc. Amer. **27** (1955) 6 1065—1072. [1.272].

*) *Vodicka, V.:* Hollow circular cylinder under periodic fluctuations of temperature. Appl. Sci. Res. (The Hague) (A) (1955) 5 327—337 [1.37].

*) *Yu, Y.-Y.:* Free vibrations of thin cylindrical shells having finite lengths with freely supported and clamped edges. J. Appl. Mech. **22** (1955) 4 547—552 [1.272].

*) *Borg, M. F.:* Observations of stresses and strains near intersections of conical and cylindrical shells. David W. Taylor Model Basin, Washington, D. C., Rep. 911, March 1956, 64 p. [1.242.111].

Gerard, George: A creep buckling hypothesis. J. Aeron. Sci. **23** (1956) 9 879—882, 887 10 ref.; Index Aeron. **12** (1956) 10 48; Aeron. Engng. Rev. 15 (1956) 9 110. [1.222.111], [1.342.31].

*) *Hodge, P. G. jr.:* The influence of blast characteristics on the final deformation of circular cylindrical shells. J. Appl. Mech. **23** (1956) 4 617—624.

*) *Hoff, N. J., B. Erickson, S. A. Patel, F. W. French* and *S. Lederman:* Creep, bending and buckling of thin circular cylindrical shells. Polytechn. Inst. Brooklyn, Aeron. Lab. PIBAL Rep. 355 July 1956 43 p.

*) *Kempner, J.:* Recent results in the theory of large deflections of cylindrical shells. Polytechn. Inst. Brooklyn, Aeron. Lab., PIBAL Rep. 360, Aug. 1956, 10 p.; 9. Int. Congr. Appl. Mech. Brussels 1956.

*) *Kennard, E. H.:* Approximate energy and equilibrium equations for cylindrical shells. J. Appl. Mech. **23** (1956) 4 645—646.

*) *Kuipers, J.:* Calculation of a circular cylindrical shell. (In Dutch). De Ingenieur in Indonesie **8** (1956) 1 3—19.

*) *Larras, J.:* Contribution to the solution of the problem of thin cylindrical shells of sundry cross-section under non-uniform loading. (In French). Int. Ass. Bridge & Struct. Engng. Preliminary Publ., Lisbon, Portugal 1956 347—353.

McCalley, R. B. jr. and *R. G. Kelly:* Tables of functions for short cylindrical shells. Amer. Soc. Mech. Engrs. Prepr. 56-F-5 Sept. 1956 24 p.; Index Aeron. **12** (1956) 12 83; AMR **10** (1957) 3 98. [1.241.111.5].

*) *Mirsky, I.* and *G. Herrmann:* Non-axially-symmetric motions of cylindrical shells. Columbia Univ. (New York) OSR-ARDC TN 3 Dec. 1956 59 p.

*) *Naghdi, P. M.* and *R. M. Cooper:* Propagation of elastic waves in cylindrical shells, including the effects of transverse shear and rotatory inertia. J. Acoustical Soc. Amer. **28** (1956) 1 56—63. [1.272].

Nowacki, N.: Some stability problems of cylindrical shells. Bull. de l'Académie Polonaise des Sciences, Warszawa (1956) 3 129—138; Aeron. Engng. Rev. **16** (1957) 2 158.

*) *Pohle, F. V.* and *F. S. Shaw:* Stresses in an accelerated cylinder bolted to an elastic foundation. 9. Int. Congr. Appl. Mech. Brussels 1956.

*) *Price, P.:* Suppression of the fluid-induced vibration of circular cylinders. Proc. ASCE Vol. 82, EM 3 (J. Engng. Mech. Div.) Pap. 1030 July 1956 22 p. [1.272].

*) *De Schwarz, M. J.:* Questions of convergence concerning the computation of circular cylindrical shells. 9. Int. Congr. Appl. Mech. Brussels 1956.

Sonntag, G.: Lange Zylinderschale mit nicht achsensymmetrischer Randbelastung durch Kräfte in Zylinder-Längsrichtung. Forsch. Ing.-Wes. **22** (1956) 4 129—133; AMR **10** (1957) 3 98.

*) *Yu, Y.-Y.:* Dynamic equation of Donnell's type for cylindrical shell with application to vibration problems. 9. Int. Congr. Appl. Mech. Brussels 1956; Syracuse Univ., Res. Inst. Mech. Engng. Dep. Rep. ME 396—5610 TN 1 (AFOSR TN 56-526) (AD 110345) Oct. 1956 26 p.; Aeron. Engng. Rev. **16** (1957) 2 140. [1.272].

*) *Zyczkowski, M.:* The limit load of a thick-walled tube in the general axially symmetrical case. 9. Int. Congr. Appl. Mech. Brussels 1956.

*) *Nash, W. A.:* Experimental determination of initial imperfections in cylindrical shells. Proc. 2nd Conf. on the Mech. of Elasticity & Plasticity, Washington, D. C. Febr. 1957 3—12.

Gerard, George and *Arthur C. Gilbert:* A critical strain approach to creep buckling of plates and shells. J. Aero Space Sci. **25** (1958) 7 429—434, 458 8 ref.; Aero Space Engng. **17** (1958) 7 79—80; Index Aeron. **14** (1958) 8 96. [1.222.111].

Eberle, E.: Spannungen in Zylinderschalen endlicher Länge. Schweiz. Bau-Ztg. **77** (1959) 3 493—497.

Morley, L. S. D.: An improvement on Donnell's approximation for thin-walled circular cylinders. Quart. J. Mech. Appl. Math. **12** (1959) 1 89—99; AMR **12** (1959) 11 756.

Druckbeanspruchung   **1.241.111.2**

*) *Hodge, P. G. jr.:* Piecewise linear isotropic plasticity applied to a circular cylindrical shell with symmetrical radial loading. Polytechn. Inst. Brooklyn, Aeron. Lab. PIBAL Rep. 297 Sept. 1955 36 p.

Kirste, L.: Les déformations developpables des tôles minces. Techn. Sci. Aéron. (1955) 3 192—194. [1.225.14].

Onat, E. T.: The plastic collapse of cylindrical shells under axially symmetrical loading. Quart. Appl. Math. **13** (1955) 1 63—72 7 ref.; Index Aeron. **11** (1955) 8 91—92; Aeron. Engng. Rev. **14** (1955) 7 124; AMR **8** (1955) 12 522.

*) *Wilkes, E. W.:* On the stability of a circular tube under end thrust. Quart. J. Mech. & Appl. Math. **8** (1955) 88—100.

Yoshimura, Y.: On the mechanism of buckling of a circular cylindrical shell under axial compression. NACA TM 1390 July 1955 46 p.; Index Aeron. **11** (1955) 10 101; Aircr. Engng. **27** (1955) 322 422; J. Roy. Aeron. Soc. **59** (1955) 538 720.

Gerard, George: Compressive and torsional buckling of thin-wall cylinders in yield region. NACA TN 3726 Aug. 1956 42 p. 22 ref.; Index. Aeron. **12** (1956) 11 102; J. Roy. Aeron. Soc. **61** (1957) 553 67. [1.241.111.4].

Radhakrishnan, S.: Plastic buckling of circular cylinders. J. Aeron. Sci. **23** (1956) 9 892—894 4 ref.; Index Aeron. **12** (1956) 10 78; AMR **10** (1957) 4 149. [1.241.111.4], [1.241.111.5].

Thielemann, W. u. H. J. Dreyer: Beitrag zur Frage der Beulung dünnwandiger axial gedrückter Kreiszylinder. DVL-Ber. 17 Juni 1956 29 S.; Index Aeron. **12** (1956) 11 103; Aircr. Engng. **29** (1957) 336 60; AMR **10** (1957) 3 98—99; Luftf.-Techn. **4** (1958) 1 V.

Bozajian, John M. and *C. H. Tsao:* Creep buckling of cylindrical shells in axial compression. Hughes Aircr. Co. Rep. SRSM 7-196 Dec. 1957.

Hoff, N. J.: Buckling of thin cylindrical shell under hoop stresses varying in axial direction. Amer. Soc. Mech. Engrs. Summer Conf., Berkeley, Calif., June 1957, Pap. 57-APM-20 8 p.; J. Appl. Mech. **24** (1957) 3 405—412 11 ref.; AMR **11** (1958) 2 64.

Lisowski, A.: Knickung von Zylinderschalen und Kugelkuppeln im Lichte der Modellprüfungen. (In deutsch). Bull. de l'Académie Polonaise des Sciences, Warszawa **5** (1957) 2 107—113; AMR **10** (1957) 12 559. [1.242.112].

Sundstrom, E.: Creep buckling of cylindrical shells. Acta Polytechn. Scand. 230 1957 31 p.; AMR **11** (1958) 10 540—541.

Ebel, Heinz: Das Beulen eines Kreiszylinders unter axialem Druck nach der nichtlinearen Stabilitätstheorie. Stahlbau **27** (1958) 2 45—53 8 Lit.-St.

Luft, V.: Beitrag zur Berechnung der Kreiszylinderschale unter axialer Einzellast. Diss. TH Karlsruhe 1959.

Radhakrishnan, S.: Plastic buckling of cylindrical shells. A theoretical analysis and comparison with test data. Aircr. Engng. **31** (1959) 370 365—372 9 ref.

Winter, H. u. B. Geier: Ein Beitrag zur Knick- und Beulfestigkeit von Rohren bei zentrischer Belastung. DFL, Inst. Flugzeugbau, Ber. F 59-05 1959 77 S. 45 Lit.-St. [1.342.32].

Biegebeanspruchung 1.241.111.3

*) *Clark, R. A.* and *E. Reissner:* On axially symmetric bending of nearly cylindrical shells of revolution. Case Inst. Technol. (Cleveland, Ohio) Techn. Rep. 1955; J. Appl. Mech. **23** (1956) 1 59—67; AMR **9** (1956) 12 521. [1.242.111].

Ericksen, W. S.: Bending and torsion of circular cylinder cantilever beams of cylindrically aeolotropic material. Amer. Soc. Mech. Engrs. Ann. Meeting, Chicago, Ill., Nov. 1955, Pap. 55-A-41 6 p.; J. Appl. Mech. **23** (1956) 2 185—190; AMR **9** (1956) 4 147. [1.241.111.4].

*) *Hahne, H. U.:* A stability problem of a cylindrical shell subject to direct and bending stresses. Diss. Stanford Univ. 1955.

Johnson, M. W. and *E. Reissner:* On inextensional deformations of shallow elastic shells. J. Math. & Phys. **34** (1956) 4 335—346 5 ref.; Index Aeron. **12** (1956) 8 72; AMR **10** (1957) 2 61.

Mathauser, E. E. and *A. Berkovits:* Determination of static strength and creep buckling of unstiffened circular cylinders subjected to bending at elevated temperatures. NASA Mem. 6-14-59 L TIL 6464 June 1959; J. Roy. Aeron. Soc. **63** (1959) 586 614.

Tabakman, H. D.: Thin-walled circular beams. Mach. Design **31** (1959) 6 199—203; AMR **12** (1959) 10 683.

Drillbeanspruchung 1.241.111.4

Ericksen, W. S.: Bending and torsion of circular cylinder cantilever beams of cylindrically aeolotropic material. Amer. Soc. Mech. Engrs. Ann. Meeting, Chicago, Ill., Nov. 1955, Pap. 55-A-41 6 p.; AMR **9** (1956) 4 147. [1.241.111.3].

*) *Nash, W. A.:* An analytical and experimental investigation of the torsional buckling of thin cylindrical shells. Univ. Florida (Gainesville), Engng. & Industr. Exper. Stat., Quart. Status Rep. 1 Jan.—March 1955 3 p.

Becker, Herbert and *George Gerard:* Torsional buckling of moderate-length cylinders. J. Appl. Mech. **23** (1956) 4 647—648.

Gerard, George: Compressive and torsional buckling of thin-wall cylinders in yield region. NACA TN 3726 Aug. 1956 42 p. 22 ref.; Index Aeron. **12** (1956) 11 102; J. Roy. Aeron. Soc. **61** (1957) 553 67. [1.241.111.2].

Mizoguchi, K.: Strength of semicircular cylindrical shells under torsion. (General theory of cylindrical shells, statics. Example 3). Proc. 6th Japan Nat. Congr. Appl. Mech., Univ. of Kyoto, Japan, Oct. 1956 153—156; AMR **11** (1958) 4 167.

Nash, W. A.: Buckling of initially imperfect cylindrical shells subject to torsion. Amer. Soc. Mech. Engrs. Ann. Meeting, New York, Nov. 1956, Pap. 56-A-36 6 p.; J. Appl. Mech. **24** (1957) 1 125—130 10 ref.; AMR **10** (1957) 7 293; Aeron. Engng. Rev. **16** (1957) 5 196.

*) *Nash, W. A.:* An experimental investigation of the torsional buckling of initially imperfect cylindrical shells. 9. Int. Congr. Appl. Mech. Brussels 1956.

Niizawa, Jun-etsu and *Yoshimaru Yoshimura:* Lower buckling load of circular cylindrical shells subjected to torsion. J. Japan Soc. Aeron Engng. **4** (1956) 24 1—6; Japan Sci. Rev., Mech. & Electr. Engng. **3** (1957) 1 70.

Radhakrishnan, S.: Plastic buckling of circular cylinders. J. Aeron. Sci. **23** (1956) 9 892—894 4 ref.; Index Aeron. **12** (1956) 10 78; AMR **10** (1957) 4 149 [1.241.111.2], [1.241.111.5].

Verma, G. R.: Stresses in a circular cylinder and in a paraboloid of revolution due to shearing forces produced by circular rings of the curved surface. Indian J. Theor. Phys. (Calcutta) **4** (1956) 4 93—98; AMR **11** (1958) 7 353.

Koppe, Eberhard: Zur nichtlinearen Torsion eines Kreiszylinders. Ing. Arch. **25** (1957) 1 1—9; AMR **10** (1957) 9 400—401.

Lee, Lawrence H. N. and *Clifford S. Ades:* Plastic torsional buckling strength of cylinders including the effects of imperfections. J. Aeron. Sci. **24** (1957) 4 241—248, 264 30 ref.; Index Aeron. **13** (1957) 5 100; AMR **10** (1957) 11 506; Aeron. Engng. Rev. **16** (1957) 4 132.

Nash, W. A.: Buckling of initially imperfect cylindrical shells subject to torsion. J. Appl. Mech. **24** (1957) 1 125—130 10 ref.

Yoshimura, Yoshimaru and *Jun-etsu Niizawa:* Lower buckling stress of circular cylindrical shells subjected to torsion. J. Aeron. Sci. **24** (1957) 3 211—216 6 ref.; Index Aeron. **13** (1957) 4 90; AMR **10** (1957) 8 349; Aeron. Engng. Rev. **16** (1957) 4 132.

Zusammengesetzte Beanspruchung einschl. Innen- und

Außendruck   **1.241.111.5**

Hopkins, H. G. and *E. H. Brown:* The effect of internal pressure on the initial buckling of thin-walled circular cylinders under torsion. ARC R & M 2423 Jan. 1946.

Wenk, E. jr., R. C. Slankard and *W. A. Nash:* Experimental analysis of the buckling of cylindrical shells subjected to external hydrostatic pressure. Proc. SESA **12** (1954) 1 163—180.

Cleaver, P. C.: The strength of tubes under uniform external pressure. Roy. Aircr. Establ. Rep. S 193 Nov. 1955 181 p.; ARC Curr. Pap. 253 Nov. 1955 181 p.; Aircr. Engng. **29** (1957) 335 27; AMR **10** (1957) 5 193; J. Roy. Aeron. Soc. **61** (1957) 553 66.

*) *Crossland, B.* and *J. A. Bones:* The ultimate strength of thick-walled cylinders subjected to internal pressure. I. Apparatus for producing very high pressures. II. Test results and their relation to ultimate-strength equations Engineering **179** (1955) 4643 80—83, 4644 114—117.

*) *Fung, Y. C.* and *E. E. Sechler:* Buckling of thin-walled circular cylinders under axial compression and internal pressure. Ramo-Wooldridge Corp. (Los Angeles) Rep. AM 5-1 Aug. 1955 33 p.

Hodge, P. G. jr. and *F. Romano:* Deformation of an elastic-plastic cylindrical shell with linear strain hardening. Polytechn. Inst. Brooklyn, Aeron. Lab. Rep. 299 Sept. 1955 31 p.; AMR **9** (1956) 8 333.

Hu, L. W. and *Joseph Marin:* Anisotropic loading functions for combined stresses in the plastic range. J. Appl. Mech. **22** (1955) 1 77—85 20 ref.

*) *Junger, M. C.:* The effect of a surrounding fluid on pressure waves in a fluid-filled elastic tube. J. Appl. Mech. **22** (1955) 2 227—231 [1.272].

Kafka, P. G. and *M. B. Dunn:* Stiffness of curved circular tubes with internal pressure. Amer. Soc. Mech. Engrs. Ann. Meeting, Chicago, Ill., Nov. 1955, Pap. 55-A-32 8 p.; J. Appl. Mech. **23** (1956) 2 247—254; AMR **9** (1956) 6 246.

Klein, Bertram: Interaction equation for the buckling of unstiffened cylinders under combined bending, torsion and internal pressure. J. Aeron. Sci. **22** (1955) 8 583.

*) *Langhaar, H. L.* and *A. P. Boresi:* Snap-through and post-buckling behavior of cylindrical shells under the action of external pressure. Univ. Illinois (Urbana, Ill.) Theoretical & Appl. Mech. Rep. 80 Contract N6ori-071(53) March 1955 140 p.

Link, Heinz: Über den Kreisringträger mit begrenzter Verformung bei überkritischem Druck. Ing. Arch. **23** (1955) 1 36—50; AMR **9** (1956) 6 247.

Loo, T.-T.: Effects of large deflections and imperfections on the elastic buckling of cylinders under torsion and axial compression. Proceedings of the Second U. S. National Congress of Applied Mechanics, June 1954, Easton, Pa.: Amer. Soc. Mech. Engrs. 1955 345—357; AMR **9** (1956) 5 201.

Nash, W. A.: Effect of large deflections and initial imperfections on the buckling of cylindrical shells subject to hydrostatic pressure. J. Aeron. Sci. **22** (1955) 4 264—269.

*) *Pandalai, K. A. U.:* The post-buckling behavior of thin cylindrical shells under hydrostatic pressure. Diss. Polytechn. Inst. Brooklyn 1955.

Phillips, A. and *L. Kaechele:* Combined stress tests in plasticity. Amer. Soc. Mech. Engrs. Ann. Meeting, Chicago, Ill., Nov. 1955, Pap. 55-A-15 6 p.; AMR **9** (1956) 6 251.

*) *Reissner, E.:* Notes on vibrations of thin, pressurized cylindrical shells. Ramo-Wooldridge Corp. (Los Angeles) Rep. AM 5-4 Nov. 1955 26 p. [1.272].

*) *Reissner, E.:* Stresses and deformations of thin, pressurized cylindrical shells. Ramo-Wooldridge Corp. (Los Angeles) Rep. 5-3 Oct. 1955 34 p.

Zotovič, Slobodan: Une méthode de calcul hyperstatique. Techn. Sci. Aéron. (1955) 5 288—291.

*) — Uniform notation system for pressure-vessel shell theory. Mech. Engng. **77** (1955) June 505—507 [1.242.115].

*) *Crandall, S. H.* and *N. C. Dahl:* The influence of pressure on the bending of curved tubes. 9. Int. Congr. Appl. Mech. Brussels 1956.

David, H. G.: The failure of thick-walled cylinders under internal pressure. Austral. J. Appl. Sci. **7** (1956) 4 327—335 15 ref.; AMR **10** (1957) 7 299; Index Aeron. **13** (1957) 6 6.

Donnell, L. H.: Effect of imperfections on buckling of thin cylinders under external pressure. Amer. Soc. Mech. Engrs. Prepr. 56-APM-39 1956 7 p. 9 ref.; J. Appl. Mech. **23** (1956) 4 569—575; Index Aeron. **12** (1956) 8 71—72; Aeron. Engng. Rev. **16** (1957) 3 158; AMR **10** (1957) 8 353.

Favre, H.: Contribution to the study of cylindrical shells with variable thickness. (In French.) Bull. Techn. Suisse Rom. **82** (1956) 23 419—427, 24 431—438; AMR **10** (1957) 12 557.

Galletly, G. D. and *R. Bart:* Effects of boundary conditions and initial out-of-roundness on the strength of thin-walled cylinders subject to external hydrostatic pressure. J. Appl. Mech. **23** (1956) 3 351—358; AMR **10** (1957) 6 249.

Harris, Leonard A.: Axial compression buckling of a pressurized cylinder with a thermally induced ring compression. J. Aeron. Sci. **23** (1956) 12 1120—1121; Index Aeron. **13** (1957) 1 93; Aeron. Engng. Rev. **16** (1957) 1 144.

Higginson, G. R.: Strength of a tube under local external pressure. Engineer **202** (1956) 5253 428—430; AMR **10** (1957) 4 148.

Hodge, P. G. jr. and *F. Romano:* Deformations of an elastic-plastic cylindrical shell with linear strain hardening. J. Mech. & Phys. Solids **4** (1956) 3 145—161; AMR **9** (1956) 11 477.

Kempner, J. and *J. Crouzet-Pascal:* Postbuckling behavior of circular cylindrical shells under hydrostatic pressure. Polytechn. Inst. Brooklyn, Aeron. Lab. Rep. 343 Jan. 1956 33 p.: AMR **9** (1956) 8 331.

Kirstein, A. F. and *E. Wenk jr.:* Observations of snap-through action in thin cylindrical shells under external pressure. David W. Taylor Model Basin Rep. 1062 Nov. 1956 15 p.; Proc. SESA **14** (1956) 1 205—214; AMR **10** (1957) 7 292, 11 507.

Kollbrunner, Curt F. u. *S. Milosavljevic:* Beitrag zur Berechnung von auf Außendruck beanspruchten kreiszylindrischen Rohren. (Mitt. Forsch. u. Konstr. Stahlbau H. 19) Zürich: Leemann 1956 29 S.; Z. VDI **99** (1957) 16 739 [1.241.215].

*) *Langhaar, H. L.* and *A. P. Boresi:* Buckling and post-buckling behavior of a cylindrical shell subjected to external pressure. Univ. Illinois, (Urbana, Ill.) Theoretical & Appl. Mech. Rep. 93 Contract N6ori-071(53) Apr. 1956 96 p.

*) *Langhaar, H. L.* and *A. P. Boresi:* Buckling and post-buckling behavior cylindrical shells subject to external pressure. 9. Int. Congr. Appl. Mech. Brussels 1956.

*) *Langhaar, H. L.* and *A. P. Boresi:* Euler critical pressures for hydrostatically loaded cylindrical shells that are simply-supported and that have flexible end plates. Univ. Illinois (Urbana, Ill.) Theoretical & Appl. Mech. Rep. 536 Contract N6ori-071(53) Oct. 1956 10 p.

*) *Lin, T. C.* and *G. W. Morgan:* Wave propagation through fluid contained in a cylindrical elastic shell. J. Acoustical Soc. Amer. **28** (1956) 6 1165—1176 [1.272].

McCalley, R. B. jr. and *R. G. Kelly:* Tables of functions for short cylindrical shells. Amer. Soc. Mech. Engrs. Prepr. 56-F-5 Sept. 1956 24 p.; Index Aeron. **12** (1956) 12 83; AMR **10** (1957) 3 98 [1.241.111.1].

Radhakrishnan, S.: Plastic buckling of circular cylinders. J. Aeron. Sci. **23** (1956) 9 892—894 4 ref.; Index Aeron. **12** (1956) 10 78; AMR **10** (1957) 4 149 [1.241.111.2], [1.241.111.4].

*) *Radok, J. R. M.* and *E. H. Lee:* Stresses in elastically reinforced, visco-elastic tubes with internal pressure. Brown Univ. (Providence R. I.) Div. Appl. Math. Techn. Rep. 15 Apr. 1956 18 p.

Blackburn, W. S. and *A. E. Green:* Second-order torsion and bending of isotropic elastic cylinders. Proc. Roy. Soc. (London) (A) **240** (1957) 1222 408—422; AMR **10** (1957) 12 552; Aeron. Engng. Rev. **16** (1957) 8 127.

Fung, Y. C. and *E. E. Sechler:* Buckling of thin-walled circular cylinders under axial compression and internal pressure. J. Aeron. Sci. **24** (1957) 5 351—356 5 ref.; Aeron. Engng. Rev. **16** (1957) 5 196; Index Aeron. **13** (1957) 6 90—91; AMR **10** (1957) 12 559.

Gerard, G.: Plastic stability theory of thin shells under external pressure. (Engl.) 9ième Congrès Int. Mécan. Appl., Univ. Bruxelles **6** (1957) 225—234; AMR **12** (1959) 5 316.

Harris, L. A., H. S. Suer, W. T. Skene and *R. J. Benjamin:* The stability of thin-walled unstiffened circular cylinders under axial compression including the effects of internal pressure. Inst. Aeron. Sci. 25. Ann. Meeting New York, Jan. 1957, Prepr. 660 1957 30 p.; Index Aeron. **13** (1957) 5 101—102; Aeron. Engng. Rev. **16** (1957) 3 112.

Hodge, P. G. jr. and *S. V. Nardo:* Carrying capacity of an elastic-plastic cylindrical shell with linear strain-hardening. Amer. Soc. Mech. Engrs. Prepr. 57-A-5 1957 7 p. 13 ref.; J. Appl. Mech. **25** (1958) 1; Index Aeron. **13** (1957) 10 81; AMR **11** (1958) 6 289.

Hodge, P. G. jr.: Piecewise linear isotropic plasticity applied to a circular cylindrical shell with symmetrical radial loading. J. Franklin Inst. **263** (1957) 1 13—33 19 ref.; Index Aeron. **13** (1957) 4 41.

Hoff, N. J.: Buckling of thin cylindrical shell under hoop stresses varying in axial direction. J. Appl. Mech. **24** (1957) 3 405—412 11 ref.

Kempner, Joseph, K. A. V. Pandalai, Sharad A. Patel and *Jaques Crouzet-Pascal:* Postbuckling behavior of circular cylindrical shells under hydrostatic pressure. J. Aeron. Sci. **24** (1957) 4 253—264 13 ref.; Index Aeron. **13** (1957) 5 101; AMR **10** (1957) 11 507; Aeron. Engng. Rev. **16** (1957) 4 132.

Langhaar, H. L. and *A. P. Boresi:* Snap-through and postbuckling behaviour of cylindrical shells under the action of external pressure. Univ. Illinois Engng. Exper. Stat. Bull. 443 Apr. 1957 40 p. 20 ref.; Index Aeron. **13** (1957) 10 81.

Langhaar, H. L. and *A. P. Boresi:* Buckling and postbuckling behaviour of cylindrical shells subjected to external pressure. (Engl.) 9ième Congrès Int. Mécan. Appl., Univ. Bruxelles **7** (1957) 5—7.

Loo, Tsu-Tao: An extension of Donnell's equation for a circular cylindrical shell. J. Aeron. Sci. **24** (1957) 5 390—391 5 ref.; Index Aeron. **13** (1957) 6 90.

Lubkin, Samuel: Determination of buckling criteria by minimization of total energy. New York Univ., Inst.Math.Sci., AFOSR TN 57-579 July 1957 60p.; Aeron. Engng. Rev. **16** (1957) 12 107; AMR **11** (1958) 7 358. [1.242.115], [1.324.31].

Reissner, Eric and *M. B. Sledd:* Bounds on influence coefficients for circular cylindrical shells. J. Math. & Phys. **36** (1957) 1 1—19; Aeron. Engng. Rev. **16** (1957) 9 135; AMR **11** (1958) 11 603.

Sledd, M. B.: Influence coefficients for circular cylindrical shells with linearly varying wall thickness. GIT Engng. Exper. Stat. Rep. 2 (AFOSR TN 57-196) (AD 126491) Apr. 1957 22 p. 12 ref.; Aeron. Engng. Rev. **16** (1957) 8 127.

Sundström, Erik: Creep buckling of cylindrical shells. Acta Polytechn. Scand. 230 1957 31 p.; Trans. Roy. Inst. Technol. (Stockholm) No. 115 1957 27 p.: Aeron. Engng. Rev. **17** (1958) 4 90—91; AMR **11** (1958) 6 293, 10 540—541; Index Aeron. **3** (1957) 10 83 [1.241.13].

Weir, C. D.: The creep of thick tubes under internal pressure. J. Appl. Mech. 24 (1957) 3 464—466 7 ref.

Blackburn, W. S.: Second order effects in the torsion and bending of transversily isotropic imcompressible elastic beams. Quart. J. Mech. Appl. Math. **11** (1958) 2 142—158; AMR **12** (1959) 1 9.

Crossland, B. and *J. A. Bones:* Behaviour of thick-walled steel cylinders subjected to internal pressure. Proc. IME **172** (1958) 25 777—804.

Crossland, B. and *J. A. Bones:* Behaviour of thick-walled cylinders subjected to internal pressure. Chartered Mech. Engr. (1958) May 189—191.

Donnell, L. H.: Effect of imperfections on buckling of thin cylinders with fixed edges under external pressure. Proc. Third U. S. Nat. Congr. Appl. Mech. June 1958, Amer. Soc. Mech. Engrs. 1958 305—311; AMR **12** (1959) 12 832.

Harris, Leonard A., Herbert S. Suer and *William T. Skene:* The effect of internal pressure on the buckling stress of thin-walled circular cylinders under combined axial compression and torsion. J. Aeron. Sci. **25** (1958) 2 142—143; 6 ref; Index Aeron. **14** (1958) 3 82.

Mushtari, Kh. M. and *A. V. Sachenkov:* Stability of cylindrical and conical shells of circular cross section, with simultaneous action of axial compression and external normal pressure. NACA TM 1433 Apr. 1958; J. Roy. Aeron. Soc. **62** (1958) 572 614; Aircr. Engng. **30** (1958) 356 320 [1.242.115].

Onat, E. T. and *H. Yüksel:* On the steady creep of shells. Proc. Third U. S. Nat. Congr. Appl. Mech. June 1958, Amer. Soc. Mech. Engrs. 1958 625—630; AMR **12** (1959) 11 750.

Paul, B. and *P. G. Hodge, jr.:* Carrying-capacity of elastic-plastic shells under hydrostatic pressure. Proc. Third U. S. Nat. Congr. Appl. Mech. June 1958, Amer. Soc. Mech. Engrs. 1958 631—640; AMR **12** (1959) 11 758.

Reiss, E. L.: Axially symmetric buckling of shallow spherical shells under external pressure. J. Appl. Mech. **25** (1958) 4 556—560; AMR **12** (1959) 10 686.

Suer, Herbert S., Leonard A. Harris, William T. Skene and *Roland J. Benjamin:* The bending stability of thin-walled unstiffened circular cylinders including the effects of internal pressure. J. Aeron. Sci. **25** (1958) 5 281—287 14 ref.; Index Aeron. **14** (1958) 6 83; Aero Space Engng. **17** (1958) 6 116.

Wood, J. D.: The flexure of an uniformly pressurized, circular, cylindrical shell. J. Appl. Mech. **25** (1958) 4 453—458; AMR **12** (1959) 11 757.

Brush, D. O. and *F. A. Field:* Buckling of a cylindrical shell under a circumferential band load. J. Aero Space Sci. **26** (1959) 12 825—830 8 ref.

Finnie, Iain: A creep instability of thin-walled tubes under internal pressure. J. Aero Space Sci. **26** (1959) 4 248—249 7 ref.

Franz, G. u. W. Teepe: Beitrag zur spannungsoptischen Untersuchung von Schalen. Inst. Physics, London, Stress Analysis Group — Inst. T. N. O. Delft Conf. 31./3.—4./4. 1959 Advance Copy 10 20 S. 9 Lit.-St.

1.241.111.5

Green, A. E. and *A. J. M. Spencer:* The stability of a circular cylinder under finite extension and torsion. J Math. Phys. **37** (1959) 4 316—338; AMR **12** (1959) 10 685.

Hoff, Nicholas J.: On „a critical strain approach to creep buckling of plates and shells". J. Aero. Space Sci. **26** (1959) 2 117—118 5 ref. [1.222.111].

Schmidt, Kurt: Zur Spannungsberechnung unrunder Rohre unter Außendruck. II. Das ursprünglich elliptische Rohr. Z. VDI **101** (1959) 4 126—130 16 Lit.-St.

Orthotrope Vollschalen   **1.241.112**

*) *Bodner, S. R.:* The analysis of the general instability of ring reinforced circular cylindrical shells by orthotropic shell theory. Polytechn. Inst. Brooklyn, Aeron. Lab. PIBAL Rep. 291 May 1955 40 p.

*) *Niepostyn, D.:* Limit analysis of orthotropic circular cylinders. 9. Int. Congr. Appl. Mech. Brussels 1956.

Vollschalen aus Sperrholz   **1.241.12**

March, H. W., Charles B. Norris, C. B. Smith and *Edward W. Kuenzi:* Buckling of thin-walled plywood cylinders in torsion. FPL Rep. 1529 June 1945 23 p.

March, H. W.: Buckling of long, thin, plywood cylinders in axial compression. Mathematical treatment. FPL Rep. 1322—A rev. March 1956 31 p.

Schnell, Walter u. *Christian Brühl:* Die längsgedrückte orthotrope Kreiszylinderschale bei Innendruck. ZFW **7** (1959) 7 201—207 8 Lit.-St.

Hohlschalen mit Füllstoffen   **1.241.13**

Raville, Milton E.: Analysis of long cylinders of sandwich construction under uniform external lateral pressure. FPL-Rep. 1844 Nov. 1954 23 p.

Wang, C. T., R. J. Vaccaro and *D. F. de Santo:* Buckling of sandwich cylinders under combined compression, torsion, and bending loads. Amer. Soc. Mech. Engrs. Prepr. 54-A-102 1954 5 p. 7 ref.; J. Appl. Mech. **22** (1955) 3 324—328 7 ref.; Index Aeron. **11** (1955) 3 102; Aeron. Engng. Rev. **14** (1955) 12 92.

Haft, Everett Eugene: Elastic stability of cylindrical sandwich shells under axial and lateral load. FPL Rep. 1852 July 1955 33 p.; AMR **9** (1956) 8 332.

Raville, Milton E.: Analysis of long cylinders of sandwich construction under uniform external lateral pressure. Facings of moderate and unequal thicknesses. FPL Rep. 1844-A Febr. 1955 30 p.

*) *Raville, Milton E.:* Buckling of sandwich cylinders of finite length under uniform external lateral pressure. Diss. Univ. Wisconsin (Madison, Wis.) 1955; FPL Rep. 1844-B May 1955 45 p.

Bax Stevens, O.: Contribution à l'étude des voiles minces continus. Publ. Ass. Int. Ponts & Charpentes **16** (1956) 23—34.

*) *Eringen, A. C.:* New numerical results of the theory of buckling of sandwich cylinders. J. Appl. Mech. **23** (1956) 3 476—477.

March, H. W. and *Edward W. Kuenzi:* Buckling of cylinders of sandwich construction in axial compression. FPL Rep. 1830 rev. Dec. 1957 38 p.; AMR **11** (1958) 9 483.

Sundström, Erik: Creep buckling of cylindrical shells. Acta Polytechn. Scand. 230 1957 31 p.; Trans. Roy. Inst. Technol. (Stockholm) No. 115 1957 27 p.; Aeron. Engng. Rev. **17** (1958) 4 90—91; AMR **11** (1958) 6 293, 10 540—541; Index Aeron. **13** (1957) 10 83 [1.241.111.5].

Grigoljuk, E. I.: Buckling of sandwich constructions beyond the elastic limit. J. Mech. & Phys. Solids **6** (1958) 4 253—266 22 ref.; Aero Space Engng. **17** (1958) 9 80—81; Index Aeron. **14** (1958) 8 99 [1.342.31] [1.222.31].

March, H. W. and *Edward W. Kuenzi:* Buckling of sandwich cylinders in torsion. FPL Rep. 1840 rev. Jan. 1958 35 p.; J. Roy. Aeron. Soc. **63** (1959) 577 72; AMR **11** (1958) 9 483.

Hoff, N. J., W. E. Jahsman and *W. Nachbar:* A study of creep collapse of a long circular cylindrical shell under uniform external pressure. J. Aero Space Sci. **26** (1959) 10 663—669 5 ref.

Versteifte Vollschalen **1.241.2**

Vollschalen aus homogenen, insbesondere metallischen Werkstoffen **1.241.21**

Allgemeines **1.241.211**

*) *Bodner, S. R.:* The general instability of ring reinforced circular cylindrical shells. Diss. Polytechn. Inst. Brooklyn 1955.

*) *Bodner, S. R.:* Stresses in circular cylindrical shells reinforced by ring frames of nonuniform cross section. Polytechn. Inst. Brooklyn, Aeron. Lab. PIBAL Rep. 289 Apr. 1955 39 p.

*) *Gondikas, P. C.:* Vibrations of ring-stiffened cylindrical shells. Diss. Columbia Univ. (New York) 1955; Columbia Univ. Techn. Rep. 13 Contract Nonr 266(08) March 1955 52 p. [1.272].

Morley, L. S. D.: Determination of the stress distribution in reinforced monocoque structures. Part I. A theory of flat-sided structures. ARC R & M 2879 Dec. 1951 publ. 1955; J. Roy. Aeron. Soc. **59** (1955) 538 720; Aircr. Engng. **27** (1955) 320 353—354; Index Aeron. **11** (1955) 10 104; AMR **9** (1956) 12 520—521.

*) *Pohle, F. V.* and *S. V. Nardo:* Stresses in a laterally loaded circular cylindrical shell reinforced with equally spaced non-uniform rings. Polytechn. Inst. Brooklyn, Aeron. Lab., PIBAL Rep. 269 Contract Nonr-83914 July 1955 58 p.

Klein, Bertram: Comment on the reliability of the strength of stiffened cylinders in bending and/or compression. J. Aeron. Sci. **23** (1956) 12 1126—1127 4 ref.

Reynolds, T. E.: A graphical method for determining the general-instability strength of stiffened cylindrical shells. David W. Taylor Model Basin, Washington, D. C., Rep. 1106 Sept. 1957 15 p.; AMR **11** (1958) 11 606.

Becker, Herbert: Strength of stiffened curved plates and shells. Handbook of structural stability, Pt. VI. NACA TN 3786 July 1958 82 p. 56 ref.; Index Aeron. **14** (1958) 10 84; J. Roy. Aeron. Soc. **62** (1958) 576 914; AMR **12** (1959) 3 164; Aero Space Engng. **17** (1958) 9 79—80 [1.232.11].

Klein, Bertram: A simple method of matric structural analysis. III. Flexible frame and stiffened cylindrical shell analysis. Inst. Aeron. Sci. 26th Ann. Meeting, New York, Jan. 1958, Prepr. 765 1958 11 p.; Aeron. Engng. Rev. **17** (1958) 2 88; Index Aeron. **14** (1958) 5 76.

Klein, Bertram: A simple method of matric structural analysis: III. Analysis of flexible frames and stiffened cylindrical shells. J. Aeron. Sci. **25** (1958) 6 385—394 5 ref.

Druckbeanspruchung **1.241.212**

*) *Seide, P.:* The effectiveness of integral waffle-like stiffening for long, thin circular cylinders under axial compression. I. Chemically milled sheet. Ramo Wooldridge Corp. (Los Angeles) Rep. AM 6—2 Apr. 1956 61 p.

Becker, Herbert: General instability of stiffened cylinders. NACA TN 4237 July 1958 26 p. 13 ref.; Aero Space Engng. **17** (1958) 9 80; Index Aeron. **14** (1958) 10 89. [1.241.214] [1.241.215].

Moe, Johannes: Stability of rib-reinforced cylindrical shells under lateral pressure. Publ. Int. Ass. Bridge & Struct. Engng. **18** (1958) 113—136 16 ref.

Peterson, James P. and *Marvin B. Dow:* Compression tests on circular cylinders stiffened longitudinally by closely spaced Z-section stringers. NASA Mem. 2-12-59 L March 1959 22 p. 7 ref.

Biegebeanspruchung **1.241.213**

*) *Hoppmann, W. H. II:* Bending of orthogonally stiffened cylindrical shells. Johns Hopkins Univ. (Baltimore, Md.) Techn. Rep. 10 Navy Contract Nonr-248 (12) Sept. 1955 21 p.

*) *Hoppmann, W. H. II:* Flexural vibrations of orthogonally stiffened cylindrical shells. Johns Hopkins Univ. (Baltimore, Md.) Techn. Rep. 11 Navy Contract Nonr-248 (12) July 1956 23 p.; 9. Int. Congr. Appl. Mech. Brussels 1956. [1.272].

Peterson, James P.: Bending tests of ring-stiffened circular cylinders. NACA TN 3735 July 1956 14 p. 7 ref.; Index Aeron. **12** (1956) 10 79; AMR 10 (1957) 1 15; J. Roy. Aeron. Soc. **61** (1957) 553 67.

Drillbeanspruchung **1.241.214**

Krishnan, S. and *V. Cadambe:* A note on the minimum weight design of a thin-walled stiffened rectangular cell subjected to torsion. J. Aeron. Soc. India **7** (1955) 3 43—47; AMR **9** (1956) 5 203.

Becker, Herbert: General instability of stiffened cylinders. NACA TN 4237 July 1958 26 p. 13 ref.; Aero Space Engng. **17** (1958) 9 80; Index Aeron. **14** (1958) 10 89 [1.241.215] [1.241.212].

Zusammengesetzte Beanspruchung einschl. Innen- und Außendruck **1.241.215**

Nash, W. A.: General instability of ring-reinforced cylindrical shells subject to hydrostatic pressure. Proceedings of the Second U. S. National Congress of Applied Mechanics, June 1954, Easton, Pa.: Amer. Soc. Mech. Engrs. 1955 359 —368; AMR **9** (1956) 4 149.

Slankard, R. C.: Tests of the elastic stability of a ringstiffened cylindrical shell, model BR-4 (2 = 1.103), subjected to hydrostatic pressure. David W. Taylor Model Basin, Washington, D. C., Rep. 876 Febr. 1955 69 p.; AMR **9** (1956) 6 248.

Bodner, S. R.: General instability of a ring-stiffened, circular cylindrical shell under hydrostatic pressure. Amer. Soc. Mech. Engrs. Ann. Meeting, New York, Nov. 1956, Prepr. 56-A-30 9 p.; J. Appl. Mech. **24** (1957) 2 269—277 14 ref.; AMR **10** (1957) 8 349; Index Aeron. **13** (1957) 8 70.

*) *Galletly, G. D., R. C. Slankard* and *E. Wenk jr.:* General instability of ring-stiffened cylindrical shells subject to external hydrostatic pressure. A comparison of theory and experiment. 9. Int. Congr. Appl. Mech. Brussels 1956.

Hodge, P. G. jr.: Displacements in an elastic-plastic cylindrical shell. J. Appl. Mech. **23** (1956) 1 73—79; AMR **9** (1956) 9 383.

Galletly, G. D. and *T. E. Reynolds:* A simple extension of Southwell's method for determining the elastic general instability pressure of ring-stiffened cylinders subject to external hydrostatic pressure. Proc. SESA **13** (1956) 2 141— 152 18 ref.; Index Aeron. **12** (1956) 10 79—80; AMR **10** (1957) 1 9.

Kirstein, A. F. and *R. C. Slankard:* An experimental investigation of the shell-instability, strength of a machined, ring-stiffened cylindrical shell under hydrostatic pressure. David W. Taylor Model Basin Rep. 997 Apr. 1956 23 p.; AMR **10** (1957) 9 406.

Kollbrunner, Curt F. u. *S. Milosavljevic:* Beitrag zur Berechnung von auf Außendruck beanspruchten kreiszylindrischen Rohren. (Mitt. Forsch. u. Konstr. Stahlbau H. 19) Zürich: Leemann 1956 29 S.; Z. VDI **99** (1957) 16 739 [1.241.111.5].

*) *Menyhard, I.:* Statical calculation based upon the collapse theory of a reinforced cylindrical concrete tank. (In German). Int. Ass. Bridge & Struct. Engng. Preliminary Publ., Lisbon, Portugal, 1956 451—458.

Peters, Roger W. and *Norris F. Dow:* Failure characteristics of pressurized stiffened cylinders. NACA TN 3851 Dec. 1956 18 p.; Index Aeron. **13** (1957) 2 78; J. Roy. Aeron. Soc. **61** (1957) 556 294; Aeron. Engng. Rev. **16** (1957) 2 158.

*) *Wenk, E. jr.* and *E. H. Kennard:* The weakening effect of initial tilt and lateral buckling of ring stiffeners on cylindrical pressure vessels. David W. Taylor Model Basin (Washington, D. C.) Rep. 1073 Dec. 1956 21 p.; AMR **10** (1957) 11 507.

Bijlaard, P. P.: Buckling under external pressure of cylindrical shells evenly stiffened by rings only. J. Aeron. Sci. **24** (1957) 6 437—447, 455 23 ref.; Aeron. Engng. Rev. **16** (1957) 6 144; AMR **10** (1957) 12 559.

Bodner, S. R.: General instability of a ring-stiffened circular cylindrical shell under hydrostatic pressure. J. Appl. Mech. **24** (1957) 2 269—277 14 ref.

Catudal, F. W. and *R. W. Schneider:* Stresses in a pressure vessel with circumferential ring stiffeners. Welding J. **36** (1957) 12 500s—552s; AMR **11** (1958) 11 602.

Czerwenka, Gerhard: Ein Beitrag zur Statik des Ringflügels. WGL-Jb. 1957 316—325 8 Lit.-St.

Lunchick, M. E. and *R. D. Short jr.:* Behavior of cylinders with initial shell deflection. Amer. Soc. Mech. Engrs. Summer Conf., Berkeley, Calif., June 1957, Pap. 57-APM-35 6 p.; J. Appl. Mech. **24** (1957) 4 559—564; AMR **11** (1958) 4 167; Aeron. Engng. Rev. **17** (1958)3 118.

Becker, Herbert: General instability of stiffened cylinders. NACA TN 4237 July 1958 26 p. 13 ref.; Aero Space Engng. **17** (1858) 9 80; Index Aeron. **14** (1958) 10 89. [1.241.212], [1.241.214].

Houghton, D. S.: The influence of frame pitch and stiffness on the stress distribution in pressurised cylinders. Coll. Aeron. Cranfield Note 79 Febr. 1958 11 p.; J. Roy. Aeron. Soc. **63** (1959) 577 72.

Lunchik, M. E.: Yield failure of stiffened cylinders under hydrostatic pressure. Proc. Third U. S. Nat. Congr. Appl. Mech. June 1958, Amer. Soc. Mech. Engrs. 1958 589—594; AMR **12** (1959) 11 757.

Peterson, J. P. and R. G. Updegraff: Tests of ring-stiffened circular cylinders subjected to a transverse shear load. NACA TN 4403 Sept. 1958; J. Roy. Aeron. Soc. **63** (1959) 578 128.

Johns, D. J.: Discontinuity stresses in stiffened cylindrical shells. The determination of stresses due to pressure and thermal effects in certain classes of stiffened cylindrical shells. Aircr. Engng. **31** (1959) 363 131—132 6 ref.; Index Aeron. **15** (1959) 6 86.

Vollschalen aus Sperrholz   1.241.22

Winter, Hermann u. *Rudolf Prinz:* Ein Beitrag zur Berechnung der kritischen Beulspannung dünnwandiger, kreiszylindrischer Sperrholzröhren mit Spanten, ohne Längsversteifungen bei Verdrehbeanspruchung. DFL-Ber. 42 1955 68 S. 19 Lit.-St.

Winter, Hermann u. *Rudolf Prinz:* Die Berechnung der kritischen Beulspannung dünnwandiger, kreiszylindrischer Sperrholzröhren mit Spanten, ohne Längsversteifung bei Verdrehbeanspruchung. DFL-Ber. 54 1956 32 S. 8 Lit.-St.

Winter, Hermann u. *Rudolf Prinz:* Verdrehversuche an Sperrholzröhren mit elliptischem Querschnitt. DFL-Ber. 55 1956 21 S. 7 Lit.-St.
Winter, Hermann u. *Rudolf Prinz:* Ein Beitrag zur Berechnung torsionsbelasteter Sperrholzrohre mit elliptischem Querschnitt ohne Längsversteifungen mit Holm und Spanten. Luftf.-Forsch.-Ber. H. 1 1959 25—31.
Winter, Hermann u. *Rudolf Prinz:* Ein Beitrag zur Berechnung torsionsbelasteter Sperrholzrohre mit kreisförmigem bzw. elliptischem Querschnitt ohne Längsversteifungen mit Spanten. Luftf.-Forsch.-Ber. 1 1959 33—36.

Sonstige anisotrope Vollschalen   **1.241.23**

Chattarji, P. P.: Twisting of a hollow circular cylinder of cylindrically aeolotropic material with outer surface fixed and inner surface acted on by tangential tractions. Indian J. Theor. Phys. **4** (1956) 3 59—64; AMR **12** (1959) 9 600.
Chronowicz, A.: Anisotropic cylindrical shells. Civil Engng. (London) **52** (1957) 611 546—549; AMR **10** (1957) 12 557.

Vollschalen in beliebiger Form   **1.242**
Allgemeines   **1.242.0**

Tsuboi, Yoshikatsu and *Kinji Akino:* Design and construction of reinforced concrete shell structure of non-uniform thickness supported on roller system. Publ. Int. Ass. Bridge & Struct. Engng. **15** (1955) 199—230 [1.245].
Weibel, E. S.: The strains and the energy in thin elastic shells of arbitrary shape for arbitrary deformation. ZAMP **6** (1955) 3 153—189; AMR **9** (1956) 5 200.
Ambartsumyan, S. A.: On the calculation of shallow shells. NACA TM 1425 Dec. 1956 11 p.; Index Aeron. **13** (1957) 4 89; Aircr. Engng. **30** (1958) 351 154; Aeron. Engng. Rev. **16** (1957) 2 146; J. Roy. Aeron. Soc. **61** (1957) 559 508.
Nazarov, A. A.: On the theory of thin shallow shells. NACA TM 1426 Dec. 1956 7 p.; Index Aeron. **13** (1957) 2 74; Aircr. Engng. **30** (1958) 351 154; Aeron. Engng. Rev. **16** (1957) 2 158; J. Roy. Aeron. Soc. **61** (1957) 556 294.
Olszak, W. and *W. Urbanowski:* Non-homogeneous thick-walled elastic-plastic cylinder subjected to internal pressure. Bull. de l'Académie Polonaise des Sciences, Warszawa, (1956) 3 152—163 12 ref.; Aeron. Engng. Rev. **16** (1957) 2 158.
Olszak, W. and *W. Urbanowski:* Non-homogeneous thick-walled elastic-plastic spherical shell subjected to internal and external pressure. Bull. de l'Académie Polonaise des Sciences, Warszawa, (1956) 3 165—171; Aeron. Engng. Rev. **16** (1957) 2 158.
Ralston, A.: On the problem of buckling of a hyperbolic paraboloidal shell loaded by its own weight. J. Math. & Phys. **35** (1956) 1 53—59; AMR **9** (1956) 11 475.
Becker, Herbert: Donnell's equation for thin shells. J. Aeron. Sci. **24** (1957) 1 79—80; Index Aeron. **13** (1957) 2 74 [1.242.115].
Ehrich, F. F. and *J. P. de Vries:* Statics and dynamics of non-uniform curved beams and prismatic shells. Inst. Aeron. Sci. 26th Ann. Meeting, New York, Jan. 1958, Prepr. 771 1958 15 p.; Aeron. Engng. Rev. **17** (1958) 2 87; Index Aeron. **14** (1958) 6 79 [1.342.4].
von Willich, G. P. R.: The elastic stability of thin spherical shells. Proc. ASCE EM I (J. Engng. Mech. Div.) Part I **85** (1959) Pap. 1897 51—65; AMR **12** (1959) 9 606.

Unversteifte Vollschalen	**1.242.1**
Schalen aus homogenen, insbesondere metallischen Werkstoffen	**1.242.11**
Allgemeines	**1.242.111**

*) *Hetenyi, M.* and *R. J. Timms:* Analysis of annular shells with applications to welded bellows. Knolls Atomic Power Lab. (Schenectady, N. Y.) Rep. KAPL-1089 Apr. 1954 150 p.

*) *Becker, H.:* Load distribution at the intersection of several coaxial axisymmetric shells. J. Appl. Mech. **22** (1955) 2 232—234.

*) *Clark, R. A.* and *E. Reissner:* On axially symmetric bending of nearly cylindrical shells of revolution. Case Inst. Technol. (Cleveland, Ohio) Techn. Rep. 1955; J. Appl. Mech. **23** (1956) 1 59—67; AMR **9** (1956) 12 521 [1.241.111.3].

*) *Csonka, P.:* Results on shells of translation. Acta Techn. Acad. Sci. Hungaricae **10** (1955) 1/2 59—71.

*) *Csonka, P.:* Special kind of shells of translation with two vertical planes of symmetry. Acta Techn. Acad. Sci. Hungaricae **11** (1955) 1/2 231—240.

*) *Csonka, P.:* Calotte shell over rectangular base. Acta Techn. Acad. Sci. Hungaricae **13** (1955) 1/2 149—164.

*) *Csonka, P.:* On shells generated by translation surfaces. (In Hungarian). Magyar Tudomanyos Akademia Kemiai Tudomanyok Osztalyanak Kozlemenyei (Budapest) **15** (1955) 1/4 333—345.

*) *Csonka, P.:* Calculation of calotte shells over rectangular bases. Acta Techn. Acad. Sci. Hungaricae **9** (1955) 3/4 427—440.

*) *Goldberg, J. E.:* Axisymmetric oscillations of conical shells. Diss. Illinois Inst. Technol. (Chicago) 1955; 9. Int. Congr. Appl. Mech. Brussels 1956 [1.272].

Hoff, N. J.: Thin circular conical shells under arbitrary loads. J. Appl. Mech. **22** (1955) 4 557—562 7 ref.; AMR **9** (1956) 8 331.

*) *Huddleston, J. V.* and *M. G. Salvadori:* Dead-load and live-load moments in shells of revolution built-in into cylinders. Proc. ASCE Vol. 81 Aug. 1955 Separate No. 772 21 p. [1.241.111.1].

*) *Mirsky, I.* and *G. Herrmann:* Axially-symmetric motions of thick shells. Columbia Univ. (New York) OSR-ARDC TN 2 Nov. 1955 21 p.

*) *Naghdi, P. M.* and *C. N. de Silva:* Deformations of elastic ellipsoidal shells of revolution. "Proc. 2nd US Nat. Congr. Appl. Mech.", June 1954, Easton, Pa.: Amer. Soc. Mech. Engrs. 1955 333—343.

*) *Naghdi, P. M.* and *C. N. de Silva:* On the deformation of elastic shells of revolution. Quart. Appl. Math. **12** (1955) 4 369—374.

*) *Rongved, L.:* Residual stresses in glass spheres. Diss. Columbia Univ. (New York) 1955.

*) *Salvadori, M. G.:* Live load and temperature moments in shells of rotation built into cylinders. J. Amer. Concrete Inst. (Detroit) **27** (1955) 2 149—158 [1.37].

*) *Seide, P.:* Notes on analysis and design of right circular conical shells. Ramo-Wooldridge Corp. (Los Angeles) Rep. AM-5-10 March 1955 54 p.

*) *De Silva, C. N.* and *P. M. Naghdi:* Some remarks on a class of shells of revolution of variable thickness. Univ. Michigan (Ann Arbor, Mich.) Engng. Res. Inst. Techn. Rep. 7 Dec. 1955 12 p. [1.245].

*) *De Silva, C. N.:* Theory of paraboloidal shells of revolution. Diss. Univ. Michigan (Ann Arbor, Mich.) 1955 [1.245].

*) *Simons, R. M.:* On the non-linear theory of thin spherical shells. Diss. Massachusetts Inst. Technol. (Cambridge, Mass.) 1955.

*) *Washizu, K.* and *T. F. O'Brien:* Conduction of heat in a thin hemispherical shell. Massachusetts Inst. Technol. (Cambridge, Mass.) Techn. Rep. 25-19 Contract N5ori-07833 Aug. 1955 32 p. [1.37].

*) *Borg, M. F.:* Observations of stresses and strains near intersections of conical and cylindrical shells. David W. Taylor Model Basin, Washington, D. C., Rep. 911 March 1956 64 p. [1.241.111.1].

*) *Del Pozo, F.:* Metallic cylindrical shells made of a triangular network. (In French.) Int. Ass. Bridge & Struct. Engng. Preliminary Publ., Lisbon, Portugal, 1956 405—421 [1.247].

*) *Gilles, D. C.:* The direct solution, by relaxation methods, of the stress equation for a thin shell. 9. Int. Congr. Appl. Mech. Brussels 1956.

*) *Goerner, E.:* Buckling characteristics of spherical or spherically-dished shells. Army Ballistic Missile Agency, Redstone Arsenal (Huntsville, Ala.) Rep. 1R9 Febr. 1956 26 p.

*) *Goldenveiser, A. L.:* Asymptotic integration of equations of the general theory of elastic shells. 9. Int. Congr. Appl. Mech. Brussels 1956.

*) *Golubovie, G.:* Theoretical and experimental contribution to the study of the basic hypothesis of the shell theory. 9. Int. Congr. Appl. Mech. Brussels 1956.

*) *Gorbatov, N.:* Solution of symmetrically loaded shells by the method of successive approximations. 9. Int. Congr. Appl. Mech. Brussels 1956.

*) *Hanna, M. M.:* Thin spherical shells under rim loading. Int. Ass. Bridge & Struct. Engng. Preliminary Publ., Lisbon, Portugal 1956 371—391.

*) *Herrmann, G.:* On the dynamic behavior of shells. 9. Int. Congr. Appl. Mech. Brussels 1956 [1.272].

*) *Hruban. K.:* Long parabolical cylindrical shells. (In German.) Int. Ass. Bridge & Struct. Engng. Preliminary Publ., Lisbon, Portugal 1956 303—331.

*) *McDowell, E. L.* and *E. Sternberg:* Axisymmetric thermal stresses in a spherical shell of arbitrary thickness. Illinois Inst. Technol. (Chicago, Ill.) Techn. Rep. to Off. Naval Res. Contract N7onr-32906 May 1956 20 p.; Amer. Soc. Mech. Engrs. Summer Conf., Berkeley, Calif., June 1957 Pap. 57-APM-14 5 p.; J. Appl. Mech. **24** (1957) 3 376—380; AMR **11** (1958) 3 112; Aeron. Engng. Rev. **17** (1958) 1 122 [1.37].

*) *Oravas, G.:* Analysis of collar slabs for shells of revolution. Proc. ASCE Vol. 82 ST2 (J. Struct. Div.) Pap. 916 March 1956 14 p.

Oravas, Gunhard: Analysis of thin doubly curved nearly cylindrical shells of rotation by the method of successive corrections. Publ. Int. Ass. Bridge & Struct. Engng. **16** (1956) 425—438 6 ref.

*) *Parme, A. L.:* Hyperbolic paraboloids and other shells of double curvature. Proc. ASCE Vol. 82, ST 5 (J. Struct. Div.) Pap. 1057 Sept. 1956 32 p.

Seide, Paul: A Donnell-type theory for asymmetrical bending and buckling of thin conical shells. Ramo-Wooldridge Corp., Guided Missile Res. Div., Rep. GM-TM-103 July 1956 17 p.; Amer. Soc. Mech. Engrs. Pap. 57-APM-42 1957 6 p. 9 ref.; J. Appl. Mech. **24** (1957) 4 547—552 9 ref.; Aeron. Engng. Rev. **17** (1958) 1 120; Index Aeron. **13** (1957) 7 75.

*) *De Silva, C. N.:* Deformation of elastic paraboloidal shells of revolution. Univ. Michigan (Ann Arbor, Mich.) Engng. Res. Inst. Techn. Rep. 5 Febr. 1956 19 p. [1.245].

*) *Teague, J. M. jr.* and *H. H. Blau:* Investigations of stresses in glass bottles under internal hydrostatic pressure. I. Photoelastic studies of Fosterite models. II. Breakage studies of glass bottles under internal hydrostatic pressure. III. Electric strain gauge and brittle coating studies. J. Amer. Ceramic Soc. **39** (1956) 7 229—252 [4.54].

Gerard, George and *Herbert Becker:* Buckling of curved plates and shells. Handbook of structural stability. Pt. III. NACA TN 3783 Aug. 1957 154 p. 84 ref.; Aeron. Engng. Rev. **16** (1957) 11 107; AMR **11** (1958) 5 222; J. Roy. Aeron. Soc. **62** (1958) 566 149 [1.231.111].

*) *Radkowski, P. P.:* The stability of truncated cones. Proc. 2nd Conf. on the Mech. of Elasticity & Plasticity (Washington, D. C.) Febr. 1957 121—157.

De Silva, C. Nevin: Deformation of elastic paraboloidal shells of revolution. Amer. Soc. Mech. Engrs. Prepr. 57-APM-5 1957 8 p. 19 ref.; Index Aeron 13 (1957) 6 90.

*) *Taylor, C. E.:* Elastic stability of conical shells loaded by uniform external pressure. Univ. Illinois (Urbana) Theoretical & Appl. Mech. Rep. 117 Apr. 1957 18 p.

Kempner, Joseph: Stability equations for conical shells. J. Aeron. Sci. 25 (1958) 2 137—138 3 ref.; AMR 11 (1958) 11 606.

Seide, Paul: Note on "stability equations for conical shells". J. Aeron. Sci. 25 (1958) 5 342 5 ref.; Index Aeron. 14 (1958) 6 81.

Druckbeanspruchung

*) *Chien, W.-Z.* and *H.-C. Hu:* On the snapping of a thin spherical cap. 9. Int. Congr. Appl. Mech. Brussels 1956.

Seide, Paul: Axisymmetrical buckling of circular cones under axial compression. Amer. Soc. Mech. Engrs. Prepr. 56-APM-36 1956 4 p. 5 ref.; J. Appl. Mech. 23 (1956) 4 625—628; Index Aeron. 12 (1956) 8 71; Aeron. Engng. Rev. 16 (1957) 3 158; AMR 10 (1957) 12 559.

Lisowski, A.: Knickung von Zylinderschalen und Kugelkuppeln im Lichte der Modellprüfungen. (In deutsch.) Bull. de l'Académie Polonaise des Sciences, Warszawa, 5 (1957) 2 107—113; AMR 10 (1957) 12 559 [1.241.111.2].

Biegebeanspruchung

Salvadori, M. G. and *R. Sherman:* Bending stresses in edge stiffened domes. Proc. ASCE Vol. 82, ST 4 (J. Struct. Div.) Pap. 1021 July 1956 28 p.; AMR 10 (1957) 4 149.

Torsionsbeanspruchung

*) *Brambles, J. H.:* The thick elastic spherical shell under concentrated torques. Univ. Maryland (College Park, Md.) Inst. Fluid Dynamics & Appl. Math. TN BN-54 July 1955.

*) *Huber, A.:* The elastic sphere under concentrated torques. Quart. Appl. Math. 13 (1955) 1 98—100.

*) *Sadowsky, M.* and *J. R. Crawford:* The twisted spherical shell. Rensselaer Polytechn. Inst. Techn. Rep. 9 Contract NR-NONR 591(02) June 1955 23 p.

Das, S. C.: On the stresses in a composite truncated cone due to shearing stresses on the curved surface. Indian J. Theor. Phys. (Calcutta) 4 (1956) 4 89—92; AMR 11 (1958) 7 355.

Das, Sisir Chandra: On the stresses in twisted composite spheres and spheroids. Canad. J. Phys. (1957) July 811—817; Aeron. Engng. Rev. 16 (1957) 10 158.

Zusammengesetzte Beanspruchung einschl. Innen- und Außendruck

*) *Huth, J. H.* and *J. D. Cole:* Elastic-stress waves produced by pressure loads on a spherical shell. J. Appl. Mech. 22 (1955) 4 473—478 [1.272].

*) *Jordan, W. D.:* Buckling of thin conical shells under uniform external pressure. Univ. Alabama (Tuscaloosa, Ala.) Techn. Rep. to Redstone Arsenal under Contract DA-01-009-ORD-334 Febr. 1955 25 p.

Klein, Bertram: Parameters predicting the initial and final collapse pressures of uniformly loaded spherical shells. J. Aeron. Sci. 22 (1955) 1 69—70.

*) *Johnson, E. E.:* Pressure tank and instrumentation facilities for studying the strength of vessels subjected to external hydrostatic loading. David W. Taylor Model Basin (Washington, D. C.) Rep. 979 Apr. 1956.

*) *Mansfield, E. H.:* Stress considerations in the design of pressurised shells. Roy. Aircr. Establ. Rep. S 178 Apr. 1955; ARC Curr. Pap. 217 Apr. 1955 27 p.

*) *Mushtari, K. M.:* On the theory of stability of a spherical shell subjected to external pressure (with reference to the paper by V. I. Feodos'ev). David W. Taylor Model Basin (Washington, D. C.) Translat. 263 (by G. Herrmann) from Prikladnaya Matematika i Mekhanika (Moscow) **19** (1955) 251—254.

*) — Uniform notation system for pressure-vessel shell theory. Mech. Engng. **77** (1955) June 505—507 [1.241.111.5].

Reiss, Edward L.: On the nonlinear buckling of shallow spherical domes. J. Aeron. Sci. **23** (1956) 10 973—975 7 ref.; Index Aeron. **12** (1956) 11 103.

Uemura, Masuji: The buckling of spherical shells by external pressure. IV. J. Japan Soc. Aeron. Engng. **4** (1956) 34 273—280; Japan Sci. Rev., Mech. & Electr. Engng. **3** (1958) 2 72; Aeron. Engng. Rev. **16** (1957) 2 146.

Becker, Herbert: Donnell's equation for thin shells. J. Aeron. Sci. **24** (1957) 1 79—80; Index Aeron. **13** (1957) 2 74 [1.242.0].

Clark, R. A. and *E. Reissner:* On stresses and deformations of ellipsoidal shells subject to internal pressure. J. Mech. & Phys. Solids **6** (1957) 1 63—70; AMR **11** (1958) 9 482; Aero Space Engng. **17** (1958) 7 77.

Klein, Bertram: Further remarks on the collapse pressures of uniformly loaded spherical shells. J. Aeron. Sci. **24** (1957) 4 309.

Lubkin, Samuel: Determination of buckling criteria by minimization of total energy. New York Univ., Inst. Math. Sci., AFOSR TN-57-579 July 1957 60 p.; Aeron. Engng. Rev. **16** (1957) 12 107; AMR **11** (1958) 7 358. [1.241.111.5], [1.342.31].

Taylor, C. E. Elastic stability of conical shells loaded by uniform external pressure. Proc. 3rd Midwestern Conf. on Solid Mech., Univ. of Michigan, Apr. 1957 86—99; AMR **11** (1958) 10 538.

Archer, R. R.: Stability limits for a clamped spherical shell segment under uniform pressure. Quart. Appl. Math. **15** (1958) 4 355—366 16 ref.; Aeron. Engng. Rev. **17** (1958) 3 95; Index Aeron. **14** (1958) 5 77.

Mushtari, Kh. M. and *A. V. Sachenkov:* Stability of cylindrical and conical shells of circular cross section, with simultaneous action of axial compression and external normal pressure. NACA TM 1433 Apr. 1958; J. Roy. Aeron. Soc. **62** (1958) 572 614; Aircr. Engng. **30** (1958) 356 320 [1.241.111.5].

Weinitschke, H. J.: On the buckling problem of shallow spherical shells under external pressure. J. Aeron. Sci. **25** (1958) 2 134—135 8 ref.; Index Aeron. **14** (1958) 3 82.

Au, T.: Equations for thin toroidal shells. J. Aero Space Sci. **26** (1959) 6 391—392.

Keller, Herbert B. and *Edward L. Reiss:* Spherical cap snapping. J. Aero Space Sci. **26** (1959) 10 643—652 13 ref.

Versteifte Vollschalen aus homogenen, insbesondere metallischen Werkstoffen **1.242.2**

*) *Shih, Tsze-Sheng:* Analysis of ribbed domes with polygonal rings. Proc. ASCE Vol. 82, ST 6 (J. Struct. Div.) Pap. 1101 Nov. 1956 40 p.

Krafteinleitung und Spannungsstörung an Schalen   **1.243**
Schalen aus homogenen, insbesondere metallischen Werkstoffen   **1.243.1**
Krafteinleitung   **1.243.12**

Berry, J. G.: On thin hemispherical shells subjected to concentrated edge moments and forces. Proc. 2nd Midwestern Conf. Solid Mech. Purdue Univ., Sept. 1955 25—44; AMR **10** (1957) 3 98.

Bijlaard, P. P.: Stresses from local loadings in cylindrical pressure vessels. Trans. ASME **77** (1955) Aug. 805—816; Aeron. Engng. Rev. **14** (1955) 11 140.

Horvay, G., C. Linkous and *J. S. Born:* Analysis of short thin axisymmetrical shells under axisymmetrical edge loading. Amer. Soc. Mech. Engrs. Ann. Meeting, Chicago, Ill., Nov. 1955, Pap. 55-A-3 5 p.; J. Appl. Mech. **23** (1956) 1 68—79; AMR **9** (1956) 6 246—247.

*) *Kempner, J., J. Sheng* and *F. V. Pohle:* Tables and curves for deformations and stresses in circular shells under localized loadings. Polytechn. Inst. Brooklyn, Aeron. Lab., PIBAL Rep. 334 Oct. 1955 89 p.

Youngquist, W. G. and *Edward W. Kuenzi:* Stresses induced in a sandwich panel by load applied at an insert. FPL Rep. 1845 March 1955 27 p., Rep. 1845-A Sept. 1955 31 p., Rep. 1845-B Febr. 1956 11 p.; AMR **9** (1956) 8 331.

*) *Yuan, S. W.:* Further investigation of thin cylindrical shells subjected to concentrated loads. Polytechn. Inst. Brooklyn, Aeron. Lab., PIBAL Rep. 281 Febr. 1955 18 p.

Bahke, E.: Abbau von Spannungsspitzen durch vergrößerte elastische Bauteilverformung. Schweißen und Schneiden **8** (1956) 11 417—421 8 Lit.-St. [1.342.1].

Chakravorty, J. G.: On the distribution of stress in an infinite circular cylinder of transversely isotropic material caused by a band of uniform pressure on the boundary. Bull. Calcutta Math. Soc. **48** (1956)4 163—169; AMR **11** (1958) 1 14.

Chakravorty, J. G.: On the distribution of stress in a hollow aeolotropic cylinder by a localised shear on a boundary. Bull. Calcutta Math. Soc. **48** (1956) 4 171—176; AMR **11** (1958) 1 14.

*) *Cooper, R. M.:* Cylindrical shells under line load. Univ. Michigan (Ann Arbor) Engng. Res. Inst. Techn. Rep. 7 June 1956 14 p.; Amer. Soc. Mech. Engrs. Summer Conf., Berkeley, Calif., June 1957 Pap. 57-APM-28; J. Appl. Mech. **24** (1957) 4 553—558; Aeron. Engng. Rev. **17** (1958) 3 118.

Seika, Masaichiro: The stresses in a hollow elliptical cylinder under two concentrated internal loads. Trans. Japan Soc. Mech. Engrs. **22** (1956) 115 133—138; Japan Sci. Rev., Mech. & Electr. Engng. **3** (1957) 1 70.

Sonntag, G.: Lange Zylinderschale mit nicht achsensymmetrischer Randbelastung durch Kräfte in Zylinder-Längsrichtung. ZAMM **36** (1956) 7/8 289—291.

Yuan, S. W. and *L. Ting:* On radial deflections of a cylinder subjected to equal and opposite concentrated radial loads. Infinitely long cylinder and finite-length cylinder with simply supported ends. Amer. Soc. Mech. Engrs. Ann. Meeting, New York, Nov. 1956, Prepr. 56-A-64 5 p. 22 ref.; J. Appl. Mech. **24** (1957) 2 278—282 22 ref.; Index Aeron. (1957) 4 90; AMR **10** (1957) 8 350.

Kempner, Joseph, James Sheng and *Frederick V. Pohle:* Tables and curves for deformations and stresses in circular cylindrical shells under localized loadings. J. Aeron. Sci **24** (1957) 2 119—129 16 ref.; Aeron. Engng. Rev. **16** (1957) 2 146; AMR **10** (1957) 7 292; Index Aeron. **13** (1957) 3 83.

Bijlaard, P. P.: Local stresses in spherical shells from radial or moment loadings. Welding J. **36** (1957) May 240—243; Aeron. Engng. Rev. **16** (1957) 8 160.

Szelagowski, F.: A circular cylinder under the action of a concentrated force and a continuously distributed load over part of the periphery. Bull. de l'Académie Polonaise des Sciences, Warszawa, (1957) 3 139—144; Aeron. Engng. Rev. **16** (1957) 12 136.

Yuan, S. W. and *L. Ting:* On radial deflections of a cylinder subjected to equal and opposite concentrated radial loads. J. Appl. Mech. **24** (1957) 2 278—282 22 ref.

Forkel, Walter: Zur Berechnung der Randstörungsschnittkräfte rotationssymmetrischer Schalen bei Zusammenschluß mehrerer Elemente. Bautechnik **35** (1958) 2 64—69.

Klein, Bertram: Effects of local loadings on pressurized circular cylindrical shells. An analysis of stresses and deflexions for four types of loading. Aircr. Engng. **30** (1958) 358 356—361 31 ref.

Ting, L. and *S. W. Yuan:* On radial deflection of a cylinder of finite length with various end conditions. J. Aeron. Sci. **25** (1958) 4 230—234 11 ref.; Index Aeron. **14** (1958) 5 75; Aero Space Engng. **17** (1958) 5 146.

Schalen mit Störungen (Ausschnitte usw.) **1.243.13**

Galletly, G. D.: Influence coefficients for hemispherical shells with small openings at the vertex. J. Appl. Mech. **22** (1955) 1 20—24.

McComb, Harvey G. jr. and *Emmet F. Low jr.:* Tables of coefficients for the analysis of stresses about cutouts in circular semimonocoque cylinders with flexible rings. NACA TN 3460 July 1955 98 p.; AMR **8** (1955) 12 519 Index Aeron. **11** (1955) 10 103; J. Roy. Aeron. Soc. **59** (1955) 538 720.

McComb, Harvey G. jr.: Stress analysis of circular semimonocoque cylinders with cutouts. NACA Rep. 1251 1955 55 p.; AMR **10** (1957) 5 196—197; Aircr. Engng. **29** (1957) 336 60; J. Roy. Aeron. Soc. **61** (1957) 553 66—67.

*) *Galletly, G. D.:* Analysis of discontinuity stresses adjacent to a central circular opening in a hemispherical shell. David W. Taylor Model Basin (Washington, D. C.) Rep. 870 May 1956 28 p.

Argyris, John H. and *S. Kelsey:* The matrix force method of structural analysis and some new applications. ARC R & M 3034 1957 33 p.; J. Roy. Aeron. Soc. **62** (1958) 566 149; AMR **11** (1958) 10 543; Aeron. Engng. Rev. **17** (1958) 3 94; Index Aeron. **14** (1958) 1 94 [1.224.13].

Dutt, S. B.: Stress concentrations around a small spherically isotropic spherical inclusion on the axis of an isotropic circular cylinder in torsion. J. Technol. **3** (1958) 1 13—17; AMR **12** (1959) 10 679.

Seika, M.: The stresses in a thick cylinder having a square hole under concentrated loading. J. Appl. Mech. **25** (1958) 4 571—574; AMR **12** (1959) 12 828.

Withum, Dieter: Die Kreiszylinderschale mit kreisförmigem Ausschnitt unter Schubbeanspruchung. Ing. Arch. **26** (1958) 6 435—446.

Mader, Fritz W.: Zur Spannungsermittlung in Torsionsröhren mit Ausschnitten. Bautechnik **36** (1959) 8 301—306.

Withum, D.: Die Kreiszylinderschale mit kreisförmigem Ausschnitt unter Schubbeanspruchung. Diss. TH Hannover 1959.

Spantprobleme von Schalen **1.243.14**

Wang, A. J. and *W. Prager:* Plastic twisting of a circular ring sector. J. Mech. & Phys. Solids **3** (1955) 3 169—175; AMR **9** (1956) 1 23.

Goodey, W. J.: The bending of thin uniform circular rings. Some investigations into the behaviour of rings under combined point and distributed loads. Aircr. Engng. **30** (1958) 350 101—108; Aero Space Engng. **17** (1958) 6 117; Index Aeron. **14** (1958) 5 75.

Kaufman, Stanley: Analysis of elliptical rings for monocoque fuselages. J. Aeron. Sci. **25** (1958) 2 98—102 9 ref.; AMR **11** (1958) 9 484; Index Aeron. **14** (1958) 3 86; Aeron. Engng. Rev. **17** (1958) 2 88. [6.254.3]

Membrantheorie   **1.244**

*) *Rüdiger, D.:* Spannungsfunktionen drehsymmetrischer Membranen. Wiss. Z. TH Dresden **4** (1954/55) 2 271—283.

*) *Rüdiger, D.:* Spannungsfunktionen elliptischer Membranen. Wiss. Z. TH Dresden **4** (1954/55) 5 789—792.

Rüdiger, D.: Der Spannungs- und Verschiebungszustand drehsymmetrischer Membrane mit beliebig gekrümmter Meridiankurve. Ing.-Arch. **22** (1954) 5 336—347; AMR **9** (1956) 4 149.

Horvay, G. and *I. M. Clausen:* Membrane and bending analysis of axisymmetrically loaded axisymmetrical shells. J. Appl. Mech. **22** (1955) 1 25—30; AMR **9** (1956) 12 521 [1.245].

Reissner, E.: On some aspects of the theory of thin elastic shells. J. Boston Soc. Civil Engrs. **42** (1955) 2 100—133; AMR **9** (1956) 3 102.

*) *Salvadori, M. G.:* Boundary displacements in membranes of revolution under symmetrical loads. Annali di Matimatica, Pura ed applicata, Series 5 **39** (1955).

Wahl, A. M.: Recent research on flat diaphragms and circular plates with particular reference to instrument applications. Amer. Soc. Mech. Engrs. Ann. Meeting, Chicago, Ill., Nov. 1955, 55-A-116 10 p.; AMR **9** (1956) 7 292. [1.225.13].

Weil, N. A. and *N. M. Newmark:* Large plastic deformations of circular membranes. J. Appl. Mech. **22** (1955) 4 533—538 14 ref.; AMR **9** (1956) 7 292.

Behlendorff, Erika: Über Randwertprobleme bei Häuten und dünnen Schalen im Membranspannungszustand. ZAMM **36** (1956) 11/12 399—413 7 Lit.-St.; Aeron. Engng. Rev. **16** (1957) 5 196; Index Aeron. **13** (1957) 4 88; AMR **11** (1958) 6 290.

Campbell, J. D.: On the theory of initially tensioned circular membranes subjected to uniform pressure. Quart. J. Mech. & Appl. Math. **9** (1956) 1 84—93; AMR **9** (1956) 7 292.

*) *Flügge, W.* and *D. A. Conrad:* Singular solutions in the theory of shallow shells. Stanford Univ., Div. Engng. Mech. Techn. Rep. 101 Sept. 1956 100 p.

*) *Flügge, W.* and *P. M. Riplog:* A large-deflection theory of shell membranes. Stanford Univ., Div. Engng. Mech. Techn. Rep. 102 Sept. 1956 100 p.

Ku, C. L.: On the large deflection of elastic circular membrane with initial tension under uniformly distributed load. (In Engl.). Scientia Sinica (Peking) **5** (1956) 3 423—443; AMR **11** (1958) 6 292.

*) *Layrangues, M.:* Elastic deformation of thin shells. (In French). Ann. Ponts Chaussées **126** (1956) 1 39—76.

*) *Parszewski, Z.:* The equation of the engineer's non-linear theory of thin shells. 9. Int. Congr. Appl. Mech. Brussels 1956.

*) *Reissner, E.:* Contribution to the theory of thin elastic shells. 9. Int. Congr. Appl. Mech. Brussels 1956.

Ashwell, D. G.: The equilibrium equations of the inextensional theory for thin flat plates. Quart. J. Mech. & Appl. Math. **10** (1957) May 169—182; Aeron. Engng. Rev. **16** (1957) 7 127—128.

Flügge, W. and *F. T. Geyling:* A general theory of deformations of membrane shells. Publ. Int. Ass. Bridge & Struct. Engng. **17** (1957) 23—46 8 ref.

Karas, Karl: Die Auswölbungen der Kreis- und Kreisringmembranen unter hydrostatischem Druck. Ing. Arch. **25** (1957) 5 359—380; AMR **11** (1958) 3 114; Aeron. Engng. Rev. **17** (1958) 2 110.

Soare, Mircea: Die Membrantheorie der Schalen mit zwei Leitparabeln und einer Leitebene. Rev. de Mécanique Appliquée (Bucarest) **2** (1957) 1 213—232 19 Lit.-St.; AMR **11** (1958) 11 603; Aero Space Engng. **17** (1958) 5 146.

Truesdell, C.: General solution for the stresses in a curved membrane. Proc. Nat. Acad. Sci. (Washington) **43** (1957) 12 1070—1072; AMR **11** (1958) 12 667.

Karas, Karl: Die Auswölbungen der Kreisringmembranen unter hydrostatischem Druck. Ing. Arch. **26** (1958) 3 157—180; Aero Space Engng. **17** (1958) 12 102; AMR **12** (1959) 7 459.

Meier-Dörnberg, Karl-Ernst: Experimentelle Bestimmung der Wölbfläche einer Vollkreismembran unter hydrostatischem Druck. Ing. Arch. **26** (1958) März 93—95; AMR 11 (1958) 12 667.

Mittelmann, Goswin: Beitrag zur Berechnung von Translationsschalen. Ing. Arch. **26** (1958) 4 288—301; AMR **12** (1959) 7 460.

Soare, Mircea: Zur Membrantheorie der Konoidschalen. Bauing. **33** (1958) 7 256—265, **34** (1959) 2 76.

Mesmer, Gustav: Über eine Gruppe von Singularitäten im Membranspannungszustand der Kugelschale. „Festschrift R. Grammel", Ing.-Arch. **28** (1959) 208—212.

Zerna, W.: Berechnung des Membranspannungszustandes doppelt gekrümmter Schalen über beliebigem Grundriß. „Festschrift R. Grammel", Ing.-Arch. **28** (1959) 363—365.

Biegetheorie der Schalen

Hoff, N. J.: The accuracy of Donnell's equations. Amer. Soc. Mech. Prepr. 54-A-105 1954 6 p. 14 ref.; J. Appl. Mech. **22** (1955) 3 329—334; Index Aeron. **11** (1955) 3 101; Aeron. Engng. Rev. **14** (1955) 12 100; AMR **9** (1956) 11 474.

*) *Chronowicz, A.:* Simplified solution of the differential equation of cylindrical shells. Civil Engng. *(London)* **50** (1955) 586 397—400, 587 539—541, 588 664—666 [1.241.111.1].

Horvay, G. and *I. M. Clausen:* Membrane and bending analysis of axisymmetrically loaded axisymmetrical shells. J. Appl. Mech. **22** (1955) 1 25—30; AMR **9** (1956) 12 521 [1.244].

*) *Kempner, J.:* Remarks on Donnell's equations. J. Appl. Mech. **22** (1955) 1 117—118.

Nash, William A. and *Wasfi Hijap:* Stresses in non-uniformly supported cylindrical tanks. Publ. Int. Ass. Bridge & Struct. Engng. **15** (1955) 153—166 11 ref. [1.240].

*) *De Silva, C. N.:* Theory of paraboloidal shells of revolution. Diss. Univ. Michigan (Ann Arbor, Mich.) 1955 [1.242.111].

*) *De Silva, C. N.* and *P. M. Naghdi:* Some remarks on a class of shells of revolution of variable thickness. Univ. Michigan (Ann Arbor, Mich.) Engng. Res. Inst. Techn. Rep. 7 Dec 1955 12 p. [1.242.111].

Tsuboi, Yoshikatsu and *Kinji Akino:* Design and construction of reinforced concrete shell structure of non-uniform thickness supported on roller system. Publ. Int. Ass. Bridge & Struct. Engng. **15** (1955) 199—230 [1.242.0].

Ambartsumyan, S. A.: On the theory of anisotropic shallow shells. NACA TM 1424 Dec. 1956 11 p.; Index Aeron. **13** (1957) 3 84; Aircr. Engng. **29** (1957) 339 160; J. Roy. Aeron. Soc. **61** (1957) 559 508; Aeron. Engng. Rev. **16** (1957) 2 146.

van der Eb, W. J.: A new method of calculating circular cylindrical shells. Publ. Int. Ass. Bridge & Struct. Engnq. **16** (1956) 101—148 [6.273].

Giangreco, E.: Sur l'instabilité de l'équilibre des voûtes minces. Publ. Ass. Int. Ponts & Charpentes **16** (1956) 255—274 21 réf.

*) *De Silva, C. N.:* Deformation of elastic paraboloidal shells of revolution. Univ. Michigan (Ann Arbor, Mich.) Engng. Res. Inst. Techn. Rep. 5 Febr. 1956 19 p. [1.242.11].

Simons, Roger M.: A power series solution of the nonlinear equations for axisymmetrical bending of shallow spherical shells. J. Math. & Phys. 35 (1956) 2 164—176; AMR 10 (1957) 6 249; Index Aeron. 13 (1957) 1 7; Aeron. Engng. Rev. 16 (1957) 1 144, 146.

Blackburn, W. S.: Second order effects in the flexure of isotropic incompressible elastic cylinders. Proc. Cambridge Phil. Soc. 53 (1957) Oct. 907—921; Aeron. Engng. Rev. 17 (1958) 1 97—98.

Naghdi, P. M.: The effect of transverse shear deformation on the bending of elastic shells of revolution. Quart. Appl. Math. 15 (1957) 1 41—52 9 ref.; Aeron. Engng. Rev. 16 (1957) 6 144; Index Aeron. 13 (1957) 7 74; AMR 10 (1957) 11 506.

Oravas, Gunhard-Aestius: Stress and strain in thin shallow spherical calotte shells. Publ. Int. Ass. Bridge & Struct. Engng. 17 (1957) 139—160 24 ref.

Windels, R.: Biegetheorie der Rotationsschale mit flacher, kreisförmiger Erzeugender. Ing. Arch. 25 (1957) 3 164—173; Aeron. Engng. Rev. 17 (1958) 2 110; AMR 11 (1958) 6 289—290.

Nash, William A. and P. L. Sheng: An iteration method for solving linear problems in the theory of shallow shells. J. Aeron. Sci. 25 (1958) 4 267 3 ref.; Index Aeron. 14 (1958) 5 76.

Oravas, Gunhard-Aestius: Analysis of thin elastic shallow segmental shells. Publ. Int. Ass. Bridge & Struct. Engng. 18 (1958) 201—214 [1.230].

Oravas, G. A.: On the theory of nearly spherical thin shells. (Engl.) ZAMM 38 (1958) 9/10 379—386; AMR 12 (1959) 11 757.

Reissner, E.: Rotationally symmetric problems in the theory of thin elastic shells. Proc. Third U. S. Nat. Congr. Appl. Mech. June 1958, Amer. Soc. Mech. Engrs. 1958 51—69; AMR 12 (1959) 12 831.

Reissner, Eric: Symmetric bending of shallow shells of revolution. J. Math. & Mech. (1958) March 121—140; Aeron. Engng. Rev. 17 (1958) 4 90.

Bieger, K. W.: Einflußflächen der Kreiszylinderschalen. Diss. T. U. Berlin 1959; Z. VDI 102 (1960) 16 661.

Kastenträger

Lewis, W. C. and E. R. Dawley: Design of plywood webs in box beams. Stiffeners in box beams and details of design. FPL Rep. 1318-A rev. Oct. 1952 12 p.
— Design of plywood webs in box beams. FPL Rep. 1318 rev. Oct. 1952 14 p.

Leonard, Robert W. and Bernard Budiansky: On traveling waves in beams. NACA Rep. 1173 1954 26 p. 18 ref.; Aircr. Engng. 27 (1955) 320 354.

Bernstein, S.: Optimum structural design of wing box beams. Inst. Aeron. Sci. Prepr. No 569 Nov. 1955; J. Roy. Aeron. Soc. 60 (1956) 542 146 [6.254.1].

Hemp, W. S.: Stress analysis of multi-web boxes. Inst. Aeron. Sci. — Roy. Aeron. Soc. 5th Int. Aeron. Conf., Los Angeles, June 1955, Prepr. 556 28 p. 3 ref.; Index Aeron. 11 (1955) 9 97; Aeron. Engng. Rev. 14 (1955) 10 154.

Hemp, W. S.: Stress analysis of multiweb boxes. „Proc. 5th Int. Conf., Los Angeles, June 1955", New York: Inst. Aeron. Sci. 146—161; AMR 10 (1957) 9 409.

Needham, Robert A.: The ultimate strength of multiweb box beams in pure bending. J. Aeron. Sci. 22 (1955) 11 781—786; AB 26 (1955) 12 723; Aeron. Engng. Rev. 14 (1955) 12 100; AMR 9 (1956) 6 249. [6.254.1]

Vasarhelyi, Desi D. and Rodney O. Knudson: Thin walled box beams under pure bending. Publ. Int. Ass. Bridge & Struct. Engng. 15 (1955) 231—245 8 ref.; AMR 10 (1957) 4 149.

Eggwertz, Sigge: Strength of 75 S-T integral compression skins in box-beams under pure bending. FFA Rep. 64 Febr. 1956 42 p. 38 ref.; Index Aeron. 12 (1956) 7 78—79; Aircr. Engng. 28 (1956) 332 365; AMR 10 (1957) 4 147.

Fraser, A. F.: Experimental investigation of the strength of multiweb beams with corrugated webs. NACA TN 3801 Oct. 1956 17 p. 4 ref.; Index Aeron. **12** (1956) 12 81; AMR **10** (1957) 3 96; J. Roy. Aeron. Soc. **61** (1957) 553 67.

Fretigny, G.: Calcul des caissons rectangulaires symétriques avec remplissage en nids d'abeilles. Docaéro (1956) 39 13—22; Index Aeron. **12** (1956) 11 111; Aeron. Engng. Rev. **16** (1957) 2 160 [6.15].

Griffin, K. H.: Certain methods of stress-analysis of rectangular multi-web box beams. Coll. Aeron. Cranfield Rep. 108 Dec. 1956 21 p. 4 ref.; Aeron. Engng. Rev. **16** (1957) 6 114; AMR **10** (1957) 11 505; Index Aeron. **13** (1957) 5 97.

Howe, D. and *K. H. Griffin:* Box beams under constraint. Engineering **182** (1956) 4718 169—174 22 ref.; Index Aeron. **12** (1956) 9 78; AMR **10** (1957) 5 195.

Pride, Richard A.: Comments on „the ultimate strength of multiweb box beams in pure bending". J. Aeron. Sci. **23** (1956) 11 1059—1060 5 ref.; Index Aeron. **12** (1956) 12 89;

Houghton, D. S. and *A. S. L. Chan:* The design of a multi-cell box in pure bending for minimum weight. Coll. Aeron. Cranfield Note 74 Nov. 1957 24 p.; J. Roy. Aeron. Soc. **62** (1958) 570 468; Aero Space Engng. **17** (1958) 5 112; Index Aeron. **14** (1958) 3 79; Aircr. Engng. **30** (1958) 356 319 [1.342.4].

Klein, Bertram: A simple method of matric structural analysis. J. Aeron. Sci. **24** (1957) 1 39—46 51 ref.; Index Aeron. **13** (1957) 2 71—72; AMR **10** (1957) 11 509; Aeron. Engng. Rev. **16** (1957) 2 145 [6.254.0].

Mar, James W.: The failure of box beams under bending and rapid heating. Inst. Aeron. Sci. 25 Ann. Meeting, New York, Jan. 1957, Prepr. 716 1957 32 p. 6 ref.; Index Aeron. **13** (1957) 5 95—96; Aeron. Engng. Rev. **16** (1957) 3 112 [1.37].

Melosh, Robert J. and *Richard G. Merritt:* Evaluation of spar matrices for stiffness analyses. J. Aero Space Sci. **25** (1958) 9 537—543 3 ref.; Aero Space Engng. **17** (1958) 9 79; Index Aeron. **14** (1958) 10 91.

Pandalai, K. A. V. and *S. A. Patel:* Stress distribution in multi-cellular torque boxes due to primary and secondary creep. AFOSR TN 58—1074 (Polyt. Inst. Brookln. Aero Lab. Rep. 480, ASTIA AD 207243) Dec. 1958 22 p.; AMR **12** (1959) 11 750.

Pensien, J.: Torsional rigidity of box beams having multiple cut-outs. J. Ship. Res. **1** (1958) 4 15—20; AMR **12** (1959) 5 308.

Pride, R. A. and *J. B. Hall jr.:* Transient heating effects on the bending strength of integral aluminium-alloy box beams. NACA TN 4205 March 1958 38 p. 11 ref.; AMR **11** (1958) 8 423; Aero Space Engng. **17** (1958) 5 110; Index Aeron. **14** (1958) 5 72; J. Roy. Aeron. Soc. **62** (1958) 570 467 [1.37].

Ikeda, K. and *M. Sunakawa:* The stress distribution in a swept-back box-beam under torsional and bending loads. Univ. Tokyo, Aeron. Res. Inst. Rep. 347 July 1959; J. Roy. Aeron. Soc. **63** (1959) 588 746.

Peterson, J. P. and *W. E. Bruce:* Investigation of the structural behavior and maximum bending strength of six multiweb beams with three types of web. NASA Mem. 5-3-59 L TIL 6380 May 1959; J. Roy. Aeron. Soc. **63** (1959) 585 562.

Resinger, Fritz: Der dünnwandige Kastenträger mit einfachsymmetrischem, verformbarem Rechteckquerschnitt unter Biege- und Torsionsbelastung. Forsch.-H. Stahlbau H. 13 1959 73 S. 56 Lit.-St.; Bau-Ing. **35** (1960) 1 38.

Faltwerke**1.247**

Rüdiger, D.: Die strenge Theorie anisotroper prismatischer Faltwerke. Ing. Arch. **23** (1955) 2 133—150; AMR 9 (1956) 11 474.

*) *Del Pozo, F.:* Metallic cylindrical shells made of a triangular network. (In French). Int. Ass. Bridge & Struct. Engng. Preliminary Publ., Lisbon, Portugal, 1956 405—421 [1.242.111].

Goldberg, John E. and *Howard L. Leve:* Theory of prismatic folded plate structures. Publ. Int. Ass. Bridge & Struct. Engng. **17** (1957) 59—86 21 ref.

*) *Rüdiger, D.:* Die strenge Theorie der Faltwerke konstanter Krümmung. Öst. Ing.-Arch. **11** (1957) 1 5—20.

Gross, Georg: Zur statischen Berechnung der prismatischen Faltwerke. Beton- u. Stahlbetonbau **54** (1959) 9 215—223.

Statik und Festigkeit von Holzkonstruktionen   **1.25**

Allgemeines   **1.251**

Wille, Fritz: Betrachtungen zu neueren Holzkonstruktionen. Holz als Roh- und Werkstoff **13** (1955) 1 25—32; AMR **9** (1956) 5 208.

Steinhardt, O. und *K. Möhler:* Stand des Ingenieur-Holzbaues. I. Einfluß der jüngsten Entwicklung auf die Neufassung der Berechnungsvorschriften. Z. VDI **98** (1956) 34 1869—1874 7 Lit.-St.; Holz als Roh- und Werkstoff **15** (1957) 10 447; AMR **10** (1957) 9 409.

Wood, L. W.: The factor of safety in design of timber structures. Proc. ASCE ST 7 (J. Struct. Div.) **84** (1958) Pap. 1838 18 p.; AMR **12** (1959) 3 173.

Knickstäbe   **1.252**

Allgemeines   **1.252.0**

Göhl, K.: Beitrag zur Vorbemessung von ein- und mehrteiligen Knickstäben aus Stahl nach dem $(\zeta\sqrt{\omega})$-Verfahren. Bautechnik **33** (1956) 4 123—128 [1.342.31].

Möhler, K.: Bemessung und Ausbildung gedrückter Konstruktionsglieder im Holzbau. Dtsch. Zimmermeister **59** (1957) 16 383—391 7 Lit.-St.; Holz als Roh- und Werkstoff **16** (1958) 11 451.

Voller Querschnitt   **1.252.1**

v. Saurma-Jeltsch, Hans Harald: Kritische Knickspannungen von Hölzern und Holzwerkstoffen im unelastischen Bereich. Holz als Roh- und Werkstoff **14** (1956) 7 249—252 4 Lit.-St.

(Winter, Hermann): Druck und Knickung von Vollquerschnitten. Unterlagen und Richtlinien für den Holzflugzeugbau, Ber. D I b. DFL, Braunschweig, Inst. Flugzeugbau 1957 8 S.; Luftf.-Techn. **3** (1957) 12 VI.

Biegeträger   **1.253**

Gerader Träger mit vollem Querschnitt   **1.253.1**

Kollmann, Franz und *Rudolf Hiltscher:* Über spannungsoptische Untersuchungen an geschichteten Biegestabmodellen. Ein Beitrag zur Frage der Spannungsverteilung in Biegestäben aus Holz. Holz als Roh- und Werkstoff **13** (1955) 6 209—211.

— Laminated beams from two species of timber. Forest Prod. Res. Spec. Rep. 10 1955 28 p.; Holz als Roh- und Werkstoff **15** (1957) 9 399.

Meadows, J. C. jr.: Longitudinal shear in wooden beams. Forest Products J. **6** (1956) 9 337—339; AMR **10** (1957) 10 470.

Norén, Bengt: Virkes hallfasthet vid böjning pa lagkant. (Biegefestigkeit von flachliegendem Bauholz). Paperi ja Puu, Papper och Trä **38** (1956) 2 35—52; Holz als Roh- und Werkstoff **15** (1957) 12 523.

(Winter, Hermann): Biegung von Vollquerschnitten. Unterlagen und Richtlinien für den Holzflugzeugbau. Ber. DI c, DFL, Braunschweig, Inst. Flugzeugbau 1957 17 S. 42 Lit.-St.
Wassipaul, F.: Qualitätsverbesserung von Holzträgern durch Lamellieren. Int. Holzmarkt (1959) 9 12.

Gerader Träger mit aufgelöstem Querschnitt **1.253.2**

Dunker, H. W. u. *W. Thielemann:* Kurvenblätter für die Dimensionierung und den Festigkeitsnachweis von Holzholmen. Ber. 150/16 Teil II Siebel-Flugzeugwerke Halle/Saale 1944 13 Bl.
Herrmann: Richtlinien für die Gestaltung von Holzteilen im Flugzeugbau. Junkers Flugzeug- u. Motorenwerke Dessau Okt. 1944 103 S.
Newlin, J. A. and *G. W. Trayer:* Deflection of beams with special reference to shear deformations. The influence of the form of a wooden beam on its stiffness and strength. I. (Repr. NACA Rep. 180 1924). FPL Rep. 1309 rev. March 1956 19 p.

Knickbiegung **1.253.4**

Newlin, J. A. and *G. W. Trayer:* Stresses in wood members subjected to combined column and beam action. The influence of the form of a wooden beam on its stiffness and strength. III. (Repr. NACA Rep. 188). FPL Rep. 1311 rev. March 1956 13 p.

Rahmen und andere Tragwerke **1.254**

Doyle, D. V.: Performance of structural pole framing under test load. FPL-Rep. 2111 June 1958 32 p.

Sonstige Konstruktionsprobleme **1.256**

(Winter, Hermann): Torsion von Vollquerschnitten. Unterlagen und Richtlinien für den Holzflugzeugbau. Ber. DI d. DFL, Braunschweig, Inst. Flugzeugbau 1957 16 S. 32 Lit.-St.

Statik und Festigkeit von Gemischtbauweisen **1.26**

White, J. P.: End grain balsa as a sandwich core material. A study of the properties of wood cored panels used in the construction of aircraft. Aircr. Engng. **28** (1956) 328 199—201; Index Aeron. **12** (1956) 7 89.
van Langendonck, Telemaco: Die Berechnung der Plattenbalken und Verbundträger. Bautechnik **35** (1958) 12 467—474.

Dynamik (mechanische Schwingungen) **1.27**
Allgemeine Grundlagen **1.271**

Stern, Marvin: Matrix method of coupling shear flexibility and rotatory inertia in bending vibration. J. Aeron. Sci. **22** (1955) 4 276—278 6 ref.
— Schwingungstechnik. Vorträge der VDI-Tagung Darmstadt 1954. VDI-Ber. Bd. 4 1955 120 S.; Z. VDI **98** (1956) 7 295.
Clerc, D.: Sur le calcul par itération des modes propres d'ordre supérieur. Rech. Aéron. (1956) 54 39—48, (1957) 56 33—40; AMR **10** (1957) 9 393—394, **11** (1958) 6 277.
Handelman, George and *Hirsch Cohen:* On the effects of the addition of mass to vibrating systems. Rensselaer Polytechn. Inst., Dep. of Math. Rep. 4 (AFOSR TN 56-387) (AD 96045) Sept. 1956 13 p.; Aeron. Engng. Rev. **16** (1957) 1 122.

Macduff, J. N. and *R. P. Felgar:* Vibration design charts. Amer. Soc. Mech. Engrs. Ann. Meeting, New York, Nov. 1956, Pap. 56-A-75 16 p.; Trans. ASME **79** (1957) Oct. 1459—1475 60 ref.; Aeron. Engng. Rev. **17** (1958) 1 80; AMR **10** (1957) 10 456.

Zoller, K.: Über das Grammelsche Verfahren bei Eigenschwingungsaufgaben. Ing. Arch. **24** (1956) 6 401—411.

Benz, Walter: Begriffe und Bezeichnungen bei Dreh- und Biegeschwingungen umlaufender Körper sowie erregende Ursachen für Biegeschwingungen verschiedener Ordnung. „Schwingungsabwehr", VDI-Ber. Bd. 24 1957 107—115.

Braunbek, W.: Forced vibrations of a simple nonlinear system. I. The differential equations and their stationary solutions. (In German). Z. Physik **147** (1957) 297—306; AMR **11** (1958) 2 56.

Braunbek, W. and *E. Sauter:* Forced vibrations of a simple nonlinear system. II. Transient movement. (In German). Z. Physik **147** (1957) 507—519; AMR **11** (1958) 2 56.

Den Hartog, J. P.: Vibration: A survey of industrial applications. Engineer **204** (1957) 22./11. 739—745; Aeron. Engng. Rev. **17** (1958) 3 80.

Jones, R. P. N.: The use of normal modes in problems of forced vibration and impact. J. Roy. Aeron. Soc. **61** (1957) 560 552—559 10 ref.; Index Aeron. **13** (1957) 9 37; AMR **11** (1958) 8 419; Aeron. Engng. Rev. **16** (1957) 11 102—103.

Klotter, K. and *E. Kreyszig:* Über eine besondere Klasse selbsterregter Schwingungen. Ing. Arch. **25** (1957) 6 389—403; AMR **11** (1958) 7 347.

Klotter, Karl: Nonlinear oscillations. AMR **10** (1957) 11 495—498 67 ref.

Li, W.-H.: Graphical solution of equations of vibrations. Proc. ASCE Vol. 83, EM 4 (J. Engng. Mech.), Pap. 1412 Oct. 1957 18 p.; AMR **11** (1958) 5 214.

Mahalingam, S.: Forced vibration of systems with nonlinear, nonsymmetrical characteristics. Amer. Soc. Mech. Engrs., Appl. Mech. Div. Summer Conf., Berkeley June 1957, Pap. 57-APM-3; J. Appl. Mech. **24** (1957) 3 435-439; Aeron. Engng. Rev. **17** (1958) 1 80.

Pell, W. H.: Graphical solution of single-degree-of-freedom vibration problem with arbitrary damping and restoring forces. J. Appl. Mech. **24** (1957) 2 311—313 5 ref.; Index Aeron. **13** (1957) 8 36.

Schmieden, C.: Nichtlineare Schwingungen bei zwei Freiheitsgraden. Ing.-Arch. **25** (1957) 4 292—302, **26** (1958) 2 110—128; Index Aeron. **14** (1958) 12 44.

Federn, Klaus: Beherrschung und Ausnutzung von Schwingungen als Konstruktionsaufgabe. Z. VDI **100** (1958) 25 1220—1232 37 Lit.-St.

den Hartog, J. P.: Vibration: A survey of industrial applications. Chartered Mech. Engr. (1958) May 196—217 44 ref.; Aero Space Engng. **17** (1958) 10 75.

Helke, G.: Untersuchungen zur Stabilität nichtlinearer erzwungener Schwingungen von einem Freiheitsgrad. DVL Ber. 55 Mai 1958 20 S.; Aero Space Engng. **17** (1958) 10 93.

Macduff, J. u. *R. Felgar:* Nomogramm zur Berechnung von Eigenschwingungszahlen. Konstruktion **10** (1958) 7 261—264 8 Lit.-St.

Silverberg, Samuel: A comment on the methods of calculating natural modes and frequencies of vibration. J. Aeron. Sci. **25** (1958) 4 275 2 ref.; Index Aeron. **14** (1958) 5 41; Aero Space Engng. **17** (1958) 5 96.

Benz, Walter: Zur Berechnung erzwungener gedämpfter Schwingungen. Anwendung der gleichen Verfahren auf Stabilitätsuntersuchungen. „Schwingungstechnik", VDI-Ber. Bd. 35 1959 132—134.

Mettler, E.: Stabilitätsfragen bei freien Schwingungen mechanischer Systeme. „Festschrift R. Grammel", Ing.-Arch. **28** (1959) 213—228.

Neuber, H.: Über allgemeine Eigenschaften der Schwingungszahlen linearelastischer Systeme. „Festschrift R. Grammel", Ing.-Arch. **28** (1959) 229—241.

Odqvist, Folke K. G.: Die Näherungsformel von Dunkerley und ähnliche Formeln für die Eigenwerte bei Schwingungsaufgaben. „Festschrift R. Grammel", Ing.-Arch. **28** (1959) 242—245.

Schubart, Hans: Über die Grenzamplitude einer Klasse selbsterregter Schwingungen. Ing.-Arch. **27** (1959) 1 66—72.

Zurmühl, Rudolf: Numerische Behandlung von Schwingungsaufgaben mittels Übertragungsmatrizen. „Schwingungstechnik", VDI-Ber. Bd. 35 1959 7—10.

Schwingungen von Bauteilen **1.272**

Fuhrke, H.: Bestimmung von Balkenschwingungen mit Hilfe des Matrizenkalküls. Diss. TH Darmstadt 1953; Ing. Arch. **23** (1955) 5 329—348.

*) *Hodge, P. G. jr.:* Ultimate dynamic load of a circular cylindrical shell. Polytechn. Inst. Brooklyn, Aeron. Lab., PIBAL Rep. 265 Nov. 1954 39 p.; Proc. 2nd Midwestern Conf. Solid Mech., Purdue Univ. (Lafayette, Ind.) Sept. 1955 150—177 [1.241.111.1].

Adamson, Bo: A method for measuring damping and frequencies of high modes of vibration of beams. Publ. Int. Ass. Bridge & Struct. Engng. **15** (1955) 1—16 11 ref. [1.274].

Adler, Alfred A.: Bending and torsional vibrations of nonuniform beams. Thesis, Graduate School, Cornell Univ. Sept. 1955 51 p.; AMR **9** (1956) 10 418; Aeron. Engng. Rev. **14** (1955) 11 112.

Anliker, M.: Flexural vibrations of twisted rods fixed at one end and simply supported at the other. (In German). ETH Zürich Prom. 2539 1955 42 p.; AMR **10** (1957) 4 142.

Balogh, A.: Ein neues Verfahren zum Ermitteln der Eigenschwingungszahlen von Torsionsschwingungen. Z. VDI **97** (1955) 6 178—180 43 Lit.-St.; Index Aeron. **11** (1955) 6 43; AMR **9** (1956) 5 194.

Bishop, R. E. D.: The analysis of vibrating systems which embody beams in flexure. Chartered Mech. Engr. **2** (1955) 4.

*) *Bleich, H. H.:* Approximate determination of the frequencies of ring-stiffened cylindrical shells. Columbia Univ., New York, Techn. Rep. 14 Contract Nonr 266 (08) March 1955 41 p.

Cheng, C.-M.: Flexure vibration of uniform beams simply supported at equal intervals — normal modes and frequencies. California Inst. Technol., Guggenheim Aeron. Lab. OSR-TN-55-235 July 1955 10 p.; AMR **9** (1956) 9 372.

*) *Eason, G.* and *R. T. Shield:* Dynamic loading of rigid-plastic cylindrical shells. Armament Res. & Devel. Establ. Rep. (B) 31/55 (Fort Halstead, England) Dec. 1955; J. Mech. & Phys. Solids **4** (1956) 2 53—71.

*) *Fung, Y. C.:* On the vibration of thin cylindrical shells under internal pressure Ramo-Wooldridge Corp. (Los Angeles) Rep. AM 5-8 Oct. 1955 32 p.

*) *Fung, Y. C., A. Kaplan* and *E. E. Sechler:* Experiments on the vibration of thin cylindrical shells under internal pressure. Ramo-Wooldridge Corp. (Los Angeles) Rep. AM 5-9 Dec. 1955 55 p.

*) *Goldberg, J. E.:* Axisymmetric oscillations of conical shells. Diss. Illinois Inst. Technol. (Chicago) 1955; 9. Int. Congr. Appl. Mech. Brussels 1956 [1.242.111].

*) *Gondikas, P. C.:* Vibrations of ring-stiffened cylindrical shells. Diss. Columbia Univ. (New York) 1955; Columbia Univ. Techn. Rep. 13 Contract Nonr 266 (08) March 1955 52 p. [1.241.211].

Hearmon, R. F. S. and *E. H. Adams:* The flexural vibrations of an end-loaded vertical strip. Brit. J. Appl. Phys. (1955) Aug. 280—284; Aeron. Engng. Rev. **14** (1955) 11 112.

*) *Herrmann, G.* and *I. Mirsky:* Three-dimensional and shell-theory analysis of axially-symmetric motions of cylinders. Columbia Univ. (New York) Inst. Air Flight Structures, Air Force TN 1 Apr. 1955 29 p.; J. Appl. Mech. **23** (1956) 4 563—568 [1.241.111.1].

*) *Huth, J. H.* and *J. D. Cole:* Elastic-stress waves produced by pressure loads on a spherical shell. J. Appl. Mech. **22** (1955) 4 473—478 [1.242.115].

*) *Junger, M. C.:* The effect of a surrounding fluid on pressure waves in a fluid-filled elastic tube. J. Appl. Mech. **22** (1955) 2 227—231 [1.241.111.5].

Kordes, Eldon E. and *Edwin T. Kruszewski:* Investigation of the vibrations of a hollow thin-walled rectangular beam. NACA TN 3463 Oct. 1955 24 p.; AMR **9** (1956) 3 96; Index Aeron. **11** (1955) 12 88; Aeron. Engng. Rev. **14** (1955) 12 80.

*) *Lin, T. C.* and *G. W. Morgan:* A study of axisymmetric vibrations of cylindrical shells as effected by rotatory inertia and transverse shear. Brown Univ. (Providence, R. I.) Div. Appl. Math. Techn. Rep. 3 Febr. 1955; Amer. Soc. Mech. Engrs. Ann. Meeting, Chicago, Ill., Nov. 1955, Pap. 55-A-59 7 p.; J. Appl. Mech. **23** (1956) 2 255—261; AMR **9** (1956) 6 241 [1.241.111.1].

Mettler, E.: Nichtlineare Schwingungen und kinetische Instabilität bei Saiten und Stäben. Ing. Arch. **23** (1955) 5 354—364; AMR **9** (1956) 5 194.

*) *Naghdi, P. M.* and *R. M. Cooper:* Propagation of elastic waves in cylindrical shells. Univ. Michigan (Ann. Arbor, Mich.) Techn. Rep. 4 Contract Nonr-1224 (01) Aug. 1955 16 p. [1.241.111.1].

*) *Reissner, E.:* The effect of inertia and compressibility of an internal gas column on the breathing vibrations of pressurized thin shells. Ramo-Wooldridge Corp. (Los Angeles) Rep. AM 5-5 1955.

*) *Reissner, E.:* Non-linear effects in vibrations of cylindrical shells. Ramo-Wooldridge Corp. (Los Angeles) Rep. AM 5-6 Sept. 1955 63 p.

*) *Reissner, E.:* Notes on vibrations of thin, pressurized cylindrical shells. Ramo-Wooldridge Corp. (Los Angeles) Rep. AM 5-4 Nov. 1955 26 p. [1.241.111.5].

*) *Serbin, H.:* Breathing vibrations of a pressurized cylindrical shell. Convair (San Diego, Calif.) Rep. A-Atlas-152 Jan. 1955.

Smith, P. W. jr.: Phase velocities and displacement characteristics of free waves in a thin cylindrical shell. J. Acoustical Soc. Amer. **27** (1955) 6 1065—1072 [1.241.111.1].

Veletsos, A. S. and *N. M. Newmark:* A simple approximation for the fundamental frequencies of two-span and three-span continuous beams. Proceedings of the Second U. S. National Congress of Applied Mechanics, June 1954, Easton, Pa.: Amer. Soc. Mech. Engrs. 1955 143—146; AMR **9** (1956) 1 14.

Veletsos, A. S. and *N. M. Newmark:* Determination of the natural frequencies of continuous beams on flexible supports. Proceedings of the Second U. S. National Congress of Applied Mechanics, June 1954, Easton, Pa.: Amer. Soc. Mech. Engrs. 1955 147—155; AMR **9** (1956) 1 14.

Yntema, R. T.: Simplified procedures and charts for the rapid estimation of bending frequencies of rotating beams. NACA TN 3459 June 1955 90 p.; AMR **9** (1956) 2 59.

*) *Yu, Y.-Y.:* Free vibrations of thin cylindrical shells having finite lengths with freely supported and clamped edges. J. Appl. Mech. **22** (1955) 4 547—552 [1.241.111.1].

Anliker, Max: Biegeschwingungen verwundener, einseitig eingespannter und am andern Ende gelenkig gelagerter Stäbe. ZAMP **7** (1956) 3 248—253; AMR **10** (1957) 2 58.

Bycroft, G. N.: Forced vibrations of a rigid circular plate on a semi-infinite elastic space and on an elastic stratum. Proc. Roy. Soc. (London) (A) **248** (1956) 948 327—368; AMR **10** (1957) 2 58.

Callahan, W. R.: On the flexural vibrations of circular and elliptical plates. Quart. Appl. Math. **13** (1956) 4 371—380; AMR **9** (1956) 7 288.

Cranch, E. and *A. Adler:* Bending vibrations of variable section beams. J. Appl. Mech. **23** (1956) 103—108.

Deresiewicz, H.: Symmetric flexural vibrations of a clamped circular disk. J. Appl. Mech. **23** (1956) 2 319; AMR **9** (1956) 11 466.

Ehrich, F. F.: A matrix solution for the vibration modes of nonuniform disks. J. Appl. Mech. **23** (1956) 1 109—115; AMR **9** (1956) 11 466.

Fraejis de Veubeke, B. M.: A variational approach to pure mode excitation based on characteristic phase lag theory. AGARD Rep. 39 Apr. 1956 35 p. 11 ref.; Index Aeron. **13** (1957) 9 71; J. Roy. Aeron. Soc. **61** (1957) 563 790.

Handelman, George and *Yih-O Tu:* On the anti-symmetric vibrations of a beam carrying a distributed added mass. Rensselaer Polytechn. Inst., Dep. Math. Rep. 2 (AFOSR TN 56-398) (AD 96056) July 1956 4 p.

Hasselgruber, H.: Zur Berechnung der Eigenfrequenzen eines in seiner Ebene frei schwingenden, nicht geschlossenen Kreisringes konstanten Querschnittes. Forsch. Ing.-Wes. (A) (1956) 5 158—166; Aeron. Engng. Rev. **16** (1957) 2 118.

Hearmon, R. F. S.: The frequency of vibration and the elastic stability of a fixed-free strip. Brit. J. Appl. Phys. **7** (1956) 11 405—407; AMR **10** (1957) 5 187.

*) *Herrmann, G.:* On the dynamic behavior of shells. 9. Int. Congr. Appl. Mech. Brussels 1956 [1.242.111].

Herrmann, George: The influence of initial stress on the dynamic behaviour of elastic and viscoelastic plates. Publ. Int. Ass. Bridge & Struct. Engng. **16** (1956) 275—294 9 ref. [1.274].

*) *Hoppmann, W. H. II:* Flexural vibrations of orthogonally stiffened cylindrical shells. Johns Hopkins Univ. (Baltimore, Md.) Techn. Rep. 11; Navy Contract Nonr-248 (12) July 1956 23 p.; 9. Int. Congr. Appl. Mech. Brussels 1956 [1.241.213].

Kaul, R. K. and *V. Cadambe:* The natural frequencies of thin skew plates. Aeron. Quart. **7** (1956) 4 337—352 9 ref.; Index Aeron. **13** (1957) 1 89; AMR **10** (1957) 6 242; Aeron. Engng. Rev. **16** (1957) 2 140.

Kiuchi, Atsushi: On the forced vibration characteristics of an elastically supported mechanical system with a shaft. Trans. Japan Soc. Mech. Engrs. **22** (1956) 115 187—193; Japan Sci. Rev., Mech. & Electr. Engng. **3** (1957) 1 61.

Kiuchi, Atsushi: On the vibration caused by forced displacements of an elastically supported mechanical system with a shaft. Trans. Japan Soc. Mech. Engrs. **22** (1956) 115 194—200; Japan Sci. Rev., Mech. & Electr. Engng. **3** (1957) 1 61.

*) *Lin, T. C.* and *G. W. Morgan:* Wave propagation through fluid contained in a cylindrical elastic shell. J. Acoustical Soc. Amer. **28** (1956) 6 1165—1176 [1.241.111.5].

Loewenfeld, K.: Die statische und dynamische Steifigkeit von Platten. Maschinenmarkt **62** (1956) 76 15—25, 83 26—30; Nachr.-Bl. AGM Leichtbau **5** (1956) 12 14 [1.221].

Marguerre, Karl: Vibration and stability problems of beams treated by matrices. J. Math. & Phys. **35** (1956) 1 28—43; AMR **9** (1956) 10 418 [1.342.31].

Miles, J. W.: Vibrations of beams on many supports. Proc. ASCE Vol. 82, EM 1 (J. Engng. Mech. Div.), Pap. 863 Jan. 1956 9 p.; AMR **9** (1956) 10 418.

*) *Naghdi, P. M.* and *R. M. Cooper:* Propagation of elastic waves in cylindrical shells, including the effects of transverse shear and rotatory inertia. J. Acoustical Soc. Amer. **28** (1956) 1 56—63 [1.241.111.1].

Pailloux, H.: Lateral vibration of a loaded beam. (In French). C. R. Hebd. Séances Acad. Sci. **242** (1956) 17 2097—2099; AMR **9** (1956) 12 515.

*) *Price, P.:* Suppression of the fluid-induced vibration of circular cylinders. Proc. ASCE Vol. 82, EM 3 (J. Engng. Mech. Div.) Pap. 1030 July 1956 22 p. [1.241.111.1].

Suppiger, Edward W. and *Nazih J. Taleb:* Free lateral vibration of beams of variable cross section. (In Engl.). ZAMP **7** (1956) 501—520 14 ref.; Aeron. Engng. Rev. **16** (1957) 3 107.

Takeyama, Hisao: A method of solution for lateral vibrations of a non-uniform bar and a circular plate with variable thickness. J. Japan Soc. Aeron. Engng. **4** (1956) 28 103—109; Japan Sci. Rev., Mech. & Electr. Engng. **3** (1957) 1 60.

Weidenhammer, F.: Das Stabilitätsverhalten der nichtlinearen Biegeschwingungen des axial pulsierend belasteten Stabes. Ing. Arch. **24** (1956) 1 53—68; AMR **9** (1956) 10 418.

*) *Yu, Y.-Y.:* Dynamic equation of Donnell's type for cylindrical shell with application to vibration problems. 9. Int. Congr. Appl. Mech. Brussels 1956; Syracuse Univ., Res. Inst. Mech. Engng. Dep. Rep. ME 390—5610 TN 1 (AFOSR TN 56—526) (AD 110345) Oct. 1956 26 p.; Aeron. Engng. Rev. **16** (1957) 2 140 [1.241.111.1].

Barducci, I. and *G. Pisent:* Experimental investigation on the flexural natural frequencies of prismatic bars as a function of the thickness/length ratio (Engl.). Acustica (Zürich) **7** (1957) 5 288—292; AMR **12** (1959) 8 529.

Bishop, R. E. D.: The vibration analysis on nonuniform beams and systems containing them. (Engl.) 9ième Congr. Intern. Mécan. Appl., Univ. Bruxelles **7** (1957) 388—394; AMR **12** (1959) 12 833.

Bishop, R. E. D.: Tables of characteristic functions for uniform beams with sliding ends. J. Roy. Aeron. Soc. **61** (1957) 559 494—499; Index Aeron. **13** (1957) 9 70.

Boyce, William and *George Handelman:* Vibrations of twisted beams. II. US Air Force, Office of Sci. Res., Air Res. & Devel. Command, AFOSR TN-57-773 (AD-148003), Rensselaer Polytechn. Inst. Dep. Math., RPI Math. Rep. 11 Dec. 1957 24 p.; Aeron. Engng. Rev. **17** (1958) 2 83.

Conway, H. D.: On analogy between the flexural vibrations of a cone and a disk of linearly varying thickness. (Engl.) ZAMM **37** (1957) 9/10 406—407; AMR **12** (1959) 12 835.

Ditaranto, R. A.: Natural frequencies of nonuniform beams on multiple elastic supports. Amer. Soc. Mech. Engrs. Fall Meeting, Hartford, Sept. 1957, Pap. 57-F-5; J. Appl. Mech. **25** (1958) 1 57—63; Aero Space Engng. **17** (1958) 6 78.

Gere, J. M. and *Y. K. Lin:* Coupled vibrations of thinwalled beams of open cross section. Amer. Soc. Mech. Engrs. Ann. Meeting, New York, N. Y., Dec. 1957 Pap. 57-A-26 6 p.; AMR **11** (1958) 7 347.

Green, W. A.: Vibrations of beams. II. Torsional modes. Quart. J. Mech. & Appl. Math. **10** (1957) 1 74—78 4 ref.; Index Aeron. **13** (1957) 4 85; Aeron. Engng. Rev. **16** (1957) 5 190.

Handelman, G. and *Y.-O. Tu:* Antisymmetric vibrations of a beam. J. Appl. Mech. **24** (1957) 2 312—313.

Hasegawa, M.: Vibration of clamped parallelogrammic isotropic flat plates. J. Aeron. Sci. **24** (1957) 2 145—146 6 ref.; Index Aeron. **13** (1957) 3 82.

Inoue, Nobuo: A technique for computing natural frequencies of trapezoidal vibrators. J. Aeron. Sci. **24** (1957) 3 239—240.

Kerley, J. J. jr.: Natural frequencies of beams and design for shock and vibration. Product Engng. (Design Dig. Issue) **28** (1957) 15 F 34—F 35.

Kynch, G. J. and *W. A. Green:* Vibrations of beams. I. Longitudinal modes. Quart. J. Mech. & Appl. Math. **10** (1957) 1 63—73 7 ref.; Index Aeron. **13** (1957) 4 84; Aeron. Engng. Rev. **16** (1957) 5 190.

Kynch, G. J.: The fundamental modes of vibration of uniform beams for medium wavelengths. Brit. J. Appl. Phys. **8** (1957) 2 64—73; AMR **10** (1957) 7 286.

Reissner, Eric and *Kyuichiro Washizu:* On torsional vibrations of a beam with a small amount of pretwist. J. Japan Soc. Aeron. Engng. (1957) Dec. 4—9; Aeron. Engng. Rev. **17** (1958) 3 90.

Stanišić, Milomir M.: An approximate method applied to the solution of the problem of vibrating rectangular plates. J. Aeron. Sci. **24** (1957) 2 159—160.

Di Taranto, R. A.: Natural frequencies of nonuniform beams on multiple elastic supports. Amer. Soc. Mech. Engrs. Fall Meeting, Hartford, Conn., Sept. 1957 Pap. 57-F-5 7 p.; AMR **11** (1958) 5 214.

Tobias, S. A. and *R. N. Arnold:* The influence of dynamical imperfection on the vibration of rotating discs. Instn. Mech. Engrs. Prepr. 1957 3-24 10 ref.; Index Aeron. **13** (1957) 6 61.

Volterra, E. and *E. C. Zachmanoglou:* Free and forced vibrations of straight elastic bars according to the "Method of internal constraints". Ing. Arch. **25** (1957) 6 424—436; Aeron. Engng. Rev. **17** (1958) 1 93.

Zander, K.: Über die bei transversalen Schwingungen prismatischer Stäbe auftretenden Beanspruchungen. Diss. TU Berlin 1957.

Ziemba, S.: The influence of mass and internal friction on free torsional vibrations on a bar. (Engl.) Arch. Mech. Stos. **9** (1957) 1 59—70; AMR **12** (1959) 12 833.

Burgreen, D.: Effects of end-fixity on the vibration of rods. Proc. ASCE, EM 4 (J. Engng. Mech. Div.) **84** (1958) Pap.1791 10 p.; AMR **12** (1959) 9 609.

Cox, H. L.: Vibration of axially loaded beams carrying distributed masses. J. Acoustical Soc. Amer. **30** (1958) June 568—571; Aero Space Engng. **17** (1958) 9 75.

Haener, J.: Formulas for the frequences including higher frequencies, of uniform cantilever and free-free beams with additional masses at the ends. J. Appl. Mech. **25** (1958) 3 412; AMR **12** (1959) 3 165.

Hearmon, R. F. S.: The influence of shear and rotatory inertia on the free flexural vibration of wooden beams. Brit. J. Appl. Phys. **9** (1958) 8 381—388; AMR **12** (1959) 9 609.

Hieke, Max: Ein Beitrag zu den erzwungenen Schwingungen einer Membran. ZAMM **38** (1958) 9/10 356—368.

Higuchi, Seiichi and *Kazukiyo Iinuma:* Behavior of the node of an elastic beam during stationary vibration. J. Franklin Inst. (1958) Apr. 309—315; Aero Space Engng. **17** (1958) 7 63.

Holste, W.: Freie und erzwungene Schwingungen des elastisch gelagerten Balkens. Forsch. Ing.-Wes. **24** (1958) 1 1—14 13 Lit.-St.; Aero Space Engng. **17** (1958) 7 63

Huang, T. C.: Effect of rotatory inertia and shear on the vibration of beams treated by the approximate methods of Ritz and Galerkin. Proc. Third U. S. Nat. Congr. Appl. Mech. June 1958, Amer. Soc. Mech. Engrs. 1958 189—194; AMR **12** (1959) 11 759.

Lakshmi Kantham, C.: Bending and vibration of elastically restrained beams. J. Aeron. Soc. India **10** (1958) Febr./March 1—5 12 ref.; Aero Space Engng. **17** (1958) 10 96.

Leonard, R. W.: On solutions for the transient response of beams. NACA TN 4244 June 1958 65 p. 15 ref.; Aero Space Engng. **17** (1958) 9 79; Index Aeron. **14** (1958) 9 73.

Matthieu, Paul: Über die Berechnung von biegekritischen Drehzahlen und transversalen Stabschwingungen durch digitale, insbesondere programmgesteuerte Rechenmaschinen. „Anwendung neuzeitlicher Rechengeräte in der Schwingungstechnik", VDI-Ber.30 1958 45—48.

Smith, G. M. and *L. E. Young:* Effect of axial loads on lateral vibrations of a slender member with any degree of end restraint. J. Aero Space Sci. **25** (1958) 9 596—597; Index Aeron. **14** (1958) 10 89.

Spinner, Sam and *R. C. Valore jr.:* Comparison of theoretical and empirical relations between the shear modulus and torsional resonance frequencies for bars of rectangular cross section. J. Res. Nat. Bur. Stand. (1958) May 459—464; Aero Space Engng. **17** (1958) 10 104.

Di Taranto, R. A.: Natural frequencies of nonuniform beams on multiple elastic supports. J. Appl. Mech. **25** (1958) 1 57—63.

Wittmeyer, H.: Torsionseigenfrequenzen eines Stabes veränderlichen Querschnitts mit einseitiger Einspannung oder etwas davon abweichenden Randbedingungen. Forsch. Ing.-Wes. (A) **24** (1958) 2 37—49; Aero Space Engng. **17** (1958) 9 108.

Appeltauer, Josef: Näherungsverfahren zur Bestimmung der Grundfrequenzen frei schwingender Rahmen. Stahlbau **28** (1959) 5 131—134 7 Lit.-St.

Holste, W.: Analytische Näherungsverfahren zur Berechnung von Eigenfrequenzen prismatischer Stäbe. Konstruktion **11** (1959) 1 28—34 13 Lit.-St.

Mahalingam, S.: An improvement of the Myklestad method for flexural-vibration problems. J. Aero. Space Sci. **26** (1959) 1 46—50 9 ref.

Wittmeyer, H.: Biegeeigenschaften eines gelenkig gelagerten Balkens. Ing.-Arch. **27** (1959) 2 117—127.

Schwingungen von Tragwerken **1.273**

Hearmon, R.: The frequency of vibration of rectangular isotropic plates. J. Appl. Mech. **19** (1952) 402—403.

Hasegawa, M.: On the vibrations of a clamped square plate uniformly compressed in one direction. Shimane Univ., Japan, Bull. (Natural Sci.) No. 4 March 1954 14—17.

Heiba, A. E.: Vibration characteristics of a cantilever plate with swept-back leading edge. Coll. Aeron. Cranfield Rep. 82 Oct. 1954 18 p.; AMR **9** (1956) 7 288—289; Index Aeron. **11** (1955) 9 97; Aircr. Engng. **27** (1955) 320 352; J. Roy. Aeron. Soc. **59** (1959) 538 719.

Cox, H. L.: Vibration of certain square plates having similar adjacent edges. Quart. J. Mech. & Appl. Math. **8** (1955) 4 454—456; AMR **9** (1956) 5 194.

Deresiewicz, H. and *R. D. Midlin:* Axially symmetric flexural vibrations of a circular disk. J. Appl. Mech. **22** (1955) 1 86—88 5 ref.

Eringen, A. C.: On the nonlinear oscillations of viscoelastic plates. J. Appl. Mech. **22** (1955) 4 563—567; AMR **9** (1956) 8 326.

Galletly, G. D.: On the in-vacuo vibrations of simply supported, ring-stiffened cylindrical shells. Proceedings of the Second U. S. National Congress of Applied Mechanics, June 1954, Easton, Pa.: Amer. Soc. Mech. Engrs. 1955 225—231; AMR **9** (1956) 1 15.

Hedgepeth, John M.: Summary of recent theoretical and experimental work on box-beam vibrations. NACA RM L 55 E 09 a June 1955 10 p.

Klein, B.: Vibration of simply supported isoceles trapezoidal flat plates. J. Acoustical Soc. Amer. **27** (1955) 6 1059—1060; AMR **9** (1956) 6 240.

Kruszewski, Edwin T. and *William W. Davenport:* Influence of shear deformation of the cross section on torsional frequencies of box beams. NACA TN 3464 Oct. 1955 23 p.; AMR **9** (1956) 3 96.

Lo, H. and *R. J. H. Bollard:* Coupled bending torsion vibration of a trapezoidal box beam with warping restraint. Proceedings of the Second U. S. National Congress of Applied Mechanics, June 1954, Easton, Pa.: Amer. Soc. Mech. Engrs. 1955 157—163; AMR **9** (1956) 1 14.

Mansfield, E. H.: The theory of torsional vibrations of a four-boom thin-walled cylinder of rectangular cross-section. ARC R & M 2867 1955 16 p.; AMR **9** (1956) 11 466; Aircr. Engng. **28** (1956) 328 209.

Mindlin, R. D., A. Schacknow and *H. Deresiewicz:* Flexural vibrations of rectangular plates. Amer. Soc. Mech. Engrs. Ann. Meeting, Chicago, Ill., Nov. 1955, Pap. 55-A-78 7 p.; AMR **9** (1956) 6 240.

*) *Morgan, G. W.* and *W. R. Ferrante:* Wave propagation in elastic tubes filled with streaming liquid. J. Acoustical Soc. Amer. **27** (1955) 4 715—725.

Nowacki, W.: Free vibrations and buckling of a rectangular plate with discontinuous boundary conditions. Bull. de l'Académie Polonaise des Sciences, Warszawa, **3** (1955) 4 159—173; AMR **10** (1957) 5 187.

Reissner, Eric: On transverse vibrations of thin, shallow elastic shells. Quart. Appl. Math. **13** (1955) 2 169—176; AMR **9** (1956) 4 144; Index Aeron. **11** (1955) 11 90.

Reissner, E.: On axi-symmetrical vibrations of shallow spherical shells. Quart. Appl. Math. **3** (1955) 3 279—290; AMR **9** (1956) 4 144.

Veletsos, A. S. and *N. M. Newmark:* Determination of natural frequencies of continuous plates hinged along two opposite edges. Amer. Soc. Mech. Engrs. Ann. Meeting, Chicago, Ill., Nov. 1955, Pap. 55-A-11 6 p.; AMR **9** (1956) 6 240—241.

de Vries, G.: L'analyse harmonique appliquée aux essais de vibration des structures non-linéaires. Rech. Aéron. (1955) 44 55—59.

Baron, M. L.: Circular-symmetric vibrations of infinitely long cylindrical shells with equidistant stiffeners. J. Appl. Mech. **23** (1956) 2 316—318; AMR **9** (1956) 10 418.

Bishop, R. E. D.: The vibration of frames. Proc. IME **170** (1956) 29 955—967 12 ref.; Aeron. Engng. Rev. **16** (1957) 11 116; AMR **10** (1957) 2 58.

Cox, Hugh L. and *Paul H. Denke:* Stress distribution, instability, and free vibration of beam grid-works on elastic foundations. J. Aeron. Sci. **23** (1956) 2 173—176 2 ref.; AMR **9** (1956) 6 240; Aeron. Engng. Rev. **15** (1956) 2 118—119; Index Aeron. **12** (1956) 3 87 [1.213.3].

Cox, H. L. and *B. Klein:* Vibration of isosceles triangular plates having the base clamped and other edges simply-supported. Aeron. Quart. **7** (1956) 3 221—224.

Davenport, W. W.: The accuracy of the substitute-stringer approach for determining the bending frequencies of multistringer box beams. NACA TN 3636 Apr. 1956 28 p. 4 ref.; Index Aeron. **12** (1956) 7 78; AMR **10** (1957) 4 143.

Dublin, Michael and *Hans R. Friedrich:* Forced responses of two elastic beams interconnected by spring-damper systems. J. Aeron. Sci **23** (1956) 9 824—829, 887; Index Aeron. **12** (1956) 10 85; Aeron. Engng. Rev. **15** (1956) 9 11; AMR **10** (1957) 4 142.

Fuhrke, Hartmut: Bestimmung von Rahmenschwingungen mit Hilfe des Matrizenkalküls. Ing. Arch. **24** (1956) 1 27—42; AMR **9** (1956) 11 467.

Geiger, J.: Ein genaueres Verfahren zum Berechnen der Biegeschwingungen portalförmiger Bauten. Z. VDI **98** (1956) 7 261—266 9 Lit.-St.; AMR **9** (1956) 8 327.

Hasegawa, M.: On the vibration of clamped rhombic isotropical plates I. Shimane Univ., Japan, Bull. (Natural Sci.) No. 6 Febr. 1956 21—25.

Hayes, W. D. and *J. W. Miles:* The free oscillations of a buckled panel. Quart. Appl. Math. **14** (1956) 1 19—26; AMR **9** (1956) 8 326.

Holste, W.: Ein Beitrag zur Frequenz- und Schwingungsform-Berechnung des elastisch gelagerten Balkens und Rahmens. Diss. TH Aachen 1956.

Klein, Bertram: Vibration of simply supported flat plates simultaneously tapered in planform and thickness. J. Acoustical Soc. Amer. **28** (1956) 6 1177—1181 3 ref.; Index Aeron. **13** (1957) 3 83.

Kito, Fumiki: On vibration of a thin cylindrical shell, which is immersed in water and subjected to a combined stress. Trans. Japan Soc. Mech. Engrs. **22** (1956) 115 205—211; Japan Sci. Rev., Mech. & Electr. Engng. **3** (1957) 1 58.

Kroušek, Vladimir: Schwingungen der Brücken aus Stahl und Stahlbeton. Abh. Int. Vereinig. Brücken- u. Hochbau. **16** (1956) 301—332 [6.272].

*) *Kopzon, G. I.:* Vibration of thin-walled elastic bodies in a gas flow. (In Russian.) Doklady Akademiia Nauk SSSR, Novaya Seriya 107 (1956) 2 217—220; Translation by M. D. Friedman 572 California St., Newtonville 60, Mass,. 6. p.

*) *Kopzon, G. I.:* Vibrations of a shallow wing shell in a gas flow. (In Russian.) Doklady Akademiia Nauk SSSR, Novaya Seriya, **107** (1956) 3 377—380; Translation by M. D. Friedman, 572 California St., Newtonville 60, Mass., 6 p.

Kordes, E. E. and *E. T. Kruszewski:* Experimental investigation of the vibrations of a built-up rectangular box beam. NACA TN 3618 Febr. 1956; J. Roy. Aeron. Soc. **60** (1956) 546 428.

Kumaraswamy, M. P. and *V. Cadambe:* Experimental study of the vibration of cantilevered isosceles triangular plates. J. Sci. & Industr. Res., India **14B** (1956) 2 54—60; AMR **9** (1956) 11 466.

Lakshmana Rao, S. K.: On the vibrations of triangular membranes. J. Indian Inst. Sci. (A & B) **38** (1956) 1 1—3; AMR **9** (1956) 10 418—419.

Martin, A. I.: On the vibration of a cantilever plate. Quart. J. Mech. & Appl. Math. **9** (1956) 1 94—102; AMR **9** (1956) 8 326.

Shibaoka, Yoshio: On the transverse vibration of an elliptic plate with clamped edge. J. Phys. Soc. Japan (Tokyo) **11** (1956) July 797—803; Aeron. Engng. Rev. **16** (1957) 4 112; Index Aeron. **13** (1957) 5 50; AMR **10** (1957) 3 93.

*) *Stephenson, C. V.:* Radial vibrations in short, hollow cylinders of barium titanate. J. Acoustical Soc. Amer. **28** (1956) 1 51—56.

Vedeler, G.: Vibration of frameworks. European Shipbuilding (Oslo) **5** (1956) 6 130—139; AMR **10** (1957) 12 551.

Wallisch, W.: Einfluß der Schubverzerrung auf die Eigenschwingungen von Platten. ZAMM **36** (1956) 7/8 291—293.

Waters, H.: Vibrations of elastic systems. I, II. Civil Engng. (London) **51** (1956) 597 297—300, 600 667—670; AMR **10** (1957)1 7.

Weidenhammer, F.: Stabquerschwingungen schwach vorgekrümmter Stäbe mit pulsierender Axiallast. ZAMM **36** (1956) 5/6 235—238.

Wittmeyer, H.: Einfache angenäherte Berechnung der Biegeeigenfrequenzen eines einseitig eingespannten Balkens ungleichförmigen Querschnitts, sowie der Eigenwerte ähnlicher Variationsprobleme. ZAMM **36** (1956) 9/10 355—367 14 Lit.-St.; AMR **10** (1957) 6 242.

Cohen, H. and *G. Handelman:* On the vibration of a circular membrane with added mass. J. Acoustical Soc. Amer. **29** (1957) 2 229—233; AMR **10** (1957) 12 551.

Fung, Y. C., E. E. Sechler and *A. Kaplan:* On the vibration of thin cylindrical shells under internal pressure. J. Aeron. Sci. **24** (1957) 9 650—660 12 ref.; AMR **11** (1958) 3 108.

Herrmann, G. and *I. Mirsky:* On vibrations of conical shells. Columbia Univ., Dep. of Civil Engng. & Engng. Mech., Inst. of Flight Structures TN 4 (CU-14-57 — AF-1247-CE) Apr. 1957 24 p.; Inst. Aeron. Sci. 26th Ann. Meeting, New York, Jan. 1958, Prepr. 766 15 p. 8 ref.; J. Aero Space Sci. **25** (1958) 7 451—458 8 ref.; AMR **11** (1958) 4 160; Index Aeron. **14** (1958) 5 42; Aeron. Engng. Rev. **16** (1957) 7 120.

Herrmann, G. and *I. Mirsky:* On vibrations of cylindrical shells of elliptic cross-section. US Air Force, Office of Sci. Res., Air Res. & Devel. Command, AFOSR TN-57-734 (AD 136721) Columbia Univ., Inst. Flight Structures TN 5 Dec. 1957 22 p.; Aeron. Engng. Rev. **17** (1958) 2 88.

Holste, W.: Ein Beitrag zur Eigenfrequenzermittlung des ebenen Rahmens bei fester und elastischer Lagerung. Konstruktion **9** (1957) 8 304—309 7 Lit.-St.

Hoppmann, W. H. II and L. S. Magness: Nodal patterns of the free flexural vibrations of stiffened plates. Amer. Soc. Mech. Engrs. Summer Conf., Berkeley, Calif., June 1957, Pap. 57-APM-38; J. Appl. Mech. **24** (1957) 4 526—530 12 ref.; AMR **11** (1958) 7 348; Aeron. Engng. Rev. **17** (1958) 3 80.

Huffington, N. J. jr. and *W. H. Hoppmann II:* On the transverse vibrations of rectangular orthotropic plates. Amer. Soc. Mech. Engrs. Ann. Meeting, New York, N. Y., Dec. 1957 Pap. 57-A-85 7 p.; AMR **11** (1958) 6 278.

Joga Rao, C. V. and *C. Lakshmi Kantham:* Natural frequencies of rectangular plates with edges elastically restrained against rotation. J. Aeron. Sci. **24** (1957) 11 855—856; AMR **11** (1958) 5 215; Aeron. Engng. Rev. **16** (1957) 12 90; Index Aeron. **13** (1957) 12 82.

Kato, Tosio, Hiroshi Fukita, Yoshimoto Nakata and *Morris Newman:* Estimation of the frequencies of thin elastic plates with free edges. J. Res. Nat. Bur. Stand. **59** (1957) 3 169—186; Aeron. Engng. Rev. **16** (1957) 12 103; AMR **11** (1958) 7 348.

Kopp, Lothar: Ein Beitrag zur Berechnung der Eigenfrequenzen von Schwingungen kreiszylindrischer Schalen. Diss. TH Stuttgart 1957 53 S.

Kumai, T.: The effect of loading conditions on the natural frequency of hull vibrations. Kyushu Univ., Japan, Res. Inst. Appl. Mech., Rep. **5** (1957) 17 9—20; AMR **11** (1958) 2 56—57.

Lisowski, A.: Eigenschwingungen von dünnwandigen Schalen. (In dtsch.). Acad. Polonaise Sci., Bull. (Warszawa) (1957) 4 213—220; Aeron. Engng. Rev. **17** (1958) 2 83.

Macduff, J. N. and *R. P. Felgar:* Vibration frequency charts. Machine Design **29** (1957) 3 109—115; Aeron. Engng. Rev. **16** (1957) 4 112.

Mansfield, E. H.: Flexural vibrations of a thin-walled cylinder of rectangular cross-section. Roy. Aircr. Establ. TN S 219 Febr. 1957 23 p.; Aeron. Engng. Rev. **16** (1957) 9 130.

Payne, L. E. and *H. F. Weinberger:* Lower bounds for elastically supported membranes and plates. Univ. Maryland, Inst. for Fluid Dynamics & Appl. Math. TN BN-96 (AFOSR TN 57—176) (AD 126471) Apr. 1957 18 p.; Aeron. Engng. Rev. **16** (1957) 7 127.

Singer, Josef: The effect of amplitude on the torsional vibrations of solid wings subjected to aerodynamic heating. J. Aeron. Sci. **24** (1957) 8 620—622 9 ref.; Aeron. Engng. Rev. **16** (1957) 8 121 [1.37].

Yu, Yi-Yuan: Application of Donnell-type dynamic equations including and excluding the effects of transverse shear and rotational inertia to vibrations of infinitely long cylindrical shells. Syracuse Univ., Res. Inst. Mech. Engng. Dep. ME 390—577 TN 2 (AFOSR TN 57—390) (AD 132465) July 1957 56 p.; Aeron. Engng. Rev. **16** (1957) 11 102.

Berry, J. G. and *E. Reissner:* The effect of an internal compressible fluid column on the breathing vibrations of a thin pressurized cylindrical shell. J. Aeron. Sci. **25** (1958) 5 288—294 4 ref.; Aero Space Engng. **17** (1958) 6 116; Index Aeron. **14** (1958) 6 83.

Greenspon, J. E.: Flexural vibrations of a thick-walled circular cylinder. Proc. Third U. S. Nat. Congr. Appl. Mech. June 1958, Amer. Soc. Mech. Engrs. 1958 163—173; AMR **12** (1959) 12 833.

Hoppmann, W. H. II: Flexural vibration of orthogonally stiffened circular and elliptical plates. Proc. Third U. S. Nat. Congr. Appl. Mech. June 1958, Amer. Soc. Mech. Engrs. 1958 181—187; AMR **12** (1959) 11 760.

Hoppmann, W. H. II: Some characteristics of the flexural vibrations of orthogonally stiffened cylindrical shells. J. Acoustical Soc. Amer. **30** (1958) Jan. 77—82 10 ref.; Aeron. Engng. Rev. **17** (1958) 4 91.

Johnson, M. W. and *E. Reissner:* On transverse vibrations of shallow spherical shells. Quart. Appl. Math. **15** (1958) 4 367—380; AMR **11** (1958) 9 473; Aeron. Engng. Rev. **17** (1958) 3 95; Index Aeron. **14** (1958) 5 42.

Kantham, C. L.: Bending and vibration of elastically restrained circular plates. J. Franklin Inst. **265** (1958) 6 483—491; AMR **12** (1959) 1 17—18.

Kawashima, S.: On the vibration of right triangular cantilever plates. Mem. Fac. Engng., Kyushu Univ. **18** (1958) 1 9—21; AMR **12** (1959) 10 683.

Kleeman, P. W.: The natural frequencies of vibration of triangular cantilever plates of uniform thickness. ARL Rep. SM 262 June 1958; J. Roy. Aeron. Soc. **63** (1959) 577 72.

Lakshmi Kantham, C.: Bending and vibration of elastically restrained circular plates. J. Franklin Inst. (1958) June 483—491; Aero Space Engng. **17** (1958) 8 80 [1.225.13].

Mansfield, E. H.: Flexural vibrations of a thin-walled cylinder of rectangular cross section. Aeron. Quart. **9** (1958) 4 331—345; AMR **12** (1959) 9 611.

Simon, Gernot: Ermittlung der Eigenfrequenzen von Rechteckplatten mit randparallelen Steifen bei Navierschen Randbedingungen. Stahlbau **27** (1958) 12 309—314.

Takahashi, S.: Vibration of rectangular plates with circular holes. Bull. Jap. Soc. Mech. Engrs. **1** (1958) 4 380—385; AMR **12** (1959) 9 611.

Tameroğlu, S.: Torsionsschwingungen von Scheiben mit Exponentialprofil. Ing. Arch. **26** (1958) 3 212—219; AMR **12** (1959) 7 464.

Yu, Yi-Yuan: Vibrations of thin cylindrical shells analyzed by means of Donnell-type equations. Inst. Aeron. Sci. 26th Ann. Meeting, New York, Jan. 1958, Prepr. 769 31 p. 15 ref.; J. Aero Space Sci. **25** (1958) 11 699—715 15 ref.; Index Aeron. **14** (1958) 5 77; Aeron. Engng. Rev. **17** (1958) 4 112.

Carmichael, T. E.: The vibration of a rectangular plate with edges elastically restrained against rotation. Quart. J. Appl. Mech. Appl. Math. **12** (1959) 1 29—42; AMR **12** (1959) 12 834.

Dill, E. H. and *K. S. Pister:* Vibration of rectangular plates and plate systems. Proc. Third U. S. Nat. Congr. Appl. Mech. June 1959, Amer. Soc. Mech. Engrs. 1958 123—132; AMR **12** (1959) 12 834.

Eisele, Felix und *Herbert Drumm:* Membranschwingungen an Schweißkörpern. Schweißen und Schneiden **11** (1959) 4 126—130 6 Lit.-St.

Fettis, Henry E.: Note an the determination of higher modes of vibration by the Stodola or matrix-iteration method. J. Aero Space Sci. **26** (1959) 5 317—318.

Fichter, W. B. and *E. E. Kordes:* Investigation of vibration characteristics of circular-arc monocoque beams. NASA TN D-59 Sept. 1959; J. Roy. Aeron. Soc. **63** (1959) 588 746.

Wittmeyer, H.: Biegeeigenfrequenzen eines gelenkig gelagerten Balkens. Torsionseigenfrequenzen von Kreisscheiben veränderlicher Dicke. SAAB TR 3 1959.

Wittmeyer, H.: Torsionseigenfrequenzen von Kreisscheiben veränderlicher Dicke. Ing.-Arch. **27** (1959) 2 113—116.

Van den Dungen, F. H.: Rayleigh's principle in the case of damped oscillations. (In French.) Acad. Roy. Belgique, Bull. Classe Sci. 5, **40** (1954) 11 1038—1045; AMR **9** (1956) 9 372.

Adamson, Bo: A method for measuring damping and frequencies of high modes of vibration of beams. Publ. Int. Ass. Bridge & Struct. Engng. **15** (1955) 1—16 11 ref. [1.272].

Bishop, R. E. D.: The treatment of damping forces in vibration theory. J. Roy. Aeron. Soc. **59** (1955) 539 738—742 5 ref.

Bishop, R. E. D.: A resonance chart for damped vibration. J. Roy. Aeron. Soc. **59** (1955) 540 850—852 2 ref.

Crumb, S. F.: A study of the effects of damping on normal modes of electrical and mechanical systems. California Inst. Technol., Techn. Rep. 2 (AFOSR TN-55-121) Jan. 1955 158 p. 41 ref.; Aero Space Engng. **17** (1958) 9 60.

Klotter, K.: Free oscillations of systems having quadratic damping and arbitrary restoring forces. J. Appl. Mech. **22** (1955) 4 493—499 5 ref.; AMR **9** (1956) 8 326.

Klotter, K.: The attenuation of damped free vibrations and the derivation of the damping law from recorded data. Proceedings of the Second U. S. National Congress of Applied Mechanics, June 1954, Easton Pa.: Amer. Soc. Mech. Engrs. 1955 85—93; AMR **9** (1956) 5 193.

Loiseau, H. et *R. Dat:* Méthode d'analyse graphique de la résultante de deux vibrations sinusoidales amorties. Rech. Aeron. (1955) 46 43—49.

Bishop, R. E. D.: The behaviour of damped linear systems in steady oscillation. Aeron. Quart. **7** (1956) 2 156—168 7 ref., 4 353—354; Index Aeron. **12** (1956) 7 30; AMR **10** (1957) 2 58.

Demer, L. J.: Bibliography of the material damping field (with abstracts and punched card codings). WADC Techn. Rep. 56—180 June 1956 100 p.

Donegan, James J. and *Carl R. Huss:* Incomplete time response to a unit impulse and its application to lightly damped linear systems. NACA TN 3897 Dec. 1956 17 p.; AMR **10** (1957) 5 186; Index Aeron. **13** (1957) 3 18; Aeron. Engng. Rev. **16** (1957) 3 117.

Herrmann, George: The influence of initial stress on the dynamic behaviour of elastic and viscoelastic plates. Publ. Int. Ass. Bridge & Struct. Engng. **16** (1956) 275—294 9 ref. [1.272].

— Calculating damping factors for dashpot dampers. Product Engng. **27** (1956) 4 162—165; AMR **9** (1956) 12 516.

Browne, M. T. and *J. R. Pattison:* The damping effect of surrounding gases on a cylinder in longitudinal oscillation. Brit. J. Appl. Phys. (1957) Nov. 452—456; Aeron. Engng. Rev. **17** (1958) 3 80.

Gutowski, Roman: Free vibration of a system of one degree of freedom with non-linear elastic characteristic, taking into consideration linear viscous damping. Archiwum Mechaniki Stosowanej (Warszawa) (1957) 6 647—668.

Hagel, W. C. and *J. W. Clark:* The specific damping energy of fixed-fixed beam specimens. Amer. Soc. Mech. Engrs. Summer Conf., Berkeley, Calif., June 1957, Pap. 57-APM-18 5 p.; AMR **11** (1958) 1 11.

Mead, D. J.: The effect of structural damping upon the stresses due to jet efflux. J. Roy. Aeron. Soc. **61** (1957) 554 108—109; AMR **11** (1958) 6 279.

Molyneux, W. G.: Supports for vibration isolation. ARC Curr. Pap. 322 1957 8 p.; AMR **11** (1958) 5 215.

Plass, H. J. jr.: Damping of vibrations in elastic rods and sandwich structures by incorporation of additional viscoelastic material. Proc. 3rd Midwestern Conf. on Solid Mech., Univ. of Michigan, Apr. 1957 48—71; AMR **11** (1958) 9 472 [6.15].

Podnieks, E. R. and *B. J. Lazan:* Analytical methods for determining specific damping energy considering stress distribution. WADC Techn. Rep. 56—44 (AD 130777) June 1957 36 p. 17 ref.; Aeron. Engng. Rev. **16** (1957) 10 117.

Soroka, W. W.: How to predict performance of rubber vibration isolators. Product Engng. **28** (1957) 7 141—145; AMR **11** (1958) 1 11.

Ziemba, S.: Free vibration with damping of marked nonlinear character. (Engl.) Arch. Mech. Stos. **9** (1957) 5 525—548; AMR **12** (1959) 4 247.

Bishop, R. E. D. and *D. C. Johnson:* On damped free vibration with particular reference to systems having nearly-equal natural frequencies. Aeron. Quart. 9 (1958) 1 71—95; Aero Space Engng. **17** (1958) 5 105; Index Aeron. **14** (1958) 5 41.

Brokate, Kl.: Der Einfluß kleiner Änderungen der Koeffizienten der Differentialgleichung eines schwingungsfähigen Systems auf Dämpfung und Frequenz. ZAMM **38** (1958) März/Apr. 160—163; Aero Space Engng. **17** (1958) 9 60.

Czaykowski, T.: Definitions of damping in aircraft response. An examination of quantities used in aircraft vibration and stability calculations. Aircr. Engng. **30** (1958) 354 227—232; Index Aeron. **14** (1958) 9 16; Aero Space Engng. **17** (1958) 10 93.

Laitone, E. V.: On the damped oscillations equation with variable coefficients. Quart. Appl. Math. **16** (1958) 1 90—93; AMR **11** (1958) 11 595.

Silveira, M. A., D. J. Maglieri and *G. W. Brooks:* Results of an experimental investigation of small viscous dampers. NACA TN 4257 June 1958 49 p. 5 ref.; Index Aeron. **14** (1958) 9 18; Aero Space Engng. **17** (1958) 11 98.

Weigand, A.: Die gedämpfte homogene Schwingungskette. ZAMM **38** (1958) Jan./Febr. 28—39; Aero Space Engng. **17** (1958) 7 63.

Ziemba, S.: Free vibration of systems of one degree of freedom with nonlinear elastic characteristic and nonlinear viscous-type damping. (Engl.). Arch. Mech. Stos. **10** (1958) 2 163—193; AMR **12** (1959) 1 18.

Ziemba, S.: Vibrations of mechanical systems with one degree of freedom and generalized forces not depending in an explicit manner of time. (Engl.). Arch. Mech. Stos. **10** (1958) 5 649—669; AMR **12** (1959) 10 687.

Festigkeit und andere Eigenschaften von Werkstoffen, Gestaltfestigkeit **1.3**

Allgemeine Grundlagen der Werkstoff-Festigkeit **1.31**

Prager, W.: The theory of plasticity. A survey of recent achievements. Proc. IME **169** (1955) 21 41—57; Konstruktion **8** (1956) 6 245—246.

Simmons, W. F.: How to use creep data in design. Mater. & Meth. **44** (1956) 5 120—123.

Soderberg, C. R.: Mechanical properties in relation to design requirements. Metallurgical Rev. **1** (1956) 1 31—63 63 ref.

Howard, H. B.: Merit indices for structural materials. AGARD Rep. 105 Apr. 1957 24 p.; J. Roy. Aeron. Soc. **62** (1958) 566 150; AMR **11** (1958) 9 489; Aero Space Engng. **17** (1958) 10 81; Titanium Abstr. Bull. **3** (1957/58) 409.

Marin, Joseph: Theories of strength for combined stresses and nonisotropic materials. J. Aeron. Sci. **24** (1957) 4 265—268, 274 13 ref.; Index Aeron. **13** (1957) 5 55—56; AMR **10** (1957) 11 511; Aeron. Engng. Rev. **16** (1957) 4 131.

Promisel, N. E.: Recent developments in high-temperature alloys. Machine Design **29** (1957) 15 108—110; Leichtbau der Verkehrsfahrzeuge **2** (1958) 3 132.

Shinn, D. A.: Selected properties of structural materials at elevated temperatures. AGARD Rep. 104 1957 40 p. 17 ref.; J. Roy. Aeron. Soc. **62** (1958) 568 317; Titanium Abstr. Bull. **3** (1957/58) 408—409.

Troost, A.: Fließkurven und Formdehngrenzen bei kleinen Verformungen in allgemeiner Darstellung. Konstruktion **9** (1957) 7 271—278 20 Lit.-St.

— New materials that the design engineer should know about. Mech. Engng. **79** (1957) Aug. 720—724 20 ref.; Aeron. Engng. Rev. **16** (1957) 12 122.

Kennedy, A. J.: Metals and aeronautical engineering. Aeroplane **94** (1958) 2442 848—853.

De Fleury, R.: Transposition et caractéristiques mécaniques comparées des matériaux métalliques et des plastiques. Off. Matières Plast. **6** (1959) 65 1293—1299.

Rimrott, F.: Versagenszeit beim Kriechen. Ing.-Arch. **27** (1959) 3 169—178.

Schultz-Grunow, Fritz: Kriechen und Fließen hochzäher und plastischer Stoffe. Arbeitsgemeinschaft für Forschung des Landes Nordrhein-Westfalen H. 55 (55. Sitzung 5. 10. 55 Düsseldorf). Köln-Opladen: Westdtsch. Verl. 1959 S. 7—51.

Weibull, Waloddi: Zur Abhängigkeit der Festigkeit von der Probengröße. „Festschrift R. Grammel", Ing.-Arch. **28** (1959) 360—362.

Werkstoff-Festigkeiten und andere Eigenschaften **1.32**

Allgemeines über Werkstoff-Festigkeiten von Metallen einschl. Eisen **1.321**

de Lacombe, Jean et *Albert Portevin:* Influence des interruptions au cours des essais de fluage. C. R. Hebd. Séances Acad. Sci. **213** (1941) 1 19—21; Métaux Corrosion Usure **16** (1941) 108—109; Metallwirtschaft **22** (1943) 21/23 337.

Hildebrand, R. D. and *W. D. Valovage:* Tensile properties of stainless steel, zirconium and titanium alloyed with boron. Knolls Atomic Power Lab. KAPL-M-WDV-2 Contract W-31-109-Eng-52 Dec. 1955 17 p.; Titanium Abstr. Bull. **2** (1956/57) 299.

Reiner, H.: Zur Frage der Ermittlung von Festigkeitskennwerten im Zeitstandversuch bei hohen Temperaturen. Diss. TH Darmstadt 1955.

Salmassy, O. K., E. G. Bodine, W. H. Duckworth and *G. K. Manning:* Behavior of brittle-state materials. WADC Techn. Rep. 53-50 Pt. II Contract AF 33 (038)-8682 June 1955 164 p.; Titanium Abstr. Bull. **2** (1956/57) 181

Späth, W.: Zum Dauerstandverhalten der Werkstoffe. Werkstoffe u. Korrosion **6** (1955) 10 473—478; AB **26** (1955) 12 725.

Tiedemann, J. B.: Deformation of metals under combined tension and torsion. US Library of Congr. Publ. March 1955 35 p.; Mater. & Meth. **42** (1955) 3 210; AB **26** (1955) 11 722.

Chang, H. C. and *N. J. Grant:* Mechanism of intercrystalline fracture. J. Metals **8** (1956) 5 Sect. 2 544—551; Aluminium **32** (1956) 11 A 318.

van Echo, J. A. a. o.: Short-time creep properties of structural sheet materials for aircraft and missiles. Battelle Memorial Inst. AF-TR-6731 (Pt. 4) Contract AF 33 (038)-8743 Jan. 1956 70 p.; Titanium Abstr. Bull. **2** (1956/57) 257. [1.322.122], [1.323.211.2].

Gordon, S. A.: Elastic constants in structural design with particular applications to titanium. Battelle Memorial Inst., Titanium Metallurgical Lab. TML 56 PB 121600 Oct. 1956 184 p.; Titanium Abstr. Bull. **2** (1956/57) 392.

Gordon, S. A., R. Simon and *W. P. Achbach:* Materials-property-design criteria for metals. IV. Elastic moduli: Their determination and limits of application. WADC Techn. Rep. 55—150 Pt. IV (AD 110475) Oct. 1956 18 p.; Aeron. Engng. Rev. **16** (1957) 8 128.

Grant, Nicholas J. and *Oliver Preston:* Dispersed hard particle strengthening of metals. WADC Techn. Rep. 56—359 (AD 118021) Nov. 1956 27 p. 37 ref.; J. Metals, Sect. 2 **9** (1957) 3 349—357 37 ref.; Aeron. Engng. Rev. **16** (1957) 10 146; AB **28** (1957) 5 337.

Guard, R. W.: Metals at elevated temperatures. Product Engng. **27** (1956) 10 160—164; AMR **10** (1957) 4 154.

Guarnieri, G. J.: Intermittent stressing and heating tests of aircraft structural metals. WADC Techn. Rep. 53-24 Pt. III Contract AF 33 (616)-2226 Jan. 1956 76 p.; Titanium Abstr. Bull. **2** (1956/57) 256.

Harris, G. T.: Special steels and alloys. Research **9** (1956) 9 335—346; Titanium Abstr. Bull. **2** (1956/57) 89.

Jackson, L. R.: Material properties for design of airframe structures to operate at high temperatures. Battelle Memorial Inst., Titanium Metallurgical Lab. TML R 38 PB 121612 March 1956 66 p.; Titanium Abstr. Bull. **2** (1956/57) 441 [6.254.0].

Klier, E. P., N. Feola, A. Viggiano and *V. Weiss:* The properties of constructional metals as a function of temperature and strain rate in torsion. WADC Techn. Rep. 56—216 (AD 110559) Nov. 1956 186 p. 27 ref.; Aeron. Engng. Rev. **16** (1957) 10 144.

McLean, D.: Migration des joints de grains au cours du fluage: mecanisme de la migration. Rev. Métallurgie **53** (1956) 2 139—146; Aluminium **32** (1956) 11 A 318.

Morrison, Joseph D. and *J. Robert Kattus:* Tensile properties of aircraft-structural metals at various rates of loading after rapid heating. WADC Techn. Rep. 55—199 Pt. II (AD 110540) Nov. 1956 181 p.; Aeron. Engng. Rev. **16** (1957) 12 124; Titanium Abstr. Bull. **2** (1956/57) 487 [1.37].

Robertshaw, T. L. and *F. M. Richmond:* Investigation of the effects of incongruous elements and the interaction effects of these elements on high temperature strength of Fe-Co-Ni-Cr alloys. WADC Techn. Rep. 56—114 Contract AF 33 (616)-2777 Apr. 1956 61 p.; Titanium Abstr. Bull. **2** (1956/57) 245—246.

Siebel, E.: Metallische Werkstoffe. Z. VDI **98** (1956) 27 1617—1621 91 Lit.-St.

Allen, N. P.: Die Kriechfestigkeit der Metalle und ihre konstruktiven Auswirkungen. „Werkstoff-Fragen für den Konstrukteur", VDI-Ber. Bd. 10 1957 11—21.

Gerard, G.: Design data evaluation. Course in titanium metallurgy, New York Univ. Lecture 16 Sept. 1957 17 p.; Titanium Abstr. Bull. **3** (1957/58) 412.

Gerard, G.: Relative efficiencies of materials. Course in titanium metallurgy, New York Univ. Lecture 15 Sept. 1957 17 p.; Titanium Abstr. Bull. **3** (1957/58) 298.

Heimerl, George J. and *Arthur J. McEvily jr.:* Generalized master curves for creep and rupture. NACA TN 4112 Oct. 1957 31 p. 17 ref.; Aeron. Engng. Rev. **17** (1958) 1 108.

Kochendörfer, A. u. *W. Wink:* Zugversuche an Stählen und Nichteisenmetallen bei hohen und tiefen Temperaturen in einer harten Prüfmaschine unter Verwendung von Dehnungsmeßstreifen zur Kraftmessung. Arch. Eisenhüttenwes. **28** (1957) 1 41—48 14 Lit.-St.

Ludington, E. N.: The prediction of the cupping properties of sheet metals by the use of ultimate tensile strength. Sheet Metal Industries **34** (1957) 363 485—490 10 ref.; Titanium Abstr. Bull. **3** (1957/58) 2—3.

Matting, Alexander: Werkstoffe. Z. VDI **99** (1957) 28 1386—1388.

Silwones, S. S. and *R. A. Degen:* Test results guide — high-temperature design of bolted assemblies. Product Engng. **28** (1957) 12 79—83; Titanium Abstr. Bull. **3** (1957/58) 204—205.

Stauffer, W. u. *A. Keller:* Die Streuungen im Zeitstandversuch. Schweiz. Arch. **23** (1957) 2 43—52 5 Lit.-St.

Steurer, W. H.: Metals for high-speed flight. Metal Progr. **71** (1957) 4 66—73; Titanium Abstr. Bull. **2** (1956/57) 488.

Wellinger, Karl: Metallische Werkstoffe. Z. VDI **99** (1957) 27 1343—1346 92 Lit.-St.

Yehia Kabil, M. S. E.: Untersuchungen über den Einfluß der Zerreißgeschwindigkeit und tiefer Temperaturen auf die Verformungsgrößen metallischer Werkstoffe. Diss. TH Stuttgart 1957.

Levy, Alan V.: Metal strengths at high temperatures. Aviation Age, Res. & Devel. Techn. Handbook 1957/58 F 8—F 9.

Schulze, R.: Über die „Elastische Rückfederung" an Metallen. „Härtemessung im Betrieb", VDI-Ber. Bd. 11 1957 137—139.

Stowell, Elbridge Z.: A phenomenological relation between stress, strain rate, and temperature for metals at elevated temperatures. NACA TN 4000 May 1957 19 p.; NACA Rep. 1343 1958 6 p.; Aeron. Engng. Rev. **16** (1957) 6 145; Index Aeron. **13** (1957) 7 96; AMR **10** (1957) 11 511, **12** (1959) 9 602; J. Roy. Aeron. Soc. **62** (1958) 570 465, 576 914.

Stowell, Elbridge Z.: The properties of metals under rapid heating conditions. J. Aeron. Sci. **24** (1957) 12 922—923 2 ref.; AMR **11** (1958) 9 488; Aeron. Engng. Rev. **17** (1958) 1 107; Index Aeron. **14** (1958) 1 122.

— Werkstoff-Fragen für den Konstrukteur. Vorträge der VDI-Tagung Stuttgart 1955. VDI-Ber. Bd. 10 1957 83 S.; Konstruktion **10** (1958) 9 380 [5.1].

Fischer, H.: Beitrag zum Verhalten metallischer Werkstoffe bei tiefen Temperaturen. Diss. TH Stuttgart 1958.

Johnson, A. E., J. Henderson and *V. D. Mathur:* Creep under changing complex stress systems. I. Engineer **206** (1958) 5350 209—216.

Preston, J. B., W. P. Roe and *J. R. Kattus:* Determination of the mechanical properties of aircraft-structural materials at very high temperatures after rapid heating. WADC Techn. Rep. 57—649 Pt. 1 (AD 142284) Jan. 1958 187 p.

Späth, Wilhelm: Zur Frage des Sprödbruchs. Stahlbau **27** (1958) 8 218—222.

Stambler, Irwin: Materials progress: metals. Improved high temperature „workhorse" alloys; alloys for 3000 deg F; better beryllium, molybdenum, columbium alloys. Aviation Age **30** (1958) 2 54—61.

Vosteen, L. F.: Effect of temperature on dynamic modulus of elasticity of some structural alloys. NACA TN 4348 Aug. 1958 19 p. 15 ref.; Aero Space Engng. **17** (1958) 10 94; Index Aeron. **14** (1958) 11 53.

Wellinger, Karl u. *Dietrich Uebing:* Metallische Werkstoffe. Z. VDI **100** (1958) 25 1233—1237 115 Lit.-St.

Widmer, R.: Verformungsmechanismen beim Kriechen von Metallen. Brown-Boveri-Mitt. **45** (1958) 11/12 575—581.

Yerkovich, L. A.: Investigation of the compressive, bearing, and shear creep-rupture properties of aircraft structural metals and joints at elevated temperatures. WADC Techn. Rep. 54—270 Pt. III (AD 151194) May 1958 115 p.; Aero Space Engng. **17** (1958) 12 86.

Rubo, E.: Werkstoffauswahl nach dem Vergleich von Preis und Korrosionsbeständigkeit bzw. Festigkeit. Konstruktion **11** (1959) 4 138—141.

Schmidt, W.: Darstellung des Verhaltens von Werkstoffen im doppelt-logarithmischen Netz. Technik (Berlin) **14** (1959) 7 458—463 14 Lit.-St.

Wellinger, Karl u. *Dietrich Uebing:* Metallische Werkstoffe. Z. VDI **101** (1959) 25 1205—1207 99 Lit.-St.

Werner, Otto: Einige Gedanken zum Problem des Sprödbruches. Materialprüfung **1** (1959) 6 189—200 43 Lit.-St.

Eisenwerkstoffe **1.322**

Stähle **1.322.1**

Allgemeines und Wärmebehandlung **1.322.10**

Dietz, John and *L. H. McCreery:* Fabricating ultra-high strength steel. Product Engng. **26** (1955) 13 170—173; Konstruktion **8** (1956) 12 519.

Fairbanks, H. V. and *F. J. Dewez:* Effects on steel heat treatment. Iron Age **176** (1955) 23 139—142.

Felix, W. u. *Th. Geiger:* Zur Frage des Sprödbruches von Stahl. Schweiz. Arch. **21** (1955) 2 33—49.

Kloth, W., W. Bergmann u. *F. K. Naumann:* Zur Problematik der Stähle höherer Festigkeit. Grundl. Landtechn. H. 6 1955 106—115 18 Lit.-St.

Lachenaud, R.: Aciers soudables à haute résistance. Techn. Sci. Aéron. (1955) 5 314—320.

Rohrbach, Chr.: Kennzeichnung der Sprödbruchneigung von Stählen durch Messung von Fließspannung, Reißspannung und Brucheinschnürung an dreiachsig beanspruchten Proben. Diss. TH Aachen 1955.

Shank, M. E.: Brittle failure of steel structures. Theory, practice, future prospects. Metal Progr. **67** (1955) 6 111—121 28 ref.

Shaw, Homer L.: Iron and mild steels, including low alloy steels. Industr. & Engng. Chem. **47** (1955) Sept. Pt. II 1982—1985 52 ref.; Aeron. Engng. Rev. **14** (1955) 12 90.

Wepner, W.: Der gegenwärtige Stand der Forschung über die Alterung weicher Stähle. Arch. Eisenhüttenwes. **26** (1955) 2 71—98 123 Lit.-St.

Wever, F., A. Kochendörfer u. *Chr. Rohrbach:* Kennzeichnung der Sprödbruchneigung von Stählen durch Messung der Fließspannung, Reißspannung und Brucheinschnürung an dreiachsig beanspruchten Proben. Forsch.-Ber. Wirtsch.- u. Verkehrsministerium Nordrhein-Westfalen Nr. 162 1955 46 S.; Z. VDI **98** (1956) 32 1825—1826.

Boulanger, C. et *C. Crussard:* Etude des propriétés mécaniques à très hautes températures. Rev. Métallurgie **53** (1956) 9 715—728 6 réf.

Brandes, E. A.: Oxidation resistant silicon aluminium steels. Fulmer Res. Inst. (Stoke Poges) Spec. Rep. 2 1956 40 p.; Z. VDI **99** (1957) 6 268—269.

Greulich, Erich: Über die Bestimmung der Härtbarkeit von unlegiertem und schwach legiertem Stahl. Draht **7** (1956) 3 75—77.

Hyam, E. D. and *J. Nutting:* The tempering of plain carbon steels. J. Iron & Steel Inst. **184** (1956) 2 148—165; AMR **10** (1957) 4 154.

Naito, M. and *K. Kikuchi:* On some properties of steels at low temperatures. Muroran Univ. of Engng., Japan, Mem. **2** (1956) 2 457—465.

Nishihara, T., S. Taira, K. Tanaka and *M. Onami:* Effect of temperature on primary creep of mild steel. J. Japan Soc. Testing Mater. **5** (1956) 36 536—540.

Otani, M.: Notch sensitivity of steels. J. Railway Engng. Res. (Japan) **13** (1956) 2/3 81—90.

Rogers, H. C.: The influence of hydrogen on the yield point in iron. Acta Metallurgica **4** (1956) 2 114—117.

Rühl, K.: Stand der Sprödbruchfrage mit Berücksichtigung der Stahlnormung. Schweißen u. Schneiden **8** (1956) 4 107—115 20 Lit.-St. [4.21].

Rühl, K.: Weitere ausländische Versuche und Überlegungen über die Sprödbruchempfindlichkeit von Stahl. Arch. Eisenhüttenwes. **27** (1956) 2 107—118 42 Lit.-St.

Sakurai, Tadakazu, Tadashi Kawasaki and *Yukizumi Kita:* The effects of low-temperature annealing on the mild steel plastically deformed at elevated temperatures. J. Japan Soc. Testing Mater. **5** (1956) 37 580—583; Japan Sci. Rev., Mech. & Electr. Engng. **3** (1958) 2 110.

Watanabe, M. and *Y. Ideguchi:* Anisotropic properties of rolled steel and experimental analysis of their causes. Osaka Univ., Japan, Fac. of Engng., Technol. Rep. **6** (1956) 209/230 (E) 345—358.

Wiegand, H.: Schwer-Werkstoffe. Z. VDI **98** (1956) 11 502—503 16 Lit.-St.

Bhat, G. and *J. F. Libsch:* On the nature of embrittlement occurring while tempering a Ni-Cr alloy steel. J. Metals, Sect. 2 **9** (1957) Jan. 20—22; Nickel-Ber. **15** (1957) 4 78; Aeron. Engng. Rev. **16** (1957) 8 140.

Bollenrath, Franz u. *H. Grefkes:* Über trockene Reibung bei einigen Aluminiumlegierungen und Stählen. Aluminium **33** (1957) 4 234—240 [1.323.210].

Eder, Franz Xaver u. *Hans-Joachim Wisotzki:* Der Einfluß der Verformungsgeschwindigkeit auf Lage und Ausbildung der Streckgrenze bei Stahl. Z. Metallkde. **48** (1957) 10 561—564; Draht **9** (1958) 8 306.

Hutchison, M. M. and *N. Louat:* The effect of preloading on the yield point in iron. ARL Rep. M 27 Nov. 1957 12 p.; Acta Metallurgica **6** (1958) Jan. 8—12; Index Aeron. **14** (1958) 6 46; J. Roy. Aeron. Soc. **62** (1958) 570 465; Aero Space Engng. **17** (1958) 5 126.

Jung, H.: Theory of creep. (In German.) 9e Congr. Int. Mécanique Appliqué, Univ. Bruxelles, Vol. 8 1957 399—408; AMR **11** (1958) 11 608.

Kiessler, Heinz: Derzeitige Luftfahrtstähle und ihre Wärmebehandlung. Schweiz. Arch. **23** (1957) 9 304—310; Leichtbau d. Verkehrsfahrzeuge **2** (1958) 2 86; Draht **9** (1958) 7 294.

Klier, E. P., B. B. Muvdi and *G. Sachs:* Design properties of high-strength steels in the presence of stress concentrations and hydrogen embrittlement. III. The response of high-strength steels in the range of 180,000—300,000 psi to hydrogen embrittlement from cadmium electroplating. WADC Tech. Rep. 56-395 Pt. III (AD 118167) March 1957 116 p. 21 ref.; Aeron. Engng. Rev. **16** (1957) 10 144.

Morlet, J. G., H. H. Johnson and *A. R. Troiano:* A new concept of hydrogen embrittlement in steel. WADC Techn. Rep. 57-190 (AD 118155) March 1957 42 p. 16 ref.; Aeron. Engng. Rev. **16** (1957) 10 144.

Raedeker, W.: Investigation on the effect of sudden temperature change on the surface quality of steel. Ministry of Supply, Techn. Inform. & Lib. Serv. (London, S. E. 9) Translat. 4661 Febr. 1957 22 p.; Aeron. Engng. Rev. **16** (1957) 7 144.

Reichel, Kurt: Stähle für die Luftfahrt. Luftf.-Techn. **3** (1957) 6 123—130; Leichtbau d. Verkehrsfahrzeuge **1** (1957) 5 136; Index Aeron. **13** (1957) 8 87 [6.254.0].

Schenck, H., E. Schmidtmann u. *H. Brandis:* Einfluß unterschiedlicher Wärmebehandlung auf das Verfestigungsverhalten und den spezifischen elektrischen Widerstand von weichem, unberuhigtem Thomasstahl und aufgekühltem Reineisen bei der Kaltverformung und während der Abschreck- oder Verformungsalterung. Arch. Eisenhüttenwes. **28** (1957) 12 761—769; Draht **9** (1958) 5 193.

Thum, A. u. *K. Richard:* 100 000-h-Zeitstandversuche bei 500 °C an Stählen. Arch. Eisenhüttenwes. **28** (1957) 5/6 325—337 28 Lit.-St.

Everhart, J. L.: Designing with heat treated steels. Mater. in Design Engng. (1958) June 121—136 12 ref.; Aero Space Engng. **17** (1958) 11 110.

Feild, A. L. and *M. E. Carruthers:* Sheet steels for high-speed aircraft and missiles. Aero Space Engng. **17** (1958) 6 41—44.

Hoff, Hubert u. *Georg Fischer:* Beobachtungen über den Bauschinger-Effekt an weichen und mittelharten Stählen. Stahl u. Eisen **78** (1958) 19 1313—1320; Draht **9** (1958) 12 530.

Mrosko, K.: Ermittlung der Alterungsanfälligkeit von Stahl durch Härteprüfung. Schweißtechnik (Berlin) **8** (1958) 4 127—130 4 Lit.-St.

Onaran, K.: Testing of the mechanical properties of constructional steel. (Engl.) Bul. Instanbul Tekn. Univ. **11** (1958) 1 29—44; AMR **12** (1959) 9 616.

Valorinta, V.: Untersuchungen über den Einfluß von Temperatur und Formänderungsgeschwindigkeit auf den Formänderungswiderstand einiger Stähle. Werkstattstechn. u. Masch.-Bau **48** (1958) 8 452—456.

Zeuner, Hans u. *Ulrich Heubner:* Beitrag zur Wärmebehandlung von Stahlguß mit 13⁰/o Cr. Gießerei **45** (1958) 25 747—753.

Bierett, G.: Güteauswahl der Stähle für geschweißte Konstruktionen mit Hilfe eines einfachen Klassifizierungsschemas. Bauing. **34** (1959) 6 213—222 [5.5].

Eichhorn, F.: Beitrag zum Wärmeschockverfahren von Stählen und Hochtemperaturwerkstoffen. Diss. TH Stuttgart 1959.

Kroneis, M.: Untersuchungen über den Spannungsabbau bei legierten und unlegierten Stählen durch Spannungsfreiglühen. Industrieblatt **59** (1959) 6 277—278.

Oppenheim, R.: Stähle für Überschallflugkörper. Luftf.-Techn. **5** (1959) 7 237—243 29 Lit.-St. [6.254.0].

Rädeker, W.: Über den Einfluß von Zeit und Temperatur beim Spannungsfreiglühen von Stählen. Maschinenmarkt **65** (1959) 23 7—9; Draht **10** (1959) 8 432.

Zeyen, K. L.: Betrachtungen zum derzeitigen Stand und zu den Entwicklungstendenzen bei den unlegierten und niedriglegierten Baustählen und zu ihrer Schweißbarkeit. Werkstatt u. Betrieb **92** (1959) 6 313—323 50 Lit.-St.

Unlegierte Stähle 1.322.11

Calvert, N. G.: Experiments on the effect of rate of testing of the criterion of failure of certain mild steels when subject to dynamic torsion and static tensile stresses. Proc. IME **169** (1955) 44 903—911.

Calvert, N. G.: Impact torsion experiments. Proc. IME **169** (1955) 44 897—902.

Holdt, H.: Über die Eigenschaften warmfester Schraubenstähle. Mitt. Vereinig. Großkesselbesitzer (1955) 36 633—641.

Johnson, A. E., N. E. Frost and *J. Henderson:* Plastic strain and stress relations at high temperatures. Engineer **199** (1955) 5173 366—369, 5174 403—405, 5175 457—458; Index Aeron. **11** (1955) 5 56; Aeron. Engng. Rev. **14** (1955) 6 142 [1.323.211.2].

Forscher, F.: A theory of the yield point and the transition temperature of mild steel. Amer. Soc. Mech. Engrs. Ann. Meeting, Chicago, Ill., Nov. 1955, Pap. 55-A-42 6 p.; J. Appl. Mech. **23** (1956) 2 219—224; AMR **9** (1956) 6 252.

Sato, M.: An experimental study on the change in Young's modulus of quenched carbon steel due to wetting by liquids. J. Sci. Inst., Tokyo **49** (1955) 1376/1390 1—3; AMR **9** (1956) 1 26—27.

Forscher, F.: A theory of the yield point and the transition temperature of mild steel. J. Appl. Mech. **23** (1956) 2 219—224 35 ref.

Isibasi, Tadasi: Effects of section size on static tensile properties of mild steel bars. II. Trans. Japan Soc. Mech. Engrs. **22** (1956) 123 827—832; Japan Sci. Rev., Mech. & Electr. Engng. **3** (1958) 2 73—74.

Lubahn, J. D.: Effect of temperature on the fracturing behavior of mild steel. Welding J. **35** (1956) 11 557s—568s 33 ref.

Marin, J. and *L. W. Hu:* Biaxial plastic stress-strain relations of a mild steel for variable stress ratios. Trans. ASME **78** (1956) 3 499—509; AMR **9** (1956) 8 333.

Nishihara, Toshio, Shuji Taira, Kichinosuke Tanaka and *Kiyotsugu Oji:* Effect of the stepwise change of stress on creep of carbon steel at high temperature. Trans. Japan Soc. Mech. Engrs. **22** (1956) 123 832—838; Japan Sci. Rev., Mech. & Electr. Engng. **3** (1958) 2 71.

Binning, M. S. and *B. F. Billing:* Mechanical properties of mild steels EN2C and S84 over the temperature range 800 to 1200° C. Roy. Aircr. Establ. TN M 267 July 1957 27 p.

Campbell, J. D. and *C. J. Maiden:* The effect of impact loading on the static yield strength of a medium-carbon steel. J. Mech. & Phys. Solids **6** (1957) 1 52—62; AMR **11** (1958) 11 614.

Gerard, G. and *R. Papirno:* Dynamic biaxial stress-strain characteristics of aluminium and mild steel. Trans. Amer. Soc. Metals **49** (1957) 132—148; Aluminium **33** (1957) 12 A 342 [1.323.211.1].

Glen, J.: Effect of alloying elements on the high-temperature tensile strength of normalized low-carbon steel. J. Iron & Steel Inst. **186** (1957) 1 21—48; AMR **11** (1958) 3 121—122.

Herzog, E., V. Chentre, J. Boyet et *M. Hugo:* Contribution à la connaissance du vieillissement des aciers doux. Rev. Métallurgie **54** (1957) 5 337—353 11 réf.

Hunt, J. B.: Brittle fracture of mild steel in torsion. Engineering **184** (1957) 4770 173—174; AMR **11** (1958) 10 550.

Loescher, H.: Die Entwicklung des Baustahls St 52 in der Deutschen Demokratischen Republik unter besonderer Berücksichtigung der Streckgrenze. Technik (Berlin) **12** (1957) 5 357—364 14 Lit.-St.

Farnell, K.: Flexural behaviour of mild steel beams. Engineering **186** (1958) 4837 674; Konstruktion **11** (1959) 5 191.

Ross, S. T., R. P. Sernka and *W. E. Jominy:* Some relationships between torsional strength and electron microstructure in a high carbon steel. Trans. Amer. Soc. Metals **50** (1958) 163—180.

Shepard, L. A. and *W. H. Giedt:* Transgranular and intergranular fracture of ingot iron during creep. NACA TN 4285 Aug. 1958 26 p.; Index Aeron. **14** (1958) 11 54—55; J. Roy. Aeron. Soc. **62** (1958) 575 844.

Legierte Stähle   **1.322.12**

Festigkeits- und Formänderungseigenschaften   **1.322.121**

Fauconnier, M.: La plasticité de l'acier doux, facteur de sécurité. Publ. Ass. Int. Ponts & Charpentes **15** (1955) 69—82.

Fry, Adolf, Wilhelm Hofmann u. *Franz Behrens:* Untersuchungen der mechanisch-technologischen Eigenschaften und der Schweißbarkeit von schwach legierten Baustählen höherer Festigkeit. Schweißen u. Schneiden **7** (1955) 8 341—345 5 Lit.-St.

Dietz, J. and *L. H. McCreery:* High-strength steel. Aircr. Production **18** (1956) 2 74—77; Luftf.-Techn. **2** (1956) 2 VI; Nachr.-Bl. AGM Leichtbau **5** (1956) 9/10 11—12.

Dietz, John and *L. H. McCreery:* High-strength steel 4340. Aero Dig. **72** (1956) 5 48, 50, 52.

Huffman, James W.: Anwendung metallischer Werkstoffe im Flugzeugbau für Temperaturen von 300 bis 600° C. SAE Trans. **64** (1956) 5—11; Draht **9** (1958) 10 434 [1.323.23].

Irvine, K. J.: Ultra-high-strength steels. Aircr. Production **18** (1956) 3 84—89 12 ref.; Nachr.-Bl. AGM Leichtbau **5** (1956) 9/10; Luftf.-Techn. **2** (1956) 3 VI; Index Aeron. **12** (1956) 4 96.

Kattus, J. R. and *C. L. Dotson:* Mechanical properties of medium-carbon boron steels. Metal Progr. **69** (1956) 4 68—72.

Kihara, Hiroshi, Haruyoshi Suzuki and *Hiroshi Tamura:* Effect of chemical composition and heat treatment upon impact toughness of high tensile Mn-Si steels. I, II. J. Japan Welding Soc. **25** (1956) 5 249—257; Japan Sci. Rev., Mech. & Electr. Engng. **3** (1957) 1 72.

Koshiba, S. and *T. Kuno:* The effect of W, V, Ti and Mo + V + Nb on the heat treatment hardness and mechanical properties at high temperature of 12 % Cr system heat resisting steel. Hitachi Hyoron (Japan) **38** (1956) 10 1317—1324.

Rühenbeck, A.: Wechselbeziehungen zwischen den Festigkeitswerten niedrig legierter, vergüteter Baustähle. Nach amerikanischen Arbeiten. Z. VDI **98** (1956) 10 429—433 14 Lit.-St.

Tardif, H. P.: Super-high strength constructional steels. Steel Processing **42** (1956) Dec. 702—704, 709, 710 25 ref.; Aeron. Engng. Rev. **16** (1957) 3 136; Leichtbau d. Verkehrsfahrzeuge **1** (1957) 2/3 72.

Underwood, E. E., A. R. Elsea and *G. K. Manning:* The principles of dispersion hardening which promote high-temperature strength in iron-base alloys. WADC Techn. Rep. 56-184 June 1956 64 p. 49 ref.; Aeron. Engng. Rev. **16** (1957) 5 180.

Watanabe, Masanori, Yoshiharu Ideguchi, Tsuneaki Yamaguchi and *Haruo Horii:* Simplified notch toughness-tests on Mn-Si high tensile steels. J. Japan Welding Soc. **25** (1956) 5 257—260; Japan Sci. Rev., Mech. & Electr. Engng. **3** (1957) 1 119—120.

Barnett, W. J. and *A. R. Troiano:* Crack propagation in the hydrogen-induced brittle fracture of steel. J. Metals, Trans. AIME **9** (1957) 4 486—494 15 ref.

Klier, E. P. a. o.: Static properties of high strength steel. Product Engng. **28** (1957) 15 B24—B27; Leichtbau d. Verkehrsfahrzeuge **2** (1958) 3 132.

Krisch, A. u. *W. Wepner:* Zur Umrechnung von Zeitstandwerten auf andere Temperaturen. Arch. Eisenhüttenwes. **28** (1957) 5/6 339—344 28 Lit.-St.

Krüger, Alfred: Windgefrischte Stähle (Thomas-Stähle). Z. VDI **99** (1957) 32 1604—1610, 36 1806.

Melcon, M. A.: A survey of the structural properties of some high strength sheet steels. AGARD Rep. 101 Apr. 1957 25 p.; J. Aeron. Soc. **62** (1958) 567 230; AMR **11** (1958) 9 489.

Petersen, Alfred H.: Aircraft alloys for thermal flight up to 1200° F. Metal Progr. **71** (1957) 6 97—110; Leichtbau d. Verkehrsfahrzeuge **1** (1957) 5 137. [1.323.23], [1.323.3].

Rosenberg, Samuel J. and *Carolyn R. Irish:* New ultra-high-strength-steel. Mater. & Meth. **45** (1957) 5 145—146; Nickel-Ber. **15** (1957) 9 206; Draht **9** (1958) 2 44.

Shahinian, P. and *J. Lane:* Higher vanadium improves hot strength of low alloy steel. Iron Age **180** (1957) 5 91—95; Konstruktion **11** (1959) 3 114.

Wiegand, Heinrich: Schwerwerkstoffe in der Luftfahrttechnik. Z. VDI **99** (1957) 11 491—492 19 Lit.-St.; Leichtbau d. Verkehrsfahrzeuge **1** (1957) 4 94 [1.323.3].

Kenneford, A. S.: The properties of some silicon-molybdenum steels. J. Iron. & Steel. Inst. **188** (1958) 1 16—22 12 ref.

Marshall, L. and *H. Beresford:* Ultra high tensile steel. Engineering **186** (1958) 4830 446—448 7 ref.; Leichtbau d. Verkehrsfahrzeuge **3** (1959) 3 98.

Kochendörfer, A. u. *A. Schürenkämper:* Der Einfluß des Spannungszustandes auf das Formänderungs- und Festigkeitsverhalten von Stählen. Schweiz. Arch. **25** (1959) 8 272—279.

Kriechverhalten

Bardgett, W. E. and *C. L. Clark:* Comparative high-temperature properties of British and American steels. Proc. IME **168** (1954) 16 465—469; AMR **8** (1955) 12 525—526; Aeron. Engng. Rev. **14** (1955) 11 132; Konstruktion **8** (1956) 5 206.

Guarnieri, G. J.: The creep-rupture properties of aircraft sheet alloys subjected to intermittent load and temperature. "Symposium on effect of cyclic heating and stressing on metals at elevated temperatures", Amer. Soc. Testing Mater. 1954 105—148; Titanium Abstr. Bull. **1** (1955/56) 76 [1.323.211.2].

Bardgett, W. E. and *M. G. Gemmill:* Causes of variable creep strength in basic O. H. carbon steel. J. Iron Steel Inst. **179** (1955) 3 211—219 10 ref.

Bungardt, K.: Entwicklung hochwarmfester Werkstoffe. Stahl u. Eisen **75** (1955) 1383—1389 [1.323.3].

Garofalo, F., G. V. Smith and *B. W. Royle:* Validity of time-compensated temperature parameters for correlating creep and creep rupture data. Amer. Soc. Mech. Engrs. Ann. Meeting, Chicago, Ill., Nov. 1955, Pap. 55-A-164 11 p.; AMR **9** (1956) 5 206.

Guarnieri, G. J.: The creep-rupture properties of aircraft sheet alloys subjected to intermittent load and temperature. "Symposium on effect of cyclic heating and stressing on metals at elevated temperatures", ASTM Spec. Techn. Publ. 165 1955 105—148; AB **26** (1955) 7 444. [1.323.211.2], [1.323.3].

Harris, G. T.: Effect of the composition of gas-turbine alloys on resistance to scaling and to vanadium pentoxide attack. J. Iron Steel Inst. **179** (1955) 3 241—248 6 ref.

Jones, M. H., W. F. Brown jr. and *D. P. Newman:* Creep damage in a Cr-Mo-V steel as measured by retained stress rupture properties. Amer. Soc. Engrs. Ann. Meeting, Chicago, Ill., Nov. 1955, Pap. 55-A-175 12 p.; Index Aeron. **12** (1956) 2 116; AMR **9** (1956) 8 334.

Sychrovsky, H.: Zur Frage des Zeitstandverhaltens austenitischer Chrom-Molybdän-Nickel-Stähle. Diss. Bergakad. Clausthal 1955.

Vogels, H. A.: Einfluß verschiedener Legierungselemente auf die Eigenschaften warmfester austenitischer Chrom-Nickel-Stähle im Temperaturgebiet von 600 bis 700°. Diss. TH Aachen 1955.

van Echo, J. A.: Short-time creep properties of structural sheet materials for aircraft and missiles. Battelle Memorial Inst. AF TR-6731 (Pt. 4) Contract AF 33 (038)-8743 Jan. 1956 70 p.; Titanium Abstr. Bull. **2** (1956/57) 257 [1.323.211.2] [1.321].

Gemmill, M. G. a. o.: Study of $7^0/_0$ and $8^0/_0$ chromium creep-resisting steels for use in steam power plant. J. Iron & Steel Inst. **184** (1956) Oct. 122—144; Titanium Abstr. Bull. **2** (1956/57) 247.

Graham, A. and *K. F. A. Walles:* Regularities in creep and hot-fatigue data. I., II. Nat. Gas Turbine Establ. (Great Britain) Rep. R. 189, R. 190 Dec. 1956 25 p., 143 p. 26 ref.; Aeron. Engng. Rev. **16** (1957) 4 133 [1.323.3].

Kanamori, M., T. Oda and *M. Nakajima:* Creep rupture testing results of several heat resisting steels. Mitsubishi Zosen (Japan) **4** (1956) 17 27—33.

Krisch, A.: Verhalten des Stahles bei erhöhten Temperaturen. Übersicht über das Schrifttum 1953/54. Stahl u. Eisen **76** (1956) 14 913—918, 15 988—994, 16 1053—1057, **77** (1957) 1 49—53, 2 108—112, 3 175—178 197 Lit.-St.

Manjoine, M. J.: Creep characteristics of type 347 stainless steel at 1050 and 1100 F in tension and compression. Amer. Soc. Mech. Engrs. Ann. Meeting, New York, Nov. 1956, Pap. 56-A-40 8 p. 10 ref.; Index Aeron. **13** (1957) 1 112; AMR **10** (1957) 8 360—361.

Shahinian, P.: Influence of cold work on strength of steel at elevated temperatures. Trans. Amer. Soc. Metals **48** (1956) 952—970; AMR **10** (1957) 1 18.

Tagawa, N.: Heat resistance properties of chrome steels and chrome-nickel steels. Mitsubishi Zosen (Japan) **4** (1956) 17 39—40.

Uno, T. and *T. Oda:* Creep testing results of materials for high temperature. Mitsubishi Zosen (Japan) **4** (1956) 17 34—38.

Vawter, F. J., G. J. Guarnieri, L. A. Yerkovich and *G. Derrick:* Investigation of the compressive, bearing, and shear creep-rupture properties of aircraft structural metals and joints at elevated temperatures. WADC Techn. Rep. 54—270 Pt. I, II PB 121436, 121656 1956 194 p., 95 p.; Titanium Abstr. Bull. **2** (1956/57) 259,343 [1.323.211.2] [1.323.23].

Watanabe, M., S. Goda and *M. Hayasi:* On the torsional creep characters of prestrained heat-resisting steel by tension. II. Behaviors of overstrained metals. J. Japan Welding Soc. **25** (1956) 9 517—521.

Wetternik, L.: Molybdän in chemisch beständigen Stählen und Legierungen. Werkstoffe und Korrosion **7** (1956) 11 628—633 9 Lit.-St.

Bailey, W. H., M. G. Gemmill, H. W. Kirkby, J. D. Murray, E. A. Jenkinson and *A. I. Smith:* Creep properties of austenitic nickel: chromium steels containing niobium. Amer. Soc. Mech. Engrs. Ann. Meeting, New York, N. Y., Dec. 1957 Pap. 57-A-254 9 p.; Proc. IME **171** (1957) 34 911—917.

Campus, F.: Creep and relaxation of steel at room temperature. (In Engl.). 9e Congr. Int. Mécanique Appliqué, Univ. Bruxelles, Vol. 8 1957 312—315; AMR **11** (1958) 12 676.

Coldren, A. Phillip and *James W. Freeman:* An investigation of three ferritic steels for high-temperature application. I. Effect of hardness level on the properties of SAE 4340 and „17-22-A" S steels. II. General survey of the response of „17-22-A" V steel to heat treatment. III. Study of mixed bainitic structures. IV. Study of the effect of a prior homogenization; normalize. V. Effect of hot-working conditions. WADC Techn. Rep. 57—40 (AD 118204) Apr. 1957 107 p.; Aero Space Engng. **17** (1958) 5 126.

Jones, M. H., D. P. Newman and *W. F. Brown jr.:* Creep damage in a Cr-Mo-V steel as measured by retained stress rupture properties. Trans. ASME **79** (1957) 1 117—126 15 ref.

Loria, Edward A.: Hot work steels for aircraft structures. Mater. & Meth. **45** (1957) March 115—119; Aeron. Engng. Rev. **16** (1957) 6 152.

Melonas, J. V. and *J. R. Kattus:* Determination of tensile, compressive, bearing, and shear properties of ferrous and non-ferrous structural sheet metals at elevated temperatures. WADC Techn. Rep. 56—340 (AD 131069) Sept. 1957 282 p. 11 ref.; Aero Space Engng. **17** (1958) 9 90 [1.323.23] [1.323.221].

Rabotnov, G.: Some problems of creep. (In French). 9e Congr. Int. Mécanique Appliqué, Univ. Bruxelles, Vol. 8 1957 288—292; AMR **11** (1958) 11 609.

Whittaker, R. A.: Some creep and tensile properties of a corrosion resisting steel to British Standards Specification S. 80, at 22° C, 250° C, 400° C and 550° C. Roy. Aircr. Establ. TN M 280 Dec. 1957 17 p.

Wincierz, P.: Entwicklung hochwarmfester Werkstoffe. Z. VDI **99** (1957) 1 25—26 [1.323.3].

Baerlecken, Ewald und *Heinz Fabritius:* Über das Verhalten von Stählen mit 11 bis 20 % Cr nach Auslagerung im Bereich der 475°-Versprödung. Stahl u. Eisen **78** (1958) 20 1389—1395.

Bettzieche, P.: Hochwarmfeste ferritische Stähle. Mitt. Vereinig. Großkesselbesitzer H. 57 Dez. 1958 393—397; Mannesmann Forsch.-Ber. 48 1958 5 S.

Bungardt, Karl und *Otto Mülders:* Festigkeitseigenschaften vergütbarer Warmarbeitsstähle bei erhöhten Temperaturen. Stahl u. Eisen **78** (1958) 16 1119—1126.

Glen, J.: A new approach to the problem of creep. J. Iron Steel Inst. (London) **189** (1958) 4 333—343; AMR **12** (1959) 9 601—602.

Glen, J.: The effect of alloying elements on creep behavior. J. Iron Steel Inst. (London) **190** (1958) 2 114—135; AMR **12** (1959) 9 601.

Kenneford, A. S. and *T. Williams:* Effect of heating and cooling on the mechanical properties of an alloy steel. Instn. Mech. Engrs. London Prepr. 8 p; AMR **11** (1958) 11 615.

Koch, Walter, Angelica Schrader, Alfred Krisch und *Helga Rohde:* Änderungen im Gefüge austenitischer Stähle bei Zeitstandversuchen. Stahl u. Eisen **78** (1958) 18 1251—1262.

Mars, Arne and *N. M. Lazar:* Materials progress: Metals for high temperature hydraulics. Aviation Age **30** (1958) 2 82—83, 86—88 [1.322.24].

Smith, G. V., F. Garofalo, R. W. Whitmore and *R. R. Burt:* Creep rupture strength of austenitic Cr-Ni-Mo steels in sheet and bar form. ASME Ann. Meet., New York, N. Y., Pap. 58-A-102 Nov.-Dec. 1958 7 p.; AMR **12** (1959) 4 239.

Werner, K. H.: Neuzeitliche perlitisch-ferritische warmfeste Stähle. Bergakademie **10** (1958) 5/6 310—315; Draht **10** (1959) 7 330.

Krisch, Alfred: Verhalten des Stahles bei erhöhten Temperaturen. (Übersicht über das Schrifttum des Jahres 1957). Stahl u. Eisen **79** (1959) 15 1080—1083.

von den Steinen, A.: Hochwarmfeste Stähle und Legierungen für den Flugtriebwerkbau. Luftf.-Techn. **5** (1959) 7 243—248 23 Lit.-St. [6.211.2].

Eigenschaften rostfreier Stähle 1.322.123

Flint, G. N. and *L. H. Toft:* The properties of a high-manganese austenitic stainless steel. Metallurgia **51** (1955) 305 125—129 3 ref.

Loria, E. A.: New stainless steels qualify for high-temperature service. Iron Age **176** (1955) 13 65—67, 15 109—111 5 ref.

Luce, Walter A.: Stainless steels, including other ferrous alloys. Industr. & Engng. Chem. **47** (1955) Sept. Pt. II 2023—2035 198 ref.; Aeron. Engng. Rev. **14** (1955) 12 90.

Vogels, H. A.: Einfluß verschiedener Legierungselemente auf die Eigenschaften warmfester austenitischer Chrom-Nickel-Stähle im Temperaturgebiet von 600 bis 700°. Stahl u. Eisen **75** (1955) 9 559—570 17 Lit.-St.

— Modified 18/8 stainless for higher temperatures. Mater. & Meth. **41** (1955) 117—118.

Fontana, M. G.: New high-strength stainless steel. Industr. Engng. Chem. **48** (1956) 12 53 A—54 A.

Guitton, L.: Les Aciers inoxydables et réfractaires dans l'aéronautique. Fusées (1956) Dec. 227—237; Aeron. Engng. Rev. **17** (1958) 4 102.

Luce, W. A.: Stainless steels including other ferrous alloys. Industr. & Engng. Chem. **48** (1956) 9 Pt. II 1775—1787.

Nicolaus, H. O.: Rostfreie Stähle mit verbesserten Hochtemperatureigenschaften. Z. VDI **98** (1956) 19 1015.

Betteridge, W. u. *R. Butcher:* Hitzefeste Stähle und Nickellegierungen. Ingenieur **69** (1957) 26 Ch. 93-Ch. 101; Draht **9** (1958) 3 107 [1.323.3].

Campbell, H. C., T. J. Moore and *S. E. Tyson:* Corrosion resistance of No. 20 and No. 20 Cb stainless-steel. Welding J. **36** (1957) 8 353s—359s.

Kurg, Ivo M.: Tensile stress-strain properties of 17—7 PH and AM 350 stainless-steel sheet at elevated temperatures. NACA TN 4075 Sept. 1957 16 p. 5 ref.; Index Aeron. **13** (1957) 12 99—100; J. Roy. Aeron. Soc. **61** (1957) 564 851; Aeron. Engng. Rev. **16** (1957) 12 124.

Larrabee, C. P.: Corrosion-resistant experimental steels for marine applications. Corrosion **14** (1958) 11 501 t—504 t.

Loria, Edward A.: Mechanical properties, structural stability, fabrication of high-temperature stainless. Product Engng. **28** (1957) 4 135—139; Aeron. Engng. Rev. **16** (1957) 6 152; Leichtbau d. Verkehrsfahrzeuge **1** (1957) 4 95.

Luce, Walter A.: Stainless steels including other ferrous alloys. Industr. & Engng. Chem. **49** (1957) Sept. 1643—1652 137 ref.; Aeron. Engng. Rev. **16** (1957) 12 124.

Lula, R. A. and *W. G. Renshaw:* Corrosion resistance and mechanical properties of chromium-nickel-manganese stainless steels. Metal Progr. **69** (1956) 73—77; Stahlbau **28** (1959) 2 55—56.

Magnus, H. A.: Average mechanical properties of steel. Design News **12** (1957) 15./5. 140—153; Aeron. Engng. Rev. **16** (1957) 8 140.

Miller, D. E.: Determination of the tensile, compressive and bearing properties of ferrous and nonferrous structural sheet materials at elevated temperatures. WADC Techn. Rep. 6517 Pt. V (AD 142218) Dec. 1957 90 p. [1.323.211.2].

Roe, W. P. and *J. R. Kattus:* Tensile properties of aircraft-structural metals at various rates of loading after rapid heating. III. WADC Techn. Rep. 55—199 Pt. III (AD 142003) Sept. 1957 84 p.; Aero Space Engng. **17** (1958) 9 90 [1.323.210], [1.323.23], [1.323.3].

Spencer, L. F.: Neue austenitische rostfreie Stähle. Product Engng. **28** (1957) 8 135—140; Draht **9** (1958) 10 434.

Stein, Bland A.: Compressive stress-strain properties of 17-7 PH and AM 350 stainless-steel sheet at elevated temperatures. NACA TN 4074 Aug. 1957 21p. 6 ref.; Index Aeron. **13** (1957) 11 109; J. Roy. Aeron. Soc. **61** (1957) 564 851; Aeron. Engng. Rev. **16** (1957) 12 124.

Sye, J. H., T. L. Robertshaw and *F. M. Richmond:* Investigation of the effects of incongruous elements and the interaction effects of these elements on high temperature strength of Fe-Co-Ni-Cr alloys. WADC Techn. Rep. 57—426 (AD 142237) Dec. 1957 102 p.

— Die Eigenschaften nichtrostender Stähle. Design News **12** (1957) 10 141—153; Draht **9** (1958) 10 434.

Binning, M. S. and *B. Angell:* The mechanical properties at high rates of heating and loading of F. S. M. 1 stainless steel sheet, at temperatures up to 500° C. Roy. Aircr. Establ. TN M 282 Febr. 1958 20 p.

Carruthers, M. E.: A new steel for hot airplanes and missiles. Steel Processing **44** (1958) Jan. 19—23, 50, 51; Aero Space Engng. **17** (1958) 6 90.

Gluck, J. V., H. R. Voorhees and *J. W. Freeman:* Effect of prior creep on mechanical properties of aircraft structural metals. II. 17—7 PH alloy (TH 1050 condition). WADC Techn. Rep. 57—150 Pt. II (AD 151115) Apr. 1958 91 p.

Gluck, J. V., H. R. Voorhees and *J. W. Freeman:* Effect of prior creep on mechanical properties of aircraft structural metals (2024-T 86 aluminum and 17-7 PH stainless). WADC Techn. Rep. 57—150 Pt. 1 (AD 150956) Febr. 1958 106 p. 12 ref. [1.323.211.2].

Levy, Alan V.: Stress rupture strength of high temperature alloys (KSI). Aviation Age **30** (1958) 2 91 [1.323.3].

Lueb: Warmfeste und höchstdauerstandfeste Stähle. Fertigungstechnik **8** (1958) 2 66—69; Draht **9** (1958) 11 490.

Roach, D. B., A. M. Hall, R. Sergesen and *A. R. Stargardter:* 301 stainless modified for 800 deg F and up. Aviation Age **30** (1958) 4 58—63.

Schaeben, Leopold: Nichtrostende Stähle für Erdölanlagen. Vergleich der in Europa gängigen Stähle mit amerikanischen Stählen. Erdöl und Kohle **11** (1958) 9 636—639 6 Lit.-St.; Mannesmann Forsch.-Ber. 43 1958.

Stein, B. A.: Compressive strength and creep of 17-7 PH stainless-steel plates at elevated temperatures. NACA TN 4296 July 1958 33 p.; J. Roy. Aeron. Soc. **62** (1958) 574 767; Index Aeron. **14** (1958) 10 102.

Vordermayer, K.: Nichtrostender Stahl als Baustoff. Bau-Ing. **33** (1958) 6 242—244.

— Stainless steel government specifications. Design News (1958) 6./1. 122—125; Aeron. Engng. Rev. **17** (1958) 4 102.

Anders, H.: Nichtrostender Stahl im Bauwesen. Stahlbau **28** (1959) 1 26—27 5 Lit.-St.

Gilbraith, Allen C.: A new steel for aircraft and missile honeycombs. ASTM Bull. 240 Sept. 1959 51.

Gilbraith, Allen C.: A new precipitation-hardening stainless steel. Metal Treatm. & Drop Forging **26** (1959) 162 91—94; Leichtbau d. Verkehrsfahrzeuge **3** (1959) 4 137.

Martin, O.: Warmfeste Stähle, vom Konstrukteur gesehen. Konstruktion **11** (1959) 6 213—221.

— Korrosionsbeständiger, aushärtbarer Armco-Stahl Armco 17-7 PH. Draht **10** (1959) 5 222—224.

Eisengußarten   1.322.2

Allgemeines und Wärmebehandlung   1.322.21

Kayama, N.: Progress on the technique of iron castings. J. Japan Soc. Mech. Engrs. **59** (1956) 454 803—806.

Wiegand, H.: Werkstoffauswahl bei Konstruktionen aus gegossenen Eisenwerkstoffen. Konstruktion **11** (1959) 11 427—432 7 Lit.-St.

Wittmoser, Adalbert: Eisen-Kohlenstoff-Gußwerkstoffe. Z. VDI **101** (1959) 20 817 —823 27 Lit.-St.

Stahlguß   1.322.22

Piwowarsky, E. und *H. L. Roes:* Über Manganhartstahlguß. Gießerei **41** (1954) 14 357—369 15 Lit.-St.

Heyer, Hans und *Eugen Piwowarsky:* Der Einfluß der metallurgischen Eigenschaften des Stahlformgusses auf die Warmrißneigung. Gießerei **42** (1955) 11 273—279.

Zeuner, H.: Dauerstandfester Stahlguß für das mittlere und hohe Temperaturgebiet. Gießerei **44** (1957) 1 1—7 8 Lit.-St.

Hiller, Walther: Zur Wärmebehandlung von Stahlguß. Gießerei **43** (1956) 24 777—784.

Majima, U., Y. Sakato, S. Miyazaki and *I. Katagiri:* Studies on mechanical properties of low alloy steel castings containing Mn, Cr, Mo. Hitachi Hyoron (Japan) **38** (1956) 7 971—980.

Roth, A.: Anwendungsbeispiele für Stahlguß. Z. VDI **98** (1956) 24 1462—1468 7 Lit.-St.

Stauffer, Werner A.: Neuere Entwicklungen auf dem Gebiete des Stahlformgusses. Konstruktion **8** (1956) 8 291—302.

Sudhansurajan Pramanik, B. E.: Manganhartstahlguß, seine Warmbehandlung und Festigkeitseigenschaften. Diss. TH Aachen 1956.

Zeuner, Hans: Gießbare Werkstoffe für Flugzeuge und Flugkörper. Luftf.-Techn. **3** (1957) 12 258—264 10 Lit.-St.; Leichtbau d. Verkehrsfahrzeuge **2** (1958) 2 86; Aeron. Engng. Rev. **17** (1958) 4 102; Index Aeron. **14** (1958) 3 99 [6.254.0].

Bühler, Hans: Zur Entwicklung des Stahlgusses großer Wanddicken für hohe Festigkeitsbeanspruchungen. Gießerei **45** (1958) 4 87—92.

Mickelson, C. G. and *R. D. Engquist:* A high-strength cast steel. Metal Progr. **73** (1958) 3 97—98.

Quadri, E.: Hochfester Stahlguß für den Flugzeugbau. Techn. Rdsch. (Bern) **50** (1958) 31 24—25.

Resow, H. und *W. Trommer:* Das Problem der Festigkeitswerte von angegossenen und aus dem Gußstück herausgeschnittenen Probestäben, behandelt am Beispiel des Stahlgusses. Gießerei **45** (1958) 14 387—397 7 Lit.-St.

Roesch, Karl: Neuere Entwicklungen der Gußwerkstoffe und ihre Behandlungsmöglichkeiten: Temperguß. Zentrale f. Gußverwendung (ZGV) Nachr. 58.5 1958 7 S.

Roesch, K., S. Pramanik und *H. K. Görlich:* Die Wärmebehandlung und Festigkeitseigenschaften von Manganhartstahlguß. Gießerei, Techn.-Wiss. Beihefte (1958) 22 1207—1215 15 Lit.-St.

Roesch, Karl: Stahlguß und Temperguß im Leichtbau. „Leichtbau-Konstruktionen", VDI-Ber. Bd. 28 1958 43—48 [1.322.23].

Stauffer, Werner A.: Neuere Entwicklungen der Gußwerkstoffe und ihre Behandlungsmöglichkeiten: Stahlguß. Zentrale f. Gußverwendung (ZGV) Nachr. 58.4 1958 12 S.

Werner, Richard: Anlaßsprödigkeit bei verschleißfestem Stahlguß. Gießerei **45** (1948) 19 556—560.

Jackson, W. J.: Boron-treated cast steels. J. Iron & Steel Inst. **182** (1959) 4 350—361.

Roesch, Karl und *Hans Zeuner:* Der Einfluß von Molybdän auf das Gefüge und auf die mechanischen Eigenschaften bei hoher Temperatur in gegossenen, hochwarmfesten Nickel-Chrom-Legierungen. Gießerei **46** (1959) 9 202—215.

Gußeisen mit Kugelgraphit und Temperguß   **1.322.23**

Bailey, S. B.: Nodular cast iron — its present position and future prospects as an engineering material, with special reference to its suitability for crankshafts. Proc. IME **168** (1954) 24 643—678 66 ref.

Clough, W. R. and *M. E. Shank:* Decrease of density during plastic deformation of nodular cast iron. J. Metals, Trans. Sect. **6** (1954) 9 1093—1094 3 ref.

Wittmoser, A.: Zum heutigen Stand der Warmverformung von Gußeisen. Z. Metallkde. **45** (1954) 3 127—136 31 Lit.-St.

Brown, H.: Low-expansion cast iron. Machine Design **27** (1955) 6 175—177; Konstruktion **9** (1957) 7 281.

Figge, P. Kurt: Über den Entwicklungsstand und die Anwendung des Gußeisens mit Kugelgraphit. Gießerei **42** (1955) 26 701—708; AB **27** (1956) 2 121.

Foley, F. B.: Mechanical properties at elevated temperatures of ductile cast-iron. Amer. Soc. Mech. Engrs. Ann. Meeting, Chicago, Ill., Nov. 1955, Pap. 55-A-204 6 p.; AMR **9** (1956) 5 208.

Heller, P. A.: Bildet das graue Gußeisen mit Kugelgraphit eine besondere Werkstoffklasse? Gießerei **42** (1955) 1 15.

Timmerbeil, H.: Gußeisen mit Kugelgraphit als Werkstoff für mechanisch-thermisch- und chemisch-(MTC)-beanspruchten Guß. Gießerei **42** (1955) 1 7—15 7 Lit.-St.

— Cast iron at elevated temperatures. Iron & Steel **28** (1955) 8 363—364; Konstruktion **8** (1956) 8 328—329.

— Technologische Eigenschaften von Gußeisen mit Kugelgraphit. Gießerei **42** (1955) 7 154—156.

Clough, W. R. and *M. E. Shank:* The flow and fracture of nodular cast iron. Amer. Soc. Mech. Engrs. Prepr. 56-A-110 1956 9 p. 23 ref.; Index Aeron. **13** (1957) 4 111; AMR **10** (1957) 10 469.

Foley, F. B.: Mechanical properties at elevated temperatures of ductile cast iron. Trans. ASME **78** (1956) 7 1435—1438 6 ref.

Gries, Heinz: Fünf Jahre Kugelgraphiteisen im praktischen Betrieb. Konstruktion **8** (1956) 4 121—127 11 Lit.-St.

Kawamoto, S., M. Iwase, H. Kominami and *T. Kawai:* High temperature properties of ductile cast iron. Hitachi Hyoron (Japan) **38** (1956) 11 1437—1443.

Morrogh, H. u. *G. N. J. Gilbert:* Verformungs- und Trennungsbruch in ferritischen Kugelgraphitgußeisen. Gießerei **43** (1956) 14 361—368, 15 396—397 4 Lit.-St.

Mühlberger, H.: Gußeisen mit Kugelgraphit. Z. VDI **98** (1956) 24 1449—1461 30 Lit.-St.

Roll, F.: Der Werkstoff Temperguß. Z. VDI **98** (1956) 31 1765—1767.

Verelst, Johann u. *Albert de Sy:* Der Einfluß einiger Elemente auf die Kugelgraphitbildung in Gußeisen. Gießerei **43** (1956) 12 305—315.

Wiegand, H.: Welche besonderen Eigenschaften machen das Kugelgraphit-Gußeisen zu einem wertvollen Konstruktionswerkstoff? Werkstatt u. Betrieb **89** (1956) 5 253—257.

Eberle, F., J. H. Hoke and *W. E. Leyda:* Development of cast iron-base alloys of austenitic type for high heat-resistance and scale-resistance. WADC Techn. Rep. 55—290 Pt. II (AD 110716) Jan. 1957 86 p.

Roesch, Karl: Neuere Entwicklungen auf dem Gebiete des Tempergusses. Stahl u. Eisen **77** (1957) 24 1747—1751.

Angus, H. T. u. *W. G. Tonks:* Spannungsrisse und ihre Ursachen bei Gußeisen. Gießerei **45** (1958) 4 81—86.

Everest, A. B.: Einfluß der Temperatur auf die Schlagzähigkeit von Gußeisen und Kugelgraphit. „Gußeisen mit Kugelgraphit — ein neuer Konstruktionswerkstoff", VDI-Ber. Bd. 27 1958 19—22.

Gianola, Cornelio: Die Bedeutung der elastischen Eigenschaften von Kugelgraphitguß für den Maschinenbau. Gießerei **45** (1958) 9 210—219.

Grehn, W.: Die Bearbeitbarkeit von Kugelgraphitguß. „Gußeisen mit Kugelgraphit — ein neuer Konstruktionswerkstoff", VDI-Ber. Bd. 27 1958 23—27.

Motz, J.: Über die Wärmebehandlung von Gußeisen mit Kugelgraphit. „Gußeisen mit Kugelgraphit — ein neuer Konstruktionswerkstoff", VDI-Ber. Bd. 27 1958 13—18.

Mühlberger, H.: Ausgewählte Anwendungsbeispiele für Gußeisen mit Kugelgraphit. „Gußeisen mit Kugelgraphit — ein neuer Konstruktionswerkstoff", VDI-Ber. Bd. 27 1958 55—59.

Niemann, G. u. *H. Rettig:* Gußeisen mit Kugelgraphit als Zahnradwerkstoff. „Gußeisen mit Kugelgraphit — ein neuer Konstruktionswerkstoff", VDI-Ber. Bd. 27 1958 39—46.

Patterson, W.: Eigenschaften und Grundlagen der Erzeugung von Gußeisen mit Kugelgraphit. „Gußeisen mit Kugelgraphit — ein neuer Konstruktionswerkstoff", VDI-Ber. Bd. 27 1958 7—10.

Roesch, Karl: Stahlguß und Temperguß im Leichtbau. „Leichtbau-Konstruktionen", VDI-Ber. Bd. 28 1958 43—48 [1.322.22].

Scheil, E. u. *A. Wittmoser:* Kritische Betrachtungen über die Entstehung des Kugelgraphits in Gußeisen. Z. Metallkde. **49** (1958) 5 256—267 43 Lit.-St.

Stelzenmüller, H.: Warmfestigkeitseigenschaften von Gußeisen mit Kugelgraphit. „Gußeisen mit Kugelgraphit — ein neuer Konstruktionswerkstoff", VDI-Ber. Bd. 27 1958 61—69.

Timmerbeil, Helmut: Zur Erzeugung und Anwendung von Gußeisen mit Kugelgraphit. „Gußeisen mit Kugelgraphit — ein neuer Konstruktionswerkstoff", VDI-Ber. Bd. 27 1958 29—38; Z. VDI **101** (1959) 15 594—595.

Wittmoser, Adalbert: Neuere Entwicklung der Gußwerkstoffe und ihre Behandlungsmöglichkeiten: Gußeisen. Zentrale f. Gußverwendung (ZGV) Nachr. 58.3 1958 18 S.

— Gußeisen mit Kugelgraphit — ein neuer Konstruktionswerkstoff. (Vorträge der Gemeinsch.-Tag. VDG-VDI Essen 1957). VDI-Ber. Bd. 27 1958 70 S.; Technik (Berlin) **14** (1959) 6 434; Konstruktion **11** (1959) 8 328.

— Norm-Entwurf für Gußeisen mit Kugelgraphit. „Gußeisen mit Kugelgraphit —
ein neuer Konstruktionswerkstoff", VDI-Ber. Bd. 27 1958 11.

Stuber, A.: Meehanite-Gußeisen als Konstruktionswerkstoff. Konstruktion **11**
(1959) 8 299—302.

Wiegand, H. u. *H. Hentze:* Bestimmung von Werkstoffkennwerten an Eisen-
Graphit-Werkstoffen. Metall **13** (1959) 12 1110—1113 11 Lit.-St.

Grauguß und sonstiger Eisenguß 1.322.24

Burgess, Ch. O.: Fortschritte im Grauguß. Foundry **81** (1953) 5 118—123; Gießerei
42 (1955) 2 40.

Hauk, V.: Vergleich röntgenographisch und mechanisch gemessener Verformungen an Gußeisen. Arch. Eisenhüttenwes. **26** (1955) 8 449—453 23 Lit.-St.

Heller, Paul A. u. *Hans Jungbluth:* Die chemische Zusammensetzung des grauen
Gußeisens und seine Zugfestigkeit. Gießerei **42** (1955) 10 255—257.

Walton, C. F.: Grauguß. Machine Design **27** (1955) 5 190—193.

Schiffers, H.: Die Entwicklung der Gußeisenwerkstoffe. Z. VDI **98** (1956) 31
1764—1765.

— Sondergrauguß „Meehanite" — der ideale Werkstoff für Maschinen-, Werk-
zeug- und Kokillenguß. Maschine **10** (1956) 11/12 52—54; Draht **8** (1957) 1 27.

Fitzgeorge, D. and *J. A. Pope:* The thermal and elastic properties of eight cast-
irons. NE Coast Instn. Engrs. Ship. Trans. **75** (1958) 6 285—330; AMR **12** (1959)
11 769.

Mars, Arne and *N. M. Lazar:* Materials progress: Metals for high temperature
hydraulics. Aviation Age **30** (1958) 2 82—83, 86—88 [1.322.122].

Wheatley, C. and *J. A. Pope:* An investigation into the creep properties of two
cast-irons. NE Coast Instn. Engrs. Ship. Trans. **75** (1959) 6 331—354; AMR **12**
(1959) 12 844.

Sintereisen 1.322.3

Thomson, A. G.: Symposium on powder metallurgy. Aircr. Engng. **27** (1955) 311
19—21; AB **26** (1955) 5 319 [1.323.213].

Eisenkolb, Friedrich: Herstellung und Eigenschaften von korrosionsbeständigem
Sinterstahl. Stahl u. Eisen **78** (1958) 3 141—148.

Kothari, N.: Heat-treated powder-iron parts. Machine Design **30** (1958) 22 93—96;
Konstruktion **11** (1959) 8 321—322.

Nichteisenmetalle 1.323
Allgemeines 1.323.1

Azou, P.: Titanium, zirconium, beryllium and tantalum: properties and uses.
Soc. Ing. Civils de France Bull. 12 1954 291—296; Titanium Abstr. Bull.
1 (1955/56) 49—50.

Leichtmetalle 1.323.2
Allgemeines 1.323.20

Doerr, D. D.: Compressive, bearing, and shear properties of several non-ferrous
structural sheet materials (aluminum and magnesium alloys and titanium)
at elevated temperatures. Proc. ASTM **52** (1952) 1054—1078; AMR **9**
(1956) 4 158 [1.323.23].

David, L.: Beryllium in light alloys. Light Metals **18** (1955) 202 15; Nachr.-Bl.
AGM Leichtbau **5** (1956) 2/3 17.

Krause, K.: Beryllium in Leichtmetallen. Z. VDI **97** (1955) 35 1283; Nachr.-Bl. AGM Leichtbau **5** (1956) 2/3 17.

Steward, W. B.: True stress — true strain relationships of commercially pure titanium and zirconium in compression and in tension. Frankford Arsenal, Pitman-Dunn Lab. MR-606 Project TS 1-11 AD 66512 Apr. 1955 25 p.; Titanium Abstr. Bull. **2** (1956/57) 255 [1.323.23].

Böhle, Fritz: Leichtmetalle. 3. Aufl. (Werkstattbücher H. 53). Berlin—Göttingen—Heidelberg: Springer 1956 56 S.; Technik (Berlin) **11** (1956) 11 800.

Frith, P. H.: Properties of wrought and cast aluminium and magnesium alloys, at room and elevated temperatures. Ministry of Supply, Techn. Inform. & Lib. Serv. BR 265 1956 178 p.; Index Aeron. **13** (1957) 8 89.

Frost, P. D.: Light alloys. Machine Design **28** (1956) 11 86—89; Nachr.-Bl. AGM Leichtbau **5** (1956) 12 14.

Lacy, C. E. and J. H. Keeler: Zirconium-fabrication techniques and alloy development. Trans. ASME **78** (1956) 2 427—433; AMR **9** (1956) 6 253.

Levy, A. V.: Performance of light metals at elevated temperatures. Light Metal Age **14** (1956) 11/12 12—15, 37; Index Aeron. **13** (1957) 4 113.

— Characteristics of zirconium. Machine Design **28** (1956) 5 122, 124; Konstruktion **9** (1957) 4 165.

David, L.: Beryllium and Beryllia. Metal Industry **90** (1957) 25 519—521, 26 546.

Hoffman, George A.: Beryllium as an aircraft structural material. Aeron. Engng. Rev. **16** (1957) 2 50—55, 82 6 ref.; Luftf.-Techn. **4** (1958) 3 VI.

— Beryllium properties. Aviation Age, Res. & Devel. Techn. Handbook 1957/58 F 12.

— Current light alloy specifications. Light Metals **20** (1957) June 198—205; Aeron. Engng. Rev. **16** (1957) 9 148.

Conner, Jack G.: AF pushes beryllium studies. Aviation Age **30** (1958) 3 102—106, 108—109.

Jung-König, W. u. U. Zwicker: Verhalten von Leichtmetall-Legierungen in der Wärme. Aluminium **34** (1958) 6 337—345.

Krekel, Paul: Leichtmetall-Legierungen. Z. VDI **100** (1958) 11 463—464.

Smart, R. F.: Alloys of titanium and zirconium containing tin. Metallurgia **57** (1958) Apr. 181—188 30 ref.; Aero Space Engng. **17** (1958) 9 94; Titanium Abstr. Bull. **3** (1957/58) 538 [1.323.23].

Blizard, J. W. F. jr. and *Frank A. Twitchell:* Beryllium — a new engineering metal. Mater. in Design Engng. **49** (1959) 3 91—93; Leichtbau der Verkehrsfahrzeuge **3** (1959) 4 140.

van Ewijk, L. J. G.: Alterung von Aluminium-Magnesium-Legierungen. Gießerei **46** (1959) 17 465—471; Aluminium **35** (1959) 12 A 332.

Weik, H.: Beryllium — Neuere Forschungsergebnisse in USA. Metall **13** (1959) 3 202—213 66 Lit.-St.

Aluminium und Aluminiumlegierungen **1.323.21**

Allgemeines und Wärmebehandlung **1.323.210**

Cabarat, Robert: Étude de la trempe d'un alliage léger du point de vue élastique. „Rapp. Congr. Int. Aluminium, Tome I", Paris: Soc. Édition et Documentation Alliages Légers 1954 271—273; AB **27** (1956) 1 34.

Ikeno, Takashi and *Mikio Natsuno:* The effect of heat treatment upon the mechanical properties of 2 S sheets. Light Metals (Japan) (1954) 13 27—30; AB **26** (1955) 2 74—75.

Jaoul, Bernard: Plastic deformation in aluminium and its alloys. Publ. Sci. et Techn. du Ministère de l'air, France (Paris) No. 290 1954 86 p.; AB **26** (1955) 7 457.

Kawachi, Rihei: Effects of preheating and addition of manganese on the annealing characteristics of 24 S-type (aluminium) alloys. Nippon Kinzoku Gakkai-Si (Japan) **18** (1954) 3 173—176; AB **27** (1956) 2 89—90.

Lachenaud, R.: Le zicral. Comparaison des alliages à haute résistance avec les autres alliages légers au point de vue: Traitement thermique, formage, état de surface, protection etc. Techn. Sci. Aéron. (1954) 4 287—297.

McEvily, Arthur J. jr. and *Philip J. Hughes:* An experimental and theoretical investigation of the anisotropy of 3 S aluminum-alloy sheet in the plastic range. NACA TN 3248 Oct. 1954 45 p. 12 ref.; AB **26** (1955) 5 304; Index Aeron. **11** (1955) 1 155.

Morinaga, T., M. Yamada and *T. Takahashi:* Study of the ageing of aluminium-copper-tin alloys. II. The effect of tin on the ageing of aluminium — 4 % copper alloy. Nippon Kinzoku Gakkai-Si (Japan) **18** (1954) 6 350—354; AB **27** (1956) 2 90.

— About aluminium. Handbook. 2nd ed. London: Northern Aluminium Co. 1954 46 p.; AB **26** (1955) 2 106.

— ALCAN aluminium wrought and cast products. Montreal: Aluminium Co. of Canada 1954 15 p.; AB **26** (1955) 1 40.

Asbeck, O.: Mechanical and technical properties of the aluminium alloy: G Al Si 6 Cu 3 (225) (with larger variations of the concentration of the alloying elements). Foundry Trade J. **99** (1955) 2044 519; AB **26** (1955) 12 723.

van Ewijk, L. J. G.: Die Wärmebehandlung von Aluminium-Magnesium-Legierungen mit 9 % Mg und mehr. Metalen **10** (1955) 269—273, 291—297; AB **26** (1955) 12 702.

Fritts, Harry W. and *Ralph L. Horst jr.:* Aluminium alloys. Industr. & Engng. Chem. **47** (1955) Sept. Pt. II 1946—1952 71 ref.; AB **26** (1955) 10 624; Aeron. Engng. Rev. **14** (1955) 12 90; Aluminium **32** (1956) 3 A 71.

Handforth, J. R.: A review of aluminium alloys as engineering materials. Welding **23** (1955) 6 204—210; AB **26** (1955) 7 416.

Hartman, A.: Influence of elevated temperatures up to about 450° C on the mechanical properties of the aluminium alloys, titanium and titanium alloys. NLL Rap. M 1987 1955 49 p.; AMR **9** (1956) 11 481 [1.323.23].

Hug, H.: Einfluß der Barren-Hochglühung auf Gefügeausbildung und Eigenschaften von Al Mn-Legierungen (Aluman). Metall **9** (1955) 5/6 176—180; AB **26** (1955) 4 207.

Mauderli, B.: Die Wärmebehandlung von Aluminium und Aluminiumlegierungen. Aluminium (Suisse) **5** (1955) 5 178—191; AB **26** (1955) 12 703.

Meredith, B. L.: Improve cast aluminum alloys by heat treatment. Mater. & Meth. **42** (1955) 1 108—110; AB **26** (1955) 8 505.

Planner, Bernhard P.: Salt bath furnaces for aluminum. Metal Progr. **67** (1955) 6 84—86; Luftf.-Techn. **1** (1955) 4 VII.

Polmear, I. J.: A critical review of the mechanism of ageing in alloys based on the aluminium-zinc-magnesium system. Aeron. Res. Comm. (Australia) Rep. ACA-59 Aug. 1955 22 p. 74 ref.; Index Aeron. **13** (1957) 4 114; Aircr. Engng. **29** (1957) 338 126; AB **28** (1957) 6 412.

Spillett, E. E.: Super purity aluminium — Production, properties and applications. Metallurgia **51** (1955) 304 59—64; AB **26** (1955) 4 197—198 [6.131].

Whiting, J. F.: Heat treatment strengthens aluminum. Design Engng. **1** (1955) 8 41—44, 56; AB **26** (1955) 12 702.

Wilson, C.: Quenching conditions. Aircr. Production **17** (1955) 2 72—78; AB **26** (1955) 3 139—140.

— High-strength light-alloys. Aircr. Production **17** (1955) 11 462—465; Luftf.-Techn. **1** (1955) 8 VI—VII; AB **26** (1955) 12 721.

Bernhard, Paul: Werkstoff Aluminium. Techn. Rdsch. (Bern) **48** (1956) 18 9—13.

Boz, C. A.: Heat treating thousands of aluminum parts per day. Modern Metals **12** (1956) 6 40, 42; Aluminium **32** (1956) 12 A 343.

Brenner, Paul et *M. Schippers:* Influence d'une addition de chrome sur la micro-structure d'alliages Al Zn Mg. Rev. Métallurgie **53** (1956) 8 627—637; Aluminium **33** (1957) 2 A 40.

Champion, F. A. and *E. E. Spillett:* Super purity aluminium and its alloys. Sheet Metal Industries **33** (1956) 345 25—36; Aluminium **32** (1956) 4 A 86; AB **27** (1956) 2 119—120.

Elliott, E.: Aluminium and its alloys in 1955. Some aspects of research and technical progress reported. Metallurgia **53** (1956) 316 69—79; ADA Repr. 15 p. 172 ref.; Aluminium **32** (1956) 7 A 190; AB **27** (1956) 5 315—316; Aeron. Engng. Rev. **16** (1957) 1 109.

Elliott, E.: British standards for aluminium and its alloys. The 1955 revisions. Metallurgia **53** (1956) 317 108—112.

Handforth, J. R.: Aluminium-magnesium alloys and their industrial application. Light Metals **19** (1956) 217 108—110.

Hérenguel, J.: Die neuere Entwicklung auf dem Gebiet der Aluminiumlegierungen in Frankreich. Metall **10** (1956) 1/2 30—34, 5/6 186—191; Aluminium **32** (1956) 7 A 190; AB **27** (1956) 2 103—104.

Krekel, Paul u. *K. Reichel:* Aluminium-Legierungen für die Luftfahrt. Luftf.-Techn. **2** (1956) 3 45—48 21 Lit.-St.; Nachr.-Bl. AGM Leichtbau **5** (1956) 7/8 17.

Krekel, Paul u. *K. Reichel:* Aluminium-Werkstoffe. Z. VDI **98** (1956) 11 500—502; Nachr.-Bl. AGM Leichtbau **5** (1956) 7/8 19.

Nachtigall, E.: Metallkundliche Probleme bei Strangpreßerzeugnissen. Berg- u. Hüttenmänn. Mh. **101** (1956) 12 378—382.

Nachtigall, E.: Structure et conductibilité électrique des alliages d'aluminium. Rev. Métallurgie **53** (1956) 9 660—664; Aluminium **33** (1957) 4 A 88.

Panseri, C.: Caratteristiche di una nuova lega leggera (Iridal) per architettura. (Die Eigenschaften einer neuen Leichtmetall-Legierung (Iridal) für das Bauwesen.) Alluminio **25** (1956) 10 427—434; Aluminium **33** (1957) 9 A 254.

Perrone, A.: L'alluminio e le sue leghe secondo l'unificazione italiana. (Aluminium und seine Legierungen in der italienischen Normung.) Alluminio **25** (1956) 1 13—18; Aluminium **32** (1956) 10 A 288.

Rigal, J. et *M. Renouard:* Effet de trempe et de revenu dans les alliages aluminium-magnésium contenant comme impureté ou constituant secondaire du silicium dans la proportion de 0 à 1 %. Rev. Métallurgie **53** (1956) 4 263—270; Aluminium **32** (1956) 12 A 342.

Saito, Koichi: Theory of maximum shearing stress and plastic deformation of aluminium. Trans. Japan Soc. Mech. Engrs. **22** (1956) 123 821—827; Japan Sci. Rev., Mech. & Electr. Engng. **3** (1958) 2 71.

Saulnier, A.: Etude des alliages aluminium-magnésium. Rev. Métallurgie **53** (1956) 4 285—297; Aluminium **32** (1956) 11 A 318.

Scheidecker, M. et *J. Hérenguel:* Addition de zirconium aux alliages légers pour filage et forgeage. Rev. Aluminium **33** (1956) 230 261—265; Aluminium **32** (1956) 8 A 212.

Whiting, J. F.: How can you best heat treat aluminum. Design Engng. **2** (1956) 3 48—50; AB **27** (1956) 3 163—164.

Williams, T. R. G.: Le traitement thermique des alliages légers. Rev. Métallurgie **53** (1956) 10 791—795; Aluminium **33** (1957) 3 A 69.

Wyon, G., J. M. Marchin et *P. Lacombe:* Etude comparative de l'influence des traitements thermiques sur la structure micrographique des aluminiums en fonction de leur pureté. Rev. Métallurgie **53** (1956) 12 945—964; Aluminium **33** (1957) 6 A 160.

— Der Werkstoff Aluminium. (Eine Einführung.) Aluminium-Merkblatt W 1, Düsseldorf: Aluminium-Zentrale 1956 8 S.

Altenpohl, Dietrich: Entfestigung und Rekristallisation des Aluminiums. Aluminium **33** (1957) 4 226—233, 5 306—317 37 Lit.-St.

Bollenrath, Franz u. H. Grefkes: Über trockene Reibung bei einigen Aluminiumlegierungen und Stählen. Aluminium **33** (1957) 4 234—240 [1.322.10].

Brenner, Paul: Schweißbare AlMg-Legierungen. Schweißen u.Schneiden **9** (1957 11 483—492.

Carreker, R. P. and *W. R. Hibbard:* Tensile deformation of aluminum as a function of temperature, strain rate and grain size. J. Metals **9** (1957) 10 Sect. 2 1157—1163; Aluminium **34** (1958) 2 A 34.

Elliott, E.: Aluminium and its light alloys in 1956. Metallurgia **55** (1957) 328 67—78; Aluminium **33** (1957) 7 A 184.

Entwistle, K. M.: The damping behaviour of quenched aluminum-copper-magnesium-silicium alloys. J. Inst. Metals **85** (1957) 10 425—430; Aluminium **33** (1957) 11 A 310.

Gottschalk, M.: Aluminium-Legierungen für Architektur- und Bau-Konstruktionen. Metall **11** (1957) 3 202—208 28 Lit.-St. [6.270].

Guilhaudis, A. et *R. Develay:* Additions de chrome et de manganèse dans les alliages légers d'aluminium à 3 et 5 % de magnésium. Rev. Métallurgie **54** (1957) 4 288—298; Aluminium **33** (1957) 9 A 254.

Meikle, G.: Aluminium alloys in aircraft structures. AGARD Rep. 102 Apr. 1957 11 p.; J. Roy. Aeron. Soc. **62** (1958) 565 77; Aero Space Engng. **17** (1958) 5 126.

Panseri, C., F. Gatto and *T. Federighi:* The quenching of vacancies in aluminum. Acta Metallurgica **5** (1957) 1 50—52; Aluminium **33** (1957) 7 A 186.

Pearson, T. G. and *H. W. L. Phillips:* The production and properties of super-purity aluminium. Metallurgical Rev. **2** (1957) 8 305—360; Aluminium **34** (1958) 8 A 218.

Polmear, I. J.: The ageing characteristics of ternary aluminium-zinc-magnesium alloys. ARL Rep. M 20 Jan. 1957 20 p. 36 ref.; Index Aeron. **13** (1957) 10 103—104; J. Roy. Aeron. Soc. **61** (1957) 562 709; Aeron. Engng. Rev. **16** (1957) 9 148.

Polmear, I. J. and *P. Scott-Young:* The ageing characteristics of two commercial alloys based on the aluminium-zinc-magnesium system. ARL Rep. Met. 25 Oct. 1957; J. Roy. Aeron. Soc. **62** (1958) 568 317.

Roe, W. P. and *J. R. Kattus:* Tensile properties of aircraft-structural metals at various rates of loading after rapid heating. III. WADC Techn. Rep. 55-199 Pt. III (AD 142003) Sept. 1957 84 p.; Aero Space Engng. **17** (1958) 9 90. [1.322.123], [1.323.23], [1.323.3].

Thury, W.: Einflüsse von Antimonzusätzen auf Aluminiumlegierungen. Metall **11** (1957) 3 190—192; Aluminium **33** (1957) 7 A 186.

Tournaire, M.: Au sujet des propriétés mécaniques des alliages légers aux basses, moyenne et hautes températures. Techn. et Sci. Aéron. (1957) 6 273—283.

Tournaire, M. et *G. M. Renouard:* Remarques sur le traitement thermique des alliages aluminium-zinc-magnésium-cuivre. Métaux, Corrosion **32** (1957) 379 95—101; Aluminium **33** (1957) 8 A 212.

Westwood, A. R. C. and *T. Broom:* Strain-ageing of aluminum and aluminum-magnesium alloys at liquid-air temperatures. Acta Metallurgica **5** (1957) 2 77—82; AB **28** (1957) 3 174—175; Aeron. Engng. Rev. **16** (1957) 10 146.

Westwood, A. R. C. and *T. Broom:* Strain ageing of aluminum-magnesium alloys at temperatures between 208 and 369° K. Acta Metallurgica **5** (1957) 5 249—256; Aluminium **33** (1957) 12 A 342; AB **28** (1957) 6 406; Aeron. Engng. Rev. **16** (1957) 10 146.

Williams, T. R. G.: Overheating effects in high strength aluminium alloys. Metallurgia **56** (1957) 333 33—37; AB **28** (1957) 8 548; Aeron. Engng. Rev. **16** (1957) 11 134.

Williams, T. R. G: Heat-treatment of light alloys. Metal Treatm. & Drop Forging **24** (1957) Jan. 34—38 16 ref.; Aeron. Engng. Rev. **16** (1957) 4 147.

— Materials survey aluminum. Ed. Office of Defense Mobilization XI, I-1, II-18, III-10, IV-7, V-8, VI-41, VII-25, VIII-25, IX-1, X-7, XI-112, XII-1, US Dep. Commerce Business and Defense Services Administration, Washington 1957.

Brenner, Paul: Einfluß von Verunreinigungen auf die Eigenschaften von Aluminium. Aluminium **34** (1958) 12 738—739.

Brenner, Paul: Einfluß von Verunreinigungen auf die Eigenschaften von Aluminium. Metall **12** (1958) 12 1075—1084; Aluminium **35** (1959) 3 A 58.

Elliott, E.: Aluminum and its alloys in 1957: Some aspects of research and technical progress reported. Metallurgia **57** (1958) Febr. 79—92 216 ref.; Aero Space Engng. **17** (1958) 7 88.

Kessler, H.: Aluminium piston alloys in Germany. Light Metals **21** (1958) 240 85—88; Aluminium **34** (1958) 7 A 188.

Maacks, H.: Über die Aushärtung von Aluminium-Zink-Legierungen. Diss. TU Berlin 1958.

Montariol, Frédéric: Préparation et propriétés nouvelles de l'aluminium de haute pureté. Publ. Sci. et Techn. du Ministère de l'air, France (Paris) No. 344 1958 70 p. 35 réf.; Aero Space Engng. **17** (1958) 12 69.

Plumb, R. C. and J. E. Lewis: The modification of aluminium silicon alloys by sodium. J. Inst. Metals **86** (1958) 8 393—400; Aluminium **34** (1958) 9 A 256.

Tournaire, M. and G. M. Renouard: The heat treatment of aluminium-zinc-magnesium-copper alloys. Ministry of Supply, London, S. E. 9, Techn. Inform. Lib. Translat. 4820 Febr. 1958 8 p.

— Heat treating aluminium alloys; Outline of theory and practice. Metal Treatm. & Drop Forging **25** (1958) Jan. 27—28.

— Material properties handbook. Vol. I. Aluminium alloys. (AGARD Publ.) London: Techn. Editing and Reproduction Ltd. 1958; AMR **12** (1959) 11 969.

— Über einige ausgewählte Eigenschaften und Anwendungen von Aluminium und seinen Legierungen. Techn. Rdsch. (Bern) **50** (1958) 16 2—7.

Erdmann-Jesnitzer, F. u. H. Hadamovsky: Beitrag zur Verfestigung und Entfestigung von Aluminium und Aluminiumlegierungen. Aluminium **35** (1959) 5 248—257, 11 626—632.

van Ewijk, Leopold J. G.: Alterung von Aluminium-Magnesium-Legierungen. Gießerei **46** (1959) 17 465—471; Aluminium **35** (1959) 12 A 332.

Krekel, P.: Aluminiumlegierungen für die deutsche Luftfahrt. Les alliages d'aluminium pour l'aviation allemande. Industriekurier, Techn. u. Forsch. **12** (1959) 100 (23) 20, 22, 24.

Olson, E. C., R. E. Maringer, L. L. Marsh and G. K. Manning: Study of plastic deformation in binary aluminum alloys by internal-friction methods. NASA Mem. 3-3-59 W March 1959 31 p. 14 ref.

Knetlegierungen   **1.323.211**

Festigkeits- und Formänderungseigenschaften   **1.323.211.1**

Rozalsky, I.: The effect of prestraining under different stress states on the fracture and flow properties of 2 S-O aluminum. US Atomic Energy Comm. Publ. NP-4902 1953 30 p.; Trans. Amer. Soc. Metals **47** (1954) 7 77—101; AB **26** (1955) 2 91; Aluminium **31** (1955) 12 A 288.

MacDonald, N. F. and *C. E. Ransley:* Preparation of high-modulus aluminium alloys. Metal Industry **85** (1954) 26 535; AB **26** (1955) 2 88.

Brenner, Paul: Hochfeste Aluminium-Legierungen und ihre Anwendung im Flugzeugbau. WGL-Jb. 1955 310—323 23 Lit.-St.; Aluminium **33** (1957) 7 A 192.

Cottrell, A. H. and *R. J. Stokes:* Effects of temperature on the plastic properties of aluminium crystals. Proc. Roy. Soc. (London) (A) **233** (1955) 1192 17—34; AB **27** (1956) 1 40.

Dudzinski, N.: The effect of nitrides and ternary intermetallic compounds on the Young's modulus of some aluminium alloys. J. Inst. Metals **83** (1955) 10 444—448; Aluminium **31** (1955) 10 A 234; AB **26** (1955) 8 522—524.

Friedel, J., C. Boulanger et *C. Crussard:* Constantes élastiques et frottement intérieur de l'aluminium polygonisé. Acta Metallurgica **3** (1955) 4 380—391; AB **26** (1955) 10 639.

Gatto, F. e *L. Mori:* Indagini sperimentali sull'anisotropia degli estrusi di leghe leggere ad alta resistenza. (Experimenteller Nachweis der Anisotropie in Strangpreßstücken aus Aluminiumlegierungen hoher Festigkeit.) Alluminio **24** (1955) 3 241—247; AB **26** (1955) 9 584; Aluminium **32** (1956) 5 A 130.

Hardy, H. K.: Aluminium-copper-cadmium sheet alloys. J. Inst. Metals **83** (1955) 7 337—346; AB **26** (1955) 5 306.

Hug, H.: Unidal. Aluminium (Suisse) **5** (1955) 4 112—121; AB **26** (1955) 8 519—520.

Pumphrey, W. I. and *D. C. Moore:* A further examination of the welding and tensile properties of some Al-Zn-Mg-alloys containing copper. Brit. Welding J. **2** (1955) 5 206—215 9 ref.; Index Aeron. **11** (1955) 6 77; AB **26** (1955) 6 376—377.

— Some effects of variation in the zinc content on the mechanical properties and corrosion resistance of Al-Si-Cu alloys. Metallurgia **51** (1955) 305 115—119; AB **26** (1955) 5 308.

Baron, H. G.: Stress/strain curves of some metals and alloys at low temperatures and high rates of strain. J. Iron & Steel Inst. **182** (1956) Pt. 4 354—365; AMR **9** (1956) 12 527.

Brenner, Paul: Statische und dynamische Festigkeitseigenschaften hochfester Aluminiumlegierungen. Aluminium **32** (1956) 12 756—768; Berg- u. Hüttenmänn. Mh. **101** (1956) 12 370—377 [1.333.2].

Buckley, S. N. and *K. M. Entwistle:* The Bauschinger effect in super-pure aluminum single crystals and polycrystals. Acta Metallurgica **4** (1956) 4 352—362; Aluminium **33** (1957) 1 A 16.

Chevigny, R.: Caractéristiques à chaud de quelques produits non ferreux pouvant être utilisés en aéronautique. Métaux, Corrosion **31** (1956) 373 369—377; Fusées (1956) Oct. 161—169 17 réf.; Leichtbau d. Verkehrsfahrzeuge **1** (1957) 2/3 67; Aluminium **33** (1957) 1 A 16; Aeron. Engng. Rev. **17** (1958) 4 102. [1.333.2].

Crussard, C.: Etude des facteurs de la consolidation et de la striction en sollicitations uni- et biaxiales. Métaux, Corrosion **31** (1956) 371/372 295—305; Aluminium **33** (1957) 1 A 16.

Forrest, G. and *K. Gunn:* Problems associated with the production and use of wrought aluminium alloys. J. Roy. Aeron. Soc. **60** (1956) 550 635—658 24 ref.; Index Aeron. **12** (1956) 7 115; AB **27** (1956) 11 701; Aeron. Engng. Rev. **16** (1957) 1 109; Aluminium **34** (1958) 9 A 256.

Jones, D. T.: Variations in the strength of aluminum alloy sheet. ARC Curr. Pap. 229 1956 10 p. 4 ref.; Index Aeron. **12** (1956) 5 112; AMR **10** (1957) 7 301—302.

Liddiard, E. A. G. and *H. K. Hardy:* Aluminium-copper-cadmium alloys. Metal Treatm. & Drop Forging **23** (1956) 125 67—71; Aluminium **32** (1956) 5 A 130.

Mascré, C.: Contribution à l'étude des alliages aluminium-cuivre-silicium d'affinage. Fonderie (1956) 120 1—20; Aluminium **32** (1956) 5 A 130.

McEvily, Arthur J. jr., Walter Illg and *Herbert F. Hardrath:* Static strength of aluminum-alloy specimens containing fatigue cracks. NACA TN 3816 Oct. 1956 54 p. 19 ref.; Index Aeron. **12** (1956) 12 48; AMR **10** (1957) 4 153; J. Roy. Aeron. Soc. **61** (1957) 554 142; Aeron. Engng. Rev. **16** (1957) 1 109.

Riley, M. W.: Wrought aluminum alloys. Mater. & Meth. **43** (1956) 1 109—124; Aluminium **32** (1956) 6 A 167.

Stickley, G. W. and *H. L. Anderson:* Effects of intermittent versus continuous heating upon the tensile properties of 2024-T4, 6061-T6, and 7075-T6 alloys. NACA TM 1419 Aug. 1956 7 p. 6 ref.; Index Aeron. **12** (1956) 12 116; AMR **10** (1957) 10 469—470; J. Roy. Aeron. Soc. **61** (1957) 554 142; AB **28** (1957) 2 104—105.

Thomas, G. and *J. Nutting:* The plastic deformation of aluminium and aluminium alloys. J. Inst. Metals **85** (1956) 1 1—7; Aluminium **33** (1957) 3 A 68.

Tournaire, M. et *M. Renouard:* Alliages pour rivets de la famille du duralumin. Rev. Aluminium **33** (1956) 228 41—46; Aluminium **32** (1956) 6 A 166 [1.431.11].
— Résistance mécanique à chaud des alliages légers. Fonderie **128** (1956) 367—369; Aluminium **33** (1957) 3 A 68.

Bomhardt, Warren: New aluminium forging alloy. Product Engng. **28** (1957) 25 62—63; Leichtbau d. Verkehrsfahrzeuge **2** (1958) 3 134; Aeron. Engng. Rev. **17** (1958) 3 107.

Broom, T., J. A. Mazza and *V. N. Whittaker:* Structural changes caused by plastic strain and by fatigue in aluminium-zinc-magnesium-copper alloys corresponding to D. T. D. 683. J. Inst. Metals **86** (1957) 1 17—23; Aluminium **34** (1958) 3 A 62 [1.333.2].

Elliott, B. J. and *H. J. Axon:* The Young's modulus of some quenched and aged binary aluminium alloys. J. Inst. Metals **86** (1957) 1 24—28; Aluminium **34** (1958) 3 A 62.

Fortney, R. E. and *Ch. Avery:* Effect of temperature-time histories on the tensile properties of airframe structural aluminum alloys. Trans. Amer. Soc. Metals **50** (1957) Prepr. 23 15 p.; Aluminium **34** (1958) 3 A 62.

Gerard, G. and *R. Papirno:* Dynamic biaxial stress-strain characteristics of aluminum and mild steel. Trans. Amer. Soc. Metals **49** (1957) 132—148; Aluminium **33** (1957) 12 A 342 [1.322.11].

Kleint, R. E. and *G. B. Mathers:* Hardness-tensile relationship for high strength aluminum alloys. Light Metal Age **15** (1957) 3/4 30—32, 35; Aluminium **33** (1957) 11 A 310.

Rosenkranz, Wilhelm: Untersuchungen über den Gefügeaufbau und die Festigkeitseigenschaften von Gesenkpreßteilen aus AlCuMg- und AlZnCuMg-Legierungen. Z. Metallkde. **48** (1957) 2 41—53; Aluminium **33** (1957) 9 A 254.

Trozera, T. A., O. D. Sherby and *J. E. Dorn:* Effect of strain rate and temperature on the plastic deformation of high purity aluminum. Trans. Amer. Soc. Metals **49** (1957) 173—188; Aluminium **33** (1957) 12 A 342.

Watts, A. B.: Non-linear elasticity in aluminium alloys. Aeron. Quart. **8** (1957) 2 103—122; Index Aeron. **13** (1957) 7 96; Aeron. Engng. Rev. **16** (1957) 7 122.

Zuech, R. and *R. G. Cron:* 42B: New high strength aluminium alloy. Light Metal Age **15** (1957) 1/2 23, 26; Index Aeron. **13** (1957) 6 110.
— Reinstaluminium. Aluminium-Merkblatt W 9, 3. Aufl., Düsseldorf: Aluminium-Zentrale 1957 6 S.

Dickenscheid, W. u. *H. J. Seemann:* Mikrozugversuche zur Untersuchung des Preßeffektes an kalt- und warmausgehärteten Aluminium-Kupfer-Magnesium-Legierungen. Z. Metallkde. **49** (1958) 10 527—532; Aluminium **35** (1959) 1 A 10.

Macherauch, E. u. *P. Müller:* Gitterdehnungen und Eigenspannungen reinster und legierter Aluminiumproben nach Zugverformung. Z. Metallkde. **49** (1958) 6 324—331; Aluminium **34** (1958) 11 A 310.

Mascré, C. et *A. Lefebvre:* Note sur le module d'élasticité de quelques alliages légers. Fonderie (1958) 150 302—304; Aluminium **34** (1958) 12 A 338.

Mori, L.: Caratteristiche meccaniche delle leghe leggere a bassa temperatura. (Die mechanischen Eigenschaften der Leichtmetallegierungen bei niedrigen Temperaturen.) Alluminio **27** (1958) 11 495—501; Aluminium **35** (1959) 2 A 32.

Rosenkranz, Wilhelm: Gefüge und Festigkeitseigenschaften von gepreßten und gezogenen Flachstreifen aus verschiedenen Legierungen des AlMgSi-Typs unter besonderer Berücksichtigung des Mn-Gehaltes. Aluminium **34** (1958) 9 510—518.

Schmitt, Hans, Walter Koch u. *Ernst A. Bloch:* Erzeugung, Eigenschaften und Verwendungsmöglichkeiten von Reinstaluminium mit einem Reinheitsgrad von 99,999 %. Erzmetall **11** (1958) 9 427—432; Aluminium **35** (1959) 1 A 8.

Varley, P. C., M. K. B. Day and *A. Sendorek:* The structure and mechanical properties of high purity aluminium-zinc-magnesium alloys. J. Inst. Metals **86** (1958) 8 337—351; Aluminium **34** (1958) 9 A 254.

Richter, H. u. *G. Wassermann:* Über die Wirkung von Verformungen auf die mechanischen Eigenschaften einer aushärtbaren Aluminiumlegierung. Z. Metallkde. **49** (1958) 11 549—556; Aluminium **35** (1959) 2 A 32.

Wellinger, K., E. Keil u. *G. Maier:* Über das Festigkeitsverhalten von Aluminium und Aluminiumlegierungen bei Temperaturen bis 300° C. 10 000-h-Zeitstandfestigkeit und Zeitdehngrenzen von Al 99,5, AlMgSi 1 und GK-AlSi 10 Mga. Aluminium **34** (1958) 8 458—463.

— Aluminium-Automatenlegierungen. Aluminium-Merkblatt W 15, 2. Aufl. Düsseldorf: Aluminium-Zentrale 1958 6 S.

— Aluminium-Knetlegierungen AlMgSi. Aluminium-Merkblatt W 14, Düsseldorf: Aluminium-Zentrale 1958 8 S.

— Werkstoffblatt BS-Seewasser. Verein. Leichtmetall-Werke Bonn Merkbl. 1/31 1958 8 S.; Leichtbau d. Verkehrsfahrzeuge **3** (1959) 4 142.

— Werkstoffblatt KS-Seewasser Gattung AlMgMn. Verein. Leichtmetall-Werke Bonn Merkbl. 1/21 1958 S. 8,; Leichtbau d. Verkehrsfahrzeuge **3** (1959) 4 142.

Develay, R.: Influence des conditions de travail à chaud sur les caractéristiques de l'alliages A-U4SG. I. Rev. Aluminium **36** (1959) 262 193—197; Aluminium **35** (1959) 7 A 172.

Develay, R.: Influence des conditions de travail à chaud sur les caractéristiques de l'alliage AlCu4SiMg. II. Transformation à chaud par forgeage. Rev. Aluminium **36** (1959) 263 315—322; Aluminium **35** (1959) 12 A 330.

Porter, F. C.: Clad aluminium alloys. Metallurgia **59** (1959) 352 67—73 28 ref.; Leichtbau d. Verkehrsfahrzeuge **3** (1959) 4 140.

— Werkstoffblatt Pantal Gattung AlMgSi. Verein. Leichtmetall-Werke Bonn Merkbl. 1/40 1959 7 S.; Leichtbau d. Verkehrsfahrzeuge **3** (1959) 4 142.

Kriechverhalten

Andrew, Ralph Parkinson: A correlation between the tensile test and the creep test on high-purity aluminium. Diss. Univ. Cambridge 1953 73 p; AB **26** (1955) 5 307.

Saller, H. A., J. A. van Echo and *J. T. Stacy:* Creep strength of boral aluminium-boron carbide sheet at 200°, 400°, and 600° F. 95°, 205°, and 315° C. US Atomic Energy Comm. Publ. BMI-883 1953 14 p.; AB **26** (1955) 5 307.

Bauser, Martin u. *Ulrich Dehlinger:* Kriechversuche an Aluminium-Einkristallen bei stufenweise erhöhter Belastung. Z. Metallkde. **45** (1954) 10 618—621; AB **26** (1955) 3 152.

Guarnieri, G. J.: The creep-rupture properties of aircraft sheet alloys subjected to intermittent load and temperature. "Symposium on effect of cyclic heating and stressing on metals at elevated temperatures", Amer. Soc. Testing Mater. 1954 105—148; Titanium Abstr. Bull. **1** (1955/56) 76 [1.322.122].

Beck, C. E.: The effect of prior creep on the mechanical properties of alclad 2024-T3 aluminum alloy sheet. WADC TN 55-49 Sept. 1955.

Carlson, R. L. and *G. K. Manning:* Investigation of compressive-creep properties of aluminum columns at elevated temperatures. III. Comparisons with other metals. WADC Techn. Rep. 52-251 Pt. III May 1955 67 p.; Titanium Abstr. Bull. **2** (1956/57) 138—139.

Durham, R. J. and *P. D. Skaer:* Tensile properties at elevated temperatures of some NORAL wrought aluminium alloys. Aluminium Lab. Ltd. (Banbury) Res. Bull. 3 March 1955 29 p.; AB **26** (1955) 6 377.

Frenkel, R. E., O. D. Sherby and *J. E. Dorn:* Effect of cold work on the high temperature creep properties of dilute aluminum alloys. Trans. Amer. Soc. Metals **47** (1955) 632—649; Aluminium **31** (1955) 12 A 288.

Guarnieri, G. J.: The creep-rupture properties of aircraft sheet alloys subjected to intermittent load and temperature. "Symposium on effect of cyclic heating and stressing on metals at elevated temperatures", ASTM Spec. Techn. Publ. 165 1955 105—148; AB **26** (1955) 7 444. [1.322.122], [1.323.3].

Gualandi, D. e *G. Luft:* Influenza del riscaldimento sulle caratteristiche meccaniche e sulla resistenza alla corrosione della lega P-AG5. (Einfluß der Erwärmung auf die mechanischen Eigenschaften und auf die Korrosionsbeständigkeit von AlMg5-Knetwerkstoff.) Alluminio **24** (1955) 3 229—240; AB **26** (1955) 9 584—585; Aluminium **32** (1956) 5 A 130 [1.362].

Heimerl, George J. and *John E. Inge:* Tensile properties of 7075-T6 and 2024-T3 aluminum alloy sheet heated at uniform temperature rates under constant load. NACA TN 3462 July 1955 46 p. 9 ref.; Index Aeron. **11** (1955) 10 136; J. Roy. Aeron. Soc. **59** (1955) 538 719.

Johnson, A. E., N. E. Frost and *J. Henderson:* Plastic strain and stress relations at high temperatures. Engineer **199** (1955) 5173 366—369, 5174 403—405, 5175 457-458; Index Aeron. **11** (1955) 5 56; Aeron. Engng. Rev. **14** (1955) 6 142 [1.322.11].

Johnson, R. D., A. P. Young and *A. D. Schwope:* Plastic deformation of aluminium single crystals at elevated temperatures. NACA TN 3351 Apr. 1955 76 p.; NACA Rep. 1267 1956 31 p. 70 ref.; Index Aeron. **11** (1955) 7 130—131; Aircr. Engng. **29** (1957) 344 330; J. Roy. Aeron. Soc. **61** (1957) 563 789; Aeron. Engng. Rev. **16** (1957) 11 134.

Mathauser, Eldon E. and *William D. Deveikis:* Preliminary investigation of the compressive strength and creep lifetime of 2024-T3 (formerly 24S-T3) aluminum-alloy plates at elevated temperatures. NACA RM L55 E11b June 1955 12 p.; AB **26** (1955) 9 581.

Thomas, David E.: The creep properties of aluminium alloys with reference to future uses of aluminium at elevated temperatures. "Rapp. Congr. Int. Aluminium, Tome I", Paris: Soc. Edition et Documentation Alliages Légers 1954 275—281 18 ref.; AB **26** (1955) 8 522.

Thomas, John M. and *John F. Carlson:* Errors in deformation measurements for elevated-temperature tension tests. ASTM Bull. 206 May 1955 47—51; Index Aeron. **11** (1955) 9 52; Aeron. Engng. Rev. **14** (1955) 7 118.

Wilms, G. R.: Some observations on the creep of prestrained aluminium. J. Inst. Metals **83** (1955) 9 427—432; Aluminium **31** (1955) 10 A 234; AB **26** (1955) 7 445—446.

Zucker, Charles: Elastic constants of aluminum from 20 °C. to 400 °C. J. Acoustical Soc. Amer. **27** (1955) 2 318—320; AB **26** (1955) 5 304.

Laks, H., C. D. Wiseman, O. D. Sherby and *J. E. Dorn:* Effect of stress on creep at high temperatures. Amer. Soc. Mech. Engrs. Prepr. 56-A-55 1956 7 p. 14 ref.; Index Aeron. **13** (1957) 4 44.

Daniels, N. H. G. and *H. B. Masuda:* The creep properties of metals under intermittent stressing and heating conditions. V. Further creep results on alclad 7075-T6 aluminum alloy and consideration of analytical procedures. WADC Techn. Rep. 53—336 Pt. V May 1956 87 p.

Dix, E. H. jr.: Aluminum alloys for elevated temperature sercice. Aeron. Engng. Rev. **15** (1956) 1 40—48, 57; Luftf.-Techn. **2** (1956) 3 V; AB **27** (1956) 2 110.

van Echo, J. A. a. o.: Short time creep properties of structural sheet materials for aircraft and missiles. Battelle Memorial Inst. AF-TR-6731 (Pt. 4) Contract AF 33 (038)-8743 Jan. 1956 70 p.; Titanium Abstr. Bull. **2** (1956/57) 257. [1.321], [1.322.122].

Guard, R. W. and *W. R. Hibbard:* Tensile creep of high purity aluminum. J. Metals **8** (1956) 2b 195—199; Aluminium **32** (1956) 8 A 212.

Lequear, H. A. and *J. D. Lubahn:* Some transient effects during creep and tensile tests of an aluminium alloy. J. Metals **8** (1956) 5 Sect. 2 497—501; Aluminium **32** (1956) 12 A 342.

Mathauser, Eldon E.: Compressive stress-strain properties of 2024-T3 aluminum-alloy sheet at elevated temperatures. NACA TN 3853 Nov. 1956 66 p. 11 ref.; Index Aeron. **13** (1957) 2 96; J. Roy. Aeron. Soc. **61** (1957) 556 293.

Mathauser, Eldon E.: Compressive stress-strain properties of 7075-T6 aluminum-alloy sheet at elevated temperatures. NACA TN 3854 Nov. 1956 54 p. 6 ref.; Index Aeron. **13** (1957) 2 97; J. Roy. Aeron. Soc. **61** (1957) 555 221.

McLean, D. and *M. H. Farmer:* The relation during creep between grain-boundary sliding, subcrystal size, and extension. J. Inst. Metals **85** (1956) 2 41—50; Aluminium **33** (1957) 3 A 68.

Mishima, Yoshitsugu and *Naoaki Takahashi:* Improvement of heat resistance of aluminum alloys by addition of zirconium. Light Metals (Japan) (1956) 21 64—67; AB **28** (1957) 2 114.

Rhines, F. N., W. E. Bond and *M. A. Kissel:* Grain boundary creep in aluminum bicrystals. Trans. Amer. Soc. Metals **48** (1956) 919—951; AB **26** (1955) 10 641—642; Aluminium **33** (1957) 11 A 310.

Salmassy, O. K., R. J. MacDonald, R. L. Carlson and *G. K. Manning:* An investigation of the interchange of tensile creep for compressive creep. I. Types 2024-T4 and 1 100-0 aluminum. WADC Techn. Rep. TR 56—26 March 1956 57 p. 22 ref.; Aeron. Engng. Rev. **16** (1957) 1 109.

Turner, Fred H. and *Kurt E. Blomquist:* A study of the applicability of Rabotnov's creep parameter for aluminum alloy. J. Aeron. Sci. **23** (1956) 12 1121—1122 3 ref.; Aeron. Engng. Rev. **16** (1957) 1 146; Index Aeron. **13** (1957) 1 115.

Underwood, E. E. and *L. L. Marsh jr.:* Effects of alloying elements on plastic deformation in aluminum single crystals. J. Metals **8** (1956) 5 Sect. 2 477—483; Aluminium **32** (1956) 11 A 318.

Vawter, F. J., G. J. Guarnieri, L. A. Yerkovich and *G. Derrick:* Investigation of the compressive, bearing, and shear creep-rupture properties of aircraft structural metals and joints at elevated temperatures. WADC Techn. Rep. 54—270 Pt. I, II PB 121436, 121656 1956 194 p., 95 p.; Titanium Abstr. Bull. **2** (1956/57) 259, 343. [1.323.23], [1.322.122].

Auld, J. H., R. I. Garrod and *T. R. Thomson:* Recrystallization during creep of prestrained aluminium. Acta Metallurgica **5** (1957) Dec. 741—746 18 ref.; Aeron. Engng. Rev. **17** (1958) 4 102.

Basinski, Z. S.: The instability of plastic flow of metals at very low temperatures. Proc. Roy. Soc. (London) (A) **240** (1957) 1221 229—242; AMR **11** (1958) 7 363.

Binning, M. S. and *B. Angell:* Mechanical properties at temperatures up to 300 °C of aluminum alloys D.T.D. 546 and H.S. 10 at high rates of heating and straining. Roy. Aircr. Establ. TN M 278 Nov. 1957 22 p.; Aero Space Engng. **17** (1958) 7 88.

Binning, M. S. and *A. B. Osborn:* The properties at temperatures up to 240 °C of DTD 546 clad aluminum alloy sheet at various straining rates. Roy. Aircr. Establ. TN M 264 June 1957 18 p.

Deveikis, W. D.: Investigation of the compressive strength and creep of 7075-T 6 aluminum-alloy plates at elevated temperatures. NACA TN 4111 Nov. 1957 28 p.; J. Roy. Aeron. Soc. **62** (1958) 567 230; AMR **11** (1958) 9 489; Index Aeron. **14** (1958) 2 108; Aeron. Engng. Rev. **17** (1958) 1 95.

Gemmell, Gordon D. and *Nicholas J. Grant:* Effects of solid solution alloying on creep deformation of aluminum. J. Metals, Sect. 2 **9** (1957) 4 417—423 10 ref.; Aeron. Engng. Rev. **16** (1957) 8 140; Aluminium **33** (1957) 10 A 278.

Harper, J. and *J. E. Dorn:* Viscous creep of aluminum near its melting temperature. Acta Metallurgica **5** (1957) 11 654—665 30 ref.; Aluminium **34** (1958) 3 A 62; Aeron. Engng. Rev. **17** (1958) 3 107.

Hayward, D. C.: The mechanical properties of RR 58 aluminium alloy sheet (clad) in tension and compression at room and elevated temperatures. Roy. Aircr. Establ. TN M 261 Apr. 1957 33 p.

Laks, H., C. D. Wiseman, O. D. Sherby and *J. E. Dorn:* Effect of stress on creep at high temperatures. J. Appl. Mech. **24** (1957) 2 207—213 14 ref.

Mathauser, Eldon E. and *William D. Deveikis:* Investigation of the compressive strength and creep lifetime of 2024-T3 aluminum-alloy plates at elevated temperatures. NACA Rep. 1308 1957 14 p.; J. Roy. Aeron. Soc. **62** (1958) 570 468; Aircr. Engng. **30** (1958) 351 154; Aero Space Engng. **17** (1958) 6 90.

Miller, D. E.: Determination of the tensile, compressive and bearing properties of ferrous and nonferrous structural sheet materials at elevated temperatures. WADC Techn. Rep. 6517 Pt. V (AD 142218) Dec. 1957 90 p. [1.322.123].

Nield, B. J. and *A. G. Quarrel:* Intercrystalline cracking in creep of some aluminium alloys. J. Inst. Metals **85** (1957) 11 480—488; Aluminium **33** (1957) 12 A 342.

Rhines, F. N. et al.: Influence of alloying upon grain-boundary creep. NACA Rep. 1331 1957; J. Roy. Aeron. Soc. **62** (1958) 576 913.

v. Burg, E.: Einfluß der Temperatur auf die mechanischen Eigenschaften von geknetetem Reinaluminium und Aluminium-Knetlegierungen. Aluminium (Suisse) **8** (1958) 5 151—160; Aluminium **34** (1958) 12 A 338.

Gerard, George: Note on mechanical behavior after creep. J. Aeron. Sci. **25** (1958) 6 397—398; Index Aeron. **14** (1958) 7 101; Aero Space Engng. **17** (1958) 7 88.

Gluck, J. V., H. R. Voorhees and *J. W. Freeman:* Effect of prior creep on mechanical properties of aircraft structural metals (2024-T 86 aluminum and 17-7 PH stainless). WADC Techn. Rep. 57—150 Pt. 1 (AD 150956) Febr. 1958 106 p. 12 ref. [1.322.123].

Harper, J. G., L. A. Shepard and *J. E. Dorn:* Creep of aluminum under extremely small stresses. Acta Metallurgica **6** (1958) 7 509—518; Aluminium **35** (1959) 3 A 58.

Hordon, M. J., B. S. Lement and *B. L. Averbach:* Influence of plastic deformation on expansivity and elastic modulus of aluminum. Acta Metallurgica **6** (1958) 6 446—453 15 ref.; Aluminium **34** (1958) 10 A 286; Index Aeron. **14** (1958) 8 128; Aero Space Engng. **17** (1958) 12 86.

Inglis, N. P. and *E. C. Larke:* Strength at elevated temperatures of aluminum and certain aluminum alloys. Instn. Mech. Engrs., Prepr. 1958 11 p.

Underwood, E. E., L. L. Marsh and *G. K. Manning:* Creep of aluminum-copper alloys during age hardening. NACA TN 4036 Febr. 1958 36 p.; J. Roy. Aeron. Soc. **62** (1958) 570 465; AMR **11** (1958) 10 547; Index Aeron. **14** (1958) 4 122.

Grant, N. J., A. R. Chaudhuri, I. R. Silver and *D. C. Ganow:* Effect of prestrain on the creep-rupture properties of high-purity aluminum and an Al-2 pct Mg alloy. Trans. Metallurgical Soc. AIME **215** (1959) 3 540—544; Aluminium **35** (1959) 10 A 272.

Johnson, A. E., J. Henderson and *V. D. Mathur:* Complex stress creep relaxation of metallic alloys at elevated temperatures. An investigation covering an aluminium and a magnesium alloy. Aircr. Engng. **31** (1959) 361 75—79, 362 113—118; Index Aeron. **15** (1959) 4 50—51. [1.323.221]

Underwood, E. E. and *G. K. Manning:* Effects of creep stress on particulate aluminum-cooper alloys. NASA TN D-109 Sept. 1959; J. Roy. Aeron. Soc. **63** (1959) 588 745.

Gußlegierungen 1.323.212

Reininger, H.: Statische Festigkeit, Dehnung und Brinellhärte poröser Silumin-Gamma-Sandgußteile. Metallwirtschaft **22** (1943) 27/29 394—400.

Terai, Shiro: Comparative tests on Alcoa D 132 and ordinary Lo-Ex alloy. Sumitomo Metals (Techn. Rep. Sumitomo Metal Industry) (Japan) **5** (1953) 3 148—153; AB **26** (1955) 2 90.

Bertram, E., W. Patterson et *K. Kümmerle:* Influence des teneurs en silicium, cuivre, zinc et magnésium sur les propriétés de l'alliage léger normalisé Al Si 6 Cu 3. Fonderie (1954) 107 4294—4298; AB **26** (1955) 3 150.

Bertram, Eduard, Wilhelm Patterson u. *Rudolf Kümmerle:* Einfluß der Elemente Silizium, Kupfer, Zink und Magnesium auf Warmrißneigung, Formfüllungsvermögen und Festigkeitseigenschaften der Gußlegierung G Al Si 6 Cu 3. Gießerei **42** (1955) 5 97—102; AB **26** (1955) 5 305.

Grand, L., A. Guilhaudis et *A. Saulnier:* Etude sur l'alliage léger de fonderie A-Z 5 G. Influence d'additions de chrome et de cuivre sur les propriétés mécaniques et la résistance à la corrosion. Rev. Métallurgie **52** (1955) 10 821—829; Aluminium **32** (1956) 3 A 67; AB **27** (1956) 1 38. [1.362].

Kessler, H. u. *H. L. Winterstein:* Gefahren bei überzüchteten Aluminium-Gußlegierungen. Z. Metallkde. **46** (1955) 8 545—546; AB **26** (1955) 11 720—721; Aluminium **32** (1956) 2 A 38.

Mercer, R.: Aluminium casting alloys. Metallurgia **51** (1955) 306 171—174; AB **26** (1955) 6 391.

Paine, R. E.: Mechanical properties of aluminum alloy castings. Amer. Foundryman **27** (1955) 6 55—56; AB **26** (1955) 7 449.

Smith, F. H.: The effect of zinc in aluminium-silicon-copper casting alloys. Metallurgia **51** (1955) 303 24—28; AB **26** (1955) 3 152.

Tsumura, Yoshishige: Effects of impurities on the Al-Cu 7 % — Si 2 % type aluminium casting alloy. Light Metals (Japan) (1955) 14 76—82; AB **26** (1955) 7 443—444.

— The selection of aluminum alloy castings. Metal Progr. **68** (1955) 2A 50—63; AB **26** (1955) 11 693. [2.2].

Bertram, E., R. Kümmerle u. *O. Asbeck:* Überprüfung der mechanischen und technologischen Eigenschaften der Legierung G Al Si 6 Cu 3 mit größeren Konzentrationsverschiebungen der Legierungselemente. Gießerei **43** (1956) 7 153—159; Aluminium **32** (1956) 7 A 191.

Gittings, M. G. and *W. E. Mew:* The effect of composition on the mechanical properties of Al-Si-Cu-Mg casting alloys. Metallurgia **54** (1956) 322 71—76; Aluminium **33** (1957) 1 A 17.

Kato, Masao and *Yasuji Nakamura:* Study on Al-Mg casting alloys. Report 4. Light Metals (Japan) (1956) 21 73—75; AB **28** (1957) 2 82.

Lemon, R. C. and *W. E. Sicha:* New aluminum casting alloy XA 140 for elevated temperature applications. 60th Ann. Meeting Amer. Foundrymen's Soc. May 1956 Prepr. 56—61 3 p.; Aluminium **32** (1956) 11 A 319; AB **28** (1957) 1 29.

Nielsen, H.: Die französische Gußlegierung G Al Zn 5 Mg. Aluminium **32** (1956) 9 558—560.

Olson, G. B.: Stabilization of aluminum alloy castings. Metal Progr. **69** (1956) 4 79—80; Aluminium **32** (1956) 9 A 263.

Roinet, C.: Un nouvel alliage de fonderie: L'A-Z 5 G. Rev. Aluminium **33** (1956) 229 153—161; Aluminium **32** (1956) 7 A 190; AB **27** (1956) 5 300—301.

Smith, F. H.: Aluminium casting alloys. Light Metals **19** (1956) 218 149—151.

Wagner, J. C.: High-silicon aluminum casting alloy. Metal Progr. **69** (1956) 6 91—92; Aluminium **32** (1956) 11 A 322.

— Silumin, Silumin Gamma. Frankfurt/Main: Metallges. AG 1956 18 S.

Gardner, J. F. and *M. R. Hinchcliffe:* High strength aluminium casting alloy 40-E: DTD 5008, latest developments and foundry experience. Metallurgia **55** (1957) 328 79—84; Aluminium **33** (1957) 7 A 186; AB **28** (1957) 3 176.

Grand, Louis et *Henri Garnier:* Etude de l'aptitude des alliages légers à donner des pièces moulées étanches. Fonderie (1957) 142 491—498; Aluminium **34** (1958) 3 A 66; AB **29** (1958) 2 95—96.

Gürtler, G. u. *Ph. Schneider:* Aluminium-Gußlegierungen, Erläuterungen zu DIN 1725, Blatt 2 (Entwurf). Gießerei **44** (1957) 8 205—209.

Houston, John V. jr.: High strength aluminium castings. Mater. in Design Engng. **46** (1957) 3 124—125; Leichtbau d. Verkehrsfahrzeuge **2** (1958) 1 52; Aluminium **34** (1958) 2 A 36.

Kato, M. u. *Y. Nakamura:* Untersuchungen über Gußlegierungen auf Aluminium-Magnesium-Basis. Aluminium **33** (1957) 3 152—162 12 Lit.-St.

McKeown, J. and *R. D. S. Lushey:* Relative creep resistance of cast Al Si Cu alloys to LM 4 and LM 21. Metallurgia **56** (1957) 333 27—28; Aluminium **33** (1957) 12 A 342.

Owen, T. H. and *L. E. Marsh:* Mechanical properties of C 355 aluminum casting alloy. Metal Progr. **72** (1957) 2 78—83; Aluminium **33** (1957) 12 A 342.

Stewart, W. D.: Cast aluminum products. Modern Metals **13** (1957) 10 82, 84, 86, 90, 92; Aluminium **34** (1958) 5 A 132.

Buck, J. C. and *D. V. Lippenberger:* High strength castings for high speed rotating parts. Aviation Age **30** (1958) 5 78—84.

Everhart, John L.: Aluminum alloy castings. Mater. in Design Engng. **47** (1958) Febr. 125—144 11 ref.; Aero Space Engng. **17** (1958) 6 100.

van Ewijk, L. J. G.: Alterung von Aluminium-Magnesium-Gußlegierungen. Metalen **13** (1958) 360—364, 376—382; Metall **13** (1959) 2 127.

Irmann, Roland: Der Einfluß geringer metallischer Beimengungen im Aluminiumguß. Aluminium **34** (1958) 3 128—130.

Keßler, Hermann: Verfahren zur Verbesserung verschiedener Eigenschaften von G Al Mg-Legierungen. Z. Metallkde. **49** (1958) 6 312—316.

Mascré, C. et *A. Lefebvre:* Caractéristiques de l'alliage d'aluminium A-S7G. Fonderie (1958) 155 577—580; Aluminium **35** (1959) 4 A 84.

Nielsen, H.: Eigenschaftsänderungen während der Lagerung und Erwärmung von G-Al Mg 10 im homogenisierten Zustand. Aluminium **34** (1958) 11 652—653.

Reichenecker, W. J. and *D. K. Fox:* Aluminum sand castings — How well do they resist repeated impact and fatigue at high temperature. Mater. in Design Engng. **48** (1958) 4 103—105; Aluminium **35** (1959) 8 A 196.

Roinet, C.: Contribution à l'étude des caractéristiques mécaniques des alliages de fonderie en fonction de l'épaisseur des moulages. Rev. Aluminium **35** (1958) 259 1154—1157; Aluminium **35** (1959) 3 A 60.

Smith, F. H.: Stronger aluminium casting alloys. Metallurgia **57** (1958) 340 64—70 18 ref.; Aluminium **34** (1958) 6 A 158; Index Aeron. **14** (1958) 4 121—122; Aero Space Engng. **17** (1958) 7 88.

Turner, Fred H.: Die Streuung der Festigkeitswerte von Leichtmetallguß. Gießerei, Techn.-Wiss. Beihefte (1958) 21 1129—1135; Aluminium **34** (1958) 12 A 340; Leichtbau d. Verkehrsfahrzeuge **2** (1958) 5 240. [1.323.222].

— Die Wärmebehandlung von Aluminium-Gußlegierungen. Aluminium-Merkblatt W 8, Düsseldorf: Aluminium-Zentrale 1958 10 S.

Buckeley, August: Über eine selbstaushärtende Kokillen- und Druckgußlegierung G-Al Si 12 Cu 3. Gießerei **46** (1959) 13 365—366.

Erdmann-Jesnitzer, F.: Gasgehalt und Warmbruch bei Aluminium-Legierungen. Metall **13** (1959) 5 405—407.

Nielsen, H.: Weiterentwicklung der AlSiMg-Gußlegierungen in USA. Aluminium **35** (1959) 10 563—567 14 Lit.-St.

Patterson, W. u. *S. Engler:* Über die Warmrißneigung und die mechanischen Eigenschaften von AlZnMg-Gußlegierungen. Aluminium **35** (1959) 3 124—130 16 Lit.-St.

Aluminium-Sinterwerkstoffe **1.323.213**

Irmann, Roland: „S.A.P.", ein neuer Werkstoff der Pulvermetallurgie aus Aluminium. Techn. Rdsch. (Bern) **41** (1949) 36 19.

de Fleury, R.: Considérations sur le module d'élasticité et la limite élastique du complexe alumine-aluminium. Rev. Aluminium **29** (1952) 188 183—185.

Hérenguel, Jean et *J. Boghen:* Caractéristiques des demi-produits obtenus à partir de frittés d'aluminium oxydé. Rev. Métallurgie **51** (1954) 4 265—277; AB **25** (1954) 7 477.

Hérenguel, Jean et *Jacques Boghen:* Propriétés des demi-produits en aluminium fritté. „Rapp. Congr. Int. Aluminium, Tome I", Paris: Soc. Edition et Documentation Alliages Légers 1954 341—346; AB **26** (1955) 8 538.

Irmann, Roland: L'aluminium fritté à haute résistance à la chaleur. „Rapp. Congr. Int. Aluminium, Tome I", Paris: Soc. Edition et Documentation Alliages Légers 1954 347—358 27 réf.; AB **26** (1955) 8 537.

Irmann, Roland: Sintered aluminium powder. „Symposium on powder metallurgy", Iron & Steel Inst. Spec. Rep. 58 1954.

Irmann, Roland: SAP — ein Sinterwerkstoff aus Aluminiumpulver. Flugwelt **6** (1954) 11 328—329.

Boghen, J. et *J. Hérenguel:* Une nouvelle classe de matériaux légers: Les demi-produits obtenus à partir d'aluminium oxydé et fritté. Techn. et Sci. Aéron. (1955) 5 292—296 8 réf.; Luftf.-Techn. **2** (1956) 1 V.

Boghen, J. et *J. Hérenguel:* Influence de la structure sur les propriétés mécaniques et les conditions d'oxydation anodique des demi-produits en aluminium oxydé et fritté. Rev. Aluminium **32** (1955) 227 1117—1124; Aluminium **32** (1956) 4 A 86.

Doyle, W. M.: The properties of Hiduminium 100 (S.A.P.) in sheet form. Sheet Metal Industries **32** (1955) 344 889—898; Aluminium **32** (1956) 3 A 66; AB **27** (1956) 2 109—110.

Irmann, Roland: S.A.P. — der Aluminium-Sinterwerkstoff mit höchster Warmfestigkeit. Flug-Inform.-Dienst (Düsseldorf) (1955) 30./11. 8—9.

Irmann, Roland: S.A.P. retains properties after high temperature exposure. Iron Age **175** (1955) 17 104—106; Z. VDI **97** (1955) 30 1062.

Irmann, Roland: Properties and uses of sintered aluminium. Metal Treatm. & Drop Forging **22** (1955) 117 245—250 30 ref.; Aluminium **32** (1956) 4 A 86.

Lenel, F. V., A. B. Backensto and *M. V. Rose:* Aluminum powder metallurgy. WADC Techn. Rep. 55—110 June 1955 77 p. 39 ref.

Thomson, A. G.: Symposium on powder metallurgy. Aircr. Engng. **27** (1955) 311 19—21; AB **26** (1955) 5 319. [1.322.3].

v. Zeerleder, Alfred: Entwicklung und Stand von Sinteraluminium. Z. Metallkde. **46** (1955) 11 809—812; Aluminium **32** (1956) 3 A 66; AB **27** (1956) 1 44.

v. Zeerleder, A., Roland Irmann u. *F. Liechti:* Neuere Arbeiten auf dem Gebiete von Sinter-Aluminium-Pulver (S.A.P.). Technica **4** (1955) 19 949—950; Aluminium **31** (1955) 12 A 288.

Béchu, Xavier: Étalu: nouveau complexe aluminium-matière plastique. Rev. Aluminium **33** (1956) 238 1165—1170; AB **28** (1957) 3 149.

Carpenter, L. G.: Delayed fracture of sintered alumina. Proc. Phys. Soc., Sect. B **69** (1956) 444B Pt. 12 1293—1296; AB **28** (1957) 2 79—80.

Lyle, J. P. jr.: Aluminum powder metallurgy products. Mater. & Meth. **43** (1956) 4 106—111; Aluminium **32** (1956) 9 A 262.

Onitsch-Modl, E. M.: Zur Pulvermetallurgie der Leichtmetalle. Berg- u. Hüttenmänn. Mh. **101** (1956) 12 363—369; Aluminium **33** (1957) 6 A 160.

Wassermann, G. u. *R. Weber:* Pulvermetallurgisch hergestellte Werkstoffe auf Aluminiumbasis. Z. Metallkde. **47** (1956) 2 74—78; Aluminium **32** (1956) 6 A 166.

v. Zeerleder, A., Roland Irmann u. *F. Liechti:* Neuere Arbeiten auf dem Gebiete von Sinter-Aluminium-Pulver S.A.P. „Warmfeste und korrosionsbeständige Sinterwerkstoffe, Hrsg. F. Benesovky", Wien: Springer 1956 465—472.

— Herstellung, Eigenschaften und Anwendungsgebiete von Aluminiumpulver. Aluminium **32** (1956) 8 486—490.

Bollenrath, Franz: Sintered aluminium S.A.P. AGARD Rep. 103 Apr. 1957 18 p.; J. Roy. Aeron. Soc. **62** (1958) 567 230.

Bollenrath, F.: Sintered aluminium S.A.P. (in Engl.) Tidsskrift for Kjemi, Bergvesen og Metallurgi **17** (1957) 10 165—170; Aluminium **35** (1959) 7 A 172.

Hayward, D. C.: Mechanical properties of S.A.P. sheet hiduminium 100. Roy. Aircr. Establ. TN M 260 Apr. 1957 16 p.; Aeron. Engng. Rev. **17** (1958) 1 108.

Irmann, Roland: S.A.P. — der Aluminium-Sinterwerkstoff mit hoher Warmfestigkeit. Aluminium **33** (1957) 4 250—259 49 Lit.-St.

Irmann, Roland: S.A.P. — der hochwarmfeste Aluminium-Sinterwerkstoff. WGL-Jb. 1957 434—438.

Lenel, F. V., A. B. Backensto and *M. V. Rose:* Properties of aluminum powders and of extrusions produced from them. J. Metals **9** (1957) 1 124—130; Aluminium **33** (1957) 7 A 186; AB **28** (1957) 2 103.

Susse, Christiane: Mesure du module de rigidité de l'alumina fritté jusqu'à 1000 °C. C. R. Hebd. Séances Acad. Sci. **245** (1957) 3 302—305; AB **28** (1957) 3 155.

Towner, R. J.: Atomized powder alloys of aluminum. Metal Progr. **73** (1958) 5 70—76, 176, 178.

Eversheim, P.: Aluminium-Sinterlegierungen hoher Warmfestigkeit. Techn. Rdsch. (Bern) **51** (1959) 20 37—39; Aluminium **35** (1959) 9 A 236.

Magnesiumlegierungen   **1.323.22**
Allgemeines und Wärmebehandlung   **1.323.220**

Nelson, Ch. E.: Neueste Entwicklungen auf dem Gebiete des Magnesiums. Z. Metallkde. **46** (1955) 5 338—349.

— Stand der Entwicklung auf dem Magnesiumgebiet im Ausland. Z. VDI **98** (1956) 5 176—177.

Caldwell, D.: Magnesium-lithium, new contender for light-weight champion. Product Engng. **30** (1959) 42 74—75; Konstruktion **12** (1960) 6 259.

Knetlegierungen   **1.323.221**

Mann, Karl Ernst: Die Qualität von Magnesium-Umschmelzlegierungen. Gießerei **42** (1955) 19 515—519.

Paxson, Edward, Joseph Marin and *L. W. Hu:* Mechanical properties of a magnesium alloy under biaxial tension at low temperatures. Amer. Soc. Testing Mater. Prepr. 80 1955 13 p.; AB **26** (1955) 7 465.

— Effect of elevated temperatures on mechanical properties of magnesium. Product Design Handbook Issue for 1956 **26** (1955) 11 B 14-B 18; AB **26** (1955) 12 739—740.

Bockrath, R. E.: Magnesium alloy moves temperature barrier upward. Iron Age **178** (1956) 18 98—101.

Foerster, G. S., S. L. Couling, H. Baker and *R. Johnson:* Investigation of alloys of magnesium and their properties. WADC Techn. Rep. 56—88 (AD 110541) Nov. 1956 84 p. 15 ref.; Aeron. Engng. Rev. **16** (1957) 10 146.

Gibbs, T. W.: Tensile properties of HK 31 XA-H24 magnesium-alloy sheet under rapid-heating conditions and constant elevated temperatures. NACA TN 3742 Aug. 1956 20 p. 4 ref.; Index Aeron. **12** (1956) 11 139; AMR **10** (1957) 4 155.

Kurg, I. M.: Tensile properties of AZ 31 A—O magnesium-alloy sheet under rapid-heating and constant-temperature conditions. NACA TN 3752 Aug. 1956 21 p.; AMR **10** (1957) 3 105; J. Roy. Aeron. Soc. **61** (1957) 553 65; AB **28** (1957) 2 123.

Levy, Alan V.: New magnesium alloy stands up in „hot" ramjet". Aviation Age **25** (1956) 4 28—35; Luftf.-Techn. **2** (1956) 6 V. [6.211.3].

Pearsall, G. W. and *C. S. Roberts:* Creep behavior of magnesium alloys. WADC Techn. Rep. 56—456 (AD 110724) Dec. 1956 28 p. 19 ref.; Aeron. Engng. Rev. **16** (1957) 10 146.

Schropp, H.: Magnesium und seine Legierungen als Konstruktionswerkstoff. Konstruktion **8** (1956) 2 41—48; Nachr.-Bl. AGM Leichtbau **5** (1956) 5/6 18. [1.323.222].

Toaz, M. W. and *E. J. Ripling:* Correlation of the tensile properties of pure magnesium and four commercial alloys with their mode of fracturing. J. Metals **8** (1956) 8 936—946; AMR **10** (1957) 4 155.

Wilkinson, R. G.: The hot forming of magnesium alloys. J. Inst. Metals **84** (1955/56) 217—228; AMR **1** (1958) 1 21.

— Magnesium alloys in British industry. Light Metals **19** (1956) 218 135—137. [1.323.222].

— Magnesium-thorium alloy; a new light alloy with high modulus-to-weight ratio for use in the 500—700 F range. Product Engng. **27** (1956) Nov. 200—204.

Baker, H.: Investigation of alloys of magnesium and their properties. II. Thermal and electrical properties of magnesium base alloys. WADC Techn. Rep. 57—194 Pt. II (AD 131034) Sept. 1957 24 p.

Balicki, M., C. D'Antonio and *A. Kravic:* Development of a corrosion resistant magnesium alloy. I. Development of magnesium alloys for better corrosion resistance. WADC Techn. Rep. 57—241 Pt. 1 (AD 131018) Aug. 1957 31 p. 14 ref.; Aero Space Engng. **17** (1958) 6 90.

Couling, S. L.: Investigation of alloys of magnesium and their properties. III. Development of preferred orientation in wrought magnesium alloys. WADC Techn. Rep. 57—194 Pt. III (AD 131035) Sept 1957 27 p. 11 ref.

Hardouin, M.: Le magnesium, ses alliages et leurs application. Usine Nouvelle (1957) 87—89; Leichtbau d. Verkehrsfahrzeuge **1** (1957) 5 137.

Johnson, H. A. and *R. D. Masteller:* Development of ZM 41 magnesium sheet alloy. WADC Techn. Rep. 56—415 (AD 131042) Sept. 1957 24 p.

Mathews, Donald: Magnesium-thorium alloys: An evaluation of their properties and characteristics. Mag. Magnesium (1957) Febr. 4—7, 10—16 3 ref.; Index Aeron. Engng. Rev. **13** (1957) 6 113.

Melonas, J. V. and *J. R. Kattus:* Determination of tensile, compressive, bearing, and shear properties of ferrous and non-ferrous structural sheet metals at elevated temperatures. WADC Techn. Rep. 56-340 (AD 131069) Sept. 1957 282 p. 11 ref.; Aero Space Engng. **17** (1958) 9 90. [1.322.122], [1.323.23].

Mote, M. W. and *R. J. Jackson:* Magnesium and its alloys. Mater. in Design Engng. **46** (1957) 1 115—134; AB **28** (1957) 8 581; Index Aeron. **13** (1957) 10 105; Aeron. Engng. Rev. **16** (1957) 10 146.

Schwarz, Anton: Eine neue thoriumhaltige Magnesiumlegierung hoher Warmfestigkeit. Z. VDI **99** (1957) 12 546.

Siuta, V. P. and *M. Balicki:* Development of a corrosion resistant magnesium alloy. II. Surface tension data of elements. Appendix I: Methods of estimating surface tensions of metals. Appendix II: Physical properties used in estimating surface tensions. WADC Techn. Rep. 57-241, Pt. II (AD 131010) Aug. 1957 43 p. 191 ref.

— High temperature magnesium for supersonic aircraft. Automot. Industries **116** (1957) 4 66—69; Leichtbau d. Verkehrsfahrzeuge **1** (1957) 4 94.

— New magnesium-thorium alloy; Improved material for supersonic aircraft and missiles. Metal Treatm. & Drop Forging **24** (1957) May 205—206; Aeron. Engng. Rev. **16** (1957) 8 142.

Collins, D. W. L.: Constitutional factors affecting the tensile properties of wrought aluminium-magnesium-silicon-copper alloys. J. Inst. Metals **86** (1958) 7 325—336; Aluminium **34** (1958) 7 A 186.

— Les nouveaux alliages ultra-légers à base de magnésium. Génie Civil **135** (1958) 11 249—253; Leichtbau d. Verkehrsfahrzeuge **2** (1958) 4 180 [1.323.222].

Johnson, A. E., J. Henderson and *V. D. Mathur:* Complex stress creep relaxation of metallic alloys at elevated temperatures. An investigation covering an aluminium and a magnesium alloy. Aircr. Engng. **31** (1959) 361 75—79, 362 113—118; Index Aeron. **15** (1959) 4 50—51 [1.323.211.2].

Rosenkranz, W.: Ein Vergleich der Eigenschaften verschiedener hochfester Magnesiumlegierungen. Metall **13** (1959) 9 824—830.

— New magnesium forging alloy. Light Metals **22** (1959) 251 46.

Gußlegierungen

Campbell, John B.: Magnesium investment castings save weight. Mater. & Meth. **41** (1955) 1 94—95; AB **26** (1955) 3 167—168.

Nelson, K. E.: Foundry characteristics and properties of magnesium sand casting alloy H Z 32 X A. Amer. Foundrymen's Soc. Ann. Meeting Prepr. 55-44 1955; AB **26** (1955) 8 539.

Pradeau, M. R.: Les pièces moulées en alliages magnésium-zirconium dans la construction aéronautique. Techn. et Sci. Aéron. (1955) 1 23—29; Luftf.-Techn. **1** (1955) 8 VI; Index Aeron. **11** (1955) 6 131; Aeron. Engng. Rev. **14** (1955) 8 108; AB **27** (1956) 1 48—49.

Honsel, H.-Fr. u. *P. Zimmermann:* Überlegungen zur Korn- und Gefügefeinung von Magnesium-Legierungen. Über die Verwendung von MgAl-Legierungen mit hohem Formänderungsvermögen bei Raumtemperatur. Aluminium **32** (1956) 9 545—549.

Pradeau, Raoul: Résultats acquis en matière d'alliages ultra-légers de fonderie destinés à la construction aéronautique. Métaux, Corrosion **31** (1956) 367 140—147; Nachr.-Bl. AGM Leichtbau **5** (1956) 7/8 17.

Schropp, H.: Magnesium und seine Legierungen als Konstruktionswerkstoff. Konstruktion **8** (1956) 2 41—48; Nachr.-Bl. AGM Leichtbau **5** (1956) 5/6 18 [1.323.221].

— Magnesium alloys in British industry. Light Metals **19** (1956) 218 135—137 [1.323.221].

Pradeau, Raoul: Résultats acquis en matière d'alliages magnésium-zirconium de fonderie destinés à la construction aéronautique. Docaéro (1957) Janv. 51—58; Index Aeron. **13** (1957) 4 115.

Sautner, K.: Magnesium und seine Gußlegierungen. Metall **11** (1957) 3 196—201.

— Magnesium-Gußlegierungen, Erläuterungen zu DIN 1729, Bl. 2 (Entwurf). Gießerei **44** (1957) 16 469—470.

Turner, Fred H.: Die Streuung der Festigkeitswerte von Leichtmetallguß. Gießerei. Techn.-Wiss. Beihefte (1958) 21 1129—1135; Aluminium **34** (1958) 12 A 340; Leichtbau d. Verkehrsfahrzeuge **2** (1958) 5 240 [1.323.212].

— Les nouveaux alliages ultra-légers à base de magnésium. Génie Civil **135** (1958) 11 249—253; Leichtbau d. Verkehrsfahrzeuge **2** (1958) 4 180 [1.323.221].

Titan 1.323.23

Dean, R. S. and *B. Silkes:* Metallic titanium and its alloys. US Bureau of Mines Inform. Circular 7381 Nov. 1946 38 p. 256 ref.

Meier, J. W.: Bibliography on titanium metal and alloys, 1946—1950. Properties, fabrication, uses. Canada Dep. of Mines & Techn. Surveys, Inform. Mem. 303 Dec. 1950 17 p. 211 ref.

Carpenter, J. R. and *G. W. Luttrell:* Bibliography on titanium. US Geological Survey, Circular 87 1951 19 p.

Williams, W. L.: Elevated temperature properties of titanium. U. S. Naval Engng. Exper. Stat., Project NS-013-118 NAV EES 4 A (2) 066876 PB 120591 Oct. 1951 17 p.; Titanium Abstr. Bull. **2** (1956/57) 80.

Doerr, D. D.: Compressive, bearing, and shear properties of several non-ferrous structural sheet materials (aluminum and magnesium alloys and titanium) at elevated temperatures. Proc. ASTM **52** (1952) 1054—1078; AMR **9** (1956) 4 158 [1.323.20].

Pray, H. A., P. D. Miller and *R. L. Gibbs:* Chemical surface treatment of titanium. Battelle Memorial Inst. PB 108891 Jan. 1952 47 p.; Titanium Abstr. Bull. **1** (1955/56) 207.

Yerkovich, L. A.: Titanium brazing. Final report. Cornell Aeron. Lab. Inc., Buffalo, Contract NOa(S)-51-294-c (AD 38719) Oct. 1952 44 p.; Titanium Abstr. Bull. **1** (1955/56) 144.

— Development of protective coating for titanium and titanium alloys. Armour Res. Foundation WAL-R401/46-16 PB 125203 Aug. 1952 13 p.; Titanium Abstr. Bull. **3** (1957/58) 388.

— Titanium bibliography, 1900—1951. Battelle Memorial Inst. 1952 197 p.

Bennett, D. G., W. J. Plankenhorn and *H. R. Toler:* Ceramic coating for aircraft power plants. Protective ceramic coating for titanium. WADC Tech. Rep. 54-87 Contract AF 33(616)-320 Nov. 1953 37 p.; Titanium Abstr. Bull. **1** (1955/56) 141.

Carew, W. F., F. A. Crossley, H. D. Kessler and *M. Hansen:* Titanium alloys for elevated temperature application. WADC Techn. Rep. 52-245 AD 14003 May 1953 134 p.; Titanium Abstr. Bull. **3** (1957/58) 361.

Carew, W. F., F. A. Crossley and *H. D. Kessler:* Titanium alloys for elevated-temperature application. Progress report. Armour Res. Foundation Rep. AD-26374 1953 36 p.; Titanium Abstr. Bull. **1** (1955/56) 191—192.

Faulkner, G. E., G. B. Grable and *C. B. Voldrich:* Welding characteristics of selected titanium alloys. Battelle Memorial Inst., O. O. project No. TB4-15. WAL R 401/97-27 Contract DA-33-019-ORD-231. PB 122302 July 1953 68 p.; Titanium Abstr. Bull. **2** (1956/57) 106—107.

Faulkner, G. E., G. E. Martin and *C. B. Voldrich:* Welding characteristics of selected titanium alloys. Battelle Memorial Inst., O. O. project No. TB4-15. WAL R 401/97-28 Contract DA 33-019-ORD-231. PB 122258 Dec. 1953 32 p.; Titanium Abstr. Bull. **2** (1956/57) 107.

Gluck, J. V. and *J. W. Freeman:* Intermediate temperature creep and rupture behavior of Ti and Ti alloys. Engng. Res. Inst., Univ. of Michigan, Contract AF 33(616)-244 July 1953 65 p.; Titanium Abstr. Bull. **1** (1955/56) 191.

Hanzel, R. W. and *V. Pulsifer:* Surface hardening of titanium with metalloid elements. Armour Res. Foundation Project BO 29-7 WAL R 401/84-25 Contract DA 11-022-ORD-289 PB 111821 May 1953 151 p.; Titanium Abstr. Bull. **2** (1956/57) 463.

Holland, B. and *D. S. Adams:* Titanium formability and welding characteristics. Ryan Aeron. Co. Contract AF-33(600) 22169 (G-17-53) June 1953 24 p.; Titanium Abstr. Bull. **1** (1955/56) 21—22.

Holland, B. and *J. J. Roszler:* Titanium formability and welding characteristics. Ryan Aeron. Co. Contract AF 33(600)22169 Aug. 1953 22 p.; Titanium Abstr. Bull. **1** (1955/56) 447.

Kearns, W. H., W. S. Hyler, D. C. Martin, H. J. Grover and *C. B. Voldrich:* Spot-welded joints in titanium alloys and their behaviour in fatigue. Battelle Memorial Inst. Contract AF 33(616)-2005 AD 26788 Nov. 1953 18 p.; Titanium Abstr. Bull. **1** (1955/56) 210.

Major, H., R. T. Webster, R. H. Wallace and *G. E. Wendell:* Materials handbook. IV. Properties of titanium. California Res. & Devel. Co. AEC CRD-A19-27 Pt. IV Apr. 1953 61 p.; Titanium Abstr. Bull. **1** (1955/56) 373.

Mataich, P. F. and *F. C. Wagner:* Roll cladding of base metals with titanium. WADC Techn. Rep. 53-502 Contract AF 33(616)-393 Dec. 1953 35 p.; Titanium Abstr. Bull. **1** (1955/56) 77.

Romualdi, I. P. and *E. D'Appolonia:* The effects of range of stress and prestrain on notched specimens of titanium and its alloys. US Watertown Arsenal Rep. WAL-401-68-31 1953 20 p.; Titanium Abstr. Bull. **1** (1955/56) 172.

Schlechten, A. W., M. E. Straumanis and *C. B. Gill:* Electrodeposition of titanium. WADC Techn. Rep. 53-162 Pt. I Sept. 1953, WADC Techn. 53-373 Suppl. 1 PB 111648 Dec. 1954; Titanium Abstr. Bull. **1** (1955/56) 260.

Skinner, G., M. L. Johnston and *C. Beckett:* Titanium and its compounds. A review of the literature on thermal, structural, electrical, magnetic and other physical properties. H. L. Johnston Enterprises, Ohio, 1953 174 p. 553 ref.

Styka, A.: Nitriding and carbonitriding of titanium metal and its alloys. Final Techn. Rep. No. 10315, Sam Tour & Co. Inc. Project No. TB 4-15 WAL 401/49/23 PB 123974 Aug. 1953 55 p.; Titanium Abstr. Bull. **2** (1956/57) 509.

Thomassen, L., M. J. Sinnott and *A. W. Demmler jr.:* The influence of surface treatment on the fatigue properties of titanium and titanium alloys. Progr. Rep. 4, Engng. Res. Inst. Univ. Michigan, Contact AF 33(616)-26 Febr. 1953 11 p.; Titanium Abstr. Bull. **1** (1955/56) 7.

— A review of the literature on titanium carbide. Nat. Lead Co., Titanium Alloy Manufacturing Div. 1953 29 p.; Titanium Abstr. Bull. **2** (1956/57) 180—181.

— Handbook on titanium metal. 7th ed. New York 7, N. Y., 233 Broadway: Titanium Metals Corp. of America 1953 93 p.

— Investigation of the mechanical properties of titanium-base alloys (titanium-vanadium alloys). US Watertown Arsenal Rep. (WAL-401-93-32) 1953 24 p.; Titanium Abstr. Bull. **1** (1955/56) 25.

Braithwaite, C.: Corrosion of stainless steel and aluminium alloys in contact with titanium. Roy. Aircr. Establ. TN M 192 Febr. 1954 11 p.; Titanium Abstr. Bull. **1** (1955/56) 122.

Brotzen, F. R., E. L. Harmon and *A. R. Troiano:* Investigation of the mechanical properties of titanium base alloys. US Watertown Arsenal Rep. WAL-401-93-33 1954 32 p.; Titanium Abstr. Bull. **1** (1955/56) 194.

Cadambe, V. and *K. C. Srivastava:* Titanium — a prospective metal for aircraft. Defence Sci. J. (1954) Oct. 17—26.

Dawson, D. E.: Spot and seam welding of titanium and titanium alloys. Final report. North Amer. Aviation Inc. NA-54-238 Contract NOas 51-146-f PB 111707 Apr. 1954 189 p.; Titanium Abstr. Bull. **2** (1956/57) 312.

Driscoll, D. E.: Low-temperature impact properties of titanium and its alloys. "Symposium on effect of temperature on brittle behaviour of metals", Amer. Soc. Testing Mater 1954 326—330; Titanium Abstr. Bull. **1** (1955/56) 287.

Duffy, W. H.: Room temperature tensile properties of several titanium alloys after being heated in argon at temperatures of 1400—1800° F. US Watertown Arsenal WAL R 401/219 PB 131110 July 1954 36 p.; Titanium Abstr. Bull. **3** (1957/58) 129.

Faulkner, G. E., G. E. Martin and *C. B. Voldrich:* Welding characteristics of selected titanium alloys. Battelle Memorial Inst., O. O. project No. TB4-15. WAL R 401/97-29 Contract DA-33-019-ORD-231. PB 122319 March 1954 54 p.; Titanium Abstr. Bull. **2** (1956/57) 107.

Gillig, F. J. and *L. W. Smith:* Titanium and metal alloys. Evaluation of titanium aircraft parts. Semi-finished products. WADC Techn. Rep. 54-404 Aug. 1954 73 p.; Titanium Abstr. Bull. **1** (1955/56) 149.

Gluck, J. V. and *J. W. Freeman:* A study of creep of titanium and its alloys: progress report. Engng. Res. Inst. Rep., Univ. Michigan AD-32009 1954 13 p.; Titanium Abstr. Bull. **1** (1955/56) 194.

Gluck, J. V. and *J. W. Freeman:* Intermediate temperature creep and rupture behavior of titanium and titanium-base alloys. WADC Techn. Rep. 54-112 PB 119041 Sept. 1954 114 p.; Titanium Abstr. Bull. **2** (1956/57) 80.

Graft, W. H. and *W. Rostocker:* Increasing the ratio of modulus of elasticity to the density of titanium alloys. Armour Res. Foundation Contract AF 33(616)-2355 Oct. 1954 16 p.; Titanium Abstr. Bull. **1** (1955/56) 193—194.

Handova, C. W. and *J. T. Milek:* Weldable titanium alloy development program. Progress Rep. 1, North American Aviation Inc. Contract W 33(038)ac-14191 AD 49670 Oct. 1954 15 p.; Titanium Abstr. Bull. **1** (1955/56) 180.

Joseph, A. D., K. D. Scheffer, R. P. Riegert and *J. R. Tinklepaugh:* The heat-treatment, reinforcement, and cladding of titanium carbide cermets. WADC Techn. Rep. 55-82 Contract AF 33(616)-2414 Dec. 1954 33 p.; Titanium Abstr. Bull. **2** (1956/57) 181.

Kearns, W. H. and *W. S. Hyler:* Spot-welded joints in titanium alloys and their behaviour in fatigue. Battelle Memorial Inst. Contract AF 33(616)-2005 July 1954 46 p.; Titanium Abstr. Bull. **1** (1955/56) 395.

Kluz, S. and *R. Wehrmann:* Development of a protective coating for titanium alloys. Fansteel Metallurgical Corp. Contract DA-11-022-ORD-1069 Aug. 1954 40 p.; Titanium Abstr. Bull. **1** (1955/56) 310.

Lillie, C. R. and *D. J. McPherson:* Evaluation of high strength weldable Ti-base alloys. Armour Res. Foundation Contract AF 33(616)-2321 July 1954 19 p.; Titanium Abstr. Bull. **1** (1955/56) 192.

Lunsford, J., L. Richardson and *N. J. Grant:* Research on creep structure characteristics of titanium and its alloys. Massachusetts Inst. of Technol. Contract DA-19-020-ORD-2787 AD-28580 6 p.; Titanium Abstr. Bull. **1** (1955/56) 192.

Margolin, H. and *K. Hall:* The yield point in polycrystalline titanium. Final report. New York Univ., Coll. of Engng. Contract DA-30-069-ORD-1217 Sept. 1954 89 p.; Titanium Abstr. Bull. **1** (1955/56) 193.

Sama, L., A. J. Opinsky and *L. L. Seigle:* Tensile and impact properties of commercial titanium over the temperature range —196° C to 500° C. WADC Techn. Rep. 54-422 PB 121086 Sept. 1954 45 p.; Titanium Abstr. Bull. **2** (1956/57) 137.

Simmons, J. T., R. E. Williams and *D. S. Adams:* Investigation of formability and welding characteristics of commercially-pure titanium sheet material. Final report. Ryan Aeron. Co. AG-49140 Contract AF 33(600)-22169 Sept. 1954 225p.; Titanium Abstr. Bull. **2** (1956/57) 227—228.

Williams, W. L.: Properties of titanium produced by direct hot compression of sponge metal. US Naval Engng. Exper. Stat. Rep. EES-4L(4)066918 1954 9 p.; Titanium Abstr. Bull. **1** (1955/56) 66.

— Rem-Cru titanium manual. Midland, Pennsylvania: Rem-Cru Titanium Inc. 1954.

— Titanium bibliography. US Off. of Techn. Services CTR 306 1954.

Adenstedt, H. K.: Handbook of titanium. WADC Techn. Rep. 54-305 Pt. II Sept. 1955 56 p.; Titanium Abstr. Bull. **1** (1955/56) 470.

Antes, H. W. and *R. E. Edelman:* Mechanical properties of cast titanium-aluminium-silicon alloys. Foundry **83** (1955) 6 92—95; Titanium Abstr. Bull. **1** (1955/56) 16.

Ashburn, A.: How to work titanium and its alloys. Amer. Machinist **99** (1955) 17 89—104; Titanium Abstr. Bull. **1** (1955/56) 259.

Barnett, O. T.: Titanium can be brazed and soldered. Industry & Welding **28** (1955) 6 62—66; Titanium Abstr. Bull. **1** (1955/56) 86—87.

Bomberger, H. B.: Titanium. Industr. & Engng. Chem. **47** (1955) 9 Pt. II 2041—2043 38 ref.; Aeron. Engng. Rev. **14** (1955) 12 92; Titanium Abstr. Bull. **1** (1955/56) 225.

Boston, O. W., R. M. Caddell a. o.: Machining titanium. Final report. Production Engng. Dep., Univ. of Michigan, Engng. Res. Inst. Project 1993 Contract 20-018-ORD-11918 June 1955 105 p.; Titanium Abstr. Bull. **1** (1955/56) 344.

Colwell, L. V.: Investigation of machinability of titanium base alloys. Report No. 29. Machinability of titanium alloys RC-110 A and 3Al/5Cr. Engng. Res. Inst., Univ. of Michigan, Contract DA-20-018-ORD-11918 Apr. 1955 85 p.; Titanium Abstr. Bull. **1** (1955/56) 140.

Corelli, R. M.: Sviluppo del titanio ed applicazioni in aeronautica. (Titanium development and applications in aeronautics.) Aerotecnica **35** (1955) 5 235—248, 6 298—306; Titanium Abstr. Bull. **2** (1956/57) 125.

Deutsch, G. C., A. J. Meyer and *W. C. Morgan:* Preliminary investigation of several root designs for (titanium carbide) ceramal turbine blades in turbo-jet engine. I. NACA RM E 52 K 13 1955 24 p.; Titanium Abstr. Bull. **2** (1956/57) 244 [6.211.2].

Dickinson, T. A.: Highlights in forming titanium. Western Machinery & Steel World **46** (1955) 3 91—93; Titanium Abstr. Bull. **1** (1955/56) 77—78.

Faulkner, G. E.: The effects of alloying elements on welds in titanium. II. Welding J. **34** (1955) 6 295s—312s; Nachr.-Bl. AGM Leichtbau **5** (1956) 4 12—13; Titanium Abstr. Bull. **1** (1955/56) 31—32.

Finlay, W. L.: Titanium production; present problems and future prospects for the new high strength alloys. Aircr. Production **17** (1955) 10 395—397; Index Aeron. **11** (1955) 11 119.

Frost, P. D.: Principles and practical aspects of titanium heat treatment. Battelle Memorial Institute, Titanium Metallurgical Lab. TML-8 June 1955 17 p.

Geil, Glen W. and *Nesbit L. Carwile:* Effect of low temperatures on the mechanical properties of a commercially pure titanium. J. Res. Nat. Bur. Stand. **54** (1955) Febr. 91—101; Titanium Abstr. Bull. **1** (1955/56) 119—120.

Gillis, F. J.: Relaxation behavior of titanium and alloys. Quarterly progress report. Cornell Aeron. Lab. CAL-KB-914-M-5 Contract AF 33(616)-2340 Nov. 1955 19 p.; Titanium Abstr. Bull. **2** (1956/57) 198.

Gluck, J. V. and *J. W. Freeman:* Intermediate temperature creep and rupture behaviour of titanium and titanium alloys. Engng. Res. Inst., Univ. of Michigan, Contract AF 33(616)-244 Supplementary Agreement S 9 (55-1113) May 1955 15 p.; Titanium Abstr. Bull. **1** (1955/56) 339.

Graft, W. H., D. W. Levinson and *W. Rostoker:* Increasing the ratio of modulus of elasticity to the density of titanium alloys. Armour Res. Foundation Project 7351, WADC Techn. Rep. 55-147 PB 121151 Nov. 1955 74 p.; Titanium Abstr. Bull. **2** (1956/57) 81.

van Hamersveld, J.: Titanium fasteners. Machine Design **27** (1955) 8 169—170; Titanium Abstr. Bull. **1** (1955/56) 137—138.

Hartman, A.: Influence of elevated temperatures up to about 450° C on the mechanical properties of the aluminium alloys, titanium and titanium alloys. NLL Rap. M 1987 1955 49 p.; AMR **9** (1956) 11 481 [1.323.210].

Hayward, D. C.: Mechanical properties of Ti 75A sheet titanium at room and elevated temperatures. Roy. Aircr. Establ. TN M 210 Nov. 1955 21 p.; Titanium Abstr. Bull. **2** (1956/57) 255—256.

Holden, F. C., H. R. Ogden and *R. I. Jaffee:* The effect of grain size on the mechanical properties of titanium and its alloys. WADC Techn. Rep. 54-487 March 1955 150 p.; Titanium Abstr. Bull. **1** (1955/56) 430.

Holt, J. T. D. and *J. Purcell:* Machining titanium. II. Investigations into the effects of coolants and hardening properties when machining Ti 150 A. Aircr. Production **17** (1955) 7 279—281; Luftf.-Techn. **1** (1955) 4 VI; Titanium Abstr. Bull. **1** (1955/56) 27.

Jackson, L. R.: The use of titanium alloy sheet in airframe components. Battelle Memorial Inst., Titanium Metallurgical Lab. TML-5A July 1955 22 p.; Titanium Abstr. Bull. **1** (1955/56) 348—349.

Jackson, L. R.: Formability tests on titanium alloy sheet. Battelle Memorial Inst., Titanium Metallurgical Lab. TML-12 July 1955 22 p.; Titanium Abstr. Bull. **2** (1956/57) 103—104.

Jaffe, L. D.: A preliminary examination of the quenching of titanium alloys. US Watertown Arsenal, Mater. Res. Lab. Apr. 1955 19 p.; Titanium Abstr. Bull. **1** (1955/56) 195.

Jaffe, L. D.: Hardenability of titanium alloys calculated from composition: a preliminary examination. US Watertown Arsenal MRL-6 Apr. 1955 19 p.; Titanium Abstr. Bull. **1** (1955/56) 194—195.

Jaffe, Leonard D.: Heat treatment of titanium alloys. Metal Progr. **67** (1955) 2 101—108; Engrs. Dig. (1955) Apr. 150—152; AB **26** (1955) 3 169; Aeron. Engng. Rev. **14** (1955) 7 120.

Jones, B. D.: Design data on titanium bolts. Design News **10** (1955) 22 64—65; Index Aeron. **12** (1956)2 80; Titanium Abstr. Bull. **1** (1955/56) 443.

Jordan, K. u. *R. W. Fischer:* Ein Beitrag zum korrosionschemischen Verhalten des Titans. Techn. Mitt. Krupp **13** (1955) 2 44—47.

Kearns, W. H., W. S. Hyler and *D. C. Martin:* Spot-welded joints in titanium alloys and their behavior in fatigue. WADC Techn. Rep. 54-609 PB 128518 March 1955 31 p.; Titanium Abstr. Bull. **3** (1957/58) 243.

Kearns, W. H., W. S. Hyler and *D. C. Martin:* The static and fatigue behaviour of spot welded joints in titanium. Welding J. **34** (1955) 5 241—250; Titanium Abstr. Bull. **1** (1955/56) 30; Nachr.-Bl. AGM Leichtbau **5** (1956) 4 12.

Kessler, H. D., R. G. Sherman and *J. F. Sullivan:* Hydrogen affects critical properties in commercial titanium. J. Metals **7** (1955) 2 242—246 14 ref.

Kinsey, H. V.: Titanium alloys for aircraft. Dep. Mines & Techn. Surveys, Rep. Apr. 1955 22 p. 21 ref.; Aeron. Engng. Rev. **14** (1955) 8 108.

Kinsey, H. V.: Titanium alloys for aircraft. Canad. Aeron. J. **1** (1955) Sept. 104—108 21 ref.; Aeron. Engng. Rev. **14** (1955) 12 92; Titanium Abstr. Bull. **1** (1955/56) 513-515.

Kroll, W. J.: Titanium. Metal Industry **87** (1955) 8 147—149; 9 173—174; AB **26** (1955) 10 656—657; Titanium Abstr. Bull. **1** (1955/56) 108—109, 160—161.

Kula, E. and *F. R. Larson:* True stress — true strain properties of titanium and titanium alloys. US Watertown Arsenal Lab. DA Project 598-08-021 Sept. 1955 65 p.; Titanium Abstr. Bull. **1** (1955/56) 431.

Lage, A. P. and *S. S. Smith:* Pressure welding gives stronger titanium joints. Iron Age **176** (1955) 2 103—104; Titanium Abstr. Bull. **1** (1955/56) 87.

Legg, K. L. C.: A rational approach to welding titanium. A note on argon-arc butt welding of commercially pure titanium sheet without filler rod. Aircr. Engng. **27** (1955) 321 374—375; Titanium Abstr. Bull. **1** (1955/56) 265.

Lenning, G. A., L. W. Berger and *R. I. Jaffee:* The effect of hydrogen on the mechanical properties of titanium and titanium alloys. Battelle Memorial Inst. Contract DAI-33-019-505-ORD-(P)-1 July 1955 58 p.; Titanium Abstr. Bull. **2** (1956/57) 140.

Lenning, G. A. and *R. I. Jaffee:* Effect of hydrogen on the properties of titanium and titanium alloys. Battelle Memorial Inst. Titanium Metallurgical Lab. TML-27 Contract AF 18(600)-1375 Dec. 1955 111 p.; Titanium Abstr. Bull. **1** (1955/56) 524.

Levy, A. V. and *R. Wickham:* Fusion welding unalloyed titanium sheet without filler rod. Welding J. **34** (1955) 5 413—419.

Levy, Alan V. and *R. Wickham:* Welding titanium sheet. Aircr. Production **17** (1955) 9 352—357; Luftf.-Techn. **1** (1955) 7 VI.

Lewis, W. J., P. J. Rieppel and *C. P. Voldrich:* A preliminary report on the brazing of titanium to titanium and mild and stainless steels. Sheet Metal Industries **32** (1955) 343 833—848; Titanium Abstr. Bull. **1** (1955/56) 263—264.

Lillie, C. R. and *D. W. Levinson:* Development of titanium-base alloys of high strength and toughness. Interim Techn. Rep. 5. Illinois Inst. of Technol., Armour Res. Foundation, Project B-059. WAL-401/203-6 Contract DA-11-022-ORD-1428 Nov. 1955 19 p.; Titanium Abstr. Bull. **2** (1956/57) 141.

Lillie, C. R.: Evaluation of high strength weldable titanium-base alloys. WADC Techn. Rep. 54-547 Contract AF 33(616)-2321 PB 121069 Dec. 1955 54 p.; Titanium Abstr. Bull. **2** (1956/57) 299.

Lorant, M.: Forging and machining of titanium. Metal Treatm. & Drop Forging **22** (1955) Apr. 147, 148, 149.

Luster, D. R. and *B. L. Shakely:* How titanium alloys behave at high temperatures. Iron Age **175** (1955) 12 96—99.

McClintick, R. J., G. W. Bauer and *L. S. Busch:* A new titanium alloy. Mater. & Meth. **42** (1955) 2 90—92; Titanium Abstr. Bull. **1** (1955/56) 136.

Meredith, H. L. and *C. W. Handova:* Titanium alloy weldability and correlated metallurgy. Welding J. **34** (1955) 7 657—672; Titanium Abstr. Bull. **1** (1955/56) 89—90.

Meyer, A. J., G. C. Deutsch and *W. C. Morgan:* Preliminary investigation of several root designs for (titanium carbide) cermet turbine blades in turbojet engine. II. Root design alterations. NACA RM E 53 G 02 1955 34 p; Titanium Abstr. Bull. **2** (1956/57) 244—245 [6.211.2].

Meyer, H. M.: Effects of interstitial elements on weldability of titanium alloy sheet. I, II. Welding J. **34** (1955) 8 379s—393s, 10 505s—517s 9 ref.; Titanium Abstr. Bull. **1** (1955/56) 145—146, 262—263.

Meyer, H. M.: Study of effects of alloying elements on the weldability of titanium sheet. WADC Techn. Rep. 53-230 Pt. II PB 121006 June 1955 299 p.; Titanium Abstr. Bull. **2** (1956/57) 312—313.

Mote, M. W. jr. and *P. D. Frost:* Engineering properties of commercial titanium alloys. Battelle Memorial Inst., Titanium Metallurgical Lab. PB 111981 Sept. 1955 90 p.; US Govmt. Res. Rep. **25** (1956) 3 111—112; Titanium Abstr. Bull. **1** (1955/56) 582.

Moudry, G. A.: Titanium alloy extrusions now available. Mater. & Meth. **41** (1955) 2 86—87; AB **26** (1955) 3 169—170.

Ogden, H. R. and *R. I. Jaffee:* The effects of carbon, oxygen, and nitrogen on the mechanical properties of titanium and titanium alloys. Battelle Memorial Inst., Titanium Metallurgical Lab. TML-20 PB 111982 Oct. 1955 99 p.; Titanium Abstr. Bull. **1** (1955/56) 431—432.

Ohlson, J. M.: Experience teaches how to form titanium. SAE J. **63** (1955) 8 57—58; Titanium Abstr. Bull. **1** (1955/56) 202—203.

Opinsky, A. J., L. A. Sama and *L. L. Seigle:* Uniform elongation of titanium and titanium alloys. Sylvania Electric Products Inc., Metallurgical Lab. YE 55-641 AD 66864 Contract AF 33(616)-2352 May 1955 18 p.; Titanium Abstr. Bull. **2** (1956/57) 255.

Pfaffinger, K., H. Blumenthal and *F. W. Glaser:* Titanium-carbide base cermets for high-temperature service. Amer. Soc. Testing Mater. Prepr. 94 B 1955 10 p.; Titanium Abstr. Bull. **1** (1955/56) 270.

Pinkel, B., G. C. Deutsch and *W. C. Morgan:* Preliminary investigation of several root designs for (titanium carbide) cermet turbine blades in turbojet engine. III. Curved-root design. NACA RM E 55 J 04 1955 17 p.; Titanium Abstr. Bull. **2** (1956/57) 245 [6.211.2].

Renshaw, W. G. and *P. R. Bish:* Important advantages of titanium in the chemical industry. Corrosion **11** (1955) 1 57—63 11 ref.

Ripling, E. J.: Tensile properties and rheotropic behaviour of titanium alloys and molybdenum. WADC Techn. Rep. 55-5 Contract AF 33(616)-2223 May 1955 134 p.; Titanium Abstr. Bull. **1** (1955/56) 442—443.

Rose, A. S.: Fabrication of Ti components. Jet Propulsion **25** (1955) 5 212—216, 234; Titanium Abstr. Bull. **1** (1955/56) 202.

Rose, A. S.: Design considerations for weldable titanium. Machine Design **27** (1955) 6 206—208; Titanium Abstr. Bull. **1** (1955/56) 31.

Rüdiger, O., H. van Kann u. *W. Knorr:* Titan, seine Eigenschaften und Anwendungsmöglichkeiten. Techn. Mitt. Krupp **13** (1955) 2 23—38.

Schulz, R. W.: Titan in der Werkstatt. Luftf.-Techn. **1** (1955) 3 54—56 6 Lit.-St.

Siegel, H. J., R. C. Duncan and *R. E. Swift:* Scaling of titanium and titanium alloys. WADC Techn. Rep. 54-109 Pt. II PB 121219 Nov. 1955 110 p.; Titanium Abstr. Bull. **2** (1956/57) 47—48.

Sinclair, G. M., H. T. Corten and *T. J. Dolan:* Effect of surface finish on the fatigue strength of titanium alloys RC 130 B and Ti 140 A. Amer. Soc. Mech. Engrs. Ann. Meeting, Chicago, Ill., Nov. 1955, Pap. 55-A-197 13 p. 9 ref.; AMR **9** (1956) 5 206; Index Aeron. **12** (1956) 2 117; Titanium Abstr. Bull. **1** (1955/56) 243—244.

Sinter, J. W.: Tensile properties of some titanium alpha solid solutions up to 600°C. J. Inst. Metals **83** (1955) 10 460—464; Titanium Abstr. Bull. **1** (1955/56) 6.

Smith, R. K.: Fabrication and use of titanium fasteners. Light Metal Age **13** (1955) 8/9 20, 21, 29, 39; Titanium Abstr. Bull. **1** (1955/56) 213—214.

Spoehr, T. F.: Titanium fasteners. Metal Progr. **68** (1955) 1 80—82; Titanium Abstr. Bull. **1** (1955/56) 95.

Stefanich, J. G.: Utilisation of titanium for tank-automotive components. Soc. Automotive Engrs. Prepr., Automotive Ordnance Day Meeting, Febr. 1955 10 p.; Titanium Abstr. Bull. **1** (1955/56) 17—18.

Steinitz, Robert: Applications and limitations of cermets. Engrs. Dig. **16** (1955) 9 423—425 8 ref.; Titanium Abstr. Bull. **1** (1955/56) 216.

Steward, W. B.: True stress — true strain relationships of commercially pure titanium and zirconium in compression and in tension. Frankford Arsenal, Pitman-Dunn Lab. MR-606 Project TS 1-11 AD 66512 Apr. 1955 25 p.; Titanium Abstr. Bull. **2** (1956/57) 255 [1.323.20].

Toler, Herbert R. jr.: Protection of titanium metal against embrittlement. Bull. Amer. Ceramic Soc. **34** (1955)1 4—8; Titanium Abstr. Bull. **1** (1955/56) 7—8.

Viglione, J.: Geschweißte Titankonstruktionen. Design News **10** (1955) 8 47—50.

Wilson, I. J.: Test results on forming titanium extrusions. Metalworking Production **101** (1957) 43 1921—1923; Leichtbau d. Verkehrsfahrzeuge **2** (1958) 2 86.

Yang, C. T. and *M. C. Shaw:* The grinding of titanium alloys. Trans. ASME **77** (1955) July 645—654 Discussion 654—660; Aeron. Engng. Rev. **14** (1955) 10 148.

Zwicker, Ulrich: Titan und Titanlegierungen in der Flugzeugindustrie. Flugwelt **7** (1955)10 522—524.

— Corrosion of stainless steel and aluminium in contact with titanium. Metal Progr. **68** (1955) 2 182—183; Titanium Abstr. Bull. **1** (1955/56) 122.

— Forming and joining titanium. Mater. & Meth. **42** (1955) 2 176—180; Titanium Abstr. Bull. **1** (1955/56) 146—147.

— Properties of titanium at low temperatures. Metal Progr. **68** (1955) 2 154—155; Titanium Abstr. Bull. **1** (1955/56) 119—120.

— Rem-Cru C-11OM. Rem-Cru Titanium Inc. Data Sheet Nov. 1955 8 p.; Titanium Abstr. Bull. **2** (1956/57) 297.

— Rem-Cru C-130AM. Rem-Cru Titanium Inc. Data Sheet Nov. 1955 12 p.; Titanium Abstr. Bull. **2** (1956/57) 297.

— Status of titanium alloy development program. Progress report No. 7. North Amer. Aviation Inc. NAA-AL-2064-6 Contract AF 33(600)-28469 Febr. 1955 23 p.; Titanium Abstr. Bull. **2** (1956/57) 138.

— Status of titanium alloy development program. Progress Rep. 17, North Amer. Aviation Inc. NAA-AL-2064-16 AD-81363 Contract AF 33(600)-28469 Oct. 1955 38 p.; Titanium Abstr. Bull. **2** (1956/57) 291.

— Titanium and titanium alloys programs. Book 1—5. Air Material Command, Wright-Patterson Air Force Base and Battelle Memorial Inst., Titanium Metallurgical Lab. 1955 43 p.; 97 p.; 80 p.; 129 p.; 77 p.

— Titanium tamed for high-strength bolts. Steel **136** (1955) 11 117—118; Werkstattstechn. u. Masch.-Bau **46** (1956) 4 190.

Achbach, W. P.: Forming of titanium and titanium alloys. I, II. Battelle Memorial Inst., Titanium Metallurgical Lab. TML-42 Pt. I, TML-42 Pt. II May 1956 248 p., 194 p.; Titanium Abstr. Bull. **2** (1956/57) 104—105.

Araki, T.: On the heat treatment of Ti-Ni alloys. (Govmt.) Mech. Lab. J. (Japan) **10** (1956) 2 74—77.

Ashburn, A.: How to work titanium and its alloys. I, II. Metalworking Production **100** (1956) 1 9—17, 2 55—62.

Barrett, J. C., R. W. Huber and *I. R. Lane jr.:* Arc-welding titanium. Bureau of Mines Rep. of Investigations 5178 Jan. 1956 50 p. 13 ref.; Titanium Abstr. Bull. **1** (1955/56) 539—541.

Bernstein, H.: Delayed cracking of rolled Ti 150 A. Metal Progr. **69** (1956) 5 65—67; Titanium Abstr. Bull. **1** (1955/56) 584.

Bomberger, H. B.: Titanium. Industr. & Engng. Chem. **48** (1956) 9 Pt. II 1794—1797.

Brosheer, B. C.: Titanium alloys arc welded in open air. Amer. Machinist **100** (1956) 15 141—144; Titanium Abstr. Bull. **2** (1956/57) 56—57.

Brown, A. R. G. and *P. M. R. Gates:* The hardness of wrought titanium. Roy. Aircr. Establ. TN M. 243 July 1956 14 p.; Aeron. Engng. Rev. **16** (1957) 5 200.

Bunshah, R. F. and *H. Margolin:* Properties of active eutectoid titanium alloys. WADC Techn. Rep. 56-146 Contract AF 33(616)-2766 June 1956 71 p.; Titanium Abstr. Bull. **2** (1956/57) 259.

Burnard, L. G.: Welding titanium. Aircr. Production **18** (1956) 11 454—458; Index Aeron. **12** (1956) 12 73; Luftf.-Techn. **2** (1956) 12 VI; Leichtbau d. Verkehrsfahrzeuge **1** (1957) 2/3 71; Aeron. Engng. Rev. **16** (1957) 1 140; Titanium Abstr. Bull. **2** (1956/57) 234—235.

Busch, L. S.: Forging, rolling and mill practice. Course in titanium metallurgy, New York, Univ., Lecture 21 Sept. 1956 81 p.; Titanium Abstr. Bull **2** (1956/57) 356—357.

Campbell, G. P. and *Andrew Searle:* Drilling of 6 Al-4 V titanium alloy. Amer. Soc. Mech. Engrs. Prepr. 57-SA-71 1957 7 p.; Index Aeron. **13** (1957) 8 64.

Carew, William F., Frank A. Crossley and *Donald J. McPherson:* Development of titanium-base alloys for elevated temperature application. WADC Techn. Rep. 54-278 Pt. III May 1956 92 p.; Titanium Abstr. Bull. **2** (1956/57) 258—259; Aeron. Engng. Rev. **16** (1957) 9 148.

Carpenter, S. R.: Stretch-forming titanium; Properties, heat-treatment, manipulation at room temperature and at elevated temperatures. Aircr. Production **18** (1956) 12 496—501 13 ref.; Leichtbau d. Verkehrsfahrzeuge **1** (1957) 2/3 70; Index Aeron **13** (1957) 1 82.

Carr, W. L.: Deep-hole tapping of titanium alloys. Machinery (London) **89** (1956) 2286 590—591.

Carr, W. L.: Deep-hole tapping of titanium alloys. Machinery (New York) **62** (1956) 10 184—185; Titanium Abstr. Bull. **1** (1955/56) 591.

Close, G. C.: Hot forming titanium. Light Metal Age **14** (1956) 5/6 12, 13, 29; Titanium Abstr. Bull. **2** (1956/57) 55.

Cook, E.: Tapping titanium demands special consideration. Machinery (New York) **62** (1956) 7 176—179; Titanium Abstr. Bull. **1** (1955/56) 588—589.

Cunningham, J. W.: Three ways to weld titanium. Steel **139** (1956) 9 84—86; Titanium Abstr. Bull. **2** (1956/57) 109—110.

Daley, D. M. and *C. E. Hartbower:* Notch toughness of weld deposits in commercial titanium alloys. Welding J. **35** (1956) 9 447s—456s; Titanium Abstr. Bull. **2** (1956/57) 168—170.

Deem, H. W. and *C. F. Lucks:* Survey of physical-property data for titanium and titanium alloys. Battelle Memorial Inst., Titanium Metallurgical Lab. TML R 39 PB 121613 March 1956 37 p.; Titanium Abstr. Bull. **2** (1956/57) 447.

Demmler, A. W., M. J. Sinnott and *L. Thomassen:* The notched fatigue properties of some titanium alloys. Proc. ASTM **56** (1956) 1051—1062; Titanium Abstr. Bull. **3** (1957/58) 130—131.

Dickinson, Thomas A.: Chemical milling of steel and titanium. Sheet Metal Industries **33** (1956) 354 735—736; Leichtbau d. Verkehrsfahrzeuge **1** (1957) 1 25 [6.254.9].

Dickinson, T. A.: Machining titanium is not so difficult. Mill & Factory **58** (1956) 3 92—95; Titanium Abstr. Bull. **1** (1955/56) 534—536.

Eshman, A. N.: Corrosion resistance of titanium. Product Engng. **27** (1956) 6 187—189; Titanium Abstr. Bull. **2** (1956/57) 6—7.

Fannon, R.: The welding of titanium. Welding **24** (1956) 6 192—193; Titanium Abstr. Bull. **1** (1955/56) 603—604.

Faulkner, G. E. a. o.: Welding of titanium and titanium alloys. Battelle Memorial Inst., Titanium Metallurgical Lab. TML 31 Febr. 1956 75 p.; Titanium Abstr. Bull. **2** (1956/57) 26.

Fielding, J.: Hot rubber pressing forms titanium sheet. Metalworking Production **100** (1956) 9 325—328.

Finlay, W. L., W. W. Wentz and *D. W. Kaufmann:* How to heat treat titanium. Mater. & Meth. **43** (1956) 6 127—131; Titanium Abstr. Bull. **2** (1956/57) 20—22.

Folkman, R. L. and *M. Schussler:* Properties of titanium melted under high vacuum. Metal Progr. **70** (1956) 6 111—114; Titanium Abstr. Bull. **2** (1956/57) 301—302.

Fontana, M. G.: Stress corrosion in titanium and its alloys. Industr. & Engng. Chem. **48** (1956) 9 59A—60A.

Frary, F. C.: Status of titanium development. Modern Metals **12** (1956) 10 88, 90, 92; Titanium Abstr. Bull. **2** (1956/57) 334—335.

Frost, P. D.: Practical heat treatment of titanium alloys. Course in titanium metallurgy, New York Univ., Lecture 13 Sept. 1956 34 p.; Titanium Abstr. Bull. **2** (1956/57) 360—361.

Fuhrmeister, H. E., W. M. Parris and *H. D. Kessler:* More heat treatable titanium. Steel **138** (1956) 17 118—121; Titanium Abstr. Bull. **1** (1955/56) 533—534.

Gillemot, L.: Working of metallic titanium. Acta Techn. Acad. Sci. Hungaricae **15** (1956) 1/2 155—167; Titanium Abstr. Bull. **2** (1956/57) 309.

Gillig, F. J.: Investigation of stress relief procedures for titanium and titanium alloys. WADC Techn. Rep. 55-510 Contract AF 33(616)-2688 PB 121570 Aug. 1956 82 p.; Titanium Abstr. Bull. **2** (1956/57) 359—360.

Gillig, F. J.: Relaxation behavior of titanium alloys. WADC Techn. Rep. 55-458 Pt. II Nov. 1956 86 p.; Titanium Abstr. Bull **3** (1957/58) 1—2.

Gluck, J. V. and *J. W. Freeman:* A study of creep of titanium and two of its alloys. WADC Techn. Rep. 54-54 Contract AF 33(038)-14111 March 1956 191 p.; Titanium Abstr. Bull. **2** (1956/57) 257—258.

Goetzel, C. G. and J. B. Adamec: Infiltration of cermets for improved toughness. Metal Progr. **70** (1956) 6 101—106; Titanium Abstr. Bull. **2** (1956/57) 324.

Goldenstein, A. W. and *W. Rostocker:* Relationship between heat treatment, structure, and mechanical properties of a titanium alloy containing 4 % Cr and 2 % Mo. Trans. Amer. Soc. Metals Prepr. 13 1956 14 p.; Trans. Amer. Soc. Metals **49** (1957) 315—327; Titanium Abstr. Bull **2** (1956/57) 209—210, **3** (1957/58) 75—76.

Gordon, S. A. and *L. R. Jackson:* Selection of materials for high-temperature applications in airframes. Battelle Memorial Inst., Titanium Metallurgical Lab. TML R 13 Suppl. PB 121602 Febr. 1956 30 p.; Titanium Abstr. Bull. **2** 1956/57) 390—391 [6.254.0].

Gordon, S. A.: A discussion of the design of riveted and bolted joints in titanium sheet. Battelle Memorial Inst., Titanium Metallurgical Lab. TML 33 Febr. 1956 27 p.; Titanium Abstr. Bull. **2** (1956/57) 26.

Gorman, E. F.: Welding of titanium. Welding J. **35** (1956) 6 575—580; Titanium Abstr. Bull. **2** (1956/57) 27—28.

Graft, W. H., D. W. Levinson and *W. Rostoker:* The influence of alloying on the elastic modulus of titanium alloys. Amer. Soc. Metals Prepr. 10 1956 17 p.; Trans. Amer. Soc. Metals **49** (1957) 263—279; Titanium Abstr. Bull. **2** (1956/57) 207—208, **3** (1957/58) 73—74.

Hansen, M.: Über die Metallkunde der Titanlegierungen. Berg- u. Hüttenmänn. Mh. **101** (1956) 12 285—292.

Harmon, E. L., J. Kozol and *A. R. Troiano:* Investigation of the mechanical properties of titanium base alloys. Final report. Case Inst. of Technol. WAL-401/93-36, DA project 593-08-021 Contract DA-33-019-ORD-1690 May 1956 91 p.; Titanium Abstr. Bull. **2** (1956/57) 141—142.

Harris, W. J.: Department of Defense titanium sheet-rolling program. Battelle Memorial Inst., Titanium Metallurgical Lab. TML-46 June 1956 26 p.; Titanium Abstr. Bull. **2** (1956/57) 519.

Hartbower, C. E.: Welding of titanium. Course in titanium metallurgy, New York Univ., Lecture 23 Sept. 1956 39 p.; Titanium Abstr. Bull. **2** (1956/57) 367—368.

Heimerl, George J., Ivo M. Kurg and *John E. Inge:* Tensile properties of Inconel and RS-120 titanium-alloy sheet under rapid-heating and constant-temperature conditions. NACA TN 3731 July 1956 29 p.; AMR **10** (1957) 5 200; Index Aeron. **12** (1956) 10 93; Titanium Abstr. Bull. **2** (1956/57) 199 [1.323.3].

Henry, O. H. and *B. Z. Hyatt:* Tensile-impact properties of commercially pure titanium at various temperatures. Welding J. **35** (1956) 2 99s—101s; Titanium Abstr. Bull. **1** (1955/56) 432.

Hiraki, Itu, Shoji Shimamura and *Yoshioki Kanae:* Researches on titanium fasteners: photoelastic determination of stress concentration factors for the unified screw thread. Mech. Lab. J. (Japan) **10** (1956) 6 213—219; Index Aeron. **13** (1957) 3 76.

Holden, F. C., H. R. Ogden and *R. I. Jaffee:* A study of factors affecting the uniform elongation of titanium and titanium alloys. WADC Techn. Rep. 55-454 Pt. 1 PB 121213 Febr. 1956 34 p.; Titanium Abstr. Bull. **2** (1956/57) 300—301.

Holden, F. C., H. R. Ogden and *R. I. Jaffee:* Heat treatment and mechanical properties of Ti-Mo alloys. J. Metals, Sect. 2 **8** (1956) 10 1388—1393; Titanium Abstr. Bull. **2** (1956/57) 226—227.

Holden, F. C.: Notch sensitivity of titanium alloys. Battelle Memorial Inst., Titanium Metallurgical Lab. Mem. Dec. 1956 9 p.; Titanium Abstr. Bull. **3** (1957/58) 457.

Huffman, James W.: Anwendung metallischer Werkstoffe im Flugzeugbau für Temperaturen von 300 bis 600° C. SAE Trans. **64** (1956) 5—11; Draht **9** (1958) 10 434 [1.322.121].

Hunter, H. F.: The structural damping of titanium at elevated temperature. Aeron. Engng. Rev. **15** (1956) 8 18—21 6 ref.; Titanium Abstr. Bull. 2 (1956/57) 199—200.

Hyler, W. S.: An evaluation of compression-testing techniques for determining elevated temperature properties of titanium sheet. Battelle Memorial Inst., Titanium Metallurgical Lab. TML-43 June 1956 64 p.; Titanium Abstr. Bull. **2** (1956/57) 174—175.

Jaffee, R. I., G. A. Lenning and *C. M. Craighead:* Effect of testing variables on the hydrogen embrittlement of titanium and a Ti-8 pct Mn alloy. J. Metals, Sect. 2 **8** (1956) 8 907—913; Titanium Abstr. Bull. **2** (1956/57) 82—84.

Jepson, K. S., G. I. Lewis and *D. Clark:* The structure and low temperature embrittlement of titanium-aluminium alloys. Roy. Aircr. Establ. TN M 241 June 1956 31 p. 23 ref.; Aeron. Engng. Rev. **16** (1957) 1 125.

van Kann, H.: Eigenschaften und Anwendungsmöglichkeiten von Titan. Industrie-Rdsch. **11** (1956) 4 31—36.

van Kann, H.: Titan, ein neuer, vielseitiger Werkstoff. Umschau **56** (1956) 12 356—358.

Kaufmann, D. W.: General applications of titanium. Course in titanium metallurgy, New York Univ., Lecture 20 Sept. 1956 35 p.; Titanium Abstr. Bull. **2** (1956/57) 380—381 [6.254.0].

Kennicott, W. L.: Fastening and joining carbides. Machine Design **28** (1956) 6 122—131; Titanium Abstr. Bull. **1** (1955/56) 505.

Kiehl, R. A.: Stretch-forming titanium sections. Machinery (New York) **62** (1956) 8 196—198; Machinery (London) **89** (1956) 2302 1451—1452; Titanium Abstr. Bull. **1** (1955/56) 585.

Kirkpatrick, J. S.: Deep drawing operations on titanium. Machinery (London) **89** (1956) 2286 577—580.

Kirkpatrick, J. S.: The drawing of titanium. Steel Processing **42** (1956) 9 523—528; Leichtbau d. Verkehrsfahrzeuge **1** (1957) 2/3 70.

Kirkpatrick, J. S.: Titanium parts deep drawn in one operation. Machinery (New York) **62** (1956) 10 161—165; Titanium Abstr. Bull. **1** (1955/56) 586—587.

Kirkpatrick, J. S.: Tools and methods for forming titanium. Tool Engr. **36** (1956) 6 85—89.

Klier, E. P. and *N. J. Feola:* The effects of interstitial contaminants on the notch-tensile properties of titanium and titanium alloys. I. Iodide and sponge titanium. WADC Techn. Rep. 55-325 Pt. I Contract AF 33(616)-2281 March 1956 104 p.; Titanium Abstr. Bull. **2** (1956/57) 141.

Klier, E. P. and *N. J. Feola:* The effects of interstitial contaminants on the notch-tensile properties of titanium and titanium alloys. II. Alloy titanium. WADC Techn. Rep. 55-325 Pt. II AD 97199 Aug. 1956 200 p.; Titanium Abstr. Bull. **2** (1956/57) 391.

Knorr, W.: Die technische Titan-Legierung Ti-6Al-4V, ihre Eigenschaften und Wärmebehandlung. Techn. Mitt. Krupp **14** (1956) 4 88—98.

Kula, E. B. and *F. R. Larson:* Effect of vacuum annealing on the impact properties of titanium and titanium alloys. Watertown Arsenal Lab., WAL-401/259 Apr. 1956 23 p.; Titanium Abstr. Bull. **2** (1956/57) 258.

LaMarca, J. L. and *J. L. McCabe:* Titanium forgings. Metal Industry **89** (1956) 22 457—458.

Larke, L. W.: Some creep properties of annealed Ti 150A at room temperature and 350° C. Roy. Aircr. Establ. TN M.249 Aug. 1956 12 p.; Aeron. Engng. Rev. **16** (1957) 4 143.

Lewis, W. J., G. E. Faulkner and *P. J. Rieppel:* Brazing and soldering of titanium. Battelle Memorial Inst., Titanium Metallurgical Lab. TML-45 June 1956 24 p.; Titanium Abstr. Bull. **2** (1956/57) 313—315.

Lewis, W. J., M. L. Kohn and *G. E. Faulkner:* The effects of interstitial elements on welds in alpha-beta titanium alloys. Battelle Memorial Inst. WAL-401/97-35; Constract DA-33-019-ORD-1524 March 1956 90 p.; Titanium Abstr. Bull. **2** (1956/57) 418.

Loewen, E. G.: Thermal properties of titanium alloys and selected tool materials. Trans. ASME **78** (1956) 3 667—670; AMR. **9** (1956) 9 385.

Lucas, A. G.: Forming 6 Al-4 V titanium alloy. Light Metal Age **14** (1956) 11/12 21—24, 42; Titanium Abstr. Bull. **2** (1956/57) 364—365.

Lusby, W. E. jr., L. J. Barron and *R. J. Pardo:* Titanium invades new fields with deep-drawn parts. Iron Age **177** (1956) 13 68—70; Titanium Abstr. Bull. **1** (1955/56) 492—493.

Luster, D. R.: Mechanical metallurgy. I. Strength. Course in titanium metallurgy, New York Univ., Lecture 16 Sept. 1956 12 p.; Titanium Abstr. Bull. **2** (1956/57) 348.

Luster, D. R.: Mechanical metallurgy. II. Ductility. Course in titanium metallurgy, New York Univ., Lecture 17 Sept. 1956 13 p.; Titanium Abstr. Bull. **2** (1956/57) 348.

Maranchik, J.: Machining and grinding of titanium. Course in titanium metallurgy, New York Univ., Lecture 22 Sept. 1956 12 p.; Titanium Abstr. Bull. **2** (1956/57) 361—363.

Maynor, H. W. jr. and *R. E. Swift:* The scaling of titanium and titanium-base alloys in air. Corrosion **12** (1956) 6 49—60 11 ref.

Mc Andrew, J. B. and *H. D. Kessler:* Ti-36 pct Al as a base for high temperature alloys. J. Metals, Sect. 2 **8** (1956) 10 1348—1353; Titanium Abstr. Bull. **2** (1956/57) 204—206.

McBee, Frank W. jr., Jimmy Henson and *L. R. Benson:* Problems involved in spot welding titanium to other metals. Welding J., Res. Suppl. **35** (1956) Oct. 481s—487s; Aeron. Engng. Rev. **16** (1957) 1 140; Titanium Abstr. Bull. **2** (1956/57) 232—233.

McPartland, C. G.: Suggestions for machining titanium. Tooling & Production **22** (1956) 8 65—68; Titanium Abstr. Bull. **2** (1956/57) 309—310.

McPherson, D. J.: The present status of titanium development. J. Metals **8** (1956) 1 23—30.

McQuillan, M. K.: The effect of interstitials and aluminium on the properties of alpha titanium. Course in titanium metallurgy, New York Univ., Lecture 9 Sept. 1956 27 p.; Titanium Abstr. Bull. **2** (1956/57) 341—342.

Miller, P. D., R. A. Jefferys and *H. A. Pray:* Conversion coatings for titanium. Metal Progr. **69** (1956) 5 61—64; Titanium Abstr. Bull. **1** (1955/56) 593—595.

Missel, L.: Chromium plating of titanium alloys. Amer. Electroplaters' Soc. Techn. Proc. **43** (1956) 17—21; Titanium Abstr. Bull. **2** (1956/57) 370—371.

Monkman, F. C. and *N. J. Grant:* An empirical relationship between rupture life and minimum creep rate in creep-rupture tests. Proc. ASTM **56** (1956) 593—620; Titanium Abstr. Bull. **3** (1957/58) 129—130.

Noble, L. D.: Hot forming titanium. Modern Machine Shop **29** (1956) 3 104—107.

Ogden, H. R.: The behavior of titanium at elevated temperatures. Course in titanium metallurgy, New York Univ., Lecture 14 Sept. 1956 43 p. 17 ref.; Titanium Abstr. Bull. **2** (1956/57) 346—347.

Oliver, D. A., T. S. Lister, M. D. Kinman and *D. Fitzgeorge:* Machining research. Aircr. Production **18** (1956) 3 118—124 11 ref.; Titanium Abstr. Bull. **1** (1955/56) 383; Index Aeron. **12** (1956) 4 69. [6.254.9].

Opinsky, A. J., L. Sama and *L. L. Seigle:* A study of factors affecting the uniform elongation of titanium and titanium alloys. WADC Techn. Rep. 55—454 Pt. II AD 97284 June 1956; Titanium Abstr. Bull. **2** (1956/57) 391.

Pawlow, Ig. M.: Allgemeine Bedingungen zur Druckbearbeitung von Titan und seinen Legierungen. Berg- u. Hüttenmänn. Mh. **101** (1956) 12 300—304; Titanium Abstr. Bull. **2** (1956/57) 544.

Pfaffinger, K., H. Blumenthal and *F. W. Glaser:* Titanium-carbide-base cermets for high-temperature service. "Symposium on metallic materials for service at temperatures above 1600 °F", ASTM Spec. Techn. Publ. 174 Febr. 1956 90—102; Titanium Abstr. Bull. **1** (1955/56) 606—607.

Pfützenreuter, A.: Die Änderung der mechanischen und technologischen Eigenschaften von Titandrähten beim Kaltziehen. Techn. Mitt. Krupp **14** (1956) 4 115—120; Titanium Abstr. Bull. **2** (1956/57) 143—144.

Pitts, R. E.: Forming titanium sheet. Product Engng. **27** (1956) 2 135—139, 3 176; Titanium Abstr. Bull. **1** (1955/56) 490—492; Index Aeron. **12** (1956) 4 72.

Preece, R. L.: Properties of titanium. Sheet Metal Industries **33** (1956) 353 633—635, 646; Titanium Abstr. Bull. **2** (1956/57) 126—127.

Preston, T. E. W.: Argon-arc welding offers opportunities. Metalworking Production **100** (1956) 1 1—8; Titanium Abstr. Bull. **1** (1955/56) 348.

Redmond, J. C., R. J. Reintgen, J. R. Fenton and *M. E. Simon:* Evaluation of the engineering properties of titanium carbide base cermets. WADC Techn. Rep. 57—25 AD 110721 July 1956 67 p.; Titanium Abstr. Bull. **3** (1957/58) 344.

Rey, W. K.: Elevated-temperature fatigue properties of two titanium alloys. NACA RM 56 B 07 Apr. 1956 28 p.; Titanium Abstr. Bull. **1** (1955/56) 531—532.

Richaud, H.: Les traitements de surface du titane. 6. Int. Kongr. Eisen- u. Metallverarbeit. Industrie, Paris, 1956 C2/13 7 p.

Rittenhouse, J. B. and *J. S. Whittick:* Corrosion and ignition of titanium alloys in fuming nitric acid. IV. Study of additional titanium alloys. Progress report. California Inst. Technol. JPL-PR-26-4 Contract AF 33 (616)-3066 March 1956 24 p.; Titanium Abstr. Bull. **2** (1956/57) 398.

Robins, D. A.: The powder metallurgy of titanium. Light metals **19** (1956) 215 60—63 10 ref.; Titanium Abstr. Bull. **1** (1955/56) 396—397.

Rudy, J. F.: The combined effects of carbon, oxygen, nitrogen and hydrogen on the properties of titanium sheet weldments. WADC, Mater. Lab. June 1956 43 p.; Titanium Abstr. Bull. **2** (1956/57) 279—280.

Rüdiger, O., R. W. Fischer u. *W. Knorr:* Zur Korrosion von Titan und Titanlegierungen. Techn. Mitt. Krupp **14** (1956) 4 82—87.

Rüdiger, O., H. van Kann and *W. Knorr:* Titanium, its properties and possible applications. Ministry of Supply, Techn. Inform. & Lib. Serv. (London, S. E. 9) Translat. T 4558 (A) May 1956 28 p.; Titanium Abstr. Bull. **2** (1956/57) 189.

Rüdiger, O. u. *W. Knorr:* Zur Kerbschlagzähigkeit des Titans. Techn. Mitt. Krupp **14** (1956) 4 105—113; Titanium Abstr. Bull. **2** (1956/57) 143.

Sanderson, L.: The working of titanium. Tooling **10** (1956) 10 24—27; Titanium Abstr. Bull. **2** (1956/57) 159—160.

Scheibe, W.: Über das Schmelzen und Gießen von Titan. Gießerei **43** (1956) 1 8—17; Nachr.-Bl. AGM Leichtbau **5** (1956) 4 13.

Schleicher, Hans Walter: Schmelzen und Gießen von Titan und Titanlegierungen. Gießerei **43** (1956) 17 445—450; Nachr.-Bl. AGM Leichtbau **5** (1956) 11 20.

Schwartzberg, F. R., W. D. Rahr, D. N. Williams and *R. I. Jaffee:* The measurement of the thermal stability of titanium alloys. Battelle Memorial Inst., Titanium Metallurgical Lab. TML-55 Contract AF 18(600)-1375 Oct. 1956 33 p.; Titanium Abstr. Bull. **2** (1956/57) 392.

Seaman, F. D.: Good control makes titanium welding a shop tool. Iron Age **177** (1956) 22 64—66; Titanium Abstr. Bull. **1** (1955/56) 599—601.

Sertour, G. et *M. El Gammal:* Essais à chaud sur du titane commercialement pur. Rev. Métallurgie **53** (1956) 8 619—626; Titanium Abstr. Bull. **2** (1956/57) 85—87.

Sherman, R. G. and *H. D. Kessler:* Heat treatability of Ti-6Al-4V. Titanium Metals Corp. of America, Titanium Engng. Bull. No. 2 1956 12 p.; Titanium Abstr. Bull. **2** (1956/57) 165.

Smith, S. S.: Tests of 3 % Al — 5 % Cr titanium alloy, summary report, phase II. Menasko Manufacturing Co. Contract NOA(S) 51-408-F; Amendment 1 PB 122847 June 1956 143 p.; Titanium Abstr. Bull. **2** (1956/57) 329.

Soxman, E. J., J. R. Tinklepaugh and *M. T. Curran:* An impact test for use with cermets. J. Amer. Ceramic Soc. **39** (1956) 8 261—265; Titanium Abstr. Bull. **2** (1956/57) 119.

Sticha, E. A.: Relaxation behavior of titanium alloys. WADC Techn. Rep. 55-458 Pt. I Contract AF-33(616)-2400 Febr. 1956 39 p.; Titanium Abstr. Bull. **2** (1956/57) 199.

Stough, D. W., F. W. Fink and *R. S. Peoples:* Corrosion of titanium. Battelle Memorial Inst., Titanium Metallurgical Lab. TML-57 PB 121601 Oct. 1956 184 p.; Titanium Abstr. Bull. **2** (1956/57) 398—399.

Taylor, E. A. and *D. C. Moore:* Argon-arc welding of commercially pure titanium. Welding **24** (1956) 8 268—280; Titanium Abstr. Bull. **2** (1956/57) 57—59.

Tiner, N. A.: Silver brazing of titanium. Sheet Metal Industries **33** (1956) 354 707—711.

Vawter, F. J., G. J. Guarnieri, L. A. Yerkovich and *G. Derrick:* Investigation of the compressive, bearing, and shear creep-rupture properties of aircraft structural metals and joints at elevated temperatures. WADC Techn. Rep. 54—270 Pt. I, II PB 121436, 121656 1956 194 p., 95 p.; Titanium Abstr. Bull. **2** (1956/57) 259, 343. [1.322.122]. [1.323.211.2].

de Vitry, Raoul: Le titane. Rev. Métallurgie **53** (1956) 12 915—929; AB **28** (1957) 2 125.

Waldo, C. T.: Evaluation of titanium powder for metallurgical use. Knolls Atomic Power Lab. KAPL-M-CTW-1 Apr. 1956 17 p.; Titanium Abstr. Bull. **3** (1957/58) 438.

Weber, E. P.: Basic research on sintered titanium powder analogous to „SAP" for high temperature strength. Clevite Corp. Project 50120-G Contract NOas 55-505-C PB 121559 June 1956 44 p.; Titanium Abstr. Bull. **2** (1956/57) 426.

Weber, E. P.: Powder metallurgy of titanium. Course in titanium metallurgy, New York Univ., Lecture 25 Sept. 1956 12 p.; Titanium Abstr. Bull. **2** (1956/57) 375—376.

Wickham, R.: Resistance welding ductile joints in commercially pure titanium. Welding J. **35** (1956) 5 463—467; Titanium Abstr. Bull. **1** (1955/56) 596—597.

Wile, G. J.: Titanium parts made by powder metallurgy methods. Mater. & Meth. **44** (1956) 1 95—97; Titanium Abstr. Bull. **2** (1956/57) 66—67.

Wright, J. P. and *A. L. Rustay:* Intricate Ti parts now forged in presses. Amer. Machinist **100** (1956) 11 113—117; Titanium Abstr. Bull. **2** (1956/57) 52—53.

Wruck, D. A.: Stability of commercial alpha-beta titanium alloys. WADC Techn. Rep. 56-343 AD 97214 PB 121655 Aug. 1956 35 p.; Titanium Abst. Bull. **2** (1956/57) 343.

Yoshida, S. and *J. Isono:* On the nitriding of titanium. (Govmt.) Mech. Lab. J. (Japan) **10** (1956) 2 78—83.

Yoshida, S., S. Okamoto and *T. Araki:* Studies of the corrosion resistance of titanium alloys. II. Corrosion resistance of Ti-Cr, Ti-Mn, Ti-Si and Ti-Mo alloys. (Govmt.) Mech. Lab. J. (Japan) **10** (1956) 2 67—73.

— A preliminary study of nonmilitary uses for titanium. Battelle Memorial Inst., Titanium Metallurgical Lab. Mem. July 1956 12 p.; Titanium Abstr. Bull. **3** (1957/58) 482.

— Bibliography of published and nonpublished literature on mechanical and chemical cleaning and finishing of titanium and titanium alloys. Battelle Memorial Inst., Titanium Metallurgical Lab. Mem. Nov. 1956 6 p. 77 ref.; Titanium Abstr. Bull. **3** (1957/58) 478.

— Commercially pure titanium bars and billets (25—40 tons ultimate stress). Ministry of Supply Aircr. Mater. Specification DTD 5003, London: HMSO 1956 3 p.; Titanium Abstr. Bull. **1** (1955/56) 510—511.

— Commercially pure titanium bars and billets (ultimate tensile stress not greater than 30 tons). Ministry of Supply Aircr. Mater. Specification DTD 5013, London: HMSO 1956 3 p.; Titanium Abstr. Bull. **1** (1955/56) 558.

— Commercially pure titanium sheets and strips (25—40 tons ultimate stress). Ministry of Supply Aircr. Mater. Specification DTD 5023, London: HMSO 1956 4 p.; Titanium Abstr. Bull. **1** (1955/56) 511—512.

— Commercially pure titanium sheets and strips (ultimate tensile stress not greater than 30 tons). Ministry of Supply Aircr. Mater. Specification DTD 5033, London: HMSO 1956 4 p.; Titanium Abstr. Bull. **1** (1955/56) 512—513.

— Data on shear-tensile properties of titanium alloys. Battelle Memorial Inst., Titanium Metallurgical Lab., Mem. Apr. 1956 3 p. 10 ref.; Titanium Abstr. Bull. **3** (1957/58) 361.

— Design and formability data for titanium. Battelle Memorial Inst., Titanium Metallurgical Lab., Mem. March 1956 5 p.; Titanium Abstr. Bull. **3** (1957/58) 398—399.

— Driving titanium rivets. Battelle Memorial Inst., Titanium Metallurgical Lab., Mem. Aug. 1956 2 p.; Titanium Abstr. Bull. **3** (1957/58) 475.

— Evaluation of fluoride-phosphate coating for forming titanium sheet for North American Aviation Inc., Columbus, Ohio. Battelle Memorial Inst., Titanium Metallurgical Lab., Mem. Oct. 1956 12 p. 3 ref.; Titanium Abstr. Bull. **3** (1957/58) 473.

— Industrial symposium on titanium, applications. Engineer **201** (1956) 5239 738—739.

— Joining titanium. Aircr. Production **18** (1956) 6 242—246; Luftf.-Techn. **2** (1956) 6 V; Index Aeron. **12** (1956) 7 69; Titanium Abstr. Bull. **1** (1955/56) 602—603.

— Mechanical testing of titanium. Titanium Metals Corp. of America, Titanium Engng. Bull. 4 1956 16 p.; Titanium Abstr. Bull. **2** (1956/57) 179.

— Protective coatings for titanium. Nat. Bur. Stand. Techn. News Bull. **40** (1956) 12 174—175; Titanium Abstr. Bull. **2** (1956/57) 316—317.

— Reaming of titanium and its alloys. Battelle Memorial Inst., Titanium Metallurgical Lab. Mem. July 1956 2 p. 5 ref.; Titanium Abstr. Bull. **3** (1957/58) 472.

— Rem-Cru A-40, A-55 and A-70. Rem-Cru Titanium Inc. Data Sheet Febr. 1956 16 p.; Titanium Abstr. Bull. **2** (1956/57) 297.

— Shear cracking in titanium. Battelle Memorial Inst., Titanium Metallurgical Lab. Mem. Nov. 1956 7 p.; Titanium Abstr. Bull. **3** (1957/58) 473—474.

— Shot peening of titanium. Battelle Memorial Inst., Titanium Metallurgical Lab., Mem. Nov. 1956 7 p. 5 ref.; Titanium Abstr. Bull. **3** (1957/58) 474.

— Some notes on protective coatings for titanium in airframe applications. Battelle Memorial Inst., Titanium Metallurgical Lab. Jan. 1956 5 p. 22 ref.; Titanium Abstr. Bull. **3** (1957/58) 275.

— Summarized information on Ti-6Al-4V alloy sheet. Battelle Memorial Inst., Titanium Metallurgical Lab., Mem. June 1956 76 p. 104 ref.; Titanium Abstr. Bull. **3** (1957/58) 407.

— The behavior of titanium at elevated temperatures. Batelle Memorial Inst., Titanium Metallurgical Lab., Mem. Sept. 1956 43 p.

— The characteristics and uses of aluminum coatings on titanium and titanium alloys. Battelle Memorial Inst., Titanium Metallurgical Lab., Mem. Oct. 1956 21 p. 22ref.; Titanium Abstr. Bull. **3** (1957/58) 477—478.

— The economics in the fabrication of titanium alloys for airframe application. Battelle Memorial Inst., Titanium Metallurgical Lab., Mem. Oct. 1956 10 p.

— The effect of draw forming on the tensile properties of titanium-alloy sheet. Battelle Memorial Inst., Titanium Metallurgical Lab. Febr. 1956 2 p.; Titanium Abstr. Bull. **3** (1957/58) 243.

— Titanium-aluminium-manganese alloy bars and billets (40—55 tons ultimate tensile strengths). Ministry of Supply Aircr. Mater. Specification DTD 5043, London: HMSO 1956 3 p.; Titanium Abstr. Bull. **1** (1955/56) 513.

— Titanium: design notes. Mag. Magnesium (1956) Nov. 10—17; Titanium Abstr. Bull. **2** (1956/57) 335—336.

— Titan-Verarbeitung. Werkstatt u. Betrieb **89** (1956) 7 412.

— Titan und Titanlegierungen. Verein. Dtsch. Metallwerke 1956 9 S.; Titanium Abstr. Bull. **1** (1955/56) 583—584.

— Turning of titanium and its alloys. Battelle Memorial Inst., Titanium Metallurgical Lab., Mem. Nov. 1956 7 p. 10 ref.; Titanium Abstr. Bull. **3** (1957/58) 474.

— Wrought titanium. 2nd ed. Birmingham: Imperial Chemical Industries Ltd. 1956 68 p.; Titanium Abstr. Bull. **2** (1956/57) 79.

Abkowitz, S. and *D. Evers:* Two promising new titanium alloys. Metal Progr. **72** (1957) 3 97—102; Index Aeron. **13** (1957) 11 109; Titanium Abstr. Bull. **3** (1957/58) 200—202.

Adams, E. T.: Preheating of titanium. Light Metals **20** (1957) 228 88—90; Titanium Abstr. Bull. **2** (1956/57) 411—412.

Antes, H. W. and *R. E. Edelman:* Effect of cerium on mechanical properties of a cast titanium alloy. Foundry **85** (1957) 1 116—119; Titanium Abstr. Bull. **2** (1956/57) 443—444.

Barron, L. J.: Uses and design problems of titanium in civilian applications. Amer. Soc. Metals Titanium Conf., Los Angeles, March 1957 19 p.; Titanium Abstr. Bull. **3** (1957/58) 113—114.

Barry, H. H. and *L. Schapiro:* Unalloyed titanium sheet is improving. „Symposium on titanium", ASTM Spec. Techn. Publ. 204 1957 161—163; Titanium Abstr. Bull. **3** (1957/58) 315.

Berger, L. W., D. N. Williams and *R. I. Jaffee:* Mechanical properties and heat treatment of titanium-niobium alloys. Trans. Amer. Soc. Metals **50** (1957) Prepr. 15 21 p. 12 ref.; Titanium Abstr. Bull. **3** (1957/58) 315—317.

Bishop, W. H.: Pickling, degreasing, and abrasive cleaning and salt bath descaling of titanium and titanium alloys. Amer. Soc. Metals Titanium Conf., Los Angeles, March 1957 8 p.; Titanium Abstr. Bull. **3** (1957/58) 107—108.

Böhm, H.: Untersuchungen über die anodische Oxydation des Titans. Metalloberfläche **11** (1957) 6 B93-B96 10 Lit.-St.; Titanium Abstr. Bull. **3** (1957/58) 17—18.

Bomberger, H. B.: Titanium. Industr. & Engng. Chem. **49** (1957) Sept. 1658—1662 62 ref.; Aeron. Engng. Rev. **16** (1957) 12 124.

Brenner, H. S.: Titanium rivets — solid and blind. Amer. Soc. Metals Titanium Conf., Los Angeles, March 1957 21 p.; Titanium Abstr. Bull. **3** (1957/58) 100—101.

Bringewald, A. R.: Forming of titanium. Course in titanium metallurgy, New York Univ., Lecture 24 Sept. 1957 49 p.; Titanium Abstr. Bull. **3** (1957/58) 333.

Brooks, H., G. I. Lewis and *J. I. M. Forsyth:* Elastic moduli and tensile properties of titanium-carbon and titanium-aluminium-carbon alloys. Metallurgia **56** (1957) 338 277—282 8 ref.; Titanium Abstr. Bull. **3** (1957/58) 300—302.

Brooks, H., G. I. Lewis and *J. I. M.* Forsyth: Elastic moduli and tensile properties of titanium-carbon and titanium-aluminium-carbon alloys. Appendix: Theoretical relationships between the modulus of an aggregate and the moduli and proportions of its constituents. Roy. Aircr. Establ. TN M 265 June 1957 19 p.

Brown, A. R. G. and *P. M. R. Gates:* A titanium vanadium alloy. Roy. Aircr. Establ. TN M 259 July 1957 13 p.; Aero Space Engng. **17** (1958) 5 126; Titanium Abstr. Bull. **3** (1957/58) 458—459.

Bungardt, K. u. *K. Rüdinger:* Festigkeitseigenschaften von Titanschweißverbindungen. Z. Metallkde. **48** (1957) 6 335—340; Titanium Abstr. Bull. **3** (1957/58) 133—135; Index Aeron. **13** (1957) 8 58.

Bunshah, R. F. and *H. Margolin:* Microstructure and mechanical properties of Ti-Cu-Al and Ti-Cu-Al-Sn alloys. Trans. Amer. Soc. Metals **51** (1957) Prepr. 58 24 p. 9 ref.; Titanium Abstr. Bull. **3** (1957/58) 415—417.

Campbell, G. C.: Milling and contour cutting. Amer. Soc. Metals Titanium Conf., Los Angeles, March 1957 32 p.; Titanium Abstr. Bull. **3** (1957/58) 93—94.

Carpenter, S. R.: Today's uses and design criteria in piloted airframes. Amer. Soc. Metals Titanium Conf., Los Angeles, March 1957 26 p.; Titanium Abstr. Bull. **3** (1957/58) 82—83.

Carr, Eric J.: Titanium alloy suited for stretch formed parts. Mater. & Meth. **45** (1957) 4 140—141; Titanium Abstr. Bull. **2** (1956/57) 505—506; Aeron. Engng. Rev. **16** (1957) 7 146.

Clauser, H. R.: Materials for high temperature service. „Handbook of new engineering materials", New York: Reinhold Publ. Corp. 1957 111—126; Titanium Abstr. Bull. **3** (1957/58) 122—123. [1.323.3].

Coates, G.: Oxygen cutting titanium and titanium alloys. Engineer **203** (1957) 5270 132—134; Titanium Abstr. Bull. **2** (1956/57) 366; Aeron. Engng. Rev. **16** (1957) 4 143.

Cotton, J. B. and *B. P. Downing:* Corrosion resistance of titanium to sea water. Trans. Inst. Marine Engrs. **69** (1957) 8 311—319 20 ref.; Titanium Abstr. Bull. **3** (1957/58) 141—143; Index Aeron. **13** (1957) 10 101.

Croan, L. S. and *F. J. Rizzitand:* The influence of forging temperature on mechanical properties of Al-V titanium alloys. US Watertown Arsenal Lab. WAL-401/268 Febr. 1957; Titanium Abstr. Bull. **3** (1957/58) 9.

Crossley, F. A., W. F. Carew and *H. D. Kessler:* Development of titanium-base alloys for elevated temperature application. I. Binary alloys. II. Ternary alloys. "Symposium on titanium", ASTM Spec. Techn. Publ. 204 1957 65—105; Titanium Abstr. Bull. **3** (1957/58) 307—310.

Crossley, F. A. and *W. F. Carew:* Development of titanium-base alloys for elevated temperature application. III. Quaternary alloys. „Symposium on titanium", ASTM Spec. Techn. Publ. 204 1957 106—112; Titanium Abstr. Bull. **3** (1957/58) 310—311.

Crossley, F. A., W. F. Carew and *D. W. Levinson:* Development of titanium-base alloys for elevated temperature application. WADC Techn. Rep. 54-278 Pt. IV AD 142147 March 1957 65 p.; Titanium Abstr. Bull. **3** (1957/58) 500.

Daley, Daniel M. jr. and *Carl E. Hartbower:* Investigation of the mechanical properties of metal-arc welded Ti-6 % Al-4 % V. Welding J. **36** (1957) Apr. 185s—191s; Aeron. Engng. Rev. **16** (1957) 7 146.

Daley, D. M. and *C. E. Hartbower:* Joining of sheet titanium. Bimonthly progress report No. 4. US Watertown Arsenal Lab. Dec. 1957 10 p.; Titanium Abstr. Bull. **3** (1957/58) 553.

Daley, D. M.: Mechanical properties and structures of low-alloy titanium weld deposits. US Watertown Arsenal Lab. WAL-TR-401/216-1 Dec. 1957 25 p.; Titanium Abstr. Bull. **3** (1957/58) 519.

Dittmar, Charles B., G. William Bauer and *Dillon Evers:* The effect of microstructural variables and interstitial elements of the fatigue behavior of titanium and commercial titanium alloys. WADC Techn. Rep. 56-304 (AD 110726) Jan. 1957 83 p.

Everhart, J. L.: Age-hardenable metals. „Handbook of new engineering materials", New York: Reinhold Publ. Corp. 1957 127—142; Titanium Abstr. Bull. **3** (1957/58) 88—89. [1.323.3]

Everhart, John L.: Titanium. Mater. in Design Engng. **46** (1957) Oct. 149—168 22 ref.; Aeron. Engng. Rev. **17** (1958) 3 107.

Everhart, J. L.: Titanium and its alloys. „Handbook of new engineering materials", New York: Reinhold Publ. Corp. 1957 3—18; Titanium Abstr. Bull. **3** (1957/58) 121—122.

Faulkner, G. E.: Current problems in titanium welding technology. Battelle Memorial Inst., Titanium Metallurgical Lab., Mem. Jan. 1957 6 p.; Titanium Abstr. Bull. **3** (1957/58) 475—476.

Faulkner, G.: Arc welding titanium. Amer. Soc. Metals Titanium Conf., Los Angeles, March 1957 41 p. 37 ref.; Titanium Abstr. Bull. **3** (1957/58) 160—162.

Folkman, R. L. and *M. Schussler:* Development of standardized specimen preparation and testing techniques for unalloyed titanium sheet. „Symposium on titanium", ASTM Spec. Techn. Publ. 204 1957 183—196; Titanium Abstr. Bull. **3** (1957/58) 326—327.

Frost, P. D.: Practical heat treatment for titanium alloys. Metal Treatm. & Drop Forging **24** (1957) 143 307—312 10 ref.; Aeron. Engng. Rev. **16** (1957) 12 132; Index Aeron. **13** (1957) 10 64.

El Gammal, M.: Travaux français relatifs à la réalisation et l'étude de ferrures de grandes dimensions en alliages de titane. AGARD Rep. 97 Avril 1957 45 p.; Aero Space Engng. **17** (1958) 10 81.

Geil, Glenn W. and *Nesbit L. Carwile:* Some effects of low temperatures and notch depth on the mechanical behavior of an annealed commercially pure titanium. J. Res. Nat. Bur. Stand. **59** (1957) Sept. 215—226 22 ref.; Titanium Abstr. Bull. **3** (1957/58) 199—200.

Gerken, J. M.: Welding of titanium and titanium alloys containing boron. US Atomic Energy Comm. KAPL-M-JMG-1 July 1956 7 p.; Titanium Abstr. Bull. **3** (1957/58) 336.

Gluck, J. V. and *J. W. Freeman:* Intermediate temperature creep and rupture behavior of titanium and titanium-base alloys. II. Influence of microstructures on creep-rupture properties. WADC Techn. Rep. 54-112 Pt. II AD 142198 Sept. 1957 148 p.; Titanium Abstr. Bull. **3** (1957/58) 536.

Gluck, J. V. and *J. W. Freeman:* Intermediate temperature creep and rupture behavior of titanium and titanium-base alloys. III. Effects of hot rolling, embrittlement, and interstitial elements. WADC Techn. Rep. 54-112 Pt. III AD 142227 Sept. 1957 115 p.; Titanium Abstr. Bull. **3** (1957/58) 536—537.

Golden, L. B., W. L. Acherman and *D. Schlain:* The relative corrosion resistance of titanium and some of its alloys. Bureau of Mines, Rep. of Investigations 5299 Jan. 1957 25 p.; Titanium Abstr. Bull. **2** (1956/57) 493—494.

Goldenstein, Adolph W., Arthur G. Metcalfe and *William Rostoker:* Research on the effects of stress, strain, and temperature on the eutectoid decomposition of titanium alloys. Appendix: Detailed resistivity, elastic modulus, tensile, and X-ray data. WADC Techn. Rep. 57-360 (AD 142142) Nov. 1957 65 p.

Graft, W. H. and *W. Rostoker:* The measurement of elastic modulus of titanium alloys. "Symposium on titanium", ASTM Spec. Techn. Publ. 204 1957 130—144; Titanium Abstr. Bull. **3** (1957/58) 313—315.

Grandvoinnet, J.: Les intéressantes possibilités du titane — matériau léger à hautes performances mécaniques. Rev. Gén. Mécanique **41** (1957) 96 19—22; Titanium Abstr. Bull. **2** (1956/57) 531.

Gray, Larry B.: Machining and welding titanium. Industr. Aeronautics (Montreal) (1957) Aug. 18—19, Sept. 20—23; Aeron. Engng. Rev. **16** (1957) 12 132, **17** (1958) 2 108.

Gray, T. H.: Outlook for titanium in the aircraft industry. Amer. Soc. Metals Titanium Conf., Los Angeles, March 1957 15 p.; Titanium Abstr. Bull. **3** (1957/58) 180—181.

Gunn, N. J. F. and *G. I. Lewis:* The tensile strength at room temperature and 300 °C of fusion and resistance welded titanium Ti 6 Al 4 V alloy sheet. Roy. Aircr. Establ. TN M 255 Jan. 1957 13 p.; Titanium Abstr. Bull. **3** (1957/58) 158—160.

Hadley, B. F., G. W. Bauer and *D. Evers:* Effect of various heat treatment cycles upon the mechanical properties of titanium alloys with various interstitial levels. WADC Techn. Rep. 56-580 AD 118118 March 1957 220 p.; Titanium Abstr. Bull. **3** (1957/58) 43—44.

Haessly, W. F.: Metal gathering by the resistance-heating process. Welding J. **36** (1957) 2 132—140; Titanium Abstr. Bull. **2** (1956/57) 503.

van Hamersveld, J.: Practicability of titanium alloy bolts. Amer. Soc. Metals Titanium Conf., Los Angeles, March 1957 30 p.; Titanium Abstr. Bull. **3** (1957/58) 101—103.

Handova, C. W.: Practical problems associated with the control of interstitials I. In welding and forming. J. Metals, Sect. 1 **9** (1957) 1 178—181; Titanium Abstr. Bull. **2** (1956/57) 402—403.

Harmon, E. L., J. Kozol and *A. R. Troiano:* Mechanical properties correlated with transformation characteristics of titanium-vanadium alloys. Trans. Amer. Soc. Metals **50** (1957) Prepr. 26 35 p.; Titanium Abstr. Bull. **3** (1957/58) 414—415.

Hays, L. C.: Grinding of titanium. Amer. Soc. Metals Titanium Conf., Los Angeles, March 1957 14 p.; Titanium Abstr. Bull. **3** (1957/58) 94—96.

Higgins, C. C.: The technique of drawing titanium alloys. Metalworking Production **101** (1957) 2 72—73.

Hojo, K.: Spring properties of titanium and its alloys. Nippon Telegraph and Telephone Public Corp. (Japan) Electrical Communication Lab. Rep. **5** (1957) 2 8—11; Titanium Abstr. Bull. **3** (1957/58) 198.

Holden, F. C., H. R. Ogden and *R. I. Jaffee:* A micro notched-bar impact test for titanium alloys. "Symposium on titanium", ASTM Spec. Techn. Publ. 204 1957 124—129; Titanium Abstr. Bull. **3** (1957/58) 313.

Holden, F. C., H. R. Ogden and *R. I. Jaffee:* Studies of factors affecting thermal stability of titanium-base alloys. WADC Techn. Rep. 56-597 (AD 110748) Febr. 1957 56 p.; Aeron. Engng. Rev. **16** (1957) 8 124.

Holden, F. C.: Notch sensitivity of titanium and titanium alloys. Battelle Memorial Inst., Titanium Metallurgical Lab., TML-69 Apr. 1957 86 p. 31ref.; Titanium Abstr. Bull. **3** (1957/58) 246—247.

Holden, F. C., J. A. Houck, H. R. Ogden and *R. I. Jaffee:* Metallurgical and mechanical characteristics of high-purity titanium-base alloys. Quarterly progress report 5. Battelle Memorial Inst. May 1957 29 p.; Titanium Abstr. Bull. **3** (1957/58) 500.

Holden, F. C., H. R. Ogden and *R. I. Jaffee:* The effect of temperature on the uniform elongation of titanium alloys. "Symposium on titanium", ASTM Spec. Techn. Publ. 204 1957 14—31.

Hovis, V. M. a. o.: Preparation and testing of a titanium-lined pipe section for standard ring joint gaskets. US Atomic Energy Comm. K-1288 Jan. 1957 33 p.; Titanium Abstr. Bull. **2** (1956/57) 473.

Huang, Y. P. u. *M. E. Straumanis:* Korrosion des Titans in geschmolzenen Salzbädern. Metall **11** (1957) 12 1029—1032.

Hughes, Ch. A.: A brief study of the suitability of titanium and a titanium alloy as firewall material. US, Civil Aeron. Administration. Techn. Devel. Center Rep. 317 (OTS PB 131392) Sept. 1957 7 p.; Titanium Abstr. Bull. **3** (1957/58) 460; Aero Space Engng. **17** (1958) 7 88; J. Roy. Aeron. Soc. **62** (1958) 572 613.

Jaffee, R. I.: Titanium production developments including metallurgy and alloying. AGARD Rep. 94 Apr. 1957 89 p.; J. Roy. Aeron. Soc. **62** (1958) 570 465.

Jaffee, R. I.: Titanium alloys. Metal Progr. **71** (1957) 6 101—103; Titanium Abstr. Bull. **3** (1957/58) 34.

Jaffee, R. I.: Hydrogen in titanium and its alloys. Course in titanium metallurgy, New York Univ. Lecture 8 Sept. 1957 19 p. 12 ref.; Titanium Abstr. Bull. **3** (1957/58) 362—363.

James, P. J.: Tests on commercially pure titanium sheet. Ministry of Supply S & T Mem. 23/57 Aug. 1957 68 p.; Titanium Abstr. Bull. **3** (1957/58) 296—297.

van Kann, H. u. *W. Knorr:* Titan im Flugzeugbau. Luftf.-Techn. **3** (1957) 6 131—137 14 Lit.-St.; Leichtbau d. Verkehrsfahrzeuge **1** (1957) 5 136.

van Kann, H.: Welding of titanium. Course in titanium metallurgy, New York Univ. Lecture 23 Sept. 1957 23 p.

van Kann, Helmut: Ein Beitrag zum Schweißen von Titan. Schweißen u. Schneiden **9** (1957) 10 460—464.

Kessler, H. D.: Forging, rolling, and mill practice. Course in titanium metallurgy, New York Univ. Lecture 20 1957 71 p. 20 ref.; Titanium Abstr. Bull. **3** (1957/58) 327—328.

Kiehl, R. A.: Forming titanium and titanium-alloy sheet by stretching and other methods. Sheet Metal Industries **34** (1957) 359 215—223, 360 273—285; Titanium Abstr. Bull. **2** (1956/57) 416—417, 461—462.

Kinsey, H. V.: The mechanical and engineering properties of commercially available titanium alloys. AGARD Rep. 100 Apr. 1957 15 p.; Titanium Abstr. Bull. **3** (1957/58) 407; AMR **11** (1958) 9 489.

Kirkpatrick, James S.: Forming titanium with particular reference to the production of aircraft components. Sheet Metal Industries **34** (1957) 367 825—830 [6.254.9].

Klier, E. P. and *N. J. Feola:* The effects of carbon and nitrogen contamination on the notch tensile properties of titanium. „Symposium on titanium", ASTM Spec. Techn. Publ. 204 1957 113—123 9 ref.; Titanium Abstr. Bull. **3** (1957/58) 311—312.

Klier, E. P. and *N. J. Feola:* Notch tensile properties of selected titanium alloys. J. Metals. Sect. 2 **9** (1957) 10 1271—1277 7 ref.; Titanium Abstr. Bull. **3** (1957/58) 249—251.

Knorr, W.: Zur Aushärtung von Titanlegierungen. Aushärtung und Rückbildung in Titan-Vanadium-Legierungen. Techn. Mitt. Krupp **15** (1957) 7 178—193.

Kohn, M. L., G. E. Faulkner and *G. W. Bauer:* Improved ductility in titanium welds. Metal Progr. **71** (1957) 4 82—86; Titanium Abstr. Bull. **2** (1956/57) 508—509.

Krause, K.: Der gegenwärtige Stand der Entwicklung auf dem Gebiet des Titans in den Vereinigten Staaten von Amerika. Z. VDI **99** (1957) 9 392.

Krebs, T. M.: Titanium tubing. Metal Progr. **72** (1957) 1 82—87; Engineer **204** (1957) 5301 300—301; Titanium Abstr. Bull. **3** (1957/58) 86—87.

Krebs, T. M.: Present status and future potential for titanium tubing. Amer. Soc. Metals Titanium Conf., Los Angeles, March 1957 18 p.; Titanium Abstr. Bull. **3** (1957/58) 86—87.

Lewis, W. J., G. E. Faulkner and *P. J. Rieppel:* Stainless steel and titanium sandwich structures. Battelle Memorial Inst., Titanium Metallurgical Lab. TML-79 Aug. 1957 34 p. 9 ref.; Titanium Abstr. Bull. **3** (1957/58) 336—337 [2.6].

Libert, R. D.: Flash welding titanium based alloys. Amer. Soc. Metals Titanium Conf., Los Angeles, March 1957 41 p.; Titanium Abstr. Bull. **3** (1957/58) 162—163.

Liu, H. W., H. T. Corten and *G. M. Sinclair:* Fretting fatigue strength of titanium alloy RC 130 B. ASTM Bull. 221 Apr. 1957 12; Titanium Abstr. Bull. **2** (1956/57) 533.

Loo, Kenneth: Results of machining research on titanium alloys. Machinery (London) **91** (1957) 2352 1382—1386; Leichtbau d. Verkehrsfahrzeuge **2** (1958) 3 133.

Marcel, M.: Quelques généralités sur le titane et sa métallurgie. Soc. Ing. Civil, Mem. (1957) Janv.-Févr. 11—21.

Markrides, N. and *W. M. Baldwin:* High temperature brittleness in titanium alloys. WADC Techn. Rep. 57-251 Pt. I AD 130847 June 1957 29 p.; Titanium Abstr. Bull. **3** (1957/58) 362; Aeron. Engng. Rev. **17** (1958) 3 108.

Matey, G. J.: Blanking and forming titanium. II. Amer. Soc. Metals Titanium Conf., Los Angeles, March 1957 21 p.; Titanium Abstr. Bull **3** (1957/58) 90—91.

Maykuth, D. J.: Stress relief, annealing, and reactions with atmosphere. Amer. Soc. Metals Titanium Conf., Los Angeles, March 1957 32 p. 12 ref.; Titanium Abstr. Bull. **3** (1957/58) 87—88.

Mays, W. A.: Blanking and forming titanium. I. Amer. Soc. Metals Titanium Conf., Los Angeles, March 1957 22 p.; Titanium Abstr. Bull. **3** (1957/58) 89—90.

Melonas, J. V. and *J. R. Kattus:* Determination of tensile, compressive, bearing, and shear properties of ferrous and non-ferrous structural sheet metals at elevated temperatures. WADC Techn. Rep. 56-340 (AD 131069) Sept. 1957 282 p. 11 ref.; Aero Space Engng. **17** (1958) 9 90. [1.322.122], [1.323.221].

Meredith, R. and *B. L. Baird:* Design and technique requirements for arc welding titanium in aircraft applications. Welding J. **36** (1957) 4 371—377; Aeron. Engng. Rev. **16** (1957) 7 157.

Meredith, Russell and *W. L. Arter:* Stress corrosion of titanium weldments. Welding J. **36** (1957) 9 415s—418s; Titanium Abstr. Bull. **3** (1957) 5 211—212; Aeron. Engng. Rev. **16** (1957) 12 122.

Meredith, R. and *B. L. Baird:* Design and techniques for arc welding titanium. Product Engng. **28** (1957) 15 G28—G31 (Design Dig. Issue).

Missel, L.: Electroplating on titanium alloys. Metal Finishing **55** (1957) 9 46—54 3 ref.; Titanium Abstr. Bull. **3** (1957/58) 222—223.

Mociun, A. T.: Titanium applications and design problems in today's missiles. Amer. Soc. Metals Titanium Conf., Los Angeles, March 1957 28 p.; Titanium Abstr. Bull. **3** (1957/58) 116—117 [6.29].

Nippes, E. F. and *W. F. Savage:* Residual stresses in welded titanium plates. Rensselaer Polytechn. Inst. Nov. 1957 48 p.; Titanium Abstr. Bull. **3** (1957/58) 460.

Ogden, H. R.: The behavior of titanium at elevated temperatures. Course in titanium metallurgy, New York Univ. Lecture 7 Sept. 1957 44 p.

Ogden, H. R., F. C. Holden and *R. I. Jaffee:* The effect of composition and annealing treatment on the thermal stability of chromium-molybdenum alloys of titanium. "Symposium on titanium", ASTM Spec. Techn. Publ. 204 1957 32—47; Titanium Abstr. Bull. **3** (1957/58) 303—305.

Olofson, C. T.: Manual on the machining and grinding of titanium and titanium alloys. Battelle Memorial Inst., Titanium Metallurgical Lab. TML-80 Aug. 1957 80 p.; Titanium Abstr. Bull. **3** (1957/58) 429.

Parker, R. J.: Tensile tests on titanium: Control of strain rate. Engineering **184** (1957) 4777 392—396 12 ref.; Index Aeron. **13** (1957) 11 49; Titanium Abstr. Bull. **3** (1957/58) 203—204.

Parris, W. M., R. G. Sherman and *H. D. Kessler:* Elevated-temperature properties of the 6 per cent aluminum, 4 per cent vanadium titanium alloy. "Symposium on titanium", ASTM Spec. Techn. Publ. 204 1957 48—64; Titanium Abstr. Bull. **3** (1957/58) 305—307.

Patten, P. G.: Experiments on the cold forming of titanium. Sheet Metal Industries **34** (1957) 366 741—744; Titanium Abstr. Bull. **3** (1957/58) 157—158.

Petersen, Alfred H.: Aircraft alloys for thermal flight up to 1200° F. Metal Progr. **71** (1957) 6 97—110; Leichtbau d. Verkehrsfahrzeuge **1** (1957) 5 137. [1.322.121], [1.323.3].

Pfaffinger, K., H. Blumenthal and *F. W. Glaser:* Titanium-carbide cermets for high temperature applications. Product Engng., Design Dig. Iss. **28** (1957) 15 B 6—B 8.

Promisel, N. E.: Integrated sheet rolling program. Amer. Soc. Metals Titanium Conf., Los Angeles, March 1957 28 p.; Titanium Abstr. Bull. **3** (1957/58) 151—152.

Promisel, N. E. and *W. J. Harris:* The titanium-sheet-rolling program. Mech. Engng. **79** (1957) 12 1112—1115.

Redmond, J. C.: Titanium carbide. Product Engng. **28** (1957) 19 84—86; Titanium Abstr. Bull. **3** (1957/58) 346; Aeron. Engng. Rev. **17** (1958) 3 104.

Reesing, Harlan A., James G. Quinn and *Perry D. Goldberg:* Titanium used in jet slat track to reduce weight, inertia. Mater. & Meth. **45** (1957) May 172—173.

Richards, R. S., D. L. Day and *H. D. Kessler:* Evaluation of new titanium-base sheet alloy, Ti-4Al-3Mo-1V. Steel **141** (1957) 19 138, 141, 142; Titanium Abstr. Bull. **3** (1957/58) 251—252.

Richaud, H.: L'oxydation électrolytique et les dépôts galvaniques sur titane. Rev. Métallurgie **54** (1957) 10 787—792; Titanium Abstr. Bull. **3** (1957/58) 432—433.

Roberson, A. H.: Titanium and zirconium casting developments by the U. S. Bureau of Mines. J. Inst. Metals **86** (1957) 1 1—6 12 ref.; Index Aeron. **13** (1957) 11 72.

Roberson, A. H.: Limitations and future possibilities of titanium casting. Amer. Soc. Metals Titanium Conf., Los Angeles, March 1957 17 p. 13 ref.; Titanium Abstr. Bull. **3** (1957/58) 83—85.

Robins, Leonard and *Edward M. Grala:* Preliminary investigation of the effect of surface treatment on the strength of a titanium carbide — 30 per cent nickel base cermet. NACA TN 3927 Febr. 1957 16 p.; J. Roy. Aeron. Soc. **61** (1957) 560 577; Index Aeron. **13** (1957) 5 121; Aeron. Engng. Rev. **16** (1957) 5 180.

Robinson, Herbert A., Andrew J. Griest, Alwin M. Sabroff and *Paul D. Frost:* Development of a heat-treatable titanium alloy having adequate fomability. WADC Techn. Rep. 56-545 (AD 110737) Jan. 1957 71 p.; Aeron. Engng. Rev. **16** (1957) 10 146.

Roe, W. P. and *J. R. Kattus:* Tensile properties of aircraft-structural metals at various rates of loading after rapid heating. III. WADC Techn. Rep. 55-199 Pt. III (AD 142003) Sept. 1957 84 p.; Aero Space Engng. **17** (1958) 9 90. [1.322.123], [1.323.210], [1.323.3].

Rooney, R. J.: Effect of various machining processes on the reversed-bending fatigue strength of A-110 AT titanium alloy sheet. WADC Techn. Rep. 57-310 AD 142118 Nov. 1957 14 p.; Titanium Abstr. Bull. **3** (1957/58) 500—501.

Rudy, J. F., J. B. McAndrew and *H. Schwartzbart:* Effects of interstitial elements on weldability of Ti-7% Al-3% Mo and Ti-6% Al-4% V. Welding J. **36** (1957) 7 313s—320s; Titanium Abstr. Bull. **3** (1957/58) 105—106.

Rudy, John F., Joseph B. McAndrew and *Harry Schwartzbart:* Study of effects of alloying elements on the weldability of titanium sheet. WADC Techn. Rep. 53—230 Pt. III (AD 118135) March 1957 140 p.; Aeron. Engng. Rev. **16** (1957) 9 158.

Sachs, G., R. F. Pray and *T. H. Yeh:* Notch sensitivity of titanium alloy sheets. Syracuse Univ. Metallurgical Res. Lab. AD 130129 May 1957 7 p.; Titanium Abstr. Bull. **3** (1957/58) 500.

Sanz, M. C.: Chem-mill process for titanium and its alloys. Amer. Soc. Metals Titanium Conf., Los Angeles, March 1957 22 p.; Titanium Abstr. Bull. **3** (1957/58) 96—97.

Schapiro, Leo and *Emerson Labombard:* Nine years of titanium usage. Pap. 6th Anglo-Amer. Aeron. Conf. Folkestone, Sept. 1957, 24 p.; Aeron. Engng. Rev. **17** (1958) 3 108.

Schiantarelli, E.: Titan an modernen Verkehrsflugzeugen. Techn. Rdsch. (Bern) **49** (1957) 7 3—5.

Schwartzbart, H.: Brazing and soldering of titanium. Amer. Soc. Metals Titanium Conf., Los Angeles, March 1957 34 p.; Titanium Abstr. Bull. **3** (1957/58) 103—105.

Schwartzberg, F. R., F. C. Holden, H. R. Ogden and *R. I. Jaffee:* The properties of titanium alloys at elevated temperatures. Battelle Memorial Inst., Titanium Metallurgical Lab. TML-82 Sept. 1957 290 p.; Titanium Abstr. Bull. **3** (1957/58) 410—412.

Schwartzberg, F. R., D. N. Williams and *R. I. Jaffee:* Variables affecting the thermal stability of three titanium alloys. „Symposium on titanium", ASTM Spec. Techn. Publ. 204 1957 3—13; Titanium Abstr. Bull. **3** (1957/58) 302—303.

Schwope, A. D.: Present limitations and future potentials of titanium powder metallurgy. Amer. Soc. Metals Titanium Conf., Los Angeles, March 1957 8 p.; Titanium Abstr. Bull. **3** (1957/58) 175—176.

Sharp, W. A.: Use titanium in jet engines. Course in titanium metallurgy, New York Univ. Lecture 14 Sept. 1957 23 p. [6.211.2].

Simcoe, C. R.: Department of Defense titanium sheet-rolling program. Status report No. 2. Battelle Memorial Inst., Titanium Metallurgical Lab. TML-46B Sept. 1957 47 p. 13 ref.; Titanium Abstr. Bull. **3** (1957/58) 549—550.

Sinclair, G. M., H. T. Corten and *T. J. Dolan:* Effect of surface finish on the fatigue strength of titanium alloys RC 130B and Ti 140A. Trans. ASME **79** (1957) 1 89—96; Aeron. Engng. Rev. **16** (1957) 4 143.

Stark, L. B.: Properties and fabrication characteristics of wrought titanium products. "Symposium on titanium", ASTM Spec. Techn. Publ. 204 1957 170—182; Titanium Abstr. Bull. **3** (1957/58) 334—335.

Stough, D. W., F. W. Fink and *R. S. Peoples:* Corrosion of titanium. Light Metal Age **15** (1957) 1/2 20—22; Titanium Abstr. Bull. **2** (1956/57) 450—451.

Stough, D. W.: The corrosion properties of titanium and titanium alloys. Course in titanium metallurgy, New York Univ. Lecture 21 Sept. 1957 103 p.; Titanium Abstr. Bull. **3** (1957/58) 321.

Stough, D. W., F. W. Fink and *R. S. Peoples:* The stress corrosion and pyrophoric behavior of titanium and titanium alloys. Battelle Memorial Inst., Titanium Metallurgical Lab. TML-84 Sept. 1957 50 p. 27 ref.; Titanium Abstr. Bull. **3** (1957/58) 541—542.

Straumanis, M. E., S. T. Shih and *A. W. Schlechten:* The mechanism of deposition of titanium coatings from fused salt baths. J. Eletrochem. Soc. **104** (1957) 1 17—20 14 ref.; Titanium Abstr. Bull. **2** (1956/57) 420—421.

Swainson, E. and *R. L. P. Berry:* Production problems of titanium and its alloys. AGARD Rep. 95 Apr.—May 1957 29 p.; Titanium Abstr. Bull. **3** (1957/58) 325.

Syre, R.: Le comportement à chaud du titane et de ses alliages. Métaux, Corrosion **32** (1957) 381 201—207; Fusées **2** (1957) Juillet 229—235; Titanium Abstr. Bull. **3** (1957/58) 132—133.

Viglione, Joseph: Application characteristics of titanium bolts. Machine Design **29** (1957) 16 86—89; Titanium Abstr. Bull. **3** (1957) 4 168—169; Draht **9** (1958) 8 334; Aeron. Engng. Rev. **16** (1957) 11 134.

Watts, S. B.: Grinding titanium. Light Metals **20** (1957) 235 336—337.

Weber, E. P.: Powder metallurgy of titanium. Course in titanium metallurgy, New York Univ. Lecture 25 Sept. 1957 22 p.; Titanium Abstr. Bull. **3** (1957/58) '342—343.

Weinberg, J. G. and *I. E. Hanna:* An evaluation of fatigue properties of titanium and titanium alloys. Battelle Memorial Inst., Titanium Metallurgical Lab. TML-77 July 1957 134 p. 27 ref.; Titanium Abstr. Bull. **3** (1957/58) 459—460.

Westphal, H.: Die spanende Bearbeitung von Titan. Werkstattstechn. u. Masch.-Bau **47** (1957) 3 123—127.

Wick, C. H.: Titanium formed at Ford by heating, rolling, and exploding. Machinery (New York) **63** (1957) 11 184—189; Titanium Abstr. Bull. **3** (1957/58) 98—99.

Williams, D. N. and *R. I. Jaffee:* Heat treatment restores ductility to forged titanium alloys. J. Metals, Sect. 2 **9** (1957) 2 254—260; Aeron. Engng. Rev. **16** (1957) 8 142.

Williams, D. N., F. R. Schwartzberg, P. R. Wilson, W. M. Albrecht, M. W. Mallett and *R. I. Jaffee:* Hydrogen contamination in titanium and titanium alloys. IV. The effect of hydrogen on the mechanical properties and control of hydrogen in titanium alloys. WADC Techn. Rep. 54-616 Pt. IV (AD 131088) Sept. 1957 225 p. 24 ref.

Wilson, I. J.: Forming of titanium extrusions. Amer. Soc Metals Titanium Conf., Los Angeles, March 1957 12 p.; Titanium Abstr. Bull. **3** (1957/58) 91—92.

Wilson, I. J.: Test results on forming titanium extrusions. Amer. Machinist **101** (1957) 20 121—123.

Wilson, I. J.: Test results on forming titanium extrusions. Metalworking Production **101** (1957) 43 1921—1923.

Winkler, A. L.: Milling titanium alloys: experience modifies thinking. Iron Age **180** (1957) 15 126—128.

Winkler, A. L.: Tips on titanium milling. Steel **141** (1957) 15 176, 178, 181; Titanium Abstr. Bull. **3** (1957/58) 217—218.

Wooden, E. A. and *T. P. Iodice:* Heat — the key to forming titanium. Machinery (New York) **63** (1957) 11 154—159; Titanium Abstr. Bull. **3** (1957/58) 97—98.

Yamaguchi, T. and *T. Takei:* Titanium coating and its application. II. J. Sci. Res. Inst., Tokyo **51** (1957) June 75—81; Titanium Abstr. Bull. **3** (1957/58) 223.

Zlatin, N.: Machining and grinding titanium. Course in titanium metallurgy, New York Univ. Lecture 22 Sept. 1957 19 p.; Titanium Abstr. Bull. **3** (1957/58) 332.

Zwicker, Ulrich: Titan und Titanlegierungen. Technik (Berlin) **12** (1957) 12 815—818.

— Bend tests and forming tests on titanium alloys. Battelle Memorial Inst., Titanium Metallurgical Lab. Nov. 1957 13 p.; Titanium Abstr. Bull. **3** (1957/58) 518.

— Bibliography on surface hardening of titanium and titanium alloys. Battelle Memorial Inst., Titanium Metallurgical Lab. Mem. March 1957 6 p. 13 ref.; Titanium Abstr. Bull. **3** (1957/58) 557.

— Deep drawing of titanium and titanium alloys. Battelle Memorial Inst., Titanium Metallurgical Lab. Mem. Febr. 1957 5 p.; Titanium Abstr. Bull. **3** (1957/58) 551—552.

— Developments in methods of forming titanium. Machinery (London) **91** (1957) 2343 853—857.

— Directional properties in titanium and titanium alloys. Battelle Memorial Inst., Titanium Metallurgical Lab. Mem. Jan. 1957 20 p.; Titanium Abstr. Bull. **3** (1957/58) 535—536.

— New titanium alloy. Light Metal Age **15** (1957) 7/8 36—37; Titanium Abstr. Bull. **3** (1957/58) 135—136.

— Present utilization of titanium. Metal Progr. **72** (1957) 5 93—96; Leichtbau d. Verkehrsfahrzeuge **2** (1958) 3 133.

— Properties of Ti-155 A. Titanium Metals Corp. of America, Titanium Engng. Bull. 5 1957 19 p.; Titanium Abstr. Bull. **3** (1957/58) 206—207.

— Reported values of Poisson's ratio for unalloyed titanium and several titanium alloys. Battelle Memorial Inst., Titanium Metallurgical Lab. Mem. Jan. 1957 2 p.; Titanium Abstr. Bull. **3** (1957/58) 458.

— Room and elevated temperature fatigue characteristics of Ti-6Al-4V. Titanium Metals Corp. of America Dec. 1957 28 p.; Titanium Abstr. Bull. **3** (1957/58) 537.

— Symposium on titanium. ASTM Spec. Techn. Publ. 204 1957 208 p.; Titanium Abstr. Bull. **3** (1957/58) 355—356.

— The corrosion resistance of titanium. Chemistry & Industry (1957) 49 1588—1589; Titanium Abstr. Bull. **3** (1957/58) 321—322.

— Titan. (In Dtsch.). Birmingham: Imperial Chemical Industries Ltd. Nov. 1957 19 S.

— Titanium and its alloys. Metal Treatm. & Drop Forging **24** (1957) May 181—186; Aeron. Engng. Rev. **16** (1957) 8 142.

— Titanium in the aircraft industry. Engineer **203** (1957) 5274 295—297; Aeron. Engng. Rev. **16** (1957) 6 152; Titanium Abstr. Bull. **2** (1956/57) 435—436.

— Titanium in the aircraft industry. Light Metals **20** (1957) March 100—103.

— Titanium in the aircraft industry. Proceedings of a conference organized by Imperial Chemical Industries Limited and held in London on February 15, 1957. Aircr. Engng. **29** (1957) 338 113—122; Titanium Abstr. Bull. **2** (1956/57) 481.

— Wrought titanium. 3rd ed. Birmingham: Imperial Chemical Industries Ltd. 1957 67 p.

Allsop, R. T.: Titanium fasteners. Aircr. Production **20** (1958) 1 2—8; Aeron. Engng. Rev. **17** (1958) 4 100; Titanium Abstr. Bull. **3** (1957/58) 363—365.

Berger, L. W., W. S. Hyler and *R. I. Jaffee:* Effect of hydrogen on the fatigue properties of titanium and Ti-8 pct Mn alloy. Trans. Metallurgical Soc. Amer. Inst. Mining & Metallurgical Engrs. **212** (1958) 1 41—45 14 ref.; Titanium Abstr. Bull. **3** (1957/58) 502—504.

Berger, Rudolf: Metall zwischen heute und morgen: Titan. Metall **12** (1958) 3 240—242.

Claus, Kurt: Einfluß von Wasserstoff auf das Dauerstandverhalten von Titan. Z. Metallkde. **49** (1958) 4 201—205.

Collins, J. C. and *S. P. Jenkins:* Tungsten-arc welding of 0.002-in. and 0.005-in. stainless steel and titanium. Welding J. **37** (1958) Apr. 342—347; Aero Space Engng. **17** (1958) 10 102; Titanium Abstr. Bull. **3** (1957/58) 555—556 [2.511.2].

Crossley, F. A.: Ti-7Al-3Mo alloy stays strong at high heat. Iron Age **181** (1958) 3 76—78; Titanium Abstr. Bull. **3** (1957/58) 417—418.

Erbin, E. F.: Lower airframe weights with heat-treated titanium alloys. Aviation Age **30** (1958) 6 42—47.

Eshman, Andrew and *Thomas Janus:* Arc welding titanium. Aircr. & Missiles Mfg. (1958) Febr. 48—51; Aero Space Engng. **17** (1958) 8 102.

Feola, N. J.: Titanium extrusions cut production costs. Iron Age **181** (1958) 13 96—98; Leichtbau d. Verkehrsfahrzeuge **2** (1958) 3 133; Titanium Abstr. Bull. **3** (1957/58) 516—517.

Foster, R. N.: Flash-butt weld procedures for extruded titanium parts. Welding Engr. **43** (1958) 2 29—30; Titanium Abstr. Bull. **3** (1957/58) 554.

Gain, W. R. and *D. E. Waite:* Spotwelding titanium is practical. Amer. Machinist **102** (1958) 5 125—127; Titanium Abstr. Bull. **3** (1957/58) 477.

Gegel, H. L.: The effect of heat treatment on the stability and creep resistance of a Ti-Al-Mo alloy. WADC TN 57-396 (AD 142283) Jan. 1958 18 p.

Geil, G. W. and *N. L. Carwile:* Effect of strain-temperature history on the tensile behavior of titanium and a titanium alloy. J. Res. Nat. Bur. Stands. **61** (1958) 3 175—186; AMR **12** (1959) 6 405.

Gilbraith, A. C.: 2 ways to machine titanium honeycomb. Modern Metals **14** (1958) 3 78; Titanium Abstr. Bull. **3** (1957/58) 553.

Griest, A. J., H. A. Robinson and *P. D. Frost:* Effect of composition and heat-treatment on the uniform elongation and flow properties of alpha-beta titanium alloys. Trans. Metallurgical Soc., Amer. Inst. Mining & Metallurgical Engrs. **212** (1958) 1 117—121 4 ref.; Titanium Abstr. Bull. **3** (1957/58) 505—506.

de Groat, George H.: Hot roll-forming titanium. Metalworking Production **102** (1958) 21./3. 508.

de Groat, George H.: Quality welds join titan engine frames. Amer. Machinist **102** (1958) 16 87—89.

van Hamersveld, John: Titanium-alloy fasteners. Machine Design **30** (1958) 2 123—127; Leichtbau d. Verkehrsfahrzeuge **2** (1958) 2 88; Draht **9** (1958) 11 490.

Harris, W. J. jr.: U. S. progress in titanium during 1957. J. Metals **10** (1958) Jan. 19—20; Aero Space Engng. **17** (1958) 5 126.

Herb, Ch. O.: Warmpressen von Titan. Machinery (New York) **65** (1958) 2 122—124; Mitt. Forsch. Ges. Blechverarb. (1959) 933.

Hoefer, H. W.: Fusion welding of titanium in jet-engine applications. Welding J. **37** (1958) May 467—477; Aero Space Engng. **17** (1958) 11 110.

Holden, F. C., J. A. Houck, H. R. Ogden and *R. I. Jaffee:* Metallurgical and mechanical characteristics of high-purity titanium-base alloys. WADC Techn. Rep. 57-694 (AD 151125) Apr. 1958 113 p.

Kennedy, R. R.: Determination of tests for hydrogen embrittlement of titanium alloys. J. Metals **10** (1958) 2 99; Titanium Abstr. Bull. **3** (1957/58) 502.

Lement, B. S.: Development of improved titanium alloys for application at elevated temperatures. WADC Techn. Rep. 58-20 (AD 151029) March 1958 64 p. 28 ref.

Lenning, G. A., M. L. Greenlee, W. M. Parris and *H. D. Kessler:* The determination of the effect of heat treatment on the elevated temperature stress-stability of titanium alloys. Appendix I: Room temperature unnotched and notched tensile properties of the Ti-140A, Ti-155A and Ti-6A1-4V alloys in the annealed and solution treated and aged conditions. Appendix II: Elevated temperature tensile properties of the Ti-140A, Ti-155A, and Ti-6A1-4V alloys in the annealed and solution treated and aged conditions. Appendix III: Notch impact properties of the Ti-140A, Ti-155A and Ti-6A1-4V alloys in the annealed and solution treated and aged condition. WADC Techn. Rep. 57-630 (AD 151000) Febr. 1958 76 p.

Long, Leland W.: Design characteristics of titanium. Machine Design **30** (1958) 3 137—140; Leichtbau d. Verkehrsfahrzeuge **2** (1958) 3 133; Titanium Abstr. Bull. **3** (1957/58) 407.

Lueg, Werner u. *Paul Funke jr.:* Über das Ziehen von Titanstangen als Beispiel für die Verarbeitbarkeit schwer umformbarer Werkstoffe. Stahl u. Eisen **78** (1958) 25 1816—1822.

Mays, W. A. and *G. J. Matey:* Blanking and forming titanium. Aircr. Production **20** (1958) 2 52—60; Aero Space Engng. **17** (1958) 5 142; Index Aeron. **14** (1958) 3 70.

Nielsen, John P.: Soviet titanium research and production. J. Metals **10** (1958) Jan. 25—26; Aero Space Engng. **17** (1958) 5 126.

Nolen, R. K., J. F. Rudy, H. Schwartzbart and *H. D. Kessler:* Spot welding of Ti-6Al-4V alloy. Welding J., Res. Suppl. **37** (1958) Apr. 129s—137s; Aero Space Engng. **17** (1958) 10 102; Titanium Abstr. Bull. **3** (1957/58) 555.

Richards, R. S. and *H. D. Kessler:* A study of the factors influencing the properties of heat treatable titanium sheet alloys. WADC Techn. 57-639 (AD 151061) March 1958 254 p.

Rüdinger, Klaus: Schweißen von Titan. Schweißen u. Schneiden **10** (1958) 3 79—86, Chemie-Ing.-Techn. **30** (1958) 10 633—635; Titanium Abstr. Bull. **3** (1957/58) 554—555.

Rutherford, J. L., M. Herman and *R. L. Smith:* Some mechanical properties of zone-refined titanium in the temperature range from 298° to 4.2 °K. J. Metals **10** (1958) 2 96; Titanium Abstr. Bull. **3** (1957/58) 501.

Scala, E.: Strength of titanium at 1300 °—1600 °C. J. Electrochem. Soc. **105** (1958) 3 51C; Titanium Abstr. Bull. **3** (1957/58) 506.

Smart, R. F.: Alloys of titanium and zirconium containing tin. Metallurgia **57** (1958) Apr. 181—188 30 ref.; Aero Space Engng. **17** (1958) 9 94; Titanium Abstr. Bull. **3** (1957/58) 538. [1.323.20].

Smith, E. A.: Titanium and its uses. Aeronautics **39** (1958)2 33.

Stephenson, W. B.: Descaling of titanium. Metal Progr. **73** (1958)3 87—89; Titanium Abstr. Bull. **3** (1957/58) 521—522.

Swainson, Eric: Titanium in Britain and the continent. J. Metals **10** (1958) Jan. 21—24; Aero Space Engng. **17** (1958) 5 126.

Vachet, Pierre: Le titane et ses alliages en construction aéronautique. Techn. et Sci. Aéron. (1958) 5 221—241 29 réf.

Vigor, C. W. and *J. R. Hornaday:* Tear test for titanium sheet. Metal Progr. **73** (1958) 4 103—106; Titanium Abstr. Bull. **3** (1957/58) 507.

Zwicker, Ulrich: Einflüsse auf das Dauerstandverhalten der Legierung $TiAl_6V_4$. Metall **12** (1958) 5 381—386.

— Guaranteed properties of heat treated titanium alloys. Crucible Rev. **6** (1958) 1 2—3; Titanium Abstr. Bull. **3** (1957/58) 537—538.

Allsop, R. T.: Titanium fasteners in aircraft. Light Metals **22** (1959) 256 201—204.

Frost, Paul D.: Titanium alloys today — how commercial alloys compare. Metal Progr. **75** (1959) 4 91—96; Leichtbau d. Verkehrsfahrzeuge **3** (1959) 4 141.

Haffer, Dieter: Dauerschwingversuche an Titan und Wolfram. Diss. TH Braunschweig 1959 82 S.

Kennedy, A. J. and *A. R. Sollars:* Titanium and aircraft engineering. Aircr. Engng. **31** (1959) 368 292—296.

Knorr, W.: Eigenschaften und Wärmebehandlung der Titanlegierung Ti Al 7 Mo 4. Techn. Mitt. Krupp **17** (1959) 3 111—123.

Knorr, W.: Untersuchungen an der Titanlegierung Ti Mo 6 Al 3. Techn. Mitt. Krupp **17** (1959) 3 124—129.

Rüdinger, K.: Über Herstellung, Eigenschaften und Verwendung des Titan. Metall **13** (1959) 1 63—65.

Rüdinger, K.: Über die Verarbeitung von Titan und Titan-Legierungen. Luftf.-Techn. **5** (1959) 7 249—255 31 Lit.-St.

Selmer, Ed.: Hot-forming titanium. Tool Engr. **42** (1959) 2 101—103; Leichtbau d. Verkehrsfahrzeuge **3** (1959) 3 98.

Wiegand, H. u. *K. H. Illgner:* Festigkeitseigenschaften von Titanlegierungen nach Glühbehandlungen in verschiedenen Gasen. Metalloberfläche **13** (1959) 8 234—237.

Zwicker, U.: Verhalten der Legierungen TiAl6V4 und TiAl4V4 in der Wärme. Metall **13** (1959) 9 830—837.

Sonstige Metall-Legierungen und warmfeste Sinterwerkstoffe 1.323.3

Fitzer, E.: Die Entwicklung hochtemperaturbeständiger Werkstoffe für die Luftfahrt und Raumfahrt. V. Int. Astron. Kongr. Innsbruck 1954 190—209.

Kieffer, R. u. *F. Benesovsky:* Gesinterte Hochtemperaturwerkstoffe. V. Int. Astron. Kongr. Innsbruck 1954 210—220.

Yerkovich, L. A. and *G. J. Guarnieri:* Compressive-creep properties of high-temperature materials. WADC Techn. Rep. 54-582 Nov. 1954 47 p. 15 ref.; Aeron. Engng. Rev. **16** (1957) 9 146.

Betteridge, W.: Alloys for use at high temperatures. Brit. J. Appl. Phys. (1955) Sept. 301—306 11 ref.; Aeron. Engng. Rev. **14** (1955) 12 90.

Bungardt, K.: Entwicklung hochwarmfester Werkstoffe. Stahl u. Eisen **75** (1955) 1383—1389. [1.322.122].

Fitzer, E. u. *J. Schwab:* Die chemische Beständigkeit von Molybdändisilizid als Werkstoff. Metall **9** (1955) 1062—1066.

Fraser, William M. and *Robert R. Freeman:* Molybdenum, a high-temperature structural metal. Westinghouse Engr. (1955) July 130—133; Aeron. Engng. Rev. **14** (1955) 9 88.

Glaser, Frank W.: Progress report on cermets. Metal Progress **67** (1955) 4 77—82, 138; Werkstatt u. Betrieb **88** (1955) 11 746; Index Aeron. **11** (1955) 6 123.

Guanieri, G. J.: The creep-rupture properties of aircraft sheet alloys subjected to intermittent load and temperature. "Symposium on effect of cyclic heating and stressing on metals at elevated temperatures". ASTM Spec. Techn. Publ. 165 1955 105—148; AB **26** (1955) 7 444. [1.322.122], [1.323.211.2].

Gurland, J. and *P. Bardzil:* Relation of strength, composition, and grain size of sintered WC-Co alloys. J. Metals, Trans. Sect. **7** (1955) 2 311—315 18 ref.

Kölbl. F.: Probleme bei der praktischen Einführung neuer Hochtemperaturwerkstoffe. Luftf.-Techn. **1** (1955) 4 63—65 8 Lit.-St.

Lefort, P.: Les alliages nimonic pour températures élevées et leurs applications. Génie Civil **132** (1955) 22 426—430; Luftf.-Techn. **1** (1955) 8 VI.

Meyer-Hartwig, Eberhard: Der Stand der Hochtemperatur-Sinterwerkstoff-Forschung. WGL-Jb. 1955 332—341 7 Lit.-St.

Norton, J. T.: The development of cermets as structural materials. Amer. Soc. Mech. Engrs. Ann. Meeting, Chikago, Ill., Nov. 1955, Pap. 55-A-196 9 p.; AMR **9** (1956) 5 208.

Pugh, J. W.: The tensile properties of molybdenum at elevated temperatures. Trans. Amer. Soc. Metals **47** (1955) 984—1001; AMR **9** (1956) 6 253.

Rostoker, W., A. S. Yamamoto and *R. E. Riley:* The mechanical properties of vanadium-base alloys. Trans. Amer. Soc. Metals **48** (1955) Prepr. 38 22 p.; Titanium Abstr. Bull. **1** (1955/56) 198—199.

Schaar, K.: Beitrag zur Analyse des Kriechvorganges warmfester Legierungen. Diss. TU Berlin-Charlottenburg 1955.

Stavrolakis, J. A.: Cermets for thermal shock. Product Engng. (Product Design Handbook for 1956) **26** (1955) 11 B22—B24.

Steinitz, Robert: Cermets — new high-temperature materials. Jet Propulsion **25** (1955) July 326—333 15 ref.; Aeron. Engng. Rev. **14** (1955) 11 127.

Teeple, H. O.: Nickel, including high-nickel alloys. Industr. & Engng. Chem. **47** (1955) Sept. Pt. II 1990—2006 261 ref.; Aeron. Engng. Rev. **14** (1955) 12 90.

— High temperature materials for high speed aircraft. II. Metals. SAE J. **63** (1955) 8 24—35; Titanium Abstr. Bull. **1** (1955/56) 196.

Betteridge, W. and *A. W. Franklin:* Development of nickel-chromium base alloys for high-temperature service. II. Creep, rupture and other properties. Metal Treatm. & Drop Forging **23** (1956) Oct. 385—389 14 ref.

Bibring, H. et *J. Poulignier:* Propriétés de fluage à haute température de l'Onéral M 47, alliage réfractaire de fonderie. Rech. Aéron. (1956) 54 49—54.

Crandall, W. B. and *J. R. Tinklepaugh:* High temperature materials and methods of evaluation. „Warmfeste und korrosionsbeständige Sinterwerkstoffe, ed. F. Benesovsky", Wien: Springer 1956 344—360.

Fitzer, E.: Molybdändisilizid als Hochtemperaturwerkstoff. „Warmfeste und korrosionsbeständige Sinterwerkstoffe, Hrsg. F. Benesovsky", Wien: Springer 1956 56—79 25 Lit.-St.

Freeman, R. R. and *J. Z. Briggs:* Molybdenum alloys: When to use them. Mater. & Meth. **44** (1956) 5 114—117; Konstruktion **9** (1957)9 377; Index Aeron. **13** (1957) 2 94; Aeron. Engng. Rev. **16** (1957) 3 138.

Fuller, R. M.: Nickel, including high-nickel alloys. Industr. & Engng. Chem. **48** (1956) 9 Pt. II 1742—1759; Nickel-Ber. **15** (1957) 9 187—193 53 Lit.-St.; Draht **9** (1958) 10 434.

Gebhardt, E. u. *H. Preisendanz:* Löslichkeit von Sauerstoff in Tantal und die damit verbundenen Eigenschaftsänderungen. „Warmfeste und korrosionsbeständige Sinterwerkstoffe, Hrsg. F. Benesovsky", Wien: Springer 1956 254—267.

Goetzel, C. G. and *L. P. Skolnick:* Some properties of a recently developed hard metal produced by infiltration. „Warmfeste und korrosionsbeständige Sinterwerkstoffe, ed. F. Benesovsky", Wien: Springer 1956 92—98.

Graham, A. and *K. F. A. Walles:* Regularities in creep and hot-fatigue data. I, II. Nat. Gas Turbine Establ. (Great Britain) Rep. R. 189, R. 190 Dec. 1956 25 p., 143 p. 26 ref.; Aeron. Engng. Rev. **16** (1957) 4 133. [1.322.122].

Gurland, J. and *J. T. Norton:* The role of the binder phase in cemented carbides. „Warmfeste und korrosionsbeständige Sinterwerkstoffe, ed. F. Benesovsky", Wien: Springer 1956 99—110 5 ref.

Hagel, W. C. and *E. F. Becht:* Structural stability of modified 12-chromium alloys. Trans. ASME **78** (1956) 7 1439—1446; AMR **11** (1958) 3 121.

Harwood, J.: Some aspects of the technology of molybdenum and its alloys. „Warmfeste und korrosionsbeständige Sinterwerkstoffe, ed. F. Benesovsky", Wien: Springer 1956 268—286 19 ref.

Hauck, Charles A., John C. Donley and *Thomas S. Shevlin:* Alumina-base cermets. WADC Techn. Rep. 54-173 Pt. III March 1956 39 p.; Aeron. Engng. Rev. **16** (1957) 9 146.

Havekotte, W. L.: Titanium-carbide base cermets. „Warmfeste und korrosionsbeständige Sinterwerkstoffe, ed. F. Benesovsky", Wien: Springer 1956 111—129.

Heimerl, George J., Ivo M. Kurg and *John E. Inge:* Tensile properties of Inconel and RS-120 titanium-alloy sheet under rapid-heating and constant-temperature conditions. NACA TN 3731 July 1956 29 p.; AMR **10** (1957) 5 200; Index Aeron. **12** (1956) 10 93; Titanium Abstr. Bull. **2** (1956/57) 199. [1.323.23].

Humenic, Michael jr. and *Miranjan M. Parikh:* Cermets: I. Fundamental concepts related to microstructure and physical properties of cermet systems. J. Amer. Ceramic Soc. **39** (1956) 2 60—63.

Lorant, M.: Cermets. Details of some improved application methods. Sheet Metal Industries **33** (1956) 348 247—249; Konstruktion **9** (1957) 6 241.

Mathieu, M.: Contribution à la connaissance des alliages Ni-Cr 80/20 modifiés résistant à chaud. Recherches de la direction des matériaux de l'O.N.E.R.A. Rech. Aéron. (1956) 51 43—51 29 réf.

Mitsche, R.: Metallische Sinterwerkstoffe mit synthetischer Kornzwischensubstanz. „Warmfeste und korrosionsbeständige Sinterwerkstoffe, Hrsg. F. Benesovsky", Wien: Springer 1956 411—426.

Norton, J. T.: Cermets for high-temperature service. Mech. Engng. **78** (1956) 4 319—322; Konstruktion **9** (1957) 6 240—241.

Norton, J. T.: Selecting cermets for high temperature applications. Machine Design **28** (1956) 8 143—146, 148; Titanium Abstr. Bull. **1** (1955/56) 550—552.

Onitsch-Modl. E. M.: Sinterverhalten, Mikrogefüge und Eigenschaften von Cr-Al_2O_3-Cermets. „Warmfeste und korrosionsbeständige Sinterwerkstoffe, Hrsg. F. Benesovsky", Wien: Springer 1956 427—441.

Pipitz, E.: Hot hardness of some binary molybdenum base alloys. Powder Metallurgy Bull. **7** (1956) Apr. 146—148; Titanium Abstr. Bull. **2** (1956/57) 258.

Preller, H.: Molybdändisilizid, ein chemisch weitgehend beständiger Hochtemperatur-Werkstoff. Z. VDI **98** (1956) 27 1611—1612.

Schwarzkopf, P.: Gesinterte Hochtemperaturwerkstoffe. „Warmfeste und korrosionsbeständige Sinterwerkstoffe, Hrsg. F. Benesovsky". Wien: Springer 1956 199—204.

Sessler, J. G. and W. F. Brown jr.: Notch and smooth bar stress-rupture characteristics of several heat resistant alloys in the temperature range between 600 and 1000°F. Amer. Soc. Testing Mater. Prepr. 76 1956 15 p.; Nickel-Ber. **14** (1956) 8/9 197—198; Metal Progr. **73** (1958) 3 128, 130, 132. [1.352.1].

Stambler, Irvin: Metallurgists groom molybdenum for high temperature use. Aviation Age **26** (1956) 5 34—41; Luftf.-Techn. **2** (1956) 12 V—VI.

Vitovec, F. H. and B. J. Lazan: Fatigue, creep, and rupture properties of heat resistant materials. WADC Techn. Rep. 56-181 (AD 97240) Aug. 1956 196 p. 12 ref.; Aeron. Engng. Rev. **16** (1957) 7 122. [1.332.3].

— Additional data on Nimonic 100. Engineering **182** (1956) 4722 301.

— Cooperative investigation of relationship between static and fatigue properties of wrought T-155 alloy at elevated temperatures. (NACA Subcommittee on power-plant materials). NACA Rep. 1288 1956 35 p.; Aeron. Engng. Rev. **17** (1958) 1 107; Aircr. Engng. **30** (1958) 351 154.

Betteridge, W. u. R. Butcher: Hitzefeste Stähle und Nickellegierungen. Ingenieur **69** (1957) 26 Ch.93-Ch.101; Draht **9** (1958) 3 107. [1.322.123].

Billing, B. F. and M. S. Binning: The tensile and fatigue properties of nimonic 80 A (extruded) and nimonic 95 at elevated temperatures. Roy. Aircr. Establ. TN M269 July 1957 28 p.; Aeron. Engng. Rev. **17** (1958) 3 107.

Bückle, H.: Les alliages de molybdène et leur protection contre l'oxydation. Rech. Aéron. (1957) 61 35—52 29 réf.; Aeron. Engng. Rev. **17** (1958) 4 102.

Clauser, H. R.: Materials for high temperature service. "Handbook of new engineering materials", New York: Reinhold Publ. Corp. 1957 111—126; Titanium Abstr. Bull. **3** (1957/58) 122—123. [1.323.23].

Curran, M. T., R. P. Riegert, R. K. Francis, R. S. Truesdale and J. R. Tinkelpaugh: Ceramic reinforced alloys and plated cermets. WADC Techn. Rep. 57-39 (AD 130754) May 1957 42 p. 23 ref.

Dance, J. H. and F. J. Clauss: Rupture strength of several nickel-base alloys in sheet form. NACA TN 3976 Apr. 1957 24 p. 15 ref.; AMR **11** (1958) 5 225; Index Aeron. **13** (1957) 6 107; J. Roy. Aeron. Soc. **61** (1957) 559 506; Aeron. Engng. Rev. **16** (1957) 6 141.

Domagala, R. F., D. W. Levinson and *D. J. McPherson:* Transformation kinetics and mechanical properties of Zr-Ti and Zr-Sn alloys. Trans. Amer. Soc. Metals **50** (1957) Prepr. 19 26 p. 7 ref.; Titanium Abstr. Bull. **3** (1957/58) 413—414.

Dominic, Randolph P.: New nickel alloys for high temperature service. Mater. in Design Engng. **46** (1957) Sept. 115—119; Aeron. Engng. Rev. **16** (1957) 12 124; Titanium Abstr. Bull. **3** (1957/58) 229.

Eisenkolb, F. u. *W. Richter:* Untersuchungen an Sinterwerkstoffen aus metallischen und nichtmetallischen Bestandteilen. Silikattechnik **8** (1957) 4 140—147 36 Lit.-St.

Eisenkolb, Friedrich u. *W. Schatt:* Über die Prüfung von warmfesten metallkeramischen Werkstoffen. Technik (Berlin) **12** (1957) 12 824—829 7 Lit.-St.

Everhart, J. L.: Age-hardenable metals. "Handbook of new engineering materials", New York: Reinhold Publ. Corp. 1957 127—142; Titanium Abstr. Bull. **3** (1957/58) 88—89. [1.323.23].

Freeman, Robert R. and *J. Z. Briggs:* Molybdenum for high strength at high temperatures. Jet Propulsion **27** (1957) Febr. 138—147 7 ref.; Index Aeron. **13** (1957) 6 109; Aeron. Engng. Rev. **16** (1957) 5 180.

Hayward, D. C.: The mechanical properties of nimonic 80, 90 and 100 sheet at room and elevated temperatures. Roy. Aircr. Establ. TN M 266 June 1957 23 p.

Kurg, Ivo M.: Tensile properties of Inconel X sheet under rapid-heating and constant-temperature conditions. NACA TN 4065 Aug. 1957 20 p. 8 ref.; Index Aeron. **13** (1957) 11 108; J. Roy. Aeron. Soc. **61** (1957) 564 851; Aeron. Engng. Rev. **16** (1957) 12 122.

Lindenthal, John W., James G. Stradley and *Thomas S. Shevlin:* Alumina-base cermets. WADC Techn. Rep. TR 54-173 Pt. IV (AD 130849) May 1957 14 p.; Aeron. Engng. Rev. **17** (1958) 3 104.

Meyer, R.: New developments in powder metallurgy in the field of high temperature resistant materials. Ministry of Supply (London S.E.9) Techn. Inform. Lib. Translat. T 4766 Sept. 1957 18 p. 33 ref.; Aeron. Engng. Rev. **17** (1958) 3 104.

Morral, F. R.: Properties and uses of cobalt alloys. Design News **12** (1957) 14 112—114; Index Aeron. **13** (1957) 10 99.

Petersen, Alfred H.: Aircraft alloys for thermal flight up to 1200°F. Metal Progr. **71** (1957) 6 97—110; Leichtbau d. Verkehrsfahrzeuge **1** (1957) 5 137. [1.322.121], [1.323.23].

Pezzi, A. C. and *H. P. Kling:* Improvement of the impact resistance of cermets. WADC Techn. Rep. 56-329 (AD 118195) Apr. 1957 27 p.; Aeron. Engng. Rev. **16** (1957) 8 140.

Pines, B. Ia. and *N. I. Sukhinin:* Some laws of mechanical strength in bodies produced by sintering powdered metals. Soviet Physics — Techn. Physics (New York) (1957) 9 2,014-2,022; Aeron. Engng. Rev. **17** (1958) 1 108.

Probst, H. B. and *Howard T. McHenry:* A study of the impact behavior of high-temperature materials. NACA TN 3894 March 1957 23 p. 12 ref.; Aeron. Engng. Rev. **16** (1957) 4 128; Index Aeron. **13** (1957) 5 121; AMR **11** (1958) 5 226.

Richmond, F. M.: High temperature properties of vacuum melted super alloys. Soc. Automotive Engrs. Nat. Aeron. Meeting, New York, Apr. 1957, Prepr. 90 24 p. 10 ref.; Aeron. Engng. Rev. **16** (1957) 7 144, 146.

Roe, W. P. and *J. R. Kattus:* Tensile properties of aircraft-structural metals at various rates of loading after rapid heating. III. WADC Techn. Rep. 55-199 Pt. III (AD 142003) Sept. 1957 84 p.; Aero Space Engng. **17** (1958) 9 90. [1.322.123], [1.323.210], [1.323.23].

Sandven, O. A.: Cermets as potential materials for high-temperature service. AGARD Rep. 99 Apr. 1957 24 p.; J. Roy. Aeron. Soc. **62** (1958) 567 230; AMR **11** (1958) 9 489—490; Index Aeron. **14** (1958) 2 105; Aero Space Engng. **17** (1958) 10 80—81; Titanium Abstr. Bull. **3** (1957/58) 439—440.

Searcy, Alan W.: Predicting the thermodynamic stabilities and oxidation resistances of silicide cermets. J. Amer. Ceramic Soc. (1957) Dec. 431—435 17 ref.

Steinitz, Robert: Cermets and metallic refractories. Aviation Age, Res. & Devel. Techn. Handbook 1957—1958 F6—F7.

Strang, W. J.: The use of non-metallic materials at high temperatures. 6th Anglo-Amer. Aeron. Conf., Folkestone Sept. 1957, Roy. Aeron. Soc. Prepr. 1957 22 p.; Index Aeron. **13** (1957) 11 90 [1.326].

Takagi, Rütsu, Kiyoshi Tamura and *Yoshio Tamura:* A study of CrB (chromium-boron) cermet. Mech. Lab. J. (Japan) **11** (1957) 4 140—144 5 ref.; Index Aeron. **13** (1957) 11 107.

Talmage, Robert and *John Kolb:* Design for metal-powder parts. Product Engng. **28** (1957) Aug. 183—190; Aeron. Engng. Rev. **16** (1957) 11 132.

Waßmann, Karl: Schutz von Molybdän vor Oxydation bei hohen Temperaturen. Z. VDI **99** (1957) 10 421—422.

Wincierz, P.: Entwicklung hochwarmfester Werkstoffe. Z. VDI **99** (1957) 1 25—26. [1.322.122].

Wiegand, Heinrich: Schwerwerkstoffe in der Luftfahrttechnik. Z. VDI **99** (1957) 11 491—492 19 Lit.-St.; Leichtbau d. Verkehrsfahrzeuge **1** (1957) 4 94. [1.322.121].

Wood, D. R. and *J. F. Gregg:* Some properties of nickel-base casting alloys for high-temperature service. Metal Treatm. & Drop Forging **24** (1957) 143 317—324 3 ref.; Index Aeron. **13** (1957) 10 99.

Young, K. B.: High strength nickel-chromium alloys for elevated temperature service. Canad. Aeron. Inst. Ann. General Meeting, Ottawa, May 1957, Prepr. 7/5 10 p. 13 ref.; Canad. Aeron. J. **3** (1957) 8 287—295; Aeron. Engng. Rev. **16** (1957) 9 146, **17** (1958) 1 108.

Betteridge, W.: The extrapolation of the stress-rupture properties of the nimonic alloys. J. Inst. Metals **86** (1958) 5 232—237 7 ref.

Corelli, Riccardo Masaniello: Materiali ceramico-metallici, materiali ceramici e rivestimenti protettivi per alte temperature nei propulsori a reazione. Aerotecnica **38** (1958) 2 71—87 21 ref.; Aero Space Engng. **17** (1958) 11 102. [1.326].

Decker, R. F. and *J. W. Freeman:* Mechanism o beneficial effects of boron and zirconium on creep-rupture properties of a complex heat-resistant alloy. NACA TN 4286 Aug. 1958 54 p.; J. Roy. Aeron. Soc. **62** (1958) 576 913; Index Aeron. **14** (1958) 11 113; AMR **12** (1959) 3 173.

Decker, R. F., J. P. Rowe, W. C. Bigelow and *J. W. Freeman:* Influence of heat treatment on microstructure and high-temperature properties of a nickel-base precipitation-hardening alloy. NACA TN 4329 July 1958 53 p.; Index Aeron. **14** (1958) 10 103; J. Roy. Aeron. Soc. **62** (1958) 575 844; AMR **12** (1959) 1 27.

Deutsch, G. C., A. J. Meyer jr. and *G. M. Ault:* A review of the development of cermets. AGARD Rep. 185 March/Apr. 1958 20 p. 25 ref.; Index Aeron. **14** (1958) 11 111; J. Roy. Aeron. Soc. **62** (1958) 576 913.

Frangos, Thomas F.: New alumina-type cermets. Mater. in Design Engng. **47** (1958) Febr. 112—115; Index Aeron. **14** (1958) 5 93; Aero Space Engng. **17** (1958) 6 90.

Goetzel, Claus G.: Powder metallurgy in the USSR. J. Metals **10** (1958) March 180—181; Aero Space Engng. **17** (1958) 6 90; Titanium Abstr. Bull. **3** (1957/58) 524.

Hivert, A.: Élaboration du chrome en poudre fine. Rech. Aéron. (1958) 63 53—57 8 réf.; Index Aeron. **14** (1958) 7 68.

Jellinghaus, W. u. *T. Shuin:* Verbundwerkstoffe aus Aluminiumoxyd und Eisen oder Eisenlegierungen. Stahl u. Eisen **78** (1958) 7 419—429 16 Lit.-St.

Kerper, M. J., *L. E. Mong,* *M. B. Stiefel* and *S. F. Holley:* Evaluation of tensile, compressive, torsional, transverse and impact tests and correlations of results for brittle cermets. J. Res., Nat. Bur. Stands. **61** (1958) 3 149—169; AMR **12** (1959) 7 472.

Kihlgren, T. E.: High temperatures spur use of nickel-base alloys. Aviation Age **28** (1958) 8 30—35; 9 130—134, 136—137; Aero Space Engng. **17** (1958) 5 124.

Levy, Alan V.: Stress rupture strength of high temperature alloys (KSI). Aviation Age **30** (1958) 2 91 [1.322.123].

Levy, Alan V.: Thermal & mechanical properties of refractory oxides & carbides. Aviation Age **30** (1958) 2 91.

McHenry, Howard T. and *H. B. Probst:* Effect of environments of sodium hydroxide, air, and argon on the stress-rupture properties of nickel at 1500° F. NACA TN 3987 Jan. 1958 23 p. 13 ref.; Index Aeron. **14** (1958) 4 120.

Newkirk, H. W. jr. and *H. H. Sisler:* Determination of residual stresses in titanium carbide-base cermets by high-temperature X-ray diffraction. J. Amer. Ceramic Soc. (1958) March 93—103 49 ref.; Aero Space Engng. **17** (1958) 7 88.

Pennington, W. J.: Improvement in high-temperature alloys by boron and zirconium. Metal Progr. **73** (1958) 3 82—86.

Pugh, J. W.: The tensile and stress-rupture properties of chromium. Trans. Amer. Soc. Metals **50** (1958) 1072—1080.

Steinitz, Robert: Recent advances in cermets. Jet Propulsion **28** (1958) 1 15—16.

Stutzman, M. J.: Studies and comparison of the properties of high temperature alloys melted and precision cast both in air and in vacuum. WADC Techn. Rep. 57-678 (AD 151035) March 1958 103 p.

Talmage, Robert: Powder metallurgy comes of age. SAE J. **66** (1958) July 44—47; Aero Space Engng. **17** (1958) 12 86.

Walton, J. D., *N. E. Poulos* and *C. R. Mason:* Investigation of high temperature resistant materials. Summary report No. 1. Georgia Inst. Technol., Engng. Exper. Stat. 213 p.; Titanium Abstr. Bull. **3** (1957/58) 561.

Wever, Franz, *Werner Jellinghaus* u. *Toshimori Shuin:* Gemischt keramische Sinterwerkstoffe aus Aluminiumoxyd und Eisen oder Eisenlegierungen. Forsch.-Ber. Wirtsch.- u. Verkehrsministerium Nordrhein-Westfalen Nr. 573 1958 76 S.

White, R. W.: PH stainless for hot airframes. Metal Progr. **73** (1958) 6 74—78.

Wiegand, H.: Schwerwerkstoffe in der Luftfahrttechnik. Z. VDI **100** (1958) 11 464—465 19 Lit.-St. [6.254.0].

— Hochwarmfeste Legierungen auf Nickelbasis. Nickel-Ber. **16** (1958) 6 199—204 25 Lit.-St.

— Sintered metals approach properties of wrought alloys. Iron Age **181** (1958) 4 88—90.

Bungardt, K. u. *H.-H. Weigand:* Einfluß der Wärmebehandlung auf einige Eigenschaften von korrosionsbeständigen Nickel-Molybdän-Legierungen. Z. Metallkde. **50** (1959) 1 11—18 9 Lit.-St.

Hall, Robert W. and *Paul F. Sikora:* Tensile properties of molybdenum and tungsten from 2500° to 3700° F. NASA Memo 3-9-59E Febr. 1959 30 p.

Levy, A. V. and *S. E. Bramer:* The development of refractory sheet metal structures. SAE Nat. Aeron. Meeting New York March 31—Apr. 13, 1959 Prepr. 56 T 39 p.; Aero Space Engng. Rev. **19** (1960) 4 76.

Levy, Alan V. and *Saul E. Bramer:* Molybdenum — vanguard material for space vehicles. Soc. Automotive Engrs. Pap. 56 T Aug. 1959; SAE J. **67** (1959) 8 41—46.

Morral, F. R.: Alloys for the aircraft industry. Cobalt (Brüssel) (1959) 2 23—36 13 ref.; Leichtbau d. Verkehrsfahrzeuge **3** (1959) 4 138—139.

Nichtmetallische Werkstoffe **1.324**

Allgemeines **1.324.1**

Hines, Helen E. and *Ruth F. Walden:* A review of the Air Force materials research and development program. WADC Techn. Rep. 53-373, Suppl. 3 (AD 110468) Oct. 1956 90 p.; Aeron. Engng. Rev. **16** (1957) 8 123—124 [6.254.0].

Carpenter, Carey: Plastic glazing for high-speed aircraft. Modern Plastics **37** (1959) 2 129—131, 220, 222.

Holz und Holzwerkstoffe **1.324.2**

Zusammenfassende Darstellungen und Grundlagen der

Holzvergütung **1.324.21**

Edwards, A.: Impregnated wood for patterns and die models. Timber Technol. **63** (1955) 2192 300—302; Holz als Roh- u. Werkstoff **16** (1958) 1 39.

Egner, Karl u. *Helmut Brüning:* Verhalten vergüteter Hölzer (Lagenhölzer) bei Einwirkung extremer Klimabedingungen. Ber. Amtl. Forsch.- u. Materialprüfanstalt f. d. Bauwesen TH Stuttgart 20 S.; Luftf.-Techn. **1** (1955)3 IX.

Sekhar, A. C.: Untersuchungen über die Zähigkeit von Hölzern. 2. Mitt. Die Abhängigkeit des Dämpfungs- und Rückprallfaktors von der Stützweite, der Probenbreite und Probendicke beim Schlagbiegeversuch mit dem Hatt-Turner-Fallwerk. Holz als Roh- u. Werkstoff **13** (1955) 9 338—344.

— Some books about wood. FPL Rep. 399 rev. Oct. 1955 6 p.

van Allen, Ralph G.: A new method of applying pentachlorophenol to wood in place. Forest Products J. **6** (1956) 10 374—381 10 ref.

Baechler, R. H.: Wood. Industr. & Engng. Chem. **48** (1956) 9 Pt. II 1798—1801.

Ahlborn, Mathilde: Beiträge zur Kenntnis der Festigkeitsausbildung des Festigungsgewebes einheimischer Laubhölzer und des Einflusses der Länge der Sklerenchymfasern auf die Ausbildung der Zugfestigkeit. Diss. TH Braunschweig 1957.

Egner, Karl, Wilhelm Klauditz, Franz Kollmann u. *D. Noack:* Bericht über die vierte FAO-Konferenz für Holztechnologie in Madrid vom 22. April bis 2. Mai 1958. Hrsg. Bundesministerium für Ernährung, Landwirtschaft u. Forsten, Bonn, Juli 1958 105 S.

Markwardt, L. J. and *L. W. Wood:* Simplified principles for structural grading of timber. FPL Rep. 2112 March 1958 20 p.

Kollmann, Franz: Zeit und Festigkeit. Holz-Zbl. **85** (1959) 139/140 1867—1869.

Rohhölzer **1.324.22**

Kühne, H.: The influence of moisture content, specific gravity, direction of grain, and angle of annual rings on strength and deformation of Swiss spruce, fir, larch, red beech, and oak. EMPA-Ber. 183 Febr. 1955 122 p.; AMR **9** (1956) 5 208.

Wiepking, C. A. and *D. V. Doyle:* Strength and related properties of balsa and quipo woods. FPL Rep. 1511 rev. Nov. 1955 35 p. 11 ref.

(Winter, Hermann): Festigkeitseigenschaften und elastisches Verhalten der Leichthölzer Balsa und Schirmbaum. Unterlagen und Richtlinien für den Holzflugzeugbau. Ber. B IIg. Inst. Flugzeugbau DFL, Braunschweig 1955 6 S.

Noren, B.: Bending strength of timber on the flat. (In Swedish). Svenska Träforskningsinstitutet (Stockholm) Medd. 783 1956 17 p.

Ylinen, Arvo: Über die Beziehungen zwischen Spätholzanteil, Rohwichte und den elastischen Konstanten bei Holz mit ausgeprägtem Jahresringbau. Holz als Roh- und Werkstoff **14** (1956) 6 205—207.
— Bearing strength of wood at angle to the grain. FPL Rep. 1203 rev. March 1956 3 p.
— Specific gravity-strength relations for wood. FPL Rep. 1303 rev. Apr. 1956 6 p.
Kelsey, K. E. and *R. S. T. Kingston:* The effect of specimen shape on the shrinkage of wood. Forest Prod. J. **7** (1957) 7 234—235; AMR **11** (1958) 3 122.
Kumar, Vidya Bhushan: Der Einfluß organischer Flüssigkeiten auf mechanische Eigenschaften des Holzes. Holz als Roh- u. Werkstoff **15** (1957) 10 423—432 20 Lit.-St.
Perkitny, Tadeusz, Jan Stefaniak u. *Zbigniew Rudnicki:* Wplyw naprezeń ściskajacych na pecznienie i kurczenie sie drewna (Einfluß von Druckspannungen auf die Quellung und Schwindung des Holzes.) (Russ. u. engl. Zsfssg.). Prace Instytutu Technologii Drewna 3 (1957) 4 52—69; Holz als Roh- u. Werkstoff **16** (1958) 10 410—411.
Thunell, Bertil: Über den Einfluß der Baumkante auf die Biegefestigkeit von Bauholz. Holz als Roh- u. Werkstoff **15** (1957) 7 297—301.
Wood, Lyman W.: Effect of prestressing on mechanical properties of Douglas-fir and southern yellow pine. FPL Rep. 2073 Febr. 1957 9 p.
Wood, Lyman W. and *Marilyn Tasker:* Evaluation of the factor of safety in structural timbers. FPL Rep. 2068 Febr. 1957 40 p.
Ylinen, Arvo: Zur Theorie der Dauerstandfestigkeit des Holzes. Holz als Roh- u. Werkstoff **15** (1957) 5 213—215.
Youngs, Robert L.: Mechanical properties of red oak related to drying. Forest Products J. **7** (1957) 10 315—324 26 ref.
Dohr, A. W.: Mechanical properties of Coulter pine from California. FPL Rep. 2102 Jan. 1958 10 p.
Gursahaney, H. J. and *G. Ganesan:* Strength properties of Himalayan spruce for aircraft and glider construction. J. Aeron. Soc. India **10** (1958) May 23—27.
King, E. G.: The strain behavior of wood in tension parallel to the grain. Forest Prod. J. **8** (1958) 11 330—334; AMR **12** (1959) 4 240.
Kollmann, Franz u. *A. C. Sekhar:* Untersuchungen über die Zähigkeit von Hölzern. 3. Mitt.: Der Einfluß verschiedener Faktoren auf die Ermittlung von Izod-Werten. Holz als Roh- u. Werkstoff **16** (1958) 10 365—371 7 Lit.-St.
Narayanamurti, D., R. C. Gupta and *V. Narayanamurti:* Influence of loading on the rigidity modulus and plastic flow of wood. Appl. Sci. Res. (The Hague) (A) **7** (1958) 2/3 145—148.
Richardson, D. W.: Aircraft timber. J. Soc. Lic. Aircr. Engrs. **7** (1958) 8/9.
Sekhar, A. C. u. *B. S. Rawat:* Der Einfluß von Größe, Form und Einkerbung auf Holzprüfkörper. Holz als Roh- u. Werkstoff **16** (1958) 3 94—96 9 Lit.-St.
Sugiyama, H.: Experimental data on the prediction of the creep limit of wood in bending from creep and creep recovery tests. Res. Rep. Fac. Engng., Meiji Univ., No. 11 Jan. 1958 13—53; AMR **12** (1959) 3 159.
Sugiyama, Hideo: The effect of sustained loading on the compressive strength properties of wood at the short time loading. Trans. Architect. Inst. Japan **58** (1958) Febr. 21—27; Holz-Zbl. **86** (1960) 29 450.
Suolahti, O. u. *Aini Wallén:* Der Einfluß der Naßlagerung auf das Wasseraufnahmevermögen des Kiefernsplintholzes. Holz als Roh- und Werkstoff **16** (1958) 1 8—17 19 Lit.-St.
Kübler, Hans: Studien über Wachstumsspannungen des Holzes. III. Längenänderungen bei der Wärmebehandlung frischen Holzes. Holz als Roh- u. Werkstoff **17** (1959) 3 77—86 17 Lit.-St.

Kübler, Hans: Studien über Wachstumsspannungen des Holzes. II. Die Spannungen in Faserrichtung. Holz als Roh- u. Werkstoff **17** (1959) 2 44—54; 14 Lit.-St.

Northcott, P. L. and *H. G. M. Colbeck:* Effect of dryer temperatures on bending strength of Douglas-fir veneers. Forest Products J. **9** (1959) 9 292—297 31 ref.

van Vliet, A. C.: Strength of second-growth Douglas-fir in tension parallel to the grain. Forest Products J. **9** (1959) 4 143—148 19 ref.

Ylinen, Arvo: Über den Einfluß der Verformungsgeschwindigkeit auf die Bruchfestigkeit des Holzes. Holz als Roh- u. Werkstoff **17** (1959) 6 231—234 13 Lit.-St.

Sperrhölzer   1.324.25

Kraemer, Otto: Sperrholz und seine Bedeutung für das Bauwesen. Holz-Zbl. **77** (1951) 80/81 999—1000.

Blomquist, R. F. and *W. Z. Olson:* Durability of fortified urea-resin glues in plywood joints. Forest Products J. **5** (1955) 1 50—56; Holz als Roh- u. Werkstoff **14** (1956) 12 489—490.

Liska, J. A.: Methods of calculating the strength and modulus of elasticity of plywood in compression. FPL Rep. 1315 rev. Sept. 1955 13 p.

Perry, Thomas D.: Plywood is better — does not split. Wood Working Dig. **57** (1955) 4 135—140; Holz als Roh- u. Werkstoff **15** (1957) 8 358.

Rinne, V. J.: Scarf jointing of veneer for plywood. Wood (London) **20** (1955) 4 124—125; Holz als Roh- u. Werkstoff **15** (1957) 3 151.

Sorsa, Bror: Vanerin liimauslujuuden määrääminen. (Bestimmung der Bindefestigkeit von Sperrholz.) Paperi ja Puu, Papper och Trä **37** (1955) 4a 123—126, 139; Holz als Roh- u. Werkstoff **15** (1957) 8 359.

Freas, Alan D.: The bending strength and stiffness of plywood. FPL Rep. 1304 rev. 1956 55 p.

Winter, Hermann u. *Rudolf Prinz:* Der Elastizitätsmodul für Zug und der Elastizitätsmodul für Biegung von Sperrhölzern. DFL-Ber. 51 1956 13 S. 7 Lit.-St.

— Manufacture and general characteristics of flat plywood. FPL Rep. 543 rev. July 1956 15 p.

Curry, W. T.: The strength properties of plywood. Pt. 3: The influence of the adhesive. Dep. Sci. & Industr. Res., Forest Prod. Res. Bull. 39 1957 IV, 20 p.; Adhäsion **2** (1958) 5 229—230.

Horioka, Kunisuke and *Mihoko Noguchi:* On the formaldehyde gas emited at curing and using of the plywood glued with ureaformaldehyde resin adhesive. (Japan., Engl. summary.) Wood Industry (Japan) **12** (1957) 2 13—16.

Skark, Leopold: Kunstharzleime und Holzwerkstoffe im Bauwesen. Kunststoffe **47** (1957) 10 592—594. [1.324.282], [1.324.43].

Norén, Bengt u. *Endel Saarman:* Schubversuche an Sperrholz. Holz als Roh- u. Werkstoff **16** (1958) 1 17—22.

Booth, C. C.: Urea resins for hot- and cold-press hardwood plywood. Forest Prod. J. **9** (1959) 6 13A—14A [1.324.43].

Northcott, P. L., H. G. M. Colbeck, W. V. Hancock and *K. C. Shen:* Casehardening in plywood. Forest Products J. **9** (1959) 12 442—451 26 ref.

Mori, Shigeru and *Sumio Imura:* Studies on foaming adhesives. VII. Durability test on the foaming urea-resin glued plywoods by using a weather meter. (In Japan., Engl. summary.) J. Japan Wood Res. Soc. **5** (1959)3 99—101.

Preßsperrhölzer und Kunstharzpreßhölzer   1.324.26

Benz, H.: Kunstharzpreßholz. Kunststoff-Rdsch. **5** (1958) 4 142—146, Adhäsion **2** (1958) 5 231.

Metallschichthölzer   **1.324.27**

— Panzerholz. Holz- als Roh- u. Werkstoff **16** (1958) 10 409.

Platten aus faserigem oder stückigem Rohholz   **1.324.28**

Holzfaserwerkstoffe   **1.324.281**

Zollinger, R. M.: Die Holzfaserdämmplatte, ihre Verwendung und Verarbeitung. Stuttgart: Konradin-Verlag. R. Kohlhammer 1954 96 S; Holz als Roh- u. Werkstoff **15** (1957) 3 152.

Keylwerth, Rudolf: Statistische Qualitätskontrolle. Holz als Roh- u. Werkstoff **13** (1955) 7 266—271 [1.324.282].

Keylwerth, Rudolf: Untersuchungen über die Gleichmäßigkeit von Spanplatten und Faserplatten. Holz als Roh- u. Werkstoff **13** (1955) 6 216—221 [1.324.282].

Rauch, A. H.: Application of available glue line test methods to hardboard. Forest Products J. **5** (1955) 1 64—66; Holz als Roh- u. Werkstoff **14** (1956) 5 197.

Kollmann, F.: Holzfaserplatten. Unterlagen und Richtlinien für den Holzflugzeugbau. Hrsg. Hermann Winter. Ber. B IVa DFL, Braunschweig Inst. Flugzeugbau 1956 25 S. 62 Lit.-St.

Lundgren, S. A.: Träfiberskivor som konstruktionsmaterial. Svensk Pappers Tidning **59** (1956) 9 329—334; Holz als Roh- u. Werkstoff **15** (1957) 6 276.

Voss, Klaus: Die Verwendung von Klebern bei der Verarbeitung von Holzfaserplatten. Holz als Roh- u. Werkstoff **14** (1956) 8 295—303 6 Lit.-St.

— Holzfaserplatten. Dtsch. Zimmermeister **58** (1956) 1 17—22; Holz als Roh- u. Werkstoff **15** (1957) 4 200.

Dosoudil, Anton: Gütebestimmungen für Holzfaserplatten. Geschichte der deutschen Gütebestimmungen und ihr Vergleich mit den Bestimmungen anderer Länder. Holz als Roh- u. Werkstoff **15** (1957)12 500—511.

Holmgren, Björn: Vorschlag zur Bestimmung der Wasseraufnahme bei Holzfaserplatten. Holz als Roh- u. Werkstoff **15** (1957) 6 252—254.

Johansson, Eric: Beitrag zur Quellungsvergütung von Holzfaserplatten. Holz als Roh- u. Werkstoff **15** (1957) 1 9—11 3 Lit.-St.

King, F. W. and *H. Schwartz:* The effect of physical form of raw material. I, II. Timber Technol. **65** (1957) 2219 473—474, 2220 515—518; Holz als Roh- u. Werkstoff **16** (1958) 8 322, 12 490.

Kisser, Josef: Holzspan- und Holzfaserplatten. „Das Holz und seine technischen Verwendungsmöglichkeiten", Z. VDI **99** (1957) 29 1505—1506 [1.324.282].

Kollmann, Franz: Eigenschaftsstreuungen bei Holzfaser-Hartplatten. Holz als Roh- u. Werkstoff **15** (1957) 6 247—252.

Lampert, Helmut: Über die Herstellung von Formkörpern aus Holzfaserstoffen. Holz als Roh- u. Werkstoff **15** (1957) 11 478—483; Adhäsion **2** (1958) 2 81—82.

Lundgren, S. A.: Conditioning fibreboard before use. Timber Technol. **65** (1957) 2215 243—245; Holz als Roh- u. Werkstoff **17** (1959) 6 256.

Lundgren, S. Åke: Holzfaserhartplatten als Konstruktionsmaterial — ein viskoselastischer Körper. Holz als Roh- u. Werkstoff **15** (1957) 1 19—23 7 Lit.-St.

Marsh, V. R.: Die industrielle Veredelung von Holzfaserhartplatten. Holz als Roh- u. Werkstoff **15** (1957) 1 18—19.

Rendl, Jaroslav: Oberflächenbehandlung der Hartfaserplatten mit Einbrenn-Emaillen. (Tschech., dtsch. Zsfssg.) Drevo **12** (1957) 4 108—110.

Sandermann, Wilhelm u. *Otto Künnemeyer:* Über Trocken- und Halbtrocken-(Dry- und Semidry-)Faserplatten. Holz als Roh- u. Werkstoff **15** (1957) 1 12—18 31 Lit.-St.

Segring, S. Bertil: Die Pressung von Hartfaserplatten. Holz als Roh- u. Werkstoff **15** (1957) 1 1—9 14 Lit.-St.

Voss, K.: Eigenschaften von Klebern für Holzfaserplatten. Holz als Roh- u. Werkstoff **15** (1957) 5 235—239 [1.324.43].

— Fibre building board in Britain. Timber Technol. **65** (1957) 139—148; Holz als Roh- u. Werkstoff **16** (1958) 5 192—193.

Brauns, Otto och *Algot Strand:* Värmebehandling av hårda träfiberskivor. Svensk Pappers Tidning **61** (1958) 14 437—444 21 ref.; Holz als Roh- u. Werkstoff **17** (1959) 6 256—257.

Carlsson, K. E.: Inverkan av nagra tillverkningstekniska faktorer pa harda träfiberskivors egenskaper. Svensk Pappers Tidning **61** (1958) 5 128—132; Holz als Roh- u. Werkstoff **17** (1959) 6 257.

Dosoudil, Anton: Untersuchungen über den Einfluß von verschiedenen Versuchsbedingungen auf die Wasseraufnahme und Dickenquellung von Holzfaser-Isolierplatten. Holz als Roh- u. Werkstoff **16** (1958) 8 297—306 10 Lit.-St.

Dosoudil, Anton: Nachtrag zur Arbeit Gütebestimmungen für Holzfaserplatten. Holz als Roh- u. Werkstoff **16** (1958) 3 109—110.

Kumar, V. B.: Non-destructive test for quality evaluation of fibre boards. Svensk Pappers Tidning **61** (1958) 15 461—470 11 ref.; Holz als Roh- u. Werkstoff **17** (1959) 5 219.

Kumar, Vidya Bhushan: Untersuchungen über die Dickenschwankungen bei Holzfaserplatten. Holz als Roh- u. Werkstoff **16** (1958) 10 371—377 18 Lit.-St.

Lundgren, Åke: Die hygroskopischen Eigenschaften von Holzfaserplatten. Holz als Roh- u. Werkstoff **16** (1958) 4 122—127.

Markwardt, L. J.: Report on progress in development of testing methods for fiberboards. FPL Rep. 2105 Febr. 1958 69 p.

Baur, Eberhard: Fehler bei der Beurteilung von Biegefestigkeiten nach der Gütebestimmung für Holzfaser-Hartplatten. Holz als Roh- u. Werkstoff **17** (1959) 2 61—64.

Kollmann, Franz: Über die mechanische Bewährung von Holzfaser-Hartplatten und Holzspanplatten bei der Verwendung in den Tropen. Holz als Roh- u. Werkstoff **17** (1959) 6 239—245 [1.324.282].

Kollmann, Franz u. *Hans Krech:* Querzugfestigkeit und Scherfestigkeit von Holzfaser-Hartplatten. Holz als Roh- u. Werkstoff **17** (1959) 8 326—327.

Holzspanwerkstoffe **1.324.282**

Bender, F.: Dry-formed boards afford added opportunities to extend utilization of wood waste. Brit. Columbia Lumberman **33** (1949) 7 88—91; Forestry Abstr. **11** (1949) 234.

— Wood waste converted into fine woodwork. Woodworking Industry **6** (1949) 4 219—220; Forestry Abstr. **11** (1949) 234—235.

Hohf. J. P.: Board materials from sawdust and shavings. FPL-Rep. R 1666-21 1951.

Buxbaum, Hans: Spanskivor. Svensk Pappers Tidning **58** (1955) 6 196—204, 7 240—249 27 ref.; Holz als Roh- u. Werkstoff **13** (1955) 7 277—278.

Connelly, T. J.: The Kreibaum process. Wood Working Dig. **57** (1955) 3 51—63; Holz als Roh- u. Werkstoff **15** (1957) 3 151.

Jaatinen, Ingmar: Spånplattan. Paperi ja Puu **37** (1955) 6 247—252; Holz als Roh- u. Werkstoff **14** (1956) 5 196.

Keylwerth, Rudolf: Statistische Qualitätskontrolle. Holz als Roh- u. Werkstoff **13** (1955) 7 266—271 [1.324.281].

Keylwerth, Rudolf: Untersuchungen über die Gleichmäßigkeit von Spanplatten und Faserplatten. Holz als Roh- u. Werkstoff **13** (1955) 6 216—221 [1.324.281].

Klauditz, Wilhelm: Entwicklung, Stand und holzwirtschaftliche Bedeutung der Holzspanplattenherstellung. Holz als Roh- u. Werkstoff **13** (1955) 11 405—421 67 Lit.-St.

Klauditz, Wilhelm u. *Günther Stegmann:* Beiträge zur Kenntnis des Ablaufes und der Wirkung thermischer Reaktionen bei der Bildung von Holzwerkstoffen. Holz als Roh- u. Werkstoff **13** (1955) 11 434—440 24 Lit.-St.

Kollmann, Franz: Automatisierung bei der Herstellung von Holzspanplatten. Holz als Roh- u. Werkstoff **13** (1955) 11 421—433.

Kollmann, Franz, Friedrich Schnülle u. *Klaus Schulte:* Untersuchungen zur Beleimung von Spangemischen. Holz als Roh- u. Werkstoff **13** (1955) 11 440—449 20 Lit.-St.

Lamberts, Kurt u. *Leo Pungs:* Über die Anwendung der Hochfrequenzerwärmung in Verbindung mit Kontakterwärmung bei der Herstellung von Holzspanplatten. Holz als Roh- u. Werkstoff **13** (1955) 11 450—456 4 Lit.-St.

Lewis, W. C.: Use development for particle board. Forest Prod. J. **8** (1958) 2 27A—30A.

— Chipboard manufacture. Timber Technol. **63** (1955) 2197 578—580; Holz als Roh- u. Werkstoff **15** (1957) 4 200.

Fahrni, Fred: Das Verpressen von Spanplatten bei gefeuchteten oder feuchteren Deckspänen. Holz als Roh- u. Werkstoff **14** (1956) 1 8—10.

Golbs, Heinz u. *Friedrich Fentzahn:* Die Verarbeitung der Holzspanplatte im Möbelbau. Holz als Roh- u. Werkstoff **14** (1956) 2 68—74 5 Lit.-St.

Hirai, Shinji and *Yoshiyasu Yamagishi:* Veneering of chipboard. (In Japan., Engl. summary.) J. Japan Wood Res. Soc. **2** (1956) 6 241—244.

Maku, Takamaro and *Hikaru Sasaki:* Some factors which effect the swelling properties of chipboard. Composite Wood **3** (1956) 5/6 135—139 3 ref.

Matzek, Robert: Unstetig und stetig arbeitende Verfahren und Anlagen zum Herstellen von Holzspanplatten. Z. VDI **98** (1956) 22 1292—1293.

Seifert, Karl: Zur Analyse von Holzspanplatten. Holz als Roh- u. Werkstoff **14** (1956) 9 328—332.

Davis, E. M.: Machining tests for particle board; some factors involved. FPL Rep. 2072 Sept. 1957 15 p.

Fahrni, Fred: Die Entwicklung der Holzspanplatte in dokumentarischer Sicht und der verfahrensmäßige Beitrag von Novopan. Holz als Roh- u. Werkstoff **15** (1957) 1 24—35 62 Lit.-St., 4 202 (Berichtigung).

Fischbein, William F.: Die Erzeugung von Spanplatten im „Bartrev-Verfahren". Holz als Roh- u. Werkstoff **15** (1957) 1 45—47.

Haile, David A.: Quality control in sanding particle board. Forest Products J. **7** (1957) 4 121—123.

Hoyle, Robert J. jr.: Boring tests of particle board. Forest Products J. **7** (1957) 5 159—162.

Kisser, Josef: Holzspan- und Holzfaserplatten. „Das Holz und seine technischen Verwendungsmöglichkeiten", Z. VDI **99** (1957) 29 1505—1506 [1.324.281].

Kollmann, Franz: Über den Einfluß von Feuchtigkeitsunterschieden im Spangut vor dem Verpressen auf die Eigenschaften von Holzspanplatten. Holz als Roh- u. Werkstoff **15** (1957) 1 35—44 11 Lit.-St., 12 528.

Kreibaum, Otto: Herstellung von Holzspanplatten nach dem Strang-Preßverfahren — Wirtschaftlichkeit, Güte und Produktion. Holz als Roh- u. Werkstoff **15** (1957) 1 47—50.

Matzek, Robert: Holzspanplatten. Z. VDI **99** (1957) 9 372—373.

Sawall, H.: Die Holzspanplatte, Fertigung und Verwendung. 2. Aufl. Berlin: H. Gros 1957 64 S.; Holz als Roh- u. Werkstoff **15** (1957) 7 320.

Shimizu, Takashi and *Kôichi Ogane:* On the properties of chipboard affected by hotpress-time and specific gravity in its production. (Japan., Engl. summary) J. Japan Wood Res. Soc. **3** (1957) 1 6—9.

Skark, Leopold: Kunstharzleime und Holzwerkstoffe im Bauwesen. Kunststoffe **47** (1957) 10 592—594. [1.324.43], [1.324.25].

Štofko, Ján: Der Einfluß des Preßdruckes auf die physikalisch-mechanischen Eigenschaften von Spanholz aus langen, orientierten Holzelementen. (In tschech., russ., dtsch u. engl. Zsfssg.). Drevársky Výskum **2** (1957) 1 81—102.

Trübswetter, Thomas: Die Spanplatte. Literatur u. Patentbericht über Entwicklung - Herstellung - Anwendung. Garmisch-Partenkirchen: Moser-Verl. 1957 55 S.; Holz als Roh- u. Werkstoff **16** (1958) 7 284.

Winter, Hermann u. *Siegfried Heyer:* Untersuchungen zur Entwicklung von Prüfverfahren für die Kennzeichnung der Eigenschaften von Holzspanplatten: Schlagversuche an Platten. Holz als Roh- u. Werkstoff **15** (1957) 1 51—58.

Winter, Hermann: Titelbibliographie und Referate der Veröffentlichungen über Spanplatten im deutschen und ausländischen Schrifttum aus den Jahren 1943 bis 1957. Inst. Flugzeugbau und Leichtbau TH Braunschweig Ber. 57-08 1957 110 S. 740 Lit.-St.

Wyss, Oswald: Einige Wirtschaftlichkeitsfragen der Spanplatten-Industrie. Holz als Roh- u. Werkstoff **15** (1957) 1 58—61.

— Die internationale Tagung über Isolierplatten, Hartplatten und Spanplatten in Genf. Holz als Roh- u. Werkstoff **15** (1957) 3 144—146.

— Einfache Prüfvorrichtungen für Spanplatten. Holz als Roh- u. Werkstoff **15** (1957) 9 391—392. [4.22].

— Neues Preßverfahren für Formteile aus Spanholz, System „Collipreß". Holz als Roh- u. Werkstoff **15** (1957) 5 229—230.

— Recent developments in chipboard. Wood (London) **22** (1957) 4 157—160.

Keylwerth, Rudolf: Zur Mechanik der mehrschichtigen Spanplatte. Holz als Roh- u. Werkstoff **16** (1958) 11 419—430 3 Lit.-St.; Adhäsion **3** (1959) 4 221.

Kitamura, Hiroshi, Junichi Imata and *Motooki Shirie:* Studies on the chip-board prepared with low pressure. I. On the physical and mechanical properties of chip-board in relation to chip size. (In Japan., Engl. summary). J. Japan Wood Res. Soc. **4** (1958) 4 151—156.

Klauditz, W., H. J. Ulbricht u. *W. Kratz:* Über die Herstellung und Eigenschaften leichter Holzspanplatten. Holz als Roh- u. Werkstoff **16** (1958) 12 459—466.

Marian, J. E.: Adhesive and adhesion problems in particle board production. Forest Products J.**8** (1958) 6 172—176; Adhäsion **3** (1959) 6 333—334.

Matzek, Robert: Kontinuierliche Verfahren zur Herstellung von Holzspanplatten. Z. VDI **100** (1958) 3 93—94.

Mitlin, L.: The Bartrev process for chipboard. Timber Technol. **66** (1958) 2232 494—496; Holz als Roh- u. Werkstoff **17** (1959) 11 454—455.

Mitlin, L.: Wood chipboard manufacture. Timber Technol. **66** (1958) 2229 347—349; ÖGH-Dok. **8** (1958) 16.

Ota, Motoi and *Juichi Tsutsumi:* Studies on the particle board produced from planer shavings. I, II. (In Japan., Engl. summary). J. Japan Wood Res. Soc. **4** (1958) 3 90—94, **5** (1959) 3 92—95 3 ref.

Seip, D. R.: Chipboard manufacture and use. Board **1** (1958) 10 25—27; Holz als Roh- u. Werkstoff **17** (1959) 11 455.

Stegmann, G.: Entwicklung und Herstellung von Holzspanplatten. Holz als Roh- u. Werkstoff **16** (1958) 9 360—362.

Steiner, Klaus: Eine neue Spanplattenanlage nach dem System Behr-Himmelheber. Holz als Roh- u. Werkstoff **16** (1958) 5 165—176.

v. Thielmann, Carl Adolf: Über die Anwendung von Spanplatten im Bauwesen. Holz als Roh- u. Werkstoff **16** (1958) 2 41—44.

Ward, D.: Particle board is not a cheap substitute for wood. Wood Working Dig. **60** (1958) 5 23—27, 6 25—29; Holz als Roh- u. Werkstoff **17** (1959) 4 163, 10, 413
— Chipboard manufacture. Aero Res. Bull. 186 June 1958 10 p.
— Chipboard manufacture and use. Board **1** (1958) 11 24—25; Holz als Roh- u. Werkstoff **17** (1959) 11 455.
— Manufacture of "Weyroc" chipboard. Chipboard manufacture using Aerolite CBU. CIBA TN 191 Nov. 1958 10 p.
— Multi-use flakeboard from aspen logs in 45 minutes. Wood & Wood Products **63** (1958) 8 25—28; Holz als Roh- u. Werkstoff **17** (1959) 10 413.
Heebink, B. G. and *R. A. Hann:* How wax and particle shape affect stability and strength of oak particle boards. Forest Prod. J. **9** (1959) 7 197—203.
Keylwerth, Rudolf: Erreichte und erreichbare Verminderung der Anisotropie in Holzwerkstoff-Platten. Holz als Roh- u. Werkstoff **17** (1959) 6 234—238 4 Lit.-St.
Klauditz, Wilhelm: Wissenschaftliche, technische und wirtschaftliche Grundlagen der Holzspanplatten-Fabrikation. Kunststoffe **49** (1959) 4 158—165.
Kollmann, Franz: Über die mechanische Bewährung von Holzfaser-Hartplatten und Holzspanplatten bei der Verwendung in den Tropen. Holz als Roh- u. Werkstoff **17** (1959) 6 239—245. [1.324.281].
Larmore, F. D.: Influence of specific gravity and resin content on properties of particle board. Forest Products J. **9** (1959) 4 131—134 8 ref.
Maxwell, J. W., G. Kitazawa, T. F. Duncan and *J. M. Hine:* A search for better particle board adhesives. Forest Products J. **9** (1959) 10 42A—46A.
Patterson, T. J. and *J. D. Snodgrass:* Effect of formation variables on properties of wood particle moldings. Forest Products J. **9** (1959) 10 330—336 13 ref.
Plath, Erich: Über den Einfluß der Härtung von Harnstoffharzen auf die Eigenschaften von Holzspanplatten. Holz als Roh- u. Werkstoff **17** (1959) 12 490—494.
Strickler, M. D.: Effect of press cycles and moisture content on properties of Douglas-fir flakeboard. Forest Prod. J. **9** (1959) 7 203—215 5 ref.
Trübswetter, Thomas: Die Spanplatte. Literatur- u. Patentbericht über Entwicklung - Herstellung - Anwendung. 1. Nachtragsband. Mit Anschluß-Literatur bis 1958. Garmisch-Partenkirchen: Moser-Verl. 1959 55 S.; Adhäsion **3** (1959) 8 430.
v. Wedemeyer, Hans Werner: Gesichtspunkte zur Beurteilung und Prüfung von Spanplatten. Holz-Zbl. **85** (1959) 37/38 489—490; Adhäsion **3** (1959) 7 386.
— Literatur über Holzspanformteile aus Zeitschriften und deutschen Patentschriften 1948 bis 1958. Inst. Holzforschung an der TH Braunschweig Ber. 60/60 1959 36 S.
— Titelbibliographie der Veröffentlichungen über Holzspanplatten im deutschen und im ausländischen Schrifttum August 1957 — April 1959. Inst. Holzforsch. a. d. TH Braunschweig, Ber. 58/59 18 S. 250 Lit.-St.

Sonderhölzer **1.324.29**

Stamm, Alfred J., Horace K. Burr and *Albert A. Kline:* Heat-stabilized wood (staybwood). FPL Rep. 1621 rev. Apr. 1955 17 p. 10 ref.
Stillinger, J. R. and *W. Williams jr.:* Strength properties of paper-covered veneer from True fir and White-Speck Douglas fir. Forest Prod. J. **5** (1955) 1 56—61; Holz als Roh- u. Werkstoff **15** (1957) 3 151.

Kunststoffe **1.324.3**

Allgemeines **1.324.31**

Umstätter, Hans: Über Kriechen und Relaxation. Schweiz. Arch. **19** (1953) Juni 184—191.

Lanker, J.: Thermoplastische und härtbare synthetische Kunststoffe. Zürich: Rascher 1954 55 S.

Mienes, Karl: Kunststoffe in Amerika. München: Hanser 1954 59 S. [6.14].

Taylor, J. R. and *C. H. Adams:* Weather ageing of styrene and phenolic plastics. Mech. Engng. **67** (1954) 10 803—807; Holz als Roh- u. Werkstoff **16** (1958) 5 195.

Allemann, K.: Kunststoffe. Techn. Rdsch. (Bern) **47** (1955) 42 1—7, 11—15.

Bueche, F.: Tensile strength of plastics above the glass temperature. J. Appl. Phys. (New York) **26** (1955) Sept. 1133—1140; Aeron. Engng. Rev. **14** (1955) 12 92.

Findley, William N. and *Gautam Khosla:* Application of the superposition principle and theories of mechanical equation of state, strain, and time hardening to creep of plastics under changing loads. J. Appl. Phys. (New York) **26** (1955) July 821—832 12 ref.

Koppelmann, J.: Über das dynamisch-elastische Verhalten hochpolymerer Stoffe. Kolloid-Z. **144** (1955) 1/3 12—41 52 Lit.-St.

Seymour, Raymond B.: Plastics. Industr. & Engng. Chem. **47** (1955) 9 Pt. II 2011—2019 426 ref.; Aeron. Engng. Rev. **14** (1955) 12 92.

Sharp, E. B. and *Bryce Maxwell:* Torsional properties of plastics. Modern Plastics **33** (1955) 4 137—138, 140, 142, 144; Kunststoffe **46** (1956) 5 201—202.

Stoeckhert, K.: Kunststoffe und Kunststoff-Verarbeitungsmaschinen. Z. VDI **97** (1955) 19/20 616—621.

Volterra, E., R. A. Eubanks and *D. Muster:* An investigation of the dynamic properties of plastics and rubber-like materials. Proc. SESA **13** (1955) 1 85—96; AMR **9** (1956) 7 300. [1.324.32].

Watson, M. T., W. D. Kennedy and *G. M. Armstrong:* Short-time stress relaxation behavior of plastics. J. Appl. Phys. (New York) **26** (1955) 6 701—705 20 ref.; Index Aeron. **11** (1955) 9 123.

Fabre, G.: Le fluage des plastiques et matériaux dérivés. Docaéro (1956) 36 39—52 52 réf.; Index Aeron. **12** (1956) 5 114; Aeron. Engng. Rev. **16** (1957) 1 109.

Fahy, F.: A review of plastics for use in the aircraft industry. Coll. Aeron. Cranfield Note 43 March 1956 19 p.

Höchtlen, A.: Kunststoff-Rohstoffe. Z. VDI **98** (1956) 10 439—442 42 Lit.-St.

Hoppe, Peter: Kunststoffe. Z. VDI **98** (1956) 11 503—505; Nachr.-Bl. AGM Leichtbau **5** (1956) 7/8 19; Leichtbau d. Verkehrsfahrzeuge **1** (1957) 6 173 [1.324.312.2].

Seymour, R. B.: Plastics. Industr. & Engng. Chem. **48** (1956) 9 Pt. II 1760—1774.

Wiel, P.: Wettbewerb zwischen Kunststoffen und Metallen. Aluminium **32** (1956) 8 517—520; Nachr.-Bl. AGM Leichtbau **5** (1956) 9/10 11.

Beér, F.: Das Verhalten von Kunststoffen bei Drehbeanspruchung. Z. VDI **99** (1957) 1 13—14.

Fabre, G.: The resistance to shock of plastics and their derivatives. Roy. Aircr. Establ. Lib. Translat. 657 May 1957 30 p. 35 ref.

Fiorio, Franco: Kunststoffe für die Luftfahrt. Interavia **12** (1957) 2 148—149.

Goss, W.: Plastics and rubbers. Mech. Engng. **79** (1957) 8 727—730. [1.324.32].

Höchtlen, A.: Polyurethane plastics. Roy. Aircr. Establ. Lib. Translat. 669 June 1957 24 p. 23 ref.; Aeron. Engng. Rev. **16** (1957) 12 124.

Köhler, W.: Beitrag zum chemischen Verhalten organischer Kunststoffe gegenüber ätherischen Ölen. Werkstoffe u. Korrosion **8** (1957) 8/9 487—492.

May, George: Paper, plastics and weight saving. Aeroplane **93** (1957) 2409 650—653, 2410 686—689 15 ref.; Aeron. Engng. Rev. **17** (1958) 2 100.

Megson, N. J. L.: Structural plastics for airframe construction. AGARD Rep. 162 Nov. 1957 16 p. 15 ref.; J. Roy. Aeron. Soc. **62** (1958) 570 465; Index Aeron. **14** (1958) 6 86; Aero Space Engng. **17** (1958) 10 81.

Schneider, Paul: Kunststoff-Rohstoffe. Z. VDI **99** (1957) 10 431—434 42 Lit.-St.

Blank, F.: Die Feuchtigkeitsaufnahme von Plasten und Kautschuk in mathematischer Behandlung. Plaste u. Kautschuk **5** (1958) 9 348—352. [1.324.32].

Gruntfest, I. J.: The use of plastics at high temperatures. Soc. Automotive Engrs. Nat. Aeron. Meeting, Los Angeles Sept.—Oct. 1958 Prepr. 82A.

Riley, M. W.: Reinforced plastics at 3,000 to 25,000 F. Mater. in Design Engng. (1958) June 100—104; Aero Space Engng. **17** (1958) 11 103.

Ruger, G. R. a. o.: How plastics react under rapid loading. SPE J. **14** (1958) 12 31—34.

Stambler, Irwin: Materials progress: non-metals. Plastics and ceramics can take up to 500 deg F for short periods; adhesives may replace brazing for steel sandwich structure; silicones promising for new elastomers, hydraulic fluids, lubes. Aviation Age **30** (1958) 2 62—64, 66—70. [1.324.43].

Webber, A. C.: Brittleness temperature testing of elastomers and plastics. ASTM Bull. 227 Jan. 1958 40—44 16 ref.

Welch, C. W.: The contribution of plastics to aircraft. Aeroplane **94** (1958) 2442 854—857; Aero Space Engng. **17** (1958) 12 88; Index Aeron. **14** (1958) 8 130.

Bossu, B. et al.: Sur les bases des propriétés mécaniques des plastiques. Industrie Plastiques Modernes (Paris) **11** (1959) 3 36—46, 4 43—48.

Dubois, P.: Untersuchungsprobleme und Ergebnisse über Unregelmäßigkeiten im Verhalten der Kunststoffe. Kunststoffe **49** (1959) 11 632—645 37 Lit.-St.

Lorant, M.: Grundlegende Untersuchung des mechanischen Schervorganges an Polymeren. Kunststoffe — Plastics (Solothurn) **6** (1959) 4 469—470.

MacLeod, A.: Festigkeitsberechnung statisch beanspruchter Plastteile. Plaste u. Kautschuk **6** (1959) 5 214—217 13 Lit.-St.

Maxwell, B.: The comparison of time dependent mechanical properties of plastics. SPE-J. **15** (1959) 6 480—484.

Sippel, A.: Natürliche und künstliche Alterung von hochpolymeren Stoffen in Faserform. Kunststoffe **49** (1959) 11 626—631.

Stäger, H.: Das Altern der Kunststoffe. Allgemeine Einführung, Begriffe, Terminologie, Wesen, Bedeutung für die praktische Anwendung. Kunststoffe **49** (1959) 11 589—599.

Thermoplaste 1.324.311

— Dauerstandfestigkeit von Akrylgläsern. SPE-J. **10** (1954) Dec. 29—34; Kunststoffe **45** (1955) 8 348.

Beck, H. u. *R. Jacobi:* Polyamide als Konstruktionswerkstoffe der Feinwerktechnik. „Feinwerktechnik", VDI-Ber. Bd. 2 1955 55—59; Z. VDI **97** (1955) 27 962—963.

Richard, K. u. *G. Diedrich:* Standfestigkeitseigenschaften von einigen Hochpolymeren. Kunststoffe **45** (1955) 10 429—433.

Rogué, C.: Quelques notes sur le téflon et sa mise en œuvre. Rech. Aéron. (1955) 48 51—53.

Schulz, Georg u. *Karl Mehnert:* Ein neues Polyäthylen. Kunststoffe **45** (1955) 10 410—414, 12 589—592, 595.

Eulitz, Werner: Über die Feuchtigkeitsaufnahme bei Thermoplasten. Kunststoffe **46** (1956) 9 403—407.

Fabre, G.: La résistance au choc des matières plastiques et de leurs dérivés. Docaéro (1956) 40 45—64 37 réf.; Index Aeron. **12** (1956) 12 117; Aeron. Engng. Rev. **16** (1957) 2 128.

Findley, W. N. and *Gautam Khosla:* An equation for tension creep of three unfilled thermoplastics. SPE J. **12** (1956) Dec. 20—25 13 ref.; Aeron. Engng. Rev. **16** (1957) 3 142.

Gouza, J. J. and *W. F. Bartoe:* Weathering of plastics. Modern Plastics **33** (1956) 9 157—162, 244, 245 12 ref.

Högberg, Hilding: Untersuchungen über die Schlagzähigkeit von Polystyrol. Kunststoffe **46** (1956) 8 350—358.

Kline. G. M., I. Wolock, B. M. Axilrod, M. A. Sherman, D. A. George and *V. Cohen:* Development of craze and impact resistance in glazing plastics by multiaxial stretching. NACA Rep. 1290 1956 16 p. 15 ref.; Aircr. Engng. **29** (1957) 344 330; J. Roy. Aeron. Soc. **61** (1957) 563 789—790.

Krekeler, K.: Änderung der mechanischen Eigenschaftswerte thermoplastischer Kunststoffe bei Beanspruchung in verschiedenen Medien. Forsch.-Ber. Wirtsch.- u. Verkehrsministerium Nordrhein-Westfalen Nr. 287 1956 49 S.; Kunststoffe **48** (1958) 9 421—422.

Krekeler, Karl u. *August Kleine-Albers:* Beitrag zur thermoelastischen Warmformbarkeit von hartem Polyvinylchlorid. Forsch.-Ber. Wirtsch.- u. Verkehrsministerium Nordrhein-Westfalen Nr. 304 1956 63 S.

Marin, J. and *J. E. Griffith:* Creep relaxation of plexiglas IIA simple stresses. Proc. ASCE Vol. 82, EM 3 (J. Engng. Mech. Div.), Pap. 1029 July 1956 20 p.; AMR **10** (1957) 1 16.

Moritz, Helmut u. *R. Ewald:* Chemische und physikalische Fragen bei der Herstellung und Verformung thermoplastischer Kunststoff-Platten und -Folien. Kunststoffe **46** (1956) 5 195—198.

Olsen, Björn: The after-treatment of polyamide mouldings. I. Results of experiments with some known after-treatments. Ministry of Supply, Techn. Inform. & Lib. Serv. (London, S. E. 9) Translat. T 4678 Aug. 1956 8 p.

Richard, K. u. *E. Gaube:* Die Kaltverstreckung bei Niederdruckpolyäthylen. Kunststoffe **46** (1956) 6 262—269.

Wick, Georg u. *Helmut König:* Eigenschaften von Vestolen, einem Niederdruck-Polyäthylen nach Ziegler. Kunststoffe **46** (1956) 10 460—466.

Wick, Georg u. *Helmut König:* Weichmacherfreies Polyvinyl-Granulat. Kunststoffe **46** (1956) 11 533—537.

Calvo, Jesús: Los materiales orgánicos transparentes en aviación. (In Spanish). Revista Aeronautica (Madrid) (1957) March 195—205; Aeron. Engng. Rev. **16** (1957) 9 146.

Hahner, C. H. and *M. J. Kerper:* Inorganic transparencies for aircraft enclosures. AGARD Rep. 161 Nov. 1957 23 p. 24 ref.; Index Aeron. **14** (1958) 7 85; Aero Space Engng. **17** (1958) 10 81.

Högberg, Hilding: Einfluß der Oberflächenschicht auf die Festigkeit von Polystyrol-Spritzgußteilen. Kunststoffe **47** (1957) 7 371—374.

Jira, R.: Das mechanische und spannungsoptische Verhalten von Zelluloid bei zweiachsiger Beanspruchung und der Nachweis seiner Eignung für ein photoplastisches Verfahren. (Auszug aus Diss. TH München) Konstruktion **9** (1957) 11 438—449 16 Lit.-St.

Kline, Leo V.: Stress concentration in plexiglas as a function of loading rate. J. Aeron. Sci. **24** (1957) 7 551—552; AMR **11** (1958) 2 58 [1.352.2].

Peukert, Heinz u. *August Kleine-Albers:* Kurzzeit-Zugfestigkeit und -Dehnung von harten thermoplastischen Kunststoffen. Ein Beitrag zu den technologischen Prüfverfahren harter thermoplastischer Kunststoffe. Kunststoffe **47** (1957) 4 167—182.

Puchta, Walter: Die Relaxationserscheinungen an festem, hochpolymeren Polyäthylen und Polyvinylchlorid. Diss. TH München 1957 65 S.

Russell, E. W.: Transparent materials for aircraft — a review. AGARD Rep. 160 Nov. 1957 14 p.; J. Roy. Aeron. Soc. **62** (1958) 574 768.

Stott, L. L.: Sintered nylon. Modern Plastics **35** (1957) 1 157—166; Konstruktion **10** (1958) 5 208—209.

Weidmann, W.: Praktische Verwertung von Meßergebnissen über das elastische Verhalten von Polyamid und Polyurethan. Kunststoffe **47** (1957) 4 223—227.

Wick, Georg u. *Helmut König:* Vestolit S, ein Suspensions-Polyvinylchlorid. Kunststoffe **47** (1957) 6 299—302.

— Designing with teflon. I. How processing affects properties. II. Strength properties and effects of time. Machine Design **29** (1957) 5./9. 86—95, 19./9. 162—167.

— Stretch-oriented transparent plastics for aircraft. Techn. News Bull. (1957) May 67—69; Aeron. Engng. Rev. **16** (1957) 8 144.

Bier, Gerhard: Polypropylen. Kunststoffe **48** (1958) 8 354—362.

Blanchart, A.: Les matières plastiques. Propriétés — utilisations — toxicologie. IV. Les plastiques et fibres cellulosiques. Prévention des Accidents **12** (1958) 4 285—291.

Bradt, R.: Glasfasergefüllte Spritzgußmassen. Modern Plastics **35** (1958) March 100—102; Plaste u. Kautschuk **5** (1958) 10 401.

Dixon, R. R.: Kriechverhalten von Polyäthylen bei höherer Temperatur. SPE-J. **14** (1958) Apr. 23—24, 70; Kunststoffe **48** (1958) 8 378.

Dyment, I. u. *H. Ziebland:* Zugfestigkeit einiger Kunststoffe bei tiefen Temperaturen. J. Appl. Chem. **8** (1958) 203—206; Kunststoffe **48** (1958) 8 379.

Faupel, J. H.: Das Kriech- und Zerreißverhalten von Hart-PVC-Rohren. Modern Plastics **35** (1958) July 120—128, Aug. 132—139, 202; Plaste u. Kautschuk **5** (1958) 12 473.

Herrmann, A.: Faktoren, die die mechanischen Eigenschaften des handgeschweißten PVC-hart-Materials beeinflussen. Plaste u. Kautschuk **5** (1958) 1 13—15.

Hoff, E. A. W., P. Clegg and *K. Sherrard-Smith:* Das Kriechverhalten von Polyäthylen niederer Dichte. Brit. Plastics **31** (1958) Sept. 384—389; Plaste u. Kautschuk **6** (1959) 4 197.

Iablokoff, A. Kh. et *M. Hédiard:* Comportement des matières plastiques transparentes au choc thermique. Rech. Aéron. (1958) 66 35—42.

Leuchs, Ottmar: Die hochpolymeren Werkstoffe. 3. Teil: Zustände und Übergangsbereiche. Kunststoffe **48** (1958) 8 365—373 69 Lit.-St.

Richard, K., E. Gaube and *G. Diedrich:* Long-term behaviour of drinking water pipe from Ziegler-Polythene. Plastics **23** (1958) 255 444—446.

Schwarz, Adolf: Polyäthylen. Kunststoffe **48** (1958) 7 292—298.

Schwarz, H. u. *H. Spindler:* Beständigkeitsuntersuchungen von flammgespritzten Plastschichten gegenüber Meerwasser und Meerklima. Plaste u. Kautschuk **5** (1958) 6 216—218.

Sherby, O. D. and *J. E. Dorn:* Anelastic creep of polymethyl methacrylate. J. Mech. & Phys. Solids **6** (1958) 2 145—162 25 ref.; Index Aeron. **14** (1958) 4 123.

Stansbury, John G.: Stretched acrylic, a transparent glazing material for high-speed aircraft. Aeron. Engng. Rev. **17** (1958) 1 42—46, 56 10 ref.; Raketentechn. u. Raumf.-Forsch. **2** (1958) 2 69.

Thompson, R. J.: Polykarbonate. Plastics **23** (1958) 122—125; Plaste u. Kautschuk **5** (1958) 9 360.

Weisert, P.: Verarbeitung und Bearbeitung von Akrylkunststoffen. Kunststoffe **48** (1958) 4 147—154 20 Lit.-St. [6.14].

Wormald, D.: Ein neuer Bruchtest für Weich-PVC-Folien bei niedriger Temperatur. Brit. Plastics **31** (1958) Sept. 392—395; Plaste u. Kautschuk **6** (1959) 4 197.

Borgwardt, A.: Schlagbiegefestigkeitsmessungen an Polystyrol in Abhängigkeit von Geschwindigkeit und Temperatur. Plaste u. Kautschuk **6** (1959) 2 68—70 10 Lit.-St.

Budesheim, R. u. W. Knappe: Die Festigkeit von gespritzten Normkleinstäben aus Polystyrol in Abhängigkeit von den Verarbeitungsbedingungen. Kunststoffe **49** (1959) 6 257—264.

Clegg, P. L., S. Turner and P. I. Vincent: Polythene — mechanism of fracture. Plastics **24** (1959) 256 31—36 15 ref.

Delfosse, P.: Effect of plasticiser content on heat ageing of PVC. Rubber and Plastics Age **40** (1959) 11 604—607.

Delfosse, P.: Etude du vieillissement thermique de mélanges de chlorure de polyvinyle en fonction du taux de plastification. Ind. Plast. mod. **11** (1959) 9 57—66.

Ebersbach, Hans-Walter u. Karl-Heinz Michl: Innerlich weichgemachtes Polyvinylchlorid. Ein Beitrag zum Problem des schlagfesten PVC. Kunststoffe **49** (1959) 10 513—516.

Frey, Hans-Helmut: Hostalit Z, ein neuer Kunststoff auf PVC-Basis. Kunststoffe **49** (1959) 2 50—55.

Fuchs, O. u. H. H. Frey: Wirkung kleiner Weichmacher-Konzentrationen in Vinylchlorid-Polymerisaten. Kunststoffe **49** (1959) 5 213—216.

Gaube, E.: Zeitstandfestigkeit und Spannungsrißbildung von Niederdruckpolyäthylen. Kunststoffe **49** (1959) 9 446—454.

Gisolf, J. H. u. H. van Goudoever: Dauerbeständigkeitsversuche an Rohren aus Weichpolyäthylen. Kunststoffe **49** (1959) 6 264—268.

Haldenwanger, H.: Dehnung und Schrumpfung von PVC-Folien. Kunststoffe **49** (1959) 6 270—274.

Hechelhammer, W. u. G. Peilstöcker: Makrolon, ein thermoplastischer Kunststoff aus der Gruppe der Polykarbonate. I. Herstellung und Eigenschaften. II. Verarbeitung und Einsatzgebiete. Kunststoffe **49** (1959) 1 3—8, 2 93—98.

Hoff, E. A. W., P. L. Clegg u. K. Sherrard-Smith: Das Kriechen von Polyäthylen geringer Dichte. Kunststoffe-Plastics **6** (1959) 2 157—164.

Hogg, R. W.: Some experiments on the flow properties of polythenes. Plastics **24** (1959) 257 69—72 13 ref.

Hopkins, I. L. u. W. O. Baker: Spannungsrißbildung bei Polyäthylen. Kunststoffe **49** (1959) 11 621—625.

Howard, J. B.: A review of stress-cracking in polythylene. SPE-J. **15** (1959) 5 397—412.

Iablokoff, A. Kh. et M. Hédiard: Influence de la température sur la vitesse de fluage de certaines matières plastiques transparentes dans le domaine du seuil de transition. Rech. Aéron. (1959) 73 21—36.

Jacobson, U.: Semi-rigid PVC. Brit. Plastics **32** (1959) 4 152—155.

Koppelmann, J.: Über den dynamischen Elastizitätsmodul von Polymethacrylsäuremethylester bei sehr tiefen Frequenzen. Kolloid-Z. **164** (1959) 1 31—34.

Krahnstöver, M. J. u. F. Sauerwald: Über die Verbesserung der Dauerstandfestigkeit von PVC durch Behandlung mit Schwefelwasserstoff. J. Prakt. Chem. **8** (1959) 5/6 353—361.

Laird, J. A.: Accelerated ageing of some thermoplastics. Brit. Plastics **32** (1959) 1 32—34.

Niklas, Hans u. Kurt Eifflaender: Zeitstandverhalten von Rohren aus Polyäthylen und Polyvinylchlorid. Kunststoffe **49** (1959) 3 109—113.

Niklas, Hans and Kurt Eifflaender: Results of long time tests on tubes of polythene and polyvinyl chloride. "The testing of plastics pipes". Plastics **24** (1959) 259 147—151.

Nümann, Erwin u. *Otto Umminger:* Qualitätskontrolle, Fertigungskontrolle und Dichtheitsprüfung von Kunststoffrohren. Kunststoffe **49** (1959) 3 113—116.

Nümann, Erwin and *Otto Umminger:* Testing of plastics tubes. "The testing of plastics pipes". Plastics **24** (1959) 259 151—153.

Pinner, S. H.: High temperature mechanical properties of unfilled and carbonblack loaded irradiated polythene. Plastics **24** (1959) 257 74—76 6 ref.

Reid, D. R. and *R. A. Horsley:* Impact testing of thermoplastics. Brit. Plastics **32** (1959) 4 156—161, 176; Plaste u. Kautschuk **6** (1959) 8 399.

Reid, D. R.: Creep in rigid thermoplastics. Brit. Plastics **32** (1959) 10 460—465.

Richard, Kurt u. *R. Ewald:* Extrapolationsverfahren, Sicherheitsbeiwerte und zulässige Rohrwandbeanspruchung von Polyäthylen- und PVC-Rohren. Kunststoffe **49** (1959) 3 116—120.

Richard, Kurt and *Richard Ewald:* Extrapolation methods—P.V.C. and polythene tubes. "The testing of plastics pipes". Plastics **24** (1959) 259 153—156.

Richard, K., G. Diedrich u. *E. Gaube:* Mehrachsig verfestigte Folien aus Niederdruck-Polyolefinen. Eigenschaften und Probleme der Verstreckung und Prüfung. Kunststoffe **49** (1959) 12 671—678.

Richard, K., G. Diedrich u. *E. Gaube:* Zeitstandfestigkeit von Kunststoffrohren. PVC und Ziegler-Polyäthylen als Rohrwerkstoffe. Kunststoffe **49** (1959) 11 616—621.

Sommer, W.: Elastisches Verhalten von Polyvinylchlorid bei statischer und dynamischer Beanspruchung. Diss. TH Braunschweig 1959.

Sommer, W.: Elastisches Verhalten von Polyvinylchlorid bei statischer und dynamischer Beanspruchung. Kolloid-Z. **167** (1959) 2 98—131.

Schley, A. u. *F. Schülde:* Hostalen PPH. Niederdruckpolypropylen für die Spritzgußverarbeitung. Kunststoffe **49** (1959) 3 102—108.

Wick, Georg u. *Helmut König:* Neue Anwendungen von PVC-Granulaten und PVC-Weich-Granulaten am Beispiel von Vestolit. Kunststoffe 49 (1959) 7 307—314.

Wick, G. u. *H. König:* Schlagzähe PVC-Granulate. Kunststoffe **49** (1959) 10 506—512.

Aushärtbare Kunststoffe **1.324.312**

Kunststoffe mit Füllstoffen (Nicht geschichtete Preßstoffe) **1.324.312.1**

Fritz, Wilfried: Vergleichende Untersuchungen über die physikalischen Eigenschaften schnellhärtender und normal polymerisierter Kunststoffe. Diss. Univ. Greifswald 1957 41 Bl.

Jahn, H.: Niedrigviskose Gießharze auf Basis von Epoxydverbindungen. Herstellung, Verarbeitung, Eigenschaften und Anwendung. Plaste u. Kautschuk **5** (1958) 1 6—12.

Lohmann, Wolfgang: Der heutige Stand technischer Melaminharz-Preßmassen und ihre Anwendungen. Kunststoffe **48** (1958) 9 433—436.

Preston, Harold M. and *Norman E. Wahl:* Laminates reinforced with asbestos. Prepr. 13th Ann. Techn. & Management Conf., Reinforced Plastics Div., Sect. 5-D 1958 6 p.

Smith, F. R. and *J. A. Laird:* Factors affecting the tensile strength of phenolic mouldings. Brit. Plastics **31** (1958) 11 477—481.

Thater, R.: Über die Wasserdurchlässigkeit von Duroplasten. Plaste u. Kautschuk **5** (1958) 11 422—423.

Walter, Reinhard: Kunststoffe und Kunststoff-Verarbeitungsmaschinen. Z. VDI **100** (1958) 21 896—902.

Northmann, D. u. *G. Meyer:* Über das Fließverhalten von Phenolharz-Preßmassen. Plaste u. Kautschuk **6** (1959) 8 365—368.

Wallhäußer, H.: Bestimmung des Harzgehaltes bei Phenolharz-Preßmassen. Kunststoffe **49** (1959) 4 171—173.

Geschichtete Kunststoffe

de Havilland, G.: Preßstoffe und Flugzeugbau. (Filled resins and aircraft construction. J. Aeron. Sci. **3** (1936) 10 356; Luftf.-Schrifttum Ausland **2** (1936) 11 268.

Barwell, F. T. and *K. W. Pepper:* The interlaminar strength of reinforced plastics. Proc. VII. Int. Congr. Appl. Mech. 1948 Vol. 4 278—293; AMR **3** (1950) 10 308.

Gwinner, E.: Gewichts- und Längenänderungen von Prüfstäben aus Aminoplasten. Kunststoffe **46** (1956) 10 467—471.

Hoppe, Peter: Kunststoffe. Z. VDI **98** (1956) 11 503—505; Nachr.-Bl. AGM Leichtbau **5** (1956) 7/8 19; Leichtbau d. Verkehrsfahrzeuge **1** (1957) 6 173. [1.324.31].

Meyer, H. R. and *E. C. O. Erickson:* Factors affecting the strength of papreg. Effect of moisture on certain strength properties of pagreg. FPL Rep. 1521-B rev. March 1956 30 p.

Meyer, H. R. and *E. C. O. Erickson:* Factors affecting the strength of papreg. Effect of repeated cycles of freezing and thawing on certain strength properties of papreg. FPL Rep. 1521-C rev. March 1956 11 p.

Cornford, M. M.: The flexural strength of asbestos-resin laminates at elevated temperatures. Roy. Aircr. Establ. TN Chem. 1308 June 1957 10 p.; Aeron. Engng. Rev. **17** (1958) 3 108.

Reinhart, F. W., C. L. Good, P. S. Turner and *I. Wolock:* Comparison of mechanical properties of flat sheets, molded shapes, and postformed shapes of cotton-fabric phenolic laminates. NACA TN 3825 Jan. 1957 60 p. 22 ref.; J. Roy. Aeron. Soc. **61** (1957) 558 438; Index Aeron. **13** (1957) 4 116.

Jahns, F. William jr.: Heat resistant laminate for supersonic airborne equipment. Electrical Mfg. (1958) Jan. 84—85; Aero Space Engng. **17** (1958) 5 126.

König, Hans-Joachim: Herstellung, Prüfung und Eigenschaften melaminharzvergüteter Schichtpreßstoffe für dekorative Verwendung. Kunststoffe **48** (1958) 11 513—522; Adhäsion **3** (1959) 3 166.

Ploch, W.: Hartpapier und andere Schichtpreßstoffe der Elektrotechnik. Kunststoff-Rdsch. **5** (1958) 4 129—137; Adhäsion **2** (1958) 5 230.

Supnik, R. H. and *M. Silberberg:* Properties of foams and laminates under shock loading. SPE-J. **15** (1959) 1 43—47. [1.324.313].

Wahl, Norman E.: Asbestos-reinforced plastics laminates hold strength at high temperatures. Soc. Automotive Engrs. Pap. 106V Nov. 1959; SAE-J. **67** (1959) 11 54—55.

— Rißbildungen an Hartpapierrohren und anderen gewickelten Schichtstoffen. Kunststoffe **49** (1959) 3 138.

Kunststoffe mit Glasfaser- oder Glasgewebeeinlage

Grandvalet, Y.: Le verre textile dans le renforcement des plastiques; principaux finishes; leurs avantages. Techn. et Sci. Aéron. (1954) 4 250—257; Aeron. Engng. Rev. **14** (1955) 3 112.

Boller, Kenneth, H.: Effect of long-term loading on glass-fiber-reinforced plastic laminates. Interim. Report No. 1. FPL Report 2039 Nov. 1955 42 p.

Erickson, E. C. O. and *Charles B. Norris:* Tensile properties of glass-fabric laminates with laminations oriented in any way. FPL Rep. 1853 Nov. 1955 67 p.; AMR **9** (1956) 7 300.

Freas, Alan D. and *Fred Werren:* Directional properties of glass-fabric-base plastic laminate panels of sizes that do not buckle. FPL Rep. 1803-B Nov. 1955 52 p.

Hartman, A.: The mechanical properties of glass-cloth reinforced plastics at room temperature. (In Dutch.) NLL Rap. M 1991 Aug. 1955 17 p.; AMR **9** (1956) 9 385—386.

Horridge, G. A.: A polarized light study of glass fibre laminates. Brit. J. Appl. Phys. (1955) Sept. 314—319; Aeron Engng. Rev. **14** (1955) 12 92.

Iablokoff, A.-Kh.: Propriétés mécaniques des fils de verre utilisés dans les stratifiés. Rech. Aéron. (1955) 48 39—49.

Lutz, H. u. *R. Beck:* Glasfaserverstärkte Polyester-Kunststoffe. Z. VDI **97** (1955) 28 970—974 8 Lit.-St.

Meyer, Oskar: Glasfasern für die Verstärkung von Kunststoffen. Kunststoff-Rdsch. **2** (1955) 73—83, 109—116.

Sauer, Hubert: Eigenschaften und Einsatz von glasfaserverstärkten Polyester-Harzen. Industrie-Anz. **77** (1955) 78 1121—1122; Nachr.-Bl. AGM Leichtbau **5** (1956) 2/3 17.

Werren, Fred and *Bruce G. Heebink:* Effect of defects on the tensile and compressive properties of a glass-fabric-base plastic laminate. FPL Rep. 1814 rev. March 1955 15 p.

Werren, Fred: Mechanical properties of plastic laminates. FPL Rep. 1820-B Sept. 1955 19 p.

Werren, Fred and *Bruce G. Heebink:* Interlaminar shear strength of glass-fiber-reinforced plastic laminates. FPL Rep. 1848 Sept. 1955 17 p.; AMR **9** (1956) 4 158.

Youngs, Robert L.: Bolt-bearing properties of glass-fabric-base plastic laminates. FPL Rep. 1824-A Oct. 1955 40 p.

Youngs, Robert L.: Bolt-bearing properties of glass-fabric-base plastic laminates. (Effect of laminate thickness.) FPL Rep. 1824-B Oct. 1955 19 p.

— Glasfaser und Kunststoff. Kunststoffe **45** (1955) 10 495—499.

— Parallel glass fibre reinforcement for plastic laminates. Final rep. Firestone Tire and Rubber Company, Akron, Ohio, PB 111719 Contr. Nr. NOrd 14703 Res. & Devel. March 1955 29 p.

Beyer, Waldemar: Glasfaserverstärkte Kunstharze — ein neuer Werkstoff. Umschau **56** (1956) 16 181—184; Nachr.-Bl. AGM Leichtbau **5** (1956) 12 12.

Case, James W.: Stronger reinforced plastics. Mater. & Meth. **44** (1956) Sept. 114—115; Aeron. Engng. Rev. **16** (1957) 3 142.

Constanza, Leo J.: Epoxy-glasscloth moulds. Aircr. Production **18** (1956) 2 63—65; Nachr.-Bl. AGM Leichtbau **5** (1956) 12 12.

Cornford, M. M. and *W. W. Wright:* The effect of preloading under various environmental conditions on the strength of glass-fibre laminated plastics. Roy. Aircr. Establ. TN Chem. 1291 Nov. 1956 35 p.; Aeron. Engng. Rev. **16** (1957) 9 149.

Findley, W. N., H. W. Peithman and *W. J. Worley:* Influence of temperature on creep, stress-rupture, and static properties of melamine-resin and silicone-resin glass-fabric laminates. NACA TN 3414 Jan. 1956 71 p.; AMR **9** (1956) 5 208.

Heebink, Bruce G.: Dimensional stability of glass-cloth-reinforced laminates. FPL Rep. 1858 July 1956 15 p.; AMR **11** (1958) 1 18.

Henning, A. R.: Glass fibres and their use in reinforced plastics. J. Instn. Production Engrs. **35** (1956) 10.

Hulbert, G. C.: Plastic structures. J. Roy. Aeron. Soc. **60** (1956) 542 114—120 5 ref.

Jaray, F. F.: Glasfaserverstärkte Kunststoffe in der chemischen Industrie. Werkstoffe u. Korrosion **7** (1956) 4 199—204.

Katz, I. and *J. Goldberg:* Elevated temperature properties of reinforced plastics. Mater. & Meth. **44** (1956) 5 130—133; Leichtbau d. Verkehrsfahrzeuge **1** (1957) 2/3 71; Aeron. Engng. Rev. **16** (1957) 3 142.

Miyairi, M.: On the tensile strength of polyester-plain weave glass cloth laminates. Hitachi Hyoron (Japan) **38** (1956) 11 1429—1435.

Ogata, H. and *I. Funayama:* Characteristics of electrical insulation of glass fibre reinforced laminated material of polyester resin. I. J. Railway Engng. Res. (Japan) **13** (1956) 6 159—167.

Outwater, J. Ogden jr.: The mechanics of plastics reinforcement in tension. Modern Plastics **33** (1956) 7 156—162, 245, 248 4 ref.; Kunststoffe **46** (1956) 9 419.

Outwater, J. O. jr.: The fundamental mechanics of reinforced plastics. Amer. Soc. Mech. Engrs. Prepr. 56-A-201 1956 11 p.; Index Aeron. **13** (1957) 4 115—116.

Schlieckelman, R. J. jr.: Einige Ergebnisse der Anwendung faserverstärkter Kunststoffe im Flugzeugbau. Luftf.-Techn. **2** (1956) 6 113—119 [6.254.0]

Schulz, R. W.: Glasfaserverstärkte Kunststoffe für den Flugzeugbau. Luftf.-Techn. **2** (1956) 3 42—44 5 Lit.-St.; Nachr.-Bl. AGM Leichtbau **5** (1956) 7/8 17 [2.6].

Sharp, W. H. and *M. K. Weber:* Effect of water on strength of structural plastics. Corrosion **12** (1956) Febr. 27—34.

Suzuki, S.: On the impact value of polyester resin mixed with glass fibre in high and low temperature. (Govmt.) Mech. Lab. J. (Japan) **10** (1956) 2 84—88.

Werren, Fred and *Bruce G. Heebink:* Evaluation of low-dielectric glass fabric. WADC Techn. Rep. 56-264 (AD 110459) Oct. 1956 19 p.; Aeron. Engng. Rev. **16** (1957) 8 144.

Werren, Fred: Mechanical properties of polyester laminates reinforced with high modulus glass fabric. WADC Techn. Rep. 56-206 (AD 97314) Sept. 1956 17 p.; Aeron. Engng. Rev. **16** (1957) 8 144.

Werren, Fred and *Bruce G. Heebink:* Weathering of glass-fabric-base plastic laminates. WADC Techn. Rep. 55-319 May 1956 49 p.; Aircr. Engng. **30** (1958) 351 154; Aeron. Engng. Rev. **16** (1957) 9 149.

Youngs, Robert L.: Effects of tensile preloading and water immersion on flexural properties of a polyester laminate. FPL Rep. 1856 June 1956 18 p., Rep. 1856-A June 1957 5 p.; AMR **10** (1957) 9 412; Aeron. Engng. Rev. **17** (1958) 1 108.

Youngs, Robert L.: Mechanical properties of plastic laminates. FPL Rep. 1820-C Nov. 1956 24 p.; Index Aeron. **13** (1957) 6 114.

Youngs, Robert L.: Interlaminar shear strength of glass-fiber-reinforced plastic laminates. FPL Rep. 1848-A Nov. 1956 10 p.; Index Aeron. **13** (1957) 6 115.

— Araldite for glass cloth laminates. Aero Res. TN Bull. 157 Jan. 1956 6 p.

— Electrically heated epoxyde/glass moulds. Brit. Plastics **29** (1956) 4 132—133; Nachr.-Bl. AGM Leichtbau **5** (1956) 11 20.

— What's new in reinforcements. Modern Plastics **33** (1956) 6 81, 224.

Adams, R. G. and *Ralph Sonneborn:* Glass reinforcement for structural plastics. SPE J. **13** (1957) Dec. 25—27, 79; Aeron. Engng. Rev. **17** (1958) 3 108.

Beér, F.: Glasfaserverstärkte Kunststoffe bei Zugbeanspruchung. Z. VDI **99** (1957) 20 879—880; Aeron. Engng. Rev. **17** (1958) 4 102.

Beér, F.: Neuere Erfahrungen auf dem Gebiete der Kunststoff-Verstärkung. Z. VDI **99** (1957) 3 104—105.

Beno, J. H., A. M. Dowell and *E. F. Smith:* Controlled thermal-shock testing of glass-cloth laminates. ASTM Bull. (1957) 225 25—28.

Blythe, B. A. and *W. W. Wright:* An evaluation of heat resistant laminating resins. Roy. Aircr. Establ. TN Chem. 1303 March 1957 66 p.; Aeron. Engng. Rev. **16** (1957) 12 124.

Blythe, A. and *W. W. Wright:* Factors affecting the thermal stability of polyester glass-fibre laminates. Roy. Aircr. Establ. TN Chem. 1306 Apr. 1957 21 p.; Aeron. Engng. Rev. **17** (1958) 1 108.

Bobeth, W. u. *U. Renner:* Studien über „Finish"-Behandlungen an Glasgeweben. Faserforsch. u. Textiltechn. **8** (1957) 108—114; Plaste u. Kautschuk **5** (1958) 9 361.

Boller, Kenneth H.: Effect of thickness on strength of epoxy and phenolic laminates reinforced with glass fabric. WADC Techn. Rep. 56-522 (AD 118098) March 1957 17 p.; Aeron. Engng. Rev. **16** (1957) 10 148.

Boller, Kenneth H.: Tensile stress-rupture and creep characteristics of two glass-fabric-base plastic laminates. FPL Rep. 1863 June 1957 40 p.; AMR **11** (1958) 11 609.

Bowditch, W. R. and *E. L. Johnson:* Investigation of the effects of glass fabric geometry on the strength properties of low pressure glass fabric base structural laminates. WADC Techn. Rep. TR 56-270 (AD 118324) May 1957 71 p.

Dixon, R. R.: Screw-holding power of polyester laminates. Product Engng. (Design Dig. Issue) **28** (1957) 15 G22—G24.

Duflos, J.: Les utilisations des matières plastiques renforcées au verre textile dans l'aviation, les engins et les fusées. Fusées **2** (1957) 3 237—240; Métaux Corrosion **32** (1957) 380 176—180; Raketentechn. u. Raumf.-Forsch. **2** (1958) 2 69; Leichtbau d. Verkehrsfahrzeuge **1** (1957) 5 137; Aeron. Engng. Rev. **17** (1958) 3 108 [6.14].

Gilman, Lucius: The resistance of glass fiber reinforced laminates to weathering. SPE-J. **13** (1957) Nov. 33—38.

Goldfein, S.: Long-term rupture and impact stresses in reinforced plastics. ASTM Bull. 224 Sept. 1957 36—39.

Goldfein, S.: Creep of glass-reinforced plastics. ASTM Bull. 225 Oct. 1957 29—36 13 ref.; AMR **11** (1958) 11 609; Aeron. Engng. Rev. **17** (1958) 2 100.

Gynn, Gilbert M., John A. Vanecho and *Ward F. Simmons:* Elevated- and room-temperature properties of Conolon 506 plastic-glass fabric laminate. WADC Techn. Rep. 57-574 Dec. 1957 49 p.

Hagen, Harro: Temperaturbeständige Glasfaser-Schichtstoffe. Kunststoffe **47** (1957) 9 536—539.

Hinz, W. u. *G. Solow:* Über die Haftfähigkeit eingebetteter Glasseidengewebe an Polyesterharzen. Silikattechnik **8** (1957) 5 178—185 10 Lit.-St.

Judd, N. C. W. and *P. L. McMullen:* The preparation and properties of glass-polyester laminates of low void content. I. The reproducibility of glass-polyester laminates. II. Void formation in glass-polyester laminates. Roy. Aircr. Establ. Rep. Chem. 514 Oct. 1957 39 p.

Kosla, G. and *W. N. Findley:* Prediction of creep from tension tests at constant strain rate. (In Engl.) 9e Congr. Int. Mécanique Appliqué, Univ. Bruxelles, Vol. 8 1957 275—287; AMR **11** (1958) 11 609.

McGlone, W. R.: Flexural properties of 181 glass cloth laminates. SPE-J. **13** (1957) Oct. 30—34; Aeron. Engng. Rev. **17** (1958) 2 100.

Meyer, Oskar: Glasfaserverstärkungen für Kunststoffe. Probleme und Entwicklungen. Kunststoffe **47** (1957) 8 455—463.

Otto, W. H.: Beziehung zwischen Zugfestigkeit und Durchmesser von Glasfasern. Silikattechnik **8** (1957) 2 72.

Riley, Malcolm W.: Selecting plastics laminates for industrial use. Mater. & Meth. **45** (1957) Febr. 121—140; Aeron. Engng. Rev. **16** (1957) 5 200.

Salzinger, S. G.: Reinforced laminates for high temperature use. SPE-J. **13** (1957) 8 42—46; Leichtbau d. Verkehrsfahrzeuge **1** (1957) 6 176.

Schmidt, Kurt A. F.: Glasfaser in der Verarbeitung mit Kunststoffen. Wagen- u. Karosseriebautechn. **10** (1957) 1 9; Leichtbau d. Verkehrsfahrzeuge **1** (1957) 6 175.

Schulz, R. W.: Warmfeste Kunststoffe für den Luftfahrzeugbau. Luftf.-Techn. **3** (1957) 10 218—223 16 Li.-St.; Aeron. Engng. Rev. **17** (1958) 2 100.

Späth, Wilhelm: Schlagversuche an glasfaserverstärkten Kunststoffen. Gummi u. Asbest **10** (1957) 3 118, 120, 122; Leichtbau d. Verkehrsfahrzeuge **1** (1957) 5 137, 6 175.

Strang, W. J.: Use of non-metallic materials at high temperatures. Engineer **204** (1957) 5304 417—419; Leichtbau d. Verkehrsfahrzeuge **2** (1958) 3 132 [1.326].

Wahl, Norman E. and *H. M. Preston:* Properties of polyester-triallylcyanurate glass-reinforced laminates at elevated temperatures. Modern Plastics **35** (1957) 2 153, 154, 156, 158, 160—162, 164, 166; Plaste u. Kautschuk **5** (1958) 5 197; Kunststoffe **48** (1958) 10 478.

Werren, Fred and Marvin Gish: Directional properties of glass-fabric-base plastic laminate panels of sizes that do not buckle. FPL Rep. 1803-C May 1957 24 p.; Aeron. Engng. Rev. **17** (1958) 1 108.

Wright, J. H. and *R. D. Dowman:* Design notes for glass reinforced plastics. Practical notes for the draughtsman on the use of low-pressure laminates. Aircr. Engng. **29** (1957) 344 319—326; Index Aeron. **13** (1957) 11 112; AMR **11** (1958) 6 296—297.

Youngs, Robert L.: Bolt-bearing properties of glass-fabric-base plastic laminates. FPL Rep. 1824-C Febr. 1957 30 p.; AMR **11** (1958) 3 121; Aeron. Engng. Rev. **17** (1958) 1 108.

Youngs, Robert L.: Poisson's ratios for glass-fabric-base plastic laminates. FPL Rep. 1860 Jan. 1957 12 p.; AMR **11** (1958) 7 370.

Anderson, A. C. and *J. H. Healy:* Bond of resin to glass. Prepr. 13th Ann. Techn. & Management Conf., Reinforced Plastics Div., Sect. 3-B 1958 19 p.

Anderson, David F.: Simultaneous deposition of fiberglass and resin as a reinforced plastic manufacturing technique. Prepr. 13th Ann. Techn. & Management Conf., Reinforced Plastics Div., Sect. 12-B 1958 6 p.

Bateson, S.: Critical study of the optical and mechanical properties of glass fibers. J. Appl. Phys. (New York) **29** (1958) 1 13—21; AMR **11** (1958) 11 617.

Benthem, J. P.: Note on the compressive and bending strength of fiberglass reinforced plastic plates. NLL TN S 531 Oct. 1958 28 p.; AMR **12** (1959) 12 845.

Brossy, J. Frees, James W. Case, Armand Houze and *Albert H. Lasday:* Improvement of reinforced plastics by fibers from new glasses. II. Prepr. 13th Ann. Techn. & Management Conf., Reinforced Plastics Div., Sect. 2-C 1958 4 p.

Brown, Grant: Physical properties of prepreg laminates. Prepr. 13th Ann. Tech. & Management Conf., Reinforced Plastics Div., Sect. 2-A 1958 7 p.

Chambers, Richard E.: Laminate behavior as determined from internal strain measurements. Prepr. 13th Ann. Techn. & Management Conf., Reinforced Plastics Div., Sect. 11-C 1958 8 p.

Chambers, Richard E. and *Frederick J. McGarry:* Tensile and compressive properties of fiberglass reinforced laminates. ASTM Bull. 233 Oct. 1958 40—44 9 ref.

Chessin, N.: Unidirectional glass reinforced plastic ring structure. Prepr. 13th Ann. Techn. & Management Conf., Reinforced Plastics Div., Sect. 5-B 1958 1—10.

Colao, J. J. and *M. M. Gurvitch:* A comparison of phenolic and polyester premix materials. Prepr. 13th Ann. Techn. & Management Conf., Reinforced Plastics Div., Sect. 9-A 1958 14 p.

Delmonte, John: Creep characteristics of laminated epoxy plastics. Prepr. 13th Ann. Techn. & Management Conf., Reinforced Plastics Div., Sect. 5-C 1958 6 p. 6. ref.

Doyle, H. J. and *G. F. Molby:* New expoxy-glass molding compound. Mater. in Design Engng. (1958) May 106—109; Aero Space Engng. **17** (1958) 8 94.

Flynt, J. D.: Reinforced plastics solve heat-strength problems. Iron Age **181** (1958) 14 94—97; Leichtbau d. Verkehrsfahrzeuge **2** (1958) 4 181.

Gruntfest, Irving J. and *Lawrence H. Shenker:* The behavior of reinforced plastics at very high temperatures. Prepr. 13th Ann. Techn. & Management Conf., Reinforced Plastics Div., Sect. 8-D 1958 10 p. 4 ref.

Gruntfest, I. J. and *L. H. Shenker:* Behavior of reinforced plastics at very high temperatures. Modern Plastics **35** (1958) 10 155—156, 158, 160, 162, 163, 166, 235, 236; Konstruktion **11** (1959) 7 275—276.

Hagen, Harro: Glasfaser-Polyester-Kunststoffe. „Leichtbau-Konstruktionen", VDI-Ber. Bd. 28 1958 59—65 9 Lit.-St.

Hartman, A.: The effect of the relative humidity of the air during fabrication on the mechanical properties of glass fabric reinforced plastics. NLL TN M 2045 Jan. 1958 14 p.; J. Roy Aeron. Soc. **62** (1958) 574 768; Index Aeron. **14** (1958) 9 103; AMR **12** (1959) 3 174.

Hess, W.: Glasfaserverstärkte Kunststoffe — neue Werkstoffe für die Metallindustrie. Technica **7** (1958) 6 229—234, 247—250, 7 311—312; Leichtbau d. Verkehrsfahrzeuge **2** (1958) 3 138.

Horton, Richard C. and *Henry S. Falls:* Glass fabric-base physical properties as a function of finishing variables. Prepr. 13th Ann. Techn. & Management Conf., Reinforced Plastics Div., Sect. 2-E 1958 3 p. 12 ref.

Jackson, Roger S.: Reliable properties can be guaranteed despite many cantankerous variables. Prepr. 13th Ann. Techn. & Management Conf., Reinforced Plastics Div., Sect. 3-E 1958 8 p. 4 ref.

Kies, J. A. and *R. E. McVicker:* Tensile strength of glass fibers. Prepr. 13th Ann. Techn. & Management Conf., Reinforced Plastics Div., Sect. 2-F 1958 6 p. 19 ref.

McGarry, F. J.: Resin-glass bond characteristics. Prepr. 13th Ann. Techn. & Management Conf., Reinforced Plastics Div., Sect. 11-B 1958 8 p. 4 ref.

Miller, Norman B. and *Eric L. Strauss:* Effects of elevated temperature and erosion on reinforced plastic laminates. Prepr. 13th Ann. Techn. & Management Conf., Reinforced Plastics Div., Sect. 8-B 1958 10 p.

Miller, N. B. and *E. L. Strauss:* Heat-blast erosion effects on reinforced plastic laminates. SPE-J. **14** (1958) Febr. 37—40, 69; Aero Space Engng. **17** (1958) 6 92.

Norris, C. B. and *J. T. Heller:* Mechanism of reinforcement of reinforced plastics. WADC TR 58-356 May 1958 32 p.; AMR **12** (1959) 6 410.

Otsuki, S.: On the strength of the glass fiber reinforced polyester (damage of the glass-cloth by pressing and influence of moisture and dryness). Bull. Jap. Soc. Mech. Engrs. **1** (1958) 3 244—250; AMR **12** (1959) 10 694.

Raech, Harry jr. and *Frederick F. Harris:* Optimum aromatic-amine hardened epoxy-glass laminates. Prepr. 13th Ann. Techn. & Management Conf., Reinforced Plastics Div., Sect. 1-E 1958 14 p.

Read, W. J.: Die mechanischen Eigenschaften glasgewebeverstärkter Plaste bei höheren Temperaturen. Brit. Plastics **31** (1958) Nov. 432—437; Plaste u. Kautschuk **6** (1959) 3 145.

Russell, E. W.: Chemical finishes for glass and their influence on the properties of glass-fibre laminates. Roy. Aircr. Establ. Rep. Chem. 516 Febr. 1958 19 p. 21 ref.

Salzinger, Sam G. and *Henry M. Toellner:* A new high strength molding material. Prepr. 13th Ann. Techn. & Management Conf., Reinforced Plastics Div., Sect. 9-E 1958 7 p.

Sauer, Hubert: Kunstharze für glasfaserverstärkte Kunststoffe. Kunststoffe **48** (1958) 5 205—212 [1.324.43].

Schwarz, H.: Glasfaserverstärkte Plastwerkstoffe im Bootsbau. Plaste u. Kautschuk **5** (1958) 11 425—427 [6.253.3].

Segal, C. L.: Mechanical properties of glass-reinforced casting resins. Prepr. 13th Ann. Techn. & Management Conf., Reinforced Plastics Div., Sect. 2-D 1958 12 p.

Sheppard, H. R. and *R. H. Calderwood:* Physical properties of transfer and compression molded premix materials. Prep. 13th Ann. Techn. & Management Conf., Reinforced Plastics Div.: Sect. 9-C 1958 10 p.

Smith, A. L. and *J. R. Lowry:* Some factors influencing the durability of glass reinforced polyesters. Prepr. 13th Ann. Techn. & Management Conf., Reinforced Plastics Div., Sect. 6-B 1958 16 p. 7 ref.

Smith, A. L. and *W. G. Carson:* The influence of several resin and process variables on polyester laminate properties. Prepr. 13th Ann. Techn. & Management Conf., Reinforced Plastics Div., Sect. 11-D 1958 14 p. 5 ref.

Stevens, G. H.: Mechanical properties of plastic laminates. FPL Rep. 1820 D Jan. 1958 15 p.

Techel, J.: Über die Kunststoff-Verstärkung durch vollsynthetische organische Faserstoffe. Plaste u. Kautschuk **5** (1958) 5 181—184.

Toner, S. D., Irvin Wolock and *F. W. Reinhart:* Effects of molding pressure on properties of glass-fiber reinforced plastics. SPE-J. **14** (1958) June 40—45; Aeron. Space Engng. **17** (1958) 10 81.

Turunen, L. u. *B. Berndtsson:* Einflüsse auf die Durchsichtigkeit von Glasfaser-Polyester-Kunststoffen. Kunststoffe **48** (1958) 5 200—204.

Wende, A.: Gießharz-Mineralfaser-Werkstoffe. II, III. Plaste u. Kautschuk **5** (1958) 8 299—303, 12 451—454.

Werren, F.: Weathering of glass-fabric-base plastic laminates. WADC TR 55-139 Suppl. I. June 1958 16 p.

Winter, Hermann, Günter Niederstadt u. *Werner H. Boehm:* Untersuchungen von Glasfaserpolyester-Kunststoffen zur Verwendung im Flugzeug- und Fahrzeugbau. Anhang: Bibliographie über glasfaserverstärkte Kunststoffe und deren Randgebiete. 2 Teile. DFL, Braunschweig, Inst. Flugzeugbau, Ber. 97, 97b (F-58-01) 1958 89 S., 135 S. 639 Lit.-St.; ZFW **6** (1958) 11 341.

Zeilberger, Ernest J. and *Joel H. Lieb:* Properties of structural reinforced plastics. Aviation Age **30** (1958) 2 90.

Ziegler, Mandell S., William H. Calkins and *Walter M. Edwards:* Properties of reinforced plastics made from acrylic sirups. Prepr. 13th Ann. Techn. & Management Conf., Reinforced Plastics Div., Sect. 1-D 1958 10 p.

— Pre-impregnation materials for reinforced plastics. Plastics **23** (1958) 253 353—356.

— Reinforced plastics conference. Summaries of some of the papers and points from the discussions. Aircr. Engng. **30** (1958) 358 372—373.

Beals, Thomas H., Tomas G. Tan and *Charles B. Sias:* The effect of molding temperatures on reinforced plastics products. Prepr. 14th Ann. Techn. & Management Conf., Reinforced Plastics Div., Sect. 1-C 1959 6 p.

Beér, Franz: Das Verhalten faserstoffverstärkter Kunststoffe bei Biegebeanspruchung. Z. VDI **101** (1959) 22 1045—1050.

Beér, F.: Festigkeitseigenschaften von glasfaserverstärktem Epoxyharz. Z. VDI **101** (1959) 22 1051—1052.

Boller, K. H.: Effect of long-term loading on glass-reinforced plastic laminates. Prepr. 14th Ann. Techn. & Management Conf., Reinforced Plastics Div., Sect. 6-C 1959 14 p. 18 ref.

Calderwood, R. H. and *A. J. Bush:* Tensile-impact measurements on reinforced plastics. Prepr. 14th Ann. Techn. & Management Conf., Reinforced Plastics Div., Sect. 12-C 1959 8 p.

Chambers, R. E. and *F. J. McGarry:* Shear effects in fiberglass reinforced plastics laminates. Prepr. 14th Ann. Techn. & Management Conf., Reinforced Plastics Div., Sect. 16-C 1959 6 p.

Chambers, R. E. and *F. J. McGarry:* Shear effects in glass fiber reinforced plastics laminates. ASTM Bull. 238 May 1959 38—41.

Clark, H. and *B. M. Vanderbilt:* A new hydrocarbon thermosetting resin for reinforced plastics. Prepr. 14th Ann. Techn. & Management Conf., Reinforced Plastics Div., Sect. 17-C 1959 6 p.

Desai, M. B. and *F. J. McGarry:* Failure mechanisms in glass fiber reinforced plastics. ASTM Bull. 239 July 1959 76—79.

Desai, M. B. and *F. J. McGarry:* Failure mechanisms in fiberglass reinforced plastics. Prepr. 14th Ann. Techn. & Management Conf., Reinforced Plastics Div., Sect. 16-E 1959 5 p.

Dixmier, G.: Reflexions sur les informations connues sur la résistance des fibres de verre. AGARD Rapp. 247 Avril 1959 11 p. 16 réf.

Doyle, Charles D.: Reinforcing action of glass and organic fibers in epoxy laminates. Modern Plastics **37** (1959) 3 143—148, 152, 198, 200 17 ref.

Gruntfest, I. J., *L. H. Shenker* and *V. N. Saffire:* The behavior of reinforced plastics at very high temperatures. Prepr. 14th Ann. Techn. & Management Conf., Reinforced Plastics Div., Sect. 2-A 1959 12 p. 17 ref.

Gruntfest, J., *L. H. Shenker* and *V. N. Saffire:* Behaviour of reinforced plastics at very high temperatures. Modern Plastics **36** (1959) 8 124—134; Plaste u. Kautschuk **6** (1959) 8 399.

Hagen, Harro: Neuere Harze und Fasern für Glasfaserkunststoffe. Kunststoffe **49** (1959) 2 59—62 [1.324.40].

Hagen, Harro: Verbesserte Eigenschaften von Glasfaserkunststoffen und deren Prüfung. Kunststoffe **49** (1959) 3 127—129.

Hagen, Harro: Fortschritte in der Verarbeitung und Anwendung von Glasfaserkunststoffen. Kunststoffe **49** (1959) 4 173—176.

Haythornthwaite, E.: L'influenza della composizione del tessuto sui laminati rinforzati con fibra di vetro. (Einfluß des Gewebeaufbaues in glasfaserverstärkten Schichtstoffen.) Poliplasti e Plasticirinforzati **7** (1959) 35 57—65.

Johnson, G. B., *A. L. Meader* and *C. F. Perizzolo:* Properties of isophthalic acid unsaturated polyesters at elevated temperatures. Prepr. 14th Ann. Techn. & Management Conf., Reinforced Plastics Div., Sect. 17-A 1959 6 p. 3 ref.

Laporte, F.: Les plastiques armés. Usine Nouvelle (1959) S. H. Frühjahr 135—144.

Lenzini, M.: Il plastico rinforzato de poliestere con fibre di vetro. Materie plast. **25** (1959) 10 828—832.

Lenzini, M.: Polyesters armés de fibres de verre. Ind. Plast. mod. **11** (1959) 10 29—32.

Martin, H. u. *U. Renner:* Ein einfaches Verfahren zur Bestimmung der Haftfestigkeit zwischen Textilgewebe und Kunstharz. Plaste u. Kautschuk **6** (1959) 7 327—328; Adhäsion **3** (1959) 8 436.

McGarry, F. J.: Resin-glass bond characteristics. ASTM Bull. 235 Jan. 1959 63—68 4 ref.

Mooney, Rodney D. and *Frederick J. McGarry:* Resin-glass bond study. Prepr. 14th Ann. Techn. & Management Conf., Reinforced Plastics Div., Sect. 12-E 1959 4 p. 3 ref.

Outwater, John, O.: On the flexural failure of cloth reinforced laminates. Prepr. 14th Ann. Techn. & Management Conf., Reinforced Plastics Div., Sect. 6-E 1959 6 p.

Plant, H. T. and *L. S. Lazar:* The effect of one-side transient heating on the mechanical behavior of glass-cloth reinforced laminates. Prepr. 14th Ann. Techn. & Management Conf., Reinforced Plastics Div., Sect. 2-C 1959 12 p. [1.37].

Reinhardt, K.-G.: Festigkeitsprobleme bei glasfaserverstärkten Plastwerkstoffen. Plaste u. Kautschuk **6** (1959) 5 203—207, 210—214 30 Lit.-St.

Ried, H. J. and *Norman Cassie:* Stanpreg P 1. A new polyester preimpregnated glass cloth for elevated temperatures and flame resistance. Prepr. 14th Ann. Techn. & Management Conf., Reinforced Plastics Div., Sect. 13-E 1959 6 p.

(Rossipaul, L.): Kunststoffe und Chemiefasern. Fachbibliographie des deutschsprachigen Schrifttums seit 1945 mit ausführlichem Register. 2. Aufl. Stammheim/Calw.: Verlag Dr. Rossipaul 1959 121 S.

Sidlovsky, J.: New developments in the application of silane glass finishes. Prepr. 14th Ann. Techn. & Management Conf., Reinforced Plastics Div., Sect. 13-F 1959 3 p.

Sonneborn, Ralph H. and *Allan B. Isham:* Ensuring the quality control of structural reinforced plastics panels. Prepr. 14th Ann. Techn. & Management Conf., Reinforced Plastics Div., Sect. 16-F 1959 10 p.

Strauss, Eric L.: Effects of stress concentrations on the strength of reinforced plastic laminates. Prepr. 14th Ann. Techn. & Management Conf., Reinforced Plastics Div., Sect. 3-D 1959 8 p. [1.352.1].

Strauss, E. L.: Effects of stress concentrations on the strength of reinforced plastic laminates. SPE-J. **15** (1959) 10 894—895, 898, 900 [1.352.1]

Stromberg, R. R., W. M. Lee and *A. R. Quassius:* Interfacial properties of polyesters at glass and water surfaces. Mech. Wld. Engng. Rec. **139** (1959) 3481 883—886.

Stromberg, R. R., W. M. Lee, A. R. Quassius, S. B. Newman and *F. W. Reinhart:* Basic factors in glass-resin systems. Prepr. 14th Ann. Techn. & Management Conf., Reinforced Plastics Div., Sect. 16-A 1959 5 p. 16 ref.

Turunen, L. u. *B. Berndtsson:* Einfluß verschiedener Faktoren auf die Härtung ungesättigter Polyester bei erhöhten Temperaturen. Kunststoffe **49** (1959) 1 9—14.

Vanderbilt, Byron M.: Effectiveness of coupling agents in glass-reinforced plastics. Modern Plastics **37** (1959) 1 125—127, 130, 132, 198, 200 12 ref.

Weisbart, H.: Alkalihaltige Glasfasern in verstärkten Polyesterharzen. Einwirkung von Feuchtigkeit. Kunststoff-Rdsch. **6** (1959) 10 431—439.

Weiss, Marshall D.: Mechanical fasteners for glass reinforced plastics. Prepr. 14th Ann. Techn. & Management Conf., Reinforced Plastics Div., Sect. 3-C 1959 18 p.

Wood, R. P., J. S. White and *T. E. Philipps:* Fibrous glass reinforcements for epoxies. Prepr. 14th Ann. Techn. & Management Conf., Reinforced Plastics Div., Sect. 13-D 1959 8 p.

— Einfluß des Preßdruckes bei der Herstellung von Polyester-Glasfaser-Schichtstoffen. Kunststoffe **49** (1959) 2 98.

— Reinforced plastics. Plastics **24** (1959) 262 287—288.

Leichte Kunststoffe, insbesondere Schaumstoffe **1.324.313**

Salzmann, G.: Schaumkunststoffe und ihre Entwicklung. Gummi u. Asbest **8** (1955) 10 530, 532, 534, 536.

Brenner, W.: Foam plastics. Mater. & Meth. **43** (1956) 6 143—158; Konstruktion **9** (1957) 2 71—72.

Setterholm, Vance C. and *Edward W. Kuenzi:* Effect of moisture sorption on weight and dimensional stability of alkyd-isocyanate foam core. WADC Techn. Rep. 56-86 (AD 97289) Sept. 1956 26 p.; Aeron. Engng. Rev. **16** (1957) 10 148.

Wahl, Norman E.: Materials and fabrication techniques for structural heat-resistant plastic sandwiches. Aeron. Engng. Rev. **15** (1956) 2 34—36; Luftf.-Techn. **2** (1956) 3 V; Index Aeron. **12** (1956) 3 90. [2.6].

Cornwell, A. C., D. B. V. Parker and *L. N. Phillips:* Foamed-in-place techniques with sebalkyd and flexalkyd resins. Roy. Aircr. Establ. TN Chem. 1295 Febr. 1957 22 p.; Aeron. Engng. Rev. **16** (1957) 9 149.

Graham, D. L.: Self-expanding thermoplastic foam. Mater. & Meth. **45** (1957) Apr. 142—144; Raketentechn. u. Raumforsch. **1** (1957) 3 85; Aeron. Engng. Rev. **16** (1957) 7 146, 148.

Krause. H. H.: Kunststoffschäume. Kunststoff-Rdsch. (1957) 7 297—300.

Paffrath, H. W.: Mechanisches Verhalten von weichen Schaumstoffen. Kunststoffe **47** (1957) 1 26—28.

— Weiche Schaumkunststoffe. Modern Plastics **35** (1957) Sept. 115—121, 238, 250; Kunststoffe **48** (1958) 1 P7—P8.

Baumann, H.: Eigenschaften geschäumter kalthärtender Harnstoff-Formaldehydharze. I. Kunststoffe **48** (1958) 8 362—364.

Blank, F.: Bemerkungen zu O. Nehrings Aufsatz „Über die Bestimmung der Wasseraufnahme von Schaumstoffen". Plaste u. Kautschuk **5** (1958) 9 345—347.

Childers, Sidney and *Sidney Allinikow:* The development of a non-adhering chemically foamed-in-place polyurethane cushioning material for packaging purposes. WADC Techn. Rep. 57-682 (AD 142282) Jan. 1958 18 p. [6.28].

Hoppe, Peter: Kunststoffe als Leichtbaustoffe. „Leichtbau-Konstruktionen", VDI-Ber. Bd. 28 1958 67—73 13 Lit.-St.

Ikert, Boris: Verarbeitung und Anwendung von Schaumkunststoffen. Z. VDI **100** (1958) 12 492—497 18 Lit.-St.

Lindemann, Herbert: PVC-Zellmaterial nach dem Hochdruck-Gasverfahren. Kunststoffe **48** (1958) 5 194—199. [2.6].

McClintock, R. M.: Low temperature properties of plastics foams. SPE-J. **14** (1958) 11 36—38.

Riese, Wolfram A.: Plastisol-Schaumprodukte. Kunststoffe **48** (1958) 12 596—597.

Saffran, G.: Schaumstoffe auf Kautschukbasis. Herstellung, Prüfung und Verwendung von Gummi mit zelliger Struktur. Plaste u. Kautschuk **5** (1958) 1 22—24, 2 73—74, 3 110—112, 4 145—146, 5 190—192, 6 224—225, 9 353—355; Adhäsion **2** (1958) 5 229, 234—235. [1.324.32].

Scott, D. D.: Selection and application of epoxy foams. Machine Design **30** (1958) 12 127—129.

Haarlammert, Friedrich: Zuverlässige Verklebung von Schaumstoffen. Plastverarbeiter (1959) 7 257—258; Adhäsion **3** (1959) 8 435.

Mitchell, R. G. B. and *D. Smith:* Phenolic resin foams. I. Development of a new material. II. Methods of foaming and applications. Plastics **24** (1959) 257 44—45, 258 85—87.

Nickerson, W. H.: Epoxydharz-Schäume. Plaste u. Kautschuk **6** (1959) 10 480—481, 483.

Phillips, T. L.: Rigid polyurethane foam in the building industry. Brit. Plastics **32** (1959) 1 20—23; Plaste u. Kautschuk **6** (1959) 5 240.

Stastny, Fritz u. *Klaus Köhling:* Schaumstoffe aus Styropor als Isoliermaterial. Kunststoffe **49** (1959) 12 727—735.

Stastny, Fritz: Schaumkunststoffe, ihre Herstellung, Eigenschaften und Anwendung. Chemiker-Ztg. **83** (1959) 19 651—656.

Supnik, R. H. and *M. Silberberg:* Properties of foams and laminates under shock loading. SPE-J. **15** (1959) 1 43—47. [1.324.312.2].
Wick, G., D. Homann u. *P. Schmidt:* PVC-Schaumstoffe, hergestellt unter Verwendung von festen Treibmitteln. Kunststoffe **49** (1959) 8 383—390.

Gummi 1.324.32

Naunton, W. J. S.: What every engineer should know about rubber. Brit. Rubber Devel. Board London 1954 128 p.; Subscr.: Int. Kautschuk-Büro Zürich 2. [2.531].
Painter, G. W.: Dynamic characteristics of silicone rubber. Trans. ASME **76** (1954) 7 1131—1135; Konstruktion **8** (1956) 1 31—32.
Andresen, A.: Eigenschaften und Prüfung von Schaumgummi. Umschau **55** (1955) 6 163—165.
Baldwin, F. P., J. E. Ivory and *R. L. Anthony:* Experimental examination of the statistical theory of rubber elasticity; low extension studies. J. Appl. Phys. (New York) **26** (1955) 6 750—756 15 ref.
Blow, C. M.: Natural and synthetic rubbers for the aircraft industry. J. Soc. Lic. Aircr. Engrs. (1955) June 8—11.
Fisher, Harry L.: Elastomers. Industr. & Engng. Chem. **47** (1955) 9 Pt. II 1963—1972 173 ref.; Aeron. Engng. Rev. **14** (1955) 12 92.
Leitner, M.: Young's modulus of crystalline, unstretched rubber. Trans. Faraday Soc. **51** (1955) 7 1015—1021 9 ref.
McCallion, H. and *D. M. Davies:* Behaviour of rubber in compression under dynamic conditions. Proc. IME **169** (1955) 57 1125—1132 disc. 1133—1140 49 ref.; Instn. Mech. Engrs. Prepr. 1956 10 p. 20 ref.; Chartered Mech. Engr. (1955) Sept. 330—331; Index Aeron. **12** (1956) 6 127; Konstruktion **9** (1957) 8 330—331; Aeron. Engng. Rev. **16** (1957) 3 142.
Peters, Henry: Hard rubber. Industr. & Engng. Chem. **47** (1955) 9 Pt. II 2020—2022 33 ref.; Aeron. Engng. Rev. **14** (1955) 12 92.
Wilson, B. J.: Gummi und verwandte Stoffe als korrosionsfeste Werkstoffe. Corrosion Technol. **2** (1955) 4 107—112; Werkstoffe u. Korrosion **7** (1956) 1 42.
Volterra, E., R. A. Eubanks and *D. Muster:* An investigation of the dynamic properties of plastics and rubber-like materials. Proc. SESA **13** (1955) 1 85—96; AMR **9** (1956) 7 300. [1.324.31].
Braley, S. A. jr.: Properties and applications of silicone rubber. Amer. Soc. Mech. Engrs. Semiann. Meeting, Cleveland, Ohio, June 1956 Pap. 56-SA-53 5 p.; AMR **10** (1957) 5 201.
Ecker, R.: Temperaturbeständigkeit statischer und dynamischer Verformungseigenschaften von Kautschuk-Vulkanisaten und anderen Hochpolymeren. Kautschuk u. Gummi **9** (1956) 2 WT31—38 25 Lit.-St.
Fisher, H. L.: Elastomers. Industr. & Engng. Chem. **48** (1956) 9 Pt. II 1710—1720.
Gates, G. H. and *W. M. Larson:* Polyurethane rubber as a material of construction. Amer. Soc. Mech. Engrs. Semiann. Meeting, Cleveland, Ohio, June 1956, Pap. 56-SA-55 3 p.; Index Aeron. **12** (1956) 9 97; AMR **10** (1957) 4 155.
Gates, G. H. and *W. M. Larson:* Polyurethane rubber as a material of construction. Mech. Engng. **78** (1956) 11 1016—1018.
Matthäi, G.: Plastisch-elastisches Verhalten von Naturkautschuk und Buna bei Schallfrequenzen. Plaste u. Kautschuk **3** (1956) 6 136—139.
de Meij, S. u. *G. J. van Amerongen:* Dynamisch-mechanische Eigenschaften von Kautschuk-Mischungen. Kautschuk u. Gummi **9** (1956) 3 WT 56—66 28 Lit.-St.
Müller, F. H.: Betrachtungen zum Zug-Dehnungs-Verhalten von Kautschuk. Kautschuk u. Gummi **9** (1956) 8 SW 197—205 14 Lit.-St.
Smith, E. A.: Rubber in aviation. Aeronautics (1956) Dec. 47—48; Aeron. Engng. Rev. **16** (1957) 3 142.

Smith, F. M., T. F. Lavery, R. A. Hayes, L. J. Kitchen and *Sydney Smith:* Development of high temperature resistant rubber compounds. WADC Techn. Rep. 56-331 (AD 110643) Dec. 1956 248 p. 253 ref.

Bueche, F.: Mechanical properties of natural and synthetic rubbers J. Polymer Sci. **25** (1957) 305—324 7 ref.; Rubber Chemistry & Technol. **31** (1958) 1 1—18 7 ref.

Buettner, G. S. and *C. R. McGill:* New rubber beats heat — high-temperature butyl. Product Engng. **28** (1957) 11./11. 90—91; Aeron. Engng. Rev. **17** (1958) 3 108.

Caprino, J. C. and *Richard M. Savage:* New silicone rubber combines tensile strength and heat resistance. Aviation Age **28** (1957) July 58—63; Aeron. Engng. Rev. **16** (1957) 10 148.

Dyckes, G. W.: Development of fluoro-silicone elastomers. WADC Techn. Rep. 55-220 Pt. III (AD 131044) Sept. 1957 55 p. 14 ref.

Goss, W.: Plastics and rubbers. Mech. Engng. **79** (1957) 8 727—730. [1.324.31].

Kilbourne, F. L. jr., A. S. Kidwell and *T. S. Moroney:* Selecting silicone rubbers. II. Properties, design and fabrication. Mater. & Meth. **45** (1957) 6 114—119; Aeron. Engng. Rev. **16** (1957) 9 149.

Kuwschinski, E. W. u. *M. M. Fomitschewa:* Einfluß des Molekulargewichts des Kautschuks auf die dynamisch-mechanischen Eigenschaften der Gummis. J. Techn. Physik (Moskau) **27** (1957) 1019—1028; Plaste u. Kautschuk **5** (1958) 2 76—77.

Payne, A. R.: Der Einfluß der Gestalt von metallgebundenem Kautschuk auf die statischen und dynamischen Spannungs-Dehnungseigenschaften beim Zusammenpressen. Rubber Chem. Technol. **30** (1957) 215—217; Plaste u. Kautschuk **5** (1958) 1 32.

Riley, Malcolm W.: A guide to synthetic rubbers. Mater. in Design Engng. **46** (1957) Sept. 129—148; Aeron. Engng. Rev. **16** (1957) 12 126.

Ames, J. and *G. H. Laycock:* Tensile testing of silicone rubber. Rubber & Plastics Age **39** (1958) 5 371, 373, 375.

Bartholomew, E. R.: Elastomers for high temperature applications. AGARD Rep. 178 March/Apr. 1958 23 p.; J. Roy. Aeron. Soc. **62** (1958) 575 844; Index Aeron. **14** (1958) 11 117.

Blank, F.: Die Feuchtigkeitsaufnahme von Plasten und Kautschuk in mathematischer Behandlung. Plaste u. Kautschuk **5** (1958) 9 348—352. [1.324.31].

Claxton, E. E.: Stress-strain equation for rubber in tension. J. Appl. Phys. (New York) **29** (1958) 10 1398—1406 19 ref.

Dellaria, J. F.: Outlook for 600 deg F silicone rubbers. Aviation Age **29** (1958) 6 60—64.

Hayes, R. A., F. M. Smith, W. A. Smith and *L. J. Kitchen:* Development of high temperature resistant rubber compounds. WADC Techn. Rep. 56-331 Pt. II (AD 151003) Febr. 1958 172 p. 16 ref.

Kittner, R. H.: Properties and applications of urethane rubber. Machine Design **30** (1958) 6./3. 118—124.

Mason, P.: High-speed fracture in rubber. J. Appl. Phys. (New York) **29** (1958) 8 1146—1150 16 ref.

Payne, A. R.: Equivalent effects of time and temperature in the deformation of elastomers. Plastics **23** (1958) 248 182—184 12 ref.

Saffran, G.: Schaumstoffe auf Kautschukbasis. Herstellung, Prüfung und Verwendung von Gummi mit zelliger Struktur. Plaste u. Kautschuk **5** (1958) 1 22—24, 2 73—74, 3 110—112, 4 145—146, 5 190—192, 6 224—225, 9 353—355; Adhäsion **2** (1958) 5 229, 234—235. [1.324.313].

Wood, L. A.: Stress-strain relation of pure gum-rubber vulcanizates in compression and tension. J. Res. Nat. Bur. Stands. **60** (1958) 3 193—199; AMR **12** (1959) 1 27.

Wood, L. A.: The elasticity of rubber. Rubber Chemistry & Technol. **31** (1958) 5 959—981 53 ref.

— Polyurethane synthetic rubber. Plastics **23** (1958) 255 458—460.

— The synthesis of Cis rubber. Plastics **23** (1958) 251 305—307 5 ref.

le Bras, J.: Nouvelles considérations sur les problèmes de vieillissement du caoutchouc. Rev. Gén. Caoutchouc **36** (1959) 1 80—84 28 réf.

Chéritat, R.: Étude de quelques propriétés de mélanges caoutchouc-protides. Rev. gén. Caoutchouc **36** (1959) 7/8 C 1027—1032.

Garner, F. H., A. H. Nissan and *J. Walker:* Experimental investigations of normal stresses in sheared viscoelastic systems. Industr. & Engng. Chem. **51** (1959) 7 858—859.

Giles, C. G. et *B. E. Sabey:* Récentes recherches sur le rôle de l'hystérésis du caoutchouc au cours de mesures de résistance au glissement. Rev. gén. Caoutchouc **36** (1959) 10 1412—1418.

Knipp, Ulrich: Vulkollan als Konstruktionswerkstoff für den Maschinenbau. Z. VDI **101** (1959) 9 350—356.

Luttropp, H.: Die Bedeutung plastisch eingestellter Synthesekautschuke für die Gummiindustrie. Plaste u. Kautschuk **6** (1959) 4 155—168 27 Lit.-St.

Moakes, R. C. W.: Behaviour of rubber at high temperatures. Rubber J. and Int. Plastics **137** (1959) 10 370—373.

Saffran, G.: Die Herstellung von Schaumgummi — Allgemeine Übersicht über bekannte Verfahren. Plaste u. Kautschuk **6** (1959) 8 389—392.

Schick, Joachim: Gummi als Bau-Element zur Schwingungsbeeinflussung. „Schwingungstechnik", VDI-Ber. Bd. 35 1959 107—113.

Smith, F. M.: Properties of elastomers up to 550°F. Rubber World **139** (1959) 4 533—541, 5 699—701; Plaste u. Kautschuk **6** (1959) 6 290.

Leime und Klebstoffe   **1.324.4**

Allgemeines   **1.324.40**

Plath, Erich: Klebstoffe im Holzflugzeugbau. Holz-Zbl. **81** (1955) 101 1203 [6.254.0].

Badley, S. R.: The role of adhesives in industry. Plastics Inst. Trans. J. **24** (1956) 58 337—345; Holz als Roh- u. Werkstoff **15** (1957) 11 486.

Howell, W. J.: Glues for woodworking. Wood **21** (1956) 2 58—60.

(Winter, Hermann:) Leime. Unterlagen und Richtlinien für den Holzflugzeugbau. Ber. B V. DFL, Braunschweig. Inst. Flugzeugbau 1956 30 S. 33 Lit.-St.

— Durability of water-resistant woodworking glues. FPL Rep. 1530 rev. Sept. 1956 41 p.

Bernhard, Paul: Technologie der Klebstoffe. Techn. Rdsch. (Bern) **49** (1957) 9 25—31, 10 29—31.

Brouse, Don: The ideal glue — how close are we? Forest Products J. **7** (1957) 5 163—167 21 ref.

Sauer, E.: Neuere Fortschritte der Forschung über Gelatine und Glutinleime. Adhäsion **1** (1957) 5 197—201.

Lübbert, Wolfgang: Vielseitige Aufgaben für Leime und Klebstoffe. Chem. Industrie (1958) 4 137—140; Adhäsion **2** (1958) 5 227.

Dupont, W.: Wissenswertes über Leim- und Klebertypen. Int. Holzmarkt (1959) 11 26, 28.

Gould, Bernhard: Guide to adhesives selection. Adhesives Age **2** (1959) 3 19—23; Leichtbau d. Verkehrsfahrzeuge **3** (1959) 4 142.

Hagen, Harro: Neuere Harze und Fasern für Glasfaserkunststoffe. Kunststoffe **49** (1959) 2 59—62. [1.324.312.3].
— "Hot melt" adhesives. Adhesives and Resins **7** (1959) 12 113—116.

Tierische Leime   **1.324.41**

Narayanamurti, D. and *B. K. Handa:* Rheology of adhesives. Kolloid-Z. **135** (1954) 3 140—150 7 ref.
Bubser, W.: Untersuchungen an modifizierten Glutinleimen. Diss. TH Stuttgart 1955.
— Animal glues: Their manufacture, testing, and preparation. FPL-Rep. 492 June 1955 13 p. 13 ref.
— Blood albumin glues: Their manufacture, preparation, and application. FPL-Rep. 281-2 March 1955 6 p.
Tschirch, Erich u. *Horst Liese:* Tierische Leime für neuzeitliche Verarbeitungs-methoden. Holz als Roh- u. Werkstoff **14** (1956) 3 101—104 6 Lit.-St.
Baker, A.: The tropical durability of wood assembly adhesives. Final note. Roy. Aircr. Establ. TN Chem. 1294 Jan. 1957 24 p. 12 ref.; Aeron. Engng. Rev. **16** (1957) 8 144.
Blankenstein, Curt: Neuere Formen der tierischen Leime. Holztechnik **37** (1957) 8 299—301, 303.
Surre, E.: Blutalbumin, seine Gewinnung und Anwendung. Adhäsion (1957) 6 248—251; Holz als Roh- u. Werkstoff **16** (1958) 11 450.
Walsh, H. C.: Fish glue. Adhesives Age (1958) 3 31—32; Adhäsion **3** (1959) 4 192.
Gill, R. C.: Animal glues for assembly and edge gluing. Forest Prod. J. **9** (1959) 6 11A—13A.
Krames, V.: Modifizierte Glutinleime. Int. Holzmarkt (1959) 11 35.

Pflanzenleime   **1.324.42**

Narayanamurti, D. and *R. C. Kohli:* Adhesives from the proteins of sterculia urens seed. Composite Wood (1959) 1 1—8; Adhäsion **3** (1959) 6 304.
Narayanamurti, D. u. *R. C. Kohli:* Ein neues Streckmittel für Klebestoffe aus Reisschalen. Kunststoffe **49** (1959) 6 269—270.

Synthetische Leime und Kitte   **1.324.43**

Kraemer, Otto: Kunstharzstoffe und ihre Entwicklung zum Flugzeugbaustoff. ZFM **24** (1933) 14 387—393, 15 420—426; DVL-Jb. 1933 VI, 69—81.
Ernst, Mathias: Ein neues Kunstharz als Bindemittel für Metalle. Werkstatt u. Betrieb **84** (1951) 467—468.
Ritter, E. J.: Die neueren aushärtenden Kunstharzleime in der Holztechnik. Holz-Zbl. **77** (1951) 120 1485—1488.
Lequeux, P.: Les résines synthétiques en constructions aéronautiques. Techn. et Sci. Aéron. (1952) 6.
Buttrey, D. N.: Trends in phenolic resin applications. Plastics Inst. Trans. J. **21** (1953) 45 7—30; Holz als Roh- u. Werkstoff **14** (1956) 10 414.
Berndtsson, B. u. *L. Turunen:* Wirkung verschiedener Zusätze auf ungesättigte Polyesterharze. Kunststoffe **44** (1954) 10 430—436.
Jahn, H.: Aufbau, Eigenschaften und Anwendung der Epoxydharze. Plaste u. Kautschuk **1** (1954) 3 50—56, 4 83—86.
Jahn, H.: Epoxydharze in der Technik. Technik (Berlin) (1954) (Messe-S.H.) 157—160.
Marmion, W. J.: Epoxide resins in the plastics industry. Plastics Inst. Trans. J. **22** (1954) 47 55—74; Holz als Roh- u. Werkstoff **14** (1956) 10 413.

McCormack, P. H.: Advances in polyvinyl acetate glues for woodworking. J. Forest Prod. Res. Soc. **4** (1954) 5 287—289.

Meyerhans, Konrad: „Araldit"-Kunstharz-Klebemittel für Leichtmetall. Aluminium-Dienst (Wien) (1954) 8 8—12.

Petz, A.: Kunstharze in der holzverarbeitenden Industrie. Chemiker-Ztg. **78** (1954) 4 105—108.

Walter, R.: Moderne Kunstharzleime für die Holzverleimung. Neue Möglichkeiten durch Einsatz neuester Kunststoffe. Holz-Zbl. **80** (1954) 58 715—716.

Black, John M. and *R. F. Blomquist:* Metal-bonding adhesives for high-temperature service. NACA RM 55 F 08 July 1955 22 p.

de Bruyne, Norman Adrian: Les adhésifs dans la construction de pièces travaillantes des avions. Techn. et Sci. Aéron. (1955) 2 116—127; Aeron. Engng. Rev. **14** (1955) 12 92.

Gatzka, K.: Bericht über weitere Untersuchungen mit Kunststoffklebern in der Dentaltechnik. Dtsch. Zahnärztebl. **9** (1955) 17 618—622.

Gould, Bernard: New epoxy adhesive. Mater. & Meth. **42** (1955) 6 140, 142.

McCormack, P. H.: Polyvinyl acetate glues for woodworking. Wood Working Dig. **57** (1955) 1 99—109; Holz als Roh- u. Werkstoff **15** (1957) 7 318.

Mills, J. A.: Modern wood glues. J. Soc. Lic. Aircr. Engrs. (1955) June 12—14; Aeron. Engng. Rev. **14** (1955) 10 142.

Mills, J. A.: P.V.A. woodworking glues. Brit. Plastics **28** (1955) 12 497—499; Holz als Roh- u. Werkstoff **15** (1957) 3 150.

Narracott, E. S.: Recent developments in the curing of epoxide resins. Brit. Plastics **28** (1955) 6 253—256; Holz als Roh- u. Werkstoff **15** (1957) 3 151.

Olson, W. Z. and *R. F. Blomquist:* Polyvinyl resin emulsion woodworking glues. Forest Prod. J. **5** (1955) 4 219—226.

Schäfer, W.: Gieß-, Kleb- und Verbundharze. Plaste u. Kautschuk **2** (1955) 6 135—136.

— Adhesives for metals lamination developed by North American. Amer. Metal Market **62** (1955) 37 11; AB **26** (1955) 4 208.

— Araldite epoxy resins. Some details of the various forms now available and of their uses. Aero Res. TN Bull. 151 July 1955 6 p.

— Klebemittel auf Kautschuk-Basis. Gummi u. Asbest **8** (1955) 8 523—524, 526, 528.

Bandaruk, William: Epoxy-base adhesives in the aircraft industry. SPE-J. **12** (1956) 8 20—23; Leichtbau d. Verkehrsfahrzeuge **1** (1957) 1 25. [1.442.33].

Black, J. M. and *R. F. Blomquist:* Metal-bonding adhesives for high-temperature service. Modern Plastics **33** (1956) 10 225—228, 230, 235—236; Nachr.-Bl. AGM Leichtbau **5** (1956) 11 19; Kunststoffe **46** (1956) 11 521. [1.442.33].

Berndtsson, B. u. *L. Turunen:* Die Härtung ungesättigter Polyesterharze bei niedrigen Temperaturen. Kunststoffe **46** (1956) 1 9—14.

Blomquist, F. R.: High-strength adhesives for metal bonding. Machine Design **28** (1956) 11 99—103; Nachr.-Bl AGM Leichtbau **5** (1956) 12 11 [2.531].

de Bruyne, Norman Adrian: The extent of contact between glue and adherend. Aero Res. TN Bull. 168 Dec. 1956 12 p. 17 ref.

Floyd, E.: Polyamid-Epoxyd-Harze. Modern Plastics **33** (1956) June 238—250; Plaste u. Kautschuk **5** (1958) 9 359.

Grosmangin, J.: Colles à base de polyuréthanes. ONERA TN 29 1956 32 p.; Index Aeron. **12** (1956) 7 110; Aircr. Engng. **28** (1956) 330 285.

Hagen, Gustav: Harnstoff-Formaldehyd-Kondensate als Leime und Bindemittel in der holzverarbeitenden Industrie. Kunststoffe **46** (1956) 2 55—58.

Klema, Fr. u. *Otto Monecke:* Klebstoffe und Bindemittel auf Melaminharzbasis. Garmisch-Partenkirchen: Moser-Verl. 1956 53 S.; Holz als Roh- u. Werkstoff **16** (1958) 8 324.

Kuenzi, Edward W.: Determination of mechanical properties of adhesives for use in the design of bonded joints. FPL-Rep. 1851 Jan. 1956 13 p.; AMR **9** (1956) 6 248 [1.442.33].

Levine, Harold H.: Research on elevated temperature resistant inorganic polymer structural adhesives. WADC Techn. Rep. 55-271 Pt. II (AD 110588) Nov. 1956 24 p.; Aeron. Engng. Rev. **16** (1957) 10 148.

Meyerhans, Konrad: Einige Problemstellungen bei der Herstellung von konstruktiven Metallverbindungen mit Kunstharzen. Z. Metallkde. **47** (1956) 7 506—516; Nachr.-Bl. AGM Leichtbau **5** (1956) 11 19. [1.442.33], [2.531].

Pleines, Ernst Wilhelm: Kunstharz-Klebstoffe und Aluminium-Klebverbindungen. Aluminium **32** (1956) 1 13—20, 3 151—157, 5 257—265; Nachr.-Bl. AGM Leichtbau **5** (1956) 7/8 18, 9/10 12 [1.442.33].

Schirmer, H.: Bestimmung der Topfzeit, der Härtezeit und der Gelatinierungszeit bei ungesättigten Polyesterharzen. Kunststoffe **46** (1956) 12 588—591.

Skeist, Irving: Choosing adhesives for plastics. Modern Plastics **33** (1956) 9 121—123, 126—127, 130, 236.

Spriggs, Richard M., Henry G. Lefort and *Dwight G. Bennett:* Research on elevated temperature resistant ceramic structural adhesives. I, II. WADC Techn. Rep. 55-491 Pt. I (AD 97316) Sept. 1956 90 p., Pt. II (AD 110736) Jan. 1957 65 p. 16 ref.; Aeron. Engng. Rev. **16** (1957) 9 149.

— Epoxy resins used in bonded structures. Aero Dig. **72** (1956) 4 48—50; Adhäsion **2** (1958) 3 129.

— Verbinden von Aluminium durch Klebstoffe. Aluminium-Merkblatt V 6, Düsseldorf: Aluminium-Zentrale 1956 6 S. [1.422.33], [2.531].

— Wann und wie setzt man Harnstoff-Leime ein? Int. Holzmarkt (1956) 5 25—27, 29.

Baker, A. and *M. G. D. Hockney:* The tropical durability of metals adhesives (Interim note). Roy. Aircr. Establ. TN Chem. 1304 March 1957 13 p.; Aeron. Engng. Rev. **17** (1958) 3 108.

Bandaruk, W.: Adhesives for high-temperature applications. Product Engng. (Design Dig. Issue) **28** (1957) 15 G25—G27.

Black, J. M. and *R. F. Blomquist:* Development of metal-bonding adhesive with improved heat resistance. WADC Techn. Rep. 56-650 (AD 118193) Apr. 1957 14 p.; Aeron. Engng. Rev. **16** (1957) 10 148.

Dunn, P. A.: "Araldite" and the light metals. Light Metals **20** (1957) Dec. 389—394; Aero Space Engng. **17** (1958) 5 142.

Franz, K.: Klebemittel für Kunststoffe. Chem.-Techn. Industrie **53** (1957) 22 671—674, Beil. zu: Seifen - Öle - Fette - Wachse **83** (1957) 22; Leichtbau d. Verkehrsfahrzeuge **2** (1958) 2 88.

Gold, Sam: Adhesives for vinyl film laminations. Modern Plastics **34** (1957) 7 208, 210, 296; Adhäsion **2** (1958) 3 131—132.

Green, John G. jr. and *George W. Mays:* Synthetic fiber reinforced thermosetting resins. SPE-J. **13** (1957) Sept. 24—26; Aeron. Engng. Rev. **16** (1957) 12 126.

Hoerner, A. H., M. Cohen and *L. S. Kohn:* Wärmeformbeständigkeit von Epoxydharz-Härter-Kombinationen. Modern Plastics **35** (1957) Sept. 184, 186, 187, 190, 277, 278; Plaste u. Kautschuk **5** (1958) 5 197.

Langsdorf, B. F. T.: Epoxy castings. Product Engng. **28** (1957) June 135—139; Aeron. Engng. Rev. **16** (1957) 9 149.

Lexa, Jaroslav: Vergleichsprüfungen der Lebensdauer des Harnstoff- und des Phenol-Resorzin-Formaldehyd-Leimes. (In tschech., russ., dtsch. u. engl. Zsfssg.) Drevársky Výskum **2** (1957) 1 74—80.

Moult, Roy H. and *William E. St. Clair:* Research on room temperature curing structural adhesives for metals. WADC Techn. Rep. 56—410 Apr. 1957 52 p.

Parker, D. B. V.: The effect of catalysts on the thermal stability of phenolic resins. Roy. Aircr. Establ. TN Chem. 1299 March 1957 14 p.; Aeron. Engng. Rev. **16** (1957) 12 124.

Riel, Frank J. jr. and *M. Bruce Smith:* Elevated temperature resistant silicone structural adhesives for metals. WADC Techn. Rep. 56-533 (AD 118153) March 1957 36 p.; Aeron. Engng. Rev. **16** (1957) 10 148.

Schäfer, W.: Moderne Metallkleber unter besonderer Berücksichtigung der Epoxydharze. Feingerätetechnik **6** (1957) 390—393.

Schmihing, Matthias: Kaurit-Leim, seine Entwicklung und Herstellung. BASF Haus-Z. (1957) 5/6 206—211; Adhäsion **2** (1958) 3 137.

Skark, Leopold: Kunstharzleime und Holzwerkstoffe im Bauwesen. Kunststoffe **47** (1957) 10 592—594. [1.324.25], [1.324.282].

Stecher, Heinz: Polyvinylacetat-Holzleime. Adhäsion **1** (1957) 5 195—197; Holz als Roh- u. Werkstoff **17** (1959) 1 38.

Stierli, R.: Äthoxylinharze als Bindemittel glasfaserverstärkter Kunststoffe. **47** (1957) 8 463—468.

Tompkins, J.: Verwendung von Epoxyharzen. Modern Plastics **35** (1957) Sept. 128—132, 256; Kunststoffe **48** (1958) 1 P 8; Adhäsion **2** (1958) 3 139.

Voss, K.: Eigenschaften von Klebern für Holzfaserplatten. Holz als Roh- u. Werkstoff **15** (1957) 5 235—239 [1.324.281].

— Adhesives in metal bonding. Mech. World & Engng. Rec. **137** (1957) 3451 54—58; Leichtbau d. Verkehrsfahrzeuge **1** (1957) 4 96.

— Silicone adhesive MS 2704. London: Midland Silicones Ltd. Techn. Data Sheet L 22-4 1957 8 p.; Adhäsion **2** (1958) 3 135.

Bäder, E.: Neuartige Klebstoffe und ihre Anwendung. Werkstatt u. Betrieb **91** (1958) 9 565—571; Leichtbau d. Verkehrsfahrzeuge **2** (1958) 5 239 [.1.442.33].

Bassin, J. D.: Neue Epoxydharze. SPE-J. **14** (1958) May 36—38; Plaste u. Kautschuk **5** (1958) 11 440.

Bodnar, M. J. and *W. H. Schrader:* Bonding properties of a solventless cyanoacrylate adhesive. Modern Plastics (1958) 1 142, 144, 146, 148; Adhäsion **3** (1959) 2 108, 5 277—278.

Bursztyn, I.: Phenol-Formaldehyd-Harze zur Metallverklebung. Plaste u. Kautschuk **5** (1958) 4 130—132; Adhäsion **2** (1958) 5 230 [1.442.33].

Clair, W. E. St. and *R. H. Moult:* Room temperature-cured resorcinol epoxide adhesives for metals. Industr. & Engng. Chem. **50** (1958) 6 908—911 9 ref.; Leichtbau d. Verkehrsfahrzeuge **2** (1958) 5 240; Adhäsion **3** (1959) 6 326—327.

Clad, W.: Untersuchungen an PVA-Leimen. Plaste u. Kautschuk **5** (1958) 6 211—216, 7 251—254 38 Lit.-St.; Adhäsion **2** (1958) 5 237, **3** (1959) 1 52. [1.442.32], [2.531].

Cohen, Merrill and *George A. Cypher:* High temperature laminating resins. Industr. & Engng. Chem. **50** (1958) 10 1541—1546 24 ref.; Adhäsion **3** (1959) 6 323—324.

Doussin, L.: Constitution des colles et propriétés des joints collés. ONERA NT 43 1958 16 p.; J. Roy. Aeron. Soc. **62** (1958) 570 465; Aero Space Engng. **17** (1958) 7 73; Index Aeron. **14** (1958) 7 99—100; Aircr. Engng. **30** (1958) 354 245 [1.442.33].

Eickner, H. W.: Evaluation of structural metal-bonding adhesives for bonding glass-fabric laminates to metals. WADC TR 58-364 Apr. 1958 9 p.; AMR **12** (1959) 6 410.

Hadert, Hans: Kunstharze als Klebe-, Binde- und Verdickungsmittel. Adhäsion **2** (1958) 4 147—160, 5 203—208, 6 249 ff., **3** (1959) 1 13—15.

James, R. W. and *R. W. Gormly:* Which adhesive for what. Product Engng. **29** (1958) 11 79—81; Leichtbau d. Verkehrsfahrzeuge **2** (1958) 3 131.

Kilduff, J. T. and *A. A. Benderly:* Conductive adhesive for electronic applications. Electrical Mfg. (1958) June 148—152; Adhäsion **3** (1959) 7 384—385.

Köhler, Rudolf: Zur Systematik der synthetischen Klebstoffe. Kunststoffe **48** (1958) 10 441—444; Adhäsion **3** (1959) 3 161—162.

McClintock, R. M. and *M. J. Hiza:* Epoxy resins as cryogenic structural adhesives. Modern Plastics **35** (1958) 10 172—174, 176, 237; Adhäsion **3** (1959) 6 324—325; Konstruktion **11** (1959)5 196.

Narayanamurti, D. u. *N. R. Das:* Tannin-Formaldehyd-Kleber. Kunststoffe **48** (1958) 10 459—462; Adhäsion **3** (1959) 3 162 [1.442.32].

Nowak, Paul u. *Friedjof Weber:* Epoxydharze und ihre Verwendung in der Elektrotechnik. Elektrotechn. Z. (B) **10** (1958) 4 101—107.

Powis, C. N.: High-temperature adhesives. Developments in metal-to-metal bonding for conditions of high-speed flight. Aircr. Production **20** (1958) 3 88—92; CIBA (ARL) TN 188 Aug. 1958 8 p.; Index Aeron. **14** (1958) 4 124. [1.442.33], [2.531].

Rosenbaum, Harold H.: Structural adhesives. Aviation Age **30** (1958) 2 92.

Sauer, Hubert: Kunstharze für glasfaserverstärkte Kunststoffe. Kunststoffe **48** (1958) 5 205—212 [1.324.312.3].

Selbo, M. L.: Curing rates of resorcinol and phenol-resorcinol glues in laminated oak members. Forest Products J. **8** (1958) 5 145—149; Holz als Roh- u. Werkstoff **17** (1959) 12 499.

Schäfer, W.: Klebstoffe zum Kleben von Metallen. Plaste u. Kautschuk **5** (1958) 9 324—326; Adhäsion **3** (1959) 3 157—158.

Stambler, Irwin: Materials progress: non-metals. Plastics and ceramics can take up to 500 deg F for short periods; adhesives may replace brazing for steel sandwich structures; silicones promising for new elastomers, hydraulic fluids, lubes. Aviation Age **30** (1958) 2 62—64, 66—70 [1.324.31].

Stivala, S. S. and *W. J. Powers:* Improved impact expoxy adhesives. Industr. & Engng. Chem. **50** (1958) 6 935—938 6 ref.; Adhäsion **3** (1959) 3 163—164.

Thomas, J. M.: High-temperature epoxy resins for reinforced plastics. SPE-J. **14** (1958) May 39—40.

Trivisonno, Nicholas M., Lieng Huang Lee and *Selby M. Skinner:* Adhesion of polyester resin to treated glass surfaces. Industr. & Engng. Chem.**50** (1958) 6 912—917 21 ref.; Adhäsion **3** (1959) 6 330—331.

Wetherall, W. F.: Adhesives, their properties and choice. Timber Technol. **66** (1958) 2224 67—69, 2225 133—134; Holz als Roh- u. Werkstoff **17** (1959) 3 118—119, 7 301—302; Adhäsion **3** (1959) 8 436.

Zelinger, J. u. *I. Franta:* Hochtemperaturbeständige Epoxydharze für verstärkte Kunststoffe. Chem. Prumysl (Chem. Industrie, Prag) **8** (1958) 377—381; Plaste u. Kautschuk **5** (1958) 11 440—441.

— Der heutige Stand der Verwendung von Kunststoff-Klebern 27. Januar 1958 im Haus der Technik, Essen. Plaste u. Kautschuk **5** (1958) 9 357—358.

— Kunststoffkleber für Aluminium. Aluminium **34** (1958) 3 169—170.

Béduneau, H.: Les colles à base de caoutchoucs naturel et synthetiques. Rev. Produits Chimiques (1959) 1262 233—238; Adhäsion **3** (1959) 8 436.

Booth, C. C.: Urea resins for hot- and cold-press hardwood plywood. Forest Prod. J. **9** (1959) 6 13A—14A [1.324.25].

Booth, C. C., C. P. Hancock and *J. M. Hine:* Elastomeric adhesives ... their uses in forest products. Forest Products J. **9** (1959) 10 337—339.

Carlson, Carl L.: Adhesives for dissimilar materials. Forest Product J. **9** (1959) 11 431—433.

Chambers, R. E. and *F. J. McGarry:* Resin shrinkage pressures during cure. Prepr. 14th Ann. Techn. & Management Conf., Reinforced Plastics Div., Sect. 12-B 1959 7 p.

Chance, L. H., F. S. Perkerson and *O. J. McMillan:* Phenolic formaldehyde resins as finishing agents for cotton fabrics. Textile Res. J. (New York) **29** (1959) 558—568; Z. gesamte Textilindustrie **61** (1959) 24 1026.

Clark, L. E.: Urea resins for RF and heated-platen edge gluing. Forest Prod. J. **9** (1959) 6 15A—16A [2.532].

Dupont, Werner: Leime und Kleber bei der Kunststoffverarbeitung in der holzverarbeitenden Industrie und im Handwerk. Holz.-Zbl. **85** (1959) 122 1629—1632 [2.531].

Dupont, Werner: Von der PVAc-Dispersion zum weißen Kunstharzleim. Holz-Zbl. **85** (1959) 146 1962.

Greenspan, Frank P., Chris Johnston and *Murray Reich:* Epoxidized polyolefin resins. Modern Plastics **37** (1959) 2 142, 144, 146, 226.

Ivanovszky L.: Wachse als Klebstoffe. Adhäsion **3** (1959) 9 446—450.

Kaelble, D. H.: The dynamic mechanical properties of epoxy resins. SPE-J. **15** (1959) 12 1071—1077.

Kohn, S.: Les résines phénoliques basse pression. Rech. Aéron. (1959) 68 39—46 5 réf.

Kubitzky, Carl: Leime und Kleber bei der Kunststoffverarbeitung. Holz-Zbl. **85** (1959) 136 1828.

Lidařík, M.: Epoxydharze in der ČSR. Plaste u. Kautschuk **6** (1959) 3 103—108 12 Lit.-St.; Adhäsion **3** (1959) 6 304.

McCormack, P. H.: Polyvinyl resins for high-pressure plastic laminating. Forest Prod. J. **9** (1959) 6 16A.

Shearer, Andrew W.: Cutting costs with adhesive bonding. I. Automot. Industries **121** (1959) 1 46—50, 62, 66; Leichtbau d. Verkehrsfahrzeuge **3** (1959) 6 255—256 [1.442.33].

Stecher, Heinz: Zur Technologie der Harnstoffharzleime. Adhäsion **3** (1959) 2 57—59.

Szurrat, J.: Die Technologie industrieller Kleber auf Elastomerbasis. Bitumen, Teere, Asphalte, Peche (1959) 3 102—106; Adhäsion **3** (1959) 6 302—303.

Thomas, J. P.: Accelerated aging tests and life aging properties of aircraft metal adhesives. ASTM Bull. 235 Jan. 1959 58—63.

— Holzleime und Holzkleber. Chem. Rdsch. (Solothurn) (1959) 1 7—10; Adhäsion **3** (1959) 6 326.

— Polyvinylharze als Klebstoffe. Adhäsion **3** (1959) 3 148—157 65 Lit.-St.

— Préparation d'adhésifs à base d'acétate de polyvinyle. Off. Matières Plast. **6** (1959) 63 1038—1040.

— Vielseitige Klebstoffe für alle Anwendungsgebiete. Plastverarbeiter (1959) 7 278—279; Adhäsion **3** (1959) 8 435.

Faserstoffe und Fasererzeugnisse **1.324.5**

Muse, James W. jr.: A study of the effect of temperature on parachute textile materials. WADC Techn. Rep. 54-117 July 1954 41 p.; Aero Space Engng. **17** (1958) 5 136.

Falch, W.: Dynamische Dauerstandversuche an Reifencord in Verbindung mit einer neuen, dynamischen Gebrauchswertprüfung. Diss. TH Aachen 1955.

McCrackin, F. L., H. F. Schiefer, J. C. Smith and *W. K. Stone:* Stress-strain relationships in yarns subjected to rapid impact loading. II. Breaking velocities, strain energies, and theory neglecting wave propagation. J. Res. Nat. Bur. Stand **54** (1955) 5 277—280; AMR **10** (1957) 12 568.

Smith, J. C., F. L. McCrackin and *H. F. Schiefer:* Stress-strain relationships in yarns subjected to rapid impact loading. III. Effect of wave propagation. J. Res. Nat. Bur. Stand. **55** (1955) 1 19—28; AMR **10** (1957) 12 568.

Stone, W. K., H. F. Schiefer and *G. Fox:* Stress-strain relationships in yarns subjected to rapid impact loading. I. Equipment, testing procedure and typical results. J. Res. Nat. Bur. Stand. **54** (1955) 5 269—276; AMR **9** (1956) 9 386.

Adams, N: The shear and Young's moduli of Nylon 66 monofilaments of various orientations and the variation of shear modulus with relative humidity. J. Textil. Inst. **47** (1956) T 530—540.

Akagawa, N. and *S. Kazama:* Behaviour of warp yarns during weaving. I. Effects of repeated strains on filament yarns. Textile Res. Inst., Japan, Bull. 39 Dec. 1956 1—8.

Baker, A.: The mechanical properties and porosity of parachute fabrics. Roy. Aircr. Establ. Rep. Chem. 507 Sept. 1956 61 p. 28 ref.; Aeron. Engng. Rev. **16** (1957) 5 205.

Bickford, Hamilton J., Thomas L. Rusk jr. and *Donald K. Kuehl:* Development of dacron parachute materials. WADC Techn. Rep. 55-432 (OTS PB 121187) Febr. 1956 45 p.; Aeron. Engng. Rev. **16** (1957) 1 136. [6.254.8]

Bickford, Hamilton J., Thomas L. Rusk jr. and *Donald K. Kuehl:* The development of high strength nylon parachute fabrics. WADC Techn. Rep. 55-465 May 1956 32 p.

Cates, David M.: A study of the effects of chemicals on the strengths of nylon and dacron parachute fabrics. WADC Techn. Rep. 56-288 (AD 110558) Nov. 1956 217 p.; Aeron. Engng. Rev. **16** (1957) 10 152.

Cates, David M.: A study of the effects of chemicals on the properties of parachute fabrics. WADC Techn. Rep. 55-340 Suppl. 1 (AD 110524) Nov. 1956 23 p.

Cheney, A. J.: Designing with nylon, practical recommendations for engineering design of nylon parts. I. Working stresses, time and environmental effects. II. Dimensional control, design of gears and bearings. Machine Design **28** (1956) 4 95—102, 5 95—99; Konstruktion **9** (1957) 4 166—167.

Farrow, B.: Extensometric and elastic properties of textile fibres. J. Textile Inst., Trans. (Manchester) **47** (1956) 2 T58—T101; AMR **9** (1956) 7 300.

Goto, H. and *M. Ohashi:* On the strength of the twisted yarn. I. Gifu Univ., Japan, Fac. of Engng., Res. Rep. 6 1956 47—52.

Kaswell, Ernest R. and *Myron J. Coplan:* Development of dacron parachute materials. WADC Techn. Rep. 55-135 (AD 97241) Sept. 1956 154 p.; Aeron. Engng. Rev. **16** (1957) 9 154.

Kawakami, T.: Study on the mechanical properties of textile materials. I. A measurement of flexural rigidity of fibers. (2—3). Textile Res. Inst., Japan, Bull. 38 Nov. 1956 29—57.

Manabe, T.: Studies of twisted yarns. X. The effects of oiling on the breaking strength of rayon tire cords. J. Textile Machinery Soc. (Japan) **9** (1956) 9 606—612.

Shinoda, G., N. Kajiwara and *H. Kawabe:* Dynamical behaviour of a nylon climbing rope. Osaka Univ., Japan, Fac. of Engng., Technol. Rep. **6** (1956) March 43—52; AMR **11** (1958) 5 229.

Sippel, A.: Zur Auffassung des Zerreißvorgangs bei Textilfasern. Reyon, Zellwolle (1956) 5 326—327 8 Lit.-St.

Smith, J. C., F. L. McCrackin, H. F. Schiefer, W. K. Stone and *Kathryn M. Towne:* Stress-strain relationships in yarns subjected to rapid impact loading. IV. Transverse impact tests. J. Res. Nat. Bur. Stand. **57** (1956) 2 83—89; AMR **10** (1957) 12 568.

Stanton, Peter Y.: Development of static line webbing for the T-10 parachute. system. WADC Techn. Rep. 56-257 (AD 110570) Nov. 1956 36 p.; Aeron. Engng. Rev. **16** (1957) 9 154.

Sublette, Richard A.: The effect of five synthetic lubricants on USAF fabrics. WADC Techn. Rep. 55-379 May 1956 10 p.; Aeron. Engng. Rev. **16** (1957) 9 149.

Suzuki, Megumu, Satoru Miyashita and *T. Kanai:* On the influence of the specimen length upon the strength and elongation of a single yarn. J. Textile Machinery Soc. (Japan) **9** (1956) 9 599—605; Japan Sci. Rev., Mech. & Electr. Engng. **3** (1958) 2 128—129.

Swallow, J. E. and *M. Fox:* The seam strength of a nylon fabric. Roy. Aircr. Establ. TN Chem. 1285 Sept. 1956 15 p. 10 ref.

Swallow, J. E.: The extensibility of nylon and terylene fabrics under cyclic stress. Roy. Aircr. Establ. TN Chem. 1289 Nov. 1956 17 p.; Aeron. Engng. Rev. **16** (1957) 5 200.

Winkler, F.: Über die Zusammenhänge zwischen Zug- und Berstversuch an textilen Flächengebilden. Faserforsch. u. Textiltechn. **7** (1956) 5 226—231.

Baker, A., M. Keene and *J. E. Swallow:* Creep and recovery of synthetic yarns and fabrics at room temperature. Roy. Aircr. Establ. TN Chem. 1315 Sept. 1957 21 p.; Aeron. Engng. Rev. **17** (1958) 4 102.

Baker, A. and *E. Mikolajewski:* Mechanical anisotropy of inflatable wing fabrics under biaxial stress. Roy. Aircr. Establ. TN Chem. 1314 Aug. 1957 17 p.

Banke, K.-H.: Zusammenhänge zwischen Drehung, Reißfestigkeit, Bruchdehnung und dem Drehmoment von Baumwoll- und Zellwollgespinsten. Faserforsch. u. Textiltechn. **8** (1957) 12 495—500 10 Lit.-St.

Landstreet, C. B., P. R. Ewald and *J. Simpson:* The relation of twist to the construction and strength of cotton rovings and yarns. Textile Res. J. (New York) **27** (1957) 6 486—492.

Pagliaro, Ernest H.: The development of a coating formulation and method of application for use in nylon double fabric. WADC Techn. Rep. 57-416 ASTIA Doc. No. AD 142094 Nov. 1957 28 p.

Satlow, G. u. *H. Zahn:* Über die Veränderung der Festigkeit und Dehnung von Wolle nach radioaktiver Bestrahlung. Textil-Praxis **12** (1957) 5 419—425 20 Lit.-St.

Saylor, John C.: Weathering resistance of fungicidal vinyl coated cotton fabrics. WADC Techn. Rep. 56-252 (AD 110711) Jan. 1957 33 p.

Shorter, S. A.: The elements of a unified theory of yarn structure and strength. J. Textile Inst., Trans. (Manchester) **48** (1957) 4 T99—T108; AMR **10** (1957) 11 511.

Swallow, J. E.: The shrinkage and extensibility of heated yarns. I, II. Roy Aircr. Establ. TN Chem. 1302 March 1957 22 p., TN Chem. 1319 Oct. 1957 23 p.; Aeron. Engng. Rev. **16** (1957) 12 124; Aero Space Engng. **17** (1958) 6 92.

Wegener, W. u. *B. Duchêne:* Spannung eines hochfesten Reyon in Abhängigkeit von Zeit, Dehnung und relativer Luftfeuchtigkeit. Reyon, Zellwolle **7** (1957) 6 424—428 4 Lit.-St.

Wegener, Walther u. *H. Fourné:* Ursache des Überschreitens der Toleranzgrenze nach oben oder unten (Meter pro Gramm) an der Strecke. Forsch.-Ber. Wirtsch.- u. Verkehrsministerium Nordrhein-Westfalen Nr. 479 1957 47 S.; Melliand Textilberichte **40** (1959) 1 (92).

Winter, Hermann u. *Ingrid Sommermeyer:* Reihenuntersuchungen der Luftdurchlässigkeit und der Festigkeit von 6 Fallschirm-Geweben. DFL, Braunschweig, Inst. Flugzeugbau Ber. 68 1957 48 S.; Index Aeron. **13** (1957) 11 102—103.

Zilahi, N.: Dynamische Spannungsuntersuchungen an Baumwollketten. Periodica Polytechnica (1957) 1 3—4; Textil-Praxis **14** (1959) 1 94.

Zilahi, M. u. *I. Kelemen:* Untersuchungen des Schlichteeffektes an geschlichteten Baumwollgarnen. Acta Techn. Acad. Sci. Hungaricae **18** (1957) 1/2 37—54; Textil-Praxis **14** (1959) 1 94—95.

— Schußfadenspannungen beim Weben. Forsch.-Ber. Wirtsch.- u. Verkehrsministerium Nordrhein-Westfalen Nr. 379 1957 76 S.; Reyon, Zellwolle **9** (1959) 8 545.

Baker, A.: Biaxial stress theory for inflatable wing fabrics: Development of an elliptical bursting test. Roy. Aircr. Establ. TN Chem. 1327 Apr. 1958 20 p.

Coleman, Bernard D., Andrew G. Knox and *William F. McDevit:* The effect of temperature on the rate of creep failure for 66 nylon. Textile Res. J. (New York) **28** (1958) 5 393—399; AMR **11** (1958) 11 617; Melliand Textilberichte **40** (1959) 1 (83/84).

Eeg-Olofsson, T.: Some mechanical properties of viscose rayon fabrics. Textile Manuf. **84** (1958) 550—551.

Feughelman, M.: Mechanical properties of wools fibers. I. Creep in the "Hookean" region of wool fibers in water. J. Text. Inst. Trans. **48** (1958) 8 361—378; AMR **12** (1959) 6 389.

Fuchs, K. H.: Über die Berechnung der Garnfestigkeit aus den Fasereigenschaften. Textil-Praxis **13** (1958) 2 115—120 5 Lit.-St.

Hearle, W. S., H. M. A. E. El-Behery and *V. M. Thakur:* The mechanics of twisted yarns: Tensile properties of continuous-filament yarns. Textile Manufacturing **84** (1958) 513—514; Z. gesamte Textilindustrie **61** (1959) 19 806.

Holden, G.: Tensile properties of fibres at very high rates of extension. Textile Manufacturing **84** (1958) 516—518; Z. gesamte Textilindustrie **61** (1959) 19 806.

Kukin, N. G. u. *A. N. Solov'ev (Solowjew):* Untersuchung der Relaxation der Zugdeformation in textilen Fäden. Faserforsch. u. Textiltechn. **9** (1958) 1 21—30 9 Lit.-St.

Neff, R. J.: Development and evaluation of webbing made from nylon "6". WADC Techn. Rep. 57-538 (AD 151090) March 1958 46 p.

Rigby, B. J.: Mechanical properties of wool fibers. II. Single fibers at 0 % r. h. in the yield region. J. Text. Inst. Trans. **49** (1958) 8 379—383; AMR **12** (1959) 6 389.

Schmutzler, Karl: Dehnbarkeit und Elastizität von Schlichtemitteln. Dtsch. Textiltechn. (1958) 11 542—545; Textil-Praxis **14** (1959) 5 533.

Schutz, R. u. *S. Marguier:* Beitrag zum systematischen Studium des Schlichtens. VII. Einfluß der Fadenspannung beim Schlichten. Bull. Inst. Textile France 72 1958 25—37; Textil-Praxis **14** (1959) 2 202—203.

Sippel, A. u. *E.-H. Hützen:* Zur Abhängigkeit der Reißfestigkeit von Fäden von ihrer Einspannlänge. Faserforsch. u. Textiltechn. **9** (1958) 5 163—167, 6 213—217 5 Lit.-St.

Spark, L. C., G. Darnbrough and *R. D. Preston:* Structure and mechanical properties of vegetable fibres. II. A micro extensometer for the automatic recording of load-extension curves for single fibrous cells. J. Textile Inst., Trans. (Manchester) **48** (1958) T309—316; Z. gesamte Textilindustrie **61** (1959) 3 112.

Standring, P. T. and *K. L. Westrop:* The properties and uses of some terylene polyester core-spun yarns. J. Textile Inst. (Manchester) **49** (1958) 9 P453—471; Z. gesamte Textilindustrie **61** (1959) 3 110; Textil-Praxis **14** (1959) 4 421.

Stout, H. P.: Fibre dimension and some properties of staple viscose yarns. J. Textile Inst. (Manchester) **48** (1958) P472—484 10 ref.; Z. gesamte Textilindustrie **61** (1959) 3 112.

Symes, W. S.: Einfluß des Dralles auf die Dehnungseigenschaften von Nylongarnen und -zwirnen. Nylon Outlook **1** (1958) 3 35; Melliand Textilberichte **40** (1959) 2 (60).

Tatarinow, N. G.: Über den Einfluß der Nummer und der Drehung von Wollzwirnen auf deren mechanische Eigenschaften. Textil-Praxis **13** (1958) 12 1230—1235 9 Lit.-St.

Urbancyk, G. W.: Beitrag zur Frage der Abhängigkeit zwischen Schlagzerreiß-Arbeitsvermögen und submikroskopischer Orientierung der Polycaprolactamfaser. Faserforsch. u. Textiltechn. **9** (1958) 11 488—493 10 Lit.-St.; Z. gesamte Textilindustrie **61** (1959) 5 200.

Walz, Fr.: Metrische Nummer und tex in der Baumwollindustrie. Textil-Praxis **13** (1958) 9 886—889.

— Synthetische Faserstoffe. Fachbibliographie No. 3 Ausg. 1958. Düsseldorf 10: VDI-Dokumentenstelle 1958 164 S.; Melliand Textilberichte **40** (1959) 1 (92).

Blondel, P.: Bedeutung der Luftkonditionierung bei der Verarbeitung von Chemiefasern. Reyon, Zellwolle **9** (1959) 10 645—648.

Bobek, E.: Herstellung und Eigenschaften der Acrylfasern. Textil-Praxis **14** (1959) 3 251—254.

Bobeth, W. u. G. Piechottka: Mikroskopische Quellungsuntersuchungen an mechanisch beanspruchten Polyamidfaserstoffen. Faserforsch. u. Textiltechn. **10** (1959) 10 464—472 6 Lit.-St.

Bröckel, Gerhard: Die Ermittlung von Einzelfaserkennwerten aus einer (Faser-) Kollektiv-Kraft-Dehnungslinie. Textil-Praxis **14** (1959) 8 767—771 7 Lit.-St.

Bubser, W. u. H. Modlich: Erkennung und Unterscheidung von Schäden an Polyamidfasern (Perlon und Nylon). II. Textil-Praxis **14** (1959) 11 1152—1158 17 Lit.-St.

Conrad, C. M.: Mechanical properties of chemically modified cottons. J. Textile Inst., Trans. (Manchester) **50** (1959) 1 T133—T160 39 ref.

Conrad, Carl M.: Über das mechanische Verhalten von cyanoäthylierten Baumwolltextilien. Textile Res. J. (New York) **29** (1959) 4 287—302; Textil-Praxis **14** (1959) 9 960.

Dubach, P.: Vereinfachte Drehungsbestimmung für Garne aus endlosen Fäden. Reyon, Zellwolle (1959) 43—44 3 Lit.-St.; Z. gesamte Textilindustrie **61** (1959) 5 202.

Eeg-Olofsson, T.: Some mechanical properties of viscose rayon fabrics. J. Textile Inst., Trans. (Manchester) **50** (1959) 1 T112—T132 7 ref.

Geitel, K.: Beitrag zur Dehnungsermittlung bei kleinen Einspannlängen. Faserforsch. u. Textiltechn. **10** (1959) 5 204—208 3 Lit.-St.

Groschopp, Heinz: Beitrag zur Untersuchung geschädigter synthetischer Fasern. Textil-Praxis **14** (1959) 3 254—258, 4 403—406, 5 498—500.

Güttler, Hermann: Zur Auswertung von Scheuerprüfungen am Garn. Textil-Praxis **14** (1959) 12 1208—1212.

Hearle, J. W. S., H. M. A. E. El-Behery and *V. M. Thakur:* The mechanics of twisted yarns: tensile properties of continuous-filament yarns. J. Textile Inst., Trans. (Manchester) **50** (1959) 1 T83—T111 13 ref.

Hochstaedter, L.: Rhovyl polyvinyl chloride fibres. Canad. Textile J. **76** (1959) 3 61—62; Z. ges. Textilind. **62** (1960) 1 36.

Holden, G.: Tensile properties of textile fibres at very high rates of extension. J. Textile Inst., Trans. (Manchester) **50** (1959) 1 T41—T54.

Holzer, Paul J.: Über die Verschiebefestigkeit der Fäden in Geweben und deren Bestimmung. Textil-Praxis **14** (1959) 5 472—476.

Ikeda, A., I. Okano, Y. Ikegami u. *Y. Nakagawa:* Der Einfluß der Faserstoffeigenschaften auf das Gespinst. IV. Reißfestigkeit von Garn aus Fasern mit ungleicher Stapellänge. Textile Res. J. **29** (1959) 7 589—591.

Kenny, P. and *M. Chaikin:* Stress-strain-time relationships of non-uniform textile materials. J. Textile Inst., Trans. (Manchester) **50** (1959) 1 T18—T40 6 ref.; Textil-Praxis **15** (1960) 2 210.

Klein, W. G.: Stress-strain response of fabrics under two-dimensional loading. I. The FRL biaxial tester. Textile Res. J. (New York) **29** (1959) 816—821; Z. gesamte Textilindustrie **61** (1959) 23 988, 990.

Kurotschkin, P. W.: Über den Einfluß der eingestellten Kettspannung auf die Kettfadenbrüche und die physikalisch-mechanischen Eigenschaften der Gewebe. Textil-Praxis **14** (1959) 1 49—52.

Landens, J.: Festigkeit der Gespinste in Abhängigkeit ihrer Drehung. Industrie Textile (1959) 869 347—348; Melliand Textilberichte **40** (1959) 8 [104].

Lefferdink, T. B. and *H. P. Briar:* Über die Auswertung der Fasereigenschaften. I. Die Rolle der Einzelfaserbiegungsermüdung beim Scheuerwiderstand von Geweben. Textile Res. J. (New York) **29** (1959) 6 477—482; Textil-Praxis **14** (1959) 12 1287.

Lünenschloss, J.: Eine Studie über den Einfluß der Faserfeuchtigkeit auf das Verzugsverhalten und die Garngleichmäßigkeit. Textil-Praxis **14** (1959) 2 111—118.

Lünenschloss, J. u. *M. Frey:* Die Mischung von Polyester-Fasern mit Baumwolle. II. Melliand Textilberichte **40** (1959) 8 842—845.

Lünenschloss, J. u. *M. Frey:* Die Mischung von Polyesterfasern mit Baumwolle. III. Melliand-Textilberichte **40** (1959) 9 967—971.

Maeda, M.: Stress relaxation of viscose and nylon yarns. J. Textile Machinery Soc. (Japan) **4** (1959) 2 32—44 33 ref.; Z. ges. Textilindustrie **61** (1959) 13 560.

Martin, H.: Zum Thema „Mittelwert und Streuung von abgleiteten Größen", angewandt auf die Berechnung der Reißlänge. Faserforsch. u. Textiltechn. **10** (1959) 4 172—175 4 Lit.-St.

Martin, H.: Die Reißfestigkeit von Textilfäden bei verschiedenen Dehnungsgeschwindigkeiten. Faserforsch. u. Textiltechn. **10** (1959) 8 371—376 15 Lit.-St.

Nebel, R. W.: Advancing frontiers of Nylon and Dacron polyester fibers. Textile Res. J. (New York) **29** (1959) 777—786 4 ref.; Z. gesamte Textilindustrie **61** (1959) 23 986.

Nestelberger, Franz: Über die Einreißfestigkeit von Baumwollgeweben. I, II. Textil-Praxis **14** (1959) 7 715—718, 8 798—803.

Nestelberger, Fr.: Die Bewertung der Gewebefestigkeit bei der wash-and-wear-Ausrüstung. Textil-Rdsch. (1959) 3 126—129; Textil-Praxis **15** (1960)2 211.

Nosek, S.: Theorie der Gewebefestigkeit. I. Spannungsverteilung im Gewebe beim Zugversuch. Faserforsch. u. Textiltechn. **10** (1959) 12 573—577.

van Oost, P.: La torsion des fils et certaines de ses conséquences. Rayon-Fibres Synthet. **15** (1959) 451—457; Z. ges. Textilindustrie **62** (1959) 13 560.

Orr, R. S., L. B. DeLuca, A. W. Burgis and *J. N. Grant:* Fiber structure and mechanical properties of untreated and modified cottons. Textile Res. J. (New York) **29** (1959) 2 144—150 18 ref.; Z. gesamte Textilindustrie **61** (1959) 9 362; Textil-Praxis **14** (1959) 9 959—960.

Ploch, Siegfried: Drehungsuntersuchungen an Chemieseide. Dtsch. Textiltechn. **9** (1959) 5 229—232; Reyon, Zellwolle **9** (1959) 10 688.

Rosanowa, N. P.: Der Einfluß der Ungleichmäßigkeit des Schußgarnes auf die Struktur und die Eigenschaften des Gewebes. Textil-Praxis **14** (1959) 4 379—383.

Rohs, W.: Die Ausnutzung der Garnfestigkeit in Halbleinengeweben. Forsch.-Ber. Wirtsch.- u. Verkehrsministerium Nordrhein-Westfalen Nr. 674 45 S.; Melliand Textilberichte **40** (1959) 3 (86).

Ruppenicker, G. F. and *J. J. Brown jr.:* Properties of fabrics produced from three extra long staple cottons. Textile Res. J. (New York) **29** (1959) 7 567—573 11 ref.; Textil-Praxis **15** (1960) 2 203—204.

Satlow, Günther: Nachweis von Veränderungen der Wolle durch Zugversuche an Einzelfasern. Textil-Praxis **14** (1959) 11 1087—1094 17 Lit.-St.

Satlow, G.: An analysis of stress-strain curves of soda treated woolfiber. Textile Res. J. (New York) **29** (1959) 841—843 12 ref.; Z. gesamte Textilindustrie **61** (1959) 23 988.

Satlow, G.: Statistisch gesicherte Unterschiede bei Vergleichs-Untersuchungen an Wolle. Z. gesamte Textilindustrie **61** (1959) 5 149—152 11 Lit.-St.

Simor, P.: Untersuchungen der Bastfasern mittels Prüfgeräten. Melliand Textilberichte **40** (1959) 2 134—137.

Sippel, Arnulf: Zur Abhängigkeit der Reißfestigkeit von Fäden von der Einspannlänge. Faserforsch. u. Textiltechn. **9** (1958) 5 165 ff., 6 216 ff., **10** (1959) 8 369—371, **11** (1960) 5 219—220.

Smith, D. K.: High strength regenerated cellulose fibers. Textile Res. J. (New York) **29** (1959) 1 32—40 11 ref.

Smith, J. C., F. L. McCrackin and *H. F. Schiefer:* Characterization of the high-speed impact behaviour of textile yarns. J. Textile Inst., Trans. (Manchester) **50** (1959) 1 T55—T69 19 ref.

Sommer, H.: Untersuchungen über das Kälteverhalten von Textilien. Melliand Textilberichte **40** (1959) 2 196—202, 3 311—314 10 Lit.-St.

Stein, H.: Auswirkung von Zugspannungen (Fadenspannungen) auf Festigkeit und Dehnungseigenschaften von Garnen und auf deren Verhalten bei der Weiterverarbeitung. Z. gesamte Textilindustrie **61** (1959) 21 850—854, 23 972—976 9 Lit.-St.

Stutz, H.: Chemiefaser-Trägermaterialien für die Kunststoff-Beschichtung. Kunststoffe **49** (1959) 8 421—425.

Taylor, H. M.: Tensile and tearing strength of cotton cloths. J. Textile Inst., Trans. (Manchester) **50** (1959) 1 T161—T188 15 ref.; Textil-Praxis **15** (1960) 1 104.

Trivedi, S. S. and *A. G. Chitale:* Breaking strength of hydrolytically degrades yarns. J. Textile Inst. **50** (1959) T390—T392.

Tweedie, A. S., M. T. Mitton and *J. M. Fry:* A study of the relationship between breaking time and breaking load for fabrics tested on CRE and CRT machines. Textile Res. J. (New York) **29** (1959) 3 235—251 19 ref.; Textil-Praxis **14** (1959) 8 856.

Tweedie, A. S. und *M. T. Mitton:* Die Beziehung zwischen Reißdauer und Reißlast für ein auf Geräten mit konstanter Dehnungsgeschwindigkeit und konstanter Geschwindigkeit der ziehenden Klemme geprüftes Kammgarngewebe. Textile Res. J. **29** (1959) 7 589—591.

Wagner, E. u. *H. Schlenker:* Die Bestimmung der Reißfestigkeit von Geweben nach dem amerikanischen Grab-Test im Vergleich zur deutschen Streifenmethode. Melliand Textilberichte **40** (1959) 11 1281—1286 5 Lit.-St.

Wegener, Walther u. *Gerd Schäfers:* Vergleich der Festigkeits-, Dehnungs- sowie der Elastizitätseigenschaften von Perlon-Strümpfen mit denen daraus entnommenen Einzelfäden. Reyon, Zellwolle **9** (1959) 6 390—393.

Wegener, Walther: Ursachen der Verformung von fixiertem Perlonmonofil. Reyon, Zellwolle **9** (1959) 8 536—540, 542, 9 611—614, 10 677—684.

Wegener, Walther u. *Henryk Grunwald:* Das Konditionieren kleiner Proben mittels Ofen-, Infrarot- und Hochfrequenztrocknung. Z. gesamte Textilindustrie **61** (1959) 9 342—347, 10 371—372, 374—375 4 Lit.-St.

Wegener, Walther u. *Wolfgang Gessner:* Gebrauchswertprüfung von Schirmstoffen und Schirmen. III. Reyon, Zellwolle **9** (1959) 11 750—754.

Wegener, Walther u. *Herbert Gendriesch:* Streuungsanalyse der Ungleichmäßigkeit von Geweben. Z. gesamte Textilindustrie **61** (1959) 15 606—610.

Wolf, Anton, F.: Vergleich der bei Einspannlänge Null und bei Einspannlänge ¹/₈ inch mit dem Pressley-Faserbündelfestigkeitsprüfer erzielten Ergebnisse. Z. gesamte Textilindustrie **61** (1959) 1 5—8, 2 48—51.

Wood, Noel H. and *Anton F. Wolf:* Feuchtigkeitsgehalt der Baumwolle und Fasereigenschaften. Z. gesamte Textilindustrie **61** (1959) 7 244—248.
— Matières plastiques nylon. Officiel Matières Plastiques **6** (1959) 58 509—512.

Oberflächenschutzmittel   **1.325**

Allgemeines   **1.325.0**

Sully, A. H.: High temperature coatings for metals. Product Engng. (Product Design Handbook for 1956) **26** (1955) 11 C8—C11.

Weiner, R. u. *G. Klein:* Härte und Abnützungsbeständigkeit galvanischer Metallüberzüge. Metalloberfläche **9** (1955) 1 B1—B7.

Anders, H.: Lacktechnische Entwicklungen für den neuzeitlichen Oberflächenschutz. Metalloberfläche **10** (1956) 11 344—349 8 Lit.-St.

Curson, C. A.: Plastic coatings for corrosion prevention. Corrosion Prevention & Control **3** (1956) 1 30—34.

Reininger, H.: Flammgespritzte nichtmetallische Überzüge. Werkstoffe u. Korrosion **7** (1956) 7 373—385.

Schulz, G.: Metallbeschichtung mit Kunststoffen. Schweiz. Arch. **22** (1956) 6 178—182.

Toeldte, W.: Korrosionsschutz durch Anstrich. Chemiker-Ztg. **80** (1956) 20 708—711 23 Lit.-St.

Werthmüller, L.: Kunststoffüberzüge auf Metallen. Techn. Rdsch. (Bern) **48** (1956) 24 2—7; Draht **8** (1957) 2 64—65.

Wilbur, D. E.: Zinc-rich paint: A coating for problem surfaces. Iron Age **178** (1956) 6 82—84.

— Erkenntnisse über die Korrosion und den Korrosionsschutz von Eisen und Stahl. Stahl u. Eisen **76** (1956) 4 229—234, 5 295—299, 6 357—360, 7 413—417 516 Lit.-St. [1.361].

— Surface protection by coating. Engineer **202** (1956) 5263 822—823.

Doane, D. V.: Oxidation-resistant coatings for molybdenum. WADC Techn. Rep. TR 54-492, Pt. 3 (AD 130894) Apr. 1957 94 p.; Aeron. Engng. Rev. **17** (1958) 1 107.

Fabian, Robert J.: Hard coatings and surfaces for metals. Mater. & Meth. **45** (1957) 1 121—140 29 ref.; Aeron. Engng. Rev. **16** (1957) 4 142.

Johansen, H. A., G. B. Adams and *P. van Rysselberghe:* Anodic oxidation of aluminum, chromium, hafnium, niobium, tantalum, titanium, vanadium and zirconium at very low current densities. J. Electrochem. Soc. **104** (1957) 6 339—346 33 ref.; Titanium Abstr. Bull. **3** (1957/58) 16—17.

Nowacki, L. J.: Organic coatings in metal finishing. Plating **44** (1957) 3 269—273; Leichtbau d. Verkehrsfahrzeuge **1** (1957) 4 95.

Reininger, H.: Flammspritzen nichtmetallischer Schutzschichten auf Metalloberflächen. Metalloberfläche **11** (1957) 12 393—400 72 Lit.-St.

Reindl, H. J.: Coatings and finishes. Mech. Engng. **79** (1957) 8 730—733.

Stebleton, L. F.: Silicone coatings for metal products. Mater. & Meth. **45** (1957) 2 112—115.

Woerner, L. A.: Schutz von Metallen durch Überzüge aus Elastomeren. Mater. in Design Engng. **46** (1957) 2 94—98; Mitt. Forsch. Ges. Blechverarb. (1959) 312.

Young, R. B.: Phenolic coatings for metals products. Mater. & Meth. **45** (1957) 1 106—109.

Adams, H. W.: New pretreatment thwarts rust. Iron Age **182** (1958) 12 86—87.

Besson, G.: Kunststoffüberzüge auf Metallen. Industrie Plastiques Modernes (Paris) **10** (1958) 5 8, 13—17; Mitt. Forsch. Ges. Blechverarb. (1959) 311.

Davis, Elbert: Insulative and conductive caotings. SPE-J. **14** (1958) May 19—23; Aero Space Engng. **17** (1958) 10 81.

Déribéré, M.: Anwendung von Kunststoff- und Keramiküberzügen. Génie Chimique **79** (1958) 5 152—158; Mitt. Forsch. Ges. Blechverarb. (1959) 310.

Gemmer, E.: Oberflächenschutz durch Wirbelsintern und Flammspritzen. Werkstoffe u. Korrosion **9** (1958) 7 421—423.

Hofstatter, Alfred F.: High temperature coatings. Industr. Finishing (London) **10** (1958) 116 34—36; Leichtbau d. Verkehrsfahrzeuge **2** (1958) 2 86.

Jelinek, R. V.: Korrosionsschutz durch Überzüge. Chem. Engng. **65** (1958) 21 163—168; Mitt. Forsch. Ges. Blechverarb. (1959) 864.

Lanning, H. J.: Hypalon-Überzüge. Corrosion Technol. **5** (1958) 4 110—114; Mitt. Forsch. Ges. Blechverarb. (1959) 317.

Loebich, O.: Neue silikatische Schutzschichten auf Metalloberflächen. Werkstoffe u. Korrosion **9** (1958) 7 423—424.

Perez, M.: Organische Überzüge für Metalloberflächen. Plating **45** (1958) 3 239—244; Mitt. Forsch. Ges. Blechverarb. (1959) 476.

Scofield, F.: Schutzüberzüge. Industr. & Engng. Chemistry **50** (1958) 11 1479—1481; Mitt. Forsch. Ges. Blechverarb. (1959) 475.

Werner, A. C. and R. J. Abelson: Preparation of protective coatings by electrophoretic methods. WADC Techn. Rep. 58-11 (AD 150970) Febr. 1958 22 p.

— Korrosion und Oberflächenschutz. TR-Reihe S.-H. 8, Bern: Verl. „Technische Rundschau" Hallwag 1958; Draht **9** (1958) 9 369. [1.361].

Fabian, J.: Organische Überzüge für Metallteile. Materials in Design Engng. **49** (1959) 3 113—128; Mitt. Forsch. Ges. Blechverarb. (1959) 473.

Oberflächenschutzmittel für Stahl und Eisen **1.325.1**

Gasior, E.: Coating of steel by the diffusion of aluminium. Prace Inst. Minist. Hutn. Poland **6** (1954) 4 200—208; AB **26** (1955) 12 714.

Kalpers, H.: Korrosionsschutz von Stahl durch Chromdiffusion. Chemiker-Ztg. **78** (1954) 4 116—118.

Britton, S. C. and R. W. de Vere Stacpoole: Metal coatings on steel in contact with aluminium alloys: some comparative corrosion tests. Metallurgia **52** (1955) 310 64—70; AB **26** (1955) 11 709—710; Aluminium **32** (1956) 5 A 131 [1.363].

Champion, F. A.: The protection of iron and steel by sprayed coatings of aluminium or zinc. Electroplating & Metal Finishing **8** (1955) 5 180—182, 189; AB **26** (1955) 6 373.

Kapoor, A. N., A. B. Chatterjea and B. R. Nijhawan: Some observations on aluminizing of steel. Trans. Indian Inst. Metals **9** (1955/56) 167—181; AB **28** (1957) 3 171—172.

Kühn, M.: Neuartige Rostschutzanstriche, theoretische Grundlagen und praktische Aussichten. Farbe u. Lack **61** (1955) 12 552—561 25 Lit.-St.

Ritter, F.: Kathodischer Korrosionsschutz. Werkstoffe u. Korrosion **6** (1955) 11 523—527.

Russell, G. I.: Coatings and cathotic protection for steel pipelines. Corrosion Prevention & Control **2** (1955) 4 21—26, 5 21—24.

Udea, Shigemoto: Hot-dip aluminum coating of cast iron. Waseda Univ. (Japan) Rep. Castings Lab. (1955) 6 38—41; AB **27** (1956) 2 100.

Dickinson, T. A.: Flame-sprayed refractory coatings on metals. Metal Finishing **2** (1956) 15/16 89, 90, 102; Titanium Abstr. Bull. **1** (1955/56) 536—537.

Hughes, M. L.: Hot-dip aluminized steel. Its preparation, properties and uses. Sheet Metal Industries **33** (1956) 346 87—98; Aluminium **32** (1956) 5 A 135.

Merritt, J. C. and W. E. McFee: Coating unaffected to 900°F. — Aluminized steel stands off atmospheric corrosion. Iron Age **178** (1956) 26 60—61; AB **28** (1957) 1 25—26.

van Oeteren-Pankhäuser, K. A.: Rostschutzanstriche. Metalloberfläche **10** (1956) 6 167—175, 7 197—201; Mitt. Forsch.-Ges. Blechverarb. (1959) 290/291.

Reininger, H.: Aufgespritzte Aluminiumüberzüge. Aluminium **32** (1956) 8 480—485 46 Lit.-St.

— Corrosion resistant lining for ships' oil tanks. Engineering **201** (1956) 5228 304.

Bertossa, R. C.: Cladding on carbon steel opens new fields to titanium. Iron Age **180** (1957) 18 59—62.

Brown, C. S. and R. G. Winter: The use of an Araldite coated iron casting as a liner for a supersonic wind tunnel. ARC Curr. Pap. 346 1957 8 p.; Index Aeron. **13** (1957) 10 23; Aircr. Engng. **29** (1957) 344 329.

Domagala, R. F., D. W. Levinson and W. Rostoker: Titanium-clad steel sooner than you think. Product Engng. **28** (1957) 10 111—113; Titanium Abstr. Bull. **3** (1957/58) 223—224.

Kalpers, H.: Oberflächenschutz von Stahl durch metallische Zinnüberzüge. Industrie-Rdsch. **12** (1957) 9 30—33, 11 34—36; Mitt. Forsch. Ges. Blechverarb. (1959) 513, 517.

Norrish, P. F.: Korrosionsschutz durch galvanische Kadmiumüberzüge. Corrosion Prevention & Control **4** (1957) 8 51—53; Draht **9** (1958) 11 464.

Schwarz, A.: Hochwertige Schutzüberzüge — kathodischer Korrosionsschutz. Ein Überblick über die angelsächsische Entwicklung der letzten 30 Jahre. Z. VDI **99** (1957) 3 97—98.

— Oberflächenschutz von Stahl durch metallische Zinküberzüge. Düsseldorf: Beratungsstelle f. Stahlverwendung, Merkblatt über sachgemäße Stahlverwendung Nr. 179 12 S.; Draht **8** (1957) 7 276.

— Oberflächenschutz von Stahl durch metallische Zinnüberzüge. Düsseldorf: Beratungsstelle f. Stahlverwendung, Merkblatt über sachgemäße Stahlverwendung Nr. 183 16 S.; Draht **8** (1957) 5 193.

Elze, J. u. W. Wiederholt: Galvanisch abgeschiedene Zink- und Kadmiumüberzüge als Schutz vor Korrosion. Metallwaren-Industrie u. Galvanotechn. **49** (1958) 10 419—432 5 Lit.-St.

Kennedy, E. M. jr.: The effect of cadmium plating on SAE 4340 steel in the presence of stress concentrations at elevated temperatures. WADC Techn. Rep. 58-108 Pt. I (AD 151075) March 1958 34 p. [1.352.1].

Ross, T. K., E. L. Smith u. R. E. Mansford: Korrosionsschutz von Stahl durch gespritzte Zink- und Aluminiumüberzüge. Werkstoffe u. Korrosion **9** (1958) 12 755—760; Aluminium **35** (1959) 4 A85.

Spindler, H.: Zur Fernschutzwirkung aufgespritzter Metallschichten auf Stahl. Werkstoffe u. Korrosion **9** (1958) 5 278—283 6 Lit.-St.

Straumanis, M. E. u. Y. P. Huang: Versuche zur Verbesserung der Titanüberzüge auf Eisen, erhalten durch deren stromlose Abscheidung. Metall **12** (1958) 6 501—503 6 Lit.-St.

— Neue Plastüberzüge für Stahl. Stahlbau **27** (1958) 1 27—28; Plaste u. Kautschuk **5** (1958) 12 472.

Dettner, H. W.: Vergleichende Untersuchung der korrosionsschützenden Wirkung von Zink-, Cadmium- und Zinn-Überzügen auf Stahl. Werkstoffe u. Korrosion **10** (1959) 5 321—326.

Krenkler, K.: Die neuere Entwicklung auf dem Gebiet der Rostschutzanstriche. Werkstoffe u. Korrosion **10** (1959) 1 1—14 23 Lit.-St.

Pawlik, Kurt: Die neuere Entwicklung auf dem Gebiet der Rostschutzanstriche. Z. VDI **101** (1959) 30 1401—1403.

Payer, A.: Eine neue Isolierung zum Schutz gegen Korrosion. Energietechnik **9** (1959) 2 90—94 6 Lit.-St.

Reininger, Hans: Rostschutz-Metallspritzschichten. Werkstoffe u. Korrosion **10** (1959) 8 477—489 57 Lit.-St.

Sille, G. u. *O. Damm:* Rostschutz der Stahlkonstruktionen in der chemischen Industrie. Technik (Berlin) **14** (1959) 7 469—471 13 Lit.-St.

Oberflächenschutzmittel für Leichtmetall   1.325.2

Eneo, H. u. *H. Sugawara:* Korrosionsschutz von Aluminium. J. Japan Inst. Metals **16** (1952) 153—157.

Reinhart, F. M.: Korrosionsschutz von Magnesiumlegierungen. US Nat. Bureau of Stand. Rep. 2519 1953; Werkstoffe u. Korrosion **7** (1956) 7 418.

Dickinson, Thomas A.: Heavy oxide coating for aluminum. Mater. & Meth. **41** (1955) 2 132—133; AB **26** (1955) 3 144.

Fenn, A. P. and *L. A. J. Lodder:* Finishes for die castings. Metal Finishing **1** (1955) 1 23—28; AB **26** (1955) 3 143.

Hardouin, M.: Considérations sur la protection des alliages de magnésium. Métaux, Corrosion **30** (1955) 361 340—346.

McNeill, William: The Cr-22 coating for magnesium. Metal Finishing **53** (1955) 12 57—59; AB **27** (1956) 1 46—47.

Moll, R. u. *R. Heinrichs:* Schutzgummierung von Aluminium unter besonderer Berücksichtigung der Spritzgummierung. Aluminium **31** (1955) 1 15—16; AB **26** (1955) 3 145.

Ogburn, F., H. I. Salmon and *M. L. Conenburg:* Electrolytic coatings on magnesium base alloys from alkaline chromate solutions. Plating **42** (1955) 3 271—274; AB **26** (1955) 4 245—247.

Sacchi, F.: L'ossidazione anodica a spessore dell'alluminio e delle sue leghe. (Hard anodic coating of aluminium and aluminium alloys). Alluminio **24** (1955) 1 5—15; AB **26** (1955) 6 368—369.

Segond, R.: Korrosionsschutz für Leichtlegierungen mittels anodischer Oxydation. Corrosion et Anti-Corrosion **3** (1955) 1 45—51; Werkstoffe u. Korrosion **7** (1956) 3 171.

Van den Berg, R. V.: Anodized coatings for aluminum. Mater. & Meth. **44** (1956) 1 90—94; Aluminium **32** (1956) 12 A 346.

Biechler, F. J. u. *J. J. Meynis de Poulin:* Glasemaillen auf Leichtmetallen. Corrosion et Anti-Corrosion **4** (1956) 241—245; Werkstoffe u. Korrosion **8** (1957) 6 368.

Fabian, R. J.: New protection lacquer for aluminum. Mater. & Meth. **44** (1956) 3 104—105.

Foulon, A.: Neuere Erkenntnisse auf dem Gebiet des Oberflächenschutzes von Leichtmetallen. Metall **10** (1956) 5/6 226—227; Aluminium **32** (1956) 7 A 194.

Goodyear, J. H.: Choosing the right aluminum coating. Light Metal Age **14** (1956) 9/10 19—22.

Pocock, Walter E.: Finishes for aluminum alloys. Metal Progr. **70** (1956) 4 75—78, 5 97—101; AB **28** (1957) 1 23.

Powell, C. F. and *I. E. Campbell:* A study of the feasibility of coating magnesium with high-purity aluminum. WADC Techn. Rep. 56-405 (AD 110512) Nov. 1956 23 p. 43 ref.; Aeron. Engng. Rev. **16** (1957) 8 140.

Reilly, Charles B. and *Milton Orchin:* Preparation and properties of polyurethane coatings, rain-erosion protection for aluminum. Industr. & Engng. Chem. **48** (1956) 1 59—63; AB **27** (1956) 2 98—99.

Stockbower, E. A.: Korrosionsschutz von Aluminium. Corrosion et Anticorrosion **4** (1956) 332—337; Werkstoffe u. Korrosion **8** (1957) 8/9 547.

— Plastic cladding of aluminum. Light Metal Age **14** (1956) 1/2 12—13; Aluminium **32** (1956) 8 A216.

Kee, H.: Hot-dipped aluminium coatings. Product Engng. **28** (1957) 17 57—59; Konstruktion **10** (1958) 8 334.

Pollack, A.: Der chemische Oberflächenschutz von Leichtmetallen. Metall **11** (1957) 9 754—756.

— Hot-dipped aluminium coatings. Metalworking Production **101** (1957) 47 2087.

Becker, G.: Schutz gegen Korrosion durch Eindiffusion von Chrom in die Oberfläche der Werkstücke. Werkstatt u. Betrieb **91** (1958) 4 169—170.

Bland, William M. jr.: Effectiveness of various protective coverings on magnesium fins at March number 2.0 and stagnation temperatures up to 3,600 °R. NACA RM L57 J17 Jan. 1958 48 p.; Aeron. Engng. Rev. **17** (1958) 4 102.

Huber, W.: Galvanische Überzüge auf Aluminium. Techn. Rdsch. (Bern) **50** (1958) 27 9—13; Aluminium **34** (1958) 11 A314.

Kellick, R. R. and *R. W. Polleys jr.:* Anodize coating for magnesium. Aircr. & Missiles Mfg. (1958) Sept. 6—8; Aero Space Engng. **17** (1958) 12 84.

Prati, A.: Controllo dei rivestimenti anodici sull'alluminio. (Prüfung der anodischen Überzüge auf Aluminium). Alluminio **27** (1958) 4 165—172; Aluminium **34** (1958) 8 A220.

Oberflächenschutzmittel für Holz1.325.3

Falkenstätter, F.: Aluminiumanstrich auf Holz. Aluminium Ranshofen Mitt. **4** (1956) 2 46—48; Aluminium **33** (1957) 5 A138.

Augsburg, Ernst Peter: Praktische Erfahrungen über die Anwendung fluorhaltiger Holzschutzmittel in der Hausbockbekämpfung. Holz als Roh- u. Werkstoff **16** (1958) 6 233—235.

Blankenstein, C.: Polyester auf Holz. Holztechnik **38** (1958) 7 271—273; Holz als Roh- u. Werkstoff **17** (1959) 9 378.

Göhre, Kurt: Versuche zur Imprägnierung von Kiefernkernholz mit Teeröl. Holz als Roh- u. Werkstoff **16** (1958) 1 22—27.

Lobenhoffer, Hans: Ein Beitrag zur Prüfung von Kunststofflacken im holzverarbeitenden Betrieb. Holz als Roh- u. Werkstoff **16** (1958) 2 47—49.

Mark, Richard and *Bert M. Zuckerman:* Reinforced plastics as protective coatings for wood. Prepr. 13th. Ann. Techn. & Management Conf., Reinforced Plastics Div., Sect. 16-D 1958 23 p. 13 ref.

Purslow, D. F.: Experiment on the treatment of redwood sap-wood by dipping. Forest Products Res. Bull. 43 1958 10 p.; Holz-Zbl. **85** (1959) 128 1706.

Schulze, Bruno: Wirkstoffverluste von Holzschutzmitteln durch Regen. Holz als Roh- u. Werkstoff **16** (1958) 6 235—239.

Hatfield, Ira: Research needed on major problems in wood preservation. Forest Products J. **9** (1959) 5 26A—29A.

Schneider, Alexander: Systematik in der Oberflächenbehandlung von Holz. Holz-Zbl. **85** (1959) 77 1008.

Keramische Überzüge1.325.4

Riley, M. W.: New flame sprayed ceramics. Mater. & Meth. **42** (1955) 3 96—98.

Cuthill, J. R. and *W. N. Harrison:* Effect of ceramic coatings on the creep rate of metallic single crystal and polycrystalline specimens. WADC Techn. Rep. 56-85 Apr. 1956 45 p. 13 ref.

Sklarew, S., C. A. Hauck and *A. V. Levy:* Summary of development and evaluation of insulating type refractory coatings. Appendix A: Tabular summary of composition and evaluation of refractory coatings. WADC Techn. Rep. 56-250 (AD 110410) Oct. 1956 89 p.

Waßmann, K.: Neue flammgespritzte Keramiküberzüge. Z. VDI **98** (1956) 22 1277.

— Effect of ceramic coatings on creep of alloys. US, Nat. Bur. Stand. Summary Techn. Rep. 2065 Dec. 1956 6 p.

Huppert, P. A.: Ceramic coatings raise heat resistance of super-alloys. Iron Age **180** (1957) 20 157—159.

Sterry, W. M.: Ceramics holds key to aircraft development. Ceramic Industry **68** (1957) 5 92—94, 113; Titanium Abstr. Bull. **3** (1957/58) 15—16.

— How ceramic coatings affect alloy creep. Aviation Age (1957) Apr. 74—77; Aeron. Engng. Rev. **16** (1957) 6 152.

Dorsey, J. J.: Development and evaluation services on ceramic materials and wall composites for high-temperature radome shapes. WADC Techn. Rep. 57-665 (AD 150965) Febr. 1958 16 p.

Hofstatter, A. F.: Ceramic coatings, metallic coatings, special paints for protecting metals at high temperatures. Mater. in Design Engng. **47** (1958) Apr. 115—119; Konstruktion **11** (1959) 4 158—159.

Petzold, Armin: Keramische Überzüge als Hochtemperatur-Korrosionsschutz für Metalle. Werkstoffe u. Korrosion **9** (1958) 12 761—765.

Sklarew, S., C. A. Hauck and *A. V. Levy:* Development and evaluation of insulating type ceramic coatings. I. Development and small scale testing. WADC Techn. Rep. 57-577 Pt. 1 (AD 150957) Febr. 1958 92 p.

Huppert, P. A.: New aspects in ceramic coatings. J. ARS **29** (1959) 1 19—22; AMR **12** (1959) 8 539.

Levy, Alan V.: New ceramic coatings give 3000 F+ protection. Soc. Automotive Engrs. (New York) Pap. 4T Apr. 1959; SAE J. **67** (1959) 4 84—87.

Hitzebeständige keramische Werkstoffe 1.326

Mueller, Edward E. and *James I. Mueller.* New trends in ceramics. Trend in Engng. (1954) Oct. 5 28 ref.; Aeron. Engng. Rev. **14** (1955) 1 112.

Mitchell, Lane: Ceramics. Industr. & Engng. Chem. **47** (1955) Sept. Pt. II 1956—1962 85 ref.; Aeron. Engng. Rev. **14** (1955) 12 90.

Kingery, W. D. and *J. Pappis:* Note on failure of ceramic materials at elevated temperatures under impact loading. J. Amer. Ceramic Soc. **39** (1956) 2 64—66.

Mitchell, L.: Ceramics. Industr. & Engng. Chem. **48** (1956) 9 Pt. II 1702—1709.

Smoke, E. J. and *J. H. Koenig:* Ceramics as basic engineering materials. Mech. Engng. **78** (1956) 4 315—318; Konstruktion **9** (1957) 6 240—241.

Brown, F. G. J. and *J. Ellis:* The strength of annealed and heat-treated glass. ARC R & M 3003 1957 37 p. 23 ref.; Index Aeron. **14** (1958) 3 98; Aero Space Engng. **17** (1958) 5 126.

Kingery, W. D., J. D. Klein and *M. C. McQuarrie:* Development of ceramic insulating material for high-temperature use. Amer. Soc. Mech. Engrs. — Amer. Inst. Chemical Engrs. Heat Transfer Conf., Univ. Park, Pa., Aug. 1957 Pap. 57-HT-15 6 p.; AMR **11** (1958) 7 370.

Koenig, J. H. and *E. J. Smoke:* Ceramics and refractory materials. Mech. Engng. **79** (1957) 8 725—727.

Schwartz, Irwin L.: Ceramic materials. Aviation Age, Res. & Devel. Techn. Handbook 1957-58 F8—F9.

Strang, W. J.: The use of non-metallic materials at high temperatures. 6th Anglo-Amer. Conf., Folkestone Sept. 1957, Roy. Aeron. Soc. Prepr. 1957 22 p.; Index Aeron. **13** (1957) 11 90. [1.323.3].

Strang, W. J.: Use of non-metallic materials at high temperatures. Engineer **204** (1957) 5304 417—419; Leichtbau d. Verkehrsfahrzeuge **2** (1958) 3 132. [1.324.312.3].

Terry, J. H.: New uses for ceramics in motors and transformers. Bull. Amer. Ceramic Soc. **36** (1957) 12 454—456; AMR **11** (1958) 9 490.

Bjorklund, K.: Determination of tensile strength of ceramic bodies. (In Swedish.) Trans. Chalmers Univ. Technol. (Göteborg) No. 193 1958 78 p.

Callinan, T. D.: Glass and ceramic fibers — they beat the heat. Product Engng. **29** (1958) 7./7. 70—72; Aero Space Engng. **17** (1958) 12 86.

Corelli, Riccardo Masaniello: Materiali ceramico-metallici, materiali ceramici e rivestimenti protettivi per alte temperature nei propulsori a reazione. Aerotecnica **38** (1958) 2 71—87 21 ref.; Aero Space Engng. **17** (1958) 11 102 [1.323.3].

Knapp, W. J. and *F. R. Shanley:* Ceramic materials — properties for structural applications. Aero Space Engng. **17** (1958) 12 34—38 11 ref.

Koenig, J. H.: New developments in ceramics. Mater. in Design Engng. (1958) May 121—136 15 ref.; Aero Space Engng. **17** (1958) 8 90.

Mehmel, M.: Zur Frage der Temperaturwechselfestigkeit und der Entwicklung dichter technisch-keramischer Massen mit hoher Temperaturwechselfestigkeit. Ber. Dtsch. Keram. Ges. **35** (1958) 7 225—232.

Spencer, F. E. V. and *D. Turner:* Properties and applications of high alumina ceramics in industry. J. Instn. Production Engrs. **37** (1958) 9.

Zagar, L.: Ceramics and glass and their application in modern aeronautics. AGARD Rep. 179 Apr. 1958 15 p. 10 ref.

Ermüdungsfestigkeit   **1.33**

Allgemeines   **1.331**

Newmark, N. M.: A review of cumulative damage in fatigue. "Fatigue and fracture of metals, Ed. W. M. Murray" (Symposium Massachusetts Inst. Technol., June 1950), New York: Wiley, London: Chapman & Hall 1952 197—228 8 ref.

Bennett, John A. and *G. Willard Quick:* Mechanical failures of metals in service. US Nat. Bureau Standards Circular 550 1954 36 p.; AB **26** (1955) 3 150 [1.361].

Head, A. K.: The growth of fatigue cracks. ARL Rep. M. 5 July 1954 48 p. 40 ref.; Aeron. Engng. Rev. **14** (1955) 2 116, 118.

Sato, Tadao: Recent problems on fatigue of materials. Japan Sci. Rev., Mech. & Electr. Engng. (1954) Dec. 127—129 40 ref.; Aeron. Engng. Rev. **14** (1955) 9 86.

Burdon, W. H.: A practical method of fatigue stress analysis. A method derived from published results of fatigue tests for application to problems of design. Aircr. Engng. **27** (1955) 319 299—305.

Findley, W. N. and *P. N. Mathur:* Anisotropy of fatigue strength of a steel and two aluminum alloys in bending and in torsion. Amer. Soc. Testing Mater. Prep. 75 1955 15 p.; AB **26** (1955) 9 582.

Gatto, F.: L'interpretazione statistica delle prove di fatica. (Statistische Methoden bei der Auswertung von Ermüdungsversuchen.) Alluminio **24** (1955) 6 543—545; Aluminium **32** (1956) 9 A 263; AB **27** (1956) 2 117.

Gatto, F.: Applicazione dell'analisi statistica alla interpretazione dei resultati delle prove di fatica. (Anwendung statistischer Methoden bei der Auswertung der Ergebnisse von Ermüdungsversuchen.) Alluminio **24** (1955) 6 555—560; Aluminium **32** (1956) 9 A 263.

McClintock, F. A.: A criterion for minimum scatter in fatigue testing. Amer. Soc. Mech. Engrs. Prepr. 55-APM-26 1955 5 p. 8 ref.; J. Appl. Mech. **22** (1955) 3 427—430 8 ref.; Index Aeron. **11** (1955) 9 55.

Meuth, H. O.: Der Einfluß des Spannungsgefälles auf die Dauerschwingfestigkeit. Metall **9** (1955) 19/20 861—867; Draht **9** (1958) 10 403.

Predvoditelev, A. A. and *B. A. Smirnov:* Theory of dynamic creep. NACA TM 1330 Sept. 1955 12 p.; Index Aeron. **11** (1955) 12 45—46; Aircr. Engng. **27** (1955) 322 422; AMR **9** (1956) 1 22.

Sines, G.: Failure of materials under combined repeated stresses with superimposed static stresses. NACA TN 3495 Nov. 1955 69 p.; AMR **9** (1956) 5 206.

Stüssi, Fritz: Die Theorie der Dauerfestigkeit und die Versuche von August Wöhler. Mitt. TKVSB Nr. 13 1955 50 S.; Z. VDI **98** (1956) 18 994.

Vidal, G. et *P. Lanusse:* Essai de fatigue à chaud en traction répétée ou ondulée. Rech. Aéron. (1955) 45 45—51 7 réf.; Luftf.-Techn. **1** (1955) 12 VII.

Vidal, G.: Installation d'essai de fatigue à chaud en traction ondulée dans les gaz de combustion de pétrole. Rech. Aéron. (1955) 46 25—29 5 réf.; Luftf.-Techn. **1** (1955) 12 VII.

Wallgren, G.: Study of the development of cracks during fatigue. FFA Rep. HU 471 Febr. 1955 56 p.; Index Aeron. **13** (1957) 8 46.

Yokobori, T.: Theory of fatigue fracture. J. Phys. Soc. Japan (Tokyo) **10** (1955) 5 368—374; AMR **9** (1956) 6 252.

Bastenaire, F.: Étude critique de la notion de dommage appliquée à une classe étendue d'essais de fatigue. "Colloque de Fatigue", Ed. W. Weibull et F. K. G. Odqvist, Berlin—Göttingen—Heidelberg: Springer 1956 1—13 [1.343.31].

Bastenaire, F., R. Cazaud et *M. Weisz:* Essais de fatigue statistiques suivant la méthode de charge progressive. "Colloquium on Fatigue", Ed. W. Weibull and F. K. G. Odqvist, Berlin—Göttingen—Heidelberg: Springer 1956 14—23.

Bennet, J. A.: The distinction between initiation and propagation of a fatigue crack. Int. Conf. on Fatigue of Metals, Session 6 Pap. 8, Instn. Mech. Engrs. Sept. 1956 5 p. 7 ref.; Index Aeron. **13** (1957) 12 49.

Blatherwick, A. A. and *B. J. Lazan:* Effect of changing cyclic modulus on bending fatigue strength. WADC Techn. Rep. 56-127 (AD 110492) Oct. 1956 118 p. 83 ref.; Aeron. Engng. Rev. **16** (1957) 7 126.

Bühler, H. u. *W. Schreiber:* Anwendung statistischer Verfahren auf einige Fragen der Zeitschwingfestigkeit. Arch. Eisenhüttenwes. **27** (1956) 3 201—209 29 Lit.-St.

Findley, W. N. and *P. N. Mathur:* Modified theories of fatigue failure under combined stress. Proc. SESA **14** (1956) 1 35—46 24 ref.; Index Aeron. **13** (1957) 4 43—44; AMR **10** (1957) 6 254.

Freudenthal, A. M. and *J. H. Weiner:* On the thermal aspect of fatigue. J. Appl. Phys. **27** (1956) 1 44—50; AB **27** (1956) 2 116—117.

Freudenthal, Alfred M. and *E. J. Gumbel:* Physical statistical aspects of fatigue. "Advances in applied mechanics, Vol. IV, Ed.: Dryden, H. L., v. Karman, T. and Kuerti, G.", New York: Academic Press 1956 117—158; AMR **9** (1956) 11 478.

Freudenthal, A. M.: Physical and statistical aspects of cumulative damage. "Colloquium on Fatigue", Ed. W. Weibull and F. K. G. Odqvist, Berlin—Göttingen—Heidelberg: Springer 1956 53-62 10 ref. [1.343.31].

Frost, N. E. and *C. E. Phillips:* The fatigue strength of specimens containing cracks. Instn. Mech. Engrs. Prepr. Apr. 1956 p. 19—31 13 ref.; Proc. IME **170** (1956) 21 713—725 13 ref.; Index Aeron. **12** (1956) 7 38; Aeron. Engng. Rev. **16** (1957) 7 144.

Frost, N. E. and *C. E. Phillips:* Studies in the formation and propagation of cracks in fatigue specimens. Int. Conf. on Fatigue of Metals, Session 6 Pap. 2, Instn. Mech. Engrs. Sept. 1956 9 p. 7 ref.; Index Aeron. **13** (1957) 12 48.

Ferro, A. et *U. Rossetti:* Contribution à l'étude de la fatigue des matériaux avec essais à charge progressive. "Colloquium on Fatigue", Ed. W. Weibull and F. K. G. Odqvist, Berlin—Göttingen—Heidelberg: Springer 1956 24—34 11 réf.

Findley, W. N.: Fatigue of metals under combinations of stresses. Amer. Soc. Mech. Engrs. Ann. Meeting, New York, Nov. 1956, Prepr. 56-A-74 11 p.; Trans. ASME **79** (1957) Aug. 1337—1348; Index Aeron. **13** (1957) 4 43; AMR **10** (1957) 12 566; Aeron. Engng. Rev. **16** (1957) 11 148.

1.331

Gatto, F.: New statistical methods applied to the analysis of fatigue data. "Colloquium on Fatigue", Ed. W. Weibull and F. K. G. Odqvist, Berlin—Göttingen—Heidelberg: Springer 1956 66—77 8 ref.; AB **27** (1956) 1 37.

Gumbel, E. J.: Programm für die statistische Schätzung der Dauerschwingfestigkeit. Schweiz. Arch. **22** (1956) 11 375; AB **28** (1957) 2 109.

Head, A. K.: The propagation of fatigue cracks. Amer. Soc. Mech. Engrs. Prepr. 56-APM-15 1956 4 p.; J. Appl. Mech. **23** (1956) 3 407—410; Index Aeron. **12** (1956) 7 39; AMR **10** (1957) 6 254.

Hijab, W. A.: A statistical appraisal of the Prot method for determination of fatigue endurance limit. Amer. Soc. Mech. Engrs. Ann. Meeting, New York, Nov. 1956, Prepr. 56-A-50 5 p.; J. Appl. Mech. **24** (1957) 2 214—218; AMR **10** (1957) 7 301; Index Aeron. **13** (1957) 8 40; Aeron. Engng. Rev. **16** (1957) 11 148.

Isibasi, Tadasi: On the magnitude of the threshold stress to propagate fatigue crack. J. Japan Soc. Testing Mater. **5** (1956) 36 540—543; Japan Sci. Rev., Mech. & Electr. Engng. **3** (1958) 2 72—73.

Jacquesson, R.: Modifications de texture cristalline produites par des efforts alternés. "Colloquium on Fatigue", Ed. W. Weibull and F. K. G. Odqvist, Berlin—Göttingen—Heidelberg: Springer 1956 103—111.

Kammerer, A.: Une définition theorique de la limite de fatigue. "Colloquium on Fatigue", Ed. W. Weibull and F. K. G. Odqvist, Berlin—Göttingen—Heidelberg: Springer 1956 123—130.

Kawabata, Shigekatsu: Effect of mechanical treatment of metal surface on fatigue. II. Trans. Japan Soc. Mech. Engrs. **22** (1956) 123 856—858; Japan Sci. Rev., Mech. & Electr. Engng. **3** (1958) 2 116.

Kawada, Y. and *S. Kodama:* A criterion on fatigue failure of metals. Tokyo Metropolitan Univ., Japan, Fac. of Technol., Mem. No. 6 March 1956 (E) 321—329; AMR **10** (1957) 6 254

Kawada, Yuichi and *Shotaro Kodama:* A criterion on fatigue failure of metals. Trans. Japan Soc. Mech. Engrs. **22** (1956) 115 155—159; Japan Sci. Rev., Mech. & Electr. Engng. **3** (1957) 1 71.

Kawamoto, M. and *T. Nakagawa:* Statistical representation of S-N curve on the fatigue test results. Kyoto Univ., Japan, Fac. of Engng., Mem. **18** (1956) 1 (E) 30—43.

Kheiralla, A. A.: A new theory of fatigue. Natur-Wiss. **43** (1956) 14 321—322; AMR **10** (1957) 3 103.

Kheiralla, A. A.: Theory of fatigue fracture. J. Appl. Mech. **23** (1956) 3 473—474; AMR **10** (1957) 3 103.

Lardge, H. E.: Thermal fatigue testing of sheet metal. Sheet Metal Industries **33** (1956) 349 299—306.

Laurent, P.: Les travaux récents de l'Institut de Recherches Métallurgiques de Sarrebruck dans le domaine de la fatigue. "Colloquium on Fatigue", Ed. W. Weibull and F. K. G. Odqvist, Berlin—Göttingen—Heidelberg: Springer 1956 141—147.

Lißner, O.: Einige Versuche über die Vorgänge in der Oberflächenschicht von Ermüdungsproben. „Kolloquium über Ermüdungsfestigkeit", Hrsg. W. Weibull u. F. K. G. Odqvist, Berlin—Göttingen—Heidelberg: Springer 1956 148—159 16 Lit.-St.

Locati, L.: Essais de fatigue par flexion avec fréquences superposées. "Colloquium on Fatigue", Ed. W. Weibull and F. K. G. Odqvist, Berlin—Göttingen—Heidelberg: Springer 1956 160—168 5 ref.

Martin, J. W. and *G. C. Smith:* A preliminary study of the fatigue of metals in liquid metal environments. Metallurgia **54** (1956) 325 227—232; AMR **10** (1957) 11 512.

Mohr, E.: Neuere Ergebnisse aus Versuchen zur Ermittlung der „dynamischen" Elastizitätsgrenze. Aluminium **32** (1956) 4 202—204.

Nakamura, H.: A general interpretation of fatigue strength of material. J. Railway Engng. Res. (Japan) **13** (1956) 1 1—32.

Nash, William A. and *Wasfi A. Hijab:* On impact accompanied by fatigue. Publ. Int. Ass. Bridge & Struct. Engng. **16**(1956) 357—372 12 ref.; AMR **10**(1957)11 512.

Nishihara, T. and *T. Yamada:* Fatigue strength of metals under alternating stresses of varying amplitude. Kyoto Univ., Japan, Fac. of Engng., Mem. **18** (1956) 3 (E) 172—208.

Nishihara, T. and *T. Yamada:* Fatigue life of metals under varying repeated stresses. Proc. 6th Japan Nat. Congr. Appl. Mech., Univ. of Kyoto, Japan, Oct. 1956 61—64; AMR **11** (1958) 5 224.

Nishihara, Toshio, Toshinori Kori and *Ryuiti Masuo:* Fatigue and its degree of metals. Trans. Japan Soc. Mech. Engrs. **22** (1956) 123 839—844; Japan Sci. Rev., Mech. & Electr. Engng. **3** (1958) 2 74—75.

Oding, I. A.: Über den Mechanismus der Zerstörung bei der zyklischen Belastung von Metallen. „Kolloquium über Ermüdungsfestigkeit", Hrsg. W. Weibull u. F. K. G. Odqvist, Berlin—Göttingen—Heidelberg: Springer 1956 178—185 17 Lit.-St.

Peterson, R. E.: Torsion and tension relations for slip and fatigue. "Colloquium on Fatigue", Ed. W. Weibull and F. K. G. Odqvist, Berlin—Göttingen—Heidelberg: Springer 1956 186—196 14 ref.

Person, N. L. and *B. J. Lazan:* The effect of static mean stress on the damping properties of materials. WADC Techn. Rep. 55-497 (AD 97123) July 1956 28 p. 14 ref.; Aeron. Engng. Rev. **16** (1957) 7 122.

Podnieks, E. R. and *B. J. Lazan:* Damping, elasticity, and fatigue properties of titanium alloys, high temperature alloys, stainless steels, and glass laminate at room and elevated temperatures. WADC Techn. Rep. 56-37 March 1956 92 p.; Titanium Abstr. Bull. **3** (1957/58) 1.

Ransom, J. T.: A guide to statistical methods for use in fatigue testing. "Colloquium on Fatigue", Ed. W. Weibull and F. K. G. Odqvist, Berlin—Göttingen—Heidelberg: Springer 1956 229—234.

Schaub, C. u. *W. Liedtke:* Der Mechanismus des Dauerbruchs metallischer Werkstoffe. "Kolloquium über Ermüdungsfestigkeit", Hrsg. W. Weibull u. F. K. G. Odqvist, Berlin—Göttingen—Heidelberg: Springer 1956 244—250 9 Lit.-St.

Seemann, H. J. u. *H. Staats:* Beitrag zur Untersuchung der Schwingungseigenschaften metallischer Werkstoffe im Ultraschallgebiet bei erhöhten Temperaturen. Z. Metallkde. **47** (1956) 637—643.

Shanley, F. R.: A proposed mechanism of fatigue failure. "Colloquium on Fatigue", Ed. W. Weibull and F. K. G. Odqvist, Berlin—Göttingen—Heidelberg: Springer 1956 251—259 16 ref.

Starkey, W. L. and *S. M. Marco:* Effects of complex stress-time cycles on the fatigue properties of metals. Amer. Soc. Mech. Engrs. Ann. Meeting, New York, Nov. 1956, Prepr. 56-A-1 8 p.; Trans. ASME **79** (1957) Aug. 1329—1336; Index Aeron. **12** (1956) 9 37; AMR **10** (1957) 6 255; Aeron. Engng. Rev. **16** (1957) 11 148.

Starkey, W. L. and *J. A. Collins:* Fatigue tests of titanium alloy and SAE 4340 steel specimens. Ohio State Univ. AD 91625 RF Project 518 Contract AF 33(616)-209 Jan. 1956 55 p.; Titanium Abstr. Bull. **2** (1956/57) 390.

Taylor, R. J.: Experimental design and methods of analysis used in studying effects of metallurgical variation on fatigue. "Colloquium on Fatigue", Ed. W. Weibull and F. K. G. Odqvist, Berlin—Göttingen—Heidelberg: Springer 1956 269—277 8 ref.

Thompson, N.: Experiments relating to the origin of fatigue cracks. "Fatigue in aircraft structures (Proc. Int. Conf. Columbia Univ. Jan. 30—Febr. 1 1956), Ed. A. M. Freudenthal", New York: Academic Press 1956 43—61 8 ref.

Weibull, Waloddi: Statistical handling of fatigue data and planning of small test series. FFA Rep. 69 Oct. 1956 35 p. 5 ref.; Index Aeron. **13** (1957) 5 61; Aircr. Engng. **29** (1957) 340 187; J. Roy. Aeron. Soc. **61** (1957) 558 438; AMR **11** (1958) 2 68; AB **28** (1957) 7 488; Aeron. Engng. Rev. **16** (1957) 6 145.

Weibull, Waloddi: Scatter of fatigue life and fatigue strength in aircraft structural materials and parts. FFA Rep. 73 Nov. 1956 25 p. 7 ref.; Index Aeron. **13** (1957) 12 47—48; AMR **11** (1958) 5 224; Aeron. Engng. Rev. **17** (1958) 3 118; Aircr. Engng. **30** (1958) 350 119 [1.343.31].

Weibull, Waloddi: Scatter of fatigue life and fatigue strength in aircraft structural materials and parts. "Fatigue in aircraft structures (Proc. Int. Conf. Columbia Univ., Jan. 30—Febr. 1 1956), Ed. A. M. Freudenthal", New York: Academic Press 1956 126—145 7 ref. [1.343.31].

Wood, W. A.: Mechanism of fatigue. "Fatigue in aircraft structures (Proc. Int. Conf. Columbia Univ. Jan. 30—Febr. 1 1956), Ed. A. M. Freudenthal", New York: Academic Press 1956 1—19 18 ref.

Wood, W. A.: Failure of metals under cyclic strain. Int. Conf. on Fatigue of Metals, Session 6 Pap. 4, Instn. Mech. Engrs. Sept. 1956 6 p.; Index Aeron. **13** (1957) 12 39.

Yokobori, Takeo: A theoretical criterion for the fracture of metals under combined alternating stresses. Amer. Soc. Mech. Engrs. Ann. Meeting, New York, Nov. 1956 Pap. 56-A-21 4 p.; J. Appl. Mech. **24** (1957) 1 77—80 15 ref.; AMR **10** (1957) 8 357; Aeron. Engng. Rev. **16** (1957) 6 161.

— A bibliography of unpublished reports on metal fatigue. Ministry of Supply, Techn. Inform. Bureau (London, S. E. 9) BIB (U)/4 Addendum No. 1 June 1956 10 p. 95 ref.; Aeron. Engng. Rev. **16** (1957) 1 109.

Bevan, William and *Rollin M. Patton:* Selected bibliography: Fatigue, stress, body change and behavior. WADC Techn. Rep. TR 57-125 (AD 118091) Apr. 1957 64 p. 883 ref.

Bloomer, N. T.: Time saving in statistical fatigue experiments. Engineering **184** (1957) 4783 603.

Bollenrath, Franz: Fatigue and ageing. AGARD Rep. 157 Nov. 1957 18 p. 14 ref.

Broom, T. and *R. K. Ham:* The hardening and softening of metals by cyclic stressing. Proc. Roy. Soc. (London) (A) **242** (1957) 1229 166—179 29 ref.; Index Aeron. **13** (1957) 12 52.

Demer, L. J.: Interrelation of fatigue cracking, damping, and notch sensitivity. WADC Techn. Rep. 56-408 (AD 118157) March 1957 151 p. 58 ref.; Aeron. Engng. Rev. **16** (1957) 9 158 [1.352.2].

Ferro, A. and *R. Colombo:* An analysis of the probability theory of fatigue. Engrs. Dig. (1957) Nov. 487—490 19 ref.; Aeron. Engng. Rev. **17** (1958) 3 118.

Forsyth, P. J. E.: Some observations on the nature of fatigue damage. Phil. Mag., 8th Ser. **2** (1957) 16 437—440; Index Aeron. **13** (1957) 6 47—48; Aeron. Engng. Rev. **16** (1957) 8 140.

Foster, B. K.: The propagation of fatigue damage measured by periodical polishing. Aircr. Engng. **29** (1957) 341 211—215.

Frisch, J.: Comparison of semi-empirical solutions for crack propagation with experiments. Amer. Soc. Mech. Engrs. Semi-Ann. Meeting, San Francisco, Calif., June 1957 Pap. 57-SA-12 6 p.; AMR **11** (1958) 5 225.

Frost, N. E.: Fatigue strength of specimens containing preformed fatigue cracks. Engineer **203** (1957) 5289 864—867 4 ref.; Index Aeron. **13** (1957) 8 45; Aeron. Engng. Rev. **16** (1957) 9 158; AB **28** (1957) 7 494.

Hempel, Max: Dauerschwingfestigkeit. Colloquium on fatigue — Kolloquium über Ermüdungsfestigkeit. Draht **8** (1957) 10 429—431. [1.343.31], [1.441].

Kennedy, A. J.: Problems of combined creep and fatigue design. Engineer **204** (1957) 5305 444—447; AMR **11** (1958) 7 364; Aeron. Engng. Rev. **17** (1958) 1 122.

Lazan, B. J.: Fatigue under resonant vibrations considering both material and slip damping. Proc. SESA **15** (1957) 1 1—20; AMR **11** (1958) 5 225; Aeron. Engng. Rev. **17** (1958) 1 80.

Lazan, B. J.: Fatigue of structural materials at high temperature. AGARD Rep. 156 Nov. 1957 27 p. 28 ref.; J. Roy. Aeron. Soc. **62** (1958) 575 844; Index Aeron. **14** (1958) 11 54 [1.37].

Linge, J. R.: The detection of fatigue cracks in specimens under dynamic loading. An electrical circuit method for metallic materials. Aircr. Engng. **29** (1957) 345 334—342 6 ref.; Index Aeron. **13** (1957) 12 47; Aeron. Engng. Rev. **17** (1958) 1 98; AMR **11** (1958) 10 548 [1.352.2].

Marin, Joseph: Significance of material properties in design for fatigue loading. I. Simple static stresses; combined static stresses. II. Generalized failure theories; design for static stresses; design for static stress concentration. III. Nature of fatigue; simple fatigue stresses; complete reversal; superimposed stresses; varying stress amplitude. IV. Failure theories; working-stress relations. Machine Design **29** (1957) 24./1. 88—94, 7./2. 95—99; 21./2. 124—134, 7./3. 95—99.

McCammon, R. D. and *H. M. Rosenberg:* The fatigue and ultimate tensile strengths of metals between 4.2 and 293 deg. K. Proc. Roy. Soc. (London) (A) **242** (1957) 1229 203—211 10 ref.; Index Aeron. **13** (1957) 12 50.

Mott, N. F.: Work-hardening and the initiation and spread of fatigue cracks. Proc. Roy. Soc. (London) (A) **242** (1957) 1229 145—147; Index Aeron. **13** (1957) 12 45.

Panseri, C. e *F. Gatto:* L'anisotropia e la disomogeneità della resistenza. (Anisotropie und Dishomogenität der Dauerfestigkeit von hochfesten Legierungen.) Alluminio **26** (1957) 3 101—106.

Roš, Mirko Gottfried: Die Ermüdungsfestigkeit der Metalle. „Werkstoff-Fragen für den Konstrukteur", VDI-Ber. Bd. 10 1957 33—62.

Shanley, F. R.: On the mechanism of fatigue. Aircr. Engng. **29** (1957) 335 11—12.

Smith, G. C.: The initial fatigue crack. Proc. Roy. Soc. (London) (A) **242** (1957) 1229 189—196 3 ref.; Index Aeron. **13** (1957) 12 49.

Swets, D. E. and *R. C. Frank:* Fatigue life as a function of surface conditions. Metallurgia **56** (1957) 337 230.

Valluri, S. R.: Effect of frequency and temperature on fatigue of metals. NACA TN 3972 Febr. 1957 15 p.; AMR **10** (1957) 8 357; J. Roy. Aeron. Soc. **61** (1957) 558 438; Index Aeron. **13** (1957) 4 42; Aeron. Engng. Rev. **16** (1957) 3 108.

Wallgren, Gunnar: Study of the propagation of fatigue cracks. Roy. Aircr. Establ. Lib. Transl. 700 Oct. 1957 49 p.; Aero Space Engng. **17** (1958) 9 88, 90.

Yokobori, Takeo: A theoretical criterion for the fracture of metals under combined alternating stresses. J. Appl. Mech. **24** (1957) 1 77—80 15 ref.

— Werkstoff-Dauerbrüche. Mittel und Wege zu ihrer Vermeidung. Aciers Fins et Spéciaux (1957) 27 65—72 (dtsch. Fassung).

Crum, Ralph G. and *F. T. Mavis:* Behavior of certain alloys subjected to dynamic loading. ASTM Bull. 231 July 1958 88—91 6 ref.

Felgar, R. P.: Effects of shot-peening on fatigue strength. ASME Semiann. Meet., Detroit. Mich., Pap. 58-SA-46 June 1958 9 p.; AMR **12** (1959) 1 23 [2.77].

Feltham, P.: On the fatigue of metals. Phil. Mag., 8th Ser. (1958) Aug. 806—810; Aero Space Engng. **17** (1958) 11 102.

Findley, W. N.: A theory for the effect of mean stress on fatigue of metals under combined torsion and axial load or bending. Brown Univ., Engng. Materials Res. Lab., Div. Engng. TR6 March 1958 22 p.; AMR **12** (1959) 6 404.

Finnern, Bruno: Steigerung der Wechselfestigkeit durch Weichnitrieren. Draht **9** (1958) 10 414—415.

Frost, N. E. and *D. S. Dugdale:* The propagation of fatigue cracks in sheet specimens. J. Mech. & Phys. Solids **6** (1958) 2 92—110 17 ref.; AMR **11** (1958) 10 548; Aero Space Engng. **17** (1958) 7 78; Index Aeron. **14** (1958) 4 64.

Graham, A. and *K. F. A. Walles:* Regularities in creep and hot-fatigue data. I. II. ARC Curr. Pap. 379 1958 25 p., Curr. Pap. 380 1958 144 p.; Index Aeron. **14** (1958) 7 44, 9 38; Aircr. Engng. **30** (1958) 356 319.

Harris, W. J.: "Size" effects and their possible significance for "non-propagating" cracks in metal fatigue. Metallurgia **57** (1958) Apr. 193—197 21 ref.; Aero Space Engng. **17** (1958) 9 90.

Hu, L. W.: A note on the effect of pressurization on the fatigue life of metals. ASTM Bull. 234 Dec. 1958 63—65 6 ref.

Johnson, Leonard G.: Fatigue tests proved by 3 statistical checks. SAE-J. **66** (1958) 3 72—73.

Mott, N. F.: A theory of the origin of fatigue cracks. Acta Metallurgica **6** (1958) March 195—197 18 ref.; Aero Space Engng. **17** (1958) 7 88.

Nishihara, Toshio and *Toshiro Yamada:* Fatigue life of metallic materials under varying repeated stresses of two different stress waves. Japan Soc. Mech. Engrs. Bull. Jan. 1958 1—6; Aero Space Engng. **17** (1958) 7 88.

Plateau, J., C. Crussard, J. Faquet, G. Henry, M. Weisz, G. Sertour et *R. Esquerré:* Etude microfractographique des surface de rupture par fatigue. Exemple d'application. Rev. Aluminium **35** (1958) 7 679—695; Aluminium **34** (1958) 12 A 338.

Simmons, J. C.: A standardised method of representing fatigue test results. J. Roy. Aeron. Soc. **62** (1958) 573 680—681.

Stauffer, W. u. *A. Keller:* Anwendung der Dauerfestigkeitstheorie von F. Stüssi auf die Ergebnisse von Zeitstandversuchen. Arch. Eisenhüttenwes. **29** (1958) 7 411—414 7 Lit.-St.

Stephenson, N.: A review of the literature on the effect of frequency on the fatigue properties of metals and alloys. Nat. Gas Turbine Establ. (Great Britain) Mem. M.320 June 1958 42 p. 68 ref.; Aero Space Engng. **17** (1958) 12 68—69.

Thompson, N. and *N. J. Wadsworth:* Metal fatigue. Advances in Physics (London) **7** (1958) 25 72—170; AMR **11** (1958) 10 548.

Wood, W. A.: Formation of fatigue cracks. Phil. Mag., 8th Ser. (1958) July 692—699; Aero Space Engng. **17** (1958) 11 102.

— Data Sheets. Fatigue. Royal Aeronautical Society Sept. 1958. [1.352.2], [6.254.0].

Dolan, Thomas J.: Basic research in fatigue of metals. ASTM Bull. 240 Sept. 1959 24—27 10 ref.

Finnern, B. u. *O. Schaaber:* Versuche zur Erklärung der Dauerfestigkeitserhöhung durch Badnitrieren. Draht **10** (1959) 11 588.

Freudenthal, Alfred M. and *Robert A. Heller:* On stress interaction in fatigue and a cumulative damage rule. J. Aero Space Sci. **26** (1959) 7 431—442 17 ref.

Parzen, Emanuel: On models for the probability of fatigue failure of a structure. AGARD Rep. 245 April 1959 19 p. 21 ref.

Schjelderup, H. C.: Accumulative fatigue damage caused by random loading. J. Aero Space Sci. **26** (1959) 6 394—395.

Stähle, Gußeisen und Schwermetalle   **1.332**

Stähle   **1.332.1**

Sinnot, M. J.: Fatigue properties of chromium-plated heat-treated SAE 4130 steel. Univ. Michigan, Engng. Res. Inst. Project M 931 Sept. 1951 28 p.

Henry, D. L.: A theory of fatigue-damage accumulation in steel. Amer. Soc. Mech. Engrs. Ann. Meeting, New York, Nov.—Dec. 1954, Pap. 54-A-77 12 p.; Trans. ASME **77** (1955) Aug. 913—918; AMR **8** (1955) 12 523; Aeron. Engng. Rev. **14** (1955) 11 130.

Cledwyn-Davies, D. N.: The effect of grinding on the fatigue strength of steels. Proc. IME (1955) 2 83—92; Aeron. Engng. Rev. **14** (1955) 8 108.

Frith, P. H.: Fatigue tests on rolled alloy steels made in electric and open hearth furnaces. Brit. Iron & Steel Res. Ass., London, Spec. Rep. 50 Febr. 1955; Aircr. Engng. **27** (1955) 315 163—164.

Fukui, S. and S. Miki: Change of strain during torsional fatigue for special steels for constructional use. (In Japanese). Univ. Tokyo, Japan, Inst. Sci. & Technol., Rep. **9** (1955) 1 31—39; AMR **9** (1956) 5 207.

Kawamoto, M. and K. Nishioka: Safe stress range for deformation due to fatigue. Trans. ASME **77** (1955) July 631—634; Aeron. Engng. Rev. **14** (1955) 10 142.

Wever, F., M. Hempel u. A. Schrader: Metallographische Untersuchungen über Verformungserscheinungen an der Oberfläche biegewechselbeanspruchter Proben aus St 37. Arch. Eisenhüttenwes. **26** (1955) 12 739—754 38 Lit.-St.

Allen, N. P. and P. G. Forrest: The influence of temperature on the fatigue of metals. Int. Conf. on Fatigue of Metals, Session 4 Pap. 1, Instn. Mech. Engrs. Sept. 1956 16 p. 37 ref.; Index Aeron. **13** (1957) 12 40.

Ando, Zenji, Yozo Kato and Hikoshiro Watari: An experiment on fatigue of low carbon steel at high temperatures. Trans. Japan Soc. Mech. Engrs. **22** (1956) 123 851—855; Japan Sci. Rev., Mech. & Electr. Engng. **3** (1958) 2 75.

Bowman, C. E. and T. J. Dolan: Resistance of low-alloy steel plates to biaxial fatigue. Welding J. **35** (1956) 2 102s—108s 12 ref.

Coffin, L. F. jr. and J. H. Read: A study of the strain cycling and fatigue behaviour of a cold-worked metal. Int. Conf. on Fatigue of Metals, Session 5 Pap. 2, Instn. Mech. Engrs. Sept. 1956 12 p. 24 ref.; Index Aeron. **13** (1957) 12 41.

Evans, E. B., L. J. Ebert and C. W. Briggs: Comparing fatigue properties of cast and wrought steels. Machine Design **28** (1956) 23 128, 130; Konstruktion **9** (1957) 5 171.

Evans, E. B., L. J. Ebert and C. W. Briggs: Fatigue properties of comparable cast and wrought steels. Amer. Soc. Testing Mater. Prepr. 64 1956; Metal Progr. **73** (1958) 4 150, 152, 154, 156.

Frith, F. H.: Fatigue of wrought high-tensile alloy steels. Int. Conf. on Fatigue of Metals, Session 5 Pap. 7, Instn. Mech. Engrs. 1956 41 p. 23 ref.; Index Aeron. **13** (1957) 12 99.

Hempel, Max: Über Verformungserscheinungen in Stählen bei der Wechselbeanspruchung. „Kolloquium über Ermüdungsfestigkeit, Stockholm 25.—27. Mai 1955, Verhandlungen", Hrsg. W. Weibull and F. K. G. Odqvist, Berlin—Göttingen—Heidelberg: Springer 1956 78—91.

Hempel, Max: Performance of steel under repeated loading. "Fatigue in aircraft structures (Proc. Int. Conf. Columbia Univ., Jan. 30 — Febr. 1 1956), Ed. A. M. Freudenthal", New York: Academic Press 1956 83—103 31 ref.

Johansson, A.: Fatigue of steels at constant strain amplitude and elevated temperature. "Colloquium on Fatigue", Ed. W. Weibull and F. K. G. Odqvist, Berlin—Göttingen—Heidelberg: Springer 1956 112—122 6 ref.

1.332.1

Kawamoto, Minoru and *Yukihiko Ibuki:* Fatigue strength of steels under multiple repeated stress in two stress levels. J. Japan Soc. Testing Mater. **5** (1956) 36 544—552; Japan Sci. Rev., Mech. & Electr. Engng. **3** (1958) 2 74.

Kawamoto, Minoru, Takenori Ishida and *Hideo Kakuzen:* Fatigue of carbon steel under completely reversed stress at high temperatures. J. Japan Soc. Testing Mater. **5** (1956) 30 161—165; Japan Sci. Rev., Mech. & Electr. Engng. **3** (1957) 1 77.

Kawamoto, Minoru and *Morio Seki:* The effect of repeating speed on the fatigue deformation of steel. J. Japan Soc. Testing Mater. **5** (1956) 35 486—488; Japan Sci. Rev., Mech. & Electr. Engng. **3** (1958) 2 72.

Kollmar, A.: Dauerfestigkeitsversuche mit Werkstoff und Stumpfnahtschweißverbindungen. Stahlbau **25** (1956) 9 205—210. [1.442.14].

Konishi, I. and *M. Shinozuka:* Scatter of fatigue life of structural steel and its influence on safety of structure. Kyoto Univ., Japan, Fac. of Engng., Mem. **18** (1956) 2 (E) 73—83.

Lomas, T. W., J. O. Ward, J. R. Rait and *E. W. Colbeck:* The influence of frequency of vibration on the endurance limit of ferrous alloys at speeds up to 150,000 cycles per minute using a pneumatic resonance system. Int. Conf. on Fatigue of Metals, Session 4 Pap. 7, Instn. Mech. Engrs. Sept. 1956 13 p. 19 ref.; Index Aeron. **13** (1957) 12 39.

Muvdi, B. B., G. Sachs and *E. P. Klier:* Design properties of high strength steels in the presence of stress concentrations. II. Axial-load fatigue properties of high-strength steels. WADC Techn. Rep. 56-395 Pt. II (AD 110619) Dec. 1956 38 p.; Aeron. Engng. Rev. **16** (1957) 9 146.

Nishihara, T., S. Taira, K. Tanaka and *R. Koterasawa:* Investigation on the dynamic creep rupture of materials. Proc. 6th Japan Nat. Congr. Appl. Mech., Univ. of Kyoto, Japan, Oct. 1956 221—224; AMR **11** (1958) 5 227—228.

Nishihara, Toshio, Shuji Taira, Kichinosuke Tanaka and *Yojiro Murata:* On the fatigue strength of 13⁰/₀ Cr-steel under combined static tension and repeated bending stress at elevated temperature. J. Japan Soc. Testing Mater. **5** (1956) 35 489—492; Japan Sci. Rev., Mech. & Electr. Engng. **3** (1958) 2 74.

Oding, I. A. and *V. S. Ivanova:* Fatigue of metals under contact friction. Int. Conf. on Fatigue of Metals, Session 4 Pap. 11, Instn. Mech. Engrs. Sept. 1956 8 p. 14 ref.; Index Aeron. 13 (1957) 12 40.

Rubo, E.: Prüfen von Stählen auf Sprödbruchempfindlichkeit mittels des Dauerbiegeversuchs. Z. VDI **98** (1956) 17 913—919 18 Lit.-St.

Salokangas, J.: Die durch große Zug- und Druckermüdungsbelastungen hervorgebrachte mechanische Hysterese in Stählen. „Kolloquium über Ermüdungsfestigkeit", Hrsg. W. Weibull u. F. K. G. Odqvist, Berlin—Göttingen—Heidelberg: Springer 1956 235—243 5 Lit.-St.

Sakurai, Tadakazu and *Tadashi Kawasaki:* On the changes of the properties of mild steel caused by low-temperature quenching. II. The effect of the low-temperature quenching and the spheroidizing treatments on the fatigue and the impact strength. J. Japan Soc. Testing Mater. **5** (1956) 36 531—536; Japan Sci. Rev., Mech. & Eletr. Engng. **3** (1958) 2 128.

Siebel, Erich u. *M. Gaier:* Untersuchungen über den Einfluß der Oberflächenbeschaffenheit auf die Dauerschwingfestigkeit metallischer Bauteile. Z. VDI **98** (1956) 30 1715—1723 54 Lit.-St.

Stulen, F. B., H. N. Cummings and *W. C. Schulte:* Relation of inclusions to the fatigue properties of high-strength steels. Int. Conf. on Fatigue of Metals, Session 5 Pap. 4, Instn. Mech. Engrs. Nov. 1956 8 p. 10 ref.; Index Aeron. **13** (1957) 12 54.

Tipler, H. R. and *P. G. Forrest:* The fatigue behaviour of iron intergranular weakness. Int. Conf. on Fatigue of Metals, Session 5 Pap. 10, Instn. Mech. Engrs. 1956 5 p.; Index Aeron. **13** (1957) 12 96—97.

Watkinson, J. F.: The influence of some surface factors on the torsional fatigue strength of spring steels. Int. Conf. on Fatigue of Metals, Session 5 Pap. 5, Instn. Mech. Engrs. 1956 16 p. 13 ref.; Index Aeron. **13** (1957) 12 99.

Wever, F.: Fatigue properties of steel at higher temperatures. Int. Conf. on Fatigue of Metals, Session 4 Pap. 6, Instn. Mech. Engrs. Sept. 1956 7 p. 8 ref.; Index Aeron. **13** (1957) 12 41.

Wever, F.: Ausscheidungsvorgänge in Stählen bei ruhender und wechselnder Beanspruchung. „Kolloquium über Ermüdungsfestigkeit", Hrsg. W. Weibull u. F. K. G. Odqvist, Berlin—Göttingen—Heidelberg: Springer 1956 299—312.

Wever, F. u. *M. Hempel:* Dauerschwingfestigkeit von Stählen bei erhöhten Temperaturen. I. Erkenntnisse aus bisherigen Dauerschwingversuchen in der Wärme. II. Zug-Druck-Dauerschwingversuche an zwei warmfesten Stählen bei Temperaturen von 500 bis 650 °C. Forsch.-Ber. Wirtsch.- u. Verkehrsministerium Nordrhein-Westfalen Nr. 311 1956 36 S., Nr. 312 1956 36 S.; Z. VDI **99** (1957) 27 1350; Schweißen u. Schneiden **11** (1959) 1 31.

Bollenrath, F.: Verdrehwechselfestigkeit einiger Vergütungsstähle nach induktiver Randhärtung. Arch. Eisenhüttenwes. **28** (1957) 12 801—806 11 Lit.-St.

Childs, J. K. and *M. M. Lemcoe:* Fatigue investigation on high strength steel. WADC Techn. Rep. TR 56-205 (AD 110474) July 1957 37 p.; Aeron. Engng. Rev. **17** (1958) 1 108.

Cummings, H. N., F. B. Stulen and *W. C. Schulte:* Investigation of materials fatigue problems. WADC Techn. Rep. 56-611 March 1957 208 p.; Aeron. Engng. Rev. **16** (1957) 12 124.

Döring, Werner: Alterung und Ermüdung von Stählen. Eisenbahntechn. Rdsch. **6** (1957) 8 306—313.

Evans, E. W.: Effect of interrupted loading on mechanical properties of metals. I, II. Engineer **203** (1957) 5274 292—295, 5275 325—327 8 ref.; Index Aeron. **13** (1957) 5 60; Aeron. Engng. Rev. **16** (1957) 6 152.

Forrest, P. G.: Speed effect in fatigue. Proc. Roy. Soc. (London) (A) **242** (1957) 1229 223—227 8 ref.; Index Aeron. **13** (1957) 12 51.

Lipsitt, H. A. and *G. T. Horne:* The behaviour of single crystals of iron under fatigue loading. Int. Conf. on Fatigue of Metals, Session 6 Pap. 1, Instn. Mech. Engrs. Sept. 1956 9 p. 12 ref.; Index Aeron. **13** (1957) 12 52.

Ramsey, P. W. and *D. P. Kedzie:* Prot fatigue study of an aircraft steel in the ultra high strength range. J. Metals **9** (1957) 4 401—406 10 ref.

Wever, F., A. Kochendörfer, M. Hempel u. *E. Hillenhagen:* Biegewechselversuche mit Flachproben aus Alpha-Eisen-Einkristallen zur Bestimmung der Wechselfestigkeit und der Gleitspuren. Forsch.-Ber. Wirtsch.- u. Verkehrsministerium Nordrhein-Westfalen Nr. 410 1957 100 S.

Birchon, D.: Metal spraying: Effect of a molybdenum deposit on adhesion and on fatigue of ferritic steels. Metallurgia **58** (1958) 350 273—285 16 ref.

Castro, R. et *A. Gueussier:* Sur la dispersion observée dans les essais de fatigue en flexion rotative. Rev. Métallurgie **55** (1958) 11 1042—1047.

Cina, B.: The effect of cold work on the fatigue characteristics of an austenitic alloy steel. J. Iron & Steel Inst. **190** (1958) 2 144—157.

Cummings, H. N., F. B. Stulen and *W. C. Schulte:* Fatigue strength reduction factors for inclusions in high strength steels. WADC Techn. Rep. 57-589 (AD 151162) Apr. 1958 32 p.

Funck, A.: Dauerfestigkeitsversuche an Thomas- und SM-Stählen. Acier-Stahl-Steel **23** (1958) 1 32—37; Draht **9** (1958) 9 365—366.

Powell, G. W., M. B. Bever and *C. F. Floe:* Surface fatigue of carbo-nitrided steel. Metal Progr. **73** (1958) 3 67—69.

Rey, W. K.: Cumulative fatigue damage at elevated temperature. NACA TN 4284 Sept. 1958; J. Roy. Aeron. Soc. **63** (1959) 577 72.

Wiegand, H. u. *M. Koch:* Das Verhalten gas- und salzbad-nitrierter Stähle bei Wechselbeanspruchung. (XIII. Härterei-Kolloquium). Draht **9** (1958) 2 46.

Hempel, M., A. Kochendörfer u. *A. Tietze:* Zug-Druck-Dauerschwingversuche an einem unlegierten Stahl in verschiedenen Gasen. Arch. Eisenhüttenwes. **30** (1959) 4 211—218 19 Lit.-St.

Hildesheimer, H.: Die Wechselfestigkeit einiger Stähle bei tiefen Temperaturen. Schweiz. Arch. 25 (1959) 6 187—200 24 Lit.-St.

Tauscher, Herbert: Der Einfluß galvanisch aufgebrachter Schutzüberzüge auf die Dauerfestigkeit von Stahl. Draht **10** (1959) 10 511—516, 11 571—577 40 Lit.-St.

Vibrans, G.: Der Wasserstoff in Stahl und dessen Einfluß auf die Dauerschwing-festigkeit, unter besonderer Berücksichtigung schweißtechnischer Probleme. Diss. TH Braunschweig 1959.

Gußeisen 1.332.2

Gilbert, G. N. J. and *K. B. Palmer:* The influence of understressing on the fatigue properties of flake graphite and nodular graphite cast irons. J. Res. & Devel., Brit. Cast Iron Ass. **6** (1956) Dec. 410—421; Metal Progr. **73** (1958) 3 140—141.

Brotzen, F. and *J. Wallace:* Fatigue properties of gray iron. Machine Design **29** (1957) 25 154—158; Konstruktion **10** (1958) 8 334.

Ineson, E., J. Clayton-Cave and *R. J. Taylor:* Variation in fatigue properties over individual cast of steel. J. Iron & Steel Inst. **190** (1958) 3 277—283.

Schwermetalle 1.332.3

Vitovec, F. H. and *B. J. Lazan:* Fatigue, creep, and rupture properties of heat resistant materials. WADC Techn. Rep. 56-181 (AD 97240) Aug. 1956 196 p. 12 ref.; Aeron. Engng. Rev. **16** (1957) 7 122. [1.323.3].

Clauss, F. J. and *J. W. Freeman:* Thermal fatigue of ductile materials. I. Effect of variations in the temperature cycle on the thermal-fatigue life of S-816 and Inconel 550. II. Effect of cyclic thermal stressing on the stress-rupture life and ductility of S-816 and Inconel 550. NACA TN 4160, TN 4165 1958.

Franklin, A. W. et *E. D. Ward:* La fatigue aux températures élevées des alliages nickel-chrome. Rev. Métallurgie **55** (1958) 10 927—938 10 réf.

Leichtmetalle 1.333

Allgemeines 1.333.1

Thum, August: Über den Einfluß der Schnittbedingungen auf die Dauerfestigkeit von Leichtmetallen. Metallwirtschaft **22** (1943) 15/17 239—241.

Schreiber, W.: Beitrag zur Lösung einiger Probleme der Dauerschwingbean-spruchung im Gebiet der Zeitfestigkeit durch Anwendung statistischer Verfahren. Diss. TH Braunschweig 1955.

Gaier, M.: Untersuchungen über den Einfluß der Oberflächenbeschaffenheit auf die Schwingfestigkeit metallischer Bauteile. Diss. TH Stuttgart 1956.

Schijve, J.: Fatigue crack propagation in light alloys. NLL Rep. M 2010 July 1956 46 p. 67 ref.; Index Aeron. **13** (1957) 1 114—115; J. Roy. Aeron. Soc. **61** (1957) 555 221; Aeron. Engng. Rev. **16** (1957) 2 126.

Büchen, W.: Zug- und Biegewechselfestigkeit der Leichtmetall-Druckgußlegierungen nach DIN 1725 und DIN 1729. Gießerei **46** (1959) 13 361—364; Aluminium **35** (1959) 12 A332.

Aluminium und Aluminiumlegierungen

Hardrath, H. F. and *E. C. Utley jr.:* An experimental investigation of the behavior of 24 S-T 4 aluminum alloy subjected to repeated stresses of constant and varying amplitudes. NACA TN 2798 Oct. 1952 23 p.; AMR **6** (1953) 11 415.

Hartman, A.: Tests to determine the influence of some factors on the scatter in endurance for fatigue tests on extruded 24S-T and rolled 24S-T alclad. NLL Rep. M 1931 1953 14 p.; AB **26** (1955) 2 89.

Sinclair, G. M. and *T. J. Dolan:* Effect of stress amplitude on statistical variability in fatigue life of 75 S-T 6 aluminum alloy. Trans. ASME **75** (1953) 5 867—870; AMR **7** (1954) 2 68.

Gee, S. W. and *J. Y. Mann:* The flexural fatigue strength of coin dimpled 75 S-T aluminium alloy sheet. ARL SM Note 215 Dec. 1954; J. Roy. Aeron. Soc. **59** (1955) 538 718—719.

Grover, H. J., W. S. Hyler, Paul Kuhn, Charles B. Landers and *F. M. Howell:* Axial-load fatigue properties of 24 S-T and 75 S-T aluminum alloy as determined in several laboratories. NACA Rep. 1190 1954 25 p.; Aircr. Engng. **27** (1955) 322 422.

Sebisty, J. J. and *J. O. Edwards:* Some metallographic observations on the fatigue failure of 24 S-T and alclad 24 S-T alloy sheet. Dep. Mines & Techn. Surveys, Mines Branch (Canada) Res. Rep. PM 164 May 1954; AB **26** (1955) 11 723.

Tani, Yasumasa and *Mitsue Ikeya:* Electron microscopic observation of surface structure of fatigue-fractured metallic material. I. Aluminum alloy. J. Electron Microscopy **2** (1954) 1 49—51; AB **26** (1955) 4 226.

Templin, R. L.: Fatigue of aluminum. Proc. ASTM. **54** (1954) 641—699; AB **26** (1955) 7 446; AMR **9** (1956) 5 207—208.

Findley, W. N., W. I. Mitchell and *D. E. Martin:* Combined bending and torsion fatigue tests of 25 S-T aluminum alloy. Proceedings of the Second U. S. National Congress of Applied Mechanics, June 1954, Easton Pa.: Amer. Soc. Mech. Engrs. 1955 585—593; AMR **9** (1956) 5 207.

Findley, W. N., W. I. Mitchell and *D. D. Strohbeck:* Effect of range of stress in combined bending and torsion fatigue tests of 25 S-T aluminum alloy. Amer. Soc. Mech. Engrs. Ann. Meeting, Chikago, Ill., Nov. 1955, Pap. 55-A-68 7 p. 11 ref.; Trans. ASME **78** (1956) Oct. 1481—1487 11 ref.; AMR **9** (1956) 5 206; Index Aeron. **12** (1956) 2 120; AB **27** (1956) 5 306.

Howell, F. M. and *J. L. Miller:* Axial-stress fatigue strengths of several structural aluminum alloys. Amer. Soc. Testing Mater. Ann. Meeting Pap. July 1955 24 p.; AB **26** (1955) 9 583.

Panseri, C. e F. Gatto: Ricerche sperimentali sull'anisotropia della resistenza a fatica della lega Ergal 65 TA. (Untersuchungen über die Anisotropie der Dauerfestigkeit der Legierung Ergal 65 TA). Alluminio **24** (1955) 5 459—463; AB **27** (1956) 1 39.

Panseri, C. e F. Gatto: La prova di fatica a flessione rotante delle leghe leggere. Influenza dei fattori sperimentali. (Probeneinflüsse beim Umlauf-Dauerbiegeversuch an Leichtmetallwerkstoffen). Alluminio **24** (1955) 5 447—458; Aluminium **32** (1956) 9 A262; AB **27** (1956) 1 32—33.

Thompson, N., C. K. Coogan and *J. G. Rider:* Experiments on aluminum crystals subjected to slowly alternating stresses. J. Inst. Metals **84** (1955) 3 73—80; Aluminium **32** (1956) 3 A 67; AB **27** (1956) 1 40.

Wallgren, G.: Study of the occurrence and development of fatigue cracks. (In Swedish). FFA Rep. HU-569 Oct. 1955 32 p.; Index Aeron. **13** (1957) 7 47.

Brenner, Paul: Statische und dynamische Festigkeitseigenschaften hochfester Aluminiumlegierungen. Aluminium **32** (1956) 12 756—768; Berg- u. Hüttenmänn. Mh. **101** (1956) 12 370—377. [1.323.211.1].

Broom, T., J. H. Molineux and *V. N. Whittaker:* Structural changes during the fatigue of some aluminium alloys. J. Inst. Metals **84** (1956) 10 357—363; Aluminium **32** (1956) 11 A 318.

Chevigny, R.: Caractéristiques à chaud de quelques produits non ferreux pouvant être utilisés en aéronautique. Métaux, Corrosion **31** (1956) 373 369—377; Fusées (1956) Oct. 161—169 17 réf.; Leichtbau d. Verkehrsfahrzeuge **1** (1957) 2/3 67; Aluminium **33** (1957) 1 A 16; Aeron. Engng. Rev. **17** (1958) 4 102. [1.323.211.1].

Finney, J. M. and *W. W. Johnstone:* The effect of grain size on the flexural fatigue strength of L40 aluminium alloy. ARL Note SM 231 July 1956 7 p.; AMR **10** (1957) 12 567; J. Roy. Aeron. Soc. **61** (1957) 554 142.

Forsyth, P. J. E.: The basic mechanism of fatigue and its dependence on the initial state of a material. Int. Conf. on Fatigue of Metals, Session 6 Pap. 5, Instn. Mech. Engrs. 1956 5 p. 7 ref.; Index Aeron. **13** (1957) 12 42.

Forsyth, P. J. E.: The mechanism of fatigue in aluminum and aluminum alloys. "Fatigue in aircraft structures (Proc. Int. Conf. Columbia Univ. Jan. 30 — Febr. 1 1956), Ed. A. M. Freudenthal", New York: Academic Press 1956 20—42 25 ref.

Gatewood, B. E. and *J. P. Honaker:* On S-N curves for fatigue analysis. J. Aeron. Sci. **23** (1956) 3 276 5 ref.; Index Aeron. **12** (1956) 4 42—43.

Gatto, F.: Influenza del contenuto di ferro e silicio sulla resistenza a fatica dell'Ergal. (Einfluß des Eisen- und Siliziumgehaltes auf die Dauerfestigkeit von Ergal). Alluminio **25** (1956) 4 175—186; Aluminium **32** (1956) 10 A288.

Gatto, F.: La resistenza a fatica a flessione rotante dell'Ergal: esame statistico dei dati. (Umlaufbiegedauerfestigkeit des Ergal. Analyse statistischer Angaben.) Alluminio **25** (1956) 12 523—526.

George, R. W. and *P. J. E. Forsyth:* An investigation into the metallurgical factors affecting the fatigue properties of some aluminium alloys. Roy. Aircr. Establ. TN 254 Nov. 1956 23 p.

Ghaswala, S. K.: Some aspects of the plastic design of aluminium structures. Publ. Int. Ass. Bridge & Struct. Engng. **16** (1956) 231—254 94 ref. [1.211], [1.342.31], [1.222.111].

Hanstock, R. F.: The reactions of high-strength aluminium alloys to alternating stresses. Int. Conf. on Fatigue of Metals, Session 5 Pap. 2, Instn. Mech. Engrs. 1956 9 p. 10 ref.; Index Aeron. **13** (1957) 12 103.

Hanstock, R. F.: On the effects preceding fatigue failure of high-strength aluminum alloys. "Fatigue in aircraft structures (Proc. Int. Conf. Columbia Univ. Jan. 30 — Febr. 1 1956), Ed. A. M. Freudenthal", New York: Academic Press 1956 62—82 6 ref.

Ohasi, Yosio and *Shohei Murayama:* On the fatigue strength of brass and duralmin which are improved by surface rolling. Trans. Japan Soc. Mech. Engrs. **22** (1956) 123 845—850; Japan Sci. Rev., Mech. & Electr. Engng. **3** (1958) 2 75.

Sebisty, J. J. and *J. O. Edwards:* Some metallographic observations on the fatigue failure of bare and clad aluminium-copper-magnesium alloy sheet. J. Inst. Metals **84** (1956) 8 291—297; Aluminium **33** (1957) 2 A40.

Straube, E.: Der Einfluß der Kornstruktur auf die Ermüdungsfestigkeit von Aluminiumknetlegierungen. Aluminium **32** (1956) 8 476—479; Nachr.-Bl. AGM Leichtbau **5** (1956) 11 19—20.

Valluri, S. R.: Some observations on the relationship between fatigue and internal friction. NACA TN 3755 Sept. 1956 42 p. 6 ref.; Index Aeron. **12** (1956) 12 115; AMR **10** (1957) 2 64; J. Roy. Aeron. Soc. **61** (1957) 553 65; Aeron. Engng. Rev. **16** (1957) 1 109; AB **28** (1957) 2 105.

Valluri, S. R.: Critical temperature affects fatigue life of aluminum. Design News **11** (1956) 24 140—141; Leichtbau d. Verkehrsfahrzeuge **1** (1957) 2/3 71.

Ward, R. G.: A comparison of the fatigue properties of the high-strength aluminium-copper-zinc alloys with the aluminium-copper duralumin type alloys. Roy. Aircr. Establ. TN M 244 Apr. 1956 27 p. 12 ref.; Aeron. Engng. Rev. **16** (1957) 1 125.

Weibull, Waloddi: Static strength and fatigue properties of unnotched circular 75 S-T specimens subjected to repeated tensile loading. FFA Rep. 68 June 1956 29 p. 5 ref.; Aircraft Engng. **29** (1957) 340 187; J. Roy. Aeron. Soc. **61** (1957) 555 221; Index Aeron. **13** (1957) 2 97; Aeron. Engng. Rev. **16** (1957) 2 142; AB **28** (1957) 7 488; AMR **11** (1958) 7 366.

Broom, T., J. A. Mazza and *V. N. Whittaker:* Structural changes caused by plastic strain and by fatigue in aluminium-zinc-magnesium-copper alloys corresponding to D.T.D. 683. J. Inst. Metals **86** (1957) 1 17—23; Aluminium **34** (1958) 3 A62. [1.323.211.1].

Finney, J. M.: Flexural fatigue tests on 5L3 aluminium alloy sheet. ARL Note SM 228 May 1956 6 p.; Index Aeron. **13** (1957) 2 44; J. Roy. Aeron. Soc. **61** (1957) 555 221.

Finney, J. M.: The effect of pickling and anodising on the fatigue properties of 2 L 40 and DTD 683 aluminium alloys. ARL Rep. SM 255 July 1957 34 p. 14 ref.; J. Roy. Aeron. Soc. **62** (1958) 568 318.

Forrest, G.: Fatigue properties of aluminium alloys. Sheet Metal Industries **34** (1957) 367 831—845 37 ref.; Aluminium **34** (1958) 4 A84.

Forsyth, P. J. E. and *C. A. Stubbington:* The mechanism of fatigue failure in some binary and ternary aluminium alloys. J. Inst. Metals **85** (1957) 7 339—343; Aluminium **33** (1957) 9 A252.

Gatto, F.: Influenza della forma delle provette sulla resistenza a fatica della lega Peraluman 50. (Der Einfluß der Probenform auf die Ermüdungsfestigkeit der Legierung Peraluman 50.) Alluminio **26** (1957) 6 251—254; Aluminium **34** (1958) 3 A64.

Gatto, F.: Influenza del trattamento termico sulla resistenza a fatica dell'Ergal. (Einfluß der Wärmebehandlung auf die Ermüdungsfestigkeit der Legierung Ergal.) Alluminio **26** (1957) 11 463—467; Aluminium **34** (1958) 10 A286.

Hempel, M. u. A. Schrader: Gleitspuren an der Oberfläche von biegewechselbeanspruchtem Reinstaluminium. Arch. Eisenhüttenwes. **28** (1957) 9 547—556 20 Lit.-St.

Illg, W. and *A. J. McEvily jr.:* Static strength of cross-grain 7075-T6 aluminum-alloy extruded bar containing fatigue cracks. NACA TN 3994 Apr. 1957 25 p.; AMR **10** (1957) 9 413; J. Roy. Aeron. Soc. **61** (1957) 559 507; Index Aeron. **13** (1957) 7 49.

Legrand, R. et R. Esquerré: Quelques résultats d'essais de fatigue en traction-compression sur des alliages d'aluminium. Rev. Métallurgie **54** (1957) 11 841—854; Aluminium **34** (1958) 3 A64.

Stubbington, C. A.: Some observations on the fatigue behaviour of aluminium 7 percent magnesium in various conditions of heat treatment. Roy. Aircr. Establ. TN M 279 Nov. 1957 23 p.; Aero Space Engng. **17** (1958) 10 81.

Ward, R. G.: Selection of aluminium alloys by fatigue properties. Aircr. Engng. **29** (1957) 335 19—20; Index Aeron. **13** (1957) 2 96—97; AB **28** (1957) 2 119; Aeron. Engng. Rev. **16** (1957) 4 143.

Weinberg, J. G. and *J. A. Bennett:* Effect of crystal orientation on fatigue-crack initiation in polycrystalline aluminum alloys. NACA TN 3990 Aug. 1957 22 p. 7 ref.; Index Aeron. **13** (1957) 11 111; J. Roy. Aeron. Soc. **61** (1957) 564 851; Aeron. Engng. Rev. **16** (1957) 12 124.

Berry, J. W., J. Lemaitre and *S. R. Valluri:* Effect of rest periods on fatigue of high-purity aluminum. NASA Mem. 11-21-58W Dec. 1958 20 p. 8 ref.

Frost, N. E.: The fatigue strength of specimens cut from preloaded blanks. Metallurgia **57** (1958) 344 279—282 5 ref.; AMR **12** (1959) 1 23.

Gatto, F.: Étude sur les modifications structurales des alliages AlCu pendant la fatigue. Rev. Métallurgie **55** (1958) 11 1085—1090; Aluminium **35** (1959) 3 A58.

Gatto, F.: Influence de la recristallisation sur la résistance à la fatigue des alliages d'aluminium. Rev. Metallurgie **55** (1958) 11 1079—1084; Aluminium **35** (1959) 3 A58.

Löhberg, K.: Das Verhalten einiger Leichtmetall-Kolbenlegierungen bei thermischer Wechselbeanspruchung. Aluminium **34** (1958) 11 634—642.

Mann, J. Y.: A survey of data on the fatigue properties of D.T.D. 363 and L.65 (D.T.D. 364) aluminium alloys. ARL Note SM 248 Nov. 1958; J. Roy. Aeron. Soc. **63** (1959) 586 613.

McEvily, A. J. jr. and *Walter Illg:* The rate of fatigue-crack propagation in two aluminum alloys. NACA TN 4394 Sept. 1958 46 p. 11 ref.; J. Roy. Aeron. Soc. **63** (1959) 577 72; Index Aeron. **14** (1958) 12 113.

Morri, D.: Influenza dei diversi trattamenti termici sul comportamento a fatica della lega Avional 14. Alluminio **27** (1958) 9 387—390; Aluminium **35** (1959) 1 A8.

Stubbington, C. A.: Some observations on the fatigue behaviour of aluminium-7% magnesium in various conditions of heat treatment. Metallurgia **58** (1958) 348 165—171; Aluminium **35** (1959) 8 A192.

Valluri, S. R.: Some observations relating to recovery of internal friction during fatigue of aluminum. NACA TN 4371 Sept. 1958 14 p.; AMR **12** (1959) 3 163.

Harris, W. J.: Cyclic stressing frequency effect on fatigue strength. A study of frequency effect with particular reference to the fatigue strength of certain aluminium alloys. Aircr. Engng. **31** (1959) 370 352—357 10 ref.

Magnesium und Magnesiumlegierungen   **1.333.3**

Bennett, J. A.: The effect of an anodic (HAE) coating on the fatigue strength of magnesium alloy specimens. Amer. Soc. Testing Mater. Prepr. 77 1955 5 p.; AB **26** (1955) 7 465.

Low, A. C.: The effect of mean stress on the fatigue strength of magnesium alloy ZW2. J. Roy. Aeron. Soc. **59** (1955) 537 629—632.

Holz und Holzwerkstoffe   **1.334**
Rohhölzer   **1.334.1**

Kommers, W. J.: The fatigue behavior of wood and plywood subjected to repeated and reversed bending stresses. FPL Rep. 1327 rev. March 1955 23 p. [1.334.2].

Ogarkov, B. I.: Theory of elastic fatigue in wood. Soviet Phys., Techn. Phys. (New York) (1957) May 1016—1018; Aero Space Engng. **17** (1958) 9 108.

— Duration of load and fatigue in wood structures: Progress report of a subcommittee of the committee on timber structures of the structural division. Proc. ASCE Vol. 83, ST 5 (J. Struct. Div.), Pap. 1361 Sept. 1957 13 p.; AMR **11** (1958) 7 367.

Lagenhölzer und Platten mit Fasern und Spänen **1.334.2**

Kommers, W. J.: The fatigue behavior of wood and plywood subjected to repeated and reversed bending stresses. FPL Rep. 1327 rev. March 1955 23 p. [1.334.1].

Plaste **1.335**

Carey, R. H.: Fatigue testing of nonrigid plastics. ASTM Bull. 206 May 1955 52—54 5 ref.; Index Aeron. **11** (1955) 9 122; Aeron. Engng. Rev. **14** (1955) 7 118.

Marin, Joseph and *W. J. Schuman:* Dynamic creep of plastics. SPE J. **11** (1955) Sept. 18—21, 54; Aeron. Engng. Rev. **14** (1955) 11 132.

Nielsen, Lawrence E., Robert A. Wall and *Paul G. Richmond:* Effect of fillers on the dynamical mechanical properties of polystyrene. SPE J. **11** (1955) Sept. 22, 23, 46, 61.

— Ermüdungsversuche an Kunststoff- und Kautschukproben. (Bericht aus einem Labor der Kunststoffindustrie.) Gummi u. Asbest **8** (1955) 10 538, 540, 542, 544, 546. [1.336].

Jacobi, H. R.: Ermüdungsprüfung von weichen Kunststoffen. Kunststoffe **46** (1956) 12 571.

Werren, Fred: Fatigue tests of glass-fabric-base laminates subjected to axial loading. FPL Rep. 1823-B Aug. 1956 26 p.

Boller, Kenneth H.: Fatigue properties of fibrous glass-reinforced plastics laminates subjected to various conditions. Modern Plastics **34** (1957) 10 163—180, 185—186, 293; Konstruktion **10** (1958) 5 210—211.

Calvert, N. G.: Fatigue tests on glass-fibre-reinforced plastics. Engineer **204** (1957) 5307 522—523; Konstruktion **10** (1958) 7 282; Aeron. Engng. Rev. **17** (1958) 2 100.

Hagen, Harro: Dauerfestigkeit glasfaserverstärkter Kunststoffe. Kunststoffe **47** (1957) 7 359—368 70 Lit.-St.

Kabin, S. P.: On the dynamic mechanical properties of polyethylene and polytretafluorethylene. Soviet Phys., Techn. Phys. (New York) (1957) Oct. 2,542—2,546 15 ref.; Aeron. Engng. Rev. **17** (1958) 3 108.

Lazar, Lawrence S.: Accelerated fatigue of plastics. ASTM Bull. 220 Febr. 1957 67—71; AMR **10** (1957) 8 357; Aeron. Engng. Rev. **16** (1957) 5 200.

— These curves give fatigue properties of reinforced plastics. WADC Techn. Rep. 55-389 May 1956; Mater in Design Engng. **46** (1957) July 108—111; Aeron. Engng. Rev. **16** (1957) 10 148.

Lewis, F. G.: The behaviour of polymethyl methacrylate under repeated load. ARL Note M 10 1958; J. Roy. Aeron. Soc. **63** (1959) 579 191.

Iablokoff, A. Kh.: Les interactions verre-résine dans les stratifiés, décelées par les essais de fatigue en flexion alternée. ONERA NT 53 Apr. 1959 19 p.; Aircr. Engng. **31** (1959) 368 317.

Gummi **1.336**

Dove, Richard and *Glenn Murphy:* Experimental technique for predicting the dynamic behavior of rubber. Trans. ASME **77** (1955) Aug. 975—979; Aeron. Engng. Rev. **14** (1955) 11 132.

— Ermüdungsversuche an Kunststoff- und Kautschukproben. (Bericht aus einem Labor der Kunststoffindustrie.) Gummi u. Asbest **8** (1955) 10 538, 540, 542, 544, 546. [1.335].

Cunningham, J. R. and *D. G. Ivey:* Dynamic properties of various rubbers at high frequencies. J. Appl. Phys. (New York) **27** (1956) 9 967—974; AMR **10** (1957) 8 361.

Faserstoffe 1.338

Tipton, H.: The dynamic tensile mechanical properties of textile filaments and yarns. J. Textile Inst. **46** (1955) T322—361.

Wegener, W. u. *G. Thomas:* Dynamische Daueruntersuchungen an Reifencord bei verschiedenen Temperaturen. Textil-Praxis **12** (1957) 1 29—34 5 Lit.-St.

Dischka, G. u. *T. Hajmásy:* Die Bestimmung der Ermüdungskennzeichen an Geweben mit Dauerwechselbeanspruchung im höheren Frequenzbereich. Faserforsch. u. Textiltechn. **9** (1958) 7 285—296; Textil-Praxis **14** (1959) 3 315.

Lyons, W. J.: Concerning the theory of fatigue failure in textile materials. Textile Res. J. (New York) **28** (1958) 2 127—130; AMR **11** (1958) 7 367.

Wegener, Walther: Das Verhalten eines bei niedriger und bei hoher Frequenz dynamisch beanspruchten Reifenkordes. Textil-Praxis **13** (1958) 12 1223—1226 7 Lit.-St.; Mitt Inst. Textiltechn. Rhein.-Westf. TH Aachen **7** (1958) 3 S. 7 Lit.-St.

Wegener, Walther u. *H. Enneking:* Die Dehnung in Abhängigkeit der Zeit, der Einspannbreite und -länge eines dynamisch beanspruchten taffetbindigen Viskosereyongewebes. Melliand Textilberichte **39** (1958) 2 137—143; Mitt. Inst. Textiltechn. Rhein.-Westf. TH Aachen **7** (1958) 7 S.

Müller, H.: Untersuchungen über das Ermüdungsverhalten von Reifencord. Faserforsch. u. Textiltechn. **10** (1959) 9 438—444.

Warburton, F. L.: The dynamic mechanical properties of wool at very low frequencies. J. Textile Inst., Trans. (Manchester) **50** (1959) 1 T1—T17 9 ref.; Textil-Praxis **14** (1959) 8 847.

Gestaltfestigkeit 1.34
Allgemeines 1.341

Odqvist, Folke K. G.: Influence of primary creep on stresses in structural parts. Acta Polytechn. Scand. 125, Mech. Engng. Ser. **2** (1953) 9 18 p.; Konstruktion **8** (1956) 2 74.

Marin, Joseph: Mechanical properties of materials for combined stresses based upon true stress and strain. J. Franklin Inst. **263** (1957) 1 35—46 16 ref.; Index Aeron. **13** (1957) 4 41; Aeron. Engng. Rev. **16** (1957) 4 150; AMR **11** (1958) 2 69.

Erker, A.: Sicherheit und Bruchwahrscheinlichkeit. MAN Forsch.-H. 8 1958 49—62 12 Lit. -St.

Novinski, J.: Theory of thin-walled bars. AMR **12** (1959) 4 219—227 133 ref.

Gestaltfestigkeit bei zügiger Belastung 1.342
Allgemeines 1.342.1

Naleszkiewicz, J.: On the computation of endurance limit stresses. Proc. VIIth Int. Congr. Appl. Mech. Vol. 4 1948 190—193.

Bahke, E.: Abbau von Spannungsspitzen durch vergrößerte elastische Bauteilverformung. Schweißen u. Schneiden **8** (1956) 11 417—421 8 Lit.-St. [1.243.12].

Matthaes, K.: Fließgefahr und Bruchgefahr bei mehrachsiger Beanspruchung. Metall **10** (1956) 17/18 795—800 5 Lit.-St.

Mohr, E.: Neuere Versuche zur Ermittlung der „wahren" Elastizitätsgrenze. Luftf.-Techn. **2** (1956) 3 49—50.

Troost, Alex: Zur Festigkeitsberechnung bei gemischt-elastisch-plastischer Verformung. ZFW **4** (1956) 3/4 122—128 7 Lit.-St.; AMR **10** (1957) 1 16—17.

Parme, A. L.: Practical aspects of ultimate strength design. Proc. ASCE ST5 (J. Struct. Div.) Part I **84** (1958) Pap. 1757 22 p.; AMR **12** (1959) 9 618.

Zugbeanspruchung **1.342.2**

Hebrant, F u. *L. Demol:* Einfache Zugversuche an handelsüblichen Profilen. Acier-Stahl-Steel **20** (1955) 4 172—176.

Sidebottom, O. M. and *M. E. Clark:* The effects of inelastic action on the resistance to various types of loads of ductile members made from various classes of metals. I. Eccentrically-loaded tension members having angle- and T-sections. WADC Techn. Rep. 56-330 Pt. I (AD 118178) Apr. 1957 99 p.; Aeron. Engng. Rev. **16** (1957) 8 128.

Beulen und Knicken infolge Druckbeanspruchung **1.342.3**

Allgemeines **1.342.31**

Nøkkentved, Chr.: Elastisch eingespannte Säulen. Abh. Int. Vereinig. Brücken- u. Hochbau **3** (1935) 355—373.

Young, Dana: Inelastic buckling of variable section columns. J. Appl. Mech. **12** (1945) 3 A 165—A 169.

Chipman, R. D.: Tests of eccentrically-loaded columns. Univ. California, Dep. Engng. Rep. 54-58 July 1954 28 p.; Index Aeron. **13** (1957) 9 42.

Baer, H. W.: Prediction of very short time creep buckling from very short time tensile creep properties. Proceedings of the Second U. S. National Congress of Applied Mechanics, June 1954, Easton, Pa.: Amer. Soc. Mech. Engrs. 1955 569—576; AMR **9** (1956) 4 151.

Bijlaard, P. P.: Buckling of columns with equal and unequal end eccentricities and equal and unequal rotational end restraints. Proceedings of the Second U. S. National Congress of Applied Mechanics, June 1954, Easton, Pa.: Amer. Soc. Mech. Engrs.. 1955 555—562; AMR **9** (1956) 4 150.

Bulson, P. S.: Local instability problems of light alloy struts. ADA Res. Rep. 29 Dec. 1955; Aircr. Engng. **28** (1956) 327 175—176.

Carlson, R. L. and *A. D. Schwope:* A method for estimating allowable load capacities of columns subjct to creep. Proceedings of the Second U. S. National Congress of Applied Mechanics, June 1954, Easton, Pa.: Amer. Soc. Mech. Engrs. 1955 563—568; AMR **9** (1956) 4 150—151.

Clark, L. G.: Buckling of laminated columns. J. Appl. Mech. **22** (1955) 4 553—556; AMR **9** (1956) 10 422.

Csonka, P.: Stability of the end-supported laterally restrained beam. (In German.) Acta Tech. Acad. Sci. Hungaricae **10** (1955) 1/2 31—42; AMR **9** (1956) 3 103.

Donnell, L. H. and *V. C. Tsien:* A universal column formula for load at which yielding starts. NACA TN 3415 Oct. 1955 48 p.; AMR **9** (1956) 6 247.

Evans, R. H. and *K. T. Lawson:* Ultimate strength of axially loaded columns reinforced with square twisted steel and mild steel. Struct. Engr. **33** (1955) 11 335—343.

Klein, Bertram: Rapid estimation of the elastic-plastic Euler buckling loads for simply supported tapered columns under varying axial loading. J. Aeron. Sci. **22** (1955) 12 873—874 9 ref.; AMR **9** (1956) 10 423.

Lin, T. H.: Creep stresses and deflections of columns. Amer. Soc. Mech. Engrs. Ann. Meeting, Chicago, Ill., Nov. 1955, Pap. 55-A-43 5 p.; J. Appl. Mech. **23** (1956) 2 214—218; AMR **9** (1956) 5 204.

Negoro, S.: On the elastic failure and the buckling of a column under eccentric loads. Kyushu Univ., Japan, Res. Inst. Appl. Mech., Rep. **4** (1955) 14 41—56; AMR **9** (1956) 12 522.

Oakes, G.: Analyzing column stability under varying end-load conditions. (Machine design data sheet section.) Machine Design **27** (1955) 11 205—208.

Patel, S. A., M. Bloom, B. Erickson, A. Chwick and *N. J. Hoff:* Development of equipment and of experimental techniques for column creep tests. NACA TN 3493 Sept. 1955 20 p.; AMR **9** (1956) 9 379.
Perkins, H. C.: Buckling of continuous columns. J. Appl. Mech. **22** (1955) 2 272.
Reinitzhuber, F.: Das Knicken gerader Stäbe mit linear veränderlicher Längskraft im elastischen und unelastischen Bereich. Bautechn.-Archiv H. 11 1955.
— Investigation of compressive-creep properties of aluminium columns at elevated temperatures. III. Comparison with other metals. PB 111896 Battelle Memorial Inst. WADC Pp. 68 May 1955, US Dept. of Commerce, Techn. Rep. News Letter No. 80 Febr. 1956; Titanium Abstr. Bull. **1** (1955/56) 446.
Anderson, M. S.: Compressive crippling of structural sections. NACA TN 3553 Jan. 1956 31 p.; AMR **9** (1956) 7 294.
Barta, J.: On the calculation of the permissible compressive load on an elastic bar. (In German.) Acta Techn. Acad. Sci. Hungaricae **15** (1956) 3/4 443—445; AMR **10** (1957) 9 400.
Benthem, J. P.: On the buckling of bars and plates in the plastic range. II. NACA TM 1392 March 1956 79 p.; Aircr. Engng. **28** (1956) 331 336 [1.222.111].
Braathen, Bo and *Bryan R. Noton:* Comparison of theoretical and experimental results for 24 S-T and 75 S-T aluminium alloy columns buckling in the elastic and inelastic ranges. FFA Rep. 66 March 1956 31 p. 12 ref.; AMR **9** (1956) 11 475; Index Aeron. **12** (1956) 8 73; Aircr. Engng. **28** (1956) 332 366.
Carlson, R. L.: Time-dependent tangent modulus applied to column creep buckling. Amer. Soc Mech. Engrs. Prepr. 56-APM-13 1956 5 p. 19 ref.; J. Appl. Mech. **23** (1956) 3 390—394; Index Aeron. **12** (1956) 7 85; AMR **10** (1957) 9 405.
Chilver, A. H.: End-fitting effects in strut tests. J. Roy. Aeron. Soc. **60** (1956) 544 275—277 3 ref.; AMR **9** (1956) 11 475—476.
Dutheil, J.: On the stability of compression members in the elasto-plastic region. (In French.) Ann. Inst. Techn. Bâtiment **9** (1956) 102 483—510; AMR **10** (1957) 1 14.
Erickson, B., S. V. Nardo, S. A. Patel and *N. J. Hoff:* An experimental investigation of the maximum loads supported by elastic columns in rapid compression tests. Proc. SESA **14** (1956) 1 13—20 5 ref.; AMR **10** (1957) 9 405; Index Aeron. **13** (1957) 4 48.
Falk, Sigurd: Die Knickformeln für den Stab mit n Teilstücken konstanter Biegesteifigkeit. Ing. Arch. **24** (1956) 2 85—91; AMR **10** (1957) 1 13—14.
Forray, M. J. and *S. R. Bodner:* Bending moments in an initially bent, spring restrained column. J. Aeron. Sci. **23** (1956) 4 387—389; Index Aeron. **12** (1956) 5 80.
Gerard, George: A creep buckling hypothesis. J. Aeron. Sci. **23** (1956) 9 879—882, 887 10 ref.; Index Aeron. **12** (1956) 10 48; Aeron. Engng. Rev. **15** (1956) 9 110. [1.222.111], [1.241.111.1].
Ghaswala, S. K.: Some aspects of the plastic design of aluminium structures. Publ. Int. Ass. Bridge & Struct. Engng. **16** (1956) 231—254 94 ref. [1.211]., [1.222.111], [1.333.2].
Göhl, K.: Beitrag zur Vorbemessung von ein- und mehrteiligen Knickstäben aus Stahl und Holz nach dem $(\zeta\sqrt{\omega})$-Verfahren. Bautechnik **33** (1956) 4 123—128 [1.252.0].
Goldberg, J. E., J. L. Bogdanoff and *H. Lo:* Inelastic buckling of non-uniform columns. Proc. ASCE Vol. 82, EM 2 (J. Engng. Mech. Div.), Pap. 943 Apr. 1956 11 p.; AMR **9** (1956) 9 379.
Gosman, Albert L., Frank R. Campbell and *Richard P. Bobco:* Column design. Machine Design **28** (1956) 13./12. 137—139; Aeron. Engng. Rev. **16** (1957) 3 158.
Hazony (Hasanovitsh), Dov: Deflection of inelastic columns. J. Aeron. Sci. **23** (1956) 4 390—391; AMR **9** (1956) 11 470; Index Aeron. **12** (1956) 5 80—81.

Herber, K.-H.: Vereinfachte, einheitliche Berechnung von Knickproblemen für Stäbe mit starrer Lagerung und Rahmentragwerke. Bautechnik **33** (1956) 5 157—160, 9 326—329, 12 435—442; AMR **11** (1958) 7 358 [1.213.2].

Hoff, N. J.: Stress distribution in the presence of creep. Polytechn. Inst. Brooklyn, Dep. Aeron. Engng. & Appl. Mech., PIBAL Rep. 362 (AFOSR TN-56-456) (AD 97072) Sept. 1956 18 p. 18 ref.; Aeron. Engng. Rev. **16** (1957) 1 128.

Hu, L. W. and *N. H. Triner:* Bending creep and its application to beam-columns. J. Appl. Mech. **23** (1956) 1 35—42; AMR **9** (1956) 9 379.

Hug, Adolphe-M.: Berechnungsmethoden von Aluminium-Konstruktionen in der neuesten Fachliteratur. (Vergleich der Methoden verschiedener Länder.) Méthodes de calcul de structures en aluminium dans la plus récente littérature technique. (Comparaisons des méthodes de divers pays.) Wirtsch. Techn. Transp. **25** (1956) 1/3 18—23, 4/6 68—74; Leichtbau d. Verkehrsfahrzeuge **2** (1958) 3 136—137.

Johnson, A. E., V. D. Mathur and *J. Henderson:* The creep deflexion of magnesium alloy struts. A report on research into the properties of magnesium alloy struts at room temperature. Aircr. Engng. **28** (1956) 334 419—425; Index Aeron. **13** (1957) 1 93; Aeron. Engng. Rev. **16** (1957) 3 138.

Larsson, L. Hannes: Inelastic column buckling. J. Aeron. Sci. **23** (1956) 9 867—873 6 ref.; Aeron. Engng. Rev. **15** (1956) 9 112; Index Aeron. **12** (1956) 10 80; AMR **10** (1957) 3 98.

Marguerre, Karl: Vibration and stability problems of beams treated by matrices. J. Math. & Phys. **35** (1956) 1 28—43; AMR **9** (1956) 10 418 [1.272].

Mori, Daikichiro: Determination of the axial load and the buckling load of a bar by the vibration method. Trans. Japan Soc. Mech. Engrs. **22** (1956) 115 123—125; Japan Sci. Rev., Mech. & Electr. Engng. **3** (1957) 1 71.

Patel, Sharad A.: Buckling of columns in the presence of creep. Aeron. Quart. **7** (1956) 2.

Procter, A. N.: Buckling under complex loading. I., II. Engineer **201** (1956) 5237 629—632, 5238 667—669; AMR **9** (1956) 12 522.

Sahmel, P.: Näherungsweise Berechnung von Knickstäben mit veränderlicher Normalkraft. Stahlbau **25** (1956) 8 194—199.

Sechler, E. E.: Inelastic buckling — from a designer's viewpoint. J. Aeron. Sci. **23** (1956) 5 500—506 41 ref.; AMR **9** (1956) 10 423; Aeron. Engng. Rev. **15** (1956) 5 190; Index Aeron. **12** (1956) 6 93. [1.222.111], [1.240].

Ylinen, Arvo: A method of determining the buckling stress and the required cross-sectional area for centrally loaded straight columns in elastic and inelastic range. Publ. Int. Ass. Bridge & Struct. Engng. **16** (1956) 529—550; AMR **11** (1958) 4 168.

Barta, J.: On the stability of the equilibrium of a compression bar of variable cross section. (In German.) Acta Techn. Acad. Sci. Hungaricae **17** (1957) 3/4 303—310; AMR **11** (1958) 1 17.

Bolcskei, E.: The limit-load carrying capacity of compression bars made of perfectly plastic materials. Acta Techn. Acad. Sci. Hungaricae **17** (1957) 3—23; AMR **11** (1958) 1 17.

Boyce, William E.: The plastic bending of an eccentrically loaded column. J. Aeron. Sci. **24** (1957) 5 332—338, 362 14 ref.; Aeron. Engng. Rev. **16** (1957) 5 195—196; Index Aeron. **13** (1957) 6 91; AMR **11** (1958) 3 114.

Braathen, B. and *B. R. Noton:* Knickversuche mit Druckstäben aus Aluminium. Aluminium **33** (1957) 4 241—249 12 Lit.-St.; Leichtbau d. Verkehrsfahrzeuge **1** (1957) 4 95.

Chapman, J. C. and *Jean E. Slatford:* The elastic buckling of brittle columns. Proc. ICE **6** (1957) Jan. 107—125; AMR **10** (1957) 9 405.

Clark, M. E. and *O. M. Sidebottom:* The effects of inelastic action on the resistance to various types of loads of ductile members made from various classes of metals. IV. Eccentrically-loaded columns having angle- and T-sections. WADC Techn. Rep. 56-330 Pt. IV (AD 130765) May 1957 31 p.; Aeron. Engng. Rev. **16** (1957) 11 108.

Cutcliffe, J. L. and *H. S. Heaps:* Symmetrical buckling of a series of uniformly loaded parallel struts supported by spot connections to a long thin plate. Amer. Soc. Mech. Engrs. Prepr. 57-APM-7 1957 6 p.; J. Appl. Mech. **24** (1957) 4 531—536 15 ref.; Index Aeron. **13** (1957) 7 77; AMR **11** (1958) 10 540 [1.223.121].

Driscoll, George C. jr. and *Lynn S. Beedle:* Plastic behavior of structural members and frames. Welding J. **36** (1957) 6 275s—286s; Aeron. Engng. Rev. **16** (1957) 9 160; AMR **11** (1958) 6 297. [1.342.4], [1.342.8].

Hayes, J. M.: Effect of initial eccentricities on column performance and capacity. Proc. ASCE Vol. 83, ST 6 (J. Struct. Div.), Pap. 1440 Nov. 1957 41 p.; AMR **11** (1958) 8 427.

Hoff, N. J.: Buckling at high temperature. J. Roy. Aeron. Soc. **61** (1957) 563 756—774 47 ref.; Index Aeron. **13** (1957) 12 83—84; AMR **11** (1958) 11 606; Aeron. Engng. Rev. **17** (1958) 2 112. [1.221], [1.240], [1.37].

Isaksson, Ake: Creep rates of excentrically loaded test pieces. Acta Polytechn. Scand. 110 (219) 1957 23 p. 12 ref.; Aero Space Engng. **17** (1958) 5 146.

Jain, B. K.: Unsymmetrical bending and bending combined with thrust in unsymmetrical sections. J. Instn. Engrs. (Calcutta) (1) **37** (1957) 6 585—612; AMR **11** (1958) 6 285—286 [1.342.4].

Klein, Bertram: Determination of effective end fixity of columns with unequal end restraints by means of vibration test data. J. Roy. Aeron. Soc. **61** (1957) 554 131—132 3 ref.; AMR **10** (1957) 11 507.

Lubkin, Samuel: Determination of buckling criteria by minimization of total energy. New York Univ., Inst. Math. Sci. AFOSR TN-57-579 July 1957 60 p.; Aeron. Engng. Rev. **16** (1957) 12 107; AMR **11** (1958) 7 358. [1.241.111.5], [1.242.115].

Negoro, Shosaburo: On the elastic failure and the buckling of a column under eccentric loads. II. Kyushu Univ., Japan, Res. Inst. Appl. Mech., Rep. 17 1957 30 p.; Aeron. Engng. Rev. **16** (1957) 9 160.

Pian, T. H. H.: On the variational theorem for creep. J. Aeron. Sci. **24** (1957) 11 846—847 [1.222.111].

Poulin, P.: Knickfestigkeitsprobleme bei Aluminium-Konstruktionen. Techn. Rdsch. (Bern) **49** (1957) 32 9, 11; Leichtbau d. Verkehrsfahrzeuge 1 (1957) 6 175; Aluminium **33** (1957) 11 A 314.

Rabotnov, G. N. and *S. A. Shesterikov:* Creep stability of columns and plates. J. Mech. & Phys. Solids **6** (1957) 1 27—34; AMR **11** (1958) 10 539; Aero Space Engng. **17** (1958) 7 79; Index Aeron. 14 (1958) 3 83 [1.222.112].

Reinitzhuber, F.: Formeln für das Knicken von Stäben mit linear veränderlicher Längskraft. Techn. Mitt. Krupp **15** (1957) 8 226—230; AMR **11** (1958) 11 605—606.

Sanders, J. Lyell jr., Harvey G. McComb jr. and *Floyd R. Schlechte:* A variational theorem for creep with applications to plates and columns. NACA TN 4003 May 1957 23 p. 12 ref.; NACA Rep. 1342 1958 7 p. 12 ref.; Index Aeron. **13** (1957) 8 69; AMR **10** (1957) 12 556; J. Roy. Aeron. Soc. **61** (1957) 562 710; Aeron. Engng. Rev. **16** (1957) 9 136. [1.221], [1.240].

Schleicher, Ferdinand: Der Shanley-Effekt. Bau-Ing. **32** (1957) 12 449—458; AMR **11** (1958) 12 669—670.

Thürlimann, B.: Der Einfluß von Eigenspannungen auf das Knicken von Stahlstützen. Schweiz. Arch. **23** (1957) 12 388—404.

Wagner, Hans: Die Stabilitätsberechnung abgesetzter Knickstäbe mit Hilfe der Laplace-Transformation und der Matrizenrechnung. Z. VDI **99** (1957) 25 1251—1256 13 Lit.-St., 36 1806; AMR **11** (1958) 5 222.

Bijlaard, P. P.: Method of split rigidities and its application to various buckling problems. NACA TN 4085 July 1958 97 p. 51 ref.; Aero Space Engng. **17** (1958) 10 96; Index Aeron. **14** (1958) 10 89 [1.222.31].

Carlson, R. L. and *G. K. Manning:* A summary of compressive-creep characteristics of metal columns at elevated temperatures. Appendix: Computation of the time-dependent tangent modulus from isochronous stress-strain curves. WADC Techn. Rep. 57-96 (AD 151114) Apr. 1958 57 p. 22 ref.; Aero Space Engng. **17** (1958) 8 86.

Ellis, J. S.: Plastic behaviour of compression members. J. Mech. & Phys. Solids **6** (1958) 4 282—300 15 ref.; Index Aeron. **14** (1958) 8 99—100; Aero Space Engng. **17** (1958) 10 104.

Gerard, George: The crippling strength of compression elements. J. Aeron. Sci. **25** (1958) 1 37—52 26 ref.; AMR **11** (1958) 9 483 [1.223.121].

Goder, W.: Knicken von Stäben mit veränderlichem Querschnitt im plastischen Bereich. Stahlbau **27** (1958) 7 188—190.

Grigoljuk, E. I.: Buckling of sandwich constructions beyond the elastic limit. J. Mech. & Phys. Solids **6** (1958) 4 253—266 22 ref.; Aero Space Engng. **17** (1958) 9 80—81; Index Aeron. **14** (1958) 8 99. [1.222.31], [1.241.13].

Habel, Alfred: Der Einfluß verschiedener Annahmen für den unvermeidbaren Fehlerhebel auf die Knicklasten der mittig gedrückten Säulen. Beton- u. Stahlbetonbau **53** (1958) 2 39—40.

Hilton, Harry H.: On the reduction of maximum loads in nonlinear viscoelastic columns. J. Aeron. Sci. **25** (1958) 6 399—400 7 ref.; Index Aeron. **14** (1958) 7 84; Aero Space Engng. **17** (1958) 7 98.

Hoff, N. J.: A survey of the theories of creep buckling. Proc. Third U. S. Nat. Congr. Appl. Mech. June 1958, Amer. Soc. Mech. Engrs. 1958 29—49; AMR **12** (1959) 11 759.

Huber, Alfons W. and *Robert L. Ketter:* The influence of residual stress on the carrying capacity of eccentrically loaded columns. Publ. Int. Ass. Bridge & Struct. Engng. **18** (1958) 37—62 7 ref.

Langhaar, H. L.: General theory of buckling. AMR **11** (1958) 11 585—588 57 ref.

Leaf, G. A. V.: A property of a buckled elastic rod. Brit. J. Appl. Phys. **9** (1958) 2 71—72; AMR **11** (1958) 7 358.

Mansfield, E. H.: Some identities on structural flexibility after buckling. Aeron. Quart. **9** (1958) 3 300—304 3 ref.; Index Aeron. **14** (1958) 10 84; Aero Space Engng. **17** (1958) 10 97.

Mason, R. E., G. P. Fisher and *G. Winter:* Eccentrically-loaded, hinged steel columns. Proc. ASCE EM4 (J. Engng. Mech. Div.) **84** (1958) Pap. 1792 19 p.

Pian, T. H. H.: Creep buckling of curved beam under lateral loading. Proc. Third U. S. Nat. Congr. Appl. Mech. June 1958, Amer. Soc. Mech. Engrs. 1958 649—654; AMR **12** (1959) 12 832.

Rudnick, A., R. L. Carlson and *G. K. Manning:* The compressive creep buckling of metal columns. WADC Techn. Rep. 52-251 Pt. V (AD 155604) June 1958 61 p.

Wansleben, F.: Kritische Gedanken zur Bemessung der Querverbindungen mehrteiliger Druckstäbe. Stahlbau **27** (1958) 1 15—16.

Zimmer, A.: Numerisches Verfahren zur Berechnung von allgemein belasteten und biegesteif veränderlichen Knickstäben. Bauing. **33** (1958) 7 254—256.

Chwalla, Ernst: Die neuen Hilfstafeln zur Berechnung von Spannungsproblemen der Theorie zweiter Ordnung und von Knickproblemen. Bauing. **34** (1959) 4 128—137 19 Lit.-St., 6 240—245 31 Lit.-St., 8 299—309, 10 416.

Freundner, H. u. *E. Pautsch:* Knickfestigkeits-Schaubilder (ω-Verfahren) für Profilstäbe aus St 37 und St 50. Konstruktion **11** (1959) 1 26—27.

Hoeschel, A. G.: Simplified column design. Mach. Design **31** (1959) 7 135—140; AMR **12** (1959) 12 831.

Hoff, N. J.: The idealized column. „Festschrift R. Grammel", Ing.-Arch. **28** (1959) 89—98.

Kollbrunner, Curt F., S. *Milosavljevic* u. *N. Hajdin:* Knickdiagramme für Stäbe mit sprungweise veränderlichem Trägheitsmoment (Eulerfälle I und II). (Mitt. Forsch. u. Konstruktion im Stahlbau, H. 24.) Zürich: Leemann 1959 45 S.

Schatz, E.: Zur direkten Bemessung von Druckstäben. Stahlbau **28** (1959) 6 173—174 4 Lit.-St.

Sutter, K.: Das örtliche Knicken von ebenen Aluminiumprofilteilen. Techn. Rdsch. (Bern) **51** (1959) 20 9, 11, 13, 15, 17, 19, 21, 24 9—11, 13, 15, 33, 37, 39; Aluminium **35** (1959) 9 A 238, 10 A 276.

Wegner, Udo: Ein Beitrag zu den Stabilitätskriterien der Elastizitätstheorie. „Festschrift R. Grammel", Ing.-Arch. **28** (1959) 357—359.

Wicka, Bernhard: Zur Berechnung elastisch eingespannter Druckstäbe mit poltreuer Belastung. Bautechnik **36** (1959) 7 260—262.

— Hilfstafeln zur Berechnung von Spannungsproblemen der Theorie zweiter Ordnung und von Knickproblemen. Köln: Stahlbau 1959 68 S.; Bauing. **35** (1960) 2 74.

— Knickdiagramme für Stäbe mit sprungweise veränderlichem Trägheitsmoment. Mitt. Forsch. u. Konstr. Stahlbau (Hrsg. Conrad Zschokke, Döttingen) Zürich: Leemann 1959 46 S.

Geschlossene Hohlquerschnitte **1.342.32**

Besseling, J. F.: On the buckling problem in the plastic range for struts and plates. III. Experiments and non-dimensional buckling curves. NLL Rep. S 444 Apr. 1955 15 p. 22 ref.; Index Aeron. **11** (1955) 10 98; Aeron. Engng. Rev. **14** (1955) 10 153; J. Roy. Aeron. Soc. **59** (1955) 538 720 [1.222.112].

Hammer, E. Walter jr. and *Robert E. Petersen:* Column curves for type 301 stainless steel. Aeron. Engng. Rev. **14** (1955) 12 33—39, 48 4 ref.; Index Aeron. **12** (1956) 1 97; AMR **9** (1956) 7 294.

Nagel, Felix E.: Column instability of pressurized tubes. J. Aeron. Sci. **23** (1956) 6 608—609; AMR **9** (1956) 11 475.

Poesch, William L.: A remark on the optimum design of round tubing. J. Aeron. Sci. **25** (1958) 3 215—216 2 ref.; Index Aeron. **14** (1958) 4 99.

Winter, H. u. *G. Levin:* Das Knicken von Rohren im plastischen Bereich ohne Berücksichtigung des Beuleneinflusses. DFL, Inst. Flugzeugbau, Ber. F 58-03 1958 21 S.

Wolford, Don S. and *M. J. Rebholz:* Beam and column tests of welded steel tubing with design recommendations. ASTM Bull. 233 Oct. 1958 45—51 12 ref. [1.342.4].

Klöppel, K. u. *W. Goder:* Die neuen ω-Zahlen für Rohrquerschnitte. Stahlbau **28** (1959) 8 205—212 5 Lit.-St.

Winter, H. u. *B. Geier:* Ein Beitrag zur Knick- und Beulfestigkeit von Rohren bei zentrischer Belastung. DFL, Inst. Flugzeugbau, Ber. F 59-05 1959 77 S. 45 Lit.-St. [1.241.111.2].

Offene Profile   1.342.33

Floor, W. K. G.: Compression tests of columns having open cross sections. NLL Rep. S 439 1954 36 p.; AMR **10** (1957) 12 558.

Campus, F. and *C. Massonnet:* Investigation of the buckling of A 37 steel column with double T profile obliquely loaded. (In French.) Bull. Centre d'Etude de Rech. et de Essais Sci. des Constructions du Génie Civil et d'Hydraulique Fluviale **7** (1955) 119—338; AMR **10** (1957) 3 99.

Smith, R. E.: Column tests on some proposed aluminium standard structural sections. ADA Res. Rep. 28 Nov. 1955 43 p.; Aluminium **32** (1956) 5 A 134; Aircr. Engng. **27** (1956) 324 62—63.

Gerard, George: Generalized crippling analysis of formed sections. J. Aeron. Sci. **23** (1956) 1 88—90 4 ref.; AMR **9** (1956) 5 201; Index Aeron. **12** (1956) 2 99—100.

Klöppel, K. u. *R. Schardt:* Beitrag zur praktischen Ermittlung der Vergleichsschlankheit λ_{ri} von mittig gedrückten Stäben mit einfachsymmetrischem offenem dünnwandigem Querschnitt. Stahlbau **27** (1958) 2 35—42, 10 262—270.

Lin, Y.-K. M.: Approximate buckling loads of open columns. Proc. ASCE EM4 (J. Engng. Mech. Div.) **84** (1958) Pap. 1793 22 p.; AMR **12** (1959) 6 395.

Aufgelöste Querschnitte   1.342.34

Hult, J.: Creep buckling. Instn. for Hallfasthetslära, Kungl. Tekniske Hogskolan, Stockholm, Publ. No. 111 1955 36 p.; AMR **9** (1956) 8 332.

De Pater, A. D.: The stability of a centrally compressed bar with both finite flexure and finite shear rigidities. (In Dutch.) Ingenieur **67** (1955) 43 139—140; AMR **9** (1956) 6 247—248.

Sergev, S. and *Abdur-Rahman S. Rasul:* Strength of trussed columns. Trend in Engng. (1955) July 21—23, 32; Aeron. Engng. Rev. **14** (1955) 10 152.

Besseling, J. F.: Analysis of the plastic collapse of a cruciform column with initial twist, loaded in compression. J. Aeron. Sci. **23** (1956) 1 49—53 8 ref.; AMR **9** (1956) 5 201; Aeron. Engng. Rev. **15** (1956) 1 124; Index Aeron. **12** (1956) 2 99.

Hoff, N. J.: Creep buckling. Aeron. Quart. **7** (1956) 1 1—20; AMR **9** (1956) 9 382.

White, M. W. and *B. Thurlimann:* Study of columns with perforated cover plates. Bull. Amer. Railway Engng. Ass. **58** (1956) 531 (Pt. 1) 173—292; AMR **10** (1957) 10 466—467.

Clark, M. E., O. M. Sidebottom and *R. W. Shreeves:* Inelastic analysis of eccentrically-loaded columns. Proc. ASCE Vol. 83, EM4 (J. Engng. Mech. Div.), Pap. 1418 Oct. 1957 34 p.; AMR **11** (1958) 7 358.

Lin, T. H.: Creep deflections and stresses of beam-columns. Amer. Soc. Mech. Engrs. Ann. Meeting, New York, Dec. 1957, Pap. 57-A-3; J. Appl. Mech. **25** (1958) 1 75—78; AMR **11** (1958) 9 482; Index Aeron. **14** (1958) 9 79; Aero Space Engng. **17** (1958) 6 102.

Patel, S. A. and *J. Kempner:* Effect of higher-harmonic deflection components on the creep buckling of columns. Aeron. Quart. **8** (1957) 3 215—225 10 ref.; Aeron. Engng. Rev. **16** (1957) 11 107—108; Index Aeron. **13** (1957) 10 83; AMR **11** (1958) 6 293.

Scheer, Joachim: Zum Problem der Gesamtstabilität von einfach-symmetrischen I-Trägern. I. Allgemeine Herleitungen. II. Zahlenrechnungen. Stahlbau **28** (1959) 5 113—126 24 Lit.-St., 6 165—171. [1.342.35], [1.342.4].

Verdrehungsknickung   1.342.35

Beck, Max: Knickung gerader Stäbe durch Druck und konservative Torsion. Ing. Arch. **23** (1955) 4 231—253.

Gerard, George: Torsional instability of hinged flanges stiffened by lips and bulbs. NACA TN 3757 Aug. 1956 12 p. 9 ref.; Index Aeron. **12** (1956) 11 101; AMR **10** (1957) 1 15; J. Roy. Aeron. Soc. **61** (1957) 553 67.

Roik, K. H.: Biegedrillknicken mittig gedrückter Stäbe mit offenem Profil im unelastischen Bereich. Diss. TH Darmstadt 1956.

Zickel, J.: Pretwisted beams and columns. J. Appl. Mech. **23** (1956) 2 165—175; AMR **9** (1956) 9 379.

Finnie, Iain: Creep buckling of tubes in torsion. J. Aeron. Sci. **25** (1958) 1 66—67 5 ref.; AMR **11** (1958) 7 364; Index Aeron. **14** (1958) 2 90; Aeron. Engng. Rev. **17** (1958) 2 112.

Dutheil, M. Jean: Allgemeine Gleichungen des Drillknickens für Stahlträger mit doppelt symmetrischem Querschnitt. Bautechnik **36** (1959) 1 1—7 8 Lit.-St., 2 59—62.

Dutheil, J.: Berechnung des Kippens und Drillknickens von Stahlträgern mit doppelt symmetrischem Querschnitt. Acier-Stahl-Steel (1959) 5 [1.342.4].

Lianis, George: Torsional creep buckling of open tubes having arbitrary cross-section. Purdue U. Sch. Aero Space Eng. Rep. S 59-1 Dec. 1959 53 p. 18 ref.; Aero Space Engng. Rev. **19** (1960) 4 97.

Opladen, Klaus: Zur praktischen Berechnung der Querschnittswerte r_x nach DIN 4114. Stahlbau **28** (1959) 2 54—55 4 Lit.-St.

Scheer, Joachim: Zum Problem der Gesamtstabilität von einfach-symmetrischen I-Trägern. I. Allgemeine Herleitungen. II. Zahlenrechnungen. Stahlbau **28** (1959) 5 113—126 24 Lit.-St., 6 165—171. [1.342.34], [1.342.4].

Winter, Hermann u. Hans Elmar Moritz: Drehknicken symmetrischer Profile DFL-Ber. 96 1960 55 S.

Biegebeanspruchung und Kippen **1.342.4**

Stüssi, Fritz: Die Stabilität des auf Biegung beanspruchten Trägers. Abh. Int. Vereinig. Brücken- u. Hochbau **3** (1935) 401—420.

Stüssi, Fritz: Exzentrisches Kippen. Schweiz. Bau-Ztg. **105** (1935) 11 123—125, 17 194—195.

Beskin, Leon: Bending of curved thin tubes. J. Appl. Mech. **12** (1945) 1 A1—A7.

Abramson, H. Norman, Harry A. Williams and *Bruce G. Woolpert:* An investigation of the bending of angle beams in the plastic range. J. Aeron. Sci. **22** (1955) 12 818—828 17 ref.

Cotter, B. A. and *P. S. Symonds:* Plastic deformations of a beam under impulsive loading. Proc. ASCE **81** (1955) Separate-No. 675 1—20; AMR **9** (1956) 2 68.

Findley, W. N. and *J. J. Poczatek:* Prediction of creep-deflection and stress distribution in beams from creep in tension. J. Appl. Mech. **22** (1955) 2 165—171 24 ref.

Hopkins, H. G.: On the behaviour of infinitely long rigid-plastic beams under transverse concentrated load. J. Mech. & Phys. Solids **4** (1955) 1 38—52; AMR **9** (1956) 4 155.

Langhaar, H. L.: Lateral buckling of asymmetrical beams. Amer. Soc. Mech. Engrs. Prepr. 54-A-99 1954 2 p.; J. Appl. Mech. **22** (1955) 3 335—336 4 ref.; Index Aeron. **11** (1955) 3 99; Aeron. Engng. Rev. **14** (1955) 12 100; AMR **9** (1956) 3 103.

Mohan, R.: Flexure of some composite beams. I. Beam having sections bounded by arcs of concentric circles and two radii. Proc. 1st Congr. on Theoretical & Appl. Mechanics, Nov. 1955 163—168, Kharagpur, Indian Inst. of Technol.; AMR **10** (1957) 9 400.

Onat, E. T. and *R. T. Shield:* The influence of shearing forces on the plastic bending of wide beams. Proceedings of the Second U. S. National Congress of Applied Mechanics, June 1954, Easton, Pa.: Amer. Soc. Mech. Engrs. 1955 535—537; AMR **9** (1956) 4 147.

Parkes, E. W.: The stresses in a built-up girder subjected to a concentrated load. Proc. Roy. Soc. (London) (A) **231** (1955) 1186 379—387; Index Aeron. **11** (1955) 11 86; Aeron. Engng. Rev. **14** (1955) 12 100; AMR **9** (1956) 2 63.

Seide, Paul: Elasto-plastic bending of beams on elastic foundations. Inst. Aeron. Sci. Prepr. 540 1955 20 p.; J. Aeron. Sci. **23** (1956) 6 563—570; Index Aeron. **11** (1955) 6 100; AMR **10** (1957) 2 63.

Sen, B. R. and *R. Subramoniam:* The effective width of T-beams. Proc. 1st Congr. on Theoretical & Appl. Mechanics, Nov. 1955 117—124, Kharagpur, Indian Inst. of Technol.; AMR **10** (1957) 9 400.

Shaffer, Bernard W. and *Raymond N. House jr.:* The elastic-plastic stress distribution within a wide curved bar subjected to pure bending. Amer. Soc. Mech. Engrs. Prepr. 54-A-94 1954 6 p.; J. Appl. Mech. **22** (1955) 3 305—310; Index Aeron. **11** (1955) 3 46.

Solvey, J.: The influence of the torsion-bending constant on the lateral instability of beams in the elastic range. ARL Rep. SM 231 Aug. 1955 13 p.; AMR **9** (1956) 9 379; J. Roy. Aeron. Soc. **60** (1956) 546 427.

Zickel, J.: Bending of pretwisted beams. Amer. Soc. Mech. Engrs. Prepr. 55-S-2 1955 5 p.; J. Appl. Mech. **22** (1955) 3 348—352; Index Aeron. **11** (1955) 5 95; Aeron. Engng. Rev. **14** (1955) 12 98; AMR **9** (1956) 4 147.

Archer, F. E. and *E. M. Kitchen:* Stresses in single-span deep beams. Australian J. Appl. Sci. **7** (1956) 4 314—326; AMR **10** (1957) 7 290; Aeron. Engng. Rev. **16** (1957) 3 158.

Boley, B. A. and *I. S. Tolins:* On the stresses and deflections of rectangular beams. J. Appl. Mech. **23** (1956) 3 339—342; AMR **10** (1957) 4 147.

Cason, Durward: Stresses and deflections in tapered cantilever beams. Machine Design **28** (1956) 1./11. 113—115.

Drucker, D. C.: The effect of shear on the plastic bending of beams. Amer. Soc. Mech. Engrs. Prepr. 56-APM-28 1956 6 p. 9 ref.; J. Appl. Mech. **23** (1956) 4 509—514; Index Aeron. **12** (1956) 9 71; Aeron. Engng. Rev. **16** (1957) 3 158; AMR **10** (1957) 9 410.

Jennings, J.: Angle sections in bending determination of limiting design stress. Engineering **181** (1956) 4712 558—559.

Johnson, W.: The twist due to bending moment in cantilevers in plan. J. Roy. Aeron. Soc. **60** (1956) 544 277—281; AMR **9** (1956) 11 472.

Jones, E. Edryd: On the flexure of a stepped cantilever beam. J. Aeron. Sci. **23** (1956) 11 1057—1058 3 ref.; Index Aeron. **12** (1956) 12 81; AMR **10** (1957) 4 146—147.

Krishnan, S.: Stress distribution in thin-walled wide-flanged beams. J. Aeron. Soc. India **8** (1956) 4 81—87; Index Aeron. **13** (1957) 5 96; AMR **10** (1957) 9 398; Aeron. Engng. Rev. **16** (1957) 4 131.

Kuwabara, A.: Investigation on the lateral buckling behavior of deep I-beams affected by end condition. IV. Meiji Univ., Japan, Fac. of Engng., Res. Rep. 7 June 1956 (E) 1—7.

Masur, E. F. and *K. P. Milbradt:* Collapse strength of redundant beams after lateral buckling. Amer. Soc. Mech. Engrs. Ann. Meeting, New York, Nov. 1956, Prepr. 56-A-51 6 p.; J. Appl. Mech. **24** (1957) 2 283—288 6 ref.; Index Aeron. **13** (1957) 1 85—86; AMR **10** (1957) 7 292.

Mitchell, L. H.: On the determination of the lateral stability of beams. ARL Techn. Memo S.M 54 March 1956; J. Roy. Aeron. Soc. **60** (1956) 550 696.

Mohan, R.: Some simple problems of flexure. I. ZAMM **36** (1956) 11/12 427—432 6 ref.; AMR **11** (1958) 3 112.

Nylander, Henrik: Torsion, bending, and lateral buckling of I-beams. Acta Polytechn. Scand. 199, Civil Engng. & Building Construction Ser. **3** (1956) 5 140 p.; Kungl. Tekn. Högskolans Handl. (Stockholm) No. 102 1956 140 p.; AMR **9** (1956) 11 475; Index Aeron. **12** (1956) 7 77; Aeron. Engng. Rev. **16** (1957) 10 122. [1.342.51].

Pian, T. H. H.: Structural damping of a simple built-up beam with riveted joints in bending. Amer. Soc. Mech. Engrs. Ann. Meeting, New York, Nov. 1956 Pap. 56-A-2 4 p.; J. Appl. Mech. **24** (1957) 1 35—38; AMR **10** (1957) 7 287; Aeron. Engng. Rev. **16** (1957) 5 195. [1.442.41].

Rockey, K. C.: The design of the webplates of light alloy plate girders. ADA Res. Rep. 32 June 1956 15 p. 17 ref.; Aeron. Engng. Rev. **16** (1957) 9 134. [1.342.6], [1.342.9].

Seames, A. E. and *H. D. Conway:* A numerical procedure for calculating the large deflections of straight and curved beams. Amer. Soc. Mech. Engrs. Ann. Meeting, New York, Nov. 1956, Prepr. 56-A-38 6 p.; J. Appl. Mech. **24** (1957) 2 289—294 7 ref.; Index Aeron. **13** (1957) 1 85; AMR **10** (1957) 7 290; Aeron. Engng. Rev. **16** (1957) 11 150.

Di Taranto, R. A.: A method for determining the flexural effects of statically loaded beams on multiple elastic supports. Amer. Soc. Mech. Engrs. Prepr. 56-APM-24 1956 6 p. 6 ref.; J. Appl. Mech. **23** (1956) 4 503—508; Index Aeron. **12** (1956) 8 66.

Acharya, Y. V. G.: Elasto-plastic bending of a beam under plane strain conditions. J. Aeron. Soc. India **9** (1957) 1 8—13 6 ref.; Aeron. Engng. Rev. **16** (1957) 8 127; Index Aeron. **13** (1957) 8 67; AMR **10** (1957) 12 555.

Ades, Clifford S.: Bending strength of tubing in the plastic range. J. Aeron. Sci. **24** (1957) 8 605—610 13 ref.; Aeron. Engng. Rev. **16** (1957) 8 126—127.

Clark, J. W. and *J. R. Jombock:* Lateral buckling of I-beams subjected to unequal end moments. Proc. ASCE Vol. 83, EM 3 (J. Engng. Mech. Div.), Pap. 1291 July 1957 20 p.; AMR **11** (1958) 3 114.

Driscoll, George C. jr. and *Lynn S. Beedle:* Plastic behavior of structural members and frames. Welding J. **36** (1957) 6 275s—286s; Aeron. Engng. Rev. **16** (1957) 9 160; AMR **11** (1958) 6 297. [1.342.8], [1.342.31].

Gibson, J. E. and *W. M. Jenkins:* An investigation of the stresses and deflections in castellated beams. Struct. Engr. **35** (1957) 12 467—479; AMR **11** (1958) 9 479.

Green, A. P. and *B. B. Hundy:* Plastic yielding of I-beams: Shear loading effects analysed. Engineering **184** (1957) 4767 74—76, 4768 112—115; AMR **11** (1958) 6 298; Konstruktion **10** (1958) 2 50.

Gross, W. A. and *J. P. Li:* Beams of uniform strength subjected to uniformly distributed loading. Amer. Soc. Mech. Engrs. Ann. Meeting, New York, Nov. 1956 Pap. 56-A-9 4 p.; J. Appl. Mech. **24** (1957) 1 105—108; AMR **10** (1957) 8 346; Aeron. Engng. Rev. **16** (1957) 5 195.

Hodge, P. G. jr.: Interaction curves for shear and bending of plastic beams. Amer. Soc. Mech. Engrs. Summer Conf., Berkeley, Calif., June 1957, Pap. 57-APM-19 4 p.; J. Appl. Mech. **24** (1957) 3 453—456; AMR **11** (1958) 2 66 Aeron. Engng. Rev. **17** (1958) 1 119. [1.342.6].

Houghton, D. S. and *A. S. L. Chan:* The design of a multi-cell box in pure bending for minimum weight. Coll. Aeron. Cranfield Note 74 Nov. 1957 24 p.; J. Roy. Aeron. Soc. **62** (1958) 570 468; Aero Space Engng. **17** (1958) 5 112; Index Aeron. **14** (1958) 3 79; Aircr. Engng. **30** (1958) 356 319. [1.246].

Jain, B. K.: Unsymmetrical bending and bending combined with thrust in un-symmetrical sections. J. Instn. Engrs. (Calcutta) (1) **37** (1957) 6 585—612; AMR **11** (1958) 6 285—286. [1.342.31].

Johnson, W. and *B. W. Senior:* The plastic bending of heavily curved beams. J. Roy. Aeron. Soc. **61** (1957) 564 824—830; Index Aeron. **14** (1958) 1 95.

Kaar, P. H.: Stresses in centrally loaded deep beams. Proc. SESA **15** (1957) 1 77—84; AMR **11** (1958) 6 286.

Krishnan, S. and *S. G. Tewari:* Buckling behaviour of the compression flange of a wide-flanged beam. J. Aeron. Soc. India **9** (1957) 2 15—17; AMR **11** (1958) 3 114; Aeron. Engng. Rev. **16** (1957) 11 108; Index Aeron. **13** (1957) 11 83—84;

Masur, E. F. and *A. Cukurs:* Lateral buckling of plane frameworks. Proc. ASCE Vol. 83, EM 1 (J. Engng. Mech. Div.), Pap. 1140 Jan. 1957 15 p.; AMR **10** (1957) 8 352. [1.212.4].

Maunder, L.: The bending of pretwisted thin-walled beams of symmetric star-shaped cross-sections. Amer. Soc. Mech. Engrs. Ann. Meeting, New York, Dec. 1957, Pap. 57-A-84 8 p. 10 ref.; J. Appl. Mech. **25** (1958) 1 67—74 10 ref.; AMR **11** (1958) 7 354; Index Aeron. **14** (1958) 4 95; Aero Space Engng. **17** (1958) 6 102.

Midgley, P. J.: An analysis of flexural systems under arbitrary distortion and end loading. J. Roy. Aeron. Soc. **61** (1957) 559 475—484; Index Aeron. **13** (1957) 9 70—71; AMR **11** (1958) 4 164.

Pian, T. H. H.: Structural damping of a simple built-up beam with riveted joints in bending. J. Appl. Mech. **24** (1957) 1 35—38.

Rockey, K. C. and *F. Jenkins:* The behaviour of webplates of plate girders subjected to pure bending. Struct. Engr. **35** (1957) 5 176—189; ADA Res. Rep. 33 Aug. 1957 17 p. 23 ref.; AMR **10** (1957) 10 465; Aero Space Engng. **17** (1958) 11 114.

Saelman, B.: Deflection of a circular section cantilever beam with all fibers of root section at elastic limit stress. J. Aeron. Sci. **24** (1957) 3 234—236 5 ref.; Index Aeron. **13** (1957) 4 84.

dos Santos, Sydney M. G.: Flambage latéral des poutres avec liaison simple. Publ. Ass. Int. Ponts & Charpentes **17** (1957) 197—208.

Shaffer, Bernhard W. and *Raymond N. House:* Displacements in a wide curved bar subjected to pure elastic-plastic bending. J. Appl. Mech. **24** (1957) 3 447—452 6 ref.

Shaffer, Bernard, W. and *Raymond N. House jr.:* The significance of zero shear stress in the pure bending of a wide curved bar. J. Aeron. Sci. **24** (1957) 4 307—308 4 ref.; Index Aeron. **13** (1957) 5 96; AMR **11** (1958) 2 60.

Steele, M. C. and *H. A. Hassan:* The effects of inelastic action on the resistance to various types of loads of ductile members made from various classes of metals. III. The plastic bending of tapered members. WADC Techn. Rep. 56-330 Pt. III (AD 130865) June 1957 32 p.; Aeron. Engng. Rev. **16** (1957) 12 106—107.

Trostel, Rudolf: Beitrag zur Berechnung räumlich gekrümmter Stäbe nach der Theorie erster Ordnung. Ing. Arch. **25** (1957) 6 414—423; AMR **11** (1958) 6 288.

Worley, W. J.: The effects of inelastic action on the resistance to various types of loads of ductile members made from various classes of metals. V. Inelastic behavior of aluminum-alloy I-beams with elliptical web section cutouts. WADC Techn. Rep. 56-330 Pt. V (AD 130768) May 1957 26 p.; Aeron. Engng. Rev. **16** (1957) 11 108

Worley, Will J. and *Shuji Taira:* The effects of inelastic action on the resistance to various types of loads of ductile members made from various classes of metals. II. Inelastic behavior of aluminum alloy I-beams with rectangular web section cutouts. WADC Techn. Rep. 56-330 Pt. II (AD 118185) Apr. 1957 58 p.; Aeron. Engng. Rev. **16** (1957) 8 128. [1.224.13].

Worley, W. J. and *F. D. Breuer:* The effects of inelastic action on the resistance to various types of loads of ductile members made from various classes of metals. VII. Inelastic behavior of aluminum alloy I-beams with elliptic-type web section cutouts. WADC Techn. Rep. TR 56-330 Pt. VII (AD 142217) Dec. 1957 24 p.; Aeron. Engng. Rev. **17** (1958) 3 95.

Carter, W. J.: Torsion and flexure of slender solid sections. J. Appl. Mech. **25** (1958) 1 115—121; AMR **11** (1958) 6 288. [1.342.51].

Clark, J. W. and *A. H. Knoll:* Effect of deflection on lateral buckling strength. Proc. ASCE EM2 (J. Engng. Mech.) **84** (1958) Pap. 1596 19 p.; AMR **12** (1959) 1 15.

Ehrich, F. F. and *J. P. de Vries:* Statics and dynamics of non-uniform curved beams and prismatic shells. Inst. Aeron. Sci. 26th Ann. Meeting, New York, Jan. 1958, Prepr. 771 1958 15 p.; Aeron. Engng. Rev. **17** (1958) 2 87; Index Aeron. **14** (1958) 6 79. [1.242.0].

Goodey, W. J.: Creep deflexion and stress distribution in a beam. Aircr. Engng. **30** (1958) 352 170—172; Aero Space Engng. **17** (1958) 11 114.

Haythornthwaite, R. M. and *W. E. Boyce:* The load-carrying capacity of wide beams at finite deflections. Proc. Third U. S. Nat. Congr. Appl. Mech. June 1958, Amer. Soc. Mech. Engrs. 1958 541—550; AMR **12** (1959) 12 832.

Kondo, Seiji: Experiment on the lateral buckling of a cantilever beam with narrow rectangular cross sections. Japan Soc. Mech. Engrs. Bull. Jan. 1958 13—19; Aero Space Engng. **17** (1958) 7 98.

Kraus, L.: Die Integralgleichungen der Kippung gerader Träger mit dünnwandigen, offenen und doppeltsymmetrischen Profilen. Ing.-Arch. **26** (1958) 1 1—19.

Kürkçübasi, Raman: Ermittlung der Einspannmomente des beidseitig eingespannten Balkens mit veränderlichem Trägheitsmoment infolge Momentenbelastung. Bautechnik **35** (1958) 11 447—449.

Mellor, P. B. and *W. Johnson:* Approximate deflections in cantilevers curved in plan. J. Roy. Aeron. Soc. **62** (1958) 565 64—66; AMR **11** (1958) 10 537; Index Aeron. **14** (1958) 2 86.

Mitchell, T. P.: The nonlinear bending of thin rods. J. Appl. Mech. (Trans. ASME, Series E) **26** (1959) 1 40—43; AMR **12** (1959) 12 827.

Solvey, J.: The lateral instability in the elastic range of beams with mixed end conditions. ARL Rep. SM 256 Jan. 1958; J. Roy. Aeron. Soc. **62** (1958) 570 467; Aero Space Engng. **17** (1958) 6 116; Index Aeron. **14** (1958) 8 94.

Steinbach, W.: Beitrag zur Stabilität des Kragträgers. Bauing. **33** (1958) 11 414—419.

Tramposch, Herbert and *George Gerard:* Photo-thermoelastic investigation of I-beams. New York Univ., Coll. Engng., Res. Div. Techn. Rep. SM 58-1 (AFOSR TN 58-70) (AD 148113) Jan. 1958 26 p.; Aero Space Engng. **17** (1958) 5 111.

Wolford, Don S. and *M. J. Rebholz:* Beam and column tests of welded steel tubing with design recommendations. ASTM Bull. 233 Oct. 1958 45—51 12 ref. [1.342.32].

Worley, W. J.: Inelastic behavior of aluminum alloy I-beams with web cutouts. Univ. Illinois, Engng. Exper. Stat. Bull. 448 Apr. 1958 36 p. 35 ref.; Aero Space Engng. **17** (1958) 9 79; Index Aeron. **14** (1958) 9 74.

Dutheil, J.: Berechnung des Kippens und Drillknickens von Stahlträgern mit doppelt symmetrischem Querschnitt. Acier-Stahl-Steel (1959) 5. [1.342.35].

Hawkes, G. A.: Residual stresses resulting from the forming of high strength aluminium alloys. J. Roy. Aeron. Soc. **63** (1959) 578 90—94.

Krishnan, S. and K. V. Shetty: On the optimum design of an I-section beam. J. Aero Space Sci. **26** (1959) 9 599—600.

Levin, Günter: Einfluß der Lage des Lastangriffspunktes auf die Kippstabilität eines gabelgelagerten einfachen Balkens mit doppelt- oder einfachsymmetrischem Querschnitt, der durch eine Einzelkraft in Balkenmitte belastet ist. Diss. TH Braunschweig 1959 V,50 S.

Lippmann, Horst: Ebenes Hochkantbiegen eines schmalen Balkens unter Berücksichtigung der Verfestigung. Ing.-Arch. **27** (1959) 3 153—168.

Patel, S. A. and K. A. V. Pandalai: Stress distribution in beams of thin-walled sections in the presence of creep. AFOSR TN 59-174 (Polyt. Inst. Brooklyn, Dept. Aero Engng. Appl. Mech. Rep. 486, ASTIA AD 211314) Febr. 1959 36 p.; AMR **12** (1959) 12 826.

Rivello, Robert M.: The yield strength of beams in pure bending. J. Aero Space Sci. **26** (1959) 6 393—394.

Sato, K.: Large deflection of a circular cantilever beam with uniformly distributed load. Ing.-Arch. **27** (1959) 3 195—200.

Scheer, Joachim: Zum Problem der Gesamtstabilität von einfach-symmetrischen I-Trägern. I. Allgemeine Herleitungen. II. Zahlenrechnungen. Stahlbau **28** (1959) 5 113—126 24 Lit.-St., 6 165—171. [1.342.35], [1.342.34].

Witte, K.: Die Lösung von Kipp-Problemen mit der Energiemethode. Diss. TH Darmstadt 1959; Z. VDI **102** (1960) 16 662.

Drillbeanspruchung   **1.342.5**

Reine Drillbeanspruchung   **1.342.51**

Goodier, J. N. and M. V. Barton: The effect of web deformation on the torsion of I-beams. J. Appl. Mech. **11** (1944) 1 A35—A40.

Barta, J.: On the estimation of the torsional rigidity of thin-walled multicellular bars. (In French). Acta Techn. Acad. Sci. Hungaricae **12** (1955) 3/4 333—338; AMR **9** (1956) 5 199.

Huth, J. H.: A note on plastic torsion. J. Appl. Mech. **22** (1955) 3 432—435; AMR **9** (1956) 5 205.

Pettersson, Ove: Method of successive approximations for design of continuous I-beams submitted to torsion. Publ. Int. Ass. Bridge & Struct. Engng. **15** (1955) 167—186; AMR **10** (1957) 2 60.

Wargon, A.: Graphical solution for torsional problems; hydrodynamical analogy. J. Boston Soc. Civil Engrs. **42** (1955) 4 364—373; AMR **9** (1956) 6 243.

Abbassi, M. M.: Simple solutions of Saint-Venant torsion problem by using Tchebycheff polynomials. Quart. Appl. Math. **14** (1956) 1 75—81; AMR **9** (1956) 9 375.

Ellington, J. P.: On obtaining the shear stress-strain relationship from a hollow specimen in torsion. J. Roy. Aeron. Soc. **60** (1956) 552 806—808 4 ref.; Index Aeron. **13** (1957) 1 7; AMR **10** (1957) 7 289.

Freiberger, W.: Elastic-plastic torsion of circular ring sectors. Quart. Appl. Math. **14** (1956) 3 259—265; Index Aeron. **13** (1957) 1 7.

Lee, L. H. N.: Non-uniform torsion of tapered I-beams. J. Franklin Inst. **262** (1956) 1 37—44; AMR **9** (1956) 12 517.

Mansfield, E. H.: The torsional rigidity of solid cylinders of double-wedge section. ARC R & M 2959 1956 7 p.; Index Aeron. **13** (1957) 4 89; J. Roy. Aeron. Soc. **61** (1957) 558 438; AMR **10** (1957) 12 552—553.

Nakanishi, F.: Endurance limits of solid and hollow cylinders under torsion. Proc. 6th Japan Nat. Congr. Appl. Mech., Univ. of Kyoto, Japan, Oct. 1956 75—78.

Nylander, Henrik: Torsion, bending, and lateral buckling of I-beams. Acta Polytechn. Scand. 199, Civil Engng. & Building Construction Ser. **3** (1956) 5 140 p.; Kungl. Tekn. Högskolans Handl. (Stockholm) No. 102 1956 140 p.; AMR **9** (1956) 11 475; Index Aeron. **12** (1956) 7 77; Aeron. Engng. Rev. **16** (1957) 10 122. [1.342.4].

Terrington, J. S.: Behaviour of built-up girders under torsion. Method of calculating stresses and distortion. Engineering **182** (1956) 4731 587—591; AMR **10** (1957) 6 246.

Wansleben, Fritz: Die Theorie der Drillfestigkeit von Stahlbauteilen mit Anwendungsbeispielen. Forsch.-H. Stahlbau H. 11 1956 52 S.

Wittmeyer, H.: Näherungsformel für den Drillungswiderstand eines vielzelligen, dünnwandigen Hohlprismas. ZAMM **36** (1956) 11/12 436—443 16 Lit.-St.; AMR **11** (1958) 2 59.

Grossmann, G.: Experimentelle Durchführung einer neuen hydrodynamischen Analogie für das Torsionsproblem. Ing. Arch. **25** (1957) 6 381—388; Aeron. Engng. Rev. **17** (1958) 1 98; AMR **11** (1958) 6 282.

Hult, J. A. H.: Elastic-plastic torsion of sharply notched bars. J. Mech. & Phys. Solids **6** (1957) 1 79—82; AMR **11** (1958) 12 674; Aero Space Engng. **17** (1958) 7 77. [1.352.1].

Kotal, M.: Die angenäherte Lösung eines Torsionsproblems mit Hilfe des Relaxationsverfahrens. Konstruktion **9** (1957) 10 411—418 9 Lit.-St.

Marguerre, K.: Methods of solution of the basic equations in the theory of elasticity. Ministry of Supply (London, S. E. 9) Techn. Inform. & Lib. Serv. Translat. T 4711 Aug. 1957 31 p. 65 ref.; Aeron. Engng. Rev. **17** (1958) 4 112.

Martin, A. I.: On a formula for the torsional rigidity of thin symmetrical sections. J. Math. & Phys. **36** (1957) 1 20—25; Aeron. Engng. Rev. **16** (1957) 9 134; AMR **11** (1958) 3 110.

Patel, S. A., B. Venkatraman and *P. G. Hodge jr.:* Torsion of cylindrical and prismatic bars in the presence of steady creep. Amer. Soc. Mech. Engrs. Prepr. 57-A-27 1957 5 p. 11 ref.; Index Aeron. **13** (1957) 11 83.

Synge, J. L. and *W. F. Cahill:* The torsion of a hollow square. Quart. Appl. Math. **15** (1957) 3 217—224; AMR **11** (1958) 6 282; Aeron. Engng. Rev. **16** (1957) 12 106; Index Aeron. **14** (1958) 2 86.

Vocke, Wolfgang: Eine geschlossene Lösung bei Torsion zylindrischer Stäbe mit Umlaufkerbe; Ermittlung von Drillsteifigkeiten. ZAMM **37** (1957) 11/12 409—415; Index Aeron. **14** (1958) 3 78; Aeron. Engng. Rev. **17** (1958) 4 112.

Wittmeyer, H.: An approximation formula for the torsional resistance of a multicellular, thin-walled, hollow prism. Roy. Aircr. Establ. Lib. Translat. 683 Aug. 1957 12 p. 16 ref.; Aeron. Engng. Rev. **17** (1958) 2 110.

Carter, W. J.: Torsion and flexure of slender solid sections. J. Appl. Mech. **25** (1958) 1 115—121; AMR **11** (1958) 6 288. [1.342.4].

Hackman, Lloyd E.: Loss of torsional stiffness under load. Aero Space Engng. **17** (1958) 10 53—57, 64 4 ref.; Index Aeron. **14** (1958) 11 25.

Hertel, Heinrich: Die Drillkopplung, ein neues Verfahren des Leichtbaues zur Erzielung steifer Körper. Konstruktion **10** (1958) 10 381—394 9 Lit.-St. [6.11].

Patel, Sh. A. and *K. A. V. Pandalai:* Torsion of cylindrical and prismatic bars in the presence of primary creep. Polytechn. Inst. Brooklyn, Dep. Aeron. Engng. & Appl. Mech., PIBAL Rep. 417 (AFOSR TN 58-303) (AD 154213) Apr. 1958 7 p.; Aero Space Engng. **17** (1958) 8 86.

Patel, S. A., B. Venkatraman and *P. G. Hodge jr.:* Torsion of cylindrical and prismatic bars in the presence of steady creep. J. Appl. Mech. **25** (1958) 2 214—218; AMR **11** (1958) 11 608—609.

Quinlan, P. M.: Torsion of semi-elliptic and hollow-elliptic sections. AFOSR TN 58-883 (ARDC TN 4, ASTIA AD 203905) July 1958 23 p.; AMR **12** (1959) 8 522.

Rivello, Robert M.: The yield strength and deflection of circular bars subjected to torsion. J. Aero Space Sci. **26** (1959) 12 836—837 5 ref.

Sander, Herbert: Eine experimentelle Methode zur Bestimmung der Torsionssteifigkeit beliebig geformter einfach zusammenhängender Querschnitte. Bauing. **34** (1959) 8 309—311.

Shirely, L. K. and *M. M. Stanišić:* On the torsion of a cylindrical beam having a trapezoidal cross section. J. Aero Space Sci. **26** (1959) 7 462—464.

Biegungsverdrehung   **1.342.52**

Hall, A. H.: An analysis of the stiffness and optimum weight-stiffness ob tubes with inclined ribs. Nat. Aeron. Establ., Canada, Rep. 22 1954; Aircr. Engng. **28** (1956) 326 136.

Björklund, A.: Beitrag zur Theorie der elastischen Ringe mit Berücksichtigung der Wölbbehinderung. Ing. Arch. **23** (1955) 6 421—435.

Needham, Robert A.: Design of round tubes for combined bending and torsion. Product Engng. **26** (1955) 8 205, 207, 209; Index Aeron. **11** (1955) 11 125; AMR **8** (1955) 12 517; Aeron. Engng. Rev. **14** (1955) 11 127.

Gaydon, F. A. and *H. Nuttall:* On the combined bending and twisting of beams of various sections. J. Mech. & Phys. Solids **6** (1957) 1 17—26; Aero Space Engng. **17** (1958) 7 78.

Goulard, Madeline, H. Lo and *R. J. H. Bollard:* Torsion with warping restraint of tapered beams. Proc. 3rd Midwestern Conf. on Solid Mech., Univ. of Michigan, Apr. 1957 100—112; AMR **11** (1958) 6 282.

Jagn, J. I.: Biege- und Torsionsverformungen dünnwandiger Stäbe mit offenem Profil. (Moskau: Staatsverl. f. techn. theor. Lit. 1952, Übers. Helmut Straube u. Ottomar Herrlich) Leipzig: Teubner 1957 79 S.

Schubbeanspruchung   **1.342.6**

Anevi, G.: Experimental investigation of shear strength and shear deformation of unstiffened beams of 24S-T alclad with and without flanged lightening holes. SAAB TN 29 Oct. 1954; J. Roy. Aeron. Soc. **59** (1955) 539 788.

Argyris, J. H.: Energy theorems and structural analysis. A generalized discourse with applications on energy principles of structural analysis including the effects of temperature and non-linear stress-strain relations. Aircr. Engng. **27** (1955) 315 145—158; Index Aeron. **11** (1955) 6 103.

Rockey, K. C.: The design of the webplates of light alloy plate girders. ADA Res. Rep. 32 June 1956 15 p. 17 ref.; Aeron. Engng. Rev. **16** (1957) 9 134. [1.342.9], [1.342.4].

Hodge, P. G. jr.: Interaction curves for shear and bending of plastic beams. Amer. Soc. Mech. Engrs. Summer Conf., Berkeley, Calif., June 1957, Pap. 57-APM-19 4 p.; J. Appl. Mech. **24** (1957) 3 453—456; AMR **11** (1958) 2 66; Aeron. Engng. Rev. **17** (1958) 1 119. [1.342.4].

Schubmittelpunkt   **1.342.7**

Terrington, J. S.: The torsion centre of girders: Application of shell analysis to structural sections. Engineering **178** (1954) 4635 688—691; AMR **9** (1956) 1 21.

Pearson, Carl E.: Remarks on the centre of shear. ZAMM **36** (1956) 3/4 94—96; Index Aeron. **12** (1956) 8 4; AMR **10** (1957) 2 60.

Bergmann, Walter: Die Bedeutung des Schubmittelpunktes bei Verwendung von Stahlleichtprofilen und die zweckmäßige Ausbildung von Knotenpunkten. Techn. Blätter Wuppermann (1957) 2 3—19. [6.121].

Johnson, W. and P. B. Mellor: The centre of shear for a material having a nonlinear stress-strain curve. Appl. Sci. Res. (The Hague) (A) **6** (1957) 5/6 467—477; Aeron. Engng. Rev. **16** (1957) 9 135; AMR **10** (1957) 11 506.

Winter, H. u. G. Levin: Tafeln zur Bestimmung des Schubmittelpunktes offener unsymmetrischer Profile. DFL, Inst. Flugzeugbau, Ber. Nr. F 50-04 1957 17 S. (12 Abb., 11 Tafeln).

Winter, H. u. G. Levin: Berechnungsschaubilder für den Schubmittelpunkt offener symmetrischer Profile. DFL, Inst. Flugzeugbau. Ber. Nr. F 57-03 1957 4 S. (21 Abb., 4 Tafeln).

Sistino, Alphonso J.: The determination of the shear center for a special solid symmetrical airfoil. J. Aeron. Sci. **25** (1958) 6 402—403, **26** (1959) 2 118; Index Aeron. **14** (1958) 7 59.

Winter, H. u. G. Levin: Der Schubmittelpunkt von Profilen, die einen symmetrischen Ellipsensektor enthalten. DFL, Inst. Flugzeugbau, Ber. Nr. F 58-02 1958 38 S.

Chakravorti, Amitava: A note on the position of the centre of flexure of a beam of isotropic material having a section bounded by a parabola and a straight line. (In Engl.). ZAMP **10** (1959) 4 333—338.

Pandalei, K. A. V. and S. A. Patel: A note on shear centers of thin-walled closed sections in the presence of creep. AFOSR TN 59-190 (Polyt. Inst. Brooklyn, Dept. Aero Engng. Appl. Mech. Rep. 487, ASTIA AD 211311) Febr. 1959 22 p.; AMR **12** (1959) 12 826.

Taylor, J. Lockwood: Comments on "the determination of the shear center for a special solid symmetrical airfoil. J. Aero Space Sci. **26** (1959) 2 118.

Knickbiegung **1.342.8**

Gittleman, W.: Laterally loaded non-uniform struts. Aircr. Engng. **25** (1953) 288 56—57.

Horne, M. R.: The flexural-torsional buckling of members of symmetrical I-section under combined thrust and unequal terminal moments. Quart. J. Mech. & Appl. Math. **7** (1954) 4 410—426 11 ref.; Index Aeron. **11** (1955) 3 100.

Bolton, A. and J. B. B. Owen: Stability of axially loaded continuous beams. J. Roy. Aeron. Soc. **59** (1955) 540 848—849 7 ref.

Pettersson, O.: Some stability and second-order stress problems of beams, frames, arches, and plates. (In Swedish). Instn. for Hallfasthetslära, Kungl. Tekniske Hogskolan, Stockholm, Publ. 113 1955 IV, 113 p.; AMR **10** (1957) 1 14. [1.212.4], [1.226].

Gossi, A.: A cantilever column under axial and transverse loads. (In Italian). Giornale del Genio Civile (Roma) **94** (1956) 7/8 507—526; AMR **11** (1958) 6 293.

Weinbold, J.: Zur näherungsweisen Berechnung von Druckbiegestäben im Leichtmetallbau. Aluminium **32** (1956) 10 633—636 11 Lit.-St., **34** (1958) 4 209—211 6 Lit.-St.

Driscoll, George C. jr. and Lynn S. Beedle: Plastic behavior of structural members and frames. Welding J. **36** (1957) 6 275s—286s; Aeron. Engng. Rev. **16** (1957) 9 160; AMR **11** (1958) 6 297. [1.342.31], [1.342.4].

Maeda, Y., P. van Lierde, O. M. Sidebottom and *M. E. Clark:* The effects of inelastic action on the resistance to various types of loads of ductile members made from various classes of metals. VI. A digital computer analysis of bending moment-axial load interaction curves. WADC Techn. Rep. 56-330 Pt. VI (AD 118300) May 1957 34 p.; Aeron. Engng. Rev. **16** (1957) 11 108.

Witte, Horst: Die Kippstabilität querbelasteter Druckstäbe mit einfach-symmetrischem Querschnitt. Stahlbau **26** (1957) 12 380—381.

Sidebottom, O. M. and *Marlyn E. Clark:* Theoretical and experimental analysis of members loaded eccentrically and inelastically. Univ. Illinois Engng. Exper. Station Bull. 447 March 1958 48 p. 16 ref.; Aero Space Engng. **17** (1958) 7 77; Index Aeron. **14** (1958) 9 73—74.

Weinhold, J.: Tragspannungen von Druckbiegestäben aus Aluminium. Aluminium **34** (1958) 3 143—151 13 Lit.-St.

Boyce, William E.: The elastic-plastic bending of an eccentrically loaded sandwich column. J. Aero Space Sci. **26** (1959) 6 398—399.

Neffson, Ben A.: Beam columns on elastic supports. J. Aero Space Sci. **26** (1959) 4 255—256.

Sandorff, Paul E.: Column end-fixity versus end-restraint. J. Aero Space Sci. **26** (1959) 11 759—760 5 ref.

Sonstige zusammengesetzte Beanspruchungen $\qquad$ **1.342.9**

Frankland, J. M. and *R. E. Roach:* Strength under combined tension and bending in the plastic range. J. Aeron. Sci. **22** (1955) 11 795—797; AMR **9** (1956) 6 245.

Friedmann, N. E. and *E. Rosenthal:* Solution of combined bending and torsion problems by means of the electrical conducting sheet analogy. J. Aeron. Sci. **22** (1955) 8 571—573 6 ref.

Cadambe, V. and *S. Krishnan:* Note on the minimum-weight design of thin-walled cells in combined bending and torsion. J. Roy. Aeron. Soc. **60** (1956) 541 65—66.

Procter, A. N.: Elastic stability under combined loading. Engineering **182** (1956) 4733 655—657; AMR **10** (1957) 9 406.

Rockey, K. C.: The design of the webplates of light alloy plate girders. ADA Res. Rep. 32 June 1956 15 p. 17 ref.; Aeron. Engng. Rev. **16** (1957) 9 134. [1.342.4], [1.342.6].

Hodge, P. G.: Interaction curves for shear and bending of plastic beams. J. Appl. Mech. **24** (1957) 3 453—456 6 ref.

Saelman, B.: Combined bending and tension of round circular tubes. Design News **12** (1957) 1./6. 136—137; Aeron. Engng. Rev. **16** (1957) 8 158.

Sankaranarayanan, R. and *P. G. Hodge, jr.:* On the use of linearized yield conditions for combined stresses in beams. J. Mech. Phys. Solids 7 (1958) 1 22—36; AMR **12** (1959) 11 771.

Stoßbeanspruchung $\qquad$ **1.343**

Allgemeines $\qquad$ **1.343.1**

Mori, D.: Lateral impact on bars and plates. Proc. SESA **15** (1957) 1 171—178; Aeron. Engng. Rev. **17** (1958) 1 120.

Stoßbeanspruchung bei $\qquad$ **1.343.2**

Konstruktionselementen $\qquad$ **1.343.21**

Crede, C. E.: The effect of pulse shape on simple systems under impulsive loading. Amer. Soc. Mech. Engrs. Ann. Meeting, New York, Nov.-Dec. 1954, Pap. 54-A-203 9 p. 7 ref.; Trans. ASME **77** (1955) Aug. 957—961; AMR **8** (1955) 10 417; Index Aeron. **11** (1955) 3 56; Aeron. Engng. Rev. **14** (1955) 11 112.

Benthem, J. P.: Step and impact loads on some non linear structural elements. NLL Rep. S 455 1955; J. Roy. Aeron. Soc. **59** (1955) 539 788.

Boley, B. A.: An approximate theory of lateral impact on beams. J. Appl. Mech. **22** (1955) 1 69—76 28 ref.

Goland, Martin, P. D. Wickersham and *M. A. Dengler:* Propagation of elastic impact in beams in bending. J. Appl. Mech. **22** (1955) 1 1—7 9 ref.

Newman, Marcel K.: Effect of rotatory inertia and shear on maximum strain in cantilever impact excitation. J. Aeron. Sci. **22** (1955) 5 313—320 2 ref.

Pironneau, Y.: Contribution à l'étude de la déformation des métaux par chocs répétés. ONERA Publ. 75 1955 87 p.

Conroy, M. F.: Plastic deformation of semi-infinite beams subject to transverse impact loading at the free end. Amer. Soc. Mech. Engrs. Ann. Meeting, Chikago, Ill., Nov. 1955, Pap. 55-A-49 5 p.; J. Appl. Mech. **23** (1956) 2 239—243; AMR **9** (1956) 5 195—196.

Cunningham, D. M. and *Werner Goldsmith:* An experimental investigation of beam stresses produced by oblique impact of a steel sphere. Amer. Soc. Mech. Engrs. Prepr. 56-APM-41 1956 6 p. 7 ref.; J. Appl. Mech. **23** (1956) 4 606—611; Index Aeron. **12** (1956) 8 70.

Schmitt, A. F.: A method of stepwise integration in problems of impact buckling. Amer. Soc. Mech. Engrs. Ann. Meeting, Chikago, Ill., Nov. 1955, Pap. 55-A-37 4 p.; J. Appl. Mech. **23** (1956) 2 291—294; AMR **9** (1956) 6 247.

Seiler, J. A., B. A. Cotter and *P. S. Symonds:* Impulsive loading of elastic-plastic beams. Amer. Soc. Mech. Engrs. Prepr. 56-APM-17 1956 7 p. 4 ref.; J. Appl. Mech. **23** (1956) 4 515—521; Index Aeron. **12** (1956) 8 65; Aeron. Engng. Rev. **16** (1957) 3 158.

Skalak, Richard: Longitudinal impact of a semi-infinite circular elastic bar. Amer. Soc. Mech. Engrs. Ann. Meeting. New York, Nov. 1956 Pap. 56-A-37 6 p.; J. Appl. Mech. **24** (1957) 1 59—64; AMR **10** (1957) 11 502; Aeron. Engng. Rev. **16** (1957) 5 195.

Taylor, D. B. C. and *A. Z. Tadros:* Tension and torsion properties of some metals under repeated dynamic loading (impact). Instn. Mech. Engrs. Prepr. May 1956 15 p.; Proc. IME **170** (1956) 33 1039—1054; Index Aeron. **12** (1956) 6 125; Aeron. Engng. Rev. **16** (1957) 10 119; AMR **11** (1958) 2 69.

Barnhart, K. E. jr. and *W. Goldsmith:* Stresses in beams during transverse impact. Amer. Soc. Mech. Engrs. Prepr. 57-APM-27 1957 7 p. 17 ref.; Index Aeron. **13** (1957) 7 70.

Barnhart, K. E. jr. and *Werner Goldsmith:* Stresses in beams during transverse impact. Appendix: An elastic beam with linear elastic end constraint. Amer. Soc. Mech. Engrs. Summer Conf., Berkeley, Calif., June 1957, Pap. 57-APM-28; J. Appl. Mech. **24** (1957) 3 440—446; Aeron. Engng. Rev. **17** (1958) 1 119.

Barton, C. S.: Theoretical and experimental aspects of impact problems. Rensselaer Polytechn. Inst. Res. Div. Techn. Rep. 1 Sept. 1957 63 p. 20 ref.; Aero Space Engng. **17** (1958) 6 115—116.

Betser, A. A. and *M. M. Frocht:* A photoelastic study of maximum tensile stresses in simply supported short beams under central transverse impact. J. Appl. Mech. **24** (1957) 4 509—514; AMR **11** (1958) 8 423—424.

Bollenrath, Franz u. *A. Troost:* Der axiale plastische Stoß. ZFW **6** (1958) 7 193—198 6 Lit.-St.; Index Aeron. **14** (1958) 9 37.

Kotowski, G.: Über das Verhalten von schlanken Stäben und dünnen Platten konstanten Querschnitts im elastischen Bereich bei zeitlich veränderlicher Längsbelastung. DVL-Ber. 68 Nov. 1958 62 S. 22 Lit.-St.; ZFW **7**(1959)3 80 [1.343.22].

Symonds, P. S. and *T. J. Mentel:* Impulsive loading of plastic beams with axial constraints. J. Mech. & Phys. Solids **6** (1958) 3 186—202; Aero Space Engng. **17** (1958) 8 86; Index Aeron. **14** (1958) 7 77—78.

Emschermann, H. H., R. Floßmann u, *K. H. Rühl:* Quantitative Ermittlung dynamischer Spannungszustände an quergestoßenen Biegeträgern mit Hilfe von Funkenkinematographie und Spannungsoptik. Inst. Physics, London, Stress Analysis Group — Inst. T.N.O. Delft Conf. 31./3. — 4./4. 1959 Advance Copy 6 7 p.

Floßmann, R.: Experimentelle Ermittlung der Spannungs- und Querkraftverteilungen in schlagartig beanspruchten glatten und gekerbten Stäben mittels Spannungsoptik. Diss. TH Braunschweig 1959.

Hall, A. H. and *V. L. Saxon:* Analysis of a cantilever beam developing an isoplastic response under impact at the tip. Nat. Res. Counc., Canada, Aeron. Rep. LR-237 May 1959; Aircr. Engng. **31** (1959) 368 317.

Stoßbeanspruchung bei Platten und Schalen   **1.343.22**

*) *Baron, M. L.:* The response of a cylindrical shell to a transverse shock wave. „Proc. 2nd SU Nat. Congr. Appl. Mech.", June 1954, Easton, Pa.: Amer. Soc. Mech. Engrs. 1955 201—212; AMR **9** (1956) 6 242.

Hodge, P. G. jr.: Impact pressure loading of rigid-plastic cylindrical shells. J. Mech. & Phys. Solids **3** (1955) 3 176—188; AMR **9** (1956) 2 64.

*) *Baron, M. L.* and *H. H. Bleich:* Initial velocity in shells at a free surface due to a plane acoustic shock wave. Columbia Univ., New York, Techn. Rep. 19 Contract Nonr-266(08) Nov. 1956 49 p.

*) *Popov, E. P.:* Earthquake stresses in spherical domes and in cones. Proc. ASCE Vol. 82, ST 3 (J. Struct. Div.) Pap. 974 May 1956 14 p.

Schmitt, Alfred F.: Dynamic buckling tests of aluminum shells. Aeron. Engng. Rev. **15** (1956) 9 54—98 2 ref.; AMR **10** (1957) 6 251.

Haywood, J. H.: Response of an elastic cylindrical shell to a pressure pulse. Quart. J. Mech. & Appl. Math. **11** (1958) May 129—141; Aero Space Engng. **17** (1958) 7 78.

Kotowski, G.: Über das Verhalten von schlanken Stäben und dünnen Platten konstanten Querschnitts im elastischen Bereich bei zeitlich veränderlicher Längsbelastung. DVL-Ber. 68 Nov. 1958 62 S. 22 Lit.-St.; ZFW **7** (1959) 3 80 [1.343.21].

Wollenteit, Ulrich: Ein Beitrag zum Verhalten von dünnwandigen Hohlkörpern bei statischer und dynamischer Belastung auf Druck. Diss. TH Braunschweig 1959 50 S

Gestaltfestigkeit bei wechselnder Beanspruchung   **1.343.3**
Allgemeines   **1.343.31**

Minor, Milton, A.: Cumulative damage in fatigue. J. Appl. Mech. **12** (1945) 3 A 159—A 164.

Fisher, W. A. P. and *W. J. Winkworth:* The effect of tight clamping on the fatigue strength of joints. ARC R & M 2873 Febr. 1952; Aircr. Engng. **28** (1956) 323 32.

Dryden, H. L., R. V. Rhode and *P. Kuhn:* The fatigue problem in airplane structures. "Fatigue and fracture of metals" (a symposium held at Massachusetts Inst. of Technol. June 19—22, 1950), Ed. William M. Murray, New York: Wiley, London: Chapman & Hall 1952 18—51 23 ref. [6.254.0].

Freudenthal, Alfred M.: A random fatigue testing procedure and machine. Proc. ASTM **53** (1953) 896—909.

Schott, G. J.: The statistical significance of a few fatigue results. Nat. Aeron. Establ. (Canada) Lab. Rep. LR-58 May 1953 27 p.

Chilver, A. H.: The frequency of failures within a group of similar structures. Aeron. Quart. **5** (1954) Pt. 4 235—250; Index Aeron. **11** (1955) 2 100.

Gaßner, Ernst: Zur Frage der Ermüdungsfestigkeit im Flugzeugbau. WGL-Jb. 1954 286—294 19 Lit.-St.

Schutte, E. H.: A simplified statistical procedure for obtaining design-level fatigue curves. Proc. ASTM **54** (1954) 853—864; AMR **9** (1956) 6 252.

Stieler, M.: Untersuchungen über die Dauerschwingfestigkeit metallischer Bauteile bei Raumtemperatur. Diss. TH Stuttgart 1954 98 S.

Weck, R.: Fatigue failure — why it occurs. Welding **22** (1954) 12 455—458, 477; AB **26** (1955) 1 36—37.

Fry, R. A.: Inspection aspects of aircraft fatigue. J. Soc. Lic. Aircr. Engrs. **4** (1955) 6 2—7, 21 21 ref.; Index Aeron. **11** (1955) 10 120; Aeron. Engng. Rev. **14** (1955) 10 154.

Haas, Tibor: Fatigue tests and aircraft life evaluation. On the experimental correlation of service endurance tests with fatigue tests at constant stress amplitude. Aircr. Engng. **27** (1955) 320 334—337 21 ref.; AB **26** (1955) 12 674; Index Aeron. **11** (1955) 11 49.

Lundberg, Bo K. O.: Aeronautical research in Sweden. J. Roy. Aeron. Soc. **59** (1955) 538 647—677 62 ref., disc. 677—681 [6.254.0].

Lundberg, Bo: Fatigue life of airplane structures. FFA Rep. 60 1955 151 p. 64 ref.; Aircr. Engng. **27** (1955) 319 318 [6.254.0].

McClintock, F. A.: The statistical theory of size and shape effects in fatigue. J. Appl. Mech. **22** (1955) 3 421—426 7 ref.

Weibull, Waloddi: New methods for computing parameters of complete or truncated distributions.FFA Rep. 58 Febr. 1955 21 p. 3 ref.

— The liability to fatigue failure of aluminium-alloy structures. Engrs. Dig. **16** (1955) 5 253—257; AB **26** (1955) 7 447.

Bastenaire, F.: Étude critique de la notion de dommage appliquée à une classe étendue d'essais de fatigue. "Colloque de Fatigue", Ed. W. Weibull et F. K. G. Odqvist, Berlin—Göttingen—Heidelberg: Springer 1956 1—13 [1.331]

Bore, C. L.: The presentation of fatigue data for fatigue life calculations. J. Roy. Aeron. Soc. **60** (1956) 545 331—346 10 ref.; AMR **9** (1956) 11 478.

Brooks, P. D.: Structural fatigue research and its relation to design. "Fatigue in aircraft structures (Proc. Int. Conf. Columbia Univ., Jan. 30—Febr. 1 1956), Ed. A. M. Freudenthal", New York: Academic Press 1956 207—232 11 ref.

Choudhary, J. P.: Problems of service failure due to fatigue. J. Instn. Engrs. (Calcutta) **37** (1956) 4 (Pt. 2) 359—371.

Cornillon, J.: Some remarks on the French approach to the problem of fatigue. "Fatigue in aircraft structures (Proc. Int. Conf. Columbia Univ., Jan. 30 to Febr. 1 1956), Ed. A. M. Freudenthal", New York: Academic Press 1956 317—322 9 ref.

Fisher, W. A. P.: Fatigue aspects of structural design. J. Roy. Aeron. Soc. **60** (1956) 543 198—202; AMR **9** (1956) 12 526.

Fisher, W. A. P. and *H. Yeomans:* Investigation of the fatigue of extruded tubular booms. ARC Curr. Pap. 234 1956 6 p.; AMR **9** (1956) 11 478—479.

Ford, D. G. and *J. L. Kepert:* Estimation of fatigue life of structures from observed damage. ARL Note SM 232 July 1956 17 p. 5 ref.; Index Aeron. **13** (1957) 8 46; J. Roy. Aeron. Soc. **61** (1957) 556 294.

Fransson, A.: Effect of simultaneous cyclic variation of stress and temperature on a high temperature material. "Colloquium on Fatigue", Ed. W. Weibull and F. K. G. Odqvist, Berlin—Göttingen—Heidelberg: Springer 1956 43—52 7 ref.

Freudenthal, Alfred and *Robert A. Heller:* Cumulative fatigue damage of aircraft structural materials. II. 2024 and 7075 aluminum alloy additional data and evaluation. WADC TN 55-273 Pt. II (AD 110491) Oct. 1956 22 p. 12 ref.; Aeron. Engng. Rev. **16** (1957) 10 146.

Freudenthal, Alfred M. and *R. A. Heller:* Accumulation of fatigue damage. "Fatigue in aircraft structures (Proc. Int. Conf. Columbia Univ., Jan. 30 to Febr. 1 1956), Ed. A. M. Freudenthal", New York: Academic Press 1956 146—177 14 ref.

Freudenthal, A. M.: Physical and statistical aspects of cumulative damage. "Colloquium on Fatigue", Ed. W. Weibull and F. K. G. Odqvist, Berlin—Göttingen—Heidelberg: Springer 1956 53—62 10 ref. [1.331].

Gassner, Ernst: Performance fatigue testing with respect to aircraft design. "Fatigue in aircraft structures (Proc. Int. Conf. Columbia Univ. Jan. 30 to Febr. 1 1956), Ed. A. M. Freudenthal", New York: Academic Press 1956 178—206 44 ref. [6.254.0].

Gassner, Ernst: Ermüdungsfestigkeit bei statisch veränderlichen Spannungsamplituden. „Kolloquium über Ermüdungsfestigkeit, Stockholm 25.—27. Mai 1955, Verhandlungen", Hrsg. W. Weibull u. F. K. G. Odqvist, Berlin—Göttingen—Heidelberg: Springer 1956 63—65.

Gassner, Ernst: Service strength, a basis for the design of components exposed to randomly alternating loads. Roy. Aircr. Establ. Lib. Translat. 575 July 1956 16 p. 14 ref.; Aeron. Engng. Rev. 16 (1957) 3 118.

Gassner, Ernst: The problem of fatigue strength in aircraft structures. Aircr. Engng. 28 (1956) 329 228—234; Index Aeron. 12 (1956) 8 74.

Hardrath, Herbert F., Herbert A. Leybold, Charles B. Landers and *Louis W. Hauschild:* Fatigue-crack propagation in aluminium-alloy box beams. NACA TN 3856 Aug. 1956 33 p. 7 ref.; CIBA Aircr. Bull. 1 March 1957 26 p. 7 ref.; Index Aeron. 12 (1956) 11 111; AMR 10 (1957) 2 64; J. Roy. Aeron. Soc. 61 (1957) 553 67.

Heywood, R. B.: Correlated fatigue data for aircraft structural joints. ARC CP 227 1955; J. Roy. Aeron. Soc. 60 (1956) 546 427.

Kepert, J. L., C. A. Patching and *J. G. Robertson:* Fatigue characteristics of a riveted 24 S-T aluminum alloy wing. I. Testing techniques. ARL Rep. SM 246 Oct. 1956 23 p. 17 ref.; J. Roy. Aeron. Soc. 61 (1957) 563 790; Aeron. Engng. Rev. 16 (1957) 10 117; Index Aeron. 13 (1957) 11 94; AMR 11 (1958) 7 366 [6.254.1].

Kepert, J. L. et al.: Fatigue characteristics of a riveted 24 S-T aluminium alloy wing. Pt. 3. Test results. ARL Rep. SM 248 Oct. 1956; J. Roy. Aeron. Soc. 62 (1958) 565 78 [6.254.1].

Konishi, I. and *M. Shinozuka:* A consideration on the safety of structure by plastic and statistical theory. II. Proc. 6th Japan Nat. Congr. Appl. Mech., Univ. of Kyoto, Japan, Oct. 1956 193—196; AMR 11 (1958) 8 432.

Lundberg, Bo and *Sigge Eggwertz:* The relationship between load spectra and fatigue life. "Fatigue in aircraft structures (Proc. Int. Conf. Columbia. Univ., Jan. 30—Febr. 1 1956), Ed. A. M. Freudenthal", New York: Academic Press 1956 255—278 24 ref.

Payne, A. O.: A note on the fatigue of wings. J. Aeron. Sci. 23 (1956) 8 797; Index Aeron. 12 (1956) 9 77; AMR 10 (1957) 3 103 [6.254.1]

Petrussewitsch, A. I.: Einige Besonderheiten der Kontaktermüdung. "Kolloquium über Ermüdungsfestigkeit", Hrsg. W. Weibull u. F. K. G. Odqvist, Berlin—Göttingen—Heidelberg: Springer 1956 197—209 21 Lit.-St.

Plantema, F. J.: Some investigations on cumulative damage. "Colloquium on Fatigue", Ed. W. Weibull and F. K. G. Odqvist, Berlin—Göttingen—Heidelberg: Springer 1956 218—228 7 ref.; AB 27 (1956) 1 35.

Pope, J. A., B. K. Foster and *N. T. Bloomer:* A survey of the problem of limited life design. Civil Engng. (London) 51 (1956) 604 1129—1131.

Schijve, J.: Considérations sur la fatigue, spécialement sur l'accroissement de la détérioration par des efforts alternés d'amplitude variable. Techn. et Sci. Aéron. (1956) 6 299—306 13 réf.; Index Aeron. **13** (1957) 5 56; Aeron. Engng. Rev. **16** (1957) 5 194.

Sopwith, D. G.: Recent researches on fatigue at the Mechanical Engineering Research Laboratory, East Kilbride. "Colloquium on Fatigue", Ed. W. Weibull and F. K. G. Odqvist, Berlin—Göttingen—Heidelberg: Springer 1956 260—268.

Sniderman, A.: The concept of strength from Goodman Diagrams. Proc. SESA **14** (1956) 1 145—154 6 ref.; Index Aeron. **13** (1957) 4 42.

Turner, F.: Aspects of fatigue design of aircraft structures. "Fatigue in aircraft structures. Proc. Int. Conf. Columbia Univ., Jan./Febr. 1956", Ed. A. M. Freudenthal, New York: Academic Press 1956 323—340, disc. 341—346. [1.134], [6.254.0].

Weibull, Waloddi: Scatter of fatigue life and fatigue strength in aircraft structural materials and parts. FFA Rep. 73 Nov. 1956 25 p. 7 ref.; Index Aeron. **13** (1957) 12 47—48; AMR **11** (1958) 5 224; Aeron. Engng. Rev. **17** (1958) 3 118; Aircr. Engng. **30** (1958) 350 119 [1.331].

Weibull, Waloddi: Scatter of fatigue life and fatigue strength in aircraft structural materials and parts. "Fatigue in aircraft structures (Proc. Int. Conf. Columbia Univ., Jan. 30—Febr. 1 1956), Ed. A. M. Freudenthal", New York: Academic Press 1956 126—145 7 ref. [1.331].

Wilkins, E. W. C.: Cumulative damage in fatigue. "Colloquium on Fatigue", Ed. W. Weibull and F. K. G. Odqvist, Berlin—Göttingen—Heidelberg: Springer 1956 321—332 39 ref.; AB **27** (1956) 1 34.

Yen, C. S. and *B. V. Whiteson:* Improving fatigue life of formed stainless steel hydraulic tubing by prestressing. WADC TR 56-120 (PB 121969) May 1956 7 p.; AMR **12** (1959) 2 101.

Eringen, A. C.: Response of beams and plates to random loads. J. Appl. Mech. **24** (1957) 1 46—52 13 ref.; Aeron. Engng. Rev. **16** (1957) 5 195.

Euchler, W.: Berechnung von Maschinenteilen auf Dauerhaltbarkeit. Technik (Berlin) **12** (1957) 6 425—431, 9 633—636 6 Lit.-St.

Finnern, B.: Einfluß der Einsatzhärtung auf die Dauerfestigkeit. Maschinenschaden **30** (1957) 7/8 114—116; Draht **9** (1958) 10 434.

Hardrath, Herbert F. and *Richard E. Whaley:* Fatigue-crack propagation and residual static strength of built-up structures. NACA TN 4012 May 1957 11 p.; J. Roy. Aeron. Soc. **61** (1957) 563 791; Aeron. Engng. Rev. **16** (1957) 8 158; Index Aeron. **13** (1957) 7 49.

Hempel, Max: Dauerschwingfestigkeit. Colloquium on fatigue — Kolloquium über Ermüdungfestigkeit. Draht **8** (1957) 10 429—431. [1.441], [1.331].

Laux, R. J.: Component fatigue analysis for maintenance. Amer. Soc. Mech. Engrs. Prepr. 57-S-12 1957 5 p.; Index Aeron. **13** (1957) 6 47.

Levy, John C.: Cumulative damage in fatigue — a design method based on the S-N curve. J. Roy. Aeron. Soc. **61** (1957) 559 485—491 9 ref.; Index Aeron. **13** (1957) 9 39; Aeron. Engng. Rev. **16** (1957) 9 134.

Lundberg, Bo K. O.: Some proposals for evaluating fatigue properties of airplane structures. FFA Rep. 76 Jan. 1957 36 p. 29 ref.; J. Roy. Aeron. Soc. **63** (1959) 577 72; Aircr. Engng. **31** (1959) 361 87 [6.254.0].

McCalley, R. B. jr.: Nomogram for selection of safety factors. Design News **12** (1957) 17 138—141; Index Aeron. **13** (1957) 11 82.

Pope, J. A., B. K. Foster and *N. T. Bloomer:* Limited life design: A survey of the problem. Engineering **184** (1957) 4772 236—241, 4773 275—278 17 ref.; Index Aeron. **13** (1957) 10 47—48.

Schimkat, Gerrit: Probleme der Betriebsfestigkeit von Verkehrsflugzeugen. Technik (Berlin) **12** (1957) 5 337—342 11 Lit.-St. [6.254.0].

Bautz, Wilhelm: Gestaltfestigkeit bei dynamischer Beanspruchung, Wege zu ihrer Erhöhung durch konstruktive und fertigungstechnische Maßnahmen. „Leichtbau-Konstruktionen", VDI-Ber. Bd. 28 1958 35—42 21 Lit.-St.

Gleitz, K.: Dauerbrüche. Ursachen und vorbeugende Maßnahmen zu ihrer Vermeidung. Konstruktion **10** (1958) 5 182—191.

Haas, Tibor: Simulated service life testing. Engineer **206** (1958) 5364 754—756, 5365 974—979.

Hartman, A.: A review of theoretical and practical methods of ensuring safety from fatigue failures in aircraft in flight. Roy. Aircr. Establ. Lib. Transl. 717 Febr. 1958 45 p. 60 ref.; Aero Space Engng. **17** (1958) 8 86—87.

Hyler, W. S., H. G. Popp, D. N. Gideon, S. A. Gordon and *H. J. Grover:* Fatigue behavior of aircraft structural beams. NACA TN 4137 Jan. 1958 25 p.; J. Roy. Aeron. Soc. **62** (1958) 570 467; AMR **11** (1958) 10 548; Aeron. Engng. Rev. **17** (1958) 3 94; Index Aeron. **14** (1958) 4 95 [6.254.0].

Powell, A.: On the fatigue failure of structures due to vibrations by random pressure fields. J. Acoust. Soc. Amer. **30** (1958) 12 1130—1135; AMR **12** (1959) 8 536.

Schuh, Walter: Registriermöglichkeiten für statistisch wechselnde Betriebsbeanspruchungen von Flugzeugteilen. ZFW **6** (1958) 11 314—319.

Waisman, J. L., L. Soffa, P. W. Kloeris and *C. S. Yen:* Effect of internal flaws on the fatigue strength of aluminum alloy rolled plate and forgings. Nondestructive Testing **16** (1958) 6 477—489.

Wiegand, H. u. *K. Schaar:* Erhöhung der Dauerhaltbarkeit von Kolbenbolzen durch Salzbadnitrierung. Konstruktion **10** (1958) 5 198—201 5 Lit.-St. [2.76].

— Component fatigue testing. Shorts Quart. Rev. (1958) March 13—15; Aero Space Engng. **17** (1958) 10 104.

Crandall, Stephen H.: Random vibration. AMR **12** (1959) 11 739—742 86 ref.

Fralich, R. W.: Experimental investigation of effects of random loading on the fatigue life of notched cantilever-beam specimens of 7075-T6 aluminium alloy. NASA Mem. 4-12-59L TIL 6458 June 1959; J. Roy. Aeron. Soc. **63** (1959) 586 614.

Kohl, H.: Betriebssicherheit und Betriebsfestigkeit von lebenswichtigen Fahrzeugteilen. Techn. Mitt. Krupp **17** (1959) 4 187—190.

Zug-Druck-Beanspruchung **1.343.32**

Grover, H. J., S. M. Bishop and *L. R. Jackson:* Fatigue strengths of aircraft materials. Axial-load fatigue tests on unnotched sheet specimens of 24S-T3 and 75S-T6 aluminum alloys and of SAE 4130 steel. NACA TN 2324 March 1951 66 p.; AMR **4** (1951) 6 356.

Hartman, A.: Comparative investigation at fluctuating tension (R=0) on duralumin lugs of different design NLL Rep. M 1932 1953 20 p.; AB **26** (1955) 2 89.

Smith, Ira, Darnley M. Howard and *Frank C. Smith:* Cumulative fatigue damage of axially loaded alclad 75S-T6 and alclad 24S-T3 aluminum-alloy sheet. NACA TN 3293 Sept. 1955 49 p. 16 ref.; AMR **9** (1956) 1 25; Index Aeron. **11** (1955) 12 109.

Heywood, R. B.: The influence of pre-loading on the fatigue life of aircraft components and structures. ARC Curr. Pap. 232 1956 20 p.; AMR **9** (1956) 11 478.

Biegewechselbeanspruchung   **1.343.33**

Estermann, K. H.: Die Eignung von Sintereisen und Sinterstahl für wechsel-
beanspruchte Bauteile. Werkstatt u. Betrieb **87** (1954) 11 727—728.
Mentel, T. J.: Plastic deformations due to dynamic loading of a beam with
an attached mass. Canad. J. Technol. **33** (1955) 4 237—255; AMR **9** (1956) 1 23.
Elsesser, T. M.: Influence of repeated bending loads on biaxial residual stresses
in shot-peened plates. Amer. Soc. Mech. Engrs. Ann. Meeting, New York,
Nov. 1956 Pap. 56-A-109 6 p.; AMR **10** (1957) 12 566—567; Index Aeron. **13**
(1957) 4 111.
Rice, M. R.: Fatigue characteristics of a riveted 24 S-T aluminium alloy wing.
II. Stress analysis. ARL Rep. SM 247 Oct. 1956 27 p. 12 ref.; J. Roy. Aeron.
Soc. **61** (1957) 563 791; Aeron. Engng. Rev. **16** (1957) 8 129. [1.442.44], [6.254.1].
Whaley, R. E.: Fatigue investigation of full-scale transport-airplane wings.
Variable-amplitude tests with a gust-loads spectrum. NACA TN 4132 Nov.
1957 43 p.; J. Roy. Aeron. Soc. **62** (1958) 568 318; AMR **11** (1958) 5 224; Index
Aeron. **14** (1958) 2 95; Aeron. Engng. Rev. **17** (1958) 1 93 [6.254.1].
Williams, T. R. G.: The tensile and fatigue properties of a large section light
alloy spar with reference to mass and directionality effects. Roy. Aircr.
Establ. TN M 274 Oct. 1957 28 p.
Hardrath, H. F. and *H. A. Leybold:* Further investigation of fatigue-crack
propagation in aluminum-alloy box beams NACA TN 4246 June 1958 23 p.;
Aero Space Engng. **17** (1958) 11 126; AMR **11** (1958) 10 547; J. Roy. Aeron.
Soc. **62** (1958) 573 689; Index Aeron. **14** (1958) 8 95.
Neal, B. G. and *P. S. Symonds:* Cyclic loading of portal frames. Theory and
tests. Publ. Int. Ass. Bridge & Struct. Engng. **18** (1958) 171—199 8 ref. [1.212.4].

Verdrehungs-Wechselbeanspruchung   **1.343.34**

Cornelius, E.-A.: Die Dauerdrehwechselfestigkeit von Wellen unter dem Einfluß von Preßsitzen. Konstruktion **9** (1957) 8 299—303 [6.211.1].
Hult, J. A. H.: Fatigue crack propagation in torsion. J. Mech. & Phys. Solids
6 (1957) 1 47—52; Index Aeron. **14** (1958) 3 44; Aero Space Engng. **17** (1958) 7
79.
Cornelius, E.-A.: Die Dauerdrehwechselfestigkeit von Wellen unter dem Einfluß verschiedener Verbindungen zwischen Welle und Nabe. Konstruktion
10 (1958) 3 112—113.

Sonstige Wechselbeanspruchungen   **1.343.35**

Lassiter, Leslie W., Robert W. Hess and *Harvey H. Hubbard:* An experimental
study of the response of simple panels to intensive acoustic loading. Inst.
Aeron. Sci. Prepr. 632 1956 15 p. 5 ref.; J. Aeron. Sci. **24** (1957) 1 19—24, 80
5 ref.; Index Aeron. **12** (1956) 6 94—95.

Gestaltfestigkeit bei Spannungsunstetigkeiten   **1.35**
Allgemeines   **1.351**

Frocht, Max M.: Kerbwirkungszahlen auf Grund spannungsoptischer Untersu-
chungen. (Übers. J. Appl. Mech. **2** (1935) 2 A 67—A 74). Luftf.-Schrifttum
Ausland **2** (1936) 2 34—36.
Ohno, I.: Stress distribution at the corner of a stiff frame. Proceedings of the
Second Japan National Congress of Applied Mechanics, 1952, Nat. Com-
mittee for Theor. & Appl. Mech. May 1953 101—104; AMR **9** (1956) 1 21.

Goodey, W. J.: Notes on a general method of treatment of structural discontinuities. J. Roy. Aeron. Soc. **59** (1955) 538 695—697.

Bergmann, Walter: Über die Entwicklung von kerbfreien Flugzeugteilen. WGL-Jb. 1956 183—205 31 Lit.-St.; AMR **11** (1958) 2 66.

Lape, E. M. and *J. D. Lubahn:* On the relations between various laboratory fracture tests. Trans. ASME **78** (1956) 4 823—835; AMR **9** (1956) 11 479.

Sternberg, Eli: Three-dimensional stress concentrations in the theory of elasticity. AMR **11** (1958) 1 1—4 57 ref.; Index Aeron. **14** (1958) 3 43; Aero Space Engng. **17** (1958) 6 119.

Spannungen an Kerben und Löchern bei **1.352**
statischer Belastung **1.352.1**

Conway, H. D.: Further problems in orthotropic plane stress. Amer. Soc. Mech. Engrs. Ann. Meeting, New York, Nov.—Dec. 1954, Pap. 54-A-48 3 p.; J. Appl. Mech. **22** (1955) 2 260—262; Aeron. Engng. Rev. **14** (1955) 9 99; AMR **9** (1956) 7 291.

Okubo, H. and *S. Sato:* Stress-concentration factors in shafts with transverse holes as found by the electroplating method. Amer. Soc. Mech. Engrs. Ann. Meeting, New York, Nov. 1954, Pap. 54-A-88 4 p. 11 ref.; J. Appl. Mech. **22** (1955) 2 193—196; AMR **8** (1955) 11 468; Index Aeron. **11** (1955) 2 48.

Sachs, George and *E. P. Klier:* Survey of low-alloy aircraft steels heat treated to high-strength levels. V. Mechanical properties in the presence of stress concentrations. WADC Techn. Rep. 53-254 (OTS, PB 121505) Sept. 1954 140 p. 69 ref.; Aeron. Engng. Rev. **16** (1957) 5 180.

Botman, M.: Shear tests on 24 S-T unstiffened and stiffened webs with flanged holes. II. NLL Rap. S 446 1955 33 p.; AMR **9** (1956) 10 428.

Budiansky, B. and *R. J. Vidensek:* Analysis of stresses in the plastic range around a circular hole in a plate subjected to uniaxial tension. NACA TN 3542 Oct. 1955; J. Roy. Aeron. Soc. **60** (1956) 543 220.

Cassé, M.: Essais comparatifs de traction et de pliage sur des éprouvettes comportant des trous forés, poinçonnés, ou poinçonnés et alésés. Publ. Ass. Int. Ponts & Charpentes **15** (1955) 31—50; AMR **10** (1957) 4 155.

Durelli, A. J. and *J. Barriage:* Stress distribution in square plates with hydrostatically loaded central circular holes. J. Appl. Mech. **22** (1955) 4 539—544.

Fitchie, J. W.: Some experiments into the behaviour of plain and notched steel specimens under static and fatigue loadings. Instn. Mech. Engrs. Prepr. 1955 15 p.; Proc. IME **169** (1955) 18 331—344; AMR **9** (1956) 5 207; Konstruktion **9** (1957) 4 164—165 [1.352.2].

Garr, L., E. H. Lee and *A. J. Wang:* The pattern of plastic deformation in a deeply notched bar with semicircular roots. Amer. Soc. Mech. Engrs. Ann. Meeting, Chicago, Ill., Nov. 1955, Pap. 55-A-23 3 p.; AMR **9** (1956) 5 205.

Kloot, N. H.: Notched beams. CSIRO Forest Prod. Newsletter (1955) 207 1—2; AMR **9** (1956) 6 245.

Lansard, R.: Fillets without stress concentration. Proc. SESA **13** (1955) 1 97—104; AMR **9** (1956) 8 329.

Lee, E. H. and *A. J. Wang:* Plastic flow in deeply notched bars with sharp internal angles. Proceedings of the Second U. S. National Congress of Applied Mechanics, June 1954, Easton, Pa.: Amer. Soc. Mech. Engrs. 1955 489—497; AMR **9** (1956) 4 155.

Leven, M. M.: Stress gradients in grooved bars and shafts. Proc. SESA **13** (1955) 1 207—213; AMR **9** (1956) 6 242—243.

Lubahn, J. D.: On the applicability of notch tensile test data to strength criteria in engineering design. Amer. Soc. Mech. Engrs. Ann. Meeting, Chicago, Ill., Nov. 1955, Pap. 55-A-149 10 p.

Mitchell, L. H.: Stress concentrations at the corners of a trapezoidal plate. ARL Rep. SM 232 Sept. 1955 12 p.; AMR **9** (1956) 11 469.

Nisida, M. and *M. Hondo:* Photoelastic investigation on the stress concentration due to intersecting holes. Sci. Res. Inst. J. (Japan) **49** (1955) 1407/1414 (E) 303—309.

Okubo, H.: Die Formzahlen tordierter Wellen mit mehreren Nuten. Ing. Arch. **23** (1955) 2 130—132; AMR **9** (1956) 8 329.

Radkowski, P. P.: Stresses in a plate containing a ring of circular holes and a central circular hole. Proceedings of the Second U. S. National Congress of Applied Mechanics, June 1954, Easton, Pa.: Amer. Soc. Mech. Engrs. 1955 277—282; AMR **9** (1956) 12 520.

Sadowsky, M.: Stress concentration caused by multiple punches and cracks. Amer. Soc. Mech. Engrs. Ann. Meeting, Chicago, Ill., Nov. 1955, Pap. 55-A-16 5 p.; AMR **9** (1956) 6 243.

Sen Gupta, A. M.: Stresses due to diametral forces on a circular disk with an eccentric hole. J. Appl. Mech. **22** (1955) 2 263—266.

Theocaris, P. S.: The stress distribution in a strip loaded in tension by means of a central pin. Amer. Soc. Mech. Engrs. Ann. Meeting, Chicago, Ill., Nov 1955, Pap. 55-A-34 6 p.; AMR **9** (1956) 5 197.

Wolf, H.: Spannungsoptische Untersuchungen über Formzahl und Spannungsgefälle an gekerbten Stäben. Diss. TH Stuttgart 1955.

Atsumi, A.: On the stresses in a strip under tension and containing two equal circular holes placed longitudinally. Amer. Soc. Mech. Engrs. Prepr. 56-APM-12 1956 12 p. 7 ref.; J. Appl. Mech. **23** (1956) 4 555—562; Index Aeron. **12** (1956) 8 5; AMR **11** (1958) 1 14.

Baker, J. F. and *C. F. Tipper:* The value of the notch tensile test. Inst. Mech. Engrs. Prepr. 13 p.; Proc. IME **170** (1956) 1 65—84; AMR **9** (1956) 12 527; Aeron. Engng. Rev. **16** (1957) 1 110.

Brock, J. S.: The mean stress around a small opening of any shape in a uniformly loaded plate. J. Appl. Mech. **23** (1956) 2 314—315; AMR **9** (1956) 11 469.

Carlson, R. L., R. J. MacDonald and *W. F. Simmons:* Factors influencing the notch-rupture strength of heat-resistant alloys at elevated temperatures. Trans. ASME **78** (1956) 2 349—358; AMR **9** (1956) 7 299; Konstruktion **10** (1958) 1 34—35.

Durelli, A. J. and *J. B. Barriage:* Calculating stresses in pressurized square tubing having circular central holes. Machine Design **28** (1956) 5 115—117; AMR **9** (1956) 12 521.

Geil, G. W. and *N. L. Carwile:* Research on effects of prestraining and notch sharpness on the notch strength of materials. WADC Techn. Rep. 56-402 (AD 110436) Oct. 1956 101 p.; Aeron. Engng. Rev. **16** (1957) 9 149; Titanium Abstr. Bull. **3** (1957/58) 33.

Gibson, J. E. and *W. M. Jenkins:* The stress distribution in a simply-supported beam with a circular hole. Struct. Engr. **34** (1956) 12 443—449; AMR **10** (1957) 6 249.

Green, A. P.: The plastic yielding of shallow notched bars due to bending. J. Mech. & Phys. Solids **4** (1956) 4 259—268; AMR **10** (1957) 2 63.

Green, A. P. and *B. B. Hundy:* Initial plastic yielding in notch bend tests. J. Mech. & Phys. Solids **4** (1956) 2 128—144; AMR **9** (1956) 9 384—385.

Hodge, P. G. jr. and *Nicholas Perrone:* Yield loads of slabs with reinforced cutouts. Amer. Soc. Mech. Engrs. Ann. Meeting, New York, Nov. 1956 Pap. 56-A-7 8 p.; J. Appl. Mech. **24** (1957) 1 85—92; AMR **10** (1957) 8 359; Aeron. Engng. Rev. **16** (1957) 5 194.

Isibasi, T. and *T. Uryu:* On the notch-factors of notched carbon steel specimens. Kyushu Univ., Japan, Res. Inst. Appl. Mech., Rep. **6** (1956) 16 (E) 107—117

Isida, Makoto: On the tension of a semi-infinite plate with an elliptical hole. Trans. Japan Soc. Mech. Engrs. **22** (1956) 123 803—809; Japan Sci. Rev., Mech. & Electr. Engng. **3** (1958) 2 71.

Jessop, H. T., C. Snell and *G. S. Holister:* Photoelastic investigation on plates with single interference-fit pins with load applied to plate only. Aeron. Quart. **7** (1956) 4 297—314 3 ref.; Index Aeron. **13** (1957) 1 89; AMR **10** (1956) 6 247; Aeron. Engng. Rev. **16** (1957) 2 146.

Lee, L. H. N. and *C. S. Ades:* Stress concentration factors for circular fillets in stepped wall cylinders subject to axial tension. Proc. SESA **14** (1956) 1 99—108 8 ref.; Index Aeron. **13** (1957) 4 46.

Ling, Chih-Bing: Stresses in a circular cylinder having a spherical cavity under tension. Quart. Appl. Math. **13** (1956) 4 381—391; Index Aeron. **12** (1956) 5 79; AMR **9** (1956) 6 242.

Mansfield, E. H.: Optimum designs for reinforced circular holes. ARC Curr. Pap. 239 1956 15 p.; AMR **9** (1956) 11 473—474.

Miyamoto, H.: On the problem of elasticity theory for an infinite region containing three spherical cavities. Proc. 6th Japan Nat. Congr. Appl. Mech., Univ. of Kyoto, Japan, Oct. 1956 27—30; AMR **11** (1958) 7 353.

Miyao, Kazyu: The stresses in a plate of infinite size having two contacted circular holes. Trans. Japan Soc. Mech. Engrs. **22** (1956) 123 791—794; Japan Sci. Rev., Mech. & Electr. Engng. **3** (1958) 2 71.

Muvdi, B. B., G. Sachs and *E. P. Klier:* Design properties of high strength steels in the presence of stress concentrations. I. Dependence of tension and notch-tension properties of high-strength steels on a number of factors. WADC Techn. Rep. 56-395 Pt. I (AD 110637) Dec. 1956 57 p.; Aeron. Engng. Rev. **16** (1957) 9 146.

Nishihara, T. and *T. Fujii:* Stresses in an infinite plate with an overlapped hole. Proc. 6th Japan Nat. Congr. Appl. Mech., Univ. of Kyoto, Japan, Oct. 1956 35-38; AMR **11** (1958) 4 162

Okamoto, S., K. Kubo and *H. Kitagawa:* Strength of the area around the pinhole of an eyebar. J. Railway Engng. Res. (Japan) **13** (1956) 19 521—528.

Okubo, H. and *S. Sato:* Stress-concentration factors in shafts with transverse holes as found by the electroplating method. Tohoku Univ., Japan, Res. Inst., Sci. Rep. Ser. B (Technol.) **6** (1956) March (E) 1—10.

Raring, R. H. and *J. A. Rinebolt:* Static fatigue of high strength steel. Trans. Amer. Soc. Metals **48** (1956) 198—212; AMR **10** (1957) 1 17—18.

Saito, H.: Stress of circular disks subjected to shear with circular openings. Tohoku Univ., Japan, Fac. of Engng., Technol. Rep. **21** (1956) 1 (E) 93—106.

Sato, S.: An approach to torsion problem of a circular shaft with multiple-notches. Tohoku Univ., Sendai, Rep. Inst. High Speed Mech. (B) (1956) 6 185—199; AMR **10** (1957) 5 191.

Seki, M. and *T. Kawabe:* On the strength of mild steel notches. Univ. Tokyo, Japan, Inst. Sci. & Technol., Rep. 1 June 1956 83—85.

Sessler, J. G. and *W. F. Brown jr.:* Notch and smooth bar stress-rupture characteristics of several heat resistant alloys in the temperature range between 600 and 1000° F. Amer. Soc Testing Mater. Prepr. 76 1956 15 p.; Nickel-Ber. **14** (1956) 8,9 197—198; Metal Progr. **73** (1958) 3 128, 130 132 [1.323.3].

Shimamura, S.: Estimation of the stress concentration factor for a plate with various V-notches in tension. (Govmt.) Mech. Lab. J. (Japan) **10** (1956) 6 220—225.

Tamate, O.: The influence of a circular hole on the transverse flexure of an infinite strip. Tohoku Univ., Japan, Fac. of Engng., Technol. Rep. **20** (1956) 2 213—223.

Vasarhelyi, D. D. and *R. A. Hechtman:* Welded reinforcement of openings in structural-steel tension members. Welding J. **35** (1956) 9 421s—430s; AMR **10** (1957) 3 131.

Williams, M. L.: On the stress distribution at the base of a stationary crack. Amer. Soc. Mech. Engrs. Ann. Meeting, New York, Nov. 1956 Pap. 56-A-16 6 p.; J. Appl. Mech. **24** (1957) 1 109—114 9 ref.; AMR **10** (1957) 8 357; Aeron. Engng. Rev. **16** (1957) 5 195.

Atsumi, Akita: Stress concentrations in a strip under tension and containing two pairs of semicircular notches placed on the edges symmetrically. Amer. Soc. Mech. Engrs. Summer Conf., Berkeley, Calif., June 1957 Pap. 57-APM-41 9 p. 14 ref.; J. Appl. Mech. **24** (1957) 4 565—573 14 ref.; AMR **11** (1958) 7 353; Index Aeron. **13** (1957) 7 73.

Atsumi, Akita: Stresses in a plate under tension and containing an infinite row of semi-circular notches. (In Engl.). ZAMP **8** (1957) 6 466—477 10 ref.; Index Aeron. **14** (1958) 4 97; Aeron. Engng. Rev. **17** (1958) 3 119.

Chattarji, P. P.: Elastic distortion of a cylindrical hole by tangential tractions varying with depth on the inner boundary. J. Technol. (Calcutta) (1957) Dec. 141—144; Aero Space Engng. **17** (1958) 12 102.

Durelli, A. J. and *A. S. Kobayashi:* Stress distributions around hydrostatically loaded circular holes in the neighbourhood of corners. Amer. Soc. Mech. Engrs. Ann. Meeting, New York, N. Y., Dec. 1957 Pap. 57-A-4 6 p.; AMR **11** (1958) 5 217.

Edmunds, H. G.: Stress raising effects of holes in web plates. Engineering **183** (1957) 4739 18—19; Konstruktion **9** (1957) 11 461.

Erdmann-Jesnitzer, F.: Einfluß von tiefen Temperaturen und Kerbstellen auf die statischen Festigkeitswerte geschweißter Bleche aus Aluminiumlegierungen. Aluminium **33** (1957) 6 376—384 [1.442.13].

Flößner, H. u. *K. Matthaes:* Der Kerbzerreißversuch und seine Anwendung zur Ermittlung der Sprödbruchgefahr. I. Schweiz. Arch. **23** (1957) 8 249—258.

Ford, H. and *F. Lianis:* Plastic yielding of notched strips under conditions of plane stress. (Engl.) ZAMP **8** (1957) 5 360—400; AMR **12** (1959) 11 753.

Gomza, Alexander: Stress concentration factors. I, II. Product Engng. **28** (1957) 6 211, 213, 215, 217, 219, 7 215, 217, 219, 221, 223; Index Aeron. **13** (1957) 8 69; Aeron. Engng. Rev. **16** (1957) 10 158.

Hodge, P. G. jr. and *Nicholas Perrone:* Yield loads of slabs with reinforced cutouts. J. Appl. Mech. **24** (1957) 1 85—92 14 ref.

Hult, J. A. H.: Elastic-plastic torsion of sharply notched bars. J. Mech. & Phys. Solids **6** (1957) 1 79—82; AMR **11** (1958) 12 674; Aero Space Engng. **17** (1958) 7 77 [1.342.51].

Irwin, G. R.: Analysis of stresses and strains near the end of a crack traversing a plate. Amer. Soc. Mech. Engrs. Summer Conf., Berkeley, Calif., June 1957, Pap. 57-APM-22 4 p. 11 ref.; J. Appl. Mech. **24** (1957) 3 361—364; Aeron. Engng. Rev. **17** (1958) 1 120; Index Aeron. **13** (1957) 7 72.

Koiter, W. T.: An elementary solution of two stress concentration problems in the neighbourhood of a hole. Quart. Appl. Math. **15** (1957) 3 303—308; AMR **11** (1958) 5 217.

Lianis, G. and *H. Ford:* The yielding of notched bars due to bending. (In Engl.). 9e Congr. Int. Mécanique Appliqué, Univ. Bruxelles, Vol. 8 1957 235—244; AMR **11** (1958) 12 665.

Ling, C. B.: Stresses in a perforated strip. Amer. Soc. Mech. Engrs. Summer Conf., Berkeley, Calif., June 1957, Pap. 57-APM-8 11 p.; AMR **11** (1958) 1 13—14.

Ling, Chi-Bing: Stresses in a perforated strip. J. Appl. Mech. **24** (1957) 365—375 7 ref.

Lubahn, J. D.: On the applicability of notch tensile test data to strength criteria in engineering design. Trans. ASME **79** (1957) 1 111—115 19 ref.

Okubo, H. and *S. Kikuchi:* Stress-concentration factors in shafts. J. Appl. Mech. **24** (1957) 2 313—314.

Oroveanu, T.: Sur la torsion des barres de section circulaire avec entailles. Rev. Mécanique Appliquée (Bucarest) **2** (1957) 2 253—259; AMR **11** (1958) 11 600; Aero Space Engng. **17** (1958) 12 101.

Rothman, M.: Stresses in a plate containing a crack; a theoretical investigation. Engineering **184** (1957) 4770 174—175.

Saleme, E. M.: Stress distribution around a circular inclusion in a semi-infinite elastic plate. Amer. Soc. Mech. Engrs. Ann. Meeting, New York, N. Y., Dec. 1957 Pap. 57-A-18 7 p.; J. Appl. Mech. **25** (1958) 1 129—135; AMR **11** (1958) 5 219.

Saroja, B. V.: An investigation of the solution of the torsion problem for a pierced triangular shaft by relaxation methods. J. Aeron. Soc. India **9** (1957) 3 35—43; AMR **11** (1958) 7 339.

Voorhees, Howard R. and *James W. Freeman:* Notch sensitivity of aircraft structural and engine alloys. I. Preliminary studies with A-286 and 17-7 PH (TH 1050) alloys. WADC Techn. Rep. 57-58 Pt. I (AD 118289) May 1957 36 p.; Aeron. Engng. Rev. **16** (1957) 12 122.

Wigglesworth, L. A.: Stress distribution in a notched plate. Mathematika (London) **4** (1957) Pt. 1 76—96; AMR **11** (1958) 6 292—293; Index Aeron. **13** (1957) 8 39—40.

(Winter,. Hermann): Zug in ungeschwächten und gekerbten Querschnitten. Unterlagen u. Richtlinien für den Holzflugzeugbau, Ber. DIa. DFL, Braunschweig, Inst. Flugzeugbau 1957 5 S.; Luftf.-Techn. **3** (1957) 12 VI.

Brock, J. S.: The stresses around square holes with rounded corners. J. Ship. Res. **2** (1958) 2 37—41; AMR **12** (1959) 10 679.

Cole, A. G. and *A. F. C. Brown:* Photoelastic determination of stress concentration factors caused by a single U-notch on one side of a plate in tension. J. Roy. Aeron. Soc. **62** (1958) 572 597—598; Index Aeron. **14** (1958) 9 76—77.

Chapkis, R. L. and *M. L. Williams:* Stress singularities for a sharp-notched polarly orthotropic plate. Proc. Third U. S. Nat. Congr. Appl. Mech. June 1958, Amer. Soc. Mech. Engrs. 1958 281—286; AMR **12** (1959) 11 754.

Ellington, J. P.: An investigation of plastic stress-strain relationships using grooved tensile specimens. J. Mech. Phys. Solids **6** (1958) 4 276—281; AMR **12** (1959) 1 11.

Hicks, Raymond: Variable reinforced circular holes in stressed plates. Aeron. Quart. **9** (1958) 3 213—231 11 ref.; Index Aeron. **14** (1958) 10 83—84.

Hodge, P. G. jr and *R. Sankaranarayanan:* On finite expansion of a hole in a thin infinite plate. Quart. Appl. Math. **16** (1958) 1 73—80; AMR **11** (1958) 12 668.

Jessop, H. T., C. Snell and *G. S. Holister:* Photoelastic investigation on plates with single interference-fit pins with load applied (a) to pin only and (b) to pin and plate simultaneously. Aeron. Quart. **9** (1958) Pt. 2 147—163; Index Aeron. **14** (1958) 7 82; Aero Space Engng. **17** (1958) 8 86.

Kennedy, E. M. jr.: The effect of cadmium plating on SAE 4340 steel in the presence of stress concentrations at elevated temperatures. WADC Techn. Rep. 58-108 Pt. I (AD 151075) March 1958 34 p. [1.325.1].

Lianis, G. and H. Ford: Plastic yielding of single notched bars due to bending. J. Mech. Phys. Solids **7** (1958) 1 1—21; AMR **12** (1959) 11 752.

Miyao, K.: Stresses in a circular disk with an eccentric circular hole under radial forces. Jap. Soc. Mech. Engrs. Bull. **1** (1958) 3 195—198; AMR **12** (1959) 11 748.

Nomura, Y.: On the stiffening of edge of the hole in orthogonally aeolotropic plate with a circular hole (stiffened with the coaming plate). Bull. Jap. Soc. Mech. Engrs. **1** (1958) 3 199—204; AMR **12** (1959) 9 597.

Saleme, E. M.: Stress distribution around a circular inclusion in a semi-infinite elastic plate. J. Appl. Mech. **25** (1958) 1 129—135; AMR **12** (1959) 11 755.

Sanders, J. L. jr.: Effect of a stringer on the stress concentration due to a crack in a thin sheet. NACA TN 4207 March 1958 19 p.; Index Aeron. **14** (1958) 6 80; Aero Space Engng. **17** (1958) 7 77; J. Roy. Aeron. Soc. **62** (1958) 573 689.

Shimada, Heihachi: Photoelastic investigation of stresses in composite models with notches and holes. Brit. J. Appl. Phys. **9** (1958) Jan. 34—37; Aero Space Engng. **17** (1958) 6 119; AMR **11** (1958) 9 477.

Tamate, O. and S. Shioya: On the transverse flexure of a semi-infinite thin plate with a semi-circular notch. Bull. Jap. Soc. Mech. Engrs. **1** (1958) 4 357—361; AMR **12** (1959) 10 284.

Uemura, Masuji: On the fracture of metals. Univ. Tokyo, Aeron. Res. Inst. **24** (1958) 5 99—151, Rep. 334 Aug. 1958 53 p.

Uemura, Masuji: On the fracture of metals. Japan Soc. Mech. Engrs. Bull. Jan. 1958 7—12; Aero Space Engng. **17** (1958) 7 88.

Allison, I. M.: The prediction of three-dimensional stress concentration factors. J. Roy. Aeron. Soc. **63** (1959) 585 549—551 6 ref.

Kochendörfer, Albert u. *Albert Schürenkämper:* Der Spannungszustand in gekerbten Stäben und sein Einfluß auf die Fließgrenze und die Sprödbruchneigung von Stählen. Inst. Physics, London, Stress Analysis Group — Inst. T. N. O. Delft Conf. 31./3.—4./4. 1959 Advance Copy 19 14 S. 7 Lit.-St.

Strauss, Eric L.: Effects of stress concentrations on the strength of reinforced plastic laminates. Prepr. 14th Ann. Techn. & Management Conf., Reinforced Plastics Div., Sect. 3-D 1959 8 p. [1.324.312.3].

Strauss, E L.: Effects of stress concentrations on the strength of reinforced plastic laminates. SPE-J. **15** (1959) 10 894—895, 898, 900 [1.324.312.3].

Zahoransky, H.: Die praktische Berechnung von Torsions-Kerbspannungen. Diss. TH Karlsruhe 1959.

Spannungen an Kerben und Löchern bei dynamischer Belastung   1.352.2

Föppl, Otto u. *Wilhelm Meyer:* Die Dreh- und Biegewechselfestigkeit genuteter Probestäbe und einer Keilverbindung und die Erhöhung der Dauerhaltbarkeit durch das Oberflächendrücken. Schweiz. Bau-Ztg. **105** (1935) 14 159—163.

Hempel, Max: Einfluß der Beanspruchungsart auf die Wechselfestigkeit von Stahlstäben mit Querbohrungen und Kerben. Ber. Nr. 457 Werkstoffausschuß VDEh, Arch. Eisenhüttenwes. **12** (1939) 433—444.

Gaßner, Ernst u. *Alfred Teichmann:* Zur Betriebsfestigkeit gekerbter Bauteile. ZWB TB **11** (1944) 12 459—460.

Roop, W. P.: Cold brittleness in notched wide plates of ship steel. David W. Taylor Model Basin, Washington, D. C., Rep. 853 May 1954 XIII, 153 p.; AMR **9** (1956) 11 480.

Donelly, D. and *J. M. Finney:* The flexural fatigue properties of spin dimpled 75 S-T aluminium alloy sheet. ARL Note SM 222 Oct. 1955 6 p. 6 ref.; Index Aeron. **12** (1956) 8 95; AB **28** (1957) 2 104; AMR **10** (1957) 1 18.

Fitchie, J. W.: Some experiments into the behaviour of plain and notched steel specimens under static and fatigue loadings. Instn. Mech. Engrs. Prepr. 1955 15 p.; Proc. IME **169** (1955) 18 331—344; AMR **9** (1956) 5 207; Konstruktion **9** (1957) 4 164—165 [1.352.1].

Frost, N. E.: Crack formation and stress concentration effects in direct stress fatigue. I., II. Engineer **200** (1955) 5201 464—467, 5202 501—503.

Gunn, K.: Effect of yielding on the fatigue properties of test pieces containing stress concentrations. Aeron. Quart. **6** (1955) 4 277—294; AMR **9** (1956) 8 333—334.

Jessop, H. T., C. Snell and *G. S. Holister:* Photoelastic investigation in connection with the fatigue strength of bolted joints. Aeron. Quart. **6** (1955) Aug. Pt. 3 230—239; AMR **9** (1956) 1 17.

Mann, J. Y.: Unnotched and notched rotating cantilever fatigue tests on Bristol "Freighter" spar boom material. DTD 364 ARL Note SM 224 Dec. 1955; J. Roy. Aeron. Soc. **60** (1956) 550 695.

Schijve, J. and *F. A. Jacobs:* Fatigue tests on notched and unnotched clad 24 S-T sheet specimens to verify the cumulative damage hypothesis. NLL Rep. M 1982 Apr. 1955 32 p.; AMR **9** (1956) 4 156; J. Roy. Aeron. Soc. **59** (1955) 539 787.

Smith, C. R.: Prediction of fatigue failures in aluminum alloy structures. Proc. SESA **12** (1955) 2 21—28; AB **26** (1955) 7 459—460; AMR **9** (1956) 4 156.

Wallgren, G.: Effect of stopping holes on the development of fatigue cracks in a plate. (In Swedish). FFA Rep. HU 534 Jan. 1955 17 p.; Index Aeron. **13** (1957) 8 46.

Dirkes, W. E.: A method of predicting the effects of notches in uniaxial fatigue. Trans. ASME **78** (1956) 3 511—515; AMR **9** (1956) 8 333.

Fisher, W. A. P. and *H. Yeomans:* Fatigue strength of aluminium alloy lugs (unbushed) with and without interference fit pins. Alloys D. T. D. 364 and D. T. D. 363. Roy. Aircr. Establ. TN S. 209 Nov. 1956 21 p.

Forrest, P. G.: The measurement of fatigue damage in mild steel. Engineering **182** (1956) 4721 266—268; AMR **10** (1957) 4 153.

Heywood, R. B.: The effect of high loads on fatigue. "Colloquium on Fatigue", Ed. W. Weibull and F. K. G. Odqvist, Berlin—Göttingen—Heidelberg: Springer 1956 92—102 5 ref.; AB **27** (1956) 1 36.

Hyler, W. S. and *W. F. Simmons:* Factors influencing the notch fatigue strengthening of N-155 alloy at elevated temperatures. Trans. ASME **78** (1956) 2 339—348; AMR **9** (1956) 7 299; Konstruktion **9** (1957) 12 505.

Hyler, W. S., E. D. Abraham and *H. J. Grover:* Fatigue crack propagation in severely notched bars. NACA TN 3685 June 1956 15 p.; AMR **9** (1956) 11 479.

Illg, Walter: Fatigue tests on notched and unnotched sheet specimens of 2024-T3 and 7075-T6 aluminum alloys and of SAE 4130 steel with special consideration of the life range from 2 to 10,000 cycles. NACA TN 3866 Dec. 1956 40 p. 9 ref.; Index Aeron. **13** (1957) 4 50; AMR **10** (1957) 4 153; J. Roy. Aeron. Soc. **61** (1957) 557 370; Aeron. Engng. Rev. **16** (1957) 2 142; AB **28** (1957) 7 493.

Isibasi, T. and *T. Uryu:* Fatigue strength of alloy steel bars with a round-crack. Kyushu Univ., Japan, Res. Inst. Appl. Mech., Rep. **4** (1956) 15 57—65; AMR **10** (1957) 10 470.

Isibasi, T.: On the branch point of notched fatigue specimens. Proc. 6th Japan Nat. Congr. Appl. Mech., Univ. of Kyoto, Japan, Oct. 1956 71—74.

Kawamoto, Minoru, Morio Seki and *Keizo Fujitani:* Fatigue strength of steel specimens with double notches. J. Japan Soc. Testing Mater. **5** (1956) 34 414—418; Japan Sci. Rev., Mech. & Electr. Engng. **3** (1958) 2 74.

Kuhn, P.: Effect of geometric size on notch fatigue. "Colloquium on Fatigue", Ed. W. Weibull and F. K. G. Odqvist, Berlin—Göttingen—Heidelberg: Springer 1956 131—140.

Landers, C. B. and *H. F. Hardrath:* Results of axial-load fatigue tests on electro-polished 2024-T3 and 7075-T6 aluminum-alloy-sheet specimens with central holes. NACA TN 3631 March 1956 47 p.; AMR **9** (1956) 6 253.

Mann, J. Y.: The effect of stress concentrations on the fatigue resistance of a duralumin type aluminium alloy. J. Roy. Aeron. Soc. **60** (1956) 550 681—685 4 ref.; Aluminium **34** (1958) 9 A 254.

McClintock, F. A.: The growth of fatigue cracks under plastic torsion. Int. Conf. on Fatigue of Metals, Session 6 Pap. 6, Instn. Mech. Engrs. 1956 7 p. 14 ref.; Index Aeron. **13** (1957) 12 43.

McClintock, F. A.: Variability in fatigue testing: Sources and effect on notch sensitivity. "Colloquium on Fatigue", Ed. W. Weibull and F. K. G. Odqvist, Berlin—Göttingen—Heidelberg: Springer 1956 171—177 10 ref.

Phillips, C. E.: Some observations on the propagation of fatigue cracks. "Colloquium on Fatigue", Ed. W. Weibull and F. K. G. Odqvist, Berlin—Göttingen—Heidelberg: Springer 1956 210—217 4 ref.; AB **27** (1956) 1 35.

Phillips, C. E.: Fatigue cracks as stress raisers and their response to cyclic loading. "Fatigue in aircraft structures (Proc. Int. Conf. Columbia Univ. Jan. 30—Febr. 1 1956), Ed. A. M. Freudenthal", New York: Academic Press 1956 104—125 13 ref.

Russell, J. E. and *D. V. Walker:* Some preliminary fatigue results on a steel of up to 800 V. P. N. hardness, using notched and unnotched specimens. Int. Conf. on Fatigue of Metals, Session 5 Pap. 7, Instn. Mech Engrs. 1956 5 p. 4 ref.; Index Aeron. **13** (1957) 12 54—55.

Uzhik, G. V.: A contribution to the theory of the fatigue of metals. "Colloquium on Fatigue", Ed. W. Weibull and F. K. G. Odqvist, Berlin—Göttingen—Heidelberg: Springer 1956 278—288 17 ref.

Weibull, W.: Basic aspects of fatigue. "Colloquium on Fatigue", Ed. W. Weibull and F. K. G. Odqvist, Berlin—Göttingen—Heidelberg: Springer 1956 289—298; AB **27** (1956) 1 37.

Weibull, Waloddi: Effect of crack length and stress amplitude on growth of fatigue cracks. FFA Medd. 65 May 1956 44 p.; AMR **9** (1956) 12 526; Index Aeron. **12** (1956) 8 95; Aircr. Engng. **28** (1956) 332 365—366.

Demer, L. J.: Interrelation of fatigue cracking, damping, and notch sensitivity. WADC Techn. Rep. 56-408 (AD 118157) March 1957 151 p. 58 ref.; Aeron. Engng. Rev. **16** (1957) 9 158 [1.331].

Frost, N. E.: Non-propagating cracks in Vee-notched specimens subject to fatigue loading. Aeron. Quart. **8** (1957) 1 1—20 18 ref.; Index Aeron. **13** (1957) 4 50; Aeron. Engng. Rev. **16** (1957) 5 194—195.

Frost, N. E. and *D. S. Dugdale:* Fatigue tests on notched mild steel plates with measurements of fatigue cracks J. Mech. & Phys. Solids **5** (1957) 3 182—192 13 ref.; Aeron. Engng. Rev. **16** (1957) 9 146.

Frost, N. E. and *C. E. Phillips:* Some observations on the spread of fatigue cracks. Proc. Roy. Soc. (London) (A) **242** (1957) 1229 216—221 13 ref.; Index Aeron. **13** (1957) 12 51.

Hempel, M.: Stand der Erkenntnisse über den Einfluß der Probengröße auf die Dauerfestigkeit. Draht **8** (1957) 9 385—394 96 Lit.-St. [4.3].

Hult, J. A. H. and *F. A. McClintock:* Elastic stress and strain distributions around sharp notches under repeated shear. (Engl.) 9ième Congrès int. Mécan. Appl., Univ. Bruxelles **8** (1957) 51—58; AMR **12** (1959) 4 159.

Kline, Leo V.: Stress concentration in plexiglas as a function of loading rate. J. Aeron. Sci. **24** (1957) 7 551—552; AMR **11** (1958) 2 58 [1.324.311].

Linge, J. R.: The detection of fatigue cracks in specimens under dynamic loading. An electrical circuit method for metallic materials, Aircr. Engng. **29** (1957) 345 334—342 6 ref.; Index Aeron. **13** (1957) 12 47; Aeron. Engng. Rev. **17** (1958) 1 98; AMR **11** (1958) 10 548 [1.331].

Marin, Joseph: Design for fatigue loading. V. Stress concentration factors, design for stress concentration, temperature and surface effects. Machine Design **29** (1957) 21./3. 154—157 11 ref.

Nakamura, H., T. Amakasu and *S. Ueda:* Fatigue strength of induction-hardened testpiece with crack. Bull. Jap. Soc. Mech. Engrs. **1** (1958) 3 227—232; AMR **12** (1959) 6 403.

Nordmark, Glenn E. and *Ian D. Eaton:* Effect of fatigue crack on static strength: 2014-T6, 2024-T4, 6061-T6, 7075-T6 open-hole monobloc specimens. NACA TM 1428 May 1957 22 p.; J. Roy. Aeron. Soc. **61** (1957) 563 791; AMR **11** (1958) 7 366; Index Aeron. **13** (1957) 8 47; Aircr. Engng. **29** (1957) 343 292.

Ouchida, H.: Fatigue strength of steel specimens with artificial cracks. Bull. Jap. Soc. Mech. Engrs. **1** (1958) 3 233—239; AMR **12** (1959) 6 403.

Sakurai, T., T. Kawasaki and *Y. Kita:* Study of the changes of the properties of steel caused by low-temperature-quenching (4th report). Improvement of notch fatigue strength. Bull. Jap. Soc. Mech. Engrs. **1** (1958) 2 114—118; AMR **12** (1959) 6 405.

Schijve, J. and *F. A. Jacobs:* The fatigue strength of aluminum alloy lugs. NLL Rep. M 2024 Jan. 1957 51 p. 28 ref.; AMR **11** (1958) 7 366; Index Aeron. **13** (1957) 11 111; J. Roy. Aeron. Soc. **61** (1957) 564 851.

Suzuki, M.: Determination of the distribution of maximum shearing stress on metal surfaces by means of electro-plating method. Proc. 6th Japan Nat. Congr. Appl. Mech., Univ. of Kyoto, Japan, March 1957 103—106; AMR **11** (1958) 1 16.

Uryu, T.: Fatigue strength of notched carbon steel specimen with a circumferential crack at the notch root. Kyushu Univ., Japan, Res. Inst. Appl. Mech., Rep. **5** (1957) 20 129—141; AMR **11** (1958) 8 432.

Fisher, W. A. P.: Programme fatigue tests on notched bars to a gust load spectrum. Appendix: Extruded aluminium alloy bar to specification D.T.D. 363A; (zinc-bearing alloy). Roy. Aircr. Establ. TN S 236 March 1958 19 p. 10 ref.

Hult, Jan: Experimental studies on fatigue crack propagation in torsion. Kungl. Tekn. Högskolans Handl. (Stockholm) No. 119 1958 46 p. 35 ref.; Aero Space Engng. **17** (1958) 5 109; Index Aeron. **14** (1958) 4 65.

— Data Sheets. Fatigue. Royal Aeronautical Society Sept. 1958. [6.254.0], [1.331].

Durelli, A. J. and *J. W. Dally:* Stress concentration factors under dynamic loading J. Mech. Engng. Sci. **1** (1959) 1 1—5; Konstruktion **12** (1960) 5 219.

Fessler, H. and *E. A. Roberts:* Bending stresses in a shaft with a transverse hole. Inst. Physics, London, Stress Analysis Group — Inst. T.N.O. Delft Conf. 31./3. — 4./4. 1959 Advance Copy 7 11 p.

Grover, H. J. a. o.: Fatigue strengths of aircraft materials: axial-load fatigue tests on edge-notched sheet specimens of 2024-T3 and 7075-T6 aluminum alloys and of SAE 4130 steel with notch radii of 0.004 and 0.070 inch. NASA TN D-111 Sept. 1959; J. Roy. Aeron. Soc. **63** (1959) 588 746.

Frost, N. E.: Propagation of fatigue cracks in various sheet materials. J. Mech. Engng. Sci. **1** (1959) 2 151—170; Konstruktion **12** (1960) 6 257—258.

McKeown, J.: Notch sensitivity and directionality in fatigue in light alloy extrusions as shown by endurance and progressive loading tests. Metallurgia **59** (1959) 351 31—38; Aluminium **35** (1959) 9 A236.

Morrison, J. L. M., B. Crossland and *J. S. C. Parry:* Fatigue strength of cylinders with cross-bores. J. Mech. Engng. Sci. **1** (1959) 3 207—210; Konstruktion **12** (1960) 6 258.

Oujik, G. V. et *M. J. Galperine:* Action de la concentration des tensions sur la fatigue des métaux. Rev. Métallurgie **56** (1959) 5 482—486.

Peters, G.: Beanspruchungsverhältnisse im Dauerbruchquerschnitt schwingender Schaufeln. Konstruktion **11** (1959) 1 14—16.

Yukawa, S. and *J. G. McMullin:* High-stress, low-cycle fatigue properties of notched alloy steel specimens. ASTM Bull. 241 Oct. 1959 38—40.

Werkstoffverhalten bei Korrosion   **1.36**

Allgemeines   **1.361**

Prot, Marcel: Recherches sur la corrosion des constructions métalliques. Publ. Ass. Int. Ponts & Charpentes **3** (1935) 374—387.

Thomas, W. R.: Korrosion, ihre Ursachen und Bekämpfung. Canad. Metals **16** (1953) 7 21—22; Werkstoffe u. Korrosion **6** (1955) 7 343. [2.71].

Bennett, John A. and *G. Willard Quick:* Mechanical failures of metals in service. US Nat. Bureau Standards Circular 550 1954 36 p.; AB **26** (1955) 3 150. [1.331].

Endo, Hikozo, Namio Ohtani and *Saburo Shimodaira:* Corrosion of metals in alkaline solutions. I. On the contact corrosion of dissimilar metals. 1. Mild steel/aluminium alloy. Nippon Kinzoku Gakkai-Si (Japan) **18** (1954) 4 211—214; AB **26** (1955) 8 518—519.

Ambler, H. R. and *A. A. J. Bain:* Corrosion of metals in the tropics. J. Appl. Chemistry **5** (1955) 9 437—467; AB **26** (1955) 11 711.

Le Boucher, B.: Les facteurs électrochimiques et chimiques de la corrosion humide. Métaux, Corrosion **30** (1955) 361 324—339.

Godard, H. P.: Reducing the cost of corrosion in Canada. Chemistry in Canada **7** (1955) 9 35—38; AB **26** (1955) 10 635—636.

Henke, R. W.: Corrosion: How it affects materials selection and design. Mater. & Meth. **42** (1955) 5 119—134.

Hilbert, C. L.: Factors and prevention of corrosion. Aero Dig. **70** (1955) 4 22—31; Luftf.-Techn. **1** (1955) 2 VII.

Marshall, T. and *L. G. Neubauer:* Corrosion of aircraft structural materials by agricultural chemicals. I. Laboratory tests with fertilizer compounds. Corrosion **11** (1955) 2 44—52; AB **26** (1955) 4 219—220.

Mele, M.: Korrosion und Metallschutz in der Flugzeugindustrie. Corrosione **1** (1955) 3 67—71; Werkstoffe u. Korrosion **7** (1956) 7 405.

Schreiber, Charles F.: Corrosion of aircraft structural materials by agricultural chemicals. II. Effect of insecticides, herbicides, fungicides and fertilizers. Corrosion **11** (1955) 3 33—44; AB **26** (1955) 4 220; Werkstoffe u. Korrosion **7** (1956) 5 279.

Waterhouse, R. B.: Fretting corrosion. Instn. Mech. Engrs. Prepr. 1955 10 p. 48 ref.; Proc. IME **169** (1955) 59 1157—1172 58 ref.; Chartered Mech. Engr. (1955) Sept. 334—335; Index Aeron. **11** (1955) 12 51; Aeron. Engng. Rev. **16** (1957) 3 136.

Evans, U. R. and *V. E. Rance:* Corrosion of dissimilar metals. Product Engng. **27** (1956) 13 187—190.

Fancutt, F. and *J. C. Hudson:* The protection of structural steelwork against atmospheric corrosion. Publ. Int. Ass. Bridge & Struct. Engng. **16** (1956) 185—230.

Grubitsch, H.: Chemische und elektrochemische Korrosion. Z. Metallkde. **47** (1956) 3 184—190 104 Lit.-St.

Henke, R. W.: Resistance of materials to mechanical corrosion. Product Engng. **27** (1956) 1 194—197; AMR **9** (1956) 11 480; AB **27** (1956) 2 101—102.

Lacombe, P.: Les facteurs mécaniques et métallurgiques de la corrosion humide des métaux. Métaux, Corrosion **31** (1956) 373 337—354; Aluminium **33** (1957) 1 A17.

Rabald, E.: Einiges über das Verhalten von Werkstoffen gegenüber Schwefelsäure. Werkstoffe u. Korrosion **7** (1956) 11 652—662.

Schikorr, G.: Stand der Erforschung der Metallkorrosion. Naturwiss. Rdsch. **9** (1956) 5 193—199 13 Lit.-St.

Tödt, F.: Erscheinungsformen der Metallkorrosion. Chemiker-Ztg. **80** (1956) 20 698—703.

Waeser, B.: Korrosion und Korrosionsprüfung. Werkstoffe u. Korrosion **7** (1956) 5 256—261; Z. VDI **99** (1957) 25 1249—1250 [4.8].

Yamaguchi, Shigeto u. *Yoshio Aoyama:* Beitrag zur Korrosion des Eisens. Werkstoffe u. Korrosion **7** (1956) 11 626—628.

— A bibliography of corrosion by chlorine. Corrosion **12** (1956) 3 59—66.

— Erkenntnisse über die Korrosion und den Korrosionsschutz von Eisen und Stahl. Stahl u. Eisen **76** (1956) 4 229—234, 5 295—299, 6 357—360, 7 413—417 516 Lit.-St. [1.325.1].

Carlsen, K. M.: Das Verhalten einiger Aluminiumlegierungen in Chrom-Phosphorsäure-Mischung. Aluminium **33** (1957) 2 101—103.

Englehart, E. T., W. C. Cochran and *E. P. White:* Resistance to corrosion of aluminum alloys for automotive applications. Corrosion **13** (1957) 9 555t—560t.

Fischer, E. u. *H. Voßkühler:* Verhalten von Aluminiumlegierungen gegenüber Mörtelmischungen. Aluminium **33** (1957) 9 606—612. [6.270].

Fontana, M. G.: Corrosion problems with fuming nitric acid. Rocket fuel requires new tests. Corrosion Technol. **4** (1957) 12 423—424; Titanium Abstr. Bull. **3** (1957/58) 321.

Hoar, T. P.: Some fundamental features of mechano-chemical attack on metals. AGARD Rep. 158 Nov. 1957 5 p. 6 ref.

Huber, W.: Korrosion und Korrosionsschutz — Wesen und Bedeutung. Techn. Rdsch. (Bern) **49** (1957) 14 33—35; Draht **9** (1958) 5 174.

Katz, W.: Geschwindigkeiten der Korrosionsvorgänge. Metalloberfläche **11** (1957) 5 145—154.

Nachtigall, E.: Über das Korrosionsverhalten von Reinstaluminium. Aluminium **33** (1957) 2 95—100.

Roebuck, A. H., C. R. Breden and *S. Greenberg:* Corrosion of structural materials in high purity water. Corrosion **13** (1957) 1 87—90; AB **28** (1957) 2 103.

Elze, J.: Korrosionsschutz durch galvanisch abgeschiedene Metallüberzüge. Metall **12** (1958) 1 32—38.

Erdmann-Jesnitzer, F.: Interkristalline Korrosion und Krongrenzenaufbau. Werkstoffe u. Korrosion **9** (1958) 1 7—16; Aluminium **34** (1958) 7 A 188.

Hill, Friedrich Wilhelm: Die ursächlichen Bedingungen der Lochfraßkorrosion. Schiff u. Hafen **10** (1958) 1 29—39.

Rubo, E.: Systematik der Korrosion und ihrer Verhütung vornehmlich an Schweißkonstruktionen mit neueren Beispielen. Industrie-Anz. **80** (1958) 67 25—31 14 Lit.-St.

Schormair, Josef: Beobachtungen und Feststellungen auf dem Gebiet der Tankerkorrosion. Schiff u. Hafen **10** (1958) 1 25—28.

Tomashov, N. D.: Methods for increasing the corrosion resistance of metal alloys. Corrosion **14** (1958) 5 229T—236T 56 ref.; Titanium Abstr. Bull. **3** (1957/58) 544.

Weißler, E. P.: Prüfung der Korrosionseinwirkung von Kunststoffen auf Metalle. Kunststoffe **48** (1958) 5 213—216.
— Korrosion und Oberflächenschutz. TR-Reihe S.-H. 8, Bern: Verl. „Technische Rundschau" Hallwag 1958; Draht **9** (1958) 9 369 [1.325.0].
— Korrosion X. Bedeutung der Passivierung und Deckschichtenbildung bei der Korrosion in Atmosphäre und Wassern. Vorträge der Korrosionstagung vom 15. u. 16. Mai 1957 in Köln. Weinheim/Bergstr.: Verl. Chemie 1958 VII, 74 S.
Greene, N. D. and *M. G. Fontana:* A critical analysis of pitting corrosion. Corrosion **15** (1959) 1 25t—31t 95 ref.
Oelsner, G.: Die Handschweißkorrosion metallischer Oberflächen. Galvanotechnik **50** (1959) 2 77—84 9 Lit.-St.
Steinrath, Heinrich u. *Helmut Ternes:* Erkenntnisse über die Korrosion und den Korrosionsschutz von Eisen und Stahl. Stahl u. Eisen **79** (1959) 4 216—222, 5 307—313, 7 437—443, 9 641—647, 10 731—737, 987 Lit.-St.

Nicht oberflächenbehandelte Werkstoffe

Kobayashi, J. u. *K. Sakagami:* Über die Verhütung von Kontaktkorrosion von Leichtmetallen. Light Metals (Japan) (1952) 4 118—121; Werkstoffe u. Korrosion **6** (1955) 5 260.
Murasawa, M. u. *M. Yamazaki:* Über die Verhütung von Kontaktkorrosion von Leichtmetallen. Light Metals (Japan) (1952) 4 116—117; Werkstoffe u. Korrosion **6** (1955) 5 260.
— Preparation of high-purity magnesium and a study of the effect of non-metallic and alkali-metal impurities on the corrosion characteristics of pure magnesium (Progress report). US Atomic Energy Comm. Publ. C00—94 1952 33 p.; AB **26** (1955) 5 324.
Draley, J. E. and *W. E. Ruther:* Aqueous corrosion of 2 S aluminum at elevated temperatures. Argonne Nat. Lab., Lemont, Ill., Rep. ANL-5001 Febr. 1953; AB **26** (1955) 12 718.
Kawachi, Rihei: Comparison of the corrosion-resistances of 61 S and AW 10 alloys, and the influence of them of addition of copper or zinc up to 0,5%. Sumitomo Metals (Techn. Rep. Sumitomo Metal Industry) (Japan) **5** (1953) 4 213—219; AB **26** (1955) 2 83.
Feng, I. Ming and *Herbert H. Uhlig:* Fretting corrosion of mild steel in air and in nitrogen. J. Appl. Mech. **21** (1954) 4 395 18 ref.
Uhlig, Herbert H.: Mechanism of fretting corrosion. J. Appl. Mech. **21** (1954) 4 401 23 ref.
Aziz, P. M. and *H. P. Godard:* Influence of specimen area on the pitting probability of aluminium. J. Electrochem. Soc. **102** (1955) 10 577—579; Aluminium **32** (1956) 2 A 42.
Clark, W. D.: Atmospheric corrosion of aluminium alloys in a large chemical factory and their protection by painting. J. Inst. Metals **84** (1955) 2 33—41; AB **26** (1955) 12 716; Aluminium **32** (1956) 2 A 42.
Fink, Frederick W.: Corrosion studies aid light metals. Battelle Techn. Rev. **4** (1955) 2 15—18; AB **26** (1955) 3 148.
Fink, Frederick W.: Corrosion studies aid light metals. Corrosion Technol. **2** (1955) 12 362—374; AB **27** (1956) 1 29—30.
Frost, P. D., F. W. Fink, H. A. Pray and *J. H. Jackson:* Results of some marine-atmosphere corrosion tests on magnesium-lithium alloys. J. Eletrochem. Soc. **102** (1955) 5 215—218; AB **26** (1955) 6 395.
Godard, Hugh P.: The corrosion behavior of aluminum. Corrosion **11** (1955) 12 54—64; Aluminium **32** (1956) 10 A 289; AB **27** (1956) 1 29.

Grand, L., A. Guilhaudis et *A. Saulnier:* Etude sur l'alliage léger de fonderie A-Z 5 G. Influence d'additions de chrome et de cuivre sur les propriétés mécaniques et la résistance à la corrosion. Rev. Métallurgie **52** (1955) 10 821—829; Aluminium **32** (1956) 3 A 67; AB **27** (1956) 1 38. [1.323.212].

Gualandi, D. e *G. Luft:* Influenza del riscaldimento sulle caratteristiche meccaniche e sulla resistenza alla corrosione della lega P-AG5. (Einfluß der Erwärmung auf die mechanischen Eigenschaften und auf die Korrosionsbeständigkeit von AlMg5-Knetwerkstoff.) Alluminio **24** (1955) 3 229—240; AB **26** (1955) 9 584—585; Aluminium **32** (1956) 5 A 130. [1.323.211.2].

Hadley, R. L.: Aluminum corrosion control in refrigeration service. Refrigeration Engng. (New York) **63** (1955) 8 40—43, 100—103; AB **26** (1955) 12 717.

Hérenguel, J.: Les alliages légers et la lutte contre la corrosion. Métaux, Corrosion **30** (1955) 361 315—323; AB **26** (1955) 12 716—717; Aluminium **32** (1956) 2 A 42; Nachr.-Bl. AGM Leichtbau **5** (1956) 4 12.

Hudson, J. C. and *J. F. Stanners:* The corrosion resistance of low-alloy steels. J. Iron & Steel Inst. **180** (1955) 3 271—284 6 ref.

Kunimoto, Takashi, Eizo Ikeda, Hiroshi Nishirura and *Takishi Shimizu:* A study on contact corrosion of aluminium and its alloys with dissimilar metals. Light Metals (Japan) (1955) 14 49—66; AB **26** (1955) 7 439.

Lorant, M.: Corrosion resistance of magnesium alloys improved by use of low voltage electrolytic chromate coating. Metal Finishing J. **1** (1955) 6 (new Ser.) 250, 252; AB **26** (1955) 8 540.

Marcovic, Tihomil: Über die Bodenkorrosion des Aluminiums. Werkstoffe u. Korrosion **6** (1955) 2 84—86.

Metzger, M. and *J. Intrater:* Intergranular corrosion of high-purity aluminum in hydrochloric acid. I. Effects of heat-treatment, iron content, and acid composition. NACA TN 3281 Febr. 1955 38 p. 18 ref.; Index Aeron. **11** (1955) 6 60—61.

Paganelli, M.: Relazione tra la struttura metallografica e la suscettibilita allà corrosione intercristallina di una lega binaria Al-5% Cu. (Beziehungen zwischen dem metallographischen Gefüge und der Neigung zu interkristalliner Korrosion in einer binären Legierung von Al mit 5% Cu. Alluminio **24** (1955) 4 335—343; AB **26** (1955) 11 710—711; Aluminium **32** (1956) 2 A 42.

Willging, J. F., J. P. Hirth, F. H. Heck and *M. G. Fontana:* Corrosion and erosion-corrosion of some metals and alloys by strong nitric acid. Corrosion **11** (1955) 2 31—39; AB **26** (1955) 4 220—221.

Zurbrügg, E.: Verbinden von Aluminium mit Fremdmetallen. Aluminium (Suisse) **5** (1955) 4 122—127; Aluminium **31** (1955) 10 A 233.

Best, G. E. and *J. W. McGrew:* Inhibiting corrosion of steel, aluminum and magnesium intermittently exposed to brines. Corrosion **12** (1956) 6 286t—292t.

Brenner, Paul, F. E. Faller u. *E. Höffler:* Der Einfluß von Verunreinigungen auf die Korrosionsbeständigkeit von Aluminium. Aluminium **32** (1956) 1 6—12, 2 64—70.

Chevalier, R. et *R. Lerner:* Influence des teneurs en fer et en silicium sur la résistance à la corrosion de l' A-U₂ G N Zr. Rev. Aluminium **33** (1956) 233 609—613; Aluminium **32** (1956) 12 A 342.

Coriou, H., L. Grall, J. Huré, P. Lelong et *J. Hérenguel:* Corrosion de l'aluminium et de certains alliages dans l'eau pure à haute température. Rev. Métallurgie **53** (1956) 10 775—790; Aluminium **33** (1957) 5 A 134.

Dillon, Charles P.: Corrosion of type 347 stainless steel and 1100 aluminum in strong nitric and mixed nitric sulfuric acids. Corrosion **12** (1956) 12 623t—626t; AB **28** (1957) 1 28.

Draley, J. E. and *W. Ruther:* Aqueous corrosion of aluminum. Pt. 1. Behavior of 1100 alloy. Corrosion **12** (1956) 9 441t—448t.

Eisenstecken, F. u. *W. Stinnes:* Der Einfluß einiger Begleitelemente des unlegierten Baustahls St 37 auf die Korrosion in verschiedenen Angriffsmitteln. Arch. Eisenhüttenwes. **27** (1956) 7 469—474 4 Lit.-St.

Faller, F. E.: Korrosionsverhalten von Aluminiumbauteilen eines im Kriege gesunkenen deutschen Flottenbegleitbootes. Aluminium **32** (1956) 3 136—138; Nachr.-Bl. AGM Leichtbau **5** (1956) 5/6 16.

Fink, Frederick W.: Korrosionsstudien an Leichtmetallen. Werkstoffe u. Korrosion **7** (1956) 2 82—84.

Hache, A.: Contribution à l'étude de la corrosion de l'acier en solutions salines. Rev. Métallurgie **53** (1956) 1 76—80.

Hugony, E. e *M. Monticelli:* Sul problema della corrosione intercristallina nelle leghe AlMg da lavorazione plastica. (Über das Problem der interkristallinen Korrosion der AlMg-Knetlegierungen.) Alluminio **25** (1956) 9 373—384; Aluminium **33** (1957) 9 A 254.

Lintner, K., E. Nachtigall u. *E. Schmid:* Korrosionsversuche unter gleichzeitiger Emanationseinwirkung. Aluminium Ranshofen Mitt. **4** (1956) 2 38—42; Metall **11** (1957) 1 31—35; AB **28** (1957) 3 172—173; Aluminium **33** (1957) 4 A 88.

Nachtigall, E.: Zur chemischen Beständigkeit von Reinstaluminium. Aluminium Ranshofen Mitt. **4** (1956) 2 48—50; AB **28** (1957) 3 174.

Pearlstein, F.: Galvanic corrosion of aluminum. Metal Finishing **54** (1956) Apr. 52—57; Metal Progr. **73** (1958) 3 188, 192.

Renman, Göte: Die Korrosion von Aluminium. Tekn. T. **86** (1956) 30 665—671; Draht **8** (1957) 8 333.

Smellie, W. J.: Soldered joints in aluminium: mechanism of corrosion. Light Metals **19** (1956) 220 210—214; Aluminium **32** (1956) 11 A 319. [1.442.2].

Tagawa, N.: Corrosion resisting properties of 18—8 stainless steels. Mitsubishi Zosen (Japan) **4** (1956) 17 41—47.

Wood, John D.: Mechanical property, corrosion and welding studies on 6066 aluminum alloy. WADC Techn. Rep. 56-99 June 1956 29 p.; Aeron. Engng. Rev. **16** (1957) 10 146. [2.511.3].

Yoshiki, Masao, Takeshi Kanazawa and *Yuzuru Fujita:* On the corrosion of ship structural steel. Effects of pre-strain and welding. J. Japan Soc. Testing Mater. **5** (1956) 38 649—653; Japan Sci. Rev., Mech. & Eelctr. Engng. **3** (1958) 2 80.

Altenpohl, Dietrich: Über das Verhalten von Korn- und Subkorngrenzen bei der Reaktion zwischen Aluminium und Wasser. Z. Metallkde. **48** (1957) 5 306—312; Aluminium **33** (1957) 9 A 254; AB **29** (1958) 1 38—39.

Boyd, W. K. and *H. A. Pray:* Corrosion of stainless steels in supercritical water. Corrosion **13** (1957) 6 375t—384t.

Bukowiecki, A. u. *U. A. Eugster:* Korrosionsversuche an Sintereisen. Schweiz. Arch. **23** (1957) 3 78—83.

Carlsen, K. M.: Mechanisms of aqueous corrosion of aluminum at 100 °C. J. Electrochem. Soc. **104** (1957) 3 147—154; Aluminium **33** (1957) 8 A 214.

Cohen, H. M.: Das Korrosionsverhalten von Aluminiumwerkstoffen an der Witterung und in Verbindung mit anderen Metallen. Mitt. Forsch.-Ges. Blechverarb. (1957) 19 213—223; Aluminium **34** (1958) 2 A 36; Leichtbau d. Verkehrsfahrzeuge **2** (1958) 1 52.

Dearden, J. and *J. D. Swindale:* Effect of alternate corrosion and abrasion on some ferrous metals. J. Iron & Steel Inst. **185** (1957) 2 227—234; AMR **10** (1957) 12 567.

Groot, C. and *R. E. Wilson:* Intergranular corrosion of aluminum in superheated steam. Industr. & Engng. Chem. **49** (1957) 8 1251—1254; Aluminium **33** (1957) 12 A 344.

Hudson, J. C. and *J. F. Stanners:* The corrosion resistance of low alloy steels. J. Iron & Steel Inst. **187** (1957) 1 46—47.

Hugony, E. et *G. Luft:* Résultats d'essais de corrosion atmosphérique effectués en Italie sur l'aluminium et ses alliages. Rev. Aluminium **34** (1957) 242 379—393; Aluminium **34** (1958) 3 A 64.

Katz, W.: Korrosionsbeständigkeit der austenitischen Chrom-Nickel-Stähle. Draht **8** (1957) 8 317—321 20 Lit.-St.

Krenz, F. H.: Korrosion von Aluminiumlegierungen (Al-Ni-Typ) in Wasser bei hohen Temperaturen. Corrosion **13** (1957) 9 43—49; Metall **12** (1958) 3 217.

Lobsinger, R. J. and *J. M. Atwood:* Corrosion of aluminum in high purity water. Corrosion **13** (1957) 9 582t—584t.

Machu, W. u. *M. G. Fouad:* Untersuchungen über die Korrosion eines nicht-rostenden Stahles mit 13⁰/₀ Cr und 8⁰/₀ Ni in Säuren und Säuregemischen. Arch. Eisenhüttenwes. **28** (1957) 3 157—165 6 Lit.-St.

Marcovic, T. u. *U. M. Balasa:* Darstellung des korrosiven Verhaltens des Aluminiums und der Aluminiumlegierungen in Elektrolyten mittels des Korrosionsstrom-pH-Diagrammes. Werkstoffe u. Korrosion **8** (1957) 7 402—405; Aluminium **33** (1957) 11 A 312.

Mathieu, M.: Corrosion sèche et protection des alliages réfractaires Ni-Cr 80/20. Relation avec la fatigue et le fluage. AGARD Rep. 159 Nov. 1957 21 p. 30 réf.

Paris, M. and *B. de la Bruniere:* The corrosion resistance of ductile iron in sea water and petroleum tanker services. Corrosion **13** (1957) 5 292t—296t 6 ref.

Zitter, H.: Korrosionsprüfung chemisch beständiger Stähle in Mineralsäuren. Werkstoffe u. Korrosion **8** (1957) 12 746—760; Draht **9** (1958) 10 389.

Zitter, H.: Prüfung geschweißter und ungeschweißter austenitischer Chrom-Nickel-Stähle auf interkristalline Korrosion. Arch. Eisenhüttenwes. **28** (1957) 7 401—416 65 Lit.-St.

Zurbrügg, E.: Le comportement de l'aluminium au contact de métaux étrangers en climat maritime. Rev. Aluminium **34** (1957) 244 647—650; Aluminium **33** (1957) 11 A 312.

Acimovic, S., F. Podbreznik et *S. Vuckovic:* Sur quelques problèmes de la corrosion par contact de l'aluminium dans les constructions. Alluminio **27** (1958) 12 533—540; Aluminium **35** (1959) 5 A 124.

Backensto, E. B., R. E. Drew, J. E. Prior and *J. W. Sjoberg:* High-temperature hydrogen sulfide corrosion of stainless steels. Corrosion **14** (1958) 1 27t—31t 5 ref.; Nickel-Ber. **16** (1958) 3 117—118.

Broockmann, K.: Untersuchungen über das Verhalten von Aluminium gegenüber gebräuchlichen organischen Lösungsmitteln. Aluminium **34** (1958) 1 30—35; Aluminium **34** (1958) 2 A 34.

Bünger, J.: Die Korrosion durch Salpetersäure auf hochlegierte Stähle. Werkstoffe u. Korrosion **9** (1958) 12 747—755 4 Lit.-St.

Carlsen, K. M.: Structural features of corrosion of aluminum alloys in water at 300 °C. Corrosion **14** (1958) 1 53t—56t.

Coriou, H., L. Grall, J. Huré et *A. Roux:* Alliages d'aluminium contenant du fer et du nickel. Influence de la structure et de la teneur sur la résistance à la corrosion par l'eau à haute température. Rev. Métallurgie **55** (1958) 10 953—967 8 réf.

Guilhaudis, A.: Comportement de l'aluminium et de ses alliages dans diverses atmosphères. Rev. Aluminium **35** (1958) 259 1111—1118; Aluminium **35** (1959) 3 A 58.

Guilhaudis, A.: Comportement de l'aluminium et de ses alliages dans diverses atmosphères. II. Rev. Aluminium **35** (1958) 260 1271—1278; Aluminium **35** (1959) 4 A 82.

LaQue, F. L.: The corrosion resistance of ductile iron. Corrosion **14** (1958) 10 485t—492t 14 ref.

Lavigne, M. J.: Effects of cold working on corrosion of high purity aluminum in water at high temperatures. Corrosion **14** (1958) 5 226t—228t 5 ref.

Lelong, P. u. *J. Hérenguel:* Der Angriff von Wasser auf Aluminium bei höheren Temperaturen. Metall **12** (1958) 3 176—179; Aluminium **34** (1958) 6 A 160.

Machu, Willibald u. *M. G. Fouad:* Über das Verhalten von Gußeisen in Säuren und Säuregemischen bei Ab- und Anwesenheit von Inhibitoren. Werkstoffe u. Korrosion **9** (1958) 6 369—379.

Rauschert, M.: Erfahrungen mit Leichtmetallerzeugnissen in den Tropen. Aluminium **34** (1958) 7 406—409; Aluminium **34** (1958) 8 A 218.

Schikorr, Gerhard: Die Korrosion metallischer Werkstoffe und metallischer Schutzüberzüge in Industrieluft. Schweiz. Arch. **24** (1958) 2 33—46 78 Lit.-St. [1.363].

Southwell, C. R., B. W. Forgeson and *A. L. Alexander:* Corrosion of metals in tropical environments. Corrosion **14** (1958) 9 435t—439t 9 ref.

Streicher, Michael A.: Intergranular corrosion resistance of austenitic stainless steels. A ferric sulfate-sulfuric acid test. ASTM Bull. 229 Apr. 1958 77—86 19 ref.

Sverepa, Otakar: Korrosion des Aluminiums und seiner Legierungen in Wässern verschiedener Zusammensetzung. Werkstoffe u. Korrosion **9** (1958) 8/9 533—536; Aluminium **35** (1959) 1 A 10.

Walton, C. J., F. L. McGeary and *E. T. Englehart:* Compatibility of aluminum with alkaline building materials. Modern Metals **14** (1958) 2 42—45; Aluminium **34** (1958) 7 A 188.

Whiting, J. F. and *H. P. Godard:* The corrosion behaviour of aluminium in the construction industry. Engng. J. (Montreal) **41** (1958) 6 45—54.

Wiederholt, W.: Die Schutzwirkung anodischer Schichten auf Aluminium und Aluminiumlegierungen und Verfahren zu ihrer Prüfung. Aluminium **34** (1958) 1 21—29; Leichtbau d. Verkehrsfahrzeuge **2** (1958) 3 134.

— Pitting corrosion. Metal Industry **93** (1958) 19 397—398; Aluminium **35** (1959) 10 A 274.

Bukowiecki, A.: Untersuchungen über das Korrosionsverhalten von Aluminium und Aluminiumlegierungen gegenüber organischen und anorganischen Basen. Werkstoffe u. Korrosion **10** (1959) 2 91—105; Aluminium **35** (1959) 6 A 148.

Fischer, W. R.: Zur Theorie des Lochfraßes und Einwirkung eines Zentrifugalfeldes auf die Lochfraßkorrosion von 18-8-Chrom-Nickel-Stählen. Techn. Mitt. Krupp **17** (1959) 3 137—145 12 Lit.-St.

Gräfen, H.: Zur Frage der Lochfraßkorrosion an austenitischen Cr-Ni-Stählen. Metalloberfläche **13** (1959) 6 161—166.

Pier, G. u. *W. Schenk:* Untersuchungen zur Lochkorrosion (Lochfraß) von hochlegierten austenitischen Chrom-Nickel-Stählen und ferritischen Chromstählen in halogenidhaltigen, wäßrigen Lösungen. Werkstoffe u. Korrosion **10** (1959) 2 78—81.

Troutner, V. H. and *L. Dillon:* Observation on the mechanisms and kinetics of aqueous aluminum corrosion. Corrosion **15** (1959) 1 9t—16t 19 ref.

Videm, K.: Corrosion of aluminium alloys in high temperature water — a survey. J. Nuclear Mater. **1** (1959) 2 145—153; Aluminium **35** (1959) 12 A 332.

Wiester, H.-J. u. *G. Pier:* Untersuchungen über die interkristalline Korrosion austenitischer Chrom-Nickel-Stähle nach langdauernder Beanspruchung zwischen 450 und 800 °C. Arch. Eisenhüttenwes. **30** (1959) 5 293—297 2 Lit.-St.

Zeiger, H.: Korrosionsbeständigkeit von Aluminium im Kontakt mit nichtrostendem Stahl. Aluminium **35** (1959) 7 394—395.

Oberflächenbehandelte Werkstoffe 1.363

Britton, S. C. and R. W. de Vere Stacpoole: Metal coatings on steel in contact with aluminium alloys: some comparative corrosion tests. Metallurgia **52** (1955) 310 64—70; AB **26** (1955) 11 709—710; Aluminium **32** (1956) 5 A 131. [1.325.1].

Getty, Raymond, Newton W. McCready and William Stericker: Silicates as corrosion inhibitors in synthetic detergent mixtures. ASTM Bull. 205 Apr. 1955 50—59; AB **26** (1955) 5 301.

Hardouin, Maurice: Corrosion protection of magnesium alloys. Metal Industry **87** (1955) 20 408—409; AB **27** (1956) 1 48.

Raub, E.: Korrosionsvorgänge bei galvanischen Überzügen. Mitt. Forsch.-Ges. Blechverarb. (1955) 1 8—11.

Lattey, R. u. H. Neunzig: Das Korrosionsverhalten von Reinaluminium in Abhängigkeit von der Oberflächenrauhigkeit und der Eloxalschichtdicke. Aluminium **32** (1956) 5 252—256.

von der Dunk, G.: Witterungsbeständigkeit von Weichstahl mit Aluminiumauflage. Stahl u. Eisen **77** (1957) 5 294—296.

Flusin, F.: Evolution dans le temps et dans diverses atmosphères de l'aspect des surfaces en aluminium oxydé anodiquement. Rev. Aluminium **34** (1957) 243 525—530; Aluminium **33** (1957) 11 A 314.

Becker, Gerhard: Ergebnisse eines Naturrostversuches an mehreren Stählen mit verschiedenen Schutzanstrichen. Stahl u. Eisen **78** (1958) 17 1186—1191.

Neunzig, H.: Korrosionsverhalten von Eloxalschichten mit Haarrissen. Aluminium **34** (1958) 7 390—391; Aluminium **34** (1958) 8 A 220.

Schikorr, Gerhard: Die Korrosion metallischer Werkstoffe und metallischer Schutzüberzüge in Industrieluft. Schweiz. Arch. **24** (1958) 2 33—46 78 Lit.-St. [1.362].

Spannungskorrosion 1.364

Börsig, F. u. E. Splittgerber: Spannungskorrosionen an Schrauben aus Manganbronze. Maschinenschaden **28** (1955) 9/10 129—132.

Parkins, R. N.: Stress-corrosion cracking of welded joints. Brit. Welding J. 2 (1955) 11 495—501; AB **26** (1955) 12 707.

Priest, D. K., F. H. Beck and M. G. Fontana: Stress-corrosion mechanism in a magnesium-base alloy. Trans Amer. Soc. Metals **47** (1955) 473—492; AMR **9** (1956) 4 157.

— Stress-corrosion resistance of magnesium alloys. Corrosion Prevention & Control 2 (1955) 9 53—55; AB **26** (1955) 11 730—731.

Champion, F. A.: The interactions of static stress and corrosion with aluminium alloys. Metallurgia **53** (1956) 316 63—68; Aluminium **32** (1956) 6 A 170.

Farmery, H. K. and U. R. Evans: The stress-corrosion of certain aluminum alloys. J. Inst. Metals **84** (1956) 11 413—422; Aluminium **33** (1957) 1 A 17.

Fontana, Mars G.: Stress corrosion cracking in type 403 stainless steel. WADC Techn. Rep. 56-242 (AD 97215) Aug. 1956 51 p. 10 ref.; Aeron. Engng. Rev. **16** (1957) 8 140.

Hoar, T. P. and J. G. Hines: The stress-corrosion cracking of austenitic stainless steels. J. Iron & Steel Inst. **182** (1956) 124—143.

Klatte, H.: Zum Problem der interkristallinen und der Spannungskorrosion an den homogenen Kupfer-Gold- und Kupfer-Zink- und an ausscheidungsfähigen Aluminium-Zink-Magnesium-Mischkristallen. Werkstoffe u. Korrosion **7** (1956) 10 545—560, 12 708—716; Aluminium **33** (1957) 5 A 132.

Klingel, G.: Stress-corrosion cracking of stainless steel. Metal Progr. **69** (1956) 4 77—78.

Logan, H. L. and *R. J. Sherman jr.:* Stress-corrosion cracking of type 304 austenitic stainless steel. Welding J. **35** (1956) 8 389s—395s 19 ref.

Martin, A. J.: Stress-corrosion of an aluminium alloy. Metal Industry **89** (1956) 25 511—515, 26 531—532, 540; Aluminium **33** (1957) 6 A 162; Index Aeron. **13** (1957) 2 96, 3 100—101.

Matthaes, K.: Spannungskorrosion. Z. Metallkde. **47** (1956) 1 37—42 13 Lit.-St.

Nakamura, I. and *H. Shimizu:* Stress corrosion of stainless steel. Hitachizosen-Giho (Japan) **17** (1956) 3 104—108.

Rädeker, W. u. *H. Gräfen:* Beobachtungen zum Ablauf der interkristallinen Spannungsrißkorrosion weicher unlegierter Stähle. Stahl u. Eisen **76** (1956) 24 1616—1628 23 Lit.-St.

Rosenkranz, Wilhelm: Ein Beitrag zum Problem der Spannungskorrosion bei Preßprofilen und Preßteilen aus Aluminium-Legierungen. Forsch.-Ber. Wirtsch.- u. Verkehrsministerium Nordrhein-Westfalen Nr. 158 1956 98 S.; Luftf.-Techn. **2** (1956) 6 VII-VIII.

Butler, L. H.: The effects of lubricants on the surface appearance of aluminium after plastic deformation. Metallurgia **55** (1957) 328 63—66; AB **28** (1957) 3 176—177.

Chadwick, R., N. B. Muir and *H. B. Grainger:* Stress-corrosion of wrought ternary and complex alloys of the aluminium-zinc-magnesium system. J. Inst. Metals **85** (1957) 5 161—170; Aluminium **33** (1957) 7 A 186.

Dies, K. u. *R. Zimmermann:* Spannungskorrosionsversuche an Al Zn Mg 1. I. Einfluß von Wärmebehandlung, Verformung und anodischer Oxydation. Z. Metallkde. **48** (1957) 5 288—296; Aluminium **33** (1957) 10 A 280.

Edeleanu, C. and *P. P. Snowden:* Stress corrosion of austenitic stainless steels in steam and hot-water systems. J. Iron & Steel Inst. **186** (1957) 4 406—422 8 ref.

Gerischer, H.: Elektrochemische Elementarprozesse bei der Spannungskorrosion. Z. Elektrochemie **61** (1957) 2 276—280 6 Lit.-St.

Graf, L.: Die Spannungskorrosion bei homogenen Legierungen, ihre Ursachen und ihr Mechanismus. Werkstoffe u. Korrosion **8** (1957) 6 329—344.

Knoche, H.-J.: Spannungskorrosionserscheinungen an Stählen hoher Zugfestigkeit, insbesondere in Schwefelwasserstoffumgebung. Diss. TH Aachen 1957.

Matthaes, Kurt: Spannungskorrosion und Festigkeitstheorie. Werkstoffe u. Korrosion **8** (1957) 5 261—277.

Meller, F. and *M. Metzger:* Some observations on stress-corrosion cracking of single crystals of AZ61X magnesium alloy. NACA TN 4019 July 1957 23 p. 11 ref.; Index Aeron. **13** (1957) 10 105; J. Roy. Aeron. Soc. **61** (1957) 564 850; Aeron. Engng. Rev. **16** (1957) 10 119.

Reinhart, F. M.: The effect of heat treatment on the susceptibility of sand cast aluminum alloy 220 to stress corrosion cracking. Corrosion **13** (1957) 1 1t—2t.

Uhlig, H., A. White and *J. Lincoln jr.:* Austenitic Cr-Fe-Ni alloys resistant to stress corrosion cracking in magnesium chloride. Acta Metallurgica **5** (1957) Aug. 473—475; Aeron. Engng. Rev. **16** (1957) 11 132.

Voßkühler, H.: Die Spannungskorrosion der Aluminium-Knetlegierungen. Werkstoffe u. Korrosion **8** (1957) 8/9 463—480; Aluminium **34** (1958) 1 A 14; Leichtbau d. Verkehrsfahrzeuge **2** (1958) 3 134.

Voßkühler, H.: Zur Frage der Spannungskorrosion bei Nichteisenmetall-Legierungen. Metall **11** (1957) 3 193—196 16 Lit.-St.

Williams, W. L.: Chloride and caustic stress corrosion of austenitic stainless steel in hot water and steam. Corrosion **13** (1957) 8 539t—545t 16 ref.

Althof, F. C.: Einiges zum Problem der Spannungskorrosion. „Korrosion" (Disk.-Tag. Frankfurt/Main 1957), Weinheim: Verl. Chemie 1958 IX S. 63—68; Aluminium **34** (1958) 4 A 88.

Baerlecken, E. u. *K. Lorenz:* Über die Spannungsrißkorrosion und die Gefüge-ausbildung bei dem austenitischen Chrom-Nickel-Stahl X 8 CrNiMoVNb 16/13. Mitt. Vereinig. Großkesselbesitzer (1958) 54 215—219.

Berg, Stig: Spänningskorrosion. Tekn. Ukeblad **105** (1958) 15 323—331.

Colner, W. H. and *H. T. Francis:* A contribution to the theory of stress corrosion in Al-4⁰/₀Cu alloys. J. Electrochem. Soc. **105** (1958) 7 377—384; Aluminium **34** (1958) 10 A 288.

(Fischer, H., L. Graf u. *H. Voßkühler):* Korrosion IX: Zur Deutung der Spannungskorrosion der Nichteisenmetall-Legierungen. Weinheim/Bergstraße: Verl. Chemie 1958 90 S.; Metall **13** (1959) 5 516.

Gräfen, H.: Einfluß von Deckschichten auf die Spannungsrißkorrosion von Stahl. Arch. Eisenhüttenwes. **29** (1958) 4 225—229 6 Lit.-St.

Graf, Ludwig: Zum Problem der Spannungskorrosion. Draht **9** (1958) 10 383—389 19 Lit.-St.

Graf, Ludwig: Über die Ursachen der Spannungskorrosionsempfindlichkeit bei Nichteisenlegierungen und bei Stählen. Werkstoffe u. Korrosion **9** (1958) 11 693—698.

Graf, L.: Die Spannungskorrosion bei homogenen Legierungen, ihre Ursachen und ihr Mechanismus. „Korrosion", (Disk.-Tag. Frankfurt/Main 1957), Weinheim: Verl. Chemie 1958 IV S. 21—36; Aluminium **34** (1958) 4 A 88.

Leu, K. W. and *J. N. Helle:* The mechanism of stress corrosion of austenitic stainless stells in hot aqueous chloride solutions. Corrosion **14** (1958) 5 249t—254t 15 ref.; Nickel-Ber. **16** (1958) 8 312—313.

Logan, H. L.: Mechanism of stress-corrosion cracking in the AZ31B magnesium alloy. J. Res. Nat. Bur. Stand. **61** (1958) 6 503—508 14 ref.

Matthaes, Kurt: Spannungskorrosion und Festigkeitstheorie. „Korrosion", Disk.-Tag. Frankfurt/Main 1957, Weinheim: Verl. Chemie 1958 S. 5—21; Aluminium **34** (1958) 4 A 86.

Ruttmann, W. u. *M. Hinrich:* Korrosion, insbesondere Spannungskorrosion an Schweißungen von austenitischen Chrom-Nickel-Stählen. „Die Schweißtechnik im Dienste der chemischen Industrie. Fachbuchreihe Schweißtechnik Bd. 15, Düsseldorf: Dtsch. Verl. f. Schweißtechnik 1958 42—49; Draht **10** (1959) 4 171.

Scharfstein, L. R. and *W. F. Brindley:* Chloride stress corrosion cracking of austenitic stainless steel. Effect of temperature and pH. Corrosion **14** (1958) 12 588t—592t.

Anders, H.: Spannungsrißkorrosion austenitischer Cr-Ni-Stähle. Stahlbau **28** (1959) 3 80—81.

Delmonte, John and *Ed Sarna:* Epoxy laminates under stress in chemical solutions. Prepr. 14th Ann. Techn. & Management Conf., Reinforced Plastics Div., Sect. 6-D 1959 4 p. 4 ref.

Doyle, W. M. and *R. G. Jones:* The atmospheric stress-corrosion resistance of some forged high strength aluminium alloys and an assessment of the effects of a stepquench into molten salt. Aeron. Quart. (1959) Nov. 297—318 15 ref.; Aero Space Engng. Rev. **19** (1960) 4 76.

Wall, P. H.: Stress corrosion — the engineer's view. J. Roy. Aeron. Soc. **63** (1959) 582 354—365 14 ref.

Korrosionsermüdung **1.365**

Beyer, H.: Einfluß von oberflächenaktiven Strömungen auf die Korrosionserscheinungen metallischer Werkstoffe unter besonderer Berücksichtigung der Ermüdungskorrosion. Diss. TH Stuttgart 1954 83 Bl.

Inglis, N. P. and *E. C. Larke:* Corrosion-fatigue properties of an aluminium-magnesium-silicon alloy in the unprotected, anodized, and painted conditions. J. Inst. Metals **83** (1954) 4 117—120; AB **26** (1955) 2 83.

Field, J. E.: Fretting corrosion on a screwed joint under prolonged fatigue loading. Engineer **200** (1955) 5196 301—302; AMR **10** (1957) 5 198.

Sardinero, Enrique Julio Garcia: Fatigue des tôles de duralumin avec piqûres superficielles. Techn. Sci. Aéron. (1955) 6 367—372 10 ref.

Smith, E. A.: Corrosion fatigue. Aeronautics **32** (1955) 4 40—42 11 ref.; Index Aeron. **11** (1955) 7 67; Aeron. Engng. Rev. **14** (1955) 8 108.

Fenner, A. J., K. H. R. Wright and *J. Y. Mann:* Fretting corrosion and its influence on fatigue failure. Int. Conf. on Fatigue of Metals, Session 4 Pap. 8, Instn. Mech. Engrs. Sept. 1956 10 p. 13 ref.; Index Aeron. **13** (1957) 12 37.

Gilbert, P. T.: Corrosion-fatigue. Metallurgical Rev. **1** (1956) 3 379—417.

Goodger, A. H.: Corrosion fatigue cracking resulting from wetting of heated metal surfaces. Int. Conf. on Fatigue of Metals, Session 4 Pap. 9, Instn. Mech. Engrs. Sept. 1956 9 p. 14 ref.; Index Aeron. **13** (1957) 12 37—38.

Gould, A. J.: Corrosion fatigue. Int. Conf. on Fatigue of Metals, Session 4 Pap. 2, Instn. Mech. Engrs. Sept. 1956 9 p. 17 ref.; Index Aeron. **13** (1957) 12 38.

Hara, S.: An investigation on the corrosion fatigue of marine propeller shafts. Int. Conf. on Fatigue of Metals, Session 4 Pap. 3, Instn. Mech. Engrs. Sept. 1956 6 p.; Index Aeron. **13** (1957) 12 38.

Horger, O. J.: Fatigue of large shafts by fretting corrosion. Int. Conf. on Fatigue of Metals, Session 4 Pap. 4, Instn. Mech. Engrs. 1956 11 p. 9 ref.; Index Aeron. **13** (1957) 12 37.

Iwamoto, K.: On corrosion fatigue. Kyushu Univ., Japan, Res. Inst. of Sci. & Industry, Rep. 21 1956 15—24.

Forsyth, P. J. E.: A study of fatigue crack formation in silver chloride. Roy. Aircr. Establ. TN M 276 Nov. 1957 19 p.

Gebhardt, E. u. *H. Beyer:* Einfluß von Netzmitteln auf die Korrosion von AlMg7 unter besonderer Berücksichtigung der Ermüdungskorrosion. Z. Metallkde. **48** (1957) 5 232—240; Aluminium **33** (1957) 10 A 280.

Starkey, W. L., S. M. Marco and *J. A. Collins:* The effect of fretting on fatigue characteristics of titanium-steel and steel-steel joints. Amer. Soc. Mech. Engrs. Ann. Meeting, New York, N. Y., Dec. 1957 Pap. 57-A-113 10 p.

Stubbington. C. A. and *P. J. E. Forsyth:* Some observations on the air and corrosion fatigue behaviour of a ternary aluminum-zinc-magnesium alloy. Roy. Aircr. Establ. TN M 258 March 1957 27 p.; Aeron. Engng. Rev. **17** (1958) 1 108.

Endo, K. and *Y. Miyao:* Effects of cycle frequency on the corrosion fatigue strength. Bull. Jap. Soc. Mech. Engrs. **1** (1958) 4 374—380; AMR **12** (1959) 10 691.

Leybold, Herbert A., Herbert F. Hardrath and *Robert L. Moore:* An investigation of the effects of atmospheric corrosion on the fatigue life of aluminum alloys. NACA TN 4331 Sept. 1958 17 p.

Phillips, C. E.: Fretting corrosion and fatigue failure. Tekn. Ukeblad **105** (1958) 13 281—286.

Tömöry, M.: Der Korrosionswiderstand, insbesondere die Korrosionsermüdung nitrierter Titanstähle. Periodica Polytechnica **2** (1958) 4 291—308.

Weill, A. R.: Sur la nature des produits de corrosion de contact formés au cours d'essais en traction — compression de joints rivés en alliage léger, type A G 5. Rev. Métallurgie **55** (1958) 1 61—66.

— Fatigue under fretting conditions. Engineer **206** (1958) 5359 566—567.

Royez, A. et *J. Pomey:* Protection contre la fatigue corrosion. Rev. Métallurgie **56** (1959) 2 122—128.

Walker, P. B.: Fretting in the light of aircraft experience. J. Roy. Aeron. Soc. **63** (1959) 581 293—298.

Wärmebeanspruchungsprobleme **1.37**

Gerard, George: Life expectancy of aircraft under thermal flight conditions. J. Aeron. Sci. **21** (1954) 10 675—680 7 ref.

Hoff, N. J.: The thermal barrier — structures. Amer. Soc. Mech. Engrs. Ann. Meeting, New York, Nov.—Dec. 1954, Pap. 54-A-207 6 p.; Trans.. ASME **77** (1955) 5 759—763; AMR **8** (1955) 5 216—217; Aeron. Engng. Rev. **14** (1955) 10 152.

Manson, S. S.: Behavior of materials under conditions of thermal stress. NACA Rep. 1170 1954 34 p.; AMR **8** (1955) 11 467; Aircr. Engng. **27** (1955) 320 354.

Wang, Alexander J. and *William Prager:* Thermal and creep effects in work hardening elastic-plastic solids. J. Aeron. Sci. **21** (1954) 5 343—344, 360; AMR **8** (1955) 3 100.

Boley, B. and *J. Weiner:* Thermal stresses for aircraft structures. WADC TN 56-102 Aug. 1955.

Born, J. S. and *G. Horvay:* Thermal stresses in rectangular strips. II. J. Appl. Mech. **22** (1955) 3 401—406; AMR **9** (1956) 4 146.

Dotson, Clifford L. and *J. Robert Kattus:* Tensile properties of aircraft structural metals at various rates of loading after rapid heating. WADC Techn. Rep. 55-199 Pt. I (OTS PB 121137) Aug. 1955 159 p. 38 ref.; Aeron. Engng. Rev. **16** (1957) 1 130, 2 162; Titanium Abstr. Bull. **2** (1956/57) 442.

Durelli, A. J. and *C. H. Tsao:* Determination of thermal stresses in threeplay laminates. J. Appl. Mech. **22** (1955) 2 190—192.

Heimerl, George J. and *John E. Inge:* Tensile properties of some sheet materials under rapid-heating conditions. NACA RM L 55 E 12 b June 1955 10 p.; Aeron. Engng. Rev. **14** (1955) 9 88.

Hoff, N. J.: Rapid creep in structures, J. Aeron. Sci. **22** (1955) 10 661—672, 700 33 ref.

Hoff, N. J.: Experiment and theory in the investigation of the behavior of structures at high temperatures. Inst. Aeron. Sci. Prepr. No. 572 Nov. 1955; J. Roy. Aeron. Soc. **60** (1956) 542 146.

Kotanchik, J. N., A. E. Johnson jr. and *R. D. Doss:* Rapid radiant-heating tests of multiweb beams. NACA TN 3474 Sept. 1955 30 p.; AMR **9** (1956) 1 25—26.

Parkus, H.: Stress in a centrally heated disk. Proceedings of the Second U. S. National Congress of Applied Mechanics, June 1954, Easton, Pa.: Amer. Soc. Mech. Engrs. 1955 307—311; AMR **9** (1956) 2 61.

Przemieniecki, J. S.: Transient temperatures and stresses in plates attained in high-speed flight. J. Aeron. Sci. **22** (1955) 5 345—348 8 ref.

Roth, Gilbert L.: Thermal characteristics of aircraft structural components — evaluation and application. Aeron. Engng. Rev. **14** (1955) 11 60—64, 80 3 ref.; Index Aeron. **11** (1955) 12 83 [6.254.0].

Roy, S. K.: On the biharmonic analysis of thermal stresses around openings in structures. Proceedings of the First Congress on Theoretical and Applied Mechanics, Nov. 1—2 1955, Kharagpur: Indian Inst. Technol. 125—140; AMR **11** (1958) 1 15.

*) *Salvadori, M. G.:* Live load and temperature moments in shells of rotation built into cylinders. J. Amer. Concrete Inst. (Detroit) **27** (1955) 2 149—158 [1.242.111].

Schneider, P. J.: Variation of maximum thermal stress in free plates. J. Aeron. Sci. **22** (1955) 12 872—873 3 ref.; AMR **9** (1956) 12 517—518.

Schuh, H.: Transient temperature distributions and thermal stresses in a skin-shear web configuration at high-speed flight for a wide range of parameters. J. Aeron. Sci. **22** (1955) 12 829—836, 866 10 ref.

Stern, Marvin: Analysis of thermal stresses in conical shells. J. Aeron. Sci. **22** (1955) 7 506—508 2 ref.

Tremmel, Erwin: Beitrag zum Problem der Wärmespannungen in Scheiben. Ing. Arch. **23** (1955) 3 159—171; AMR **9** (1956) 9 375.

*) *Vodicka, V.:* Hollow circular cylinder under periodic fluctuations of temperature. Appl. Sci. Res. (The Hague) (A) (1955) 5 327—337 [1.241.111.1].

Vosteen, Louis F. and *Kenneth E. Fuller:* Behavior of a cantilever plate under rapid-heating conditions. NACA RM L 55 E 20 c July 1955 17 p.; Aeron. Engng. Rev. **14** (1955) 10 153.

*) *Washizu, K.* and *T. F. O'Brien:* Conduction of heat in a thin hemispherical shell. Massachusetts Inst. Technol. (Cambridge, Mass.) Techn. Rep. 25-19 Contract N5ori-07833 Aug. 1955 32 p. [1.242.111].

Zeitlin, E. A.: Allowable stresses for thin metal structural elements at elevated temperatures. Proc. SESA **12** (1955) 2 29—44; AMR **9** (1956) 4 156—157.

Bader, W.: Zur numerischen Bestimmung der Wärmespannungen. ZAMM **36** (1956) 9/10 331—339; AMR **10** (1957) 11 504; Aeron. Engng. Rev. **16** (1957) 2 147.

Barrekette, Euval S.: Thermal stresses in curved beams. Columbia Univ., New York, Inst. of Flight Structures, Dep. of Civil Engng. & Engng. Mech., M. S. Thesis No. 698 Oct. 1956.

Bateman, E. H.: An engineering approach to some structural problems arising from kinetic heating. J. Roy. Aeron. Soc. **60** (1956) 546 402—407 10 ref.

Bisplinghoff, Raymond L.: Some structural and aeroelastic considerations of high-speed flight. J. Aeron. Sci. **23** (1956) 4 289—329, 367 62 ref.; Aeron. Engng. Rev. **15** (1956) 4 182; Index Aeron. **12** (1956) 5 95; AMR **10** (1957) 1 16 [6.254.20].

Boley, Bruno A.: The determination of temperature, stresses, and deflections in two-dimensional thermoelastic problems. J. Aeron. Sci. **23** (1956) 1 67—75 14 ref.; AMR **9** (1956) 5 197; Aeron. Engng. Rev. **15** (1956) 1 125; Index Aeron. **12** (1956) 2 40—41.

Boley, Bruno A.: Thermally induced vibrations of beams. J. Aeron. Sci. **23** (1956) 2 179—181 10 ref.; AMR **9** (1956) 7 288; Index Aeron. **12** (1956) 3 83.

Coffin, L. F. jr.: An investigation of thermal stress fatigue as related to high-temperature piping flexibility. Amer. Soc. Mech. Engrs. Prepr. 56-A-178 1956 19 p. 17 ref.; Index Aeron. **13** (1957) 5 122—123.

Goldberg, Martin A.: Investigation of the temperature distribution and thermal stresses in a hypersonic wing structure. Inst. Aeron. Sci. Prepr. 577 Jan. 1956 37 p. 15 ref.; J. Aeron. Sci. **23** (1956) 11 981—990 15 ref.; Index Aeron. **12** (1956) 6 99; AMR **10** (1957) 6 268.

Griffith, G. E. and *G. H. Miltonberger:* Some effects of joint conductivity on the temperatures and thermal stresses in aerodynamically heated skin-stiffener combinations. NACA TN 3699 June 1956; J. Roy. Aeron. Soc. **60** (1956) 550 696.

Heaps, N. S.: Transient thermal stress in a flat plate due to non-uniform heat transfer across one surface. ARC Curr. Pap. 299 1956 27 p. 14 ref.; Index Aeron. **13** (1957) 2 15 ; Aircr. Engng. **29** (1957) 337 90; J. Roy. Aeron. Soc. **61** (1957) 555 222; Aeron. Engng. Rev. **16** (1957) 2 147; AMR **11** (1958) 1 15.

Hemp, W. S.: Thermo-elastic formulae for the analysis of beams. Stress distributions within a structure due to temperature gradients and their influence on strength and stiffness. Aircr. Engng. **28** (1956) 333 374—376; Index Aeron. **12** (1956) 12 87; AMR **10** (1957) 11 504; Aeron. Engng. Rev. **16** (1957) 2 160.

Hoff, N. J.: Experiments and theory in the investigation of the behavior of structures at high temperatures. Aeron. Engng. Rev. **15** (1956) 2 39—47 6 ref.; Luftf.-Techn. **2** (1956) 3 VI; Index Aeron. **12** (1956) 3 55; AMR **10** (1957) 5 198.

Hoff, N. J.: Approximate analysis of the reduction in torsional rigidity and of the torsional buckling of solid wings under thermal stresses. J. Aeron. Sci. **23** (1956) 6 603—604; AMR **9** (1956) 11 475; Index Aeron. **12** (1956) 7 93.

Hoff, N. J.: Thermal problems in aircraft structures. AGARD Rep. 2 June 1956 V, 25 p. 19 ref.; Index Aeron. **12** (1956) 12 86—87; J. Roy. Aeron. Soc. **61** (1957) 553 66; Aeron. Engng. Rev. **16** (1957) 1 146 [6.254.0].

Hoff, Nicholas John: Thermal buckling of supersonic wing panels. J. Aeron. Sci. **23** (1956) 11 1019—1028, 1050 8 ref.; Aeron. Engng. Rev., **15** (1956) 11 148; Index Aeron. **2** (1956) 12 89; AMR **10** (1957) 3 99 [6.254.1].

Hoff, N. J.: Induction heating and theory in the solution of transient problems of aircraft structures. I. Thermal buckling of supersonic wing panels. WADC Techn. Rep. 56-145 Pt. I (AD 97210) Aug. 1956; Aeron. Engng. Rev. **16** (1957) 1 130 [6.254.1].

Klosner, J. M. and *M. J. Forray:* Buckling of simple supported plates under arbitrary symmetrical temperature distribution. Republic Aviation Corp., Rep. E-SAM-15 Apr. 1956.

Lederman, S. and *N. J. Hoff:* Induction heating and theory in the solution of transient problems of aircraft structures. IV. Investigation of the stability of structural elements with the aid of induction heating. WADC Techn. Rep. 56-145 Pt. IV (AD 97210) Aug. 1956; Aeron. Engng. Rev. **16** (1957) 1 130 [6.254.1].

Lederman, S., V. Wagle and *Burton Erickson:* Induction heating and theory in the solution of transient problems of aircraft structures. V. Improvements in induction heating efficiency by spraying the specimens. WADC Techn. Rep. 56-145 Pt. V. (AD 97210) Aug. 1956; Aeron. Engng. Rev. **16** (1957) 1 130 [6.254.1].

Levy, Samuel: Thermal stress and deformation in beams. Aeron. Engng. Rev. **15** (1956) 10 62—70 3 ref.; AMR **10** (1957) 3 95.

van der Linden, C. A. M.: Thermal stresses in a plate containing two circular holes of equal radius, the boundaries of which are kept at different temperatures. Appl. Sci. Res. (The Hague) (A) **6** (1956) 2/3 117—128 3 ref.; AMR **10** (1957) 7 289; Index Aeron. **13** (1957) 1 40.

Ljungström, O.: Unsteady thermal stresses in the aerodynamic heating of airframes. Ministry of Supply, Techn. Inform. & Lib. Serv. (London, S. E. 9) Translat. T 4631 Aug. 1956 6 p.; Aeron. Engng. Rev. **16** (1957) 5 212.

Mathauser, E. E. and *W. D. Deveikis:* Investigation of the compressive strength and creep lifetime of 2024-T3 aluminum-alloy plates at elevated temperatures. NACA TN 3552 Jan. 1956 30 p.; NACA Rep. 1308 1957; Index Aeron. **12** (1956) 4 43; AMR **9** (1956) 5 206 [1.222.112].

*) *McDowell, E. L.* and *E. Sternberg:* Axisymmetric thermal stresses in a spherical shell of arbitrary thickness. Illinois Inst. Technol. (Chicago, Ill.) Techn. Rep. to Off. Naval Res. Contract N7onr-32906 May 1956 20 p.; Amer. Soc. Mech. Engrs. Summer Conf., Berkeley, Calif., June 1957 Pap. 57-APM-14 5 p.; J. Appl. Mech. **24** (1957) 3 376—380; AMR **11** (1958) 3 112; Aeron. Engng. Rev. **17** (1958) 1 122 [1.242.111].

Mendelson, Alexander and *Marvin Hirschberg:* Analysis of elastic thermal stresses in thin plate with spanwise and chordwise variations of temperature and thickness. NACA TN 3778 Nov. 1956 41 p.; Index Aeron. **13** (1957) 1 40; J. Roy. Aeron. Soc. **61** (1957) 555 222; Aeron. Engng. Rev. **16** (1957) 1 130.

Mirsky, I.: Induction heating and theory in the solution of transient problems of aircraft structures. III. Thermal stress distribution in a diamond-shaped wing with constant heat input. WADC Techn. Rep. 56-145 Pt. III (AD 97210) Aug. 1956; Aeron. Engng. Rev. **16** (1957) 1 130 [6.254.1].

Morrison, Joseph D. and *J. Robert Kattus:* Tensile properties of aircraft-structural metals at various rates of loading after rapid heating. WADC Techn. Rep. 55-199 Pt. II (AD 110540) Nov. 1956 181 p.; Aeron. Engng. Rev. 16 (1957) 12 124; Titanium Abstr. Bull. **2** (1956/57) 487 [1.321].

Mura, T.: Dynamical thermal stresses due to thermal shocks. Meiji Univ., Japan, Fac. of Engng., Res. Rep. 8 1956 63—73.

van der Neut, A.: Buckling caused by thermal stresses. Vliegtuigbouwkunde Techn. Hogeschool Delft Rep. 68 June 1956; AGARDograph Prepr. June 1956 34 p.

van der Neut, A.: Post buckling behaviour of structures. Vliegtuigbouwkunde Techn. Hogeschool Delft Rep. 69 July 1956; AGARD Rep. 60 Aug. 1956 33 p.; J. Roy. Aeron. Soc. **61** (1957) 563 790. [1.223.122], [1.223.13], [1.223.14], [1.232.121].

Nonweiler, T.: Conduction of heat within a structure subjected to kinetic heating. Aircr. Engng. **28** (1956) 333 383—387 11 ref.; Index Aeron. **12** (1956) 12 12—13; Aeron. Engng. Rev. **16** (1957) 1 130.

Nowacki, Witold: The state of stress in a thin plate due to the action of sources of heat. Publ. Int. Ass. Bridge & Struct. Engng. **16** (1956) 373—398; AMR **10** (1957) 11 503.

Ogasawara, Mitsunobu: Temperature variation in a circular cylinder of finite length due to heating at an end part. VI. Trans. Japan Soc. Mech. Engrs. **22** (1956) 120 608—612; Japan Sci. Rev., Mech. & Electr. Engng. **3** (1958) 2 62—63.

Parkes, E. W.: Panels under thermal stress. The behaviour of a panel restrained against expansion in one direction and loaded in the other direction when subjected to kinetic heating. Aircr. Engng. **28** (1956) 328 180—186; Index Aeron. **12** (1956) 7 91.

Parkes, E. W.: Incremental collapse due to thermal stress. Aircr. Engng. **28** (1956) 333 395—396; Index Aeron. **12** (1956) 12 88; Aeron. Engng. Rev. **16** (1957) 1 130—131 [6.254.1].

Pohle, Frederick V. and *Irwin Berman:* Thermal buckling. WADC TN 56-270 May 1956 32 p. 14 ref.; Aeron. Engng. Rev. **16** (1957) 1 146.

Pohle, F. V. and *Irwin Berman:* Induction heating and theory in the solution of transient problems of aircraft structures. II. Thermal stresses in airplane wings under constant heat input. WADC Techn. Rep. 56-145 Pt. II (AD 97210) Aug. 1956; Aeron. Engng. Rev. **16** (1957) 1 130 [6.254.1].

Prager, William: Thermal stresses in viscoelastic structures. (In Engl.). ZAMP **7** (1956) 3 230—238 8 ref.; AMR **10** (1957) 5 197.

Schnitt, Arthur, M. A. Brull and *H. S. Wolko:* Optimum stresses of structural elements at elevated temperatures. Amer. Soc. Mech. Engrs. Aviation Conf., Calif., March 1956, Pap. 56-AV-11 20 p. 15 ref.; Trans. ASME **79** (1957) 5 959—966 15 ref.; Index Aeron. **12** (1956) 8 44—45; Aeron. Engng. Rev. **16** (1957) 10 124; AMR **11** (1958) 6 295—296.

Sharma, B.: Thermal stresses in infinite elastic disks. J. Appl. Mech. **23** (1956) 4 527—531; AMR **11** (1958) 7 354.

Sprague, G. H. and *P. C. Huang:* Analytical and experimental investigation of stress distributions in long flat plates subjected to longitudinal loads and transverse temperature gradients. Appendix A. Method of analysis for solution of load induced and/or thermally induced stresses within the elastic range of a material in a structure at elevated temperature. Appendix

B. The determination of stress distributions in the elastic and plastic range for a long flat plate subjected to eccentric coplanar loading with non-linear temperature conditions. Appendix C. Buckling formulas for flat plates under short duration loading at uniform elevated temperatures. Appendix D. Experimental data. WADC Techn. Rep. TR 55-350 (AD 97319) Sept. 1956 137 p. 64 ref.; Aeron. Engng. Rev. **17** (1958) 1 122.

Trostel, Rudolf: Instationäre Wärmespannungen in Holzylindern mit Kreisringquerschnitt. Ing. Arch. **24** (1956) 1 1—26; AMR **9** (1956) 11 474.

Trostel, Rudolf: Instationäre Wärmespannungen in einer Hohlkugel. Ing. Arch. **24** (1956) 6 373—391; AMR **10** (1957) 8 345.

Vodicka, Vaclav: Geschichteter Kreiszylinder im Felde periodischer Temperaturschwankungen. ZAMP **7** (1956) 422—427.

Walker, Percy B.: The structural effects of kinetic heating in supersonic flight. (5th AGARD General Assembly 15./16. June 1955). J. Roy. Aeron. Soc. **59** (1955) 537 581—586; AGARD Proc. AG 20/P10 1956 75—80; Luftf.-Techn. **1** (1955) 7 V.

Baltrukonis, J. H.: Thermal buckling of hinged plates. (Engl.) 9ième Congr. Intern. Mécan. Appl., Univ. Bruxelles **7** (1957) 13—20; AMR **12** (1959) 12 833.

Barber, Antony D., Jerome H. Weiner and *Bruno A. Boley:* An analysis of the effect of thermal contact resistance in a sheet-stringer structure. J. Aeron. Sci. **24** (1957) 3 232—234 6 ref.; Index Aeron. **13** (1957) 4 94; Aeron. Engng. Rev. **16** (1957) 5 212.

Barzelay, M. E. and *G. F. Holloway:* Effect of an interface on transient temperature distribution in composite aircraft joints. NACA TN 3824 Apr. 1957 51 p. 9 ref.; Aeron. Engng. Rev. **16** (1957) 6 145—146; Index Aeron. **13** (1957) 6 93; AMR **10** (1957) 9 429.

Biot, M. A.: New methods in heat flow analysis with application to flight structures. J. Aeron. Sci. **24** (1957) 12 857—873 9 ref.

Boley, B. A. and *A. D. Barber:* Dynamic response of beams and plates to rapid heating. Amer. Soc. Mech. Engrs. Summer Conf., Berkeley, Calif., June 1957, Pap. 57-APM-17; J. Appl. Mech. **24** (1957) 3 413—416 7 ref.; Aeron. Engng. Rev. **17** (1958) 1 122.

Boley, Bruno A.: The calculation of thermoelastic beam deflections by the principle of virtual work. J. Aeron. Sci. **24** (1957) 2 139—141 6 ref.; Aeron. Engng. Rev. **16** (1957) 2 147; Index Aeron. **13** (1957) 3 82; AMR **10** (1957) 9 399.

Brooks, William A. jr., George E. Griffith and *H. Kurt Strass:* Two factors influencing temperature distributions and thermal stresses in structures. NACA TN 4052 June 1957 13 p.; J. Roy. Aeron. Soc. **61** (1957) 563 791; AMR **11** (1958) 1 15; Aeron. Engng. Rev. **16** (1957) 9 163; Index Aeron. **13** (1957) 8 71.

Coffin, L. F. jr.: Thermal stress fatigue. Product Engng. **28** (1957) 6 175—179; Aeron. Engng. Rev. **16** (1957) 9 163; Draht **9** (1958) 10 413.

Dorleac, B.: Structures et chaleur aux vitesses supersoniques et hypersoniques. AGARD Rep. 149 Nov. 1957 78 p.; Index Aeron **14** (1958) 11 93; J. Roy. Aeron. Soc. **62** (1958) 576 914.

Erickson, Burton, S. A. Patel, F. W. French, Samuel Lederman and *N. J. Hoff:* Experimental investigation of creep bending and buckling of thin circular cylindrical shells. NACA RM 57 E 17 July 1957 30 p.; Aeron. Engng. Rev. **16** (1957) 11 110.

Ewing, J. F. and *J. W. Freeman:* Influence of hot-working conditions on high-temperature properties of a heat-resistant alloy. NACA TN 3727 Aug. 1956 134 p. 6 ref.; NACA Rep. 1341 1957; Index Aeron. **12** (1956) 11 133; AMR **10** (1957) 4 155; J. Roy. Aeron. Soc. **63** (1959) 577 71.

Gatewood, B. E.: Effect of thermal resistance of joints upon thermal stresses. J. Aeron. Sci. **24** (1957) 2 152—153 7 ref.; Index Aeron. **13** (1957) 3 85.

Gerard, G.: Thermostructural efficiencies of compression elements and materials. Trans. ASME **79** (1957) 5 967—973; AMR **11** (1958) 6 295.

Goldin, Robert: Thermal creep design criteria. Inst. Aeron. Sci. Nat. Summer Meeting, Los Angeles, June 1957, Prepr. 730 20 p. 7 ref.; Index Aeron. **13** (1957) 9 39; Aeron. Engng. Rev. **16** (1957) 8 129.

Goldin, Robert: Thermal creep design criteria. Aeron. Engng. Rev. **16** (1957) 12 36—41 7 ref.; Index Aeron. **14** (1958) 1 56—57.

Goodier, J. N.: Thermal stress and deformation. J. Appl. Mech. **24** (1957) 3 467—474 35 ref.; AMR **11** (1958) 3 111—112; Aeron. Engng. Rev. **17** (1958) 1 122.

Heldenfels, R. R. and *L. F. Vosteen:* Approximate analysis of effects of large deflections and initial twist on torsional stiffness of a cantilever plate subjected to thermal stresses. NACA TN 4067 Aug. 1957 22 p. 7 ref.; NACA Rep. 1361 1958; Index Aeron. **13** (1957) 10 78; Aeron. Engng. Rev. **16** (1957) 10 124; AMR **11** (1958) 2 59.

Hlinka, J. H., H. G. Landau and *V. Paschkis:* Charts on elastic thermal stresses in heating and cooling of slabs and cylinders. Amer. Soc. Mech. Engrs. Ann. Meeting, New York, N. Y., Dec. 1957 Pap. 57-A-238 19 p.; AMR **11** (1958) 9 476.

Hoff, N. J.: Buckling at high temperature. J. Roy. Aeron. Soc. **61** (1957) 563 756—774 47 ref.; Index Aeron. **13** (1957) 12 83—84; AMR **11** (1958) 11 606; Aeron. Engng. Rev. **17** (1958) 2 112. [1.221], [1.240], [1.342.31].

Isakson, Gabriel: A simple model study of transient temperature and thermal stress distribution due to aerodynamic heating. J. Aeron. Sci. **24** (1957) 8 611—619 13 ref.; Aeron. Engng. Rev. **16** (1957) 8 129.

Isaksson, A.: Bibliography on creep under variable stress and temperature with comments. (In Swedish). Kungl. Tekn. Högskolans Handl. (Stockholm) No. 116 June 1957 43 p.

Lazan, B. J.: Fatigue of structural materials at high temperature. AGARD Rep. 156 Nov. 1957 27 p. 28 ref.; J. Roy. Aeron. Soc. **62** (1958) 575 844; Index Aeron. **14** (1958) 11 54 [1.331].

Mar, James W.: The failure of box beams under bending and rapid heating. Inst. Aeron. Sci. 25. Ann. Meeting, New York, Jan. 1957, Prepr. 716 1957 32 p. 6 ref.; Index Aeron. **13** (1957) 5 95—96; Aeron. Engng. Rev. **16** (1957) 3 112 [1.246].

McDowell, E. L. and *E. Sternberg:* Axisymmetric thermal stresses in a spherical shell of arbitrary thickness. J. Appl. Mech. **24** (1957) 3 376—380 12 ref.

McDowell, E. L.: Thermal stresses in an infinite plate of arbitrary thickness. Proc. 3rd Midwestern Conf. on Solid Mech., Univ. of Michigan, Apr. 1957 72—85; AMR **11** (1958) 6 283.

Mendelson, Alexander and *S. S. Manson:* Practical solution on plastic deformation problems in elastic-plastic range. NACA TN 4088 Sept. 1957 52 p. 4 ref.; Index Aeron. **13** (1957) 12 35; Aeron. Engng. Rev. **16** (1957) 11 108.

Monaghan, R. J.: Formulae and approximations for aerodynamic heating rates in high speed flight. ARC Curr. Pap. CP 360/ARC 18567 1957 53 p.; Index Aeron. **14** (1958) 3 14 [6.254.0].

Narasimhamurthy, P.: An analytical investigation of creep under combined loadings. Aircr. Engng. **29** (1957) 345 346—349 14 ref.; Index Aeron. **13** (1957) 12 82; Aeron. Engng. Rev. **17** (1958) 1 98.

Norbury, J. F.: Thermal stresses in disks of constant thickness. Aircr. Engng. **29** (1957) 339 132—137; Index Aeron **13** (1957) 6 62; AMR **10** (1957) 11 503—504; Aeron. Engng. Rev. **16** (1957) 7 128 [6.211.2].

O'Sullivan, W. J. jr.: Theory of aircraft structural models subject to aerodynamic heating and external loads. NACA TN 4115 Sept. 1957 48 p.; AMR **11** (1958) 3 112; Aeron. Engng. Rev. **16** (1957) 11 109—110; Index Aeron. **13** (1957) 12 15.

Parkes, E. W.: The stresses in a plate due to a local hot spot. An analysis of a practical thermal stressing case. Aircr. Engng. **29** (1957) 337 67—69; Index Aeron. **13** (1957) 4 88; AMR **10** (1957) 10 456; Aeron. Engng. Rev. **16** (1957) 6 162.

Pride, R. A., J. B. Hall jr. and *M. S. Anderson:* Effects of rapid heating on strength of airframe components. NACA TN 4051 June 1957 14 p.; J. Roy. Aeron. Soc. **61** (1957) 563 791; Index Aeron. **13** (1957) 8 70—71; Aeron. Engng. Rev. **16** (1957) 8 129.

Salvaggi, John: Intermittent stressing and heating tests of aircraft structural metals. WADC Techn. Rep. 53-24 Pt. IV (AD 118293) May 1957 68 p.; Aeron. Engng. Rev. **16** (1957) 12 124; Titanium Abstr. Bull. **3** (1957/58) 198.

Schoeller, W. C.: Calculating thermal stresses in sandwich panels. Aviation Age, Res. & Devel. Techn. Handbook 1957-58 B6—B8. [6.15].

Sharma, Brahmadev: Thermal stresses in transversely isotropic semi-infinite elastic solids. Amer. Soc. Mech. Engrs. Ann. Meeting, New York, Dec. 1957, Pap. 57-A-22; J. Appl. Mech. **25** (1958) 1 86—88.

Singer, Josef, M. Anliker and *S. Lederman:* Thermal stresses and thermal buckling. I. WADC Techn. Rep. TR 57-69 (AD 118287) Apr. 1957 109 p. 12 ref.; Aeron. Engng. Rev. **16** (1957) 8 129.

Singer, Josef: The effect of amplitude on the torsional vibrations of solid wings subjected to aerodynamic heating. J. Aeron. Sci. **24** (1957) 8 620—622 9 ref.; Aeron. Engng. Rev. **16** (1957) 8 121 [1.273].

Sonnemann, G. and *D. M. Davis:* Stresses in long thickwalled cylinders caused by pressure and temperature. Amer. Soc. Mech. Engrs. Ann. Meeting, New York, N. Y., Dec. 1957 Pap. 57-A-256 25 p.; AMR **11** (1958) 7 353.

Venkatraman, B.: Solutions of some problems in steady creep. Polytechn. Inst. Brooklyn, Dep. Aeron. Engng. & Appl. Mech., PIBAL Rep. 402 (AFOSR TN 57-388) (AD 132463) July 1957 120 p. 41 ref.; Aeron. Engng. Rev. **16** (1957) 12 108.

Vitovec, F. H.: Analysis of dynamic creep considering strain rate effects. WADC Techn. Rep. 57-104 (AD 130762) May 1957 16 p. 24 ref.; Aeron. Engng. Rev. **16** (1957) 11 110.

Zender, George W. and *Richard A. Pride:* The combinations of thermal and load stresses for the onset of permanent buckling in plates. NACA TN 4053 June 1957 10 p.; Index Aeron. **13** (1957) 8 72; J. Roy. Aeron. Soc. **61** (1957) 563 791; Aeron. Engng. Rev. **16** (1957) 9 162; AMR **11** (1958) 1 17 [1.222.112].

Zuk, William: Thermal buckling of clamped cylindrical shells. J. Aeron. Sci. **24** (1957) 5 389; Index Aeron. **13** (1957) 6 91.

Zwick, S. A.: Thermal stresses in an infinite, hollow case-bonded cylinder. Jet Propulsion **27** (1957) 8 872—876 3 ref.; Index Aeron. **13** (1957) 10 58—59; Aeron. Engng. Rev. **16** (1957) 11 110.

Bijlaard, P. P.: Thermal stresses and deflections in rectangular sandwich plates. Inst. Aeron. Sci. 26th Ann. Meeting, New York, Jan. 1958 Prepr. 777 15 p.; Aeron. Engng. Rev. **17** (1958) 3 96; Index Aeron. **14** (1958) 5 74.

Bijlaard, P. P.: Differential equations for cylindrical shells with arbitrary temperature distribution. J. Aero Space Sci. **25** (1958) 9 594—595 4 ref.; Index Aeron. **14** (1958) 10 88.

Bisplinghoff, Raymond L.: The finite twisting and bending of heated elastic lifting surfaces. Mitt. Inst. Flugzeugstatik u. Leichtbau ETH Zürich No. 4. Zürich: Leemann 1958 114 p. 25 ref.; J. Roy. Aeron. Soc. **62** (1958) 573 690; Aero Space Engng. **17** (1958) 8 87; ZFW **6** (1958) 9 279—280.

Boley, Bruno A. and *Euval S. Barrekette:* Thermal stress in curved beams. J. Aero Space Sci. **25** (1958) 10 627—630, 643 4 ref.; Aero Space Engng. **17** (1958) 10 98; Index Aeron. **14** (1958) 11 87.

Brooks, W. A. jr.: Temperature and thermal-stress distributions in some structural elements heated at a constant rate. NACA TN 4306 Aug. 1958 77 p.; Index Aeron. **14** (1958) 11 18; J. Roy. Aeron. Soc. **62** (1958) 576 914; Aero Space Engng. **17** (1958) 12 73.

Choudhury, P.: Two-dimensional thermal stress due to steady heat flow in a semi-infinite aeolotropic plate. J. Technol. **3** (1958) 1 19—24; AMR **12** (1959) 10 680.

Forray, Marvin and *Melvin Zaid:* Thermal stresses in a circular bulkhead subjected to a radial temperature distribution. J. Aeron. Sci. **25** (1958) 1 63—64; Index Aeron. **14** (1958) 2 91; Aeron. Engng. Rev. **17** (1958) 2 112.

Forray, M. J.: Thermal stresses in plates. J. Aero Space Sci. **25** (1958) 11 716—717 2 ref.; Index Aeron. **14** (1958) 12 87.

Galletly, G. D.: On axisymmetric thermal stresses in thin shells of revolution. J. Aeron. Sci. **25** (1958) 3 201—202 2 ref.; Index Aeron. **14** (1958) 4 21.

Gatewood, B. E.: Inelastic combined thermal and applied stresses in skin-stringer aircraft structure. J. Aeron. Sci. **25** (1958) 3 212; Index Aeron. **14** (1958) 4 101.

Glenny, E. and *M. G. Royston:* Transient thermal stresses promoted by the rapid heating and cooling of brittle circular cylinders. Nat. Gas Turbine Establ. (Great Britain) Rep. R. 226 July 1958 46 p. 12 ref.; Aero Space Engng. **17** (1958) 12 72.

Goodier, J. N.: Formulas for overall thermoelastic deformation. Proc. Third U. S. Nat. Congr. Appl. Mech. June 1958, Amer. Soc. Mech. Engrs. 1958 343—345; AMR **12** (1959) 12 824.

Goodman, S., S. B. Russell and *C. E. Noble:* Effect of variation of emissity of internal surfaces of heated box beams on temperature distribution, thermal stress and deflection. Nat. Bur. Stands. Rep. 5927 June 1958 11 p.; AMR **12** (1959) 5 307.

Harwood, J. J.: High temperature metals. I., II. Aircr. & Missiles Mfg. (1958) May 32—38, June 42—46; Aero Space Engng. **17** (1958) 11 102—103.

Ignaczak, J.: Thermal stresses in a long cylinder heated in a discontinuous manner over the lateral surface. (In Engl.). Archiwum Mechaniki Stosowanej (Warszawa) **10** (1958) 1 25—34; AMR **11** (1958) 10 533.

Johns, D. J.: Approximate formulas for thermal-stress analysis. J. Aero Space Sci. **25** (1958) 8 524—525; Index Aeron. **14** (1958) 9 37; Aero Space Engng. **17** (1958) 9 108.

Johns, D. J.: Thermal stresses in thin cylindrical shells stiffened by plane bulkheads for arbitrary temperature distributions. Coll. Aeron. Cranfield Note 83 July 1958 23 p. 7 ref.; Index Aeron. **14** (1958) 12 88; J. Roy. Aeron. Soc. **63** (1959) 578 128; Aircr. Engng. **31** (1959) 362 122.

Johnson, C. H. J.: Transient thermal stresses in an elastic half-space. ARL Rep. ME 89 1958; J. Roy. Aeron. Soc. **63** (1959) 586 614.

Kleeman, P. W.: Survey of thermal problems as affecting the structures of high speed aircraft. ARL Rep. SM 261 June 1958; J. Roy. Aeron. Soc. **63** (1959) 577 72.

Klöppel, K. u. *W. Schönbach:* Wärmespannungen in rechteckig berandeten Scheiben. Stahlbau **27** (1958) 5 122—125.

Klosner, J. M. and *M. J. Forray:* Buckling of simply supported plates under arbitrary symmetrical temperature distributions. J. Aeron. Sci. **25** (1958) 3 181—184; AMR **11** (1958) 10 540; Aeron. Engng. Rev. **17** (1958) 3 95—96; Index Aeron. **14** (1958) 4 97.

Kochanski, S. L. and *J. H. Argyris:* Some effects of kinetic heating on the stiffness of thin wings. II. Analysis of flexural and torsional stiffnesses for large deformations of thin solid wings. Aircr. Engng. **30** (1958) 348 32—40,

349 82—85, 350 114—117; AMR **11** (1958) 10 538; Index Aeron. **14** (1958) 3 19, 4 28, 5 21; Aeron. Engng. Rev. **17** (1958) 4 92; Aero Space Engng. **17** (1958) 6 117 [6.254.1].

Langer, B. F.: Design values for thermal stress in ductile materials. ASME-AWS Joint Metals Conf., St. Louis, Mo., Pap. 58-MET-1 Apr. 1958 12 p.; AMR **12** (1959) 2 87.

Lemprière, B. M.: Thermal stresses in a box structure. Coll. Aeron. Cranfield Note 84 July 1958 12 p.; Index Aeron. **14** (1958) 12 84; J. Roy. Aeron. Soc. **63** (1959) 578 128; Aircr. Engng. **31** (1959) 362 122.

Mansfield, E. H.: Combined flexure and torsion of a class of thin heated wings: A large-deflection analysis. Roy. Aircr. Establ. Rep. S 237 March 1958 47 p. 11 ref.; Aero Space Engng. **17** (1958) 12 73. [6.254.1].

Manson, S. S.: Thermal stresses in design. I. Appraisal of brittle materials. II. Quantitative techniques for brittle materials. III. Basic concepts of fatigue in ductile materials. IV. Causes of fatigue in ductile materials. V. Interpretation of fatigue data for ductile materials. Machine Design **30** (1958) 12./6. 114—120, 26./6. 99—103, 7./8. 100—107 11 ref.; 21./8. 110—113, 4./9. 126—133 13 ref.; Aero Space Engng. **17** (1958) 10 107, 12 102.

Mills, W. R.: Procedures for including temperature effects in structural analyses of elastic wings. I. An equivalent plate method of strutural analysis for elevated temperature structures. WADC Techn. Rep. 57-574 Pt. 1 (AD 142234) Jan. 1958 79 p. 23 ref.; Aero Space Engng. **17** (1958) 9 81 [6.254.1].

Parkes, E. W.: A design philosophy for repeated thermal loading. AGARD Rep. 213 Oct. 1958 24 p.

Parkes, E. W.: Repeated thermal stresses. (Swedish). Tekn. Tidskr. **88** (1958) 37 955—960; AMR **12** (1959) 8 521 [6.254.1].

Pride, R. A. and J. B. Hall jr.: Transient heating effects on the bending strength of integral aluminum-alloy box beams. NACA TN 4205 March 1958 38 p. 11 ref.; AMR **11** (1958) 8 423; Aero Space Engng. **17** (1958) 5 110; Index Aeron. **14** (1958) 5 72; J. Roy. Aeron. Soc. **62** (1958) 570 467 [1.246].

Rogers, Milton: Aerothermoelasticity. Aero Space Engng. **17** (1958) 10 34—43, 64 12 ref.; Index Aeron. **14** (1958) 11 23.

Royston, M. G.: The relation of strength to the thermal shock failure of brittle materials. Nat. Gas Turbine Establ. (Great Britain) Mem. M. 315 June 1958 22 p.; Aero Space Engng. **17** (1958) 12 72.

Schnell, W. u. G. Fischer: Berechnung der Beulwerte von Platten unter ungleichmäßiger Temperaturbeanspruchung nach dem Mehrstellenverfahren. DVL-Ber. 78 Nov. 1958 35 S. 17 Lit.-St. [1.222.111].

Small, N. C.: Pressure and thermal stress analysis of platetype fuel subassemblies. Proc. Third U. S. Nat. Congr. Appl. Mech. June 1958, Amer. Soc. Mech. Engrs. 1958 451—459; AMR **12** (1959) 12 824.

Sprague, G. H. and P. C. Huang: Inelastic design steps up performance. SAE J. **66** (1958) 1 46—49; Aero Space Engng. **17** (1958) 5 148.

Sternberg, E.: On transient thermal stresses in linear viscoelasticity. Proc. Third U. S. Nat. Congr. Appl. Mech. June 1958, Amer. Soc. Mech. Engrs. 1958 673—683; AMR **12** (1959) 12 824.

Steurer, W. H.: Metallurgische Probleme bei Flugkörpern mit hoher Hauterwärmung. Raketentechn. u. Raumf.-Forsch. 2 (1958) 3 73—80 11 Lit.-St.; Aero Space Engng. **17** (1958) 9 75; Index Aeron. **14** (1958) 11 112.

Stowell, Elbridge Z.: A phenomenological theory for the transient creep of metals at elevated temperatures. NACA TN 4396 Sept. 1958 31 p. 10 ref.; J. Roy. Aeron. Soc. **63** (1959) 577 71; Aero Space Engng. **17** (1958) 12 72.

Swann, R. T.: Heat transfer and thermal stresses in sandwich panels. NACA TN 4349 Sept. 1958; J. Roy. Aeron. Soc. **63** (1959) 578 128.

Taylor, James: General introduction to thermal structures. AGARD Rep. 206 Oct. 1958 V, 15 p. [6.254.0].

Tramposch, Herbert and *George Gerard:* Correlation of theoretical and photo-thermoelastic results on thermal stresses in idealized wing structures. New York Univ., Coll. Engng., Res. Div. Techn. Rep. SM 58-5 (AFOSR-TN-58-621) (AD 162150) July 1958 39 p.; Aero Space Engng. **17** (1958) 11 96.

Trostel, Rudolf: Wärmespannungen in Holzzylindern mit temperaturabhängigen Stoffwerten. Ing. Arch. **26** (1958) 2 134—142; AMR **11** (1958) 12 664; Aero Space Engng. **17** (1958) 12 102.

Trostel, Rudolf: Stationäre Wärmespannungen mit temperaturabhängigen Stoffwerten. Ing. Arch. **26** (1958) 6 416—434.

Vinson, J. R.: Thermal stresses in laminated circular plates. Proc. Third U. S. Nat. Congr. Appl. Mech. June 1958, Amer. Soc. Mech. Engrs. 1958 467—471; AMR **12** (1959) 11 755.

Völckers, J.: Wärmespannungen in einer Kreisscheibe. Konstruktion **10** (1958) 4 155—156.

Yüksel, H.: Elastic, plastic stresses in free plate with periodically varying surface temperature. J. Appl. Mech. **25** (1958) 4 603—606; AMR **12** (1959) 11 752.

— Final report on investigations conducted at the Polytechnic Institute of Brooklyn on stresses in structural elements in the presence of creep. Polytechn. Inst. Brooklyn, Dep. Aeron. Engng. & Appl. Mech., Aeron. Lab. Rep. PIBAL 418 (AFOSR TR 58-12) (AD 148092) Jan. 1958 7 p.

Abir, David and *S. V. Nardo:* Thermal buckling of circular cylindrical shells under circumferential temperature gradients. J. Aero Space Sci. **26** (1959) 12 803—808 4 ref.

Baltrukonis, J. H.: Comparison of approximate solutions of the thermoelastic problem of the thick-walled tube. J. Aero Space Sci. **26** (1959) 6 329—334 7 ref.

Bijlaard, P. P.: Thermal stresses and deflections in rectangular sandwich plates. J. Aero Space Sci. **26** (1959) 4 210—218 4 ref.

Biot, M. A.: New thermomechanical reciprocity relations with application to thermal stress analysis. J. Aero Space Sci. **26** (1959) 7 401—408 9 ref.

Bore, C. L.: Some practical aspects of kinetic heating calculations. J. Roy. Aeron. Soc. **63** (1959) 587 637—645.

Forray, Marvin: Thermal stresses in rings. J. Aero Space Sci. **26** (1959) 5 310—311 2 ref.

Gerard, George and *Herbert Tramposch:* Photothermoelastic investigation of transient thermal stresses in a multiweb wing structure. J. Aero Space Sci. **26** (1959) 12 783—786 5 ref. [4.54].

Heath, W. G.: The structural effects of kinetic heating. Some factors affecting the choice of materials. J. Roy. Aeron. Soc. **63** (1959) 587 615—619.

Horvay, G., I. Giaever and *J. A. Mirabal:* Thermal stresses in a heat-generating cylinder: The variational solution of a boundary layer problem in three-dimensional elasticity. (In Engl.). Ing.-Arch. **27** (1959) 3 179—194.

Johns, D. J.: Structural problems at elevated temperatures. Engng. Mater. & Design **2** (1959) 5 270—273 20 ref.; Leichtbau d. Verkehrsfahrzeuge **3** (1959) 4 141.

Löffler, K.: Die Berechnung von Wärmespannungen in Kreisscheiben. Konstruktion **11** (1959) 5 190—191 2 Lit.-St.

Naghdi, P. M.: On thermoelastic stress-strain relations for thin isotropic shells. J. Aero Space Sci. **26** (1959) 2 125 3 ref.

Nowacki, W.: Thermal stresses due to the action of heat sources in a viscoelastic space. (Engl.) Arch. Mech. Stos. **11** (1959) 1 111—125; AMR **12** (1959) 12 823—824.

Plant, H. T. and *L. S. Lazar:* The effect of one-side transient heating on the mechanical behavior of glass-cloth reinforced laminates. Prepr. 14th Ann. Techn. & Management Conf., Reinforced Plastics Div., Sect. 2-C 1959 12 p. [1.324.312.3].
— Correlation of thermal stresses in circular cylinders and flat plates. Engineer **207** (1959) 5372 56—57; AMR **12** (1959) 9 598.

Gestaltung und Festigkeit von Halbzeugen und Elementen **1.4**

Allgemeines **1.41**

Haarmann, Karl: Festigkeit von Konstruktionselementen. Flugsport **26** (1934) 7 137—141.

Halbzeuge **1.42**

Bleche **1.421**

Haessner, Frank, Georg Masing u. *Hein Peter Stüve:* Textur- und Zipfelbildung an Reinaluminiumblechen aus Strang- und Kokillenguß. Z. Metallkde. **47** (1956) 12 743—750; Aluminium **33** (1957) 4 A 88; AB **28** (1957) 2 113.
Schachtel, Fr.: Beidseitige Versteifungsrippen bei Blechprofilen. Mitt. Forsch.-Ges. Blechverarb. (1956) 13 153—155.
Zimmermann, W.: Calottan, ein neues, werkstoffsparendes Bauelement hoher Biege- und Knicksteifigkeit. Z. wirtschaftl. Fertigung **55** (1956) 6 53—56; Leichtbau d. Verkehrsfahrzeuge **1** (1957) 4 96.
Pum, Ernst: Abkantprofile aus Stahl- und Leichtmetallblech. Werkstatt u. Betrieb **91** (1958) 9 577—582 [6.11].

Drähte und Seile **1.422**

Bürnheim, H.: Spannungsmessung in Drähten. Industrie-Anz. **76** (1954) 103 5—7; Draht **6** (1955) 6 239.
Altpeter, H.: Rechnerische Ermittlung der Drahtstärken komplizierter Drahtseilmacharten in Parallelschlag und ähnlichen Macharten. Draht-Welt **41** (1955) 21 283—286; Draht **7** (1956) 2 59—60.
Alexander, Donald C.: Fatigue life of stranded hook-up wire. Wire & Wire Products **30** (1955) 2 181—185, 221; AB **26** (1955) 3 151.
Davidsson, W.: Investigation and calculation of the remaining tensile strength in wire ropes with broken wires. (In Engl.). Ingeniörsvetenskapsakad. (Stockholm) No. 214 1955 38 p.; AMR **11** (1958) 6 285.
Miller, H. J.: Heat treatment and finishing operations in the production of copper and aluminium rod and wire. Wire Industry (1955) June 610—612.
Brebera, A.: Das Kriechen glatter patentierter Drähte sowie deren Verbesserung durch Vorspannen. Bauplanung u. Bautechn. (1956) 1 18—21.
Franke, Ernst A.: Beitrag zum Ermitteln des Einflusses der Abnutzung an Drahtseilen auf deren Gebrauchsfähigkeit. Draht **7** (1956) 4 124—129.
Krekel, Paul: Drahtseilklemmen aus Aluminium. Aluminium **32** (1956) 12 778—780.
Nichols, R. W.: The mechanical properties of carbon steel wire at low temperatures. J. Iron & Steel Inst. **182** (1956) Pt. 4 337—347; AMR **9** (1956) 11 480—481.
Püngel, W.: Einfluß der Nachbehandlung auf die elastischen Eigenschaften von Stahldraht. Stahl u. Eisen **76** (1956) 25 1685—1689 7 Lit.-St.
Rauche, A.: Korrosionen an Förderseilen und mögliche Korrosionsgegenmittel. Bergbautechnik **6** (1956) 3 154—157.

Saga, Jiro and *Toichi Watanabe:* Mechanical properties of 18-8 stainless steel wire. I. J. Japan Soc. Testing Mater. **5** (1956) 28 28—33; Japan Sci. Rev., Mech. & Electr. Engng. **3** (1957) 1 76.

Bleilöb, Franz u. *Emil Schücker:* Die mechanischen Eigenschaften hartgezogener Federdrähte. Stahl u. Eisen **77** (1957) 20 1362—1368; Draht **9** (1958) 8 Reklameseite 26.

Dahl, W. u. *W. Lueg:* Über das Verfestigungsverhalten von Runddraht bei verschiedenen Verformungsarten. Stahl u. Eisen **77** (1957) 6 334—340; Draht **9** (1957) 8 374—375.

Perret, J.: Influence de l'âme en chanvre sur la corrosion des câbles métalliques. Wirtsch. Techn. Transp. **26** (1957) 4/6 62—63.

Wintergerst, S. u. *M. Aepfelbacher:* Das Kriechverhalten von Aluminiumdrähten und -seilen. Aluminium **33** (1957) 1 16—23 12 Lit.-St.; Draht **9** (1958) 3 107.

Bühler, Hans u. *Georg Altmeyer:* Der Einfluß des Nachziehens und des Richtens auf die Eigenspannungen in Stahldrähten. Stahl u. Eisen **78** (1958) 25 1822—1827.

Bukowiecki, A.: Korrosionserscheinungen an Stahldrahtseilen. Schweiz. Bau-Ztg. **76** (1958) 30 441—446.

Engel, E.: Das Drehbestreben der Seile und ihre Drehsteifigkeit. Öst. Ing.-Z. **1** (1958) 1 33—39; Draht **9** (1958) 11 457.

Feldmann, H. D.: Eigenschaften und Herstellung von Aluminiumdraht. Draht **9** (1958) 10 392—398, 11 461—463, 12 512—516 6 Lit.-St.

Feldmann, H. D.: Eigenschaften und Herstellung von Aluminiumdraht. Aluminium **34** (1958) 9 530—537.

Holm, Ove Falck: Der Torsionsversuch mit verzinkten Drähten. Draht **9** (1958) 11 458—459.

Kayser, Karlheinz: Nichtrostende Federdrähte und Federbänder. Draht **9** (1958) 12 491—496.

Lueg, Werner u. *Karl Schemmer:* Einfluß der Arbeitsbedingungen beim Patentieren von Seildrähten nach Widerstandserhitzung auf die Festigkeitseigenschaften. Stahl u. Eisen **78** (1958) 14 960—965; Draht **9** (1958) 10 427.

Papsdorf, Werner u. *Fritz Schwier:* Kriechen und Spannungsverlust bei Stahldraht, insbesondere bei leicht erhöhten Temperaturen. Stahl u. Eisen **78** (1958) 14 937—947; Draht **9** (1958) 10 426.

Rose, Adolf, Leo Rademacher u. *Karl Schemmer:* Die Umwandlungsvorgänge beim Patentieren von Seildrähten nach Widerstandserhitzung in Zusammenhang mit den Festigkeitseigenschaften. Stahl u. Eisen **78** (1958) 14 966—074; Draht **9** (1958) 10 398.

Schneider-Bürger, Martha: Stahlbau-Profile. 9. Aufl. Düsseldorf: Verl. Stahleisen 1958 48 S. [1.423].

Bühler, Hans u. *Georg Altmeyer:* Über die Bestimmung von Eigenspannungen in Drähten. Draht **10** (1959) 3 87—92 12 Lit.-St.

Hempel, M.: Die Vorausbestimmung der Zugfestigkeit bei der Stahldraht-Herstellung. Draht **10** (1959) 3 92—93.

Kohlhase, Fritz: Stahldraht für Drahtseile. Draht **10** (1959) 9 471—475.

van de Moortel, D.: Die moderne Entwicklung der Drahtseile. Draht **10** (1959) 8 353—357, 9 484—488.

Papsdorf, W. u. *F. Schwier:* Kriechen und Spannungsverlust bei Stahldraht, insbesondere bei leicht erhöhten Temperaturen. Felten & Guilleaume Rdsch. (1959) 44 183—198.

v. Zwehl, W.: Aluminiumseile im Freileitungsnetz der Bundesrepublik. Aluminium **35** (1959) 10 589.

Offene Profile **1.423**

Hädrich, J.: Abkantprofile in Leichtmetall. Aluminium (Suisse) **6** (1956) 2 49—55; Aluminium **32** (1956) 8 A 213.

Huber, R.: Schnellberechnung selbstgefertigter Profile aus Bandstahl. Techn. Rdsch. (Bern) **49** (1957) 13 17; Leichtbau d. Verkehrsfahrzeuge **1** (1957) 2/3 69.

Schneider-Bürger, Martha: Stahlbau-Profile. 9. Aufl. Düsseldorf: Verlag Stahleisen 1958 48 S. [1.422].

Wright, D. F. and *G. R. Beaumont:* The strength in compression and tension of an aluminium alloy extruded angle to specification B. S. L65. Roy. Aircr. Establ. TN S. 238 May 1958 18 p.

Bauelemente **1.43**

Genormte und teilweise genormte Bauelemente **1.431**

Verbindungselemente **1.431.1**

Nieten **1.431.11**

Brace, A. W. and *A. B. Watts:* Investigations into the optimum dimensions for countersunk points for aluminium rivets, particularly for marine work. ADA Res. Rep. 30 Dec. 1955; Aircr. Engng. **28** (1956) 327 176 [6.253.1].

Haddon, J. D.: Aluminium-alloy concave-pointed rivets. Engineering **180** (1955) 4668 79—83; Aluminium **32** (1956) 2 A 43; Nachr.-Bl. AGM Leichtbau **5** (1956) 4 12 [1.442.43].

Yamaguchi, Hideo and *Jungyo Yamamoto:* Study of the riveting materials of aluminium alloys. I. On the mechanical properties. Light Metals (Japan) (1955) 17 41—46; AB **27** (1956) 2 106.

Adaridi, B.: Les rivets Riv-Clé et l'assemblage des tôles accessibles d'un seul coté. III. Rev. Aluminium **33** (1956) 236 963—967; Leichtbau d. Verkehrsfahrzeuge **1** (1957) 1 24 [1.442.43].

Steeg, P.: Verarbeitung großer Aluminiumniete über 20 mm Schaftdurchmesser. Aluminium **32** (1956) 4 212—213.

Tournaire, M. et *M. Renouard:* Alliages pour rivets de la famille du duralumin. Rev. Aluminium **33** (1956) 228 41—46; Aluminium **32** (1956) 6 A166 [1.323.211.1].

— Fastening devices for sheet metal. Light Metals **19** (1956) 219 183—184; Aluminium **32** (1956) 11 A 322.

— Explosive rivets; advantages claimed for their use in airframe blind-riveting applications. Aircr. Production **18** (1956) 11 452—453; Leichtbau d. Verkehrsfahrzeuge **1** (1957) 2/3 67; Aeron. Engng. Rev. **16** (1957) 1 140.

Williams, C. G.: Some aspects of the production and application of cold-forged light-alloy large-diameter rivets. Light Metals **20** (1957) 231 196—198; AB **28** (1957) 7 464.

Schrauben und Muttern **1.431.12**

Möller: Versuche mit Anleimmuttern. Focke-Wulf Versuchs-Ber. 3562 1943.

Grimm, D. W.: Lightweight nut design based on high strength material. Product Engng. **27** (1956) 12 176; Konstruktion **9** (1957) 11 466.

Love, J. and *O. A. Pringle:* The influence of shank aera on the tensile impact strength of bolts. Trans. ASME **78** (1956) 7 1489—1496; Konstruktion **9** (1957) 10 424—425.

Mousley, R. F., F. Clifton and *D. Le Brocq:* Comparison of the strength in tension of bolts and nuts with unified fine and British standard fine threads. Roy. Aircr. Establ. TN S 212 Nov. 1956 13 p.; Aeron. Engng. Rev. **16** (1957) 5 177, 180.

— Die Dehnschraube und was der Konstrukteur davon wissen muß. Techn. Rdsch. (Bern) **48** (1956) 24 17—21; Draht **8** (1957) 2 63—64.
— Schrauben-Vademecum. 2. Aufl. Neuss-Rhein: Bauer & Schaurte Juli 1956 Lose-Bl.-Sammlung; Draht **8** (1957) 4 138—139 [1.443.12].
— 220 000 Psi steel bolt to be used in jet interceptor. Mater. & Meth. **43** (1956) 6 165, 167; Konstruktion **9** (1957) 1 38; Nachr.-Bl. AGM Leichtbau **5** (1956) 9/10 12.
— PLI washers and the preloading of bolts. Douglas Serv. (1956) Nov./Dec. 8—23; Aeron. Engng. Rev. **16** (1957) 3 134.
Hancke, A.: Vom Draht zur preßblanken, hochfesten Schraube. Draht **8** (1957) 8 289—291.
Becker, G.: Korrosionsgeschützte Stahlschrauben. Draht **9** (1958) 1 13—15.
Heckner, J.: Formfestigkeit der Stiftschrauben. Konstruktion **10** (1958) 7 270—273 10 Lit.-St.; Draht **9** (1958) 10 427.
Junker, G.: Hochfeste Schrauben, Werkstoff- und Warmbehandlungsfragen. Maschinenmarkt **64** (1958) 54 8—11; Draht **10** (1959) 7 336.
Klein, Hans-Christof: Beitrag zur Frage der Abmessungs- und Toleranzfestlegung des Telleransatzes an kaltgestauchten Sechskantschraubenköpfen. DIN-Mitt. **37** (1958) 11 510—514.
Mousley, R. F., F. Clifton and *D. le Brocq:* Comparative strength test of tension bolts with UNF and BSF threads. ARC Curr. Pap. 416 Sept. 1958; Aircr. Engng. **31** (1959) 363 148.
Schmid, Wolfgang: Die zulässige Beanspruchung hochfester Schrauben. Bau-Ing. **33** (1958) 3 101—105 10 Lit.-St.
Schmitz, Hermann u. *Herbert Grohmann:* Schraubenbolzen mit Dehnschaft. Beitrag zu DIN 2510. DIN-Mitt. **37** (1958) 11 493—508 [1.443.11].
Taubert, E.: Erfahrungen über korrosionsbeständige Inkrom-Stahlschrauben. Draht **9** (1958) 12 505—507.
— Schrauben mit hoher Warmfestigkeit. Techn. Rdsch. (Bern) **50** (1958) 44 21; Draht **10** (1959) 11 600.
Küchler, R.: Hochfeste Senk- und Zylinderschrauben mit niedrigem Kopf und Innenverzahnung. Konstruktion **11** (1959) 4 147—148.
Richter, E.: Schrauben aus rostfreiem Stahl für die Luftfahrt. Luftf.-Techn. **5** (1959) 2 58—60.
— Keine Festigkeitsverminderung bei feuerverzinkten, hochfesten Schrauben. Metalloberfläche **13** (1959) 2 41.

Nägel   1.431.15

Nachtigall, E. u. *H. Landerl:* Nägel aus Leichtmetall. Aluminium Ranshofen Mitt. **3** (1955) 2 36—40; AB **27** (1956) 1 12.

Sicherungselemente   1.431.17

— Aluminiumbeschläge für Sicherheitsgurte ab 1. Juli 1955 eingeführt. Aluminium **31** (1955) 12 614—615; AB **27** (1956) 2 77—78.
Bielmann, R.: Sicherung von Schraubverbindungen in Luftfahrzeugen. Luftf.-Techn. **2** (1956) 9 179—180.

Federungselemente   1.431.2
Metallfedern   1.431.21

Coates, B.: Eigenschaften von Leichtbaufedern. Metal Treatm. & Drop Forging **21** (1954) 105 284—288; Metall **8** (1954) 21/22 876.

Albright, S. L.: Torsion spring design. I. Application requirements. II. Basic spring calculation. III. Variations and limits. Product Engng. **26** (1955) June 136—143.

Huber, R.: Genaue und einfache Berechnung zylindrischer Schraubenfedern auf dem Rechenschieber. Werkstatt u. Betrieb **88** (1955) 2 66—67; Draht **6** (1955) 11 470.

Otzen, U. u. *W. Panknin:* Konstruktive Gestaltung von Zug- und Schenkelfedern. Über Federn im allgemeinen, kurzer Überblick. Industrie-Anz. **77** (1955) 58 3—4.

Otzen, U.: Über das Setzen von Schraubenfedern. Diss. TH Stuttgart 1955.

Rohn, K.: Federn aus aushärtbaren Berylliumlegierungen. Draht **6** (1955) 9 360—365 15 Lit.-St.

Carlson, H. C. R.: Selection and application of spring materials. Amer. Soc. Mech. Engrs. Pap. 55-A-76 Nov. 1955; Mech. Engng. **78** (1956) 4 331—334; Draht **9** (1958) 4 137—140.

Gross, Siegfried: Die Beanspruchung beim Dauerprüfen zylindrischer Schraubenfedern. Draht **7** (1956) 4 116—119.

Korhammer, A.: Berechnung zylindrischer Schraubenfedern mit Kreisquerschnitt nach DIN 2089. Konstruktion **8** (1956) 4 160—161.

Maag, H.: Knickung von Schraubenfedern unter Druck und konservativer Torsion. ZAMP **7** (1956) 4 369.

Otzen, Uwe: Änderung des mittleren Federdurchmessers und der Anzahl der federnden Windungen während der Belastung von Druckfedern. Draht **7** (1956) 8 318—320.

Schade, H.: Beitrag zur Berechnung zylindrischer Schraubenfedern. Z. VDI **98** (1956) 4 131—132, 35 1927—1928; AMR **9** (1956) 11 473.

Staugaitis, C. L. and *H. C. Burnett:* Long helical spring behavior under fluctuating loads. Product Engng. **27** (1956) 11 F 9—F 11; Konstruktion **9** (1957) 6 243.

— Federwerkstoffe und Nachbehandlung der Federn. Draht **7** (1956) 2 41—46, 3 81—84, 4 122—124.

Berry, W. R.: Spring design. Pt. 30. Mech. World & Engng. Rec. **137** (1957) 3459 466—470; Draht **9** (1958) 8 Reklameseite 26.

Keitel, Helmut: Zur Berechnung ebener Spiralfedern mit rechteckigem Querschnitt. Draht **8** (1957) 8 326—328 22 Lit.-St.

Keitel, Helmut: Zusammensetzung, Eigenschaften und Festigkeitswerte amerikanischer metallischer Werkstoffe für Schrauben-Druckfedern. Draht **8** (1957) 5 180—186.

Linke, Johannes: Die dynamische Belastung von zylindrischen Schraubenfedern. Z. VDI **99** (1957) 12 526—531.

Maag, H.: Knickung von Schraubenfedern unter Druck und konservativer Torsion. Ing. Arch. **25** (1957) 2 113—133; AMR **10** (1957) 10 464.

Mitchell, E.: Wärmebehandlung und Oberflächenveredelung von Federn. Wire Industry **24** (1957) 282 561, 564, 567—569; Draht **9** (1958) 11 464.

Otzen, Uwe: Über das Setzen von Schraubenfedern. Draht **8** (1957) 2 49—54, 3 90—96 21 Lit.-St.

Votta, Frank A. jr.: Special spring forms. Machine Design **29** (1957) 7./3. 106—109; Aeron. Engng. Rev. **16** (1957) 5 180.

Walz, Karlheinz: Federn und Federungselemente. Arbeitsaufnahme und Federbeanspruchung. Draht **8** (1957) 8 322—323 4 Lit.-St.

Wehr, Georg: Schenkelfedern. Draht **8** (1957) 8 325—326.

— Compression spring design. Product Engng. **28** (1957) 1 206—208; Konstruktion **10** (1958) 6 251.

— Die Tellerfeder als Ausgleichselement. Draht **8** (1957) 8 329—330.

Bert, C. W.: Helical springs of hollow circular cross section. ASME Semiann. Meet., Detroit, Mich. Pap. 58-SA-18 June 1958 6 p.; AMR **12** (1959) 1 31.

Huber, Rudolf u. *Josef Gratzer:* Berechnen hochleistungsfähiger Schraubenfedern. Draht **9** (1958) 10 405—413.

Warsewa, Hans R.: Schaubild zur Berechnung einfacher Blattfedern. Konstruktion **10** (1958) 12 493.

Gross, Siegfried: Zylindrische Schraubenfedern mit ungleichförmiger Steigung. Draht **10** (1959) 8 358—363.

Hinkle, R. and *I. Morse:* Design of helical springs for minimum weight, volume and length. Trans. ASME, Ser. B **81** (1959) 1 37—42; Konstruktion **11** (1959) 9 369.

Leinß, Helmut: Die Durchbiegung stark belasteter, einseitig eingespannter Biegungsfedern. „Festschrift R. Grammel", Ing.-Arch. **28** (1959) 173—177.

Meincke, H.: Neue Erkenntnisse über Gestaltung und Werkstoff von Schraubenfedern. Konstruktion **11** (1959) 11 449—455 18 Lit.-St.

Palm, Joachim: Die Trapez-Biegefeder mit veränderlicher Dicke und konstanter Breite. Z. VDI **101** (1959) 34 1655—1656.

Palm, Joachim u. *Klaus Thomas:* Berechnung gekrümmter Biegefedern. Z. VDI **101** (1959) 8 301—308 10 Lit.-St.

Gummifedern **1.431.22**

Moulton A. E. and *P. W. Turner:* Rubber springs for vehicle suspension. Instn. Mech. Engrs., Automotive Div. Advance Pap. Dec. 1956 12 p.; Proc IME, Automotive Div. (1956/57) 1 17—41; AMR **10** (1957) 9 401; Leichtbau d. Verkehrsfahrzeuge **2** (1958) 5 239.

Reinhart, F. W. and *S. B. Newman:* Plastic springs. Product Engng. **27** (1956) 6 183—186; Konstruktion **9** (1957) 7 284.

Rachner, M.: Gummifederungselemente und Gummi-Metallverbindungen. Technik (Berlin) **12** (1957) 9 637—641 6 Lit.-St.

Deist, H. H.: Airsprings and their application to automotive, aircraft, and industrial uses. Rubber World **138** (1958) 4 563—570, 581; Leichtbau d. Verkehrsfahrzeuge **2** (1958) 6 261.

Göbel, E. F.: Berechnung der Federkennlinien von schräggestellten Scheiben-Gummifedern. Feinwerktechnik **62** (1958) 12 415—418.

Lager **1.431.3**

Palmgren, Arvid: Die Lebensdauer von Kugellagern. Z. VDI **68** (1924) 14 339—341.

v. Selzam, H.: Über die Berechnung der Gleitlager von Kolbenmaschinen und die Ermittlung ihrer zulässigen Belastbarkeit. Metallwirtschaft **22** (1943) 24/26 348—356.

Shaw, Arthur R.: Properties and production of aluminium alloy bearings. Gen. Motors Engng. J. **1** (1953) 1 49—51; AB **26** (1955) 10 641.

Migny, Pierre: Des roulements spéciaux pour les carters en alliages légers compensent les différences de dilatation. Rev. Aluminium **31** (1954) 214 325—329; AB **26** (1955) 1 15; Index Aeron. **11** (1955) 2 83.

Vogelpohl, G.: Versuche mit Preßstoff-Lagern für Walzwerke. (Hrsgeg. vom VDI, Gleitlagerforsch., u. G. Vogelpohl). Forsch.-Ber. Wirtsch.- u. Verkehrsministerium Nordrhein-Westfalen Nr. 89 1954 57 S.; Z. VDI **98** (1956) 2 80.

Buske, A. u. *F. W. Rabenau:* Warum Aluminiumlager? Aluminium **31** (1955) 10 493—498; AB **26** (1955) 11 716—717; Aluminium **31** (1955) 11 A 263.

Vogelpohl, G., A. Matting u. *K. F. Hahn:* Flammgespritzte Leichtmetallager. Aluminium **31** (1955) 11 544—553 21 Lit.-St.; AB **26** (1955) 12 713—714.

Lieblein, J. and *M. Zelen:* Statistical investigation of the fatigue life of deep-groove ball bearings. J. Res. Nat. Bur. Stand. **57** (1956) 5 273—316 21 ref.; AMR **10** (1957) 12 566.

Sommerfeldt, Horst: Der Einfluß von Schenkellast und Laufkreisdurchmesser auf die Dimensionierung des Rollenachslagers. Nachr.-Bl. AGM Leichtbau **5** (1956) 11 1—6 [6.252.21].

Tillmann, T.: Betriebserfahrungen mit Kunstharz-Preßstofflagern. (Anforderungen an neuzeitliche eingerüstige Umkehrstraßen, Teil 5) Stahl u. Eisen **76** (1956) 8 462—464.

Vogelpohl, Georg: Über die Tragfähigkeit von Gleitlagern und ihre Berechnung. Forsch.-Ber. Wirtsch.- u. Verkehrsministerium Nordrhein-Westfalen Nr. 268 1956 66 S.; Konstruktion **9** (1957) 3 127; Z. VDI **99** (1957) 23 1161.

Weber, W.: Kunststoffgetränkte Gleitlagerbaustoffe. Konstruktion **8** (1956) 12 507—509.

Wincierz, P.: Aluminiumlager. Z. VDI **98** (1956) 1 19—20.

Bear, H. Robert and *Robert H. Butler:* Preliminary metallographic studies of ball fatigue under rolling-contact conditions. NACA TN 3925 March 1957 38 p.; AMR **10** (1957) 8 357; Aeron. Engng. Rev. **16** (1957) 6 151; Index Aeron. **13** (1957) 5 86.

Bhat, G. K. and *A. E. Nehrenberg:* A study of the metallurgical properties that are necessary for satisfactory bearing performance and the development of improved bearing alloys for service up to 1000° F. WADC Techn. Rep. 57-343 (AD 142117) Nov. 1957 68 p.

Butler, Robert H., H. Robert Bear and *Thomas L. Carter:* Effect of fiber orientation on ball failures under rolling-contact conditions. NACA TN 3933 Febr. 1957 35 p. 11 ref.; AMR **10** (1957) 8 358; Index Aeron. **13** (1957) 5 87; J. Roy. Aeron. Soc. **61** (1957) 560 578; Aeron. Engng. Rev. **16** (1957) 5 177.

Butler, R. H. and *T. L. Carter:* Stress-life relation of the rolling-contact fatigue spin rig. NACA TN 3930 March 1957 23 p. 12 ref.; Aeron. Engng. Rev. **16** (1957) 4 127—128; Index Aeron. **13** (1957) 5 87.

Carter, R. H.: How to reduce shock loads in bearings. Product Engng. **28** (1957) 16./9. 72—76; Aeron. Engng. Rev. **16** (1957) 12 122.

Hanau, Heinz: New developments in bearings for aircraft. Automot. Industries (1957) 1./3. 40, 41, 80—82; Aeron. Engng. Rev. **16** (1957) 5 177.

Hanau, Heinz: Designing ball bearings for high speeds and temperatures. Aviation Age (1957) Jan. 56—61; Aeron. Engng. Rev. **16** (1957) 3 134.

Hanau, Heinz: New ball bearing designs are tailored to high speed operation. Aviation Age (1957) March 42—47.

Hedges, E. S.: Neue Entwicklungen auf dem Gebiet der Aluminium-Zinn-Lagerlegierungen. Aluminium **33** (1957) 5 318—322.

Jacobi, H. R.: Neue Erkenntnisse über Gleiteigenschaften von Polyamiden. Kunststoffe **47** (1957) 5 234—239 7 Lit.-St.

Kretzschmar, E.: Laufeigenschaften gespritzter Gleitlager aus Aluminium und Bronze unter Zusatz von Graphit. Schweißtechnik (Berlin) **7** (1957) 4 141—144.

Steller, Arpad: Gleit- und Wälzlager. Z. VDI **99** (1957) 34 1735—1737 29 Lit.-St.

Carter, T. L.: Effect of fiber orientation in races and balls under rolling-contact fatigue conditions. NACA TN 4216 Febr. 1958 10 p.; AMR **11** (1958) 10 547.

Carter, T. L.: Preliminary studies of rolling contact fatigue life of high-temperature bearing materials. NACA RM E 57 K 12 Apr. 1958 27 p.

Draper, Charles S.: Improved ball bearings will meet tomorrow's needs. Aviation Age **30** (1958) July 52—54, 56—59; Aero Space Engng. **17** (1958) 12 84.

Eschmann, F.: Entwicklungstendenzen in der Wälzlagertechnik. Glas. Ann. **82** (1958) 1 17—20.

Eschmann, P.: Neuzeitliche Konstruktionen mit Wälzlagern. Konstruktion **10** (1958) 9 343—349.

Hampp, Wilhelm: Wälzlager in Verbrennungskraftmaschinen. MTZ **19** (1958) 9 315—320.

Hasbargen, L.: Lebensdauerangaben für Wälzlager. Werkstatt u. Betrieb **91** (1958) 3 120.

Jäger, B.: Die angenäherte Berücksichtigung der Elastizität von Kugel- und Rollenlagern bei der Berechnung der biegekritischen Drehzahl. Konstruktion **10** (1958) 3 87—92.

König, H.: Wälzlager für Wagen, Anforderungen an Konstruktion und Fertigung. Glas. Ann. **82** (1958) 1 6—11 [6.252.21].

Kushnerick, J. P.: Non-metallic bearings. Aircr. & Missiles Mfg. (1958) Sept. 24—26; Aero Space Engng. **17** (1958) 12 84.

v. Meysenbug, C. M.: Kunststoff-Verbundlager. Z. VDI **100** (1958) 12 499—504 5 Lit.-St.; Kunststoffe **48** (1958) 12 581—582.

Mikulla, L.: Die Belastbarkeit von Gleitlagern. Konstruktion **10** (1958) 9 350—357.

Penney, D. and *F. Bockhoff:* Nylon-clad sleeve bearings. Product Engng. **29** (1958) 9 52—54; Konstruktion **11** (1959) 1 35.

Riddle, Johnny: Characteristics of basic roller bearings. Machine Design **30** (1958) 6./3. 138—145; Aero Space Engng. **17** (1958) 7 88.

Stiasny, E. J. Adolf: Die Ermittlung der voraussichtlichen Lebensdauer von Wälzlagern mit Hilfe von Leiterntafeln. Fördern u. Heben **8** (1958) 12 735—738.

— Berechnung der Wälzlager — Stand der Normung. Industrie-Anz. **80** (1958) 7 106.

— Gestaltung von Lagerungen. Einführung in die Wirkungsweise der Gleitlager. VDI-Richtlinie 2201, Düsseldorf: VDI-Verl. 1958 14 S.; Z. VDI **101** (1959) 19 807.

— High-temperature bearings will roll with advances in lubricants, materials, design. SAE-J. **66** (1958) 4 28—33.

Göring, R.-U.: Plaste als Gleitlagerwerkstoff. I. Theoretischer Teil. Plaste u. Kautschuk **6** (1959) 3 124—127 7 Lit.-St.

Hentschel, G.: Einbau und Belastbarkeit von Flugwerklagern. Luftf.-Techn. **5** (1959) 12 406—410 5 Lit.-St. [6.254.0].

Nass, R.: VDI-Fachtagung „Gestaltung von Lagerungen" Mannheim 1958. Konstruktion **11** (1959) 2 41—49.

Raven, F. H. and *R. L. Wehe:* Influence of shaft deflection and surface roughness on load-carrying capacity of plain journal bearings. NASA TN D-4 Aug. 1959; J. Roy. Aeron. Soc. **63** (1959) 588 745.

Strenge, H.: Plaste als Gleitlagerwerkstoff. II. Praktischer Teil. Plaste u. Kautschuk **6** (1959) 3 127—131.

Witte, A.: Zylinderrollenlager höherer Tragfähigkeit. Industrieblatt **59** (1959) 6 259—262.

Zahnräder (Stirn-, Kegel-, Schneckenräder u. dgl.) **1.431.4**

Hofer, H.: Vorläufige und verbesserte Zahnradberechnungsarten. ATZ **48** (1946) 4, 24.

Rettig, H. u. *H. Winter:* Erhöhung der Tragfähigkeit von Zahnrädern durch Härtung. Industrie-Rdsch. (1953) 55—64.

Brugger, H.: Laufversuche an gehärteten Zahnrädern als Grundlage für ihre Bemessung. „Zahnräder — Zahngetriebe" (Schr.-Reihe Antriebstechnik Bd. 16) Braunschweig: Vieweg 1954.

Jacobson, M. A.: Bending stresses in spur gear teeth: proposed new design factors based on a photo-elastic investigation. Proc. IME **169** (1955) 33 23 p.; AMR **10** (1957) 5 191.

Maylahn, Karlheinz: Zahnradbaustoffe aus Kunststoff. Werkstatt u. Betrieb **88** (1955) 10 647—649; Z. VDI **98** (1956) 8 348.

Tanner, F.: Zahnräder aus Plastikwerkstoffen. Plaste u. Kautschuk **2** (1955) 3 60—61.

Trier, Hermann: Die Kraftübertragung durch Zahnräder. 3. Aufl. (Werkstattbücher, H. 87) Berlin—Göttingen—Heidelberg: Springer 1955 78 S.; Z. VDI **98** (1956) 18 993.

Dietrich, G. u. H. Winter: Zur Tragfähigkeitsberechnung von Stirnrädern. Vergleichende Untersuchung üblicher Berechnungsverfahren. Z. VDI **98** (1956) 8 337—345 27 Lit.-St.

Erker, Armin: Werkstoffe für einsatzgehärtete Zahnräder und ihre Prüfung. MAN-Forsch. H. 6 1956 31—41 27 Lit.-St.

Glaubitz, H.: Zahnradgetriebe. Z. VDI **98** (1956) 8 353—355 34 Lit.-St.

Ishikawa, Jiro: On the bending strength of spur gear teeth. J. Japan Soc. Mech. Engrs. **59** (1956) 452 649—655; Japan Sci. Rev., Mech. & Electr. Engng. **3** (1958) 2 113.

Rettig, H.: Dynamische Zahnkraft. Diss. TH München 1956.

Winter, Hans: Tragfähigkeitssteigerung durch Kugelstrahlen, insbesondere bei Zahnrädern. Werkstattstechn. u. Masch.-Bau **46** (1956) 7 342—348; Draht **8** (1957) 10 439.

Glaubitz, Heinz: Die dynamischen Kräfte an Getriebezähnen. Konstruktion **9** (1957) 5 200.

Glaubitz, H.: Zahnradgetriebe. Z. VDI **99** (1957) 6 259—261 36 Lit.-St.

Gorten, George: Impact loads in gear trains; how to evaluate peak torques and stresses caused by sudden stoppage. Machine Design **29** (1957) 5 83—87; Aeron. Engng. Rev. **16** (1957) 5 180.

Halgren, J. A. and D. J. Wulpi: Laboratory fatigue testing of gears. SAE-J. **65** (1957) 452—470.

Harris, S. L.: Dynamic loads on the teeth of spur gears. Instn. Mech. Engrs. Prepr. 1957 16 p.; Proc. IME (1958) 2 87—100, disc. 101—112; AMR **11** (1958) 10 531.

Kelley, B. W. u. R. Pedersen: Zahnfußfestigkeit bei neuzeitlichen Getriebekonstruktionen. „Getriebe-Kupplungen — Antriebselemente" (Schr.-Reihe Antriebstechnik Bd. 18) Braunschweig: Vieweg 1957.

Kotthaus, E.: Eine neue Methode zum Berechnen achsversetzter Kegelräder. Konstruktion **9** (1957) 4 147—153.

Mönch, E. u. A. K. Roy.: Spannungsoptische Untersuchung eines schrägverzahnten Stirnrades. Konstruktion **9** (1957) 11 429—438 16 Lit.-St.

Niemann, G. u. H. Rettig: Dynamische Zahnkräfte. I. Versuchsergebnisse über den Einfluß von Geschwindigkeit, Belastung, Zahnfehlern und Masse auf die zusätzliche dynamische Zahnkraft. II. Diskussion der Ergebnisse und Kontrollversuche. Z. VDI **99** (1957) 3 89—96 16 Lit.-St., 4 131—137; AMR **11** (1958) 4 165; Index Aeron. **13** (1957) 4 75—76; Aeron. Engng. Rev. **16** (1957) 6 150.

Niemann, G. u. H. Winter: Einheitliche Tragfähigkeitsberechnung von Stirnrädern. „Getriebe—Kupplungen—Antriebselemente" (Schr.-Reihe Antriebstechnik Bd. 18) Braunschweig: Vieweg 1957.

Strasser, F.: Stamped gears. Machine Design **29** (1957) 25 161—165; Konstruktion **10** (1958) 11 461.

Trbojevic, M.: Load distribution on helical gear teeth. Engineer **204** (1957) 5298 187—190, 5299 222—224; Konstruktion **10** (1958) 11 458.

Zeman, J.: Dynamische Zusatzkräfte in Zahnradgetrieben. Z. VDI **99** (1957) 6 244—254 14 Lit.-St.

Brugger, Hans: Das höchstbelastbare Zahnrad im Flugzeugbau. Z. VDI **100** (1958) 9 353—356; Index Aeron. **14** (1958) 7 71; Aero Space Engng. **17** (1958) 12 84.

Glaubitz, Heinz: Einige Versuchsergebnisse zum Einfluß des Betriebseingriffswinkels auf die Bewährung von Geradzahn-Stirnrädern aus Stahl. Konstruktion **10** (1958) 2 51—54 12 Lit.-St.

Glaubitz, Heinz: Beurteilung von Spannungen in Getriebezähnen auf Grund spannungsoptischer Messungen. Werkstattstechn. u. Maschinenb. **48** (1958) 4 216—222.

Harris, S.: Dynamic loads on the teeth of spur gears. Proc. IME **172** (1958) 2 87—112; Konstruktion **11** (1959) 2 75—76; AMR **12** (1959) 6 409.

Höhne, Erich: Oberflächenhärten von Zahnrädern. Z. VDI **100** (1958) 6 241—248 19 Lit.-St. [2.76].

Müller, L.: Die Anwendung der Ähnlichkeitstheorie auf die Untersuchung der dynamischen Kräfte an Zahnrädern. Konstruktion **10** (1958) 11 438—440.

Muller, G.: Laminated plastic gears for silent operation, high horsepower. Mater. in Design Engng. **48** (1958) 3 106—108; Konstruktion **11** (1959) 7 277—278.

Niemann, G. u. *H. Rettig:* Gehärtete Zahnräder. Ein Beitrag zur Frage der Tragfähigkeit und ihrer Erhöhung. Konstruktion **10** (1958) 6 213—223 23 Lit.-St.

Trier, H.: Die Zahnformen der Zahnräder. Grundlagen, Eingriffsverhältnisse und Entwurf der Verzahnungen. 5. Aufl. (Werkstattbücher H. 47) Berlin— Göttingen—Heidelberg: Springer 1958 76 S.; Schweiz. Bauztg. **77** (1959) 35 569.

Attia, A.: Dynamic loading of spur gear teeth. Trans. ASME, Ser. B **81** (1959) 1 1—9; Konstruktion **11** (1959) 9 367—368.

Glaubitz, Heinz: Zahnradgetriebe. Z. VDI **101** (1959) 6 249—254 233 Lit.-St.

Hugentobler, P. E.: Kunststoffe in der Herstellung von Zahnrädern und anderen Maschinenteilen. Schweiz. Maschinenmarkt **59** (1959) 19 83, 85—87; Leichtbau d. Verkehrsfahrzeuge **3** (1959) 4 141.

Linek, A.: Zahnräder aus Kunststoffen. Industrieblatt **59** (1959) 5 182—188.

Wiegand, H. u. *H. Hentze:* Dauerschwingfestigkeit und Verschleißverhalten von salzbadnitrierten Zahnrädern aus Gußeisen mit Kugelgraphit. Metalloberfläche **13** (1959) 8 238—242.

Festigkeit von Verbindungselementen **1.44**

Allgemeines **1.441**

Steward, C. W.: Punktschweißung gegen Nietung, ein Festigkeitsvergleich. (On the comparative physical properties of spot welding vs. riveting aluminum alloys in production. Übers. Aviation **35** (1936) 10 28). Luftf.-Schrifttum Ausland **2** (1936) 12 303—306.

Lutz, O. u. *G. Bechtloff:* Verbindungselemente. Z. VDI **98** (1956) 34 1901—1903 20 Lit.-St.

Hempel, Max: Dauerschwingfestigkeit. Colloquium on fatigue — Kolloquium über Ermüdungsfestigkeit. Draht **8** (1957) 10 429—431. [1.331], [1.343.31].

Lutz, Otto u. *Harald Maaß:* Verbindungselemente. Z. VDI **99** (1957) 34 1731—1734 19 Lit.-St.

Mordfin, Leonard and *A. C. Legate:* Creep behavior of structural joints of aircraft materials under constant loads and temperatures. NACA TN 3842 Jan. 1957 53 p. 23 ref.; Index Aeron. **13** (1957) 3 47; J. Roy. Aeron. Soc. **61** (1957) 559 508; Aeron. Engng. Rev. **16** (1957) 2 147; AMR **11** (1958) 7 360.

Wellinger, K. u. *Fr. Eichhorn:* Bestimmung von Eigenspannungen in Bauteilen. Schweißen u. Schneiden **9** (1957) 3 93—97 21 Lit.-St.

Gerecke, G.: Verbindungselemente als wesentliche Faktoren bei der konstruktiven Gestaltung von Maschinen. Z. VDI **100** (1958) 12 491.

Gerken, J. M.: Diffusion bonds Zircaloy and stainless. Metalworking Production **103** (1959) 43 1706—1707.

Feste Verbindungen	**1.442**
Schweißverbindungen	**1.442.1**
Allgemeines	**1.442.11**

Ward, N. F.: Zuverlässigkeit von Flugzeugschweißungen. (Übers. Trans. ASME **57** (1935) 7 389—394). Luftf.-Schrifttum Ausland **2** (1936) 3 63—66.

Boyd, G. M.: Residual stresses in welded structures. Brit. Welding J.**1** (1954) 12.

Viglione, J.: Fatigue tests of Ti, stainless steel and Al alloy seam welded specimens. Aeron. Mater. Lab., Naval Air Exper. Stat., Philadelphia, AD-44201 July 1954 27 p.; Titanium Abstr. Bull. **1** (1955/56) 210.

Vreedenburgh, C. G. J.: New principles for the calculation of welded joints. Int. Shipbuilding Progr. (Rotterdam) **1** (1954) 4 200—223; AMR **9** (1956) 10 424.

Houdremont, E.: A german view of brittle welded structures. Metal Progr. **67** (1955) 1 114—120, 200, 202.

Palmer, P. J.: Stress distribution in side fillet welds. Brit. Welding J. **2** (1955) 2.

Wellinger, K., Fr. Eichhorn u. *Fr. Löffler:* Versuche über den Abbau von Schweißeigenspannungen durch überlagerte Wärmespannungen. Schweißen u. Schneiden **7** (1955) 1 7—14 5 Lit.-St.

Burghardt, H.: Betrachtung über Schrumpfungen und Verwerfungen in geschweißten Konstruktionen. Schweißtechnik (Berlin) **6** (1956) 9/10 292—295.

Erker, A.: Einfluß der Eigenspannungen und des Werkstoffzustandes auf die Betriebssicherheit. Schweißen u. Schneiden **8** (1956) 11 436—442 24 Lit.-St.

Fiehn, H. u. *K. Teske:* Zug- und Faltversuche an schmelzgeschweißten Stumpfnähten. Schweißen u. Schneiden **8** (1956) 5 158—163.

Hofmann, W. u. *G. Kornberger:* Versuche zur Keilschweißung von Aluminium und Stahl. Z. Metallkde. **47** (1956) 2 86—89; Aluminium **32** (1956) 6 A 170 [2.511.1].

Koenigsberger, F. and *M. E. Mohsin:* Design and load carrying capacity of welded battened struts. Struct. Engrs. **34** (1956) 6 183—203.

Masubuchi, K. and *T. Yada:* Some problems of elastic dislocation and their application on residual welding stresses. Proc. 6th Japan Nat. Congr. Appl. Mech., Univ. of Kyoto, Japan, Oct. 1956 23—26; AMR **11** (1958) 5 226.

Miller, M. A. and *E. W. Mason:* Properties of arc-welded joints between aluminum and stainless steel. Welding J. **35** (1956) 7 323s—328s; AMR **10** (1957) 5 200.

Mura, T.: Buckling type deformation of thin plates due to welding. Meiji Univ., Japan, Fac. of Engng., Res. Rep. 7 June 1956 (E) 63—71.

Neumann, A.: Berechnung von Schweißverbindungen bei statischer Beanspruchung im internationalen Vergleich. Schweißtechnik (Berlin) **6** (1956) 2 33—37, 3 73—77 8 Lit.-St.

Ota, S.: Static strength of welded joint. I. J. Railway Engng. Res. (Japan) **13** (1956) 16 426—446.

Otani, M.: On the brittle fracture of welded structures. J. Railway Engng. Res. (Japan) **13** (1956) 2/3 33—80.

Soete, W.: Die Schweißnaht im Übergangsgebiet der elastisch-plastischen Verformung. Schweißen u. Schneiden **8** (1956) 11 430—435.

Distefano, J. N.: One-dimensional elastic state of welded connections. (In Spanish). Ciencia y Tecnica (Buenos Aires) **124** (1957) 619 141—155; AMR **11** (1958) 8 421.

von May, R.: Berechnung der Schweißkonstruktion bei ruhender (statischer) Belastung. Z. Schweißtechnik **47** (1957) 4 89—92.

Parker, Earl R.: Stress relieving of weldments. Welding J., Res. Suppl. **36** (1957) 10 433s—441s 23 ref.; Aeron. Engng. Rev. **17** (1958) 2 108.

Pfender, M.: Hinweise auf die Bedeutung der Festigkeitsforschung, Werkstoffprüfung und Normung für die Schweißtechnik. Schweißen u. Schneiden **9** (1957) 3 81—83.

Puchner, O. u. V. Gregor: Festigkeits- und Berechnungsprobleme der Punktschweißung. Schweißtechnik (Berlin) **7** (1957) 1 4—10 11 Lit.-St.

Sudasch, Erich: Der heutige Stand der Schweißtechnik. Bericht über die DVS-Fachschau „Schweißen u. Schneiden", Werk- und Verkaufsausstellung der Schweißtechnik vom 23. Juni bis 3. Juli 1957 in Essen. Werkstatt u. Betrieb **90** (1957) 11 799—809 [2.511.1].

Alsobrook, R. S.: High-strength welded structures. Aircr. Production **20** (1958) 1 20—26; Aeron. Engng. Rev. **17** (1958) 4 110.

Green, W. L., M. F. Hamad and R. B. McCauley: The effects of porosity on mild-steel welds. Weld. Res. Suppl. **37** (1958) 5 206—209; AMR **12** (1959) 2 110.

Matting, Alexander u. E. Rubo: Ungünstiger und günstiger Einfluß des Schweißens auf Spannungszustände in Bauteilen. Oerlikon Schweiß-Mitt. **16** (1958) 31 5—13.

Rädecker, W.: Eine neue Methodik zum Nachweis von Schweißeigenspannungen. Schweißen u. Schneiden **10** (1958) 9 351—358.

Sudasch, Erich: Probleme der Schweißtechnik. Rückblick auf die große Schweißtechnische Tagung des deutschen Verbandes für Schweißtechnik e. V. in Mannheim vom 17. bis 20. Juni 1958. Werkstatt u. Betrieb **91** (1958) 8 497—502 [2.511.1].

Donelan, J. A.: Industrial practice in cold pressure welding. Brit. Welding J. **6** (1959) 1 5—12; Aluminium **35** (1959) 9 A 236 [2.511.1].

Eisele, F. u. H. Drumm: Einfluß der Schweißung auf Steifigkeit und Dämpfung geschweißter Bauelemente. Schweißen u. Schneiden **11** (1959) 3 75—83 11 Lit.-St.

Hofmann, W. u. H. Schildwächter: Versuche zum Reibungsschweißen von Metallen. Schweißen u. Schneiden **11** (1959) 9 349—352 [2.511.1].

Kunz, H. G.: Eigenspannungen, Verwerfungen und Maßhaltigkeit beim Schweißen. Schweißen u. Schneiden **11** (1959) 3 84—86, 88—92 15 Lit.-St.

Vaidyanath, L. R., M. G. Nicholas and D. R. Milner: Pressure welding by rolling. Brit. Welding J. **6** (1959) 1 13—28; Aluminium **35** (1959) 9 A 238 [2.511.1].

Stähle **1.442.12**

Gottfeldt, Harry: Geschweißte Rohrkonstruktionen. Schweiz. Bau-Ztg. **106** (1935) 16 181—183 [6.122].

Colbus, J.: Zugversuche für Schweißnahtprüfungen. Schweißen u. Schneiden **7** (1955) 9 376—383.

Füllenbach, H.: Einfluß der Schweißbedingungen auf die Festigkeit beim Loch-Schmelzpunktschweißen. Mitt. Forsch.-Ges. Blechverarb. (1955) 17 209—212; Nachr.-Bl. AGM Leichtbau **5** (1956) 2/3 14.

Kautz, Kurt: Zugversuch an Rohren mit durch Bohrungen geschwächten Rundschweißnähten. Schweißen u. Schneiden **7** (1955) 9 384—386.

Kihara, H., Y. Akita, N. Ando and *K. Yoshimoto:* Stress studies of various shaped welded doubler in hatch corner. Welding J., Res. Suppl. **34** (1955) 10 465s—471s; AMR **9** (1956) 6 248—249.

Koenigsberger, F. and *H. W. Green:* Static and fatigue strength of fillet-weld connections between rolled angle sections and gusset plates. Brit. Welding J. **2** (1955) 9 369—372; Leichtbau d. Verkehrsfahrzeuge **1** (1957) 2/3 62 [1.442.14].

Mordfin, Leonard: Creep and creep-rupture characteristics of some riveted and spot-welded lap joints of aircraft materials. NACA TN 3412 June 1955 53 p. 44 ref.; AMR **9** (1956) 4 151—152; Index Aeron. **11** (1955) 9 78; Aeron. Engng. Rev. **14** (1955) 9 98; J. Roy. Aeron. Soc. **59** (1955) 539 788 [1.442.43].

Bergmann, Walter: Verformungsmechanismus und Spannungsfelder in geschweißten Anschlüssen. Schweißen u. Schneiden **8** (1956) 11 404—416.

Fuchs, C.: Schrumpfungen, Schrumpfspannungen und Maßhaltigkeit der Schweißkonstruktionen. Konstruktion **8** (1956) 2 66—72 11 Lit.-St.; Z. VDI **99** (1957) 24 1189—1190.

Kloth, Willi u. *Walter Bergmann:* Die Bedeutung der Steifigkeit für die Tragfähigkeit geschweißter Konstruktionen. „Verbindungselemente und Verbindungen", VDI-Ber. Bd. 9 1956 83—91 14 Lit.-St.

Kollmar, A.: Dauerfestigkeitsversuche mit Werkstoff und Stumpfnahtschweißverbindungen. Stahlbau **25** (1956) 9 205—210 [1.332.1].

Konishi, Ichiro, Masamitsu Ohashi and *Kijuro Shimada:* On the allowable stresses of welded joints of the high tensile strength structural steel. J. Japan Soc. Testing Mater. **5** (1956) 28 33—39; Japan Sci. Rev., Mech. & Electr. Engng. **3** (1957) 1 77.

Krekeler, K. u. *H. Verhoeven:* Qualitative Untersuchungen bei Verbindungsschweißungen mittels Lichtbogenschweißautomaten unter Verwendung von Blankdraht und Zugabe von ferromagnetischem Pulver als Umhüllung. Forsch.-Ber. Wirtsch.- u. Verkehrsministerium Nordrhein-Westfalen Nr. 274 1956 68 S.; Schweißen u. Schneiden **10** (1958) 10 417 [2.511.1].

Otani, M.: Brittle fracture of welded high tensile Mn-Si steel. J. Japan Welding Soc. **25** (1956) 5 296—299.

Rudy, J. F., R. B. McCauley and *R. S. Green:* The behavior of spot welds under stress. Welding J. **35** (1956) 2 65s—71s; AMR **9** (1956) 9 380.

Sahmel, Paul: Geschweißte Träger mit abgekanteten Stegblechen. Schweißen u. Schneiden **8** (1956) 7 240—244; Leichtbau d. Verkehrsfahrzeuge **1** (1957) 1 25.

Stäger, H.: Über Untersuchungen an Schweißverbindungen. Z. Schweißtechnik **46** (1956) 12 288—295.

Watanabe, Masanori, Yoshiharu Ideguchi and *Kiyoshi Inoue:* On the directionality of mechanical properties of rolled steels and welded parts. J. Japan Welding Soc. **25** (1956) 2 88—93; Japan Sci. Rev., Mech. & Electr. Engng. **3** (1957) 1 76.

Wells, A. A.: The brittle fracture strengths of welded steel plates. Trans. Instn Naval Architects **98** (1956) 3 296—326; AMR **10** (1957) 5 200.

Emerson, R. W. and *R. W. Jackson:* The plastic ductility of austenitic piping containing welded joints at 1200 °F. Welding J. **36** (1957) 2 89s—104s 10 ref.

Hummitzsch, W.: Mechanische Eigenschaften von Schweißverbindungen für den Kessel- und Behälterbau in Abhängigkeit von der Wärmebehandlung. Stahl u. Eisen **77** (1957) 5 279—290 19 Lit.-St.

Marx, S. u. *R. Müller:* Das Zusammenwirken von Stirn- und Flankenkehlnähten geschweißter Laschenverbindungen. Schweißtechnik (Berlin) **7** (1957) 8 306—311 14 Lit.-St.

Soldan, H. M. and *C. R. Mayne:* Ductility related to service performance of heavy-wall austenitic pipe welds. Welding J. **36** (1957) 3 141s—147s 14 ref.

Wayman, C. M. and *R. D. Stout:* Factors affecting the tensile properties of steel weld metal. Welding J. **36** (1957) 5 252s—262s 59 ref.

Wayman, C. M. and *R. D. Stout:* A study of factors affecting the strength and ductility of weld metal. Welding J. **37** (1958) 5 193s—200s.

Wiester, H.-J.: Probleme der Schweißung hochfester Baustähle. Schweißen u. Schneiden **9** (1957) 10 465—468 18 Lit.-St.; Mannesmann Forsch.-Ber. 21 1957 4 S. 18 Lit.-St.

van der Willigen, P. C.: Einfluß von Wasserstoff auf die Eigenschaften der Schweiße. Schweißen u. Schneiden **9** (1957) 12 517—521 15 Lit.-St.

Alsobrook, B. R.: High-strength weldments have definite role to play in aircraft and missile structures. Fabricating method keeps tooling costs low and flexibility high. SAE-J. **66** (1958) 1 60.

Mathar, H.: Vergleich verschiedener Verfahren zur Bestimmung der Sprödigkeit von Punktschweißungen an Stahlblechen. Stahlbau **27** (1958) 3 79—80.

Ruge, J. u. *W. Rauchfuß:* Zur Wolfram-Inertschweißung dünner Transformatoren- und Dynamobleche. Schweißen u. Schneiden **10** (1958) 2 55—58. [2.511.2].

Spangenberg, Dietrich: Untersuchung der spannungsgerechten Gestaltung von geschweißten Stabanschlüssen an Biegeträgern aus Flachstäben und Winkelprofilen. Diss. TH Braunschweig 1958 61 S.

Zeyen, K. L.: Erkenntnisse und Fortschritte auf dem Gebiet der Metallurgie des Schweißens von Eisenwerkstoffen. Prüfmethoden und Sprödbruchfragen. Hansa **95** (1958) 25/26 1245—1254. [1.442.15].

— Report on strength of welded joints in carbon steel at elevated temperatures. Trans. ASME **80** (1958) 3 571—585; Konstruktion **11** (1959) 2 76—77.

Fiehn, H.: Nachweis der Schädigungen durch Sauerstoffüberschuß beim Gasschweißen. Schweißen u. Schneiden **11** (1959) 10 393—396 9 Lit.-St.

Hummitzsch, W.: Das Verhalten der Schweißnähte im Temperaturbereich von —200 °C bis +500 °C. Schweißen u. Schneiden **11** (1959) 2 39—46 8 Lit.-St.

Rubo, E.: Grundsätzliche Betrachtungen zur Minderung von Eigenspannungen in geschweißten Bauteilen aus Stahl, insbesondere an Druckbehältern. Stahlbau **28** (1959) 6 159—165 21 Lit.-St. [6.215].

Schlegel, E.: Zur Konstruktion von geschweißten Rohrverzweigungen. Stahlbau **28** (1959) 1 13—21 6 Lit.-St.

Teske, Karl: Einfluß der Stromstärkenänderung innerhalb des zulässigen Bereichs auf die Gütewerte schmelzgeschweißter Stumpfnähte. Materialprüfung **1** (1959) 10 353—357 5 Lit.-St. [2.511.2].

Leichtmetalle   **1.442.13**

Ito, Sukemito: A study of spot welding of light alloys. I. On the control of current wave form of a single-phase A. C. spot-welder. Mech. Lab. J. (Japan) **7** (1953) 5 186—192; AB **26** (1955) 2 76. [2.511.3].

Ukita, Isamu and *Tatsuya Hashimoto:* The effects of contact resistance upon (the shear strength, temperature distribution, and nugget growth in) spot welding (of aluminium alloys). Kyoto Univ., Techn. Rep. Engng. Res. Inst. (Japan) **5** (1954) 3 1—73; AB **27** (1956) 2 91.

Joumat, P. and *J. E. Roberts:* Assessment of spot-weld quality by torsion test. Brit. Welding J. **2** (1955) 5.

Pumphrey, W. I.: Dilution effects in aluminium alloy welds. Brit. Welding J. **2** (1955) 3.

Schnarz, R.: Über den Einfluß von Schwingungskräften auf die Gefügeausbildung bei Leichtmetall-Preßschweißungen. Diss. TH Hannover 1955.

Bruckner, W. H. and *J. H. Sayles:* Thermal stability of cold butt welds in copper and aluminum. Welding J. **35** (1956) 10 501s—505s; Aluminium **33** (1957) 4 A 89.

Krekeler, K. u. *H. Verhoeven:* Qualitative Untersuchungen von Punktschweißverbindungen an Tiefzieh- und Aluminiumblechen, die nach dem Argonarc-Punktschweißverfahren hergestellt werden. Forsch.-Ber. Wirtsch.- u. Verkehrsministerium Nordrhein-Westfalen Nr. 275 1956 52 S.; Konstruktion **9** (1957) 11 468; Schweißen u. Schneiden **10** (1958) 8 343.

Müller-Busse, A.: Über das Verhalten einer geschweißten Aluminium-Legierung der Gattung Al Zn Mg 1. Aluminium **32** (1956) 6 333—339. [1.442.14].

Müller-Busse, A.: Über das Verhalten von geschweißtem Leichtmetall der Gattung Al Zn Mg 1. Z. Metallkde. **47** (1956) 486—490.

Suzuki, H. and *T. Murase:* Tests on inert-gas metal-arc welding of corrosion resisting aluminum alloy "ANP" plates. III. Mechanical properties of welds, deformation in tensile fracture, hardness and weld thermal cycle. J. Japan Welding Soc. **25** (1956) 12 681—688.

Crook, G. M.: Behaviour under load of longitudinal fillet welds in an aluminium alloy. "Proc. Brit. Commonwealth Welding Conf. 1957", Inst. Welding London; ADA Repr. 68; Aluminium **34** (1958) 6 A 164.

Erdmann-Jesnitzer, F.: Einfluß von tiefen Temperaturen und Kerbstellen auf die statischen Festigkeitswerte geschweißter Bleche aus Aluminiumlegierungen. Aluminium **33** (1957) 6 376—384. [1.352.1].

Opie, B. P.: An investigation into the behaviour and influence of welded bracketed connections in aluminum alloy structural members. Trans. Instn. Naval Architects **99** (1957) 2 204—225; AMR **11** (1958) 7 369.

Otto, Ernst A.: Punktschweißen von Aluminium-Legierungen. Stuttgarter Luftfahrtgespräch 19. 7. 1957 „Schweißen und Kleben im Flugzeugbau", Arb.- u. Forsch.-Gemeinschaft Graf Zeppelin, Stuttgart-Flughafen S. 1—15. [2.511.3].

Wade, D. H.: Welded structural connections in aluminium alloys. "Proc. Brit. Commonwealth Welding Conf. 1957", Inst. Welding London; ADA Repr. 68 1957 5 p.; Aluminium **34** (1958) 6 A 164; Aero Space Engng. **17** (1958) 11 110.

Adams, D. F.: Strength of metal arc welds in HP 30 aluminium alloy. Brit. Welding J. **5** (1958) 12 568—575; Aluminium **35** (1959) 10 A 276.

Burch, W. L.: The effect of welding speed on strength of 6061-T4 aluminum joints. Welding J. **37** (1958) 8 361s—367s; Aluminium **35** (1959) 9 A 238.

Holmes, E.: Influence of relative interfacial movement and frictional restraint in cold pressure welding. Brit. Welding J. **6** (1959) 1 29—37; Aluminium **35** (1959) 9 A 238.

Jones, J. B. and *W. C. Potthoff:* Certain structural properties of ultrasonic welds in aluminum alloys. Welding J. **38** (1959) 7 282s—288s; Aluminium **35** (1959) 12 A 334.

— Festigkeitseigenschaften von nach dem Schutzgas-Lichtbogenschweißverfahren hergestellten Stumpfstoß-Schweißverbindungen. Aluminium **35** (1959) 6 315.

Dauerfestigkeit

Kommerell, Otto: Die Auswertung von Dauerfestigkeitsversuchen mit geschweißten Verbindungen. Abh. Int. Vereinig. Brücken- u. Hochbau **3** (1935) 230—270.

v. Rajakovics, E.: Über Einflüsse auf die Schwingungsfestigkeit von Aluminium-Legierungen. Metallwirtschaft **22** (1943) 15/17 225—239.

Abd-El-Wahed, A. M.: Corrosion fatigue of low-carbon steel welded joints. Brit. Welding J. **2** (1955) June 247—253; Aeron. Engng. Rev. **14** (1955) 9 86.

Koenigsberger, F. and *H. W. Green:* Static and fatigue strength of fillet-weld connections between rolled angle sections and gusset plates. Brit. Welding J. **2** (1955) 9 369—372; Leichtbau d. Verkehrsfahrzeuge **1** (1957) 2/3 62. [1.442.12].

Wellinger, Karl: Ermittlung der Schwingungsfestigkeit von Schweißverbindungen. Schweißen u. Schneiden **7** (1955) 9 392—396.

Wellinger, K. u. *P. Gimmel:* Verhalten von Walzstahl / Stahlguß-Schweißverbindungen im Zugschwellversuch. Schweißen u. Schneiden **7** (1955) 12 496—503 5 Lit.-St.

Komatsu, K. and *K. Yamaguchi:* Fatigue strength of various fillet welding Mitsubishi Zosen (Japan) **4** (1956) 18 24—28.

Lane, D. H. R.: Dauerwechselfestigkeitsversuch an Rohrendverschlüssen. Brit. Welding J. **3** (1956) 5 200—205.

Müller-Busse, A.: Über das Verhalten einer geschweißten Aluminium-Legierung der Gattung Al Zn Mg 1. Aluminium **32** (1956) 6 333—339. [1.442.13].

Newman, R. P.: The influence of weld faults on fatigue strength with reference to butt joints in pipe lines. Trans. Inst. Marine Engrs. **68** (1956) 6 153—172; AMR **10** (1957) 1 18.

Stieler, C.: Einfluß der Ermüdung auf die Wirtschaftlichkeit und Güte lichtbogengeschweißter Nähte. Schweißen u. Schneiden **8** (1956) 5 168—170.

Wiene, P. E.: Bending fatigue of large welded test pieces with regard to velocity of crack propagation. "Colloquium on Fatigue", Ed. W. Weibull and F. K. G. Odqvist, Berlin—Göttingen—Heidelberg: Springer 1956 313—320.

— Says industry should apply known fatigue information on metal welds. Amer. Metal Market **63** (1956) 5./12. 1, 9; AB **28** (1957) 1 20.

Klöppel, K. u. *H. Weihermüller:* Neue Dauerfestigkeitsversuche mit Schweißverbindungen aus St. 52. Stahlbau **26** (1957) 6 149—155; Leichtbau d. Verkehrsfahrzeuge **1** (1957) 5 137—138.

Neumann, A., G. Müller u. *W. Bader:* Dauerfestigkeitsuntersuchungen geschweißter Trägeranschlüsse. Schweißtechnik (Berlin) **7** (1957) 10 373—376.

Stallmeyer, J. E., W. H. Munse and *B. J. Goodal:* Behavior of welded built-up beams under repeated loads. Welding J. **36** (1957) 1 27s—36s; AMR **10** (1957) 7 299.

Stüssi, Fritz: Zur Dauerfestigkeit von Schweißverbindungen. Schweiz. Bau-Ztg. **75** (1957) 52 806—808.

Whitman, J. G.: Fatigue properties of welds. Sheet Metal Industries **34** (1957) 363 529—538 12 ref.

Breen, J. E. and *Arthur S. Dwyer:* The fatigue strength of magnesium alloy HK 31 as modified by a weld joint. ASTM Bull. 234 Dec. 1958 60—63.

Schüller, Hans-Jürgen: Weiterentwicklung der Kaltpreßschweißung. Diss. TH Braunschweig 1957; Z. Metallkde. **49** (1958) 302—311 [2.511.1].

Matting, A., H. Wolf u. *H.-D. Steffens:* Dauerfestigkeit brenngeschnittener und schweißtechnisch ausgebesserter Stahlproben. Schweißen u. Schneiden **11** (1959) 1 8—16 20 Lit.-St.

Müller, Gerhard u. a.: Untersuchungen über die Schweißung von oben nach unten (fallende Schweißung). Schweißtechnik (Berlin) **9** (1959) 3 93—96; Leichtbau d. Verkehrsfahrzeuge **3** (1959) 4 140.

Newman, R. P.: Fatigue tests on butt welded joints in aluminium alloys H E 30 and N P 5/6. Brit. Welding J. **6** (1959) 7 324—332; Aluminium **35** (1959) 12 A 334.

Prüfungen **1.442.15**

Brandenberger, E., H. Preis, H. E. Tuchschmid u. *C. F. Kollbrunner:* Untersuchungen zur Frage der inneren Vergütung von Mehrlagen-Schweißungen. (Mitt. Techn. Komm. Verband Schweiz. Brückenbau- u. Stahlhochbau-Unternehmungen, Nr. 9) Zürich: Verl. V.S.B. 1954 68 S.; Z. VDI **97** (1955) 35 1303.

Benker, Ludwig: Prüfung von Kunststoffschweißverbindungen. Schweißen u. Schneiden **7** (1955) 9 407—410; Werkstoffe u. Korrosion **7** (1956) 6 346.

Bradley, P.: Testing and inspection of welds in aluminium and aluminium-alloy plate made by the inert-gas shielded welding process. Brit. Welding J. **2** (1955) 10 459—463; AB **26** (1955) 11 700.

Hollingum, S. W.: Testing welded metal joints. Metal Industry **87** (1955) 20 401—404, 21 429—432; AB **26** (1955) 12 734, **27** (1956) 1 24.

Ando, Yoshio: Welded joint tests on Mn-Si high-tensile steels. J. Japan Welding Soc. **25** (1956) 5 304—306; Japan Sci. Rev., Mech. & Electr. Engng. **3** (1957) 1 121.

Kihara, H., H. Suzuki, K. Terai, N. Ogura and *H. Tamura:* Effect of welding on brittle fracture of high tensile steels. C-bead tear test and comparison of high tensile electrodes. J. Japan Welding Soc. **25** (1956) 1 36—42.

Marfels, W.: Methodik bei der Untersuchung von Schäden an geschweißten Bauteilen. Schweißen u. Schneiden **8** (1956) 8 269—277.

Puschner, M.: Über das Verhalten schlagbeanspruchter Leichtmetallschweißnähte unter besonderer Berücksichtigung tiefer Temperaturen und unterschiedlicher Schlaggeschwindigkeiten. Aluminium **32** (1956) 6 340—343.

Watanabe, Masanori, Zeiichi Murakami and *Toshiichi Matuo:* On the notch-sensitivity of bead-welded heat affected zone by the slow bend test. J Japan Welding Soc. **25** (1956) 4 199—203; Japan Sci. Rev., Mech. & Electr. Engng. **3** (1957) 1 73.

Wellinger, K. u. *P. Gimmel:* Einfluß von Gefüge, Kerben und Stabform auf die Schwellfestigkeit lichtbogengeschweißter Stumpfstöße. Schweißen u. Schneiden **8** (1956) 2 53—61 25 Lit.-St.

Wellinger, K. u. *S. Scharschmidt:* Prüfung von Schweißnähten an dünnen Blechen mit Ultraschall. Schweißen u. Schneiden **8** (1956) 12 469—476 8 Lit.-St.; Luftf.-Techn. **3** (1957) 3 V.

Burgess, N. T.: Testing of light-alloy welds and welders. ADA Repr. R. P. 66 1957 5 p. 11 ref.

Förster, Siegfried, Werner Rauterkus, Herbert Thielmann u. *Fritz Thyssen:* Über die Alterungsbeständigkeit von Blechschweißungen. Schweißen u. Schneiden **9** (1957) 10 447—457.

Möller, H. u. *M. Hempel:* Beitrag zur Bewertung von Schweißfehlern auf Grund von Röntgenaufnahmen und Zugschwellversuchen an geschweißten Proben. Arch. Eisenhüttenwes. **28** (1957) 9 531—541 13 Lit.-St.

— Recommendations for the testing of aluminium fusion welds and welders. ADA Addendum to Inform. Bull. 19 June 1957 16 p. 12 ref.

Dombrowski, A. u. *M. Wandelt:* Erfahrungen bei der zerstörungsfreien Prüfung von Rundschweißnähten an dickwandigen Rohren. Brennstoff-Wärme-Kraft **10** (1958) 10 492—495.

Fiehn, H. u. *K. Teske:* Zugfestigkeit und Biegewinkel schmelzgeschweißter Kerbproben. Schweißen u. Schneiden **10** (1958) 3 90—93 7 Lit.-St.

Papke, W. H.: Schweißnahtprüfung mit Ultraschall. Schweißen u. Schneiden **10** (1958) 4 131—135 12 Lit.-St.

Rüdel, F. W.: Zerstörungsfreie Prüfung von Schweißnähten. Schiff u. Hafen **10** (1958) 4 304—314, 5 394—398.

Zeyen, K. L.: Erkenntnisse und Fortschritte auf dem Gebiet der Metallurgie des Schweißens von Eisenwerkstoffen. Prüfmethoden und Sprödbruchfragen. Hansa **95** (1958) 25/26 1245—1254 [1.442.12].

Winter, H.: Schweißen und Schweißnahtprüfung beim Bau der Rohölleitung Wilhelmshaven—Köln. Schweißen u. Schneiden **11** (1959) 7 270—279 12 Lit.-St.

Füllenbach, H.: Induktives Löten von Längsnähten im Vorschubverfahren. Mitt. Forsch.-Ges. Blechverarb. (1955) 16 193—199 [2.512].

Bohn, G. H.: Silver-brazing lap joints in stainless steel tubing. Welding J. **35** (1956) 9 884—889; AMR **10** (1957) 11 508.

Bredzs, N. and *H. Schwartzbart:* Triaxial tension testing and the brittle fracture strength of metals. Welding J. **35** (1956) 12 610s—615s 6 ref.

Grassmann, P.: Dauerstandfestigkeit von Weichlotnähten. Z. VDI **98** (1956) 35 1929 5 Lit.-St.

Hansel, G.: Mechanical properties of butt joints brazed with BAg-1, BAg-3 and BCu filler metals. Welding J. **35** (1956) 4 211s—216s.

Koch, Helmut u. *Walter Pönitz:* Beitrag zum Problem der Scherfestigkeit von Lötverbindungen. Schweißen u. Schneiden **8** (1956) 8 288—292 14 Lit.-St.

Krause-Dietering, H.: Löten und Lötverbindungen. Z. VDI **98** (1956) 20 1051—1052 [2.512].

Nakayama, Takakado, Junji Ikai, Yasujiro Sugimoto and *Tohoru Katsuya:* Brazing of aluminium and its alloys. II. The strength and microstructure of brazed joints. Light Metals (Japan) (1956) 21 85—89; AB **28** (1957) 2 90.

Smellie, W. J.: Soldered joints in aluminium: mechanism of corrosion. Light Metals **19** (1956) 220 210—214; Aluminium **32** (1956) 11 A 319. [1.362].

Colbus, J.: Die Prüfung von Loten und Lötverbindungen zum Hart- und Schweißlöten. Schweißen u. Schneiden **9** (1957) 3 110—116 15 Lit.-St.

Colbus, J.: Die Scherfestigkeit von Silber-, Messing- und Neusilberloten auf St 37.11 in Abhängigkeit von Spaltbreite und Lötfläche. Mitt. Forsch.-Ges. Blechverarb. (1957) 13 141—148 13 Lit.-St.

Köhler, W.: Die effektive Tragfähigkeit von Lötverbindungen. Industrie-Anz. **79** (1957) 363—365.

Munse, W. H. and *J. S. Alagia:* Strength of brazed joints in copper alloys. Welding J. **36** (1957) 4 177s—184s.

Colbus, J.: Dauerfestigkeitsversuche an gelöteten Rohrverbindungen. Schweißen u. Schneiden **10** (1958) 8 312—316 4 Lit.-St.

Colbus, J.: Versuche zur Deutung der Bindevorgänge beim Löten. Schweißen u. Schneiden **10** (1958) 2 50—54 13 Lit.-St.

Koch, Helmut u. *Karl-Ludwig Poth:* Die Tragfähigkeit von Hartlötverbindungen dünnwandiger Stahlrohre. Schweißen u. Schneiden **10** (1958) 4 114—119 13 Lit.-St.

Colbus, J.: Haftfestigkeit an Stahl von Schweißlötungen mit flußmitteltragenden Messinglötstäben. Schweißen u. Schneiden **11** (1959) 5 175—178 7 Lit.-St.

Spengler, H.: Über das Festigkeitsverhalten von Weichlotverbindungen. Metall **13** (1959) 12 1130—1132.

Klebverbindungen 1.442.3

Allgemeines 1.442.31

Hartman, A. en *F. J. Plantema:* De schuifspanning in een lijmnaad. NLL Rapp. M 1181 1947 14 Blz.

Deryagin, B. V.: Problems of adhesion. Research **8** (1955) 2 70—74.

Lubkin, J. L.: A theory of adhesive scarf joints. Amer. Soc. Mech. Engrs. Ann. Meeting, New York, Nov. 1956, Pap. 56-A-52 6 p. 12 ref.; AMR **10** (1957) 7 293; Index Aeron. **13** (1957) 1 92.

Lubkin, J. L.: A theory of adhesive scarf joints. J. Appl. Mech. **24** (1957) 2 255—260 12 ref.

Plath, E.: Die Problematik der Festigkeitsversuche bei der Prüfung von Klebstoffen. Adhäsion (1957) 2 51—53.

Tombach, Harold: Predicting strength and dimensions of adhesive joints. Machine Design **29** (1957) 7 113—120; AMR **10** (1957) 11 507; Leichtbau d. Verkehrsfahrzeuge **1** (1957) 4 96; Aeron. Engng. Rev. **16** (1957) 6 152 [1.442.33].

Inoue, Yukihiko and *Yonosuke Kobatake*: Mechanics of adhesive joints. III. Evaluation of residual stresses. Appl. Sci. Res. (The Hague) (A) **7** (1958) 4 314—324; Aero Space Engng. **17** (1958) 6 114; Index Aeron. **14** (1958) 6 85.

Johnson, K. L.: A note on the adhesion of elastic solids. Brit. J. Appl. Phys. (1958) May 199—200; Aero Space Engng. **17** (1958) 10 81.

Moser, Frank and *Sandra S. Knoell:* The effect of loading rate on adhesive strength. ASTM Bull. 227 Jan. 1958 60—63; Aero Space Engng. **17** (1958) 6 92.

Thinius, K. u. *G. Grosse:* Studien zur Haftfestigkeit von Plasten. I. Die Grundlagen der Adhäsion auf Plasten und ihre praktischen Folgerungen. Plaste u. Kautschuk **5** (1958) 11 418—421 24 Lit.-St.; Adhäsion **3** (1959) 4 190, 192.

Weatherwax, R. C., Beverly Coleman and *Harold Tarkow:* A fundamental investigation of adhesion. II. Method for measuring shrinkage stress in restrained gelatin films. J. Polymer Sci. **27** (1958) 115 59—66.

Winter, Hermann u. *Heinz Meckelburg:* Die Klebtechnik von Schwermetall- und Nichtmetall-Werkstoffen. Schweißen u. Schneiden **10** (1958) 11 423—433 63 Lit.-St. [2.531].

Bikerman, J. J.: Experiments on peeling. (French and German summary) J. Appl. Polymer Sci. **2** (1959) 5 216—224 10 ref.

Greiner, Karl: Festigkeitsuntersuchungen an Klebverbindungen zwischen Schleif- und Tragkörpern. Diss. TH Hannover 1959.

Rutzler, John E. jr.: Types of bonds involved in adhesion. Adhesives Age (1959) 7 28—32; Adhäsion **3** (1959) 8 436.

Thinius, K. u. *G. Grosse:* Die Haftfestigkeit der Bindemittel auf Plasten. Adhäsion **3** (1959) 8 393—405 17 Lit.-St.

Leimverbindungen bei Holz   1.442.32

Lewis, W. C., T. B. Heebink and *W. S. Cottingham:* Effect of increased moisture content on the shear strength at glue lines of box beams and on the glue-shear and glue-tension strengths of small specimens. FPL Rep. 1551 Aug. 1945 23 p.

Enzensberger, Walter: Melaminharz-Verleimungen für Aufträge der amerikanischen Besatzungsmacht. Holz-Zbl. **80** (1954) 83 1006.

Küch, Wilhelm: Untersuchungen über die Einwirkung von feuchtigkeitsgesättigter Luft auf die Festigkeit von Leimverbindungen. Forsch.-Ber. Wirtsch.- u. Verkehrsministerium Nordrhein-Westfalen Nr. 106 1954.

Milligan, I. S. and *A. O. Payne:* Static strength tests on an "Olympic" glider-mainplane spar. ARL Note SM 210 Aug. 1954 28 p.

Marian, J. E.: The correlation of 21 variables of the gluing process for wood and similar materials. Svenska Träforskningsinstitutet (Stockholm) Medd. 68 B 1955 10 p.; AMR **9** (1956) 5 202.

Marian, J. E.: The correlation of variables in the industrial gluing of timber. Timber Technol. **63** (1955) 2198 627—630; Holz als Roh- u. Werkstoff **15** (1957) 3 150.

Niskanen, E.: On the distribution of shear stress in a glued specimen of isotropic or anisotropic material. State Inst. for Techn. Res., Finland, 1955 25 p.; AMR **9** (1956) 10 423.

Norén, Bengt and *T. Englesson:* Limförbands beständighet. (Dauerhaftigkeit von Leimverbindungen). Svenska Träforskningsinstitutet (Stockholm) Medd. 57 B Timber Technol. **63** (1955) 2192 308—309; Holz als Roh- u. Werkstoff **15** (1957) 6 276.

Soiné, Hansgert u. *Walter Enzensberger:* Untersuchungen über kochfeste Verleimungen mit „Pressal 2060". Holz-Zbl. **81** (1955) 49 605; Holz als Roh- u. Werkstoff **13** (1955) 10 403.

Finnorn, W. J.: Gluing untreated Red Oak at fiber saturation point. Wood & Wood Products **61** (1956) 12 22—23; Holz als Roh- u. Werkstoff **15** (1957) 11 486.

Fox, S. P.: An investigation into the effects of certain variables in scarf-jointed timber laminations. Forest Products J. **6** (1956) 10 428—437; AMR **10** (1957) 12 561.

Freas, Alan D.: Factors affecting strength and design principles of glued laminated construction. FPL Rep. 2061 Aug. 1956 21 p.; Amer. Soc. Testing Mater. 2nd Pacific Area Nat. Meeting Sept. 1956 Pap. 88; AMR **10** (1957) 10 470.

Jessome, A. P.: The efficiency of scarf joints. Canad. Woodworker (1956) June 4 p.; AMR **11** (1958) 7 360.

Küch, Wilhelm: Über die Wechselwirkung zwischen Holzschutzbehandlung und Verleimung. Forsch.-Ber. Wirtsch.- u. Verkehrsministerium Nordrhein-Westfalen Nr. 231 1956; Holz als Roh- u. Werkstoff **14** (1956) 2 58—67 [2.531].

Plath, Erich: Die Beurteilung der Leimbindefestigkeit von Sperrholz — ein mathematisch-statistischer Beitrag zur Neufassung der Gütebestimmungen von Sperrholz. Diss. Univ. Hamburg 1956.

Sodhi, Jagdip Sing: Untersuchungen über die Einflüsse verschiedener Faktoren auf die Viskosität und Bindefestigkeit von Holzleimen auf Kunstharzbasis. 1. Mitt. Die Abhängigkeit der Bindefestigkeit von Phenol-Formaldehyd-Harzen verschiedener Kondensationsstufen von der Viskosität. Holz als Roh- u. Werkstoff **14** (1956) 8 303—307.

Steinhardt, O. u. *K. Möhler:* Stand des Ingenieur-Holzbaues. II. Fortschrittliche Bauweisen in Holz. Z. VDI **98** (1956) 35 1919—1925 8 Lit.-St.; Holz als Roh- u. Werkstoff **15** (1957) 10 447; AMR **10** (1957) 9 409. [1.442.5], [1.444].

Suchsland, Karl: Einfluß der Oberflächenrauhigkeit auf die Festigkeit einer Leimverbindung am Beispiel der Holzverleimung. Diss. Univ. Hamburg 1956; Holz als Roh- u. Werkstoff **15** (1957) 9 385—390 7 Lit.-St.; Adhäsion **2** (1958) 1 36.

Eby, R. E.: Design criteria for glued laminated lumber. Amer. Soc. Agric. Engrs. 1957 Meeting, Chicago, Ill., Dec. 1957 Pap. 57-568; AMR **11** (1958) 6 297.

Jessome, A. P.: The efficiency of scarf joints. Wood (London) **22** (1957) 11 447—450; Holz als Roh- u. Werkstoff **16** (1958) 11 450.

Kozai, Yasuaki, Mikio Araki and *Ryozo Goto:* Studies on adhesion for woods. VIII. Application of acetone-formaline resin to the moldings. (Japan., Engl. summary). Wood Res., Bull. Wood Res. Inst. Kyoto Univ. (1957) 18 34—46; ÖGH-Dok. **8** (1958) 16.

Sodhi, Jagdip Singh: Die Abhängigkeit der Bindefestigkeit von Harnstoff- und Melamin-Formaldehyd-Harzen von Viskosität. Konzentration und Streckmittelzusatz. Holz als Roh- u. Werkstoff **15** (1957) 2 92—96.

Sodhi, Jagdip Singh: Über die Säure-Schädigung von Holz bei der Verleimung mit Phenolharzleimen. Holz als Roh- und Werkstoff **15** (1957) 6 261—263 12 Lit.-St.; Adhäsion **1** (1957) 5 236.

(Winter, Hermann): Festigkeit von Leimverbindungen. Unterlagen und Richtlinien für den Holzflugzeugbau. Ber. DVa. DFL, Braunschweig, Inst. Flugzeugbau 1957 31 S. 33 Lit.-St.

Clad, W.: Untersuchungen an PVA-Leimen. Plaste u. Kautschuk **5** (1958) 6 211—216, 7 251—254 38 Lit.-St.; Adhäsion **2** (1958) 5 237, **3** (1959) 1 52. [2.531], [1.324.43].

Clad, Werner: Prüfung gefüllter Leime; Holz als Roh- u. Werkstoff **16** (1958) 10 383—395 19 Lit.-St.; Adhäsion **3** (1959) 3 163.

Fukui, Hisashi and *Shinji Hirai:* Studies on laminated woods with sawn boards. V. On the durability of glue joint of urea resin adhesives filled with wood flour in the laminated woods with sawn boards of sugi (Cryptomeria japonica D. DON). J. Japan Wood Res. Soc. **4** (1958) 5 195—200.

Narayanamurti, D. u. *N. R. Das:* Tannin-Formaldehyd-Kleber. Kunststoffe **48** (1958) 10 459—462; Adhäsion **3** (1959) 3 162 [1.324.43].

Suchsland, Otto: Über das Eindringen des Leimes bei der Holzverleimung und die Bedeutung der Eindringtiefe für die Fugenfestigkeit. Holz als Roh- u. Werkstoff **16** (1958) 3 101—108 12 Lit.-St.; Adhäsion **2** (1958) 4 178.

Williamson, F. L. and *W. T. Nearn:* Wood to wood bonds with epoxide resins — species effect. Forest Products J. **8** (1958) 6 182—188; Holz als Roh- u. Werkstoff **17** (1959) 11 456—457.

Dupont, Werner: Abbindegeschwindigkeit und Bindefestigkeit der Kunstharzleime in Abhängigkeit von der Leimfugendicke. Holz-Zbl. **85** (1959) 106 1377—1378 [2.531].

Dupont, Werner: Die Rationalisierung der Verleimungsstellen im Betrieb. Holz-Zbl. **85** (1959) 143 1926—1929.

Freeman, H. A.: Relation between physical and chemical properties of wood and adhesion. Forest Products J. **9** (1959) 12 451—458 14 ref.

Gloss, R. H.: Timber fastenings. Proc. ASCE ST1 (J. Struct. Div.) **85** (1959) Pap. 1913 15 p.; AMR **12** (1959) 9 622 [1.442.5].

Richards, D. B. and *F. E. Goodrick:* Tensile strength of scarf joints in southern pine. Forest Prod. J. **9** (1959) 6 177—179.

Thomas, R. J.: Gluing characteristics of determa. Forest Prod. J. **9** (1959) 8 266—271.

Metallklebverbindungen

Hartman, A.: Mechanische eigenschappen van gelijmde metaalverbindingen. III. NLL Rep. M 1575 1950.

Doussot, J.: Essai de collage de l'acier. Ingénieurs et Techniciens (1953) 60 21—23.

Frey, K.: The strength of metal joints made with synthetic resins. Aircr. Engng. **25** (1953) 296 317—320.

Hartman, A.: De invloed van lage temperatuur op de sterkte van enkelvoudige lapnaden met geplateerd 24-en 75 S-T gelijmd met Redux. NLL Rep. M 1973 Dec. 1954 16 Blz.; Index Aeron. **11** (1955) 10 124; Aircr. Engng. **27** (1955) 320 354; AMR **9** (1956) 1 20—21.

Merriman, H. R.: Metal-to-metal bonding. Glenn L. Martin Co., Baltimore 3, Producibility Rep. ER-6512 Aug. 1954 54 p.

Svensson, F.: Statiska prov med Reduxlimmade överlappsförband vid olika temperaturer. FFA TN HU-555 Dec. 1954.

— Design manual on adhesives. Machine Design **26** (1954) 143—174; Konstruktion **8** (1956) 7 280—282.

Benthem, J. P. and *G. de Vries:* Investigation on the strength of Redux-bonded 75 S-T 6 clad simple lap joints and of 24 S-T lugs at rapidly applied loads. NLL Rep. S. 466 1955 5 p.; AMR **9** (1956) 4 152.

Demarkles, L. R.: Investigation of the use of a rubber analog in the study of stress distribution in riveted and cemented joints. NACA TN 3413 Nov. 1955 97 p.; AMR **9** (1956) 10 423—424 [1.442.41].

Eickner, H. W.: Adhesive bonding properties of various metals as affected by chemical and anodizing treatments of the surfaces. Part A. Additional tests on anodized aluminum and on zinc-chromate-primed magnesium. FPL Rep. 1842-A Febr. 1955 9 p.

Eickner, H. W.: Basic shear strength properties of metal-bonding adhesives as determined by lap-joint stress formulas of Volkersen and Goland and Reissner. FPL Rep. 1850 Aug. 1955 20 p.

Hartman, A.: The influence of low temperature on "Redux" bonded lap joints. Aero Res. TN Bull. 153 Sept. 1955 10 p.

Saunders, J. J. and *H. R. Merriman:* Manufacture and properties of metal-to-metal laminates. Aero Dig. **71** (1955) 5 52—54; Luftf.-Techn. **2** (1956) 1 V; Index Aeron. **12** (1956) 1 99 [2.531].

Schäfer, W. u. *H. Jahn:* Metallverklebungen mit Epoxydharzen. Plaste u. Kautschuk **2** (1955) 3 52—58, 4 84—85.

Schwartz, R. T. and *R. E. Wittman:* Adhesive bonded metal joints. Product Engng. **26** (1955) 7 170—173; Index Aeron. **11** (1955) 9 113; Aeron. Engng. Rev. **14** (1955) 10 142; AB **26** (1955) 8 506—507.

Schwarz, Hermann: Das Kleben von Leichtmetallen. Schiffbautechnik **5** (1955) 9 260—264 [2.531].

Bandaruk, William: Epoxy-base adhesives in the aircraft industry. SPE-J. **12** (1956) 8 20—23; Leichtbau d. Verkehrsfahrzeuge **1** (1957) 1 25 [1.324.43].

Bennett, G. D.: Synthetic-resin bonding. Pt. I, II. Aircr. Production **18** (1956) 8 300—305, 9 383—390; Nachr.-Bl. AGM Leichtbau **5** (1956) 12 11—12 [2.531].

Black, J. M. and *R. F. Blomquist:* Metal-bonding adhesives for high-temperature service. Modern Plastics **33** (1956) 10 225—228, 230, 235—236; Nachr.-Bl. AGM Leichtbau **5** (1956) 11 19; Kunststoffe **46** (1956) 11 521 [1.324.43].

Carlsson, G.: Undersökning av skjuvhållfastheten hos Redux 775 i form av film vid varierande härdningsdata. SAAB Internal TN LHU-O-P 107 R Jan. 1956.

Carlsson, G.: Undersökning av skjuvhållfastheten hos limfilm med blandningsförhållandet 2,63 : 1 i rumstemperatur och värme. SAAB Internal TN LHU-O-P 102 R Febr. 1956.

Carlsson, G.: Undersökning av variation i kvalitet hos limfilm, Redux 775, genom standardskjuvprov, limmade med film urolika leveranser. SAAB Internal TN LHU-O-P 101 R Febr. 1956.

Edwards, J. A.: The effect of surface treatment on the properties of adhesive-bonded joints in metals. Sheet Metal Industries **33** (1956) 349 311—314, 322; Titanium Abstr. Bull. **1** (1955/56) 598.

Hahn, K. F.: Die Metallklebtechnik vom Standpunkt des Konstrukteurs. Konstruktion **8** (1956) 4 127—136 10 Lit.-St.; Nachr.-Bl. AGM Leichtbau **5** (1956) 7/8 18 [2.531].

Hartman, A.: De treksterkte en de lange-duursterkte van met Redux gelijmde 75 S-T clad enkelvoudige lapnaden tussen kamertemperatuur en 80° C. (Tensile strength and time to fracture tests on Redux-bonded 75 S-T clad single lap joints at temperatures varying from room temperature to 80° C.) NLL Rep. M 2009 1956 14 p.; Index Aeron. **12** (1956) 12 118; J. Roy. Aeron. Soc. **61** (1957) 554 142; Aeron. Engng. Rev. **16** (1957) 1 125.

Kaliske, Gisbert: Das Festigkeitsproblem beim Metallkleben. Industrieblatt **56** (1956) 2 70—74; Nachr.-Bl. AGM Leichtbau **5** (1956) 7/8 19.

Krause, K.: Untersuchungen und Studien zum Metallkleben. Z. VDI **98** (1956) 18 983—984; Nachr.-Bl. AGM Leichtbau **5** (1956) 11 19 [2.531].

Krekeler, K.: Das Verbinden von Metallen durch Kunstharzkleber. II. Untersuchungen an geklebten Leichtmetallverbindungen. Forsch.-Ber. Wirtsch.-u. Verkehrsministerium Nordrhein-Westfalen Nr. 246 1956; Aluminium **33** (1957) 4 285.

Krekeler, K.: Untersuchung des Einflusses der Oberflächenvorbereitung auf die Bindefestigkeit von Leichtmetall-Klebeverbindungen. Ber. Inst. Kunststoffverarb. in Industrie u. Handwerk, TH Aachen, 1956 21 S.; Luftf.-Techn. **2** (1956) 5 VI.

Kuenzi, Edward W.: Determination of mechanical properties of adhesives for use in the design of bonded joints. FPL-Rep. 1851 Jan. 1956 13 p.; AMR **9** (1956) 6 248 [1.324.43].

Litz, E.: Die Metallklebverbindung und ihre Bewertung für den praktischen Einsatz. Luftf.-Techn. **2** (1956) 9 162—168 37 Lit.-St.; Nachr.-Bl. AGM Leichtbau **5** (1956) 12 11 [1.442.36].

Meyerhans, Konrad: Einige Problemstellungen bei der Herstellung von konstruktiven Metallverbindungen mit Kunstharzen. Z. Metallkde. **47** (1956) 7 506—516; Nachr.-Bl. AGM Leichtbau **5** (1956) 11 19. [1.324.43], [2.531].

Meynis de Paulin, J.-J.: Le collage des métaux légers. Chimie & Industrie **76** (1956) 6 1276—1290; Aluminium **33** (1957) 6 A 162; AB **28** (1957) 3 167 [2.531].

Pleines, Ernst Wilhelm: Kunstharz-Klebstoffe und Aluminium-Klebverbindungen. Aluminium **32** (1956) 1 13—20, 3 151—157, 5 257—265; Nachr.-Bl. AGM Leichtbau **5** (1956) 7/8 18, 9/10 12 [1.324.43].

Rubo, E.: Zweckmäßige Anwendung von Metallklebern. „Verbindungselemente u. Verbindungen", VDI-Ber. Bd. 9 1956 51—59 16 Lit.-St.; Leichtbau d. Verkehrsfahrzeuge **1** (1957) 2/3 71 [1.442.36].

Schäfer, W. u. H. Jahn: Über die Anwendung der Epoxydharze in der Klebetechnik. Fertigungstechnik **6** (1956) 6 243—249, 7 303—307, 12 544—552; Nachr.-Bl. AGM Leichtbau **5** (1956) 12 11; Leichtbau d. Verkehrsfahrzeuge **1** (1957) 2/3 71 [2.531].

Schaller, W. u. E. Frischbier: Der Einfluß der Aushärtungsbedingungen von Epoxydharzen auf die Festigkeit von epoxydharzverklebten Leichtmetallverbindungen. Plaste u. Kautschuk **3** (1956) 6 123—127.

— Bibliographie — Metallklebstoffe — Kleben von Metallen. Technik (Berlin) **11** (1956) 8 600, 9 650.

— Verbinden von Aluminium durch Klebstoffe. Aluminium-Merkblatt V 6; Düsseldorf: Aluminium-Zentrale 1956 6 S. [1.324.43], [2.531].

Baker, A.: Shear strength, creep and stress-relaxation of metal adhesive joints at elevated temperatures. Roy. Aircr. Establ. TN Chem. 1300 March 1957 19 p.; Aero Space Engng. **17** (1958) 10 81.

Bursztyn, I.: Wasser- und Lösungsmittelbeständigkeit von Metallverklebungen. Plaste u. Kautschuk **4** (1957) 7 250—251.

Eickner, H. W.: General survey of data on the reliability of metal-bonding adhesive processes. FPL Rep. 1862 May 1957 6 p.; AMR **11** (1958) 7 360 [2.531].

Gould, B.: Single-component epoxy adhesive. Product Engng. **28** (1957) May 164—166; Adhäsion **2** (1958) 5 237 [2.531].

Hahn, Karl F.: Der Einsatz des Metallklebens und seine derzeitigen Grenzen. (Vortrag Stuttgarter Luftfahrtgespräch 19. 7. 57) „Schweißen und Kleben im Flugzeugbau", Arb.- u. Forsch.-Gemeinschaft Graf Zeppelin, Stuttgart-Flughafen S. 16—28. [1.442.36], [2.531].

Hartman, A.: Enkele aspecten van het lijmen van metalen. (Einige Gesichtspunkte des Leimens von Metallen.) Metalen (1957) 6 98—105; Adhäsion **2** (1958) 5 231—232.

Hartman, A. and *F. A. Jacobs:* Research on the static and fatigue strengths of bonded and riveted single lap joints in clad 2024 and 7075 aluminum alloy at room and elevated temperatures. NLL TN M 2041 Sept. 1957 19 p.; Aero Space Engng. **17** (1958) 9 79; Index Aeron. **14** (1958) 8 100. [1.442.36], [1.442.43], [1.442.44].

Hunter, R. J. E.: Adhesive bonding of magnesium. Aircr. Production **19** (1957) 5 198—201; Leichtbau d. Verkehrsfahrzeuge **1** (1957) 6 176 [2.531].

Kobatake, Yonosuke and *Yukihiko Inoue:* Mechanics of adhesive joints. I. Residual stresses. II. Stress distribution in adhesive layer under tensile loading. Appl. Sci. Res. (The Hague) (A) **7** (1957) 1   53—64,   **7** (1958) 2/3 100—108; Aeron. Engng. Rev. **17** (1958) 4   89—90; Index Aeron. **14** (1958) 4 99—100, 5 77—78.

Litz, E.: Angewandte Klebung im Flugzeugbau. Stuttgarter Luftfahrtgespräch 19. 7. 57 „Schweißen und Kleben im Flugzeugbau", Arb.- u. Forsch.-Gemeinschaft Graf Zeppelin, Stuttgart-Flughafen, S. 29—37 [6.254.9].

Matting, A. u. K. F. Hahn: Versuche zur Metallklebtechnik. Technik (Berlin) **12** (1957) 4 297—302 8 Lit.-St. [2.531].

Meynis de Paulin, J.-J.: Le collage des métaux légers. Rev. Gén. Mécanique **41** (1957) 100 191—196; Leichtbau d. Verkehrsfahrzeuge **1** (1957) 6 176.

Noton, Bryan R.: The shear strength at elevated temperatures of an aluminium alloy honeycomb core bonded to loading plates with two types of adhesive films. FFA Rep. 72 Jan. 1957 35 p. 15 ref.; Aircr. Engng. **29** (1957) 340 187; J. Roy. Aeron. Soc. **61** (1957) 559 507; Aeron. Engng. Rev. **16** (1957) 6 146; AMR **10** (1957) 11 509 [1.222.35].

Povey, H.: Press bonding: use of steam-heated and hydraulically-operated equipment. Aircr. Production **19** (1957) 8 327—336; Index Aeron.**13** (1957) 9 73; Aeron. Engng. Rev. **16** (1957) 11 146; Leichtbau d. Verkehrsfahrzeuge **2** (1958) 3 131 [2.531].

Rembold, Ulrich: Untersuchungen von Metallklebverbindungen. Diss. TH Stuttgart 1957 89 S.

Riel, Frank J.: Adhesive bonding of stainless steel for high temperature applications. Soc. Aircr. Mater. & Process Engrs., Proc. Conf. on Adhesive Bonded Structures for Aircraft, Los Angeles, Jan.—Febr. 1957 Pap. 4 11 p.; Aeron. Engng. Rev. **16** (1957) 12 124.

Schijve, J.: Invloed van de harding op de inwendige demping van Reduxmetaalijm. NLL TM M. 2044 Nov. 1957 10 Blz.

Schliekelmann, R. J.: Metallklebverbindungen im Flugzeugbau. Luftf.-Techn. **3** (1957) 3 57—63; Leichtbau d. Verkehrsfahrzeuge **1** (1957) 4 96. [2.531], [6.254.0].

Schwarz, Hermann: Anwendungstechnische Probleme beim Metallkleben. Schweißtechnik (Berlin) **7** (1957) 2 44—49 [2.531].

Schwarz, H. u. H. Schlegel: Vorläufige Richtlinien für den Einsatz von Metallklebern. Techn.-Wiss. Abh. Zentralinst. Schweißtechnik der DDR Halle (Saale) H. 1 1957 47 S. 9 Lit.-St.; Plaste u. Kautschuk **5** (1958) 6 234 [2.531].

Sherrer, R. E.: Stresses in a lap joint with elastic adhesive. FPL Rep. 1864 Sept. 1957 44 p.

Shield, R. T.: The application of limit analysis to the determination of the strength ob butt joints. Quart. Appl. Math. **15** (1957) 2 139—147; AMR **11** (1958) 1 19.

Snoddon, William J.: Metal-to-resin adhesion as determined by a stripping test. "Symposium on structural sandwich constructions", ASTM Spec. Techn. Publ. No. 201 1957 73—82; AB **29** (1958) 2 124.

Thomas, Christian: Metal-to-metal bonding and flight safety. Soc. Aircr. Mater. & Process Engrs., Proc. Conf. on Adhesive Bonded Structures for Aircraft, Los Angeles, Jan.—Febr. 1957 Pap. 42 9 p.; Aeron. Engng. Rev. **16** (1957) 12 132 [1.442.37].

Tombach, Harold: Predicting strength and dimensions of adhesive joints. Machine Design **29** (1957) 7 113—120; AMR **10** (1957) 11 507; Leichtbau d. Verkehrsfahrzeuge **1** (1957) 4 96; Aeron. Engng. Rev. **16** (1957) 6 152 [1.442.31].

Trietsch, F. K.: Das Kleben von Metallen. „Feinwerktechnik", VDI-Ber. Bd. 23 1957 103—106.

Williams, A. E.: Adhesive bonding of light metals. Metal Industry **90** (1957) 22 457—460; Leichtbau d. Verkehrsfahrzeuge **1** (1957) 5 137 [2.531].

Winter, Hermann u. *Günter Krause:* Über Festigkeitsuntersuchungen an Metallklebverbindungen. „Die Technische Hochschule Carolo-Wilhelmina zu Braunschweig, Berichte aus Forschung und Hochschulleben 1954 bis 1957", Braunschweig: Appelhans 1957 219, 221, 223, 225, 227, 229.

Winter, Hermann u. *Günter Krause:* Über einige weitere Festigkeitsuntersuchungen an Metallklebverbindungen. Aluminium **33** (1957) 10 669—680 61 Lit.-St.; Leichtbau d. Verkehrsfahrzeuge **2** (1958) 1 52, 3 131—132; Aluminium **33** (1957) 11 A 314.

— Bibliography on adhesive bonding of metals. ESL Bibliography No. 12. New York 18: Engng. Societies Library, Search Dep. 1957 23 p. 150 ref.

— Conference on bonded aircraft structures. Summaries of papers presented at the conference organized by Aero Research Ltd., at Cambridge, on March 31—April 5, 1957. Aircr. Engng. **29** (1957) 339 139—142 [2.531].

— Design aspects of bonded structures. Use of redux in the Fokker F. 27 Friendship. Flight (1957) 25./10. 655—657; Aeron. Engng. Rev. **17** (1958) 3 114.

Bäder, E.: Neuartige Klebstoffe und ihre Anwendung. Werkstatt u. Betrieb **91** (1958) 9 565—571; Leichtbau d. Verkehrsfahrzeuge **2** (1958)˙5 239 [1.324.43].

Benthem, J. P. and *J. van de Vooren:* Analysis of panels with bonded, hat-shaped stiffeners loaded in shear. NLL TN S 520 Febr. 1958 18 p.; Index Aeron. **14** (1958) 12 86—87; J. Roy. Aeron. Soc. **62** (1958) 576 914; Aircr. Engng. **31** (1959) 361 87 [1.223.13].

Black, J. M. and *R. F. Blomquist:* Metal surface effects on heat resistance of adhesive bonds. Industr. & Engng. Chem. **50** (1958) 6 918—921; Adhäsion **3** (1959) 2 109—110.

Black, J. M. and *R. F. Blomquist:* Relationship of metal surfaces to heat ageing properties of adhesive bonds. NACA TN 4287 Sept. 1958 30 p.; Index Aeron. **14** (1958) 11 112; J. Roy. Aeron. Soc. **62** (1958) 576 913; AMR **12** (1959) 3 179.

de Bruyne, Norman Adrian: Metallkleben. „Leichtbau-Konstruktionen", VDI-Ber. Bd. 28 1958 87—92 [2.531].

Bursztyn, I.: Phenol-Formaldehyd-Harze zur Metallverklebung. Plaste u. Kautschuk **5** (1958) 4 130—132; Adhäsion **2** (1958) 5 230 [1.324.43].

Doussin, L.: Constitution des colles et propriétés des joints collés. ONERA NT 43 1958 16 p.; J. Roy. Aeron. Soc. **62** (1958) 570 465; Aero Space Engng. **17** (1958) 7 73; Index Aeron. **14** (1958) 7 99—100; Aircr. Engng. **30** (1958) 354 245 [1.324.43].

Eickner, H. W.: Effect of surface treatment on the adhesive bonding properties of magnesium. FPL Rep. 1865 June 1958 30 p.

Forcht, B. A.: Bonding magnesium. Aircr. Production **20** (1958) 4 134—140; Leichtbau d. Verkehrsfahrzeuge **2** (1958) 4 180 [2.531].

Gunn, N. J. F.: The fatigue and tensile properties of redux joints between aluminium alloy DTD 646 sheets at temperatures of —60° C, room temperature and +70 °C. Roy. Aircr. Establ. TN M 277 March 1958 12 p. [1.442.36].

Hahn, K. F.: Dauerstandversuche an Leichtmetall-Klebverbindungen. Metall **12** (1958) 9 811—814; Aluminium **34** (1958) 11 A 314; Mitt. Forsch-.Ges. Blechverarb. (1958) 24 275—276.

Hahn, K. F.: Eigenschaften von Metallklebern und das Verhalten von Leichtmetall-Klebverbindungen. Diss. TH Hannover 1958 [2.531].

Hartman, A. and *P. de Rijk:* The effect on the static and fatigue properties of riveted light alloy lap joints of reinforcing the critical section with thin adhesive bonded sheets. NLL TN M 2047 March 1958 35 p.; J. Roy. Aeron. Soc. **62** (1958) 574 768; Aero Space Engng. **17** (1958) 12 71; Index Aeron. **14** (1958) 9 80. [1.442.36], [1.442.43], [1.442.44].

Krekeler, Karl, Heinz Peukert u. *Otto Schwarz:* Auswertung der in- und ausländischen Literatur auf dem Gebiete des Metallklebens. Forsch.-Ber. Wirtsch.- u. Verkehrsministerium Nordrhein-Westfalen Nr. 639 1958 152 S. 429 Lit.-St.; Kunststoffe **49** (1959) 4 195—196 [2.531].

Kretzschmar, H.: Metallkleben im Maschinenbau. Plaste u. Kautschuk **5** (1958) 9 331—334; Adhäsion **3** (1959) 2 109. [2.531], [6.21].

Matting, A. u. *K. F. Hahn:* Kleben der Leichtmetalle mit Kunststoffen. Kunststoffe **48** (1958) 10 444—449; Aluminium **35** (1959) 1 A 12; Adhäsion **3** (1959) 2 107—108 [2.531].

Matting, A.: Das Kleben von Leichtmetallen. Industrie-Anzeiger **80** (1958) 67 1029—1030.

McLaren, A. S. and *I. MacInnes:* The influence on the stress distribution in an adhesive lap joint of bending of the adhering sheets. Brit. J. Appl. Phys. **9** (1958) Febr. 72—77; Aero Space Engng. **17** (1958) 6 102; AMR **12** (1959) 3 174.

Perry, H. A.: How to calculate stresses in adhesive joints. Product Engng. **29** (1958) 7./7. 64—67.

Peukert, Heinz: Die Metall-Klebverbindung. I. Voraussetzungen für einwandfreie Klebverbindungen. II. Einfluß verschiedener Faktoren auf die Festigkeit. Kunststoffe **48** (1958) 5 236—239; 10 453—458; Mitt. Forsch.-Ges. Blechverarb. (1958) 24 274—275; Adhäsion **2** (1958) 4 188—189, **3** (1959) 3 165 [2.531].

Peukert, Heinz u. *O. Schwarz:* Einfluß der Oberflächenvorbehandlung bei Metallklebverbindungen. Aluminium **34** (1958) 6 329—334 6 Lit.-St.

Pohl, A.: Allgemeiner Überblick über das Metallkleben. Dtsch. Eisenbahntechn. **6** (1958) 3 102—106 [2.531].

Powis, C. N.: High-temperature adhesives. Developments in metal-to-metal bonding for conditions of high-speed flight. Aircr. Production **20** (1958) 3 88—92; CIBA (ARL) TN 188 Aug. 1958 8 p.; Index Aeron. **14** (1958) 4 124. [1.324.43], [2.531].

Rebeski, Hans: Metallkleben und vorgespannte Bauteile im Flugzeugbau. Umschau **58** (1958) 2 59.

Rebeski, Hans: Das Metallkleben als neue Verbindungsart. Werkstattstechn. u. Masch.-Bau **48** (1958) 6 302—306; Leichtbau d. Verkehrsfahrzeuge **2** (1958) 5 240 [2.531].

Schäfer, W.: Der Einfluß der Oberflächenvorbehandlung auf die Bindefestigkeit von Metallverklebungen. Plaste u. Kautschuk **5** (1958) 6 219—221, 7 267—271, 9 341—344; Adhäsion **3** (1959) 2 110.

Schliekelmann, R. J.: Adhesive bonding of metals in aircraft production. Aero Res. TN Bull. 184 Apr. 1958 8 p.

Wellinger, Karl u. *Ulrich Rembold:* Verhalten von Metallklebverbindungen. Z. VDI **100** (1958) 2 41—46 13 Lit.-St.; Leichtbau d. Verkehrsfahrzeuge **2** (1958) 2 88.

Winter, Hermann, Uta Bölke u. *Heinz Meckelburg:* Unterlagen für die Zusammenstellung von Berechnungsblättern für Metallkleben. I. Angaben für Bindefestigkeit, Zugfestigkeit, Schälfestigkeit und Verdrehscherfestigkeit. DFL, Braunschweig, Inst. Flugzeugbau Ber. F-58-K-05 1958 9 S.

Winter, Hermann u. *Heinz Meckelburg:* Untersuchungen an Metallklebverbindungen mit neuen Bindemitteln. Aluminium **34** (1958) 10 596—608 155 Lit.-St.

— Fachtagung „Theorie und Praxis des Klebens von Metallen am 4. und 5. September 1957 in Pardubice/CSR. Plaste u. Kautschuk **5** (1958) 4 154—155, 5 194—195; Adhäsion **2** (1958) 5 211—213 [2.531].

— Theorie und Praxis des Klebens von Metallen. Adhäsion **2** (1958) 4 172—173 [2.531].

Black, J. M. and *R. F. Blomquist:* Relationship of polymer structure to thermal deterioration of adhesive bonds in metal joints. NASA TN D-108 Aug. 1959; J. Roy. Aeron. Soc. **63** (1959) 588 745.

Buser, K.: Über den Abfall der Zugscherfestigkeit von Epoxydharz-Klebeverbindungen auf Metall. Plaste u. Kautschuk **6** (1959) 4 184—186; Adhäsion **3** (1959) 6 322.

Cornelius, E. A. u. *G. Müller:* Grundlagen der statischen Festigkeit von Metallklebverbindungen bei Zug-, Scher- und zusammengesetzten Beanspruchungen. Aluminium **35** (1959) 12 695—703 17 Lit.-St.

Hahn, K. F. u. *E. Rubo:* Kleben von Aluminium. In: (Matting, Alexander): Das Schweißen der Leichtmetalle und seine Randgebiete. Düsseldorf: Dt. Verl. Schweißtechnik 1959 S. 168—178 36 Lit.-St. [2.531].

Köhlinger, H.: Metallklebeverbindungen im Leichtbau. Blech **6** (1959) 4 148—149 9 Lit.-St.

Krekeler, Karl, Alexander Matting u. *Hermann Winter:* Untersuchung eines neuen Oberflächenvorbehandlungsverfahrens für die Verklebung von Aluminium. Aluminium **35** (1959) 6 333—338.

Ljungström, O.: Design aspects of bonded structures. CIBA Aircr. Bull. 4 May 1959 26 p.

Matting, A. u. *K. F. Hahn:* Die Wirkung energiereicher Strahlen auf Metallkleber. Atomkernenergie **4** (1959) 2 64—67 12 Lit.-St.

Matting, Alexander u. *K. Ulmer:* Metallkleben als neuzeitliches Verbindungsverfahren. Umschau **59** (1959) 8 229—231 [2.531].

Matting, Alexander u. *Karl Friedrich Hahn:* Eigenschaften von Metallklebern und das Verhalten von Leichtmetall-Klebverbindungen. Z. VDI **101** (1959) 31 1448—1461 39 Lit.-St.

Meckelburg, Heinz: Metallklebverbindungen mit Glasfasergewebe-Einlagen. Adhäsion **3** (1959) 1 1—6 8 Lit.-St. [2.531].

Mehl, Willi: Untersuchungen an Klebeverbindungen von Aluminium- und Tiefziehblechen bei statischen und dynamischen Beanspruchungen. Diss. TU Berlin 1959 Berlin 1960 D83 107 S. [1.442.37].

Möhler, Karl: Kleben von Stahl mit Kunstharzklebern. Z. VDI **101** (1959) 1 1—8 9 Lit.-St.

Müller, Gerhard: Der Verformungs- und Bruchvorgang an Metallklebeverbindungen verschiedener Werkstoffe bei ein- und mehrachsiger statischer Belastung. Dis. TU Berlin-Charlottenburg 1959 125 S.

Ritchie, J.: Improvements in bolted joint efficiency by the addition of a cold-setting resin mixture. Struct. Engr. **37** (1959) 6 175—177; Stahlbau **28** (1959) 10 287—288 [1.443.12].

Schlegel, H. u. *W. Seyffarth:* Der Einfluß von Füllstoffzusätzen in Metallklebstoffen auf die Festigkeit von Metallklebverbindungen. Plaste u. Kautschuk **6** (1959) 8 368—371.

Schwarz, H. u. *H. Schlegel:* Festigkeits- und Beständigkeitsuntersuchungen an Metallklebverbindungen. Techn.-wiss. Abh. Zentralinst. f. Schweißtechnik Halle (Saale) Nr. 16 1959 76 S. 10 Lit.-St.

Schwarz, H. u. *H. Schlegel:* Beständigkeitsuntersuchungen an Metallklebverbindungen. Plaste u. Kautschuk **6** (1959) 1 3—5 5 Lit.-St.; Adhäsion **3** (1959) 4 221.

Schwarz, H. u. *H. Schlegel:* Zu einigen Fragen des Abfalls der Zugscherfestigkeit von Metallklebverbindungen mit Epoxydharzen. Plaste u. Kautschuk **6** (1959) 11 550.

Shearer, Andrew W.: Cutting costs with adhesive bonding. I. Automot. Industries **121** (1959) 1 46—50, 62, 66; Leichtbau d. Verkehrsfahrzeuge **3** (1959) 6 255—256 [1.324.43].

Späth, W.: Schwindung und Eigenspannungen in Klebverbindungen. Aluminium **35** (1959) 10 576—582 16 Lit.-St.

Wegman, R. F. and *M. I. Bodnar:* Bonding rare metals. Machine Design **31** (1959) 20 139—140; Konstruktion **12** (1960) 5 220.

Winter, H. u. *H. Meckelburg:* Zur Entwicklung der hochfesten Bindemittel für Metallverklebung vom Standpunkt der Anwendung. DFL-Ber. 125 1960, Adhäsion **4** (1960) 1 1—9, 2 59—64, 3 115—120.

Metall-Holz-Klebverbindungen **1.442.34**

Egner, Karl u. *A. Rothmund:* Untersuchungen mit Metall-Holz-Verbindungen. Ber. Inst. Mat.-Prüf. Bauwesen TH Stuttgart 1944.

Eickner, Herbert W.: Tensile strength at elevated temperature of glued joints between aluminum and end-grain balsa. FPL Rep. 1548 rev. Apr. 1954 12 p.

Eickner, H. W.: Durability of glued wood to metal joints. FPL-Rep. 1570 Oct. 1954.

Granholm, H.: Reinforced timber. (In Swedish, Engl. and French summaries.) Trans. Chalmers Univ. Technol. (Göteborg) No. 154 1954 96 p.; AMR **9** (1956) 5 203.

McCormack, P. H.: Wood and metal combinations. Forest Prod. J. **5** (1955) 3 174—176; Holz als Roh- u. Werkstoff **15** (1957) 3 150 [2.531].

Perry, Thomas D.: Plywood is better — Metal layers. Wood Working Dig. **57** (1957) 8 141—154; Holz als Roh- u. Werkstoff **15** (1957) 5 234.

Klebverbindungen sonstiger Werkstoffe **1.442.35**

Proske, G. E.: Moderne Verfahren der Gummi-Metall-Bindung. Kautschuk u. Gummi (Beil. Wiss. u. Techn.) **5** (1952) 10 WT 153—WT 156.

Proske, G. E.: Zur Gummi-Metall-Bindung mit Isocyanaten. Kautschuk u. Gummi (Beil. Wiss. u. Techn.) **7** (1954) 6 WT 137—WT 138.

Davidson, John R.: Shear strength at 75 °F to 500 °F of fourteen adhesives used to bond a glass-fabric-reinforced phenolic resin laminate to steel. NACA TN 3901 Dec. 1956 21 p. 4 ref.; Index Aeron. **13** (1957) 3 101.

Martin, W. E.: Laminates of P.V.C. to steel and hardboard. Plastics **23** (1958) 255 433—436.

Peters, H. and *W. H. Lockwood:* Bonding polyethylene to rubber, brass and brass plated metals. Plastics **23** (1958) 249 228—231 11 ref.; Adhäsion **3** (1959) 3 165 [2.531].

Peukert, Heinz: Ergebnisse von Klebuntersuchungen an Hochdruck-Polyäthylen. Kunststoffe **48** (1958) 1 3—10 [2.531].

Julien, A.: Die Adhäsion von Kautschuk auf Metallen. Adhäsion **3** (1959) 5 225—228.

Thinius, K. u. *G. Grosse:* Studien zur Haftfestigkeit von Plasten. II. Die Haftfestigkeit der Bindemittel auf Plasten. Plaste u. Kautschuk **6** (1959) 5 218—227 17 Lit.-St. [2.531].

Dauerfestigkeit **1.442.36**

Olson, W. Z., D. W. Bensend and *H. D. Bruce:* Resistance of several types of glue in wood joints to fatigue stressing. FPL Rep. 1539 rev. June 1955 12 p.

Sauer, E.: Über das Verhalten der Bindung von Holzleimen bei Dauerbeanspruchung. Holztechnik **35** (1955) 2 56—59; Holz als Roh- u. Werkstoff **13** (1955) 10 403.

Hartman, A. and *F. A. Jacobs:* The fatigue strength at fluctuating tension (R = 0.1) of Redux bonded 75 S-T clad simple lap joints from —45 °C to +80 °C. NLL TN M 2016 Aug. 1956 11 p. 4 ref.; Index Aeron. **13** (1957) 5 128; AMR **10** (1957) 11 512; J. Roy. Aeron. Soc. **61** (1957) 558 438; Aeron. Engng. Rev. **16** (1957) 5 191.

Kelsey, S. and *J. B. Spooner:* Direct stress fatigue tests on Redux-bonded and riveted double strap joints in 10 S.W.G. aluminium alloy sheet. ARC Curr. Pap. 353 May 1956 7 p.; Aircr. Engng. **30** (1958) 348 56; AMR **11** (1958) 11 613; Aeron. Engng. Rev. **17** (1958) 1 97 [1.442.44].

Litz, E.: Die Metallklebverbindung und ihre Bewertung für den praktischen Einsatz. Luftf.-Techn. **2** (1956) 9 162—168 37 Lit.-St.; Nachr.-Bl. AGM Leichtbau **5** (1956) 12 11 [1.442.33].

Rubo, E.: Zweckmäßige Anwendung von Metallklebern. „Verbindungselemente und Verbindungen", VDI-Ber. Bd. 9 1956 51—59 16 Lit.-St.; Leichtbau d. Verkehrsfahrzeuge **1** (1957) 2/3 71 [1.442.33].

Hahn, Karl F. u. *H. D. Steffens:* Dauerfestigkeitsuntersuchungen an geklebten Aluminium-Bauteilen. Aluminium **33** (1957) 12 783—788 8 Lit.-St.; AB **29** (1958) 2 114; Leichtbau d. Verkehrsfahrzeuge **2** (1958) 2 88.

Hahn, Karl F.: Der Einsatz des Metallklebens und seine derzeitigen Grenzen. Vortrag Stuttgarter Luftfahrtgespräch 19. 7. 57) „Schweißen und Kleben im Flugzeugbau", Arb.- u. Forsch.-Gemeinschaft Graf Zeppelin, Stuttgart-Flughafen S. 16—28. [2.531], [1.442.33].

Hartman, A. and *F. A. Jacobs:* Research on the static and fatigue strengths of bonded and riveted single lap joints in clad 2024 and 7075 aluminum alloy at room and elevated temperatures. NLL TN M 2041 Sept. 1957 19 p.; Aero Space Engng. **17** (1958) 9 79; Index Aeron. **14** (1958) 8 100. [1.442.33], [1.442.43], [1.442.44].

Gunn, N. J. F.: The fatigue and tensile properties of redux joints between aluminium alloy DTD 646 sheets at temperatures of —60 °C, room temperature and +70 °C. Roy. Aircr. Establ. TN M 277 March 1958 12 p. [1.442.33].

Hartman, A. and *P. de Rijk:* The effect on the static and fatigue properties of riveted light alloy lap joints of reinforcing the critical section with thin adhesive bonded sheets. NLL TN M 2047 March 1958 35 p.; J. Roy. Aeron. Soc. **62** (1958) 574 768; Aero Space Engng. **17** (1958) 12 71; Index Aeron. **14** (1958) 9 80. [1.442.43], [1.442.44], [1.442.33].

Locati, L.: Résistance à la fatigue d'un collage métal — métal à simple recouvrement. AGARD Rep. 180 Avril 1958 V, 22 p.

Troughton, Alan J.: Redux-bonding in the Armstrong Whitworth Argosy. Aircr. Production **21** (1959) 6 206—214; Index Aeron. **15** (1959) 7 117 [2.531].

Troughton, Alan J.: The use of redux bonding by Armstrong Whitworth Aircraft. Methods adopted in building the Argosy. CIBA Aircr. Bull. 5 June 1959 16 p. [2.531].

Prüfungen 1.442.37

Arnold, J. S.: Development of non-destructive tests for structural adhesive bonds. III. Mechanical impedance technique, "Stub-Meter". Stanford Res. Inst. WADC Techn. Rep. 54-231 Pt. 3 Apr. 1955.

Merriman, H. R.: Inspection method for metal-metal adhesive bonds. "Metal-to-metal adhesives for the assembly of aircraft". Ed. R. G. Newhall, San Francisco: Western Business Publ. 1955 11—16.

Schijve, J.: Investigation on the ultrasonic testing of glued metal joints. NLL Rep. M 1995 Sept. 1955 25 p.

Cooper, D. W.: The application of adhesives to modern timber structures. Timber Technol. **64** (1956) 2202 185—187, 2203 259—262, 2204 309—311; Holz als Roh- u. Werkstoff **15** (1957) 9 399; AMR **10** (1957) 10 470 [2.531].

Werren, Fred and *H. W. Eickner:* Climbing peel test for strength of adhesive bonds. Modern Plastics **34** (1956) 4 187, 188, 190, 264; Adhäsion **2** (1958) 3 134—135.

Schijve, J.: Ultrasonic resonance tests to localize lack of adhesion in glued structural elements. (in Dutch). NLL Rep. M 2025 Febr. 1957.

Tapp, P. F., A. Broodo, C. E. Horn and *S. V. Castner:* Measurement of adhesive moduli. The use of ultrasonics to measure the dynamic modulus of metal-to-metal adhesive joints. Aircr. Engng. **29** (1957) 345 350—352 2 ref.; Index Aeron. **13** (1957) 12 56; Aeron. Engng. Rev. **17** (1958) 2 100.

Thomas, Christian: Metal-to-metal bonding and flight safety. Soc. Aircr. Mater. & Process Engrs., Proc. Conf. on Adhesive Bonded Structures for Aircraft, Los Angeles, Jan.-Febr. 1957 Pap. 42 9 p.; Aeron. Engng. Rev. **16** (1957) 12 132 [1.442.33].

Woodhouse, J. W.: Process control tests for bonded structures. Soc. Aircr. Mater. & Process Engrs., Proc. Conf. on Adhesive Bonded Structures for Aircraft, Los Angeles, Jan.-Febr. 1957 Pap. 21 4 p.

Schijve, J.: Ultrasonic resonance testing of glued metal joints. Possibilities of assessing the quality of adhesive bonded structures. NLL Rep. M P 150; Aircr. Engng. **30** (1958) 355 269—271 5 ref.; Index Aeron. **14** (1958) 10 54; Aero Space Engng. **17** (1958) 12 86.

Twiss, S. B. and *L. B. Clougherty:* A disk shear test for adhesives. ASTM Bull. 232 Sept. 1958 57—61.

Winter, Hermann u. *Heinz Meckelburg:* Der Winkelblech-Schälversuch — Seine Grundlagen und Anwendungen als Prüfverfahren für Metallbindemittel und Metallklebverbindungen. Ein Beitrag zum Problem des Klebens von Leichtmetallen. Metall **12** (1958) 3 185—192 25 Lit.-St.

Bryant, R. S., J. D. Blanchard and *O. F. Campbell jr.:* Industrial uses of an automatic machine for glue bond testing. Forest Products J. **9** (1959) 5 172—176.

Clad, Werner: Prüfung von Holzleimen. Holz als Roh- u. Werkstoff **17** (1959) 1 23—29 9 Lit.-St.; Adhäsion **3** (1959) 4 221.

Kolb, Hans: Holzleimbau und Materialprüfung. Holz-Zbl. **85** (1959) 134 1799—1801.

Mehl, Willi: Untersuchungen an Klebeverbindungen von Aluminium- und Tiefziehblechen bei statischen und dynamischen Beanspruchungen. Diss. TU Berlin 1959 Berlin 1960 D83 107 S. [1.442.33].

Winter, Hermann u. *Heinz Meckelburg:* Beitrag zur Ausarbeitung normungsfähiger Prüfverfahren für Metallklebeverbindungen. Aluminium **35** (1959) 1 21—28, 4 192—196 [4.51].

Yavorsky, J. M. and *J. H. Brown:* A notched cleavage specimen for evaluating strength of glue joints. Forest Products J. **9** (1959) 4 135—142 14 ref.

Nietverbindungen **1.442.4**

Allgemeines **1.442.41**

Jacobson, J. M.: Ein einfaches Schaubild für die Berechnung von Nietabmessungen in Zugdiagonalfeldern. (Übers. Aero Dig. (1936) Aug.). Luftf.-Schrifttum Ausland **3** (1937) 5 105—106 [1.223.14].

Demarkles, L. R.: Investigation of the use of a rubber analog in the study of stress distribution in riveted and cemented joints. NACA TN 3413 Nov. 1955 97 p.; AMR **9** (1956) 10 423—424 [1.442.33].

Bodine, E. G., R. L. Carlson and *G. K. Manning:* Interaction of bearing and tensile loads on creep properties of joints. NACA TN 3758 Oct. 1956 23 p. 8 ref.; Index Aeron. **12** (1956) 12 83; AMR **10** (1957) 3 102; J. Roy. Aeron. Soc. **61** (1957) 555 222 [1.443.11].

Fujimoto, I.: Study on the buckling of riveted thin plate. J. Technological Res. (Kanto Gakuin Univ., Fac. of Engng., Japan) **1** (1956) 2 191—195 [1.222.112].

Jones, J.: Effect of bearing ratio on static strength of riveted joints. Proc. ASCE Vol. 82, ST 6 (J. Struct. Div.) Pap. 1108 Nov. 1956 10 p.; AMR **10** (1957) 4 150.

Semonian, Joseph W. and *James P. Peterson:* An analysis of the stability and ultimate compressive strength of short sheet-stringer panels with special reference to the influence of riveted connection between sheet and stringer. NACA TN 3431 March 1955 49 p. 25 ref.; NACA Rep. 1255 1956 18 p.; Index Aeron. **11** (1955) 7 104; Aircr. Engng. **29** (1957) 337 91; J. Roy. Aeron. Soc. **61** (1957) 555 222 [1.223.121].

Munse, W. H. and *H. L. Cox:* The static strength of rivets subjected to combined tension and shear. Univ. Illinois Engng. Exper. Stat. Bull. 437 1956 28 p.; AMR **10** (1957) 11 508; Index Aeron. **13** (1957) 5 89.

Pian, T. H. H.: Structural damping of a simple built-up beam with riveted joints in bending. Amer. Soc. Mech. Engrs. Ann. Meeting, New York, Nov. 1956 Pap. 56-A-2 4 p.; J. Appl. Mech. **24** (1957) 1 35—38; AMR **10** (1957) 7 287; Aeron. Engng. Rev. **16** (1957) 5 195 [1.342.4].

Bodine, E. G., R. L. Carlson and *G. K. Manning:* Creep deformation patterns of joints under bearing and tensile loads. NACA TN 4138 Dec. 1957 36 p.; AMR **11** (1958) 6 298; Index Aeron. **14** (1958) 2 90; Aeron. Engng. Rev. **17** (1958) 2 88.

Francis, A. J. and *G. L. Belcher:* Tests on eccentrically loaded riveted joints. ARL Rep. SM 249 Apr. 1957 14 p.; J. Roy. Aeron. Soc. **62** (1958) 566 149; Index Aeron. **14** (1958) 3 84; Aeron. Engng. Rev. **17** (1958) 1 97.

Hébrant, F., L. Demol et *Ch. Massonnet:* Essais d'assemblages à boulons ou rivets tirés. Publ. Ass. Int. Ponts & Charpentes **17** (1957) 95—116 [1.443.11].

Klinger, R. F.: Effect of loading rate on the strength of single and multiple riveted joints. WADC Techn. Rep. 57-311 (AD 131098) Sept. 1957 11 p.; Aero Space Engng. **17** (1958) 9 108.

Oehler, G.: Konstruktionselemente in der Blechbearbeitung. Mitt. Forsch. Ges. Blechverarb. (1959) 16 218—220.

Stähle 1.442.42

Cavallari, A.: La déformation sous charge dans le calcul des joints rivés. Acier-Stahl-Steel (1955) 6 272—278.

Hébrant, F. u. *L. Demol:* Zugversuche an genieteten Verbindungen bei Profilen aus A 37 Stahl. Acier-Stahl-Steel **20** (1955) 4 177—184.

Chesson, E. and *W. H. Munse:* Behavior of riveted connections in truss-type members. Proc. ASCE Vol. 83, ST 1 (J. Struct. Div.), Pap. 1150 Jan. 1957 61 p.; AMR **10** (1957) 8 355.

Leichtmetalle 1.442.43

Haddon, J. D.: Aluminium-alloy concave-pointed rivets. Engineering **180** (1955) 4668 79—83; Aluminium **32** (1956) 2 A 43; Nachr.-Bl. AGM Leichtbau **5** (1956) 4 12 [1.431.11].

Mordfin, Leonard: Creep and creep-rupture characteristics of some riveted and spot-welded lap joints of aircraft materials. NACA TN 3412 June 1955 53 p. 44 ref.; AMR **9** (1956) 4 151—152; Index Aeron. **11** (1955) 9 78; Aeron. Engng. Rev. **14** (1955) 9 98; J. Roy. Aeron. Soc. **59** (1955) 539 788 [1.442.12].

Adaridi, B.: Les rivets Riv-Clé et l'assemblage des tôles accessibles d'un seul coté. III. Rev. Aluminium **33** (1956) 236 963—967; Leichtbau d. Verkehrsfahrzeuge **1** (1957) 1 24 [1.431.11].

Gürtler, Gustav u. *P. Krekel:* Neuere Erkenntnisse über den Stand der Leichtmetallnietung. „Verbindungselemente und Verbindungen", VDI-Ber. Bd. 9 1956 45—50 12 Lit.-St.

Howe, D.: Double shear strength of B.S. L.69 snap head rivets in L.72 and L.73 aluminium alloy sheet. Coll. Aeron. Cranfield Note 50 July 1956 9 p.; Index Aeron. **12** (1956) 10 81; Aircr. Engng. **28** (1956) 333 401; AB **28** (1957) 1 30—31.

Hartman, A. and *F. A. Jacobs:* Research on the static and fatigue strengths of bonded and riveted single lap joints in clad 2024 and 7075 aluminum alloy at room and elevated temperatures. NLL TN M 2041 Sept. 1957 19 p.; Aero Space Engng. **17** (1958) 9 79; Index Aeron. **14** (1958) 8 100. [1.442.44], [1.442.33], [1.442.36].

Lemprière, B. M.: Strengths of Avdel light alloy blind rivets in DTD 546B sheet. Coll. Aeron. Cranfield Note 63 Apr. 1957 8 p. 3 ref.; Index Aeron. **13** (1957) 8 61; Aircr. Engng. **29** (1957) 344 330; J. Roy. Aeron. Soc. **61** (1957) 562 710; Aeron. Engng. Rev. **16** (1957) 9 160.

Steeg, P.: Versuche mit Aluminiumnieten von 24 mm Schaftdurchmesser. Aluminium **33** (1957) 6 385—386; Leichtbau d. Verkehrsfahrzeuge **2** (1958) 3 132.

Hartman, A. and *P. de Rijk:* The effect on the static and fatigue properties of riveted light alloy lap joints of reinforcing the critical section with thin adhesive bonded sheets. NLL TN M 2047 March 1958 35 p.; J. Roy. Aeron. Soc. **62** (1958) 574 768; Aero Space Engng. **17** (1958) 12 71; Index Aeron. **14** (1958) 9 80. [1.442.44], [1.442.33], [1.442.36].

Dauerfestigkeit **1.442.44**

Klaassen, W. and *A. Hartman:* The fatigue diagram for fluctuating tension of single lap joints of clad 24 S-T and 75 S-T aluminum alloy with 2 rows of 17 S rivets. NLL Rep. M 1980 Apr. 1955 4 p.; Index Aeron. **11** (1955) 10 93; Aircr. Engng. **27** (1955) 319 318; J. Roy. Aeron. Soc. **59** (1955) 539 788; AMR **9** (1956) 1 25.

Hartman, A. and *W. Klaassen:* The fatigue strength at fluctuating tension of single lap joints of clad 24 S-T and 75 S-T aluminium alloy with 2 rows of 17 S rivets. NLL TN M 2011 July 1956 31 p. 4 ref.; Index Aeron. **12** (1956) 12 47; AMR **10** (1957) 11 512; J. Roy. Aeron. Soc. **61** (1957) 555 222; Aeron. Engng. Rev. **16** (1957) 1 128.

Kelsey, S. and *J. B. Spooner:* Direct stress fatigue tests on Redux-bonded and riveted double strap joints in 10 S.W.G. aluminium alloy sheet. ARC Curr. Pap. 353 May 1956 7 p.; Aircr. Engng. **30** (1958) 348 56; AMR **11** (1958) 11 613; Aeron. Engng. Rev. **17** (1958) 1 97 [1.442.36].

Rice, M. R.: Fatigue characteristics of a riveted 24 S-T aluminium alloy wing. II. Stress analysis. ARL Rep. SM 247 Oct. 1956 27 p. 12 ref.; J. Roy. Aeron. Soc. **61** (1957) 563 791; Aeron. Engng. Rev. **16** (1957) 8 129. [1.343.33], [6.254.1].

Schijve, J. and *F. A. Jacobs:* Research on cumulative damage in fatigue of riveted aluminium alloy joints. NLL Rep. M 1999 Jan. 1956 53 p. 47 ref.; Index Aeron. **13** (1957) 3 44—45; Aircr. Engng. **29** (1957) 338 126; J. Roy. Aeron. Soc. **61** (1957) 556 294; Aeron. Engng. Rev. **16** (1957) 4 132.

Schijve, J.: The fatigue strength of riveted joints and lugs. NACA TM 1395 Aug. 1956 54 p.; Aircr. Engng. **29** (1957) 336 60; J. Roy. Aeron. Soc. **61** (1957) 553 67.

Hartman, A. and *F. A. Jacobs:* Research on the static and fatigue strengths of bonded and riveted single lap joints in clad 2024 and 7075 aluminum alloy at room and elevated temperatures. NLL TN M 2041 Sept. 1957 19 p.; Aero Space Engng. **17** (1958) 9 79; Index Aeron. **14** (1958) 8 100. [1.442.33], [1.442.36], [1.442.43].

Holt, M., I. D. Eaton and *R. B. Matthiesen:* Fatigue tests of riveted or bolted aluminium alloy joints. Proc. ASCE Vol. 83, ST 1 (J. Struct. Div.), Pap. 1148 Jan. 1957 28 p.; AMR **10** (1957) 7 299; AB **28** (1957) 2 119 [1.443.16].

Smith, C. R.: The fatigue strength of riveted joints. An experimental study of the factors influencing the life of riveted joints. Aircr. Engng. **29** (1957) 336 34—38; AMR **10** (1957) 8 353; Aeron. Engng. Rev. **16** (1957) 4 131—132.

Hartman, A. and *P. de Rijk:* The effect on the static and fatigue properties of riveted light alloy lap joints of reinforcing the critical section with thin adhesive bonded sheets. NLL TN M 2047 March 1958 35 p.; J. Roy. Aeron. Soc. **62** (1958) 574 768; Aero Space Engng. **17** (1958) 12 71; Index Aeron. **14** (1958) 9 80. [1.442.33], [1.442.36], [1.442.43].

Nagelverbindungen **1.442.5**

Stoy, Wilhelm: Tragfähigkeit von Nagelverbindungen im Holzbau. Schweiz. Bau-Ztg. **106** (1935) 7 75—76.

— Timber fastenings. FPL Rep. R 1903-20 Febr. 1953 54 p. 34 ref. [1.443.14], [1.444].

Brock, G. R.: The strength of nailed joints. Timber Technol. **63** (1955) 2194 409—411, 2195 466—469; AMR **9** (1956) 6 248.

Dove, A. B.: The influence of nail design and manufacturing practices on joint strength. Wire & Wire Products **30** (1955) 6 657—666, 724—725; AMR **9** (1956) 4 152; Draht **7** (1956) 2 60—61.

Kuenzi, Edward W.: Theoretical design of a nailed or bolted joint under lateral load. FPL Rep. D 1951 rev. March 1955 31 p. [1.443.14].

Möhler, Karl: Über einige Grundlagen und Entwicklungsmöglichkeiten des Holznagelbaues. Holz als Roh- u. Werkstoff **13** (1955) 10 388—397; AMR **10** (1957) 12 562.

Brock, G. R.: The strength of nailed timber joints. Timber Technol. **64** (1956) 2199 19—21; AMR **9** (1956) 4 152.

Radcliffe, B. M.: Design of timber roof truss with nail-glued connections. Amer. Soc. Mech. Engrs. Ann. Meeting, New York, Nov. 1956, Pap. 56-A-180 7 p.; AMR **10** (1957) 4 149.

Stern, E. G.: Nails and spikes in creosote-pressure-treated southern pine poles and timbers. Virginia Polytechn. Inst. Wood Res. Lab. Bull. 26 Oct. 1956 20 p.; AMR **10** (1957) 11 508.

Steinhardt, O. u. *K. Möhler:* Stand des Ingenieur-Holzbaues. II. Fortschrittliche Bauweisen in Holz. Z. VDI **98** (1956) 35 1919—1925 8 Lit.-St.; Holz als Roh- u. Werkstoff **15** (1957) 10 447; AMR **10** (1957) 9 409. [1.444], [1.442.32].

Stern, E. G.: Plain-shank vs. threaded nails. Virginia Polytechn. Inst. Wood Res. Lab. Bull. 27 Dec. 1956 24 p.; AMR **10** (1957) 11 508.

Kumarasamy, K. and *H. J. Burgess:* The nailing properties of 72 Malayan timber species. Timber Technol. **65** (1957) 2219 464—466; AMR **11** (1958) 2 69.

Meyer, Adolf: Die Tragfähigkeit von Nagelverbindungen bei statischer Belastung. Holz als Roh- u. Werkstoff **15** (1957) 2 96—109 9 Lit.-St.

Noren, Bengt: Yielding of a nailed joint under bending forces. Svenska Träforskningsinstitutet (Stockholm) Medd. 89B 1957 7 p.; AMR **11** (1958) 10 541.

1.442.5

Stern, E. G.: Holding power of large nails and spikes in dry southern pine. Virginia Polytechn. Inst. Wood Res. Lab. Bull. 30 Apr. 1957 12 p.; AMR **10** (1957) 11 508.

Borup, Lennart u. *Erik Rennerfelt:* Vergleichende Untersuchungen über den Ausziehwiderstand von Nägeln in von Pilzen befallenem und in gesundem Kiefernsplintholz. Holz als Roh- u. Werkstoff **16** (1958) 12 453—459.

Stern, E. G.: Nailing of plywood sheathing with "hilvad" nails. Virginia Polytechn. Inst. Wood Res. Lab. Bull. 35 1958 16 p.; AMR **12** (1959) 3 173—174.

Willer, Kurt: Der Nagel im Holz. Holztechnik **38** (1958) 3 91—95; Holz als Roh- u. Werkstoff **17** (1959) 7 302.

Crandall, L. W.: Allowable loads for 8 d nails. Both regular and clinched, driven through metal side plates into stress-grade lumber. Forest Prod. J. **9** (1959) 8 258—262 4 ref.

Gloss, R. H.: Timber fastenings. Proc. ASCE ST1 (J. Struct. Div.) **85** (1959) Pap. 1913 15 p.; AMR **12** (1959) 9 622 [1.442.32].

Stern, E. G.: Nails and spikes in pressure-treated pine poles and timbers. Timber Technol. **66** (1958) 2224 70—72; Holz als Roh- u. Werkstoff **17** (1959) 7 302.

Stern, E. G.: Better utilization of wood through assembly with improved fasteners. Virginia Polytechn. Inst., Wood Res. Lab. Bull. no 38 Apr. 1959 44 p.; AMR **12** (1959) 9 617.

Lösbare Verbindungen **1.443**

Schrauben- und Bolzenverbindungen **1.443.1**

Allgemeines **1.443.11**

Dittrich, W.: Statische und dynamische Untersuchungen von Schraubensicherungen. Diss. TH Dresden 1938 [1.443.16].

Gimbel, G. u. *O. Fürst:* Schrauben — Muttern — Schraubenverbindungen. Metallwirtschaft **22** (1943) 9/10 135—140.

Boomsma, M.: Loosening and fatigue strength of bolted joints. Engineer **200** (1955) 5196 284—286; Index Aeron. **11** (1955) 10 91; Aeron. Engng. Rev. **14** (1955) 11 138 [1.443.16].

Weibull, Waloddi: Static strength and fatigue properties of threaded bolts. FFA Rep. 59 May 1955 25 p.; AMR **8** (1955) 12 523; Index Aeron. **11** (1955) 10 92; Aeron. Engng. Rev. **14** (1955) 11 140 [1.443.16].

Bodine, E. G., R. L. Carlson and *G. K. Manning:* Interaction of bearing and tensile loads on creep properties of joints. NACA TN 3758 Oct. 1956 23 p. 8 ref.; Index Aeron. **12** (1956) 12 83; AMR **10** (1957) 3 102; J. Roy. Aeron. Soc. **61** (1957) 555 222 [1.442.41].

Kellermann, Rudolf u. *Hans-Christof Klein:* Berücksichtigung des Reibungszustandes bei der Bemessung hochwertiger Schraubenverbindungen. Konstruktion **8** (1956) 6 236—244 9 Lit.-St.

Lickteig, E.: Konstruktive Gestaltung von Schraubenverbindungen. Konstruktion **8** (1956) 4 150—160 27 Lit.-St.

Baumann, W. A.: Reibungs- und Spannungsverhältnisse bei Schraubenverbindungen. Techn. Rdsch. (Bern) **49** (1957) 7 17, 19, 21; Draht **8** (1957) 11 487.

Hébrant, F., L. Demol et *Ch. Massonnet:* Essais d'assemblages à boulons ou rivets tirés. Publ. Ass. Int. Ponts & Charpentes **17** (1957) 95—116 [1.442.41].

Schmitz, Hermann u. *Herbert Grohmann:* Schraubenbolzen mit Dehnschaft. Beitrag zu DIN 2510. DIN-Mitt. **37** (1958) 11 493—508 [1.431.12].

Cole, A. G., W. W. Johnstone and *K. R. Sheldrick:* Static strength tests on riveted and bolted structural joints. ARL Rep. SM 219 Sept. 1955 11 p.; AMR **9** (1956) 5 202.

Dörnen, K.: Die Untersuchung der Schubsteifigkeit von Verbindungen mit vorgespannten (hochfesten) Schrauben im Stahlbau und die daraus sich ergebenden konstruktiven Maßnahmen. Diss. TH Hannover 1956.

Dörnen, Albert u. *G. Trittler:* Neue Wege der Verbindungstechnik im Stahlbau. Stahlbau **25** (1956) 8 181—184.

Schmid, W.: Schlupfverhalten von Stößen mit hochfesten Schrauben. Bauing. **31** (1956) 9 352—355.

Winter, G.: Tests on bolted connections in light gage steel. Proc. ASCE Vol. 82, ST 2 (J. Struct. Div.), Pap. 920 March 1956 25 p.; AMR **9** (1956) 9 380.

— Schrauben-Vademecum. 2. Aufl. Neuss-Rhein: Bauer & Schaurte Juli 1956 Lose-Bl.-Sammlung; Draht **8** (1957) 4 138—139 [1.431.12].

— Schraubenverbindung. Techn. Rdsch. (Bern) **48** (1956) 2 29—31; Draht **7** (1956) 8 329.

Hamm, Bruno: Schraubenverbindungen im Leichtbau. Z. VDI **99** (1957) 3 102—104; Leichtbau d. Verkehrsfahrzeuge **1** (1957) 2/3 68.

Hébrant, F.: Anwendung hochfester Schraubverbindungen bei Metallkonstruktionen. Usine Nouvelle (1957) Nov. 53, 55; Draht **9** (1958) 8 334.

Nandeeswaraiya, N. S.: Stresses in bolted gasketed joints. — 1. Analytical study. J. Instn. Engrs. India **38** (1957) 3 (part 2) 261—276; AMR **12** (1959) 2 110.

Viglione, J.: Fatigue strength of bolts reduced by longitudinal flaws. Product Engng. **28** (1957) 3 203—205; Konstruktion **9** (1957) 10 424; Aeron. Engng. Rev. **16** (1957) 6 151.

— Gleitfeste Schraubenverbindungen im Stahlbau. (Vortragsveranstaltung 7. 5. 1957 Essen). (Veröff. Dtsch. Stahlbau-Verband H. 12) Köln: Stahlbau-Verl. 1958 95 S.; Bautechnik **36** (1959) 2 80; Technik (Berlin) **14** (1959) 8 575.

Hancke, Adolf: Die Schraubenverbindung als federndes Element in der Konstruktion. Draht **10** (1959) 8 386—394.

Klein, H.-Ch.: Hochwertige Schraubenverbindungen. Einige Gestaltungsprinzipien und Neuentwicklungen. Konstruktion **11** (1959) 6 201—212, 7 259—264 26 Lit.-St.

Maduschka, Ludwig: Beanspruchungsgerechte Form der Schraubenverbindung an Kranhaken. Stahl u. Eisen **79** (1959) 11 797—802.

Ritchie, J.: Improvements in bolted joint efficiency by the addition of a cold-setting resin mixture. Struct. Engr. **37** (1959) 6 175—177; Stahlbau **28** (1959) 10 287—288 [1.442.33].

Steinhardt, Otto u. *K. Möhler:* Versuche zur Anwendung vorgespannter Schrauben im Stahlbau. II. Ber. Dtsch. Ausschuß Stahlbau H. 22 1959 64 S.; Schweiz. Bau-Ztg. **77** (1959) 43 718.

Steinhardt, Otto: Vorgespannte Schrauben im Stahlbau. Z. VDI **101** (1959) 19 769—773.

Leichtmetalle   1.443.13

Krekel, Paul: Erweiterung der Anwendungsmöglichkeiten von Aluminiumkonstruktionen durch Verwendung neuartiger Gewindeeinsätze. Aluminium **32** (1956) 10 637—642, 11 703—705; Nachr.-Bl. AGM Leichtbau **5** (1956) 11 18—19 [6.131].

Mordfin, L., G. E. Greene, N. Halsey, R. H. Harwell jr. and *R. L. Bloss:* Creep and static strengths of large bolted joints of forged aluminum alloys under various temperature conditions. Inst. Aeron. Sci. 26th Ann. Meeting, New York, Jan. 1958, Prepr. 779 1958 23 p.; Aeron. Engng. Rev. **17** (1958) 2 88; Index Aeron. **14** (1958) 6 84.

Holz   **1.443.14**

Theiner: Bolzen und Rohrniete in Holz. DVL-ZPL-Ber. T 14/40, T 14/40a, T 14/40b 1944.
— Static and fatigue strength of timber joints. Bull. Amer. Railway Engng. Ass. **55** (1953) 510 213—221; AMR **9** (1956) 6 252 [1.443.16].
— Timber fastenings. FPL Rep. R 1903-20 Febr. 1953 54 p. 34 ref. [1.444], [1.442.5].
Kuenzi, Edward W.: Theoretical design of a nailed or bolted joint under lateral load. FPL Rep. D 1951 rev. March 1955 31 p. [1.442.5].
Yossifovitch, Mirko: Calcul des dimensions des boulons par rapport à une compression autorisée sur le bois (avec des conditions limites adoptées des appuis encastrés). Techn. et Sci. Aéron. (1956) 5 239—246 3 réf.
Willer, Kurt: Die Schraube im Holz. Untersuchungen über das Verhalten der Holzfaser beim Einbringen von Holzschrauben. Holztechnik **37** (1957) 5 185—188.
Saarman, E.: Strength of screws in wood and wooden products. (Swedish). Sven. Träforsk. Inst. Medd. 96B 1958 7 p.

Plaste und sonstige Werkstoffe   **1.443.15**

Wallenbrock, R. E.: Fastening and joining plastic parts. Machine Design **28** (1956) 3 94—97; Konstruktion **8** (1956) 9 391—392.
Peukert, H.: Festigkeit von Schraubverbindungen in Kunststoffen. Untersuchungen am „Ensat"-Verbindungselement. Kunststoffe **48** (1958) 4 189—192.

Dauerfestigkeit   **1.443.16**

Dittrich, W.: Statische und dynamische Untersuchungen von Schraubensicherungen. Diss. TH Dresden 1938 [1.443.11].
Bertram, W.: Die Dauerhaltbarkeit von Gewinden bei verschiedenen Temperaturen und ihre Beeinflussung durch Oberflächendrücken. Mitt. Wöhler-Inst. Braunschweig H. 37 1940.
— Static and fatigue strength of timber joints. Bull. Amer. Railway Engng. Ass. **55** (1953) 510 213—221; AMR **9** (1956) 6 252 [1.443.14].
Boomsma, M.: Loosening and fatigue strength of bolted joints. Engineer **200** (1955) 5196 284—286; Index Aeron. **11** (1955) 10 91; Aeron. Engng. Rev. **14** (1955) 11 138 [1.443.11].
Fisher, W. A. P. and *W. J. Winkworth:* Improvements in the fatigue strength of joints by the use of interference fits. ARC R & M 2874 1955 17 p. 4 ref.; Index Aeron. **11** (1955) 10 105; Aeron. Engng. Rev. **14** (1955) 11 138; Aircr. Engng. **27** (1955) 320 353; J. Roy. Aeron. Soc. **59** (1955) 538 720.
Weibull, Waloddi: Static strength and fatigue properties of threaded bolts. FFA Rep. 59 May 1955 25 p.; AMR **8** (1955) 12 523; Index Aeron. **11** (1955) 10 92; Aeron. Engng. Rev. **14** (1955) 11 140 [1.443.11].
Kawada, Yuichi and *Yoshito Sekido:* On the strength of bolt connection under repeated load. Trans. Japan Soc. Mech. Engrs. **22** (1956) 115 149—155; Japan Sci. Rev., Mech. & Electr. Engng. **3** (1957) 1 104.

Martinaglia, L.: Ziele der Ermüdungsforschung in der Schweiz, gezeigt am Beispiel von Dauerversuchen an Schraubenverbindungen. „Kolloquium über Ermüdungsfestigkeit", Hrsg. W. Weibull u. F. K. G. Odqvist, Berlin—Göttingen—Heidelberg: Springer 1956 169—170.

Heywood, R. B.: Simplified bolted joints for high fatigue strength. Engineering **183** (1957) 4744 174—178.

Holt, M., I. D. Eaton and *R. B. Matthiesen:* Fatigue tests of riveted or bolted aluminium alloy joints. Proc. ASCE Vol. 83, ST 1 (J. Struct. Div.), Pap. 1148 Jan. 1957 28 p.; AMR **10** (1957) 7 299; AB **28** (1957) 2 119 [1.442.44].

Sopwith, D. G. and *J. E. Field:* Unification of screw thread practice. Engineer **203** (1957) 5287 793—795; Konstruktion **10** (1958) 7 284—285.

Low, A. C.: The fatigue strength of pin-jointed connections in aluminium alloy B. S. L6$_5$. Instn. Mech. Engrs., Prepr. 1958 11 p.; AMR **12** (1959) 3 169.

Low, A.: The fatigue strength of pin-jointed connections in aluminium alloy B. S. L6$_5$. Inst. Mech. Engrs., Proc. **172** (1958) 27 821—838; Konstruktion **12** (1960) 2 91—92.

Walker, P. B.: Fatigue of a nut and bolt. J. Roy. Aeron. Soc. **62** (1958) 570 395—407; Index Aeron. **14** (1958) 7 69—70; Aero Space Engng. **17** (1958) 12 84.

Sonstige Verbindungen **1.444**

— Timber fastenings. FPL Rep. R 1903-20 Febr. 1953 54 p. 34 ref. [1.442.5], [1.443.14].

Steinhardt, O. u. *K. Möhler:* Stand des Ingenieur-Holzbaues. II. Fortschrittliche Bauweisen in Holz. Z. VDI **98** (1956) 35 1919—1925 8 Lit.-St.; Holz als Roh- u. Werkstoff **15** (1957) 10 447; AMR **10** (1957) 9 409. [1.442.32], [1.442.5].

Willibald, Helmut: Vereinfachte Berechnung verdübelter Balken. Dtsch. Zimmermeister **59** (1957) 9 219—221.

Nearn, W. T. and *J. T. Clarke:* Dowel joint strength. Forest Prod. J. **8** (1958) 11 326—329; AMR **12** (1959) 4 259.

Wirtschaftlichkeitsfragen des Leichtbaues **1.5**

Allgemeines **1.51**

Freytag, F.: Der Einfluß der Luftfahrzeugart auf die Wirtschaftlichkeit im Kurzstreckenverkehr. Technik (Berlin) **12** (1957) 9 617—625.

Gordon, S. A.: Mill and fabrication economics. J. Metals, Sect. 1 **9** (1957) 1 167—169; Titanium Abstr. Bull. **2** (1956/57) 431—432.

Pugsley, Alfred: The economy of structures. J. Roy. Aeron. Soc. **63** (1959) 579 153—162 21 ref.

Scheffler, W.: Konstruktionsunterlagen nach fertigungstechnischen und wirtschaftlichen Gesichtspunkten. Konstruktion **11** (1959) 7 244—252 11 Lit.-St. [2.1].

Schweisheimer, W.: Der Aufschwung des Aluminiums in der Bauwirtschaft. Eine Betrachtung aus den USA. Metall **13** (1959) 3 246—247.

Wirtschaftliche Fertigung **1.52**

Asher, Harold: Cost-quantity relationships in the airframe industry. (US Air Force Project Rand, Rep. No. R-291). RAND Corp., Santa Monica, Calif., July 1956 191 p.; Aeron. Engng. Rev. **16** (1957) 5 222—223.

Becher, G.: Schweißen im Akkord. Schweißen u. Schneiden **11** (1959) 5 179—184 8 Lit.-St.

Brockmöller, Fritz: Wirtschaftlichkeit und Möglichkeiten der Anwendung glasfaserverstärkter Kunststoffe. Z. VDI **98** (1956) 27 1603—1610 21 Lit.-St. [6.14].

Schatz, W.: Höhere Wirtschaftlichkeit beim Unterpulverschweißen durch Anwendung des Spaltschweißverfahrens. Schweißen u. Schneiden **11** (1959) 1 23—29 [2.511.1].

Strobel, Werner K.: Die Gestaltung von Personenwagen im Hinblick auf ihre wirtschaftliche Fertigung. Z. VDI **101** (1959) 3 77—81 [6.252.42].

Fertigung   **2**

Allgemeines   **2.1**

Böhne, Clemens: Die Kaltverarbeitung nichtrostender Stähle unter besonderer Berücksichtigung werkstofftechnischer Fragen. Maschinenmarkt **62** (1955) 95 11—14; Nachr.-Bl. AGM Leichtbau **5** (1956) 12 14.

Merriam, J. C.: Mechanical tubing. Mater. in Design Engng. **46** (1957) 7 127—146; Titanium Abstr. Bull. **3** (1957/58) 378—379.

Opitz, Herwart: Fertigungstechnik. Z. VDI **99** (1957) 28 1389—1395 13 Lit.-St.

Erker, Armin: Werkstoffauswahl bei Einzel- und Massenfertigung. Z. VDI **100** (1958) 25 1197—1209 63 Lit.-St.

Forwergk, K. H.: Die wirtschaftliche und fertigungsgerechte Konstruktion — Ziel und Aufgabe des Fertigungsingenieurs. Konstruktion **11** (1959) 7 243—244.

Ruff, P. E.: Fabricating and finishing tool-steels for aircraft parts. Metal Progr. **75** (1959) 4 97—102; Leichtbau d. Verkehrsfahrzeuge **3** (1959) 4 140.

Scheffler, W.: Konstruktionsunterlagen nach fertigungstechnischen und wirtschaftlichen Gesichtspunkten. Konstruktion **11** (1959) 7 244—252 11 Lit.-St. [1.51].

Gießen, Druckgießen, Genaugießen   **2.2**

Lohrke, E.: Fortschritte auf dem Gebiete des Druckgusses und der benutzten Legierungen. Metallwirtschaft **22** (1943) 27/29 401—405.

Paddock, R. K.: Direct chill continuous casting of magnesium proves practical, economical. Iron Age **174** (1954) 24 149—151; AB **26** (1955) 1 42.

Barton, H. K.: Large die-castings. Metal Industry **87** (1955) 20 405—408; AB **26** (1955) 12 697.

Bernhard, P.: Gießharze und ihre Verarbeitung. Techn. Rdsch. (Bern) **47** (1955) 46 25—31.

Capitaine, H.: Direct chill casting of light metal billets. Metal Industry **87** (1955) 1 9—11; Aluminium **32** (1956) 3 A 66.

Elliott, H. E.: Casting high quality magnesium. Modern Castings & Amer. Foundryman **28** (1955) 1 38—44; AB **26** (1955) 9 597—598.

Heimann, K. W.: Präzisionsguß. Werkstattstechn. u. Masch.-Bau **45** (1955) 11 598—600.

Koda, Shigeyasu, Eiji Isono and *Shiro Terato:* On the continuous casting of aluminium. Light Metals (Japan) (1955) 15 21—25; AB **26** (1955) 8 498—499.

Lieby, Gustav: Kennzeichnende Eigenschaften von Druckgußlegierungen. Gießerei **42** (1955) 14 357—361; AB **26** (1955) 8 501.

Ohira, G.: Solidification of (aluminium) sand castings. I. Solidification of casting and thermal effect of sand. II. Effect of riser on casting. Tohoku Univ., Technol. Rep. **19** (1955) 201—214, 214—223; AB **27** (1956) 2 84.

Otani, Buntaro: On the mechanical properties and thickness of aluminium sand castings — on the effect of chilling for sand castings. Light Metals (Japan) (1955) 17 47—50; AB **27** (1956) 2 106.

Pölzguter, Franz: Fortschritte bei der Herstellung und Anwendung von Stahlschleuderguß. Gießerei **42** (1955) 19 493—500.

Roth, A.: Über die Schmelzebehandlung für den Aluminium-Blockguß. Aluminium **31** (1955) 10 484—489 23 Lit.-St.; AB **26** (1955) 11 692.

Schaupp, Fritz: Spritzgußtechnik von Polyamiden. Kunststoffe **45** (1955) 1 33—36.

Smart, J. S. jr.: Continuous casting. Metal Progr. **68** (1955) 4 117—125; AB **26** (1955) 11 694; Aluminium **32** (1956) 4 A 86.

Steward, W. D.: Things to know about aluminum sand foundry practice. Foundry **83** (1955) 1 88—91, 216—220, 222; AB **26** (1955) 2 70.

Tatur, André: La solidification des alliages légers. Etude de la retassure. Fonderie (1955) 116 4681—4692; Aluminium **32** (1956) 2 A 38.

Turnbull, J. S.: Development of the lost-wax process of precision casting, 1949—53. Proc. IME **169** (1955) 17 319—330; Konstruktion **8** (1956) 8 329—330.

Wick, G. u. H. König: Spritzgießen und Spritzpressen von Hart-PVC. Zur Verarbeitung von weichmacherfreien Polymerisaten halogenhaltiger Vinylverbindungen. Kunststoffe **45** (1955) 10 425—428.

Willis, E. J.: Plaster cast moulding with magnesium. Light Metal Age **13** (1955) 10/11 12, 45; AB **27** (1956) 2 122—123.

Zweig, S.: Rotational molding of plastisols. Modern Plastics **33** (1955) 1 123—133.

— Low pressure die casting of large cask. Machinery (London) **86** (1955) 2206 425—432; AB **26** (1955) 4 204.

— Pressure die-casting — a re-cap. Metal Industry **87** (1955) 4 71—72; AB **26** (1955) 9 567.

— Recent aluminium castings developments — discussion. Foundry Trade J. **99** (1955) 2042 439—442; AB **26** (1955) 12 696.

— The selection of aluminum alloy castings. Metal Progr. **68** (1955) 2 A 50—63; AB **26** (1955) 11 693 [1.323.212].

Bailey, D. F.: Developments and current trends of British shell-moulding practice. Foundry Trade J. **101** (1956) 2091 537—544; AB **28** (1957) 1 14.

Baird, J. H.: Aluminum die casting. Canad. Metals **19** (1956) 2 36, 38, 40, 42, 43; AB **27** (1956) 3 161.

Boghossian, V.: La coulée sous pression des blocs-cylindres de moteurs d'automobiles. Rev. Aluminium **33** (1956) 236 931—937; AB **28** (1957) 3 158.

Bohannon, George S.: Vacuum venting of molds. Modern Plastics **34** (1956) 4 162—163.

Le Breton, H.: Défauts des pièces de fonderie. I. Défauts dus au mode de solidification de l'alliage coulé. (Technologie de Fabrication, No. 14) Paris: Eyrolles 1956 284 p.

Droscha, H.: Genaugußkonstruktionen. Industrie-Anz. (1956) 38 5—6.

Fallows, John: Die Entwicklung des Formmaskenverfahrens im Britischen Commonwealth. Gießerei **43** (1956) 11 287—291.

Foussard, H.: La recherche de la précision en fonderie: le moulage en mottes à la S. I. F. A. Rev. Aluminium **33** (1956) 228 50—57.

Frères, H. F.: Der Leichtmetallguß. Z. VDI **98** (1956) 31 1770—1771.

Garner, Russell H.: Centrifugal casting of aluminum in permanent moulds. Foundry **84** (1956) 2 96—97; AB **27** (1956) 3 162.

Hamer, R. D.: Erfahrungen mit dem kontinuierlichen Gießen und Walzen von Aluminiumbändern. Berg- u. Hüttenmänn. Mh. **101** (1956) 12 346—352; Aluminium **33** (1957) 6 A 160.

Hill, Kenneth A.: Casting high duty aluminium alloys. Australasian Engr. **49** (1956) 10 59—62; AB **28** (1957) 2 81—82.

Imig, Charles S.: Einfluß der Werkzeugtemperatur beim Spritzgießen von Polyäthylen. Modern Plastics **34** (1956) Dec. 149—160, 259.

Irmann, Roland: Typische Fehler im Aluminiumguß und Hinweise zu ihrer Vermeidung. Aluminium **32** (1956) 9 540—544.

Köhler, P.: Leichtmetall-Kokillenguß. Konstruktion **8** (1956) 8 317—320.

Krekeler, K. A.: Feinguß als Konstruktionselement. Konstruktion **8** (1956) 8 307—313 4 Lit.-St.

Loesche, K. H.: Das Verarbeiten von Kunstharzen durch Gießen. Z. VDI **98** (1956) 15 839—840.

Mascré, Claude et *André Lefebvre:* Procédés pratiques de dégazage des alliages légers. Fonderie (1956) 131 496—508; AB **28** (1957) 3 157—158.

Pölzguter, Franz: Die Bedeutung des Formmaskenverfahrens nach Croning in der modernen Gießereitechnik. Gießerei **43** (1956) 11 270—280.

Pölzguter, F.: Fortschrittliche Gieß- und Formverfahren. Z. VDI **98** (1956) 31 1772—1774.

Pölzguter, F.: Maßgenauer Guß in der neuzeitlichen Fertigung. Werkstattstechn. u. Masch.-Bau **46** (1956) 8 387—391.

Prette, P.: La fonderie sous pression dans la construction mécanique. Rev. Gén. Mécanique **40** (1956) 93 337—343.

Richter, F.: Zur Frage der Bedeutung des Preßdruckes in der Druckgußfertigung. Gießerei **43** (1956) 18 540—547.

Roberts, G. A. and *A. H. Grobe:* Service failures of aluminum die-casting dies. Metal Progr. **69** (1956) 2 58—61; AB **27** (1956) 3 161.

Schäfer, W.: Beseitigung von Gußfehlern mit Epoxydharz. Plaste u. Kautschuk **3** (1956) 4 85—90.

Schneider, M. and *H. Siesel:* Sealing microporosity in light metal castings. Light Metal Age **14** (1956) 3/4 20—22, 31; Aluminium **33** (1957) 2 A 40.

Schumacher, W.: Konstruieren und Gießen. Techn. Rdsch. (Bern) **48** (1956) 51 9—15 [5.2].

Serwe, Günter: Das Croning-Verfahren in der Gießerei des Volkswagenwerkes. Gießerei **43** (1956) 11 285—287.

Stieler, C.: Gießereitechnik. Z. VDI **98** (1956) 24 1477—1479 22 Lit.-St.

Sulzer, Walter: Die Herstellung von Gußstücken erhöhter Genauigkeit. Techn. Rdsch. (Bern) **48** (1956) 37 9—11 [5.2].

Tenenbaum, M. R.: Selection and melting of die casting alloys. Foundry **84** (1956) 2 92—95; AB **27** (1956) 3 161—162.

Vargo, Edward J.: Light alloy casting by frozen mercury process. Light Metal Age **14** (1956) 11/12 10, 11, 38; AB **28** (1957) 2 82.

van Voast, J.: Alloys for die casting. Ministry of Supply, Techn. Inform. & Lib. Serv. (London, S. E. 9) Translat. T 4670 Sept. 1956 10 p.; Aeron. Engng. Rev. **16** (1957) 5 208.

Whitaker, M. and *J. Lund:* The influence of mould variables and inhibitors on mould reaction in aluminium-10 % magnesium alloy. The effect of moulding and casting variables on mould reaction in aluminium 5 % magnesium alloy. J. Inst. Metals **84** (1956) 10 351—356; Aluminium **32** (1956) 12 A 343.

Willis, E. J.: Magnesium plaster-mold castings. Machine Design **28** (1956) 3 131—132; Konstruktion **8** (1956) 8 330—331.

v. Zeerleder, A.: Die Entwicklung der Leichtmetallgießerei unter besonderer Berücksichtigung der Anschnittechnik. Berg- u. Hüttenmänn. Mh. **101** (1956) 12 308—313; Aluminium **33** (1957) 7 A 188.

— Glascast process. Precision casting for light alloys. Light Metal Age **14** (1956) 5/6 18—20; Aluminium **33** (1957) 5 A 136.

— Warum Leichtmetall-Guß? (Ber. Aluminium-Zentrale, H. 7) Düsseldorf: Aluminium-Verl. 1956 36 S.

— Schmelzen und Gießen von Aluminium (Formguß). Aluminium-Merkblatt G 1, 2. Aufl., Düsseldorf: Aluminium-Zentrale 1956 10 S.

Barton, H. K.: Automatic processes in die-casting production. Metal Industry **90** (1957) 18 345—349, 19 391—395, 399.

Bauer, A. F.: Herstellung und Verwendung von großen Aluminium-Druckgußteilen. Gießerei **44** (1957) 15 421—437; Aluminium **33** (1957) 11 A 312.

Beér, Franz: Das Verhüten von Lufteinschlüssen beim Spritzguß thermoplastischer Kunststoffe. Z. VDI **99** (1957) 26 1268.

Beér, F.: Ein Schleuderguß-Verfahren für thermoplastische Kunststoffe. Z. VDI **98** (1956) 15 849—850.

Bertram, E.: Das Al-Fin-Verbundgußverfahren. Gießerei **44** (1957) 20 593—602; Aluminium **34** (1958) 1 A 14.

Brunhuber, E.: Erzielung der Konturenschärfe bei Kokillengußteilen. Gießereipraxis **75** (1957) 7 134—136.

Carvell, J. E.: Quality control in pressure die-castings. Metal Industry **90** (1957) 17 325—327, 334.

Förster, Franz: Einfluß der Werkzeugtemperatur beim Spritzgießen von Polyäthylen. Kunststoffe **47** (1957) 7 393—396.

Giordano, Felix M.: Quality and cost of magnesium sand castings. Product Engng. **28** (1957) 3 164—166; AB **28** (1957) 5 338; Aeron. Engng. Rev. **16** (1957) 6 158.

Hechelhammer, W. u. W. Backofen: Bestimmung des Fließvermögens und seine Bedeutung für die Verarbeitung von Polyamid im Spritzgußverfahren. Kunststoffe **47** (1957) 7 389—393.

Hesse, E.: Einfluß des Formstoffes und der Legierung auf die Erstarrungszeit von Leichtmetall-Gußstücken. Gießerei **44** (1957) 1 13—17.

Kanno, T. et T. Uehara: Etudes sur le retrait et les tolérances dans la coulée sous pression. Fonderie (1957) 132 1—14.

Knapp, Bernhard: Über das Stranggießen von Eisenlegierungen. Z. VDI **99** (1957) 15 673—675 20 Lit.-St.

Kümmerle, R.: Gießeigenschaften im System Aluminium-Silizium. Metall **11** (1957) 10 848—854.

Laue, K.: Kritische Betrachtungen über die Werkzeugfrage des Aluminium-Druckgusses. Z. Metallkde. **48** (1957) 5 250—252; Aluminium **33** (1957) 10 A 280.

Mann, K. E.: Über die Lunker- und Rißanfälligkeit von Magnesium-Druckguß. Gießerei **44** (1957) 11 301—305.

Mansfield, H.: How defects affect tensile strength of light alloy castings. Iron Age **180** (1957) 1 75—77.

McCreery, L. H.: Precision castings open up new production potential. Aviation Age **28** (1957) 1 96—99; Aeron. Engng. Rev. **16** (1957) 10 156.

Parlanti, Conrad A.: Anodized aluminum molds make castings as strong as forgings. Product Engng. **28** (1957) 6 170—174; AB **28** (1957) 7 450; Aeron. Engng. Rev. **16** (1957) 9 157.

Pohl, Dieter: Ein Beitrag zur Kenntnis des Formfüllvermögens von Gußeisen. Diss. TH Stuttgart 1957.

Rüegg, W.: Druckguß. Techn. Rdsch. (Bern) **49** (1957) 39 17—29.

Schumacher, W.: Al-Fin-Verbundgießverfahren. Industrie-Anz. **79** (1957) 17/18 245—246.

Sontag, H.: Weich-PVC-Massen in der Spritzgußtechnik. Kunststoffe **47** (1957) 1 45—49.

Stieler, C.: Gießereitechnik. Z. VDI **99** (1957) 24 1195—1196 19 Lit.-St.

Wilkins, W.: Vacuum plaster-mold castings. Machine Design **29** (1957) 24 106—108; Konstruktion **10** (1958) 8 334.

Wolf, W.: Legierungsauswahl für Druckguß. Metall **11** (1957) 8 655—659.

— "Lost-wax" casting at Stag Lane. De Havilland Gaz. (1957) 97 16—21; Aeron. Engng. Rev. **16** (1957) 5 208.

— Precision investment casting by the Mercast process. Machinery (London) **90** (1957) 2316 736—742; Index Aeron. **13** (1957) 5 86.

— Precision steel castings in aircraft. Aeron. Purchasing (1957) July 32—34, 58; Aeron. Engng. Rev. **16** (1957) 10 146.

Altenpohl, D.: Neuere Untersuchungen über Subkörner in Aluminium. Z. Metallkde. **49** (1958) 6 331—342; Aluminium **34** (1958) 12 A 338.

Bauer, A. F.: Entwicklungstendenzen beim Druckguß in den USA. Aluminium **34** (1958) 11 647—648.

Bauer, A. F.: Fabrication et emploi de grandes pièces moulées sous pression en aluminium. Rev. Aluminium **35** (1958) 255 669—678, 256 787—791; Aluminium **34** (1958) 11 A 312.

Bauer, A. F.: Temperaturüberwachung beim Druckgußverfahren. Aluminium **34** (1958) 11 648—651.

Boehm, J. G.: Tips on aluminum die castings; show specialized designs are needed for high production and quality. SAE-J. **66** (1958) 3 68—69.

Colwell, D. L.: Review of die casting practices abroad. Metal Progr. **73** (1958) 1 88—90; Aluminium **34** (1958) 6 A 162.

Fletcher, L.: Some aspects of modern aluminium casting. Metal Industry **93** (1958) 7 129—132, 8 149—151; Aluminium **34** (1958) 12 A 340.

Hannon, E.: Inserts for die castings. Machine Design **30** (1958) 5 125—128; Konstruktion **10** (1958) 8 334—335.

Herrmann, E.: Stranggießen von Aluminium — Der heutige Stand. Metall **12** (1958) 3 193—197.

Herrmann, Robert H.: Diecasting foundry makes automotive hardware parts. Foundry **86** (1958) 4 110—113; Leichtbau d. Verkehrsfahrzeuge **2** (1958) 4 181.

Kanno, Tomonobu u. *Torazo Uehara:* Untersuchungen über Schwindung und Maßgenauigkeit bei Druckguß. Gießerei **45** (1958) 26 765—775; Aluminium **35** (1959) 3 A 60.

Kessler, H.: Strömungstechnische Erwägungen bei der Gestaltung von Druckgußformen für Aluminiumteile.. Z. Metallkde. **49** (1958) 5 250—256; Aluminium **35** (1959) 8 A 196.

Krainer, H. and *B. Tarmann:* New experience in the continuous casting of steel. J. Iron & Steel Inst. **190** (1958) 2 105—111.

Lieby, Gustav: Beanspruchungsprobleme bei Druckgießformen. Gießerei **45** (1958) 16 437—443.

Mead, A. R.: High-integrity aluminum castings. Product Engng. **29** (1958) 17./2. 69—71; Aero Space Engng. **17** (1958) 5 142.

Olson, G. C.: Continuous casting. J. Iron & Steel Inst. **190** (1958) 1 40—50.

Pölzguter, Franz: Neue Möglichkeiten für die industrielle Fertigung durch die Anwendung von maßgenauem Guß. Zentrale f. Gußverwertung (ZVG) Nachr. 58.6 1959 7 S.

Rice, J. L., R. W. Ruddle and *P. A. Russell:* Recent developments in the manufacture of castings. Proc. IME **172** (1958) 4 133—160.

Speith, K. G. u. *A. Bungeroth:* Erfahrungen mit Stranggießen von Stahl in der Bundesrepublik Deutschland. Rev. Universelle des Mines **14** (1958) 12 649—656 10 Lit.-St.; Mannesmann Forsch.-Ber. 46 1958 8 S.

Waters, H. C., W. H. Pritchard, A. Braybrook and *G. T. Harris:* Continuous casting of high-speed steel. J. Iron & Steel Inst. **190** (1958) 3 233—248.

Wittmoser, Adalbert: Continuous casting of gray iron. Metal Progr. **73** (1958) 1 83—87.

Zimmermann, Kurt: Gießereitechnik. Z. VDI **100** (1958) 24 1188—1189 25 Lit.-St.

Ballman, R. L., T. Shusman and *H. L. Toor:* Injection molding/flow of a molten polymer into a cold cavity. Industr. & Engng. Chem. **51** (1959) 7 847—850.

Belov, V. M. and *S. A. Kazennor:* The diecasting of steel under vacuum. Metalworking Production **103** (1959) 45 1793—1795.

Boichenko, M. S., V. S. Rutes, D. P. Evteev and *B. N. Katomin:* Continuous casting of steel in the USSR. J. Iron & Steel Inst. **191** (1959) 2 109—121.

Broadbent, P. A.: Economic design of light-alloy castings. Proc. IME **173** (1959) 2 97—110.

Fenn, A. P.: Trends in production of castings in aluminium alloys. Metallurgia **59** (1959) 352 63—66; Aluminium **35** (1959) 11 A 304.

Garnier, H. et *J. J. Desherault:* Essais sur la stabilité dimensionelle des pièces moulées en alliages légers. Fonderie (1959) 156 13—20; Aluminium **35** (1959) 10 A 276.

Guichard, M.: Moulage des pièces industrielles. Possibilité d'un moulage de précision dans les thermodurcissables. Officiel Matières Plastiques **6** (1959) 60 774—775.

Herrmann, Robert H.: Aluminium diecasting and permanent mold foundry. Foundry **87** (1959) 1 64—69; Leichtbau d. Verkehrsfahrzeuge **3** (1959) 4 137.

Herrmann, Robert: Casting high-property aluminum. Foundry **87** (1959) 1 82—85; Leichtbau d. Verkehrsfahrzeuge **3** (1959) 4 140—141.

Kessler, H.: Fugenfreies Eingießen von Formkörpern aus Aluminium-Sinter-metall in Aluminium-Gußteile. Metall **13** (1959) 12 1124—1127 10 Lit.-St.

Redstone, S. I.: Die casting in the motor industry. Mass Production **35** (1959) 5 115—122, 168; Leichtbau d. Verkehrsfahrzeuge **3** (1959) 4 137.

Schönborn, H. H.: Das Polyäthylen auf dem Spritzgußgebiet. Kunststoffe **49** (1959) 10 569—575.

Zimmermann, Kurt: Gießereitechnik. Z. VDI **101** (1959) 24 1146—1147 47 Lit.-St.

Spanlose Formung   **2.3**

Allgemeines   **2.31**

Hinxman, H.: The forming of aluminium sheet. X. Supplementary operations. Sheet Metal Industries **32** (1955) 333 17—21; AB **26** (1955) 2 72—73.

Johnson, W.: Research into some metal-forming and shaping operations. J. Inst. Metals **84** (1955/56) 165—179; AMR **10** (1957) 12 568.

Vanderploeg, E. J.: Spanlose Formgebung durch Kaltwalzen. Engrs. Dig. **16** (1955) 12 559—560; Draht **8** (1957) 9 416.

Barlow, D. A.: The formability of aluminium alloys. Engineering **181** (1956) 329—332, 366—368, 393—396; Aluminium **33** (1957) 9 A 256.

Barlow, D. A.: The formability of aluminium alloys. J. Amer. Soc. Naval Engrs. **68** (1956) 4 744—766; AMR **10** (1957) 8 361.

Sieber, Karl: Fortschritte auf dem Gebiet der Kaltformung in Deutschland und in USA. Draht **7** (1956) 6 209—213.

Engelhardt, W.: Bildsame Formung. Technik (Berlin) **11** (1956) 7 519—524.

Tyrrell, J. F.: Forming sheet metal components for aircraft. Metal Progr. **70** (1956) 3 110—112; Aluminium **33** (1957) 2 A 41.

Keller, H.: Phosphatschichten zur Verbesserung der Kaltumformung und der Gleitreibung. Techn. Rdsch. (Bern) **49** (1957) 24 17—21; Draht **9** (1958) 4 152—153.

— Spanlose Formgebung der Gewinde. Draht **8** (1957) 8 293—296.

DuMond, T. C.: Spanlose Formung von Metallen durch Treibladungen. Metal Progress **74** (1958) 5 68—76; Mitt. Forsch.-Ges. Blechverarb. (1959) 651.

Engelhardt, W.: Systematik der bildsamen Formung von Metallen. Fertigungs-technik **8** (1958) 8 356—361, 9 418—422; Mitt. Forsch. Ges. Blechverarb. (1959) 246/247.

Kienzle, Otto: Umformtechnik. Wesen — Bereich — Probleme. Z. VDI **100** (1958) 27 1281—1286.

Merriam, J. C.: Umformen von Kunststoffplatten. Mater. in Design Engng. **48** (1958) 6 121—136; Mitt. Forsch.-Ges. Blechverarb. (1958) 24 276.

Cooley, R. A.: Explosionsformgebung. Amer. Machinist **103** (1959) 12 127—138; Mit. Forsch.-Ges. Blechverarb. (1959) 930.

Krause, Rolf: Zur spanlosen Bearbeitung hochwarmfester Legierungen. Werkstatt u. Betrieb **92** (1959) 2 81—83.

Panknin, W.: Die Formgebungsverfahren der Blechverarbeitung. Blech **6** (1959) 4 162—170.

— Die spanlose Umformung. Draht **10** (1959) 10 524—527.

Schmieden, Pressen, Fließpressen, Ziehen   **2.32**

Aeckersberg, G.: Die Möglichkeiten der Formgebung beim Stauchen und Schmieden. Industrieblatt **54** (1954) 11 441—443; Draht **9** (1958) 8 325.

Bürger, G.: Formänderungsfestigkeit von unlegierten und niedrig legierten Stählen beim Warmstauchen unter einem Fallhammer. Diss. TH Aachen 1955.

Chopin, R. et J. Chopin: Relation entre la dureté et l'effort de filage dans le filage par choc des métaux légers. Rev. Aluminium **32** (1955) 227 1150—1154; Aluminium **32** (1956) 10 A 293.

Draeger, Hein u. W. Woebcken: Pressen und Spritzpressen. (Kunststoff-Verarbeitung Folge 3) München: Hanser 1955 88 S.; Z. VDI **99** (1957) 6 270; Kunststoffe **46** (1956) 9 428.

Edmunds, W. T. and R. C. Lloyd: The production of light-alloy drop-forgings, their heat-treatment, inspection, and testing. J. Inst. Metals **83** (1955) 6 247—261; AB **26** (1955) 4 242.

Everhart, J. L.: Impact (cold) extruded parts. Mater. & Meth. **42** (1955) 2 111—126; Aluminium **32** (1956) 3 A 70.

Horn, James A.: Forging techniques which produce a finished pressing requiring minimum machining. Aero Dig. **71** (1955) 3 36—38, 40, 42; Luftf.-Techn. **1** (1955) 7 V.

Lueg, W. u. K. H. Treptow: Neue Untersuchungen über das Ziehen und Einstoßen von Stabstahl. Stahl u. Eisen **75** (1955) 12 769—776; Draht **7** (1956) 8 329.

Merchant, H. J.: Two decades of progress in the forging industry. Australasian Engr. **46** (1955) 7./7. 56—57; Titanium Abstr. Bull. **2** (1956/57) 124—125.

Moore, R. G.: Multiple die forging. Product Engng. **26** (1955) 13 154—157; AB **27** (1956) 1 20.

Motherwell, George W.: Close-tolerance forgings. Aircr. Production **17** (1955) 12 478—481; Index Aeron. **12** (1956) 1 57; Luftf.-Techn. **2** (1956) 1 V; AB **27** (1956) 2 87.

Oehler, G.: Fehlerhaftes und richtiges Gestalten gebogener und gezogener Blechteile. Mitt. Forsch.-Ges. Blechverarb. (1955) 13 160—166 [2.351].

Peel, E. W.: Aluminium forgings. Metal Industry **86** (1955) 22 472—475; AB **26** (1955) 7 431; Nachr.-Bl. AGM Leichtbau **5** (1956) 2/3 13; Aluminium **32** (1956) 1 A 12.

Peter, August: Das Pressen und Gesenkschmieden der Nichteisenmetalle. 2. Aufl. (Werkstattbücher, H. 41) Berlin—Göttingen—Heidelberg: Springer 1955 45 S.; Konstruktion **8** (1956) 12 526; Z. VDI **98** (1956) 19 1043.

Richards, G. W.: Problems of forging with special reference to light alloys. Metal Treatm. & Drop Forging **22** (1955) 113 72—76.

Richards, G. W.: Problems of forging with special reference to light alloys. Steel Processing **41** (1955) 8 509—512; AB **26** (1955) 11 696—697.

Smith, C. and J. Crowther: The production of large forgings in aluminium alloys. J. Roy. Aeron. Soc. **59** (1955) 537 604—612; Luftf.-Techn. **1** (1955) 7 V.

Stambler, Irwin: Designers eye forgings of the future. Aviation Age **24** (1955) 1 34—41; Luftf.-Techn. **1** (1955) 5 VI.

Wade, B. F.: Aluminium impact extrusions. Modern Metals **11** (1955) 10 35, 36, 38, 40; Aluminium **32** (1956) 4 A 90.

Williams, A. W.: The production of large light-alloy forgings. J. Soc. Lic. Aircr. Engrs. **4** (1955) 9, 10.

Chopin, R.: Recherches sur la technique du filage par choc. Rev. Aluminium **33** (1956) 231 365—369; Aluminium **32** (1956) 9 A 266.

Fielding, J.: Rubber pressing. J. Inst. Metals **84** (1956) 6 147—159 10 ref.; Titanium Abstr. Bull. **1** (1955/56) 447—449; Aluminium **32** (1956) 8 A 213; Index Aeron. **12** (1956) 4 73.

Huffman, C. J.: Design considerations for stepped aluminium extrusions. Machine Design **28** (1956) 22 116—120; Leichtbau d. Verkehrsfahrzeuge **1** (1957) 2/3 71.

Kienzle, O. u. *K. Lange:* Schmiedetechnik. Z. VDI **98** (1956) 24 1480—1482 45 Lit.-St.

Klingler, Rud.: Die Praxis des Abkant- und Profilpressens. Techn. Rdsch. (Bern) **48** (1956) 35 17—23, 27—29.

Krautmacher, H.: Das Kaltwalzen und Ziehen von hochfesten profilierten Seildrähten. Diss. TH Aachen 1956.

McChesney, V. A.: Fabrication of aluminum. Modern Metals **12** (1956) 11 66, 68, 70, 72—73; Aluminium **33** (1957) 6 A 162.

Moudry, G. A.: Extrusion of metals. Iron & Steel Engr. **33** (1956) 3 79—83; Titanium Abstr. Bull. **1** (1955/56) 490.

Panknin, W.: Einfluß eines Querdruckes auf die Ziehverfahren der Blechverarbeitung. Mitt. Forsch.-Ges. Blechverarb. (1956) 10 110—114.

Pesak, F. J.: Universal die cuts cost of impact extruding at North American. Machinery (New York) **62** (1956) 11 194—199; Aluminium **32** (1956) 12 A 343.

Rossi, A.: Fabbricazione alla pressa di recipienti di lega leggera. (Herstellung von Hohlkörpern durch Tiefziehen und Fließpressen aus Leichtmetall.) Alluminio **25** (1956) 1 5—12; Aluminium **32** (1956) 10 A 292 [2.36].

Siebel, Erich: Stand der wissenschaftlichen Erkenntnisse bei der Warmformgebung und dem Schmieden. Stahl u. Eisen **76** (1956) 7 393—397.

Siebel, Erich u. *W. Panknin:* Ziehverfahren der Blechverarbeitung. Z. Metallkde. **47** (1956) 4 207—212; Aluminium **32** (1956) 10 A 292.

Wilson, C.: Large forgings. Some observations on their manufacture in highstrength aluminium-alloys. Aircr. Production **18** (1956) 9 374—382; Luftf.-Techn. **2** (1956) 9 V; Index Aeron. **12** (1956) 10 67.

Anderson, William D.: Hydrostatic pressing of alumina radomes. WADC Techn. Rep. 57-345 (AD 142215) Nov. 1957 16 p.; Aero Space Engng. **17** (1958) 5 142.

Carpenter, S. R.: Steel and titanium forgings. Aircr. Production **19** (1957) 2 50—53; Leichtbau d. Verkehrsfahrzeuge **1** (1957) 4 94; Titanium Abstr. Bull. **2** (1956/57) 358—359.

Glaubitz, Heinz: Das spanlose Formen von Verzahnungen, insbesondere das Warmpressen. Z. VDI **99** (1957) 25 1209—1215 15 Lit.-St.

Haffner, E. K. L. and *R. M. L. Elkan:* Extrusion presses and press installations. Metallurgical Rev. **2** (1957) 7 263—303; Aluminium **34** (1958) 4 A 88.

Hawthorne, Randolph: Rubber die pressing eliminates hand finishing. Aviation Age **28** (1957) 4 96—99; Aeron. Engng. Rev. **17** (1958) 1 118.

Hugo, R. L.: Warm-Strangpressen und Kaltziehen von Stahl. Machine Design **29** (1957) 10 127—130; Draht **9** (1958) 5 169.

Kaul, B.: Cold extrusion of steel. Machinery (London) **91** (1957) 2345 963—968; Konstruktion **10** (1958) 5 209.

Kienzle, Otto u. *Kurt Lange:* Schmiedetechnik. Z. VDI **99** (1957) 24 1197—1199 47 Lit.-St.

Kienzle, O. and *K. Spies:* The intermediate stage in drop forging. Metal Treatm. & Drop Forging **24** (1957) 367—374 11 ref.; Aeron. Engng. Rev. **17** (1958) 1 118.

Niederhoff, O. and *F. D. Schieferdecker:* Development problems in the German drop-forging industry; difficulties of automation. Metal Treatm. & Drop Forging **24** (1957) May 187—198.

Siebel, Eric: The present state of scientific knowledge in hot shaping or forging. Steel Processing **43** (1957) Jan. 19—24; Aeron. Engng. Rev. **16** (1957) 4 147.

Tesmen, A. and *G. Birman:* Evaluation of extrudability of titanium alloys and alloy steel. Loewy Hydropress Div., Baldwin-Lima Hamilton Corp., New York 1957 119 p.; Titanium Abstr. Bull. **3** (1957/58) 550.

Wilson, C. and *J. V. Scanlan:* The heat treatment of aluminium alloy forgings. Light Metals **20** (1957) 228 90—94; Aluminium **33** (1957) 8 A214; AB **28** (1957) 5 305; Aeron. Engng. Rev. **16** (1957) 8 154.

Witt, Erwin: Pressen und Preßverfahren für glasfaserverstärkte Gießharze. Kunststoffe **47** (1957) 5 289—291.

— New rubber die press method developed by SAAB. SAAB Sonics (1957) 24 7; Aeron. Engng. Rev. **16** (1957) 7 157.

— Rubber-die forming: Two-stage Swedish method for the elimination of hand forming. Aircr. Production **19** (1957) 8 311—313; Index Aeron. **13** (1957) 9 67.

— Rolls forge precision parts. Steel **141** (1957) 2 97—100.

Beck, Günter: Wärmemäßige Beanspruchung von Werkzeugstählen beim Warmstauchen und Schmieden in Gesenken. Stahl u. Eisen **78** (1958) 22 1556—1563.

Feldmann, Heinz-Dieter: Stand und Entwicklung der Kaltfließpreßtechnik von Stahl. Z. VDI **100** (1958) 27 1300—1303 11 Lit.-St.

Kienzle, Otto u. *Kurt Lange:* Schmiedetechnik. Z. VDI **100** (1958) 24 1185—1187 40 Lit.-St.

Kienzle, O. and *K. Lange:* The technique of forging. Metal Treatm. & Drop Forging **25** (1958) Jan. 22—24 47 ref.; Aero Space Engng. **17** (1958) 5 142.

Laue, Kurt: Fertigungsprobleme beim Strangpressen von Leichtmetallprofilen. Z. VDI **100** (1958) 27 1319—1322; Aluminium **35** (1959) 1 A 10.

May, Otto: Fließpressen oder Ziehen bei der Herstellung zylindrischer Hohlkörper. Z. Metallkde. **49** (1958) 7 381—385.

May, O.: Fließpressen oder Ziehen bei der Herstellung zylindrischer Hohlkörper. Techn. Rdsch. (Bern) **50** (1958) 2 25—27; Draht **9** (1958) 9 367.

Rosenkranz, Wilhelm: Untersuchungen über die Korngrenzensprödigkeit bei komplizierten Gesenkpreßteilen aus dem Werkstoff AlZnCuMg 0,5. Z. Metallkde. **49** (1958) 6 316—323.

Rostoker, W.: Press forging strengthens light metal castings. Modern Metals **14** (1958) 1 42, 45; Aluminium **34** (1958) 6 A 162.

Thorwarth, J.: Das Ziehen im Streifen. Werkstatt u. Betrieb **91** (1958) 9 572—577; Mitt. Forsch.-Ges. Blechverarb. (1959) 641.

Waine, A. H. and *J. R. Rait:* The forging of heat-resisting metals. Metal Treatm. & Drop Forging **25** (1958) May 191—196 17 ref.; Aero Space Engng. **17** (1958) 9 102.

Feldmann, Heinz D.: Entwicklung und Stand der Fertigung von Formteilen aus Stahl durch Kaltschmieden. Draht **10** (1959) 8 397—398.

Hornauer, H.: Erkennen und Vermeiden von Fehlern beim Kaltpressen von Leichtmetallen. Werkstattstechn. u. Masch.-Bau **49** (1959) 1 38—42.

Keller, K.: Ziehringe aus Aluminium-Bronze im Vergleich zu Ziehringen aus Stahl. Werkstattstechn. u. Masch.-Bau **49** (1959) 1 55—59.

Kienzle, Otto u. *Kurt Lange:* Schmiedetechnik. Z. VDI **101** (1959) 24 1141—1143 60 Lit.-St.

Schneiden, auch Brennschneiden **2.33**

Keel, C. G.: Physikalische und technologische Grundlagen des Sauerstoff-Schneidens. Z. Schweißtechn. **44** (1954) 1 1—5, 2 34—44 15 Lit.-St.

Babcock, R. S.: Inert-gas metal-arc cutting. Welding J. **34** (1955) 4 309—315; AB **26** (1955) 5 289—290.

Breyer, N. N.: Transverse cracking resulting from oxygen cutting. Welding J. **35** (1956) 9 865—876.

Matting, A.: Schweißen und Schneiden. Z. VDI **98** (1956) 24 1482—1485 46 Lit.-St. [2.511.1].

Oyler, G. W., R. L. O'Brien and *J. Maier III:* Constricted tungsten-arc cutting of aluminum. Welding J. **35** (1956) 12 1214—1221; AB **28** (1957) 1 18—19; Aluminium **33** (1957) 5 A 136; Aeron. Engng. Rev. **16** (1957) 3 152.

Roper, E. H.: Thermal cutting of aluminum, stainless steels, and high nickel-alloys. Welding J. **35** (1956) 9 915—919; Aluminium **33** (1957) 2 A41.

Siegenthaler, H.: Ein neues Schneidverfahren für Nichteisenmetalle. Z. Schweiß-techn. **46** (1956) 5 126—127.

Teske, K.: Beitrag zur Klärung der Vorgänge beim Brennschneiden. Schweißen u. Schneiden **8** (1956) 4 122—129.

— Het snijbranden van roestvrij staal. (Das Pulverbrennschneiden von Chrom-Nickelstählen.) Autogene Metaalbewerking **6** (1956) 8 149—153.

Christoph, H.: Brennschneiden im modernen Fertigungsbetrieb. Schweißen u. Schneiden **9** (1957) 10 441—447 5 Lit.-St.

Domke, K.: Brennschneiden von Leichtmetall unter Edelgasschutz. VDI-Nachr. **11** (1957) 16 3.

Matting, Alexander: Schweißen u. Schneiden. Z. VDI **99** (1957) 24 1199—1202 75 Lit.-St. [2.511.1].

Spizig, S.: Das Lichtbogen-Brennschneiden von Leichtmetallen. Industrieblatt **57** (1957) 6 236 2 Lit.-St.

Witting, E.: Argonarc-Brennschneiden von Nicht-Eisenmetallen. Schweißen u. Schneiden **9** (1957) 8 391—394.

— Argonarc-Schneiden von Leicht- und Nichteisenmetallen. Z. Schweißtechnik **47** (1957) 6 154—157.

Christoph, H. u. *W. Herzfeld:* Wirtschaftliches Brennschneiden und erzielbare Genauigkeiten. Industrie-Anz. **80** (1958) 33 486—492; Mitt. Forsch. Ges. Blech-verarb. (1959) 889.

Herzfeld, W.: Brennschneiden — Optimale Einstellwerte und praktische Beispiele. Industrie-Anz. **80** (1958) 99 1495—1498.

Kluge, Hans G.: Neuere Erfahrungen und Erkenntnisse beim Brennschneiden mit der Sauerstoff-Pulverlanze. Schweißen u. Schneiden **10** (1958) 9 368—373.

Matting, Alexander: Schweißen und Schneiden. Z. VDI **100** (1958) 24 1191—1193 70 Lit.-St. [2.511.1].

Herzfeld, Walter: Brennschneiden — Verfahren und Anwendung. Techn. Zbl. Prakt. Metallverarb. **53** (1959) 3 107—112 7 Lit.-St.

Matting, Alexander: Schweißen u. Schneiden Z. VDI **101** (1959) 24 1143—1146 81 Lit.-St. [2.511.1].

Steffens, H.-D.: Einfluß des Brennschneidens auf die Dauerfestigkeit. Schweißen u. Schneiden **11** (1959) 3 93—97 3 Lit.-St.

Stanzen 2.34

Krause-Dietering, Hans: Fortschritte in der Stanzereitechnik. Z. VDI **99** (1957) 25 1218—1220 8 Lit.-St.

Cannizzo, G.: Neues kosten- und arbeitssparendes Stanzverfahren. Welding Engr. **43** (1958) 12 60—62; Mitt. Forsch. Ges. Blechverarb. (1959) 453.

Everhart, John L.: Designing metal stampings. Mater. in Design Engng. **48** (1958) 3 109—124; Index Aeron. **14** (1958) 12 78; Mitt. Forsch.-Ges. Blechverarb. (1958) 23 262.

Oehler, G.: Verfahren der Präzisionsstanzerei. Technique Moderne **50** (1958) 10 446—450; Mitt. Forsch. Ges. Blechverarb. (1959) 251.

Tilsley, R. u. F. Howard: Schneiden und Lochen von Blech. Sheet Metal Industries **35** (1958) 379 817—828; Mitt. Forsch. Ges. Blechverarb. (1959) 250.

Dies, R.: Die Vorgänge beim Lochen von Stahl und Nichteisenmetallen. Maschinenwelt u. Elektrotechnik **14** (1959) 3/4 67—72, 5/6 109—115; Mitt. Forsch.-Ges. Blechverarb. (1959) 426—427.

Biegen 2.35

Metalle 2.351

Franz, W.: Über die Ermittlung der kleinsten Radien beim Kalt- und Warmbiegen von Rohren. Techn. Rdsch. (Bern) **45** (1953) 40 17—19; Draht **6** (1955) 12 528.

Kobayashi, Tojiro and Kenji Sakagami: On the radii of 180° cold bend of 17S-O alloy sheets. Light Metals (Japan) (1954) 13 77—81; AB **26** (1955) 2 88.

Oehler, G.: Fehlerhaftes und richtiges Gestalten gebogener und gezogener Blechteile. Mitt. Forsch.-Ges. Blechverarb. (1955) 13 160—166 [2.32].

Oehler, G.: N-Biegen von Stahlblechstreifen im Gesenk. Mitt. Forsch.-Ges. Blechverarb. (1955) 9 105—110.

Oehler, G.: N-Biegen von Aluminium-Blechstreifen. Mitt. Forsch.-Ges. Blechverarb. (1955) 21 256—260.

Oehler, G.: Wann tritt beim Kaltbiegen von Stahlblech eine Randgefügeänderung ein? Mitt. Forsch.-Ges. Blechverarb. (1956) 3 29—33.

Perry, T. G.: Bending and allied forming operations. J. Inst. Metals **84** (1956) 7 211—216; Aluminium **32** (1956) 9 A266; AMR **10** (1957) 11 514.

Oehler, G.: Durch Umformung bedingte Versprödung an abgekanteten Proben aus St 37. Mitt. Forsch.-Ges. Blechverarb. (1957) 5 45—51.

Schönemann, E.: Kaltabkanten und Kaltbiegen von flachgewalztem Stahl. Erläuterungen zur Neuerscheinung von DIN 6935, Ausg. Nov. 1957. Konstruktion **9** (1957) 12 498—503.

Sprigings, William J.: Cold forming improves tubular parts. Tool Engr. **39** (1957) 1 116—118; Leichtbau d. Verkehrsfahrzeuge **2** (1958) 3 132.

Wood, William W.: Buckling limits in contour forming. Tool Engr. **38** (1957) 2 85—91; Leichtbau d. Verkehrsfahrzeuge **1** (1957) 6 176.

Hegmann, W.: Beitrag zum Biegen von Rohren und Profilen aus Aluminium. Aluminium **34** (1958) 5 266—276.

Lehmann, Theodor: Probleme des Blechbiegens. Z. VDI **100** (1958) 27 1295—1300 60 Lit.-St.; Mitt. Forsch. Ges. Blechverarb. (1958) 23 264.

Oehler, G.: Blechumformung mittels elastischer Druckmittel. Mitt. Forsch.-Ges. Blechverarb. (1958) 16 177—188.

Schachtel, F.: Kleine gebogene Blechteile. Werkstatttechn. u. Masch.-Bau **48** (1958) 5 262—265; Mitt. Forsch.-Ges. Blechverarb. (1958) 17/18 205—206.

Proksa, F.: Plastisches Biegen von Blechen. Stahlbau **28** (1959) 2 29—36 18 Lit.-St.

Reihle, Markus: Das plastische Biegen von Blech. Blech **6** (1959) 9 396—400.

Nichtmetalle **2.352**

Würfel, Joachim: Gummi in der spanlosen Formung. Werkstatt u. Betrieb **92** (1959) 5 293—294.

Tiefziehen, Streckziehen, Drücken **2.36**

Wassilieff, B.: Emboutissage. Paris: Dunod 1953 76 p.

Ishida, Shiro and *Hiroshi Nakamura:* Some studies on aluminium sheets. I. Some theoretical considerations on the limit of impurities allowable in aluminium sheets used for deep-drawing. Light Metals (Japan) (1954) 13 31—40; AB **26** (1955) 2 88—89.

Siebel, E. u. *K. H. Dröge:* Kräfte und Materialfluß beim Drücken. Mitt. Forsch.-Ges. Blechverarb. (1954) 17 193—197.

Falconer, J. M.: Metal spinnings for modern communications. Sheet Metal Industries **32** (1955) 333 25—26, 28; AB **26** (1955) 2 73.

Funk, Roland: Beitrag zum Problem der Zipfelbildung bei Aluminiumblech. Z. Metallkde. **46** (1955) 3 180—182; AB **26** (1955) 10 639.

Kienzle, O. u. *Fr. W. Timmerbeil:* Das Durchziehen enger Kragen an ebenen Fein- und Mittelblechen. Forsch.-Ber. Wirtsch.- u. Verkehrsministerium Nordrhein-Westfalen Nr. 150 1955 39 S.

Lane, Frank B.: Streckformen. Eine neue Art der Blechformung im Flugzeugbau. Luftf.-Techn. **1** (1955) 5 91—96 [6.254.9].

Lorant, M.: Stretchforming techniques in modern aircraft production. Sheet Metal Industries **32** (1955) Aug. 608—609; Werkstattstechn. u. Masch.-Bau **47** (1957) 2 104—105 [6.254.9].

Schuler, Louis u. *Karl Vogel:* Das Tiefziehen der Leichtmetall-Legierungen. Industrie-Kurier **8** (1955) 198 (47) 530—532, 203 (48) 548—550; Nachr.-Bl. AGM Leichtbau **5** (1956) 2/3 14.

Sellin, Walter: Tiefziehtechnik, Formstanzen, Gummi-Pressen, Tiefziehen. 4. Aufl. (Werkstattbücher, H. 25) Berlin—Göttingen—Heidelberg: Springer 1955 75 S.; Z. VDI **98** (1956) 15 866.

Siebel, E. u. *E. Schmidt:* Untersuchungen über das Tiefziehen konischer Teile. Mitt. Forsch.-Ges. Blechverarb. (1955) 2 13—21.

Siebel, E. u. *H. Weiß:* Untersuchungen an einigen Problemen des Tiefziehens. I. Forsch.-Ber. Wirtsch.- u. Verkehrsministerium Nordrhein-Westfalen Nr. 116 1955 60 S.; Z. VDI **98** (1956) 14 825.

Stalker, K. W. and *K. W. Moore:* Cold power spinning will save material and cut costs. Metalworking Production **99** (1955) 26 1173—1178; Titanium Abstr. Bull. **1** (1955/56) 20—21.

Steward, R. C.: Know-how is key to precision forming. Aviation Age **24** (1955) 6 110—115; Luftf.-Techn. **2** (1956) 1 V.

Teiner, A. Roland: Design considerations for spinforming stainless steel. Machine Design **27** (1955) Jan. 148—153; Aeron. Engng. Rev. **14** (1955) 4 127.

— Hydraulic spinning; forming process for the production of tubular and conical parts and rings of profiled cross-section. Aircr. Production **17** (1955) 7 282—286; Index Aeron. **11** (1955) 8 85.

— Radial draw-forming. Aircr. Production **17** (1955) 7 255—261; Luftf.-Techn. **1** (1955) 4 VI; Titanium Abstr. Bull. **1** (1955/56) 21 [6.254.9].

— Stretch-forming. Aircr. Production **17** (1955) 4 130—135; AB **26** (1955) 5 286—287; Index Aeron. **11** (1955) 5 91.

— Tangential stretch-forming. Aircr. Production **17** (1955) 7 290—292; Luftf.-Techn. **1** (1955) 4 VI [6.254.9].

— The mechanism of a simple deep-drawing operation. Steel Processing **41** (1955) July 439—449; Aeron. Engng. Rev. **14** (1955) 10 148.

Chopin, Robert: L'emboutissage des métaux et des alliages légers. Rev. Aluminium **33** (1956) 236 943—948; Aluminium **33** (1957) 3 A 69; AB **28** (1957) 3 163.

Chopin, Robert: Emboutissage conique et filage par choc des métaux et alliages légers. Rev. Aluminium **33** (1956) Dec. 1147—1154; AB **28** (1957) 3 163—164.

Edwards, R. D.: Stretch-forming of aluminium and its alloys. Sheet Metal Industries **33** (1956) 355 759—769, 774 15 ref.; Leichtbau d. Verkehrsfahrzeuge **1** (1957) 2/3 72; Index Aeron. **13** (1957) 1 82.

Edwards, R. D.: Stretch-forming of non-ferrous metals. J. Inst. Metals **84** (1956) 7 199—209; Aluminium **32** (1956) 9 A 266; AMR **10** (1957) 11 513.

Elenz, H.: Kräfte und Grenzverhältnisse beim Aushalsen von ebenen Blechen. Diss. TH Stuttgart 1956.

Grainger. J. A.: Some investigations into the deep drawing and spinning of non-ferrous metals. Sheet Metal Industries **33** (1956) 351 461—473.

Grainger, J. A.: The deep drawing and spinning of sheet metal, with particular reference to non-ferrous materials. J. Inst. Metals **84** (1956) 6 133—146; Aluminium **32** (1956) 8 A 213; AMR **10** (1957) 6 255.

Kotthaus, H.: Untersuchung über die Übertragbarkeit von Versuchsergebnissen an Modellen auf Großwerkzeuge beim Tiefziehen zylindrischer runder Teile. Diss. TH Stuttgart 1956.

Maeder, E. G.: Differential annealing, a new technique for improving deep drawing. Engineering **181** (1956) 4694 48—52.

Mellor, P. B.: Stretch forming under fluid pressure. J. Mech. & Phys. Solids **5** (1956) 1 41—56 12 ref.; Index Aeron. **13** (1957) 1 81—82; AMR **10** (1957) 5 197; Aeron. Engng. Rev. **16** (1957) 2 156.

Rossi, A.: Fabbricazione alla pressa di recipienti di lega leggera. (Herstellung von Hohlkörpern durch Tiefziehen und Fließpressen aus Leichtmetall.) Alluminio **25** (1956) 1 5—12; Aluminium **32** (1956) 10 A 292 [2.32].

Siebel, G.: Über die Zipfelbildung von Aluminium und einigen Aluminiumlegierungen beim Tiefziehen. Berg- u. Hüttenmänn. Mh. **101** (1956) 12 353—359 28 Lit.-St.; Aluminium **33** (1957) 7 A 188.

Siebel, G.: Über die Zipfelbildung beim Tiefziehen einiger niedrigprozentiger Aluminiumlegierungen. Z. Metallkde. **47** (1956) 2 102—106; Aluminium **32** (1956) 6 A 170.

Darby, K.: Deep drawing simplified. Modern Metals **13** (1957) 3 54, 56, 58.

Dröge, Karl-Heinz: Kräfte und Materialfluß beim Drücken. Diss. TH Stuttgart 1957.

Eisenkolb, F.: Untersuchungen über die Tiefziehbarkeit von dünnen Stahlblechen bei erhöhter Temperatur. Blech **4** (1957) 11 104—107.

Fredericks, S.: The big stretch. Modern Metals **13** (1957) 9 50, 54; Aluminium **34** (1958) 2 A 38.

Honeyman, A. J. K.: The metallurgy of steels for deep drawing. Sheet Metal Industries **34** (1957) 357 51—65.

Johnson, W.: Research into some metal-forming and shaping operations. An account of experimental and theoretical investigations on the drawing and redrawing of cylindrical shells. Sheet Metal Industries **34** (1957) 357 41—50, 358 121—127.

Lengbridge, J. W.: Spinning aluminum. Modern Metals **13** (1957) 1 64, 66, 68, 70, 2 40, 42, 44, 46; Aluminium **33** (1957) 8 A 214.

Maloney, B.: Hotstretching eliminates six forming operations. Machinery (New York) **63** (1957) 11 196—197; Aluminium **33** (1957) 11 A 314.

Matulat, Gerhard: Fortschritte bei der Formung thermoplastischer Kunststoffplatten. Kunststoffe **47** (1957) 5 291—294.

Renouard, M. et *Y. Bresson:* Les procédés de fabrication de tôles isotropes en alliages légers pour emboutissage. Rev. Aluminium **34** (1957) 246 833—841, 247 969—980, 248 1083—1092; Aluminium **34** (1958) 4 A 84.

Singer, Fritz: Das Herstellen von Hohlkörpern nach dem Metalldrückverfahren. Z. VDI **99** (1957) 25 1223—1226.

Coupland, H. T. and *D. V. Wilson:* Speed effects in deep drawing. Sheet Metal Industries **35** (1958) 370 85—103, 108.

Fukui, Shinji, Hirozo Yuri and *Kiyota Yoshida:* Analysis for deep-drawing of cylindrical shell based on total strain theory and some formability tests. Univ. Tokyo, Aeron. Res. Inst. Rep. 332 June 1958, **24** (1958) 3 43—75; Aero Space Engng. **17** (1958) 11 95; Aircr. Engng. **30** (1958) 357 348.

Fukui, Shinji, Kiyota Yoshida and *Kunio Abe:* Deep drawing of cylindrical shell according to the so-called hydroform method. Univ. Tokyo, Aeron. Res. Inst. Rep. 333 June 1958, **24** (1958) 4 77—98; Aircr. Engng. **30** (1958) 357 348.

Geschelin, Joseph: Spin-forming the Talos diffuser; hydro-spin technique integrates composite structure of cone. Aircr. & Missiles Mfg. (1958) July 11—14.

Härer, A.: Das Tiefziehen. Werkstatt u. Betrieb **91** (1958) 10 625—629; Mitt. Forsch.-Ges. Blechverarb. (1959) 635.

Ito, K.: The plastic working ability test of sheet plastics by a deep drawing process. Proc. Third U. S. Nat. Congr. Appl. Mech. June 1958, Amer. Soc. Mech. Engrs. 1958 563—569; AMR **12** (1959) 11 766.

Zeitlin, Alexander: Metal forming for the missile age. Astronautics (New York) (1958) Aug. 22—24, 61—62; Aero Space Engng. **17** (1958) 12 98.

— Abstreckdrücken von Raketenteilen. Amer. Machinist **102** (1958) 6 106—110; Mitt. Forsch.-Ges. Blechverarb. (1958) 15 175.

— Spin forming: Materials, techniques, and applications for this growing "chipless machining" process. Aircr. & Missiles Mfg. (1958) Febr. 40—45.

— Welding avoids deep drawing problems. Tool Engr. **40** (1958) 2 104—106; Leichtbau d. Verkehrsfahrzeuge **2** (1958) 3 134 [2.511.1].

Böhne, Cl.: Betrachtungen über Kostenersparnis durch Entwurfsvereinfachung bei Tiefziehteilen. Maschinenmarkt **65** (1959) 5 17—18; Mitt. Forsch.-Ges. Blechverarb. (1959) 243.

Bunk, W. u. *P. Esslinger:* Einfluß der Legierungselemente Eisen und Silizium auf Textur- und Zipfelverhalten von Reinaluminium. Z. Metallkde. **50** (1959) 5 278—287; Aluminium **35** (1959) 9 A 236.

Burnard, L. G.: Metal forming and cutting in the aircraft industry. Sheet Metal Industries **36** (1959) 383 179—190, 202; Leichtbau d. Verkehrsfahrzeuge **3** (1959) 4 139 [2.4].

Engelhardt, W.: Über ein neues Verfahren zur Prüfung der Tiefziehfähigkeit und seine Anwendung. Mitt. Forsch.-Ges. Blechverarb. (1959) 22 287—292.

Hanf, S.: Die Kaltformgebung von Tiefziehteilen aus unlegiertem Stahl mit 0,1—0,2 C in der Massenfertigung. Diss. TH Aachen 1959.

Kraft, W.: Zur Ziehtechnik für Thermoplaste. Kunststoffe **49** (1959) 3 152—155.

Oehler, G.: Elastische Druckmittel zum Umformen von Blechen. Werkstatts-technik **49** (1959) 1 17—22; Mitt. Forsch.-Ges. Blechverarb. (1959) 454.

Oehler, G.: Einfluß der Geschwindigkeit beim Tiefziehen. Mitt. Forsch.-Ges. Blechverarb. (1959) 2/3 23—25.

Oehler, G.: Elastische Druckmittel zum Umformen von Blechen. VDI-Ber. 39 1959; 17—22; Mitt. Forsch.-Ges. Blechverarb. (1959) 916.

Panknin, W. u. *W. Dutschke:* Die Gesetzmäßigkeiten beim Tiefziehen runder, quadratischer, rechteckiger und elliptischer Teile im Anschlag. Mitt. Forsch.-Ges. Blechverarb. (1959) 2/3 13—23.

Panknin, W.: Das Hydroformverfahren und hydromechanisches Tiefziehen. Industrieblatt **59** (1959) 9 245—249; Mitt. Forsch.-Ges. Blechverarb. (1959) 917.

Paulton, R.: Herstellung schwieriger Tiefziehteile im Hydroformverfahren. Machine Design **31** (1959) 3 122—123; Mitt. Forsch.-Ges. Blechverarb. (1959) 644.

Spiegel, F.: Hot roll-spinning. Aircr. Production **21** (1959) 2 44—47; Index Aeron. **15** (1959) 3 84; Leichtbau d. Verkehrsfahrzeuge **3** (1959) 5 210—211.

Vassel, K. R.: Zur Gütebeurteilung von tiefziehfähigen Reinaluminiumblechen. Aluminium **35** (1959) 4 189—191.

Wiegand, H. u. *K. H. Kloos:* Die Verfestigung austenitischer Werkstoffe bei der Kaltumformung im Tiefziehverfahren. Werkstatt u. Betrieb **92** (1959) 1 1—6 9 Lit.-St.

Wistreich, J. G.: In England gebräuchliche Methoden zur Feststellung der Tiefzieheigenschaften von Stahlblech. Mitt. Forsch.-Ges. Blechverarb. (1959) 22 293—296.

— Das Verformen von Blechen. Aircr. Production **21** (1959) 2 75—77; Mitt. Forsch.-Ges. Blechverarb. (1959) 640.

— Stretch-form tooling. Stretch bending double-bubble configuration doorframe posts and design of two-part wood tools. Aircr. Production **21** (1959) 4 139—149.

Spangebende Formung, ausgewählte Kapitel **2.4**

Opitz, H.: Untersuchungen über das Fräsen von Baustahl sowie über den Einfluß des Gefüges auf die Zerspanbarkeit. Forsch.-Ber. Wirtsch.- u. Verkehrsministerium Nordrhein-Westfalen Nr. 86 1954 95 S.

— Machining aluminium. ADA Inform. Bull. 7 Dec. 1954 56 p.; AB **26** (1955) 6 365.

Krekel, P.: Spanende Bearbeitung von Leichtmetall-Legierungen. Werkstattstechn. u. Masch.-Bau **45** (1955) 10 505—510.

— Multispindle profiling. Aircr. Production **17** (1955) 12 482—491; Luftf.-Techn. **2** (1956) 1 VI [6.211.2].

— Skin-milling. Aircr. Production **17** (1955) 2 51—57; Luftf.-Techn. **1** (1955) 1 VI [6.254.9].

Galloway, D. F.: The machining properties of non-ferrous metals. J. Inst. Metals **84** (1955/56) 1670 121—132; Titanium Abstr. Bull. **1** (1955/56) 455—456; Index Aeron. **12** (1956) 4 69; AMR **10** (1957) 3 106.

Krekel, Paul: Spanendes Bearbeiten von Aluminium. Aluminium **32** (1956) 5 276—282.

Rapatz, F. u. *F. Motalik:* Stand der Kenntnisse auf dem Gebiet der Zerspanbarkeit von Eisen und Stahl. Stahl u. Eisen **76** (1956) 8 477—485.

Thomas, Loyl R. and *Harry J. Gilliland:* Causes and control of distortion during machining of aluminum-alloy forgings. Gen. Motors Engng. J. **3** (1956) 1 28—33; AB **27** (1956) 2 94.

Wallace, C. F.: Long mill. Aircr. Production **18** (1956) 2 78—82; Index Aeron. **12** (1956) 3 78—79; Luftf.-Techn. **2** (1956) 2 VI.

Wason, R. A.: How to machine plastics. Tool Engr. **37** (1956) 5 111—120, **38** (1957) 1 109—118, 2 117—126; Werkstattstechn. u. Masch.-Bau **47** (1957) 12 705—706.

Zickel, H.: Das spanabhebende Bearbeiten der Kunststoffe. (Kunststoffverarbeitung H. 4) München: Hanser 1956 72 S.

— Grooving compressor-casings. Aircr. Production **18** (1956)6 218—255; Luftf.-Techn. **2** (1956) 6 V; Index Aeron. **12** (1956) 7 62.

— Integral skin machining. Aircr. Production **18** (1956) 6 226—227; Luftf.-Techn. **2** (1956) 6 V; Index Aeron. **12** (1956) 7 72—73 [6.254.1].

— Machining aluminum on the automatics. Steel **139** (1956) 18 134—136, 139—140; Aluminium **33** (1957) 4 A 89.

— Machining light-alloys. Aircr. Production **18** (1956) 8 318—324; Luftf.-Techn. **2** (1956) 9 V; Index Aeron. **12** (1956) 9 69.

— Skin-milling. Aircr. Production **18** (1956) 11 444—451; Luftf.-Techn. **2** (1956) 12 VI; Aeron. Engng. Rev. **16** (1957) 1 140.

McFee, W. E.: Bearbeitung rostfreier Stähle auf Stangenautomaten. Machine & Tool Blue Book **52** (1957) 6 99—114; Draht **9** (1958) 8 Reklame-Seite 24.

Opitz, Herwart, Heinrich Axer u. *Helmut Rohde:* Zerspanbarkeit hochwarmfester und nichtrostender Stähle. I., II. Forsch.-Ber. Wirtsch.- u. Verkehrsministerium Nordrhein-Westfalen Nr. 351 1957 85 S., Nr. 385 1957 73 S.

Petersen, Alfred H.: How will we shape the new materials. Machine & Tool Blue Book **52** (1957) 12 113—124; Leichtbau d. Verkehrsfahrzeuge **2** (1958) 2 88.

Scholz, W.: Wirtschaftliche Zerspanung von NE-Metallen auf Revolverdrehbänken. Metall **11** (1957) 9 762—767.

Witthoff, J.: Zur spangebenden Bearbeitung von Aluminiumlegierungen mit Hartmetallwerkzeugen. Techn. Rdsch. (Bern) **49** (1957) 22 2—3, 5; Aluminium **33** (1957) 9 A 256.

— Milling high-tensile steel; some notes on the use of Strasmann Roughing cutters. Aircr. Production **19** (1957) 7 279—281; Aeron. Engng. Rev. **16** (1957) 10 156; Index Aeron. **13** (1957) 8 62.

Farmer, P. J.: Data-controlled milling. Aircr. Production **20** (1958) 3 102—113; Aero Space Engng. **17** (1958) 7 95.

Ferling, W. Ph.: Die spanabhebende Bearbeitung von Leichtmetallen. Techn. Rdsch. (Bern) **50** (1958) 41 33—37, 44 25—27; Aluminium **35** (1959) 1 A 10.

Pearson, H. J.: Machining ultra-high-tensile steels. I. Evaluation of machinability and conditions of operation for turning and milling operations. Aircr. Production **20** (1958) 2 75—83; Aero Space Engng. **17** (1958) 5 142.

Pearson, H. J.: Machining ultra-high-tensile steels. II. Drilling and tapping tests. Aircr. Production **20** (1958) 3 114—118; Aero Space Engng. **17** (1958) 7 95.

— Machining honeycomb. Aircr. & Missiles Mfg. (1958) Jan. 44—46; Aero Space Engng. **17** (1958) 8 102.

— Spanabhebende Bearbeitung von Leichtmetall-Legierungen, insbesondere mit Hartmetall-Werkzeugen. Technica **7** (1958) 1 5—10, 15—18, 2 71—76 10 Lit.-St.

Arzt, P. R., J. V. Gould and *J. Maranchik jr.:* Air Force program evaluated the machining characteristics of a stainless steel. Soc. Automotive Engrs. Pap. 43 R Aug. 1959; SAE J. **67** (1959) 8 87—89.

Burnard, L. G.: Metal forming and cutting in the aircraft industry. Sheet Metal Industries **36** (1959) 383 179—190, 202; Leichtbau d. Verkehrsfahrzeuge **3** (1959) 4 139 [2.36].

Mackrin, George S.: How to saw plastics. Modern Plastics **37** (1959) 3 132, 134, 139, 197.

Maranchik, John jr., J. V. Gould and *P. R. Arzt:* Ultra-high-strength alloys. I. Machining tests using high-speed steels and tungsten-carbide tooling. Aircr. Production **21** (1959) 11 402—409.

Menges, Georg u. *Helmut Treppschuh:* Spanende Formgebung hochlegierter Stähle auf Chrom-, Chrom-Nickel- und Chrom-Nickel-Mangan-Grundlage. Z. VDI **101** (1959) 7 265—273 10 Lit.-St.

Scholz, W.: Die Zerspanung des Aluminiums und seiner Legierungen auf Drehautomaten. Metall **13** (1959) 9 837—842.

Fügen (Verbinden) **2.5**

Allgemeines **2.50**

Lutz, O. u. *G. Bechtloff:* Verbindungselemente. Z. VDI **97** (1955) 34 1257—1260 30 Lit.-St.; Nachr.-Bl. AGM Leichtbau **5** (1956) 2/3 15.

Matting, Alexander: Verbindungsverfahren für Nichteisenmetalle. Z. Metallkde. 47 (1956) 7 445—447; Aluminium **32** (1956) 12 A 346.

Zurbrügg, E.: Verbinden von Aluminium mit Fremdmetallen. Aluminium (Suisse) **6** (1956) 5 174—180; Aluminium **33** (1957) 2 A 41.

Cheney, A. J. and *W. E. Ebeling:* Methods for joining plastics parts. SPE-J. **14** (1958) March 31—39; Aero Space Engng. **17** (1958) 6 101; Plaste u. Kautschuk **5** (1958) 10 401.

Fügen durch Stoffschluß	2.51
Schweißen	2.511
Allgemeines	2.511.1

Schwarz, H.: Sigma-Schweißung. Z. Schweißtechn. **44** (1954) 12 250—255.

Anders, W.: Konstruktive und fertigungstechnische Voraussetzungen zur Steigerung der Arbeitsproduktivität bei Schweißarbeiten. (Aus der Praxis der Schweißtechnik, H. 37, Hrsg. Zentral-Inst. Schweißtechnik Halle) Halle: Marhold 1955 39 S.

Cain, William R.: Structural spotwelding; applications in airframe manufacture to large fuselage skin-panels and floor structure. Aircr. Production **17** (1955) 6 242—247; Index Aeron. **11** (1955) 7 88; AB **26** (1955) 7 432.

Cain, W. R.: Spot welding of structural applications in airframe manufacturing. Welding J. **34** (1955) Sept. 851—860.

Clark, R. W., S. A. Greenberg and *C. E. Jackson:* A comparative study of European welding operations. Welding J. **34** (1955) 10 935—953; Nachr.-Bl. AGM Leichtbau **5** (1956) 12 13.

Erdmann-Jesnitzer, Friedrich u. *Wolfgang Wichmann:* Gesetzmäßigkeiten bei Verwachsungsvorgängen von Kristallen. III. Theorie zur Preßschweißung metallischer Körper. Z. Metallkde. **46** (1955) 12 854—859; Aluminium **32** (1956) 5 A 134; AB **27** (1956) 2 91—92.

Krekeler, K. u. *H. Verhoeven:* Der heutige Stand schweißtechnischer Fertigungsverfahren. Techn. Mitt. HdT (Essen) **48** (1955) 8 395—399; Nachr.-Bl. AGM Leichtbau **5** (1956) 2/3 14.

Praceus, Ewald: Handschweißmethoden und zweckentsprechender Einsatz. Halle (Saale): Marhold 1955 80 S.

Reininger, Hans: Worauf muß beim Autogenschweißen von Gußeisen besonders geachtet werden? Schweißen u. Schneiden **7** (1955) 10 424—429.

Sandiford, F. G. C.: Developments in mechanized welding in the aero-engine industry. Instn. Mech. Engrs. Prepr. Nov. 1955 21 p.; Proc. IME **170** (1956) 4 157—183; Index Aeron. **12** (1956) 2 73—74; Luftf.-Techn. **2** (1956) 12 V; Aeron. Engng. Rev. **16** (1957) 1 140.

Zeyen, K. L.: Fortschritte auf dem Gebiete des Schweißens und Schneidens. Neuere Erkenntnisse über den Einfluß des Wasserstoffs bei Schweißungen. Schweißen u. Schneiden **7** (1955) 7 305—313.

— Welding process simplifies joining hard-to-weld metals. Iron Age **175** (1955) 9 149—150; AB **26** (1955) 4 208—209.

— Welding techniques and uses in the USA. (Technical Assistance Mission, No. 143) Paris: OEEC, Bonn: Dtsch. Bundes-Verl. 1955 112 p.; Z. VDI **98** (1956) 27 1623.

Anders, W.: Die Schweißtechnik in der Sowjetunion. Technik (Berlin) **11** (1956) 11 761—766 6 Lit.-St.

Becken, O.: Die gebräuchlichen Lichtbogen-Schweißverfahren. Z. Metallkde. **47** (1956) 448—452.

Bobek, K.: Einfluß des Schweißverfahrens auf die Gestaltung. Schweißen u. Schneiden **8** (1956) 5 152—158.

Boeckhaus, K.: Autogenschweißen. Z. Schweißtechn. **46** (1956) 1 11—17, 2 44—47.

Dümpelmann, R.: Fortschritte der Schmelzschweißung von Nichteisenmetallen und legierten Stählen. Z. Metallkde. **47** (1956) 7 478—486; Aluminium **32** (1956) 12 A 346.

Farrell, William, J.: Elektrisches Widerstandsschweißen im amerikanischen Flugzeugbau. Luftf.-Techn. **2** (1956) 6 98—108; Nachr.-Bl. AGM Leichtbau **5** (1956) 9/10 10.

Frandsen, J.: The welding of capillary tubing using a high frequency arc method. Progress report. Knolls Atomic Power Lab., KAPL-M-JPF-1 Contract W-31-109-Eng-52 Febr. 1956 13 p.; Titanium Abstr. Bull. **2** (1956/57) 232.

Gengenbach, Otto: Widerstandschweißen in den USA. Schweißen u. Schneiden **6** (1954) 12 501—508; Nachr.-Bl. AGM Leichtbau **5** (1956) 2/3 14.

v. Hofe, Hans: Schweißverfahren und Schweißgeräte. Schweißen u. Schneiden **8** (1956) 6 182—186.

Hofmann, W. u. G. Kornberger: Versuche zur Keilschweißung von Aluminium und Stahl. Z. Metallkde. **47** (1956) 2 86—89; Aluminium **32** (1956) 6 A 170 [1.442.11].

Jones, J. B. and J. J. Powers jr.: Ultrasonic welding. Welding J. **35** (1956) 8 761—766 6 Lit.-St.

Jones, T. B. and E. H. Young: Study of the stability of arcs with titanium electrodes in argon and helium. Technical report No. 2 on fundamental characteristics of titanium arcs in the inert gases. Johns Hopkins Univ., Inst. for Cooperative Res. WAL-401/267-1 Sept. 1956 38 p.; Titanium Abst. Bull. **3** (1957/58) 386.

Kehoe, J. W. and H. J. Bichsel: Inert-gas-shielded metal-arc-spot process. Welding J. **35** (1956) 9 895—903.

Keller, R. J. and J. Koss: The carbon-dioxide-shielded metal-arc welding process. Welding J. **35** (1956) 2 145—151.

Koch, Helmut: Werkstoff-Fragen beim Schweißen. Schweißen u. Schneiden **8** (1956) 6 193—203 24 Lit.-St.

Krekel, Paul: Elektrisches Widerstandsschweißen im amerikanischen Flugzeugbau. Aluminium **32** (1956) 7 408—416 [6.254.9].

Krekeler, K. u. H. Verhoeven: Qualitative Untersuchungen bei Verbindungsschweißungen mittels Lichtbogenschweißautomaten unter Verwendung von Blankdraht und Zugabe von ferromagnetischem Pulver als Umhüllung. Forsch.-Ber. Wirtsch.- u. Verkehrsministerium Nordrhein-Westfalen Nr. 274 1956 68 S.; Schweißen u. Schneiden **10** (1958) 10 417 [1.442.12].

Lage, Arnold P.: Application of pressure welding to the aircraft industry. Welding J. **35** (1956) 11 1103—1109; Index Aeron. **13** (1957) 2 65; Aeron. Engng. Rev. **16** (1957) 2 156; Titanium Abstr. Bull. **2** (1956/57) 280—281 [6.254.9].

Mantel, W.: Die neuesten Entwicklungen in der Anwendung des Ellira-Schweißverfahrens. Industrie-Anz. **78** (1956) 46 663—665.

Matting, A.: Schweißen und Schneiden. Z. VDI **98** (1956) 24 1482—1485 46 Lit.-St. [2.33].

Osborn, H. B. jr.: High-frequency continuous seam welding of ferrous and nonferrous tubing. Welding J. **35** (1956) 12 1199—1206; AB **28** (1957) 2 91.

Pilia, F. J.: Recent developments in inert-arc welding. Welding J. **35** (1956) 1 40—46.

Platte, William N.: Joining of molybdenum. WADC Techn. Rep. 54-17 Pt. III (AD 110570) Nov. 1956 75 p. 13 ref.; Aeron. Engng. Rev. **16** (1957) 9 146, 148.

Ricken, T.: Fortschritte in der Elektroschweißung. Industrieblatt **56** (1956) 6 253—257.

Rieß, Kurt: Die wirtschaftliche Bedeutung der Schweißtechnik. Schweißen u. Schneiden **8** (1956) 6 178—182 7 Lit.-St.

Ruge, Jürgen: Probleme der schweißtechnischen Fertigung. Schweißen u. Schneiden **8** (1956) 6 189—193; Nachr.-Bl. AGM Leichtbau **5** (1956) 12 13.

Sathicq, R.: Die Kaltschweißung durch Preßdruck bei Zimmertemperatur. Techn. Rdsch. (Bern) **48** (1956) 8 19—21; Draht **7** (1956) 8 317.

Sellier, A.: Argonarc-Schweißung von Stählen unter Verwendung von Abschmelzelektroden. Acier-Stahl-Steel **21** (1956) 1 27—32.

— Spotwelding in the Handley Page "Herald". Aircr. Production **18** (1956) 1 18—27; Luftf.-Techn. **2** (1956) 1 VI.

Bornscheuer, F.-W.: Durch Schweißeigenspannungen an zylinderförmigen Konstruktionen ausgelöste Beulerscheinungen. Schweißen u. Schneiden **9** (1957) 11 492—494 5 Lit.-St.

Bragard, E.: Die Punktschweißung. Techn. Mitt. HdT (Essen) **50** (1957) 6 244—249; Leichtbau d. Verkehrsfahrzeuge **2** (1958) 1 52.

Busse, F.: Bolzenschweißen. Techn. Mitt. HdF (Essen) **50** (1957) 6 250—254; Leichtbau d. Verkehrsfahrzeuge **1** (1957) 6 173.

Cox, F. G.: Welding and brazing refractory metals. II. Steel Processing **43** (1957) Apr. 199—204, 226, 227 14 ref.; Aeron. Engng. Rev. **16** (1957) 7 157 [2.512].

Cresswell, R. A.: The effect of impurities in argon on inert-gas shielded-arc welds. Brit. Welding J. **4** (1957) 4 181—188.

Dickinson, Th. A.: Schweißen mit Ultraschall. Welding **25** (1957) 10 403—404; Mitt. Forsch.-Ges. Blechverarb. (1959) 858.

Erdmann-Jesnitzer, F.: Metallphysikalische Grundlagen der Preßschweißung. Aluminium **33** (1957) 11 730—739 20 Lit.-St.; Leichtbau d. Verkehrsfahrzeuge **2** (1958) 1 52.

Gardner, N. K.: Resistance welding; recent advances in application to airframe construction. Aircr. Production **19** (1957) 2 63—71 23 ref.; Aeron. Engng. Rev. **16** (1957) 4 147—148.

Hirschmann, F.: Schritte auf dem Wege zum automatischen Schweißen. Engineering **184** (1957) 4787 715—718; Mitt. Forsch.-Ges. Blechverarb. (1959) 869.

Jones, J. B. and *W. C. Potthoff:* Ultrasonic soldering, brazing and welding. Prod. Engng. (Design Digest Issue) **28** (1957) 15 G14—G16 [2.512].

Matting, Alexander: Schweißen und Schneiden. Z. VDI **99** (1957) 24 1199—1202 75 Lit.-St. [2.33].

Neumann, Herbert: Instandsetzen und Ausbessern von Werkstücken und Maschinenteilen durch Schweißen. Schweißen u. Schneiden **9** (1957) 4 138—146, 5 194—200.

Paton, B. E.: Automatisches Unterpulverschweißen in der UdSSR. Schweißtechnik (Berlin) **7** (1957) 11 393—397; Mitt. Forsch.-Ges. Blechverarb. (1959) 877.

Reininger, H.: Spritzlöt- und -schweißverfahren. Maschinenmarkt **63** (1957) 62 21—22 [2.512].

Röll: Die S. I. G. M. A.-Schweißung. Techn. Mitt. HdT (Essen) **50** (1957) 6 239—243; Leichtbau d. Verkehrsfahrzeuge **1** (1957) 6 174.

De Rop, C. u. *H. Schmidt-Bach:* Automatisches Lichtbogenschweißen unter Kohlensäure und Schlackenabdeckung. Schweißen u. Schneiden **9** (1957) 4 146—150.

Schüller, Hans-Jürgen: Weiterentwicklung der Kaltpreßschweißung. Diss. TH Braunschweig 1957; Z. Metallkde. **49** (1958) 302—311 [1.442.14].

Sudasch, Erich: Der heutige Stand der Schweißtechnik. Bericht über die DVS-Fachschau „Schweißen u. Schneiden", Werk- und Verkaufsausstellung der Schweißtechnik vom 23. Juni bis 3. Juli 1957 in Essen. Werkstatt u. Betrieb **90** (1957) 11 799—809 [1.442.11].

Witting, E.: Fortschritte in der Verfahrenstechnik und den apparativen Einrichtungen bei der S. I. G. M. A.-Schweißung. Aluminium **33** (1957) 6 372—376; Leichtbau d. Verkehrsfahrzeuge **2** (1958) 1 52.

— Automatic spotwelding. Aircr. Production **19** (1957) 7 292—294; Aeron. Engng. Rev. **16** (1957) 10 156, 158.

Birkhead, M.: General considerations in the welding of materials for industrial and chemical plant. Brit. Welding J. **5** (1958) May 202—211; Nickel-Ber. **16** (1958) 9/10 354—355.

Burton, C. A. a. o.: Sheet-metal welding. Sheet Metal Industries **35** (1958) 378 755—766; Leichtbau d. Verkehrsfahrzeuge **3** (1959) 4 142.

Buszka, H.: Die automatische Unter-Pulver-Schweißung dünner Bleche. Schweißtechnik (Wien) **12** (1958) 6 87—91; Mitt. Forsch.-Ges. Blechverarb. (1959) 876.

Copleston, F. W. and *L. M. Gourd:* Developments in the inert-gas tungsten-arc fusion spot-welding process. Brit. Welding J. **5** (1958) 9.

Czech, F.: Das Buckelschweißen und seine Anwendung. Blech **5** (1958) 6 23—28; Mitt. Forsch.-Ges. Blechverarb. (1959) 841.

Danhier, F.: Halb- und vollautomatisches Schweißen unter Kohlensäure als Schutzgas. Z. Schweißtechn. **48** (1958) 8 218—222; Mitt. Forsch.-Ges. Blechverarb. (1959) 870.

Erdmann-Jesnitzer, Friedrich u. *Gottfried Pysz:* Entstehungsort, Zeit und Ursache von Schweißspritzern beim Lichtbogenschweißen. Schweißen u. Schneiden **10** (1958) 8 303—311 17 Lit.-St., **11** (1959) 5 191—192 (Disk.).

Fitch, I. C.: Vorteile der automatischen Schweißverfahren. Brit. Welding J. **5** (1958) 7 303—310; Mitt. Forsch.-Ges. Blechverarb. (1959) 867.

Fritz, F. C.: Die Kaltpreßschweißung und -lötung. Werkstoffe u. Korrosion **9** (1958) 1 4—7.

Hofmann, Wilhelm u. *Hans-Jürgen Schüller:* Weiterentwicklung der Kaltpreßschweißung. Z. Metallkde. **49** (1958) 6 302—311.

Humberstone, J. H.: The development of welding for engineering fabrication. Welding J. **37** (1958) Jan. 9—15; Aeron. Engng. Rev. **17** (1958) 4 110.

Jones, J. Byron and *W. C. Potthoff:* Ultrasonic welding. Aircr. Production **20** (1958) 12 492—495.

Mathias, K.-H.: Überlegungen zum Einsatz automatischer Schweißverfahren. Schweißen u. Schneiden **10** (1958) 8 321—327 25 Lit.-St.

Matting, Alexander: Die Schweißtechnik und ihre Randgebiete. Z. VDI **100** (1958) 21 933—936.

Matting, Alexander: Schweißen und Schneiden. Z. VDI **100** (1958) 24 1191—1193 70 Lit.-St. [2.33].

Mombrun, A. and *W. G. Hull:* Equipment for welding reactive metals. Welding **26** (1958) 1 9—11; Titanium Abstr. Bull. **3** (1957/58) 387—388.

Müller, R.: Untersuchungen über das Elektro-Schlacke-Schweißverfahren. Schweißen u. Schneiden **10** (1958) 9 359—367.

Nass, R. u. *E. Brammertz:* Erfahrungen bei der Sigma-Auftragsschweißung unter Argon-Schutzgas und bei der Kohlensäure-Verbindungsschweißung. Werkstatt u. Betrieb **91** (1958) 6 297—305.

Park, F. R.: Widerstandsschweißen mit Anwendung der Magnetkraft. Product Engng., Design Ed. 29 (1958) 38 82—85; Mitt. Forsch.-Ges. Blechverarb. (1959) 856.

Rellensmann, K.-H. u. *H.-H. Bonacker:* Fachgerechtes Lichtbogenschweißen. 2. Aufl. Hamburg: Handwerk u. Technik 1958 120 S.; Schweißen u. Schneiden **11** (1959) 5 201.

de Rop, C.: ARCOS-Handbuch für die Lichtbogenschweißung. Aachen: ARCOS-Ges. für Schweißtechnik 1958 126 S.; Schweißen u. Schneiden **11** (1959) 2 71.

Rudd, Wallace C.: A look at high-frequency resistance welding. Metal Progr. **73** (1958) 5 82—86.

Ruge, Jürgen u. *Werner Zitzelsberger:* Wolfram-Inertschweißen von Gußeisen mit Kugelgraphit. Schweißen u. Schneiden **10** (1958) 3 86—90.

Schärrer, K.: Besondere Punktschweißverfahren. Brown-Boveri Mitt. **45** (1958) 5 223—235.

Schatz, Werner: Die UP-Spaltschweißung zur Steigerung der Arbeitsproduktivität im modernen Schweißbetrieb. AEG-Mitt. **48** (1958) 2/3 110—113; Leichtbau d. Verkehrsfahrzeuge **2** (1958) 4 181.

Sudasch, Erich: Probleme der Schweißtechnik. Rückblick auf die große Schweißtechnische Tagung des deutschen Verbandes für Schweißtechnik e. V. in Mannheim vom 17. bis 20. Juni 1958; Werkstatt u. Betrieb **91** (1958) 8 497—502 [1.442.11].

Weber, W.: Ultraschall-Schweißung. Werkstatt u. Betrieb **91** (1958) 6 305—310 10 Lit.-St.

Zeyen, K. L.: Zum Stand der Schweißtechnik in den USA. Hansa **95** (1958) 34/35 1651—1656.

— Automatic spotwelding of double-curvature panels. Developments at Ryan for handling large panels. Aircr. Engng. **30** (1958) 348 46—47; Aero Space Engng. **17** (1958) 5 142.

— Welding avoids deep drawing problems. Tool Engr. **40** (1958) 2 104—106; Leichtbau d. Verkehrsfahrzeuge **2** (1958) 3 134 [2.36].

Antonevich, J. N. u. *R. E. Monroe:* Schweißen mit Hilfe von Ultraschall. Battelle Techn. Rev. **8** (1959) 3 9—13; Mitt. Forsch.-Ges. Blechverarb. (1959) 860.

Bazin, R. E.: Some problems in the use of high frequencies for welding. Plastics **24** (1959) 257 58—59.

Black, T. W.: Schweißen mit Ultraschall. Tool Engr. **39** (1957) 6 111—113; Mitt. Forsch.-Ges. Blechverarb. (1959) 859.

Burton, G. u. *R. M. Matchett:* Elektronen-Schweißverfahren. Amer. Machinist **103** (1959) 4 95—98; Mitt. Forsch.-Ges. Blechverarb. (1959) 886.

Chyle, John J.: New welding processes. Better weld quality for less dollars. Soc. Automotive Engrs. Pap. 52 S Aug. 1959; SAE-J. **67** (1959) 8 47—52.

Czech, Friedrich: Buckelschweißen — ein rationelles Widerstands-Schweißverfahren. Siemens-Z. **33** (1959) 4 261—265 6 Lit.-St.

Donelan, J. A.: Industrial practice in cold pressure welding. Brit. Welding J. **6** (1959) 1 5—12; Aluminium **35** (1959) 9 A 236 [1.442.11].

Donelan, J. A.: Resistance welding thin metal sheets. Welding **27** (1959) 6 234—242; Leichtbau d. Verkehrsfahrzeuge **3** (1959) 6 255.

Ehrenberg, H. u. *H. Schmidt:* Die wichtigsten Fehler beim Gasschweißen. Schweißen u. Schneiden **11** (1959) 4 121—126.

Elghozi, Claude: Les possibilités du soudage par étincelage pour l'aéronautique. Techn. et Sci. Aéron. (1959) 2 97—114 16 réf.

Erdmann-Jesnitzer, F.: Diffusionsvorgänge bei Schweißprozessen. Techn. Zbl. Prakt. Metallbearb. **53** (1959) 3 101—107 22 Lit.-St.

Hess, H.: Die Grenzen der Widerstandsschweißtechnik. Techn. Rdsch. (Bern) **51** (1959) 5 17, 19, 21; Mitt. Forsch.-Ges. Blechverarb. (1959) 834.

Hofmann, Wilhelm u. *Fritz Burat:* Fortschritte auf dem Gebiet der Kaltpreßschweißung. Feinwerktechnik **63** (1959) 3 82—85; VDI-Ber. Bd. 37 1959 71—74.

Hofmann, W. u. *H. Schildwächter:* Versuche zum Reibungsschweißen von Metallen. Schweißen u. Schneiden **11** (1959) 9 349—352 [1.442.11].

Köcher, R.: Ausführungsbeispiele geschweißter Bauteile aus NE-Metallen. Schweißen u. Schneiden **11** (1959) 6 224—227.

Lummus, M. H.: Economics of multi-spotwelding. Brit. Welding J. **6** (1959) 3 109—115; Leichtbau d. Verkehrsfahrzeuge **3** (1959) 5 209.

Matting, Alexander: Schweißen und Schneiden. Z. VDI **101** (1959) 24 1143—1146 81 Lit.-St. [2.33].

McElrath, T.: Inert-gas consumable-electrode welding of thin material. Welding J. **38** (1959) 1 28—33; Leichtbau d. Verkehrsfahrzeuge **3** (1959) 4 140.

Rotter, Herbert: Lichtbogen-Schweiß- und -Brennschneidverfahren. Industrieblatt 59 (1959) 8 366—371.

Schatz, W.: Höhere Wirtschaftlichkeit beim Unterpulverschweißen durch Anwendung des Spaltschweißverfahrens. Schweißen u. Schneiden **11** (1959) 1 23—29 [1.52].

Schmid, A.: Argon-Schutzgasschweißung mit Wolframelektrode (TIG-Schweißverfahren). Brown-Boveri Mitt. **46** (1959) 3 210—221; Aluminium **35** (1959) 8 A 196.

Seifert, H.: Schweißen unter CO_2 als Schutzgas. Schweißen u. Schneiden **11** (1959) 6 228—230 2 Lit.-St.

Trippe, P. u. a.: Schweißverfahren und -maschinen in der UdSSR. Product Engng., Design Issue **30** (1959) 3 64—67; Mitt. Forsch.-Ges. Blechverarb. (1959) 868.

Vaidyanath, L. R., M. G. Nicholas and *D. R. Milner:* Pressure welding by rolling. Brit. Welding J. **6** (1959) 1 13—28; Aluminium **35** (1959) 9 A 238 [1.442.11].

— Entwicklungen auf dem Gebiete der Schweißtechnik. Steel **144** (1959) 13 74—76; Mitt. Forsch.-Ges. Blechverarb. (1959) 888.

— Neues Elektronenstrahl-Schweißverfahren. Iron Age **183** (1959) 13 156—158; Mitt. Forsch.-Ges. Blechverarb. (1959) 887.

— Progress report on ultrasonic welding. Machinery (New York) **65** (1959) 6 122—123; Konstruktion **11** (1959) 8 325.

— Welding and forming. Development of special equipment for aircraft alloys. Aircr. Production **21** (1959) 3 98—105.

Stähle und Schwermetalle **2.511.2**

Hörmann, E.: Induktives Schweißen, insbesondere von Rohrlängsnähten, und seine Anwendung. Z. VDI **96** (1954) 3 65—72.

Benson, L. E. and *S. J. Watson:* Effect of preheating on residual stresses in mild-steel welds. Brit. Welding J. **2** (1955) Sept. 372—376.

Dixon, H. E.: Spot-welding of hardenable steels. Brit. Welding J. **2** (1955) 3.

Moynahan, F.: Comment les usines aéronautiques "Convair" procèdent pour améliorer la qualité des soudures. Machine Moderne **49** (1955) 558 61—64; Luftf.-Techn. **2** (1956) 1 VI.

Thielsch, Helmut: Weldability of cast steels. Machine Design **27** (1955) July 167—171; Aeron. Engng. Rev. **14** (1955) 10 148.

Thomas, R. D. jr.: Consumable insert technique for pipe welding. Amer. Soc. Mech. Engrs. Prepr. 55-Pet-3 June 1955 10 p. 6 ref.; Titanium Abstr. Bull. **1** (1955/56) 86 [2.511.3]

Ando, S. and *N. Kimata:* On the weldability of high carbon (0.86 % C) steel. J. Japan Welding Soc. **25** (1956) 6 314—321.

Bland, J.: The arc welding of 2,25 Cr-1,0 % Mo alloy steel pipe. Welding J. **35** (1956) 4 181s—194s 7 ref.

Boeckhaus, K.: Verhütung der Schweißzunderbildung an unlegierten und legierten Stählen durch Formiergas. Schweißen u. Schneiden **8** (1956) 1 17—19.

Cottrell, C. L. M., B. J. Bradstreet and *T. E. M. Jones:* The weldability and mechanical properties of a series of Mn-Ni-Cr-Mo steel. Brit. Welding J. **3** (1956) 3 90—98.

Gilde, W. u. *W. Maushake:* Schutzgasschweißung mit Kohlensäure. Schweiß-technik (Berlin) **6** (1956) 6 167—169 7 Lit.-St.

Hirsch, Walter u. *Hans Werner Fritze:* Über die Warmrissigkeit austenitischer Chrom-Nickel-Schweißen. Schweißen u. Schneiden **8** (1956) 3 81—85 13 Lit.-St.

Hofmann, Wilhelm u. *Reinhard Müller:* Umwandlung und Schweißbarkeit von niedrig legierten Stählen. Schweißen u. Schneiden **8** (1956) 7 237—240 6 Lit.-St.

Hofmann, W., R. Müller u. *J. M. Sistiaga:* Werkstoffeinflüsse bei der autogenen Dünnblechschweißung von Stahl. Schweißen u. Schneiden **8** (1956) 8 278—280 6 Lit.-St.

Hummitzsch, W. u. *Fr. Mersmann:* Schutzgasschweißen unlegierter Stähle. Schweißen u. Schneiden **8** (1956) 3 73—79 16 Lit.-St.

Kakita, T. and *M. Nakajima:* Welding of heat-resisting steels. Mitsubishi Zosen (Japan) **4** (1956) 18 29—34.

Kawamura T., I. Okamoto, S. Hamada and *Y. Fukuzono:* Welding test on heat resisting Cr-Mo steel. I, II. J. Japan Welding Soc. **25** (1956) 7 386—391, 8 433—437.

Kihara, H.: Weldability of high tensile manganese-silicon structural steels. Summary. J. Japan Welding Soc. **25** (1956) 5 242—248.

Kihara, H., H. Suzuki, H. Tamura, T. Oda, K. Miyano and *K. Tazima:* Effect of nickel and chromium contents on weldability of high tensile manganese-silicon steel. I. J. Japan Welding Soc. **25** (1956) 12 688—695.

Ohwa, T.: On the brittleness of heat-affected zone. VIII. Prestrain and brittle range. J. Japan Welding Soc. **25** (1956) 7 391—398.

Onishi, I. and *M. Mizuno:* Studies on the properties of the oxy-acetylene flame. IV. Hydrogen and nitrogen in the deposited metal made under various conditions of the oxy-acetylene flame. J. Japan Welding Soc. **25** (1956) 8 428—432.

Ono, K. and *K. Watanabe:* Welding of stainless clad steel. J. Japan Welding Soc. **25** (1956) 1 12—18.

Rothermel, Roy R.: Development of austenitic iron-base sheet alloy. WADC Techn. Rep. 54-472 Pt. II May 1956 19 p.; Aeron. Engng. Rev. **16** (1957) 9 146.

Pflug, Horst: Verwerfungen beim Schweißen insbesondere mit Tiefeinbrand-Elektroden. Schweißen u. Schneiden **8** (1956) 4 115—122 17 Lit.-St.

Sasayama, T., K. Maeda and *S. Moriguchi:* Effect of preheating on the weld-ability of high-tension steel. Mitsui Techn. Rev. (Japan) (1956) 15 17—29.

Sellier, E.: Das Schweißen von Stählen mit Abschmelzelektroden unter Ver-wendung von Kohlensäure als Schutzgas. Acier-Stahl-Steel **21** (1956) 12 520—523.

Thielsch, H.: Welding composite steels: clad steels. Machine Design **28** (1956) 9 96—100; Konstruktion **8** (1956) 11 482—483.

Uchida, A.: A study on heat transfer in MIG welding electrode wire. J. Japan Welding Soc. **25** (1056) 8 424—427.

Vagi, J. J. and *D. C. Martin:* Welding of high-strength stainless steels for elevated temperature use. Welding J. **35** (1956) 3 137s—144s.

Werner, A.: Das neue Bolzenschweißen mit Schweißpatronen. Techn. Rdsch. (Bern) **48** (1956) 19 21—23; Draht **8** (1957) 1 25—26.

Elster, C. Chr.: Gußeisenschweißung. Z. Schweißtechnik **47** (1957) 5 117—120, 6 150—154.

Fast, J. D.: Einfluß der Gase beim Lichtbogenschweißen von Stahl. Schweißen u. Schneiden **9** (1957) 12 512—517 20 Lit.-St.

Hummitzsch, W.: Fischaugen in Stahlschweißen. Schweißen u. Schneiden **9** (1957) 8 386—390 6 Lit.-St.

Linnert, George E.: Welding precipitation-hardening stainless steels. Welding J. **36** (1957) 1 9—27 11 ref.; Aeron. Engng. Rev. **16** (1957) 4 142—143.

Lueb, H.: Kleine Werkstoffkunde für das Schweißen von Stahl und Eisen. Braunschweig: Vieweg 1957 97 S.; Konstruktion **10** (1958) 11 464.

Mishler, Herbert W. and *Raeman P. Sopher:* Development of high-strength filler wires for welding SAE 4130, 4140, and 4340 steels. WADC Techn. Rep. 56-550 (AD 118210) Apr. 1957 69 p.

Thatcher, C. R.: Welding light-gauge mild steel. Sheet Metal Industries **34** (1957) 360 263—266.

Weis, Anton: Massenfertigung durch Vielpunktschweißen in Schweißpressen. Schweißen u. Schneiden **9** (1957) 6 304—307.

van der Willigen, P. C. u. L. F. Defize: Das Lichtbogenschweißen von Stahl mit CO_2 als Schutzgas. Schweißen u. Schneiden **9** (1957) 2 50—59 10 Lit.-St.

Zeyen, K. L. u. H. Schwarz: Die Schweißung von Baustählen mit hoher Festigkeit. Oerlikon-Schweiß-Mitt. **15** (1957) 28 13—46.

— Das Unionarc-Schweißen, ein neues Schweißverfahren für Kohlenstoffstahl. Werkstatt u. Betrieb **90** (1957) 10 733—734; Leichtbau d. Verkehrsfahrzeuge **2** (1958) 3 134.

Ast, F.: Das halbautomatische Längsnahtschweißen von Kraftftoffbehältern aus Dünnblech. Schweißen u. Schneiden **10** (1958) 6 224—226 19 Lit.-St.

Collins, J. C. and *S. P. Jenkins:* Tungsten-arc of 0.002-in. and 0.005-in stainless steel and titanium. Welding J. **37** (1958) Apr. 342—347; Aero Space Engng. **17** (1958) 10 102; Titanium Abstr. Bull. **3** (1957/58) 555—556 [1.323.23].

Hense, L. u. H. Scheruhn: Verfahren zum Schweißen von Rundnähten an Röhren größeren Durchmessers. Schweißen u. Schneiden **10** (1958) 5 162—166.

Müller, R.: Das Schweißen und Glühen von Kugelgraphitguß. Diss. TH Stuttgart 1958.

Park, F. R.: Widerstandsschweißen von Stahl mit PVC-Überzug. Metalworking Produktion **102** (1958) 48 2079—2082; Mitt. Forsch.-Ges. Blechverarb. (1959) 857.

Rädeker, W.: Die metallurgischen Bedingungen für das Schweißen plattierter Stahlbleche. Schweißen u. Schneiden **10** (1958) 7 255—259.

Ruge, J. u. W. Rauchfuß: Zur Wolfram-Inertschweißung dünner Transformatoren- und Dynamobleche. Schweißen u. Schneiden **10** (1958) 2 55—58 [1.442.12].

Weigand, H. H.: Schweißen hochwarmfester Stähle. Schweißen u. Schneiden **10** (1958) 2 44—49 16 Lit.-St.

Wingerath, J. u. K. Boeckhaus: Die Verwendung von Formiergas als Oxydationsschutz beim Schweißen legierter Stähle. Schweißen u. Schneiden **10** (1958) 12 471—475.

Zeyen, K. L.: Über den heutigen Stand bei den umhüllten Elektroden für die Lichtbogen-Handschweißung von Eisenwerkstoffen. Draht **9** (1958) 6 211—217, 8 311—316 33 Lit.-St.

Zeyen, K. L.: Neuere Erkenntnisse über den Einfluß des Wasserstoffs bei Stählen und bei Stahlschweißungen. Werkstatt u. Betrieb **91** (1958) 6 310—320 100 Lit.-St.

Anders, H.: Schweißbarkeit von Mangan-Nickel-Chrom-Molybdän-Stählen. Stahlbau **28** (1959) 4 108—109.

Anders, H.: Zum Schweißen der Sicromalstähle. Stahlbau **28** (1959) 6 172—173.

Fiehn, H. u. K. Teske: Erfahrungen aus Schweißerprüfungen nach DIN 8560. Schweißen u. Schneiden **11** (1959) 8 310—315 14 Lit.-St.

Rutherford, J. J. B.: Welding stainless steel to carbon or low-alloy steel. Welding Res. **24** (1959) 1 19—27 18 ref.

Teske, Karl: Einfluß der Stromstärkenänderung innerhalb des zulässigen Bereiches auf die Gütewerte schmelzgeschweißter Stumpfnähte. Materialprüfung **1** (1959) 10 353—357 5 Lit.-St. [1.442.12].

Zitzelsberger, W.: Das Schweißen von ferritisch geglühtem Gußeisen mit Kugelgraphit. Schweißen u. Schneiden **11** (1959) 11 416—427 15 Lit.-St.

Leichtmetalle **2.511.3**

Steward, C. W.: Punktschweißen im Flugzeugbau. (How one manufacturer saves spot cash by spot welding aluminum alloys in production. Übers. Aviation **35** (1936) 8 29 ff., 9 25 ff.); Luftf.-Schriftum Ausland **2** (1936) 11 259—264.

Grahl, F.: Schweißen und Nieten der Leichtmetalle. Werkstatt u Betrieb **70** (1937) 93—95 [2.52].

Hoglund, G. O.: Punktschweißen und Nahtschweißen von Aluminiumlegierungen. (Spotwelding and seamwelding the aluminum alloys. SAE-J. **40** (1937) 2 57). Luftf.-Schrifttum Ausland **3** (1937) 5 107—111.

Ito, Sukemito: A study of spot welding of light alloys. I. On the control of current wave form of a single-phase A. C. spot-welder. Mech. Lab. J. (Japan) **7** (1953) 5 186—192; AB **26** (1955) 2 76 [1.442.13].

Haessly, W. F.: Flash welding aluminum to copper tubing. Welding J. **33** (1954) 12 1162—1170; AB **26** (1955) 1 24.

van Someren, E. H. S.: Notes on weld metal dilution effects in aluminium silicon alloy welding. Welder **23** (1954) 120 208—209; AB **26** (1955) 5 292.

Arthur, J. B.: Fusion welding of 24S-T3 aluminum alloy. Welding J. **34** (1955) 11 558s—569s; AB **26** (1955) 12 704—705.

Horn, H. A.: Das Schmelzschweißen von Aluminium-Knetwerkstoffen. Metall **9** (1955) 7/8 283—287.

Houldcroft, P. T.: The principles of argon-arc welding aluminium. Brit. Welding Res. Ass. 1955 18 p.; AB **28** (1957) 3 169.

Lancaster, J. F.: Welding aluminium alloys. Metal Industry **87** (1955) 17 339—342, 18 369—370, 19 389—390; AB **26** (1955) 12 706.

MacArthur, I. A. and *I. H. Jenks:* Aluminum welding ... choose the right process for your job. Canad. Welder **46** (1955) 11 5—9; AB **26** (1955) 12 705—706.

Nakayama, Takakado and *Kousuke Otaka:* The comperative experiments on tungsten-arc-argon atmosphere welding and oxy-acetylene welding. (First report). Light Metals (Japan) (1955) 15 79—87; AB **26** (1955) 8 508.

Pumphrey, W. I.: Researches into the welding of aluminium and its alloys. ADA Res. Rep. 27 July 1955 59 p.; Aluminium **32** (1956) 4 A 90; Aircr Engng. **28** (1956) 324 62.

Pumphrey, W. I.: Weld metal dilution effects in the metal-arc welding of Al-Mg-Si alloys. Brit. Welding J. **2** (1955) 3 93—97; AB **26** (1955) 4 211.

Roberts, J. E.: Spot welding of light alloys. Brit. Welding J. **2** (1955) 5 193—199 16 ref.; AB **26** (1955) 6 363—364; Index Aeron. **11** (1955) 6 77—78; Aeron. Engng. Rev. **14** (1955) 8 116.

Thomas, R. D. jr.: Consumable insert technique for pipe welding. Amer. Soc. Mech. Engrs. Prepr. 55-Pet-3 June 1955 10 p. 6 ref.; Titanium Abstr. Bull. **1** (1955/56) 86 [2.511.2].

Waite, M. J.: Inert gas welding of aluminium alloys. Canad. Metals **18** (1955) 12 62, 66, 68; AB **26** (1955) 12 706—707.

Young, J. G.: Economics of the joining of aluminium and its alloys by the inert-gas shielded-arc welding processes. Brit. Welding J. **2** (1955) 10 463—470; AB **26** (1955) 11 700.

— Anwendungen der elektrischen Widerstandsschweißung bei Aluminium und Aluminiumlegierungen. Aluminium (Suisse) **5** (1955) 4 127—133; AB **26** (1955) 8 508.

— Researches into the welding of aluminium and its alloys. ADA Res. Rep. 47 1955 59 p.

— The arc welding of aluminium. ADA Inform. Bull. 19 1955 92 p.

Adams, L.: Welding of large aluminium structures. Civil Engng. (New York) **26** (1956) 10 660; Bau-Ing. **33** (1958) 6 244.

Ando, Y.: Welding of light alloys. J. Japan Soc. Mech. Engrs. **59** (1956) 447 284—290.

Bruno, C.: How to weld aluminum? Modern Metals **12** (1956) 9 38, 40, 42.

Dickinson, Th. A.: Das Schweißen von Zirkonium. Sheet Metal Industries **33** (1956) 347 197, 199; Mitt. Forsch.-Ges. Blechverarb. (1959) 238.

Domke, K.: Schutzgas-Brennschneiden von Aluminium. Aluminium **32** (1956) 6 344—347; Nachr.-Bl. AGM Leichtbau **5** (1956) 7/8 18.

Dowd, J. D.: Inert shielding gases for welding aluminum. Welding J. **35** (1956) 4 207s—210s; Aluminium **32** (1956) 9 A 267.

Gall, W. R.: Sonderverfahren für das Schweißen von Zirkon. Amer. Machinist **100** (1956) 28 65—67; Mitt. Forsch.-Ges. Blechverarb. (1959) 237.

Groth, Willis G. and *Richard A. Matuszeski:* The welding of high-strength aluminum alloys in heavy sections. Welding J. **35** (1956) 12 616s—622s; Aluminium **33** (1957) 5 A 136; AB **28** (1957) 2 91.

Houldcroft, P. T.: Trends in the welding of aluminium alloys. Metallurgia **53** (1956) 316 80—83; Aluminium **32** (1956) 7 A 191.

Hütter, L. u. *E. A. Otto:* Über das Punktschweißen von Aluminiumlegierungen. Z. Metallkde. **47** (1956) 7 453—458; Aluminium **33** (1957) 1 A 20.

Izumi, T.: Welding light alloy metal for marine use. Mitsubishi Zosen (Japan) **4** (1956) 18 35—41.

Justis, H. and *Ch. Lawrence:* How to weld zirconium. Iron Age **177** (1956) 12 79—81.

MacArthur, I. A. and *I. H. Jenks:* Safety factors — welding aluminium and its alloys. Canad. Metals **19** (1956) 12 22, 24, 26, 28; AB **28** (1957) 1 19—20.

Mantel, W. u. *L. Wolff:* Über das Lichtbogenschweißen von Leichtmetallen unter Edelgasschutz. Aluminium **32** (1956) 6 328—332; Nachr.-Bl. AGM Leichtbau **5** (1956) 7/8 21.

Orton, L. H. and *J. C. Needham:* Electrical characteristics and equipment for argon-arc welding aluminium. Brit. Welding Res. Ass. 1956 20 p.; AB **28** (1957) 3 169.

Reiprich, Johannes: Möglichkeiten und Grenzen der Schweißverfahren beim Schweißen von Aluminium auf der Werft. Schiff u. Hafen **8** (1956) 11 989—994; Nachr.-Bl. AGM Leichtbau **5** (1956) 12 11 [6.253.1].

Rubo, E.: Zum Stand der Magnesiumschweißung. Z. Metallkde. **47** (1956) 7 466—473 10 Lit.-St.

Suzuki, H. and *T. Murase:* Tests on inert-gas metal-arc welding of corrosion resisting aluminum alloy "ANP" plates. I. Welding conditions, penetration and black powder. J. Japan Welding Soc. **25** (1956) 9 521—526.

Suzuki, H. and *T. Murase:* Test on inert-gas metal welding of corrosion resisting aluminum alloy "ANP". II. J. Japan Welding Soc. **25** (1956) 11 612—618.

Uchida, A. and *K. Hagiwara:* The MIG welding of aluminum alloys for rolling stock and some properties of the weld metals. J. Japan Welding Soc. **25** (1956) 12 660—666.

Wood, John D.: Mechanical property, corrosion and welding studies on 6066 aluminum alloy. WADC Techn. Rep. 56-99 June 1956 29 p.; Aeron. Engng. Rev. **16** (1957) 10 146 [1.362].

Young, J. G.: Etude économique du soudage à l'arc sous argon de l'aluminium et de ses alliages. Rev. Aluminium **33** (1956) 236 953—962; Aluminium **33** (1957) 3 A 69.

Zurbrügg, E.: Neuere Schweißverfahren für Aluminium. Berg- u. Hüttenmänn. Mh. **101** (1956) 12 335—339.

Ammeling, Th.: Das Schweißen von Aluminium und Aluminiumlegierungen mit ummantelten Elektroden. Kjellberg-Esab-Schr. (1957) 2 1—10; Leichtbau d. Verkehrsfahrzeuge **1** (1957) 5 138.

Bailey, J. C., J. A. Hirschfield and *T. Horwood:* Welds made between some wrought and cast aluminium alloys, and welds in some cast aluminium alloys, a preliminary study. ADA Res. Rep. 34 Nov. 1957 8 p.

Bradley, P. and *G. A. C. Waite:* The technique of welding aluminium and aluminium alloy vessels for use with concentrated hydrogen peroxide (H.T.P.). Roy. Aircr. Establ., Rocket Propulsion Dep., TN 157 Nov. 1957 26 p.

Davis, Richard A. and *Robert C. McMaster:* Tip-life studies in the spot welding of 5052 aluminum alloy. Welding J. **36** (1957) 5 235s—239s; AB **28** (1957) 7 470—471.

Klain, Paul: The welding of magnesium alloys. Welding J. **36** (1957) 7 321s—329s; AB **28** (1957) 9 640; Aeron. Engng. Rev. **16** (1957) 10 156.

Koziarski, J.: Hydrogen vs. acetylene vs. inert gas in welding aluminum alloys. Welding J. **36** (1957) 2 141—148; Aluminium **33** (1957) 7 A 190; AB **28** (1957) 3 168.

Mann, H. D. and *R. E. Purkhiser:* Automatic inert-gas shielded tungsten-arc welding of aluminum alloys. Welding J. **36** (1957) 8 790—797; Aluminium **33** (1957) 12 A 344.

Müller, F.: Die richtige Anwendung des Argonarc- bzw. SIGMA-Verfahrens beim Leichtmetallschweißen. Schweißtechnik (Wien) **11** (1957) 3 31—33; Aluminium **33** (1957) 8 A 216.

Otto, Ernst A.: Punktschweißen von Aluminium-Legierungen. Stuttgarter Luftfahrtgespräch 19. 7. 1957 „Schweißen und Kleben im Flugzeugbau", Arb.- u. Forsch.-Gemeinschaft Graf Zeppelin, Stuttgart-Flughafen S. 1—15 [1.442.13].

Pumphrey, W. I. and *E. G. West:* The metallurgy of welding aluminium and its alloys. Brit. Welding J. **4** (1957) 7 297—306 11 ref.; ADA Repr. R. P. 70 July 1957 10 p. 11 ref.; Aluminium **33** (1957) 12 A 346.

Sathicq, R.: Le soudage par pression à froid. Rev. Aluminium **34** (1957) 246 875—880; Aluminium **34** (1958) 2 A 38.

— Automatic spotwelding of aluminum. Light Metal Age **15** (1957) 5/6 10—12; Aluminium **33** (1957) 11 A 314.

Batten, G. H.: Some aspects of cross wire welding of aluminium alloys. Brit. Welding J. **5** (1958) 9 417—420; Aluminium **34** (1958) 12 A 342.

Collins, F. R.: Porosity in aluminum-alloy welds. Welding J. **37** (1958) 6 589—593; Aluminium **34** (1958) 10 A 288.

Cook, L. A. and *D. G. Shafer:* New forge welding of aluminum and magnesium alloys. Welding J. **37** (1958) Apr. 348—358 44 ref.; Aero Space Engng. **17** (1958) 10 102.

Correy, Th. B.: High quality fusion welding of aluminum. Light Metal Age **16** (1958) 5/6 8—12, 7/8 12—14, 16, 22, 24—26, 9/10 8—13; Aluminium **35** (1959) 8 A 196.

Dickerson, P. B.: Performance of welds in some aluminum alloys. Welding J. **37** (1958) 2 107—113; Aluminium **34** (1958) 9 A 256.

Houldcroft, P. T.: The welding of high-strength heat-treated aluminium alloys. Brit. Welding J. **5** (1958) 6 261—271; Aluminium **34** (1958) 10 A 290; Index Aeron. **14** (1958) 7 69; Aero Space Engng. **17** (1958) 12 98.

Houldcroft, P. T. and *F. Fidgeon:* Ageing characteristics of "as-deposited" aluminium alloy weld metal. Brit. Welding J. **5** (1958) 7 319—326; Aluminium **35** (1959) 5 A 126.

Hull, W. G. and *D. F. Adams:* Gas porosity and sources of hydrogen in the metal-arc welding of light alloys. Brit. Welding J. **5** (1958) 6 282—290; Aluminium **34** (1958) 9 A 256.

Jones, J. B. and *F. R. Meyer:* Ultrasonic welding of structural aluminum alloys. Welding J., Res. Suppl. **37** (1958) March 81s—92s; Aero Space Engng. **17** (1958) 7 96.

Kasen, M. B. and *A. R. Pfluger:* Chlorine additions for high-quality inert-gas metal-arc welding of aluminum alloys. Welding J. **37** (1958) 6 269s—276s; Aluminium **34** (1958) 10 A 290.

Lancaster, J. F. and *D. Slater:* The cracking of aluminium-bronze welds. Brit. Welding J. **5** (1958) 5.

Lockwood, L. F. and *Paul Klain:* The arc welding of wrought magnesium-thorium alloys. Welding J., Res. Suppl. **37** (1958) June 255s—264s; Aero Space Engng. **17** (1958) 10 102.

Mantel, W. u. *L. Wolff:* Die Schweiß- und Schneidverarbeitung von Aluminium mit edelgasabgeschirmten Lichtbögen. Aluminium **34** (1958) 1 36—40; Aluminium **34** (1958) 2 A 38; Leichtbau d. Verkehrsfahrzeuge **2** (1958) 3 135.

Mantel, W. u. *L. Wolff:* Metallurgische Probleme des Schweißens von Aluminium und seinen Legierungen unter besonderer Berücksichtigung der Lichtbogenschweißung unter Edelgasschutz. Aluminium **34** (1958) 6 320—325.

Otto, Ernst A.: Punktschweißen von Aluminiumlegierungen für hohe Beanspruchungen. Aluminium **34** (1958) 9 543—544.

Smith, A. A. and *P. T. Houldcroft:* High current inert-gas metal-arc welding of aluminium. Brit. Welding J. **5** (1958) 9 421—426; Aluminium **34** (1958) 12 A 342.

Spiotta, R. H.: Kaltpreßschweißen. Machinery (New York) **64** (1958) 9 142—150; Mitt. Forsch.-Ges. Blechverarb. (1959) 885.

Terry, C. A. and *E. A. Taylor:* Welding of cupro-nickel and aluminium-bronze alloys. Brit. Welding J. **5** (1958) 5.

Tomlinson, J. E. and *D. Slater:* Automatic welding of aluminium plate. Brit. Welding J. **5** (1958) 8 361—368; AB **29** (1958) 9 539.

Walser, H.: Die Schutzgasschweißung von Aluminium und seinen Legierungen. Techn. Rdsch. (Bern) **50** (1958) 52 17—23; Aluminium **35** (1959) 3 A 60.

— Anwendung des Kaltpreß-Schweißverfahrens. Machinery (London) **93** (1958) 2384 207—213; Mitt. Forsch.-Ges. Blechverarb. (1959) 881.

— Zum Schweißen von Aluminium-Legierungen mit Zusatzdrähten. Draht **9** (1958) 8 302.

Allen, G.: Aluminum welding using the inert-plus-nitrogen-gas metal-arc process. Welding J. **38** (1959) 3 132s—141s; Aluminium **35** (1959) 12 A 334.

Hackman, R. L.: New developments in the welding of aluminum. Welding J. **38** (1959) 7 676—684; Aluminium **35** (1959) 12 A 334.

Hegmann, W.: Beitrag zur Praxis des Gasschmelzschweißens von Aluminium. Aluminium **35** (1959) 6 316—320, 7 396—400.

Krekel, Paul: Neue Schweißverfahren und Schweißgeräte. Aluminium **35** (1959) 6 321—324.

Mantel, W.: Über die zweckmäßige Durchführung des Schweißens von Aluminium unter Edelgasschutz. Aluminium **35** (1959) 6 308—313.

Tomlinson, J. E.: Inert-gas metal-arc welding for aluminium sheet and strip. Light Metals **22** (1959) 252 73—76.

Wurzel, Georg: Das Schweißen von Aluminium und Aluminium-Knetlegierungen. Blech **6** (1959) 6 261—270, 7 324—328.

— Lichtbogenschweißen von Aluminium. Aluminium-Merkblatt V 2, 4.Aufl., Düsseldorf: Aluminium-Zentrale 1959 12 S.

— Welches Verfahren ist zum Schweißen von Aluminium am günstigsten? Aluminium **35** (1959) 6 314—315.

2.511.3

— Welding aluminum with ultrasonic sound waves. Modern Metals **15** (1959) 3
72—73; Aluminium **35** (1959) 11 A 306.
— Widerstandsschweißen von Aluminium. Aluminium-Merkblatt V 3, 4. Aufl.,
Düsseldorf: Aluminium-Zentrale 1959 12 S.

Plaste   **2.511.4**

Piganiol, P.: La soudage des matières plastiques. Soudure et Techn. Connexes
(1954) 7/8 177; Werkstatt u. Betrieb **88** (1955) 5 274.
Frei-Ischer, E.: Das Schweißen von Kunststoffen. Technica **4** (1955) 21 1029—1034,
22 1119—1122; Nachr.-Bl. AGM Leichtbau **5** (1956) 7/8 19.
Krekeler, K., H. Peukert u. W. Schmitz: Heißgas-Schweißung von Hart-Poly-
vinylchlorid mit Zusatzwerkstoff. Forsch.-Ber. Wirtsch.- u. Verkehrsmini-
sterium Nordrhein-Westfalen Nr. 305 1956 44 S.; Kunststoffe **48** (1958) 5 212.
Pischke, Hans: Verlegen und Schweißen von Kunststoffrohren. Werkstoffe u.
Korrosion **7** (1956) 5 249—254; Nachr.-Bl. AGM Leichtbau **5** (1956) 9/10 12.
— Molten bead heat-sealing. Modern Plastics **32** (1956) 2 163—165.
Beér, Franz: Das Schweißen von Kunststoff-Folien mit Werkstoff-Zusatz. Z. VDI
99 (1957) 26 1283.
Esser, F.: Verschweißen und Verkleben von Akrylgläsern. Kunststoffe **47** (1957)
8 516—520 [2.531].
Kegel, J. u. E. Rubo: Schweißen von Kunststoffteilen für Apparate der Wasser-
technik. Schweißen u. Schneiden **9** (1957) 6 302—303 [6.215].
Mau, Karl: Fortschritte im Schweißen thermoplastischer Folien. Progressus **24**
(1957) D 1 17—18; Leichtbau d. Verkehrsfahrzeuge **2** (1958) 1 52.
Ebeling, W. and A. Cheney: Spin-welding. Machine Design **30** (1958) 8 128—135;
Konstruktion **11** (1959) 1 37—38.
Haldenwanger, H. u. W. Berger: Bedingungen plastischer Verformung beim Ver-
schweißen von PVC-Folien. Kunststoffe **48** (1958) 1 13—16.
— Das Schweißen von Blechen, die mit PVC-Folien beklebt sind. Plastica
(Delft) **11** (1958) 178—181; Plaste u. Kautschuk **6** (1959) 4 197—198.
Abesser, Klaus: Schweißhilfsmittel bei HF-Verbindungen. Plastverarbeiter (1959)
3 85—86; Adhäsion **3** (1959) 6 304.
Benker, L.: Fortschritte in der Schweißung harter Thermoplaste. Chemie-Ing.-
Techn. **31** (1959) 10 645—649.
Dammer, O.: Die Bedeutung der schweißtechnischen Fertigung für die Anwend-
barkeit der Kunststoffe. Schweißen u. Schneiden **11** (1959) 10 385—388 6 Lit.-St.
Hartung, G.: Verfahren zur Folienschweißung — ihre Probleme und ihre
Grenzen. Plaste u. Kautschuk **6** (1959) 9 434—438.
Zade, H. P.: Heatsealing and high frequency welding of plastics. Plastics **24**
(1959) 257 65—66, 258 109—111, 116, 259 136,158, 261 267—269, 263 345—346.
— La soudure électronique des matières thermoplastiques. Officiel Matières
Plastiques **6** (1959) 59 595—602.
— Soudure thermique du polyéthylène. Officiel Matières Plastiques **6** (1959) 58
500—503.

Löten   **2.512**

Kinelski, E. H.: Development of an alloy permitting low temperature joining
of high strength aluminum alloys. Final report. Cornell Aeron. Lab. CAL
KA-497-M-4 Contract Noa(s)-9935 PB 122822 Oct. 1949 49 p.; Titanium Abstr.
Bull. **2** (1956/57) 167—168.
Bailey, C.: Brazing aluminum to aluminum, copper, and silver. US Atomic
Energy Comm. Publ. DF-53s-841 1953 24 p.; AB **26** (1955) 9 573.

Ballingall, J. G.: An investigation of the brazing of aluminium alloy parts. Philadelphia Naval Air Exper. Stat. Rep. AML-NAM-AE-25685 1954 17 p.; AB **26** (1955) 12 704.

Behrens, S. F.: Das Löten der Leichtmetalle. Metall **8** (1954) 191—192; Werkstoffe u. Korrosion **6** (1955) 8/9 437.

Biais, R.: Untersuchung über die Ofenlötung des Aluminiums und der Leichtlegierungen. Métaux, Corrosion (1954) 345 190—201; Werkstoffe u. Korrosion **6** (1955) 6 306.

Jones, J. Bryon and *John G. Thomas:* Ultrasonic soldering of aluminum. Atomic Energy Div. (USA) Contract AT (07-2)-1 Dec. 1954 81 p. Aeroprojects, du Pont de Nemours & Co., Explosives Dep.; AB **26** (1955) 12 717—718.

Colbus, J.: Aktuelle Probleme des Lötens. Z. Schweißtechn. **45** (1955) 2 27—35.

Füllenbach, H.: Induktives Löten von Längsnähten im Vorschubverfahren. Mitt. Forsch.-Ges. Blechverarb. (1955) 16 193—199 [1.442.2].

Jacobson, M. I. and *D. C. Martin:* Brazing molybdenum for high-temperature service. Welding J., Res. Suppl. **34** (1955) Febr. 65s—74s; Index Aeron. **11** (1955) 5 80; Aeron. Engng. Rev. **14** (1955) 5 188.

Rose, K.: New clad metals made by vacuum brazing. Mater. & Meth. **42** (1955) 1 100—102; Titanium Abstr. Bull. **1** (1955/56) 88.

Warring, R. H.: Brazing aluminium. Machinery Lloyd (1955) 24 73—78.

Watkins, H. C.: Joining aluminium by soft soldering. Engrs. Dig. **16** (1955) 5 233—238; Aluminium **31** (1955) 11 A 262.

Freedman, S.: Fluxless aluminum joining avoids joint corrosion. Iron Age **177** (1956) 9 71—73.

Blohm, E.: Zur Hartlötung von Bauteilen aus einer aushärtbaren Aluminium-Legierung vom Typ Al-Mg-Si im Ofen oder Salzbad. Metall **10** (1956) 3/4 129—130; AB **27** (1956) 3 165—166.

Dowd, J. D.: How to solder aluminum. Modern Metals **12** (1956) 7 42, 44, 46; Aluminium **33** (1957) 3 A 72.

Frostne, H.: Lödning av aluminium och aluminiumlegeringar. (Das Löten von Aluminium und Aluminiumlegerungen.) AGA-Svctsning (1956) 4 1—8.

Jewell, R. C.: Hard soldering of aluminium and aluminium alloys. Sheet Metal Industries **33** (1956) 353 606—613; Aluminium **33** (1957) 1 A 20.

Jewell, R. C.: Soldering and brazing of metallurgical materials. J. Birmingham Metallurgical Soc. **36** (1956) 2 383—403; Titanium Abstr. Bull. **2** (1956/57) 28.

van Kann, H.: Die Vorgänge beim Verlöten von Hartmetall mit Stahl. Diss. TH Braunschweig 1956.

Krause-Dietering, H.: Löten und Lötverbindungen. Z. VDI **98** (1956) 20 1051—1052 [1.442.2].

Wernz, Donald E.: Tauchlöten erhöht die Leistung bei der Verbindung von Aluminiumteilen. Tool Engr. **36** (1956) 5 83—87.

Cox, F. G.: Welding and brazing refractory metals. II. Steel Processing **43** (1957) Apr. 199—204, 226, 227 14 ref.; Aeron. Engng. Rev. **16** (1957) 7 157 [2.511.1].

Jones, J. B. and *W. C. Potthoff:* Ultrasonic soldering, brazing and welding. Prod. Engng. (Design Issue) **28** (1957) 15 G14—G16 [2.511.1].

Kluge, G.: Schutzgas-Hartlöten. Maschinenmarkt **63** (1957) 48 19—21.

McDonald, A. S.: Alloys for brazing thin sections of stainless steel. Welding J. **36** (1957) 3 131s—140s.

Reininger, H.: Spritzlöt- und -schweißverfahren. Maschinenmarkt **63** (1957) 62 21—22 [2.511.1].

Robinson, I. B.: Zinc soldering of aluminum. Welding J. **36** (1957) 10 992—997; Aluminium **34** (1958) 3 A 66.

Russell, W. E. and *J. P. Wisner:* An investigation of high-temperature vacuum and hydrogen furnace brazing. NACA TN 3932 March 1957 29 p.; AMR **10** (1957) 11 508; Index Aeron. **13** (1957) 5 86; J. Roy. Aeron. Soc. **61** (1957) 560 577.

Scarpa, Thomas J.: Ultrasonic iron solders aluminum. Electronics **30** (1957) 10 168—169.

— Clorides bond aluminium. Chem. Engng. News **35** (1957) 42 51; Aluminium **34** (1958) 3 A 66.

— Something new in joining non-ferrous metals. Modern Metals **13** (1957) 10 70, 72; Aluminium **34** (1958) 3 A 66.

— The brazing of aluminium and its alloys. ADA Inform. Bull. 22 June 1957 36 p. 8 ref.; Aeron. Engng. Rev. **16** (1957) 12 134; Index Aeron. **13** (1957) 9 64.

Albrecht, C.: Das Löten und Verzinnen von Grauguß nach der Behandlung mit dem Kolene-Verfahren. Industrieblatt **58** (1958) 5 197—199.

Bellware, M. D.: Fundamentals of brazing for elevated-temperature service. Welding J. **37** (1958) 7 683—691 9 ref.

Falkenmayer, K.: Vorbereiten von Graugußteilen zum Hartlöten. Konstruktion **10** (1958) 4 151—155 9 Lit.-St.

Van Houten, G. R.: A survey of the bonding of cermets to metals. Welding J. **37** (1958) 12 558—569; AMR **12** (1959) 8 541.

Huschke, E. G. jr. and *G. S. Hoppin III:* High-temperature vacuum brazing of jet-engine materials. Welding J., Res. Suppl. **37** (1958) May 233s—240s; Aero Space Engng. **17** (1958) 11 110.

Lange, H., H. Parthey u. *I. N. Stranski:* Grenzschichtprobleme beim Löten. Mitt. Forsch.-Ges. Blechverarb. (1958) 19 209—216.

Long, John V. and *George D. Cremer:* High temperature brazing looks good for missile parts. Aviation Age **29** (1958) 5 30—31, 33 [6.29].

Long, J. V. and *G. D. Cremer:* High-temperature corrosion-resistant brazing. Astronautics (1958) Aug. 28—29, 86—87.

Setapen, A. M.: Brazing-filler metals meet high-temperature needs. Iron Age **181** (1958) 19 110—111.

Wernz, D. E.: Hartlöten von Aluminium im Tauchverfahren. Techn. Rdsch. (Bern) **50** (1958) 21 19—21; Aluminium **34** (1958) 9 A 256.

— Eine Übersicht über die Anwendung des Weich- und Hartlötens bei Aluminium und seinen Legierungen. Techn. Rdsch. (Bern) **50** (1958) 53 18—19; Draht **10** (1959) 3 112—113.

Bubenzer, Gotthold: Löten von Aluminium mittels Ultraschall. Z. VDI **101** (1959) 4 116.

Lüder, E.: Über Wirktemperaturen von Flußmitteln und Löttemperaturen beim Hartlöten von Aluminium. Aluminium **35** (1959) 6 327—330.

— Hartlöten von Stahl. Düsseldorf: Beratungsstelle f. Stahlverwendung, Merkblätter über sachgemäße Stahlverwendung Nr. 237 1959 16 S.

Nieten 2.52

Pleines, W.: Das Nieten im Metallflugzeugbau. Maschinenbau **10** (1931) 502—504.

Akimow, G. W.: Die Korrosion an Nietverbindungen bei Duralumin-Konstruktionen. Korrosion u. Metallschutz **8** (1932) 309—313.

Guler, K.: Leichtmetall-Nieten. Z. Metallkde. **26** (1934) 65—67, 80—91.

v. Zeerleder, A.: Das Nieten warmhärtbarer Aluminium-Legierungen. Techn. Zbl. Prakt. Metallbearb. **44** (1934) 52—55.

del Ponte, P.: Hohlniet-Verfahren im Flugzeugbau. (Le rivettature speciali nelle costruzioni aeronautiche. Übers. Alluminio **4** (1935) 6 331 ff.). Luftf.-Schrifttum Ausland **2** (1936) 4 97—102.

— Schnellnietung nach dem Chobert-Verfahren. (Really rapid riveting. Übers. Flight **30** (1936) 1441 161). Luftf.-Schrifttum Ausland **2** (1936) 9 219—220.

Grahl, F.: Schweißen und Nieten der Leichtmetalle. Werkstatt u. Betrieb **70** (1937) 93—95 [2.511.3].

— Nietung im Aluminium-Blechbau. (Riveting of aluminum and its alloys Übers. Aero Dig. **30** (1937) 4 44). Luftf.-Schrifttum Ausland **3** (1937) 7 159—161.

Büttner, D.: Die Sprengnietung. Werkstatttechnik (1938) 21 465—467.

Burg, E. V.: Das Nieten der Leichtmetalle. Werkstatt u. Betrieb **71** (1938) 23/24 309—314.

Wilde, F.: Automatisches Nieten im Flugzeugbau. Maschinenb. Betrieb **20** (1941) 9 385—388.

Wilde, F.: Direkte Preßlufthammer-Nietung im Flugzeugzellenbau. Maschinenb. Betrieb **21** (1942) 8 337—340.

— Blind-Nietverfahren für Aluminium. Aluminium **30** (1954) 8/9 372—373.

Adaridi, B.: Les rivets Riv-Clé et l'assemblage des tôles accessibles d'un seul côté. I, II. Rev. Aluminium **32** (1955) 226 1037—1041, **33** (1956) 231 403—407; Nachr.-Bl. AGM Leichtbau **5** (1956) 5/6 18; Leichtbau d. Verkehrsfahrzeuge **1** (1957) 1 24; Aluminium **32** (1956) 4 A 90, 10 A 293.

Bossard, H.: Neuzeitliche Niet- und Schraubenverbindungen im Blindverfahren. Techn. Rdsch. (Bern) **47** (1955) 33 33,35; Nachr.-Bl. AGM Leichtbau **5** (1956) 2/3 14; Aluminium **32** (1956) 1 A 13.

— Neuzeitliche Niet- und Schraubenverbindungen im Blindverfahren. Techn. Rdsch. (Bern) **47** (1955) 33 34—36; Draht **7** (1956) 5 196.

Becker, W.: Nietverfahren und Nietgeräte. Kerpin-Blindnietung. Flugwelt **8** (1956) 3 146.

Behrends, E.: Nietverfahren und Nietgeräte. Nietverfahren mit POP-Nieten. Flugwelt **8** (1956) 3 145—146.

Flachskampf, H.: Nietverfahren und Nietgeräte. Chobert- und Avdel-Nietverfahren. Flugwelt **8** (1956) 3 144—145.

Keller, Fr.: Die Nietung im Leichtmetallbau. Technik (Berlin) **11** (1956) 4 309—317 35 Lit.-St.; Nachr.-Bl. AGM Leichtbau **5** (1956) 9/10 11, 12, 14.

Krekel, Paul: Nietverfahren und Nietgeräte. Flugwelt **8** (1956) 2 81—85.

Lane, Frank B.: Automatisches Nieten in der Flugzeugfertigung. Luftf.-Techn. **2** (1956) 6 109—112.

Penel, P.: Le rivetage. I, II. Rev. Aluminium **35** (1958) 259 1125—1135, 260 1237—1248; Aluminium **35** (1959) 3 A 60, 4 A 84.

— Nieten von Aluminium. Aluminium-Merkblatt V 5, 2. Aufl., Düsseldorf: Aluminium-Zentrale 1958 20 S.

Krekel, P.: Das neue Schnellnietverfahren mit Huck-Bolt-Nieten. Aluminium **35** (1959) 6 330—332.

Leimen und Kleben **2.53**

Allgemeines **2.531**

Meynis de Paulin, J. J.: Le collage des métaux. Nature (Paris) (1951) 3196 (Août) 241—244

Fleuriel, P.: Assemblage par collage dans la construction prototype. Techn. Sci. Aéron. (1953) 4 240—244.

Hyler, J. E.: Glues and gluing. Pt. 33. South. Lumberman **188** (1954) 2351 51—54; Holz als Roh- u. Werkstoff **16** (1958) 1 38.

Naunton, W. J. S.: What every engineer should know about rubber. Brit. Rubber Delev. Board London 1954 128 p., Subscr.: Int. Kautschuk-Büro Zürich 2 [1.324.32].

Perry, Th. D.: Gluing techniques for wood. Wheaton (Ill.): Hitchcock Publ. Co. 1954.

Been, Jerome L.: Adhesive bonding. Product Engng. **26** (1955) May 181—186; Aeron. Engng. Rev. **14** (1955) 8 114.

Frischbier, E. u. *W. Schäfer:* Das Kleben von Metallen. Plaste u. Kautschuk **2** (1955) 2 28—33.

Hyler, John E.: Glues and gluing. Pt. 58, 60, 61, 62, 63, 64, 65. South. Lumberman **190** (1955) 2377 43—48, 2379 45—48, 2380 33, 36, 57, 2381 45—49, **191** (1955) 2382 36—40, 2383 47—50, 2384 35—38; Holz als Roh- u. Werkstoff **15** (1957) 3 149—150, 7 317—318.

Johnson, R. A.: Plastic bonding for metals. Metal Industry **87** (1955) 22 443—445; Nachr.-Bl. AGM Leichtbau **5** (1956) 4 10—11, 9/10 12; Aluminium **32** (1956) 2 A 43; AB **27** (1956) 1 22.

McCormack, P. H.: Wood and metal combinations. Forest Prod. J. **5** (1955) 3 174—176; Holz als Roh- u. Werkstoff **15** (1957) 3 150 [1.442.34].

Perry, Thomas D.: Plywood is better ... Compound curves. Wood Working Dig. **57** (1955) 7 125—127, 130—133; Holz als Roh- u. Werkstoff **15** (1957) 7 319.

Saunders, J. J. and *H. R. Merriman:* Manufacture and properties of metal-to-metal laminates. Aero Dig. **71** (1955) 5 52—54; Luftf.-Techn. **2** (1956) 1 V; Index Aeron. **12** (1956) 1 99 [1.442.33].

Schwarz, Hermann: Das Kleben von Leichtmetallen. Schiffbautechnik **5** (1955) 9 260—264 [1.442.33].

Shelton, F. J. and *R. K. Stensrud:* The gluing of hardboards with polyvinyl acetate emulsions and resorcinol-formaldehyde resins. Forest Products J. **5** (1955) 2 124—127; Holz als Roh- u. Werkstoff **14** (1956) 5 196—197.

Stumpff, Georg: Untersuchungen über die Furnierfugenverleimung. Holz als Roh- u. Werkstoff **13** (1955) 1 23—25.

Sussman, Vincent: Processing of epoxy resins. Modern Plastics **32** (1955) 8 164, 166, 245; Holz als Roh- u. Werkstoff **15** (1957) 6 278.

Trietsch, F. K.: Das Kleben von Metallen und seine Anwendung in der modernen Fertigung. Maschinenmarkt **61** (1955) 57 5—8.

Bennett, G. D.: Synthetic-resin bonding. Pt. I, II. Aircr. Production **18** (1956) 8 300—305, 9 383—390; Nachr.-Bl. AGM Leichtbau **5** (1956) 12 11—12 [1.442.33].

Blomqvist, R. F.: High-strength adhesives for metal bonding. Machine Design **28** (1956) 11 99—103; Nachr.-Bl. AGM Leichtbau **5** (1956) 12 11 [1.324.43].

Cooper, D. W.: The application of adhesives to modern timber structures. Timber Technol. **64** (1956) 2202 185—187, 2203 259—262, 2204 309—311; Holz als Roh- u. Werkstoff **15** (1957) 9 399; AMR **10** (1957) 10 470 [1.442.37].

Egner, K. u. *H. Sinn:* Einführung in die Leimung tragender Holzbauteile. Dtsch. Zimmermeister **58** (1956) 20 420—424; Holz als Roh- u. Werkstoff **15** (1957) 11 486.

Hahn, K. F.: Die Metallklebtechnik vom Standpunkt des Konstrukteurs. Konstruktion **8** (1956) 4 127—136 10 Lit.-St.; Nachr.-Bl. AGM Leichtbau **5** (1956) 7/8 18 [1.442.33].

Hanks, Sydney A.: Materials and techniques for structural bonding with metal-to-metal adhesives. Machine Design **28** (1956) 27./12. 78—85; Aeron. Engng. Rev. **16** (1957) 3 138, 142.

Hyler, John E.: Glues and gluing. Pt. 83. South. Lumberman **192** (1956) 2402 51—54; Holz als Roh- u. Werkstoff **15** (1957) 9 398.

Knoll, K.-H.: Ersparnismöglichkeiten bei der Heißverleimung von Sperrholz und Hohlraumkonstruktionen mit Kauritleim. Holz-Zbl. **82** (1956) 15 157; Holz als Roh- u. Werkstoff **15** (1957) 9 398.

Krause, K.: Untersuchungen und Studien zum Metallkleben. Z. VDI **98** (1956) 18 983—984; Nachr.-Bl. AGM Leichtbau **5** (1956) 11 19 [1.442.33].

Kretzschmar, H.: Metallverklebungen im Maschinenbau. Plaste u. Kautschuk **3** (1956) 6 127—130.

Küch, Wilhelm: Über die Wechselwirkung zwischen Holzschutzbehandlung und Verleimung. Forsch.-Ber. Wirtsch.- u. Verkehrsministerium Nordrhein-Westfalen Nr. 231 1956; Holz als Roh- u. Werkstoff **14** (1956) 2 58—67 [1.442.32].

Matting, A. u. E. Rubo: Die Metallklebtechnik in Deutschland. Maschinenmarkt **62** (1956) 38 3—7; Nachr.-Bl. AGM Leichtbau **5** (1956) 7/8 20.

Meyerhans, Konrad: Einige Problemstellungen bei der Herstellung von konstruktiven Metallverbindungen mit Kunstharzen. Z. Metallkde. **47** (1956) 7 506—516; Nachr.-Bl. AGM Leichtbau **5** (1956) 11 19 [1.324.43], [1.442.33].

Meynis de Poulin, J. J.: Le collage des métaux légers. Chimie & Industrie **76** (1956) 6 1276—1290; Aluminium **33** (1957) 6 A 162; AB **28** (1957) 3 167 [1.442.33].

Muchnick, Samuel N.: Adhesive bonding of metals. Mech. Engng. **78** (1956) Jan. 19—22; AB **27** (1956) 2 90—91.

Neußer, H.: Versuche mit Leimstreckmitteln für Harnstoffharze. Holz als Roh- u. Werkstoff **14** (1956) 12 475—482 16 Lit.-St.

Patrick, R. L. and W. A. Vaughan: Fundamental studies on the adhesion of organic materials to metal substrates. WADC Techn. Rep. 56-663 (AD 118054) Dec. 1956 78 p. 40 ref.; Aeron. Engng. Rev. **16** (1957) 8 144.

Peukert, H.: Das Verbinden von Leichtmetallen durch Kunstharz-Klebstoffe. Plastverarbeiter **7** (1956) 11 405—410.

Pleines, Ernst Wilhelm: Geklebte Dünnblechkonstruktionen. Industrie-Anz. **78** (1956) 14 10—19 bzw. 180—189; Nachr.-Bl. AGM Leichtbau **5** (1956) 5/6 19.

Schäfer, W. u. H. Jahn: Stand der Metallklebetechnik mit Epoxydharzen in der DDR. Plaste u. Kautschuk **3** (1956) 6 121—122.

Schäfer, W. u. H. Jahn: Über die Anwendung der Epoxydharze in der Klebetechnik. Fertigungstechnik **6**(1956)6 243—249, 7 303—307, 12 544—552; Nachr.-Bl. AGM Leichtbau **5** (1956) 12 11; Leichtbau d. Verkehrsfahrzeuge **1** (1957) 2/3 71 [1.442.33].

Sodhi, Jagdip Singh: Allgemeines über Holzverleimung. Holztechnik **36** (1956) 2 60—61.

— Verbinden von Aluminium durch Klebstoffe. Aluminium-Merkblatt V 6, Düsseldorf: Aluminium-Zentrale 1956 6 S. [1.324.43], [1.442.33].

de Bruyne, Norman Adrian: How glue sticks. Nature (London) (1957) 4580 262—266; Adhäsion **2** (1958) 2 91—93.

Duffy, H. T.: Tools for bonding. Aircr. Production **19** (1957) 12 480—487; Leichtbau d. Verkehrsfahrzeuge **2** (1958) 2 88.

Eickner, H. W.: General survey of data on the reliability of metal-bonding adhesive processes. FPL Rep. 1862 May 1957 6 p.; AMR **11** (1958) 7 360; J. Roy. Aeron. Soc. **62** (1958) 565 77 [1.442.33].

Esser, F.: Verschweißen und Verkleben von Akrylgläsern. Kunststoffe **47** (1957) 8 516—520 [2.511.4].

Evans, N.: Autoclave bonding; use of fluid pressure in the production of adhesive-joined assemblies. Aircr. Production **19** (1957) 6 240—249; Index Aeron. **13** (1957) 7 98; Aeron. Engng. Rev. **16** (1957) 8 154.

Gould, Bernard: No-mix epoxy joins metal fast. Iron Age **179** (1957) 8 94—95; Leichtbau d. Verkehrsfahrzeuge **1** (1957) 4 96.

Gould, B.: Single-component epoxy adhesive. Product Engng. **28** (1957) May 164—166; Adhäsion **2** (1958) 5 237 [1.442.33].

Hahn, Karl F.: Der Einsatz des Metallklebens und seine derzeitigen Grenzen. (Vortrag Stuttgarter Luftfahrtgespräch 19. 7. 57.) „Schweißen und Kleben im Flugzeugbau", Arb.- u. Forsch.-Gemeinschaft Graf Zeppelin, Stuttgart-Flughafen S. 16—28 [1.442.33], [1.442.36].

Hunter, R. J. E.: Adhesive bonding of magnesium — incorporating a corrosion resistant hot alkaline chromate treatment as the surface preparation. Soc. Aircr. Mater. & Process Engrs., Proc. Conf. on Adhesive Bonded Structures for Aircraft, Los Angeles Jan.-Febr. 1957 Prepr. 41 13 p.; Canad. Aeron. J. **3** (1957) 5 161—165; Metal Progr. **73** (1958) 5 130, 134, 136—138; Index Aeron. **13** (1957) 8 89.

Hunter, R. J. E.: Adhesive bonding of magnesium. Aircr. Production **19** (1957) 5 198—201; Leichtbau d. Verkehrsfahrzeuge **1** (1957) 6 176 [1.442.33].

Jedlicka, H.: Über ein Verfahren zur Verbindung beliebiger Materialien unter gleichzeitiger Verwendung von Klebstoffen und mechanischen Mitteln. Mitt. Forsch.-Ges. Blechverarb. (1957) 18 210—211.

Jordan, Otto: Erfahrungen beim Verkleben neuerer Kunststoffe. Kunststoffe **47** (1957) 8 521—524.

Kopriva, Jaroslav: Neue Erfahrungen mit elektrischer Widerstandsverleimung bei Kleinspannung. (Tschech., dtsch. Zsfssg.) Dřevo **12** (1957) 6 171—180.

Lampert, Helmut: Das Verleimen siebrauher Hartfaserplatten mit Massivholz. Holzindustrie **10** (1957) 7 229—232.

Matting, A. u. K. F. Hahn: Versuche zur Metallklebtechnik. Technik (Berlin) **12** (1957) 4 297—302 8 Lit.-St. [1.442.33].

Meynard, C. Thelamon: Bonding. Bull. Lab. Rech. Cont. Caoutchouc (1957) 53 1—6; Adhäsion **2** (1958) 2 84.

Povey, H.: Press bonding: use of steam-heated and hydraulically-operated equipment. Aircr. Production **19** (1957) 8 327—336; Index Aeron. **13** (1957) 9 73; Aeron. Engng. Rev. **16** (1957) 11 146; Leichtbau d. Verkehrsfahrzeuge **2** (1958) 3 131 [1.442.33].

Schäfer, W.: Metallklebetechnik, ein wertvolles Hilfsmittel der neuen Technik. Techn. Gemeinschaft **5** (1957) Juni 247—254.

Schliekelmann, R. J.: Metallklebverbindungen im Flugzeugbau. Luftf.-Techn. **3** (1957) 3 57—63; Leichtbau d. Verkehrsfahrzeuge **1** (1957) 4 96. [6.254.0], [1.442.33]

Schmidt-Hellerau, Christof: Die Berücksichtigung rationeller Verleimmethoden bei der Neukonstruktion von Serienmöbeln. Holz-Zbl. **83** (1957) 49/50 35—36, 38,40.

Schrader, W. H. and M. J. Bodner: Adhesive bonding of polyethylene. Plastics Technol. **3** (1957) Dec. 988—990; Kunststoffe **48** (1958) 4 171; Adhäsion **2** (1958) 5 227.

Schwarz, Hermann: Anwendungstechnische Probleme beim Metallkleben. Schweißtechnik (Berlin) **7** (1957) 2 44—49 [1.442.33].

Schwarz, H. u. H. Schlegel: Vorläufige Richtlinien für den Einsatz von Metallklebern. Techn.-Wiss. Abh. Zentralinst. Schweißtechnik der DDR Halle (Saale) H. 1 1957 47 S. 9 Lit.-St.; Plaste u. Kautschuk **5** (1958) 6 234 [1.442.33].

Sontag, Heinz: Kleben von Polystyrolteilen. Vorsicht bei Verwendung giftiger Lösemittel. Kunststoffe **47** (1957) 9 561—562.

Waller, Jason J.: Metal bonding of assemblies for the Canadair CL-28. Industr. Aeronautics (Montreal) (1957) Sept. 15—20; Aeron. Engng. Rev. **17** (1958) 2 106.

Williams, A. E.: Adhesive bonding of light metals. Metal Industry **90** (1957) 22 457—460; Leichtbau d. Verkehrsfahrzeuge **1** (1957) 5 137 [1.442.33].

Yates, Clyde I. and C. L. Caudill: Bonding techniques for making high performance primary trainer. Automot. Industries (1957) 1./3. 54, 82, 86.

— Bonding of laminated plastics. Post-forming by V. C. Panels Limited. Aero Res. TN Bull. 174 June 1957 6 p.

— Conference on bonded aircraft structures. Summaries of papers presented at the conference organized by Aero Research Ltd., at Cambridge, on March 31 — April 5, 1957. Aircr. Engng. **29** (1957) 339 139—142 [1.442.33].

Bailey, W. K. and *R. A. Fuhrer:* Hustler — 95 per cent adhesively bonded. Aircr. & Missiles Mfg. (1958) July 20—25; Aero Space Engng. **17** (1958) 12 98.

Berridge, R. A.: Comet 4. The Redux bonding system. Plastics **23** (1958) 254 396—397 [6.254.0].

de Bruyne, Norman Adrian: Metallkleben. „Leichtbau-Konstruktionen", VDI-Ber. Bd. 28 1958 87—92 [1.442.33].

Buchele, K.: Adhesive-bond future challenged by 1000 F uses. SAE-J. **66** (1958) 3 46—47.

Clad, W.: Untersuchungen an PVA-Leimen. Plaste u. Kautschuk **5** (1958) 6 211— 216, 7 251—254 38 Lit.-St.; Adhäsion **2** (1958) 5 237, **3** (1959) 1 52. [1.324.43], [1.442.32].

Dupont, Werner: Das Leimen und Kleben von Schichtpreßstoffplatten. Holz-Zbl. **84.**(1958) 132 1684—1686; Adhäsion **3** (1959) 7 388—389.

Ellenberger, Walter: Die Holzverleimung mit besonderer Berücksichtigung der Verleimung mit Hautleim. Holz **12** (1958) 10 161—162.

Forcht, B. A.: Bonding magnesium. Aircr. Production **20** (1958) 4 134—140; Leichtbau d. Verkehrsfahrzeuge **2** (1958) 4 180 [1.442.33].

Grosch, H.: Die Metallklebtechnik — ein technisch und ökonomisch bedeutsames Verbindungsverfahren. Plaste u. Kautschuk **5** (1958) 9 323.

Hacquard, J.: Verklebung von Nylon auf verschiedene Flächen. Industrie Plastiques Modernes (Paris) **10** (1958) 7 8, 13; Adhäsion **2** (1958) 5 232.

Hahn, K. F.: Eigenschaften von Metallklebern und das Verhalten von Leichtmetall-Klebverbindungen. Diss. TH Hannover 1958 [1.442.33].

Jahns, W.: Einsparung von Normteilen durch Anwendung der Klebtechnik mit Plasten. Plaste u. Kautschuk **5** (1958) 9 336—338; Adhäsion **3** (1959) 3 159 [6.213].

Kolb, Hans: Versuche über die Verwendung von Nägeln zur Erzeugung eines ausreichenden Preßdrucks bei der Bauholzleimung. Holz als Roh- u. Werkstoff **16** (1958) 1 28—35 6 Lit.-St.

Krekeler, Karl, Heinz Peukert u. *Otto Schwarz:* Auswertung der in- und ausländischen Literatur auf dem Gebiete des Metallklebens. Forsch.-Ber. Wirtsch.-u. Verkehrsministerium Nordrhein-Westfalen Nr. 639 1958 152 S. 429 Lit.-St.; Kunststoffe **49** (1959) 4 195—196 [1.442.33].

Kretzschmar, H.: Metallkleben im Maschinenbau. Plaste u. Kautschuk **5** (1958) 9 331—334; Adhäsion **3** (1959) 2 109. [6.21], [1.442.33].

Kubitzky, Carl: Oberflächenveredlung von Holz durch PVC-Hartplatten. Kunststoffe **48** (1958) 6 281—282.

Kubitzky, Carl: Die Verleimung von Hart-PVC-Platten mit Holzspanplatten und Holzfaserplatten. Kunststoffe **48** (1958) 11 549—551; Adhäsion **3** (1959) 3 159— 160.

Matting, A. u. *K. F. Hahn:* Kleben der Leichtmetalle mit Kunststoffen. Kunststoffe **48** (1958) 10 444—449 [1.442.33].

Moorshead, T. C.: Vinyl-metal-laminates. Rubber & Plastics Age (1958) 49—50; Adhäsion **2** (1958) 4 178.

Perkitny, Tadeuz: Ein neues Verfahren für schnelle Heißverleimung und gleichzeitige Imprägnierung von Lagenhölzern beliebig großer Abmessungen. Holz als Roh- u. Werkstoff **16** (1958) 3 97—101; Adhäsion **2** (1958) 4 178, 180.

Peters, H. and *W. H. Lockwood:* Bonding polyethylene to rubber, brass and brass plated metals. Plastics **23** (1958) 249 228—231 11 ref.; Adhäsion **3** (1959) 3 165 [1.442.35].

Peters, H. u. *W. H. Lockwood:* Verbinden von Polyäthylen mit Kautschuk, Messing und messingplattierten Metallen. Rubber World (1958) 3 418—423; Adhäsion **3** (1959) 7 386.

Peukert, Heinz: Ergebnisse von Klebuntersuchungen an Hochdruck-Polyäthylen. Kunststoffe **48** (1958) 1 3—10 [1.442.35].

Peukert, Heinz: Die Metall-Klebverbindung. I. Voraussetzungen für einwandfreie Klebverbindungen. II. Einfluß verschiedener Faktoren auf die Festigkeit. Kunststoffe **48** (1958) 5 236—239, 10 453—458; Mitt. Forsch.-Ges. Blechverarb. (1958) 24 274—275; Adhäsion **2** (1958) 4 188—189, **3** (1959) 3 165 [1.442.33].

Plath, Erich: Die Härtung von Duroplasten bei der Herstellung von Holzwerkstoffen. Holz als Roh- u. Werkstoff **16** (1958) 12 467—471.

Plath, Lore: Verfärbungen von Deckfurnieren durch Furnier-Klebestreifen. Holz als Roh- u. Werkstoff **16** (1958) 9 357—360 2 Lit.-St.; Adhäsion **3** (1959) 3 160—161.

Pohl, A.: Allgemeiner Überblick über das Metallkleben. Dtsch. Eisenbahntechn. **6** (1958) 3 102—106 [1.442.33].

Powis, C. N.: High-temperature adhesives. Developments in metal-to-metal bonding for conditions of high-speed flight. Aircr. Production **20** (1958) 3 88—92; CIBA (ARL) TN 188 Aug. 1958 8 p.; Index Aeron. **14** (1958) 4 124. [1.324.43], [1.442.33].

Rebeski, Hans: Das Metallkleben als neue Verbindungsart. Werkstattstechn. u. Masch.-Bau **48** (1958) 6 302—306; Leichtbau d. Verkehrsfahrzeuge **2** (1958) 5 240 [1.442.33].

Reinsch, Hans H.: Kunstharzkleben von Metall mit Metall und Metall mit Kunststoff. Fernmelde-Praxis **35** (1958) 17 641—644; Leichtbau d. Verkehrsfahrzeuge **3** (1959) 1/2 44.

Schäfer, W. u. *H. Stolze:* Einpressen oder Einkleben von Metallteilen in Preßstoffteile? Plaste u. Kautschuk **5** (1958) 5 172—175; Adhäsion **2** (1958) 5 232.

Schlegel, H.: Technologie der Metallverklebung. Plaste u. Kautschuk **5** (1958) 9 327—330; Adhäsion **3** (1959) 2 103—109.

Schwarz, O.: Das Kleben als Verbindungsverfahren für Metalle. Kunststoff-Rdsch. **5** (1958) 6 230—234; Adhäsion **2** (1958) 5 234.

Seyffarth, W.: Metallverklebungen, Plastkonstruktionen und Flammspritzgeräte in Leipzig. Plaste u. Kautschuk **5** (1958) 7 264—266 [6.14].

Tieslink, J.: Metal to metal bonding of aircraft components outstandingly successful at Avro Aircraft Ltd. Taylor Technol. (Rochester) (1958) Winter 15—18.

Wehmer, F. J.: Don't abuse adhesives. SAE-J. **66** (1958) 6 54—55.

Winter, Hermann u. *Heinz Meckelburg:* Die Klebtechnik von Schwermetall- und Nichtmetall-Werkstoffen. Schweißen u. Schneiden **10** (1958) 11 423—433 63 Lit.-St. [1.442.31].

Wright, J. P.: Klebeverfahren. Amer. Machinist **102** (1958) 13 85—92; Mitt. Forsch.-Ges. Blechverarb. (1958) 15 175.

— Fachtagung „Theorie und Praxis des Klebens von Metallen" am 4. und 5. September 1957 in Pardubice/CSR. Plaste u. Kautschuk **5** (1958) 4 154—155, 5 194—195 [1.442.33].

— Fortschritte in der Technik des Klebens. Kunststoffe **48** (1958) 10 472.

— Verkleben von Kunststoff-Schichtplatten. Kunststoffe **48** (1958) 10 472—473.

— Theorie und Praxis des Klebens von Metallen. Adhäsion **2** (1958) 4 172—173 [1.442.33].

Dupont, Werner: Abbindegeschwindigkeit und Bindefestigkeit der Kunstharzleime in Abhängigkeit von der Leimfugendicke. Holz-Zbl. **85** (1959) 106 1377—1378 [1.442.32].

Dupont, Werner: Leime und Kleber bei der Kunststoffverarbeitung in der holz-verarbeitenden Industrie und im Handwerk. Holz-Zbl. **85** (1959) 122 1629—1632 [1.324.43].

Giaccherino, Ch.: Le collage des plastiques. Officiel Matières Plastiques **6** (1959) 55 153—158.

Hahn, K. F. und *E. Rubo:* Kleben von Aluminium. In: (Matting, Alexander): Das Schweißen der Leichtmetalle und seine Randgebiete. Düsseldorf: Dt. Verl. Schweißtechnik 1959 S. 168—178 36 Lit.-St. [1.442.33].

Jalenques, E.: Collage et assemblage de la polyamide Rilsan. Ind. Plast. mod. **11** (1959) 9 17—20.

Johnson, R. A.: Bonding of brake liners. Automob. Engr. **49** (1959) 7 250—252; Leichtbau d. Verkehrsfahrzeuge **3** (1959) 6 256.

Johnson, R. A.: Bonding of brake liners. Methods used in manufacture and servicing. CIBA TN 203 Nov. 1959 8 p.

Lübbert, Wolfgang: Kleben von Planenstoffen. Kunststoffe **49** (1959) 8 432—434.

Matting, Alexander u. *K. Ulmer:* Metallkleben als neuzeitliches Verbindungs-verfahren. Umschau **59** (1959) 8 229—231 [1.442.33].

Meckelburg, Heinz: Metallklebverbindungen mit Glasfasergewebe-Einlagen. Adhäsion **3** (1959) 1 1—6 8 Lit.-St. [1.442.33].

Ringueberg, N.: Joining metals with adhesives. Tool Engr. (1959) 1 53—56; Adhäsion **3** (1959) 12 658—659.

Schwarz, Hermann: Das Kleben von Metallen. Wichtige Faktoren für die Binde-festigkeit. Materialprüfung **1** (1959) 9 324—326.

Shearer, Andrew W.: Cutting costs with adhesive bonding. II. Automot. Indu-stries **121** (1959) 2 72—76, 131, 134; Leichtbau d. Verkehrsfahrzeuge **3** (1959) 6 256.

Smith, J. M. and *R. B. Bennet:* An easy way to control cure of polyester resins. Mech. Wld. Engng. Rec. **139** (1959) 3481 867—872.

Thinius, K. u. *G. Grosse:* Studien zur Haftfestigkeit von Plasten. II. Die Haft-festigkeit der Bindemittel auf Plasten. Plaste u. Kautschuk **6** (1959) 5 218—227 17 Lit.-St. [1.442.35].

Troughton, Alan J.: Redux-bonding in the Armstrong Whitworth Argosy. Aircr. Production **21** (1959) 6 206—214; Index Aeron. **15** (1959) 7 117 [1.442.36].

Troughton, Alan J.: The use of redux bonding by Armstrong Whitworth Air-craft. Methods adopted in building the Argosy. CIBA Aircr. Bull. 5 June 1959 16 p. [1.442.36].

Wagner, Richard H.: Adhesive bonding of reinforced plastics. Prepr. 14th Ann. Techn. & Management Conf., Reinforced Plastics Div., Sect. 3-A 1959 4 p. 7 ref.

Winter, D. E.: Adhesive bonding. Fairchild production processing and tooling techniques. Aircr. Production **21** (1959) 4 150—159; CIBA Aircr. Bull. 3 Apr. 1959 12 p.; Index Aeron **15** (1959) 5 120.

Winter, D. E.: Bonded joints build new turbo-jet airframe. Metalworking Pro-duction **103** (1959) 39 1517—1520.

— Heat transfer problems in P.V.C./steel laminates. Plastics **24** (1959) 257 57.

Hochfrequenzverleimung **2.532**

Peterson, R. W.: Radio-frequency power requirements for edge-gluing. Wood (London) **16** (1951) 340—344; Holz als Roh- u. Werkstoff **15** (1957) 12 526.

Graham, P. H.: Electronic gluing. A survey of equipment application. Wheaton (Ill.): Hitchcock Publ. Co. 1954.

Eckhouse, R. D.: Electronic gluing produces table tops. Wood Working Dig. **37** (1955) 12 79—84; Holz als Roh- u. Werkstoff **15** (1957) 2 112.

Gietzelt, Rudolf: Verleimungen mit Infrarot-Strahlern und elektrischen Wärme-platten. Holztechnik **35** (1955) 1 5—6; Holz als Roh- u. Werkstoff **13** (1955) 10 402.

Hafner, Th.: Wirtschaftlichkeit der Anwendung der Hochfrequenz-Erwärmung in der Holzindustrie. Int. Holzmarkt (1955) 15 21—24; Holz als Roh -u. Werk-stoff **15** (1957) 6 278.

Heebink, B.: Curved shapes from veneer. Wood Working Dig. **57** (1955) 8 131—136; Holz als Roh- u. Werkstoff **15** (1957) 7 317.

Perry, Thomas D.: Plywood is better — has flexibility. Wood Working Dig. **57** (1955) 5 138—147; Holz als Roh- u. Werkstoff **15** (1957) 8 358.

Theile, Hans-Ulrich: Die Verleimung von Holz, Pappe und Papier im hoch-frequenten Kondensatorfeld. Holz **9** (1955) 1/2 3—8; Holz als Roh- u. Werk-stoff **13** (1955) 10 402—403.

Fischer, Friedrich: Theorie und Praxis der Hochfrequenzverleimung. Kaurit ® H F Plv. — Kaurit K 177 — Kaurit K 120/4. Holz als Roh- u. Werkstoff **14** (1956) 2 55—58.

Redfarn, C. A. and *J. Bedford:* The shock curing of some laminated materials. Brit. Plastics **29** (1956) 171—175.

Shinohara, U. and *S. Otori:* Wood bonding by high frequency dielectric heating. Nagoya Industr. Sci. Res. Inst., Japan, Rep. 9 1956 16—21.

— Die Holzverleimung mit Hochfrequenz. Technik (Berlin) **11** (1956) 11 796.

Beér, Franz: Verkürzung der Härtezeit von Duroplasten durch elektrischen Strom. Z. VDI **99** (1957) 10 430.

Fischer, Friedrich: Untersuchungen über den Einfluß des pH-Wertes, der dielek-trischen Eigenschaften und des Kondensationsgrades von Holzleimen und ihre Bedeutung bei der Verleimung im Kalt- und Heißverfahren unter besonderer Berücksichtigung der Hochfrequenz-Erwärmung. DGfH H. 41 1957 76 S.; Holz als Roh- u. Werkstoff **16** (1958) 11 452; Adhäsion **3** (1959) 5 246.

Pound, J.: The use of R. F. heating in the joinery trade. Timber Technol. **65** (1957) 2220 506—508; Holz als Roh- u. Werkstoff **16** (1958) 12 491.

Sandweg, Karl: 20 Jahre Hochfrequenz-Holzverleimung. Holz als Roh- u. Werk-stoff **15** (1957) 4 174—189 22 Lit.-St.

Brüning, H.: Hochfrequenzerwärmung zur Beschleunigung der Holzverleimung. Adhäsion **2** (1958) 2 49—52.

Höhne, Erich: Hochfrequenzwärme zum Verleimen von Holz. Z. VDI **100** (1958) 18 777.

Köhler, Rudolf: Verbindung von organischen Werkstoffen im Hochfrequenzfeld. Kunststoff-Rdsch. **5** (1958) 9 385—389; Adhäsion **3** (1959) 2 80.

Pound, J.: Laminated shapes with RF heating. Timber Technol. **66** (1958) 2223 21—24; Holz als Roh- u. Werkstoff **17** (1959) 7 303.

Pound, J.: Edge jointing with R.F. heating. Wood (London) **23** (1958) 3 101—105; Holz als Roh- u. Werkstoff **17** (1959) 10 416.

Wästberg, Göte: Die Hochfrequenz-Holzverleimung in Schweden. Holz als Roh- u. Werkstoff **16** (1958) 5 177—183; Adhäsion **2** (1958) 4 188.

Clark, L. E.: Urea resins for RF and heated-platen edge gluing. Forest Prod. J. **9** (1959) 6 15A—16A [1.324.43].

Lamberts, K. and *L. Pungs:* The application of high-frequency heating in the particle board industry. Composite Wood (1959) 2/3 17—31.

Spezielle Fertigungsverfahren einschl. Verbundbauweisen
mit Füllstoffen **2.6**

Lequeux, P.: Fabrication des matériaux sandwich. Techn. et Sci. Aéron. (1953) 1 59—60.

Gordon, G. R.: Machining aluminum honeycomb without aid of filler materials. Automot. Industries **113** (1955) 6 55, 138; AB **26** (1955) 10 633.

Hatch, D. M. jr. and *Willard Crofut:* Missile wing in glass and plastic. SAE-J. **63** (1955) July 47—49; Luftf.-Techn. **1** (1955) 5 VI [6.254.1].

Robinson, D. C.: Structures for the sonic age; Handley Page spot-welded sandwich construction. Handley-Page Bull. (1955) Autumn 4—7; Aeron. Engng. Rev. **14** (1955) 12 96.

Sanz, M.: Le "fraisage chimique" dans l'industrie aéronautique. Machine Moderne **49** (1955) 559 1—6; Luftf.-Techn. **2** (1956) 1 V—VI.

Crofut, W. and *L. B. Keller:* Processing makes the plastic. SAE-J. **64** (1956) 5 64—69; Luftf.-Techn. **2** (1956) 6 V.

Dickinson, T. A.: Chemical milling of titanium and steel. Light Metals **19** (1956) 222 297; Titanium Abstr. Bull. **2** (1956/57) 105—106 [6.254.9].

Rush, H. M.: High temperature sandwich structure: Present state of development and outlook for the future. Soc. Automotive Engrs. Prepr. 830 Oct. 1956 20 p.; Index Aeron. **13** (1957) 1 94.

Schulz, R. W.: Glasfaserverstärkte Kunststoffe für den Flugzeugbau. Luftf.-Techn. **2** (1956) 3 42—44 5 Lit.-St.; Nachr.-Bl. AGM Leichtbau **5** (1956) 7/8 17 [1.324.312.3].

Stone, Irving: Low-cost technique cuts missile cost. Aviation Week **64** (1956) 15 65—67; Luftf.-Techn. **2** (1956) 5 V.

Wahl, Norman E.: Materials and fabrication techniques for structural heat-resistant plastic sandwiches. Aeron. Engng. Rev. **15** (1956) 2 34—36; Luftf.-Techn. **2** (1956) 3 V; Index Aeron. **12** (1956) 3 90 [1.324.313].

— New steel honeycombs are all-welded. Aviation Age (1956) Dec. 52—55.

— Sandwich-skin construction in the Handley Page Herald. Aircr. Production **18** (1956) 3 90—97; Index Aeron. **12** (1956) 4 81; Luftf.-Techn. **2** (1956) 3 VI.

— Verdichterfertigung in einem neuzeitlichen Strahlturbinenwerk. Luftf.-Techn. **2** (1956) 9 169—173 [6.212].

Hagberg, E. H.: Process control and production practices in sandwich production. Soc. Aircr. Mater. & Process Engrs., Proc. Conf. on Adhesive Bonded Structures for Aircraft, Los Angeles, Jan.-Febr. 1957 Pap. 22 8 p.; Aeron. Engng. Rev. **16** (1957) 12 132.

Holt, A.: Honeycomb-cored structures; production problems and processes in airframe applications. Aircr. Production **19** (1957) 7 282—291; Aeron. Engng. Rev. **16** (1957) 10 158.

Johnston, R. D.: Quality control techniques in honeycomb core production. Soc. Aircr. Mater. & Process Engrs., Proc. Conf. on Adhesive Bonded Structures for Aircr., Los Angeles, Jan.—Febr. 1957 Pap. 23 6 p.; Aeron. Engng. Rev. **16** (1957) 12 132.

Kress, Herwig: Die Herstellung von Blechschaufeln für Gasturbinen und Kompressoren. WGL-Jb. 1957 420—434.

Lanzara, A. A.: Three joining methods for high-temperature sandwich construction. SAE-J. **65** (1957) May 62—64; Leichtbau d. Verkehrsfahrzeuge **1** (1957) 6 172; Aeron. Engng. Rev. **16** (1957) 8 160.

Lewis, W. J., G. E. Faulkner and *P. J. Rieppel:* Stainless steel and titanium sandwich structures. Battelle Memorial Inst., Titanium Metallurgical Lab. TML-79 Aug. 1957 34 p. 9 ref.; Titanium Abstr. Bull. **3** (1957/58) 336—337 [1.323.23].

Ritter, E. J.: Verbundplatten aus Holzwerkstoffen mit Kunstschichtstoffoberflächen. Holz als Roh- u. Werkstoff **15** (1957) 1 62—67.

Tangerman, E. J.: How to make sandwich. Amer. Machinist **101** (1957) 6 137—168; Leichtbau d. Verkehrsfahrzeuge **1** (1957) 4 94; Titanium Abstr. Bull. **2** (1956/57) 474—475 [6.254.9].

Teale, K.: Machining honeycomb; Adaptations of standard machine-tools. Aircr. Production **19** (1957) 10 410—411; Leichtbau d. Verkehrsfahrzeuge **2** (1958) 2 87; Aeron. Engng. Rev. **17** (1958) 1 118.

Ashley, H. R.: Sandwich structure for high temperature vehicles. AGARD Rep. 216 Oct. 1958 VI, 32 p. 6 ref. [6.15].

Cook, H. R.: Machining unexpanded honeycomb. Metalworking Production **102** (1958) 14./3. 458—459.

Kellner, R. G.: Bearbeitung von Wabenkonstruktionsteilen. Machinery (New York) **65** (1958) 1 132—137; Mitt. Forsch.-Ges. Blechverarb. (1959) 238.

Lindemann, Herbert: PVC-Zellmaterial nach dem Hochdruck-Gasverfahren. Kunststoffe **48** (1958) 5 194—199 [1.324.313].

Litz, E.: Sandwichbauweisen mit Metallwabenkernen. Luftf.-Techn. **4** (1958) 7 194—201 12 Lit.-St. [6.15].

Pleines, Ernst Wilhelm: Sandwich-Konstruktionen mit Wabenzellkernen im Flugzeugbau. Luftf.-Techn. **4** (1958) 9 230—243 32 Lit.-St. [6.15], [6.254.0].

Powell, H. H.: Eis als Spannmittel bei der Bearbeitung von Sandwich-Teilen. Amer. Machinist **102** (1958) 4 102—103; Mitt. Forsch.-Ges. Blechverarb. (1958) 15 175.

Powell, H. H.: Quick-freeze as a workholding device. Metalworking Production **102** (1958) 21./3. 498—499.

— Machining honeycomb. Mushroom-type cutters and polyethylene-glycol chucking. Aircr. Production **20** (1958) 8 294—295; Index Aeron. **14** (1958) 9 65.

— Machining operations on honeycomb material. Machinery (London) **93** (1958) 2396 903—906; Leichtbau d. Verkehrsfahrzeuge **3** (1959) 5 210.

Eshelman, R.: Dielectric press welds vinyl-covered sandwich panels. Iron Age **183** (1959) 6 83—85; Konstuktion **11** (1959) 8 322.

Laux, Leon E.: Honeycomb structures. Martin practice in core manufacture and sandwich assembly. Aicr. Production **21** (1959) 6 215—221.

Laux, Leon E. and *Clyde S. Hill:* "Hula head" hacks honeycomb. Stainless steel honeycomb structures developed by Martin Co. have led to specialized equipment for core processing and panel assembly. Soc. Automotive Engrs. Pap. 43 S Aug. 1959; SAE J. **67** (1959) 8 68—71.

— Baking "the biggest" metal sandwich. Metalworking Production **103** (1959) 33 1244—1245.

Ebert, Karl-August: Vorgänge beim Einschießen von Setzbolzen in Stahl. Diss. TH Braunschweig 1960 55 S.

Oberflächenbehandlung　　　　　　　　　　　　　　　　　　**2.7**

Allgemeines　　　　　　　　　　　　　　　　　　　　　　　**2.71**

Thomas, W. R.: Korrosion, ihre Ursachen und Bekämpfung. Canad. Metals **16** (1953) 7 21—22; Werkstoffe u. Korrosion **6** (1955) 7 343 [1.361].

Cohn, C. C.: Surface treatments improve properties, broaden uses of aluminum. Iron Age **174** (1954) 25 111—114, 26 65—68; AB **26** (1955) 1 28—29.

— Forschungsarbeiten auf dem Gebiet der Veredlung von Aluminium-Oberflächen. Forsch.-Ber. Wirtsch.- u. Verkehrsministerium Nordrhein-Westfalen Nr. 82 1954 33 S.

Allsebrook, W. E.: The coating of magnesium alloys. Corrosion Technol. **2** (1955) 4 113—116; AB **26** (1955) 5 323.

Brace, A. W.: Recent anodizing research. Metal Industry **87** (1955) 13 261—264; Aluminium **32** (1956) 1 A 13.

Étienne, Charles et *François Flusin:* Les traitements de surface de l'aluminium et de ses alliages. I. Traitements mécaniques. Polissage mécanique. Rev. Aluminium **32** (1955) 224 821—830, 225 921—931; AB **26** (1955) 12 708, **27** (1956) 1 26.

Mohler, J. B.: Design for plating; specifications and practices for electroplated coatings. Machine Design **27** (1955) June 165—168.

Wernick, S. and *R. Pinner:* Surface treatment and finishing of lights metals. X, XI. Sheet Metal Industries **32** (1955) 333 35—41, 334 113—121, 335 189—195, 197, 336 273—283, 337 345—356, 372; AB **26** (1955) 2 78—79, 4 215, 5 295, 6 367; Aluminium **31** (1955) 11 A 262.

Wiegand, Heinrich: Einige Bemerkungen zur Frage des Zustandes und der Behandlung metallischer Oberflächen. Metalloberfläche **9** (1955) 4 A 50—A 53.

— Finishes for ALCOA aluminum. Pittsburgh: Aluminum Co. of America 1955 48 p.; AB **26** (1955) 5 299.

Hegmann, W.: Oberflächenbehandlung von Aluminium im Handwerk und in industriellen Werkstätten. Aluminium **32** (1956) 5 **266**—269.

Luft, G. u. *F. Sacchi:* Aktuelle Probleme der Oberflächenbehandlung von Leichtmetallen in Italien. Berg- u. Hüttenmänn. Mh. **101** (1956) 12 339—346; Aluminium **33** (1957) 7 A 190.

Spooner, R. C. and *J. Loucks:* Finishing aluminum. Modern Metals **12** (1956) 6 62, 64, 66, 68, 70; Aluminium **33** (1957) 1 A 20.

Thiele, W.: Über das Al-Fin-Verfahren. (Erfahrungen und Anwendungen.) Techn. Mitt. HdT (Essen) **49** (1956) 8 381—384; Aluminium **33** (1957) 2 A 40.

Hefele, H.: Über das Verhalten einiger Konstruktionswerkstoffe beim Galvanisieren. Metalloberfläche **11** (1957) 11 368—370, **12** (1958) 2 49—53.

Paret, R. E.: Mechanische Oberflächenbehandlung für nichtrostende Stähle. Materials in Design Engng. **46** (1957) 3 110—114; Mitt. Forsch.-Ges. Blechverarb. (1959) 563.

Gottschalk, M.: Die Technische Eloxierung und ihre Anwendung im Metallbau. Metall **12** (1958) 1 15—18, 3 209—214.

Hafer, R. F.: Finishes for aluminum in architecture. Modern Metals **14** (1958) 2 64, 66, 68—70; Aluminium **34** (1958) 7 A 192.

Hafer, R. F.: Les traitements de surface de l'aluminium et leur application dans l'architecture américaine. Rev. Aluminium **35** (1958) 259 1137—1146; Aluminium **35** (1959) 3 A 62.

Kaiser, Hans-Rolf: Oberflächentechnik und Automobilbau. Metalloberfläche **12** (1958) 2 37—43.

Keller, H. u. *F. E. Faller:* Zur chemischen Oberflächenbehandlung von NE-Metallen. Metalloberfläche **12** (1958) 5 145—149.

Sacchi, F.: Problemi attuali sui trattamenti superficiali dell'alluminio. (Gegenwärtige Probleme der Oberflächenbehandlung des Aluminiums.) Alluminio **27** (1958) 2 63—71; Aluminium **34** (1958) 8 A 220.

Schwarz, H.: Das Wärmespritzen (Flammspritzen) von Plasten und verwandte Verfahren. Plaste u. Kautschuk **5** (1958) 12 455—461.

Weiner, R.: Das Beizen von Metallen. Techn. Rdsch. (Bern) **50** (1958) 18 9—13; Draht **10** (1959) 8 429—430.

Wiegand, H.: Die Oberfläche von metallischen Werkstoffen in ihrem Einfluß auf das Betriebsverhalten der Konstruktionsteile. Metalloberfläche **12** (1958) 2 33—37, 3 65—68.

Göbel, E. F.: Moderne Oberflächenbehandlungsverfahren in der Feinwerktechnik. Feinwerktechnik **63** (1959) 5 162—165.

Oehler, G.: Oberflächentechnik und -Konstruktion. Mitt. Forsch.-Ges. Blechverarb. (1959) 25 323—335.

Sippell, Karl Wilhelm u. *Hans Schmidt:* Beitrag zur Beurteilung der Eignung verschieden behandelter Stahloberflächen für den Korrosionsschutz. Materialprüfung **1** (1959) 10 337—352 5 Lit.-St.

Chemische und elektrolytische Behandlung **2.72**
Stähle **2.721**

Jacquet, P. A.: Das elektrolytische Polieren von Metallen. Metall **8** (1954) 449—458; Nachr.-Bl. AGM Leichtbau **5** (1956) 5/6 17.

Baker, Samuel W.: Nickel plating without current. Steel **136** (1955) 2 66—67; AB **26** (1955) 2 79 [2.722].

Geyer, H. J.: Advantages of phosphate coatings in fastener forming. Wire & Wire Products (1955) 12 1490—1493, 1528—1532.

Jacquet, P. A.: The electrolytic polishing of metals. Ministry of Supply (London, S. E. 9) Techn. Inform. & Lib. Serv. Translat. T 4351 Febr. 1955 27 p.; Aeron. Engng. Rev. **14** (1955) 10 141 [2.722]

Machu, W.: Theorie und Praxis der Vernickelung und Verchromung. Techn. Rdsch. (Bern) **48** (1956) 25 9—15, 27 33—37; Draht **8** (1957) 2 56—57.

Seulen, G. W.: Induktionserwärmung zum nachfolgenden Warmformen als Mittel zur Verbesserung der Oberflächenbeschaffenheit von Stahlteilen. Metalloberfläche **10** (1956) 12 353—357 7 Lit.-St.

— Les toles plaquées inoxydables. Aciers Fins & Spéciaux (1956) 24 79—82.

van der Bruggen, B.: Rationelle Oberflächenbehandlung von Eisen- und Stahlblechteilen. Industrie-Lackier-Betrieb **25** (1957) 10 278—284; Mitt. Forsch.-Ges. Blechverarb. (1959) 482.

Peters, Werner: Das Galvanisieren von Schrauben und anderen Kleinteilen. Draht 8 (1957) 1 7—13, 2 40—48, 3 82—88, 4 127—131.

Fleischhauer, H.: Phosphatierung zur Erleichterung der spanlosen Kaltumformung. Maschinenmarkt **64** (1958) 39 15—17; Draht **10** (1959) 4 173.

Chilton, J. E.: Development of electroplating processes to eliminate hydrogen embrittlement in high-strength steel. WADC Techn. Rep. 57-514 (AD 142316) Jan. 1958 77 p. 19 ref.

Zimmermann, K.: Sherardisieren. Draht **9** (1958) 4 132—136 15 Lit.-St.

Acimovic, Simeon: Elektropolieren von Kohlenstoff-Stählen. Werkstoffe u. Korrosion **10** (1959) 6 373—375.

Elze, J.: Schäden an oberflächenbehandelten Blechteilen und ihre Verhütung. Mitt. Forsch.-Ges. Blechverarb. (1959) 1 2—7; Draht **10** (1959) 6 272.

Fishlock, D. J.: Phosphatieren. Finishing Handbook & Directory 1959 223—227; Mitt. Forsch.-Ges. Blechverarb. (1959) 701.

Schmitt, Werner: Vorteile der Hartverchromung gegenüber Metallspritzen und Schweißen. Werkstatt u. Betrieb **92** (1959) 2 77—80.

Leichtmetalle **2.722**

Castell, W. F.: Corrosion protection of modern aircraft. Plating **41** (1954) 12 1409—1415; AB **26** (1955) 1 29—30.

Dhingra, D. R., M. G. Gupta and *G. Joshi:* Electropolishing of aluminum. J. Proc. Inst. Chemists (India) **26** (1954) 87—98; AB **26** (1955) 4 214.

Ketterl, H.: Die Phosphatierung von Aluminium nach dem Alodine-Verfahren. Mitt. Forsch.-Ges. Blechverarb. (1954) 9 104—108.

Lattey, R.: Forschungsarbeiten auf dem Gebiet der Veredelung von Aluminium-Oberflächen. Forsch.-Ber. Wirtsch.- u. Verkehrsministerium Nordrhein- Westfalen Nr. 82 1954 33 S.; AB **26** (1955) 6 366—367.

Morinaga, Takuichi and *Bo-Shin Ro:* The plating of aluminium and aluminium-alloys. Light Metals (Japan) (1954) 13 82—86; AB **26** (1955) 2 80—81.

Nakayama, Takakado, Kosuke Otaka and *Yutaka Saisho:* Relation between the reflectivity and the Al-material composition in electropolishing. Light Metals (Japan) (1954) 13 41—43; AB **26** (1955) 2 85—86.

Sprague, Lynn: Methods of plating aluminum die castings. Precision Metal Molding **12** (1954) 12 63—64, 66, 70, 91; AB **26** (1955) 1 31—32.

— Étamage de l'aluminium. Galvano **23** (1954) 215 27—28, **24** (1955) 216 25—27, 217 23—24; AB **26** (1955) 4 216—217.

Baker, Samuel W.: Nickel plating without current. Steel **136** (1955) 2 66—67; AB **26** (1955) 2 79 [2.721].

Brace, A. W.: The electrolytic and chemical polishing and brightening of aluminium and its alloys. Metal Finishing J. **1** (1955) 6 (new ser.) 253—258, 278; AB **26** (1955) 9 576.

Gardam, G. E. and *G. L. Jones:* Finishing aluminium. Metal Industry **86** (1955) 22 476—479; AB **26** (1955) 7 433.

Goddeyne, L. G. and *D. J. Goddeyne:* Plating magnesium die-castings. Metal Industry **86** (1955) 12 232—233; AB **26** (1955) 5 323.

Hafer, R. F.: Electroplating on aluminum. Metal Progr. **67** (1955) 5 93—97.

Hérenguel, Jean: Alliages d'aluminium pour traitements anodiques. Rev. Aluminium **32** (1955) 225 903—906; AB **27** (1956) 1 27.

Jacquet, P. A.: The electrolytic polishing of metals. Ministry of Supply (London, S. E. 9) Techn. Inform. & Lib. Serv. Translat. T 4351 Febr. 1955 27 p.; Aeron. Engng. Rev. **14** (1955) 10 141 [2.721].

DeLong, H. K.: Electroplating on magnesium. Metal Progr. **67** (1955) 4 102—108; AB **26** (1955) 5 324.

Machu, Willi: Der derzeitige Stand der Phosphatierung von Eisen- und Nichteisenmetallen. Werkstoffe u. Korrosion **6** (1955) 2 72—80; AB **26** (1955) 4 213.

Meyer-Rässler, E.: Hartverchromung von Aluminium. US Library of Congr. Publ. March 1955 26 p.; AB **26** (1955) 11 706.

Pinner, R.: Motor industry finds an alternative to chromium plate in chemical polished aluminium. Electroplating & Metal Finishing **8** (1955) 1 4—8; AB **26** (1955) 3 122—123.

Saller, H. A., J. R. Keeler and *E. R. Szumachowski:* The cladding of beryllium. Battelle Memorial Inst. Contract W-7405-eng-92 Nov. 1955 20 p.; Titanium Abstr. Bull. **1** (1955/56) 592.

Sink, G. T.: A critical comparison of aluminum coating methods. Light Metal Age **13** (1955) 10 20—23, 35; AB **26** (1955) 12 711.

Smith, A. Q.: Aluminium coating processes. Light Metal Age **13** (1955) 7/8 16—18; Nachr.-Bl. AGM Leichtbau **5** (1956) 7/8 20; Aluminium **32** (1956) 1 A 13.

v. Uslar: Chemisches Glänzen von Aluminium. Mitt. Forsch.-Ges. Blechverarb. (1955) 3 30—33; AB **26** (1955) 5 295—296.

Wullhorst, B.: Probleme bei der Galvanisierung von Aluminium und seinen Legierungen. Mitt. Forsch.-Ges. Blechverarb. (1955) 4 42—47; Draht **9** (1958) 2 66.

— Alkaline chromate process for coating magnesium alloys. Chem. & Engng. News **33** (1955) 21 2210—2211; AB **26** (1955) 6 394—395.

— Anodizing of aluminium — recent advances. Light Metals **18** (1955) 204 91—93; AB **26** (1955) 5 297.

Bailey, J. C. and *W. Evans:* Aluminium finishes for exterior use. Metallurgia **53** (1956) 316 57—62; Aluminium **32** (1956) 7 A 194.

Vanden Berg, R. V.: Commercial anodic surface treatments for aluminum and its alloys. Plating **43** (1956) 2 221—232; AB **27** (1956) 3 167.

Bosdorf, L. and *A. Beyer:* The hard eloxation process. Ministry of Supply, Techn. Inform. & Lib. Serv. (London, S. E. 9) Translat. T 4608 Sept. 1956 12 p. 15 ref.; Aeron. Engng. Rev. **16** (1957) 5 200.

Etienne, Ch. et *F. Flusin:* Les traitements de surface de l'aluminium et de ses alliages. III. Traitements électrolytiques. Oxydation anodique. Rev. Aluminium **33** (1956) 232 507—513, 233 621—627; **34** (1957) 239 89—99, 241 295—301; Aluminium **33** (1957) 10 A 282.

Hérenguel, J.: Das Glänzen und die anodische Oxydation von Aluminium und seinen Legierungen. Metall **10** (1956) 3/4 99—103; AB **27** (1956) 3 166—167.

Kessler, H. u. *H. Winterstein:* Ursache von Mißerfolgen beim Eloxieren von Aluminium-Gußlegierungen. Metall **10** (1956) 5/6 200—203; Aluminium **32** (1956) 7 A 194.

Papsdorf, W.: Oberflächenbehandlung von Aluminium mit „Iridite Nr. 14". Aluminium **32** (1956) 3 139—142.

Papsdorf, W.: Chemische Oberflächenbehandlung von Aluminium nach dem Iridite-Verfahren. Industrie-Anz. **78** (1956) 51 747—749; Draht **8** (1957) 3 105—106.

Stockbower, E. A.: Methods of protecting aluminium from corrosion — a review of current practice in the U. S. A. Metal Finishing J. **2** (1956) 24 459—462; AB **28** (1957) 2 97.

Topelian, P. J.: New chromium plate for aluminum and titanium. Mater. & Meth. **43** (1956) 5 120—121; Aluminium **32** (1956) 10 A 293.

— Neue Verfahren der Oberflächenbehandlung des Aluminiums. Techn. Rdsch. (Bern) **48** (1956) 13 13—15.

Brace, A. W.: The anodizing and brightening of aluminium and its alloys. Metallurgia **55** (1957) 330 173—185; Aluminium **33** (1957) 9 A 258.

Jacquet, P.-A.: Généralisation du tampon électrolytique pour la métallographie; cas de l'oxydation anodique des métaux légers. Rech. Aéron. (1957) 60 57—60 9 réf.; Aeron. Engng. Rev. **17** (1958) 2 100.

Nordell, G. u. *J. Weibull:* Korrosionsschutzbehandlung für Mg-Gußteile. Corrosion et Anti-Corrosion **5** (1957) 58—60; Werkstoffe u. Korrosion **8** (1957) 10 633.

Street, A. C.: Finishing methods for magnesium alloy pressure die-castings. Product Finishing **10** (1957) 1 50—58; AB **28** (1957) 2 122—123.

— Chemische Oxydation, Chromatieren und Phosphatieren von Aluminium. Aluminium-Merkblatt O 2, 2. Aufl., Düsseldorf: Aluminium-Zentrale 1957 10 S.

— Electroplating from organic solutions. US, Nat. Bur. Stand. Techn. Rep. 2092 Febr 1957 7 p.; Aeron. Engng. Rev. **16** (1957) 5 208.

Ketterl, H.: Die Chromatierung von Aluminium. Aluminium **34** (1958) 7 398—405; Aluminium **34** (1958) 8 A 220.

Lattey, R.: Der heutige Stand des Glanzeloxierens von Aluminium. Aluminium **34** (1958) 7 382—389; Aluminium **34** (1958) 8 A 220.

Reed, F. H.: Chemical milling light metals. Light Metal Age **16** (1958) 3/4 23—27; Aluminium **35** (1959) 5 A 126.

Schutra, F.: Die Praxis des Eloxierens. Galvanotechnik **49** (1958) 7 275—279; Aluminium **34** (1958) 12 A 342.

Trankla, J. E.: Developments in hard anodising of aluminium. Light Metals **21** (1958) 244 218—219; Aluminium **35** (1959) 3 A 60.

Wilson, J. K. and *F. D. Waldron-Trowman:* The surface treatment of magnesium castings by the fluoride anodising process. Light Metals **21** (1958) June 186—188.

Elssner, G.: Das Eloxalverfahren in der heutigen Praxis. Aluminium **35** (1959) 7 374—382.

Reinert, H.: Plattierungen von Aluminium mit Kupfer. Maschinenmarkt **65** (1959) 29 13—15; Draht **10** (1959) 6 272.

Anstrichverfahren **2.73**

für Metalle **2.731**

Anders, H.: Anstrichfragen für Metalle. Metalloberfläche **7** (1953) 9A 139—141; Draht **6** (1955) 12 528—529.

Guilhaudis, A. et *R. Bourbon:* La protection de l'aluminium et de ses alliages par peintures. Peintures, Pigments, Vernis **30** (1954) 11 905—912; Industrie-Lackier-Betrieb **24** (1956) 2 41; Nachr.-Bl. AGM Leichtbau **5** (1956) 5/6 17.

Wray, Robert I.: Painting of aluminium and magnesium. Metal Progr. **66** (1954) 6 121—126; AB **26** (1955) 1 34—35.

Anders, H.: Korrosionsfeste Farbanstriche auf Aluminium. Metalloberfläche **9** (1955) 6 B85—B87.

Anders, H.: Oberflächenvorbehandlung und Lackierung von Blechen in der industriellen Blechverarbeitung. Metalloberfläche **9** (1955) 8 B116—B118.

Anders, H.: Zur modernen Oberflächenbehandlung von Metallen durch Lackspritzen. Metalloberfläche **9** (1955) 12 B180—B183.

Broockmann, K.: Oberflächenbehandlung von Aluminiumfolien durch Lackierung. Verpackungs-Rdsch. **12** (1955) Sonderbeil. 81—83; Aluminium **33** (1957) 4 A 88.

Cole, H. G.: Tests on the relative efficiency of chromate pigments in anticorrosive primers. J. Appl. Chemistry **5** (1955) 5 197—208; AB **26** (1955) 8 514—516.

Gentieu, Norman P.: Phosphate finishes. Product. Engng. **26** (1955) 4 190—194; AB **26** (1955) 6 365—366.

Herrmann, E. u. *W. Hübner:* Färben von anodisch oxydiertem Aluminium mittels anorganischer Pigmente. Aluminium (Suisse) **5** (1955) 4 134—138; AB **26** (1955) 8 513.

Johnson, E.: Painting aluminium — and aluminium paint. Product Finishing **8** (1955) 1 75—77, 104; AB **26** (1955) 3 146.

— Anstrich von Aluminium im Fahrzeug- und Karosseriebau. Aluminium-Merkblatt 0 10, Düsseldorf: Aluminium-Zentrale 1955 6 S. [6.252.1].

Beyeler, E. u. *W. Schneider:* Über die Lackierung von Leichtmetallen. Aluminium (Suisse) **6** (1956) 6 193—200; Aluminium **33** (1957) 3 A 72.

Endres, R.: Über den Schutz von Metalloberflächen durch Anstrichstoffe. Metalloberfläche **10** (1956) 11 321—326 15 Lit.-St.

— Der Anstrich von Aluminium im Fahrzeugbau und Karosseriebau. Wagen- u. Karosseriebautechn. **9** (1956) 5 28—31; Nachr.-Bl. AGM Leichtbau **5** (1956) 9/10 11.

Müller, Gg.: Oberflächenbehandlung durch Lackauftrag. Möglichkeiten der Automatisierung. Industrie-Anz. **79** (1957) 94 1475—1477; Mitt. Forsch.-Ges. Blechverarb. (1959) 486.

Baur, P.: Neuere Entwicklungen auf dem Gebiete des Anstriches von Aluminium mit Epoxydharz. Industrie-Anz. **80** (1958) 15 202—208; Mitt. Forsch.-Ges. Blechverarb. (1959) 717.

Ferrero, R.: La verniciatura delle leghe leggere impiegate nell' industria navale. (Der Anstrich der in der Schiffbauindustrie verwendeten Leichtmetallegierungen.) Alluminio **27** (1958) 6 273—275; Aluminium **35** (1959) 5 A 126.

Hudson, J. C.: Schutz von Stahl gegen atmosphärische Korrosion durch Anstriche. Schweiz. Arch. angew. Wiss. u. Technik **24** (1958) 2 46—56; Mitt. Forsch.-Ges. Blechverarb. (1959) 294.

Nedey, G.: Le wash-priming et les wash-primers. Peintures, Pigments, Vernis **35** (1959) 4 178—183; Plaste u. Kautschuk **6** (1959) 8 407.

Stein, W. u. *E. Podmore:* Vorbehandeln und Lackieren von Blechteilen. Metal Finishing J. **5** (1959) 51 101—102; Mitt. Forsch.-Ges. Blechverarb. (1959) 496.

Anstrichverfahren für Nichtmetalle 2.732

Oliver, A. C.: External clear finishes for timber. Timber Technol. 65 (1957) 307—309; Holz als Roh- u. Werkstoff 16 (1958) 7 281—282.

Niesen, Herbert: Neue Verfahren zur Herstellung farbiger Polyester-Lackierungen. Holz als Roh- u. Werkstoff 16 (1958) 2 44—46.

Metallspritzen 2.75

Shepard, A. P. and R. J. McWaters: Metallizing for corrosion prevention. Corrosion 11 (1955) 3 29—32; AB 26 (1955) 4 217—218.

— New spray coating process prolongs service life of valves. Automat. Industries 113 (1955) 7 102, 134; AB 26 (1955) 11 706—707.

Matting, A. u. W. Raabe: Aufbau von Metall-Spritzschichten. Schweißen u. Schneiden 8 (1956) 10 369—374 13 Lit.-St.

Reininger, Hans: Weiterentwicklung der Metallspritztechnik. II. Metalloberfläche 10 (1956) 6 181—185, 11 337—343 109 Lit.-St.

v. Hofe, Hans: Der gegenwärtige Stand und die Entwicklungsrichtungen des Metallspritzens. Z. VDI 99 (1957) 10 425—426.

Raabe, W.: Metall-Spritzschichten. Diss. TH Hannover 1958.

Oberflächenhärten und Nitrieren 2.76

Bühler, H.: Eigenspannungen durch Oberflächenhärten mit Flammen. Arch. Eisenhüttenwes. 25 (1954) 3/4 153—158 23 Lit.-St.

Grönegreß, H. W.: Oberflächenhärte und Einhärtetiefe beim Brennhärten. Industrie-Anz. 77 (1955) 15/16 39—42.

Höhne, Erich: Induktionshärten. (Werkstattbücher, H. 116) Berlin—Göttingen—Heidelberg: Springer 1955 68 S.; Z. VDI 98 (1956) 5 203.

Klosse, E.: Flammenhärtung. Maschinenmarkt (1955) 4 18—21.

Müller, Johannes: Über das Weichnitrieren, ein Verfahren zur Verbesserung der Verschleißfestigkeit von Stahloberflächen. Metalloberfläche (B) 9 (1955) 52—55.

Bollenrath, Franz u. Wilhelm Domke: Eigenspannungen in vergüteten dickwandigen Stahlzylindern nach Oberflächenhärtung mit induktiver Erwärmung. Forsch.-Ber. Wirtsch.- u. Verkehrsministerium Nordrhein-Westfalen Nr. 322 1956 17 S.; Konstruktion 10 (1958) 3 120; Schweißen u. Schneiden 11 (1959) 1 31.

Bühler, Hans: Der Einfluß der Abmessung auf die Eigenspannungen von Werkstücken nach einer Oberflächenhärtung. Z. VDI 98 (1956) 6 220—222 9 Lit.-St.

Göbel, E. F.: Oberflächenhärten und seine Bedeutung für die Konstruktion. Konstruktion 8 (1956) 2 48—54 8 Lit.-St.

Seulen, Gerhard u. Oskar Fischer: Verfahren und Richtlinien zum Oberflächenhärten von Gußwerkstoffen. Gießerei 43 (1956) 18 558—565.

Adam, E. S.: Das Weichnitrieren und andere verschleißhemmende Oberflächen-Behandlungsverfahren. Techn. Rdsch. (Bern) 49 (1957) 30 21—23; Draht 9 (1958) 4 143.

Finnern, B.: Das „Weichnitrieren", ein Verfahren zur Erhöhung des Verschleißwiderstandes von Bauteilen im Fahrzeugbau. Industrieblatt 57 (1957) 5 HT40—44.

Staudinger, H.: Die Bedeutung der Oberflächenhärtung und Eigenspannungen bei Bauteilen. Metalloberfläche 11 (1957) 6 200—205 30 Lit.-St.

Stuhlmann, Walter: Härtereitechnik. Z. VDI 99 (1957) 24 1202—1205 27 Lit.-St.

Höhne, Erich: Oberflächenhärten von Zahnrädern. Z. VDI 100 (1958) 6 241—248 19 Lit.-St. [1.431.4].

Knüppel, Helmut, Karl Brotzmann u. Friedrich Eberhard: Nitrieren von Stahl in der Glimmentladung. Stahl u. Eisen 78 (1958) 26 1871—1880.

Wiegand, H. u. *M. Koch*: Der Einfluß des Gas- und Salzbadnitrierens auf die Eigenschaften von Konstruktionsstählen. I. Metalloberfläche **12** (1958) 3 69—74.

Wiegand, H. u. *K. Schaar:* Erhöhung der Dauerhaltbarkeit von Kolbenbolzen durch Salzbadnitrierung. Konstruktion **10** (1958) 5 198—201 5 Lit.-St. [1.343.31].

Finnern, B.: Die Vergütung von Bauteilen nach der Öl- bzw. Warmbadhärtung im Vergleich zur Zwischenstufenumwandlung. Draht **10** (1959) 4 147—151 9 Lit.-St.

Kamphaus, W.: Einige Betriebserfahrungen mit der Induktionshärtung in einer Maschinenfabrik. Industrieblatt **59** (1959) 9 470—475.

Kugelstrahlen, Oberflächendrücken **2.77**

Patton, W. G.: Shot peening saves weight, improves fatigue life on low volume parts. Iron Age **174** (1954) 24 152—153; AB **26** (1955) 1 20—21; Index Aeron. **11** (1955) 2 79.

Brodrick, R. F.: Protective shot peening of propellers. I. Residual peening stresses. WADC Techn. Rep. 55-56 Pt. I PB 111802 June 1955 438 p.; Titanium Abstr. Bull. **2** (1956/57) 110.

— Shot peening for safety. Steel **136** (1955) 21 102—103; AB **26** (1955) 6 361.

Berry, W. R.: The use of shot peening to reduce weight. Instn. Mech. Engrs. Prepr. 1956 11 p.; AMR **10** (1957) 7 299.

Lessells, J. M. and *R. F. Broderick:* Shot-peening as protection of surface-damaged propeller-blade materials. Int. Conf. on Fatigue of Metals 1956, Session 8 Pap. 1, Instn. Mech. Engrs. 1956 13 p. 10 ref.; Index Aeron. **13** (1957) 11 97.

Safee, W. W.: Tests probe limits of controlled shot peening. Iron Age **177** (1956) 9 76—79.

Gesell, W.: Kugelstrahlen und Einsatz von Stahldrahtkorn. Draht **8** (1957) 8 332—333.

— Die Praxis des Kugelstrahlens. Steel Processing **43** (1957) 5 260—266; Draht **9** (1958) 8 Reklameseite 26.

Felgar, R. P.: Effects of shot-peening on fatigue strength. ASME Semiann. Meet., Detroit. Mich., Pap. 58-SA-46 June 1958 9 p.; AMR **12** (1959) 1 23 [1.331].

Fuchs, H. and *E. Hutchinson:* Shot peening. Machine Design **30** (1958) 3 116—125; Konstruktion **10** (1958) 10 418—419.

— Controlled shot peening. Engineering **187** (1959) 4849 222; Konstruktion **11** (1959) 11 460.

Normung **3**

— ASTM standards on plastics. (ASTM Comm. D-20 on plastics). Philadelphia: Amer. Soc. for Testing Mater. 1954 727 p.

— ASTM-standards on light metals and alloys. Light Metals and alloys, cast and wrought; Aluminium and aluminium alloys, cast and wrought; Magnesium and magnesium alloys, cast and wrought: Method of testing light metals. ASTM Committee B-7. Dec. 1955. Philadelphia: Amer. Soc. Testing Mater. 1955 224 p.

— DIN-Taschenbuch 21: Kunststoffnormen. Hrsg. Dtsch. Normenausschuß (DNA). Berlin—Köln—Frankfurt/M.: Beuth-Vertrieb 1955 328 S.

Jansen, W. u. *G. Ehlers:* Internationale Normung über Kunststoffrohre. Kunststoffe **46** (1956) 6 281—282.

Bauer, M. H.: Normen in der Luftfahrt. Luftf.-Techn. **3** (1957) 7 145—148.

Bauer, M. H.: Internationale Luftfahrtnormung. Luftf.-Techn. **3** (1957) 8 189—191.
Pallez, A.: Les normes françaises et internationales sur le controle de la qualité. AGARD Rep. 152 Nov. 1957 8 p.
Jamm, W. u. *G. Ehlers:* Normung der Kunststoffrohre. Plastic-Rohr **1** (1959) 5/6 1—2.
Rost, Arno: Probleme der Normung von Polyester-Preßmassen. Zum Entwurf DIN 16911. Kunststoffe **49** (1959) 9 459—460.
— Kunststoffnormen. 2. Aufl. (DIN-Taschenbuch 21). Berlin—Köln—Frankfurt/M.: Beuth 1959 360 S.; Kunststoffe **49** (1959) 12 724.

Prüfen und Messen   **4**

Allgemeines   **4.1**

Pfender, Max: Die Bedeutung der Materialprüfung in Technik und Wirtschaft. Aufgaben, Organisation und Arbeitsbeispiele der Materialprüfung. Z. VDI **97** (1955) 27 937—944.
Deutler, H.: Dehnungsmessungen, ein Zweig der modernen mechanischen Meßtechnik. Bundesbahn **30** (1956) 20 1062—1067; Nachr.-AGM Leichtbau **5** (1956) 12 14.
Trumper, R.: The use of special measuring techniques on aircraft structural and fatigue problems. J. Inst. Production Engrs. **35** (1956) 11.
Emschermann, Hans Heinrich: Messen und Prüfen. Z. VDI **99** (1957) 28 1396—1399 11 Lit.-St.
Melchior, P.: Die Bedeutung der Materialprüfung für die Normung. Metall **11** (1957) 7 575—578.
Slattenschek, A. u. *G. Schneeweiss:* Anwendung der mathematischen Statistik im Versuchswesen. Maschinenbau u. Wärmewirtsch. **12** (1957) 1 1—10.
Zinzen, A. u. *A. Sievritts:* Prüfen und Messen, eine Grundlage der Normung. Metall **11** (1957) 7 570—574.
Gillemot, L.: Über die Rolle der Werkstoffprüfung bei der zeitgemäßen Maschinenbemessung. Periodica Polytechnica (Budapest) **2** (1958) 4 251—274 [6.11].
Mansfield, E. H.: On the necking of test specimens. Engineer **206** (1958) 5370 999—1000; AMR **12** (1959) 11 770.
Kula, Eric B. and *Frank R. Larson:* Effect of specimen taper on determination of elongation in the tension test. ASTM Bull. 238 May 1959 58—61 8 ref.
Pilny, Franz: Die Kraftwirkungslinie beim Druckversuch. Bautechnik **36** (1959) 1 7—11 11 Lit.-St.

Prüfung der statischen Festigkeits- und Formänderungseigenschaften von Werkstoffen   **4.2**

Metalle   **4.21**

Späth, W.: Nachwirkung und Relaxation in der praktischen Werkstoffprüfung. Metallwirtschaft **22** (1943) 11/12 161—163.
MacGregor, C. W. and *J. C. Fisher:* Relations between the notched beam impact test and the static tension test. J. Appl. Mech. **11** (1944) 1 A 28—A 34 19 ref.
Gatto, F.: La prova di taglio delle leghe leggere. (Shear test on light alloys.) Istituto Sperimentale dei Metalli Leggeri (Italy) Memorie e Rapporti No. 118 1953; AB **26** (1955) 10 652—653.
Colton, R. A. and *D. L. LaVelle:* Probestäbe für die Prüfung von Aluminiumgußlegierungen. Foundry **82** (1954) 7 100—105, 246—251; Gießerei **42** (1955) 24 662—663.

Mascré, C.: Standardisation et emploi des éprouvettes de traction pour micro-machine Chevenard, déstinées au contrôle des pièces moulées en alliage d'aluminium. Fonderie (1955) 113 4551—4559; Métaux, Corrosion **31** (1956) 374 385—395; Aluminium **32** (1956) 2 A 39, **33** (1957) 5 A 136.

Pugh, J. W.: How to test refractory metals. Steel **137** (1955) 16 114—116, 117; Titanium Abstr. Bull. **1** (1955/56) 241—242.

Rühl, K.: Neuere Gesichtspunkte der Sprödbruchprüfung. Stahlbau **24** (1955) 7 145—151.

Slachta, A. G. and *H. Mansfield:* Meaning of the cast test bar in the evaluation of aluminum and magnesium alloy castings. Amer. Foundryman **27** (1955) 6 54—55; AB **26** (1955) 7 459.

— Errors in deformation measurements for elevated-temperature tension tests. ASTM Bull. 206 May 1955 47—51; AB **26** (1955) 6 388.

Fischer, F.: Über den Einfluß der Belastungsgeschwindigkeit beim Zerreißversuch auf die Ausbildung des Spannungsdehnungsschaubildes. (Mitt. Inst. Walzwerks- u. Verformungskde. Rhein.-Westf. TH Aachen) Metall **10** (1956) 9/10 419—423 28 Lit.-St.

Rühl, K.: Stand der Sprödbruchfrage mit Berücksichtigung der Stahlnormung. Schweißen u. Schneiden **8** (1956) 4 107—115 20 Lit.-St. [1.322.10].

Hildesheimer, H.: Die Werkstoffprüfung bei tiefen Temperaturen. Schweißen u. Schneiden **9** (1957) 3 117—119.

Horne, E. L.: Descriptions of some current methods for determining creep properties under compressive bearing and shear type of loading. WADC Techn. Rep. 57-297 (AD 130802) June 1957 26 p. 29 ref.; Aeron. Engng. Rev. **16** (1957) 12 136.

Kussmann, H.: Experimentelle Untersuchungen über die Zusammenhänge zwischen der Versprödungstemperatur, der Probenform und der Güte von Baustählen. Forsch.-Ber. Bundesanstalt f. Materialprüfung (Berlin) 32 S. 14 Lit.-St.; Luftf.-Techn. **3** (1957) 10 IX.

Ruff, W., G. Meudt u. *P. Schillmöller:* Über die Bestimmung des Elastizitätsmoduls an kleinen Konstruktionselementen, beispielsweise sehr kleinen Meßbereichen von geraden Biegestäben und geschlitzten Ringen aus Gußeisen, Stahl oder Leichtmetall. Z. Metallkde. **48** (1957) 3 119—125; AMR **10** (1957) 12 554.

Underwood, Ervin E.: Creep properties from shorts time tests. Mater. & Meth. **45** (1957) Apr. 127—129; Aeron. Engng. Rev. **16** (1957) 7 144.

— Uniform testing procedures for sheet materials. IV. Bearing test. VI. Crippling test. US Nat. Res. Counc., Mater. Advisory Board MAB-121-M Nov. 1957 10 p.; Titanium Abstr. Bull. **3** (1957/58) 501.

Franz, H.: Verfahren zur Bestimmung der Poissonzahl. Z. Metallkde. **49** (1958) 10 510—516 92 Lit.-St.

Köster, Werner u. *Johannes Scherb:* Bestimmung des Ganges der Poissonzahl während elastischer und geringer plastischer Beanspruchung. Z. Metallkde. **49** (1958) 10 501—507.

Riebensahm, P. u. *P. W. Schmidt:* Werkstoffprüfung. Metalle. 5. Aufl. (Werkstattbücher, H. 34) Berlin—Göttingen—Heidelberg: Springer 1958 62 S.

Bungardt, Karl, Otto Mülders u. *Werner Schmidt:* Eignung des statischen Biegeversuchs zur Ermittlung der Zähigkeit sehr harter Stähle. Stahl u. Eisen **79** (1959) 18 1258—1263.

— Fracture testing of high-strength sheet materials: A report of a Special ASTM Committee. ASTM Bull. 243 Jan. 1960 29—40 14 ref.

Barwell, F. T.: Methods of testing reinforced plastics. I. Measurements of tensile strength. II. Measurement of interlaminar strength. ARC R & M 2702 1954 34 p.; Aircr. Engng. **27** (1955) 311 29; AMR **9** (1956) 10 428.

Egner, Karl u. *Helmut Brüning:* Ergänzende Prüfungen gebräuchlicher Leime auf Säureschäden und Versprödung der Leimfugen bei Vollhölzern nach Einfluß extremer Klimabedingungen. Ber. Amtl. Forsch.- u. Materialprüfanstalt f. d. Bauwesen TH Stuttgart 10 S.; Luftf.-Techn. **1** (1955) 4 VII.

Marra, A.: A new method for testing wood adhesives. I. The specimen. Forest Products J. **5** (1955) 5 301—306 28 ref.

v. Meysenbug, C. M.: Verfahren zur Bestimmung der Fließeigenschaften von härtbaren Preßmassen. Kunststoffe **45** (1955) 2 48—52.

Radcliffe, B. M. and *S. K. Suddarth:* The notched beam shear test for wood. Forest Prod. J. **5** (1955) 2 131—135; AMR **9** (1956) 6 253; Holz als Roh- u. Werkstoff **15** (1957) 3 148.

Starzmann, F.: Entwicklungsrichtungen der mechanischen Festigkeitsprüfung von Kunststoffen. Chemiker-Ztg. **79** (1955) 704—706, 777—778, 809—813; Werkstoffe u. Korrosion **8** (1957) 6 362.

de Zeeuw, C. and *Chr. Skaar:* Equipment for conditioning and testing wood in small plants. Forest Prod. J. **5** (1955) 1 21 A—25 A; Holz als Roh- u. Werkstoff **15** (1957) 5 234.

Becker, O.: Prüfeinrichtungen und Prüfverfahren in der Textiltechnik. Z. VDI **98** (1956) 35 1941—1943 24 Lit.-St.

Kollmann, F. u. *M. Antonoff:* Die Technik holzanatomischer Untersuchungen. Unterlagen und Richtlinien für den Holzflugzeugbau. Hrsg. Hermann Winter. Ber. C VII, DFL, Braunschweig, Inst. Flugzeugbau 1956 17 S. 12 Lit.-St.

Markwardt, L. J. and *W. G. Youngquist:* Tension test methods for wood, wood-base materials, and sandwich constructions. FPL Rep. 2055 June 1956; J. Roy. Aeron. Soc. **61** (1957) 559 508.

v. Meysenbug, C. M.: Die Prüfung von Kunststoff-Formteilen. Kunststoffe **46** (1956) 3 95—97.

Setterholm, Vance C. and *Edward W. Kuenzi:* Method for determining tensile properties of paper. FPL Rep. 2066 Dec. 1956 27 p.

(Winter, Hermann): Werkstoffprüfverfahren des Holzflugzeugbaus. Unterlagen und Richtlinien für den Holzflugzeugbau Ber. CI/CIV. DFL, Braunschweig, Inst. Flugzeugbau 1956 37 S. 59 Lit.-St.; Luftf.-Techn. **3** (1957) 12 VI.

(Winter, Hermann): Prüfung von Leimen und Leimverbindungen. Unterlagen und Richtlinien für den Holzflugzeugbau. Ber. C V, DFL, Braunschweig, Inst. Flugzeugbau 1956 15 S. 5 Lit.-St.

Bellosillo, Simplicio B.: Fabrication of small clear specimens of timber for strength tests. FPL Rep. 2074 Febr. 1957 24 p.

Isken, H.: Zum Einspannproblem von Drahtseilen. Z. VDI **99** (1957) 2 67—69.

Ito, K.: Messung der Temperaturabhängigkeit der mechanischen Eigenschaften von Kunststoffen. Modern Plastics **35** (1957) Nov. 167—172; Kunststoffe **48** (1958) 8 378—379.

Koppelmann, Jan: Neuere physikalische Prüfmethoden für Kunststoffe. Kunststoffe **47** (1957) 8 416—424 47 Lit.-St.

v. Meysenbug, C. M.: Zur Prüfung des Fließverhaltens von Kunststoff-Formmassen. Kunststoffe **47** (1957) 1 14—17.

Narayanamurti, D.: Composite wood — Methods of test for evaluating properties. ISI-Bull. **9** (1957) 193—199; Holz-Zbl. **86** (1960) 54 762—763.

Perner, H.: Das Problem der Klemmenbrüche beim Zugversuch an Fasern. Faserforsch. u. Textiltechn. **8** (1957) 6 239—244.

Plath, Erich: Prüfung und Beurteilung von Sperrholzleimen. Beitrag zur Ergänzung der deutschen Normenreihe „Prüfung von Sperrholzleimen" DIN 53 251 bis 53 255. Holz als Roh- u. Werkstoff **15** (1957) 11 468—473; Adhäsion **2** (1958) 3 133.

Wetzel, Frank H.: The characterization of pressure-sensitive adhesives. ASTM Bull. Apr. 1957 64—68; Aeron. Engng. Rev. **16** (1957) 7 146.

— Einfache Prüfvorrichtung für Spanplatten. Holz als Roh- u. Werkstoff **15** (1957) 9 391—392 [1.324.282].

Bestelink, P. N. and *S. Turner:* The low-temperature brittleness testing of polyethylene. ASTM Bull. 231 July 1958 68—73.

Drow, J. T., L. J. Markwardt and *W. G. Youngquist:* Results of impact test to compare the pendulum impact and toughness test methods. FPL Rep. 2109 March 1958 18 p.

Erickson, P. W., I. Silver and *H. A. Perry jr.:* Proposed NOL ring test method for parallel glass roving reinforced plastics: Evaluation of chemical finishes. Prepr. 13th Ann. Techn. & Management Conf., Reinforced Plastics Div., Sect. 3-C 1958 18 p. 16 ref.

Maillard, F., E. Amouroux et *H. Sugier:* Über das Messen der Wollfaserfestigkeit mit dem Pressley. Bull. Inst. Textile de France (1958) 78 7—23; Textil-Praxis **14** (1959) 9 968.

Pearson, R. G. and *E. J. Williams:* A review of methods for the sampling of timber. Forest Products J. **8** (1958) 9 263—268; Holz als Roh- u. Werkstoff **17** (1959) 12 495.

Albrecht, W.: Problematik der laboratoriumsmäßigen Prüfungen des Gebrauchswertes von Textilien. Reyon, Zellwolle **9** (1959) 11 713—714, 716—717.

Brown, Grant, Herbert Quinn and *K. W. Coons:* Mechanical testing of laminates at extremely high temperatures. Prepr. 14th Ann. Techn. & Management Conf., Reinforced Plastics Div., Sect. 2-D 1959 4 p.

Frenzel, Walter, Helga Frücht u. *Guido Hahn:* Physikalisch-technische Faserprüfung. Faserforsch. u. Textiltechn. **10** (1959) 5 193—203 8 Lit.-St.; Textil-Praxis **14** (1959) 8 855—856.

Kägi, H.: Die Materialungleichmäßigkeit und die mathematische Statistik in der physikalischen Textilprüfung. Textil-Rdsch. **14** (1959) 9 531—536; Z. gesamte Textilindustrie **61** (1959) 23 988.

Konopásek, M.: Verbesserung der Methode der Festigkeits- und Dehnungsprüfung von Maschenwaren. Textil (Prag) **14** (1959) 2 64 2 Lit.-St.

Ledwoch, K. D.: Die Analyse und Prüfung von Kunststoffen in der Zeitschriftenliteratur des Jahres 1958. Kunststoff-Rdsch. **6** (1959) 12 580—584.

Luxa, M.: Zur Prüfung mechanischer Eigenschaften mit Festigkeitsprüfern für Textilien. Faserforsch. u. Textiltechn. **10** (1959) 4 175—182 7 Lit.-St.

v. Meysenbug, C. M.: Bestimmung des Fließverhaltens von härtbaren Formmassen mit dem Fließprüfgerät. Einführung zum Norm-Entwurf DIN 53 478. Kunststoffe **49** (1959) 3 130—132.

Pechhold, Wolfgang, E. Engel u. *G. Ammon:* Eine Methode zur Messung des komplexen Schubmoduls viskoelastischer Stoffe in Form dünner Schichten. Materialprüfung **1** (1959) 9 303—310 16 Lit.-St.

Phillipson, J.: Tyre cord testing. Silk & Rayon **31** (1959) 970—974 7 ref.; Z. gesamte Textilindustrie **61** (1959) 23 988.

Ramaszéder, Károly: Die Prüfung der Scheuerfestigkeit von Garnen und Zwirnen. Textil-Praxis **14** (1959) 11 1124—1126.

Stockhausen, W.: Eine neue Prüfmethode zur Bestimmung der Druckfestigkeit von kurzpoligen Flurgeweben. Melliand Textilberichte **40** (1959) 3 308—310.

Weston, D.: Some special test methods applicable to polyethylene. Plastics **24** (1959) 265 465—468.

Woebcken, W.: Zur Prüfung der Schlagfestigkeit von Kunststoff-Formteilen. Kunststoffe **49** (1959) 9 485—488.
— Hinweise zur Beurteilung und Durchführung der Zugfestigkeit von Schwergeweben. Melliand Textilberichte **40** (1959) 7 758—759.

Prüfung der Werkstoffdauerfestigkeit   **4.3**

Aughtie, F. and *H. L. Cox:* An unconventional type of fatigue-testing machine. ARC R & M 2833 July 1953; Aircr. Engng. **28** (1956) 333 401.
Starkey, W. L.: Fatigue tests of titanium alloy and SAE 4340 steel specimens. Ohio State Univ., Res. Foundation, Rep. 31 Projects AF-5-(3-3346) and RF-518 AD-70174 May 1955 55 p.; Titanium Abstr. Bull. **2** (1956/57) 139.
Hempel, M.: Werkstoffe und Werkstoffprüfung. Dauerschwingversuche in Werkstofforschung und Praxis. Draht **8** (1957) 8 307—310 15 Lit.-St.
Hempel, M.: Stand der Erkentnisse über den Einfluß der Probengröße auf die Dauerfestigkeit. Draht **8** (1957) 9 385—394 96 Lit.-St. [1.352.2].
Hedgecock, P. D.: Investigation fatigue behavior of materials. Industr. Aeronautics (Montreal) (1958) Apr. 14—17; Aero Space Engng. **17** (1958) 9 94.
Winkler, F.: Systematik der dynamischen Prüfverfahren für hochpolymere Festkörper. I. Dauerwechselzugprüfung von Textilien. II. Verallgemeinerung der Systematik. III. Die Verfahren der Dauerwechselzugprüfung. IV. Die Verfahren der Dauerwechselbiegeprüfung. VI. Die Verfahren der Dauerwechseltorsionsbeanspruchung. Faserforsch. u. Textiltechn. **9** (1958) 109—117 63 Lit.-St., 476—484 2 Lit.-St., **10** (1959) 2 75—83 154 Lit.-St., 4 183—187 82 Lit.-St., 5 209—211 16 Lit.-St., 8 376—379; Z. gesamte Textilindustrie **61** (1959) 9 364.
Mieck, K.-P.: Beitrag zur Prüfung des Ermüdungsverhaltens von in Gummi einvulkanisierten Reifencorden. Faserforsch. u. Textiltechn. **10** (1959) 12 578—587.

Zerstörungsfreie Werkstoffprüfung   **4.4**
Allgemeines   **4.40**

Pfender, M.: Probleme der zerstörungsfreien Prüfung von Rohren. Mitt. Vereinig. Großkesselbesitzer (1955) 39 843—853.
Thunell, Bertil: Gütebestimmung und zerstörungsfreie Prüfung von Bauholz. Holz als Roh- u. Werkstoff **13** (1955) 3 101—111.
— Die zerstörungsfreie Prüfung von Schweißnähten und die Erkennbarkeit von Rissen. Schweißen u. Schneiden **7** (1955) 12 507—514.
Deakin, J.: The detection of weld flaws in chain links. Safety in Mines Res. Establ., Res. Rep. 135, London: Ministry of Fuel & Power 1956 31 p.
Deck, W.: Crack detection in aircraft structures. J. Roy. Aeron. Soc. **60** (1956) 551 739—748; Aeron. Engng. Rev. **16** (1957) 2 156.
van Duzee, G. R.: New nondestructive test for Mg-alloy castings. Mater. & Meth. **43** (1956) 1 98—99; Werkstatt u. Betrieb **89** (1956) 10 598.
Freyer, G.: Zerstörungsfreie Werkstoffprüfung. Energietechnik **6**(1956)8 361—367.
Maloney, W. J. jr.: The application of non destructive testing by a manufacturer of military aircraft. Aeron. Engng. Rev. **15** (1956) 4 76—84; Luftf.-Techn. **2** (1956) 6 V.
McGonnagle, W. J.: Some nondestructive testing methods for testing welds. Welding J. **35** (1956) 11 1110—1119; AMR **10** (1957) 5 199.
Scharschmidt, S.: Beitrag zur zerstörungsfreien Prüfung von Schweißnähten an dünnen Blechen. Diss. TH Stuttgart 1956.
Stäger, H.: Neuzeitliche zerstörungsfreie Prüfung von Werkstoffen und Werkstücken mit US- und γ-Strahlen. Techn. Rdsch. (Bern) (1956) Apr.-S.-H. 1—40 26 Lit.-St.

Vaupel, Otto: Neuere Entwicklungen und Erkenntnisse auf dem Gebiete der zerstörungsfreien Werkstoffprüfung und des Strahlenschutzes. Maschinenschaden **29** (1956) 7/8 117—123.

Zabek, V. J.: Non-destructive testing of light alloy castings. Canad. Metals **19** (1956) 11 44, 46; AB **28** (1957) 1 41—42.

Zbinden, H.: Die zerstörungsfreie Prüfung von Aluminiumteilen durch fluoreszierende Penetrierverfahren. Aluminium **32** (1956) 9 566—569.

Ballard, D. W.: A critical survey of the general limitations of the non-destructive testing field. Non-Destructive Testing **15** (1957) 4 198—209 34 ref.; Index Aeron. **13** (1957) 11 50.

Granjon, H.: Contrôle du recuit des soudures sur acier par examen macrographique non destructif. Soudure et Techn. Connexes **11** (1957) Mai/Juin 189—193.

Kostzewske, H.: Überwachung der Produktion mit Verfahren der zerstörungsfreien Prüfung. Metall **11** (1957) 7 582—586.

Krainer, H.: Advantages and limits of nondestructive testing. Non-Destructive Testing **15** (1957) 4 234—240 5 ref.; Index Aeron. **13** (1957) 11 50.

van Ouwerkerk, L.: The relative advantage and limitation of nondestructive testing methods. Non-Destructive Testing **15** (1957) 5 298—312.

— Physics of non-destructive testing with particular reference to some of the new aspects. Brit. J. Appl. Phys., Suppl. 6 1957 IV, 72 p.; AMR **11** (1958) 11 614.

Frohmberg, R. P.: Non destructive tests and quality control. Astronautics **3** (1958) 7 32—33.

Frohmberg, R. P.: Rocket engines and nondestructive testing. Automot. Industries **118** (1958) 15./7. 109, 113, 114—122; Aero Space Engng. **17** (1958) 12 100 [6.211.4].

Schmid, E. u. K. Lintner: Sind Exoelektronen zur zerstörungsfreien Werkstoffprüfung geeignet? Schweiz. Arch. **24** (1958) 3 79—89 41 Lit.-St.

— Non-destructive testing. III. Use of dye and fluorescent penetrants: Auxiliary equipment for local examination. Aircr. Production **20** (1958) 11 420—431.

Coggeshall, A. D.: Nondestructive quality control tests on finished reinforced plastic parts. Prepr. 14th Ann. Techn. & Management Conf., Reinforced Plastics Div., Sect. 6-A 1959 10 p.

Martin, Erich: Neuester Stand der zerstörungsfreien Werkstoffprüfung und Beurteilung ihrer Befunde. Materialprüfung **1** (1959) 3 93—100 16 Lit.-St.

Vaupel, O.: Zerstörungsfreie Werkstoffprüfung. (Chronik der Wärme- und Energiewirtschaft). Brennstoff—Wärme—Kraft **11** (1959) 4 167—168 20 Lit.-St.

Härteprüfung 4.41

Bückle, H.: Investigation into the load dependency of Vickers micro-hardness. Engrs. Dig. (1955) May 189—191 14 ref.; Aeron. Engng. Rev. **14** (1955) 8 108.

Grodzinski, P.: Beiträge zur Prüfung von Härte und Verschleiß von Hartstoffen. Diss. TH Braunschweig 1955.

Lenhart, R. E.: The relationship of hardness measurements to the tensile and compression flow curves. WADC Techn. Rep. 55-114 June 1955 10 p. 11 ref.; Aeron. Engng. Rev. **16** (1957) 8 140.

Gohl, Walter: Zur Messung der Härte von Kunststoffen. Kunststoffe **46** (1956) 4 139—143.

Prigge, W.: Elastische, plastische Vorgänge beim Brinellschen Kugeldruckversuch. Z. Angewandte Physik **8** (1956) 4 183—186 4 Lit.-St.

Wiegand, H., M. Koch u. H.-J. Meyer: Härteprüfung mit kleinen Lasten. Metalloberfläche **10** (1956) 2 35—39, 3 73—75 11 Lit.-St.

Bergsman, E. Börje u. *Jacques Travaille:* Untersuchungen über die Vickers-Methode und die Beziehung zwischen Brinell- und Vickershärte. „Härtemessung im Betrieb", VDI-Ber. Bd. 11 1957 51—58.

Bückle, H.: Die Beziehungen zwischen der Zielsetzung und dem Meßverfahren der Mikrohärteprüfung. „Härtemessung im Betrieb", VDI-Ber. Bd. 11 1957 9—27.

Bückle, H.: Echte und scheinbare Fehlerquellen bei der Mikrohärteprüfung: ihre Klassifizierung und ihre Auswirkung auf die Meßwerte. „Härtemessung im Betrieb", VDI-Ber. Bd. 11 1957 29—43.

Guzzetti, A. J.: Messen des Härtungsverhaltens von duroplastischen Preßmassen. ASTM Bull. Febr. 1957 57—66; Kunststoffe **48** (1958) 11 531.

Harper, H. E.: Härteprüfung in England. „Härtemessung im Betrieb", VDI-Ber. Bd. 11 1957 71—73.

Krisch, Alfred: Die Verfestigung unter dem Härteprüfeindruck. „Härtemessung im Betrieb", VDI-Ber. Bd. 11 1957 59—63.

Ludwig, N.: Anwendung der Härteprüfung in der Schweißtechnik. Schweißen u. Schneiden 9 (1957) 3 98—102.

Lysaght, V. E.: Neue Entwicklungen auf dem Gebiet der Härteprüfung nach Rockwell in den Vereinigten Staaten von Nordamerika. „Härtemessung im Betrieb", VDI-Ber. Bd. 11 1957 65—69.

Meyer, K.: Die Bedeutung der Härteprüftechnik. „Härtemessung im Betrieb", VDI-Ber. Bd. 11 1957 5—7.

Meyer, K.: Das Erreichen der Vergleichbarkeit der Härtemeßwerte — ein Problem der Werkstoff-Prüftechnik von internationaler Bedeutung. „Härtemessung im Betrieb", VDI-Ber. Bd. 11 1957 103—122.

Nedbal, Frantisek: Der Vergleich zwischen der Höppler- und Brinellhärte des Holzes. Holz als Roh- u. Werkstoff **15** (1957) 5 215—220.

Otani, Kockichi: Betrachtung über die Zuverlässigkeit der Härtewerte nach Shore. „Härtemessung im Betrieb", VDI-Ber. Bd. 11 1957 93—96.

Potyka, K.: Über die erzielbare Genauigkeit bei der Kugeldruck-Härteprüfung mit Messung der Eindringtiefe. Werkstatt u. Betrieb **90** (1957) 5 274—276.

Rossow, E.: Zur Methodik genauer Vickersversuche. „Härtemessung im Betrieb", VDI-Ber. Bd. 11 1957 75—80.

Tschirf, L.: Rockwell-Härteprüfung an Innenflächen und ein Vorschlag für ihre praktische Durchführung. „Härtemessung im Betrieb", VDI-Ber. Bd. 11 1957 81—84.

Tschirf, L.: Berechnung der Abweichungen von der Rockwellhärte infolge Krümmung der Oberfläche des Prüfstückes. „Härtemessung im Betrieb", VDI-Ber. Bd. 11 1957 85—92.

— Härtemessung im Betrieb. (Vorträge der VDI-Tagung Bremen 1955.) VDI-Ber. Bd. 11 1957 151 S.

Dugdale, D. S.: Vickers hardness and compressive strength. J. Mech. & Phys. Solids **6** (1958) 2 85—91; AMR **11** (1958) 11 614.

Oppel, G. U.: A new rough surface hardness test for metals based upon full indentation of a ball. Forsch. Ing.-Wes. **24** (1958) 5 149—153 10 ref.

Waitzmann, Karel: Bestimmung der Streckgrenze mittels einer Kugelschubhärte. Materialprüfung **1** (1959) 8 261—268.

Röntgenprüfung und verwandte Prüfverfahren **4.42**

Egner, Karl u. *Hans Kolb:* Erkennbarkeit von Holz- und Verleimungsfehlern und -schäden durch zerstörungsfreie Prüfung. Ber. Amtl. Forsch.- u. Materialprüfanstalt f. d. Bauwesen TH Stuttgart 11 S.; Luftf.-Techn. **1** (1955) 4 VII.

Gisen, F.: Zerstörungsfreie Prüfung von geschweißten Rohrverbindungen mit radioaktiven Isotopen. Ges. Ber. Ruhrgas-AG (1955) 5 35—40 16 Lit.-St.

— Le contrôle métallurgique des pièces de réacteurs. Machine Moderne **49** (1955) 558 39—42; Luftf.-Techn. **2** (1956) 1 VI [6.211.2].

Farmer, P. J.: Xeroradiography. Aircr. Production **18** (1956) 1 8—12; Index Aeron. **12** (1956) 2 48; Luftf.-Techn. **2** (1956) 1 VI.

Hanke, E.: Werkstoffprüfung mit künstlichen radioaktiven Isotopen. Feingerätetechnik **5** (1956) 7 297—304 43 Lit.-St.

Münch, G.: Die Verwendung von Gammastrahlen in der Werkstoffprüfung. Gießerei **43** (1956) 23 745—750.

Sauerwein, K.: Die Anwendung der Radioisotopen in der Werkstoffkunde. Metall **10** (1956) 9/10 387—393 8 Lit.-St.

Siegenthaler, H. P.: Röntgenuntersuchung an Schweißnähten der St. Albanbrücke. Schweißen u. Schneiden **8** (1956) 12 481—484.

Weise, H.-D.: Erfahrungen bei der zerstörungsfreien Prüfung von Schweißnähten in Rohren. Schweißen u. Schneiden **8** (1956) 10 355—358, 360—363 [4.43].

Binder, F.: Röntgenographische Spannungsmessungen zum Studium der Vorgänge bei der Ermüdung von Stahl durch Zug-Druck-Wechselbelastung. Diss. TH Stuttgart 1957.

Kinelski, E. H. and *J. A. Berger:* X-ray diffraction for residual stress measurements of restrained weldments. Welding J. **36** (1957) 12 513s—517s 7 ref.

Lang, Gerhard: Untersuchung von Werkstücken mit dem Röntgenbildverstärker. Z. VDI **99** (1957) 25 1227—1231 4 Lit.-St.

Schittenhelm, R.: Flaw detection in the non-destructive testing of steel with high energy X-rays. Ministry of Supply, Techn. Inform. & Lib. Serv. (London, S. E. 9) Translat. T 4777 July 1957 16 p. 11 ref.; Aeron. Engng. Rev. **16** (1957) 12 126.

Stäger, H. u. *R. Meister:* Die zerstörungsfreie Prüfung von Schweißungen. Zürich: Fa. Max C. Meister S.-H. 5 S.

— Aircraft structure radiography. Bristol Quart. (1957) 5 126—130; Luftf.-Techn. **3** (1957) 11 V.

Clarke, E. T.: Gamma radiographie of light metals. Non-Destructive Testing **16** (1958) 3 265—268; Aluminium **34** (1958) 10 A 288.

van der Horst, H. M. P.: De toepassing van röntgen- en gammastraling voor de inspectie van vliegtuigen. Polytechn. T. (A) **13** (1958) 47/48 1139a—1145a.

Kerekes, J.: Technische röntgenologische Untersuchungen in der Gummi-Industrie. Plaste u. Kautschuk **5** (1958) 10 374—376.

Müller, Hans-Guido u. *Gerhard K. Schmidt:* Über ein Auswertungsverfahren zur Ermittlung der Reflexverschiebung bei röntgenographischen Spannungsmessungen. Z. Metallkde. **49** (1958) 7 376—381.

Nickel, Otto: Erfahrungen bei der Prüfung von Gußblöcken mit Gammastrahlen und mit sehr harten Röntgenstrahlen. Z. Metallkde. **49** (1958) 7 368—375.

Schiebold, E. u. *E. Becker:* Zerstörungsfreie Werkstoffprüfung mit Hilfe radioaktiver Isotope. Technik (Berlin) **13** (1958) 5 337—343 9 Lit.-St.

— Non-destructive testing. IV. Development of radiographic methods of inspection: Examination of aircraft structures. Aircr. Production **20** (1958) 12 461—482.

— Recommendations for the X-ray examination of fusion welded joints in light alloys. Brit. Welding J. **5** (1958) 11.

Hauk, V.: Der derzeitige Stand der röntgenographischen Spannungsmessung. Materialprüfung **1** (1959) 3 106—107 11 Lit.-St.

Neider, Rudolf: Materialprüfung mit radioaktiven Isotopen. Materialprüfung **1** (1959) 7 225—234 27 Lit.-St.

Potenski, A. R.: Radiographic inspection of welded turbine wheels for jet starters. Nondestructive Testing **17** (1959) 1 29—31; AMR **12** (1959) 7 471.

Sagel, K.: Die Röntgenkleinwinkelstreuung und ihre Anwendungsmöglichkeiten. Materialprüfung **1** (1959) 3 87—92 35 Lit.-St.

Urlaub, J.: Die wirtschaftlichen und physikalischen Grenzen der erreichbaren Bildgüte bei der Röntgendurchstrahlung. Materialprüfung **1** (1959) 3 101—102.

Ultraschallprüfung 4.43

Moriarty, C. D.: Ultrasonic flaw detection in pipes by means of shear waves. Trans. ASME **73** (1951) 3 225—229; AMR **4** (1951) 11 605—606.

Späth, W.: Zerstörungsfreie Prüfmethoden in der Gummi- und Kautschuk-Industrie. Gummi u. Asbest **7** (1954) 1 16—20 6 Lit.-St.

Stäger, H., E. N. Schütz jun. u. R. Meister: Untersuchungen mit Ultraschall an aushärtenden Leichtmetallgußlegierungen. Techn. Mitt. HdT (Essen) **47** (1954) 4 3—11.

— Les ultra-sons pour le contrôle des assemblages collés. Inf. SNCASO Avr. 1954.

Baumeister, Gordon B.: Production testing of bonded materials with ultrasonics. ASTM Bull. Febr. 1955 50—53; Aeron. Engng. Rev. **14** (1955) 5 188.

Grindrod, John: Testing adhesive-bonded metal-sandwich structures. Sheet Metal Industries **32** (1955) 338 444; AB **26** (1955) 8 534—535.

Hitt, W. C.: Ultrasonic testing of parts and materials. J. Soc. Lic. Aircr. Engrs. **4** (1955) 11 13—19; Titanium Abstr. Bull. **1** (1955/56) 335.

Jayne, B. A.: A non-destructive test of glue bond quality. Forest Products J. **5** (1955) 5 294—301 16 ref.

Kloth, E.: Untersuchungen über die Ausbreitung kurzer Schallimpulse bei der Materialprüfung mit Ultraschall. Forsch.-Ber. Wirtsch.- u. Verkehrsministerium Nordrhein-Westfalen Nr. 216 1956 79 S.; Z. VDI **99** (1957) 8 362.

Krautkrämer, J.: Blechprüfung mit Ultraschall. Industrie-Anz. **77** (1955) 39 538—542.

Pohlman, R.: Neue Erkenntnisse bei der zerstörungsfreien Werkstoffprüfung mittels Ultraschall. Metalen **10** (1955) 22 471—473.

Reyer, E. K.: Entwicklung und Stand der zerstörungsfreien Werkstoffprüfung mit Ultraschall. Technik (Berlin) **10** (1955) 1 7—16 26 Lit.-St.

Albertson, C. P. and P. Melara: Application of ultrasonics in aircraft. Inst. Aeron. Sci. Prepr. 652 Nov. 1956 11 p.; Index Aeron. **13** (1957) 2 45.

Breitling, W.: Werkstoffuntersuchungen mit Ultraschall. Draht **7** (1956) 3 77—81.

Fleischmann, W. L. and H. A. F. Rocha: Ultrasonic testing of small-diameter tubing with automatic recording equipment. Trans. ASME **78** (1956) 1 211—216; AMR **9** (1956) 5 229.

Hornung, R.: Examen supersonique des joints soudés. Schweiz. Arch. **22** (1956) 10 334—338.

Pohl, E.: Der Ultraschall und seine Anwendung bei der zerstörungsfreien Werkstoffprüfung. Bauplanung u. Bautechn. **10** (1956) 9 379—383 23 Lit.-St.

Robba, M.: Richerche sulla applicazione degli ultrasuoni al controllo dei lingotti delle placche di lega leggera. (Untersuchungen über die Anwendung von Ultraschall zur Prüfung von Barren und Platten aus Leichtmetall.) Alluminio **25** (1956) 3 127—134; Aluminium **32** (1956) 10 A 288.

Rocha, H. A. F.: A new nondestructive test tool: the ultrasonic micrometer. Non-Destructive Testing **14** (1956) 6 32—34; AMR **10** (1957) 7 300.

Weise, H.-D.: Erfahrungen bei der zerstörungsfreien Prüfung von Schweißnähten in Rohren. Schweißen u. Schneiden **8** (1956) 10 355—358, 360—363 [4.42].

Arnold, J. S.: Development of non-destructive tests for structural adhesive bonds. WADC Techn. Rep. 54-231 Pt. V (AD 118083) Febr. 1957 52 p.; Aeron. Engng. Rev. **16** (1957) 9 149.

Bierwirth, Günter: Zerstörungsfreie Prüfung von Gußstücken durch Ultraschall. Gießerei **44** (1957) 17 477—485.

Grabendörfer, W.: Untersuchungen an Kunststoffen mit Ultraschall nach dem Impulsverfahren. Gummi u. Asbest **10** (1957) 10 544, 546, 547.

Harris, J. G. and *J. Crowther:* The use of ultrasonic testing for the control of quality in the manufacture of aluminium alloys and non-ferrous materials. J. Inst. Metals **86** (1957/58) 193—206; AMR **12** (1959) 2 103.

Krautkrämer, J.: Das US-Strahlungsfeld und seine Bedeutung für die Werkstoffprüfung in Tauchtechnik. Z. Metallkde. **48** (1957) 11 606—609.

Müller, E. A. W.: Materialprüfung mit Ultraschall. Elektrotechn. Z. (B) **9** (1957) 4 112—117 29 Lit.-St.

Pignet, J. L.: Emploi des ultra-sons. Rev. Métallurgie **54** (1957) 10 737—755 21 réf.

Pohlman, R.: Die kontinuierliche Ultraschallprüfung längsgeschweißter Rohre. Blech **4** (1957) 6 25—28.

Roth, W.: Non-destructive testing by ultrasound; objectives and potentialities. J. Acoustical Soc. Amer. **29** (1957) 1 2—4; AMR **11** (1958) 1 20.

Seemann, H. J. et *W. Bentz:* Note sur le problème de la classification des défauts dans l'examen aux ultra-sons. Rev. Métallurgie **54** (1957) 7 529—536 8 réf.

Serabian, S. and *G. E. Lockyer:* Ultrasonic testing of large rotor forgings... criteria for detecting ability. Amer. Soc. Mech. Engrs. Ann. Meeting, New York, N. Y., Dec. 1957 Pap. 57-A-279 10 p.; AMR **11** (1958) 7 368.

Trommler, H.: Die zerstörungsfreie Blechprüfung mit Hilfe des Ultraschall-Sichtgerätes. Blech **4** (1957) 9 124, 133—141.

Waid, J. S. and *M. J. Woodman:* A non-destructive method of detecting diseases in wood. Nature (London) **180** (1957) 4575 47.

Worlton, D. C.: Ultrasonic testing with lamb waves. Non-Destructive Testing **15** (1957) 4 218—222 4 ref.; Index Aeron. **13** (1957) 11 51.

— Automatisches Ultraschall-Werkstoffprüfgerät. Luftf.-Techn. **3** (1957) 7 158.

— Ultrasonic inspection; semi-automatic installation for large aluminium-alloy slabs. Aircr. Production **19** (1957) 6 250—252; Index Aeron. **13** (1957) 7 49.

Böhme, W.: Die zerstörungsfreie Prüfung von Aluminium-Werkstücken mit Ultraschallimpulsen. Aluminium **34** (1958) 4 200—205; Aluminium **34** (1958) 5 A 130.

Grabendörfer, W. u. *J. Krautkrämer:* Über Impuls-Echo-Prüfung an plattenförmigen Körpern. Z. Metallkde. **49** (1958) 1 22—26.

Marianeschi, E. and *T. Tili:* Considerations on the interpretation of ultrasonic examination in the investigation of defects in steel. Ministry of Supply, London, S. E. 9, Techn. Inform. Lib. Translat. T 4857 March 1958 23 p. 14 ref.

Niklas, L.: Werkstoffprüfung nach dem US-Impuls-Reflexionsverfahren. Elektronik **7** (1958) 2 49—53 18 Lit.-St.

Rasmussen, J. G.: US-Inspection of turbine and compressor rotor blades for cracks and other flaws. Ingeniøren (Int. Ed.) **2** (1958) 1.

Rieckmann, Paul: Reifenprüfung nach dem Ultraschall-Durchstrahlungsverfahren. Z. Instrumenten-Kde. **66** (1958) 4 63—66 [6.252.41].

— Non-destructive testing. I. Developments in the application of ultrasonic flaw-detection to raw-material. Inspection: correlation of data and coding of defective material. II. Ultrasonic examination of wing-skin panels: Use

of magnetic crack-detection techniques for production inspection. Aircr. Production **20** (1958) 8 314—322, 9 358—368; Index Aeron. **14** (1958) 9 43, 10 54, 12 52—53.
— Ultraschall-Impulsgerät zur zerstörungsfreien Werkstoffprüfung. Draht **9** (1958) 11 449.
Bobbin, J. E.: Ultrasonic weld inspection. Nondestructive Testing **17** (1959) 1 26—28.
Böhme, Werner: Ultraschallprüfung von Drähten. Materialprüfung **1** (1959) 3 111—112.
Döring, W.: Erfahrungen mit dem Ultraschall-Schienenprüfwagen der Deutschen Bundesbahn. Materialprüfung **1** (1959) 3 112.
Hitt, W. C.: Ultrasonic testing at Douglas. Metal Progr. **75** (1959) 3 80—85; Aluminium **35** (1959) 10 A 274.
Hornung, R.: Ultraschallprüfung von Schweißverbindungen. Techn. Rdsch. Sulzer **41** (1959) 1 81—86.
Kopineck, Hermann-Josef, Hans Krächter u. Werner Rauterkus: Ultraschallprüfung von Erzeugnissen der Eisen schaffenden Industrie in der laufenden Fertigung. Stahl u. Eisen **79** (1959) 11 786—797.
Miller, D. G.: Sonic detection of blisters for plywood and other bonded material. Forest Prod. J. **9** (1959) 8 243—247; Holz-Zbl. **86** (1960) 29 449.
Schijve, J.: Ultrasonic testing of compressor and turbine blades for fatigue cracks. The development of special probes for blade testing. Aircr. Engng. **31** (1959) 360 51—54 5 ref.; Index Aeron. **15** (1959) 3 66.

Magnetische und elektrische Prüfung **4.44**

Cosgrove, L. A.: Quality control through nondestructive testing with eddy currents. Non-Destructive Testing **13** (1955) 5 13—15; AB **26** (1955) 11 725.
Scheuble, W.: Grundlagen der zerstörungsfreien Werkstoffprüfung mit elektronischen Verfahren. Elektronik **4** (1955) 241—243.
Wulff, F.: Anwendungsmöglichkeiten des Magnetpulververfahrens bei der Prüfung von Schweißnähten. Schweißtechnik (Berlin) **5** (1955) 10 296—303 19 Lit.-St.
Bubenzer, G.: Zerstörungsfreie Werkstoffprüfung mittels elektronischer Verfahren. Z. VDI **98** (1956) 27 1601—1602.
Gille, G.: Die Potentialsondenmethode und ihre Anwendung auf die zerstörungsfreie Prüfung großer Werkstücke. Maschinenschaden **29** (1956) 7/8 123—127.
Hanke, E.: Zerstörungsfreie Werkstoffprüfung mit magnetischen Verfahren. Wiss. Z. Hochsch. f. Elektrotechn. Ilmenau **2** (1956) 2 89—116.
Hanke, E.: Magnetische Verfahren der zerstörungsfreien Werkstoffprüfung. Feingerätetechnik **5** (1956) 8 339—344, 9 407—412 53 Lit.-St.
Leith, R. H. and F. H. Oberlin: Nondestructive testing of electrical forgings. Non-destructive Testing **14** (1956) 2 14—16.
Libby, H. L.: Basic principles and techniques of eddy current testing. Non-Destructive Testing **14** (1956) 6 12—18, 27 5 ref.; Index Aeron. **13** (1957) 4 51.
Scheuble, W.: Messung mechanischer Spannungen im elastischen Bereich in Probestäben aus Schienenwerkstoffen mit Hilfe des magnetoelastischen Effektes. Eisenbahntechn. Rdsch. **5** (1956) 3 113—120.
Bubenzer, Gotthold: Messung mechanischer Spannungen im elastischen Bereich mit Hilfe des magnetoelastischen Effektes. Z. VDI **99** (1957) 25 1215—1217.
Förster, F.: Die zerstörungsfreie Prüfung von metallischen Werkstoffen mit elektromagnetischen Induktionsverfahren. Metall **11** (1957) 10 837—846 54 Lit.-St.
Grefkes, Horst u. Hans Herbert: Verbesserungen der Magnetpulver-Prüfung. Z. VDI **99** (1957) 19 835—836.

Marschall, H. J.: Die Magnetpulverprüfung und ihre neuesten Anzeigemittel. Werkstatt u. Betrieb **91** (1958) 11 649—653.

Yamaguchi, Sh.: Magnetische Materialprüfung von rostbeständigem Stahl mit Elektronenstrahlen. Z. Metallkde. **49** (1958) 3 156—157.

Knüppel, Helmut, Gert Wiethoff u. *Wolfgang Juchhoff:* Prüfung von Rundstahl im Walzzustand auf Risse mit einem magnetinduktiven Wirbelstromverfahren. Stahl u. Eisen **79** (1959) 10 711—718.

Lösche, Artur: Materialuntersuchungen mit hochfrequenzspektroskopischen Methoden. Materialprüfung **1** (1959) 3 79—86 20 Lit.-St.

Stäblein, F.: Ein Verfahren zur zerstörungsfreien magnetischen Prüfung von Elektroband. Techn. Mitt. Krupp **17** (1959) 2 90—94.

Statische und dynamische Bauteilfestigkeitsversuche und Methoden der Spannungsermittlung   4.5

Statische und dynamische Bauteilversuche   4.51

Jacker, Oswald: Einsatz von Werkstoffprüfmaschinen für Bauteilversuche im Flugzeugbau. Metallwirtschaft **22** (1943) 21/23 326—334.

Bühler, Hans, Albrecht Häfele u. *Arnold Peiter:* Bestimmung der Eigenspannungszustände in Hohlzylindern aus Aluminium, Silumin und Messing nach der Aufweitung. Z. Metallkde. **47** (1956) 10 664—671; Aluminium **33** (1957) 3 A 68; AB **28** (1957) 1 33.

Peukert, Heinz u. *O. Schwarz:* Die Prüfverfahren der Metallklebtechnik im Ausland. Aluminium **34** (1958) 11 665—671 40 Lit.-St.

Winter, Hermann u. *Heinz Meckelburg:* Beitrag zur Ausarbeitung normungsfähiger Prüfverfahren für Metallklebeverbindungen. Aluminium **35** (1959) 1 21—28, 4 192—196 [1.442.37].

Winter, Hermann u. *Siegfried Heyer:* Prüfung von Kunststoff-Wasserleitungsrohren aus Hart-PVC, Innendruckversuche. Matting, Alexander: Zehn Jahre Niedersächsisches Materialprüfungsamt. Goslar: Hermann Hübener Verl. 1959 171—179.

Witt, H. P. u. *R. Thiel:* Traglastversuch eines Auslegers. Stahlbau **28** (1959) 12 331—335.

Mechanische Spannungsmeßverfahren   4.52

Rehling, Karl: Ausschaltung der Temperatureinflüsse bei Setzdehnungsmessungen. Z. VDI **99** (1957) 11 461—466.

Elektrische Spannungsmeßverfahren   4.53

Skopinski, T. H., William S. Aiken jr. and *Wilber B. Huston:* Calibration of strain-gage installations in aircraft structures for the measurement of flight loads. NACA Rep. 1178 1954 29 p.

Tatnall, F. G.: Field testing techniques using the bonded-wire strain gage. ASTM Bull. 199 (Pt. 1) July 1954 62—66.

— Characteristics and applications of resistance strain gages. (Nat. Bureau of Standards Circular No. 528) Washington: Superintendent of Documents 1954 140 p.; Aeron. Engng. Rev. **14** (1955) 2 134.

Lissner, H. R. and *C. C. Perry:* Conventional wire strain gage used as a principal stress gage. Proc SESA **13** (1955) 1 25—34; AMR **9** (1956) 7 291.

Mainstone, R. I.: Vibrating-wire strain gauge for long term tests on structures. Engineering **176** (1955) 4566 153—156; Draht **6** (1955) 11 466—468.

Mark, J. W. and *W. Goldsmith:* Barium titanate strain gages. Proc. SESA **13** (1955) 1 139—150; AMR **9** (1956) 6 244.

Berghaus, H. J.: Statische und dynamische Messung kleiner Drehmomente mittels Dehnungsmeßstreifen. Industrie-Elektronik **4** (1956) 5/6 18—19.

Biber, Walter: Dehnungs- und Schwingungsmessungen mit elektrischen Meßverfahren. MAN-Forsch. H. 6 1956 42—52.

Bramall, B.: Resonance stress testing. Engineer **202** (1956) 5247 224—228; Konstruktion **10** (1958) 6 249.

Norris, Charles B., W. L. James and *J. T. Drow:* A strain gage for the measurement of strains in adhesive bonds. ASTM Bull. 218 Dec. 1956 40—49; AMR **10** (1957) 6 247; Aeron. Engng. Rev. **16** (1957) 3 142.

Wachter, J.: Dehnungsmessung an umlaufenden Bauteilen. Der Einfluß von Schleifringübertragern. Z. VDI **98** (1956) 3 93—97 7 Lit.-St.

Darnault, G.: Application de l'extensométrie à l'étude des pièces en alliage léger. Rev. Métallurgie **54** (1957) 11 889—895; Aluminium **34** (1958) 4 A 86 [4.55].

Youngquist, W. G.: Performance of bonded wire strain gages on wood. FPL Rep. 2087 Aug. 1957 44 p.; AMR **11** (1958) 9 478.

Kemp, R. H., C. R. Morse and *M. H. Hirschberg:* Application of a high-temperature static strain gage to the measurement of thermal stresses in a turbine stator vane. NACA TN 4215 March 1958 36 p.

Legette, M. A.: Strain-gage principles. Instruments & Automation (Pittsburgh, Pa.) **31** (1958) 3 447—449.

Murray, W. M.: Some simplifications in rosette analysis. Proc. SESA **15** (1958) 2 39—52; AMR **12** (1959) 5 324.

Petrick, H.: Dehnungsmeßstreifen-Meßtechnik. Draht **9** (1958) 12 499—504 3 Lit.-St.

Stein, P. K.: A simplified method of obtaining principal information from strain gage rosettes. Proc. SESA **15** (1958) 2 21—38; AMR **12** (1959) 7 470.

Weinert, Otto: Spannungsmessungen an Dehnschrauben. Praktische Erfahrungen der Linke-Hofmann-Busch GmbH., Versuchsabteilung. Industrie-Elektronik **6** (1958) 3 19—21.

— Symposium on elevated temperature strain gages. Philadelphia: Amer. Soc. Testing Mater. 1958 163 p

Ades, C. S.: Reduction of strain rosettes in the plastic range. J. Aero Space Sci. **26** (1959) 6 392—393.

Hoffmann, Norbert: Messungen von mechanischen Spannungen an umlaufenden Teilen in Fluggeräten. Inst. Physics, London, Stress Analysis Group — Inst. T.N.O. Delft Conf. 31./3.—4./4. 1959 Advance Copy 15 10 S.

Newton, Clarence J.: False negative permanent strains observed with resistance wire strain gages. ASTM Bull. 235 Jan. 1959 42—44 5 ref.; discussion Bull. 239 Juli 1959 79—80.

Pian, T. H. H.: Reduction of strain rosettes in the plastic range. J. Aero Space Sci. **26** (1959) 12 842—843 2 ref.

Rohrbach, Chr. u. *N. Czaika:* Deutung des Mechanismus des Dehnungsmeßstreifens und seiner wichtigsten Eigenschaften an Hand eines Modells. Inst. Physics, London, Stress Analysis Group — Inst. T.N.O. Delft Conf. 31./3.—4./4. 1959 Advance Copy 38 37 S. 5 Lit.-St.

Rohrbach, Christof u. *Norbert Czaika:* Deutung des Mechanismus des Dehnungsmeßstreifens und seiner wichtigsten Eigenschaften an Hand eines Modells. Materialprüfung **1** (1959) 4 121—131 5 Lit.-St.

Spannungsoptik **4.54**

Sztatecsny, St.: Optische Dehnungsmessung in der Werkstoffprüfung. Metallwirtschaft **22** (1943) 1/2 18—21.

Williams, W. E.: Preliminary investigation of techniques and methods for photoelastic determination of stress in transparent installations. WADC Techn. Rep. 54-496 Aug. 1954 82 p.

Alt, C.: Räumliche Spannungsoptik im Hochdruck-Apparatebau. Z. VDI **97** (1955) 5 127—130 8 Lit.-St.

Frocht, Max M.: Further work on the general three-dimensional photoelastic problem. J. Appl. Mech. **22** (1955) 2 183—189 14 ref.

Amba Rao, C. L.: Note on photoelastic study of swept wings. J. Aeron. Sci. **23** (1956) 9 889—890 8 ref.; Index Aeron. **12** (1956) 10 83.

Gerard, George and *Arthur C. Gilbert:* Note on photothermoelasticity. J. Aeron. Sci. **23** (1956) 7 702—703; Index Aeron. **12** (1956) 8 45.

Jeske, O.: Verbesserung des Frochtschen Auswerteverfahrens in der Spannungsoptik. Bautechnik **33** (1956) 4 128—131.

Johnson, R. C.: Three-dimensional photoelastic analysis of shafts in pure torsion and a comparison with results from relaxation. Proc. SESA **13** (1956) 2 107—118 6 ref.; Index Aeron. **12** (1956) 10 53; AMR **10** (1957) 1 10.

Kufner, M.: Spannungsoptische Erstarrungsversuche mit Modellen aus Gießharzen. Z. VDI **98** (1956) 29 1683—1691 13 Lit.-St.

Linge, John R.: Investigations into a photoelastic method for the direct measurement of surface strains in metal components. Coll. Aeron. Cranfield Rep. 97 Febr. 1956 9 p. 37 ref.; Index Aeron. **12** (1956) 10 51; Aircr. Engng. **28** (1956) 332 365; J. Roy. Aeron. Soc. **60** (1956) 550 696.

Long, H. F.: Experimental stress analysis using the "moiré" effect. (In Spanish). Ciencia y Tecnica (Buenos Aires) **121** (1956) 610 53—59; AMR **10** (1957) 3 95.

Mesmer, G.: The interference screen method for isopachic patterns (Moiré method). Proc. SESA **13** (1956) 2 21—26 7 ref.; Index Aeron. **12** (1956) 10 52; AMR **10** (1957) 1 10.

*) *Mönch, E.:* Photoelastic investigation of shells by means of a model in whose middle surface a semi-transparent mirror layer is embedded. 9. Int. Congr. Appl. Mech. Brussels 1956 [1.230].

Racké, H. H.: Ein einfaches photometrisches Dickenmeßverfahren zum vollständigen Auswerten des ebenen Spannungszustandes an spannungsoptischen Modellen. Z. VDI **98** (1956) 5 165—170 39 Lit.-St.

Shelson, W.: A photoelastic method employing scattered light for the solution of plane stress problems. Brit. J. Appl. Phys. **7** (1956) 12 436—439; AMR **10** (1957) 6 247; Index Aeron. **13** (1957) 2 44.

*) *Teague, J. M. jr.* and *H. H. Blau:* Investigations of stresses in glass bottles under internal hydrostatic pressure. I. Photoelastic studies of Fosterite models. II. Breakage studies of glass bottles under internal hydrostatic pressure. III. Electric strain gauge and brittle coating studies. J. Amer. Ceramic Soc. **39** (1956) 7 229—252 [1.242.111].

Gaudfernau, C. L.: Photoélasticité tridimensionelle. Aspects théoriques et expérimentaux. Publ. Sci. et Techn. du Ministère de l'Air France (Paris) No. 330 1957 86 p. 70 réf.; Index Aeron. **13** (1957) 8 43—44; Aircr. Engng. **29** (1957) 343 291.

Gaymann, Th.: Spannungsuntersuchungen an Schalen durch das spannungsoptische Einfrierverfahren. Diss. TH München 1957.

Hiltscher, R.: Photoelasticity in wood research methods and proposals. Composite Wood 4 (1957) 1/2 9—16.

Leven, M. M.: Epoxy casting resins simplify three-dimensional photoelasticity. Product Engng. **28** (1957) July 135—140; Aeron. Engng. Rev. **16** (1957) 10 158.

Frocht, M. M. and *L. S. Srinath:* A non-destructive method for threedimensional photoelasticity. Proc. Third U.S.Nat. Congr. Appl. Mech. June 1958, Amer. Soc. Mech. Engrs. 1958 329—337; AMR **12** (1959) 11 767.

Frocht, M. M. and *R. A. Thomson:* Studies in photoplasticity. Proc. Third U. S. Nat. Congr. Appl. Mech. June 1958, Amer. Soc. Mech. Engrs. 1958 533—540; AMR **12** (1959) 11 767.

Gaymann, Th.: Spannungsuntersuchungen an Schalen nach dem spannungsoptischen Einfrierverfahren. VDI-Forsch.-H. 471 1959 36 S.; Bauing. **34** (1959) 7 288; ZFW **7** (1959) 12 359—360.

Gerard, George and *Herbert Tramposch:* Photothermoelastic investigation of transient thermal stresses in a multiweb wing structure. J. Aero Space Sci. **26** (1959) 12 783—786 5 ref. [1.37].

Härting, Werner: Spannungsoptik im Motorenbau. Automobil-Industrie **1** (1959) 21F 41—48; Leichtbau d. Verkehrsfahrzeuge **3** (1959) 4 136.

Kuske, Albrecht: Einige neue spannungsoptische Verfahren. Inst. Physics, London, Stress Analysis Group — Inst. T.N.O. Delft Conf., 31./3.—4./4. 1959 Advance Copy 20 20 S. 5 Lit.-St.

Kuske, A. u. H. Walter: Spannungsoptische Untersuchung einer Wandscheibe mit Türöffnungen. Bautechnik **36** (1959) 7 253—256.

Mönch, E.: Der heutige Stand der Photoplastizität. Schweiz. Arch. **25** (1959) 5 174—180.

Salet, G.: Les points singuliers en photo-elasticité. Inst. Physics, London, Stress Analysis Group — Inst. T.N.O. Delft Conf. 31./3.—4./4. 1959 Advance Copy 39 22 p.

Schwaighofer, J.: Neue Hilfsmittel zur einfachen Bestimmung der Dehnungen an Bauteilen und Bauwerken. Bautechnik **36** (1959) 12 462—464 5 Lit.-St.

Teepe, W.: Beitrag zur spannungsoptischen Untersuchung von Schalen. Diss. TH Karlsruhe 1959; Z. VDI **102** (1960) 16 662.

Wolf, Helmut: Spannungsoptik, ein Hilfsmittel zur Verbesserung der Konstruktion. Siemens-Z. **33** (1959) 6 409—417.

Lackrißprüfung

Durelli, A. J., R. H. Jacobson and *S. Okubo:* Further studies of properties of Stresscoat. Proc. SESA **13** (1955) 1 35—58; AMR **9** (1956) 6 244.

Durelli, A. J., S. Okubo and *R. H. Jacobson:* Study of some properties of Stresscoat. Proc. SESA **12** (1955) 2 55—76; AMR **9** (1956) 5 198.

Maeda, H.: Strain determination by brittle coatings. Univ. Tokyo, Japan, Inst. Sci. & Technol., Rep. 1 June 1956 (E) 69—82.

Cunningham, J. H. and *J. M. Yavorsky:* The brittle lacquer technique of stress analysis as applied to anisotropic materials. Proc. SESA **14** (1957) 2 101—108; AMR **10** (1957) 11 505; Aeron. Engng. Rev. **16** (1957) 8 158.

Darnault, G.: Application de l'extensométrie à l'étude des pièces en alliage léger. Rev. Métallurgie **54** (1957) 11 889—895; Aluminium **34** (1958) 4 A 86 [4.53].

Durelli, A. J. and *J. W. Dally:* Some properties of stresscoat under dynamic loading. Proc. SESA **15** (1957) 1 43—56; Aeron. Engng. Rev. **17** (1958) 1 120, 122.

Murthy, P. N.: Theoretical investigation of creep and crack density studies in Stresscoat. Proc. SESA **15** (1957) 1 57—64; AMR **11** (1958) 11 609; Aeron. Engng. Rev. **17** (1958) 1 120.

Dally, J. W., A. J. Durelli and *V. J. Parks:* Further studies of properties of stresscoat under dynamic loading. Proc. SESA **15** (1958) 2 57—66; AMR **12** (1959) 5 324.

Hiltbold, F.: Spannungslackanalyse von Bauteilen. Schweiz. Arch. **24** (1958) 2 56—59.

Linge, J. R.: Some developments and applications of brittle lacquers. Aircr. Engng. **30** (1958) 350 94—100 90 ref., 351 142—148, 352 173—179; Leichtbau d. Verkehrsfahrzeuge **2** (1958) 6 263.

Kloth, W.: Spannungsuntersuchungen mit sprödem Lack und mit Feindehnungsmessern. Inst. Physics, London, Stress Analysis Group — Inst. T. N. O. Delft Conf. 31./3.—4./4. 1959 Advance Copy 18 8 S.

Oehler, G.: Das Photostress-Verfahren. Mitt. Forsch.-Ges. Blechverarb. (1959) 19 253—255.

Prüfung der technologischen Eigenschaften   **4.6**

Metallische Werkstoffe   **4.61**

Eisenkolb, F.: Die Beurteilung der Schweißbarkeit dünner Stahlbleche. Schweißen u. Schneiden **7** (1955) 9 404—407 17 Lit.-St.

Krisch, A.: Die Verfestigung bei der Tiefziehprüfung. Arch. Eisenhüttenwes. **26** (1955) 12 761—767 9 Lit.-St.

Ludwig, N.: Der Faltversuch. Schweißen u. Schneiden **7** (1955) 9 387—391 10 Lit.-St.

Bettzieche, P.: Prüfung der Schweißempfindlichkeit. Schweißen u. Schneiden **9** (1957) 3 91—93 12 Lit.-St.; Mannesmann Forsch.-Ber. 17 1957 3 S. 12 Lit.-St.

Klein, H. W. u. G. Lenk: Prüfverfahren für Schweißungen an Nichteisenmetallen. Schweißen u. Schneiden **9** (1957) 3 102—110 13 Lit.-St.

Rühl, K.: Der Kerbschlagversuch. Schweißen u. Schneiden **9** (1957) 3 83—90 17 Lit.-St.

Zeyen, K. L.: Neuzeitliche Prüfverfahren zur Ermittlung der Rißsicherheit von Schweißnähten und von deren Schmiedbarkeit. Industrieblatt **57** (1957) 6 223—227 23 Lit.-St.

Engelhardt, W.: Verfahrensrechte Tiefziehprüfung. Fertigungstechnik **8** (1958) 12 530—537; Mitt. Forsch.-Ges. Blechverarb. (1959) 897.

Kokkonen, V. u. G. Nygren: Genauigkeit des Erichsen-Tiefungsversuches. Sheet Metal Industries **36** (1959) 383 167—178; Mitt. Forsch.-Ges. Blechverarb. (1959) 900.

Krisch, A., K.-H. Muhr u. W. Schlüter: Zur Blechprüfung mit dem Näpfchenziehversuch Arch. Eisenhüttenwes. **29** (1958) 5 313—320 12 Lit.-St.

Mori, L.: Condiderazioni sulla determinazione delle caratteristiche meccaniche e tecnologiche di laminati sottili di alluminio. (Betrachtungen über die Bestimmung der mechanischen und technologischen Eigenschaften von dünnen Aluminiumblechen). Alluminio **27** (1958) 12 541—545; Aluminium **35** (1959) 5 A 124.

Krägeloh, Egon: Bestimmung von Eigenspannungen an Zylindern aus inhomogenem Werkstoff mittels Ausbohr- und Abdrehverfahrens. Materialprüfung **1** (1959) 11/12 377—384 9 Lit.-St. [6.215].

Späth, W.: Der Schlagversuch in der Werkstoffprüfung. Techn. Rdsch. (Bern) **51** (1959) 19 17—23; Draht **10** (1959) 9 493—494.

Nichtmetallische Werkstoffe   **4.62**

Paerels, Frans: Arbeitssparendes Verfahren für die Messung der Dickenquellung. Holz als Roh- u. Werkstoff **15** (1957) 9 367—370.

Enzensberger, Walter u. Siegfried Fibich: Verfahren zur Prüfung von Rohstoffen, Halb- und Fertigerzeugnissen bei der Herstellung von beschichteten Holzwerkstoffen. Holz als Roh- u. Werkstoff **16** (1958) 4 132—137 5 Lit.-St.; Adhäsion **2** (1958) 5 227.

Lord, Joan: Die Bestimmung der Luftdurchlässigkeit von Geweben. J. Textil Inst. (1959) 10 569—582; Textil-Praxis 15 (1960) 1 103.

Untersuchungen an ganzen Konstruktionen   **4.7**
Schwingungsuntersuchungen   **4.72**

Mazet, R.: La technique des essais de vibrations au sol. Techn. Sci. Aéron. (1955) 6 395—399 5 réf.

Atkinson, R. J.: Fatigue testing in relation to transport aircraft. "Fatigue in aircraft structures (Proc. Int. Conf. Columbia Univ., Jan. 30—Febr. 1 1956), Ed. A. M. Freudenthal", New York: Academic Press 1956 279—294 9 ref.

Zünkler, Bernhard: Vorrichtungen für Betriebsfestigkeitsversuche. Konstruktion **8** (1956) 1 15—18.

— Strength-testing the Comet. De Havilland Gaz. (1957) 100 167—170; Aeron. Engng. Rev. **16** (1957) 12 136.

— Flexible fatigue test setup for full-scale structures. Aviation Age **30** (1958) 1 46—47, 49.

Wärmeprüfungen   **4.73**

Duberg, John E.: Aircraft structures research at elevated temperatures. AGARD Rep. 3 Sept. 1955 VI, 22 p. 10 ref.; Index Aeron. **12** (1956) 11 68; J. Roy. Aeron. Soc. **61** (1957) 553 67; Aeron. Engng. Rev. **16** (1957) 2 162.

Abraham, Lewis H.: Techniques and problems in testing structures at elevated temperatures. Aeron. Engng. Rev. **15** (1956) 11 56—60, 75; AMR **10** (1957) 10 459.

Brouns, R. C. and *R. B. Baird:* Aircraft structural testing techniques at elevated temperatures. Trans. ASME **79** (1957) 5 1005—1013; Aeron. Engng. Rev. **16** (1957) 10 124; AMR **11** (1958) 1 16.

Kotanchik, J. N.: Experimental research on aircraft structures at elevated temperatures. Proc. SESA **14** (1957) 2 67—80; AMR **11** (1958) 1 16.

Heldenfels, Richard R.: High-temperature testing of aircraft structures. AGARD Rep. 205 Oct. 1958 V, 33 p.

Korrosions- und Korrosionsschutz-Püfverfahren   **4.8**

Althof, F. C.: Die inter- und transkristalline Korrosion und ihre Prüfung. Metall **9** (1955) 3/4 110—120; AB **26** (1955) 4 223.

Godard, Hugh P. and *J. J. Harwood:* Some remarks on stress corrosion testing. Corrosion **11** (1955) 2 53—58; AB **26** (1955) 4 219.

Twiss, Sumner B. and *Jack D. Guttenplan:* Corrosion testing of aluminum. I. High velocity test method in aqueous solutions. Corrosion **11** (1955) 2 95; AB **26** (1955) 4 221.

Twiss, Sumner B. and *Jack D. Guttenplan:* Corrosion testing of aluminum. II. Development of a corrosion inhibitor. Corrosion **11** (1955) 2 96; AB **26** (1955) 4 221—222.

Fyall, A. A. and *R. N. C. Strain:* A "whirling arm" test rig for the assessment of the rain erosion of materials. Roy. Aircr. Establ. TN Chem. 509 Dec. 1956 33 p. 13 ref.; Aeron. Engng. Rev. **16** (1957) 8 144.

Kerth, W.: Kurzprüfverfahren zum Bestimmen der Korrosionsbeständigkeit von Oberflächen. Elektrotechn. Z. (A) **77** (1956) 5 137—138 6 Lit.-St.

Kutzelnigg, A.: Übersicht über Verfahren und Vorschriften zur Kurzbeanspruchung im Rahmen der Klimaprüfung. Werkstoffe u. Korrosion **7** (1956) 2 65—82.

Twiss, S. B. and *J. D. Guttenplan:* Corrosion testing of aluminum. I. High velocity test method in aqueous solutions. Corrosion **12** (1956) 6 263t—270t.

Twiss, S. B. and *J. D. Guttenplan:* Corrosion testing of aluminum. II. Development of a corrosion inhibitor. Corrosion **12** (1956) 7 311t—316t.

Waeser, B.: Korrosion und Korrosionsprüfung. Werkstoffe u. Korrosion **7** (1956) 5 256—261; Z. VDI **99** (1957) 25 1249—1250 [1.361].

Waeser, Br.: Korrosionsprüfungen. Erdöl u. Kohle **9** (1956) 8 530—534 16 Lit.-St.

Hess, W.: Korrosionsprüfung mit Hilfe von Aerosolen, Beschreibung einer neuen Korrosionsprüfkammer. Metalloberfläche **11** (1957) 3 101—104; Draht **9** (1958) 10 428.

LaQue, F. L.: Theoretical studies and laboratory techniques in sea water corrosion testing evaluation. Corrosion **13** (1957) 5 303t—314t 28 ref.

Wiederholt, W.: Korrosionsprüfverfahren. Werkstoffe u. Korrosion **9** (1958) 3 133—146.

Wiederholt, W.: Ergebnisse von Gemeinschaftsversuchen mehrerer Laboratorien zur Entwicklung normungsfähiger Korrosionsprüfverfahren. Metalloberfläche **12** (1958) 10 305—307, 11 337—347.

Jacquet, M. P. A.: Technique non destructive pour la détection de la sensibilité à la corrosion sous tension des alliages aluminium-magnésium. Rech. Aéron. (1959) 72 25—33 9 réf.

Wapler, D.: Prüfungsmethoden für Anstriche und ihre praktische Bedeutung. Mitt. Forsch.-Ges. Blechverarb. (1959) 9 89—96.

Sonstige Prüfungen 4.9

Plath, Erich u. *Wilfried Hertling:* Beitrag zur Messung der Abbindevorgänge von schnellen Holzleimen. Holz als Roh- u. Werkstoff **14** (1956) 5 188—190.

Rister, Leopold: Vereinheitlichung und Vereinfachung der Prüfverfahren von Holzwerkstoffen und Bauteilen gegen Feuer. Holz als Roh- u. Werkstoff **15** (1957) 2 73—80.

Engeler, A.: Materialprüfung an Textilien. Textil-Rdsch. **14** (1959) 9 493.

Himmelreich, Werner: Nachweis von Faserschädigungen an Polyamidgeweben durch viskosimetrische Bestimmung des Durchschnittspolymerisationsgrades. Dtsch. Textiltechn. (1959) 2 96—99, 3 153—155, 4 213—218; Textil-Praxis **14** (1959) 9 968.

Juilfs, J.: Zur praktischen Prüfung und Bestimmung von Faserdichten. I. Grundfragen — Schwebemethode. Melliand Textilberichte **40** (1959) 9 963—966.

Kleinheins, Stefan: Die Messung und Beurteilung der Garnungleichmäßigkeit in der Praxis. II. Textil-Praxis **14** (1959) 9 887—889.

Lünenschloss, J. u. *E. Hummel:* Die Bestimmung der Faserfeinheit von Chemiefasern unter besonderer Berücksichtigung des Micronaires und der Vibroskop-Methoden. Textil-Praxis **14** (1959) 9 867—873 9 Lit.-St.

Schumacher, H.: Zeitgemäße und betriebsnahe Garnprüfung. Textil-Praxis **14** (1959) 9 895—900.

Zatloukal, M.: Prüfung von Geweben aus Polyesterfasern durch Tragversuche. Textil (Prag) **14** (1959) 2 59—61.

Konstruktionslehre im Leichtbau 5

Allgemeines 5.1

Bergmann, Walter: Spannungsfelder in Feinblechkonstruktionen. Mitt. Forsch.-Ges. Blechverarb. (1956) 21/22 233—242.

Gries, Heinz: Konstruktion mit Kugelgraphiteisen. Techn. Mitt. HdT (Essen) **49** (1956) 5 220—221.

Strifler, P.: Werkstoff-Fragen für den Konstrukteur. ATZ **58** (1956) 1 15—20; Nachr.-Bl. AGM Leichtbau **5** (1956) 4 11.

Drucker, D. C. and *R. T. Shield:* Design for minimum weight. (Engl.) 9ième Congrès Int. Appl. Univ. Bruxelles **5** (1957) 212—222; AMR **12** (1959) 10 695.

5.1

Kloth, Willi: Konstruieren in Stahlblech. Konstruktion 9 (1957) 6 209—211.

Oehler, G.: Gesichtspunkte für das Konstruieren in Stahl. Mitt. Forsch.-Ges. Blechverarb. (1957) 11 117—123.

Rühl, Karl Heinrich Helmut: Der Spannungsfluß in der Konstruktion. „Werkstoff-Fragen für den Konstrukteur", VDI-Ber. Bd. 10 1957 63—74.

Siebel, Erich: Konstruktion und Werkstoff. „Werkstoff-Fragen für den Konstrukteur", VDI-Ber. Bd. 10 1957 5—9.

Sigwart, Hans: Einfluß von Eigenspannungen auf die Festigkeit der Konstruktion. „Werkstoff-Fragen für den Konstrukteur", VDI-Ber. Bd. 10 1957 75—83.

— Werkstoff-Fragen für den Konstrukteur. Vorträge der VDI-Tagung Stuttgart 1955. VDI-Ber. Bd. 10 1957 83 S.; Konstruktion 10 (1958) 9 380 [1.321].

van Oeteren, K. A.: Anstrich und rostschutzgerechte Gestaltung der Konstruktion. Der Rostschutz beginnt am Reißbrett. Werkstoffe u. Korrosion 9 (1958) 4 197—202 5 Lit.-St.; Leichtbau d. Verkehrsfahrzeuge 2 (1958) 4 181.

Christian, M.: Die wirtschaftliche und fertigungsgerechte Konstruktion — Ziel und Aufgabe des Konstrukteurs. Konstruktion 11 (1959) 7 241—242.

Feldmann, H. D.: Konstruktionsrichtlinien für Kaltfließpreßteile aus Stahl. Konstruktion 11 (1959) 3 82—89.

Gestaltung von Gußteilen   **5.2**

Wilson, C.: Aluminium alloy components; modern tendencies in forging and casting techniques. Flight **67** (1955) June 805—808; Aeron. Engng. Rev. **14** (1955) 9 94 [5.3].

Birdsall, G. W.: Design and production of aluminum castings. Aero Dig. (1956) Nov. 13—19.

Heuvers, A. u. H. Zeuner: Konstruktionsmerkmale und Werkstoffe für Stahlformguß. Z. VDI **98** (1956) 31 1756—1763.

Jentsch, E.: Konstruieren von Gußteilen. Gießereipraxis (1956) GIFA-Sonderausgabe 115—121.

Lutz, F.: Aluminiumguß als Baustoff für den Konstrukteur. Konstruktion **8** (1956) 8 302—306.

Lutz, F.: Gesichtspunkte für die Konstruktion von Aluminium-Gußteilen. Aluminium **32** (1956) 9 570—574.

Moluf, P. E. and John G. Mezoff: Konstruktion von Magnesium-Gußteilen. Machine Design **28** (1956) 10 101—102.

Peppler, W.: Die Vorzüge gegossener Bauteile. Konstruktion **8** (1956) 8 339—348.

Schumacher, W.: Konstruieren und Gießen. Techn. Rdsch. (Bern) **48** (1956) 51 9—15 [2.2].

Schumacher, Walter: Sonderschau „Konstruieren und Gießen". Gießerei **43** (1956) 32 683—692.

Sulzer, Walter: Die Herstellung von Gußstücken erhöhter Genauigkeit. Techn. Rdsch. (Bern) **48** (1956) 37 9—11 [2.2].

— Fabrikationsgerechte Gestaltung von Gußstücken. Technica **5** (1956) 3 101—105.

Barton, H. K.: Design of die castings. Metal Industry **91** (1957) 3 43—45, 4 67—68, 7 125—127, 8 151—152, 11 213—215; Aluminium **34** (1958) 2 A 36.

Reininger, H.: Einige Gestaltungsgrundsätze für Leichtmetallguß. Maschinenmarkt **63** (1957) 50 10—12; Leichtbau d. Verkehrsfahrzeuge **1** (1957) 6 173.

Roinet, Ch.: Contribution aux règles du tracé des pièces coulées en alliages légers. Rev. Aluminium **34** (1957) 247 1001—1014, 248 1119—1123, 249 1233—1239; Aluminium **34** (1958) 6 A 162.

Scharf, A. and C. F. Walton: Designing gray iron castings. Machine Design **29** (1957) 1 104—122; Konstruktion 10 (1958) 2 70—71.

— Gestalten von Aluminium-Druckguß. Aluminium-Merkblatt K 2, 2. Aufl., Düsseldorf: Aluminium-Zentrale 1957 12 S.
— Gestaltung von Spritzgußteilen aus thermoplastischen Kunststoffen. VDI-Richtlinie VDI 2006, 2. Aufl., Düsseldorf: VDI-Verl. 1957 15 S.; Luftf.-Techn. **3** (1957) 8 VII; Konstruktion **10** (1958) 3 120.
Schumacher, Walter: Sonderschau „Konstruieren und Gießen" auf der GIFA 1956 in Düsseldorf. Zentrale f. Gußverwendung (ZGV) Nachr. 58.8 1958 28 S.
— Gestalten von Aluminium-Sand- und -Kokillenguß. Aluminium-Merkblatt K 1, 3. Aufl., Düsseldorf: Aluminium-Zentrale 1958 12 S.

Gestaltung von Schmiedeteilen   5.3

Colomb, Robert: Les pièces forgées et matricées en alliages d'aluminium. Rev. Aluminium **32** (1955) 218 167—176, 219 281—296, 220 387—397, 221 497—507, 222 627—641, **33** (1956) 228 67—73, 229 162—167; Aluminium **32** (1956) 7 A 191; AB **26** (1955) 5 287, 7 431, 8 502, 9 584; Index Aeron. **11** (1955) 5 119, 7 135, 9 120.
Wilson, C.: Aluminium alloy components; modern tendencies in forging and castings techniques. Flight **67** (1955) June 805—808; Aeron. Engng. Rev. **14** (1955) 9 94 [5.2].
Miller, J. A. and *A. L. Albert:* Mechanical tests on specimens from large aluminum-alloy forgings. NACA TN 3729 Aug. 1956 25 p. 5 ref.; Index Aeron. **12** (1956) 11 137; AMR **10** (1957) 5 199—200.
Everhart, John L.: Hot forged parts. Mater. & Meth. **45** (1957) March 135—154; Aeron. Engng. Rev. **16** (1957) 6 158; Titanium Abstr. Bull. **2** (1956/57) 456—457.
Suchoversky, Ihor E.: Selection of testing locations in aluminum die forgings. Aeron. Engng. Rev. **16** (1957) 1 29—34; Luftf.-Techn. **4** (1958) 3 VII.
Wood, Harold F.: Forged steel crankshafts. Soc. Automotive Engrs. Ann. Meeting, Detroit, Jan. 1957 Prepr. 13 16 p.; Aeron. Engng. Rev. **16** (1957) 4 147.
Jung, A.: Schmiedetechnische Überlegungen für die Konstruktion von Gesenkschmiedestücken aus Stahl. Konstruktion **11** (1959) 3 90—98.
Wilensky, Lester E.: Magnesium forgings save weight. Mater. in Design Engng. **49** (1959) 1 92—94 9 ref.; Leichtbau d. Verkehrsfahrzeuge **3** (1959) 4 139.

Gestaltung von Kunstharz-Preßteilen   5.4

Kotthaus, H.: Fragen der Gestaltung von Preß- und Spritzteilen aus Kunststoffen. Industrie-Anz. **7** (1955) 78 1117—1118.
Rabe, K.: Das Gestalten von Kunstharzpreßstoffteilen unter Berücksichtigung des Werkstoffes und der Werkzeuge. Konstruktion **8** (1956) 8 321—327.
Strasser, F.: Design tips for plastic. Machine Design **29** (1957) 8 144—149.
— Gestaltung von Preßteilen aus härtbaren Kunststoffen. VDI-Richtlinie VDI 2001, 3. Aufl., Düsseldorf: VDI-Verl. 1957 25 S.; Kunststoffe **48** (1958) 6 277; Luftf.-Techn. **3** (1957) 9 VII—VIII; Z. VDI **100** (1958) 29 1435—1436; Konstruktion **10** (1958) 2 80.

Gestaltung von Schweißteilen   5.5

Erker, Armin: Die Ausbildung von Eckverbindungen. Schweißen u. Schneiden **4** (1952) S. H. 164—167.
Hale, A. L.: Some factors affecting design of aluminium-alloy fabrications welded by the inert-gas shielded-arc process. Brit. Welding J. **2** (1955) 10 455—458; AB **26** (1955) 11 701.
Malisius, Richard: Praktische Maßnahmen gegen Schrumpfwirkungen an Schweißkonstruktionen im Spiegel der Wirtschaftlichkeit. Schweißen u. Schneiden **7** (1955) 4 119—133.

Albrecht, H., W. Lenk u. *K. Trümner:* Schweißfertigung und Schweißkonstruktion. Schweißen u. Schneiden **8** (1956) 11 427—430.

Effertz, K. H.: Probleme der schweißtechnischen Gestaltung und Berechnung. Schweißen u. Schneiden **8** (1956) 6 187—189.

Schulz, Hans: Die Gestaltung geschweißter Zuggurte für dynamische und statische Beanspruchung. Schweißen u. Schneiden **8** (1956) 11 422—427.

Blodgett, O. W.: Redesigning castings to weldments. Product Engng. **28** (1957) 3 135—139; Konstruktion **10** (1958) 5 207.

Krebs, I.: Gestaltung von Schweißkonstruktionen. Maschinenbautechnik. **6** (1957) 1 14—30.

Kreft, L.: Konstruktive Gestaltung von Kunststoff-Schweißverbindungen. Industrie-Anz. **79** (1957) 22 314—316.

Maier, A. F.: Beitrag zur Gestaltung und Berechnung geschweißter Hohlkörper für hohe Betriebsdrücke und erhöhte Temperaturen. Schweißen u. Schneiden **10** (1958) 7 270—276 12 Lit.-St.

Mikulak, J.: Konstruieren für Schweißfertigung. Welding J. **37** (1958) 9 871—881; Mitt. Forsch.-Ges. Blechverarb. (1959) 239.

Mohr: Betrachtungen über die wirtschaftliche und statische Zweckmäßigkeit verschiedener geschweißter Knotenverbindungen in Rohrkonstruktionen. Schweißen u. Schneiden **10** (1958) 7 287—288.

Pugsley, A.: The influence of welding on structural design. Brit. Welding J. **5** (1958) 7.

Söhngen, Rudolf: Ausgewählte Beispiele von Schweißkonstruktionen im chemischen Apparatebau. Schweißen u. Schneiden **10** (1958) 7 260—265 [6.215].

Bierett, G.: Güteauswahl der Stähle für geschweißte Konstruktionen mit Hilfe eines einfachen Klassifizierungsschemas. Bauing. **34** (1959) 6 213—222 [1.322.10].

Anwendungsgebiete für den Leichtbau   **6**

Zusammenfassende Darstellungen   **6.1**

Allgemeines   **6.11**

Kienzle, O.: Die Versteifung ebener Böden und Wände aus Blech. Mitt. Forsch.-Ges. Blechverarb. (1955) 7 77—88; Nachr.-Bl. AGM Leichtbau **5** (1956) 2/3 13.

Mienes, Karl.: Kunststoff und Metall im Wettbewerb? Stahl u. Eisen **75** (1955) 6 317—322.

Bergmann, Walter: Festigkeitsprobleme für den Konstrukteur. Tech. Mitt. HdT (Essen) **49** (1956) 5 214—215; Nachr.-Bl. AGM Leichtbau **5** (1956) 7/8 18.

Kirste, L.: Konstruktive Grundlagen des Leichtbaus: Werkstoff — Berechnung — Gestaltung. Z. VDI **98** (1956) 23 1373—1380; Nachr.-Bl. AGM Leichtbau **5** (1956) 11 20.

Kirste, L.: Material, Berechnung und Gestaltung im Leichtbau. Berg- u. Hüttenmänn. Mh. **101** (1956) 12 394—396; Aluminium **33** (1957) 7 A 190.

Kloth, W.: Der Stand des Leichtbaues. Landtechn. Forsch. **6** (1956) 4 104—105 [6.252.45].

Madelung, Georg: Gedanken über Leichtbau. Nachr.-Bl. AGM Leichtbau **5** (1956) 5/6 1—6.

Schapitz, Eberhard: Einfache Schemata für die Festigkeitsberechnung von Leichtbaukonstruktionen. „Blech in Konstruktion und Fertigung", Industrie-Anz. **78** (1956) 18./9. 1123—1128.

Bahke, Erich: Grundlagen und Anwendung der Dünnblechbauweise. Konstruktion **9** (1957) 3 88—99 9 Lit.-St.; Leichtbau d. Verkehrsfahrzeuge **2** (1958) 3 136.

Crasemann, J. H.: Konstruieren in Blech. Blech **4** (1957) 4 27—34; Leichtbau d. Verkehrsfahrzeuge **1** (1957) 4 96.

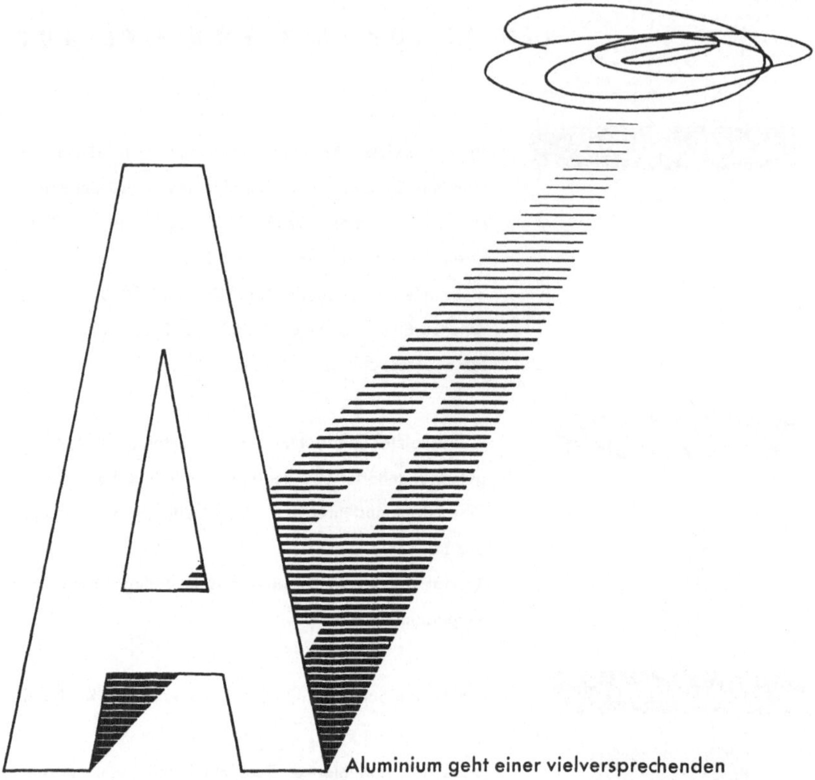

Aluminium geht einer vielversprechenden
Zukunft entgegen. Immer mehr Anwendungsmöglichkeiten
eröffnen sich diesem modernen Metall. Straßen- und Schienen-
Fahrzeugbau, Flugzeug- und Schiffbau, Maschinen- und Apparatebau,
Elektrotechnik, Außen- und Innenarchitektur sowie das weite Feld der
Verpackung sind die wichtigsten Anwendungsgebiete.
Die Aluminium-Walzwerke Singen haben zu der vielseitigen Entwicklung
des Aluminiums wesentlich beigetragen. 47 Jahre Forschung und Werks-
erfahrung stellen wir in den Dienst der Herstellung von Halbzeug
und Folien sowie der Weiterverarbeitung von Fertigfabrikaten.

Aluminium-Walzwerke Singen GmbH • Singen/Hohentwiel

Gabrielli, G.: The philosophy of lightweight design. Aeroplane **92** (1957) 2387 771—772; Aeron. Engng. Rev. **16** (1957) 9 113.

Krekel, Paul: VDI-Tagung „Leichtbaukonstruktionen". Aluminium **33** (1957) 5 347—350.

Loewenfeld, K.: Die Gestaltung von Platten. Konstruktion **9** (1957) 5 180—187.

Nielsen, H. u. *H. Suppus:* Neue Bauelemente durch Walzplattieren. Aluminium **33** (1957) 2 115—119.

— VDI-Tagung Leichtbaukonstruktionen Braunschweig 1957. Konstruktion **9** (1957) 10 400—411.

Bruckmayer, Friedrich: Der Leicht-Skelettbau. Bauwirtschaft **12** (1958) 11 227—231, 12 252—258.

Gillemot, L.: Über die Rolle der Werkstoffprüfung bei der zeitgemäßen Maschinenbemessung. Periodica Polytechnica (Budapest) **2** (1958) 4 251—274 [4.1].

Hertel, Heinrich: Die Drillkopplung, ein neues Verfahren des Leichtbaues zur Erzielung steifer Körper. Konstruktion **10** (1958) 10 381—394 9 Lit.-St. [1.342.51].

Pum, E.: Abkantprofile aus Stahl- und Leichtmetallblech. Werkstatt u. Betrieb **91** (1958) 9 577—582 [1.421].

Rudnai, G.: Theorie des Leichtbaues. Periodica Polytechnica (Budapest) **2** (1958) 4 309—346.

— Leichtbau-Konstruktionen. Vorträge der VDI-Tagung Braunschweig 1957. VDI-Ber. Bd. 28 1958 121 S.; Konstruktion **10** (1958) 12 504.

Ebner, Hans: Wege und Ziele der Festigkeitsforschung insbesondere im Hinblick auf den Leichtbau. Arbeitsgemeinschaft des Landes Nordrhein-Westf. H. 55 (55. Sitzung 5. 10. 55 Düsseldorf) Köln-Opladen: Westdeutsch. Verl. 1959 S. 53—93.

Rühl, K.: Werkstoff-Fragen des Metallbaues. Bauing. **34** (1959) 6 222—231 46 Lit.-St.

Schmid, Franz J.: Stahl und Leichtmetall im Wettbewerb beim Stoffleichtbau. Blech **6** (1959) 4 129—135; Aluminium **35** (1959) 9 A 240; Leichtbau d. Verkehrsfahrzeuge **3** (1959) 6 246—247.

Suppus, H. F. W.: Leichtbau durch leichten Werkstoff und werkstoffgerechte Gestaltung. Blech **6** (1959) 4 135—141; Aluminium **35** (1959) 9 A 238.

Stahlleichtbau   **6.12**

Allgemeines   **6.121**

Bartocci, A.: Die hochbeständigen „ALS"-Stähle für Leichtkonstruktionen. Métaux, Corrosion **30** (1955) 353 18—33; Werkstoffe u. Korrosion **7** (1956) 6 335.

— Stahlbauprofile. (Hrsg. Verband Schweiz. Brücken- u. Stahlhochbau-Unternehmungen). Zürich: VSB 1955 50 S.

Garbers, F. u. *G. Gessner:* Beitrag zur Versteifung ebener Platten durch Sicken. Mitt. Forsch.-Ges. Blechverarb. (1956) 13 146—152.

Kloth, Willi u. *Walter Bergmann:* Spannungsfelder in Blechkonstruktionen. Mitt. Forsch.-Ges. Blechverarb. (Düsseldorf) (1956) 8 85—91.

Oehler, Gerhard: Blechverarbeitung in USA. Eindrücke einer Studiengruppe deutscher Fachleute. (RKW-Auslandsdienst H. 30) München: Hanser 1956 154 S.

Bergmann, Walter: Spannungen in biegebeanspruchten, versteiften Blechböden. Industrie-Anz. (Essen), Ausg. Werkzeugmasch. u. Fertigung (1957) 5 17—20.

Bergmann, Walter: Die Bedeutung des Schubmittelpunktes bei Verwendung von Stahlleichtprofilen und die zweckmäßige Ausbildung von Knotenpunkten. Techn. Blätter Wuppermann (1957) 2 3—19 [1.342.7].

Dörnen, Albert: Einfluß der Schweißtechnik auf die Stahlbauweise am Beispiel hohler Konstruktionselemente. Schweißen u. Schneiden **9** (1957) 6 235—238.

Jungbluth, O.: Geschweißte typisierte Mehrzweckebauteile im Stahlleichtbau unter Verwendung kaltverfestigter Sonderprofile. Schweißen u. Schneiden **9** (1957) 6 248—252 8 Lit.-St.

Mitchell, Bruce: Supersonic steel. Ryan Reporter (1957) 5 9—11, 32, 33; SAE J. **65** (1957) Dec. 56—58; Aeron. Engng. Rev. **17** (1958) 3 107.

Oehler, G.: Konstruieren in Stahlblech. Industrie-Anz. **79** (1957) 34 483—488.

Slater, P. M.: Stainless steel. A review of its advantages and uses. Sheet Metal Industries **34** (1957) 363 503—516, 528.

Crasemann, H. J.: Blech als Konstruktionsmaterial. Techn. Rdsch. (Bern) **50** (1958) 50 25, 27, 29, 31, 43, 45; Leichtbau d. Verkehrsfahrzeuge **3** (1959) 1/2 43.

Walter, J.: Leichtbau durch Blechverwendung. Konstruktive und fertigungstechnische Besonderheiten im Fahrzeugbau. Mitt. Forsch.-Ges. Blechverarb. (1958) 20/21 221—231.

— Paper-thin steel sheet cuts weight of aircraft. Mater. in Design Engng. (1958) Apr. 128—133; Aero Space Engng. **17** (1958) 8 93.

Hoff, H.: Fortschritte in der Stahlherstellung und ihre Auswirkungen auf den Leichtbau der Verkehrsfahrzeuge unter besonderer Berücksichtigung der Stahlleichtbauprofile. Leichtbau d. Verkehrsfahrzeuge **3** (1959) 5 195—201 16 Lit.-St. [6.252.1].

Loria, Edward A.: Six precautions in using high strength steels. Mater. in Design Engng. **49** (1959) 2 90—93; Leichtbau d. Verkehrsfahrzeuge **3** (1959) 4 141.

Mohr, Rudolf: Von der offenen Stahlbauweise zu Schalen- und Hohltragwerken. Schweißen u. Schneiden **11** (1959) 3 97—101 7 Lit.-St.

Neumann, A. u. G. Enger: Leichtbauweise im Stahlwasserbau. Technik (Berlin) **14** (1959) 1 34—38 5 Lit.-St.

Stahlrohrbau 6.122

Gottfeldt, Harry: Geschweißte Rohrkonstruktionen. Schweiz. Bau-Ztg. **106** (1935) 16 181—183 [1.442.12].

— Nahtlose Stahlrohre. Statische Werte und Gewichte. Umrechnungs- und Hilfstabellen. Düsseldorf: Mannesmann 1955 122 S.

Bergmann, Walter: Spannungen in Knotenpunkten von Hohlprofilen bei statischer Belastung. Grundl. Landtechn. (1956) 7 28—45.

Doetsch, J.: Dockanlagen für Verkehrsflugzeuge bei der Deutschen Lufthansa. Luftf.-Techn. **2** (1956) 10 192—197.

Hornig, Günter: Herstellen von Stahlrohr-Formstücken durch autogenes Schweißen und Schneiden. Schweißen u. Schneiden **8** (1956) 3 97—100.

— Rohre als Konstruktionsteile. Mater. in Design Engng. **46** (1957) 7 127—146; Mitt. Forsch.-Ges. Blechverarb. (1958) 15 174—175 [6.133].

Bückreiß, H. u. Th. Schaaf: Geschweißte Fachwerkträger mit Rohrdiagonalen. Schweißen u. Schneiden **10** (1958) 6 239—241.

— Geschweißte Stahlrohrkonstruktionen. Merkblätter. Düsseldorf: Beratungsstelle f. Stahlverwendung 1958 48 S.; Schweiz. Bau-Ztg. **77** (1959) 12 181.

— Konstruieren in Stahlrohr. Sonderheft. Techn. Mitt. HdT (Esen) (1959) 3.

Leichtmetall — Leichtbau **6.13**

Allgemeines **6.131**

Brenner, Paul: Leichtmetalle im Wettbewerb mit Stahl. Stahl u. Eisen **75** (1955) 21 1364—1375; Nachr.-Bl. AGM Leichtbau **5** (1956) 2/3 13, 7/8 11; Aluminium **32** (1956) 2 A 43.

Bullock, H. R.: The design of magnesium airborne packages. Mag. Magnesium (1955) Aug. 2—6; Aeron. Engng. Rev. **14** (1955) 11 137.

Fletcher, L.: Recent aluminium casting developments. Metal Industry **87** (1955) 2 23—27; AB **26** (1955) 8 497—498.

Godard, Hugh P.: The use of aluminium in contact with other metals. Engng. J. **38** (1955) 1 28—29; AB **26** (1955) 3 147—148.

Schirmer, E. V.: Design principles in magnesium. Light Metal Age **13** (1955) 10/11 14—15; AB **27** (1956) 2 125.

Spillett, E. E.: Super purity aluminium — Production, properties and applications. Metallurgia **51** (1955) 304 59—64; AB **26** (1955) 4 197—198 [1.323.210].

— Aluminium in contact with other materials. ADA Inform. Bull. 21 Dec. 1955 48 p.; Aluminium **32** (1956) 5 A 131.

— Herstellung, Eigenschaften und Anwendungsmöglichkeiten von Reinstaluminium. Z. VDI **97** (1955) 35 1281—1283.

Benndorf, K. L.: Well- und Sickenbleche aus Aluminiumlegierungen als neuzeitliche Leichtbaumittel. Metall **10** (1956) 5/6 213—215; Aluminium **32** (1956) 7 A 194.

Bleicher, Waldemar: Leichtmetallkonstruktionen. Techn. Mitt. HdT (Essen) **49** (1956) 5 221—227; Nachr.-Bl. AGM Leichtbau **5** (1956) 7/8 18.

Bloch, E. A.: Die neuesten Entwicklungstendenzen auf dem Gebiete der Aluminiumherstellung, -verarbeitung und -forschung. Aluminium (Suisse) **6** (1956) 4 117—143.

Domke, K. u. *W. Linicus:* Große Strangpreßprofile. Aluminium **32** (1956) 10 621—627; Nachr.-Bl. AGM Leichtbau **5** (1956) 11 19; Leichtbau d. Verkehrsfahrzeuge **1** (1957) 2/3 68.

Horst, R. L.: Materials of construction — aluminum alloys. Industr. & Engng. Chem. **48** (1956) 9 Pt. II 1696—1701; Aluminium **33** (1957) 2 A 44.

Krekel, Paul: Erweiterung der Anwendungsmöglichkeiten von Aluminiumkonstruktionen durch Verwendung neuartiger Gewindeeinsätze. Aluminium **32** (1956) 10 637—642, 11 703—705; Nachr.-Bl. AGM Leichtbau **5** (1956) 11 18—19 [1.443.13].

Langegger, M.: Leichtmetall-Halbzeug in Österreich. Berg- u. Hüttenmänn. Mh. **101** (1956) 12 390—394.

Marsh, C.: Konstruktionen aus abgekanteten Aluminiumblechen. Aluminium **32** (1956) 10 628—630.

Mills, F. J.: The role of duralumin and other wrought aluminium alloys in British industry. Light Metals **19** (1956) 217 101—103.

Older, J. C.: Learning metalwork with aluminium. XVIII. Light Metals **19** (1956) 215 55—56.

de Ridder, E. J.: Ingenieurprobleme in der Entwicklung neuer Aluminiumprodukte und ihrer Anwendung. Berg- u. Hüttenmänn. Mh. **101** (1956) 12 426—435.

Schmid, E.: Verwendung von Leichtmetallen auf Grund spezifischer physikalischer Eigenschaften. Berg- u. Hüttenmänn. Mh. **101** (1956) 12 382—389 Aluminium **33** (1957) 7 A 192.

Stencel, F. B.: Neue Leichtbauweise für die Zelle der leitstrahlgesteuerten Oerlikon-Fliegerabwehrrakete. Aluminium (Suisse) **6** (1956) 5 149—157; Aluminium **33** (1957) 2 A 45.

6.131

Sutter, K.: Neuzeitliche Konstruktionen in Aluminium. Wirtsch. Techn. Transp.
25 (1956) 7/9 115—123, 10/12 155—158, **26** (1957) 1/3 23—26; Leichtbau d. Verkehrsfahrzeuge **2** (1958) 3 135.

Watson, D.: Trends in light metals uses. Modern Metals **12** (1956) 8 50, 52, 54.

Wilson, C.: Einige Beobachtungen über die Herstellung großer Bestandteile
aus Aluminiumlegierungen von besonderer Festigkeit. Berg- u. Hüttenmänn.
Mh. **101** (1956) 12 327—335; Leichtbau d. Verkehrsfahrzeuge **1** (1957) 2/3 72;
Aluminium **33** (1957) 7 A 188.

Bosshard, H.: Aluminiumfolie als Wärme- und Kälteisolierung. Aluminium
(Suisse) **7** (1957) 3 106—108; Aluminium **33** (1957) 10 A 282.

Eversheim, Paul: Leichtmetall, seine Entwicklung und Anwendung. Techn. Rdsch.
(Bern) **49** (1957) 35 9—11.

Hoffman, George A.: Could Beryllium be used as a structural material. Mater.
& Meth. **45** (1957) 2 100—103; Leichtbau d. Verkehrsfahrzeuge **1** (1957) 4 95;
Aeron. Engng. Rev. **16** (1957) 5 180.

Spescha, M.: Richtlinien für das Konstruieren mit Aluminium. Techn. Rdsch.
(Bern) **49** (1957) 16 17, 19, 21; Leichtbau d. Verkehrsfahrzeuge **2** (1958) 3 136.

Streuli, L. J.: Leichtbauweise in Aluminium und seine Anwendung im Wasser-
bau. Aluminium (Suisse) **7** (1957) 6 219—224; Aluminium **34** (1958) 4 A 90.

v. Zwehl, W.: Die Anwendung von Aluminiumdraht. Draht **8** (1957) 8 315—316.

— The hot forming, assembly and service applications of magnesium alloys.
Machinery (London) **90** (1957) 2309 376—381; Leichtbau d. Verkehrsfahrzeuge **1** (1957) 4 95.

Costeraste, M. et P. Bandet: Fabrication et utilisation des gros profilés filés en
aluminium et alliages légers. II. Rev. Aluminium **35** (1958) 257 897—905;
Aluminium **35** (1959) 2 A 34.

Frey, P.: Elementbauweise mit neuen Leichtmetallprofilen. Techn. Rdsch.
(Bern) **50** (1958) 32 13.

Gürtler, Gustav: Leichtmetalle und Leichtbau. „Leichtbau-Konstruktionen", VDI-
Ber. Bd. 28 1958 49—57 42 Lit.-St.

Heinemann, H.: Seewasserbeständige Seilwinde aus Leichtmetall. Schweißen u.
Schneiden **10** (1958) 6 226—227.

v. Hofe, Hans: Geschweißte Leichtbaukonstruktionen und ihre Herstellung.
„Leichtbau-Konstruktionen", VDI-Ber. Bd. 28 1958 75—86 22 Lit.-St.

Müller, Joachim: Nichteisen-Metallguß — Erzeugnisse und Verfahren. Industrie-
Anz. **80** (1958) 76 1159—1161; Leichtbau d. Verkehrsfahrzeuge **3** (1959) 1/2 44.

— Aluminium in Wirtschaft und Technik. Frankfurt/Main: Volkswirt 1958.

— De la mousse d'aluminium. Rev. Aluminium **35** (1958) 255 678—679; Aluminium **34** (1958) 12 A 340.

— Zusammenbau von Aluminium mit anderen Werkstoffen. Aluminium-Merkblatt K 4, Düsseldorf: Aluminium-Zentrale 1958 8 S.

Bleicher, W.: Stranggepreßte Profile aus Aluminium und ihre Anwendung. Konstruktion **11** (1959) 3 99—105 21 Lit.-St.

Leontis, T. E.: Erweiterte Anwendung von Magnesiumlegierungen. Metal Progress **76** (1959) 4 134—136; Metall **14** (1960) 4 331.

In den einzelnen Industrien, Gesamtdarstellungen   **6.132**

— The durability of aluminium in building. London: Northern Aluminium Co.
Sept. 1954 40 p.; AB **26** (1955) 3 127.

Domke, K.: Aluminium im Ingenieurbau. Dtsch. Baumeister **17** (1956) 3 109—115.

— Specifications for structures of aluminium alloy 6061-T6. Proc. ASCE Vol. 82,
ST 3 (J. Struct. Div.), Pap. 970 May 1956 34 p.; AB **28** (1957) 1 35—36.

Domke, K.: Aluminium im Ingenieurbau. Umschau **57** (1957) 9 257—260.

F&G
Leichtmetall-Halbzeug

FELTEN & GUILLEAUME CARLSWERK
AKTIENGESELLSCHAFT · KÖLN · MÜLHEIM

Lutz, F.: Aluminium in der Feuerlöschgeräte-Industrie. Aluminium **33** (1957) 3 185—188.

Nachtigall, E.: Development of the aluminum industry in Austria. Metal Progr. **71** (1957) 1 77—81.

Staehelin, J.: Aluminium in der Atomindustrie. Aluminium (Suisse) **7** (1957) 1 23—28; Aluminium **33** (1957) 5 A 138.

— Magnesium and its industrial applications — United Kingdom facilities for the production and development. Metallurgia **55** (1957) 327 31—36; AB **28** (1957) 2 121—122.

— The use of aluminum in the chemical industry. Canad. Chemical Processing **41** (1957) 2 34—36, 38, 40, 42, 44; AB **28** (1957) 3 149—150.

Emley, E. F.: Magnesium in aeronautics and nuclear engineering. III. Applications of magnesium. Light Metals **22** (1959) 259 283—286.

Leichtmetallrohrbau 6.133

Chevrier, A.: Pipelines en métal léger pour les champs de pétrole. Rev. Aluminium **34** (1957) 239 82—83; Aluminium **33** (1957) 7 A 190.

— Rohre als Konstruktionsteile. Mater. in Design Engng. **46** (1957) 7 127—146; Mitt. Forsch.-Ges. Blechverarb. (1958) 15 174—175 [6.122].

— Welded aluminium piping. Light Metals **20** (1957) 226 20—22; Aluminium **33** (1957) 7 A 190.

Linicus, W.: Herstellung von Aluminiumrohren nach dem Thermatool-Widerstandsschweißverfahren mit Hochfrequenz. Aluminium **34** (1958) 9 540—543.

Marsh, C.: Calcul et mise en œuvre des membrures tubulaires en tôle d'alliage léger. Rev. Aluminium **35** (1958) 254 523—531; Aluminium **34** (1958) 9 A 256.

Czerwenka, G.: Statische Festigkeit und Konstruktion hochfester Leichtbaurohre. Bau-Ing. **34** (1959) 11 437—443 22 Lit.-St.

Leichtbau in Hölzern, Plasten und sonstigen Werkstoffen 6.14

— Gummi und Holz als Werkstoff für Preßwerkzeuge. (The use of rubber and wood as die materials. Machinery **48** (1936) 1238 405 ff.) Luftf.-Schrifttum Ausland **2** (1936) 9 233—234.

Sweet, C. V.: Resume of some of the newer products in wood utilization. FPL Rep. 1967 Dec. 1953 23 p.

— Aerolite for flush doors. Aero Res. TN Bull. 127 July 1953 6 p.; Holz als Roh- u. Werkstoff **15** (1957) 12 527.

Mienes, Karl: Kunststoffe in Amerika. München: Hanser 1954 59 S. [1.324.31].

Webber, C. H.: Betrachtungen eines Praktikers über Kunststoffröhren für Gasleitungen. Gas **30** (1954) 2 44—46; Werkstoffe u. Korrosion **7** (1956) 1 45.

Bagen, Carl H.: When to use vacuum-formed plastics. Machine Design **27** (1955) May 149—152; Aeron. Engng. Rev. **14** (1955) 8 114.

Bajko, L.: Glasfaserverstärkte Polyesterpreßmassen. Kunststoffe **45** (1955) 1 36—38.

Behnke, Edith: Einsatzmöglichkeiten ungesättigter Polyesterharze. Gummi u. Asbest **8** (1955) 3 133—138.

Bernhard, Paul: Rohre aus Kunststoffen. Techn. Rdsch. (Bern) **47** (1955) 42 25.

Beyer, Waldemar: Nachbearbeitung von Werkstücken aus glasfaserverstärkten Kunststoffen. Kunststoffe **45** (1955) 12 595—596.

Chizallet, G.: Rohre aus Kunststoffen. Génie Chim. (Chimie et Industrie) **74** (1955) 6 173—182.

Dietz, K. u. *G. Lorentz:* Kunststoffe im Säureschutzbau. Chemie-Ing.-Techn. **27** (1955) 596—598.

Großmeyer, J.: Die Verwendung von Gummi im Maschinen- und Fahrzeugbau. Technik (Berlin) **10** (1955) 7 414—418; Nachr.-Bl. AGM Leichtbau **5** (1956) 2/3 15—16.

Mienes, Karl: Kunststoff-Verarbeitung. Düsseldorf: Econ-Verl. 1955 112 S.; Kunststoffe **46** (1956) 5 217.

Morrison, Robert S. and *Morgan Martin:* Matched metal dies for fiberglass reinforced plastic parts. Tool Engr. (1955) July 109—112.

Picht, Horst u. *Gerhard Matulat:* Formen und Vorrichtungen für das Vakuumverfahren. Kunststoffe **45** (1955) 7 313—315.

Rees, J.: Consistency in glass reinforced mouldings. Brit. Plastis **28** (1955) 480—483.

Reinholdt, W.: Trinkwasserleitungsrohre aus Kunststoffen. Werkstoffe u. Korrosion **6** (1955) 10 471—473.

Royer, J. et *G. Jubé:* Le stratifié verre-résine, matériau aéronautique. Techn. et Sci. Aéron. (1955) 5 309—313; Luftf.-Techn. **2** (1956) 3 V.

Schenkel, Gerhard: Erfahrungen beim Spritzen von Kunststoffrohren. Kunststoffe **45** (1955) 10 486—490 34 Lit.-St.

van Wijk, J.: Kunststoff-Wasserleitungsrohre. Water **39** (1955) 22 297—300.

Woolf, S.: Structural use of timber. Timber Technol. **63** (1955) 2189 121—122, 2190 182—184, 2191 240—242; AMR **9** (1956) 6 250; Holz als Roh- u. Werkstoff **14** (1956) 8 323.

Anders, Heinz: Über die Verwendung von Plasten bei Raketenflugkörpern. Flugwelt **8** (1956) 3 154.

Beér, F.: Das Harzeinspritzverfahren für glasfaserverstärkte Formteile. Z. VDI **98** (1956) 28 1632.

Beier, H.: Kunststoffrohre. Gas- u. Wasserfach **97** (1956) 4 129—133.

Bernhard, Paul: Kunststoffe und werkstoffgerechtes Gestalten. Techn. Rdsch. (Bern) **48** (1956) 11 21, 23, 25.

Bischoff, Herbert: Kunststoffgerechte Konstruktion als Wegbereiter der Kunststoffanwendung. Plaste u. Kautschuk **3** (1956) 1 17—19.

Brockmöller, Fritz: Wirtschaftlichkeit und Möglichkeiten der Anwendung glasfaserverstärkter Kunststoffe. Z. VDI **98** (1956) 27 1603—1610 21 Lit.-St. [1.52].

Buendia, M.: Empleo del caucho sintetico y natural en la preparación de adhesivos. (Die Verwendung von Natur- und Kunstkautschuk bei Klebstoffen.) Revista de Plasticos (1956) 40 203—210; Adhäsion **2** (1958) 2 82, 84.

Dixmier, G.: Fabrication de maquettes à l'aide des matières plastiques. ONERA NT 33 1956 61 p.

Van Dyke, J. C.: Recent developments in engineered timber construction. Amer. Soc. Mech. Engrs. Ann. Meeting, New York, Nov. 1956, Pap. 56-A-136 8 p.

Jorgensen, R. W.: Strength and elastic properties of two-species laminated wood beams. Forest Products J. **6** (1956) 6 215—220; AMR **10** (1957) 10 470.

Ketchum, V.: Glued laminated timber construction. Amer. Soc. Mech. Engrs. Spring Meeting, Portland, Ore., March 1956, Pap. 56-S-15 22 p.; AMR **9** (1956) 7 294.

Ketchum, V.: New developments in engineered wood design and construction. Amer. Soc. Testing Mater. 2nd Pacific Area Nat. Meeting, Sept. 1956, Pap. 89; AMR **10** (1957) 12 562.

Keylwerth, Rudolf: Dimensionsstabilität und Gleichmäßigkeit von Möbel- und Türplatten. Holz als Roh- u. Werkstoff **14** (1956) 9 353—360.

König, H.: Das Verarbeiten von weichmacherfreiem Polyvinylchlorid auf Schnekkenpressen und Spritzgußmaschinen. Z. VDI **98** (1956) 20 1045—1050 6 Lit.-St.

Lansac, M.: Procédé d'habillage de maquettes en vol libre à l'aide de plastiques renforcés au verre textile. Rech. Aéron. (1956) 49 53—56.

McHenry, K. E.: Amerikanische Erfahrungen mit Kunstharz-Preßstoffplatten. Iron Steel Engr. **33** (1956) 6 112—115; Stahl u. Eisen **76** (1956) 24 1637—1638.

Mehdorn, Kurt: Die Anwendung von Kunststoffen. Z. VDI **98** (1956) 10 447—450 25 Lit.-St.

Niskanen, E.: Glued laminated timber structures. I, II. Aero Res. TN Bull. 159 March 1956 4 p., Bull. 160 Apr. 1956 8 p. 22 ref.; AMR **10** (1957) 9 409; Holz als Roh- u. Werkstoff **16** (1958) 7 283.

Oberst, Hermann: Akustische Anwendungen von Schaumstoffen. Kunststoffe **46** (1956) 5 190—194.

Richard, K. u. *G. Diedrich:* Rohre aus Niederdruckpolyäthylen. Eigenschaften und Erprobung in Labor und Praxis. Kunststoffe **46** (1956) 5 183—190.

Steskal, G.: Die Verwendung von Kunststoffen als Säureschutz. Z. VDI **98** (1956) 9 383.

Thornber, W.: Glued laminated products. Timber Technol. **64** (1956) 2204 303— 306; AMR **10** (1957) 9 409.

Vieweg, W.: Isolierungen mit Glasfaser. Techn. Mitt. HdT (Essen) **49** (1956) 11 527—530; Nachr.-Bl. AGM Leichtbau **5** (1956) 12 13.

Walter, R.: Kunststoffe und Kunststoff-Verarbeitungsmaschinen. Z. VDI **98** (1956) 21 1165—1172.

— Araldite in many enterprises. Aero Res. TN Bull. 163 July 1956 8 p.; Aeron. Engng. Rev. **16** (1957) 1 109—110.

— Araldite in the woodworking industry. Aero Res. TN Bull. 166 Oct. 1956 6 p.

— Kunststoffe und werkstoffgerechtes Gestalten. Techn. Rdsch. (Bern) **48** (1956) 11 21—25.

Beér, F.: Glasfaserverstärkte Kunststoffstäbe als Bewehrung für Spannbeton. Z. VDI **99** (1957) 2 66.

Brandenberger, E.: Bauelemente aus Kunststoffen. Schweiz. Bau-Ztg. **75** (1957) 32 501—505; Plaste u. Kautschuk **5** (1958) 1 32.

Brosheer, Ben C. and *Grover C. Barnes:* Plastic tools cut costs for Studebaker. Amer. Machinist **101** (1957) 22 143—145; Leichtbau d. Verkehrsfahrzeuge **2** (1958) 2 83.

v. Brunswik, C.: Polyester-Glasfasertafeln und -Wellplatten. Ein moderner Baustoff für gute Belichtung und Besonnung. Kunststoffe **47** (1957) 10 580— 582.

Carstairs, D. H.: New wind tunnel uses Gaboon plywood and Douglas Fir. Timber Technol. **65** (1957) 456—458; Holz als Roh- u. Werkstoff **17** (1959) 1 39.

Cuno, H.: Verarbeitung und Pflege von Kunststoff-Dekorationsplatten. Kunststoffe **47** (1957) 10 625—630; Holz als Roh- u. Werkstoff **16** (1958) 5 193.

Dolezalek, C. M.: Automatisierung in der Kunststoff-Verarbeitung. Kunststoffe **47** (1957) 8 412—415.

Doyle, D. V.: Diaphragm action of diagonally sheathed wood panels. FPL Rep. 2082 Nov. 1957 40 p.

Duflos, J.: Les utilisations des matières plastiques renforcées au verre textile dans l'aviation, les engins et les fusées. Fusées **2** (1957) 3 237—240; Métaux, Corrosion **32** (1957) 380 176—180; Raketentechn. u. Raumf.-Forsch. **2** (1958) 2 69; Leichtbau d. Verkehrsfahrzeuge **1** (1957) 5 137; Aeron. Engng. Rev. **17** (1958) 3 108 [1.324.312.3].

Hagen, Harro: Vorformen von glasfaserverstärkten Kunststoffen. Kunststoffe **47** (1957) 6 329—332.

Hofmann, W.: Silopren für den Flugzeugbau. Luftf.-Techn. **3** (1957) 7 152.

Hübscher, M.: Die Verwendung von dünnen Glasfasern in der Technik. Technik (Berlin) **12** (1957) 1 27—32 8 Lit.-St.

Jungnickel, Heinz: PVC-Rohrleitungen mit Gewindeverbindungen. Kunststoffe **47** (1957) 6 333—334.

Kisser, Josef: Das Holz und seine technischen Verwendungsmöglichkeiten. Z. VDI **99** (1957) 29 1503—1506.

Kraft, Richard: Die Verarbeitung ungesättigter Polyesterharze. Z. VDI **99** (1957) 12 511—520 3 Lit.-St.

Krauss, W.: Über die Verwendung von Silikonharzen als Bindemittel für temperaturbeständige Anstriche. Elektrotechn. u. Masch.-Bau **74** (1957) 15/16 349—355.

Kristen, Th., W. Westhoff, H. Rüsch, A. Stois u. *J. Hierl:* Holzwolle-Leichtbauplatten; Eigenschaften, Feuchtigkeits- und Frostbeanspruchung. Berlin: Ernst 1957 50 S.; Holz als Roh- u. Werkstoff **16** (1958) 3 116.

Kuntze, A.: Interessante Plastanwendung in der Textilindustrie. Plaste u. Kautschuk **4** (1957) 7 249; Adhäsion **1** (1957) 5 236.

Meakin, K. S.: Synthetic resin glues in structural design. Wood (London) **22** (1957) 9 368—370; Holz als Roh- u. Werkstoff **16** (1958) 7 281.

v. Meysenbug, C. M.: Erwärmungsvorgänge bei der Verarbeitung von härtbaren Preßmassen. Kunststoffe **47** (1957) 8 482—488.

Müller, Adelheid u. *W. Schwartz:* Über die Verwendung von Kunststoffrohren in Trinkwasserleitungen. Kunststoffe **47** (1957) 10 583—588.

Oelze, Heinz: Verformen von PVC-Hartfolien. Kunststoffe **47** (1957) 2 93—98.

Plath, Erich u. *Lore Plath:* Die Beschichtung von Holzwerkstoffen mit Kunststoffen. Holz als Roh- u. Werkstoff **15** (1957) 6 254—261; Adhäsion **1** (1957) 5 236.

Röhm, W.: Rohrleitungen aus Celluloseacetobutyrat. Kunststoffe **47** (1957) 5 285—287.

Rottner, E.: Praktische Methoden zur Verarbeitung von Halbzeugen aus Niederdruckpolyäthylen. Kunststoffe **47** (1957) 4 227—231.

Sauter, Patrick: Formvac-Airslip-Verfahren. Ein neues Vakuumformungs-Verfahren. Kunststoffe **47** (1957) 1 23—25.

Schäfer, Ferdinand: Silikon-Kautschuk als Verarbeitungs-Hilfsmittel für glasfaserverstärkte Polyesterharze. Kunststoffe **47** (1957) 6 314—316.

Schrenk, Ernst: Welchen Kunststoff soll ich wählen? Betrachtungen über die Auswahl von Kunststoffen auf Grund ihrer Eigenschaften. Techn. Rdsch. (Bern) **49** (1957) 19 9—15.

Stansbury, J. G.: Plastic laminate heat shields. Modern Plastics **34** (1957) 10 188, 192, 294; Konstruktion **10** (1958) 4 156—157.

Stastny, Fritz: Zur technischen Anwendung des Schaumkunststoffes Styropor. Bitumen, Teere, Asphalte, Peche (1957) 11 404—405; Adhäsion **2** (1958) 2 82.

Thiel, A.: Vakuumverformung thermoplastischer Platten und Folien. Mitt. Forsch.-Ges. Blechverarb. (1957) 3 21—30.

Walter, Reinhard: Die Anwendung von Kunststoffen. Z. VDI **99** (1957) 10 439—442 39 Lit.-St.

Weisert, P.: Polymethacrylate als Werkstoffe. Techn. Rdsch. (Bern) **49** (1957) 43 9—15.

Wippenhohn, H.: Auskleiden von Metallrohren mit Hart-PVC-Folien. Kunststoffe **47** (1957) 5 281—285.

— Konstruktionsteile aus Polyamiden. Techn. Rdsch. (Bern) **49** (1957) 9 9—15.

— Some uses of Aerodux 185 resorcinol-formaldehyde glue. Aero Res. TN Bull. 178 Oct. 1957 10 p.; Holz als Roh- u. Werkstoff **16** (1958) 11 450.

Bagley, J. A. and *F. M. Partridge:* "Bladder molding" forms smooth plastic laminates. Amer. Machinist **102** (1958) 7 102—103; Leichtbau d. Verkehrsfahrzeuge **2** (1958) 4 180.

Bailey, W. K.: Use of adhesives in the aircraft industry. Soc. Automot. Engrs. (New York) Prepr. 34 B 1958 5 p.

novopan
die hochwertige Holzspanplatte für Trennwände und Decken, schalldämmende Wände
und Türen - zum Ausbau von Dachgeschossen
GR2

heißhärtende
Metallkleber
in Filmform

für die flächige Verklebung
von Metallen mit Metallen
oder mit porösen anorganischen
oder organischen Werkstoffen
sowie für die Metallarmierung
von Wabenkernen

TH. GOLDSCHMIDT A.-G.
ESSEN
Abt. Verkauf Kunststoffe

Beyer, W.: Einsatzmöglichkeiten glasfaserverstärkter Kunststoffe in der Technik. Garmisch-Partenkirchen: Moser-Verl. 1958 42 S.

Black, T. W.: Epoxy shedders cut die costs. Tool Engr. **40** (1958) 3 89—91; Werkstattstechn. u. Masch.-Bau **49** (1959) 1 68.

Blyler, L. L.: Adhesives application in the shoe industry. Indian Rubber Bull. (1958) 115 13—18; Adhäsion **3** (1959) 4 189.

Boggs, H. D.: Reinforced plastics pipe progress. Modern Plastics **35** (1958) 12 96—101, 189, 192.

Brighton, C. A.: Injection moulding of rigid p.v.c. Brit. Plastics **31** (1958) 11 468—472, 495.

Cheney, A. and *W. Ebeling:* Mechanical joining of plastics. Product Engng. **29** (1958) 37 G2—G5; Konstruktion **11** (1959) 9 369—370.

Collins, J. H.: The future of glass-reinforced plastics. Plastics **23** (1958) 248 161—162.

Dorman, E. N. and *M. M. Gruber:* Epoxies' big potential. Modern Plastics (1958) 3 156—160; Adhäsion **3** (1959) 6 331—332.

Dunn, P. A.: Anwendung von Epoxydharzen zu Korrosionsschutzzwecken. Corrosion Technol. **5** (1958) 5 143—147; Mitt. Forsch.-Ges. Blechverarb. (1959) 318.

Escales, Erich E.: Kunststoff-Verarbeitung in Amerika. Fertigungs-, Einsatz- und Absatzmethoden der kunststoffverarbeitenden Industrie in den Vereinigten Staaten. Bericht über eine Studienreise. (RKW-Auslandsdienst H. 71). München: Hanser 1958 51 S.

Eurich, J. V.: Reinforced thermoplastic sheet. Plastics **23** (1958) 245 51—52; Plaste u. Kautschuk **5** (1958) 10 401.

Gruntfest, I. J.: The use of plastics at high temperatures. Brit Plastics **31** (1958) 12 530—531, 539.

Harris, Thomas: Correcting warpage in reinforced plastic products. Prepr. 13th Ann. Techn. & Management Conf., Reinforced Plastics Div., Sect. 10-C 1958 6 p.

van Hartesveldt, C. H.: Reinforced plastic bathtub fabrication methods. Prepr. 13th Ann. Techn. & Management Conf., Reinforced Plastics Div., Sect. 12-D 1958 10 p.

Harwood, R. W.: Vacuum forming and its applications. Plastics **23** (1958) 250 248—250.

Hessen, R.: Zur Frage der Nutzbarmachung von Phenoplastabfällen. Plaste u. Kautschuk **5** (1958) 5 176—178.

John, W. T.: The use of plastics in making jigs, tools and moulds. J. Instn. Production Engrs. **37** (1958) 11.

Kreft, L.: Die Verarbeitungsmöglichkeiten von hochmolekularem Polyäthylen (Ziegler-PE oder PE-hart) durch Kleben, Schweißen und Wirbelsintern. Diss. TH Aachen 1958.

Kuntze, A.: Einige Wege zur Materialeinsparung in der Plastindustrie. Plaste u. Kautschuk **5** (1958) 5 169—171.

Levy, Sidney: Designing stiffness into plastic structures. Modern Plastics **36** (1958) 1 123, 126, 128, 130, 132, 212.

Löbner, H.: Plastanwendung in der Bühnentechnik. Plaste u. Kautschuk **5** (1958) 10 386—387.

Lorentz, G.: Rohre aus Duroplasten. Werkstoffe u. Korrosion **9** (1958) 8/9 539—543; Kunststoffe **48** (1958) 12 563.

Luttropp, H.: Die Eignung von Gemischen aus Polyvinylchlorid und Vinylazetat-Mischpolymerisaten für die Vakuumverformung. Plaste u. Kautschuk **5** (1958) 3 87—93 12 Lit.-St.

Lynn, J. Edward: Schaumstoffe — ein neues Textilmaterial. Modern Textiles Mag. (1958) 1 49—52; Textil-Praxis **14** (1959) 4 420.

Mayor, Y.: In Frankreich hergestellte Polyamide und ihre Verwendung für technische Zwecke. Techn. Rdsch. (Bern) **50** (1958) 34 33—39.

Mazzucchelli, A. P.: Verstärkung von Epoxyharzen mit Metallfasern. Soc. Plastics Engrs. J. **14** (1958) 9 31—39, 10 37—41; Mitt. Forsch.-Ges. Blechverarb. (1959) 470—471.

Mienes, Karl: Kunststoffe um die Jahresmitte 1958. Eine anwendungstechnische Skizze. Kunststoffe **48** (1958) 7 289—292.

Minikus, A.: Verlegen von Kunststoff-Rohrleitungen. Kunststoffe **48** (1958) 4 185—188.

Ohlmer, E.: Untersuchungen über die Verwendungsmöglichkeit von Glasfaser-Kunststoff für Segelflugzeug-Tragflügel. Luftf.-Techn. **4** (1958) 9 252—257 [6.254.1].

Piltz, G.: Holzeinsparung durch Plaste. Plaste u. Kautschuk **5** (1958) 5 175.

Rottner, E.: Weiterentwicklung der Verarbeitung von Halbzeugen aus Hart-Polyäthylen. Kunststoffe **48** (1958) 7 345—348.

Scavuzzo, John J.: Development of a reinforced plastic Jato motor. Prepr. 13th Ann. Techn. & Management Conf., Reinforced Plastics Div., Sect 12-C 1958 6 p.

Schneider, Kurt A.: Vacuum-pressure injection molding of a reinforced plastic, helicopter contravane Prepr. 13th Ann. Techn. & Management Conf., Reinforced Plastics Div., Sect. 12-A 1958 4 p.

Seyffarth, W.: Metallverklebungen, Plastkonstruktionen und Flammspritzgeräte in Leipzig. Plaste u. Kautschuk **5** (1958) 7 264—266 [2.531].

Spalding, D. P.: Ground rules for molded silicone rubber parts. Product Engng. **29** (1958) 14./4. 69—71; Aero Space Engng. **17** (1958) 8 94.

Stoll, Reiner G.: Binde- bzw. Klebemittel für nichtgewebte Vliese. Modern Textiles Mag. (1958) 6 49—50; Textil-Praxis **14** (1959) 4 422.

Strenge, H.: Mehr Metalleinsparung durch Plastwerkstoffe? Plaste u. Kautschuk **5** (1958) 8 291—293.

Swanson, J. M.: Recent advances in the industrial use of synthetic fibers. Textile Res. J. (New York) **28** (1958) 755—761; Z. gesamte Textilindustrie **61** (1959) 10 405.

Thunell, Bertil: Sortierungs- und Sicherheitsfragen bei der Verwendung von Holz für Tragwerke und Gerüste. Holz als Roh- u. Werkstoff **16** (1958) 4 127—132 5 Lit.-St. [1.16].

Troche, A.: Ergänzende Beiträge zum Versatzungsanschluß im Holzbau. Bautechnik **35** (1958) 9 340—343.

Weisert, P.: Verarbeitung und Bearbeitung von Akrylkunststoffen. Kunststoffe **48** (1958) 4 147—154 20 Lit.-St. [1.324.311].

Wende, A.: Über Verfahren zur Herstellung von Formteilen aus glasfaserverstärkten Polyesterharzen. Stäbe, Profile, Grubenhelme, Kanister, Rollreifenfässer und Bootskörper. Plaste u. Kautschuk **5** (1958) 10 380—386.

Wolf, K.: Mit Kunststoff beschichtete Platten. Holztechnik **38** (1958) 10 394; Adhäsion **3** (1959) 2 110.

— Die Herstellung von Polyester-Glasfaser-Wellplatten. Brit. Plastics **31** (1958) Sept. 372—376; Plaste u. Kautschuk **6** (1959) 1 39—40.

— Prüfung und Anwendung von Kunststoffen für äußerst hohe Temperaturen. Kunststoffe **48** (1958) 11 523—524.

— P.V.C. tube in modern despatch system. Plastics **23** (1958) 252 322—323.

— Reinforced plastics today. Brighton conference report. Plastics **23** (1958) 254 398—400.

— The production of nylon screws. Plastics **23** (1958) 251 277—279.

Alexander, D.: Polythene tubing. Rubber J. & Int. Plastics **137** (1959) 6 206—208.

Alexander, D.: Present and future uses as constructional materials. Rubber J. and Int. Plastics **137** (1959) 10 416—419.

DELIGNIT ist der Warenname für eine Vielzahl technischer Sperrhölzer höchster Qualität. DELIGNIT-Spezialplatten sind wasser-, koch-, wetter- und tropenfest verleimt. Sie sind somit ein idealer Werkstoff für den Leichtbau.

Alleinhersteller von DELIGNIT-Spezialsperrhölzern ist die Blomberger Holzindustrie B. Hausmann K. G., Blomberg/Lippe. Als älteste Buchensperrholzfabrik der Welt verfügt die Blomberger Holzindustrie über eine fast 70jährige Erfahrung mit dem Werkstoff Sperrholz, dem sie immer neue und richtungweisende Anwendungsbereiche erschlossen hat:

DELIGNIT-ALLWETTERSPERRHOLZ

DELIGNIT-FLUGZEUGSPERRHOLZ

DELIGNIT-SCHICHTHOLZ

DELIGNIT-KUNSTHARZPRESSHOLZ

DELIGNIT-ALUMINIUMSPERRHOLZ

DELIGNIT-BOOTSBAUSPERRHOLZ

DELIGNIT-FAHRZEUGBAUPLATTEN

DELIGNIT-SCHALUNGSPLATTEN

DELIGNIT-SPERRHOLZROHRE

FAGOFORM-SPERRHOLZFORMTEILE

FAGODUR-KUNSTSTOFFGESCHÜTZTE MULTIPLEXPLATTEN

melofan-KUNSTSTOFFGESCHÜTZTE TISCH- U. ARBEITSPLATTEN

BLOMBERGER HOLZINDUSTRIE

B. HAUSMANN KG. - BLOMBERG/LIPPE

Der vollendete DYNAT-Verschluss
LUFTDICHT
WASSERDICHT
LICHTDICHT
bietet dem Konstrukteur   dem Fertigungs-Ingenieur
ein völlig neuartiges Konstruktionselement!
Der DYNAT-Verschluß ist nicht nur sehr flexibel, sondern
bleibt auch bei hohen Drucken völlig gas- u. wasserdicht.
Einsatzmöglichkeit in vielen Produktionsbereichen.
Bitte, fordern Sie Prospekte!
GEFÜTAX
GESELLSCHAFT FÜR TECHNISCH-CHEMISCHE ERZEUGNISSE MBH.
HILDESHEIM, BERGMÜHLENSTR. 10
FERNRUF: 6370 · FERNSCHREIBER-MITBENUTZUNG 09 27 71

Algra, E.: Polyesterglasvezel als materiaal voor scheepsmodellen. Plastica (Delft) **12** (1959) 4 264—267.

Barkei, Wilhelm: Die Verbindung der Wavin-Hart-PVC-Rohre. Plastic-Rohr **1** (1959) 2 5—6, 5/6 10—11.

Bartzsch: Plastrohre in der Wasserwirtschaft. Plaste u. Kautschuk **6** (1959) 5 235—236.

Baumann, H.: Einsatzgebiete für kalthärtende Kunstharzschaumstoffe. Kunststoff-Rdsch. **6** (1959) 7 280—282.

Birnthaler, W. u. G. Falk: Wetterbeständigkeit von weichgemachten PVC-Massen für die Kabel- und Leitungstechnik. Kunststoffe **49** (1959) 9 439—446.

Brandenberger, E.: Vom Bauen mit Kunststoffen — Regel für ein Konstruieren mit Kunststoffen. Plastica (Delft) **12** (1959) 5 338—344.

Cools, J. J.: Enige aspecten van met glasvezel gewapend plastic materiaal. (Aussichten glasfaserverstärkter Kunststoffe.) Plastica (Delft) **12** (1959) 8 570—579.

Dupont, Werner: Die Verarbeitung von dünnen Schichtpreßstoffplatten. Holz-Zbl. **85** (1959) 37/38 492—494; Adhäsion **3** (1959) 7 386—387.

Ehlers, G. u. E. Scholz: Erläuterungen zu den neuen Normen und Norm-Entwürfen über Kunststoffrohre aus PVC hart, Polyäthylen weich und Polyäthylen hart. Kunststoffe **49** (1959) 4 181—182.

Ernst, U.: Herstellung von PVC-Rohren nach alten und neuen Verfahren. Plaste u. Kautschuk **6** (1959) 6 261—264 10 Lit.-St.

Flamant, A.: Mise en œuvre du polytrifluoromonochloréthylène. Industrie Plastiques Modernes (Paris) **11** (1959) 5 45—48.

Foulon, A.: Antriebselemente aus Perlon oder Perlon-Kombinationen. Maschinenschaden **32** (1959) 5/6 99—100.

Glen, W. and B. A. Green: The use of Terylene polyester fiber in reinforced plastics. Rubber & Plastics Age **40** (1959) 5 439—441.

Hausen, Josef: Kunststoff-Rohstoffe, -Halbzeug und Hilfsstoffe für die Kunststoff-Verarbeitung. Kunststoffe **49** (1959) 12 689—702.

Heiner, H.: Nouve possibiltà d'impiego per il vetro acrilio. (Neue Anwendungsmöglichkeit für Polymethakrylatglas). Materie plast. **25** (1959) 11 989—990.

Hoffstädt, W. W.: Druckverlust in Hart-PVC-Rohren. Plastic-Rohr **1** (1959) 5/6 14.

Hugo, J. u. M. Vanek: Epoxydharze als Werkstoffe für Werkzeuge zum Tiefziehen von Blechen. Plaste u. Kautschuk **6** (1959) 3 109—112 20 Lit.-St.

Hybre, R.: Applications des matières plastiques en médicine, chirurgie et prothèse. Officiel Matières Plastiques **6** (1959) 55 148—152.

Hybre, R.: Les polyesters armés et les expéditions polaires françaises. Off. Matières Plast. **6** (1959) 64 1145—1149.

Jaffe, Edwin H.: Reinforced plastics in extremely high temperature applications. Prepr. 14th Ann. Techn. & Management Conf., Reinforced Plastics Div., Sect. 2-F 1959 8 p.

Kempf, Theo: Polyvinylchloridrohre im Wasserleitungsbau und ihr chemisches Verhalten gegen Leitungswasser. Plastic-Rohr **1** (1959) 7/8 1—3 4 Lit.-St.

Kern, W. F.: Mesure des déformations des pneumatiques à l'aide d'extensiomètres enregistreurs. Rev. gén. Caoutchouc **36** (1959) 10 1347—1365.

Keylwerth, Rudolf: Statistische Methoden der Qualitätskontrolle im Holzindustriebetrieb. DGfH-Mitt. H. 44/1957 Stuttgart: DGfH 1959 49 S. 24 Lit.-St.

Krekeler, K., H. Peukert u. J. Eilers: Festigkeitsuntersuchungen an Rohren aus Thermoplasten. Forsch. Ber. Nordrhein-Westfalen Nr. 737 1959 66 S.

Kubitzky, Carl: PVC-Hartplatten im Wohnmöbelbau. Kunststoffe **49** (1959) 9 490—491.

Laeis, W.: Werkstoffgerechte und moderne Gestaltung von Kunststoff-Erzeugnissen. Kunststoff-Rdsch. **6** (1959) 7 273—279.

Linder, R.: Erdverlegte Trinkwasserleitungen mit Kunststoffrohren. Bauing. **34** (1959) 8 291—295 12 Lit.-St.

Longoni, G.: Stampi di resine epossidiche rinforzate per formatura a bassa pressione. (Formen aus verstärkten Epoxydharzen für die Niederdruck-Preßtechnik.) Poliplasti **7** (1959) 1/2 15—18.

Martin, Morgan: Special problems in molding large parts. Prepr. 14th Ann. Techn. & Management Conf., Reinforced Plastics Div., Sect. 5-B 1959 4 p.

Martin, W. E.: PVC/steel laminates. Rubber J. and Int. Plastics **13** (1959) 10 366—369.

Mienes, Karl: Plastics in Germany. Modern Plastics **36** (1959) 12 124, 126, 128.

Mottram, S.: High impact P.V.C. as a pipe material. I. Properties and characteristics. II. Market needs and potential. III. Extrusion of pipe, moulding of fittings and design considerations. Plastics **24** (1959) 256 24—26, 257 67—68, 258 98—99.

Newberg, Robert F. and *Donald L. Graham:* Reinforced low density moldings. Prepr. 14th Ann. Techn. & Management Conf., Reinforced Plastics Div., Sect. 14-A 1959 12 p.

Ogg, R. S.: The application of reinforced plastics to the chemical industry. Rubber & Plastics Age **40** (1959) 2 168—170.

Osken, Helmuth: Die Anwendung von Polystyrolschaum im Bauwesen. Bauwirtschaft **13** (1959) 9 190—194, 10 214—216.

Phillips, L. N.: Polyurethane foams in the aircraft industry. Adhesives and Resins **7** (1959) 1 6—9; Plaste u. Kautschuk **6** (1959) 5 240.

Pilny, Franz: Stand der Kunststoffanwendung in der Bautechnik. Bauing. **34** (1959) 4 117—127 33 Lit.-St.

Rawe, A. W.: The construction and long-term performance of polyester/glass fibre sectional tanks under various environments. Austral. Plastics & Rubber J. **15** (1959) 163 27—29.

Richard, K., E. Gaube u. *G. Diedrich:* Trinkwasserrohre aus Niederdruckpolyäthylen. Kunststoffe **49** (1959) 10 516—525.

Sans, M.: Tubes P.V.C. frettés verre-polyester. Officiel Matières Plastiques **6** (1959) 60 773.

Sansone, L. F.: A comparison of short-time versus long-time properties of plastic pipe under hydrostatic pressure. SPE-J. **15** (1959) 5 418—426.

Tochtermann, Walter: Glasfaserverstärkte Kunstharz-Preßmassen. Z. VDI **101** (1959) 29 1341—1345 6 Lit.-St.

van der Wal, A. A.: Allowable working stress in rigid PVC pipes. Rubber & Plastics Age **40** (1959) 2 156—158.

van der Wal, A. A.: Rohre aus Hart-Polyvinylchlorid. Plastic-Rohr 1 (1959) 2 1—2, 4 6.

Walter, R. u. *W. Pungs:* Neue Anwendungen für Hart-PVC „Trovidur". Kunststoffe **49** (1959) 1 35—44.

Winter, Hermann u. *Siegfried Heyer:* Versuche an Kunststoff-Wasserleitungsrohren. Plastic-Rohr 1 (1959) 4 2—4.

Wolff, F.: Der Einsatz von PVC-hart (Decelith H) beim Bau einer Kunstseidenfabrik in Paoting/Volksrepublik China. Plaste u. Kautschuk **6** (1959) 10 467—470.

Wolff, F.: Fertigungsstraßen für Dachrinnen und Regenfallrohre aus PVC-hart (Decelith H.). Plaste u. Kautschuk **6** (1959) 6 265—267 3 Lit.-St.

Worp, J.: Hart-PVC-Rohre in der Niederländischen Gasversorgung. Plastic Rohr 1 (1959) 4 1—2.

— Einige Richtlinien zur Anwendung von Polyvinylchloridrohren für Stadtleitungen in der Gasindustrie. Plastic-Rohr 1 (1959) 7/8 3—7.

— Erfahrungen mit Kunststoffrohren auf Ölfeldern. Kunststoffe **49** (1959) 4 165.

— Hart-PVC-Rohre in der Trinkwasserversorgung. Plastic-Rohr **1** (1959) 3 5—6.
— Polyäthylen-Wasserleitungsrohr für Hausanschlüsse mit Erdungsmöglichkeit.
Heizung-Lüftung-Haustechn. (Düsseldorf) **10** (1959) 7 199.
— Polyvinyl chloride. Plastics **24** (1959) 262 281—282.
— Polystyrene. Plastics **24** (1959) 262 279—280.
— Polythene. Plastics **24** (1959) 262 277—278.
— Spray up, exciting economics for reinforced plastics. Modern Plastics **36**
(1959) May 85—89, 210—214; Plaste u. Kautschuk **6** (1959) 10 508.
— Stratifiés polyesters: Canalisations en Suède. Industrie Plastiques Modernes
(Paris) **11** (1959) 7 16—17.
— Verwendung von Wavin Hart-PVC-Rohren in der Trinkwasserversorgung.
Eine Stellungnahme zum DVGW-Merkblatt. Plastic-Rohr **1** (1959) 7/8 15.

Verbundbauweisen mit Füllstoffen   **6.15**

Ericksen, W. S., Edward W. Kuenzi and *Bruce G. Heebink:* Preliminary evaluation of a vacuum-induced concentrated-load sandwich tester. FPL Rep.
1832-A June 1952 22 p.
Heebink, Bruce G., Edward W. Kuenzi and *W. S. Ericksen:* Evaluation of a
vacuum-induced concentrated-load sandwich tester. FPL Rep. 1832-B Febr.
1953 35 p.
Burton, T. L. and *A. Rawuka:* Hot sandwiches. A symposium on high-temperature materials for high-speed aircraft. SAE SP-128 Dec. 1954.
Noton, Bryan R.: Sandwich construction with metal core. "Flying display and
exhibition", Aircr. Engng. **26** (1954) 308 344—345.
Bergqvist, B.: Belastningsprov med en korrugeringsförstyvad alclad 24 S-T
panel i böjlåda vid en kombination av böjmoment, inre övertryck och
måttlig temperaturförhöjning. FFA TN HU-540 May 1955.
Eringen, A. C.: Some corrections and further contributions to "ripple-type
buckling of sandwich columns." J. Aeron. Sci. **22** (1955) 2 142—144 4 ref.
Kuenzi, Edward W.: Mechanical properties of aluminum honeycomb cores. FPL-
Rep. 1849 Sept. 1955 18 p. 14 ref.; AMR **9** (1956) 2 67 [1.222.35].
Long, J. V. and *G. D. Cremer:* High temperature all-metal sandwich structures.
SAE-J. (1955) Apr.
March, H. W. and *C. B. Smith:* Flexural rigidity of a rectangular strip of
sandwich construction. FPL Rep. 1505 rev. Febr. 1955 18 p. [1.225.3].
Norris, Charles B. and *Kenneth H. Boller:* Transfer of longitudinal load from one
facing of a sandwich panel to the other by means of shear in the core.
FPL Rep. 1846 Apr. 1955 30 p.; AMR **9** (1956) 4 154 [1.222.35].
Raville, Milton E.: Deflection and stresses in a uniformly loaded, simply
supported, rectangular sandwich plate. FPL Rep. 1847 Dec. 1955 52 p.
[1.225.3].
Seide, P.: On the torsion of rectangular sandwich plates. Amer. Soc. Mech.
Engrs. Ann. Meeting, Chicago, Ill., Nov. 1955, Pap. 55-A-40 4 p.; J. Appl.
Mech. **23** (1956) 2 191—194; AMR **9** (1956) 5 200.
Setterholm, Vance C., Bruce G. Heebink and *Edward W. Kuenzi:* Durability of
low-density sandwich panels of the aircraft type as determined by laboratory
tests and exposure to weather. IV. FPL Rep. 1573-C Oct. 1955 20 p.; AMR
9 (1956) 8 335.
Solvey, J.: Bibliography and summaries of sandwich constructions (1939—1954).
ARL Rep. SM 2 Oct. 1955 86 p.; Index Aeron. **12** (1956) 7 89.
Thomas, C.: Le nid d'abeilles métallique. nouveau matériau de remplissage.
Techn. et Sci. Aéron. (1955) 5 303—308; Luftf.-Techn. **2** (1956) 1 V.

6.15

— Sandwich construction for aircraft. II. Material properties and design criteria. 2nd ed. ANC-23 Bull., Issued by Subcommittee on Air Force — Navy — Civil Aircr. Design Criteria, Dep. of Defense, Washington 25, D. C.: U. S. Govmt. Printing Off. 1955.

Bernhard, Paul: Wabenzellkonstruktionen. Techn. Rdsch. (Bern) **48** (1956) 24 9.

Bruner, G. and *G. Montantême:* Les nids d'abeille en alliage léger et leur application à la construction sandwich. Docaéro (1956) Mars 39—56 10 réf.; Index Aeron. **12** (1956) 6 125; Aeron. Engng. Rev. **16** (1957) 1 144.

Cremer, G. D.: Production of honeycomb sandwich structures. Metal Progr. **70** (1956) 5 81—84.

Fretigny, G.: Calcul des caissons rectangulaires symétriques avec remplissage en nids d'abeilles. Docaéro (1956) 39 13—22; Index Aeron. **12** (1956) 11 111; Aeron. Engng. Rev. **16** (1957) 2 160 [1.246].

Green, J. D.: More about metal honeycomb. Light Metals **19** (1956) 219 186— 187; Aluminium **32** (1956) 11 A 322.

Johnson, R. C. and *J. W. Sawyer:* Lighter weight, lower cost are factors for designing large plastic covers. Machine Design **28** (1956) 1 145—148; Konstruktion **8** (1956) 7 282—283.

Kimel, W. R.: Elastic buckling of a simply supported rectangular sandwich panel subjected to combined edgewise bending and compression. FPL Rep. 1857 Sept. 1956 II, 125 p.; AMR **10** (1957) 8 352; J. Roy. Aeron. Soc. **61** (1957) 559 507 [1.226].

Kimel, W. R.: Elastic buckling of a simply supported rectangular sandwich panel subjected to combined edgewise bending and compression. Results for panels with facings of either equal or unequal thickness and with orthotropic cores. FPL Rep. 1857-A Nov. 1956 28 p.; J. Roy. Aeron. Soc. **61** (1957) 559 507—508 [1.226].

Kuenzi, Edward W.: Methods of testing sandwich constructions at elevated temperatures. FPL Rep. 2063 1956 10 p. 10 ref.; J. Roy. Aeron. Soc. **61** (1957) 559 508.

Lewis, Wayne C.: Deflection and stresses in a uniformly loaded, simply supported, rectangular sandwich plate. Experimental verification of theory. FPL Rep. 1847-A Dec. 1956 23 p. [1.225.3].

Malmqvist, S.: Knapprovning av bak X, 11775 provutförande i honeycomb. SAAB Internal TN MLF-35-20 Oct. 1956.

McComb, Harvey G. jr.: Torsional stiffness of thin-walled shells having reinforcing cores and rectangular, triangular or diamond cross-section. NACA TN 3749 Oct. 1956 35 p. 5 ref.; NACA Rep. 1316 1957 14 p.; Index Aeron. **12** (1956) 12 82; AMR **10** (1957) 4 148—149; J. Roy. Aeron. Soc. **62** (1958) 570 468; Aircr. Engng. **30** (1958) 355 284; Aeron. Engng. Rev. **17** (1958) 4 112.

Noton, Bryan R.: Honeycomb sandwich construction in civil and military aircraft. Proc. 2nd European Aeron. Congr., Scheveningen, The Netherlands 1956 53.1-53.99.

Noton, Bryan R.: Practical aspects in the design of sandwich structures with metal adhesives. Proc. Int. Plastics Convention (Organized by the Swedish Federation of Plastics) Stockholm Nov. 1956.

Noton, Bryan R.: Sandwichkonstruktioner med kärnor i aluminium. Tekn. T. **86** (1956) 3 33—41.

Noton, Bryan R.: Sandwichkonstruktioner för segel-, sport-, civila- och militära flygplan. Flygrevyn (Sverige) (1956) 4 69—73, 79.

Seidl, Robert J.: Paper-honeycomb cores for structural sandwich panels. FPL Rep. 1918 July 1956 34 p. 12 ref.

Setterholm, Vance C. and *Edward W. Kuenzi:* Performance of glass-fabric sandwich and honeycomb cores at elevated temperatures. WADC Techn. Rep. 56-119 (AD 97290) Sept. 1956 18 p.; Aeron. Engng. Rev. **16** (1957) 10 158.

Setterholm, V. C. and *E. W. Kuenzi:* Performance of sandwich with cores of foamed silicone and modified polyester resins at elevated temperatures and at high humidity. WADC Techn. Rep. 56-230 (AD 110421) Oct. 1956 25 p.; Aeron. Engng. Rev. **16** (1957) 8 160.

Spencer, R. W. and *T. F. Freeman:* Design sandwich structures for higher local loading. Iron Age **178** (1956) 21 104—106; Konstruktion **9** (1957) 7 280.

Woolf, J. R. and *L. R. Scott:* Influence of through metal on heat transfer through aircraft-structural-sandwich panels. Amer. Soc. Mech. Engrs. Semi-Annual Meeting, Cleveland, June 1956, Pap. 56-SA-23 1956 16 p.; Index Aeron. **12** (1956) 7 90—91; Aeron. Engng. Rev. **16** (1957) 2 147.

Yolton, L. A.: Development of a sandwich-type cargo floor for transport aircraft. FPL Rep. 1550-C rev. March 1956 49 p.

Zellerer, E. u. *J. Krettner:* Spannungsoptische Untersuchungen für stützstoffversteifte Konstruktionen. Glas. Ann. **80** (1956) 3 87—92; Nachr.-Bl. AGM Leichtbau **5** (1956) 5/6 12, 7/8 21.

— Appliazione dei nidi d'ape di lega leggera nelle strutture sandwich. (Anwendung von Honigwaben für Sandwichplatten.) Alluminio **25** (1956) 12 538—541.

— Honeycomb sandwich flooring for aircraft. Aero Res. TN Bull. 164 Aug. 1956 6 p.

Anderson, Melvin S. and *Richard G. Updegraff:* Some research results on sandwich structures. NACA TN 4009 June 1957 12 p.; AMR **11** (1958) 3 115; Index Aeron. **13** (1957) 8 87; J. Roy. Aeron. Soc. **61** (1957) 562 710; Aeron. Engng. Rev. **16** (1957) 9 162 [1.222.32].

Bandaruk, William: B-58 uses bonded honeycomb in primary structure. Aviation Age **28** (1957) 3 72—77; Aeron. Engng. Rev. **17** (1958) 1 120.

Carah, A. J.: Honeycomb core materials. Ordnance (1957) Jan./Febr. 727—729; Aeron. Engng. Rev. **16** (1957) 4 152.

Covington, P. C. and *Sabert Oblesby jr.:* Measurements of the thermal properties of various aircraft structural materials. WADC Techn. Rep. 57-10 (AD 131032) Aug. 1957 62 p.; Aero Space Engng. **17** (1958) 9 88.

Cremer, George D. and *Edward P. Carmichael:* The honeycomb sandwich. Aeron. Purchasing (1957) Apr. 17—19, 40; Aeron. Engng. Rev. **16** (1957) 7 160.

Dorléac, B. et *R. Monnier:* Calcul des flux de cisaillement dans un caisson cylindrique de section symétrique quelconque rempli de "nids d'abeilles" métalliques. Docaéro (1957) Nov. 17—32; Aeron. Engng. Rev. **17** (1958) 4 112.

Ensrud, Alf Fridtjof: Steel sandwich structure to highlight new fighter aircraft. SAE-J. **65** (1957) Aug. 38—42.

Hughes, R. T.: Heat resistant honeycomb. Soc. Aircr. Mater. & Process Engrs. Prepr. No. 3 1957.

Jenkinson, P. M. and *Edward W. Kuenzi:* Mechanical properties of 422-J bacfoam core for sandwich construction. WADC Techn. Rep. 57-132 (AD 118249) Apr. 1957 11 p.; Aeron. Engng. Rev. **16** (1957) 11 150—151.

Kuenzi, Edward W.: Mechanical properties of glass-fabric honeycomb cores. FPL-Rep. 1861 March 1957 48 p. 17 ref.; AMR **11** (1958) 5 229; J. Roy. Aeron. Soc. **62** (1958) 565 77; Aeron. Engng. Rev. **17** (1958) 1 120.

Loewenfeld, K.: Verrippte Blechplatten und Doppelwandplatten. Maschinenmarkt **63** (1957) 98 22—26; Leichtbau d. Verkehrsfahrzeuge **2** (1958) 3 136.

Newell, G. S.: The use of aluminium honeycomb sandwich construction. Sheet Metal Industries **34** (1957) 359 197—202; Aluminium **33** (1957) 8 A 216.

Noton, Bryan R.: Aluminium honeycomb sandwich construction. Shell Aviation News (1957) 223 17—21; Aeron. Engng. Rev. **16** (1957) 5 212.

Noton, Bryan R.: Exploratory investigation on honeycomb sandwich construction for supersonic aircraft. SAAB Sonics (1957) 24 17—25 17 ref.; Aeron. Engng. Rev. **16** (1957) 6 145; Index Aeron. **13** (1957) 5 103.

Noton, Bryan R.: Honeycomb sandwich construction for supersonic aircraft. A survey of materials and methods for high duty sandwich construction. Aircr. Engng. **29** (1957) 335 13—18 22 ref.; AMR **10** (1957) 9 409—410; Aeron. Engng. Rev. **16** (1957) 3 113—114; Index Aeron. **13** (1957) 2 76; AB **28** (1957) 2 65—66.

Noton, Bryan R.: Honeycomb sandwich construction for supersonic aircraft. A survey of materials and methods. Aero Res. TN Bull. 171 March 1957 12 p. 22 ref.

Noton, Bryan R.: Swedish aeronautical research on metallic honeycomb sandwich construction. Soc. Aircr. Mater. & Process Engrs., Proc. Conf. on Adhesive Bonded Structures for Aircraft, Los Angeles, Jan.—Febr 1957 Pap. 184 p.; Aeron. Engng. Rev. **16** (1957) 12 136.

O'Leary, W. C. and A. F. Martin: How differing adhesive physical properties can influence honeycomb sandwich performance. Soc. Aircr. Mater. & Process Engrs., Proc. Conf. on Adhesive Bonded Structures for Aircraft, Los Angeles, Jan.—Febr. 1957 Pap. 6 48 p.; Aeron. Engng. Rev. **16** (1957) 11 104.

Plass, H. J. jr.: Damping of vibrations in elastic rods and sandwich structures by incorporation of additional viscoelastic material. Proc. 3rd Midwestern Conf. on Solid Mech., Univ. of Michigan, Apr. 1957 48—71; AMR **11** (1958) 9 472 [1.274].

Pleines, Ernst Wilhelm: Blechkonstructionen in „Sandwich"-Bauweise. Gestaltungsgrundsätze, Herstellungsverfahren und Anwendungsbeispiele. Metall **11** (1957) 3 209—216.

Rawuka, Andrew C.: Thermal insulating properties and characteristics of low density plastic core materials. Soc. Aircr. Mater. & Process Engrs., Proc. Conf. on Adhesive Bonded Structures for Aircraft, Los Angeles, Jan.—Febr. 1957 Pap. 2 14 p.; Aeron. Engng. Rev. **16** (1957) 12 126.

Stambler, Irwin: Boeing paves way for titanium honeycomb. Aviation Age **27** (1957) June 146—153; Aeron. Engng. Rev. **16** (1957) 9 148.

Schoeller, W. C.: Calculating thermal stresses in sandwich panels. Aviation Age, Res. & Devel. Techn. Handbook 1957—58 B 6—B 8. [1.37].

Schwab, Raymond J.: New Fasteners for honeycomb. Missile Design & Devel. (1957) Nov. 12, 13, 15; Aeron. Engng. Rev. **17** (1958) 2 112.

Spencer, R. W. and T. F. Freeman: Overcoming effects of local loads in sandwich structure. Automot. Industries (1957) 1./4. 70—72, 110, 111; Aeron. Engng. Rev. **16** (1957) 6 161.

Steele, R. C. and A. C. Marshall: Recent developments in sandwich construction including heat resistant materials. Soc. Aircr. Mater. & Process Engrs. Prepr. 85 1957.

Willis, J. G.: Some notes on sandwich design for minimum weight as applied to airplane wings. Aeron. Engng. Rev. **16** (1957) 10 44—47.

— Honeycomb termed ideal absorber. Light Metal Age **15** (1957) 9/10 40; Aluminium **34** (1958) 4 A 90.

— Symposium on structural sandwich construction. ASTM Spec. Techn. Publ. No. 201.

Ashley, H. R.: Sandwich structure for high temperature vehicles. AGARD Rep. 216 Oct. 1958 VI, 32 p. 6 ref. [2.6].

Dirkes, W. E.: High strength structural sandwich construction. ASME-Mach. Design Engng. Conf., Chicago, Ill., Pap. 58-MD-10 Apr. 1958 8 p.; AMR **12** (1959) 2 107.

Grimes, David L.: Application of structural adhesives in air vehicles. AGARD Rep. 181 March/Apr. 1958 28 p.; Index Aeron. **14** (1958) 11 111—112; J. Roy. Aeron. Soc. **62** (1958) 575 844 [6.254.0].

Holt, A.: Metallic sandwich construction. Aeroplane **94** (1958) 2442 858—862; Aero Space Engng. **17** (1958) 12 84; Index Aeron. **14** (1958) 8 97.

Humke, R. K.: Sandwich panel adhesives. Product Engng. **29** (1958) 21 56—60; Leichtbau d. Verkehrsfahrzeuge **2** (1958) 5 239—240.

Humke, R. K.: Selection guide for sandwich-panel facing materials. Product Engng. **29** (1958) 28./4. 80—83.

Humke, R. K.: Selection guide for sandwich-panel core materials. Product Engng. (Design Ed.) **29** (1958) 3 70—75; Index Aeron. **14** (1958) 3 86; Aero Space Engng. **17** (1958) 5 126 [1.222.35].

Jahnke, W. E. and E. W. Kuenzi: Performance of brazed stainless steel sandwich at high temperatures. Part. III. WADC TR 55-417 Jan. 1958 10 p.; AMR **12** (1959) 6 405.

Kelsey, S., R. A. Gellatly and B. W. Clark: The shear modulus of foil honeycomb cores. A theoretical and experimental investigation on cores used in sandwich construction. Aircr. Engng. **30** (1958) 356 294—302; Aero Space Engng. **17** (1958) 12 72; Index Aeron. **14** (1958) 11 89.

Lanzara, A. A. and R. E. Purnell: Brazing Hustler's stainless sandwich. Aircr. & Missiles Mfg. (1958) March 10—16; Aero Space Engng. **17** (1958) 7 99.

Litz, E.: Sandwichbauweisen mit Metallwabenkernen. Luftf.-Techn. **4** (1958) 7 194—201 12 Lit.-St. [2.6].

Marshall, Andrew: Designer's guide to honeycomb-sandwich structures. Machine Design **30** (1958) 15./5. 126—135; Aero Space Engng. **17** (1958) 9 108.

May, George: Paper, plastics, and weight-saving construction in aircraft. Aero Space Engng. **17** (1958) 7 35—39.

Mitchell, Bruce: Steel-foil corrugated panels for lightweight, high-strength structures. Machine Design **30** (1958) 20./2. 179—181; Aero Space Engng. **17** (1958) 6 90.

Nägele, H., R. Eppler u. H. Langer: Sandwichbauweise aus glasfaserverstärktem Kunstharz und Balsaholz. Luftf.-Techn. **4** (1958) 9 258—262 5 Lit.-St. [6.254.0].

Noton, Bryan R.: Praktische Ergebnisse über den Aufbau und die Anwendung von Honeycomb-Sandwich-Bauweisen. „Leichtbau-Konstruktionen", VDI-Ber. Bd. 28 1958 21—33 29 Lit.-St.

Noton, Bryan R.: Sandwich-Bauweise in der Flugzeugindustrie und in anderen Industriezweigen. Aluminium **34** (1958) 8 446—457, 9 522—529, 10 591—595, 12 719—727, **35** (1959) 1 36—44, 5 266—274.

Pleines, Ernst Wilhelm: Sandwich-Konstruktionen mit Wabenzellkernen im Flugzeugbau. Luftf.-Techn. **4** (1958) 9 230—243 32 Lit.-St. [6.254.0], [2.6].

Pleines, Ernst Wilhelm: Gütegradzeichen für Sandwichschalen. Luftf.-Techn. **4** (1958) 9 262.

Rechlin, F. F.: Practical design suggestions for user of brazed honeycomb sandwich. Soc. Automotive Engrs. Nat. Aeron. Meeting, Los Angeles Sept.—Oct. 1958 Prepr. 82 C.

Rosenbaum, Harold: Adhesively-bonded honeycomb. Aircr. & Missiles Mfg. (1958) March 18—21; Aero Space Engng. **17** (1958) 7 99.

Semonian, W.: Truss-core sandwich structures. Aircr. & Missiles Mfg. (1958) March 22—25; Aero Space Engng. **17** (1958) 7 99.

Williams, A. N.: Structural sandwich panels in building applications. Prepr. 13th Ann. Techn. & Management Conf., Reinforced Plastics Div., Sect. 6-A 1958 2 p.

Burrows, C.: Brazed steel honeycomb structures for 800 F. Mater. in Design Engng. **49** (1959) 4 110—112; Konstruktion **11** (1959) 11 456—457.

Filippi, F. J.: Qualitative analysis of brazed sandwichs. Nondestructive Testing **17** (1959) 1 39—45; AMR **12** (1959) 7 471.

Filippi, F. J. and *B. Levenetz:* Optimum joint design for high-temperature honeycomb panels. Soc. Automotive Engrs. Aeron. Meeting, Los Angeles, Oct. 1959 Pap. 99 U.

Raech, Harry jr.: Reinforced plastics sandwich construction for space vehicles. Prepr. 14th Ann. Techn. & Management Conf., Reinforced Plastics Div., Sect. 8-A 1959 14 p. 8 ref. [6.29].

Scheuch, J. W.: A mass produced, all welded, high temperature sandwich. Soc. Automotive Engrs. Aeron. Meeting, Los Angeles, Oct. 1959 Pap. 99 V.

— Aeroweb honeycomb structures. Diverse uses of sandwich construction. CIBA TN 201 Sept. 1959 10 p.

Leichtbau in den einzelnen Zweigen der Technik   **6.2**

Allgemeiner Maschinenbau   **6.21**

Griese, F. W.: Die Anwendung der Schweißtechnik im Maschinenbau unter besonderer Berücksichtigung von Steifigkeit, Dehnung und Werkstoffbeanspruchung. Schweißen u. Schneiden **7** (1955) 6 265—270 9 Lit.-St.

Jaklitsch, Franz: Die Restlebensdauer von Maschinenteilen nach Eintritt der ersten Schädigung. MTZ **16** (1955) 8 227—229.

Kappeler, F.: Kautschukvulkanisate als Dämpfungsmaterial im Maschinenbau. Schweiz. Arch. **21** (1955) 1 8—19.

Zapf, Gerhard: Gesinterte Maschinenteile. Z. VDI **97** (1955) 4 89—96 24 Lit.-St.

Barby, G. u. *R. Simon:* Leichtbau von geschweißten Wasserkraftgeneratoren. Schweißen u. Schneiden **8** (1956) 1 9—14.

Jacobi, H. R.: Maschinenelemente aus thermoplastischen Kunststoffen. Z. VDI **98** (1956) 12 514—525 85 Lit.-St.

Thamm, Stephan: Berechnung von Schrumpfverbindungen zwischen rasch umlaufenden zylindrischen Maschinenteilen. Z. VDI **98** (1956) 11 463—474 10 Lit.-St.; AMR **9** (1956) 9 380.

Weidmann, W.: Was sagt dem Maschinenbauer das Zugspannungs-Dehnungs-Diagramm von Polyamid? Ein Beitrag zum Verhalten von Durethan BK als Konstruktionswerkstoff. Kunststoffe **46** (1956) 1 16—18.

Welte, A.: Konstruktions- und Maschinenelemente. Neuerungen und Weiterentwicklungen auf der Deutschen Industriemesse Hannover 1956. Konstruktion **8** (1956) 9 362—380.

Bergmann, Walter: Festigkeitsprobleme für den Konstrukteur, insbesondere beim Entwurf von sperrigen Maschinenteilen. Konstruktion **9** (1957) 3 105—118 21 Lit.-St.

Bleicher, W.: Aluminiumbleche als Leichtbaumittel im Maschinenbau. Klepzig-Fachberichte **75** (1957) 1 49—53.

Kreft, L.: Anwendungsbeispiele von Kunststoffen im Maschinen- und Apparatebau. Allgem. Schlosser- u. Maschinenbauer-Ztg. **59** (1957) 4 115—118 [6.215].

Peters, G.: Die elastische Schrumpfverbindung. Z. VDI **99** (1957) 2 63—66; AMR **11** (1958) 3 112.

Weber, K.: Stand des Schweißens bei der Maschineninstandhaltung. Schweißen u. Schneiden **9** (1957) 6 280—283.

— Maschinenelemente aus Thermoplasten. Kunststoffe **47** (1957) 9 563—567.

Pressanlagen

zur Fertigung von Leichtbauteilen für sämtliche Gebiete industrieller Fertigung

Ölhydraulische 800 t Presse zur Verarbeitung von glasfaserverstärkten Polyesterharzen Ober- und Unterkolbenpressen für Formteile Spritzgußmaschinen großer Bauart

Einständerpressen
Doppelständer-Ziehpressen
2- oder 3-fach wirkend
Ziehpressen für das
Gummikissen-Ziehverfahren
Gesenkpressen · Biege- u. Richtpressen
Pressen für Metall-Keramik

Unsere Pressanlagen haben Wasser oder ölhydraulischen Antrieb und sind mit moderner elektrohydraulischer Steuerung für Hand- halb- oder vollautomatischen Betrieb ausgerüstet

Furnier,- Sperrholz,- Spanplatten
Faserplatten · Kunststoff-Flächenveredelung

BECKER & VAN HÜLLEN / KREFELD

Die BMA baute im Laufe ihres
Bestehens 380 Rüben- und
Rohrzuckerfabriken sowie
viele chemische Fabriken in
fast allen Ländern der Welt

Vollautomatische Fertigungs-
straße für den Automobilbau

Bark, R.: Schäden an Maschinenteilen mit aufgespritzten Metallschichten. Maschinenschaden **31** (1958) 11/12 156—160.

Federn, K.: Erfahrungswerte, Richtlinien und Gütemaßstäbe für die Beurteilung von Maschinenschwingungen. Konstruktion **10** (1958) 8 289—298 27 Lit.-St.

Hopff, H.: Kunststoffe im Maschinenbau. Techn. Rdsch. (Bern) **50** (1958) 3 9—10.

Kretzschmar, H.: Metallkleben im Maschinenbau. Plaste u. Kautschuk **5** (1958) 9 331—334; Adhäsion **3** (1959) 2 109. [1.442.33], [2.531].

Welte, A.: Konstruktions- und Maschinenelemente. Ein Rückblick auf die Deutsche Industriemesse Hannover 1958. Konstruktion **10** (1958) 8 318—332.

Gerlach, Hans: Innendruckversuche an Stahlrohren in Abhängigkeit von Verformungsgeschwindigkeit und aufgespeicherter Energie. Diss. TH Braunschweig 1959 99 S.

Linhart, V. u. E. Kretzschmar: Der Einfluß der Haftgrundvorbereitungsmethoden für das Metallspritzverfahren auf die Dauerfestigkeit von Maschinenteilen. Schweißtechnik (Berlin) **9** (1959) 3 83—89 15 Lit.-St.

Pomey, J., J. P. Georges et *A. Royez:* Amélioration de l'endurance de pièces par durcissement et précontrainte des raccordements. Rev. Métallurgie **56** (1959) 1 1—10.

Schmidt, Fr.: Leichtbau im Maschinenbau. Hütte II B 28. Aufl. Berlin: Ernst 1960 S. 2—37.

Kraftmaschinen   **6.211**

Kolbenmaschinen   **6.211.1**

Benz, W.: Beitrag zur Berechnung der Drehschwingungszahlen von Mehrzylindermaschinen ATZ (1930) 648—650, (1934) 124.

Taylor, C. F. and *G. L. Williams:* Bermerkung über den Einfluß der Zylinderkopfbauart auf das Klopfen. (Note on effect of cylinder head design on detonation. Übers. J. Aeron. Sci. **3** (1936) 9 313). Luftf.-Schrifttum Ausland **2** (1936) 11 273—274.

— Die Herstellung von Kurbelgehäusen und Lagern für Flugmotoren. (The production of aero-engine crankcases and superchargers. Übers. Machinery **48** (1936) 1250 773). Luftf.-Schrifttum Ausland **2** (1936) 11 275—279 [6.212].

Geiger, J.: Zur Berechnung von Kurbelwellen. ATZ (1937) 93—98.

Handforth, J. R.: Leichtmetallegierungen für Flugmotoren. (Selection of light alloys for aero engines. Übers. Metal Treatment 2 (1936) 5 3—13). Luftf.-Schrifttum Ausland **3** (1937) 5 115—122.

Hazen, R. M. and *O. V. Montieth:* Torsionsschwingungen bei Reihen-Flugmotoren. (Torsional vibration of in-line aircraft engines. Übers. nach Vortragsabdruck SAE-Luftf.-Tag. März 1938 Detroit) Luftf.-Schrifttum Ausland **4** (1938) 5 101—107.

Martinaglia, L.: Die Gestaltfestigkeit der Kurbelwelle. Techn. Rdsch. Sulzer (1943) 2 19—28.

Love, R. J.: Cast crankshafts, a survey of published information. J. Iron & Steel Inst. **159** (1948) Pt. 3 247—274.

Vieyra, M.: Les vibrations dans les moteurs d'avion à pistons. Techn. Sci. Aéron. (1953) 2 77—98.

Bodey, A.: Untersuchungen über Korrosionsverschleiß in Verbrennungsmotoren. Dtsch. Kraftf.-Forsch. u. Straßenverkehrstechn. H. 84 1954 36 S.; Z. VDI **97** (1955) 22 782; Konstruktion **8** (1956) 11 442.

Marchal, R.: L'apport des moteurs à pistons dans l'évolution de la technique des machines thermopropulsives d'aviation. I. Introduction. Techn. et Sci. Aéron. (1954) 5.

Chevalier, R.: L'apport des moteurs à pistons dans l'évolution de la technique des machines thermopropulsives d'aviation. II. Amélioration de la tenue à la fatigue et à la corrosion des ressorts de soupapes de moteurs à pistons. Techn. et Sci. Aéron. (1954) 5.

Wellard, R. et R. Delmas: L'apport des moteurs à pistons dans l'évolution de la technique des machines thermopropulsives d'aviation. III. Amélioration de la conductivité thermique des cylindres de moteurs à refroidissement. Techn. et Sci. Aéron. (1954) 5.

Westhäuser, R.: Die Beanspruchung von Kolbenbolzen. Z. Techn. Überwachungsverein (München) (1954) 217—226.

Abbassi, M. M.: Torsion of circular shafts of variable diameter. J. Appl. Mech. **22** (1955) 4 530—532 10 ref.; AMR **9** (1956) 11 473.

Allen, C. H. and M. J. Tauschek: Exhaust valve corrosion in gasoline engines. Automot. Industries **112** (1955) 11 52—55, 116, 118; Engrs. Dig. **16** (1955) 8 375—376; Index Aeron. **11** (1955) 11 54; Aeron. Engng. Rev. **14** (1955) 11 136.

Bücken, C.: Spezialfertigung oder Eigenfertigung von Metallteilen, erörtert an Beispielen aus dem Verbrennungsmotorenbau. Metall **9** (1955) 23/24 1047—1053; AB **27** (1956) 1 3.

Darnault, G.: Détermination des contraintes dans un carter-support du scooter Bernardet "Cabri". Rev. Aluminium **32** (1955) 225 907—991; Aluminium **32** (1956) 3 A 70; Nachr.-Bl. AGM Leichtbau **5** (1956) 5/6 15.

Ehmsen, E.: Verbrennungsmotoren, Kolben-Dampfmaschinen und Dampfkessel. Z. VDI **97** (1955) 19/20 608—610.

Falk, Sigurd: Die Abbildung eines allgemeinen Schwingungssystems auf eine einfache Schwingerkette. Ing. Arch. **23** (1955) 5 314—328.

Hoschtalek, M.: Ventilfederberechnung für schnellaufende Brennmotoren. MTZ **16** (1955) 12 333—335.

Krekel, P.: Aluminium bei einem neuzeitlichen Automobil-Motor. Aluminium **31** (1955) 10 490—492; AB **26** (1955) 11 673.

Leunig, Günther: Kraftwagen-Ottomotoren. Z. VDI **97** (1955) 29 1033—1036 31 Lit.-St.

Löffler, Kurt: Drehschwingungen in Einzylinder-Zweitaktmotoren. MTZ **16** (1955) 8 221—223.

Löhner, K. u. G. Stahl: Berechnung einer Kurbelwellenpreßverbindung für Sternmotoren. DFL-Ber. 6 1955, ZFW **3** (1955) 3/4 94—99.

Lowell, C. M.: A rational approach to crankshaft design. Amer. Soc. Mech. Engrs. Ann. Meeting, Chicago, Ill., Nov. 1955 Pap. 55-A-57 19 p.; AMR **9** (1956) 5 199.

Morgan, J. E.: Aero-engine exhaust valve development. Proc. IME (1955/56) 5 138—146; Aero Space Engng. **17** (1958) 11 110.

Schaefer, H.: Über das Verfahren von Baranow und seine Erweiterung auf die Ermittlung der Eigenschwingungsformen von Schwingerketten. Ing. Arch. **23** (1955) 307—313; AMR **9** (1956) 6 241.

Thomson, R. F., D. K. Hanink, E. B. Etchells and K. B. Valentine: Aldip coating improves valves durability. SAE-J. **63** (1955) 8 54—56; AB **26** (1955) 9 578.

Watson, C. E., F. J. Hanly and R. W. Burchell: Abrasive wear of piston rings. SAE Trans. **63** (1955) 717—728; AMR **10** (1957) 2 64.

Weidenhammer, F.: Rheolineare Drehschwingungen in Kolbenmotoren. Ing. Arch. **23** (1955) 4 262—269.

Zinner, K.: Dieselmotoren. Z. VDI **97** (1955) 29 1037—1039 54 Lit.-St.

Zürn, R.: Untersuchungen über das Verschleißverhalten von Zylinderwerkstoffen und Kolbenringen. Diss. TH Stuttgart 1955.

Bauer, A. F.: Sechs-Zylinder-Motorblock in Aluminium-Druckguß. Aluminium **32** (1956) 7 398—407; Nachr.-Bl. AGM Leichtbau **6** (1956) 7/8 18.

Bauer, A. F.: The V-8 next: Die cast 6-cylinder engine block. Modern Metals **12** (1956) 5 72, 74, 76, 78, 80, 82, 83.

Derndinger, H.-O.: Ottomotoren für Flugzeuge, Kraftwagen und Krafträder. Z. VDI **98** (1956) 29 1695—1700 19 Lit.-St.

Ehmsen, E.: Verbrennungskraftmaschinen. Z. VDI **98** (1956) 21 1087—1097.

Eichelberg, G.: Entwicklung auf dem Gebiet der Verbrennungsmotoren. Schweiz. Bauztg. **74** (1956) 14 217—220, 16 238—244.

Fehrle, Ludwig: Kritische Drehzahlen gewisser Rotorformen unter Berücksichtigung der Kreiselwirkung. Ing. Arch. **24** (1956) 2 111—123, **25** (1957) 5 319—329; AMR **11** (1958) 6 279—280.

Gadd, E. R.: Fatigue in aero-engines. Int. Conf. on Fatigue of Metals 1956, Session 8 Pap. 5, Instn. Mech. Engrs. Prepr. 1956 16 p. 31 ref.; Index Aeron. **13** (1957) 11 57 [6.211.2].

Gadow, J.: Leichtmetallkolben im Schiffbetrieb. Hansa **93** (1956) 33/34 1609—1611.

Hänsel, H.: Aluminium-Zylinder mit verchromter Lauffläche für Kleinfahrzeug- und Industrie-Kleinmotoren. MTZ **17** (1956) 2 39—41.

Löhner, Kurt u. *Günter Stahl:* Die Schleppleistung von Viertaktmotoren bei Talfahrt. ATZ **58** (1956) 301—307.

Lutz, Otto: Triebwerksanlagen. Z. VDI **98** (1956) 11 497—499 20 Lit.-St. [6.211.2].

Nakazawa, H.: On the torsion of the shaft with key ways. Tokyo Metropolitan Univ., Japan, Fac. of Technol., Mem. (1956) 6 1—6; AMR **10** (1957) 6 246.

Poppinga, R.: Der VW-Industriemotor. MTZ **17** (1956) 1 11—14.

Roinet, Ch.: La coulée par la SOFAL d'un bâti en A-S10G de 1040 kg pour un moteur Diesel. Rev. Aluminium **33** (1956) 233 471—480; Aluminium **33** (1957) 1 A 20.

Schneider, K. u. *A. Nitsch:* Neue Enwicklungen im Bau von Kolben für Verbrennungskraftmaschinen. Metall **10** (1956) 5/6 205—211; Aluminium **32** (1956) 7 A 194.

Schneider, K.: Verwendung von Aluminium in Motor und Bremse. Konstruktion **8** (1956) 12 493—506 [6.252.41].

Scotte Lavina, G.: On the calculation of bending-torsional vibrations of a crankshaft-airscrew system. (In Italian). Aerotecnica **36** (1956) 4 278—290; Index Aeron. **12** (1956) 11 115—116; AMR **10** (1957) 5 188.

Wehrli, C.: Critical speed of shafts with short bearings under the influence of conservative torsion. (In German.) ETH Zürich Prom. 2566 1956 43 p.; AMR **9** (1956) 11 467.

Yamamoto, Toshio: On the critical speed of a shaft at lower rotating speeds. Trans. Japan Soc. Mech. Engrs. **22** (1956) 123 863—867; Japan Sci. Rev., Mech. & Electr Engng. **3** (1958) 2 112.

Zinner, K.: Dieselmotoren. Z. VDI **98** (1956) 29 1700—1702 52 Lit.-St.

— Der Leichtmetallkolben im Schiffsbetrieb. Schiff u. Hafen **8** (1956) 10 840—842.

Bredschneider, Klaus: Bauelemente der Kolbenmaschinen. Z. VDI **99** (1957) 20 894—896 29 Lit.-St.

Bücken, C.: Aluminium-Druckgußteile für Verbrennungsmotoren und Kraftfahrzeugbau. Aluminium **33** (1957) 8 525—536 [6.252.41].

Chattarji, P. P.: A note on torsion of circular shafts of variable diameter. J. Appl. Mech. **24** (1957) 3 477—478; AMR **11** (1958) 2 59.

Cornelius, E. A.: Die Dauerdrehwechselfestigkeit von Wellen unter dem Einfluß von Preßsitzen. Konstruktion **9** (1957) 8 299—303 [1.343.34].

Derndinger, Hans-Otto: Ottomotoren. Z. VDI **99** (1957) 31 1579—1582 35 Lit.-St.

Eberan v. Eberhorst, Robert: Der Einfluß des Hub : Bohrung-Verhältnisses auf die Triebwerksbeanspruchung. Z. VDI **99** (1957) 27 1333—1334.

Gadow, J.: Leichtmetall-Großkolben mit Ölkühlung. MTZ **18** (1957) 11 363—365.

Haase, K.: Aus der Entwicklung der Krupp-Fahrzeugmotoren von 1924 bis 1957. Techn. Mitt. Krupp **15** (1957) 5 106—112.

Huet de la Tour, R.: Controle de la qualité des matériaux métalliques destinés à la construction des moteurs d'avion. Docaéro (1957) 46 51—60; Aeron. Engng. Rev. **16** (1957) 12 103; Index Aeron. **14** (1958) 1 122.

Keller, Wolfgang: Neue kritische Drehzahlen von einfach besetzten Wellen. Diss. TH Stuttgart 1957, Ing. Arch. **25** (1957) 2 71—89.

Kraemer, O.: Erzwungene Biegeschwingungen bei Kurbelwellen. Konstruktion **9** (1957) 4 129—140.

Lang, Georg: Die elastische Lagerung von Motoren mit Gummifeder-Elementen. Z. VDI **99** (1957) 17 741—748 5 Lit.-St.; AMR **11** (1958) 3 108—109.

Löhner, K. u. G. Stahl: Über die Spannung in einteiligen und gebauten Kurbelwellen. DFL-Ber. 65 1957 37 S.

Müller, R.: Resonanzfreie Kolbentriebwerke. „Schwingungsabwehr", VDI-Ber. Bd. 24 1957 91—100; Z. VDI **101** (1959) 11 420.

Pitchford, J. H.: Quelques considérations économiques et techniques affectant une plus large utilisation du moteur Diesel léger pour automobiles. J. SIA **30** (1957) 1 17—25; Leichtbau d. Verkehrsfahrzeuqe **2** (1958) 2 82.

Schmid, C.: Entwicklungsrichtlinien im Lastkraftwagen- und Motorenbau. Techn. Mitt. Krupp **15** (1957) 5 101—105; Leichtbau d. Verkehrsfahrzeuge **2** (1958) 1 51 [6.252.44].

Schmidt, Fritz: Das Vordringen der Schweißtechnik im Dieselmotorenbau. Schweißen u. Schneiden **9** (1957) 6 310—312.

Sonntag, R.: Die in sich gedrehte, sich in sich selbst verbiegende Welle und ihre Stabilität. Forsch. Ing.-Wes. **23** (1957) 6 214—227; AMR **11** (1958) 11 606.

Stahl, Günter: Über die Spannungen in einteiligen und gebauten Kurbelwellen. Diss. TH Braunschweig 1957 48 S.

Sullivan, S. L. and J. A. Gowen: Process change quadruples welding speed on aluminium pistons. Welding J. **36** (1957) 4 379—380; AB **28** (1957) 5 307.

Witzky, Julius E.: Leichte Dieselmotoren in USA. MTZ **18** (1957) 9 274—277.

Wuppermann, A. Th.: Die Dauerhaltbarkeit von Kurbelwellen und ihre Beurteilung in Ablieferungsprüfungen. Stahl u. Eisen **77** (1957) 1117—1122.

Zinner, Karl: Dieselmotoren. Z. VDI **99** (1957) 31 1583—1584 52 Lit.-St.

Bandow, K.: Gegossene Kurbelwellen. „Gußeisen mit Kugelgraphit — ein neuer Konstruktionswerkstoff". VDI-Ber. Bd. 27 1958 47—53.

Berndorfer, H.: Leichtmetall als Zylinderwerkstoff. Linde-Ber. aus Techn. u. Wiss. (Wiesbaden) (1958) 3 110—117; Aluminium **34** (1958) 10 A 288.

Bufler, H. u. H. G. Hahn: Kritische Drehzahlen und Biegeschwingungen kontinuierlich besetzter Wellen bei verschiedenen Lagerungen. Ing.-Arch. **26** (1958) 6 387—397.

Derndinger, Hans-Otto: Kraftfahrzeugmotoren. Z. VDI **100** (1958) 8 338—339.

Eckert, Konrad: Versuche mit luftgekühlten Leichtmetall- und Grauaußyzlindern. MTZ **19** (1958) 1 9—14.

Ehmsen, Emil: Verbrennungskraftmaschinen. Z. VDI **100** (1958) 21 925—929.

Falk, Sigurd: Die Berechnung von Kurbelwellen mit Hilfe digitaler Rechenautomaten. „Anwendung neuzeitlicher Rechengeräte in der Schwingungstechnik", VDI-Ber. Bd. 30 1958 65—69.

Fuchs, H.: Aluminium als Werkstoff im Verbrennungsmotorenbau. MTZ **19** (1958) 12 414—415.

v. Gersdorff, K.: Stand der Triebwerksentwicklung. Luftf.-Techn. **4** (1958) 7 185—194; Aero Space Engng. **17** (1958) 12 98 [6.211.2].

Gilbert, Arthur C.: A note on the calculation of torsional natural frequencies of branch systems. J. Roy. Aeron. Soc. **62** (1958) 572 599—603 5 ref.; Index Aeron. **14** (1958) 9 50.

Glaubitz, Heinz: Die dynamischen Beanspruchungen in Kraftfahrzeugtrieb-werken. Z. VDI 100 (1958) 5 173—183 9 Lit.-St.

Hänchen, Richard: Festigkeitsberechnung von Getriebewellen und Kostenvergleich. Z. wirtschaftl. Fertigung 53 (1958) 5/6 140—144.

Head, J. W. and G. M. Oulton: A numerical note on bearing clearances and shaft stability. A numerical examination of Morris's equations. Aircr. Engng. 30 (1958) 350 109—111; Index Aeron. 14 (1958) 5 63; Aero Space Engng. 17 (1958) 7 88.

Hundt, Eberhard: Aluminium for engine parts? Yes! SAE-J. 66 (1958) 8 66—67; Leichtbau d. Verkehrsfahrzeuge 3 (1959) 1/2 42—43.

Kellenberger, Walter: Biegeschwingungen einer unrunden, rotierenden Welle in horizontaler Lage. Ing. Arch. 26 (1958) 4 302—318; AMR 12 (1959) 8 529.

Krämer, Erwin: Dynamik rotierender Wellen bei Berücksichtigung von Unwucht- und Dämpfungskräften. „Anwendung neuzeitlicher Rechengeräte in der Schwingungstechnik", VDI-Ber. Bd. 30 1958 49—53.

Kratzsch, B. H.: Leichmetallzylinder mit verchromter Lauffläche. Kraftfahrzeugtechnik 8 (1958) 2 60—61; Leichtbau d. Verkehrsfahrzeuge 2 (1958) 3 129.

Krekel, Paul: Al-Fin-Zylinder für luftgekühlte Kleindieselmotore. Aluminium 34 (1958) 10 575.

Kritzer, R.: Die dynamische Festigkeitsberechnung der Kurbelwelle. Konstruktion 10 (1958) 7 253—260 16 Lit.-St.

Meier, A.: Autothermatikkolben. Aluminium 34 (1958) 10 572—574.

Miske, Jack C.: V-4 motor block is diecast in aluminum. Foundry 86 (1958) 12 62—65; Leichtbau d. Verkehrsfahrzeuge 3 (1959) 1/2 43.

Slaughter, G. M., P. Patriarca and W. D. Manly: Bonding of cermet-valve components to metals. Welding J., Res. Suppl. 37 (1958) June 249s—254s; Aero Space Engng. 17 (1958) 10 102.

Smith, James M. a. o.: All-aluminum V-type engine. SAE-J. 66 (1958) 8 26—29; Leichtbau d. Verkehrsfahrzeuge 3 (1959) 1/2 42.

Stahl, Günter: Dynamische Spannungsmessungen an Kurbelwellen. MTZ 19 (1958) 8 267—271.

Stahl, G.: Der Einfluß der Form auf die Spannungen in Kurbelwellen. Konstruktion 10 (1958) 2 61—67 14 Lit.-St.

Zurmühl, R.: Berechnung von Biegeschwingungen abgesetzter Wellen mit Zwischenbedingungen mittels Übertragungsmatrizen. Ing.-Arch. 26 (1958) 6 398—407.

— Aluminum engines. SAE-J. 66 (1958) 9 36—38; Leichtbau d. Verkehrsfahrzeuge 3 (1959) 1/2 43.

— Details of the Willys four-cylinder aluminium engine. Automot. Industries 118 (1958) 9 69, 109; Leichtbau d. Verkehrsfahrzeuge 2 (1958) 4 181.

Bauer, A. F.: Motorblöcke und deren Teile aus Aluminium-Druckguß. Aluminium 35 (1959) 9 510—518.

Bauer, A. F.: Pros and cons of different aluminum engine cylinders. Soc. Automotive Engrs. Pap. S 201 Sept. 1959; SAE-J. 67 (1959) 9 38—40.

Csokan, P.: Hartverchromen von Leichtmetallyzlindern. I, II. Metalloberfläche 13 (1959) 4 81—83, 113—116; Aluminium 35 (1959) 10 A 278.

Dent, Robert A.: How to choose the engines for future cars. SAE-J. 67 (1959) 4 76—79; Leichtbau d. Verkehrsfahrzeuge 3 (1959) 4 136.

Hasselgruber, H.: Auswuchtgenauigkeit und Massenausgleich bei Verbrennungskraftmaschinen. Konstruktion 11 (1959) 5 172—182 13 Lit.-St.

Hoffmann, Heinz: Entwicklungsstand und Aussichten des raschlaufenden Kleindieselmotors, unter besonderer Berücksichtigung des neuen Daimler-Benz-Dieselmotors OM 621 im Typ 190 D. ATZ 61 (1959) 6 151—153.

Hulsing, K. L. and *C. E. Ervin:* Detroit Diesel's, new V Diesels feature: Maximum economy, parts standardization, minimum weight. Soc. Automotive Engrs. (New York) Pap. 1 R Jan. 1959; SAE-J. **67** (1959) 1 26—33.

v. Kienlin, Markus: Mechanische und thermische Beanspruchungsverhältnisse eines raschlaufenden Dieselmotors. MTZ **20** (1959) 7 219—223.

Klüsener, O.: Entwicklungstendenzen im Motorenbau. MTZ **20** (1959) 6 166—169.

Kohl, H. u. *K. H. Vogler:* Das Drehschwingungsverhalten des Triebwerks eines Lastkraftwagens. Techn. Mitt. Krupp **17** (1959) 4 191—195.

Kohler, W.: Leichtmetallkolben mit Ringträgern aus härteren Werkstoffen. Metall **13** (1959) 1 36—41 4 Lit.-St.; Aluminium **35** (1959) 5 A 128.

Krekel, P.: Aluminium bei Lastwagenmotoren am Beispiel eines Dieselmotors. Aluminium **35** (1959) 11 641—642.

Kuske, Albrecht: Spannungsoptik im Motorenbau und verwandten Gebieten. Schweiz. Arch. **25** (1959) 5 169—173.

Mahle, Ernst u. *Manfred Röhrle:* Vergleich von Kolben, Kolbenringen und -bolzen in deutschen und amerikanischen Personenwagenmotoren. ATZ **61** (1959) 6 162—167.

Mühlberger, Horst: Kurbelwellen aus Gußeisen mit Kugelgraphit. Z. VDI **101** (1959) 17 713—718 23 Lit.-St.

Niepoth, George W.: Aluminum engine ... has demonstrated its weight-saving potential. Choise of production method is still to be made. Final cost may be less than for cast-iron counter part. Soc. Automotive Engrs. (New York) Pap. S. 145 Apr. 1959; SAE-J. **67** (1959) 4 88—89.

Seifert, A.: Untersuchungen über Zylinder- und Kolbenringverschleiß an luft- und wassergekühlten Ackerschlepper-Dieselmotoren. ATZ **61** (1959) 5 125—130.

Seifert, Richard: Gestaltungsaufgaben bei der Entwicklung schnellaufender Dieselmotoren. MTZ **20** (1959) 7 239—244

Uhlemann, W.: Kolbenentwicklung und -fertigung auf neuen Wegen. Kraftfahrzeugtechnik **9** (1959) 8 317.

Yokoi, Motoaki: Luftgekühlter Yanmar-Viertakt-Kleinstdieselmotor. MTZ **20** (1959) 6 180—181.

— Aluminium in the design of a miniature engine. Light Metals **22** (1959) 255 186—187.

— Railway oil-engine pistons. Diesel Railway Traction (London) **13** (1959) 324 197—198; Leichtbau d. Verkehrsfahrzeuge **3** (1959) 6 255.

Gasturbinen6.211.2

Bright, P. N.: Structural design problems in gas turbine engines. General Motors Corp., Allison Div., Pap. March 1954 49 p.; Aeron Engng. Rev. **16** (1957) 11 145.

Hanink, D. K., F. J. Webbere and *A. L. Boegehold:* Development of a new gas-turbine super alloy, GMR-235. Soc. Automotive Engrs. Prepr. 453 Oct. 1954.

Moore, Franklin K. and *Stephen H. Maslen:* Transverse oscillations in a cylindrical combustion chamber. NACA TN 3152 Oct. 1954 25 p.; Aeron. Engng. Rev. **14** (1955) 1 114, 116.

— La fabrication des réchauffeurs de réacteurs avec des métaux à point de fusion élevé. Machine Moderne **48** (1954) 546 1—6; Luftf.-Techn. **1** (1955) 2 VI.

Barker, A. and *F. W. Jones:* The reversible bending of turbine shafts with temperature. Proc. IME **169** (1955) 41 853—864; AMR **10** (1957) 9 401.

Berger, R. A. and *A. W. Brunot:* Dynamic stress measurements in gas turbines. Proc. SESA **12** (1955) 2 45—54; AMR **9** (1956) 6 244.

Bright, Philip N.: Structural design problems in gas turbine engines. Gen. Motors Engng. J. (1955) Sept./Oct. 15—21; Aeron. Engng. Rev. **14** (1955) 12 96.

Buswell, R. W. A.: Fabrication of air-cooled turbine blades by powder metallurgy. Metal Treatm. & Drop Forging **22** (1955) Aug. 325—328; Aeron. Engng. Rev. **14** (1955) 11 135; Index Aeron. **11** (1955) 11 61—62.

Clauss, F. J. et al.: Effect of some selected heat treatments on the operating life of cast HS-21 turbine blades. NACA TN 3512 July 1955; J. Roy. Aeron. Soc. **59** (1955) 538 719.

Colwell, A. T.: The manufacture of blades, buckets and vanes for turbine engines. Soc. Automot. Engrs. Golden Anniversary Ann. Meeting, Detroit, Jan. 1955, Prepr. 440 1955 35 p.; Steel Processing **41** (1955) 4 215—228, 253; Index Aeron. **11** (1955) 4 62; Aeron. Engng. Rev. **14** (1955) 4 127; Titanium Abstr. Bull. **1** (1955/56) 36.

Davison, E. H.: Turboprop-engine design considerations. I. Effect of mode of engine operation on performance of turboprop engines with current compressor pressure ratio. NACA RM E 54 D 19 May 1955 34 ref.

Davison, E. H. and *M. C. Stalla:* Turboprop-engine design considerations. II. Design requirements and performance of turboprop engines with a single-spool high-pressure-ratio compressor. NACA RM E 55 B 18 May 1955 32 p. 12 ref.

Deutsch, G. C., A. J. Meyer and *W. C. Morgan:* Preliminary investigation of several root designs for (titanium carbide) ceramal turbine blades in turbojet engine. I. NACA RM E 52 K 13 1955 24 p.; Titanium Abstr. Bull. **2** (1956/57) 244 [1.323.23].

Fister, W.: Druckverteilungsmessungen an umlaufenden Turbinenschaufeln. VDI-Forsch.-H. 448 1955 32 S.; Konstruktion **8** (1956) 9 394.

Gundermann, W.: Gasturbinen mit Zentripedalrädern. Luftf.-Techn. **1** (1955) 7 125—127 13 Lit.-St.

Hagen, Hermann: Höhenprüfstandversuche an der Fluggasturbine BMW 003 A. MTZ **16** (1955) 7 199—202.

Hanink, D. K., F. J. Webbere and *A. L. Boegehold:* Development of a new gas turbine super alloy GMR-235. SAE Trans. **63** (1955) 705—716; AMR **10** (1957) 3 106.

Kosman, Hans and *Randolph Hawthorne:* Small gas turbine progress. I. Small turbojets. II. Small turboprops. III. Small gas turbines for helicopters. IV. Small turbofans. Aviation Age (1955) Febr. 26—59; Aeron. Engng. Rev. **14** (1955) 4 127.

Kruschik, Julius: Die Gasturbine als Fahrzeugantriebsquelle. MTZ **16** (1955) 9 267—274.

Leist, Karl u. *W. Dettmering:* Turbinenschaufeln aus Kunststoff für Kaltluft-untersuchungen. DVL-Ber. Nr. 4 Dez. 1955 44 S.; Forsch.-Ber. Wirtsch.- u. Verkehrsministerium Nordrhein-Westfalen Nr. 235 1956 44 S.; Luftf.-Techn. **2** (1956) 4 VII; Index Aeron. **12** (1956) 10 101.

Levy, Alan: High temperature power plant materials. Application of high temperature materials to aircraft power plants in the temperature range of 1,200—1,400 deg. F. Aircr. Engng. **27** (1955) 319 292—298; Index Aeron. **11** (1955) 10 126.

Lutz, O. u. *W. Alvermann:* Entwicklungstendenzen bei Brennkammern für Strahltriebwerke. Luftf.-Techn. **1** (1955) 4 58—62 8 Lit.-St.

Lutz, O. u. *W. Lohse:* Werkstoffe für feuerberührte Bauteile in Strahltrieb-werken. Luftf.-Techn. **1** (1955) 7 118—123 6 Lit.-St.

Lutz, O., W. Lohse u. *B. Bauer:* Brennkammer-Werkstoffe für Strahltriebwerke und ihre bisherige Untersuchung. DFL, Braunschweig, Inst. Strahltriebwerke. Forsch.-Ber. 28/55 1955 43 S. 101 Lit.-St.; Luftf.-Techn. **1** (1955) 7 VIII.

Meyer, A. J., G. C. Deutsch and *W. C. Morgan:* Preliminary investigation of several root designs for (titanium carbide) cermet turbine blades in turbojet engine II. Root design alterations. NACA RM E 53 G 02 1955 34 p.; Titanium Abstr. Bull. **2** (1956/57) 244—245 [1.323.23].

Pinkel, B., G. C. Deutsch and *W. C. Morgan:* Preliminary investigation of several root designs for (titanium carbide) cermet turbine blades in turbojet engine. III. Curved-root design. NACA RM E 55 J 04 1955 17 p.; Titanium Abstr. Bull. **2** (1956/57) 245 [1.323.23].

Rose, Arnold S.: Fabrication of titanium components. Jet Propulsion **25** (1955) May 212—216, 234; Aeron. Engng. Rev. **14** (1955) 8 114.

Seizer, O.: Beitrag zur Entwicklung und Herstellung von Schaufelsätzen für Gasturbinen im besonderen für Flugtriebwerke. MTZ **16** (1955) 2 52—54.

Söhngen, H.: Schwingungsverhalten eines Schaufelkranzes im Vakuum. DVL-Ber. 1 1955 27 S.; Luftf.-Techn. **2** (1956) 9 VII; Index Aeron. **12** (1956) 6 72.

Söhngen, H.: Schwingungsverhalten eines Schaufelkranzes im Vakuum. Forsch.-Ber. Wirtsch.- u. Verkehrsministerium Nordrhein-Westfalen Nr. 191 1955 24 S.; Luftf.-Techn. **2** (1956) 3 VIII.

Sychrovsky, H.: Entwicklung der Gasturbinenwerkstoffe. MTZ **16** (1955) 7 202—205.

— Forgeage de précision des aubes de réacteur. Machine Moderne **49** (1955) 557 69—74; Luftf.-Techn. **1** (1955) 8 VII.

— Multispindle profiling. Aircr. Production **17** (1955) 12 482—491; Luftf.-Techn. **2** (1956) 1 VI [2.4].

— Le contrôle métallurgique des pièces de réacteurs. Machine Moderne **49** (1955) 558 39—42; Luftf.-Techn. **2** (1956) 1 VI [4.42].

— Rolls-Royce Dart. I. Turbine blades, machining and inspection techniques. Aircr. Production **17** (1955) 9 340—350; Luftf.-Techn. **1** (1955) 7 VI.

Adams, Ernst: Festigkeitsrechnung der Mittelscheiben rotierender axialer Turboläufer mit beliebigem drehsymmetrischen Scheibenprofil unter Berücksichtigung der Spannungserhöhung durch die Flügel. Diss. TH Darmstadt 1956.

Ainley, D. G.: The high-temperature turbo-jet engine. J. Roy. Aeron. Soc. **60** (1956) 549 563—589 38 ref.

Anders, H.: Gußlegierung für Gasturbinenschaufeln. Z. VDI **98** (1956) 3 97.

Bammert, K.: Gasturbinen. Z. VDI **98** (1956) 22 1301—1303 49 Lit.-St.

Berretta, V.: Quelques aspects de la fabrication des aubages de turbomachines aux Etats-Unis et en Grande-Bretagne. Docaéro (1956) Juillet 23—48 25 réf.

Chatterjee, B. B.: Stresses in certain thin blades rotating about an axis lying in their middle plane. ZAMM **36** (1956) 5/6 231—233.

Cole, R. A.: Design factors involved in converting to turboprops. Aero Dig. **72** (1956) 5 42, 44, 46.

Freche, John C. and *Robert E. Oldrieve:* Fabrication techniques and heat-transfer results for cast-cored air-cooled turbine blades. NACA RM E 56 C 06 June 1956 35 p. 22 ref.; Aero Space Engng. **17** (1958) 5 142.

Frey, Donald N.: Low cost gas turbine blades a must for automobile use. Automot. Industries **114** (1956) 1 52—53, 109—110; AB **27** (1956) 2 65.

Gadd, E. R.: Fatigue in aero-engines. Int. Conf. on Fatigue of Metals 1956, Session 8 Pap. 5, Instn. Mech. Engrs. Prepr. 1956 16 p. 31 ref.; Index Aeron. **13** (1957) 11 57 [6.211.1].

v. Gersdorff, K.: Entwicklungsstand der Luftschraubenturbinen. Luftf.-Techn. **2** (1956) 5 90—93.

v. Gersdorff, K.: Tendances générales en matières de turboréacteurs et turbopropulseurs; réalisations des divers pays. Docaéro (1956) 40 3—18; Index Aeron. **12** (1956) 12 55; Aeron. Engng. Rev. **16** (1957) 1 127.

Grala, E. M.: Further investigation of the feasibility of the freeze-casting method for forming full-size infiltrated titanium carbide turbine blades. NACA TN 3769 Oct. 1956 19 p.; AMR **10** (1957) 6 256.

Hanau, Heinz: Ball bearings for high speeds. Machine Design **28** (1956) 23 88—106; Aeron. Engng. Rev. **16** (1957) 2 126.

Hawthorne, W. R. and *W. D. Armstrong:* Shear flow through a cascade. Aeron. Quart. **7** (1956) 4 247—274 7 ref.; AMR **10** (1957) 5 212; Index Aeron. **13** (1957) 1 31—32; Aeron. Engng. Rev. **16** (1957) 3 94.

Hryniszak, Waldemar: Derzeitiger Stand der Gasturbinenentwicklung. MTZ **17** (1956) 1 16—23, 2 53—58, 3 82—90.

Johnson, A. E.: Turbine disks for jet propulsion units. Aircr. Engng. **28** (1956) 328 187—195, 329 235—243, 330 265—272, 331 325—332, 332 348—356; AMR **11** (1958) 2 83.

Kaufman, A. and *A. J. Meyer jr.:* Investigation of the effect of impact damage on fatigue strength of jet-engine compressor rotor blades. NACA TN 3275 June 1956 25 p.; Index Aeron. **12** (1956) 9 55; AMR **10** (1957) 1 18.

Keast, F. H.: Choice of design for an advanced turbojet. Canad. Aeron. J. **2** (1956) 9 322—328; Index Aeron. **13** (1957) 2 50; Aeron. Engng. Rev. **16** (1957) 2 154.

LaMarca, J. L. and *J. L. McCabe:* Problems related to the introduction of titanium into production turbojet engines. Soc. Automotive Engrs. Prepr. 694 1956 6 p.; Titanium Abstr. Bull. **1** (1955/56) 501—503; Index Aeron. **12** (1956) 6 123.

Larsson, K. H.: Turbine-powered aircraft for the future. (Soc. Automotive Engrs. — Canad. Aeron. Inst. Meeting, Montreal March 1956). Canad. Aeron. J. **2** (1956) Dec. 366—372; Aeron. Engng. Rev. **16** (1957) 3 150.

Leist, K. u. *S. Förster:* Die französische Kleingasturbine Artouste I. I. Forsch.-Ber. Wirtsch.- u. Verkehrsministerium Nordrhein-Westfalen Nr. 243 1956 68 S.

Leist, K.: Gestaltung von Gasturbinen. Techn. Rdsch. (Bern) **49** (1957) 48 1—7.

Leist, Karl: Gestaltung von Gasturbinen. MTZ **18** (1957) 6 154—163.

Leist, K. u. *K. Graf:* Kleingasturbinen insbesondere zum Fahrzeugantrieb. DVL-Ber. 7 1956 104 S.

Leist, Karl, K. Schleiermacher u. *J. Weber:* Spannungsoptische Untersuchungen von Turbinenschaufelfüßen. DVL-Ber. 6 März 1956 56 S.; Luftf.-Techn. **2** (1956) 9 VIII; Index Aeron. **12** (1956) 11 75.

Levy, A. V.: Some new materials for missile and power-plant applications. Aircr. Engng. **28** (1956) 332 357—361; Index Aeron. **12** (1956) 11 95; Titanium Abstr. Bull. **2** (1956/57) 144—145 [6.29].

Lutz, Otto: Triebwerksanlagen. Z. VDI **98** (1956) 11 497—499 20 Lit.-St. [6.211.1].

Meyer, André J. jr., A. Kaufman and *W. C. Caywood:* The design of brittle-material blade roots based on theory and rupture tests of plastic models. NACA TN 3773 Sept. 1956 46 p.; AMR **10** (1957) 3 103; J. Roy. Aeron. Soc. **61** (1957) 553 66.

Moressée, M. G.: Quelques problèmes de soudage électrique par résistance dans la fabrication des turbomachines. Techn. et Sci. Aéron. (1956) 1 41—54; Luftf.-Techn. **2** (1956) 6 V.

Perry, E. R. and *I. Jenkins:* Sintered cobalt-based alloy for gas turbine blading. „Warmfeste und korrosionsbeständige Sinterwerkstoffe, ed. F. Benesovsky", Wien: Springer 1956 326—334 9 ref.

Peters, G.: Untersuchungen über das Drehschwingungsverhalten von Axialschaufeln. Konstruktion **8** (1956) 6 244—245 [6.212].

Poincaré, L.: Les petites turbines à gaz et les petits réacteurs pour l'aviation. Leur champ d'application et leur avenir. Techn. et Sci. Aeron. (1956) 2 61—67.

Portz, A. G.: Flash welding jet engine rings. Metal Progr. **69** (1956) 2 67—70, 71; Titanium Abstr. Bull. **1** (1955/56) 458; Index Aeron. **12** (1956) 4 64.

Prohl, M. A.: A method for calculating vibration frequency and stress of a banded group of turbine buckets. Amer. Soc. Mech. Engrs. Ann. Meeting, New York, Nov. 1956, Pap. 56-A-116 11 p.; AMR **10** (1957) 7 287.

Schmidt, R.: Das Schwingungsverhalten der Verdichter-Leitschaufeln von Strahltriebwerken. Technik (Berlin) **11** (1956) 7 479—486.

Shioiri, J.: On the vibration of gas turbine blades. V. Appendix to general theory. (Govmt.) Mech. Lab. J. (Japan) **10** (1956) 1 4—6.

Shiratori, Eiryo and *Shigeo Sasaki:* Strength of high speed rotating discs. III. Trans. Japan Soc. Mech. Engrs. **22** (1956) 119 475—479; Japan Sci. Rev., Mech. & Electr. Engng. **3** (1958) 2 73.

Siegfried, W.: Investigations into blade-root fixings of high-temperature steels. Trans. ASME **78** (1956) 2 327—338; Konstruktion **9** (1957) 11 461—462.

Stepka, Francis S. and *Robert O. Hickel:* Methods for measuring temperatures of thin-walled gas-turbine blades. NACA RM E 56 G 17 Nov. 1956 25 p.; Aeron. Engng. Rev. **16** (1957) 2 155.

Stroehlen, R.: Bauelemente von Strömungsmaschinen. Z. VDI **98** (1956) 20 1070—1075 30 Lit.-St.

Wahl, A. M.: Stress destributions in rotating disks subjected to creep including effects of variable thickness and temperature. Amer. Soc. Mech. Engrs. Prepr. 56-A-162 Nov. 1956 16 p. 3 ref.; Index Aeron. **13** (1957) 1 55.

Wang, Chi-Teh, Frank Lane and *Robert J. Vaccaro:* An investigation of the flutter characteristics of compressor and turbine blade systems. Inst. Aeron. Sci. 23rd Ann. Meeting, New York, Jan. 1955 Prepr. 501 15 p.; J. Aeron. Sci. **23** (1956) 4 335—344 9 ref.; AMR **9** (1956) 9 396 [6.212].

Whyte, R. R.: The influence of the gas-turbine axial-flow aero-engine on blade manufacturing methods. Instn. Mech. Engrs. Prepr. May 1956 14 p. 8 ref.; Index Aeron. **12** (1956) 6 72; AMR **10** (1957) 2 73.

Wile, G. J.: Use of titanium in jet engines. Course in titanium metallurgy, New York Univ., Lecture 18 Sept. 1956 10 p.; Titanium Abstr. Bull. **2** (1956/57) 379—380.

— Oxyacetylene welding of jet engine parts. Welding J. **35** (1956) 6 581—582; Aluminium **33** (1957) 2 A 41.

— The selection of materials for high-temperature applications in aircraft gas turbines. Battelle Memorial Inst., Titanium Metallurgical Lab. TML-50 Contract AF 18(600)-1375 Subcontract 2 Aug. 1956 34 p.; Titanium Abstr. Bull. **2** (1956/57) 443.

Adams, Ernst: Der ebene Spannungszustand in einer durch beliebige ebene Randleisten beanspruchten rotierenden Vollscheibe mit dem Stärkenprofil h(r) = 1/ (a r^2 + b). ZFW **5** (1957) 11 331—334, **6** (1958) 3 77—80; Index Aeron. **14** (1958) 6 58.

Aepli, Alfred: Das britische Düsentriebwerk Bristol "Olympus". Flugwehr u. -Techn. (1957) Febr. 45—48.

Ainley, D. G.: Internal air-cooling for turbine blades. A general design survey. ARC R & M 3013 1957 40 p. 17 ref.; Index Aeron. **13** (1957) 11 61.

Bammert, Karl: Gasturbinen. Z. VDI **99** (1957) 31 1585—1586 57 Lit.-St.; Aero Space Engng. **17** (1958) 6 99.

Barry, E. R. and *J. W. Bergman:* Machining thin discs for gas turbines. Machinery (London) **91** (1957) 2335 372—373; Index Aeron. **13** (1957) 10 70—71.

Begley, R. T.: Molybdenum for aircraft applications. Soc. Automotive Engrs. Nat. Aeron. Meeting, New York, Apr. 1957, Prepr. 88 12 p.; Aeron. Engng. Rev. **16** (1957) 7 146.

Blakeley, T. H. and *R. F. Darling:* Refractory nozzle blades for high-temperature gas turbines. Engineer **203** (1957) 5273 251—252; Index Aeron. **13** (1957) 4 60; Aeron. Engng. Rev. **16** (1957) 5 206.

Blakeley, T. H. and *R. F. Darling:* The development of refractory nozzle blades for use in high-temperature gas turbines. Trans. N. E. Coast Instn. Engrs. & Shipbuilders **73** (1957) Pt. 5 231—252; Index Aeron. **13** (1957) 4 59.

Brandt, H. G.: Werkstoffe für Gasturbinen. MTZ **18** (1957) 10 323—325.

Chatterjee, B. B.: Stresses in an aeolotropic elliptical disc rotating about an axis of symmetry lying in its middle plane. J. Technol. (Calcutta) (1957) Dec. 137—139.

Clarkson, R. M. and *D. R. Newman:* The comparative economics of jet and propeller-turbine operations. Flight **72** (1957) 2528 8—11.

Ellington, J. P. and *H. McCallion:* The vibrations of laced turbine blades. J. Roy. Aeron. Soc. **61** (1957) 560 563—567 5 ref.; Index Aeron. **13** (1957) 9 48.

Esgar, J. B., E. F. Schum and *A. N. Curren:* Effect of chord size on weight and cooling characteristics of air-cooled turbine blades. NACA TN 3923 Jan. 1957 37 p. 11 ref.; Aeron. Engng. Rev. **16** (1957) 4 129; Index Aeron. **13** (1957) 5 71—72.

Fentress, D. Wendell: Design and qualification testing of high-pressure, high-velocity aircraft duct systems. Aeron. Engng. Rev. **16** (1957) 1 49—53; Index Aeron. **13** (1957) 2 84.

Floreen, S. and *R. A. Signorelli:* Survey of microstructures and mechanical properties of over-temperatured S-816 turbine buckets from J 47 engines. NACA RM E 57 K 30 March 1957 41 p.; Aeron. Engng. Rev. **16** (1957) 6 158.

Forshaw, J. R.: A survey of the alternating pressures exciting high frequency vibrations in gas turbines. ARC R & M 2989 1957 20 p.; Aeron. Engng. Rev. **17** (1958) 1 116; Index Aeron. **13** (1957) 11 56—57; Aircr. Engng. **29** (1957) 346 390.

Fortune, J. A.: The application of non-metallic materials to gas turbine engines. Canad. Aeron. Inst. Ann. General Meeting, Ottawa, May 1957, Prepr. 7/4 16 p.; Aeron. Engng. Rev. **16** (1957) 9 156.

Franz, Anselm: Some experiences in the development and application of Lycoming's T 53 gas turbine engine. Soc. Automotive Engrs. Ann. Meeting, Detroit, Jan. 1957 Prepr. 32 10 p.; Index Aeron. **13** (1957) 5 69; Aeron. Engng. Rev. **16** (1957) 4 146.

Gasparovic, N.: Belastung und Lebensdauer der Gasturbine. Z. VDI **99** (1957) 1 23—25 6 Lit.-St.

Graf, K.: Beitrag zum Vergleich von Gleichdruck- und Verpuffungsgasturbinen. Diss. TH Aachen 1957.

Grinyer, C. A.: Large lightweight turbojet engines. Soc. Automotive Engrs. Nat. Aeron. Meeting, New York, Apr. 1957, Prepr. 81 25 p.; Index Aeron. **13** (1957) 6 59; Aeron. Engng. Rev. **16** (1957) 7 154.

Harvey-Bailey, A. H.: Design for repairability of civil turbine engines. 6th Anglo-Amer. Aeron. Conf., Sept. 1957, Roy. Aeron. Soc. Prepr. 1957 16 p.; Index Aeron. **13** (1957) 11 57.

Hensley, Reece V. and *Norman C. Witbeck:* Increased mission effectiveness through the application of small gas turbine engines. Soc. Automotive Engrs. Prepr. 34 1957 6 p.; Index Aeron. **13** (1957) 5 73.

Hensley, Reece V. and *Norman C. Witbeck:* Mission effectiveness often can be increased by using small lightweight turbojets. SAE-J. **65** (1957) Apr. 51—53.

Herzog, A.: Fatigue testing of turbine buckets. Proc. SESA **15** (1957) 1 21—34; Aeron. Engng. Rev. **17** (1958) 1 116.

Jones, E. H.: Quantity production of blades for gas turbine compressors. Machinery (London) **91** (1957) 2354 1492—1496; Titanium Abstr. Bull. **3** (1957/58) 334.

Keast, F. H.: Choosing an advanced turbojet design. Aviation Age (1957) Febr. 36—41; Aeron. Engng. Rev. **16** (1957) 4 147.

Krause, R.: Werkstoffe für Flugzeug-Strahltriebwerke. Metall **11** (1957) 4 298—301.

Krause, R.: Hochwarmfeste Werkstoffe für Gasturbinen. Metall **11** (1957) 12 1066—1069.

Kulp, John: Plastic rotor blades for turbojet engines. SPE J. **13** (1957) 6 27—29, Aeron. Engng. Rev. **16** (1957) 9 156.

Labessoulhe, J. M.: Widerstandsschweißen im Strahltriebwerksbau. Luftf.-Techn. **3** (1957) 7 148—152.

LaRocca, E. W.: Time-temperature relationships for rupture of metals in combustion atmospheres. Jet Propulsion **27** (1957) 6 674—675.

Lawendel, H. W. and *C. G. Goetzel:* A study of graded cermet components for high temperature turbine applications. WADC Techn. Rep. 57-135 (AD 131031) Aug. 1957 41 p.

Löffler, Kurt: Ergebnisse von Schaufelschwingungsmessungen im Betrieb einer Gasturbine. „Schwingungsabwehr", VDI-Ber. Bd. 24 1957 27—32.

Lutz, Otto: Triebwerksanlagen. Z. VDI **99** (1957) 11 487—490 32 Lit.-St. [6.211.3], [6.211.4].

Marble, J. D. and *C. V. Ruehrwein:* Barrel finishing operation improves fatigue strength of jet engine parts. Tool Engr. **34** (1957) 5 99—101; Aeron. Engng. Rev. **17** (1958) 2 106.

Martin, A. I.: Approximation for the effect of twist on the vibration of a turbine blade. Aeron. Quart. **8** (1957) 3 291—308 12 ref.; Index Aeron. **13** (1957) 10 56; Aeron. Engng. Rev. **16** (1957) 11 106; AMR **11** (1958) 3 108.

Morgan, William C. and *R. H. Kemp:* Design and experimental evaluation of a light-weight turbine-wheel assembly. NACA TN 4023 June 1957 25 p. 4 ref.; Index Aeron. **13** (1957) 9 47; Aeron. Engng. Rev. **16** (1957) 9 156.

Morgan, William C. and *George C. Deutsch:* Experimental investigation of cermet turbine blades in an axial-flow turbojet engine. NACA TN 4030 1957 9 p.; AMR **11** (1958) 9 507; Index Aeron. **14** (1958) 1 121; Aeron. Engng. Rev. **17** (1958) 2 106.

Norbury, J. F.: Thermal stresses in disks of constant thickness. Aircr. Engng. **29** (1957) 339 132—137; Index Aeron. **13** (1957) 6 62; AMR **10** (1957) 11 503—504; Aeron. Engng. Rev. **16** (1957) 7 128 [1.37].

von der Nuell, W. T.: General design considerations for smaller gas turbines. Amer. Soc. Mech. Engrs. Fall Meeting, Hartford, Sept. 1957, Pap. 57-F-13; Trans. ASME **80** (1958) May 941—957, disc. 957—958 95 ref.; Aero Space Engng. **17** (1958) 9 102.

Oehmichen, Manfred: Entwicklungsgang und gegenwärtiger Stand der Gasturbine. Abh. Dtsch. Akad. Wiss. Berlin, Mitt. Sektion Masch.-Bau H. 4 1957 37 S., Berlin: Akad. Verl. 1958.

Robbins, W. H. and *H. W. Plohr:* Recent advances in the aerodynamic design of axial turbomachinery. Inst. Aeron. Sci. Prepr. 762 1957 28 p.; Canad. Aeron. J. **4** (1958) Febr. 63—68; Index Aeron. **14** (1958) 1 72—73.

Sanders, William B. jr. and *E. A. Trabant:* An analytical method of evaluating thermal stresses in gas-turbine blades. Aeron. Engng. Rev. **16** (1957) 4 52—54 2 ref.; Index Aeron. **13** (1957) 5 71; AMR **10** (1957) 10 456.

Scheibe, Alfred: Turbinenflugtriebwerke, Leistungen und Gewichte. WGL-Jb. 1957 416—420.

Sharp, W. A.: Use of titanium in jet engines. Course in titanium metallurgy, New York Univ. Lecture 14 Sept. 1957 23 p. [1.323.23].

Sharp, W. H.: Alloy titanium in the J 57 turbojet engine. Soc. Automotive Engrs. Nat. Aeron. Meeting, New York, Apr. 1957, Prepr. T 33 10 p.; Aeron. Engng. Rev. **16** (1957) 7 146.

Sorensen, Gordon: Experimental stress analysis in small turbines. Soc. Automotive Engrs. Ann. Meeting, Detroit, Jan. 1957 Prepr. 33 8 p.; Index Aeron. 13 (1957) 5 69—70.

Traupel, Walter: Das Herabsetzen der Erregung von Schaufelschwingungen durch gegenseitiges Verbinden der Schaufeln. Schweiz. Bau-Ztg. **75** (1957) 52 822—824.

Wahl, A. M.: Stress distributions in rotating disks subjected to creep at elevated temperature. J. Appl. Mech. **24** (1957) 2 299—305.

Waitt, L. W.: Manufacturing small engines. Amer. Soc. Mech. Engrs. Prepr. 57-F-20 1957 5 p.; Index Aeron. **13** (1957) 10 54.

Westbrook, J. H.: Temperature dependence of the hardness of secondary phases common in turbine bucket alloys. J. Metals **9** (1957) July 898—904 68 ref.; Aeron. Engng. Rev. **16** (1957) 11 132.

Williams, F. D. M.: Gas turbine combustion system design. Canad. Aeron. Inst.-Inst. Aeron. Sci. Joint Meeting, Montreal, Oct. 1957 Prepr. 754 15 p.; Aeron. Engng. Rev. **16** (1957) 12 105; Index Aeron. **14** (1958) 1 72.

Wilson, W. Ker and *W. Harris:* Gyroscopic loading tests on a gas-turbine rotor. Proc. IME **171** (1957) 27 777—794; Konstruktion **11** (1959) 2 71—73.

— Aircraft materials — present and future. Mater. & Meth. **45** (1957) 5 126—130; Leichtbau d. Verkehrsfahrzeuge **1** (1957) 5 136—137; Titanium Abstr. Bull. **2** (1956/57) 556 [6.254.0].

— Les ailettes en aluminium dans les gaz à 1000°. Rev. Aluminium **34** (1957) 244 629—632; Aluminium **33** (1957) 10 A 282.

Adams, Ernst: Der ebene Spannungszustand in einer am Rand drehsymmetrisch belasteten rotierenden Scheibe mit dem Stärkenprofil $h(r) = 1/(ar^{2/3} + b)$. ZFW **6** (1958) 5 151—153 4 Lit.-St.

Brown, P. V.: Gas-turbine castings. Recent developments in foundry techniques: Use of epoxy resins in making pattern equipment. Aircr. Production **20** (1958) 9 337—342.

Calvert, H. F. and *G. T. Smith:* Vibration survey of four representative types of air-cooled turbine blades. NACA TN 4100 July 1958 11 p.; AMR **12** (1959) 1 60.

Carnegie, W.: Static bending of pre-twisted cantilever blading. Vibrations of pretwisted cantilever blading. Proc. IME **171** (1957) 32 873—894; IME Prepr. 1958 16 p.; Index Aeron. **14** (1958) 3 55; Konstruktion **11** (1959) 9 364—366.

v. Gersdorff, K.: Stand der Triebwerksentwicklung. Luftf.-Techn. **4** (1958) 7 185—194; Aero Space Engng. **17** (1958) 12 98 [6.211.1].

Geschelin, Joseph: One-piece turbine rotors; combination of extrusion and forging techniques integrates blades and disk. Aircr. & Missiles Mfg. (1958) Aug. 17—18.

Graham, J. W. and *W. F. Zimmerman:* Cermets in jet engines. Metal Propr. **73** (1958) 4 108—111.

Hacker, D. E.: Metallizing and its application in aircraft gas-turbine components. Welding J. **37** (1958) March 231—236; Aero Space Engng. **17** (1958) 7 96.

Hirsch, Gerhard: Beitrag zur Untersuchung der Biegeschwingungen von umlaufenden Triebwerk-Laufschaufeln mit nachgiebiger Einspannung. WGL-Jb. 1958 174—183 11 Lit.-St. [6.212].

Hirschberg, M. H. and *A. Mendelson:* Analysis of stresses and deflections in a disk subjected to gyroscopic forces. Appendix A,B: Derivation of differential equation for deflections of variable-thickness disk subjected to gyroscopic loading. Appendix C: Boundary-condition equations. Appendix D: Finite-difference equations. NACA TN 4218 March 1958 37 p.; Aero Space Engng. **17** (1958) 5 108; Index Aeron. **14** (1958) 7 58.

Hüttner, E.: Kleingasturbinen radialer Bauart. Öst. Ing.-Z. **1** (1958) 12 513—520.

Johnson, C. H. J.: The determination of the thermoelastic stress distribution in hollow cooled turbine blades. ARL Rep. M 87 June 1958 31 p.; Aero Space Engng. **17** (1958) 12 69—70; Index Aeron. **14** (1958) 12 60—61.

Kasthuri, S.: Gas turbines for merchant ship propulsion. Trans. Inst. Marine Engrs. **70** (1958) 10 301—323.

Kirchberg, G. u. *H.-J. Thomas:* Berechnung von Eigenfrequenzen der Schaufelpakete in Dampf- und Gasturbinen, insbesondere bei verjüngten Schaufeln. Konstruktion **10** (1958) 2 41—50 11 Lit.-St.

Lassiter, L. W. and *R. W. Hess:* Calculated and measured stresses in simple panels subject to intense random acoustic loading including the near noise field of a turbojet engine. NACA Rep. 1367 1958; Aircr. Engng. **31** (1959) 365 210.

Leist, Karl u. *Joseph Weber:* Spannungsoptische Untersuchungen von Turbinenscheiben mit angefrästen und eingesetzten Schaufeln. Forsch.-Ber. Wirtsch.-u. Verkehrsministerium Nordrhein-Westfalen Nr. 548 1958 28 S.; Aircr. Engng. **31** (1959) 363 148.

Leist, K. u. *J. Weber:* Spannungsoptische Untersuchungen von rotierenden Scheiben mit exzentrischen Bohrungen. DVL Ber. 57 Apr. 1958 60 S. 13 Lit.-St.; Aero Space Engng. **17** (1958) 10 97—98; Index Aeron. **14** (1958) 10 52; ZFW **6** (1958) 9 278.

Lutz, Otto: Triebwerksanlagen. Z. VDI **100** (1958) 11 468—470 23 Lit.-St.

Nixon, Frank: Die Anwendung von Nimonic-Legierungen im Strahlturbinenbau. Luftf.-Techn. **4** (1958) 8 206—213 4 Lit.-St.; Aero Space Engng. **17** (1958) 12 86.

Oehmichen, M.: Entwicklungsstand der Gasturbine. MTZ **19** (1958) 10 355—361.

Pope, A. W.: Design and development of four light-weight high-speed marine gas turbines for electric generator drive. Proc. IME **172** (1958) 8 301—319; Leichtbau d. Verkehrsfahrzeuge **3** (1959) 6 256.

Pope, A. W.: Lightweight marine gas turbines. Engineer **205** (1958) 5321 92—94; Konstruktion **11** (1959) 1 36.

Roberts, H.: Neue warmfeste Werkstoffe für Gasturbinen. Welding **26** (1958) 12 435—442, 454; Mittt. Forsch.-Ges. Blechverarb. (1959) 940.

Rosenberg, A. J. and *E. W. Jamison:* Automatic welding of aircraft accessory turbine wheels. Welding J. **37** (1958) Apr. 328—335; Aero Space Engng. **17** (1958) 10 102.

Schilhansl, M. J.: Bending frequency of a rotating cantilever beam. Amer Soc. Mech. Engrs. Fall Meeting, Hartford, Sept. 1957, Pap. 57-F-6; J. Appl. Mech. **25** (1958) 1 28—29; Aero Space Engng. **17** (1958) 6 99.

Schnitzer, H. C.: Turbojet-engine mechanical design for high Mach number flight. Aero Space Engng. **17** (1958) 9 35—39; Index Aeron. **14** (1958) 10 59.

Staab, F.: Entwicklungsrichtungen der Strahlantriebe. Physikal Bl. **14** (1958) 8 352—360.

Sullivan, Jay: Looking ahead with chemical milling. Machine & Tool Blue Book **53** (1958) 5 127—128, 130, 132, 134—138; Leichtbau d. Verkehrsfahrzeuge **2** (1958) 5 239.

Thomas, Hans-Joachim u. *Hermann-Dietrich Lewe:* Berechnung von Schaufelschwingungen. „Anwendung neuzeitlicher Rechengeräte in der Schwingungstechnik", VDI-Ber. Bd. 30 1958 91—94.

Willis, W. M.: Turbine blades produced automatically. Aircr. & Missiles Mfg. (1958) June 25—26; Aero Space Engng. **17** (1958) 11 110.

— Raketen- und Strahltriebwerke. (Übers. aus dem Russ.) Berlin: Verl. Technik 1958 82 S.

— Two small American turboshaft engines. Flight (1958) 17./1. 79—83; Aero Space Engng. **17** (1958) 5 142.

Chiarito, P. T. and *J. R. Johnston:* Experimental evaluation of cermet turbine stator blades for use at elevated gas temperatures. NASA Memo 2-13-59 E Febr 1959 25 p.; AMR **12** (1959) 9 617.

Deinhardt, H.: Die Kleingasturbine BMW-002. MTZ **20** (1959) 6 203—205.

Eck: Leichte, schnellaufende englische Schiffsgasturbinen zum Antrieb von elektrischen Generatoren. MTZ **20** (1959) 10 385—390.

Eckert, B.: Die Automobil-Gasturbine und ihre Entwicklungsmöglichkeiten. ATZ **61** (1959) 1 1—10.

Eichholtz, Konrad: Les turboréacteurs ATAR de la SNECMA, une conception européenne. Techn. et Sci. Aeron. (1959) 2 115—120 3 réf.

Franz, Anselm: Einiges über Konstruktion und Anwendung der Lycoming-T 53-Gasturbine. MTZ **20** (1959) 10 381—384.

Friedrich, Hans: Entwicklungsfragen im Gasturbinenbau. MTZ **20** (1959) 6 195—196.

Fusner, G. R. and *D. L. Newhouse:* M-252 alloy for heavy-duty gas-turbine buckets. Trans. ASME (J. Engng. Power) **81A** (1959) 2 161—176; AMR **12** (1959) 6 405.

Haas, B.: Gasturbinen-Laufschaufeln mit gleicher Sicherheit in allen Blattquerschnitten. Konstruktion **11** (1959) 1 17—23 13 Lit.-St.

Hüttner, E.: Gasturbinenentwicklung in Österreich. MTZ **20** (1959) 6 215—216.

Jäger, Berthold: Die Eigenfrequenzen und Schwingungsformen von Turbomaschinen. Ing.-Arch. **27** (1959) 1 33—52.

Johnson, C. H. J.: Transient thermal stresses in the elastic slab. ARL Note ME 232 March 1959; J. Roy. Aeron. Soc. **63** (1959) 587 680.

Johnston, J. R. a. o.: Engine operating conditions that cause thermal-fatigue cracks in turbo-jet engine buckets. NASA Mem. 4-7-59 E TIL 6344 Apr. 1959.

Leist, Karl: Konstruktionsmerkmale von Strahltriebwerken. Z. VDI **101** (1959) 35 1677—1690, 36 1775—1781.

Levick, R. and *P. A. Morgan:* Welding nimonic. Practice in the manufacture of gas-turbine assemblies. Aircr. Production **21** (1959) 7 251—257.

Lewe, Hermann Dietrich: Berechnung von Schaufelschwingungen mit Hilfe elektronischer Rechenanlagen. Z. VDI **101** (1959) 10 382—383.

Lovesey, A. C.: The art of developing aero-engines. J. Roy. Aeron. Soc. **63** (1959) 584 429—449.

Lutz, Otto: Triebwerksanlagen. Z. VDI **101** (1959) 11 438—442 50 Lit.-St.

v. der Nuell, W. T.: Sind kleine Gasturbinen erfolgreich? MTZ **20** (1959) 6 200—202.

v. den Steinen, A.: Hochwarmfeste Stähle und Legierungen für den Flugtriebwerkbau. Luftf.-Techn. **5** (1959) 7 243—248 23 Lit.-St. [1.322.122].

Waters, W. J., R. A. Signorelli and *J. R. Johnston:* Performance of two boron-modified S-816 alloys in a turbojet engine operated at 1650° F. NACA Memo 3-3-59 E March 1959 30 p.; AMR **12** (1959) 9 617.

Staustrahltriebwerke 6.211.3

Levy, Alan V.: Anwendung hitzebeständiger Werkstoffe bei Flugzeugtriebwerken im Temperaturbereich von 650 bis 1315° C. SAE-Trans. **64** (1956) 366—378; Draht **9** (1958) 7 294 [6.211.4].

Levy, Alan V.: New magnesium alloy stands up in "hot" ramjet. Aviation Age **25** (1956) 4 28—35; Luftf.-Techn. **2** (1956) 6 V [1.323.221].

Jamison, R. R.: Ram-jets. J. Roy. Aeron. Soc. **61** (1957) 558 407—421; Index Aeron. **13** (1957) 7 58.

Lutz, Otto: Triebwerksanlagen. Z. VDI **99** (1957) 11 487—490 32 Lit.-St. [6.211.2], [6.211.4].

Michely, W.: Grundlagen der Staustrahl- und Raketentriebwerke. Z. VDI **99** (1957) 9 365—372 18 Lit.-St. [6.211.4].

Probert, R. P.: Ramjet development. Flight (1957) 27./12. 982—985; Aeron. Engng. Rev. **17** (1958) 4 110.

Thomas, Arthur N. jr.: Some fundamental aspects of ramjet propulsion. Jet Propulsion **27** (1957) 4 381—385 7 ref.; Index Aeron. **13** (1957) 9 58; Aeron. Engng. Rev. **16** (1957) 7 156.

Unterberg, Walter: An analysis of heating problems in supersonic ramjet tailpipes. Jet Propulsion **27** (1957) 5 514—521, 541 8 ref.; Aeron. Engng. Rev. **16** (1957) 7 124—125; Index Aeron. **13** (1957) 9 58; AMR **10** (1957) 12 574—575.

Bourgarel, C.: Analyse simplifiée du fonctionnement des statoréacteurs modernes. Docaéro (1958) Mai 55—66; Aero Space Engng. **17** (1958) 10 95; Index Aeron. **14** (1958) 8 64.

Jamison, R. R.: Die Zukunftsaussichten des Staustrahltriebwerkes. Interavia **13** (1958) 9 955—957.

Jamison, R. R.: Bristol-Staustrahltriebwerke und die Zukunft. Luftf.-Techn. **4** (1958) 10 286—288.

Probert, R. P.: Ram-jets. J. Roy. Aeron. Soc. **62** (1958) 567 151—173; Index Aeron. **14** (1958) 1 75; Aero Space Engng. **17** (1958) 7 95.

Seibold, Wilhelm: Betrachtungen zum selbsttragenden Staustrahltriebwerk. Luftf.-Techn. **4** (1958) 5 141—143.

Raketentriebwerke **6.211.4**

Casiraghi, G. P.: Materials for rockets frame and motor construction. IV. Int. Astron. Kongr. Zürich 1953 163—170 [6.29].

Engel, R.: Entwurfsverfahren für Höhenraketen mit Preßgasförderung. V. Int. Astron. Kongr. Innsbruck 1954 178—182.

Machlanski, S. H. and *P. E. Prout:* Design and development of an experimental integrated control for a rocket engine. WADC Techn. Rep. 54-235 Pt. IV AD 74307 Contract AF 33(038)-30074 PB 122477 Aug. 1954 185; Titanium Abstr. Bull. **2** (1956/57) 328—329.

Allen, Sidney: Rocket-motor design. Flight (1956) 19./10. 637—638; Aeron. Engng. Rev. **16** (1957) 1 140.

Dalgleish, J. E. and A. O. Tischler: Experimental investigation of a lightweight rocket chamber. NACA TN 3827 Oct. 1956 11 p.; Index Aeron. **12** (1956) 12 67; AMR **10** (1957) 6 272; J. Roy. Aeron. Soc. **61** (1957) 553 66.

Heitkotter, R. H.: The design of a miniature solid-propellant rocket. NACA TN 3620 March 1956 13 p. 2 ref.; Index Aeron. **12** (1956) 6 79—80.

Levy, Alan V.: Anwendung hitzebeständiger Werkstoffe bei Flugzeugtriebwerken im Temperaturberich von 650 bis 1315° C. SAE-Trans. **64** (1956) 366—378; Draht **9** (1958) 7 294 [6.211.3].

Sutherland, George S.: Modern techniques in solid rocket engineering. Aero Dig. **72** (1956) 1 46—48, 51—52, 54, 56 29 ref.; Index Aeron. **12** (1956) 3 68.

Zucrow, M.-J.: Les moteurs de fusée à propergols liquides. Fusées (1956) Juin 35—43; Aeron. Engng. Rev. **17** (1958) 4 110.

Allen, S.: Rocket engines. J. Roy. Aeron. Soc. **61** (1957) 555 181—207; Aeron. Engng. Rev. **16** (1957) 6 158.

Boden, R. H.: The ion rocket engine. North Amer. Aviation Rocketdyne R-645 (AFOSR TN 57-573) (AD 136558) Aug. 1957 40 p. 10 ref.; Aero Space Engng. **17** (1958) 6 113—114.

Lutz, Otto: Triebwerksanlagen. Z. VDI **99** (1957) 11 487—490 32 Lit.-St. [6.211.2], [6.211.3].

Michely, W.: Grundlagen der Staustrahl- und Raketentriebwerke. Z. VDI **99** (1957) 9 365—372 18 Lit.-St. [6.211.3].

Ordahl, D. D. and *M. L. Williams:* Preliminary photoelastic design data for stresses in rocket grains. Jet Propulsion **27** (1957) 6 657—662 8 ref.; Index Aeron **13** (1957) 9 60; Raketentechn. u. Raumf.-Forsch. **1** (1957) 3 87.

Reichel, Rudolf H.: Raketenantriebe. Z. VDI **99** (1957) 31 1587—1591 103 Lit.-St.; Aero Space Engng. **17** (1958) 6 100.

Smith, E. T. B.: Solid propellant rocket motors. Brit. Interplanetary Soc., J. (1957) Oct.—Dec. 198—211; Aeron. Engng. Rev. **17** (1958) 4 110.

Zaehringer, Alfred J.: Zur Verwendung von Kunststoffen in der Raketentechnik. Raketentechn. u. Raumf.-Forsch. **1** (1957) 3 57—59, 77 9 Lit.-St.; Aeron. Engng. Rev. **17** (1958) 2 100 [6.29].

— Rocket motor tubes. Aircr. Production **19** (1957) 6 222—230; Index Aeron. **13** (1957) 7 61; Raketentechn. u. Raumf.-Forsch. **1** (1957) 3 87.

Frohmberg, R. P.: Rocket engines and nondestructive testing. Automot. Industries **118** (1958) 15./7. 109, 113, 114—122; Aero Space Engng. **17** (1958) 12 100 [4.40].

Gröttrup, Helmut: Aus den Arbeiten des deutschen Raketen-Kollektivs in der Sowjet-Union. Raketentechn. u. Raumf.-Forsch. **2** (1958) 2 58—62; Index Aeron. **14** (1958) 7 63—64; Aero Space Engng. **17** (1958) 8 98 [6.29].

Heidmann, M. F. and *R. J. Priem:* Propellant vaporization as a criterion for rocket engine design; relation between percentage of propellant vaporized and engine performance. NACA TN 4219 March 1958 19 p. 10 ref.; Aero Space Engng. **17** (1958) 6 114; Index Aeron. **14** (1958) 7 66.

Kölle, D. E.: Englische Raketentriebwerke für Flugzeuge. Raketentechn. u. Raumf.-Forsch. **2** (1958) 3 101—102.

Kopituk, R. C.: Materials for rocket engines. Metal Progr. **73** (1958) 6 79—84.

Kopituk, R. C.: Materials for "hot" rocket parts must withstand 1700 deg F plus. Aviation Age **28** (1958) 7 104—109.

Lynch, J. F., J. F. Quirk and *W. H. Duckworth:* Investigation of ceramic materials in a laboratory rocket motor. Bull. Amer. Ceram. Soc. **37** (1958) 10 443—445; AMR **12** (1959) 5 326.

McLarren, Robert: Rocket casings deep drawn. Aircr. & Missiles Mfg. (1958) May 18—21; Aero Space Engng. **17** (1958) 11 110.

Prier, E.: Zum Aufbau und der Anwendung von Pulverraketen. Wehrtechn. Mh. (1958) Jan. 17—28 13 Lit.-St.; Raketentechn. u. Raumf.-Forsch. **2** (1958) 2 70.

Toralballa, Leopoldo V.: Durability under varying stress. Aero Space Engng. **17** (1958) 11 66—69.

Wroten, W. L.: Keramische Düsen für ungekühlte Raketentriebwerke. Raketentechn. u. Raumf.-Forsch. **2** (1958) 1 21—22; Aeron. Engng. Rev. **17** (1958) 4 102.

Zangl, Wolfgang: Der Einfluß verschiedener Konstruktionsgrößen auf die Kennwerte von Raketenöfen und Einspritzsystemen. Raketentechn. u. Raumf.-Forsch. **2** (1958) 3 81—86; Aero Space Engng **17** (1958) 9 77; Index Aeron. **14** (1958) 11 77.

Zeilberger, E. J.: Plastics for liquid rocket engines. Astronautics (New York) (1958) Aug. 26—27, 76—79; Aero Space Engng. **17** (1958) 12 88.

Epstein, G. and *J. C. Wilson:* Reinforced plastics for rocket motor applications. SPE-J. **15** (1959) 6 473—479.

Frohmberg, R. P.: Application of materials to high temperature service in rocket engines. Soc. Automotive Engrs. Aeron. Meeting, Los Angeles Oct. 1959 Pap. 98 V.

Rohlik, H. E. and *J. E. Crouse:* Analytical investigation of the effect of turbo-pump design on gross-weight characteristics of a hydrogen-propelled nuclear rocket. NASA Mem. 5-12-59E TIL 6465 June 1959; J. Roy. Aeron. Soc. **63** (1959) 586 614.

Pumpen und Verdichter **6.212**

— Die Herstellung von Kurbelgehäusen und Ladern für Flugmotoren. (The production of aero-engine crankcases and superchargers. Übers. Machinery **48** (1936) 1250 773). Luftf.-Schrifttum Ausland **2** (1936) 11 275—279 [6.211.1].

Bowerman, R. D.: The design of axial flow pumps. Amer. Soc. Mech. Engrs. Ann. Meeting, Chicago, Ill., Nov. 1955, Pap. 55-A-127 22 p.; AMR **9** (1956) 9 397.

Brenet, G.: Interprétion des enregistrements de vibrations d'aubes de compresseurs axiaux. Techn. Sci. Aéron. (1956) 6 378—383 4 réf.

Davidson, I. M.: Some effects of mechanical damping on the self-induced aero-elastic oscillations of an axial compressor blade. Aeron. Quart. **6** (1955) 2 81—98 4 ref.; Index Aeron. **11** (1955) 7 42; AMR **10** (1957) 3 117.

Eichelbrenner, E.-A.: Application numérique d'un calcul d'amortissement aéro-dynamique des vibrations d'aubes de compresseurs. Rech. Aéron. (1955) 46 7—14; AMR **10** (1957) 11 502.

Grote, Paul: Drehkolben-Gebläse und Drehkolben-Verdichter für die Aufladung von Verbrennungsmotoren. MTZ **16** (1955) 9 256—264.

Schnittger, Jan R.: The stress problem of vibrating compressor blades. J. Appl. Mech. **22** (1955) 1 57—64 10 ref.

Andrews, S. J., R. A. Jeffs and *E. L. Hartley:* Tests concerning novel designs of blades for axial compressors. I. Blades designed for increased work at root and tip. II. Blades designed to operate in a parabolic axial velocity distribution. ARC R & M 2929 1956 22 p. 4 ref.; AMR **10** (1957) 12 582; Aeron. Engng. Rev. **16** (1957) 5 193; Index Aeron. **13** (1957) 5 75.

Bloc, M. B.: Conditions limites pour le calcul d'un compresseur axial. Techn. et Sci. Aéron. (1956) 1 36—40.

Carter, A. D. S. and *D. A. Kilpatrick:* Self-excited vibration of axial-flow compressor blades. Instn. Mech. Engrs. Prepr. Dec. 1956 20 p. 10 ref.; Index Aeron. **13** (1957) 1 69.

Carter, A. D. S. and *D. A. Kilpatrick:* The self-excited vibration of axial-flow compressor blades. Chartered Mech. Engr. (1956) Nov. 464—466.

Carter, A. D. S.: A theoretical investigation of the factors affecting stalling flutter of compressor blades. ARC Curr. Pap. 265 1956 22 p. 11 ref.; Index Aeron. **13** (1957) 5 78; AMR **10** (1957) 12 578—579; Aircr. Engng. **29** (1957) 338 125; J. Roy. Aeron. Soc. **61** (1957) 556 293.

Carter, A. D. S., D. A. Kilpatrick, C. E. Moss and *J. Ritchie:* An experimental investigation of the blade vibratory stresses in a single-stage compressor. ARC Curr. Pap. 266 1956 30 p. 7 ref.; Index Aeron. **13**(1957)3 54; Aircr. Engng. **29** (1957) 338 125; Aeron. Engng. Rev. **16** (1957) 3 109.

Encke, W.: Turboverdichter. Z. VDI **98** (1956) 22 1303—1306 12 Lit.-St.

Forshaw, J. R., H. Taylor and *R. Chaplin:* Alternating pressures and blade stresses in the axial-flow compressor. ARC R & 2846 1956 29 p. 4 ref.; Index Aeron. **12** (1956) 8 54; AMR **10** (1957) 7 313—314.

Hanson, M. P.: A vibration damper for axial-flow compressor blading. Proc. SESA **14** (1956) 1 155—162 10 ref.; Index Aeron. **13** (1957) 4 64; AMR **10** (1957) 7 287.

Judson, C. A. and *E. Kellett:* The design and development of small radial-flow turbo-chargers. Proc. IME (1956/57) 6 249—259.

Kilpatrick, D. A. and *R. A. Burrows:* Aspect-ratio effects on compressor cascade blade flutter. ARC R & M 3103 July 1956; Aircr. Engng. **31** (1959) 364 182.

Kilpatrick, D. A. and *J. Ritchie:* Compressor cascade flutter tests. II. 40 deg. camber blades, low and medium stagger cascades. ARC Curr. Pap. 296 1956 19 p. 9 ref.; Index Aeron. **13** (1957) 3 61—62; Aircr. Engng. **29** (1957) 338 126.

Lane, Frank: System mode shapes in the flutter of compressor blade rows. J. Aeron. Sci. **23** (1956) 1 54—66 9 ref.; AMR **9** (1956) 5 217; Index Aeron. **12** (1956) 2 60.

Meller, A.-G. et *A. Berton:* Quelques mesures relatives à l'armortissement aéro-dynamique des aubes en grille. Rech. Aéron. (1956) 53 13—20; AMR **10** (1957) 7 313.

Petermann, H.: Kreiselpumpen. Z. VDI **98** (1956) 22 1306—1311 124 Lit.-St.

Peters, G.: Untersuchungen über das Drehschwingungsverhalten von Axial-schaufeln. Konstruktion **8** (1956) 6 244—245 [6.211.2].

Turner, R. C. and *Hazel P. Hughes:* Tests on rough surfaced compressor blading. ARC Curr. Pap. 306 1956 37 p. 9 ref.; Aeron. Engng. Rev. **16** (1957) 6 158; Index Aeron. **13** (1957) 5 77.

Wang, Chi-Teh, Frank Lane and *Robert J. Vaccaro:* An investigation of the flutter characteristics of compressor and turbine blade systems. Inst. Aeron. Sci. 23rd Ann. Meeting, New York, Jan. 1955 Prepr. 501 15 p.; J. Aeron. Sci. **23** (1956) 4 335—344 9 ref.; AMR **9** (1956) 9 396 [6.211.2].

Williams, W. M.: Operations on gas turbine compressor discs. Machinery (London) **89** (1956) 2297 1192—1195; Index Aeron. **13** (1957) 1 56.

— Verdichterfertigung in einem neuzeitlichen Strahlturbinenwerk. Luftf.-Techn. **2** (1956) 9 169—173 [2.6].

Adams, Ernst: Durch die Flügel verursachte Spannungserhöhung in Mittel-scheiben axialer Turboläufer. WGL-J. 1957 306—316 7 Lit.-St.

Carter, A. D. S., S. J. Andrews and *E. A. Fielder:* The design and testing of an axial compressor having a mean stage temperature rise of 30 deg C. ARC R & M 2985 15 p.; Index Aeron. **13** (1957) 11 63; Aircr. Engng. **29** (1957) 346 390; Aeron. Engng. Rev. **17** (1958) 1 116.

Carter, A. D. S.: The post war development of the axial compressor in Great Britain. C. R. des Journées Int. de Sci. Aéron., Paris, Mai 1957, Pt. 2 23—40; Aeron. Engng. Rev. **17** (1958) 2 106; Index Aeron. **14** (1958) 8 59—60.

Carter, A. D. S. and *D. A. Kilpatrick:* Self-excited vibration of axial-flow com-pressor blades. Proc. IME **171** (1957) 7 245—281; AMR **11** (1958) 11 597.

Faure, G. et *A. Tonski:* Mesures des contraintes dans les ventilateurs de la soufflerie transsonique O.N.E.R.A. de Modane-Avrieux. Rech. Aéron. (1957) 57 41—50.

Forshaw, J. R.: An investigation of the high alternating stresses in the blades of an axial-flow compressor. ARC R & M 2988 1957 19 p. 7 ref.; Aeron. Engng. Rev. **16** (1957) 8 125; Index Aeron. **13** (1957) 8 54.

Johnson, Donald F.: Investigation of some mechanical properties of thermenol compressor blades. NACA TN 4097 Oct. 1957 8 p.; AMR **11** (1958) 11 615; Index Aeron. **14** (1958) 1 70—71; Aeron. Engng. Rev. **17** (1958) 2 106.

Louis, J. F. and *J. H. Horlock:* Some aspects of compressor stage design. ARC Curr. Pap. 319 1957 18 p. 4 ref.; Aeron. Engng. Rev. **16** (1957) 8 125; Index Aeron. **13** (1957) 7 57.

Lürenbaum, K. u. *G. Hirsch:* Schwingungs-Untersuchungen an einer Leichtmetall-Verdichter-Schaufel. „Schwingungsabwehr", VDI-Ber. Bd. 24 1957 33—37.

6.212

Rácz, E.: The fundamental bending frequency of axial compressor blades in case of elastic fixing. Periodica Polytechnica (1957) 1 51—61; Aeron. Engng. Rev. 17 (1958) 4 108.

Rouffignac, C.: Comportement de grilles d'aubes de compresseur de courbure et d'allongement différents. ONERA NT 39 1957 70 p.

Söhngen, H. u. *A. W. Quick:* Schwingungen in Verdichtern. C. R. des Journées Int. de Sci. Aéron., Paris, Mai 1957, Pt. 1.

Weber, Joseph: Spannungsoptisch-stroboskopische Untersuchungen an rotierenden Scheiben von Turbomaschinen. Diss. TH Aachen 1957.

— P & WA makes J 57 compressor of titanium. SAE-J. **65** (1957) 5 17—19; Titanium Abstr. Bull. **2** (1956/57) 506—507.

Ausländer, J.: Zur Bestimmung der Hauptabmessungen von Kreiselpumpen. Konstruktion **10** (1958) 10 407—410 6 Lit.-St.

Blackwell, B. D.: Some investigations in the field of blade engineering. J. Roy. Aeron. Soc. **62** (1958) 573 633—646 4 ref.; Aero Space Engng. **17** (1958) 11 92—93; Index Aeron. **14** (1958) 10 63—64.

Dunham, J.: The lowest natural frequency of an axial compressor blade. J. Roy. Aeron. Soc. **62** (1958) 573 677—680 2 ref.; Index Aeron. **14** (1958) 10 66; Aero Space Engng. **17** (1958) 12 98.

Eckert, Bruno: Turboverdichter. Z. VDI **100** (1958) 22 1071—1073 14 Lit.-St.

Grafton, P. E. and *E. F. Styer:* Booster case design for hypersonic vehicles. Inst. Aeron. Sci. Nat. Summer Meeting, Los Angeles, July 1958, Prepr. 835 19 p.; Aero Space Engng. **17** (1958) 9 81; Index Aeron. **14** (1958) 9 54.

Hasselgruber, H.: Strömungsgerechte Gestaltung der Laufräder von Radialkompressoren mit axialem Laufradeintritt. Konstruktion **10** (1958) 1 22—32 8 Lit.-St.

Hirsch, Gerhard: Beitrag zur Untersuchung der Biegeschwingungen von umlaufenden Triebwerk-Laufschaufeln mit nachgiebiger Einspannung. WGL-Jb. 1958 174—183 11 Lit.-St. [6.211.2].

Kaufman, A.: Method for determining the need to rework or replace compressor rotor blades damaged by foreign objects. NACA TN 4324 Sept. 1958 12 p.; AMR **12** (1959) 5 323.

Dunham, J.: Damage to axial compressors. J. Roy. Aeron. Soc. **63** (1959) 586 576—580.

Gruber, Josef: Neuzeitliche Konstruktionsrichtlinien beim Bau von Zentrifugalventilatoren. Heizung—Lüftung—Haustechnik (Düsseldorf) **10**(1959)6 162—166.

Leclerc, J.: Amortissement aérodynamique des vibrations de flexion dans une grille à basse vitesse. Rech. Aéron. (1959) 71 59—64.

Leclerc, J.: Banc d'excitation et de mesures pour ailettes de compresseur ou de turbine. Rech. Aéron. (1959) 72 43—45.

Mönch, E. u. *E. Ficker:* Festigkeitsuntersuchung am Ventilkopf eines Hochdruck-Kompressors durch das spannungsoptische Einfrierverfahren. Konstruktion **11** (1959) 5 168—171.

Pfau, Hans: Über einige neue Bauelemente ortsfester Turboverdichter. Z. VDI **101** (1959) 13 521—526.

Elektrische Anlagen, Maschinen, Geräte und Teile   **6.213**

Gatz, Hermann: Die Dauerfestigkeit von gummigefederten Kontaktringen. Diss. TH Braunschweig 1953.

Oburger, Wilhelm: Handbuch Werkstoffe der Elektrotechnik. Technische Daten, Vorschriftenwesen, Verwendungshinweise. München—Wien—Schaffhausen: Reinhold Schmidt-Verl. 1954 145 S.

Rols, René: Les jeux de barres en profilés dans les installations de première et deuxième catégories. Rev. Aluminium **31** (1954) 212 225—230, 213 262—273, 214 307—313; AB **6** (1955) 1 9.

Vidmar, M.: Reinaluminium in Starkstromleitungen. Elektrizitätsverwertung **29** (1954) 7 161—169; AB **26** (1955) 7 418.

Albert, Louis: L'emploi de 1941 à 1955 des fils de contact en aluminium-acier sur le réseau de la R.A.T.P. Rev. Aluminium **32** (1955) 220 373—376; AB **26** (1955) 7 419.

Barnes, W. A.: Connecting aluminum conductors by the coldweld process. Modern Metals **11** (1955) 9 62, 64, 66—67; Aluminium **32** (1956) 3 A 71.

Dalmasso, A.: Avantages économiques des conducteurs à base d'aluminium dans les lignes d'électrification rurale. Rev. Aluminium **32** (1955) 224 831—838; AB **26** (1955) 12 682—683; Aluminium **32** (1956) 3 A 71.

Dassetto, G.: Die Entwicklung der Aluminium-Übertragungsleitungen. Aluminium (Suisse) **5** (1955) 6 205—215, **6** (1956) 1 13—21; Aluminium **32** (1956) 4 A 90; AB **27** (1956) 2 73—74, 3 151.

Farrell, E. A.: Aluminum in electronic equipment. Modern Metals **11** (1955) 6 35—36, 38, 40, 42, 44, 46; Aluminium **31** (1955) 12 A 291.

Gatz, Hermann: Die Dauerfestigkeit von gummigefederten Kontaktringen. Z. VDI **97** (1955) 4 109—112 3 Lit.-St.

Henze, H. u. *H. Iburg:* Kunststoffe in der Starkstrom-Leitungs- und -Kabeltechnik. Elektro-Techn. **37** (1955) 349—351.

Nachtigall, E. u. *H. Landerl:* Die Behandlung der Leichtlegierung E AlMgSi. Aluminium Ranshofen Mitt. **3** (1955) 2 40—43; AB **27** (1956) 2 90.

Prieux, Robert: Des douilles de lampes électriques en alliage léger type A-G 3 oxydées et colorées en vrac. Rev. Aluminium **32** (1955) 225 930—941; AB **27** (1956) 1 9.

Rols, R.: Aluminium in the electrical equipment of factories. Rev. Gén. Electricité **64** (1955) 2 57—74; AB **26** (1955) 10 622.

Rothert, H.: Mechanische Schwingungen in elektrischen Maschinen. „Schwingungstechnik", VDI-Ber. Bd. 4 1955 65—69; 6 ref.; Z. VDI **98** (1956) 22 1278.

Stenersen, S. S.: Switch to aluminum overcomes design problems. Iron Age **176** (1955) 6 98—99; AB **26** (1955) 9 559.

Ward, S. G.: Freedom of choise in aluminum connectors. Electrical Dig. **24** (1955) 3 48, 50; AB **26** (1955) 4 191.

Wilson, I. W.: Aluminum in electrical applications. Modern Metals **11** (1955) 4 66—67; AB **26** (1955) 7 419.

— Aluminium cables — an economy. Aluminium (Suisse) **5** (1955) 1 25—27; AB **26** (1955) 4 194.

Bailey, J. C.: Aluminium in der Elektrotechnik. Berg- u. Hüttenmänn. Mh. **101** (1956) 12 421—426.

Bobek, K.: Konstruktive Probleme des Elektromaschinenbaues. Z. VDI **98** (1956) 14 782—786.

Dassetto, G.: Stromschienen aus Aluminiumprofilen. Aluminium (Suisse) **6** (1956) 5 161—173.

Dassetto, G.: Nouvelles expériences d'exploitation avec les conducteurs en Aldrey. Conf. Int. des Grands Réseaux Electriques, Session 1956 19 p.; Aluminium **32** (1956) 11 A 323.

Herbert, James S.: Manufacture of aluminum conductor telephone cable. Wire & Wire Products **31** (1956) 2 178—182, 240—242; AB **27** (1956) 3 152—153.

Herhahn, A.: Aluminium in der Elektroinstallation. Elektrotechn. Z. (B) **8** (1956) 6 239—240; Aluminium **32** (1956) 11 A 323.

Högberg, Hilding: Kunststoff-Anwendung in der Elektro-Industrie. Kunststoffe **46** (1956) 12 557—562 52 Lit.-St.

Jacomet, P.: Panorama de l'aluminium en électricité. Rev. Aluminium **33** (1956) 235 833—837; Aluminium **33** (1957) 2 A 44.

Loesche, K. H.: Kunststoffe in der Kabel- und Leitungstechnik. Z. VDI **98** (1956) 3 101—102.

Matt, G.: Leichtbau-Luftkabel mit Kunststoffisolierung. Siemens-Z. **30** (1956) 3 129—131; Werkstoffe u. Korrosion **8** (1957) 1 34; Draht **9** (1958) 2 63.

Oschanitzky, H.: Bauelemente der Elektromaschinen. Z. VDI **98** (1956) 20 1075—1079 33 Lit.-St.

Patrie, J. et *Jean Prieux:* Les conducteurs en aluminium isolé par oxydation anodique. Rev. Aluminium **33** (1956) 238 1179—1189; Aluminium **33** (1957) 5 A 140; AB **28** (1957) 3 145.

Ridpath, C. H. E.: Contribution of aluminium to the electrical industries. Light Metals **19** (1956) 218 156—158.

Switney, William and *C. L. Carlson:* Extruded high-strength aluminum for electrical bus conductors. Electr. Engng. (New York) **75** (1956) 2 142—145; AB **27** (1956) 3 152.

Switney, W. and *C. L. Carlson:* Use and properties of extruded high-strength aluminum for electric bus conductors. Trans. Amer. Inst. Electr. Engrs. **75** (1956) 24 449—453; AB **28** (1957) 2 75.

v. Zwehl, W. u. *D. Altenpohl:* Aluminium in der Elektrotechnik. Düsseldorf: Aluminium-Verl. 1956 50 S.

— All-weather connectors for aluminium-to-copper conductors. Engineer **202** (1956) 5250 347—349; Aluminium **33** (1957) 1 A 21.

— Contribution to the electrical industries. Light Metals **19** (1956) 218 156—158; Aluminium **32** (1956) 9 A 267.

Dassetto, G.: Impiego dell' alluminio nelle linee ad alta tensione. (Die Verwendung des Aluminiums für Hochspannungs-Freileitungen.) Elettrificazione (Milano) (1957) 1 11—18, 2 77—83; Aluminium **34** (1958) 8 A 222.

Dassetto, G.: Legature per conduttori di piccola sezione in alluminio ed in Aldrey. (Befestigung der elektrischen Leitungen mit kleinem Querschnitt aus Aluminium und Aldrey.) Elettrificazione (Milano) (1957) 11 539—541; Aluminium **34** (1958) 9 A 258.

Dassetto, G.: Macchine elettriche di potenza con avolgimenti in alluminio. (Aluminiumwicklungen in elektrischen Großmaschinen.) Rendiconti dell'Associazione Elettrotecnica Italiana, Roma 1957, Memoria 101/1957 5 p.; Aluminium **34** (1958) 10 A 292.

Dassetto, G.: Sbarre di connessione in alluminio. (Stromschienen aus Reinaluminium.) Elettrificazione (Milano) (1957) 6 326—336, 7 364—377; Aluminium **34** (1958) 9 A 260.

Deleeuw, L. L.: Aluminum extrusions in the electrical industry. Light Metal Age **15** (1957) 1/2 30—32.

Hahne, K. H.: Die Biegefähigkeit von Kabelmänteln aus Aluminium. Aluminium **33** (1957) 5 325—331.

Hilgendorff, H. J.: Elektrische Leitungen mit Kunststoffisolierung oder Kunststoffmantel für die Bau-Installation. Kunststoffe **47** (1957) 10 595—596.

Imhof, A.: Gestaltungskräfte im Apparatebau der Starkstromtechnik. Konstruktion **9** (1957) 12 473—479.

Kallas, H.: Erfahrungen mit Silikonen im Elektromaschinenbau. Elektrotechn. u. Masch.-Bau **74** (1957) 15/16 335—345.

Kallas, Hans: Glasfasererzeugnisse für die Elektroindustrie. Z. VDI **99** (1957) 12 502—506 3 Lit.-St.

Lewis, T. E. and *J. C. Meekins:* Coil meets foil. Modern Metals **13** (1957) 4 74, 76, 78, 80, 82; Aluminium **33** (1957) 10 A 284.

Loetscher, J.: Aluminiumwicklungen für die großen Magnetspulen des Synchro-Zyklotrons in Genf. Aluminium (Suisse) **7** (1957) 1 21—22; Aluminium **33** (1957) 5 A 140.

Mors, H.: Aluminium und Kupfer im Freileitungsbau. Metall **11** (1957) 11 949—954; Aluminium **34** (1958) 2 A 40; Draht **9** (1958) 4 152.

Muriset, G.: Aluminiumfolien in elektrischen Kondensatoren. Aluminium (Suisse) **7** (1957) 3 100—105; Aluminium **33** (1957) 10 A 284.

Oschanitzky, Hermann: Schweißen im Elektromaschinenbau. Schweißen u. Schneiden **9** (1957) 6 324—329.

Otten, F.: Energie- und Fernmeldekabel mit Aluminiummantel. Z. Metallkde. **48** (1957) 5 245—249; Aluminium **33** (1957) 9 A 258.

Pramaggiore, C. e A. Perrone: Impiego di conduttori di alluminio in Italia nelle linee aeree per il trasporto di energia. (Die Verwendung von Aluminium für Starkstrom-Freileitungen in Italien.) Alluminio **26** (1957) 12 536—543; Aluminium **34** (1958) 11 A 316.

Prieux, J.: Les conducteurs en aluminium isolés par oxydation anodique. Schweiz. Arch. **23** (1957) 6 202—208; Aluminium **33** (1957) 11 A 318.

Weissenberger, G.: Die Aluminiumfolie in der Kabelindustrie. Aluminium (Suisse) **7** (1957) 3 97—100; Aluminium **33** (1957) 11 A 318.

v. Zwehl, W.: Über die Zuverlässigkeit von Aluminiumkabeln. Aluminium **33** (1957) 5 322—324.

— Aluminium in electrical engineering. ADA 1957 72 p.

Anspach, K. E.: Voltage-tunable magnetron — lightweight low power generator. Aviation Age **30** (1958) 3 168—171.

Dassetto, G.: Alluminio per conduttori di contatto. (Fahrleitungen aus Aluminium.) Elettrificazione (Milano) (1958) 5 154—158; Aluminium **34** (1958) 10 A 292.

Dassetto, G.: Cavi elettrici in alluminio. (Elektrische Kabel aus Aluminium.) Elettrificazione (Milano) (1958) 3 67—74; Aluminium **34** (1958) 8 A 222.

Dassetto, G.: Einfluß von Wärme auf die Festigkeitseigenschaften von Freileitungsseilen. Aluminium **34** (1958) 12 716—718.

Eversheim, P.: Untersuchungen über die elektrische Leitfähigkeit von Aluminium und Anwendungen in der Elektrotechnik. Techn. Rdsch. (Bern) **50** (1958) 23 25—27; Aluminium **34** (1958) 9 A 258.

Fabre, G.: Les matières plastiques dans l'électrotechnique. Polystyrènes — Polyéthylènes — Fluoréthènes. Electricité **42** (1958) 249 190—193.

Feldmann, H. D.: Stand der Aluminium-Kabelherstellung. Metall **12** (1958) 3 204—208; Aluminium **34** (1958) 7 A 194.

Genin, G.: Nouvelles applications des plastiques dans l'industrie électrique. Electricité **42** (1958) 248 177—181.

Iglisch, I.: Zur Lebensdauer elektrischer Maschinen. Diss. TH Stuttgart 1958.

Jahns, W.: Einsparung von Normteilen durch Anwendung der Klebtechnik mit Plasten. Plaste u. Kautschuk **5** (1958) 9 336—338; Adhäsion **3** (1959) 3 159 [2.531].

Lengrüsser, P.: Antennenreflektoren aus Alucell. Aluminium **34** (1958) 11 663—664.

Meier, H.: Aluminium im Radargerät. Aluminium **34** (1958) 2 102—103; Aluminium **34** (1958) 3 A 68.

Mosser, I.: Aluminium, der Werkstoff der Elektrotechnik. Aluminium Ranshofen Mitt. **6** (1958) 1 4—9; Aluminium **35** (1959) 5 A 128.

Rabe, K.: Konstruieren in Kunststoffen für die Praxis der Elektro- und Feinwerktechnik. Kunststoffe **48** (1958) 3 137—140 [6.24].

6.213

Ritter, K. A.: Gießverfahren und Druckgießmaschinen zum Herstellen vor Motorenläufern. Elektrotechn. Z. (B) **10** (1958) 11 424—426; Aluminium **35** (1959) 3 A 64.

Schulze, Hermann: Erhöhung der Lebensdauer und Belastbarkeit von Großtransformatoren durch gleichmäßigere Wicklungstemperatur. Elektrotechn. Z. (A) **79** (1958) 21 814.

Souriou, G.: Utilisation des tubes en aluminium et alliages d'aluminium dans les jeux de barres des postes extérieurs de transformation. Rev. Aluminium **35** (1958) 258 1017—1026; Aluminium **35** (1959) 3 A 64.

Spriegel, W.: Kunststoffe im Hochspannungsschalterbau. CEIG-Ber. **4** (1958) 3 140—145.

— Plastics in telephone development. Plastics **23** (1958) 252 315—317.

— Special issue: design with plastics. Electronic Design (New York) (1958) 3./9. 18—39; Aero Space Engng. **17** (1958) 12 88.

Brown, P. V.: Use of thermoset laminated plastics in electronic-applications. SPE-J. **15** (1959) 11 774—777.

Catella, A.: Progrès apportés par les résines époxydes dans l'appareillage haute-tension. Ind. Plast. mod. **11** (1959) 9 67—71.

Davies, H.: The applications of epoxy resins in the electrical industry. Plastics **24** (1959) 266 505—509 5 ref.

Lafont, D.: L'aluminium dans le réseau de transport français. I, II. Rev. Aluminium **36** (1959) 261 82—90, 262 205—212; Aluminium **35** (1959) 8 A 198.

Parrini, P.: L'impiego del cloruro di polivinile nell'isolamento dei cavi ad alta tensione. (Anwendung von PVC in der Hochspannungskabelisolierung.) Materie Plastiche (Milano) **25** (1959) 8 701—706; Plaste u. Kautschuk **6** (1959) 11 557.

Petzel, Hermann: Elektrorohre aus Kunststoff. Neue Möglichkeiten in der Elektro-Installation. Plastic-Rohr **1** (1959) 7/8 13—14.

Sheppard, H. R.: Glass based polyester laminates for the switchgear industry. Prepr. 14th Ann. Techn. & Management Conf., Reinforced Plastics Div., Sect. 16-D 1959 9 p. 3 ref.

— Araldite in slip ring and commutator assemblies. CIBA TN 204 Dec. 1959 5 p.

— Epoxides in slip ring and commutator assemblies. Brit. Plastics **32** (1959) 9 414—416.

— Thermoplastics in cables. Brit. Plastics **32** (1959) 2 64—68.

Landmaschinen **6.214**

Bergmann, Walter: Beanspruchung und Gestalt bei Werkzeugschienen und Klauen für Hackgeräte. Grundl. Landtechn. H. 6 1955 91—105 12 Lit.-St.

Hain, Kurt: Kräfte und Bewegungen in Krafthebergetrieben. Grundl. Landtechn. H. 6 1955 45—68 16 Lit.-St.

Kloth, Willi: Haltbarkeit der Landmaschinen. Landtechn. **10** (1955) 669—671.

Mewes, Ernst: Massenkräfte in Landmaschinen und ihr Ausgleich. Grundl. Landtechn. H. 6 1955 116—133 8 Lit.-St.

Segler, Georg: Funktionsgerechtes Konstruieren im Landmaschinenbau. Grundl. Landtechn. H. 6 1955 5—18 29 Lit.-St.

Mewes, Ernst: Massenkräfte in Landmaschinen. Z. VDI **98** (1956) 34 1889—1890.

Neumann, K.: Geschweißte Landmaschinen. Schweißen u. Schneiden **9** (1957) 6 334—336.

White, E. E.: Verluste durch Rostbildung an Landmaschinen. Corrosion Technology **4** (1957) 12 413—416; Mitt. Forsch.-Ges. Blechverarb. (1959) 676.

Neumann, K.: Punktschweißen im Landmaschinenbau. Schweißen u. Schneiden **11** (1959) 6 233—235.

claas
Die große europäische Marke

Allen voran
durch eine lückenlose Mähdrescher-Typenreihe:

● CLAAS-SELBSTFAHRER SF
● CLAAS-HUCKEPACK
● CLAAS-EUROPA
● CLAAS-COLUMBUS
● CLAAS-SUPER 500
● CLAAS-SUPER AUTOMATIC
● CLAAS-SUPER JUNIOR

und ein erprobtes, umfangreiches
Zusatzgeräte-Programm

CLAAS

Vor Anschaffung eines Mähdreschers schreiben Sie deshalb zuerst an
GEBR. CLAAS · MASCHINENFABRIK GMBH · HARSEWINKEL

FAHRZEUGBAU
MASCHINENBAU
APPARATEBAU
LUTHER-WERKE
LUTHER & JORDAN
BRAUNSCHWEIG
Frankfurter Str. 249
Ruf: 2 03 11 - 15
Fernschr. 0952 881
SEIT 1846

Segler, Georg: Landtechnik. Z. VDI **101** (1959) 3 103—109 72 Lit.-St.

Stroppel, Theodor: Über die Gesetzmäßigkeiten des Kraftflusses im Getriebe eines Schlepper-Anbaumähwerkes. Landtechn. Forsch. **9** (1959) 5 129—139.

Behälter, Apparate usw.   **6.215**

Sonntag, Rudolf: Über ein neuzeitliches Festigkeitsproblem des Apparatebaues. Chemie-Ing.-Techn. **23** (1951) 6 135—139.

Class, J. u. A. F. Maier: Bauarten von Hochdruck-Hohlkörpern in Mehrteil-, insbesondere Mehrlagen-Konstruktion. Chemie-Ing.-Techn. **24** (1952) 4 184—198 39 Lit.-St.

Gibbon, A.: Korrosionsfeste Kunststoffbehälter hoher Festigkeit. Pipe Line Industry **1** (1954) 3 78—79; Werkstoffe u. Korrosion **7** (1956) 7 413.

Juniere, P.: Les réservoirs de bergerac. Rev. Aluminium **31** (1954) 214 314—318; AB **26** (1955) 1 8.

Karlsson, K. I.: Simple calculation of deformation and stress in the shell of thin-walled cylindrical vessels. Acta Polytechn. Scand. 162, Mech. Engng. Ser. **3** (1954) 4 24 p.

Kerkhof, W. P.: Die moderne Bewertung der Schweißung im Kessel- und Behälterbau. Schweißen u. Schneiden **6** (1954) S. H. 66—69.

Konrad, O.: Die Konstruktionselemente des Wickelhohlkörpers und der Wickelhohlkörper als Konstruktionselement. Z. VDI **96** (1954) 36 1207—1212 15 Lit.-St.

Class, I., W. Jamm u. E. Weber: Berechnung der Wanddicke von innendruckbeanspruchten Stahlrohren. Neufassung des Blattes DIN 2413. Z. VDI **97** (1955) 6 159—167.

Ebner, Hans: Festigkeits- und Steifigkeitsprobleme des Leichtbaues, insbesondere schalenförmiger Bauteile des Flugzeug- und Behälterbaues. Konstruktion **7** (1955) 12 463—472; Nachr.-Bl. AGM Leichtbau **5** (1956) 2/3 12, 4 10 [6.254.0].

Johnson, E. E.: Pressure tank and instrumentation facilities for studying the strength of vessels subjected to external hydrostatic loading. Proc. SESA **13** (1955) 1 129—138.

Jurczyk, K.: Geschweißte Maschinen-, Apparate- und Behälterkonstruktionen aus Stahl. Z. VDI **97** (1955) 11/12 332—336.

Pruett, Carl E.: Plastic industrial containers. Industr. & Engng. Chem. **47** (1955) 6 1196—1198; Werkstoffe u. Korrosion **7** (1956) 6 348.

Reiner, H.: Neue metallische Werkstoffe für die chemische Industrie. Z. VDI **97** (1955) 31 1109—1110.

Troost, A.: Belastbarkeit dünnwandiger Behälter durch Innendruck und Längskräfte. Metall **9** (1955) 23/24 1054—1061.

Darby, K.: Water heaters: Big use for aluminum sheet. Modern Metals **12** (1956) 4 58, 60, 62, 64; Aluminium **32** (1956) 12 A 347.

Dolan, T. J.: Significance of fatigue data in design of pressure vessels. Welding J. **35** (1956) 5 255s—260s 22 ref.

Dubuc, J. and G. Welter: Investigation of static and fatigue resistance of model pressure vessels. Welding J. **35** (1956) 7 329s—337s.

Heerwagen, R.: Berechnung von Druckbehältern. Konstruktion **8** (1956) 11 455—463.

Holt, M.: Aluminum and aluminum alloys for pressure vessels. Welding J. **35** (1956) 6 308s—312s; Aluminium **33** (1957) 2 A 44.

Jahn, E.: Elektroschweißen im Kessel- und Rohrleitungsbau. Schweißen u. Schneiden **8** (1956) 1 14—17 6 Lit.-St.

Koch, E.: Erfahrungen über Hochdruckluft-Behälter aus Aluminium. Aluminium **32** (1956) 7 424—425.

Mielentz, W.: Beitrag zur Bewertung der Kerbschlagzähigkeit im Druckbehälterbau. Stahl u. Eisen **76** (1956) 15 971—976.

Nakamura, K.: Calculation of stresses in pressure vessel heads. II. Proc. 6th Japan Nat. Congr. Appl. Mech., Univ. of Kyoto, Japan, Oct. 1956 149—152; AMR **11** (1958) 6 291.

Niezoldi, O., E. Jöllenbeck u. *W. Stenger:* Induktiv geschweißte Rohre im Kessel- und Apparatebau. Z. VDI **98** (1956) 14 818—823 9 Lit.-St.

Petersen, H.: Rohrleitungen, Armaturen, Druckbehälter. Z. VDI **98** (1956) 20 1069—1070 34 Lit.-St.

Schmidt, Kurt: Zur Spannungsberechnung unrunder Rohre unter Innendruck. Z. VDI **98** (1956) 4 121—125; AMR **9** (1956) 11 474.

Wagner, H.: Einfache Spannungsberechnung unrunder Rohre unter Innendruck. Z. VDI **98** (1956) 20 1053—1054; AMR **10** (1957) 1 13.

Whalley, E.: The design of pressure vessels subjected to thermal stress. I. General theory for monoblock vessels. II. Steady state temperature distribution. Canad. J. Technol. **34** (1956) 5 268—303; AMR **10** (1957) 4 151—152.

Barker, F. H.: The manufacture of deep-drawn aluminium containers. Sheet Metal Industries **34** (1957) 362 449—454.

Cooper, W. E.: The significance of the tensile test to pressure vessel design. Welding J. **36** (1957) 1 49s—56s; AMR **10** (1957) 8 356.

Dahms, Herbert: Automatisches Schweißen legierter Stähle im Apparatebau. Schweißen u. Schneiden **9** (1957) 6 295—296.

Doerpinghans, E. H.: Die Kunststoffe in der modernen Mittel- und Großbehältertechnik. Erdöl u. Kohle **10** (1957) 10 687—691; Mitt. Forsch.-Ges. Blechverarb. (1959) 309.

Grodner, A.: Stainless steel for welded pressure vessels. Welding J. **36** (1957) 4 169s—176s.

Kegel. J. u. *E. Rubo:* Schweißen von Kunststoffteilen für Apparate der Wassertechnik. Schweißen u. Schneiden **9** (1957) 6 302—303 [2.511.4].

Klönne, Aug.: Geschweißter Hochdruckgasspeicher. Schweißen u. Schneiden **9** (1957) 6 242—244.

Kooistra, L. F.: Effect of plastic fatigue on pressure-vessel materials and design. Welding J. **36** (1957) 3 120s—130s 15 ref.

Kreft, L.: Anwendungsbeispiele von Kunststoffen im Maschinen- und Apparatebau. Allgem. Schlosser- u. Maschinenbauer-Ztg. **59** (1957) 4 115—118 [6.21].

Lake, G. F. and *G. Boyd:* Design of bolted flanged joints of pressure vessels. Instn. Mech. Engrs. Prepr. 17—32 1957.

Moor, E.: Aluminium im chemischen Apparatebau. Aluminium (Suisse) **7** (1957) 2 43—56.

Petersen, Heinrich: Rohrleitungen, Armaturen, Druckbehälter. Z. VDI **99** (1957) 20 898—899 31 Lit.-St.

Pohl, H.: Festigkeitsuntersuchungen an geschweißten Rohrgabelungen für Hochdruck-Dampfleitungen. Schweißtechnik (Berlin) **7** (1957) 11 411—413.

Schulze-Bahr, G.: Zur Berechnung von Druckbehältern. Konstruktion **9** (1957) 7 279.

Staehelin, J.: Aluminium als Reaktormaterial. Metall **11** (1957) 9 746—752; Aluminium **33** (1957) 12 A 348.

Svensson, N. L.: The bursting pressure of cylindrical and spherical vessels. Amer. Soc. Mech. Engrs. Prepr. 57-A-15 1957 8 p. 6 ref.; Index Aeron. **13** (1957) 11 5—6.

Welter, G. and *J. Dubuc:* Fatigue resistance of simulated nozzles in model pressure vessels. Welding J. **36** (1957) 6 271s—274s; AMR **11** (1958) 7 366—367.

Wong, R. E.: How-to-construct charts for rapid weight-strength analysis of pressure vessels. Product Engng. **28** (1957) 14 95—98; Aeron. Engng. Rev. **17** (1958) 1 120.

Ciapparelli, C.: Kunststoffe im Großapparatebau. Techn. Rdsch. (Bern) **50** (1958) 11 27—29.

Curson, G. A.: Korrosionsschutz von Behältern, Rohrleitungen und Pumpen durch Neopren-Überzüge. Corrosion Technol. **5** (1958) 4 115; Mitt. Forsch.-Ges. Metallverarb. (1959) 316.

Fischer, M., K. Szalla u. *K. Michel:* Elemente des Apparatebaues in neuzeitlicher geschweißter Bauweise. Schweißen u. Schneiden **10** (1958) 6 202—204.

Günther, H.: Automatisches Schweißverfahren im Rohrleitungsbau mit magnetisch gesteuertem Lichtbogen. Schweißen u. Schneiden **10** (1958) 10 385—394.

Hicks, R.: Stresses in a cylindrical pressure vessel on a cylindrical support. Engineer **205** (1958) 5326 274—277; AMR **11** (1958) 10 538.

Hüller, F.: Geschweißte Armaturen aus nichtrostenden und säurebeständigen Stählen. Schweißen u. Schneiden **10** (1958) 6 213—214.

Lohmann, F.: Längsrippenwärmeaustauscher aus Aluminium. Aluminium **34** (1958) 7 410—416.

Mainzer, F. J.: Die Spannungsverteilung in der Haut eines kugelförmigen Behälters bei tangentialer Krafteinleitung durch äquidistante Stützen in einem beliebigen Breitenkreis nach der Membrantheorie. Ing. Arch. **26** (1958) 2 81—92; Aero Space Engng. **17** (1958) 12 162.

Marin, J. and *M. G. Sharma:* Design of a thin-walled cylindrical pressure vessel based upon the plastic range and considering anisotropy. ASME-AWS Joint Metals Engng. Conf., St. Louis, Mo. Pap. 58-MET-2 Apr. 1958 26 p.; AMR **12** (1959) 1 12.

Papsdorf, W.: Aluminium im chemischen Apparate- und Behälterbau. Chemiker-Ztg. **82** (1958) 20 725—732; Aluminium **35** (1959) 2 A 34.

Pertusini, R.: Geschweißte Leichtmetall-Trinkwasserbehälter für Donaukähne. Aluminium Ranshofen Mitt. **6** (1958) 1 3—4; Aluminium **35** (1959) 5 A 128.

Richter, P.: Anwendung der Schweißtechnik im Apparatebau der chemischen Industrie. Schweißen u. Schneiden **10** (1958) 7 265—269.

Rottner, E.: Herstellung eines Galvanisierbehälters aus Hart-Polyäthylen durch neuartige Schweißmethoden. Schweißen u. Schneiden **10** (1958) 6 217—219.

Rutzky, H. u. *W. Linicus:* Anwendung der S.I.G.M.A.-Schweißung im Großtankbau. Aluminium **34** (1958) 6 325—328.

Schulz, Georg: Behälter- und Röhrenbau aus Hostalen nach dem Wickelverfahren. Kunststoffe **48** (1958) 1 P1—P2.

Seifert, H.: Einfluß der Schweißtechnik auf die neuzeitliche Gestaltung im Kessel- und Apparatebau. Schweißen u. Schneiden **10** (1958) 6 197—199.

Shield, R. T. and *D. C. Drucker:* Limit strength of thin-walled pressure vessels with an ASME standard torispherical head. Proc. Third. U. S. Nat. Congr. Appl. Mech. June 1958, Amer. Soc. Mech. Engrs. 1958 665—672; AMR **12** (1959) 11 771.

Söhngen, Rudolf: Ausgewählte Beispiele von Schweißkonstruktionen im chemischen Apparatebau. Schweißen u. Schneiden **10** (1958) 7 260—265 [5.5].

Straßburg, F. W.: Geschweißte Apparate aus Nickel und nickelreichen Werkstoffen. Schweißen u. Schneiden **10** (1958) 6 209—212.

Svensson, N. L.: The bursting pressure of cylindrical and spherical vessels. J. Appl. Mech. **25** (1958) 1 89—96; AMR **11** (1958) 6 289.

Taylor, C. E., N. C. Lind and *J. W. A. Schweiker:* A three-dimensional photoelastic study of stresses around reinforced outlets in pressure vessels. ASME Ann. Meet. New York, N. Y., Pap. 58-A-148 Nov.-Dec. 1958 9 p.; AMR **12** (1959) 5 323.

Valenta, J.: Die Beanspruchung gewickelter Behälter. Konstruktion **10** (1958) 10 394—400 7 Lit.-St.

Weil, N. A.: Bursting pressures and safety factors for thin-walled vessels. J. Franklin Inst. **265** (1958) 2 97—116; AMR **11** (1958) 7 364.

— Neue Apparaturen aus Hart-PVC für die chemische Industrie. Kunststoffe **48** (1958) 5 239—240.

Beér, F.: Kunststoff-Formstücke für Hochdruck-Rohrleitungen. Z. VDI **101** (1959) 14 574.

Buchholz, A.: Das Fallnahtschweißen im Großbehälterbau. Schweißen u. Schneiden **11** (1959) 7 285—288.

Dahms, H.: Schweißen und Bearbeiten plattierter Bleche für chemische Apparate. Schweißen u. Schneiden **11** (1959) 6 221—223.

Dammer, O.: Die Anwendung von Kunststoffen im chemischen Apparatebau. Werkstoffe u. Korrosion **10** (1959) 10 608—613.

Engel, Thomas: Polyäthylen als Baustoff für Versandgefäße und Großbehälter. Kunststoffe **49** (1959) 7 367—369.

Faulstich, R.: Halbmaschinelles Schweißen unter CO_2 als Schutzgas im Behälter- und Apparatebau. Schweißen u. Schneiden **11** (1959) 8 319—322 2 Lit.-St.

Heusler, H.: Festigkeitsverhalten geschweißter Verbindungen an runden Sammlern. Schweißen u. Schneiden **11** (1959) 8 315—318 6 Lit.-St.

Jaray, F. F.: Fibre glass reinforced plastics in the chemical industry. Prepr. 14th Ann. Techn. & Management Conf., Reinforced Plastics Dev., Sect. 14-C 1959 6 p.

Jaray, F. F.: Glass fibre reinforced plastics in the chemical industry. Plastics **24** (1959) 266 483—485.

Jung, H.: Neuere Auffassung über die Probleme der Festigkeit bei Hochdruck-apparaten. Chemie-Ing.-Techn. **31** (1959) 3 195—201.

Kinnaman, E. B. a. o.: An approach to the practical design of reliable, light weight, high strength pressure vessels. Inst. Aeron. Sci. Nat. Summer Meeting, Los Angeles, June 1959 Rep. 59-109.

Krägeloh, Egon: Bestimmung von Eigenspannungen an Zylindern aus inhomogenem Werkstoff mittels Ausbohr- und Abdrehverfahrens. Materialprüfung **1** (1959) 11/12 377—384 9 Lit.-St. [4.9].

Lehmann, Th.: Beanspruchung von Rohrbögen durch Innendruck. Konstruktion **11** (1959) 3 111—112.

Meincke, H.: Berechnung und Konstruktion zylindrischer Behälter unter Außendruck. Konstruktion **11** (1959) 4 131—138 30 Lit.-St.

Müller, W.: Neuzeitliche Gesichtspunkte für das Schweißen und die Konstruktion von Kesselbauteilen. Schweißen u. Schneiden **11** (1959) 5 159—171 12 Lit.-St.

Rubo, E.: Grundsätzliche Betrachtungen zur Minderung von Eigenspannungen in geschweißten Bauteilen aus Stahl, insbesondere an Druckbehältern. Stahlbau **28** (1959) 6 159—165 21 Lit.-St. [1.442.12].

Rubo, E.: Zur Entwicklung und Systematik des Schweißnahtgütefaktors im Druck-behälterbau. Schweißen u. Schneiden **11** (1959) 11 409—415 19 Lit.-St.

Schmidt, Kurt: Zur Spannungsberechnung unrunder Rohre unter Außendruck. I. Das ausgebeulte ursprünglich kreiszylindrische Rohr. Z. VDI **101** (1959) 2 47—54.

— Symposium on aluminium pressure vessels. London 1958; London Instn. Mech. Engrs. 1959 IX, 82 p.

Textilmaschinen 6.22

— Low pressure die casting of loom components and rainwater goods. Machinery (London) **86** (1955) 2219 1157—1163; AB **26** (1955) 8 500.

Bachmann, W.: Aluminium in der Spinnerei. Aluminium (Suisse) **7** (1957) 1 13—16; Aluminium **33** (1957) 6 A 164.

— Probleme des Textilmaschinenbaues. Vorträge der VDI-Tagung M.-Gladbach 1956. VDI-Ber. Bd. 22 1957 126 S.

Werkzeugmaschinen, Werkzeuge und Vorrichtungsbau   6.23

Frank, W.: Leichtbau von Werkzeugmaschinen durch geschweißte Stahlkonstruktionen. Werkstatt u. Betrieb **89** (1956) 6 299—308.

Sadowy, M.: Rattern und dynamische Steifigkeit von Werkzeugmaschinen. Diss. TH München 1956.

Delmonte, J.: Epoxy-resin tools. Aircr. Production **19** (1957) 4 166—168; Index Aeron. **13** (1957) 5 129.

Erlinghagen, Ludwig: Geschweißte Werkzeugmaschinen für das Schneiden langer Bleche. Schweißen u. Schneiden **9** (1957) 6 274—275.

Hölken, W.: Untersuchung von Ratterschwingungen an Drehbänken. Diss. TH Aachen 1957.

Werner, H.: Entwicklung von Leichtbau-Stahlkonstruktionen im Holzbearbeitungsmaschinenbau. Fertigungstechnik **7** (1957) 2 74—76.

Bernardin, F.: Vorrichtungen aus Kunststoff. Tool Engr. **40** (1958) 5 85—88; Mitt. Forsch.-Ges. Blechverarb. (1959) 458.

Fulchino, V. L.: Vorrichtung und Werkzeuge aus Kunststoff. Machinery (London) **92** (1958) 2380 1531—1535; Mitt. Forsch.-Ges. Blechverarb. (1959) 460.

Gross, H. u. a.: Epoxydharz als Werkstoff für Ziehwerkzeuge. Fertigungstechnik **8** (1958) 10 436—443; Mitt. Forsch.-Ges. Blechverarb. (1959) 463.

Krug, Hans: Leichtbau von Werkzeugmaschinen. „Leichtbau-Konstruktionen", VDI-Ber. Bd. 28 1958 105—112; Z. VDI **100** (1958) 27 1293—1294.

Mazzucchelli, A. P.: Erhöhung der Standzeiten von Formwerkzeugen durch metallfaserverstärkte Kunststoffüberzüge. Tool Engr. **40** (1958) 4 99—103; Mitt. Forsch.-Ges. Blechverarb. (1959) 469.

Melezinek, O.: Mit Epoxy 1001 aufgeklebte Schnittplättchen für Werkzeuge zum Schnellschneiden von Stahl. Plaste u. Kautschuk **5** (1958) 9 339—340; Adhäsion **3** (1959) 3 161.

Munser, F.: Die Anwendung des Stahlleichtbaues bei Werkzeugmaschinen. Mitt. Forsch.-Ges. Blechverarb. (1958) 7/8 69—79.

Rosentreter, Georg: Wege zum Verlängern der Lebensdauer von Werkzeugmaschinen. Z. VDI **100** (1958) 27 1310—1312.

— Anwendung von Kunststoff im Vorrichtungsbau. Aircr. Production **20** (1958) 6 244—247; Mitt. Forsch.-Ges. Blechverarb. (1959) 455.

— Werkzeuge aus metallverstärkten Kunststoffen. Machinery (London) **93** (1958) 2832 97—100; Mitt. Forsch.-Ges. Blechverarb. (1959) 468.

— Wirtschaftliche Kunststoffwerkzeuge. Aircr. Production **20** (1958) 4 130—133; Mitt. Forsch.-Ges. Blechverarb. (1959) 461.

Pentz, P. G.: Werkzeuge aus Kunststoffen. Applied Plastics **2** (1959) 1 19—23, 44; Mitt. Forsch.-Ges. Blechverarb. (1959) 462.

Ricken, Th.: Beispiele geschweißter Werkzeugmaschinen für spanlose Formung. Techn. Zbl. prakt. Metallbearb. **53** (1959) 1 24—31; Mitt. Forsch.-Ges. Blechverarb. (1959) 949.

Feinmaschinen und Geräte   6.24

Ammon, P.: Formgebung im Büromaschinenbau. „Technische Formgebung", VDI-Ber. Bd. 1 1955 65—74; Z. VDI **97** (1955) 21 713—714.

Frey, Paul: Die Fabrikation von Uhrenschalen aus Leichtmetall. Aluminium (Suisse) **5** (1955) 5 192—195; AB **26** (1955) 12 688—689.

Reinecke, H.: Dynamische Untersuchungen an Typenhebelgetrieben von Schreibmaschinen. „Feinwerktechnik", VDI-Ber. Bd. 2 1955 13—20.

Rößner, W.: Dynamische Untersuchungen an Schreibmaschinen-Typenhebelgetrieben. Z. VDI **97** (1955) 29 1014—1015.

Berg, K. H.: Konstruktionsbeispiele aus der Feinwerktechnik. Konstruktion **8** (1956) 5 186—192.

Kuhlenkamp, A.: Büromaschinen. Z. VDI **98** (1956) 13 608—609 3 Lit.-St.

Maaß, K.: Anwendung von Epoxydgieß- und Klebharzen in Feinmechanik und Optik. Plaste u. Kautschuk **3** (1956) 6 130—132.

Short, R. E.: Magnesium in high speed teleprinters. Modern Metals **12** (1956) 10 42, 44, 46; AB **28** (1957) 1 45.

Short, R. E.: Using magnesium in high speed teleprinters. Mag. Magnesium (1956) Nov.; AB **28** (1957) 1 45.

Priebe, O.: Probleme der technischen Formgebung bei Büromaschinen. Konstruktion **9** (1957) 12 480—488.

Rabe, K.: Konstruieren in Kunststoffen für die Praxis der Elektro- und Feinwerktechnik. Kunststoffe **48** (1958) 3 137—140 [6.213].

Nelson, B. W.: Engineering molded parts for business machines. SPE-J. **15** (1959) 2 131—136.

Roth, H.: Aluminium in neuzeitlichen Rechenanlagen. Aluminium **35** (1959) 1 29—35.

Beförderungsmittel **6.25**

Allgemeines **6.251**

Baron, J. J.: Die Verwendung von Aluminium für Verkehrsmittel im Jahre 1956. Berg- u. Hüttenmänn. Mh. **101** (1956) 12 402—413.

Brenner, Paul: Leichtmetall-Entwicklungen im englischen Fahrzeugbau. Leichtbau d. Verkehrsfahrzeuge **1** (1957) 4 74—81.

Domes, Th.: Leichtmetallbauweise im Verkehrswesen. Aluminium **33** (1957) 11 708—714 17 Lit.-St.; Leichtbau d. Verkehrsfahrzeuge **2** (1958) 1 50.

Krekel, Paul: Arbeitstagung: „Fortschritte im Leichtbau von Verkehrsfahrzeugen". Aluminium **33** (1957) 1 51—52.

Kruckenberg, Franz: Fast ein halbes Jahrhundert im Dienste des Fahrzeugleichtbaues. Leichtbau d. Verkehrsfahrzeuge **1** (1957) 2/3 30—35.

Suppus, H.: Angewandte Erfahrungen und neue Erkenntnisse mit dem Leichtbaustoff Aluminium. Karosserie- u. Fahrzeugbau **10** (1957) 9 10—13; Leichtbau d. Verkehrsfahrzeuge **2** (1958) 1 51.

Anders, Heinz: Leichtmetalle als Konstruktionsmittel für Transport- und Verkehrsmittel. Verkehr u. Techn. **11** (1958) 4 89—90; Leichtbau d. Verkehrsfahrzeuge **2** (1958) 3 129.

Drechsler, Friedrich: Gewichtseinfluß der Laufwerke auf das Zweiwegefahrzeug. Leichtbau d. Verkehrsfahrzeuge **2** (1958) 2 54—60.

— Merkblätter über die Lagerung und Bearbeitung von Aluminium-Halbzeugen für den Fahrzeugbau. Leichtbau d. Verkehrsfahrzeuge **2** (1958) 2 61—76.

Mitschke, Manfred: Einfluß des auf die Aufbaumasse bezogenen Dämpfungsmaßes auf das Schwingverhalten von Fahrzeugen. „Schwingungstechnik", VDI-Ber. Bd. 35 1959 175—176.

Zahn, E.: Fortschritte im Leichtbau der Verkehrsfahrzeuge. Verkehr u. Techn. **12** (1959) 9 277, 278.

Landfahrzeuge **6.252**

Allgemeines **6.252.1**

— Anstrich von Aluminium im Fahrzeug- und Karosseriebau. Aluminium-Merkblatt O 10, Düsseldorf: Aluminium-Zentrale 1955 6 S. [2.731].

Vidal, P.: L'allégement dans les véhicules industriels. Rev. Aluminium **33** (1956) 237 1063—1064.

Deutler, H.: Spannungsmessungen an einer Leichtradscheibe für einen 20-t-Radsatz. Techn. Mitt. Krupp **15** (1957) 3 59—67; Leichtbau d. Verkehrsfahrzeuge **2** (1958) 3 128.

Guinard, Ch.: L'aluminium pénètre dans la voiture américaine. Rev. Aluminium **34** (1957) 240 110, 114.

Jörn, R.: Theorie und Praxis der Gummi-Metall-Federelemente im Schienen- und Straßen-Fahrzeugbau. Z. VDI **99** (1957) 5 185—194.

Peppler, W.: Warum Gußteile im Fahrzeugbau? Industrie-Anz. **79** (1957) 25 347—360; Leichtbau d. Verkehrsfahrzeuge **1** (1957) 2/3 70.

Anders, Heinz: Leichtmetalle als Konstruktionsmittel für Transport- und Verkehrsmittel. Verkehr u. Techn. **11** (1958) 4 89—90.

Kirste, L.: Der Fahrzeugbau — ein besonderer Zweig des Maschinenbaues. Öst. Ing.-Z. **1** (1958) 10 421—425.

Kuntke, K.: Leichtbau der Verkehrsfahrzeuge im Ausland. Stadtverkehr **3** (1958) 6 137—139.

Spescha, H.: Leichtmetall-Funischlitten Saanenmöser-Hornberg. Aluminium (Suisse) **8** (1958) 3 102—105; Aluminium **34** (1958) 10 A 292.

Bolland, O.: Gegossene Leichtmetallradscheiben. Leichtbau d. Verkehrsfahrzeuge **3** (1959) 3 67—70.

Hoff, H.: Fortschritte in der Stahlherstellung und ihre Auswirkungen auf den Leichtbau der Verkehrsfahrzeuge unter besonderer Berücksichtigung der Stahlleichtbauprofile. Leichtbau d. Verkehrsfahrzeuge **3** (1959) 5 195—201 16 Lit.-St. [6.121].

Kaißling, K.: Der kombinierte Verkehr in den USA und der Leichtbau. Leichtbau d. Verkehrsfahrzeuge **3** (1959) 1/2 2—8.

Kramer, James H.: Torsion-type spring. SAE-J. **67** (1959) 3 62—63; Leichtbau d. Verkehrsfahrzeuge **3** (1959) 4 137.

de Ridder, E. J.: Leichtmetallkonstruktionen der Verkehrsfahrzeuge, ihr gegenwärtiger Stand und ihre kommende Entwicklung. Leichtbau d. Verkehrsfahrzeuge **3** (1959) 4 118—126.

Taschinger, O.: Aluminium in der europäischen Verkehrstechnik. Europa-Verkehr **7** (1959) 3 126—134; Leichtbau d. Verkehrsfahrzeuge **3** (1959) 6 255.

Wisser, J.: Gummifederung in schienen- und nichtschienengebundenen Fahrzeugen. Plaste u. Kautschuk **6** (1959) 1 28—30.

— Merkblätter über Lagerung und Bearbeitung von Aluminium-Halbzeugen für den Fahrzeugbau. Leichtbau d. Verkehrsfahrzeuge **3** (1959) 6 229—236.

Schienenfahrzeuge   **6.252.2**

Allgemeines   **6.252.21**

Griffiths, T. G.: Aluminum in rolling stock construction. Use of corrosion-resisting materials. Railway Gaz. (1955) June 711—712, 717.

— Aluminum foil plus glass fibre in insulation for trains and trucks. Modern Metals **11** (1955) 3 52; AB **26** (1955) 5 290 [6.252.44].

— Passenger and freight trains lose weight as ... rails give highball to aluminum. Steel **136** (1955) 9 147; AB **26** (1955) 4 186—187.

Berg, J.: Das gummigefederte Rad. Nahverkehrs-Praxis **4** (1956) 11 321—332; Leichtbau d. Verkehrsfahrzeuge **1** (1957) 2/3 64.

Born, E.: Eisenbahntechnik. Z. VDI **98** (1956) 19 1023—1036 388 Lit.-St.

Broadbent, H. R. and *J. Richards:* Bending stresses in a motored axle on electric rolling stock. Railway Gaz. **104** (1956) 24 511—514, 25 543—547; Leichtbau d. Verkehrsfahrzeuge **1** (1957) 1 24.

Bühler, H.: Messung von Eigenspannungen an Eisenbahnwagenrädern. Eisenbahntechn. Rdsch. **5** (1956) 7 281—288.

6.252.21

Guder, E.: Die Schweißtechnik im Schienenfahrzeugbau. Dtsch. Eisenbahntechn. **4** (1956) 1 23—31; Nachr.-Bl. AGM Leichtbau **5** (1956) 12 13.

Hug, Adolphe-M.: Roues élastiques à caoutchouc pour matériel roulant sur voies ferrées. Schweiz. Techn. Z. (1956) 47 957—970; Leichtbau d. Verkehrsfahrzeuge **1** (1957) 6 167.

Müller, C. Th.: Dynamische Probleme des Bogenlaufs von Eisenbahnfahrzeugen. Glas. Ann. **80** (1956) 8 233—241; Nachr.-Bl. AGM Leichtbau **5** (1956) 11 14.

Reidemeister, Fritz: Aluminium-Verwendung im Spiegel einer amerikanischen Eisenbahnzeitschrift. Aluminium **32** (1956) 2 98—100, 4 222—224, 8 504—506, 10 652—654, 11 717—720; Nachr.-Bl. AGM Leichtbau **5** (1956) 11 18.

Schröder, Ernst: Versuche der Deutschen Bundesbahn mit Leichtmetallrädern und Leichtmetall-Achslagergehäusen. Nachr.-Bl. AGM Leichtbau **5** (1956) 12 1—4.

Sommerfeldt, Horst: Der Einfluß von Schenkellast und Laufkreisdurchmesser auf die Dimensionierung des Rollenachslagers. Nachr.-Bl. AGM Leichtbau **5** (1956) 11 1—6 [1.431.3].

Tschumi, F.: Suspensions à caoutchouc pour remorques routières. Gummiabfederung für Straßenanhänger. Wirtsch. Techn. Transp. **25** (1956) 7/9 103—105.

Welz, Alfons: Prüfmethoden für Schienenfahrzeuge auf dem Versuchsstand und im Fahrbetrieb unter besonderer Berücksichtigung von Zerstörungsversuchen. Nachr.-Bl. AGM Leichtbau **5** (1956) 9/10 1—4.

Zottmann, W.: Untersuchungen über den Spannungszustand eines Eisenbahnrades. Diss. TH München 1956.

Zweifel, O.: Berechnung des elastischen Verhaltens und der Eigenschwingungen von Eisenbahnfahrzeugen. Schweiz. Bau-Ztg. **74** (1956) 1 1—6, 2 17—22; Nachr.-Bl. AGM Leichtbau **5** (1956) 9/10 6—7, 8.

— Corrosion proofing railway coaches. Increasing use of phosphating pretreatments. I. The "Granodising"-process of Imperial Chemical Industries Ltd. II. The "bonderizing"-process of the Pyrene Co. Ltd. Corrosion Prevention & Control **3** (1956) 8 33—36.

— D'autres wagons en alliages légers. Rev. Aluminium **33** (1956) 237 1053—1054.

Bleibtreu, H.: Zur Frage des Leichtbaues der Verkehrsfahrzeuge in USA. Leichtbau d. Verkehrsfahrzeuge **1** (1957) 1 17—22.

Born, Erhard: Eisenbahntechnik. Z. VDI **99** (1957) 19 847—852 188 Lit.-St.

Jörn, Raoul: Gummigefederte Räder für Schienenfahrzeuge. Z. VDI **99** (1957) 22 1049—1059 9 Lit.-St.; Leichtbau d. Verkehrsfahrzeuge **1** (1957) 6 168—169.

Knaak, R.: Gedanken zum Leichtbau von Reisezugwagen, insbesondere in Gemischtbauweise Stahl-Leichtmetall. Z. VDI **99** (1957) 32 1597—1603; Aluminium **34** (1958) 3 A 68; Leichtbau d. Verkehrsfahrzeuge **2** (1958) 1 49.

Kötzschke, P. u. H. König: Die Entwicklung von Leichtmetall-Radscheiben für Radsätze von Schienenfahrzeugen. Aluminium **33** (1957) 11 715—720 6 Lit.-St.; Leichtbau d. Verkehrsfahrzeuge **2** (1958) 3 94—101 6 Lit.-St.

Kordes, H. u. H. Gleitz: Kleines Rad. Abmessungen, Gewichte und Beanspruchungen. Leichtbau d. Verkehrsfahrzeuge **1** (1957) 6 148—158.

Kreißig, Ernst: Die Entwicklung des Radsatzes von Schienenfahrzeugen vom Leichtradsatz zum Kleinrad. Leichtbau d. Verkehrsfahrzeuge **1** (1957) 2/3 54—61.

Marfels, W.: Geschweißte Drehgestelle für Schienenfahrzeuge in Leichtbauweise. Schweißen u. Schneiden **9** (1957) 6 315—317; Leichtbau d. Verkehrsfahrzeuge **1** (1957) 6 166.

Müssig, Willi: Der Waggonbau der Deutschen Demokratischen Republik in Entwicklung und Produktion nach 1945 und seine Wege in der weiteren Entwicklung. Dtsch. Eisenbahntechn. **5** (1957) 2 69—78.

Müssig, Willi: Fünfteiliger Doppelstock-Gliederzug (Halbzug) der Deutschen Reichsbahn. Dtsch. Eisenbahntechn. **5** (1957) 5 231—232, 240.

Müssig, Willi: Fünfteiliger Doppelstock-Gliederzug. Dtsch. Eisenbahntechn. 5 (1957) 11 501—505.

Naumow, J. W. u. W. J. Gudkow: Leichtradsätze für den Schnellverkehr (nach einem Aufsatz im Mitt.-Bl. d. wiss. Forsch.-Inst. f. d. Eisenbahntransport, Moskau, 15 (1956) 4 32—34). Dtsch. Eisenbahntechn. 5 (1957) 8 386—387.

Reidemeister, Fritz: Aluminium-Verwendung im Spiegel einer amerikanischen Eisenbahnzeitschrift. 31. Teil, Jg. 1956. Aluminium 33 (1957) 5 336—339, 6 403—405, 7 481—484.

Seifert, H.: Einfluß der Schweißtechnik auf die neuzeitliche Gestaltung von Schnelltriebzügen und Lokomotiven. Schweißen u. Schneiden 9 (1957) 6 313—315.

Sperling, E. u. Ch. Betzhold: Beitrag zur Berechnung der auftretenden Kräfte beim Auflaufstoß zweier Eisenbahnen. Glas. Ann. 81 (1957) 5 133—137; Leichtbau d. Verkehrsfahrzeuge 1 (1957) 5 138, 6 166.

Thomas, J. L.: Design influence on residual stress and brittle fracture. Welding J. 36 (1957) 8 387s—392s; AMR 11 (1958) 10 550.

Wandrei, Richard: Die Anwendung der Klebetechnik in den RAW. Werkstatt 1 (1957) 11 241—243; Leichtbau d. Verkehrsfahrzeuge 2 (1958) 2 88.

Zottmann, Wolfgang: Untersuchungen über den Spannungszustand eines Eisenbahnrades. Arch. Eisenbahntechn. (1957) 9 30—48; Leichtbau d. Verkehrsfahrzeuge 1 (1957) 6 169.

Becker, P.: Gummifederung an Schienenfahrzeugen. Öst. Ing.-Z. 1 (1958) 11 481—487.

Bleicher, Waldemar: Technische Möglichkeiten zur Verminderung des Fertigungsaufwandes bei Leichtmetall-Schienenfahrzeugen. Leichtbau d. Verkehrsfahrzeuge 2 (1958) 1 29—40.

Hilken, Ivar: Die Verwendung von Polyamid im Eisenbahnbetrieb der CSR. Dtsch. Eisenbahntechn. 6 (1958) 12 586—588.

Jörn, Raoul: Erfahrungen mit Metallgummi-Federn im Schienenfahrzeugbau. Eisenbahntechn. Rdsch. 7 (1958) 1 17—27; Leichtbau d. Verkehrsfahrzeuge 2 (1958) 2 79—80.

Knecht, H. u. J. M. Dehalu: Dauerfestigkeitsversuche mit einem Drehgestell-Rahmen in Stahlguß-Ausführung. Essais d'endurance d'un chassis de bogie en acier moulé. Wirtsch. Techn. Transp. 27 (1958) 4/6 53—58, 7/9 92—96.

König, H.: Wälzlager für Wagen, Anforderungen an Konstruktion und Fertigung. Glas. Ann. 82 (1958) 1 6—11 [1.431.3].

Meyus, G.: Überlegungen bei der Anwendung des Cross'schen Verfahrens im Fahrzeugbau. Eisenbahntechn. Rdsch. 7 (1958) 3 101—111 9 Lit.-St.; Leichtbau d. Verkehrsfahrzeuge 2 (1958) 3 136.

Rautenberg, W.: Statische und dynamische Dehnungs-Spannungsmessungen an Eisenbahnrädern. Leichtbau d. Verkehrsfahrzeuge 2 (1958) 3 101—115, 4 142—155.

Schneider, Victor: Auffassungen über die Belastbarkeit von Eisenbahn-Wagenradsätzen seit August Wöhler. Glas. Ann. 82 (1958) 7 251—255.

Schneider, Victor: Dauerfestigkeitsprobleme bei Achswellen von Eisenbahn-Radsätzen. Eisenbahntechn. Rdsch. 7 (1958) 11 514—522.

Sperling, E. u. Ch. Betzhold: Das Festigkeitsverhalten von Leichtbau-Schienenfahrzeugen. Leichtbau d. Verkehrsfahrzeuge 2 (1958) 1 20—28.

Sperling, E. u. Ch. Betzhold: Über ausgeführte Schwingungs- und Festigkeitsversuche an Eisenbahnfahrzeugen. Glas. Ann. 82 (1958) 8 266—275; Leichtbau d. Verkehrsfahrzeuge 2 (1958) 5 238.

Sperling, E. u. Ch. Betzhold: Über Schwingungs- und Festigkeitsversuche an Eisenbahnfahrzeugen. Öst. Ing.-Z. 1 (1958) 11 473—481 12 Lit.-St.; Leichtbau d. Verkehrsfahrzeuge 3 (1959) 1/2 41.

Thomann, A.: Grundlegende Lösungswege zum Leichtbau im Waggonbau. Technik (Berlin) **13** (1958) 11 727—732; Mitt. Forsch.-Ges. Blechverarb. (1958) 24 274.

Thomann, A.: Die grundlegenden Lösungswege zum Leichtbau im Waggonbau. Dtsch. Eisenbahntechn. **6** (1958) 4 153—162, 5 209—213; Leichtbau d. Verkehrsfahrzeuge **2** (1958) 5 238.

Taschinger, Otto: Leichtbau von Schienenfahrzeugen. „Leichtbau-Konstruktionen", VDI-Ber. Bd. 28 1958 93—96.

Wächter, Arthur: Dynamische Belastung der Schienenfahrzeuge durch senkrechte Stöße. Dtsch. Eisenbahntechn. **6** (1958) 11 541—545; Leichtbau d. Verkehrsfahrzeuge **3** (1959) 1/2 41.

Weinert, Otto: Näherungswerte für die Vorausbestimmung des beim Schwingerversuch auftretenden Eigenfrequenzwertes von Wagenkastenrohbauten. Glas. Ann. **82** (1958) 12 416—417.

— Fragen der Wirtschaftlichkeit bei Anwendung von nichtrostendem Stahl im Schienenfahrzeugbau. Techn. Rdsch. (Bern) **50** (1958) 7 17, 19, 21; Leichtbau d. Verkehrsfahrzeuge **2** (1958) 2 80.

Baldié, R.: Die Konstruktion von rollendem Material in Leichtmetall in Frankreich. Leichtbau d. Verkehrsfahrzeuge **3** (1959) 1/2 8—14.

Büssing, Hans-Jürgen: Plaste, ihre Prüfung und Anwendung bei der Deutschen Reichsbahn. Dtsch. Eisenbahntechn. **7** (1959) 6 294—295.

Füchslin, K.: Zur technischen Entwicklung des Eisenbahnwagen- und aufzugbaues. Techn. Rdsch. (Bern) **51** (1959) 18 1—2; Leichtbau d. Verkehrsfahrzeuge **3** (1959) 4 135 [6.261.3].

Gerischer, Karl: Gedanken zur Verwendung von Baustählen höherer Festigkeit für Reisezug- und Güterwagen. Dtsch. Eisenbahntechn. **7** (1959) 4 161—165 38 Lit.-St.; Leichtbau d. Verkehrsfahrzeuge **3** (1959) 4 141.

Klie, Ludolf: Bedeutung des Leichtbaues im Iran. Leichtbau d. Verkehrsfahrzeuge **3** (1959) 1/2 22—24.

Prigge, W.: Dehnungs- und Spannungsmessung an der Radscheibe eines einfach gewellten Eisenbahnrades. Inst. Physics, London, Stress Analysis Group — Inst. T.N.O. Delft Conf. 31./3.—4./4. 1959 Advance Copy 30 24 S. 9 Lit.-St.

Prigge, W.: Die Beanspruchung einer einfachgewellten Eisenbahnradscheibe. Glas. Ann. **83** (1959) 3 69—73, 4 132—136; Leichtbau d. Verkehrfahrzeuge **3** (1959) 4 135.

Schwarzwalder, F., H. Schirm u. *W. Schmidt:* Entwicklungsarbeiten bei der Wagenversuchsanstalt der Deutschen Reichsbahn. Dtsch. Eisenbahntechn. **7** (1958) 2 79—80.

Taschinger, O.: Der Werkstoff Aluminium und seine Verwendung. bei der Deutschen Bundesbahn. Bundesbahn **33** (1959) 20 941—957; Leichtbau d. Verkehrsfahrzeuge **3** (1959) 6 255.

— Fortschritte im Leichtbau der Verkehrsfahrzeuge. Aluminium **35** (1959) 9 538—539.

— Plastics in railway rolling stock. Brit. Plastics **32** (1959) 4 136—142; Plaste u. Kautschuk **6** (1959) 8 399.

— Rubber cushioned resilient wheels for main line railways. Railway Gaz. **110** (1959) 6 155—158; Leichtbau d. Verkehrsfahrzeuge **3** (1959) 4 134.

Personenwagen

Frohne, E.: Gliedertriebzüge für den Fernverkehr. Bundesbahn (1953) 12.

Bleibtreu, H.: Lightweight trains. Railway Age **138** (1955) 25 64—68; AB **26** (1955) 7 414—415.

Bode, F.: Profil- oder Blechbauweise im Eisenbahn-Personenwagenbau. Eisenbahntechn. Rdsch. **4** (1955) 12 567—569; Nachr.-Bl. AGM Leichtbau **5** (1956) 2/3 8, 7/8 8.

Born, Erhard: Reisezugwagen. III. Entwicklung in Amerika und auf der Schmalspur. Z. VDI **97** (1955) 28 975—984.

Hauser, G. B.: Aluminum on the Union Pacific. Railway Age **139** (1955) 25 28—31; AB **27** (1956) 1 6.

Reidemeister, F.: Schöne Wagen, rollende Hotels und Giganten aus Leichtmetall. Metall **9** (1955) 21/22 1021—1026; AB **26** (1955) 12 675—676.

— "Domeliners" get dome diners. Railway Age **138** (1955) 24 52—55; AB **26** (1955) 7 414.

— Lightweight-train. Mech. Engng. **77** (1955) 11 986—987; Nachr.-Bl. AGM Leichtbau **5** (1956) 9/10 8.

— Union Pacific gets aluminum dome cars. Railway Age **138** (1955) 50 38—46; AB **26** (1955) 5 267.

Bäseler, W.: Das Gliederzug-Prinzip. Int. Arch. Verkehrswes. **8** (1956) 21 473—479; Nachr.-Bl. AGM Leichtbau **5** (1956) 12 8.

Bandet, P.: Les nouvelles voitures-lits de la Compagnie Internationale des Wagon-lits et des Grands Express Européens. Rev. Aluminium **35** (1956) 234 688—693; Aluminium **33** (1957) 2 A 45.

Baur, Helmut: Amerikanische Leichtschnellzüge. Nachr.-Bl. AGM Leichtbau **5** (1956) 7/8 1—6.

Darby, K.: Lightweight trains rolling. Modern Metals **12** (1956) 5 50, 52, 54, 60, 62; Aluminium **33** (1957) 1 A 21.

Frohne, E.: Entwicklungstendenzen im Reisezugwagenbau der Deutschen Bundesbahn. Eisenbahntechn. Rdsch. **5** (1956) 6 213—229; Nachr.-Bl. AGM Leichtbau **5** (1956) 11 15.

Leicher, Erich u. *Helmut Baur:* Deutsche Leichtmetall-Gliedertriebzüge. Konstruktionsmerkmale, Ausstattung, Betriebserfahrungen. Z. VDI **98** (1956) 12 549—559 27 Lit.-St.; Nachr.-Bl. AGM Leichtbau **5** (1956) 7/8 13; Aluminium **32** (1956) 8 A 217.

Loftis, J. D.: The "jet rocket" railroad train. SAE-J. **64** (1956) 12 28—29; AB **28** (1957) 1 6.

Panny, Anton: Festigkeitsuntersuchungen an Wagen bei der Deutschen Bundesbahn. Eisenbahn-Ing. **7** (1956) 11 281—287; Nachr.-Bl. AGM Leichtbau **5** (1956) 12 15; Leichtbau d. Verkehrsfahrzeuge **1** (1957) 2/3 62.

Stetza, Günter: Die Sensation von Houston (USA). Stadtverkehr **1** (1956) 5 91—92.

Taschinger, Otto: Die technische Entwicklung der mehrteiligen Schnelltriebzüge und ihre Bewährung im Betriebseinsatz. Bundesbahn **30** (1956) 6 268—291; Nachr.-Bl. AGM Leichtbau **5** (1956) 7/8 12; Leichtbau d. Verkehrsfahrzeuge **1** (1957) 4 91.

Tilch, Kurt: Einige Beispiele wirtschaftlicher Verwendung von Walzprofilen, abgekanteten Profilen und Blechen im Personenwagenbau. Nachr.-Bl. AGM Leichtbau **5** (1956) 4 1—3.

— Plastics cut weight of first U. S. monorail. Mater. & Meth. **43** (1956) 6 138—139; Leichtbau d. Verkehrsfahrzeuge **1** (1957) 4 93.

— Recent developments in lightweight rolling stock. Railway Gaz. **104** (1956) 19 335—337, 20 381—384; Leichtbau d. Verkehrsfahrzeuge **1** (1957) 4 92, 6 167.

Aspenberg, Erik: Der KLL-Express. Ein schwedischer Leichtmetallzug. Eisenbahntechn. Rdsch. **6** (1957) 9 336—342.

Bächtiger, Alfred: Rhätische Bahn. 10 Jahre weitere Modernisierung und Entwicklung 1948—1957 bei Rollmaterial und Traktionsdienst. Chemin de fer

Rhétique. Dix ans de nouveaux efforts de modernisation et développement, de 1948 à 1957, du matériel roulant et du service de traction. Wirtsch. Techn. Transp. **26** (1957) 7/9 92—96, 10/12 167—173.

Bleicher, Waldemar: Erfahrungen mit Leichtmetallfahrzeugen in der Schweiz unter besonderer Berücksichtigung der Brünigbahn. Leichtbau d. Verkehrsfahrzeuge **1** (1957) 4 81—84.

Eschemann, Hans: Kunststoffe im Reisezugwagen. Ihre Herkunft, Herstellung und Verwendung. Eisenbahntechn. Rdsch. **6** (1957) 2 49—57; Leichtbau d. Verkehrsfahrzeuge **1** (1957) 4 96.

Grevesmühl, Alfred: Neuartiger Doppelstockgliederzug bei der DR. Werkstatt **1** (1957) 9 198—199; Leichtbau d. Verkehrsfahrzeuge **2** (1958) 1 49.

Hug, Adolphe-M.: Essais de résistance de caisses de voitures ferroviaires de construction légère soudée en acier. Industrie Voies Ferrées et Transports Automobiles (Paris) (1957) 526 99—105; Leichtbau d. Verkehrsfahrzeuge **2** (1958) 2 79.

Hug, Adolphe-M.: Widerstandsfähigkeit von Schienenfahrzeug-Wagenkasten in leichter Stahlbauart geschweißter Ausführung. Glas. Ann. **81** (1957) 3 83—87; Leichtbau d. Verkehrsfahrzeuge **1** (1957) 2/3 62.

Kaißling, Karl: Leichtbau und Leichtmetallbau bei europäischen Schienenfahrzeugen. Europa-Verkehr **5** (1957) Mai S. H. „Vereintes Europa auf der Schiene" 127—131; Leichtbau d. Verkehrsfahrzeuge **2** (1958) 3 128.

Krekel, Paul: Leichtmetall-Wagenkästen und -Räder des ALWEG-Stadtbahnzuges. Aluminium **33** (1957) 11 728—729.

Krekel, Paul u. *W. Linicus:* Die neuen Trans-Europa-Expreßzüge. Aluminium **33** (1957) 7 480—481.

Kropf, H.: Elektrische Triebwagenzüge der Italienischen Staatsbahnen. Dtsch. Eisenbahntechn. **5** (1957) 2 79—83; Leichtbau d. Verkehrsfahrzeuge **1** (1957) 2/3 63.

Maroselli, J. C.: Die Pariser Untergrundbahn-Pneuzüge. Techn. Rdsch. (Bern) **50** (1958) 4 51—53.

Mielich, A.: Ein halbes Jahrhundert Reisezugwagenbau. Bundesbahn **31** (1957) 7 384—390; Leichtbau d. Verkehrsfahrzeuge **1** (1957) 2/3 63.

Müssig, W.: Fünfteiliger Doppelstock-Gliederzug (Halbzug) der Deutschen Reichsbahn. Eisenbahner **10** (1957) 5B 143—144; Leichtbau d. Verkehrsfahrzeuge **1** (1957) 4 90.

Müssig, Willi: Neue Schlafwagen für den internationalen Eisenbahnverkehr. Dtsch. Eisenbahntechn. **6** (1958) 10 489—493.

Schmücker, B.: Der Wagenbau der deutschen TEE-Züge. Glas. Ann. **81** (1957) 10 318—339; Leichtbau d. Verkehrfahrzeuge **1** (1957) 6 169.

Seary, W. W. jr.: Testing of railway passenger cars and components. Amer. Soc. Mech. Engrs. Ann. Meeting, New York, N. Y., Dec. 1957 Pap. 57-A-111 7 p.

Stetza, Günter: Eine Versuchs-Einschienenbahn nun auch in Japan. Stadtverkehr **3** (1958) 1 1—2.

Taschinger, Otto: Der Leichtbau in Schienenfahrzeugen. Leichtbau d. Verkehrsfahrzeuge **1** (1957) 1 3—11.

Taschinger, Otto: Der schwedische KLL-Leichtbauzug. Leichtbau d. Verkehrsfahrzeuge **1** (1957) 4 85—87.

Taschinger, Otto: Grundzüge der Entwurfsplanung der deutschen TEE-Züge unter besonderer Berücksichtigung der Leichtmetallverwendung. Eisenbahntechn. Rdsch. **6** (1957) 5 168—173; Leichtbau d. Verkehrsfahrzeuge **1** (1957) 5 135.

— Die TEE-Züge der Niederländischen Eisenbahnen und der Schweizerischen Bundesbahn. Glas. Ann. **81** (1957) 8 243-246; Leichtbau d. Verkehrsfahrzeuge **1** (1957) 5 135.

— Still lighter lightweight trains. Oil Engine & Gasturbine (London) **25** (1957) 290 214—216; Diesel Railway Traction (London) **11** (1957) 306 420—422; Leichtbau d. Verkehrsfahrzeuge **2** (1958) 3 127.

Aspenberg, Erik: Leichtstahlbau von Schienenfahrzeugen und Leichtbau von Straßenomnibussen in Schweden. Leichtbau d. Verkehrsfahrzeuge **2** (1958) 5 196—202 [6.252.43].

Bandet, P.: Les trains légers américains et européens. Rev. Aluminium **35** (1958) 254 541—550; Aluminium **34** (1958) 10 A 292.

Baur, Helmut: Amerikanischer Eisenbahn-Reisewagen in Leichtbauweise aus rostfreiem Stahl. Leichtbau d. Verkehrsfahrzeuge **2** (1958) 5 220—224 10 Lit.-St.

Bingham, S. H.: Swedish lightweight train. Railway Gaz. (1958) Jan. 17—19; Leichtbau d. Verkehrsfahrzeuge **2** (1958) 2 79.

Bleibtreu, H.: Zum Leichtbau der Eisenbahnfahrzeuge in den Vereinigten Staaten. Leichtbau d. Verkehrsfahrzeuge **2** (1958) 5 209—220 [6.252.23].

Brill, A.: Die Trans-Europ-Expreßzüge (TEE-Züge) der Deutschen Bundesbahn. Wirtsch. Techn. Transp. **27** (1958) 1/3 6—15.

Dück, W.: Betrachtungen zum Leichtbau bei Reisezug-Weitstreckenwagen. Dtsch. Eisenbahntechn. **6** (1958) 12 583—584.

Füchslin, K.: Leichtbau der Schienenfahrzeuge in der Schweiz. Leichtbau d. Verkehrsfahrzeuge **2** (1958) 5 202—208.

Orefice, Franco Silvano: Der gegenwärtige Stand im Leichtbau der Verkehrsfahrzeuge in Italien. Leichtbau d. Verkehrsfahrzeuge **2** (1958) 5 186—196. [6.252.26], [6.252.43].

Pfennings, J.: Neue Reisezugwagen der SBB. Leichtbau d. Verkehrsfahrzeuge **2** (1958) 4 175—177.

Taschinger, Otto: Leichtbau der Verkehrsfahrzeuge in Schweden. Leichtbau d. Verkehrsfahrzeuge **2** (1958) 3 116—121.

Welti, O.: 50 Jahre pneubereifte Schienenfahrzeuge. Techn. Rdsch. (Bern) **50** (1958) 4 49, 51; Leichtbau d. Verkehrsfahrzeuge **2** (1958) 2 80.

— Electric trains for Calcutta suburban services. Railway Gaz. **109** (1958) 10 275—277; Leichtbau d. Verkehrsfahrzeuge **3** (1959) 1/2 29—30.

— Lightweight passenger sets for Ghana railways. Railway Gaz. **108** (1958) 10 275—277; Leichtbau d. Verkehrsfahrzeuge **3** (1959) 1/2 32—33.

Costa, Rudolf: Moderne und leichte Werkstoffe für die Ausstattung von Reisezugwagen. Dtsch. Eisenbahntechn. **7** (1959) 12 603—605.

Klein, Rudolf: Die Alweg-Bahn und ihr Einsatz. Eisenbahntechn. Rdsch. **8** (1959) 4 147—156.

Mielich, Adolf: Der Nahverkehrswagen 1959 der Deutschen Bundesbahn. Glas. Ann. **83** (1959) 7 214—227 8 Lit.-St.

Mölbert, F.: Die Fahrzeuge der Alweg-Bahn. Eisenbahntechn. Rdsch. **8** (1959) 4 157—162; Leichtbau d. Verkehrsfahrzeuge **3** (1959) 4 134.

Müller, U. u. a.: Der neue Berliner S-Bahnzug, Baureihe 170. Dtsch Eisenbahntechn. **7** (1959) 3 103—118; Leichtbau d. Verkehrsfahrzeuge **3** (1959) 4 135.

Petzold, W.: Die Entwicklung eines Wagenkastens-Rohbaues in Gemischtbauweise Stahl—Leichtmetall für Nahverkehrswagen der Deutschen Bundesbahn. Glas. Ann. **83** (1959) 7 228—230 3 Lit.-St.

Petzold, W.: Ein besonders leichter, vierachsiger Reisezugwagen in Gemischtbauweise Stahl/Leichtmetall. Glas. Ann. **83** (1959) 9 299—306.

Pfennings, J.: Komfort und Leichtbau am Beispiel der neuen Reisezugwagen der SBB. Leichtbau d. Verkehrsfahrzeuge **3** (1959) 1/2 14—22.

Taschinger, O.: Das Problem der Leichtmetall-Schienenfahrzeuge. Eisenbahntechn. Rdsch. **8** (1959) 10 439—451 9 Lit.-St.; Leichtbau d. Verkehrsfahrzeuge **3** (1959) 6 250.

Wiens, G.: Entwurf und Bau von Nahverkehrswagen für die Deutsche Bundesbahn auf der Grundlage des optimalen Leichtbaues. Leichtbau d. Verkehrsfahrzeuge **3** (1959) 5 145—157.

— Glass-fibre doors for Southern Region passenger stock. Railway Gaz. **110** (1959) 3 66—67; Leichtbau d. Verkehrsfahrzeuge **3** (1959) 3 95.

Güterwagen 6.252.23

Hugonnet, Henri: Quand les camions prennent le train. Rev. Aluminium **33** (1956) 235 819—824; Aluminium **33** (1957) 2 A 45; AB **28** (1957) 1 5—6.

Krekel, Paul: Internationale Besprechung „Leichtmetall im Eisenbahnwagenbau". Aluminium **32** (1956) 3 168—169

— Aluminium in railway goods wagons. Devel. Bull. Jan. 1956 19 p.; AB **27** (1956) 3 147.

Bommer, E. A.: Die Bewährung des Aluminiums für Dacheindeckungen von Güterwagen. Aluminium **33** (1957) 11 721—723; Leichtbau d. Verkehrsfahrzeuge **2** (1958) 1 50.

Guder, E.: Die Schweißtechnik im Schienenfahrzeugbau beim Bau von Leichtfahrzeugen. Dtsch. Eisenbahntechn. **5** (1957) 12 547—558; Leichtbau d. Verkehrsfahrzeuge **2** (1958) 1 50—51.

Guder, E.: Einsatz der Punktschweißung im Waggonbau. Dtsch. Eisenbahntechn. **5** (1957) 2 85—87; Leichtbau d. Verkehrsfahrzeuge **1** (1957) 2/3 70, 4 95.

Pohl, A.: Die Anwendung des Metallklebeverfahrens im Waggonbau. Dtsch. Eisenbahntechn. **5** (1957) 10 470—473; Leichtbau d. Verkehrsfahrzeuge **2** (1958) 2 78.

Raab, K. u. H. König: Die Güterwagen von heute und morgen. Bundesbahn **31** (1957) 7 391—401; Leichtbau d. Verkehrsfahrzeuge **1** (1957) 2/3 61.

— Aluminum freight cars rolling. Modern Metals **13** (1957) 2 56, 58, 60, 62, 64; Aluminium **33** (1957) 8 A 218.

— Soudage par résistance de toits en alliage léger coulissants et étanches pour wagons-tombereaux. Rev. Aluminium **34** (1957) 240 159—161; Leichtbau d. Verkehrsfahrzeuge **1** (1957) 4 93.

Becker, P.: Gummifederung an Schienenfahrzeugen. Techn. Mitt. Krupp **16** (1958) 5 153—159.

Bleibtreu, H.: Zum Leichtbau der Eisenbahnfahrzeuge in den Vereinigten Staaten. Leichtbau d. Verkehrsfahrzeuge **2** (1958) 5 209—220 [6.252.22].

Cripe, Alan R.: The application of reinforced plastics to transportation uses. Prepr. 13th Ann. Techn. & Management Conf., Reinforced Plastics Div., Sect. 7-B 1958 2 p.

Krekel, Paul: Klappdachwagen der Schweizer Bundesbahn. Aluminium **34** (1958) 12 712—714.

Popp, Ewald u. Willi Herrmann: Neuzeitliche Fertigungsmethoden beim Schweißen von Seitenwänden und Kopfklappen für die Umbauwagen Omm 42/43 im Ausbesserungswerk Weiden/Oberpf. Eisenbahn-Ing. **9** (1958) 4 111—113; Leichtbau d. Verkehrsfahrzeuge **2** (1958) 3 127.

Symann, Walter: Neuentwicklungen von Privatgüterwagen bei LHB (Linke-Hofmann-Busch GmbH, Salzgitter-Watenstedt). Glas. Ann. **82** (1958) 3 87—92.

Tittelbach, F.: Leichtbau von Güterwagen. Leichtbau d. Verkehrsfahrzeuge **2** (1958) 4 168—175.

Tittelbach, F.: Leichtmetall im Güterwagenbau. Aluminium **34** (1958) 10 576—580.

Zysset, H.: Leichtmetall-Silowagen für den Schüttgütertransport. Aluminium (Suisse) **8** (1958) 6 192—200; Aluminium **35** (1959) 2 A 36.

— Wagons à toit rabattable. Klappdachwagen. Wirtsch. Techn. Transp. **27** (1958) 1/3 32—33.

Cassidy, John C. and *G. Robert Kennedy:* Balancing reinforced plastics advantages with practical economics for successful railroad applications. Prepr. 14th Ann. Techn. & Management Conf., Reinforced Plastics Div., Sect. 10-A 1959 8 p.

Grevesmühl, A. u. *E. Wiesner:* Die Perspektive im Güterwagenbau. Dtsch. Eisenbahntechn. **7** (1959) 7 359—366; Leichtbau d. Verkehrsfahrzeuge **3** (1959) 6 251.

Wyslouch, W.: Lokomotiv- und Waggonbau in Polen. Technik (Berlin) **14** (1959) 2 91—95 [6.252.25].

Kesselwagen, Transportwagen u. ä.   **6.252.24**

Bandet, Pierre: Soixante wagons à phosphate en alliage léger soudé Rev. Aluminium **33** (1956) 237 1044—1053; Leichtbau d. Verkehrsfahrzeuge **1** (1957) 4 93; Aluminium **33** (1957) 4 A 91; AB **28** (1957) 3 140.

Behrendt, F.: Entwicklung von Kühlzügen. Dtsch. Eisenbahntechn. **4** (1956) 7 250—257; Nachr.-Bl. AGM Leichtbau **5** (1956) 9/10 6.

Oechsle, S. John jr. and *Kenneth G. LeFevre:* Contamination and corrosion in rail tank cars. Corrosion Technol. **3** (1956) 12 389—392; AB **28** (1957) 1 29.

— All-welded aluminium hopper wagons. Light Metals **19** (1956) 215 46; Nachr.-Bl. AGM Leichtbau **5** (1956) 11 15.

Bandet, P.: Les wagons Pechiney pour le transport du sel. Rev. Aluminium **35** (1958) 251 189—192.

Bandet, P. et *J.-M. Labessoulhe:* Soudage par résistance de toits en alliage léger coulissants et étanches pour wagons-tomberaux. Rev. Aluminium **34** (1957) 240 158—161; Aluminium **33** (1957) 8 A 218.

— Prüfung von geschweißten Trichterwagen aus Aluminium. Aluminium **34** (1958) 4 211—212.

Weinert, Otto: Festigkeitsuntersuchungen mit Dehnungsmeßstreifen für hohe Temperaturen an einem Eisenbahnkesselwagen. Praktische Erfahrungen der Linke-Hofmann-Busch GmbH, Versuchsabteilung. Industrie-Elektronik **7** (1959) 3/4 9, 12—13.

Lokomotiven   **6.252.25**

Rotter, R. u. *H. Stockklausner:* 2200-PS-Leichtschnellzuglokomotive mit Gepäckraum für die OeBB. Techn. Rdsch. (Bern) **49** (1957) 3 9—15.

Kilb, Ernst: Der Leichtbau elektrischer Lokomotiven für 16 $^2/_3$ Hz. Blech **6** (1959) 7 337—341; Leichtbau d. Verkehrsfahrzeuge **3** (1959) 6 250.

Kilb, Ernst: Der Leichtbau elektrischer Lokomotiven für 16 $^2/_3$ Hz, ein hervorragendes Mittel zur Rationalisierung ihres Entwurfs und zur Senkung ihrer Bau- und Betriebskosten. Leichtbau d. Verkehrsfahrzeuge **3** (1959) 5 158—169 13 Lit.-St.

Wyslouch, W.: Lokomotiv- und Waggonbau in Polen. Technik (Berlin) **14** (1959) 2 91—95 [6.252.23].

Straßenbahn- und Untergrundbahn-Wagen   **6.252.26**

Stetza, G.: Der Großraum-Straßenbahnzug der Bremer Straßenbahn. Z. VDI **97** (1955) 35 1272—1273; Nachr.-Bl. AGM Leichtbau **5** (1956) 2/3 9, 7/8 8, 12.

Bauer, Fr.: Der Kasseler Straßenbahn-Gelenkzug. Verkehr u. Techn. **9** (1956) 6 159—162; Nahverkehrs-Praxis **4** (1956) 6 152—154; Nachr.-Bl. AGM Leichtbau **5** (1956) 9/10 9.

Brümmer, R.: Der sechsachsige Gelenk-Triebwagen der Bochum-Gelsenkirchener Straßenbahnen AG. Nahverkehrs-Praxis **4** (1956) 4 85—88; Nachr.-Bl. AGM Leichtbau **5** (1956) 9/10 7.

Clausen, O.: Moderne zweiachsige Straßenbahn-Beiwagen in Ganzstahl-Leichtbauweise. Stadtverkehr **1** (1956) 3 44—45.

Fester, Joachim: Die neuen Frankfurter Großraumzüge. Nahverkehrs-Praxis **4** (1956) 10 279—283; Leichtbau d. Verkehrsfahrzeuge **2** (1958) 2 79.

Ficht, Kurt u. *Hans Schuler:* Neue, leichte 2achsige Beiwagen. Nahverkehrs-Praxis **4** (1956) 6 155—156; Nachr.-Bl. AGM Leichtbau **5** (1956) 9/10 7.

Krekel, Paul: Leichtmetall bei Fahrzeugen des Stadtverkehrs. Einige Bewährungsbeispiele von sebsttragenden Aluminiumkonstruktionen. Stadtverkehr **1** (1956) 11 212—214 19 Lit.-St.

Petersen, W.: Der Nürnberger Großraumzug für Fahrgastfluß und Ein-Richtungs-Betrieb. Nahverkehrs-Praxis **4** (1956) 2 37—40; Nachr.-Bl. AGM Leichtbau **5** (1956) 7/8 10.

Prasse, W. u. *H. Reinfeld:* Straßenbahnen. Z. VDI **98** (1956) 19 1036—1038 46 Lit.-St.

Schuler, Hans: Neue leichte zweiachsige Beiwagen der Essener Verkehrs-AG. Stadtverkehr **1** (1956) 5 88—89.

Segler, C.: Plaststoffe in Straßenbahnwagen. Dtsch. Eisenbahntechn. **6** (1958) 10 468.

Stetza, Günter: Der Straßenbahn-Gelenkwagen der Kasseler Verkehrs-Gesellschaft. Elektr. Bahnen **27** (1956) 5 115—116.

Stetza, G.: Neue zweiachsige Straßenbahnwagen. Z. VDI **98** (1956) 6 224—225; Nachr.-Bl. AGM Leichtbau **5** (1956) 5/6 9.

Stockklausner, H.: Vom Bau neuzeitlicher Straßenbahnwagen. Techn. Rdsch. (Bern) **48** (1956) 13 33, 35, 37, 39; Nachr.-Bl. AGM Leichtbau **5** (1956) 9/10 8.

Struwe, Walter: Untergrund-Bahnen. Z. VDI **98** (1956) 19 1039—1041.

— Nouve vetture dell'ATM di Milano. (Neue Straßenbahnwagen in Mailand). Alluminio **25** (1956) 2 102—104.

Elberskirch, K.: Leichtbauweise für Straßenbahnwagen betriebswirtschaftlich gesehen. Nahverkehrs-Praxis **5** (1957) 4 97—98; Leichtbau d. Verkehrsfahrzeuge **1** (1957) 4 92.

Goltz, H.: Braunschweigs Straßenbahn-Großraumzüge. Nahverkehrs-Praxis **5** 242—243; Leichtbau d. Verkehrsfahrzeuge **2** (1958) 2 78.

Koldijk, S. S.: Ultraleichte Straßenbahnwagen für die Verkehrsbetriebe von Rotterdam. Automotrices ultra-légères des tramways de Rotterdam. Wirtsch. Techn. Transp. **26** (1957) 7/9 97-101, 10/12 163—167.

Prasse, Walter u. *Herbert Reinfeld:* Straßenbahnen. Z. VDI **99** (1957) 19 854—856 40 Lit.-St.

Schings, P.: Der vierachsige Großraumtriebwagen der Aachener Straßenbahn. Nahverkehrs-Praxis **5** (1957) 9 287—290; Leichtbau d. Verkehrsfahrzeuge **2** (1958) 2 78.

Struwe, Walter: Untergrund-Bahnen. Z. VDI **99** (1957) 19 852—854.

— Neuer zweiachsiger Straßenbahnzug. Technik (Berlin) **12** (1957) 8 580—581; Leichtbau d. Verkehrsfahrzeuge **2** (1958) 2 78.

Classens, W.: Das kleine Rad im Lichte des Untergrundbahnproblems. Leichtbau d. Verkehrsfahrzeuge **2** (1958) 4 155—158.

Orefice, Franco Silvano: Der gegenwärtige Stand im Leichtbau der Verkehrsfahrzeuge in Italien. Leichtbau d. Verkehrsfahrzeuge **2** (1958) 5 186—196. [6.252.22], [6.252.43].

Flössel, Eckhard: Rückblickspiegel an Straßenbahnwagen. Verkehr u. Techn. **11** (1958) 10 260—262.

Stetza, Günter: Moderne Untergrundbahnen in Japan. Métropolitains modernes au Japon. Wirtsch. Techn. Transp. **28** (1959) 7/8 88—91.

Stetza, Günter: Moderne zweiachsige Ein-Richtungs-Beiwagen der Straßenbahn-Malmö. Verkehr u. Techn. **12** (1959) 1 14—17.

Struwe, Walter: Untergrund-Bahnen. Z. VDI **101** (1959) 19 802—803 4 Lit.-St.

Triebwagen, Schienenomnibusse, Schiestrabusse   6.252.27

Born, E.: Dieselmotorn i Finlands tågtrafik. Järnvägs-Teknik **23** (1955) 8 246—248; Nachr.-Bl. AGM Leichtbau **5** (1956) 7/8 11.

Eichinger, Wilhelm: Der Oberleitungswechselstromtriebwagen ET 30. Eisenbahn-Ing. **7** (1956) 10 243—248; Nachr.-Bl. AGM Leichtbau **5** (1956) 11 15.

Kropf, H.: Der Schienenomnibus. Dtsch. Eisenbahntechn. **4** (1956) 2 68—71; Nachr.-Bl. AGM Leichtbau **5** (1956) 5/6 10.

Masino, G.: Dieselmechanische und dieselhydraulische Triebwagen für die Indischen Eisenbahnen. Glas. Ann. **80** (1956) 11 373—375; Nachr.-Bl. AGM Leichtbau **5** (1956) 12 8.

Schiebuhr, Friedrich: Verminderung des Gewichtes der Triebfahrzeuge durch bessere Ausnutzung der Adhäsion zwischen Treibrad und Schiene. Nachr.-Bl. AGM Leichtbau **5** (1956) 2/3 1—4.

Stein, G.: Diesel-Leichttriebwagen mit Einachsdeichselgestellen. Verkehr u. Techn. **9** (1956) 3 56—59; Nachr.-Bl. AGM Leichtbau **5** (1956) 7/8 10.

— Electro-motive's latest ... power for lightweight trains. Railway Loc. Cars **130** (1956) 1 49—51; Nachr.-Bl. AGM Leichtbau **5** (1956) 7/8 13.

Knopf, Heinz: Elektrische Triebwagenzüge der italienischen Staatsbahnen. Dtsch. Eisenbahntechn. **5** (1957) 2 79—83.

Schröder, Ernst: Triebwagen der Schwedischen Staatseisenbahnen mit kleinem Laufkreisdurchmesser. Leichtbau d. Verkehrsfahrzeuge **1** (1957) 6 158—160.

Alten, Heinz: Über die Verwendung nichtrostenden Stahls bei Eisenbahnfahrzeugen, untersucht an Hand des Doppeltriebwagens der Firma Linke-Hofmann-Busch GmbH. Glas. Ann. **82** (1958) 6 201—204; Leichtbau d. Verkehrfahrzeuge **2** (1958) 5 239.

Ebeling, Hans: Die neuen elektrischen Triebwagen ET 30 der Deutschen Bundesbahn. Z. VDI **100** (1958) 17 737—742.

van Geel, P.: Les autorails belges. Rail et Traction **11** (1958) 57 299—337; Leichtbau d. Verkehrsfahrzeuge **3** (1959) 4 135.

Hauri, Markus: Die neuen Leichttriebwagen der Berner Alpenbahn-Gesellschaft Bern—Lötschberg—Simplon. Les nouvelles motrices légères du chemin de fer Berne—Loetschberg—Simplon. Wirtsch. Techn. Transp. **27** (1958) 4/6 59—67.

Rotter, Richard: Neue Typenreihe elektrischer Triebwagen bei den Österreichischen Bundesbahnen. (Triebwagen Reihe 4030 und 4130). Elektr. Bahnen **29** (1958) 10 224—238 11 Lit.-St.; Leichtbau d. Verkehrsfahrzeuge **3** (1959) 1/2 39—40.

— Second railbus type for British railways. Diesel Railway Traction (London) **12** (1958) 314 267—269; Leichtbau d. Verkehrsfahrzeuge **3** (1959) 1/2 40.

Stetza, G.: Deutsche Leichtbau-Schienenbusse für die britischen Eisenbahnen. Aluminium **35** (1959) 11 646—647.

Stetza, G.: Diesel-Leichttriebwagen der britischen Bahnen. Eisenbahntechn. Rdsch. **8** (1959) 1 55.

— Stratifiés polyesters: l'autorail panoramique de la R.N.U. Renault. Industrie Plastiques Modernes **11** (1959) 4 1—5.

Transportbehälter   6.252.3

Reimer, Kurt: Transportbehälter. Bericht über die Industriemesse Hannover 1958. Fördern u. Heben **8** (1958) 7 453—458.

Anders, G., H. Füllenbach, F. Muckhoff u. *K. Schmalenbach:* Der Einfluß unterschiedlicher Bodenformen von Einwegbehältern auf ihre Haltbarkeit bei dynamischer Beanspruchung. Z. VDI **101** (1959) 19 774—776.

McDougall, John: Containers for marine transportation. Prepr. 14th Ann. Techn. & Management Conf., Reinforced Plastics Div., Sect. 10-B 1959 4 p.

Straßenfahrzeuge   **6.252.4**

Allgemeines   **6.252.41**

Augustin, U.: Kunststoffe im Automobilbau. Farbe u. Lack **60** (1954) 11 505—506; Werkstoffe u. Korrosion **7** (1956) 3 173.

Rudnai, G.: Technologie der Fabrikation von Leichtkonstruktionen. mit besonderer Rücksicht auf den Karosseriebau. (In ungar.) Inst. Ing.-Fortbildung Budapest 1954.

Eitel, M.: Moderne Oberflächenbehandlung im Kraftfahrzeubau. Metall **9** (1955) 474—478; Werkstoffe u. Korrosion **7** (1956) 5 293.

Gauß, F.: Über das Schwingungsverhalten luftbereifter Fahrzeuge. Forsch. Ing.-Wes. **21** (1955) 3 87—95, 4 123—127.

Hahnemann, H. W.: Über das Schwingungsverhalten luftbereifter Fahrzeuge. Z. VDI **97** (1955) 27 948—949.

Krekel, Paul: Leichtbauweise aus Italien und Deutschland. Karosserie- u. Fahrzeugbau **8** (1955) 11 6—9; Nachr.-Bl. AGM Leichtbau **5** (1956) 2/3 10.

Iungmann, Georges: Les propriétés particulières des métaux moulés utilisés dans l'industrie automobile. Fonderie (1955) 114 4595—4604; AB **26** (1955) 9 555.

Suppus, H.: Räder, Bremsen und Aluminium. Aluminium **31** (1955) 9 419—422; AB **26** (1955) 10 619.

Swoboda, L.: The big applications of aluminium in automobiles. Modern Metals **11** (1955) 10 62, 64, 66; Aluminium **32** (1956) 4 A 90.

Weidenhammer, F.: Drehschwingungen in Kreuzgelenkwellen. Ing. Arch. **23** (1955) 3 189—197.

Apetaur, Milan: Über Probleme der Federung von Personenkraftwagen. Kraftfahrzeugtechnik **6** (1956) 4 125—131.

Boegehold, A. L.: Materials in the automobile of the future. Metal Progr. **70** (1956) 3 103—109; Aluminium **33** (1957) 3 A 73.

Boegehold, A. L.: Why tomorrow's cars will use more light metals. Modern Metals **12** (1956) 10 66, 68, 70, 72.

Bohnsack, Hans: Die neuen Abmessungen und Gewichte der StVZO. Karosserie- u. Fahrzeugbau **9** (1956) 8 2—8; Nachr.-Bl. AGM Leichtbau **5** (1956) 9/10 9.

Booth, A. G.: Experiences during forty years of automobile design. Instn. Mech. Engrs. Automotive Div. Prepr. Oct. 1956 18 p.

Buck, W.: Wege zur optimalen Federung. Motor-Revue (1956) 17 80, 82, 84—89.

Dannehl, E.: Herstellung von Leichtmetall-Blechformteilen für den Fahrzeugbau. Z. Metallkde. **47** (1956) 4 221—223; Aluminium **32** (1956) 9 A 266.

Erz, K.: Die durch Unebenheiten der Fahrbahn hervorgerufene Verdrehung von Straßenfahrzeugen. Diss. TH München 1956.

Garwood, M. F. and *F. H. Mason:* Light metals in automotive engineering. SAE-J. **64** (1956) 4 62; Nachr.-Bl. AGM Leichtbau **5** (1956) 7/8 16.

Koeßler, P.: Kraftfahrzeugtechnik. Z. VDI **98** (1956) 9 403—408 82 Lit.-St.

Nies, W.: Die Verwendung von Aluminium im amerikanischen Automobilbau. Gießerei **43** (1956) 6 140; Nachr.-Bl. AGM Leichtbau **5** (1956) 7/8 14.

Pasley, P. R. and *A. Slibar:* The motion of automobiles in unbanked curves. Ing. Arch. **24** (1956) 6 412—424.

Schneider, K.: Verwendung von Aluminium in Motor und Bremse. Konstruktion **8** (1956) 12 493—506 [6.211.1].

Schnitzlein, Gerhard: Aluminium im Kraftfahrzeugbau. Kraftfahrzeugtechnik **6** (1956) 7 247—250; Nachr.-Bl. AGM Leichtbau **5** (1956) 11 19.

Strien, W.: Aluminium auf der Commercial Motor Show 1956 London 21./29. 9. 1956. Karosserie- u. Fahrzeugbau **9** (1956) 10 23.

Suppus, Heinz: Leichtere Lkw-, Omnibus- und Personenwagenräder. Karosserie- u. Fahrzeugbau **9** (1956) 4 4—6; Nachr.-Bl. AGM Leichtbau **5** (1956) 7/8 13.

Trietsch, F. K.: Das Aufkleben von Brems- und Kupplungsbelägen. Konstruktion **8** (1956) 1 22—24.

Wincierz, P.: Kraftwagenräder aus Leichtmetall. Z. VDI **98** (1956) 16 884—885; Nachr.-Bl. AGM Leichtbau **5** (1956) 9/10 10.

— Aluminum in autos. Light Metal Age **14** (1956) 1/2 21—22; Aluminium **32** (1956) 8 A 217.

— Kraftfahrzeugtechnik, Leichtbau und Fahrwerk. (Vorträge VDI-Tagung Braunschweig 1955.) VDI-Ber. Bd. 16 1956 86 S.

van Amerongen, G. J., J. F. Benders u. *H. C. J. de Decker:* Der Reifenverschleiß bei verschiedenen Temperaturen. Kautschuk u. Gummi **10** (1957) 8 WT 204, 206, 208.

Bücken, C.: Aluminium-Druckgußteile für Verbrennungsmotoren und Kraftfahrzeugbau. Aluminium **33** (1957) 8 525—536 [6.211.1].

Cox, H. L.: The riding qualities of wheeled vehicles. Instn. Mech. Engrs. Automot. Div. Prepr. 1957 12 p.; AMR **10** (1957) 5 188.

Erz, Karl: Über die durch Unebenheiten der Fahrbahn hervorgerufene Verdrehung von Straßenfahrzeugen. Teil 4. ATZ **59** (1957) 11 345—346, 12 376—380.

Gengenbach, Otto: Entwicklungstendenzen der Schweißtechnik im Personen- und Lastkraftwagenbau. Schweißen u. Schneiden **9** (1957) 6 307—309; Leichtbau d. Verkehrsfahrzeuge **1** (1957) 6 170.

Hansen, H. H.: Die Verwendung von Aluminium im Kraftfahrzeugbau. Metall **11** (1957) 3 234—235; Aluminium **33** (1957) 7 A 192.

Johannsen, Peter: Der Luftfederbalg, ein lastregelbares Federelement. ATZ **59** (1957) 9 246—250 9 Lit.-St.; Leichtbau d. Verkehrsfahrzeuge **2** (1958) 1 51.

Koeßler, P.: Kraftfahrzeugtechnik. Z. VDI **99** (1957) 9 398—402 54 Lit.-St.

Koeßler, Paul, Hans Reiner Engels u. *Manfred Mitschke:* Untersuchungen über die Wirksamkeit von Kotflügeln. Dtsch. Kraftf.-Forsch. u. Straßenverkehrstechn. H. 109 1957 13 S.; Z. VDI **100** (1958) 31 1510.

Krekel, Paul: Aluminium auf der Internationalen Automobilausstellung 1957. Aluminium **33** (1957) 11 749—752.

Krotz, A. S. a. o.: Air springs. Automot. Industries **117** (1957) 12 54—57; Leichtbau d. Verkehrsfahrzeuge **2** (1958) 2 82.

Martin, F. A. E.: Verwendung von Metallen im Kraftfahrzeugbau. Metall **11** (1957) 11 1001—1003.

Suppus, H.: Die Story der Aluminium-Klemmkonstruktionen. Karosserie- u. Fahrzeugbau **10** (1957) 6 6—10; Leichtbau d. Verkehrsfahrzeuge **1** (1957) 6 174.

Bauernstein, Bernhard: Beitrag zur Frage der Einleitung und Verminderung von Flattererscheinungen an Fahrzeugen mit achsschenkelgelenkten Rädern. Diss. TH Braunschweig 1958 30 S.

Bode, Otto u. *Harro Dorner:* Versuche zur Ermittlung der günstigsten Konstruktion von Kraftfahrzeugbremsen hoher Dauerleistung. Dtsch. Kraftf.-Forsch. u. Straßenverkehrstechn. H. 121 1958 26 S.; Z. VDI **101** (1959) 30 1421.

Dengler, E.: Bemerkenswerte Schweißkonstruktionen aus dem Kraftfahrzeugbau. Schweißen u. Schneiden **10** (1958) 6 222—223.

Gebler, K.: Stand und Vorschläge zum Leichtbau der Straßenkraftfahrzeuge. Leichtbau d. Verkehrsfahrzeuge **2** (1958) 6 248—259 12 Lit.-St.

Glaubitz, Heinz: Das Kraftfahrzeugtriebwerk als Drehschwingungsproblem. Konstruktion **10** (1958) 6 233—243 13 Lit.-St.

Glaubitz, Heinz: Zur Frage der Lebensdauer von Kraftfahrzeugbauteilen in bezug auf Konstruktion, Versuchsprobung und praktischen Kundeneinsatz. I, II. ATZ **60** (1958) 6 160—164, 8 218—222.

Koeßler, Paul: Kraftfahrzeugtechnik. Z. VDI **100** (1958) 8 333—338 72 Lit.-St.

Koeßler, Paul: Fahrzeuge und Fördermittel. Z. VDI **100** (1958) 24 1181—1183 [6.261.2].

Koeßler, Paul u. *Reinhard Menger:* Untersuchung des dynamischen Verhaltens am Kraftfahrzeugreifen. Dtsch. Kraftf.-Forsch. u. Straßenverkehrstechn. H. 111 1958 20 S.; Z. VDI **100** (1958) 34 1659.

Luetgebrune, H.: Luftfederung und Leichtbau. Leichtbau d. Verkehrsfahrzeuge **2** (1958) 6 242—244 5 Lit.-St.

Marquard, E.: Über den Rollwiderstand von Luftreifen. ATZ **60** (1958) 2 35—41.

Mitschke, M.: Luftfederung, ihre schwingungstechnischen Vorteile und ihre Forderungen an die Dämpfung. ATZ **60** (1958) 10 275—280.

Rieckmann, Paul: Reifenprüfung nach dem Ultraschall-Durchstrahlungsverfahren. Z. Instrumenten-Kde. **66** (1958) 4 63—66 [4.43].

Rix, Johannes: Die Gummihohlfeder als Federungselement im Fahrzeugbau. ATZ **60** (1958) 10 285—288.

Schumann, F.: Bereifung und Leichtbau. Leichtbau d. Verkehrsfahrzeuge **2** (1958) 6 245—248 49 Lit.-St.

Stott, T. C. F.: Fatigue testing of vehicle components. Instn. Mech. Engrs. Auto. Div. Prepr. 1958 10 p.; AMR **12** (1959) 6 404.

— Vehicle body building. An account of glued-wood construction in factories and workshops. Aero Res. TN Bull. 182 Febr. 1958 10 p.

Ahrens, H.: Leichtbau im Kraftfahrzeugwesen. Leichtbau d. Verkehrsfahrzeuge **3** (1959) 5 170—178.

Arldt, H.: Festigkeitsprobleme an Felgen und Kraftfahrzeugrädern. ATZ **61** (1959) 4 103—107.

Atkin, R. L. and *F. J. Weber:* How can aluminum best be used to improve today's brakes? Automot. Industries **120** (1959) 3 33—34; Leichtbau d. Verkehrsfahrzeuge **3** (1959) 4 138.

Atkin, R. L. and *F. J. Weber:* Aluminum drums improve brake performance. Soc. Automotive Engrs. (New York) Pap. 14 R Jan. 1959; SAE-J. **67** (1959) 1 65—67.

Bauernstein, B.: Über die Einleitung von Vorderradflattern durch Fahrbahnunebenheiten. ATZ **61** (1959) 10 296—301.

du Bois, J. H.: Plastics for automotive use. Soc. Automotive Engrs. Pap. 82 T Sept. 1959; SAE-J. **67** (1959) 9 60—64.

Brandt, D.: Aluminium für Wehrmachtsfahrzeuge. Wehrtechn. Mh. **56** (1959) 7 281—291.

Chiesa, Arturo u. *Giorgio Tangorra:* Einfluß der mechanischen Eigenschaften der Reifen auf die senkrechten Schwingungen des Wagens. „Schwingungstechnik", VDI-Ber. Bd. 35 1959 89—94.

Chiesa, A. et G. *Tangorra:* Rigidité dynamique des pneus. Rev. gén. Caoutchouk **36** (1959) 10 1321—1329.

Cooper, D. H., V. E. Gough et *J. H. Hardman:* Force latérale et glissement dans l'aire contact du pneu. Rev. gén. Caoutchouc **36** (1959) 10 1331—1344.

Dean, R. H., R. E. Burk, T. W. Müller, T. W. Gardner, R. L. Hurst and *J. F. Woodman:* Plastics in the auto industry. SPE-J. **15** (1959) 11 968—973.

Heinrich, W.: Der Kampf um die Plaste im Kraftfahrzeugbau. Kraftfahrzeugtechnik 9 (1959) 12 475.

Koeßler, P., M. Mischke, H.-J. Beermann u. H. v. Bruchhausen: Messung der dynamischen Radlasten und Entwicklung eines Prüfhindernisses zur Feststellung straßenschonender Fahrzeugbauweise. Dtsch. Kraftf.-Forsch. u. Straßenverkehrstechn. H. 127 1959 42 S.

Kotthaus, H.: Schweißverbindung bei der Herstellung von Rädern für Straßenfahrzeuge. Schweißen u. Schneiden 11 (1959) 6 231—232.

Krekel, P.: Aluminium auf der Internationalen Automobilausstellung 1959. Aluminium 35 (1959) 11 633—637.

Philippe, J.: Blechformung in der Kraftfahrzeugindustrie. Technique Moderne 51 (1959) 2 122—128; Mitt. Forsch.-Ges. Blechverarb. (1959) 636.

Reichelt, W.: Plaste im Kraftfahrzeugbau. Kraftfahrzeugtechnik 9 (1959) 2 44.

Sautter, Wolfgang: Achsen für Straßenfahrzeuge. Leichtbau d. Verkehrsfahrzeuge 3 (1959) 4 106—111 12 Lit.-St.

Slibar, A. and P. R. Paslay: Behavoir of vehicles subjected to wind gusts. „Festschrift R. Grammel", Ing.-Arch. 28 (1959) 313—326.

Sutor, Kurt: Stand und Möglichkeiten des Leichtbaues bei Rädern und Felgen für Straßenkraftfahrzeuge. Leichtbau d. Verkehrsfahrzeuge 3 (1959) 4 111—117.

Svenson, Otto: Untersuchung über die dynamischen Kräfte zwischen Rad und Fahrbahn und ihre Auswirkung auf die Beanspruchung der Straße. Dtsch. Kraftf.-Forsch. u. Straßenverkehrstechn. H. 130 1959 15 S.

— M.A.N. air suspension. Automobil Engr. 49 (1959) 1 27—28; Leichtbau d. Verkehrsfahrzeuge 3 (1959) 4 136.

— Phoenix-Luftfedern, Phoenix-Druckkörper. Aufbau, Eigenschaften, Auswahl, Anwendung. 3. Ausg. Hamburg-Harburg: Phoenix Jan. 1959 Lose-Bl.-Sammlung 49 Lit.-St.

Personenkraftwagen 6.252.42

Suppus, H.: Leichtbau am P.K.W. Karosserie- u. Fahrzeugbau 8 (1955) 12 4—8; Nachr.-Bl. AGM Leichtbau 5 (1956) 2/3 10.

Victor, M.: L'aluminium dans le Citroen DS 19. Rev. Aluminium 32 (1955) 227 1125—1137; Aluminium 32 (1956) 5 A 135.

Weisbart, H.: Karosserie-Fertigung in Kunststoff. Karosserie- u. Fahrzeugbau 8 (1955) 11 22—23; Nachr.-Bl. AGM Leichtbau 5 (1956) 2/3 10.

— Impiego dell'alluminio nella nuova FIAT 600. (The use of aluminium in the new FIAT 600). Alluminio 24 (1955) 3 274—276; AB 26 (1955) 9 555.

Apel, H. G.: Firebird II, ein neuer amerikanischer Gasturbinenwagen. Z. VDI 98 (1956) 34 1886.

Barth, R.: Einfluß der Form und der Umströmung von Kraftfahrzeugen auf Widerstand, Bodenhaftung und Fahrtrichtungshaltung. Z. VDI 98 (1956) 22 1265—1275 4 Lit.-St.

Causemann, K. A.: Kleinstwagenbau in England. Karosserie- u. Fahrzeugbau 9 (1956) 6 10—11.

Conlee, R. E.: Still more aluminum used in cars for 1956. Automot. Industries 114 (1956) 2 48—49, 106, 111—112; AB 27 (1956) 2 65—66.

Darby, K.: In the '57 cars aluminum scores big gains. Modern Metals 12 (1956) 11 33—34, 36, 37; Aluminium 33 (1957) 7 A 192.

Förster, B.: Tests to determine the adhesive power of passenger-car tyres. NACA TM 1416 Aug. 1956 36 p.; Index Aeron. 12 (1956) 12 85; Aircr. Engng. 29 (1957) 336 60; J. Roy. Aeron. Soc. 61 (1957) 553 65; AMR 11 (1958) 5 230.

Frey, P.: Leichtmetall-Bauarten von Carosserie-Seitenladen. Aluminium (Suisse) 6 (1956) 6 201—203.

Garwood, M. F. and *F. H. Mason:* How Chrysler uses light metals. Modern Metals **11** (1956) 12 33, 34, 36, 38, 39; Aluminium **32** (1956) 5 A 135; AB **27** (1956) 3 145.

Krekel, Paul: Der Leichtmetallanteil im modernen deutschen Personenkraftwagen. Aluminium **32** (1956) 7 426—427.

Krekel, Paul: Leichtmetall im Fahrzeugbau. Wagen- u. Karosseriebautechn. **9** (1956) 11 14—16.

Krekel, Paul: Aluminium in modernen deutschen Personenwagen. Aluminium **32** (1956) 11 698—702.

Schmidt, Kurt A. F.: Glasfaser-Kunststoffe im Karosseriebau. Karosserie- u. Fahrzeugbau **9** (1956) 3 16—18, 4 27—28; Nachr.-Bl. AGM Leichtbau **5** (1956) 5/6 14, 7/8 18.

Schmidt, Oskar: Schweißen und Schneiden im Personenwagenbau. Schweißen u. Schneiden **8** (1956) 2 38—46; Nachr.-Bl. AGM Leichtbau **5** (1956) 7/8 20.

Suppus, H. F. W.: Leichtbau am Personenkraftwagen. „Kraftfahrzeugtechnik", VDI-Ber. Bd. 16 1956 31—34.

Victor, M.: Nouvelles de la Dyna-Panhard. Rev. Aluminium **33** (1956) 230 288—290.

Vince, S. C., J. R. Stevenson and *A. R. Henning:* Glass-fibre reinforced polyester as a material for vehicle-body building. Sheet Metal Industries **33** (1956) 345 5—16, 42.

Wittke, W.: Die Oberflächenbehandlung von Karosserien aus glasfaserverstärkten Polyesterharzen. Karosserie- u. Fahrzeugbau **9** (1956) 1 18.

Wittke, W.: Sinnvolle Leichtbauweise in Kunststoff. Karosserie- u. Fahrzeugbau **9** (1956) 2 20—21; Nachr.-Bl. AGM Leichtbau **5** (1956) 4 7.

Wittke, W.: Kleinfahrzeuge mit Kunststoffkarosserie. Karosserie- u. Fahrzeugbau **9** (1956) 12 12; Nachr.-Bl. AGM Leichtbau **5** (1956) 12 12.

Woodword, D.: Kunststoff-Wohnwagen. Karosserie- u. Fahrzeugbau **9** (1956) 2 21; Nachr.-Bl. AGM Leichtbau **5** (1956) 4 7.

— Leichtmetallanteil im modernen deutschen Personenkraftwagen. Aluminium **32** (1956) 7 426—427; Nachr.-Bl. AGM Leichtbau **5** (1956) 7/8 15.

— Firebird II, the second experimental gas turbine car by General Motors Corporation. Automob. Engr. **46** (1956) 6 234—236.

— Impiego di alluminio nelle vetture Renault. (Verwendung von Aluminium in Renault-Automobilen). Alluminio **25** (1956) 7/8 346—348; Aluminium **33** (1957) 9 A 258.

— L'alluminio nelle applicazioni automobilistiche: La vettura Simca Aronde. (Anwendung von Alluminium im Automobilbau: Simca Aronde). Alluminio **25** (1956) 5 240—241; Aluminium **33** (1957) 5 A 140.

— L'impiego delle leghe leggere nella "Giulietta" Alfa Romeo. (Anwendung von Leichtmetall-Legierungen im Alfa Romeo "Giulietta"). Alluminio **25** (1956) 5 234—236; Aluminium **33** (1957) 5 A 140.

Barr, H. F.: Aluminum in autos. Modern Metals **13** (1957) 9 39, 40, 42; Aluminium **34** (1958) 2 A 40.

Bohnsack, Hans: Zur Formgebung im Karosseriebau von Straßenfahrzeugen im Personenverkehr (Pkw, Omnibus). Karosserie- u. Fahrzeugbau **10** (1957) 9 22—23; Leichtbau d. Verkehrsfahrzeuge **2** (1958) 2 84 [6.252.43].

Borcherding, W.: Der Camping-Anhänger. Karosserie- u. Fahrzeugbau **10** (1957) 3 9—11; Leichtbau d. Verkehrsfahrzeuge **1** (1957) 2/3 65.

Clemens, Julius: Wohnwagenanhänger aus Leichtmetall. Karosserie- u. Fahrzeugbau **10** (1957) 2 11—12.

Darby, K.: For aluminum in 1958 autos. Modern Metals **13** (1957) 11 33, 34, 36, 38, 40; Aluminium **34** (1958) 5 A 134.

Guinard, Ch.: Plus de 37 kg de pièces moulées sur la Peugeot 403. Rev. Aluminium **34** (1957) 239 84—87; Aluminium **33** (1957) 7 A 192.

Hampe, E. A.: Entdröhnung von Fahrzeugkarosserien durch Schaumstoffbeläge. Kunststoffe **47** (1957) 11 640—646.

Krekel, Paul: Leichtmetall im Volkswagen. Aluminium **33** (1957) 1 36—37.

Krekel, Paul: Leichtmetall beim „Lloyd LP 600". Aluminium **33** (1957) 6 396—398.

Krekel, Paul: Leichtmetall bei den Personenkraftwagen in Deutschland und in den USA. Aluminium **33** (1957) 9 578—579.

Krekel, Paul: Leichtmetall bei der Borgward „Isabella". Aluminium **33** (1957) 9 592—594.

Suppus, F. W. H. u. H. Ditter: Die Formgebung an Karosserieteilen aus Al Mg 3 Si mittels temperierter Streckziehtechnik. Aluminium **33** (1957) 9 589—591; Leichtbau d. Verkehrsfahrzeuge **2** (1958) 2 84.

Victor, M.: Ce que représente la Dauphine Renault. Rev. Aluminium **34** (1957) 244 637—645; Aluminium **33** (1957) 11 A 318.

Wittke, W.: Kunststoffe im Fahrzeugbau. Karosserie- u. Fahrzeugbau **10** (1957) 21; Leichtbau d. Verkehrsfahrzeuge **2** (1958) 1 51.

— Aluminium beim Kraftwagen der Zukunft. Aluminium **33** (1957) 9 595.

— Neue Automobilteile aus glasfaserverstärkten Polyestern. Modern Plastics **34** (1957) Apr. 106, 107, 108, 209; Plaste u. Kautschuk **5** (1958) 4 160.

Chase, H.: Extruded and die-cast aluminium parts. Machinery (New York) **64** (1958) 5 147—149; Aluminium **34** (1958) 5 A 134.

Neuschaefer, W.: Die Luftfederung der amerikanischen Personenwagen. ATZ **60** (1958) 10 269—275.

Schmidt, Kurt A. F.: Einsatzmöglichkeiten von Glasfaser-Kunststoffen im Fahrzeugbau. Leichtbau d. Verkehrsfahrzeuge **2** (1958) 4 158—168 12 Lit.-St. [6.253.3].

Weber, G. u. H. P. Zoeppritz: Entwicklungsstand der Luftfederung unter besonderer Berücksichtigung der Rollbalg-Luftfederelemente und ihrer Anwendung. ATZ **60** (1958) 10 265—269 13 Lit.-St.; Leichtbau d. Verkehrsfahrzeuge **3** (1959) 3 97.

— New design and construction of air springs for passenger cars. Automot. Industries **118** (1958) 4 50—57; Leichtbau d. Verkehrsfahrzeuge **2** (1958) 3 129.

Apel, Horst G.: Luftfederung in amerikanischen Personenkraftwagen. Z. VDI **101** (1959) 1 26—27.

Bauer, W.: Vergleichende Untersuchungen über Steifigkeit und Dämpfung von Blechverbindungen, insbesondere für Karosseriebleche. ATZ **61** (1959) 10 301—305.

Gürtler, G. u. P. Krekel: Aluminium — ein wichtiger Werkstoff für Personenkraftwagen. Aluminium **35** (1959) 9 500—509 28 Lit.-St.

Gürtler, G. u. P. Krekel: Aluminium-Verwendung bei Personenkraftwagen. ATZ **61** (1959) 11 333—336.

Krekel, P.: Leichtmetall beim Opel „Olympia-Rekord". Aluminium **35** (1959) 3 145—147.

Novopolsky, V. I.: Résistance au roulement du pneu tourisme à hautes vitesses. Rev. gén. Caoutchouk **36** (1959) 10 1521—1529.

Oehler, Gerhard: Die Versteifung von Karosserie-Blechfedern durch Sicken und Querschnittgestaltung selbsttragender Schalen. ATZ **61** (1959) 5 119—125 12 Lit.-St.

Strobel, Werner K.: Die Gestaltung von Personenwagen im Hinblick auf ihre wirtschaftliche Fertigung. Z. VDI **101** (1959) 3 77—81 [1.52].

Wilfert, K. u. E. Fiala: Anforderungen an die Festigkeit und Steifigkeit von Fahrzeugkarosserien. ATZ **61** (1959) 9 237—246 6 Lit.-St.

— Aluminium in the 1960 motorcar. Light Metals **22** (1959) 259 296—299.

— The mass production of plastics car bodies in east Germany. Plastics **24** (1959) 257 41—43.

Omnibusse, Obusse u. s. w. und Anhänger   **6.252.43**

Illgen, W.: Erfahrungen beim Bau von Leichtmetall-Fahrzeugen. Metall **8** (1954) 185—189; Werkstoffe u. Korrosion **6** (1955) 8/9 437.

Samu, B.: Bauelemente selbsttragender Autobuskarosserien in Schalenbauart. (In ungar.) Inst. Ing.-Fortbildung (Budapest) 1954.

Preuß, M.: Der Einfluß von Aluminium und selbsttragender Schalenbauweise auf die Betriebskosten von Omnibussen. Verkehr u. Techn. (1955) S. H. Omnibus 23—24.

Stetza, G.: Der Gelenkomnibus der Verkehrsbetriebe Zürich. Z. VDI **97** (1955) 27 950.

v. Szénasy, St.: Leichtbau. Verkehrs-Rdsch. **10** (1955) 51 820—821; Nachr.-Bl. AGM Leichtbau **5** (1956) 4 7.

— The lastest Daimler double-decker. Passenger Transp. **113** (1955) 2891 777—778; Nachr.-Bl. AGM Leichtbau **5** (1956) 7/8 14.

— Verbundbauweise Leichtmetall-Moltopren im Busbau. Ein neuartiger Rathgeber-Aufbau. Verkehrs-Rdsch. **10** (1955) 45 722—723; Nachr.-Bl. AGM Leichtbau **5** (1956) 4 8.

Bohnsack, Hans: Bauprinzipien selbsttragender Omnibusse. Karosserie- u. Fahrzeugbau **9** (1956) 2 2—6, 4 10—13, 5 6—8, 6 2—5; Nachr.-Bl. AGM Leichtbau **5** (1956) 4 6, 7/8 13, 15.

Burkhard, Hans: Neue Einzelradabfederung für Omnibus- und Trolleybus-Anhänger. Wirtsch. Techn. Transp. **25** (1956) 10/12 153—155.

Clemens, Julius: Omnibusse und Nutzfahrzeuge von morgen. Karosserie- u. Fahrzeugbau **9** (1956) 9 13—14; Nachr.-Bl. AGM Leichtbau **5** (1956) 11 16 [6.252.44].

Croseck, Heinrich: Omnibus-Leichtbau. ATZ **58** (1956) 69—75; Nachr.-Bl. AGM Leichtbau **5** (1956) 7/8 15.

Croseck, Heinrich: Omnibusbau. „Kraftfahrzeugtechnik, Leichtbau und Fahrwerk", VDI-Ber. Bd. 16 1956 5—17.

Croseck, Heinrich: Henschel-Omnibus Typ HS 160 U SL in Aluminium-Schalenbauweise. Aluminium **32** (1956) 12 769—777; Leichtbau d. Verkehrsfahrzeuge **1** (1957) 2/3 65; Aluminium **33** (1957) 1 A 21.

Fehlemann, L.: Der 1¹/₂-Deck-Aero-Bus. Verkehr u. Technik **9** (1956) 3 67—69; Nachr.-Bl. AGM Leichtbau **5** (1956) 7/8 14.

Jahn, E.: Leichtmetallwerkstoffe für den Bus. Aluminium **32** (1956) 7 417—422; Nachr.-Bl. AGM Leichtbau **5** (1956) 7/8 15.

Krekel, Paul: Verbundbauweise Aluminium-Moltopren. Ein neues Herstellungsverfahren für Fahrzeug-Aufbauten. Aluminium **32** (1956) 7 422—423.

Thomas, P. M. A.: Bridgemaster 72-seater by A.C.V. Bus & Coach (1956) 28 310—313; Leichtbau d. Verkehrsfahrzeuge **1** (1957) 6 170.

Zahn, E.: Leichtmetallwerkstoffe für den Bus. Aluminium **32** (1956) 7 417—422.

Zuhn, Walter: Versuche zur Ermittlung der dynamischen Beanspruchung von Einrichtungen zur Verbindung von Fahrzeugen als Grundlagen für ein dynamisches Prüfverfahren und zur Bewertung von Anhänger-Kupplungen. Dtsch. Kraftf.-Forsch. H. 92 1956 95 S.; Z. VDI **98** (1956) 36 1999.

— Fahrzeugaufbauten aus Kunststoffen. Sheet Metal Industries **33** (1956) 345 5—16, 42; Glas. Ann. **80** (1956) 10 341; Nachr.-Bl. AGM Leichtbau **5** (1956) 12 12.

— Recent bodywork from Lancashire. Passenger Transp. **114** (1956) 2899 195—197; Nachr.-Bl. AGM Leichtbau **5** (1956) 7/8 13—14.

Bohnsack, Hans: Zur Formgebung im Karosseriebau von Straßenfahrzeugen im Personenverkehr (Pkw, Omnibus). Karosserie- u. Fahrzeugbau **10** (1957) 9 22—23; Leichtbau d. Verkehrsfahrzeuge **2** (1958) 2 84 [6.252.42].

Holste, W.: Ergebnisse statischer und dynamischer Festigkeits-Messungen am Chassis eines 62-Personen-Autobusses mit Unterflurmotor. Glas. Ann. **81** (1957) 11 375—379; Leichtbau d. Verkehrsfahrzeuge **2** (1958) 1 51.

Hürlimann, Jos.: Neue Trolleybusse, Autobusse und Anhänger für die Verkehrsbetriebe der Stadt St. Gallen. Wirtsch. Techn. Transp. **26** (1957) 7/9 118—125.

Krekel, Paul: Deutsche Luxusbusse für den USA-Transkontinentverkehr. Aluminium **33** (1957) 5 340.

Krekel, Paul: Aluminium bei einem neuen Doppeldeckbus. Aluminium **33** (1957) 9 585—588.

Pekol, Theodor: Der ultraleichte Pekol-Bus im Linienbetrieb. Verkehr u. Techn. **10** (1957) 8 227—231; Leichtbau d. Verkehrsfahrzeuge **2** (1958) 2 83.

Troesch, Max: Neuartige Autobusse. Car-Neukonstruktion in selbsttragender Leichtbauweise mit vier unabhängig gefederten Rädern und progressiver Luftfederung. Nouveau type d'autobus. Nouvelle méthode de construction d'un autocar: structure autoportante légère; les quatre roues à suspension indépendante progressive à air. Wirtsch. Techn. Transp. **26** (1957) 1/3 6—9.

Aspenberg, Erik: Leichtstahlbau von Schienenfahrzeugen und Leichtbau von Straßenomnibussen in Schweden. Leichtbau d. Verkehrsfahrzeuge **2** (1958) 5 196—202 [6.252.22].

Krekel, Paul: Henschel-Gelenkomnibus H S 160 U SL in selbsttragender Aluminium-Schalenbauweise. Aluminium **34** (1958) 10 583—584.

Krekel, Paul: Aluminium beim Büssing-Trambus TU 5. Aluminium **34** (1958) 10 584—587.

Orefice, Franco Silvano: Der gegenwärtige Stand im Leichtbau der Verkehrsfahrzeuge in Italien. Leichtbau d. Verkehrsfahrzeuge **2** (1958) 5 186—196 [6.252.22], [6.252.26].

Sontheimer, Georg: Berechnung von geschichteten Halbelliptik-Blattfedern für Lastwagen und Omnibusse. ATZ **60** (1958) 10 282—285, 11 318—321 [6.252.44].

Stock, Werner: Ein neuer selbsttragender Leichtmetall-Gelenkbus. Stadtverkehr **3** (1958) 5 109—111.

Stock, Werner: Ein neuer selbsttragender Leichtmetall-Obus. Stadtverkehr **3** (1958) 7 162—163.

Stump, E.: Gegenwärtiger Entwicklungsstand der Omnibusfederung. ATZ **60** (1958) 10 261—264.

Wittig, P.: Die Doppeldeck-Omnibusse. ATZ **60** (1958) 9 245—251.

Fuhrmann, Bruno u. *Herbert Wiebke:* Bewertung geschweißter Anhänger-Zuggabeln. Schweißen u. Schneiden **11** (1959) 3 101—105, 4 143—146.

Haberstolz, F.: Die Verkehrssicherheit der Straßenfahrzeuge. Karosserie u. Fahrzeugbau **12** (1959) 6 16—18; Leichtbau d. Verkehrsfahrzeuge **3** (1959) 6 254.

Krekel, P.: Aluminiumguß bei vollautomatischen Getrieben für Stadtomnibusse. Aluminium **35** (1959) 3 143—145.

Krekel, P.: Der neue Ganzaluminium-Doppeldeckbus „Routemaster" der Londoner Verkehrsgesellschaft. Aluminium **35** (1959) 12 710—713.

Möckel, H.: SETRA-Leichtmetall-Stadtomnibus Typ ST 110. ATZ **61** (1959) 7 182—185.

Pickartz, L.: Die ersten luftgefederten Leichtmetall-Obusse. Stadtverkehr **4** (1959) 4 81—83.

Stetza, Günter: Die neuen Gelenk-Trolleybusse der Überlandlinie Torino—Rivoli. Les nouveaux trolleybus articulés de la ligne vicinale Torino—Rivoli. Wirtsch. Techn. Transp. **28** (1959) 1/3 16—18.

Zahn, E.: Der Einfluß der Fahrzeugkonstruktion auf die zulässige Nutzlast beim Linienbus. Aluminium **35** (1959) 9 519—521.

Lastwagen u. dgl. u. Anhänger   6.252.44

Glaubitz, Heinz: Messung der Triebwerksdrehmomente eines 3-t-Lastkraftwagens im Fahrbetrieb. ATZ **50** (1948) 85—94.

Bergmann, Walter: Die Gestaltfestigkeit von Lastfahrzeugrahmen, insbesondere bei Verwindungsbeanspruchung. ATZ **57** (1955) 1 1—6, 2 37—41.

Ditter, H.: Leichtmetall im Nutzfahrzeugbau. Karosserie- u. Fahrzeugbau **8** (1955) 12 12—14, **9** (1956) 1 26—27; Nachr.-Bl. AGM Leichtbau **5** (1956) 2/3 10.

Krekel, Paul: Die Verwendung von Aluminium im Nutzfahrzeugbau. Wagen- u. Karosseriebautechn. **8** (1955) 11 9—11, 14, 12 10, 12, 17—19.

Laurien, F.: Untersuchung der Anhängerseitenschwingungen in Straßenzügen. Diss. TH Hannover 1955.

Litz, E. u. H. Croseck: Vorteile des Baustoffs Aluminium im Nutzlastfahrzeugbau. Lastauto u. Omnibus (1955) 10.

— Aluminum foil plus glass fibre in insulation for trains and trucks. Modern Metals **11** (1955) 3 52; AB **26** (1955) 5 290 [6.252.21].

— Light alloy bodies for road haulage vehicles. 2nd ed. Book 2, London: Northern Aluminium Co. Ltd. 1955 23 p.; AB **26** (1955) 7 413.

— Weight savings with aluminum help truckers. Product Engng. **26** (1955) 10 200; AB **26** (1955) 11 673.

van Berg, D.: Kofferaufbauten. Karosserie- u. Fahrzeugbau **9** (1956) 10 2, 4—5; Nachr.-Bl. AGM Leichtbau **5** (1956) 11 17.

Calais, R.: Poids lourds en métal léger. Rev. Aluminium **33** (1956) 234 716—722; Aluminium **33** (1957) 2 A 45.

Clemens, Julius: Omnibusse und Nutzfahrzeuge von morgen. Karosserie- u. Fahrzeugbau **9** (1956) 9 13—14; Nachr.-Bl. AGM Leichtbau **5** (1956) 11 16 [6.252.43].

Clemens, Julius: Kofferwagen aus Berlin. Karosserie- u. Fahrzeugbau **9** (1956) 10 14—15; Nachr.-Bl. AGM Leichtbau **5** (1956) 11 17.

Iijima, H.: On measured stresses of running motor trucks. Hitachi Hyoron (Japan) **38** (1956) 12 1493—1501.

Krekel, Paul: Die Verwendung von Al im Nutzfahrzeugbau. Industriekurier **9** (1956) 13 165—168; Nachr.-Bl. AGM Leichtbau **5** (1956) 7/8 17.

Krekel, Paul: Leichtbau von Nutzfahrzeugen mit Aluminium. „Kraftfahrzeugtechnik, Leichtbau und Fahrwerk", VDI-Ber. Bd. 16 1956 19—30; Z. VDI **99** (1957) 14 619—622; Leichtbau d. Verkehrsfahrzeuge **1** (1957) 4 92.

Krekel, Paul: Nutzanhänger mit Leichtmetall-Fahrgestell. Karosserie- u. Fahrzeugbau **9** (1956) 4 8—9; Nachr.-Bl. AGM Leichtbau **5** (1956) 7/8 14—15.

Maychrzak, H.: Nutzanhänger mit einem Leichtmetall-Fahrgestell. Aluminium **32** (1956) 4 219—221; Nachr.-Bl. AGM Leichtbau **5** (1956) 11 17.

Mielich, A.: Der doppelstöckige Gepäck- u. Autotransport-Wagen 1956 der Deutschen Bundesbahn. Glas. Ann. **80** (1956) 5 131—135; Nachr.-Bl. AGM Leichtbau **5** (1956) 7/8 9.

Straub, H.: Drehmomentmessungen an Lastwagen und Ackerschleppern. ATZ **58** (1956) 139—144 [6.252.45].

v. Szénasy, St.: In London wieder Nutzfahrzeugschau. Verkehrs-Rdsch. **11** (1956) 40 630—634; Leichtbau d. Verkehrsfahrzeuge **2** (1958) 2 81.

Victor, M.: Les carrosseries "Cardinal" font gagner plus d'argent. Rev. Aluminium **33** (1956) 235 810—817; Aluminium **33** (1957) 3 A 73.

Weltman, W. C.: Welding an aluminum dump body. Welding J. **35** (1956) 1 49—50; Aluminium **32** (1956) 5 A 134

Wincierz, P.: Vorteile von Aluminium-Nutzfahrzeugen. Z. VDI **98** (1956) 15 835—836 Nachr.-Bl. AGM Leichtbau **5** (1956) 9/10 9.

Wirbitzky, G.: Der Käsbohrer Setra S 10. Bus **7** (1956) 3 53—56; Nachr.-Bl. AGM Leichtbau **5** (1956) 7/8 14.

Zahn, E.: Der Bus im Rahmen der Nutzwagenausstellungen 1956 in London und Paris. Verkehr u. Techn. **9** (1956) 11 307—309; Leichtbau d. Verkehrsfahrzeuge **2** (1958) 2 81.

— All aluminum transport. Product Engng. **27** (1956) 2 152—153; AB **27** (1956) 3 145.

— Aluminium auf der Commercial Motor Show 1956. Aluminium **32** (1956) 12 807—808.

— Leichtmetall im zukünftigen Nutzfahrzeugbau. Lastauto u. Omnibus **33** (1956) 8 355—357.

— Modern works for light alloy body building. Light Metals **19** (1956) 216 84—86; Aluminium **32** (1956) 8 A 217.

— Refrigerated vehicle and insulated container. Light Metals **19** (1956) 223 307—309; Aluminium **33** (1957) 3 A 73.

Beér, F.: Berechnung und Herstellung glasfaserverstärkter Kunststoffbehälter für Tankwagen. Z. VDI **99** (1957) 9 388—390; Leichtbau d. Verkehrsfahrzeuge **1** (1957) 6 174.

Brenner, Paul: Technische Möglichkeiten zur Verminderung der Totlast bei Lastfahrzeugen der Straße. Leichtbau d. Verkehrsfahrzeuge **1** (1957) 2/3 36—47.

Clemens, Julius: Spezialfahrzeuge für den Fruchttransport. (Ein Schmitz-Aufbau bis ins Detail durchdacht). Karosserie- u. Fahrzeugbau **10** (1957) 8 10—11; Leichtbau d. Verkehrsfahrzeuge **1** (1957) 6 169—170.

Darby, Kim: Trucks, trailers take to aluminum. Modern Metals **12** (1957) 12 35, 36, 38, 40—41; Aluminium **33** (1957) 7 A 192; AB **28** (1957) 3 138.

Essers, Ernst u. *Volker Rösch:* Zur Beanspruchung von Lastwagenrahmen. Z. VDI **99** (1957) 27 1305—1317 22 Lit.-St.; Leichtbau d. Verkehrsfahrzeuge **1** (1957) 6 171.

Glaubitz, Heinz: Triebwerksdrehmomentmessungen an Schwerlastkraftwagen mit 5 bis 7 t Nutzlast. ATZ **59** (1957) 211—216, 341—344.

Schmid, C.: Entwicklungsrichtlinien im Lastkraftwagen- und Motorenbau. Techn. Mitt. Krupp **15** (1957) 5 101—105; Leichtbau d. Verkehrsfahrzeuge **2** (1958) 1 51 [6.211.1].

Slibar, A. and *P. R. Paslay:* The forced lateral oscillations of trailers. J. Appl. Mech. **24** (1957) 4 515—519 7 ref.

Strien, W.: Aluminium-Seitenladen für Pritschenwagen. Aluminium **33** (1957) 1 41—42.

Suppus, F. W. H.: Ein neues Baukastensystem für den Nutzfahrzeugbau aus Aluminium-Halbzeugen. Aluminium **33** (1957) 9 579—584.

— Paket-Zustellwagen mit Polyester-Karosserie. Karosserie- u. Fahrzeugbau **10** (1957) 4 23; Leichtbau d. Verkehrsfahrzeuge **1** (1957) 2/3 66.

Mahlo, H. P.: Luftfederung in deutschen Nutzfahrzeugen. Automobil Rev. (Bern) **53** (1958) 23 19, 21, 22; Leichtbau d. Verkehrsfahrzeuge **2** (1958) 6 261.

Paslay, P. R. und *A. Slibar:* Über Querschwingungen von gelenkten Anhängern. Ing. Arch. **26** (1958) 6 383—386.

Paul, August: Entwicklungstendenzen im Nutzfahrzeugbau. Europa-Verkehr **6** (1958) 2 89—96.

Rösch, V.: Über die Beanspruchung der Nutzfahrzeugrahmen und ein Verfahren zu ihrer statischen Berechnung bei Verwindung. Diss. TH Aachen 1958.

Sontheimer, Georg: Berechnung von geschichteten Halbelliptik-Blattfedern für Lastwagen und Omnibusse. ATZ **60** (1958) 10 282—285, 11 318—321 [6.252.43].

Ellersiek, Kurt: Forderungen an Lastkraftfahrzeuge im Hinblick auf wirtschaftlichen Transport. Z. VDI **101** (1959) 3 82—88 10 Lit.-St.

Essers, Ernst u. *Heinz Kreiskorte:* Beanspruchung und Belastbarkeit von Kupplungsbefestigungsvorrichtungen an Lastkraftwagen. Dtsch. Kraftf.-Forsch. u. Straßenverkehrstechn. H. 124 1959 46 S.

Hammond, J. R.: New fiberglass truck-cab. Soc. Automotive Engrs. (New York) Pap. 100 C Febr. 1959; SAE-J. **67** (1959) 2 64—65.

Hannemann, G.: Leichtmetall-Standardaufbauten für Nutzfahrzeuge. Kraftfahrzeugtechnik **9** (1959) 8 337—338.

Helling, J.: Gesichtspunkte für die elastische Lagerung von Bauelementen in Lastkraftwagen. Techn. Mitt. Krupp **17** (1959) 4 184—186.

Keil, Joachim: Die Luftfederung für Nutzkraftfahrzeuge. Kraftfahrzeugtechnik **9** (1959) 2 51—55; Leichtbau d. Verkehrsfahrzeuge **3** (1959) 4 137.

McMillen, C. R.: Nylon tire excels in rugged services. Soc. Automotive Engrs. Pap. 84 U Dec. 1959; SAE-J. **67** (1959) 12 118, 126.

van Wesel, H.: Erfahrungen über den Einfluß der Motorleistung, der Reifengröße und des Reifeninnendrucks auf die Lebensdauer der Reifen und die Geländegängigkeit von Lastkraftwagen. Techn. Mitt. Krupp **17** (1959) 4 196—200.

— Autocisterne in resina rinforzata. (Straßentankwagen aus verstärkten Kunststoffen). Poliplasti e Plastici Rinforzati **7** (1959) 33 54—56.

Schlepper   6.252.45

Kloth, W.: Der Stand des Leichtbaues. Landtechn. Forsch. **6** (1956) 4 104—105 [6.11].

Straub, H.: Drehmomentmessungen an Lastwagen und Ackerschleppern. ATZ **58** (1956) 139—144 [6.252.44].

Grüninger, Chr.: Der Schlepper. Stuttgart: Holland u. Josenhans 1957 56 S.

Isendahl, H.: Schwingungsmessungen an Schleppersitzen. „Fahrzeugtechnik", VDI-Ber. Bd. 25 1957 43—47.

Eckert, E. J.: Aids for designing better tractor parts. I. Brittle lacquers. II. Strain gages. SAE-J. **66** (1958) 1 28—29.

Zehetner, J.: Bestimmung der Höhe des Schwerpunktes von Ackerschleppern. Landtechn. Forsch. **8** (1958) 5 135—136.

Lührs, Hermann: Die optimale Betriebsachslast für angetriebene Schlepperachsen und deren wirtschaftlichste Reifengrößen. Landtechn. Forsch. **9** (1959) 4 111—115.

Seifert, A.: Der Ackerschlepper in Westdeutschland 1959. ATZ **61** (1959) 7 185—191

Krafträder   6.252.46

Sternberg, Wolfgang: Motorzweiräder. Z. VDI **97** (1955) 1 2—11.

Krekel, Paul: Aluminium auf der Internationalen Fahrrad- und Motorradausstellung (IFMA). Aluminium **32** (1956) 12 803—806 [6.252.47].

Victor, M.: La fabrication du scooter Vespa: Pièces coulées sous pression en A·S 10 U 4 usinées par des têtes électromécaniques. Rev. Aluminium **33** (1956) 234 707—715; Aluminium **33** (1957) 2 A 45.

Zentzytzki, St. M.: Moped und Roller. Aufbau — Arbeitsweise — Betrieb. München: Franzis-Verl. 1957 96 S.; Z. VDI **101** (1959) 8 335.

Fahrräder   6.252.47

— L'alluminio nella bicicletta. (Aluminium im Fahrrad). Alluminio **24** (1955) 6 585—589; Aluminium **32** (1956) 9 A 270; AB **27** (1956) 2 66—67.

Froede, W.: Zweiradfahrzeuge. „Kraftfahrzeugtechnik. Leichtbau und Fahrwerk", VDI-Ber. Bd. 16 1956 65—72 11 Lit.-St.; Z. VDI **99** (1957) 9 380—382.

Iijima, K., S. Aoki and *A. Kushida:* Bicycle spoke. III. Spoke strength. Govmt. Industr. Res. Inst., Nagoya, Japan, Rep. **5** (1956) 3 107—113.

Iijima, Kitaro and *Shigeki Aoki:* Fatigue strength of bicycle spoke. J. Japan Soc. Testing Mater. **5** (1956) 34 418—422; Japan Sci. Rev., Mech. & Electr. Engng. **3** (1958) 2 123.

Krekel, Paul: Aluminium auf der Internationalen Fahrrad- und Motorradausstellung (IFMA). Aluminium **32** (1956) 12 803—806 [6.252.46].

Sonstige Fahrzeuge (Ackerwagen usw.)   6.252.48

Müller, Hans: Ermittlung der Dauerhaltbarkeit starrer Speichenräder. Z. VDI **96** (1954) 9 274.

Müller, Hans: Gestaltung von Speichenrädern landwirtschaftlicher Geräte. Z. VDI **99** (1957) 12 544.

Wasserfahrzeuge   6.253

Allgemeines   6.253.1

Hansen, K.: Die Anwendung der Schweißtechnik im Schiffbau. Schweißen u. Schneiden **4** (1952) S. H. 108—113.

Brace, A. W. and *A. B. Watts:* Investigations into the optimum dimensions for countersunk points for aluminium rivets, particularly for marine work. ADA Res. Rep. 30 Dec. 1955; Aircr. Engng. **28** (1956) 327 176 [1.431.11].

Flint, A. R.: An analysis of the behaviour of riveted joints in aluminum alloy ships' plating. Trans. N. E. Coast Instn. Engrs. & Shipbuilders **72** (1955) Dec. Pt. 2 84—122; AMR **9** (1956) 4 151; AB **28** (1957) 1 43.

Grobéty, J.: Neues in der Herstellung von Schiffen aus Leichtmetall. Aluminium (Suisse) **5** (1955) 6 225.

Hese, H.: Kunststoffe im Schiffbau. Schiff u. Hafen **7** (1955) 11 774—775; Nachr.-Bl. AGM Leichtbau **5** (1956) 2/3 11.

Reiprich, J. u. *Paul Krekel:* Aluminium im deutschen Schiffbau. Wirtsch.-Correspondent (1955) 45 14, 16, 17—18.

Robinson, L. M. C.: Marine applications. Aluminium Courier (1955) 30 16—18; Nachr.-Bl. AGM Leichtbau **5** (1956) 2/3 11.

Tait, D. B.: Sigma welding in ship construction; automatic assembly of light alloy structures. Welding **23** (1955) 6 221—223; AB **26** (1955) 7 416.

West, E. G.: The present position of aluminium in shipbuilding. Welding **23** (1955) 6 194—203, 8 299—306; AB **26** (1955) 7 415, 9 558.

— Aluminium in Norwegian shipbuilding: Extensive use of metal-arc welding. Welding **23** (1955) 6 211—216; AB **26** (1955) 7 416.

— Aluminium in shipbuilding. Metal Industry **87** (1955) 24 490—492.

— Aluminium in water transport. I. Fundamental aspects of the material. II. Shipbuilding alloys. Shipping World **133** (1955) 3231 594—596, 3236 24—26.

— Aluminium in water transport. V. Design considerations. VI. Fabrication methods. Shipping World **133** (1955) 3249 335—338, 3253 425—427.

Anrecht, H.: Beseitigung von Erosionskorrosionen in der Schiffahrt. Hansa **93** (1956) 31/32 1542—1544.

Burges, N. T.: The use and welding of aluminium in shipbuilding. Sheet Metal Industries **33** (1956) 346 138—141.

Canon, R. et *P. Vidal:* Du choix et de l'application des divers procédés de soudage des alliages d'aluminium dans les chantiers navals. Bull. Techn. Bureau Veritas **38** (1956) 3 74—100; Nachr.-Bl. AGM Leichtbau **5** (1956) 11 18.

Domes, Th.: Die Bedeutung des Leichtmetallscherstocks in der Binnenschiffahrt. Z. Binnenschiffahrt (1956) 9.

Domes, Th.: Das ω-Verfahren bei der Berechnung von Leichtmetallkonstruktionen im Schiffbau. Aluminium **32** (1956) 11 682—687 10 Lit.-St.; Leichtbau d. Verkehrsfahrzeuge **1** (1957) 2/3 67; AB **28** (1957) 1 35.

Domes, Th.: Die Berechnung von Leichtmetallkonstruktionen im Schiffbau. Hansa **93** (1956) 46/47 2223—2226.

Groth, Paul: Erfahrungen mit Leichtmetallarbeiten bei der Blohm & Voß AG., Hamburg. Schiff u. Hafen **8** (1956) 11 995—997.

Gürtler, G.: Wo stehen wir heute in der Verwendung von Al im deutschen Schiffbau. Schiff u. Hafen **8** (1956) 1 1—5; Nachr.-Bl. AGM Leichtbau **5** (1956) 4 9.

Hansen, J.: Schiffbau. Z. VDI **98** (1956) 30 1733—1737 36 Lit.-St.

Kingcome, J. C.: Corrosion problems arising from the use of aluminium alloys in H. M. ships. Corrosion Prevention & Control **3** (1956) 12 37—40; AB **28** (1957) 2 71—72.

Kunz, H. G.: Autogenes Entspannen im Schiffbau. Hansa **93** (1956) 24/25 1155—1163 31 Lit.-St.

Meesen, H.: Aluminium und seine Verarbeitung im Schiffbau. Aluminium **32** (1956) 11 688—690; Leichtbau d. Verkehrsfahrzeuge **1** (1957) 2/3 67.

Muckle, W.: Aluminium in shipbuilding. Light Metals **19** (1956) 217 105—106; Aluminium **32** (1956) 9 A 270.

Müller-Busse, A.: Schweißen von Aluminium im Schiffbau. Aluminium **32** (1956) 6 347—349.

Pertusini, R.: Aluminium im Schiffbau. Aluminium Ranshofen Mitt. **4** (1956) 1 10—14.

Reiprich, Johannes: Möglichkeiten und Grenzen der Schweißverfahren beim Schweißen von Aluminium auf der Werft. Schiff u. Hafen **8** (1956) 11 989—994; Nachr.-Bl. AGM Leichtbau **5** (1956) 12 11 [2.511.3].

Segitz, W.: Die Anwendung und das Schweißen von Aluminium im Schiffbau. Schiff u. Hafen **8** (1956) 1 6—21, 3 201—209, 4 325—333, 5 413—421, 6 536—544, 12 1093—1104; Nachr.-Bl. AGM Leichtbau **5** (1956) 5/6 16, 7/8 16, 12 11.

Shimizu, K., T, Nakai and *K. Yoshida:* Argon arc welding in shipbuilding. Nippon Kokan Techn. Rep. (Japan) No. 6 July 1956 191—197.

— Kunststoffe im Schiffahrtwesen. Schiff u. Hafen **8** (1956) 2 140—141; Nachr.-Bl. AGM Leichtbau **2** (1956) 5/6 16.

Dassetto, G.: Una particolare applicazione dell' alluminio nei servizi ausiliari di bordo. (Eine besondere Anwendung von Aluminium in der Schiffsausrüstung.) Rendiconti dell'Associazione Elettrotecnica Italiana, Roma 1957, Memoria 101/1957 2 p.; Aluminium **34** (1958) 10 A 292.

Dohrmann, H.: Deutschlands Stellung im Weltschiffbau — ein Erfolg schweißgerechter Planung und Konstruktion. Schweißen u. Schneiden **9** (1957) 6 266—270.

Dohrmann, H.: Neuere Schweißkonstruktionen im Schiffbau und deren Auswirkungen auf die Wirtschaftlichkeit. Hansa **94** (1957) 46/47 2355—2362.

Duff, M. G. and *I. D. G. Graham:* Cathodic protection for small shipping. Corrosion Technol. **4** (1957) 1 9—12; AB **28** (1957) 2 101.

Hansen, Johannes: Schiffbau. Z. VDI **99** (1957) 32 1625—1629 38 Lit.-St.

Hasbach, Erich: Eigenfrequenzen von Schiffsschrauben über und unter Wasser. Schiff u. Hafen **9** (1957) 11 977—981, 12 1079—1084.

Leveau, C. W.: Aluminum in ships. Modern Metals **13** (1957) 7 42, 44, 46—47; Aluminium **33** (1957) 12 A 348.

Leveau, Carl W.: How aluminum is used in ships. Marine Engng./Log **62** (1957) 1 43—46; AB **28** (1957) 2 71.

Reiprich, Johannes: Isolationsmaßnahmen beim Zusammenbau von Aluminium mit anderen Werkstoffen. Schiff u. Hafen **9** (1957) 1 13—16; Leichtbau d. Verkehrsfahrzeuge **1** (1957) 2/3 68.

— What it takes to weld aluminium. Marine Engng./Log **62** (1957) 10 111—114, 172A—172B, 11 98—99, 175—177; Leichtbau d. Verkehrsfahrzeuge **2** (1958) 2 85.

Batten, B. K.: An introduction to fatigue in marine engineering. Inst. Mar. Engrs. Trans. **70** (1958) 11 331—355.

Dohrmann, H.: Einige Gedanken zur Sicherheit und Wirtschaftlichkeit geschweißter Konstruktionen im Schiffbau. Schiff u. Hafen **10** (1958) 6 474—478.

Hansen, Johannes: Schiffbau. Z. VDI **100** (1958) 32 1535—1539 41 Lit.-St.

Jentzsch, Hermann: Holz für Schiffbau und Schiffahrt. Schiff u. Hafen **10** (1958) 1 49—53.

Young, A. G.: Ship-plating subjected to loads both normal to, and in the plane of, the plate. Shipbuilder & Marine Engine Builder **65** (1958) 602 244—248.

— Aluminium in marine construction. Light Metals **21** (1958) 240 78—79; Aluminium **34** (1958) 7 A 194.

— MacGregor-Lukenabdichtungen aus Aluminium. Aluminium **34** (1958) 10 589—590.

— The use of plastics in marine applications. A report on the symposium held recently by the Institute of Naval Architects and Institute of Marine Engineers. Plastics **23** (1958) 250 271—272.

Barthel, F.: Glasfaserverstärkte Polyesterkunststoffe im Schiffbau. Hansa **96** (1959) 42/43 2215—2223.

Bautze, H.: Die Korrosion am Schiffskörper. Hansa **96** (1959) 36/37 1934—1937.

Dieudonné, J.: Vibration in ships. Shipbuilder & Marine Engine Builder **66** (1959) 615 278—280.

Dohrmann, H.: Neuzeitliche Bauweise und Gestaltung von Konstruktionselementen im Schiffbau. Schweißen u. Schneiden **11** (1959) 6 248—250.

Domes, Theodor: Der Schiffbaukonstrukteur und das Aluminium. Hansa **96** (1959) 46/47 2449—2455.

Dorrat, J. A.: Welding in marine engineering. Trans. Inst. Marine Engrs. **71** (1959) 3 69—95.

Evans, J. Harvey: A structural analysis and design integration, with application to the midship-section characteristics of transversely-framed ships. Shipbuilder & Marine Engine Builder **66** (1959) 615 252—257.

Gürtler, G.: Symposium „Aluminium im internationalen Schiffbau". Aluminium **35** (1959) 1 50—52.

Pleß, Eckhart: Experimentelle Schwingungs-Untersuchungen an Schiffskörpern. „Schwingungstechnik", VDI-Ber. Bd. 35 1959 63—68.

— Plastics in ships. Brit. Plastics **32** (1959) 9 402—409.

— Progrès des plastiques dans la construction navale. Ind. Plast. mod. **11** (1959) 10 16—19.

Schiffe 6.253.2

Murray, J. M.: Corrugation of bottom shell plating. Trans. Instn. Naval Architects **96** (1954) 3 229—267; AMR **9** (1956) 2 66.

Dohrmann, H.: Untersuchung von Schadensfällen an geschweißten amerikanischen Handelschiffen. Schweißen u. Schneiden **7** (1955) 3 95—106.

Domes, Th.: Lukendächer für Binnenschiffe. Hansa **92** (1955) 49/50 2186—2192, **93** (1956) 12/13 567—574.

Hansen, J.: Letzte Entwicklungen im Bau von Tankschiffen. Z. VDI **97** (1955) 22 733—738.

Hansen, J.: Schiffbau. Z. VDI **97** (1955) 30 1073—1076 60 Lit.-St.

Jaeger, H. E., B. Burghgraef and *I. Van der Ham:* Investigation of the stress distribution in corrugated bulkheads with vertical troughs. Int. Shipbuilding Progr. (Rotterdam) **2** (1955) 1 3—29; AMR **9** (1956) 8 329.

Jarman, Hugh G.: Fabricating the aluminium superstructure of S. S. Sunrip. Welding **23** (1955) 6 217—220; AB **26** (1955) 7 415—416.

Jarman, Hugh G.: The Canadian-U.S. ferry Bluenose, another all-welded aluminium superstructure. Welding **23** (1955) 9 332—334; AB **26** (1955) 10 619—620.

Kumai, T.: Estimation of natural frequencies of torsional vibration of ships. Rep. Res. Inst. Appl. Mech., Kuyushu Univ. **4** (1955) 13 1—12; AMR **9** (1956) 7 289.

Lenaghan, James: Aluminium alloy materials — economic and other considerations in the design of two types of ship. Shipbuilding & Shipping Rec. **86** (1955) 24 765—767; AB **27** (1956) 2 68.

Muckle, William: Partial superstructures of aluminium alloy. Instn. Naval Architects London Pap. June 1955; AB **26** (1955) 11 675—676.

Muckle, William: The influence of proportions on the behaviour of partial superstructures constructed of aluminum alloy. Trans. Instn. Naval Architects **97** (1955) 3 453—485.

Pertusini, R.: Leichtmetall-Lukenabdeckungen für 1000-t-Donaukähne. Schiff u. Hafen **7** (1955) 12 847—849; Nachr.-Bl. AGM Leichtbau **5** (1956) 4 9.

Stefani, B.: Leichtmetall auf Donauschiffen. Aluminium Ranshofen Mitt. **3** (1955) 1 4—6.

Steneroth, E.: On the transverse strength of tankers. Acta Polytechn. Scand. 169, Mech. Engng. Ser. **3** (1955) 5 104 p.; Trans. Roy. Inst. Technol. (Stockholm) No. 90 1955 104 p.; AMR **10** (1957) 2 83.

Young, J. G.: Construction of the all-welded twin screw auxiliary motor yacht "Morag Mhor". Brit. Welding J. **2** (1955) 1 1—18; Aluminium **31** (1955) 11 A 263.

— The design and construction of welded aluminium deckhouses. Northern Aluminium Co. Ltd., London, 1955 10 p.; AB **27** (1956) 2 69.

Belgaumkar, B. M.: Vibration troubles in ships. Presented at Best Conference Hall of the Inst. of Marine Technologists Febr. 1956 36 p.; AMR **11** (1958) 2 97.

Dann, W. H.: Das Schweißen kleiner Marinefahrzeuge aus Aluminiumlegierungen. Schiff u. Hafen **8** (1956) 7 596—601.

Dohrmann, H.: Die schweißgerechte Durchbildung der schiffbaulichen Konstruktionselemente. Hansa **93** (1956) 24/25 1112—1116, 29/30 1404—1408.

DuCane, R. C.: An all-welded aluminium high-speed motor launch. Brit. Welding J. **3** (1956) 1 1—9; AB **27** (1956) 2 68—69.

Kendrick, S.: The analysis of flat plated grillages. European Shipbuilding (Oslo) **5** (1956) 1 4—10 (Vedeler Anniversary Nr.).

Kenedi, R. N., W. S. Smith and *F. O. Fahmy:* Light structures — research and its application to economic design. Trans. Instn. Engrs. & Shipbuilders **99** (1955/56) 4 207—264; AMR **9** (1956) 6 250.

Kramm, M. u. *A. Szymanski:* Die Aluminium-Getreideschottstütze, eine beachtliche neue Aluminiumanwendung im Schiffbau. Hansa **93** (1956) 46/47 2227—2230.

Kramm, M. u. *A. Szymanski:* Aluminium-Getreideschottstütze aus Al Mg Si, eine neue Aluminiumanwendung im Schiffbau. Aluminium **32** (1956) 11 690—693; Leichtbau d. Verkehrsfahrzeuge **1** (1957) 2/3 66—67.

Kumai, T.: Coupled torsional-horizontal bending vibrations in ships. European Shipbuilding (Oslo) **5** (1956) 4 95—98; AMR **10** (1957) 5 188.

Kumai, T.: Shearing vibrations of ships. European Shipbuilding (Oslo) **5** (1956) 2 32—37; AMR **10** (1957) 2 59.

Lenaghan, J.: Aluminium alloy materials, economic and other considerations in two ship designs. Shipping World **134** (1956) 3262 17—19.

Moeller, P. T. R.: Neuzeitliche Fischräume. Aluminium **32** (1956) 11 694—697.

Muckle, William: Strength: the influence of proportions on the behavior of partial superstructures constructed of aluminum alloy. Shipbuilder & Marine Engine Builder **63** (1956) 576 245—251.

Muckle, William: The transverse strength of ships. European Shipbuilding (Oslo) **5** (1956) 1 11—17 (Vedeler Anniversary Nr.).

Munro-Smith, R.: The weight equation in ship design. Shipbuilder & Marine Engine Builder **63** (1956) 575 184—185.

Schade, H. A.: Stresses in cross-stiffened plate diaphragms. European Shipbuilding (Oslo) **5** (1956) 1 26—29 (Vedeler Anniversary Nr.).

Steneroth, E.: A successive approximation method for grid calculation. European Shipbuilding (Oslo) **5** (1956) 1 21—25 (Vedeler Anniversary Nr.).

Svennerud, A.: An approximate method for the calculation of critical compression stresses in cross-stiffeners have a certain degree of fixation. European Shipbuilding (Oslo) **5** (1956) 1 18—20 (Vedeler Anniversary Nr.).

— Aluminium in water transport. IX. Applications in fishing vessels. Shipping World **134** (1956) 3275 338—339.

— Aufbauten aus Leichtmetall. Schiff u. Hafen **8** (1956) 1 25—26; Nachr.-Bl. AGM Leichtbau **5** (1956) 4 9.

— Leichtmetallaufbauten in geschweißter und metallblanker Ausführung auf dem Frachter „Sunrip". Schiff u. Hafen **8** (1956) 1 27—32.

Caldwell, J. B.: The strength of ships' superstructures under transverse loads due to wind and waves. European Shipbuilding (Oslo) **6** (1957) 1 23—30.

Corlett, E. C. B. and J. F. Leathard: Welded aluminium ship structures. Shipbuilder **64** (1957) June 377—383; Shipping World **136** (1957) 3327 353—355, 3331 428—430; AB **28** (1957) 9 589—590.

Hansen, Johannes: Möglichkeiten im Leichtbau der Schiffe. Leichtbau d. Verkehrsfahrzeuge **1** (1957) 2/3 48—54.

Harms, Hans: Neue Linie im Bau von Fahrgastschiffen. Z. VDI **99** (1957) 36 1798—1799.

Johnson, A. J. and P. W. Ayling: Graphical presentation of hull frequency data and the influence of deck-houses on frequency prediction. Trans. N. E. Coast Instn. Engrs. & Shipbuilders **73** (1957) 7 331—368; AMR **11** (1958) 8 419.

Muckle, W.: Welded aluminium alloy deckhouses. Brit. Welding J. **4** (1957) 4 161—167; Aluminium **33** (1957) 10 A 286.

Schade, H. A.: Notes on the primary strength calculation. Soc. Naval Architects & Marine Engrs. (New York) Prepr. 1 Nov. 1957 11 p.; AMR **11** (1958) 8 463.

Segitz, W.: Verwendung von Aluminium beim Bau des Frachters „Sunrip". Schiff u. Hafen **9** (1957) 1 17—28.

Shepheard, V.: Structural steels for warship building with some notes on brittle fracture. Trans. N. E. Coast Instn. Engrs. & Shipbuilders **73** (1957) 6 301—330.

Vossnack, E. u. J. H. Visscher: Korrosionserscheinungen und kathodischer Schutz des Unterwasserschiffes. Schiff u. Hafen **9** (1957) 8 686—690.

Archbold, H. D.: Welding of the deckhouses of the Bergensfjord. Brit. Welding J. **5** (1958) 1 10—17.

Caldwell, J. B.: Diffusion of load from a boom into a rectangular sheet. Quart. J. Mech. & Appl. Math. **11** (1958) 1 73—87; AMR **11** (1958) 9 479.

Clarkson, J.: On the transverse strength of ships. European Shipbuilding **7** (1958) 2 43—51, 59; AMR **12** (1959) 3 216.

Linicus, W.: Aluminium bei Feuerschiffen. Aluminium **34** (1958) 11 654—657.

Naerlovich, Natalija: Numerical methods of computing vertical vibrations of ships' hulls. Int. Shipbuilding Progr. **5** (1958) 44 151—182; AMR **12** (1959) 12 836.

Schumacher, John: Vom Ruderrettungsboot zum schnellen Seenot-Rettungskreuzer. Hansa **95** (1958) 30/31 1471—1481.

Baumann, H.: Isolierung von Schiffen mit spritzbarem Schaumkunststoff. Hansa **96** (1959) 1 22—23.

Domes, Theodor: Fortschritte im Leichtbau der Schiffe. Leichtbau d. Verkehrsfahrzeuge **3** (1959) 5 179—194.

Hottinger, Karl: Spannungsmessungen an Schiffen beim Stapellauf. „Schwingungstechnik", VDI-Ber. Bd. 35 1959 69—72.

Ochi, K.: Model experiments on ship strength and slamming in regular waves. Shipbuilder **66** (1959) 615 257—261.

Schwarz, Anton: Magnesium als Anodenwerkstoff für den kathodischen Rostschutz von Seeschiffen. Z. VDI **101** (1959) 22 1063—1064.

Storch u. H. Zahn: Kunststoffboote der Ruhrorter Schiffswerft. Hansa **96** (1959) 23/24 1185—1186.

Szymanski, A.: Aluminium-Lukenplanken. Aluminium **35** (1959) 3 156—157.

Szymanski, A. u. M. Kramm: Aluminium-Lukenplanken. Hansa **96** (1959) 12/13 607—608.

Völker, H.: Grundlagen für den Entwurf optimaler Handelsschiffe. Schiffstechnik **6** (1959) 33 133—138.

Waas, Heinrich: Konstruktionen zur Bekämpfung von Schwingungen auf Schiffen. „Schwingungstechnik", VDI-Ber. Bd. 35 1959 55—61.

— Oriana — the aluminium superstructure. Light Metals **22** (1959) 258 256—257.

Boote usw.

Farrell, B.: Aluminum rides crest of pleasure boating wave. Modern Metals **11** (1955) 3 58, 60, 62, 64, 66, 68, 70, 71; Aluminium **31** (1955) 11 A 263.

Boccon-Gibod, R.: Les quais flottants du port d'Ostende. Rev. Aluminium **33** (1956) 236 940—941; AB **28** (1957) 3 143.

Chevrier, A.: Le yacht mixte "Morag-Mhor" entièrement en alliage léger soudé à l'arc sous argon. Rev. Aluminium **33** (1956) 230 266—275.

Christiansson, Eric Th.: Special ship's boats. Shipbuilding & Shipping Rec. (1956) 57—60 International Design & Equipment Number; AB **27** (1956) 3 148.

Corcoran, E. F. and J. S. Kittredge: Pitting corrosion of reserve fleet ships. Corrosion Prevention & Control **3** (1956) 12 45—48 12 ref.

Iwasa, E., M. Ikeda and K. Fujiwara: Some design data of wooden harbour launches. J. Kansai Soc. Naval Architects (Japan) **83** (1956) Sept. 1—12.

v. Schertel, Hanns Frhr.: Tragflügelboote. Entwicklung, Theorie und Anwendung. Z. VDI **98** (1956) 36 1955—1965 7 Lit.-St.

— Kunststoffe für den Bootsbau. Schiff u. Hafen **8** (1956) 2 138—140; Nachr.-Bl. AGM Leichtbau **5** (1956) 5/6 16.

Liedtke, R.: Herstellung von Kunststoffbooten. Schiff u. Hafen **9** (1957) 8 690—693; Leichtbau d. Verkehrsfahrzeuge **1** (1957) 6 172.

— Amerikanische Aluminium-Sportboote. Aluminium **33** (1957) 4 266.

— The durability of wood adhesives in light naval craft. Timber Technol. **65** (1957) 2211 29—30; Holz als Roh- u. Werkstoff **15** (1957) 12 526.

— Vollständig geschweißte Aluminium-Yacht. Aluminium **33** (1957) 6 387—390.

— Yachts and cruisers. Some larger craft glued with Aerolite. Aero Res. TN Bull. 177 Sept. 1957 8 p.

Coleman, Frederick M.: Boat mold for mass-production. Modern Plastics **35** (1958) 12 121—122.

Culwick, Edward F. and *Daniel Savitsky:* Design and development of an outboard runabout boat. Prepr. 13th Ann. Techn. & Management Conf., Reinforced Plastics Div., Sect. 16-A 1958 16 p.

Engel, Thomas: Versuche über den Schutz von Bootsrümpfen mit Polyäthylen. Kunststoffe **48** (1958) 10 494—496.

Fears, Charles L. and *Henry Shek:* Plastic boats in the United States Navy: Prepr. 13th. Ann. Techn. & Management Conf., Reinforced Plastics Div., Sect. 16-C 1958 14 p.

Greutert, H.: Aluminiumbootskonstruktion unter Verwendung von Aluminium und Holz sowie Kunstharz mit Aluminiumpulver als Füllmittel. Aluminium (Suisse) **8** (1958) 4 134—138; Aluminium **34** (1958) 12 A 344.

Moore, L. Dow and *Peter P. Lahde:* Evaluation of laminate construction for boats. Prepr. 13th. Ann. Techn. & Management Conf., Reinforced Plastics Div., Sect. 16-E 1958 8 p.

Reinecke, H.: Tragflügelboote. Schiffstechnik **5** (1958) 25 16—23.

Schmidt, Kurt A. F.: Einsatzmöglichkeiten von Glasfaser-Kunststoffen im Fahrzeugbau. Leichtbau d. Verkehrsfahrzeuge **2** (1958) 4 158—168 12 Lit.-St. [6.252.42].

Schwarz, H.: Glasfaserverstärkte Plastwerkstoffe im Bootsbau. Plaste u. Kautschuk **5** (1958) 11 425—427 [1.324.312.3].

Victor, M.: Dyna et Aria premiers yachts américains en aluminium soudé. Rev. Aluminium **35** (1958) 257 906—911; Aluminium **35** (1959) 2 A 36.

Wende, A. u. A. Bergemann: Verstärkungen im Polyester-Bootsbau mit alkalihaltigen Glasfasern. Plaste u. Kautschuk **5** (1958) 2 69—71.

Weyl, A. R.: New alloys and new techniques. Aeronautics **37** (1958) 5 86, 89, 90, 93.

Wood, Geoffrey: Reinforced plastics in boat-building. Plastics **23** (1958) 246 82—83.

— Aluminium cargo lighters for Pakistan. Shipbuilder & Marine Engine Builder **65** (1958) 610 688—689.

— Resin-glass lifeboats for "Oriana". Plastics **23** (1958) 253 357.

Culwick, Edward F.: Pressure bag molding of reinforced plastic boat hulls. Prepr. 14th Ann. Techn. & Management Conf., Reinforced Plastics Div., Sect. 18-C 1959 6 p.

Gray, Lysle B.: Molding fiberglass reinforced plastic boat hulls in matched metal dies. Prepr. 14th Ann. Techn. & Management Conf., Reinforced Plastics Div., Sect. 18-B 1959 8 p.

Lusa, R. e E. Montanari: I plastici rinforzati ed il loro impiego. (Verstärkte Kunststoffe und ihre Anwendung im Bootsbau). Materie Plastiche **25** (1959) 5 378—388; Plaste u. Kautschuk **6** (1959) 9 452.

Moore, D. e P. Lahde: La costruzione di laminati per barche. Poliplasti e Plastici Rinforzati **7** (1959) 33 50—54.

Schultz, K.: Ein neuartiges Rettungsboot aus Kunststoff. Kunststoffe-Plastics (Solothurn) **6** (1959) 3 343—348.

Schultz, Kurt: Een nieuw soort reddingboot van kunststof. Polytechn. T. (A) **14** (1959) 37/38 901a—904a.

Todd, Victor A. and *James Harvie:* Experience curves for large reinforced plastic boats. Prepr. 14th Ann. Techn. & Management Conf., Reinforced Plastics Div., Sect. 18-D 1959 4 p.

— Cargo lighters for Pakistan. Light Metals **22** (1959) 251 56—57.

— Der Bau von Booten mit Hilfe des MAS-Faser-Harz-Spritzverfahrens. Hansa **96** (1959) 33/34 1783—1784.

Flugzeuge (Hubschrauber ausgenommen)   **6.254**

Allgemeines   **6.254.0**

Küch, Wilhelm: Heimische Werkstoffe des Holzflugzeugbaues. Jb. 1937 Dtsch. Luftf.-Forsch. 551—573; DVL-Jb. 1937 317—339.

Newell, J. S.: Die Notwendigkeit von Erfahrungswerten für den Entwurf von Flugzeugbauteilen. (The need for empirical data for the design of aircraft strutures. Übers. J. Aeron. Sci. **4** (1937) 5 192—195). Luftf.-Schrifttum Ausland **3** (1937) 5 112—114.

Rácz, E.: Die Rolle des Aluminiums im Flugzeugbau. (In ungar.) „Aluminium-Handbuch", Budapest 1949.

Dryden, H. L., R. V. Rhode and *P. Kuhn:* The fatigue problem in airplane structures. "Fatigue and fracture of metals" (a symposium held at Massachusetts Inst. of Technol. June 19—22, 1950), Ed. William M. Murray, New York: Wiley, London: Chapman & Hall 1952 18—51 23 ref. [1.343.31].

Schliekelmann, R. J.: De toepassing van gelijmde metaalverbindingen in vliegtuigconstructies. Ingenieur **64** (1952) 16 L 14—18.

Brocard, Jean: Le béton précontraint. Matériau de construction aéronautique. Techn. Sci. Aéron. (1953) 4 271—280.

Debout, E.: Construction des avions en bois. Techn. Sci. Aéron. (1953) 4 226—234.

Parkes, E. W.: The alleviation of thermal stresses. Aircr. Engng. **25** (1953) 288 51—53.

Shanley, F. R.: Fatigue analysis of aircraft structures. The Rand Corp., U. S. Air Force Project Rand RM-1127 July 1953.

— New materials for aircraft. Aircr. Engng. **25** (1953) 287 25.

Gerard, George: Some structural aspects of thermal flight. Amer. Soc. Mech. Engrs. Ann. Meeting, New York, Nov.—Dec. 1954, Pap. 54-A-40 9 p.; Trans. ASME **77** (1955) 5 765—771 13 ref.; AMR **8** (1955) 7 302; Aeron. Engng. Rev. **14** (1955) 10 151—152.

Gumbel, E. J. and *P. G. Carlson:* Extreme values in aeronautics. J. Aeron. Sci. **21** (1954) 6 389—398; AMR **8** (1955) 2 56.

Kleen, E. D.: La construction intégralement raidie. Son application à la conception des avions et sa répercussion sur les méthodes de fabrication. Techn. Sci. Aéron. (1954) 4 269—279.

Shaw, Spencer L.: Selecting metals for supersonic aircraft and guided missiles. Mater. & Meth. **40** (1954) 6 89—92; AB **26** (1955) 2 60 [6.29].

Steinbacher, F. R. and *Louis Young:* Problems in the design of aircraft subjected to high temperature. Amer. Soc. Mech. Engrs. Prepr. 54-A-100 1954 7 p.; Trans. ASME **77** (1955) 5 773—778; Mech. Engng. **76** (1954) 12 976—977; Index Aeron. **11** (1955) 3 119; AMR **8** (1955) 6 259; AB **26** (1955) 1 3; Aeron. Engng. Rev. **14** (1955) 10 128.

Arblaster, H. E. and *P. F. F. Thompson:* Observations on corrosion protection of airframe components. Prepr. "Symposium on Corrosion" Melbourne Univ. Nov./Dec. 1955 35 p.; AB **27** (1956) 2 97—98.

van Beek, Edward: The place of metal bonding in modern aircraft structures. Techn. Sci. Aéron. (1955) 4 257—260; Luftf.-Techn. **1** (1955) 7 VI.

Broglio, L.: Balance method in advanced aeronautical structures analysis. Univ. Roma, Scuola di Ingegneria Aeronautica, Rome, SIARgraph 2 Febr. 1955 169 p.; AMR **9** (1956) 10 426.

Coombes, L. P.: Airframe fatigue. J. Roy. Aeron. Soc. **59** (1955) 538 701—702. 8 ref.

Ebner, Hans: Festigkeits- und Steifigkeitsprobleme des Leichtbaues, insbesondere schalenförmiger Bauteile des Flugzeug- und Behälterbaues. Konstruktion **7** (1955) 12 463—472; Nachr.-Bl. AGM Leichtbau **5** (1956) 2/3 12, 4 10 [6.215].

Gordon, S. A.: The selection of materials for high-temperature applications in airframes. Battelle Memorial Inst., Titanium Metallurgical Lab. TML-13 Aug. 1955 37 p.; Titanium Abstr. Bull. **1** (1955/56) 349.

Hamilton, William F.: Corrosion. Lockheed Field Serv. Dig. (1955) May/June 1—19; Aeron. Engng. Rev. **14** (1955) 10 141.

Heinemann, E. H.: Richtlinein für den Bau entfeinerter Kampfflugzeuge. Interavia **10** (1955) 3 172—178.

Hertel, Heinrich: Senkrecht startende Flugzeuge. Der Coleopter, eine Optimallösung. Luftf.-Techn. **1** (1955) 6 98—108.

Horton, W. H.: The influence of kinetic heating on the design and testing of aircraft structures. Proc. Conf. on High-speed Aeronautics, Polytechn. Inst. Brooklyn, Jan. 1955 233—270; AMR **10** (1957) 4 160.

Lewis, William L.: Design for safety. Design notes. New York: Aviation Age with the cooperation of the Cornell-Guggenheim Aviation Safety Center 1955 48 p.; Aeron. Engng. Rev. **14** (1955) 10 158.

Lundberg, Bo K. O.: Aeronautical research in Sweden. J. Roy. Aeron. Soc. **59** (1955) 538 647—677 62 ref., disc. 677—681 [1.343.31].

Lundberg, Bo: Fatigue life of airplane structures. FFA Rep. 60 1955 151 p. 64 ref.; Aircr. Engng. **27** (1955) 319 318 [1.343.31].

Mitchell, F. P.: Unique structural problems in supersonic aircraft design. Inst. Aeron. Sci. Prepr. No. 568 Nov. 1955; J. Roy. Aeron. Soc. **60** (1956) 542 146.

Plath, Erich: Klebstoffe im Holzflugzeugbau. Holz-Zbl. **81** (1955) 101 1203 [1.324.40].

Pleines, E. W.: Entwicklungslinien einer Gruppe von Großverkehrsflugzeugen. Luftf.-Techn. **1** (1955) 1 5—9.

Roth, Gilbert L.: Thermal characteristics of aircraft structural components — evaluation and application. Aeron. Engng. Rev. **14** (1955) 11 60—64, 80 3 ref.; Index Aeron. **11** (1955) 12 83 [1.37].

Schliekelmann, R. J.: Structural features of the Fokker Friendship. Design details contributing to efficient production and economical operation. Aircr. Engng. **27** (1955) 319 313—315; Index Aeron. **11** (1955) 10 117.

Schliekelmann, R. J.: Structural features of the Fokker "Friendship". Aero Res. TN Bull. 154 Oct. 1955 6 p.

Schliekelmann, R. J.: Some practical results with reinforced plastic aircraft structures. Techn. et Sci. Aéron. (1955) 4 235—240; Luftf.-Techn. **1** (1955) 7 VI.

— A survey of high temperature materials for high speed aircraft. SAE-J. **63** (1955) 7.

Arata, W. H. jr.: All cargo aircraft requirements for efficient ground operation. Amer. Soc. Mech. Engrs. Prepr. 56-A-172 1956 8 p. 5 ref.; Index Aeron. **13** (1957) 5 116.

Argyris, J. H.: The aircraft under stress and strain. Univ. London, Imperial College of Sci. & Technol. Inaugural Lecture May 8, 1956.

Baals, Donald D.: Model selection and design practices applicable to the development of specific aircraft. AGARD Rep. 21 Febr. 1956 VII, 27 p. 14 ref.; Index Aeron. **13** (1957) 8 80; J. Roy. Aeron. Soc. **61** (1957) 561 650.

van Beek, Edw.: The place of metal bonding in modern aircraft structures. Aero Res. TN Bull. 158 Febr. 1956 4 p.

Bollenrath, Franz: Some remarks upon the problem of temperature shock in aircraft. AGARD Rep. 90 Aug. 1956 12 p.; J. Roy. Aeron. Soc. **62** (1958) 565 78; AMR **11** (1958) 11 601; Index Aeron. **14** (1958) 1 18/19.

Conway, H. G.: Aeronautics. Engineer (1956) Centenary Nr. 219—226; Nachr.-Bl. AGM Leichtbau **5** (1956) 5/6 16.

Cremer, G. D.: Effect of temperature on strength-weight ratio of aircraft materials. Metal Progr. **69** (1956) 6 80B.

Dietz, J. and *L. H. McCreery:* The application of ultra-high-strength steel to airframe manufacture. Machinery (London) (1956) 13./4. 446—450; Werkstattstechn. u. Masch.-Bau **47** (1957) 1 64.

Ebner, Hans: Stand der Festigkeitsforschung im Flugzeugbau und auf anderen Gebieten des Leichtbaues. ZFW **4** (1956) 3/4 108—121 42 Lit.-St.; AMR **9** (1956) 12 525.

Farrar, D. J.: Structures. J. Roy. Aeron. Soc. **60** (1956) 551 712—720 12 ref.

Gassner, Ernst: Performance fatigue testing with respect to aircraft design. "Fatigue in aircraft structures (Proc. Int. Conf. Columbia Univ. Jan. 30—Febr. 1 1956), Ed. A. M. Freudenthal", New York: Academic Press 1956 178—206 44 ref. [1.343.31].

Giddings, H.: The extent of the fatigue problem in aircraft design. "Fatigue in aircraft structures" (Proc. Int. Conf. Columbia Univ., Jan. 30—Febr. 1 1956), Ed. A. M. Freudenthal", New York: Academic Press 1956 347—375.

Giddings, H.: Aircraft fatigue. J. Roy. Aeron. Soc. **60** (1956) 545 313—322.

Gordon, S. A. and *L. R. Jackson:* Selection of materials for high-temperature applications in airframes. Battelle Memorial Inst., Titanium Metallurgical Lab. TML R 13 Suppl. PB 121602 Febr. 1956 30 p.; Titanium Abstr. Bull. **2** (1956/57) 390—391 [1.323.23].

Gordon, J. E.: Recent ideas in plastics for aircraft structures. J. Roy. Aeron. Soc. **60** (1956) 547 476—481; AMR **10** (1957) 5 202.

Hertel, Heinrich: Neue Flugzeugformen. Von Flugplätzen unabhängige Schnellflugzeuge. Z. VDI **98** (1956) 11 489—494 26 Lit.-St.

Hines, Helen E. and *Ruth F. Walden:* A review of the Air Force materials research and development program. WADC Techn. Rep. 53-373, Suppl. 3 (AD 110468) Oct. 1956 90 p.; Aeron. Engng. Rev. **16** (1957) 8 123—124 [1.324.1]

Hoff, N. J., M. Bloom, F. V. Pohle et al.: Theory and experiment in the solution of structural problems in supersonic aircraft. WADC TR 55-291 (PB 121326) March 1956 XIV, 355 p.; AMR **12** (1959) 2 109.

Hoff, N. J.: Thermal problems in aircraft structures. AGARD Rep. 2 June 1956 V, 25 p. 19 ref.; Index Aeron. **12** (1956) 12 86—87; J. Roy. Aeron. Soc. **61** (1957) 553 66; Aeron. Engng. Rev. **16** (1957) 1 146 [1.37].

Hooke, F. H. and *P. S. Langford:* Australian work on aircraft fatigue and life evaluation. A historical review of Australian research in structural fatigue and life assessment of aircraft. Aircr. Engng. **28** (1956) 334 408—414 15 ref.; Index Aeron. **13** (1957) 1 106.

Hunt, P. M.: The electronic digital computer in aircraft structural analysis. The programming of the Argyris matrix formulation of structural theory for an electronic digital computer I. A description of a matrix interpretive scheme and its application to a particular example. II. The use of preset and programme parameters with the matrix interpretive scheme and their application to general purpose programmes for the force method of analysis. III. General purpose programme for the force and displacement methods in large structures including the use of magnetic tape storage. Aircr. Engng. **28** (1956) 325 70—76, 326 111—118, 327 155—165; AMR **9** (1956) 12 524—525.

Jackson, L. R.: Material properties for design of airframe structures to operate at high temperatures. Battelle Memorial Inst., Titanium Metallurgical Lab. TML R 38 PB 121612 March 1956 66 p.; Titanium Abstr. Bull. **2** (1956/57) 441 [1.321].

Jackson, L. R. and *S. A. Gordon:* The application of a new structural index to compare titanium alloys with other materials in airframe structures. Amer. Soc. Mech. Engrs. Prepr. 56-AV-10 1956 17 p.; Trans. ASME **79** (1957) 5 949—958; Index Aeron. **12** (1956) 7 113—114; Aeron. Engng. Rev. **16** (1957) 10 122; AMR **11** (1958) 9 486.

Jarry, Jules: Caravelle. Techn. et Sci. Aéron. (1956) 6 251—273; Aeron. Engng. Rev. **16** (1957) 5 190; Index Aeron. **13** (1957) 5 115.

Johnstone, W. W. and *A. O. Payne:* Aircraft structural fatigue research in Australia. "Fatigue in aircraft structures (Proc. Int. Conf. Columbia Univ. Jan. 30—Febr. 1 1956) Ed. A. M. Freudenthal", New York: Academic Press 1956 427—448 47 ref.

Kaufmann, D. W.: General applications of titanium. Course in titanium metallurgy, New York Univ., Lecture 20 Sept. 1956 35 p.; Titanium Abstr. Bull. **2** (1956/57) 380—381 [1.323.23].

Kuhn, Paul: Fatigue engineering in aircraft. "Fatigue in aircraft structures (Proc. Int. Conf. Columbia Univ., Jan. 30—Febr. 1 1956), Ed. A. M. Freudenthal", New York: Academic Press 1956 295—316 26 ref.

Legg, K. L. C.: The choice of materials for airframes. Aircr. Engng. **28** (1956) 331 304—312; Index Aeron. **12** (1956) 10 81; Titanium Abstr. Bull. **2** (1956/57) 87—89.

Lidbro, N.: Modern aircraft geometry. A description of the mathematical method used at SAAB, Sweden, for aircraft dimensioning and shape determination. Aircr. Engng. **28** (1956) 333 388—394; Index Aeron. **12** (1956) 12 102.

Linke, J.: Lotrecht startende Flugzeuge — Der Coleopter, eine Optimallösung. Z. VDI **98** (1956) 19 1011—1015 9 Lit.-St.

Matting, Alexander: Zur Entwicklung von kerbfreien Flugzeugteilen. WGL-Jb. 1956 206—213 8 Lit.-St.; AMR **11** (1958) 2 58.

McBrearty, J. F.: Fail-safe vs. safe-life methods of aircraft design. SAE-J. (1956) June.

McBrearty, J. F.: Aircraft structures must fail safe. SAE-J. **64** (1956) 7 26—29.

Pleines, E. W.: Langstrecken-Verkehrsflugzeuge. Heutiger Stand und künftige Entwicklung. Z. VDI **98** (1956) 3 81—92.

Schleicher, R. L.: Practical aspects of fatigue in aircraft structures. "Fatigue in aircraft structures (Proc. Int. Conf. Columbia Univ., Jan. 30—Febr. 1 1956), Ed. A. M. Freudenthal", New York: Academic Press 1956 376—426 12 ref.

Schlieckelman, R. J. jr.: Einige Ergebnisse der Anwendung faserverstärkter Kunststoffe im Flugzeugbau. Luftf.-Techn. **2** (1956) 6 113—119 [1.324.312.3].

Sloan, R. G.: Stainless vs. titanium for high speed aircraft. Mater. & Meth. **43** (1956) 4 124—127 10 ref.; Titanium Abstr. Bull. **1** (1955/56) 500—501; Index Aeron. **12** (1956) 6 123.

Spaulding, E. H.: Observations on the design of fatigue-resistant and "fail safe" aircraft structures. Int. Conf. on Fatigue of Metals 1956, Session 8 Pap. 2, Instn. Mech. Engrs. 1956 13 p. 10 ref.; Index Aeron. **13** (1957) 11 100—101.

Taylor, J.: Fatigue loading actions on transport aircraft. Int. Conf. on Fatigue of Metals 1956, Session 8 Pap. 4, Instn. Mech. Engrs. 1956 10 p. 8 ref.; Index Aeron. **13** (1957) 11 103—104.

Turner, F.: Aspects of fatigue design of aircraft structures. "Fatigue in aircraft structures. Proc. Int. Conf. Columbia Univ., Jan./Febr. 1956", Ed. A. M. Freudenthal, New York: Academic Press 1956 323—340, disc. 341—346. [1.134], [1.343.31].

Wadsworth, N. J.: Some observations on corrosion and the fatigue testing of aircraft in water tanks. Roy. Aircr. Establ. TN M 246 Aug. 1956 10 p. 12 ref.; Aeron. Engng. Rev. **16** (1957) 2 126.

Walker, P. B.: Aircraft fatigue from the general engineering standpoint. Int. Conf. on Fatigue of Metals 1956, Session 8 Pap. 6, Instn. Mech. Engrs. 1956 7 p.; Index Aeron. **13** (1957) 11 100.

Walker, P. B.: Aircraft fatigue from the general engineering standpoint. Amer. Metal Market **63** (1956) 242 9, 16, 244 13, 245 13; AB **28** (1957) 1 34.

Walker, P. B.: Aircraft strength testing. J. Roy. Aeron. Soc. **60** (1956) 545 322—326.

Waller, J. J.: The metal bonding of aircraft assemblies. Engng. J. **39** (1956) 5.

Wiegand, H.: Werkstoffe des Luftfahrzeugbaues. Neuzeitliche metallische und nichtmetallische Werkstoffe für Zellen und Triebwerke. Flugwelt **8** (1956) 5 279—280; Nachr.-Bl. AGM Leichtbau **5** (1956) 7/8 17.

Williams, J. K.: Safety factors. J. Roy. Aeron. Soc. **60** (1956) 545 306—312 [1.134].

Zender, G. W.: Experimental analysis of aircraft structures by means of plastic models. Proc. SESA **14** (1956) 1 123—130; Index Aeron. **13** (1957) 4 94.

— The structure of the Comet. De Havilland Gaz. (1956) 94 121—124; Aero Res. TN Bull. 165 Sept. 1956 4 p.

Barrois, W.: Fatigue des structures d'avions. I. Théorie phénoménologique de la fatigue. II. Endommagement par fatigue et rupture des pièces entaillées. Docaéro (1956) 38 15—27, 41 9—21, (1957) 42 29—50 103 ref.; Index Aeron. **12** (1956) 8 75, **13** (1957) 2 76, 4 93; Aeron. Engng. Rev. **16** (1957) 1 146, 2 145—146, 4 131.

Batdorf, Samuel B.: Structural problems in hypersonic flight. Jet Propulsion **27** (1957) 11 1157—1161 12 ref.; Index Aeron. **14** (1958) 1 21; Aeron. Engng. Rev. **17** (1958) 2 112.

van Beek, E. J.: Sterkteberekening en -beproeving van de Fokker F 27 "Friendship". Ingenieur **69** (1957) 50 L27—L36.

Bisplinghoff, R. L. and E. A. Witmer: Blast loading of aircraft structures. 6th Anglo-Amer. Aeron. Conf., Folkestone Sept. 1957, Roy. Aeron. Soc. Prepr. 1957 34 p. 34 ref.; Index Aeron. **13** (1957) 11 91—92.

Blunden, W. R., F. H. Hooke and H. K. Messerle: A study of aircraft response to sudden and graded wind gusts by means of a differential analyser. J. Appl. Phys. (New York) **28** (1957) 4 167—173; Brit. J. Appl. Phys. **8** (1957) 4 167—173; Index Aeron. **13** (1957) 6 24—25; Aeron. Engng. Rev. **16** (1957) 6 139—140; AMR **11** (1958) 2 81.

Bollenrath, Franz: Bemerkungen zur Frage des Wärmeschocks im Flugzeugbau. DVL-Ber. 30 Juni 1957 21 S.; Index Aeron. **13** (1957) 8 71—72; Aircr. Engng. **29** (1957) 345 361; Aeron. Engng. Rev. **17** (1958) 2 112.

Clarkson, B. L.: Stresses produced in aircraft structures by jet efflux. J. Roy. Aeron. Soc. **61** (1957) 554 110—112; AMR **11** (1958) 6 279.

Clemen, Arthur T.: A new look at aircraft design criteria. Aeron. Engng. Rev. **16** (1957) 4 55—57, 63.

Cox, Donald D.: The selection of structural materials for supersonic flight. Inst. Aeron. Sci. Nat. Summer Meeting, Los Angeles, June 1957; Prepr. 731 14 p.; Aeron. Engng. Rev. **16** (1957) 8 124; Index Aeron. **13** (1957) 9 89.

Diederich, F. W.: The response of an airplane to random atmospheric disturbances. NACA TN 3910 Apr. 1957 95 p. 18 ref.; Aeron. Engng. Rev. **16** (1957) 6 139; AMR **10** (1957) 12 577; Index Aeron. **13** (1957) 7 21.

Dietzmann, A.: Aus der Arbeit des Statikers im deutschen Flugzeugbau der Vergangenheit. Technik (Berlin) **12** (1957) 6 445—449, 7 497—502 8 Lit.-St.

Dorléac, B.: De quelques réalisations françaises dans le domaine des structures nouvelles. AGARD 6th Structures & Materials Panel, Paris, Nov. 4—8 1957 3—14; Aero Space Engng. **17** (1958) 11 114.

Ensrud, Alf Fridtjof: Problems in the application of high strength steel alloys in the design of supersonic aircraft. Soc. Automotive Engrs. Nat. Aeron. Meeting, New York, Apr. 1957 Prepr. 84 42 p. 26 ref.; Aeron. Engng. Rev. **16** (1957) 6 141.

Flodin, K. and *M. Sundström:* Investigation of the response to random wind gusts of a typical subsonic fighter aircraft in level flight with Mach number 0.9 at sea level. Roy. Inst. Technol., Stockholm, TN 47 Dec. 1957; Aircr. Engng. **31** (1959) 366 258.

Gabrielli, G.: Das Problem des Leichtgewichts-Flugzeuges. Flieger **31** (1957) 16 523—525.

Gerstin, Harry: Polyurethane foams in aircraft and missiles. Western Aviation (1957) June 10—12; Aeron. Engng. Rev. **16** (1957) 10 148 [6.29].

Goldin, Robert: Design criteria for heated aircraft structures. Amer. Soc. Mech. Engrs. Aviation Conf., Los Angeles. March 1956, Pap. 56-AV-14 11 p.; Trans. ASME **79** (1957) 5 980—985; Index Aeron. **12** (1956) 7 87; Aeron. Engng. Rev. **16** (1957) 10 125; AMR **11** (1958) 6 296.

Gunston, W. T.: Crusader; an analysis of Chance Vought's supersonic naval fighter. Flight **71** (1957) 2522 691—696; Titanium Abstr. Bull. **2** (1956/57) 558.

Heath, W. G. and *B. O. Heath:* Structural problems of high speed flight. Practical structural design problems of supersonic aircraft. Aircr. Engng. **29** (1957) 341 206—211; Aeron. Engng. Rev. **16** (1957) 11 148.

Heppe, R. R.: The role of dynamic techniques in the design and development of high speed aircraft. C. R. des Journées Int. de Sci. Aéron., Paris, Mai 1957, Pt. 1 1—25; Aeron. Engng. Rev. **16** (1957) 11 103.

Hess, R. W., R. W. Fralich and *H. H. Hubbard:* Studies of structural failure due to acoustic loading. NACA TN 4050 July 1957 11 p.; AMR **11** (1958) 5 224.

Hoppe, Peter: Kunststoffe im Flugzeugbau. Z. VDI **99** (1957) 11 492—494 20 Lit.-St.; Leichtbau d. Verkehrsfahrzeuge **1** (1957) 4 94.

Houbolt, John C.: On the response of structures having multiple random inputs. (In Engl.). WGL-Jb. 1957 296—305.

Klein, Bertram: A simple method of matric structural analysis. J. Aeron. Sci. **24** (1957) 1 39—46 51 ref.; Index Aeron. **13** (1957) 2 71—72; AMR **10** (1957) 11 509; Aeron. Engng. Rev. **16** (1957) 2 145 [1.246].

Krause, Norman A.: Strain gage calibrations and flight loads testing techniques. AGARD Rep. 113 1957 47 p. 4 ref.

Krekel, Paul: Aluminium in der Luftfahrt. Industriekurier **10** (1957) 171 (40) 549—550.

Krug, Frederick C.: Airframe materials. US, Air Res. & Devel. Command News Serv. Rel. 1—57 Jan. 1957 12 p.

Krug, Frederick C. and *Rodney A. Jones:* Aircraft materials — present and future. Mater. & Meth. **45** (1957) May 126—130; Index Aeron. **13** (1957) 8 88.

Lundberg, Bo K. O.: Some proposals for evaluating fatigue properties of airplane structures. FFA Rep. 76 Jan. 1957 36 p. 29 ref.; J. Roy. Aeron. Soc. **63** (1959) 577 72; Aircr. Engng. **31** (1959) 361 87 [1.343.31].

Mar, J. W. and *L. A. Schmit:* Some structural penalties associated with thermal flight. Trans. ASME **79** (1957) 5 900—1004; Titanium Abstr. Bull. **3** (1957/58) 72—73.

Mathauser, Eldon E., Avraham Berkovits and *Bland A. Stein:* Recent research on the creep of airframe components. NACA TN 4014 July 1957 12 p. 5 ref.; J. Roy. Aeron. Soc. **61** (1957) 563 791; Aeron. Engng. Rev. **16** (1957) 10 125; Index Aeron. **13** (1957) 10 85.

Meikle, G.: Metallic materials in aircraft structures — present and future. I, II. J. Soc. Lic. Aircr. Engrs. **6** (1957) 10 2—18, 11 8—13; Aeron. Engng. Rev. **17** (1958) 4 102; Titanium Abstr. Bull. **3** (1957/58) 484—485.

Monaghan, R. J.: Formulae and approximations for aerodynamic heating rates in high speed flight. ARC Curr. Pap. CP. 360/ARC 18567 1957 53 p.; Index Aeron. **14** (1958) 3 14 [1.37].

Murphy, A. J.: Materials for aircraft structures subjected to kinetic heating. J. Roy. Aeron. Soc. **61** (1957) 562 653—666 9 ref.; Index Aeron. **13** (1957) 11 90; Aeron. Engng. Rev. **16** (1957) 12 103; Titanium Abstr. Bull. **3** (1957/58) 298—300 AMR **11** (1958) 5 228.

de Narbonne, R.: Les avions légers de combat français. Air Rev. (1957) Mai 235—237; Aeron. Engng. Rev. **16** (1957) 9 114.

Pleines, W.: Das Kurzstartflugzeug Dornier Do 27. Start- und Landeeigenschaften im Lichte der bisherigen und künftigen Kurzstarter-Entwicklung. Luftf.-Techn. **3** (1957) 9 194—205.

Reichel, Kurt: Stähle für die Luftfahrt. Luftf.-Techn. **3** (1957) 6 123—130; Leichtbau d. Verkehrsfahrzeuge **1** (1957) 5 136; Index Aeron. **13** (1957) 8 87 [1.322.10].

Sanders, Karl L.: The optimum design of long-range aircraft. Aircr. Engng. **29** (1957) 338 98—106.

Schimkat, Gerrit: Probleme der Betriebsfestigkeit von Verkehrsflugzeugen. Technik (Berlin) **12** (1957) 5 337—342 11 Lit.-St. [1.343.31].

Schliekelmann, R. J.: Metallklebverbindungen im Flugzeugbau. Luftf.-Techn. **3** (1957) 3 57—63; Leichtbau d. Verkehrsfahrzeuge **1** (1957) 4 96. [1.442.33], [2.531].

Simkovich, E. A.: Metallic material engineering and manufacturing aspects of new high-speed aircraft. Steel Processing **43** (1957) 12 686—690, 703, 705; Leichtbau d. Verkehrsfahrzeuge **2** (1958) 2 85; Aeron. Engng. Rev. **17** (1958) 3 104.

Sipple, H. B. and *G. G. Wald:* Materials and processing for the hot airplane. Steel Processing **43** (1957) 12 679—685; Leichtbau d. Verkehrsfahrzeuge **2** (1958) 2 85—86; Aeron. Engng. Rev. **17** (1958) 3 104.

Spaulding, E. H.: Trends in modern aircraft structural design. Soc. Automotive Engrs. Nat. Aeron. Meeting, New York, Apr. 1957, Prepr. 92 13 p.; Aeron. Engng. Rev. **16** (1957) 7 134; Index Aeron. **13** (1957) 6 92.

Stambler, Irvin: Boeing designs 707 structure for long fatigue life. Aviation Age **28** (1957) 2 26—33.

Stoessel, R. F. and *E. W. Fuller:* Many factors determine airfreighter design. Aviation Age (1957) Febr. 64—71; Aeron. Engng. Rev. **16** (1957) 4 112.

Taylor, J.: Research equipment for investigation of aircraft structure at elevated temperatures. Aircr. Engng. **29** (1957) 342 228—232.

Thielemann, W.: Festigkeitsfragen bei Flugzeugen. Z. VDI **99** (1957) 11 484—486 33 Lit.-St.

Thomson, W. T. and *M. V. Barton:* The response of mechanical systems to random excitation. J. Appl. Mech. **24** (1957) 2 248—251 6 ref.; Aeron. Engng. Rev. **16** (1957) 11 116; Index Aeron. **13** (1957) 8 5.

Vallat, Paul: Caravelle structure designed for good fatigue strength. Aviation Age (1957) May 66—73; Aeron. Engng. Rev. **16** (1957) 8 108.

Williams, W. C. and *H. M. Drake:* The research airplane — past, present, and future. Inst. Aeron. Sci. Nat. Summer Meeting, Los Angeles, June 1957, Prep. 750 15 p.; Index Aeron. **13** (1957) 9 81; Aeron. Engng. Rev. **16** (1957) 9 113.

Zeuner, Hans: Gießbare Werkstoffe für Flugzeuge und Flugkörper. Luftf.-Techn. **3** (1957) 12 258—264 10 Lit.-St.; Leichtbau d. Verkehrsfahrzeuge **2** (1958) 2 86; Aeron. Engng. Rev. **17** (1958) 4 104; Index Aeron. **14** (1958) 3 99 [1.322.22].

ALUMINIUM

als Leichtbauwerkstoff

ist dank seiner hohen Festigkeit bei leichtem Gewicht sowie seiner Korrosionsbeständigkeit ohne Anstrich und Wartung unentbehrlich geworden auf zahlreichen Anwendungsgebieten der Konstruktionstechnik.

Wir liefern Reinaluminium und Aluminium-Legierungen in allen Halbzeugformen nach DIN und helfen Ihnen gern bei Ihren Entwicklungen.

Wenden Sie sich mit Ihren speziellen Fragen bitte an unsere TECHNISCHE BERATUNG.

VEREINIGTE LEICHTMETALL-WERKE GMBH · BONN · Tel. 31911

Werke in Bonn und Hannover

— Aircraft alloys for thermal flight up to 1,200 deg. F. Metal Progr. **71** (1957) 6 97—110.

— Aircraft materials — present and future. Mater. & Meth. **45** (1957) 5 126—130; Leichtbau d. Verkehrsfahrzeuge **1** (1957) 5 136—137; Titanium Abstr. Bull. **2** (1956/57) 556 [6.211.2].

— Data Sheets. Structures. Vol. 1 Jan. 1957 Vol. 2 March 1953, Vol. 3 May 1955, Vol. 4 Jan. 1957 Royal Aeronautical Society, London.

— De Fokker F 27 "Friendship" in de definitieve produktie-uitvoering. (In Dutch). Avia Vliegwereld (1957) 6./6. 320—321; Aeron. Engng. Rev. **16** (1957) 9 114.

— Konstruktion und Fertigung eines neuzeitlichen Jagdflugzeuges. (Mitt. der Chance Vought Aircr. Inc. über das Jagdflugzeug Crusader.) Luftf.-Techn. **3** (1957) 3 48—50 [6.254.9].

— Materials — key to superspeed aircraft. ASTM Bull. Febr. 1957 18—20.

— New materials and methods in aircraft manufacture. Light Metals **20** (1957) 227 49—51.

— The Britannia story. Aeroplane **92** (1957) 2370 141—179; Titanium Abstr. Bull. **2** (1956/57) 381.

Argyris, J. H.: On the analysis of complex elastic structures. AMR **11** (1958) 7 331—338 76 ref.

Barfield, N. A.: Konstruktionsgrundsätze und technische Merkmale der Vickers „Vanguard". Luftf.-Techn. **4** (1958) 10 280—285.

Berridge, R. A.: Comet 4. The Redux bonding system. Plastics **23** (1958) 254 396—397 [2.531].

Blume, Waltcr: Festigkeitseigenschaften kombinierter Leichtbaustoffe im Hinblick auf die Verkehrstechnik, insbesondere des Flugzeugbaues. Forsch.-Ber. Wirtsch.- u. Verkehrsministerium Nordrhein-Westfalen No. 487 1958 88 S.; Aluminium **35** (1959) 7 420.

Braun, Winfried: Zur Frage der Sicherheit der Flugzeugzelle gegenüber Ermüdungsbrüchen vom Standpunkt der Bauvorschriften WGL-Jb. 1958 232—242.

Cox, Donald D.: Selecting structural materials for supersonic flight. Aeron. Engng. Rev. **17** (1958) 1 28—31; Raketentechn. u. Raumf.-Forsch. **2** (1958) 2 69; Index Aeron. **14** (1958) 2 91.

Diederich, W.: The response of an airplane to random atmospheric disturbances. NACA Rep. 1345 1958; Aircr. Engng. **31** (1959) 367 286.

Dor, J.: Tenue à la fatigue des avions de transport. Techn Sci. Aéron. (1958) 3 109—121.

Dorléac, B.: De quelques réalisations françaises dans le domaine des structures nouvelles. Docaéro (1958) 50 3—14; Index Aeron. **14** (1958) 8 101; Aero Space Engng. **17** (1958) 11 114.

Ensrud, A. F.: Problems in the application of high-strength steel alloys in the design of supersonic aircraft. SAE-Trans. **66** (1958) 118—136.

Grimes, David L.: Application of structural adhesives in air vehicles. AGARD Rep. 181 March/Apr. 1958 28 p.; Index Aeron. **14** (1958) 11 111—112; J. Roy. Aeron. Soc. **62** (1958) 575 844 [6.15].

Harpur, N. F.: Fail-safe structural design. J. Roy. Aeron. Soc. **62** (1958) 569 363—376 23 ref.; Aero Space Engng. **17** (1958) 7 77 [1.134].

Heath, B. O.: Design processes for high speed flight. AGARD Rep. 215 Oct. 1958 V, 25 p.

Herb, Hellmut: Neue Wege im Flugzeugbau. Umschau **58** (1958) 2 36—39.

Hertel, Heinrich: Wechselwirkung zwischen Formgebung und Konstruktion bei zukünftigen Flugzeugen. Luftf.-Techn. **4** (1958) 9 243—251.

Hertel, Heinrich: Neue Flugzeugformen — Von Flugplätzen unabhängige Schnell-flugzeuge. Z. VDI **100** (1958) 11 445—447 9 Lit.-St.

Hoppe, Peter: Kunststoffe im Flugzeugbau, besonders im Zellenbau. Z. VDI **100** (1958) 11 465—468 11 Lit.-St.; Leichtbau d. Verkehrsfahrzeuge **2** (1958) 2 85.

Houbolt, John C.: A study of several aerothermoelastic problems of aircraft structures in high-speed flight. Mitt. 5 Inst. Flugzeugstatik u. Leichtbau ETH Zürich, Zürich: Leemann 1958 108 p. 40 ref.; J. Roy. Aeron. Soc. **62** (1958) 576 914; Aero Space Engng. **17** (1958) 12 72; ZFW **6** (1958) 11 342.

Hyler, W. S., H. G. Popp, D. N. Gideon, S. A. Gordon and *H. J. Grover:* Fatigue behavior of aircraft structural beams. NACA TN 4137 Jan. 1958 25 p.; J. Roy. Aeron. Soc. **62** (1958) 570 467; AMR **11** (1958) 10 548; Aeron. Engng. Rev. **17** (1958) 3 94; Index Aeron. **14** (1958) 4 95 [1.343.31].

Jacobs, W. Ch.: Die Verwendung hochwertiger Aluminiumlegierungen für Schmiedestücke im Flugzeugbau. Polytechn. T. (A) **13** (1958) 1235a—1241a; Metall **13** (1959) 2 128.

Kitschenside, A. W.: The effects of kinetic heating on aircraft structures. J. Roy. Aeron. Soc. **62** (1958) 566 105—117 33 ref.; Aeron. Engng. Rev. **17** (1958) 4 92; Index Aeron. **14** (1958) 3 85.

Koiter, W. T.: Fail-safe structural design. J. Roy. Aeron. Soc. **62** (1958) 574 757—761.

Lachenaud, R.: Les matériaux utilisés en aéronautique. Techn. Sci. Aéron. (1958) 3 91—99.

Langefors, B.: Theory of aircraft structural analysis. (In Engl.). ZFW **6** (1958) 10 281—291 35 ref.

Legg, K. L. C. and *G. Stevens:* Temperature distributions in aircraft structures and the influence of mechanical and physical material properties. J. Roy. Aeron. Soc. **62** (1958) 567 174—186 4 ref.; AMR **11** (1958) 12 674; Aero Space Engng. **17** (1958) 6 117; Index Aeron. **14** (1958) 4 100.

Lundberg, B. K. O.: Some proposals for evaluating fatigue properties of airplane structures. (Engl.) Flygtekn. Försöksanst. Medd. **76** (1958) 36 p.; AMR **12** (1959) 4 252.

Mitchell, Bruce: Use-high-strength steel to lighten supersonic aircraft. Industr. Lab. (Chicago) (1958) March 61—66.

Nägele, H., R. Eppler u. *H. Langer:* Sandwichbauweise aus glasfaserverstärktem Kunstharz und Balsaholz. Luftf.-Techn. **4** (1958) 9 258—262 5 Lit.-St. [6.15].

Neel, Carr B.: Cooling of structures in high-speed flight. AGARD Rep. 210 Oct. 1958 29 p. 15 ref.

Nonweiler, T. R. F.: The man-powered aircraft. A design study. J. Roy. Aeron. Soc. **62** (1958) 574 723—734 14 ref.

Pennell, M. L.: Design of commercial jet aircraft for specific routes. Soc. Automotive Engrs. Nat. Aeron. Meeting, Los Angeles Sept. Oct. 1958 Prepr. 86B.

Percival, Edgar: How to produce more lightplanes. Aeroplane **94** (1958) 2423 183—184.

Pleines, Ernst Wilhelm: Sandwich-Konstruktionen mit Wabenzellkernen im Flug-zeugbau. Luftf.-Techn. **4** (1958) 9 230—243 32 Lit.-St. [2.6], [6.15].

Pleines, Ernst Wilhelm: Starrflügler. Z. VDI **100** (1958) 11 447—453 10 Lit.-St.

Ricard, Georges: Flugwerke in Honigwaben-Bauweise. Festigkeit und Herstellung. Luftf.-Techn. **4** (1958) 5 131—135; Aero Space Engng. **17** (1958) 10 104.

Rubesin, Morris W.: The influence of aerodynamic heating on the structural design of aircraft. AGARD Rep. 207 Oct. 1958 VI, 22 p.

Russell, A. E.: Some recent aids to aircraft design. Canad. Aeron. J. **4** (1958) 8.

Saunders, K. D.: A power-spectrum equation for stationary random gusts, including a sample problem. J. Aeron. Sci. **25** (1958) 5 295—300 14 ref.; Aero Space Engng. **17** (1958) 6 112; Index Aeron. **14** (1958) 6 28.

Smith, C. R.: Aircraft fatigue — is low strength material the answer? Inst. Aeron. Sci. 26th Ann. Meeting, New York, Jan. 1958, Prepr. 780 11 p.; Aeron. Engng. Rev. **17** (1958) 4 102.

Taylor, James: General introduction to thermal structures. AGARD Rep. 206 Oct. 1958 V, 15 p. [1.37].

Thielemann, Wilhelm: Festigkeitsfragen bei Flugzeugen. Z. VDI **100** (1958) 11 460—463 30 Lit.-St.

Thomann, G. E. A. and *R. B. Erb:* Some effects of internal heat sources on the design of flight structures. AGARD Rep. 208 Oct. 1958 62 p. and appendix.

Wiegand, H.: Schwerwerkstoffe in der Luftfahrttechnik. Z. VDI **100** (1958) 11 464—465 19 Lit.-St. [1.323.3].

Yardley, J. F.: Some stress analysis problems of current high-speed fighter aircraft and their educational implications. J. Engng. Education (1958) Apr. 631—639; Aero Space Engng. **17** (1958) 11 114.

— Data Sheets. Fatigue. Royal Aeronautical Society Sept. 1958. [1.331], [1.352.2].

— More about the Vulcan. Aeroplane **94** (1958) 2422 143—152.

— Northrop N-156F. Ein Leichtbauflugzeug für leichte Budgets. Interavia **13** (1958) 8 800—801.

— Tests for a freighter. Aeroplane **95** (1958) 2448 176—178.

— The international Friendship. Structure design philosophy. Aeroplane **94** (1958) 2432 513—514.

— Ultra-light aircraft. Timber Technol. **66** (1958) 2229 337—338; Holz als Roh- u. Werkstoff **17** (1959) 10 418.

— Ultra-light aircraft. Machines made with "Aerolite 300" and "Aerodux 185" adhesives. Aero Res. TN Bull. 183 March 1958 6 p.

Argyris, J. H. and *S. Kelsey:* Note on the theory of aircraft structural analysis. (In Engl.). ZFW **7** (1959) 3 73—77 9 ref.

Artigaud, R. M.: L'utilizzazione delle fibre die vetro nelle costruzione aeronautiche. (Die Verwendung von Glasfasern bei der Konstruktion von Luftfahrzeugen). Poliplasti e Plasticirinforzati **7** (1959) 35 68—71.

Chinn, J. L.: Development and application of fatigue analysis to aircraft fasteners. Soc. Automotive Engrs. Aeron. Meeting, Los Angeles, Oct. 1959 Pap. 108T.

Dunn, M. B., M. D. Musgrove and *O. T. Ritchie:* Hot airframe problems can be solved using currently available materials. Soc. Automotive Engrs. Pap. 104U Nov. 1959; SAE-J. **67** (1959) 11 62—69.

Emley, E. F.: Magnesium in aeronautics and nuclear engineering. Light Metals **22** (1959) 257 242—246.

Emley, E. F.: Magnesium in aronautics and nuclear engineering. II. Fabrication and production. Light Metals **22** (1959) 258 258—259.

Fiecke, D.: Bemannte Überschallflugzeuge mit Turbinenstrahltriebwerken. Entwicklungsstand und Leistungsbetrachtungen. Luftf.-Techn. **5** (1959) 9 305—321 30 Lit.-St.

Green, E. A.: Werkstoffauswahl für neuzeitliche Flugzeuge. Luftf.-Techn. **5** (1959) 12 400—406.

Grzedzielski, A. L. M.: Organization of a large computation in aircraft stress analysis. Nat. Res. Counc., Canada, Aeron. Rep. LR-257 July 1959; Aircr. Engng. **31** (1959) 370 378.

Hentschel, G.: Einbau und Belastbarkeit von Flugzeuglagern. Luftf.-Techn. **5** (1959) 12 406—410 5 Lit.-St. [1.431.3].

Hertel, H.: Fortschritte im Flugzeugbau durch Baugruppenunterteilung in Leichtmetall-Preßteile. Luftf.-Techn. **5** (1959) 12 389—399.

Klein, Bertram: A simple method of matric structural analysis: V. Nonlinear problems. J. Aero Space Sci. **26** (1959) 6 351—359 9 ref.

Klein, Bertram: Simultaneous calculation of influence coefficients and influence loads for arbitrary structures. J. Aero Space Sci. **26** (1959) 7 451—452 5 ref.

Lorant, M.: Plastics in modern aircraft industry. Kunststoffe — Plastics (Solothurn) **6** (1959) 2 218—220.

Oppenheim, R.: Stähle für Überschallflugkörper. Luftf.-Techn. **5** (1959) 7 237—243 29 Lit.-St. [1.322.10].

Rodden, William P.: Further remarks on matrix interpolation of flexibility influence coefficients. J. Aero Space Sci. **26** (1959) 11 760—761.

Thielemann, W.: Festigkeits- und Werkstoff-Fragen bei Flugkörpern. Z. VDI **101** (1959) 11 445—447 20 Lit.-St.

Walker, P. B.: Structural design in British aviation. A study in post-war progress. Aircr. Engng. **31** (1959) 366 218—231; Index Aeron. **15** (1959) 10 90.

Tragwerke und Leitwerke **6.254.1**

Ireland, S.: Entwurf und Herstellung eines Flügels aus Kunststoffen. (Design for a plastics wing. Aeroplane **50** (1936) 1295 345). Luftf.-Schrifttum Ausland **2** (1936) 10 251—254.

Kuhn, P.: Bemerkungen über die elastische Achse von Schalenflügeln. (Übers. NACA TN 562 1936). Luftf.-Schrifttum Ausland **2** (1936) 11 265—268.

Kuhn, P.: Die anfängliche Torsionssteifigkeit inwendig versteifter Schalen. (The initial torsional stiffness of shells with interior webs. Übers. NACA TN 542). Luftf.-Schrifttum Ausland **2** (1936) 5 125—126.

Le Ricolais, R. V.: Die zusammengesetzten Bleche und ihre Anwendung auf die Flugzeugkonstruktion. (Les tôles composées et leurs applications à la construction aéronautique. Übers. Aéronautique **18** (1936) 201 25). Luftf.-Schrifttum Ausland **2** (1936) 9 221—224.

— Einziehbare Flügel. (Retractable wings. Übers. Aeroplane **52** (1936) 1300 495). Luftf.-Schrifttum Ausland **2** (1936) 11 279—281.

Schrenk, Martin: Das theoretische Mindestgewicht des freitragenden Flügels in Abhängigkeit von seiner Form. DVL-Jb. 1937 175—190 [7.1].

Fraser, H. P.: Hohe Flächenbelastung und einige der damit verbundenen Probleme vom Gesichtspunkt des Flugzeugführers. (High wing loading and some of its problems from the pilots points of view. Übers. eines Sonderdruckes der Roy. Aeron. Soc. Dec. 1937). Luftf.-Schrifttum Ausland **4** (1938) 3/4 53—62.

Vessey, H. F.: Der Einfluß der Flächenbelastung auf die Konstruktion moderner Flugzeuge. (The effect of wing loading on the design of modern aircraft. Gekürzte Übers. eines Sonderdruckes der Roy. Aeron. Soc. 18. 11. 1937). Luftf.-Schrifttum Ausland **4** (1938) 2 29—41.

Donovan, A. F., Martin Goland and *J. N. Goodier:* The structural efficiency of wing covers. J. Appl. Mech. **12** (1945) 1 A 8—A 12.

Langhaar, H. L.: Parallel columns with common lateral supports. J. Appl. Mech. **12** (1945) 4 A 253—A 256.

Anderson, R. A., R. A. Pride and *A. E. Johnson, jr.:* Some information on the strength of thick-skin wings with multiweb and multipost stabilization. NACA RM L 53 F 16 (NACA/TIB/3724) 1953.

Noton, B. R.: Structural aspects of swept-back wings. Aircr. Engng. **25** (1953) 297 330—343.

Stender, Walter: Neuzeitlicher Tragflügelbau. Flugwelt **5** (1953) 3 78—81.

Hoskin, B. C. and *J. R. M. Radok:* The root section of a swept wing — A problem of plane elasticity. Amer. Soc. Mech. Engrs. Prepr. 54-A-97 1954 11 p.; J. Appl. Mech. **22** (1955) 3 337—347; Index Aeron. **11** (1955) 3 108; AMR **9** (1956) 7 293.

Houbolt, John C. and *Eldon E. Kordes:* Structural response to discrete and continuous gusts of an airplane having wing bending flexibility and a correlation of calculated and flight results. NACA Rep. 1181 1954 22 p.; J. Roy. Aeron. Soc. **59** (1955) 538 719; AMR **9** (1956) 11 494.

Miles, J. W.: The aerodynamic force on an airfoil in a moving gust; a generalization of the two-dimensional gust problem. Douglas Rep. SM-18598 Oct. 1954 32 p.

Bernstein, S.: Optimum structural design of wing box beams. Inst. Aeron. Sci. Prepr. No. 569 Nov. 1955; J. Roy. Aeron. Soc. **60** (1956) 542 146 [1.246].

Bodet, Pol: La statique de l'aile en flèche. Techn. Sci. Aéron. (1955) 2 98—115.

Broglio, Luigi: Balance-method applied to swept-wing stress-analysis. Inst. Aeron. Sci. 23rd Ann. Meeting, New York, Jan. 1955, Prepr. 542 28 p.; Index Aeron. **11** (1955) 7 106.

Bruner, G.: Prestressed concrete structures. Aircr. Production **17** (1955) 11 456—460; Luftf.-Techn. **1** (1955) 7 VI.

Corbetta, Giovanni: L'aile monocoque intégrale. Techn. Sci. Aéron. (1955) 6 363—366.

Garges, J. P. Donald: Simplified magnesium air-frame design. Aeron. Engng. Rev. **14** (1955) 8 36—43 5 ref.; AB **26** (1955) 9 594—595; Luftf.-Techn. **1** (1955) 7 V-VI.

Hatch, D. M. jr. and *Willard Crofut:* Missile wing in glass and plastic. SAE-J. **63** (1955) July 47—49; Luftf.-Techn. **1** (1955) 5 VI [2.6].

Hemp, W. S. and *S. R. Lewis:* On the application of oblique coordinates to problems of plane elasticity and swept-back wing structures. ARC R & M 2754 1955 46 p.; Index Aeron. **11** (1955) 9 96.

Hertel, Heinrich: Statische und konstruktive Grundlagen der Ringflügel für Coleopter. Interavia **10** (1955) 1 53—55.

Hertel, Heinrich: Vorgespannte Schalenkonstruktionen. WGL-J. 1955 302—308; AMR **10** (1957) 8 349—350.

Kepert, J. L. and *A. O. Payne:* Interim report on fatigue characteristics of a typical metal wing. ARL SM 207 Jan. 1955; J. Roy. Aeron. Soc. **59** (1955) 539 788.

Krüger, H. u. *H. J. Baiter:* Experimentelle Bestimmung der Torsions- und Biegesteifigkeiten der Flügel zweier Segelflugzeuge. Flugwiss. Fachgruppe Göttingen e. V. 11 S.; Luftf.-Techn. **1** (1955) 3 IX.

Needham, Robert A.: The ultimate strength of multiweb box beams in pure bending. J. Aeron. Sci. **22** (1955) 11 781—786; AB **26** (1955) 12 723; Aeron. Engng. Rev. **14** (1955) 12 100; AMR **9** (1956) 6 249 [1.246].

Niblett, L. T.: The geared elevator tab and tail-unit stiffness requirements. ARC R & M 2848 Apr. 1951 publ. 1955; Aircr. Engng. **28** (1956) 327 175; J. Roy. Aeron. Soc. **60** (1956) 545 359.

Nonweiler, T. R.: Flaps, slots and other high lift aids. Some reflections on various devices adopted to increase maximum lift. Aircr. Engng. **27** (1955) 319 274—286; Index Aeron. **11** (1955) 10 37.

Plass, H. J. jr.: An approximate nonuniform bending theory and its application to the swept-plate problem. Amer. Soc. Mech. Engrs. Prepr. 55-APM-6 1955 6 p. 6 ref.; J. Appl. Mech. **22** (1955) 3 383—388; Index Aeron. **11** (1955) 5 103; Aeron. Engng. Rev. **14** (1955) 12 101; AMR **9** (1956) 3 101.

Robin, Maxime: Les Ailes haubannées de grand allongement. Techn. et Sci. Aeron. Engng. Rev. **14** (1955) 12 101.

Stender, W.: Verkehrsflugzeuge mit extremer Flügelstreckung. Luftf.-Techn. **1** (1955) 4 68—70.

de Vries, G.: Compressive strength tests on bonded and riveted fuselage and wing skin-stringer panels. NLL Rep. S 458 Febr. 1955 [6.254.3].

Zender, George W.: Experimental analysis of multicell wings by means of plastic models. NACA RM L 55 E 10 b June 1955 6 p.; Aeron. Engng. Rev. **14** (1955) 9 101.
— All-magnesium plane ready for test flight. Product Engng. **26** (1955) 5 192—193; AB **26** (1955) 6 391.
— Thin wing construction. Engineer **200** (1955) 5210 806; AB **27** (1956) 1 3.

Anderson, R. A.: Weight-efficiency analysis of thin-wing construction. Amer. Soc. Mech. Engrs. Aviation Conf., Los Angeles, March 1956, Pap. 56-AV-13 12 p.; Trans. ASME **79** (1957) 5 974—979; Index Aeron. **12** (1956) 7 93; Aeron. Engng. Rev. **16** (1957) 10 125; AMR **11** (1958) 6 295 [7.1].

Argyris, John H. and *S. Kelsey:* Structural analysis by the matrix force method with applications to aircraft wings. (In Engl.). WGL-Jb. 1956 78—98 8 ref.; AMR **11** (1958) 7 338.

Belcher, G. L.: Measured strains in a swept tapered tube. II. ARL Rep. SM 242 July 1956; J. Roy. Aeron. Soc. **61** (1957) 555 222.

Berninghaus, H.: Der Flügel der „Super Star Constellation". Anwendung neuer konstruktiver Erkenntnisse und Herstellungsverfahren. Luftf.-Techn. **2** (1956) 11 211—216 7 Lit.-St.; Aeron. Engng. Rev. **16** (1957) 2 120.

Biot, M. A.: The divergence of supersonic wings including chordwise bending. J. Aeron. Sci. **23** (1956) 3 237—251, 271 15 ref.; Aeron. Engng. Rev. **15** (1956) 3 137.

Broglio, Luigi: Exact solution for cantilever plates of whichsoever trapezium planform and of variable thickness. Roma Univ., School of Aeron. Engng., Inst. Aeron. Construction Rep. SIAR 6 (AFOSR TN 57-92) (AD 120440) May 1956 75 p.; Aeron. Engng. Rev. **16** (1957) 6 145.

Budiansky, Bernard and *J. Mayers:* Influence of aerodynamic heating on the effective torsional stiffness of thin wings. Inst. Aeron. Sci. 24th Ann. Meeting, New York, Jan. 1956, Prepr. 579 53 p. 5 ref.; J. Aeron. Sci. **23** (1956) 12 1081—1093, 1108 7 ref.; Index Aeron. **12** (1956) 6 98; AMR **10** (1957) 7 312.

Denke, Paul H.: The matric solution of certain nonlinear problems in structural analysis. J. Aeron. Sci. **23** (1956) 3 231—236 6 ref.; Aeron. Engng. Rev. **15** (1956) 3 144.

Drischler, Joseph A.: Calculation and compilation of the unsteady-lift functions for a rigid wing subjected to sinusoidal gusts and to sinusoidal sinking oscillations. NACA TN 3748 Oct. 1956 59 p. 23 ref.; AMR **10** (1957) 3 114—115; Index Aeron. **13** (1957) 1 27.

Hoff, N. J.: Effets thermiques dans le calcul de la résistance des structures d'avions et d'engins. AGARD Rep. 52 Janv. 1956 111 p. 69 réf.; J. Roy. Aeron. Soc. **62** (1958) 565 78; Aero Space Engng. **17** (1958) 5 148.

Hoff, N. J.: Induction heating and theory in the solution of transient problems of aircraft structures. I. Thermal buckling of supersonic wing panels. WADC Techn. Rep. 56-145 Pt. I (AD 97210) Aug. 1956; Aeron. Engng. Rev. **16** (1957) 1 130 [1.37].

Hoff, Nicholas John: Thermal buckling of supersonic wing panels. J. Aeron. Sci. **23** (1956) 11 1019—1028, 1050 8 ref.; Aeron. Engng. Rev. **15** (1956) 11 148; Index Aeron. **12** (1956) 12 89; AMR **10** (1957) 3 99 [1.37].

Howe, D.: An approximate solution to the swept wing root constraint problem. Coll. Aeron. Cranfield Rep. 98 Febr. 1956 14 p.; AMR **9** (1956) 10 426.

Kappus, R.: Contribution au calcul des matrices de rigidité. Rech. Aéron. (1956) 52 43—49.

Kepert, J. L., C. A. Patching and *J. G. Robertson:* Fatigue characteristics of a riveted 24 S-T aluminum alloy wing. I. Testing techniques. ARL Rep. SM

246 Oct. 1956 23 p. 17 ref.; J. Roy. Aeron. Soc. **61** (1957) 563 790; Aeron. Engng. Rev. **16** (1957) 10 117; Index Aeron. **13** (1957) 11 94 AMR **11** (1958) 7 366 [1.343.31].

Kepert, J. L. et al.: Fatigue characteristics of a riveted 24 S-T aluminium alloy wing. Pt. 3. Test results. ARL Rep. SM 248 Oct. 1956; J. Roy. Aeron. Soc. **62** (1958) 565 78 [1.343.31].

Kepert, J. L. and *A. O. Payne:* Interim report on fatigue characteristics of a typical metal wing. NACA TM 1397 March 1956 80 p.; AMR **9** (1956) 8 334; Aircr. Engng. **28** (1956) 331 336.

Lederman, S. and *N. J. Hoff:* Induction heating and theory in the solution of transient problems of aircraft structures. IV. Investigation of the stability of structural elements with the aid of induction heating. WADC Techn. Rep. 56-145 Pt. IV (AD 97210) Aug. 1956; Aeron. Engng. Rev. **16** (1957) 1 130 [1.37].

Lederman, S., V. Wagle and *Burton Erickson:* Induction heating and theory in the solution of transient problems of aircraft structures. V. Improvements in induction heating efficiency by spraying the specimens. WADC Techn. Rep. 56-145 Pt. V (AD 97210) Aug. 1956; Aeron. Engng. Rev. **16** (1957) 1 130 [1.37].

Mirsky, I.: Induction heating and theory in the solution of transient problems of aircraft structures. III. Thermal stress destribution in a diamond-shaped wing with constant heat input. WADC Techn. Rep. 56-145 Pt. III (AD 97210) Aug. 1956; Aeron. Engng. Rev. **16** (1957) 1 130 [1.37].

Miura, K.: An approximate solution for stresses and deformations of swept wing. Proc. 6th Japan Nat. Congr. Appl. Mech., Univ. of Kyoto, Japan, Oct. 1956 39—42; AMR **11** (1958) 10 544.

Morton, J. P.: A programme for low aspect ratio wing analysis. A digital computer programme to analyse the structure of a low aspect ratio wing. Aircr. Engng. **28** (1956) 334 415—418; Index Aeron. **13** (1957) 1 26; Aeron. Engng. Rev. **16** (1957) 2 147—148.

van Nes, W. u. *O. Köhler:* Der Gewichtsanteil der tragenden Teile am Flügelgewicht. Luftf.-Techn. **2** (1956) 11 206—210; Aeron. Engng. Rev. **16** (1957) 2 120 [7.1].

Nonweiler, T.: The design of wing sections. London: Bunhill Publ. 1956 28 p.; Aircr. Engng. **28** (1956) 329 216—227 38 ref.; Index Aeron. **12** (1956) 8 34.

Oeckl, Otto: Vorschlag einer neuen Tragflügelbauweise. WGL-Jb. 1956 213—216.

Ordway, Donald Earl and *Carlo Riparbelli:* An application of the method of equivalence to the deflection of a triangular plate. J. Aeron. Sci. **23** (1956) 3 252—258 8 ref.; AMR **9** (1956) 8 330; Aeron. Engng. Rev. **15** (1956) 3 137; Index Aeron. **12** (1956) 4 85 [1.226].

Parkes, E. W.: Incremental collapse due to thermal stress. Aircr. Engng. **28** (1956) 333 395—396; Index Aeron. **12** (1956) 12 88; Aeron. Engng. Rev. **16** (1957) 1 130—131 [1.37].

Payne, A. O.: An investigation into the fatigue characteristics of a typical 24 S-T aluminium alloy wing. Int. Conf. on Fatigue of Metals 1956, Session 8 Pap. 3, Instn. Mech. Engrs. 1956 11 p. 9 ref.; Index Aeron. **13** (1957) 11 95.

Payne, A. O.: A note on the fatigue of wings. J. Aeron. Sci. **23** (1956) 8 797; Index Aeron. **12** (1956) 9 77; AMR **10** (1957) 3 103 [1.343.31].

Payne, A. O.: Random and programmed load sequence fatigue tests on 24 ST aluminium alloy wings. ARL Rep. SM 244 Sept. 1956 34 p.; J. Roy. Aeron. Soc. **61** (1957) 555 221; Aeron. Engng. Rev. **16** (1957) 2 147.

Pohle, F. V. and *Irwin Berman:* Induction heating and theory in the solution of transient problems of aircraft structures. II. Thermal stresses in airplane wings under constant heat input. WADC Techn. Rep. 56-145 Pt. II (AD 97210) Aug. 1956; Aeron. Engng. Rev. **16** (1957) 1 130 [1.37].

Raithby, K. R. and *Jennifer Longson:* Some fatigue characteristics of a two spar light alloy structure (Meteor 4 tailplane). ARC Curr. Pap. 258 Jan. 1956 31 p. 3 ref.; Index Aeron. **12** (1956) 10 84; AMR **10** (1957) 6 254—255; Aircr. Engng. **29** (1957) 335 27; J. Roy. Aeron. Soc. **61** (1957) 553 66; AB **28** (1957) 2 66.

Rice, M. R.: Fatigue characteristics of a riveted 24 S-T aluminium alloy wing. II. Stress analysis. ARL Rep. SM 247 Oct. 1956 27 p. 12 ref.; J. Roy. Aeron. Soc. **61** (1957) 563 791; Aeron. Engng. Rev. **16** (1957) 8 129 [1.343.33], [1.442.44].

Rosen, B. W.: Analysis of the ultimate strength and optimum proportions of multiweb wing structures. NACA TN 3633 1956 34 p.; AMR **9** (1956) 11 472—473.

Sato, H.: Design chart for wooden wing spars. Kyushu Univ., Japan, Technol. Rep. **29** (1956) 3 141—146.

Stein, M. and *J. L. Sanders jr.:* A method for deflection analysis of thin low-aspect-ratio wings. NACA TN 3640 June 1956 65 p.; AMR **9** (1956) 10 426.

Strasser, Gabor: Optimization of multiweb beams under combined bending and torsional loading. Bell Aircr. Corp. Rep. 02-984-041 July 1956.

Tada, M.: Experimental research on wing sections of high speeds. II. J. Japan Soc. Aeron. Engng. **4** (1956) 30 159—167.

Tada, M.: Experimental research on wing sections at high speeds. III. J. Japan Soc. Aeron. Engng. **4** (1956) 31 187—192.

Whaley, R. E., *M. J. McGuigan jr.* and *D. F. Bryan:* Fatigue-crack-propagation and residual-static-strength results on full-scale transport-airplane wings. NACA TN 3847 Dec. 1956 57 p.; AMR **10** (1957) 4 153; J. Roy. Aeron. Soc. **61** (1957) 559 508; Index Aeron. **13** (1957) 3 87; Aeron. Engng. Rev. **16** (1957) 2 145.

Wheeler, J. E.: Measured strains in a swept tapered tube. Part 1. ARL Rep. SM 237 Jan. 1956; J. Roy. Aeron. Soc. **60** (1956) 550 696.

Williams, D.: A general method (depending on the aid of a digital computer) for deriving the structural influence coefficients of aeroplane wings. Parts I and II. ARC R & M 3048 May 1956.

Zender, George W.: Comparison of theoretical stresses and deflections of multicell wings with experimental results obtained from plastic models. NACA TN 3813 Nov. 1956 32 p. 11 ref.; Index Aeron. **13** (1957) 1 98; AMR **10** (1957) 4 151; J. Roy. Aeron. Soc. **61** (1957) 555 222; Aeron. Engng. Rev. **16** (1957) 1 131.

— Integral skin machining. Aircr. Production **18** (1956) 6 226-227; Luftf.-Techn. **2** (1956) 6 V; Index Aeron. **12** (1956) 7 72—73 [2.4].

Attinello, John S.: The jet wing. Aeron. Engng. Rev. **16** (1957) 8 52—55 23 ref.

Broglio, Luigi: The balance method applied to swept-wing stress analysis. J. Aeron. Sci. **24** (1957) 5 363—370.

Burns, Anne: Fatigue loadings in flight — loads in the tail-plane of a Comet I. Roy. Aircr. Establ. TN S 222 March 1957 19 p.; ARC Curr. Pap. 363 March 1957 17 p.; Aeron. Engng. Rev. **16** (1957) 9 130; Aircr. Engng. **30** (1958) 348 56; J. Roy. Aeron. Soc. **62** (1958) 566 149; AMR **11** (1958) 11 613; Index Aeron. **14** (1958) 1 102; Aeron. Engng. Rev. **17** (1958) 3 78, 80.

Capey, E. C.: The deformation of a long swept wing with chordwise variation of the thickness. Roy. Aircr. Establ. TN S 221 March 1957 33 p.; ARC Curr. Pap. 348 1957 33 p.; Aeron. Engng. Rev. **16** (1957) 9 136; Index Aeron. **13** (1957) 10 86; J. Roy. Aeron. Soc. **61** (1957) 563 790; AMR **11** (1958) 9 486.

Czerwenka, G.: Ein Beitrag zur Statik des Ringflügels. Inf. SNECMA (1957) 72 110—112.

Diederich, F. W. and *J. A. Drischler:* Effect of spanwise variations in gust intensity on the lift due to atmospheric turbulence. NACA TN 3920 Apr. 1957 59 p. 10 ref.; Aeron. Engng. Rev. **16** (1957) 6 139; Index Aeron. **13** (1957) 7 21.

Hayashi, T. and *T. Akasaka:* Experiments and analysis on the elastic properties of the sweptback wing plates. (In Japanese). Trans. Japan Soc. Mech. Engrs. (Tokyo) **5** (1957) 42 4—11; AMR **11** (1958) 11 608.

Hobbs, Norman P.: The encounter of an airfoil with a moving gust field. Inst. Aeron. Sci. 25th Ann. Meeting. New York, Jan. 1957 Prepr. 687 1957 38 p. 11 ref.; Index Aeron. **13** (1957) 5 25; Aeron. Engng. Rev. **16** (1957) 3 107.

Klein, Bertram: A simple method of matric structural analysis. II. Effects of taper and consideration of curvature. J. Aeron. Sci. **24** (1957) 11 813—820 2 ref.; AMR **11** (1958) 4 169; Aeron. Engng. Rev. **16** (1957) 11 107; Index Aeron. **13** (1957) 12 80.

Kochanski, S. L. and *J. H. Argyris:* Some effects of kinetic heating on the stiffness of thin wings. A preliminary investigation of the effects of thermal stresses on the torsional and flexural stiffness of thin solid wings. Aircr. Engng. **29** (1957) 344 310—318 13 ref., 346 381; Index Aeron. **13** (1957) 11 20; Aeron. Engng. Rev. **16** (1957) 12 107; AMR **11** (1958) 7 357.

Kosko, E.: The numerical determination of transient temperatures in wings. Canad. Aeron. J. **3** (1957) 3 87—95 9 ref.; Index Aeron. **13** (1957) 6 14.

Mansfield, E. H.: The influence of aerodynamic heating on the flexural rigidity of a thin wing. Appendix I: Temperatures due to aerodynamic heating. Appendix II: End effects in a wing of finite aspect ratio. Appendix III: Analysis for a built-up wing. Appendix IV: Large deflection solution for a solid strip of constant thickness. Appendix V: Total moment acting on cross-section of strip. Roy. Aircr. Establ. Rep. S. 229 Sept. 1957 38 p. 11 ref.; Aero Space Engng. **17** 1958) 7 80.

Meyer, John H.: Thermoelastic distortion and wing structural design. Aeron. Engng. Rev. **16** (1957) 9 46—53 8 ref.; AMR **11** (1958) 8 423.

Morley, L. D. S.: Determination of the stress distribution in reinforced monocoque structures. II. A theory of swept wings where the ribs are in the line of flight. ARC R & M 2967 1957 39 p.; J. Roy. Aeron. Soc. **62** (1958) 568 318; AMR **11** (1958) 11 608; Index Aeron. **14** (1958) 3 88; Aircr. Engng. **30** (1958) 352 183.

Rebeski, Hans: Metalltragflügel mit vorgespannter und geklebter Haut. Luftf.-Techn. **3** (1957) 3 67—72.

Rebeski, Hans: Eine neue Tragflügelkonstruktion unter Anwendung des Metallklebens. Aluminium **33** (1957) 11 723—727; Leichtbau d. Verkehrsfahrzeuge **2** (1958) 2 86.

Reddaway, J. L.: An experimental investigation of the effect of engine loads on wing structures. ARC R & M 3062 1957 7 p.; AMR **11** (1958) 11 608; Index Aeron. **14** (1958) 5 79; Aero Space Engng. **17** (1958) 9 108 Aircr. Engng. **30** (1958) 353 214.

Rhyne, R. H. and *H. N. Murrow:* Effects of airplane flexibility on wing strains in rough air at 5,000 feet as determined by flight tests of a large swept-wing airplane. NACA TN 4107 Sept. 1957 32 p. 7 ref.; Index Aeron. **13** (1957) 12 18; J. Roy. Aeron. Soc. **61** (1957) 564 850; Aeron. Engng. Rev. **16** (1957) 12 103; AMR **11** (1958) 8 446.

Sanders, K. L.: Abschätzung des Flügelgewichtes. Luftf.-Techn. **3** (1957) 10 224 3 Lit.-St.; Aeron. Engng. Rev. **17** (1958) 2 112 [7.1].

Santini, P.: Thermoelastodynamics of shell wings. (In Italian). Aerotecnica **37** (1957) 4 201—208; AMR **11** (1958) 9 477.

Shufflebarger, C. C., C. B. Payne and *G. L. Cahen:* A correlation of results of a flight investigation with results of an analytical study of effects of wing flexibility on wing strains due to gusts. NACA TN 4071 Aug. 1957 27 p. 15 ref.; AMR **11** (1958) 3 146; Index Aeron. **13** (1957) 11 21; J. Roy. Aeron. Soc. **61** (1957) 564 850; Aeron. Engng. Rev. **16** (1957) 11 103.

Singer, Josef and *N. J. Hoff:* Effect of the change in thermal stresses due to large deflections on the torsional rigidity of wings. J. Aeron. Sci. **24** (1957) 4 310—311.

Singer, Josef: Thermal buckling of solid wings. Polytechn. Inst. Brooklyn, Aeron. Lab., PIBAL Rep. 408 Oct. 1957.

Stambler, Irwin: Design and testing give Britannia good fatigue life. Aviation Age (1957) Febr. 30—35.

Theodorides, P. J.: Structural analysis of high-speed wings for a quasi-triaxial state in the skin, bi-axial in the longitudinals. (Engl.). 9ième Congrès Int. Mécan. Appl. Univ. Bruxelles **6** (1957) 71—85; AMR **12** (1959) 6 386.

Tobak, Murray: On the minimization of airplane responses to random gusts. Appendix A. Transformations to harmonic responses of the supersonic indicial functions of two-dimensional, rectangular, and wide triangular wings. Appendix B. Solution of integral equation for $P(\varphi)$. NACA TN 3290 Oct. 1957 71 p. 38 ref.; Aeron. Engng. Rev. **17** (1958) 1 93; Index Aeron. **14** (1958) 1 28.

Whaley, R. E.: Fatigue investigation of full-scale transport-airplane wings. Variable-amplitude tests with a gust-loads spectrum. NACA TN 4132 Nov. 1957 43 p.; J. Roy. Aeron. Soc. **62** (1958) 568 318; AMR **11** (1958) 5 224; Index Aeron. **14** (1958) 2 95; Aeron. Engng. Rev. **17** (1958) 1 93 [1.343.33].

— Integral skins. Aircr. Production **19** (1957) 7 260—273; Aeron. Engng. Rev. **16** (1957) 10 156; Index Aeron. **13** (1957) 8 63.

Bailey, W. K.: Adhesive-bonded panels for B-58. SAE-J. **66** (1958) Sept.

Bisplinghoff. R. L.: Further remarks on the torsional rigidity of thermally stressed wings. J. Aero Space Sci. **25** (1958) 10 657—658 7 ref.; Aero Space Engng. **17** (1958) 11 126.

Bradford, F. and *G. H. Taylor:* Some aspects of the design, development and manufacture of the P 1 wing. J. Instn. Production Engrs. **36** (1958) 4.

Bratt, Erik: Entwurfsgrundsätze für den Überschalljäger „Draken". Interavia **13** (1958) 3 239—242; Aero Space Engng. **17** (1958) 7 82.

Capey, E. C. and *K. I. McKenzie:* Theoretical analysis of the heating of a composite slab, with applications to the kinetic heating of an aircraft wing. ARC Curr. Pap. 412 1958 28 p.; Index Aeron. **15** (1959) 3 21—22; Aircr. Engng. **31** (1959) 360 56; J. Roy. Aeron. Soc. **63** (1959) 579 192.

Fisher, W. A. P.: Experimental correlation between the endurance of a wing spar joint and the ratio between 0.1 per cent proof and ultimate tensile strengths of the material. ARC Curr. Pap. 371 1958 18 p.; J. Roy. Aeron. Soc. **62** (1958) 570 467; Index Aeron. **14** (1958) 5 80; Aero Space Engng. **17** (1958) 7 99; Aircr. Engng. **30** (1958) 355 284.

Grogan, G. C. jr.: Some applications of theoretical aerodynamics to the design of high performance aircraft. Inst. Aeron. Sci. 26th Ann. Meeting, New York, Jan. 1958, Prepr. 787 11 p. 21 ref.; Aeron. Engng. Rev. **17** (1958) 3 91; Index Aeron. **14** (1958) 6 31—32.

Hall, A. H.: A preliminary analysis of the penalties associated with piercing a wing torsion box with a grid of holes. Nat. Res. Counc., Canada, Aeron. Rep. LR-236 Dec. 1958; Aircr. Engng. **31** (1959) 368 317.

Johns, D. J.: Optimum design of a multicell box subjected to a given bending moment and temperature distribution. Coll. Aeron. Cranfield Note 82 Apr. 1958 30 p. 12 ref.; J. Roy. Aeron. Soc. **63** (1959) 577 72.

Kochanski, S. L. and *J. H. Argyris:* Some effects of kinetic heating on the stiffness of thin wings. II. Analysis of flexural and torsional stiffnesses for large deformations of thin solid wings. Aircr. Engng. **30** (1958) 348 32—40, 349 82—85, 350 114—117; AMR **11** (1958) 10 538; Index Aeron. **14** (1958) 3 19, 4 28, 5 21; Aeron. Engng. Rev. **17** (1958) 4 92; Aero Space Engng. **17** (1958) 6 117 [1.37].

Lehr, G.: La détermination numérique des temperatures transitoires dans les ailes. Docaéro (1958) Janv. 3—14; Aero Space Engng. **17** (1958) 5 111.

Mansfield, E. H.: Combined flexure and torsion of a class of thin heated wings: A large-deflection analysis. Roy. Aircr. Establ. Rep. S 237 March 1958 47 p. 11 ref.; Aero Space Engng. **17** (1958) 12 73 [1.37].

Mills, W. R.: Procedures for including temperature effects in structural analyses of elastic wings. I. An equivalent plate method of structural analysis for elevated temperature structures. WADC Techn. 57-754 Pt. 1 (AD 142234) Jan. 1958 79 p. 23 ref.; Aero Space Engng. **17** (1958) 9 81 [1.37].

Newell, A. F.: Impressions of the structural design of American Civil Aircraft. I. Aeroplane **95** (1958) 2450 229—232; Index Aeron. **14** (1958) 10 97; Aero Space Engng. **17** (1958) 12 77.

Ohlmer, E.: Untersuchungen über die Verwendungsmöglichkeit von Glasfaser-Kunststoff für Segelflugzeug-Tragflügel. Luftf.-Techn. **4** (1958) 9 252—257 [6.14].

Parkes, E. W.: Repeated thermal stresses. (Swedish). Tekn. Tidskr. **88** (1958) 37 955—960; AMR **12** (1959) 8 521 [1.37].

Rebeski, Hans: Metal wings with pre-stressed and adhesive-bonded skins. CIBA Aircr. Bull. 2 May 1958 8 p.

Rebeski, Hans: Kunstharz-geklebte Leichtbau-Konstruktionen. Kunststoffe **48** (1958) 10 450—452; Adhäsion **3** (1959) 3 163.

Semonian, J. W. and *R. F. Crawford:* Some methods for the structural design of wings for application either at ambient or elevated temperatures. Trans. ASME **80** (1958) 2 419—426 11 ref.; AMR **11** (1958) 8 429; Aero Space Engng. **17** (1958) 5 112.

Singer, Josef: Thermal buckling of solid wings of arbitrary aspect ratio. J. Aero Space Sci. **25** (1958) 9 573—580, 590 14 ref.; Aero Space Engng. **17** (1958) 9 79; Index Aeron. **14** (1958) 10 91.

Strasser, Garbor: Optimization of multiweb beams under combined bending and torsional loading. J. Aero Space Sci. **25** (1958) 8 529 4 ref.; Index Aeron. **14** (1958) 9 73; Aero Space Engng. **17** (1958) 9 108.

Winter, Hermann, Walter Althof u. *Heinz Meckelburg:* Entwicklung und Erprobung von geklebten Flugzeugbauteilen. Herstellung und Bruchversuch eines Vorflügel-Versuchsstückes. DFL, Braunschweig, Inst. Flugzeugbau Ber. F-58-K-15 1958 5 S.

— Leistungseinsitzer FS-24 Phönix. Ein Segelflugzeug in Kunststoffbauweise. Flugwelt **10** (1958) 6 434—435.

Burns, Anne: Fatigue loadings in flight: Loads in the tailplane and fin of a Jet Provost. ARC Curr. Pap. 440 Febr. 1959 36 p. 5 ref.; Index Aeron. **15** (1959) 12 26; Aircr. Engng. **31** (1959) 369 348.

Ford, D. G. and *A. O. Payne:* Fatigue characteristics of a riveted 24 S-T aluminium alloy wing. IV. Analysis of results. ARL Rep. SM 263 Oct. 1958; J. Roy. Aeron. Soc. **63** (1959) 584 488.

Games, Robert H.: Gust fatigue damage predicted by power spectral analysis and constant life curves. Soc. Automotive Engrs. Pap. 108W Dec. 1959; SAE-J. **67** (1959) 12 134, 136.

Kulakowski, L. J. a. o.: Design of efficient, self-trimming wing mean surfaces for conventional supersonic aircraft. Inst. Aeron. Sci. Nat. Summer Meeting, Los Angeles, June 1959, Rep. 59-116.

Payne, A. O. a. o.: Fatigue characteristics of a riveted 24 S-T aluminium alloy wing. V. Discussion of results and conclusions. ARL Rep. SM 268 June 1959; J. Roy. Aeron. Soc. **63** (1959) 588 745.

Milne, R. D.: An approximation to the influence function for plate-like wings. A general solution for small deflexions. Aircr. Engng. **31** (1959) 364 156—162 16 ref.; Index Aeron. **15** (1959) 7 26.

Thomson, Robert G.: Effects of cross-sectional shape, solidity, and distribution of heat-transfer coefficient on the torsional stiffness of thin wings subjected to aerodynamic heating. NASA Mem. 1-30-59L Febr. 1959 31 p. 3 ref.

Thomson, R. G. and *J. L. Sanders:* Effect of chordwise heat conduction on the torsional stiffness of a diamond-shaped wing subjected to a constant heat input. NASA TN D-38 Sept. 1959; J. Roy. Aeron. Soc. **63** (1959) 588 746.

Schwingungen (Flattern)   **6.254.2**

Allgemeines   **6.254.20**

Collar, A. R. and *G. D. Sharpe:* A criterion for the prevention of spring-tab flutter. ARC R & M 2637 June 1946; Aircr. Engng. **25** (1953) 290 119.

Levy, S.: Computation of influence coefficients for aircraft structures with discontinuities and sweepback. Appendix III. J. Aeron. Sci. **14** (1947) 10 547—560.

Mack, C. E.: Tensor analysis of aircraft structural vibration. Inst. Aeron. Sci. 16th Ann. Meeting, New York, Jan. 1948 Prepr. 104.

Teichmann, A.: State and development of flutter calculation. NACA TM 1297 March 1951.

Shevloff, N. P. and *T. J. Reid:* The normal modes of vibration of an aircraft. Aircr. Engng. **25** (1953) 298 360—366.

Broadbent, E. G.: Flutter problems of high-speed aircraft. ARC R & M 2828 1955 23 p.; AMR **9** (1956) 10 439; Aircr. Engng. **28** (1956) 327 175.

Broglio, L.: Problemi di vibrazioni nelle strutture dei velivoli ad alta velocita. (Vibrational problems of airplane structures at high speeds.) Aerotecnica **35** (1955) 4 171—185; AMR **9** (1956) 5 203.

Cahill, William F. and *Samuel Levy:* Computation of vibration modes and frequencies on SEAC (Standards Eastern Automatic Computer). J. Aeron. Sci. **22** (1955) 12 837—843 7 ref.; AMR **10** (1957) 1 7.

Eisley, J. G.: The flutter of simple supported rectangular plates in a supersonic flow. California Inst. Technol., Guggenheim Aeron. Lab. OSR-TN-55-236 July 1955 43 p.; AMR **9** (1956) 6 261.

Fraeys de Veubeke, B. M.: Iteration in semidefinite Eigenvalue problems. J. Aeron. Sci. **22** (1955) 10 710—720 15 ref.; AMR **9** (1956) 7 308.

Fung, Y. C.: The flutter of a buckled plate in a supersonic flow. California Inst. Technol., Guggenheim Aeron. Lab. OSR-TN-55-237 July 1955 23 p.; AMR **9** (1956) 5 218.

Gruschwitz, E.: Rechnungen zur Beurteilung der Flattersicherheit von Flugzeugen. ZAMP **6** (1955) 4 296—300; AMR **9** (1956) 2 78.

Hunn, B. A.: A method of calculating the normal modes of an aircraft. Quart. J. Mech. & Appl. Math. **8** (1955) 1 38—58 5 ref.; Aeron. Engng. Rev. **14** (1955) 7 110; Index Aeron. **11** (1955) 5 26; AMR **9** (1956) 4 168.

Huston, Wilber B. and *T. H. Skopinski:* Measurement and analysis of wing and tail buffeting loads on a fighter airplane. NACA Rep. 1219 1955; Aircr. Engng. **28** (1956) 329 249.

Templeton, H.: Flutter research at the Royal Aircraft Establishment, Farnborough. AGARD Rep. 4 Sept. 1955 32 p. 20 ref.; Aeron. Engng. Rev. **16** (1957) 7 133; AMR **11** (1958) 5 242.

Woolston, Donald S., Harry L. Runyan and *T. A. Byrdsong:* Some effects of system nonlinearities in the problem of aircraft flutter. NACA TN 3539 1955.

Atkinson, C. P.: Electronic analog computer solutions of nonlinear vibratory systems of two degrees of freedom. Amer. Soc. Mech. Engrs. Prepr. 56-APM-38 1956 6 p.; J. Appl. Mech. **23** (1956) 4 629—634; Index Aeron. **12** (1956) 9 33; AMR **10** (1957) 12 550.

Bisplinghoff, Raymond L.: Some structural and aeroelastic considerations of high-speed flight. J. Aeron. Sci. **23** (1956) 4 289—329, 367 62 ref.; Aeron. Engng. Rev. **15** (1956) 4 182; Index Aeron. **12** (1956) 5 95; AMR **10** (1957) 1 16 [1.37].

Broadbent, E. G.: Flutter prediction in practice. AGARD Rep. 44 Apr. 1956 V, 29 p.; AMR **11** (1958) 8 440; J. Roy. Aeron. Soc. **61** (1957) 556 293.

Broadbent, E. G.: Aeroelastic problems in connection with high-speed flight. J. Roy. Aeron. Soc. **60** (1956) 547 459—475 20 ref.; AMR **10** (1957) 2 72—73.

Broadbent, E. G.: Ill-conditioned flutter equations and their improvement for simulator use. ARC Curr. Pap. 298 1956 22 p. 4 ref.; Index Aeron. **13** (1957) 2 19; AMR **10** (1957) 11 523; Aircr. Engng. **29** (1957) 337 90; J. Roy. Aeron. Soc. **61** (1957) 555 220.

Cole, Henry A. jr. and *Frances L. Bennion:* Measurement of the longitudinal moment of inertia of a flexible airplane. NACA TN 3870 Nov. 1956 30 p. 6 ref.; AMR **10** (1957) 6 240; Index Aeron. **13** (1957) 2 17; Aeron. Engng. Rev. **16** (1957) 2 118.

Dryden, Hugh L. and *John E. Duberg:* Aeroelastic effects of aerodynamic heating. Proc. 5th AGARD General Assembly 15./16. June 1955, AGARD AG 20/P10 1956 102—107, disc. 108—110; AMR **10** (1957) 11 524.

Garrick, I. E.: Aerodynamic theory and its application to flutter. AGARD Rep. 34 Apr. 1956 33 p. 33 ref.; J. Roy. Aeron. Soc. **62** (1958) 565 76; Aero Space Engng. **17** (1958) 5 96; AMR **10** (1957) 11 523.

Gauzy, H. et *G. Coupry:* Résultats comparés d'essais de vibration au sol par résonance et par percussion. Rech. Aéron. (1956) 52 51—52 5 réf.

Küssner, Hans Georg: Die Methoden des Nachweises der Flatterfreiheit von Flugzeugen. Ber. Max Planck Inst. Strömungsforsch., Göttingen, 1956 18 S.; Luftf.-Techn. **2** (1956) 7 VI.

Küssner, Hans Georg: Aeroelastic problems of airplane design. NACA TM 1402 Nov. 1956 51 p.; Aircr. Engng. **29** (1957) 341 224; J. Roy. Aeron. Soc. **61** (1957) 555 221; Aeron. Engng. Rev. **16** (1957) 2 116.

Mazet, R.: Quelques aspects des essais de vibration au sol et en vol. ONERA NT 34 1956 15 p.; AMR **9** (1956) 11 493—494; Index Aeron. **12** (1956) 9 85; Aircr. Engng. **29** (1957) 335 28.

Mazet, R.: Some aspects of ground and flight vibration tests. AGARD Rep. 40-T Apr. 1956 14 p.; J. Roy. Aeron. Soc. **61** (1957) 563 789; AMR **11** (1958) 9 474.

McCarthy, John F. jr. and *Robert L. Halfman:* The design and testing of supersonic flutter models. Inst. Aeron. Sci. Prepr. 513 1955 23 p. 8 ref.; J. Aeron. Sci. **23** (1956) 6 530—535, 577 8 ref.; Index Aeron. **11** (1955) 6 31; AMR **10** (1957) 1 34.

Molyneux, W. G., F. Ruddlesden and *P. J. Cutt:* Technique for flutter tests using ground-launched rockets, with results for unswept wings. ARC R & M 2944 1956 19 p. 7 ref.; Index Aeron. **13** (1957) 5 38; Aircr. Engng. **29** (1957) 343 290; Aeron. Engng. Rev. **16** (1957) 6 122.

Neumark, S.: Analysis of short-period longitudinal oscillations of an aircraft: interpretation of flight tests. ARC R & M 2940 1956 55 p.

Pines, Samuel: Iteration in semidefinite eigenvalue problems. J. Aeron. Sci. **23** (1956) 4 380—381; AMR **9** (1956) 11 493.

Templeton Haydn: A review of the present position on flutter. AGARD Rep. 57 Apr. 1956 16 p.; J. Roy. Aeron. Soc. **62** (1958) 565 76.

de Vries, Gerhard: Safeguards against flutter of airplanes. NACA TM 1423 Aug. 1956 94 p.; Index Aeron. **12** (1956) 10 20; Aircr. Engng. **29** (1957) 336 60; AMR **10** (1957) 2 72.

Wang, Chi-Teh, Robert J. Vaccaro and *D. F. De Santo:* A practical approach to the problem of stall flutter. Trans. ASME **78** (1956) 3 565—572; AMR **9** (1956) 9 395.

Wolfe, M. O. W.: Vibration and flutter flight testing. ARC Curr. Pap. 310 1956 12 p.; Index Aeron. **13** (1957) 3 18; Aircr. Engng. **29** (1957) 339 160; J. Roy. Aeron. Soc. **61** (1957) 556 293; Aeron. Engng. Rev. **16** (1957) 4 127; AMR **11** (1958) 2 81.

Abramson, H. N. and *P. A. Beckmann jr.:* Investigation of a method for the measurement of subsonic oscillatory aerodynamic influence coefficients. WADC Techn. Rep. 57-736 (AD 142201) Dec. 1957 68 p. 14 ref.; Aero Space Engng. **17** (1958) 8 80.

Arnold, Lee: Aeroelastic effects on dynamic behaviour of aircraft. C. R. des Journées Int. de Sci. Aéron., Paris, Mai 1957 Pt. 2 69—81; Aeron. Engng. Rev. **17** (1958) 1 92.

Béatrix, C.: Méthode énergétique pour la détection des modes de vibration responsables du risque de flottement. Rech. Aéron. (1957) 58 41—48; AMR **11** (1958) 3 133.

Broadbent, E. G.: Flutter prediction in practice. ARC Curr. Pap. 373 1957 31 p.; J. Roy. Aeron. Soc. **62** (1958) 568 316; Index Aeron. **14** (1958) 4 28; Aircr. Engng. **30** (1958) 353 215.

Crisp, J. D. C.: On stability criteria for fluttering systems. ARL Rep. SM 250 Apr. 1957 25 p. 9 ref.; Index Aeron. **13** (1957) 11 21; J. Roy. Aeron. Soc. **61** (1957) 564 850; Aeron. Engng. Rev. **16** (1957) 11 103.

Garrick, I. E.: Some concepts and problem areas in aircraft flutter. Inst. Aeron. Sci., SMF Fund Pap. FF-15 March 1957 86 p. 61 ref.; Aeron. Engng. Rev. **16** (1957) 5 189.

Gillies, D. B. and *P. M. Hunt:* A solution of the flutter determinant on a general purpose electronic digital computer. Aeron. Quart. **8** (1957) 2 185—203; AMR **11** (1958) 2 80; Index Aeron. **13** (1957) 7 20.

Goland, Martin: An appraisal of aeroelasticity in design, with special reference to dynamic aeroelastic stability. Pap. 6th Anglo-Amer. Aeron. Conf., Folkestone, Sept. 1957 24 p. 11 ref.; Aeron. Engng. Rev. **17** (1958) 3 78.

Hondet, M. Jean: Notes sur le flutter: Sur une application particulière des machines analogiques et sur l'amortissement structural. Techn. et Sci. Aéron. (1957) Nov. 229—233; Aero Space Engng. **17** (1958) 12 76.

Hsu, C. C.: Analysis of flutter problems with certain types of nonlinearity. M. S. Thesis, Dep. of Aeron. Engng., Univ. of Maryland, College Park, Md., 1957.

Jordan, P. F.: Aerodynamic flutter coefficients for subsonic, sonic and supersonic flow (linear two-dimensional theory). ARC R & M 2932 1957 54 p. 29 ref.; J. Roy. Aeron. Soc. **62** (1958) 566 147; AMR **11** (1958) 9 505; Index Aeron. **14** (1958) 1 26; Aero Space Engng. **17** (1958) 6 78.

Küssner, Hans Georg: Aeroelastische Aufgaben des Flugzeugbaus. Mitt. Max-Planck-Inst. Strömungsforsch. Nr. 14, Göttingen: Selbstverl. des Inst. 1957 32 S.; Index Aeron. **13** (1957) 7 18; Aircr. Engng. **29** (1957) 345 360; AMR **10** (1957) 12 577—578; Aeron. Engng. Rev. **16** (1957) 7 120.

Laidlaw, W. R. and *V. L. Beals jr.:* The application of rocket sled techniques to flutter testing. Inst. Aeron. Sci. Prepr. 666 Jan. 1957 38 p.; Aeron. Engng. Rev. **16** (1957) 8 58—62, 77; Index Aeron. **13** (1957) 6 24.

Mazet, R.: Some aspects of ground and flight vibration tests. Ministry of Supply, Techn. Inform. & Lib. Serv. (London, S. E. 9) Translat. T 4752 Apr. 1957 13 p.; Aeron. Engng. Rev. **16** (1957) 11 116.

Miles, John W.: Supersonic flutter of a cylindrical shell. J. Aeron. Sci. **24** (1957) 2 107—118 18 ref., **25** (1958) 5 312—316 2 ref.; AMR **11** (1958) 1 35; Aero Space Engng. **17** (1958) 6 112; Index Aeron. **13** (1957) 3 19, **14** (1958) 6 26.

Minhinnick, I. T.: The theoretical determination of normal modes and frequencies of vibration. AGARD Rep. 36 Apr. 1956 29 p. (and Appendix with 96 ref.); Roy. Aircr. Establ. Rep. S 197 May 1956; ARC R & M 3039 1957 30 p.; AMR **11** (1958) 5 214—215; J. Roy. Aeron. Soc. **62** (1958) 569 394; Aircr. Engng. **30** (1958) 352 184.

Mollö-Christensen, Erik and *J. R. Martucelli:* A study of the feasibility of experimental determination of aerodynamic forces for use in flutter calculation. Massachussetts Inst. Technol., Aeroelastic & Structures Res. Lab., Techn. Rep. 66-1, 66-2, 66-3 June 1957.

Molyneux, W. G.: The determination of aerodynamic coefficients from flutter test data. ARC Curr. Pap. 347 1957 11 p.; AMR **11** (1958) 12 693; Index Aeron. **13** (1957) 10 19; Aircr. Engng. **29** (1957) 344 329; Aeron. Engng. Rev. **16** (1957) 12 90.

Richardson, A. S. jr.: Bending-torsion flutter sensitivity in incompressible and supersonic flow. Proc. 3rd Midwestern Conf. on Solid Mech., Univ. of Michigan, Apr. 1957 206—220; AMR **11** (1958) 8 440.

Salaün, P.: Influence de l'amortissement interne sur la vitesse critique de flottement. Rech. Aéron. (1957) 61 19—25; Aeron. Engng. Rev. **17** (1958) 4 74.

Skoog, R. B.: An analysis of the effects of aeroelasticity on static longitudinal stability and control of a swept-wing airplane. NACA Rep. 1298 1957.

Stambler, Irwin: Flutter theory being reelevated for high performance flight. Aviation Age **27** (1957) June 98—102, 105; Aeron. Engng. Rev. **16** (1957) 9 113.

Targoff, W. P. and *R. P. White jr.:* Flutter model testing at transonic speeds. Inst. Aeron. Sci. Prepr. 706 1957 15 p.; Aeron. Engng. Rev. **16** (1957) 6 58—62 4 ref.; Index Aeron. **13** (1957) 4 16; AMR **10** (1957) 12 578.

Traill-Nash, R. W: On the excitation of pure natural modes in aircraft resonance testing. ARL Rep. SM 254 July 1957 12 p.; AMR **11** (1958) 6 279; Aeron. Engng. Rev. **16** (1957) 11 103; Index Aeron. **13** (1957) 11 19—20.

Wickens, Alan II.: A note on steady-state aeroelasticity. J. Aeron. Sci. **24** (1957) 5 383—384; AMR **10** (1957) 11 524; Index Aeron. **13** (1957) 6 22.

Williams, D.: Solution of aeroelastic problems by means of influence coefficients. J. Roy. Aeron. Soc. **61** (1957) 556 247—251 4 ref.; Index Aeron. **13** (1957) 5 21; AMR **11** (1958) 3 133; Aeron. Engng. Rev. **16** (1957) 6 139.

— Aeroelasticity in stability and control. WADC Techn. Rep. 55—173 (AD 126337) March 1957 494 p. 410 ref.; Aero Space Engng. **17** (1958) 6 112.

Ashley, Holt and *Garabed Zartarian:* Supersonic flutter trends as revealed by piston theory calculations. WADC Techn. Rep. 58-74 (AD 155513) May 1958 85 p. 30 ref.; Aero Space Engng. **17** (1958) 11 91.

Béatrix, C.: La présentation et l'interprétation des calculs de flottement de gouverne en l'absence de servo-commande. Rech. Aéron. (1958) 65 45—49.

Bisplinghoff, Raymond L.: Aeroelasticity. AMR **11** (1958) 3 99—103 31 ref.; Aero Space Engng. **17** (1958) 7 62.

Broadbent, E. G. and *E. V. Hartley:* Vectorial analysis of flight flutter test results. Roy. Aircr. Establ. TN S 233 Febr. 1958 44 p.; Aero Space Engng. **17** (1958) 6 112.

Broadbent, E. G.: Aeroelastic problems associated with high speeds and high temperature. J. Roy. Aeron. Soc. **62** (1958) 576 867—872.

Chawla, Jagannath P.: Aeroelastic instability at high Mach number. J. Aeron. Sci. **25** (1958) 4 246—258 13 ref.; Aeron. Engng. Rev. **17** (1958) 4 86; Index Aeron. **14** (1958) 5 20—21.

Chu, Wen-Hwa and *H. N. Abramson:* An alternative formulation of the problem of flutter in real fluids. Southwest Res. Inst. Techn. Rep. 2 Aug. 1958 17 p. 10 ref.; Aero Space Engng. **17** (1958) 12 67.

Cole, H. A. jr. and *E. C. Holleman:* Measured and predicted dynamic response characteristics of a flexible airplane to elevator control over a frequency range including three structural modes. NACA TN 4147 Febr. 1958 37 p.; AMR **11** (1958) 8 441; Aeron. Engng. Rev. **17** (1958) 4 86; Index Aeron. **14** (1958) 5 37; J. Roy. Aeron. Soc. **62** (1958) 570 464.

Coupry, G. et *G. Piazzoli:* Étude du flottement en régime transsonique. Rech. Aéron. (1958) 63 19—28; Aero Space Engng. **17** (1958) 8 80; Index Aeron. **14** (1958) 7 22.

Cox, Hugh L.: A matric formulation of linearly coupled vibration problems. A method enabling the engineer rapidly to set up vibration problems. Aircr. Engng. **30** (1958) 353 202—209; Aero Space Engng. **17** (1958) 9 74.

Crisp, John D. C.: Equivalent configurations in flutter analysis. Aero Space Engng. **17** (1958) 11 55—61 2 ref.

Dat, M. Roland: Mesure de coefficients aérodynamiques instationnaires et essais de flottement sur maquettes. Rech. Aéron. (1958) 62 45—56 4 réf.; Index Aeron. **14** (1958) 7 22; Aero Space Engng. **17** (1958) 8 60.

de l'Estoile, H.: Interpretation des calculs de flutter pour les apparails subsoniques. Docaéro (1958) 51 15—20 10 ref.; Index Aeron. **14** (1958) 11 25; Aero Space Engng. **17** (1958) 12 67.

Falkenheiner, Helmut: Über die praktische Durchführung von rechnerischen Flatteruntersuchungen. ZFW **6** (1958) 2 52—57; Index Aeron. **14** (1958) 4 29.

Franklin, J. N.: On the numerical solution of characteristic equations in flutter analysis. Ass. for Computing Machinery, J. (New York) (1958) Jan. 45—51; Aero Space Engng. **17** (1958) 5 96.

Gauzy, H. et *Y. Pironneau:* Un avion peut-il avoir deux fréquences propres égales? Rech. Aéron. (1958) 64 43—48; Aero Space Engng. **17** (1958) 11 98.

Gravitz, Sidney I.: An analytical procedure for orthogonalization of experimentally measured modes. J. Aero Space Sci. **25** (1958) 11 721—722; Index Aeron. **14** (1958) 12 90; Aero Space Engng. **17** (1958) 12 76.

Hains, Franklin D.: Flutter of a thin membrane in hypersonic flow. J. Aero Space Sci. **25** (1958) 9 595—596 4 ref.; Index Aeron. **14** (1958) 10 14; Aero Space Engng. **17** (1958) 10 75.

Holt, Maurice: A linear perturbation method for stability and flutter calculations on hypersonic bodies. Inst. Aeron. Sci. 26th Ann. Meeting, New York, Jan. 1958, Prepr. 793 11 p.; Aeron. Engng. Rev. **17** (1958) 2 82—83; Index Aeron. **14** (1958) 6 26—27.

Janin, R.: Calculs de flottement à plus de cinq degrés de liberté sans utilisation d'une mémoire magnétique. Rech. Aéron. (1958) 64 56—57; Aero Space Engng. **17** (1958) 11 98.

Kappus, R. et *D. Clerc:* La matrice de rappel d'une structure élastiquement suspendue. Rech. Aéron. (1958) 64 49—56.

Kappus, R. and *D. Clerc:* Détermination, par des essais au sol, des constantes d'inertie d'un avion suspendu. Rech. Aéron. (1958) 65 51—57.

Kappus, Robert and *D. Clerc:* Remarks on systematizing the calculations of the natural modes of a free structure. J. Aeron. Sci. **25** (1958) 4 276—278 6 ref.; Index Aeron. **14** (1958) 5 42; Aero Space Engng. **17** (1958) 5 96.

Kappus, Robert et *D. Clerc:* Notice sur la systématisation du calcul des vibrations d'une structure libre. ONERA Mém. Techn. 2 1958.

Lambourne, N. C. and *C. Scruton:* On flutter testing in high-speed wind tunnels. ARC R & M 3054 1958 14 p.; AMR **11** (1958) 12 692; J. Roy. Aeron. Soc. **62** (1958) 570 464; Index Aeron. **14** (1958) 5 23; Aero Space Engng. **17** (1958) 9 60; Aircr. Engng. **30** (1958) 357 347.

McKillop, J. A.: The use of models in aeroelastic analysis. Canad. Aeron. Inst. — Inst. Aeron. Sci. Joint Meeting, Ottawa, Oct. 1958, Prepr. 850 32 p.; Aero Space Engng. **17** (1958) 12 67.

Mollö-Christensen, Erik: Utilization of experimental results in flutter analysis. J. Aero Space Sci. **25** (1958) 10 635—643 14 ref.; Aero Space Engng. **17** (1958) 10 93; Index Aeron. **14** (1958) 11 24.

Molyneux, W. G.: The support of an aircraft for ground resonance tests. Aircr. Engng. **30** (1958) 352 160—166 7 ref.; Aero Space Engng. **17** (1958) 11 98.

Molyneux, W. G.: Experimental model techniques and equipment for flutter investigations. Aircr. Engng. **30** (1958) 357 324—330 12 ref.; Index Aeron. **14** (1958) 12 26.

Morgan, H. G., Vera Huckel and *H. L. Runyan:* Procedure for calculating flutter at high supersonic speed including camber deflections, and comparison with experimental results. NACA TN 4335 Sept. 1958 23 p.; Index Aeron. **15**(1959)2 24; AMR **12** (1959) 9 651; J. Roy. Aeron. Soc. **63** (1959) 579 190—191.

Redd, J. W.: How F-106 was flutter-tested in flight. Aviation Age **30** (1958) 5 72—74, 77.

Reed, Wilmer H.: Effects of a time-varying test environment on the evaluation of dynamic stability with application to flutter testing. Inst. Aeron. Sci. 26th Ann. Meeting, New York, Jan. 1958, Prepr. 822 19 p. 14 ref.; J. Aeron. Sci. **25** (1958) 7 435—443 14 ref.; Aeron. Engng. Rev. **17** (1958) 3 90—91; Index Aeron. **14** (1958) 6 24.

Schindler, A.: Valeurs principales pour la zone transsonique de coefficients aérodynamiques instationnaires bidimensionnels. Rech. Aéron. (1958) 63 29—31 6 réf.; Aero Space Engng. **17** (1958) 9 60.

Schoen, Josef: Der Standschwingungsversuch an Flugzeugen. WGL-Jb. 1958 243—247.

Scruton, C. and *E. P. L. Windsor:* Flutter investigations in high-speed wind tunnels. AGARD Rep. 222 Oct. 1958 VIII, 37 p.

Shen, S. F. and *C. C Hsu:* Analytical results of certain nonlinear flutter problems. J. Aeron. Sci. **25** (1958) 2 136—137 5 ref.; Index Aeron. **14** (1958) 3 20; Aeron. Engng. Rev. **17** (1958) 3 80.

Targoff, W. P. and *R. P. White jr.:* The flutter of low aspect ratio wings. Canad. Aeron. Inst. — Inst. Aeron. Sci. Joint Meeting, Ottawa, Oct. 1958, Prepr. 858 Aero Space Engng. **17** (1958) 12 67.

Traill-Nash, R. W.: On the excitation of pure natural modes in aircraft resonance testing. J. Aero Space Sci. **25** (1958) 12 775—778 5 ref.

Williams, D. E.: On the integral equations of two-dimensional subsonic flutter derivative theory. ARC R & M 3057 1958 21 p. 10 ref.; J. Roy. Aeron. Soc. **62** (1958) 571 536; Index Aeron. **14** (1958) 6 24; Aircr. Engng. **30** (1958) 354 246.

— Aeroelastisches Kolloquium in Göttingen. Mitt. Max Planck Inst. Strömungsforsch. No. 18, Göttingen 1958 180 S.; Index Aeron. **14** (1958) 7 20; Aero Space Engng. **17** (1958) 8 79—80; Aircr. Engng. **30** (1958) 355 280.

Collar, A. R.: Aeroelasticity — retrospect and prospect. J. Roy. Aeron. Soc. **63** (1959) 577 1—15 64 ref.

Crisp, John D. C.: The equation of energy balance for fluttering systems with some applications in the supersonic regime. J. Aero Space Sci. **26** (1959) 11 703—716, 738 24 ref.

Cross, Arthur K.: Generalized spectral representation in aeroelasticity. J. Aero Space Sci. **26** (1959) 11 766—767.

Destuynder, R.: Contrôle par maquettes propulsées sol-sol de coefficients aéro-dynamiques de flottements déterminés en soufflerie. Rech. Aéron. (1959) 73 41—45.

Kappus, R. et *D. Clerc:* Nouvelles remarques sur la systématisation du calcul des vibrations propres d'une structure libre. Rech. Aeron. (1959) 71 50—51.

Küssner, H. G.: On the nonlinear approach to the aeroelastic stability theory. AGARD Rep. 246 April 1959 15 p.

Miles, John W.: On panel flutter in the presence of a boundary layer. J. Aero Space Sci. **26** (1959) 2 81—93, 107 9 ref.

Salaün, P.: La matrice d'amortissement structural dans les calculs de flottement. Rech. Aéron. (1959) 69 43—48 5 réf.

Shen, S. F.: An approximative analysis of nonlinear flutter problems. J. Aero Space Sci. **26** (1959) 1 25—32, 45 14 ref.

de Vries, G.: Quelques points particuliers de la technique d'excitation en vol par vibreurs harmoniques. Rech. Aéron. (1959) 68 47—53 5 réf.

Woolston, Donald S. and *Robert E. Andrews:* Remarks on analytical results of certain nonlinear flutter problems. J. Aero Space Sci. **26** (1959) 1 51—53.

Flügelschwingungen

Pugsley, A. G.: Über die Stabilität von Flugzeugtragflügeln und Steuerflächen. Die Bedeutung von neueren Untersuchungen über Flattern und verwandte Erscheinungen für die Konstruktion. (Aero-elastic problems. Übers. Aircr. Engng. **9** (1937) 104 268—275). Luftf.-Schrifttum Ausland **3** (1937) 11 243—250.

Goland, Martin: The flutter of a uniform cantilever wing. J. Appl. Mech. **12** (1945) 4 A 197—A 208 15 ref.

Lambourne, N. C.: An experimental investigation on the flutter characteristics of a model flying wing. ARC R & M 2626 Apr. 1947; Aircr. Engng. **25** (1953) 289 89.

Broglio, L.: Sul calcolo delle velocita · critiche delle ali. (Calculation of the critical velocity of wings.) Aerotecnica **33** (1953) 1 13—26; AMR **6** (1953) 12 569—570.

Ijff, J.: Influence of compressibility on the calculated flexure-torsion flutter speed of a family of rectangular cantilever wings. NLL Rep. F 118 1953 10 p.; Index Aeron. **9** (1953) 11 23; AMR **8** (1955) 2 76.

Molyneux, W. G. and *F. Ruddlesden:* Some flutter tests on swept-back wings using ground-launched rockets. ARC R & M 2949 Oct. 1953; Aircr. Engng. **28** (1956) 333 402.

Acum, W. E. A.: Aerodynamic forces on rectangular wings oscillating in a supersonic air stream. ARC R & M 2763 1954 28 p. 14 ref.; Index Aeron. **11** (1955) 6 24—25; AMR **8** (1955) 12 536.

Broadbent, E. G. and *O. Mansfield:* Aileron reversal and wing divergence of swept wings. ARC R & M 2817 1954 26 p.; AMR **10** (1957) 2 73.

Hall, Albert H.: The nature and stiffness of swept wing deformations with reference to the prediction of normal modes and frequencies. Canad. Aeron. Inst. — Inst. Aeron. Sci. Int. Meeting, Montreal, Oct. 1954, Prepr. 494 23 p. 10 ref.; Canad. Aeron. J. **1** (1955) Sept. 109—120 10 ref.; Aeron. Engng. Rev. **14** (1955) 12 80.

Ijff, J.; A. C. A. Bosschaart and *A. I. van de Vooren:* Influence of compressibility on the flutter speed of a family of rectangular cantilever wings with aileron. NLL Rep. F 147 May 1954 13 p. 4 ref.; Index Aeron. **11** (1955) 7 16.

Mazet, R.: Représentation des vibrations libres d'une aile dans le vent à l'aide de la notion de mémoire. ONERA NT 19 1954 25 p.; AMR **9** (1956) 5 219.

van de Vooren, A. I. and *W. Eckhaus:* Strip theory for oscillating swept wings in incompressible flow. NLL Rep. F 146 Apr. 1954 31 p. 9 ref.; Index Aeron. **11** (1955) 7 35.

Bosschaart, A. C. A.: The influence of the chord-, span-, and gear ratios on binary aileron-spring tab flutter. NLL Rep. F 166 Febr. 1955 57 p. 5 ref.; Index Aeron. **11** (1955) 10 38—39; Aircr. Engng. **27** (1955) 320 354; J. Roy. Aeron. Soc. **59** (1955) 539 786.

Craven, Arthur H. and *Ian Davidson:* The flexure-torsion flutter of cambered aerofoils in cascade. Coll. Aeron. Cranfield Rep. 95 Dec. 1955 19 p.; AMR **9** (1956) 11 494; Aircr. Engng. **28** (1956) 331 336; Index Aeron. **12** (1956) 6 43.

Foody, J. J. and *L. Reid:* The solution of aeroelastic problems on wings of arbitrary plan form by matrix methods. J. Roy. Aeron. Soc. **59** (1955) 540 843—846; AMR **10** (1957) 5 216.

Frazer, R. A. and *W. P. Jones:* Spring tab flutter. Part I. A theoretical investigation on wing-aileron-tab flutter. ARC R & M No. 2952 1955; J. Roy. Aeron. Soc. **60** (1956) 545 360.

Frost, E. A.: Torsional vibrations of a class thin, tapered, solids wings. ARC C. P. No. 218 1955; J. Roy. Aeron. Soc. **60** (1956) 542 145.

Gaukroger, D. R.: Wind-tunnel tests on the symmetric and antisymmetric flutter of swept-back wings. ARC R & M 2911 1955 21 p.; AMR **9** (1956) 10 438.

Hunn, B. A.: On the determination of the flutter forces on wings with supersonic leading edges. Quart J. Mech. & Appl. Math. **8** (1955) 3 293—310; AMR **9** (1956) 4 168.

Jordan, P. F. and *F. Smith:* A wind-tunnel technique for flutter investigations on swept wings with body freedoms. ARC R & M 2893 1955 11 p. 4 ref.; Index Aeron. **12** (1956) 10 32; AMR **10** (1957) 7 317; Aeron. Engng. Rev. **16** (1957) 1 98.

Lambourne, N. C.: Flutter and resonance characteristics of a model cantilever wing carrying localised masses. ARC R & M 2866 1955 25 p. 15 ref.; Index. Aeron. **11** (1955) 10 25; Aeron. Engng. Rev. **14** (1955) 11 112; Aircr. Engng. **27** (1955) 320 353.

Li, Ta: Aerodynamic influence coefficients for an oscillating finite thin wing in supersonic flow. Inst. Aeron. Sci. Prepr. 500 Jan. 1955 46 p. 6 ref.; J. Aeron. Sci. **23**(1956)7 613—622 6 ref.; Index Aeron. **11**(1955)6 24; AMR **10**(1957)1 34.

Molyneux, W. G. and *E. W. Chapple:* The aerodynamic effects of aspect ratio on flutter of unswept wings. ARC R & M 2942 1955 12 p.; Aircr. Engng. **27** (1955) 322 421; Index Aeron. **11** (1955) 11 31; AMR **9** (1956) 12 539.

Nelson, Herbert C. and *Herbert J. Cunningham:* Theoretical investigation of flutter of two-dimensional flat panels with one surface exposed to supersonic potential flow. NACA TN 3465 July 1955 60 p. 19 ref.; NACA Rep. 1280 1956 24 p. 20 ref.; Index Aeron. **11** (1955) 10 25; AMR **10** (1957) 4 165; J. Roy. Aeron. Soc. **61** (1957) 562 710; Aeron. Engng. Rev. **16** (1957) 10 128.

Peacock, H. G. S.: Flight flutter tests on the Gloster Javelin. Aircr. Engng. **27** (1955) 313 68—72 [6.254.22].

Pines, Samuel, John Dugundji and *Joseph Neuringer:* Aerodynamic flutter derivatives for a flexible wing with supersonic and subsonic edges. J. Aeron. Sci. **22** (1955) 10 693—700 13 ref.; AMR **9** (1956) 5 218—219.

Shen, S. F.: Remarks on "an exact solution for twodimensional linear panel flutter at supersonic speeds". J. Aeron. Sci. **22** (1955) 9 656—657 2 ref.

Wallskog, Harvey A.: Flutter experiences with thin pointed-tip wings during flight tests of rocket-propelled models at Mach numbers from 0.8 to 1.95. NACA RM L 55 A 14 Apr. 1955 32 p.; Aero Space Engng. **17** (1958) 6 80.

Wight, K. C.: Measurements of two-dimensional derivatives on a wing-aileron-tab system with a 1541 section aerofoil. Part I. Direct aileron derivatives. ARC R & M No. 2934 1955; J. Roy. Aeron. Soc. **59** (1955) 539 786.

Ashley, Holt and *Garabed Zartarian:* Piston theory — a new aerodynamic tool for the aeroelastician. Inst. Aeron. Sci. 24th Ann. Meeting. New York, Jan. 1956, Prepr. 610 44 p. 20 ref.; J. Aeron. Sci. **23** (1956) 12 1109—1118 21 ref.; Index Aeron. **12** (1956) 6 19; AMR **10** (1957) 8 369.

Bailey, C. M. and *R. W. Traill-Nash:* An investigation of the flutter of rectangular wings with tip masses. III. Wing stiffness and resonance testing. ARL Rep. SM 238 Febr. 1956 45 p. 6 ref.; Index Aeron. **13** (1957) 4 17; J. Roy. Aeron. Soc. **61** (1957) 555 221; Aeron. Engng. Rev. **16** (1957) 3 106—107.

Berman, J. H.: Lift and moment coefficients for an oscillating rectangular wing-aileron configuration in supersonic flow. NACA TN 3644 July 1956 46 p.; AMR **9** (1956) 12 538.

Biot, M. A.: Effect of thermal stresses on the aeroelastic stability of supersonic wings. Cornell Aeron. Lab. Rep. SA-987-S-2 Apr. 1956 12 p.; Aeron. Engng. Rev. **16** (1957) 5 189.

Bosschaart, A. C. A. and *A. I. van de Vooren:* Investigation of the effect of an improved strip theory for swept wings on the flutter speed. NLL TN F 168 Oct. 1956 16 p.; Index Aeron. **13** (1957) 5 39; AMR **10** (1957) 11 523; J. Roy. Aeron. Soc. **61** (1957) 559 505; Aeron. Engng. Rev. **16** (1957) 6 139.

Broglio, Luigi: A method for solving dynamic problems of modern transonic and supersonic wings. AGARD Rep. 38 Apr. 1956 V, 25 p. 5 ref.; J. Roy. Aeron. Soc. **61** (1957) 562 710; Aeron. Engng. Rev. **16** (1957) 7 160.

Brown, S. C. and *E. C. Holleman:* Experimental and predicted lateral-directional dynamic-response characteristics of a large flexible 35° swept-wing airplane at an altitude of 35,000 feet. NACA TN 3874 Dec. 1956 74 p. 14 ref.; AMR **10** (1957) 5 215; Aeron. Engng. Rev. **16** (1957) 2 140; Index Aeron. **13** (1957) 3 17—18.

Chu, Hu-Nan and *George Herrmann:* Influence of large amplitudes on free flexural vibrations of rectangular elastic plates. Amer. Soc. Mech. Engrs. Prepr. 56-APM-27 1956 9 p. 9 ref.; J. Appl. Mech. **23** (1956) 4 532—540; Index Aeron. **12** (1956) 8 70—71; AMR **10** (1957) 6 242.

Clevenson, S. A. and *E. Widmayer jr.:* Experimental measurements of forces and moments on a two-dimensional oscillating wing at subsonic speeds. NACA TN 3686 June 1956 28 p. 8 ref.; Index Aeron. **12** (1956) 9 19—20; AMR **10** (1957) 2 72.

Clevenson, Sherman A. and *Sumner A. Leadbetter:* Some measurements of aerodynamic forces and moments at subsonic speeds on a wing-tank configuration oscillating in pitch about the wing midchord. NACA TN 3822 Dec. 1956 37 p. 4 ref.; Index Aeron. **13** (1957) 3 30; AMR **10** (1957) 5 217; Aeron. Engng. Rev. **16** (1957) 2 140.

Diederich, Franklin W.: Divergence of delta and swept surfaces in the transonic and supersonic speed ranges. AGARD Rep. 42 Apr. 1956; J. Roy. Aeron. Soc. **62** (1958) 565 76.

Farbridge, J. E. F., F. A. Woodward and *G. E. A. Thomann:* Aeroelastic problems of low aspect ratio wings. V. Application of the structural and aeroelastic matrices to the solution of steady state aeroelastic problems. Aircr. Engng. **28** (1956) 328 196—198; Index Aeron. **12** (1956) 7 14.

Frazer, R. A. and *W. P. Jones:* Spring tab flutter. I. A theoretical investigation on wing-aileron-tab flutter. ARC R & M 2952 1956 1—89; Index Aeron. **12** (1956) 4 30; AMR **10** (1957) 7 312—313.

Gaukroger, D. R. and *D. Nixon:* Wind tunnel tests on antisymmetric flutter of a delta wing with rolling body freedom. ARC Curr. Pap. 259 1956 9 p.; Index Aeron. **12** (1956) 11 37—38; Aeron. Engng. Rev. **16** (1957) 1 98; Aircr. Engng. **29** (1957) 335 27.

Gaukroger, D. R.: Wind tunnel tests on the effect of spar variations on the flutter of a model wing. Roy. Aircr. Establ. TN S 203 July 1956 12 p.; Aeron. Engng. Rev. **16** (1957) 1 122.

Gaukroger, D. R.: Wind-tunnel flutter tests on a delta wing with an all-moving tip control surface. ARC R & M 2978 1956 17 p.; AMR **11** (1958) 5 241—242; Index Aeron. **13** (1957) 7 20; Aircr. Engng. **29** (1957) 341 223; J. Roy. Aeron. Soc. **61** (1957) 561 650.

Hall, H.: Flutter calculations on a resonance model delta wing. ARC Curr. Pap. 260 1956 10 p. 6 ref.; Index Aeron. **13** (1957) 5 40; Aircr. Engng. **29** (1957) 338 125; AMR **11** (1958) 2 80—81; J. Roy. Aeron. Soc. **61** (1957) 557 369; Aeron. Engng. Rev. **16** (1957) 5 189.

Hedgepeth, John M.: Recent research on the determination of natural modes and frequencies of aircraft wing structures. AGARD Rep. 37 Apr. 1956 V, 24 p. 17 ref.; **10** (1957) 11 524; Index Aeron. **13** (1957) 8 16; J. Roy. Aeron. Soc. **61** (1957) 562 710; Aeron. Engng. Rev. **16** (1957) 2 118.

Hedgepeth, John M.: On the flutter of panels at high Mach numbers. J. Aeron. Sci. **23** (1956) 6 609—610 4 ref.; Index Aeron. **12** (1956) 7 90.

Hjelte, F.: Methods for calculating pressure distributions on oscillating wings of delta type at supersonic and transonic speeds. Roy. Inst. Technol., Stockholm, KTH-Aero TN 39 1956 29 p.; AMR **10** (1957) 1 34.

Huckel, V.: Tabulation of the f_λ functions which occur in the aerodynamic theory of oscillating wings in supersonic flow. NACA TN 3606 Febr. 1956 59 p.; AMR **9** (1956) 7 308.

Jones, W. P.: The oscillating aerofoil in subsonic flow. ARC R & M 2921 1956 16 p. 14 ref.; Index Aeron. **13** (1957) 1 28; AMR **10** (1957) 12 573; Aeron. Engng. Rev. **16** (1957) 2 118.

Jordan, Peter F.: On the flutter of swept wings. Inst. Aeron. Sci. 24th Ann. Meeting, New York, Jan. 1956, Prepr. 619 27 p. 11 ref.; J. Aeron. Sci. **24** (1957) 3 203—210 11 ref.; Index Aeron. **12** (1956) 6 21, **13** (1957) 4 26; AMR **11** (1958) 3 133.

Lambourne, N. C. and *A. Chinneck:* The flutter properties of a simple aero-isoclinic wing system. ARC R & M 2869 1956 16 p. 5 ref.; Index Aeron. **13** (1957) 3 31; AMR **10** (1957) 12 579; J. Roy. Aeron. Soc. **61** (1957) 556 292—293.

Lehrian, Doris E.: Calculation of stability derivatives for oscillating wings. ARC R & M 2922 1956 23 p. 12 ref.; Index Aeron. **13** (1957) 11 32; Aeron. Engng. Rev. **16** (1957) 12 90; J. Roy. Aeron. Soc. **62** (1958) 565 76; AMR **11** (1958) 5 241.

Lehrian, D. E.: Calculated derivatives for rectangular wings oscillating in compressible subsonic flow. ARC R & M 3068 July 1956; Aircr. Engng. **31** (1959) 359 22.

Leyds, J.: Aeroelastic problems of low aspect ratio wings. III. Aerodynamic forces on an oscillating delta wing. IV. Application of the structural and aerodynamic matrices to the solution of the flutter problem. Aircr. Engng. **28** (1956) 326 119—122, 327 166—167; Index Aeron. **12** (1956) 5 16, 6 20.

Lubkin, James L. and *Yudell L. Luke:* Modes and frequencies of wings of triangular planform. WADC Techn. Rep. 56-335 June 1956 46 p. 15 ref.; Aeron. Engng. Rev. **16** (1957) 1 98.

Mar, J. W., T. H. H. Pian and *J. M. Calligeros:* A note on methods for the determination of transient stresses. J. Aeron. Sci. **23** (1956) 1 94—95 3 ref.; Index Aeron. **12** (1956) 2 102 [1.134].

Molyneux, W. G.: Measurement of the aerodynamic forces on oscillating aerofoils. A survey of techniques used for the experimental determination of aerodynamic derivatives for flutter calculations. Aircr. Engng. **28** (1956) 323 2—10 10 ref.; AMR **9** (1956) 6 261.

Molyneux, W. G. and F. Ruddlesden: Some flutter tests on swept-back wings using ground-launched rockets. ARC R & M No. 2949 1956; J. Roy. Aeron. Soc. **60** (1956) 551 762.

Movchan, A. A.: On vibrations of a plate moving in a gas. (Trans. from Prikladnaia Matematika i Mekhanika **20** (1956) 2) NASA 11-22-58W Jan. 1959.

Niblett, L. T.: Flutter calculations on a rudder with trailing-edge spoiler. Roy. Aircr. Establ. TN S 202 May 1956; ARC Curr. Pap. 277 May 1956 13 p. 3 ref.; Index Aeron. **13** (1957) 2 35; Aircr. Engng. **29** (1957) 336 59; AMR **11** (1958) 5 242.

Nishino, Kichiji: Flutter calculation of wing with an elastically supported concentrated weight. (In Engl.) J. Japan Soc. Aeron. Engng. **4** (1956) 27 75—81; Japan Sci. Rev., Mech. & Electr. Engng. **3** (1957) 1 59.

Rainey, A. G.: Preliminary study of some factors which affect the stall-flutter characteristics of thin wings. NACA TN 3622 March 1956 33 p.; AMR **9** (1956) 10 439.

Rockliff, R. J.: An investigation of the flutter of rectangular wings with tip masses. II. Test vehicle design, instrumentation and firing. ARL Rep. SM 239 Febr. 1956 14 p. 10 ref.; Index Aeron. **13** (1957) 4 17; J. Roy. Aeron. Soc. **61** (1957) 555 220.

Runyan, H. L. and D. S. Woolston: Method for calculating the aerodynamic loading of an oscillating finite wing in subsonic and sonic flow. NACA TN 3694 Aug. 1956 76 p. 37 ref.; Index Aeron. **12** (1956) 11 41; AMR **10** (1957) 2 72.

Schmitt, Alfred F.: A least squares matrix interpolation of flexibility influence coefficients. J. Aeron. Sci. **23** (1956) 10 980; Index Aeron. **12** (1956) 11 4.

Scruton, C., J. Williams and C. J. W. Miles: Spring tab flutter. II. Experiments on binary aileron-tab flutter. ARC R & M 2952 1956 90—95; Index Aeron. **12** (1956) 4 30; AMR **10** (1957) 7 313.

Thomann, G. E. A.: Aeroelastic problems of low aspect ratio wings. I. Structural analysis. Aircr. Engng. **28** (1956) 324 36—42; Index Aeron. **12** (1956) 3 22.

Wittmeyer, H. and H. Templeton: Criteria for the prevention of flutter of spring tab systems. ARC R & M 2825 1956 44 p. 12 ref.; Index Aeron. **13** (1957) 4 30; Aircr. Engng. **29** (1957) 342 253; AMR **10** (1957) 12 579; J. Roy. Aeron. Soc. **61** (1957) 557 369; Aeron. Engng. Rev. **16** (1957) 5 189.

Woodcock, D. L.: Aerodynamic derivates for two cropped delta wings and one arrowhead wing oscillating in distortion modes. ARC Curr. Pap. 268 1956 69 p. 3 ref.; Index Aeron. **12** (1956) 12 26; J. Roy. Aeron. Soc. **61** (1957) 553 65; Aeron. Engng. Rev. **16** (1957) 2 118.

Woodward, F. A.: Aeroelastic problems of low aspect ratio wings. II. Aerodynamic forces on an elastic wing in supersonic flow. Aircr. Engng. **28** (1956) 325 77—81; Index Aeron. **12** (1956) 4 19.

Woolston, Donald S., Harry L. Runyan and Robert E. Andrews: An investigation of effects of certain types of structural nonlinearities on wing and control surface flutter. Inst. Aeron. Sci. Prepr. 633 Jan. 1956 26 p.; J. Aeron. Sci. **24** (1957) 1 57—63; Index Aeron. **12** (1956) 6 20; AMR **10** (1957) 7 312 [6.254.22].

Biot, M. A.: Influence of thermal stresses on the aeroelastic stability of supersonic wings. J. Aeron. Sci. **24** (1957) 6 418—420, 429 7 ref.; Index Aeron. **13** (1957) 7 19.

Bonneau, E.: Influence de l'échauffement cinétique sur la réponse vibratoire du mode de torsion d'une voilure. Rech. Aéron. (1957) 61 27—34 7 réf.

Chen, M. M.: Flutter of low-aspect-ratio wings. II. Aeroelastic model design and testing. Massachusetts Inst. of Technol., Aeroelastic & Structures Rep., Techn. Rep. 64-2 Oct. 1957 105 p. 16 ref.; Aero Space Engng. **17** (1958) 5 105.

Cole, H. A. jr., S. C. Brown and *E. C. Holleman:* Experimental and predicted longitudinal and lateral-directional response characteristics of a large flexible 35° swept-wing airplane at an altitude of 35,000 feet. NACA Rep. 1330 1957 39 p.; AMR **11** (1958) 11 634—635.

Fung, Y. C.: Flutter of curved plates with edge compression in supersonic flow. California Inst. Technol. Guggenheim Aeron. Lab. GALCIT Rep. 5 Apr. 1957 32 p. 12 ref.; Proc. 3rd Midwestern Conf. on Solid Mech., Univ. of Michigan, Apr. 1957 221—245; Aeron. Engng. Rev. **16** (1957) 8 122; AMR **11** (1958) 8 440—441.

Fung, Y. C.: On panel flutter. Inst. Aeron. Sci. Nat. Summer Meeting, Los Angeles, June 1957, Prepr. 749 65 p. 43 ref.; Aeron. Engng. Rev. **16** (1957) 8 121—122; Index Aeron. **13** (1957) 9 20.

Garner, H. C. and *W. E. A. Acum:* Problems in computation of aerodynamic loading on oscillating lifting surfaces. ARC Curr. Pap. 309 1957 15 p. 38 ref.; AMR **11** (1958) 2 81; Aeron. Engng. Rev. **16** (1957) 7 133; Index Aeron. **13** (1957) 6 22—23.

Greenspon, J. E. and *R. L. Goldman:* Flutter of thin panels at subsonic and supersonic speeds (U). Addendum: Some experiments on panel flutter. US Airc Force, Office of Sci. Res., Air Res. & Devel. Command, AFOSR Techn. Rep. TR 57-65 (AD 136560), Martin Rep. ER 9934 Nov. 1957 75 p. 23 ref.; Aeron. Engng. Rev. **17** (1958) 3 90; AMR **12** (1959) 3 206.

Hall, A. H., Helen A. Tulloch, H. F. L. Pinkney and *A. C. Sarazin:* Graphical and tabulated data on the frequency and modal characteristics of swept cantilevers. Nat. Aeron. Establ., Canada, Lab. Rep. 193 June 1957 64 p. (and appendixes); AMR **11** (1958) 8 418—419; Aeron. Engng. Rev. **17** (1958) 1 92; Aircr. Engng. **30** (1958) 348 57.

Hanson, P. W. and *W. J. Tuovila:* Experimentally determined natural vibration modes of some cantilever-wing flutter models by using an acceleration method. NACA TN 4010 Apr. 1957 46 p. 5 ref.; Aeron. Engng. Rev. **16** (1957) 6 139; AMR **10** (1957) 8 343; Index Aeron. **13** (1957) 7 19; J. Roy. Aeron. Soc. **61** (1957) 563 791.

Hedgepeth, John M.: Flutter of rectangular simply supported panels at high supersonic speeds. Inst. Aeron. Sci. 25. Ann. Meeting New York Jan. 1957 Prepr. 713 1957 44 p.; J. Aeron. Sci. **24** (1957) 8 563—573, 586 26 ref.; Index Aeron. **13** (1957) 5 22—23; AMR **11** (1958) 8 440; Aeron. Engng. Rev. **16** (1957) 3 107.

Hedgepeth, J. M. and *P. G. Waner jr.:* Analysis of static aeroelastic behavior of low-aspect-ratio rectangular wings. NACA TN 3958 Apr. 1957 21 p. 5 ref.; Aeron. Engng. Rev. **16** (1957) 6 139; AMR **10** (1957) 11 524; Index Aeron. **13** (1957) 7 36.

Hsu, Pao-Tan: Flutter of low aspect-ratio wings. I. Calculation of pressure distributions for oscillating wings of arbitrary planform in subsonic flow by the Kernel-function method. Massachusetts Inst. of Technol., Aeroelastic & Structures Rep., Techn. Rep. 64-1 Oct. 1957 74 p. 16 ref.; Aero Space Engng. **17** (1958) 5 105.

Jones, W. P.: Oscillating wings in compressible subsonic flow. ARC R & M 2855 1957 18 p. 12 ref.; Index Aeron. **14** (1958) 9 16; Aero Space Engng. **17** (1958) 10 75; J. Roy. Aeron. Soc. **62** (1958) 571 536; Aircr. Engng. **30** (1958) 354 246.

Jordan, P. F.: The harmonically oscillating wing with finite vortex trail. ARC R & M 3038 1957 14 p.; AMR **11** (1958) 10 567.

Kappus, R. et *D. Clerc:* Calcul des formes et fréquences propres d'une aile delta montée sur un avion libre dans l'espace à partir de coefficients d'influence mesurés au mur d'essai. Rech. Aéron. (1957) 57 37—40; AMR **11** (1958) 1 35; Aeron. Engng. Rev. **16** (1957) 8 121.

Kordes, E. E., E. T. Kruszewski and *D. J. Weidman:* Experimental influence coefficients and vibration modes of a built-up 45° delta-wing specimen. NACA TN 3999 May 1957 41 p. 6 ref.; Index Aeron. **13** (1957) 9 31; J. Roy. Aeron. Soc. **61** (1957) 562 710; AMR **11** (1958) 4 183; Aeron. Engng. Rev. **16** (1957) 8 121.

Kruszewski, E. T., E. E. Kordes and *D. J. Weidman:* Theoretical and experimental investigations of delta-wing vibrations. NACA TN 4015 June 1957 11 p. 6 ref.; J. Roy. Soc. **61** (1957) 563 791; Aeron. Engng. Rev. **16** (1957) 9 129; Index Aeron. **13** (1957) 9 23—24; AMR **11** (1958) 5 215.

Küssner, Hans Georg: Theory of the oscillating elliptical airfoil in subsonic region. (In German). 9e Congr. Int. Mécanique Appliqué, Univ. Bruxelles, Vol. 3 1957 75—84; AMR **11** (1958) 10 568.

Lambourne, N. C.: Flutter and resonance characteristics of a model cantilever wing carrying localised masses. ARC R & M 2866 Apr. 1957 publ. 1955; J. Roy. Aeron. Soc. **59** (1955) 539 786.

Lauten, William T. jr. and *Herbert C. Nelson:* Results of two free-fall experiments on flutter of thin unswept wings in the transonic speed range. NACA TN 3902 Jan. 1957 20 p.; AMR **10** (1957) 12 578; Index Aeron. **13** (1957) 3 19; J. Roy. Aeron. Soc. **61** (1957) 557 369; Aeron. Engng. Rev. **16** (1957) 3 118.

Lchrian, Doris E.: Aerodynamic coefficients for an oscillating delta wing. ARC R & M 2841 1957 10 p. 7 ref.; Index Aeron. **13** (1957) 9 30—31; Aeron. Engng. Rev. **16** (1957) 11 116.

Leonard, Robert W. and *John M. Hedgepeth:* On the flutter of infinitely long panels on many supports. J. Aeron. Sci. **24** (1957) 5 381—383 4 ref.; Index Aeron. **13** (1957) 6 23; AMR **11** (1958) 3 133.

Luke, Y. L. and *A. St. John:* Supersonic panel flutter. Appendix I: Solution of the membrane problem by perturbation. Appendix II: Equations used to derive engineering data from basic curves. WADC Techn. Rep. TR 57-252 (AD 118238) July 1957 76 p.; Aeron. Engng. Rev. **17** (1958) 1 92.

Minhinnick, I. T. and *D. L. Woodcock:* Tables of aerodynamic flutter derivatives for thin wings and control surfaces in two-dimensional supersonic flow. Roy. Aircr. Establ. Rep. S 228 Oct. 1957 44 p.; ARC Curr. Pap. 382 1958 44 p.; J. Roy. Aeron. Soc. **62** (1958) 571 536; AMR **11** (1958) 12 692; Aeron. Engng. Rev. **17** (1958) 4 86; Index Aeron. **14** (1958) 7 21—22 [6.254.22].

Molyneux, W. G. and *F. Ruddlesden:* Derivative measurements and flutter tests on a rectangular wing with a full-span control surface, oscillating in modes of wing roll and aileron rotation. ARC R & M 3010 1957 10 p.; J. Roy. Aeron. Soc. **62** (1958) 566 147; AMR **11** (1958) 11 634; Aero Space Engng. **17** (1958) 6 80.

Molyneux, W. G.: Flutter of wings with localised masses. J. Roy. Aeron. Soc. **61** (1957) 562 667—678 19 ref.; Index Aeron. **13** (1957) 11 20; AMR **11** (1958) 8 440; Aeron. Engng. Rev. **16** (1957) 12 103.

Molyneux, W. G. and *H. Hall:* The aerodynamic effects of aspect ratio and sweepback on wing flutter. ARC R & M 3011 1957 17 p.; J. Roy. Aeron. Soc. **62** (1958) 566 147; AMR **11** (1958) 11 634; Index Aeron. **14** (1958) 1 27; Aero Space Engng. **17** (1958) 6 80.

Niblett, L. T.: Flutter calculations on a supersonic aircraft wing. ARC Curr. Pap. 328 1957 9 p.; Index Aeron. **13** (1957) 8 30; J. Roy. Aeron. Soc. **61** (1957) 561 650; Aeron. Engng. Rev. **16** (1957) 11 116; AMR **11** (1958) 2 81.

Sewall, John L.: An experimental and theoretical study of the effect of fuel on pitching-translation flutter. Appendix. Flutter and divergence equations for two-dimensional wing-tank configuration. NACA TN 4166 Dec. 1957 42 p. 14 ref.; Aeron. Engng. Rev. **17** (1958) 2 83; Index Aeron. **14** (1958) 2 29.

Sylvester, Maurice A. and *J. E. Baker:* Some experimental studies of panel flutter at Mach number 1.3. NACA TN 3914 Febr. 1957 25 p. 5 ref.; Index Aeron. **13** (1957) 5 23; AMR **10** (1957) 12 578; J. Roy. Aeron. Soc. **61** (1957) 562 710; Aeron. Engng. Rev. **16** (1957) 4 126.

Tonski, A.: Étude expérimentale de la variation de l'amortissement d'une structure en fonction de l'amplitude de la vibration. Rech. Aéron. (1957) 56 60—62.

van de Vooren, A. I. and *O. Schatz:* Comparative calculations of divergence speed for wings of not too large aspect ratio. NLL TN F 197 Jan. 1957; J. Roy. Aeron. Soc. **62** (1958) 565 76.

Vosteen, Louis F., Robert R. McWithey and *Robert G. Thomson:* Effect of transient heating on vibration frequencies of some simple wing structures. NACA TN 4054 June 1957 10 p.; J. Roy. Aeron. Soc. **61** (1957) 563 791; Aeron. Engng. Rev. **16** (1957) 10 125; Index Aeron. **13** (1957) 9 75; AMR **11** (1958) 1 12.

de Vries, G.: Problèmes particuliers de flottement relatifs aux gouvernes et aux tabs. Rech. Aéron. (1957) 58 49—53.

Wilts, C. H.: Incompressible flutter characteristics of representative aircraft wings. NACA TN 3780 Apr. 1957 121 p. 11 ref.; NACA Rep. 1390 1958; Aeron. Engng. Rev. **16** (1957) 6 139; AMR **10** (1957) 11 523—524; Index Aeron. **13** (1957) 6 23; Aircr. Engng. **31** (1959) 368 318.

Chopin, S. et *H. Loiseau:* Mesure de coefficients de moment de charnière d'aileron sur une aile droite de faible allongement. ONERA NT 46 1958 6 p.; Aero Space Engng. **17** (1958) 11 98.

Coleman, T. L., H. Press and *M. T. Meadows:* An evaluation of effects of flexibility on wing strains in rough air for a large swept-wing aircraft by means of experimentally determined frequency response functions with an assessment of random process techniques employed. NACA TN 4291 July 1958 74 p.; Index Aeron. **14** (1958) 10 23; J. Roy. Aeron. Soc. **62** (1958) 574 767.

Crisp, J. D. C.: On the theory of flutter prevention for wing-flap systems. ARL Rep. SM 259 Jan. 1958; J. Roy. Aeron. Soc. **63** (1959) 577 71.

Dat, R. et *M. Trubert:* Application d'une méthode de détermination expérimentale des forces aérodynamiques instationnaires relatives à une aile rigide oscillant en soufflerie. ONERA NT 44 1958 22 p.; Aero Space Engng. **17** (1958) 9 74; Index Aeron. **14** (1958) 10 25—26.

Dat, Roland et *R. Destuynder:* Détermination des coefficients aérodynamiques instationnaires sur une aile delta, de Mach 0 à Mach = 1,35. Rech. Aéron. (1958) 64 57—58.

Dugundji, J.: Effect of quasi-steady air forces on incompressible bending-torsion flutter. J. Aeron. Sci. **25** (1958) 2 119—121 5 ref.; AMR **11** (1958) 9 505; Aeron. Engng. Rev. **17** (1958) 2 83; Index Aeron. **14** (1958) 3 19.

Fralich, R. W. and *J. M. Hedgepeth:* Flutter analysis of rectangular wings of very low aspect ratio. NACA TN 4245 June 1958 23 p. 11 ref.; J. Roy. Aeron. Soc. **62** (1958) 573 688; Index Aeron. **14** (1958) 9 18; Aero Space Engng. **17** (1958) 9 74.

Fung, Y. C.: On two-dimensional panel flutter. J. Aeron. Sci. **25** (1958) 3 145—160 27 ref.; AMR **11** (1958) 9 504—505.

Gaukroger, D. R. and *E. W. Chapple:* Wind-tunnel tests on the effect of body freedoms on the flutter of a model wing carrying a localized mass. ARC R & M 3081 1958 33 p. 3 ref.; Index Aeron. **14** (1958) 9 17; Aero Space Engng. **17** (1958) 10 93; J. Roy. Aeron. Soc. **62** (1958) 575 843; AMR **12** (1959) 2 126.

Guyett, P. R.: Supersonic wind-tunnel flutter tests of two rectangular wings. ARC R & M 3080 1958 15 p. 5 ref.; Aero Space Engng. **17** (1958) 10 93; Index Aeron. **14** (1958) 9 17; J. Roy. Aeron. Soc. **62** (1958) 575 843; Aircr. Engng. **30** (1958) 358 378.

Hall, H. and *E. W. Chapple:* A comparison of the measured and predicted flutter characteristics of a series of delta wings of different aspect ratios. ARC R & M 3071 1958 8 p.; Index Aeron. **14** (1958) 6 25; AMR **11** (1958) 12 693; Aero Space Engng. **17** (1958) 10 75; Aircr. Engng. **30** (1958) 355 283.

Hall, H.: The effect of wing torsion on aileron-tab flutter. ARC R & M 3072 1958 19 p.; J. Roy. Aeron. Soc. **62** (1958) 571 536; Index Aeron. **14** (1958) 6 25; Aircr. Engng. **30** (1958) 355 283.

Huss, C. R. and *J. J. Donegan:* Effect of the proximity of the wing firstbending frequency and the short-period frequency on the airplane dynamic-response factor. NACA TN 4250 June 1958 30 p.; AMR **12** (1959) 1 60.

Johns, David John: Some panel-flutter studies using piston theory. J. Aero Space Sci. **25** (1958) 11 679—684, 715 7 ref.; Aero Space Engng. **17** (1958) 11 91.

Kroll, W. D.: Effect of rib flexibility on the vibration modes of a delta-wing aircraft. J. Res. Nat. Bur. Stand. (1958) Apr. 335—341; Aero Space Engng. **17** (1958) 7 72.

Landahl, Marten T.: Theoretical studies of unsteady transonic flow. IV. The oscillating rectangular wing with control surface. FFA Rep. 80 Nov. 1958 28 p. 8 ref.

Lehrian, D. E.: Calculation of flutter derivatives for wings of general plan-form. ARC R & M 2961 1958; J. Roy. Aeron. Soc. **63** (1959) 577 71.

Loiseau, H.: Calcul et essais de flottement en soufflerie et en air libre sur ailes semblables. Rech. Aéron. (1958) 63 13—18; Aero Space Engng. **17** (1958) 8 80; Index Aeron. **14** (1958) 7 23.

Morgan, Homer G., Harry L. Runyan and *Vera Huckel:* Theoretical considerations of flutter at high Mach numbers. Inst. Aeron. Sci. 26th Ann. Meeting, New York, Jan. 1958, Prepr. 776 1958 19 p. 16 ref.; J. Aeron. Sci. **25** (1958) 6 371—381 16 ref.; Aeron. Engng. Rev. **17** (1958) 3 90; Index Aeron. **14** (1958) 6 23.

Nicolas, J.: Comparaison des résultats obtenus en soufflerie, sur une aile d'avion, par application des méthodes d'excitation en vol harmonique et impulsionnelle. Rech. Aéron. (1958) 65 35—43 5 réf.; Index Aeron. **14** (1958) 11 23—24.

Papadopoulos, J. G.: Aeroelastic solution for a wing plan form with a tip control surface. J. Aero Space Sci. **25** (1958) 11 726—727; Index Aeron. **14** (1958) 12 25; Aero Space Engng. **17** (1958) 12 76.

Smith, A. D. N.: The effect of various parameters on wing torsion-aileron rotation flutter. Roy. Aircr. Establ. TN S 239 May 1958 21 p.; Aero Space Engng. **17** (1958) 11 91.

Stepanov, R. D.: On the flutter of cylindrical shells and panels moving in a flow of gas. NACA TM 1438 Sep. 1958 25 p.; Aircr. Engng. **30** (1958) 358 379; J. Roy. Aeron. Soc. **62** (1958) 576 914 [6.254.22].

Woolston, D. S. and *J. L. Sewall:* Use of the kernel function in a three-dimensional flutter analysis with application to a flutter-tested delta-wing model. NACA TN 4395 Sept. 1958 25 p.; AMR **12** (1959) 5 359.

Broadbent, E. G.: Flutter of an untapered wing allowing for thermal effects. ARC Curr. Pap. 442 Apr. 1959 13 p. 5 ref.; Index Aeron. **15** (1959) 12 24; Aircr. Engng. **31** (1959) 369 348.

Brown, S. C.: Predicted static aeroelastic effects on wings with supersonic leading edges and streamwise tips. NASA Mem. 4-18-59A TIL 6342 Apr. 1959.

Coupry, G.: Coefficients aérodynamiques tridimensionnels quasi stationnaires en supersonique. Rech. Aéron. (1959) 69 49—56.

Coupry, G.: Coefficients instationnaires d'aileron en supersonique tridimensionnel. Rech. Aéron. (1959) 73 47—52.

Gaukroger, D. R.: A theoretical treatment of the flutter of a wing with a localised mass. J. Roy. Aeron. Soc. **63** (1959) 578 95—103 7 ref.

Hedgepeth, J. M. and *P. G. Waner jr.:* Application of method of Stein and Sanders to the calculation of vibration characteristics of a 45° delta-wing specimen. NASA Memo 2-1-59L Febr. 1959 26 p.; AMR **12** (1959) 10 725.

Higdon, D. T.: Effects of large wing-tip masses on oscillatory stability of wing bending coupled with airplane pitch. NASA Memo 12-29-58A Jan. 1959 32 p.; AMR **12** (1959) 9 651—652.

Kruszewski, E. T. and *P. G. Waner jr.:* Evaluation of the Levy method as applied to vibrations of a 45° delta wing. NASA Memo 2-2-59L Febr. 1959 21 p.; AMR **12** (1959) 7 464.

Loiseau, H.: Essais de flottement en air libre sur maquettes larguées. Rech. Aéron. (1959) 70 47—55.

Mazet, R. et *A. Schindler:* Une tentative pour tenir compte d'effets aérodynamiques non linéaires dans le calcul du flottement de structure en régime incompressible. Rech. Aéron. (1959) 71 48—50.

Movchan, A. A.: On the stability of a panel moving in a gas. NASA RE 11-21-58W TIL/RPN/1 Jan. 1959; J. Roy. Aeron. Soc. **63** (1959) 581 325.

Movchan, A. A.: On the vibrations of a plate moving in a gas. NASA R. E. 11-22-58W TIL/RPN/2 Jan. 1959; J. Roy. Aeron. Soc. **63** (1959) 581 325.

Rainey, A. G. and *T. A. Byrdsong:* An examination of methods of buffeting analysis based on experiments with wings of varying stiffness. NASA TN D-3 Aug. 1959; J. Roy. Aeron. Soc. **63** (1959) 588 746.

Weidman, D. J. and *E. E. Kordes:* Experimental influence coefficients and vibration modes of a multispar 60° delta wing. NASA Mem. 2-4-59L TIL 6375 May 1959.

Wilts, C. H.: Investigation of methods for computing flutter characteristics of supersonic delta wings and comparison with experimental data. NASA TN D-5 Aug. 1959; J. Roy. Aeron. Soc. **63** (1959) 588 744.

Leitwerkschwingungen **6.254.22**

Jones, W. P.: Wing-fuselage flutter of large aeroplanes. ARC R & M 2656 Nov. 1947; Aircr. Engng. **25** (1953) 293 207 [6.254.23].

Templeton, H.: Control-surface flutter with the stick free. ARC R & M 2824 1954 22 p.; Aircr. Engng. **27** (1955) 312 62.

Williams, D. E.: The effect of compressibility on elevator flutter. ARC Curr. Pap. 185 1954 9 p. 3 ref.; Index Aeron. **11** (1955) 4 20.

Peacock. H. G. S.: Flight flutter tests on the Gloster Javelin. Aircr. Engng. **27** (1955) 313 68—72 [6.254.21].

Ribner, H. S.: Spectral theory of buffeting and gust response: Unification and extension. J. Aeron. Sci. **23** (1956) 12 1075—1077, 1118 7 ref.; Aeron. Engng. Rev. **15** (1956) 12 114, **16** (1957) 1 98; Index Aeron. **13** (1957) 1 21; AMR **10** (1957) 7 311.

Woolston, Donald S., Harry L. Runyan and *Robert E. Andrews:* An investigation of effects of certain types of structural nonlinearities on wing and control surface flutter. Inst. Aeron. Sci. Prepr. 633 Jan. 1956 26 p.; J. Aeron. Sci. **24** (1957) 1 57—63; Index Aeron. **12** (1956) 6 20; AMR **10** (1957) 7 312 [6.254.21].

Goldman, R. L.: Flutter of T-tails with dihedral. Martin Rep. ER 8205 July 1957 58 p.; Aeron. Engng. Rev. **16** (1957) 10 117.

Molyneux, W. G.: A geared flywheel balance arrangement for the prevention of control surface flutter. Roy. Aircr. Establ. Rep. S. 224 June 1957 16 p.; ARC Curr. Pap. 365 1957 9 p.; Aeron. Engng. Rev. **17** (1958) 1 94; Index Aeron. **14** (1958) 1 38; AMR **11** (1958) 11 634.

Pinsker, W. J. G.: Control surfaces restrained by viscous friction as a means of damping aircraft oscillations. ARC R & M 2962 1957 26 p. 4 ref.; Index Aeron. **13** (1957) 9 77.

Baldock, J. C. A.: The determination of the flutter speed of a T-tail unit by calculations, model tests and flight flutter tests. AGARD Rep. 221 Oct. 1958 V, 25 p.

Cunningham, H. J.: Lift and moment on thin arrowhead wings with supersonic edges oscillating in symmetric flapping and roll and application to the flutter of an all-movable control surface. NACA TN 4189 Jan. 1958 58 p.; Index Aeron. **14** (1958) 4 44; Aeron. Engng. Rev. **17** (1958) 4 87.

Lambourne, N. C.: Effect of boundary layer thickness on flutter of control surfaces. A brief survey of relevant reports. AGARD Rep. 183 March/Apr. 1958 2 p. 11 ref.

Minhinnick, I. T. and *D. L. Woodcock:* Tables of aerodynamic flutter derivatives for thin wings and control surfaces in two-dimensional supersonic flow. Roy. Aircr. Establ. Rep. S 228 Oct. 1957 44 p.; ARC Curr. Pap. 382 1958 44 p.; J. Roy. Aeron. Soc. **62** (1958) 571 536; AMR **11** (1958) 12 692; Aeron. Engng. Rev. **17** (1958) 4 86; Index Aeron. **14** (1958) 7 21—22 [6.254.21].

Stepanov, R. D.: On the flutter of cylindrical shells and panels moving in a flow of gas. NACA TM 1438 Sept. 1958 25 p.; Aircr. Engng. **30** (1958) 358 379; J. Roy. Aeron. Soc. **62** (1958) 576 914 [6.254.21].

Williams, D. E.: The effect of wing-tailplane aerodynamic interaction on tail flutter. ARC R & M 3065 1958 24 p.; J. Roy. Aeron. Soc. **62** (1958) 569 394; Index Aeron. **14** (1958) 4 49; Aero Space Engng. **17** (1958) 9 60.

Hall, H. and *E. W. Chapple:* Aerodynamic effects of aspect ratio on control surface flutter. ARC Curr. Pap. 434 1959 16 p. 6 ref.; Index Aeron. **15** (1959) 9 35; Aircr. Engng. **31** (1959) 368 318.

Stahle, C. V.: Transonic effects on T-tail flutter. The Martin Co., Res. Memo 24 Febr. 1959 50 p.; AMR **12** (1959) 12 880.

Rumpfschwingungen **6.254.23**

Jones, W. P.: Wing-fuselage flutter of large aeroplanes. ARC R & M 2656 Nov. 1947; Aircr. Engng. **25** (1953) 293 207 [6.254.22].

Leonard, Robert W. and *John M. Hedgepeth:* On panel flutter and divergence of infinitely long unstiffened and ring-stiffened thin-walled circular cylinders. NACA TN 3638 Apr. 1956 52 p.; NACA Rep. 1302 1957 19 p. 16 ref.; Index Aeron. **12** (1956) 7 15; AMR **9** (1956) 10 439; Aircr. Engng. **30** (1958) 351 154; J. Roy. Aeron. Soc. **62** (1958) 570 468.

Walker, P. B.: Pressure-cabin fatigue. A survey of the problem and the test methods developed at R. A. E. Aircr. Engng. **28** (1956) 323 11—19; Index Aeron. **12** (1956) 2 101; AB **27** (1956) 2 107 [6.254.3].

Rumpf **6.254.3**

MacDonnell, J. S. jr.: Kammern für Höhenflugzeuge. (High altitude airplane compartments. Übers. J. Aeron. Sci. **4** (1937) 5 177). Luftf.-Schrifttum Ausland **3** (1937) 6 131—134.

Liska, J. A.: Tests of extruded magnesium cargo flooring for aircraft. FPL Rep. 1550-I Oct. 1954 49 p.

MacNeal, R. H.: Electrical analogies for stiffened shells with flexible rings. NACA TN 3280 Dec. 1954 35 p.; AMR **9** (1956) 5 201.

Dow, Norris F. and *Roger W. Peters:* Preliminary investigation of the failure of pressurized stiffened cylinders. NACA RM L 55 D 15 b May 1955 14 p.

Hitchcock, L. M.: High-altitude cabin-pressurization design criteria related to future transport operations. Aeron. Engng. Rev. **14** (1955) 8 44—49.

Langlois, M.: Cabines vitrées. Principes de construction et matériaux nouveaux. Techn. Sci. Aéron. (1955) 4 216—222; Luftf.-Techn. **1** (1955) 7 VI.

de Vries, G.: Compressive strength tests on bonded and riveted fuselage and wing skin-stringer panels. NLL Rep. S 458 Febr. 1955 [6.254.1].

*) *Walker, P. B.:* Static strength tests of a Comet I pressure cabin. Roy. Aircr. Establ. Rep. S 196 Dec. 1955 15 p.

Williams, D.: Pressure cabin design. A discussion of some of the structural problems involved, with suggestions for their solution. ARC Curr. Pap. 226 March 1955 51 p.; Roy. Aircr. Establ. TN S 155 March 1955 51 p.

Zaustin, M.: On the danger of combined stresses in pressurized structures. Aeron. Engng. Rev. **14** (1955) 12 45—48; AMR **9** (1956) 6 252; Index Aeron. **12** (1956) 1 76.

Blume, W.: Der Lastenraum von Transportflugzeugen, Ermittlung der Rumpfleitwerksgrößen für Flugzeugprojekte, Trägheitsmomente von Flugzeugen. 3 Teile. Ing.-Büro f. Leichtbau u. Strömungstechn. Prof. W. Blume, Duisburg-Ruhrort, Ber. A7-03 26 S.; Luftf.-Techn. **2** (1956) 9 VI.

Eggleston, John M.: Calculation of the forces and moments on a slender fuselage and vertical fin penetrating lateral gusts. NACA TN 3805 Oct. 1956 20 p.; Index Aeron. **12** (1956) 12 17; AMR **10** (1957) 5 214; Aeron. Engng. Rev. **16** (1957) 1 98.

Gee, S. W.: Torsional stiffness and combined loading tests on the "Olympic" glider fuselage. ARL Note SM 237 Oct. 1956 6 p. 3 ref.; Index Aeron. **13** (1957) 11 92; J. Roy. Aeron. Soc. **61** (1957) 562 710.

Johnson, L. F. and *J. A. Liska:* Summary of the results of tests of cargo flooring for aircraft. (A through U). FPL Rep. 1550-H rev. March 1956 11 p.

Liska, J. A.: Tests of cargo flooring Nn and T for aircraft. FPL Rep. 1550-F rev. March 1956 34 p.

Przemieniecki, J. S.: Transient temperature distributions and thermal stresses in fuselage shells with bulkheads or frames. J. Roy. Aeron. Soc. **60** (1956) 552 799—804 7 ref.; Index Aeron. **13** (1957) 1 95; Aeron. Engng. Rev. **16** (1957) 2 147.

Walker, P. B.: Pressure-cabin fatigue. A survey of the problem and the test methods developed at R. A. E. Aircr. Engng. **28** (1956) 323 11—19; Index Aeron. **12** (1956) 2 101; AB **27** (1956) 2 107 [6.254.23].

Williams, D.: A constructional method for minimising the hazard of catastrophic failure in a pressure-cabin. ARC Curr. Pap. 286 1956 13 p.; J. Roy. Aeron. Soc. **61** (1957) 555 221; Aeron. Engng. Rev. **16** (1957) 2 140—141; AMR **11** (1958) 5 224.

Brown, R. P., N. B. Joyce, I. S. Milligan and *C. A. Patching:* Static strength tests on B/2 "Jindivik" rear fuselages of riveted and adhesive bonded construction. ARL Note SM 238 Jan. 1957 42 p.; Aero Space Engng. **17** (1958) 5 110; J. Roy. Aeron. Soc. **62** (1958) 568 318.

Goodey, W. J.: Matrix analysis of the circular conical fuselage. A development and revision of an aerlier paper to include the case of cut-outs. Aircr. Engng. **29** (1957) 335 2—10, 336 47—55, 337 77—88; Index Aeron. **13** (1957) 2 75, 3 85, 4 92; AMR **10** (1957) 7 294—295.

Köhler, O.: Der Lastenraum von Transportflugzeugen. Luftf.-Techn. **3** (1957) 3 51—56.

Kuhn, Paul and *Roger W. Peters:* Some aspects of fail-safe design of pressurized fuselages. NACA TN 4011 June 1957 13 p. 5 ref.; Index Aeron. **13** (1957) 8 72; J. Roy. Aeron. Soc. **61** (1957) 563 791; Aeron. Engng. Rev. **16** (1957) 9 158.

Peters, R. W. and *P. Kuhn:* Bursting strength of unstiffened pressure cylinders with slits. NACA TN 3993 Apr. 1957 21 p.; AMR **11** (1958) 5 225; Index Aeron. **13** (1957) 7 76; J. Roy. Aeron. Soc. **61** (1957) 559 508.

Peterson, James P.: Weight-strength studies of structures representative of fuselage construction. NACA TN 4114 Oct. 1957 47 p. 33 ref.; Aeron. Engng. Rev. **16** (1957) 12 108; Index Aeron. **14** (1958) 1 99; AMR **11** (1958) 10 544; J. Roy. Aeron. Soc. **62** (1958) 566 149.

Taylor, J. Lockwood: Stress in a curved skin panel of a pressurized fuselage Aircr. Engng. **29** (1957) 341 216—218; Aeron. Engng. Rev. **16** (1957) 10 122; Index Aeron. **13** (1957) 8 73.

Topping, A. D.: Behavior of materials under combined stresses in pressurized structures. Aeron. Engng. Rev. **16** (1957) 2 56—59 16 ref.; Index Aeron. **13** (1957) 3 87.

Vallat, Paul: Extensive tests back up fatigue-proof Caravelle design. Aviation Age **28** (1957) 1 70—74, 79; Aeron. Engng. Rev. **16** (1957) 10 158.

Vallat, Paul: Designing fatigue-resistant structures for pressurised transports. Aircraft (Australia) (1957) Apr. 28—32, 56.

Williams, D.: An experimental verification of the theoretical conclusions of R. A. E. Technical Note No. Structures 156 (ARC Curr. Pap. No. 286) "A constructional method for minimising the hazard of catastrophic failure in a pressure cabin", with further comments on its implications. Roy. Aircr. Establ. TN S 226 May 1957 14 p.; ARC Curr. Pap. 357 1957 13 p.; AMR **11** (1958) 11 613; J. Roy. Aeron. Soc. **62** (1958) 565 78.

— Neuere Bauweisen für Großraum-Schalenrümpfe. Luftf.-Techn. **3** (1957) 3 64—66.

Houghton, D. S. and *A. S. L. Chan:* Discontinuity stresses at the junction of a pressurized spherical shell and a cylinder. Coll. Aeron. Cranfield Note 80 Jan. 1958 18 p.; Aero Space Engng. **17** (1958) 6 116; Index Aeron. **14** (1958) 6 82; Aircr. Engng. **30** (1958) 356 319.

Hovell, P. B. and *A. R. Butler:* Records of static pressure tests on pressure cabins. ARC Curr. Pap. 376 1958 4 p.; Index Aeron. **14** (1958) 3 87; J. Roy. Aeron. Soc. **62** (1958) 568 318; Aircr. Engng. **30** (1958) 353 215.

Jensen, W. R.: On simplified fuselage-structure stress distributions. J. Aero. Space Sci. **25** (1958) 10 656—657; Aero Space Engng. **17** (1958) 11 114; Index Aeron. **14** (1958) 11 93.

Kaufman, Stanley: Analysis of elliptical rings for monocoque fuselages. J. Aeron. Sci. **25** (1958) 2 98—102 9 ref.; AMR **11** (1958) 9 484; Index Aeron. **14** (1958) 3 86; Aeron. Engng. Rev. **17** (1958) 2 88 [1.243.14].

Kerr, Clark jr.: Upward-sliding doors found best for 880. Aviation Age **28** (1958) 7 120—125.

Knight, A. B.: The double skin pressure cabin. Aircr. Engng. **30** (1958) 358 375.

Kubow, R. M. and *N. J. Linardos:* How to design radome structures for high speed aircraft and missiles. Aviation Age **28** (1958) 8 74—79; Aero Space Engng. **17** (1958) 5 98 [6.29].

Maruhn, K.: Aerodynamic research on fuselages with rectangular cross section. NACA TM 1414 July 1958; Aircr. Engng. **30** (1958) 358 379.

Morcock, D. S.: Hydrostatic fuselage pressure fatigue test program Lockheed C-130A Hercules. Canad. Aeron. J. **4** (1958) June 180—184; Aero Space Engng. **17** (1958) 10 107.

Newell, A. F.: Impressions of the structural design of American Civil Aircraft. II. Aeroplane **95** (1958) 2451 272—274; Index Aeron. **14** (1958) 10 97; Aero Space Engng. **17** (1958) 12 77.

Przemieniecki, J. S.: Matrix analysis of shell structrures with flexible frames. Aeron. Quart. **9** (1958) 4 361—384; AMR **12** (1959) 11 757.

Stambler, Irvin: Vickers Vanguard features double-bubble fuselage. Aviation Age **29** (1958) 5 40—45.

Stambler, Irvin: First manned U. S. spacecraft: X-15 design details. Aviation Age **30** (1958) 1 22—23, 144—149.

Walker, P. B.: Some notes on pressure-cabin design. Aircr. Engng. **30** (1958) 355 272—276; Aero Space Engng. **17** (1958) 11 91.

Williams, D.: Importance of shape of stringer section in pressure-cabin design. Roy. Aircr. Establ. TN S 234 March 1958 8 p.; Aero Space Engng. **17** (1958) 8 80.

Argyris, J. H. and *S. Kelsey:* The analysis of fuselages of arbitrary cross-section and taper. Aircr. Engng. **31** (1959) 361 62—74, 362 101—112, 363 133—143, 364 169—180, 365 192—203, 366 244—256, 367 272—283 48 ref.

Przemieniecki, J. S.: The structural effects of kinetic heating. Design of transparencies. J. Roy. Aeron. Soc. **63** (1959) 587 620—636 26 ref.

Stansbury, John G.: Epoxy-fiberglas molded channels for DC-8 flooring. Prepr. 14th Ann. Techn. & Management Conf., Reinforced Plastics Div., Sect. 8-D 1959 4 p.

Fahrwerk   6.254.4

van Steenderen, C. jr.: Einziehbare Fahrgestelle. (Intrekbare onderstellen. Übers. Vliegsport **1** (1935) 15). Luftf.-Schrifttum Ausland **2** (1936) 6 150.

Keller, E. G.: An analytical theory of landing-shock effects on an airplane considered as an elastic body. J. Appl. Mech. **11** (1944) 4 A 219—A 228.

Fisher, W. T.: Undercarriage strength testing from the weight aspect. Aircr. Engng. **25** (1953) 288 32—34.

Hazard, R. F.: Undercarriage performance during landing. Aircr. Engng. **25** (1953) 287 16—19.

Stender, Walter: Fahrwerkprobleme neuerer Flugzeuge. Flugwelt **6** (1954) 11 325—328.

Cook, Francis E. and *Benjamin Milwitzky:* Effect of interaction on landing-gear behavior and dynamic loads in a flexible airplane structure. NACA TN 3467 Aug. 1955 75 p. 13 ref.; Index Aeron. **11** (1955) 12 92.

Fung, Y. C.: The analysis of dynamic stresses in aircraft structures during landing as nonstationary random processes. J. Appl. Mech. **22** (1955) 4 449—457 20 ref.; AMR **9** (1956) 9 371.

Milwitzky, Benjamin, Dean C. Lindquist and *Dext M. Potter:* An experimental study of applied ground loads in landing. NACA Rep. 1248 1955; Aircr. Engng. **28** (1956) 332 366; J. Roy. Aeron. Soc. **61** (1957) 553 66.

Schrode, H.: Reduction of the shimmy tendency of tail and nose-wheel landing gears by installation of specially designed tires. NACA TM 1391 July 1955 13 p.; Index Aeron. **11** (1955) 10 110; AMR **8** (1955) 12 509; J. Roy. Aeron. Soc. **59** (1955) 539 788.

Silsby, N. S.: Statistical measurements of contact conditions of 478 transport-airplane landings during routine daytime operations. NACA Rep. 1214 1955; J. Roy. Aeron. Soc. **60** (1956) 546 427.

Walls, J. H.: An experimental study of orifice coefficients, internal strut pressures, and loads on a small oloepneumatic shock strut. NACA TN 3426 Apr. 1955 23 p.; AMR **9** (1956) 1 22.

Bazzocchi, E.: Méthode de calcul des amortisseurs oléopneumatiques et comparaison avec les résultats d'essais obtenues. Techn. Sci. Aéron. (1956) 3 125—139.

Benthem, J. P.: The effect of airplane structural flexibility on landing gear loads. NLL TN S. 478 Dec. 1956 86 p.; J. Roy. Aeron. Soc. 62 (1958) 566 149; AMR 11 (1958) 12 674; Index Aeron. 14 (1958) 1 103; Aeron. Engng. Rev. 17 (1958) 1 94.

Cook, Francis E. and *Benjamin Milwitzky:* Effect of interaction of landing-gear behavior and dynamic loads in a flexible aeroplane structure. NACA Rep. 1278 1956 30 p. 13 ref.; J. Roy. Aeron. Soc. 61 (1957) 562 710; Aeron. Engng. Rev. 16 (1957) 8 110.

Dreher, R. C.: A method for obtaining statistical data on airplane vertical velocity at ground contact from measurements of center-of-gravity acceleration. NACA TN 3541 Febr. 1956; J. Roy. Aeron. Soc. 60 (1956) 546 427.

Durant, N. J.: Stresses in shock absorber. J. Roy. Aeron. Soc. 60 (1956) 549 618— 619 3 ref.

Edman, J. L. and *W. J. Moreland:* Experimental study of Moreland's theory of shimmy. WADC Techn. Rep. 56-197 (AD 110497) (OTS PB 121714) July 1956 44 p. 11 ref.; Aeron. Engng. Rev. 16 (1957) 7 121.

Gentric, A.: On landing gear stresses. NACA TM 1422 July 1956 45 p.; AMR 10 (1957) 5 195; Aircr. Engng. 29 (1957) 336 60; J. Roy. Aeron. Soc. 61 (1957) 553 67.

Harrin, E. N.: Comparison of landing impact velocities of first and second wheel to contact from statistical mearsurements of transport airplane landings. NACA TN 3610 Febr 1956; J. Roy. Aeron. Soc. 60 (1956) 546 427.

Hodgdon, F. W.: The effect of high frequency impact loads on airplane landing gears. Soc. Automotive Engrs. (New York) Prepr. 828 Oct. 1956 8 p.; Index Aeron. 13 (1957) 1 102; Aeron. Engng. Rev. 16 (1957) 1 101.

Smiley, R. F.: Correlation, evaluation, and extension of linearized theories for tire motion and wheel shimmy. NACA TN 3632 June 1956 139 p.; NACA Rep. 1299 1957 48 p. 39 ref.; AMR 9 (1956) 12 516; J. Roy. Aeron. Soc. 62 (1958) 571 537; Aircr. Engng. 30 (1958) 355 284.

Turner, Harry M.: Preventive engineering yields service life factors, and fatigue requirements for landing gear design. Aero Dig. 72 (1956) 5 36—38, 40.

Williams, D.: The theory and prevention of undamped aeroplane nosewheel shimmy. Aeron. Quart. 7 (1956) 3 193—220; AMR 10 (1957) 3 116—117.

Batterson, Sidney A.: Recent data on tire friction during landing. NACA RM L 57 D 19 b June 1957 7 p.; Aeron. Engng. Rev. 16 (1957) 9 114.

Braun, Winfried: Zur Frage der Fahrwerkslastannahmen. WGL-Jb. 1957 139—146 [1.134].

Dickinson, R. O. jr.: A fresh approach to aircraft landing-gear design. Amer. Soc. Mech. Engrs. Prepr. 57-SA-30 1957 7 p.; Index Aeron. 13 (1957) 7 84—85.

Dryland, P. W.: Development for service of aircraft tyres, wheels and brakes. J. Soc. Lic. Aircr. Engrs. 6 (1957) 6 3—17; Index Aeron. 13 (1957) 8 78.

McCaffrey, G. F. W.: The application of ultra high-tensile steel to the design of a modern undercarriage. Canad. Aeron. Inst. General Meeting, Ottawa May 1957 Prepr. 7/2 17 p.; Canad. Aeron. J. 3 (1957) 8 263—272; Aeron. Engng. Rev. 16 (1957) 9 114, 17 (1958) 1 82.

McCaffrey, G. F. W.: An undercarriage in ultra-high tensile steel. Industr. Aeronautics (Montreal) (1957) Nov. 31—35, Dec. 22—24.

Mucha, E.: Vibrations and dynamic landing loads of main landing gear mounted on the wing. Canad. Aeron. J. 3 (1957) 2 48—55 7 ref.; Index Aeron. 13 (1957) 6 95—96; Aeron. Engng. Rev. 16 (1957) 4 127.

Schumacher, E.: Luftfahrthydraulik. Stand und Tendenz der internationalen Entwicklung. Luftf.-Techn. **3** (1957) 9 205—216 [6.254.6].

Smiley, Robert F. and *Walter B. Horne:* Vertical force-deflection characteristics of a pair of 56-inch-diameter aircraft tires from static and drop tests with and without prerotation. NACA TN 3909 Febr. 1957 41 p.; AMR **11** (1958) 5 246; J. Roy. Aeron. Soc. **61** (1957) 538 438.

Beach, James B.: Electra landing gear designed for 12,000 touchdowns a year. Aviation Age **29** (1958) 6 40—45.

Blinkhorn, J. W.: Ground loads on aircraft undercarriages at touch-down. Assessment of loads for the purpose of undercarriage design. Aircr. Engng. **30** (1958) 355 277—279; Index Aeron. **14** (1958) 10 92; Aero Space Engng. **17** (1958) 12 77 [1.134].

Horne, Walter B. and *Robert F. Smiley:* Low-speed yawed-rolling characteristics and other elastic properties of a pair of 40-inch-diameter, 14-ply-rating, type VII aircraft tires. NACA TN 4109 Jan. 1958 80 p.

Lucien, René: Messier-Fahrwerke. Luftf.-Techn. **4** (1958) 5 144—147.

Schumacher, E.: Die Fahrwerke der heutigen Flugzeuge. Luftf.-Techn. **4** (1958) 11 294—306, 12 320—338, **5** (1959) 1 22—30, 3 89—92.

Smiley, Robert F. and *Walter B. Horne:* Mechanical properties of pneumatic tires with special reference to modern aircraft tires. NACA TN 4110 Jan. 1958 166 p. 64 ref.

Smiley, R. F.: Some considerations of hysteresis effects on tire motion and wheel shimmy. NACA TN 4001 June 1957 45 p. 10 ref.; AMR **11** (1958) 1 12; Index Aeron. **13** (1957) 8 77; J. Roy. Aeron. Soc. **61** (1957) 562 708; Aeron. Engng. Rev. **16** (1957) 8 122—123.

Trevaskis, H. W.: Recent advances in design of aircraft tires and brakes. I. Tires. Industr. Aeronautics (Montreal) (1958) May 21—24.

Trevaskis, H. W.: Recent advances in the design of aircraft tyres and brakes. J. Roy. Aeron. Soc. **62** (1958) 567 203—211; Aero Space Engng. **17** (1958) 6 113; Index Aeron. **14** (1958) 4 105.

— Ultra high strength steel looks good for landing gears. Aviation Age **28** (1958) 7 110—113.

Alexander, H. R.: Structural flexibility and undercarriage impact loads. The combination of landing reactions and dynamic stresses. Aircr. Engng. **31** (1959) 363 126—130; Index Aeron. **15** (1959) 6 91.

Birot, Ch.: Tenue des pneumatiques d'avions supersoniques aux températures élevées. Rev. gén. Caoutchouk **36** (1959) 10 1539—1542.

Birot, Ch.: Résistance au roulement des pneus d'avions. Rev. gén. Caoutchouk **36** (1959) 10 1488—1492.

Schwimmwerk

Köhler, Otto: Entwerfen von Flugzeug-Schwimmern. Flugsport **27**(1937)2 35—48.

Eich, K.: Katapulte für Seeflugzeuge. Ringb. Luftf.-Techn. I D 2 1940 10 S.

Ridland, D. M.: Investigation of high length/beam ratio seaplane hulls with high beam loadings. Hydrodynamic stability, Pt. 13. The effect of afterbody angle on stability and spray characteristics. ARC Curr. Pap. 236 Febr. 1955; Aircr. Engng. **28** (1956) 332 365.

Ridland, D. M.: Investigation of high length/beam ratio seaplane hulls with high beam loadings. Hydrodynamic stability, Pt. 21. Some notes on the effect of waves on longitudinal stability characteristics. ARC Curr. Pap. 237 Aug. 1955; Aircr. Engng. **28** (1956) 332 365.

Steuerwerk   **6.254.6**

Schumacher, E.: Luftfahrthydraulik. Stand und Tendenz der internationalen Entwicklung. Luftf.-Techn. **3** (1957) 9 205—216 [6.254.4].

Triebwerkseinbau und Triebwerkszubehör   **6.254.7**

Triebwerkseinbauten   **6.254.71**

Julien, M. M.: Die elastische Aufhängung der Flugmotoren. (La suspension elastique des moteurs d'aviation. Übers. J. SIA **10** (1936) 7 306). Luftf.-Schrifttum Ausland **2** (1936) 12 293—294.

Zand, St. J. u. G. Perot: Elastische Aufhängung von Flugmotoren. (Etude du comfort à bord des avions de transport et application pratique à un appareil. Übers. Aéronautique **18** (1936) 205, Aérotechnique **15** (1936) 162 74). Luftf.-Schrifttum Ausland **2** (1936) 8 205—208.

Rubin, Sheldon: Vibration isolators for missiles and aircraft. SAE-J. **66** (1958) Febr. 67—68; Aero Space Engng. **17** (1958) 6 80.

Watts, A. F.: F-104 intake ducts save weight and complexity. Aviation Age **29** (1958) 5 60—67.

Harriman, J. F.: Anti-vibration mounting of aircraft power plants. An analysis of the problems associated with turbojet, turbo-propeller and reciprocating engines. Aircr. Engng. **31** (1959) 365 188—191, 366 239—243, 367 262—265 36 ref., 368 304—307 46 ref.

Luftschrauben   **6.254.72**

Wischniakoff, A. W.: Festigkeitsrechnung, Schwingungsrechnung und Bestimmung des Verstellmomentes infolge der Fliehkräfte für eine Familie von Metallschrauben. (Übers. Techn. Wosduschn. Flota **11** (1937) 4 27—47). Luftf.-Schrifttum Ausland **3** (1937) 12 283—292.

Ewing, H. G., J. Kettlewell and *D. R. Gaukroger:* Comparative flutter tests on two, three, four and five-blade propellers. ARC R & M 2634 March 1948; Aircr. Engng. **25** (1953) 289 90.

Baker, John E.: The effects of various parameters, including Mach number, on propeller-blade flutter with emphasis on stall flutter. NACA TN 3357 Jan. 1955 40 p. 13 ref.; Index Aeron. **11** (1955) 5 35.

Biermann, David: Propeller design for high performance utility aircraft. Aero Dig. **70** (1955) 2 30—32, 37; Index Aeron. **11** (1955) 4 105; Aeron. Engng. Rev. **14** (1955) 5 190.

Brodrick, Ronald F.: Protective shot peening of propellers. II. Fatigue tests. WADC Techn. Rep. 55-56 Pt. II Aug. 1955 51 p.; Aeron. Engng. Rev. **16** (1957) 9 157.

Niedenfuhr, F. W.: On the possibility of aeroelastic reversal of propeller blades. J. Aeron. Sci. **22** (1955) 6 438—440 2 ref.

Ott, Percy W.: Experimental stress analysis applied to propeller blades. Ohio State Univ. Engng. Exper. Stat. News (1955) July 21—25; Aeron. Engng. Rev. **14** (1955) 11 136.

Ramachandra, S. M.: Direct calculation of propeller deflection. J. Aeron. Sci. **22** (1955) 10 726—728.

Stulen, F. B.: Structural design of high-speed propellers. SAE-Trans. **63** (1955) 429—441; AMR **10** (1957) 2 74.

Fairhurst, L. G.: Propellers for military and civil aircraft. J. Roy. Aeron. Soc. **60** (1956) 548 515—522.

Hubbard, H. H., M. F. Burgess and *M. A. Sylvester:* Flutter of thin propeller blades, including effects of Mach number, structural damping, and vibratory-stress measurements near the flutter boundaries. NACA TN 3707 June 1956 25 p. 6 ref.; Index Aeron. **12** (1956) 9 24—25; AMR **10** (1957) 1 34.

Wright, George T.: Expanded resin cuffs for modifying inboard sections of high speed model propeller test blades. WADC Techn. Rep. 56-625 (AD 110671) Dec. 1956 14 p.; Aeron. Engng. Rev. **16** (1957) 9 157.

Burquest, M. O. and *J. E. Carpenter:* Structural and vibrational characteristics of WADC S-2 model propeller blades. WADC Techn. Rep. TR 56-28 (AD 130785) June 1957 84 p.; Aeron. Engng. Rev. **17** (1958) 1 96.

Wigle, B. M. and *N. H. Jasper:* Determination of influence coefficients as applied to calculation of critical whirling speeds of propeller-shaft systems. David W. Taylor Model Basin, Washington, D. C., Rep. 1050 May 1957 15 p.; AMR **11** (1958) 1 11.

— Tube forming; cold-drawing operations on core-tubes for de Havilland hollow-steel airscrew-blades. Aircr. Production **19** (1957) 5 174—179; Index Aeron. **13** (1957) 6 78.

O'Bryan, T. C.: Flight measurements of the vibratory bending and torsional stresses on a modified supersonic propeller for forward Mach numbers up to 0.95. NACA TN 4342 June 1958 17 p.; Index Aeron. **14** (1958) 10 29.

O'Bryan, T. C.: Flight measurements of the vibratory stresses on a propeller designed for an advance ratio of 4.0 and a Mach number of 0.82. NACA TN 4410 Sept. 1958 14 p. 6 ref.; Index Aeron. **15** (1959) 2 32.

— Safety aspects in propeller design. De Havilland Gaz. (1958) 104 47—49, 71; Aero Space Engng. **17** (1958) 10 102.

— Airscrew laminated fans and impellers. Bonding processes using Aerodux 185. CIBA TN 196 Apr. 1959 10 p.

Triebwerkszubehör   6.254.73

Alter, Horace J.: Konstruktion eingebauter Kraftstoffbehälter für Flugzeuge. (Notes on the construction of integral fuel tanks for airplanes. Übers. J. Aeron. Sci. **4** (1937) 3). Luftf.-Schrifttum Ausland **3** (1937) 5 99—105.

Hartmann, F. V.: Punkt- und nahtgeschweißte Aluminium-Kraftstoffbehälter für Flugzeuge. (Spot- and seam-welded aluminium tanks for aircraft. Mech. Engng. **59** (1937) 12 925—929). Luftf.-Schrifttum Ausland **4** (1938) 3/4 81—84, 100.

Bleich, H. H.: Longitudinal forced vibrations of cylindrical fuel tanks. Jet Propulsion **26** (1956) 2 109—111; AMR **9** (1956) 6 241.

Bennett, Charles V. and *Robert J. Schroers:* Impact tests of flexible nonmetallic aircraft fuel tanks installed in two categories of simulated wing structures. US, Civil Aeron. Administration, Techn. Devel. Rep. 291 (OTS, PB 121788) Jan. 1957 25 p.; Aeron. Engng. Rev. **16** (1957) 7 134.

Heebink, T. B.: Evaluation of five types of containers for jettisonable fiberglass fuel tanks. WADC Techn. Rep. 56-647 (AD 118345) May 1957 11 p.; Aeron. Engng. Rev. **16** (1957) 11 120.

Spurgeon, J. R.: Plastics for leakproof fuel tanks. Details of a method of sealing integral tanks. Aircr. Engng. **30** (1958) 350 112—113; Index Aeron. **14** (1958) 5 79.

Sonstige Flugzeugteile   6.254.8

Frost, Richard H.: Escape from high-speed aircraft. Inst. Aeron. Sci. Prepr. 532 1955 21 p.; Aeron. Engng. Rev. **14** (1955) 9 35—45; Index Aeron. **11** (1955) 6 120.

Moore, John R.: Electronics design influence on aircraft design. Aero Dig. **71** (1955) 4 62, 64; Luftf.-Techn. **1** (1955) 8 V-VI.

Bickford, Hamilton J., Thomas L. Rusk jr. and *Donald K. Kuehl:* Development of dacron parachute materials. WADC Techn. Rep. 55-432 (OTS PB 121187) Febr. 1956 45 p.; Aeron. Engng. Rev. **16** (1957) 1 136 [1.324.5].

Eisler, Paul: Gedruckte Stromkreise im Flugzeugbau. Luftf.-Techn. **2** (1956) 2 36—40.

Hasbrook, A. Howard: Design of passenger "tie-down"; some factors for consideration in the crash-survival design of passenger seats in transport aircraft. Appendix: Changes in structural requirements associated with reversing the direction of facing of airplane passenger seats. Cornell Univ., CSDM 1, Av-CIR-44-0-66 Sept. 1956 51 p. 10 ref.

Nightingale, J. M.: Some design considerations for a hydraulic servo. A treatment of a type in wich the two-stage control valve has a flapper-nozzle valve as its first stage. Aircr. Engng. **28** (1956) 330 254—258; Index Aeron. **12** (1956) 9 42.

Pinkel, I. I. and *E. G. Rosenberg:* Seat design for crash worthiness. NACA TN 3777 Oct. 1956 42 p.; NACA Rep. 1332 1957 16 p.; Index Aeron. **12** (1956) 12 88; AMR **10** (1957) 3 116; J. Roy. Aeron. Soc. **61** (1957) 554 142, **62** (1958) 576 913; Aeron. Engng. Rev. **16** (1957) 1 123—124.

Christian, George L.: Crash program seeks ejector for high Mach escape. Aviation Week **66** (1957) 18 94—96, 99, 103, 105, 107—116; Index Aeron. **13** (1957) 7 79; Aeron. Engng. Rev. **16** (1957) 8 110.

Hasbrook, A. Howard: Design of passenger "tie-down". Some factors for consideration in the crash-survival design of passenger seats in transport aircraft. WGL-Jb. 1957 326—338 11 Lit.-St.

Ruoff, A. L., S. W. Liu and *F. Frank:* Aerodynamic heating of parachutes. WADC Techn. Rep. 57-157 (AD 142261) Dec. 1957 53 p. 14 ref.; Aero Space Engng. **17** (1958) 9 100.

Slechta, R. F., E. A. Wade, W. K. Carter and *J. Forrest:* Comparative evaluation of aircraft seating accommodation. WADC Techn. Rep. 57-136 (AD 118097) Apr. 1957 112 p. 19 ref.

— Ganzmetall-Dämpfer für Luftfahrtgeräte. Ihre Eigenschaften und Leistungen. Luftf.-Techn. **3** (1957) 12 274—275.

Fabre, G.: Les matières plastiques dans l'equipement electrique aéronautique. Docaéro (1958) Janv. 53—70, Mars 37—50 29 réf.; Aero Space Engng. **17** (1958) 6 92, 7 90.

Funderburk, James: The Monroe "T-34" seat. Project Engr. (1958) March 2—4; Aero Space Engng. **17** (1958) 7 82.

Hawthorne, Randolph: "Energy absorption" applied to seat design. Aviation Age **30** (1958) 4 70—74, 76—77.

Marciniak, F. P. and *R. A. Houghton:* Ground-level escape system found practicable ... Martin-Baker escape system permits ejection at altitudes below 1000 ft through use of a high trajectory. Soc. Automotive Engrs. (New York) Pap. 91 A Jan. 1959; SAE-J. **67** (1959) 1 40—42.

— Fluggastsitze. Aluminium **35** (1959) 11 642—643.

— Seat-manufacture. Manufacture of a luxury chair for the Comet 4. Aircr. Production **21** (1959) 5 194—201.

Spezielle Flugzeugfertigung   **6.254.9**

Prentiss, F. L.: Die Herstellung von Flugzeugfederbeinen. (Übers. Iron Age (1935) 24). Luftf.-Schrifttum Ausland **2** (1936) 3 75—77.

Walker, R. W.: Problems of aircraft production. Aircr. Engng. **25** (1953) 288 35—42.

Gitz, John: Coordination des bureaux d'études et de la fabrication dans l'étude et la construction des prototypes. Techn. Sci. Aéron. (1954) 1 1—10.

Noton, Bryan R.: Integralkonstruktioner — en ny metod inom flygplantillverkningen. Metallen (1954) 4 20—23.

Salomon, Maurice: La production des cellules; répartition entre plusieurs usines de la fabrication en série d'un avion. Techn. et Sci. Aéron. (1954) 4 258—260; Aeron. Engng. Rev. **14** (1955) 3 120.

Sanz, M. C.: Machining aluminium by etching gives you greater design flexibility at lower costs. Mater. & Meth. **40** (1954) Oct. 89—93.

Sanz, M. C.: Skin milling by chemical solution. Metal Progr. **66** (1954) Oct. 141—144.

Altholz, E.: Forging delta wing spars on a 35 000ton press. Machinery (New York) **61** (1955) 10 164—169; Aluminium **32** (1956) 2 A 42.

Altholz, E.: Le forgeage de longerons d'aile delta sur une presse de 35 000 t. Machine Moderne **49** (1955) 557 65—68; Luftf.-Techn. **1** (1955) 8 VII.

Daniels, R. H.: Light alloy forgings for the aircraft industry — review of development during the last decade. Metal Treatm. & Drop Forging **22** (1955) 121 421—424; AB **26** (1955) 12 700.

Fischer, Arno: Schwere Pressen im Flugzeugbau. Luftf.-Techn. **1** (1955) 4 65—67.

Gassner, R. H.: Heat treating aluminum alloy aircraft parts — a builder's viewpoint. Metal Progr. **67** (1955) 6 75—79; AB **26** (1955) 8 503; Index Aeron. **11** (1955) 9 121.

Hornauer, Helmut: Anwendung und Weiterverarbeitung von Strangpreßprofilen im Flugzeugbau. WGL-Jb. 1955 325—332 22 Lit.-St.

Lane, Frank B.: Streckformen. Eine neue Art der Blechformung im Flugzeugbau. Luftf.-Techn. **1** (1955) 5 91—96 [2.36].

Lorant, M.: Production of sheet metal "stampings" by an etching process. Sheet Metal Industries **32** (1955) 341 679—680; Titanium Abstr. Bull. **1** (1955/56) 140.

Lorant, M.: Stretchforming techniques in modern aircraft production. Sheet Metal Industries **32** (1955) Aug. 608—609; Werkstattstechn. u. Masch.-Bau **47** (1957) 2 104—105 [2.36].

Paricaud: Le processus de la production aéronautique. Techn. et Sci. Aéron. (1955) 1 43—47; Luftf.-Techn. **1** (1955) 8 V.

Schulz, R. W.: Neuzeitliche Werkzeugmaschinen für den Flugzeugbau. Luftf.-Techn. **1** (1955) 5 85—89 5 Lit.-St.

Shenstone, B. S. and *T. S. Lofthouse:* Interchangeability. Aircr. Production **17** (1955) 1 2—4; Luftf.-Techn. **1** (1955) 1 VI.

Stambler, Irwin: Prefab O-rings solve sealing problems. Aviation Age **23** (1955) 4 146—149; Luftf.-Techn. **1** (1955) 2 VI.

— Radial draw-forming. Aircr. Production **17** (1955) 7 255—261; Luftf.-Techn. **1** (1955) 4 VI; Titanium Abstr. Bull. **1** (1955/56) 21 [2.36].

— Skin-milling. Aircr. Production **17** (1955) 2 51—57; Luftf.-Techn. **1** (1955) 1 VI [2.4].

— Tangential stretch-forming. Aircr. Production **17** (1955) 7 290—292; Luftf.-Techn. **1** (1955) 4 VI [2.36].

Altmann, F. J.: Contour rolling of temperature-resistant aircraft components. Machinery (New York) **62** (1956) 11 180—187; Machinery (London) **89** (1956) 2287 625—631; Index Aeron. **12** (1956) 12 77; Titanium Abstr. Bull. **2** (1956/57) 23—24.

Armstrong, Durward: Chemical milling. Aircr. Production **18** (1956) 12 519—520; Leichtbau d. Verkehrsfahrzeuge **1** (1957) 2/3 71—72; Aeron. Engng. Rev. **16** (1957) 3 152.

Barlow, H.: The production of aerofoil sections as applied to the manufacture of master forging die models. J. Instn. Production Engrs. **35** (1956) 10.

Dickinson, T. A.: Chemical milling of titanium and steel. Light Metals **19** (1956) 222 297; Titanium Abstr. Bull. **2** (1956/57) 105—106 [2.6].

Dickinson, Thomas A.: Chemical milling of steel and titanium. Sheet Metal Industries **33** (1956) 354 735—736; Leichtbau d. Verkehrsfahrzeuge **1** (1957) 1 25 [1.323.23].

Famme, J. H.: Future airframe designs: can they be machined? Aircr. Production **18** (1956) 12 514—518; Index Aeron. **13** (1957) 1 93.

Knickrehm, H.: Flugzeugfertigung in kleinen Baureihen. Luftf.-Techn. **2** (1956) 9 174—178 27 Lit.-St.

Kramer, C. R. and *A. Kastelowitz:* These forgings in aircraft save weight improve design. Mater. & Meth. **43** (1956) 3 106—108 [7.1].

Krekel, Paul: Elektrisches Widerstandsschweißen im amerikanischen Flugzeugbau. Aluminium **32** (1956) 7 408—416 [2.511.1].

Lage, Arnold P.: Application of pressure welding to the aircraft industry. Welding J. **35** (1956) 11 1103—1109; Index Aeron. **13** (1957) 2 65; Aeron. Engng.Rev. **16** (1957) 2 156; TitaniumAbstr.Bull. **2** (1956/57) 280—281 [2.511.1].

Lohmann, F.: Tiefätzen statt Fräsen. Aluminium **32** (1956) 4 214—216.

Nelson, R. L.: Magnesium tooling. Aircr. Production **18** (1956) 5 206—210; Luftf.-Techn. **2** (1956) 5 V.

Oliver, D. A., T. S. Lister, M. D. Kinman and *D. Fitzgeorge:* Machining research. Aircr. Production **18** (1956) 3 118—124 11 ref.; Titanium Abstr. Bull. **1** (1955/56) 383; Index Aeron. **12** (1956) 4 69 [1.323.23].

Spiotta, R. H.: Subcontract shops produce complex airframe components. Machinery (New York) **63** (1956) 2 162—167; Aluminium **33** (1957) 2 A 41.

Wilhelm, K. A.: Integrally stiffened panels finished by abrasive-belt grinding. Machinery (New York) **63** (1956) 4 147—149; Aluminium **33** (1957) 4 A 89.

— Contour etching. Aircr. Production **18** (1956) 5 168—176; Luftf.-Techn. **2** (1956) 5 V.

— Resistance welding solves a jet's limited-fuel problem. Welding Engr. **41** (1956) 5 44—45; Nachr.-Bl. AGM Leichtbau **5** (1956) 12 13.

— Thin-wing manufacture. Aircr. Production **18** (1956) 5 194—199; Luftf.-Techn. **2** (1956) 5 V; Index Aeron. **12** (1956) 6 96.

Andrew, Richard H. and *Jacques L. Duvall:* Dimensional etching — its application to airframes. Plating **44** (1957) 11 1186—1190; Leichtbau d. Verkehrsfahrzeuge **2** (1958) 2 87.

Badre, Paul: French production methods. Aeroplane **92** (1957) 2376 387—388; Aeron. Engng. Rev. **16** (1957) 6 158.

Badré, Paul: Les méthodes nouvelles de production des avions (Xe journée L. Blériot). Techn. et Sci. Aéron. (1957) 1 1—10.

Badré, Paul: Modern methods of aircraft production. Roy. Aeron. Soc. Prepr. March 1957 16 p ; J. Roy. Aeron. Soc. **61** (1957) 558 375—390; Shell Aviation News (1957) 229 8—10; Index Aeron. **13** (1957) 5 102—103; Luftf.-Techn. **3** (1957) 11 V.

Banks, F. R.: The importance of time in aircraft manufacture. J. Roy. Aeron. Soc. **61** (1957) 553 5—36.

Beckim, R. W. and *H. H. Muller:* Designing for chemical milling. Machine Design **29** (1957) 13/6. 153—156.

Famme, J. H.: Can airframes of the future be machined. Automot. Industries **116** (1957) 1 68—70, 114—116; AB **28** (1957) 2 67.

Famme, J. H.: Problems of machining future airframes. Aircr. Engng. **29** (1957) 340 168—171; Leichtbau d. Verkehrsfahrzeuge **1** (1957) 5 137.

Forrester, Andrew L.: Chemical milling and contour machining in aircraft production. Sheet Metal Industries **34** (1957) 361 336—340, 352; Leichtbau d. Verkehrsfahrzeuge **1** (1957) 4 93; Titanium Abstr. Bull. **2** (1956/57) 507.

De Groat, George H.: Production machining with die-making equipment. Amer. Machinist **101** (1957) 25 110—112; Leichtbau d. Verkehrsfahrzeuge **2** (1958) 2 87—88.

Hall, L. G.: Application of chem-mill to airframe structures. Soc. Automotive Engrs. Nat. Aeron. Meeting, New York, Apr. 1957, Prepr. 85 6 p.; Aeron. Engng. Rev. **16** (1957) 7 157.

Hall, L. G.: Chemical milling. Aircr. Production **19** (1957) 7 257—259; Leichtbau d. Verkehrsfahrzeuge **1** (1957) 6 176.

Hall, L. G.: Chem-mill reduces fabrication problems. SAE-J. **65** (1957) Aug. 30—31; Aeron. Engng. Rev. **16** (1957) 11 146.

Hibert, C. L.: Some recent applications of chemical machining. Machinery (London) **91** (1957) 2340 682—686; Leichtbau d. Verkehrsfahrzeuge **2** (1958) 3 130.

Keen, E. D.: Design for production. J. Roy. Aeron. Soc. **61** (1957) 562 679—687.

Kirkpatrick, James S.: Forming titanium with particular reference to the production of aircraft components. Sheet Metal Industries **34** (1957) 367 825—830 [1.323.23].

Lane, Frank B.: Die Verson-Wheelon-Presse in der Flugzeugfertigung. Luftf.-Techn. **3** (1957) 7 153—157.

Liebig, W.: Schweißtechnische Sonderfertigung von Dünnblechkonstruktionen aus legierten Stählen. Schweißen u. Schneiden **9** (1957) 6 297—298.

Litz, E.: Angewandte Klebung im Flugzeugbau. Stuttgarter Luftfahrtgespräch 19. 7. 57 „Schweißen und Kleben im Flugzeugbau", Arb.- u. Forsch.-Gemeinschaft Graf Zeppelin, Stuttgart-Flughafen, S. 29—37 [1.442.33].

Parks, Gordon: High-speed methods weld to aircraft "specs". Metalworking Production **101** (1957) 47 2088—2092.

Rohan, T. M.: Acid etch-milling is in full-scale production. Iron Age **179** (1957) 20 114—115; Leichtbau d. Verkehrsfahrzeuge **1** (1957) 6 172.

Sheppard, A. W.: Contour etching. Metal Industry **90** (1957) 3 48—50; AB **28** (1957) 2 96.

Sheppard, A. W.: Contour etching. Machinery (London) **90** (1957) 2305 153—159; Leichtbau d. Verkehrsfahrzeuge **2** (1958) 3 131.

Sheppard, A. W.: Contour etching. Removing metal by controlled chemical action. Aircr. Production **19** (1957) 2 71—75; Leichtbau d. Verkehrsfahrzeuge **1** (1957) 4 93.

Sparling, Kenneth: Forming integrally stiffened wing panels by shot-peening. Machinery (London) **91** (1957) 2344 903—906; Leichtbau d. Verkehrsfahrzeuge **2** (1958) 2 87.

Sparling, Kenneth: Integrally stiffened wing panels formed by shot peening. Machinery (New York) **63** (1957) 11 170—173; Aluminium **33** (1957) 11 A 314.

Tangerman, E. J.: How to make sandwich. Amer. Machinist **101** (1957) 6 137—168; Leichtbau d. Verkehrsfahrzeuge **1** (1957) 4 94; Titanium Abstr. Bull. **2** (1956/57) 474—475 [2.6].

Tangerman, E. J.: Wing panels milled on the "beam". Metalworking Production **101** (1957) 31 1326—1327.

Young, Harold: Integral components. Aircr. Production **19** (1957) 12 472—478; Leichtbau d. Verkehrsfahrzeuge **2** (1958) 2 87; Aeron. Engng. Rev. **17** (1958) 3 114; Index Aeron. **14** (1958) 1 87.

— Grinding fir-tree roots. Aircr. Production **19** (1957) 5 188—194; Titanium Abstr. Bull. **3** (1957/58) 12.

— Integral components; Machine for milling the profiles, angles and recesses of large airframe units. Aircr. Production **19** (1957) Jan. 23—26.

— Konstruktion und Fertigung eines neuzeitlichen Jagdflugzeuges. (Mitt. der Chance Vought Aircr. Inc. über das Jagdflugzeug Crusader.) Luftf.-Techn. **3** (1957) 3 48—50 [6.254.0].

— Pressing makes better aircraft forgings. Metalworking Production **101** (1957) 49 2186—2187.

— Pretreating the "Vanguard" surface. Light Metals **20** (1957) 235 337; Aluminium **34** (1958) 3 A 68.

— Production contour-etching, development of the process for routine application to airframe manufacture. Aircr. Production **19** (1957) 1 28—40; Leichtbau d. Verkehrsfahrzeuge **1** (1957) 4 93; Index Aeron. **13** (1957) 2 68; AB **28** (1957) 2 96.

— Skin milling; development and operation of a Tracer-controlled beam-type milling-machine for sculpture-profiling large planks. Aircr. Production **19** (1957) 8 301—310; Index Aeron. **13** (1957) 9 66; Aeron. Engng. Rev. **16** (1957) 11 146; Leichtbau d. Verkehrsfahrzeuge **2** (1958) 3 130.

Bucey, Boyd K: Manufacturing in the aeronautic age. J. Instn. Production Engrs. **37** (1958) 3 129—138; Machinery Lloyd, Europ. Ed. **30** (1958) 3A 38—44; Leichtbau d. Verkehrsfahrzeuge **2** (1958) 3 130, 6 261.

Bucey, Boyd K.: Manufacturing in the aeronautic age; a review of American production practice. Aircr. Production **20** (1958) 2 44—47; Engineer **205** (1958) 5321 89—92; Titanium Abstr. Bull. **3** (1957/58) 380—381.

Burnard, L. G.: Manufacturing practice: A review of British aircraft industry. Instn. Production Engrs. Prepr. Jan. 1958 37 p.; J. Instn. Production Engrs. **37** (1958) 3 139—179; Index Aeron. **14** (1958) 2 92; Leichtbau d. Verkehrsfahrzeuge **2** (1958) 3 129.

Burnard, L. G.: Aircraft manufacturing practices. Metalworking Production **102** (1958) 1 9—16 35 ref.; Titanium Abstr. Bull. **3** (1957/58) 379—380.

Clark, Ken: How to do chemical milling. Amer. Machinist **102** (1958) 6 125—127; Leichtbau d. Verkehrsfahrzeuge **2** (1958) 3 130.

Edwards, R. D.: Forming integral panels. Aircr. Production **20** (1958) 7 255—263; Leichtbau d. Verkehrsfahrzeuge **2** (1958) 6 261; Aero Space Engng. **17** (1958) 11 110.

Edwards, R. D.: Shot-peen forming. Inducing chordwise aerofoil curvature in the Vanguard integral wing skin-panels. Aircr. Production **20** (1958) 10 374—378.

Godfrey, David W. H.: New techniques and processes. Aeroplane **94** (1958) 2442 863—865.

De Groat, George H.: America is using car production methods for aircraft. Metalworking Production **102** (1958) 30 1291—1298.

Lundquist, C. H.: Chemical milling. Product Engng., Design Ed. **29** (1958) 5 50—53; Leichtbau d. Verkehrsfahrzeuge **2** (1958) 3 130.

Mitton, Daryl G.: Chemical milling provides many advantages. SAE-J. **66** (1958) 3 82—83; Leichtbau d. Verkehrsfahrzeuge **2** (1958) 3 131; Aero Space Engng. **17** (1958) 7 95.

Oeckl, Otto: Moderne Werkzeugmaschinen für die Metallverarbeitung im Flugzeugbau. Flugwelt **10** (1958) 1 29—30, 35—37.

Pearson, H. J.: Machining aerofoils. Aircr. Production **20** (1958) 6 215—229; Leichtbau d. Verkehrsfahrzeuge **2** (1958) 6 262.

Pönitzsch, O.: Fertigungsverfahren beim Bau des Flugzeuges Dornier Do 27. Luftf.-Techn. **4** (1958) 9 263—272.

Pull, John: Die Fertigung der Vickers „Vanguard". Luftf.-Techn. **4** (1958) 2 35—37.

Rebeski, Hans: Zweck und konstruktive Ausführung einer vorgespannten und metallgeklebten Tragflügelbehäutung, ausgeführt an dem Flugzeug Blume 502. WGL-Jb. 1958 213—218.

Rumble, O. L.: Stretching the wings of a DC 8. Machinery (New York) **64** (1958) 5 121—124; Aluminium **34** (1958) 5 A 132.

Smith, Lyle: Large aluminium components for Douglas Aircraft solution treated in tallest elevator type furnace. Industr. Heating **25** (1958) 3 465—466, 468, 470; Leichtbau d. Verkehrsfahrzeuge **2** (1958) 3 134.

Stearns, L. B.: Chemical milling in the aircraft industry. Industr. Aeronautics (1958) March 22—23, 26—27; Aero Space Engng. **17** (1958) 9 102.

Stearns, L. B. and *J. P. Kushnerick:* Chemical milling. Aircr. & Missiles Mfg. (1958) May 40—45; Aero Space Engng. **17** (1958) 11 110.

Sullivan, J.: Design for chemical milling. Modern Metals **14** (1958) 3 54, 56, 58, 60, 62; Aluminium **34** (1958) 12 A 342.

Sullivan, Jay: Where to use chemical milling. Amer. Machinist **102** (1958) 6 122—124; Leichtbau d. Verkehrsfahrzeuge **2** (1958) 3 131.

— Aufbau und Fertigung der Caravelle. Luftf.-Techn. **4** (1958) 5 126—129.

— Contour-etching. Aircr. Production **20** (1958) 7 264—269; Leichtbau d. Verkehrsfahrzeuge **2** (1958) 6 262; Aero Space Engng. **17** (1958) 11 110.

— Etching and routing. Comparative speeds and economic applicability of the processes. Aircr. Production **20** (1958) 12 459—463.

— Lifting-cradles: Wing-to-fuselage assembly on the Comet 4. Aircr. Production **20** (1958) Aug. 296—297.

— Making the P. 1 wing: Details of the structural design and production problems. Flight (1958) 10./1. 47—51, 61.

— Producing the Convair 880. Aeroplane **95** (1958) 2448 172—175.

— Routing. Aircr. Production **20** (1958) 8 323—325 2 ref.; Leichtbau d. Verkehrsfahrzeuge **2** (1958) 6 263.

— Skin routing. (English Electric Co. Ltd.). Aircr. Production **20** (1958) 3 94—99; Leichtbau d. Verkehrsfahrzeuge **2** (1958) 3 130.

Goff, Wilfred E.: De Havilland Comet. Assembly of the fuselage structure. Aircr. Production **21** (1959) 3 105—113.

Goff, Wilfred E.: De Havilland Comet. Mainplane assembly: stub-wing to centre-section joint. Aircr. Production **21** (1959) 4 127—138.

de Groat, George H.: Aircraft skins automatically spotwelded. Metalworking Production **103** (1959) 44 1752—1753.

Myer, R. T., S. A. Kilpatrick and *W. E. Backus:* Stress-relief of aluminum for aircraft. Metal Progr. **75** (1959) 3 112—115, 190; Aluminium **35** (1959) 10 A 274.

Partridge, David A.: Bonding has major role in building the F-27. Fairchild's use of Redux. Automot. Industries CIBA TN 198 June 1959 6 p.

— Handley Page Victor. Crescent-wing heavy bomber in production at Cricklewood and Radlett. Aircr. Production **21** (1959) 5 164—169.

— High-nickel airframe. Use of Inconel X in the North American X-15. Aircr. Production **21** (1959) 4 122—126.

— Vickers Vanguard. I. Evolution of design: fuselage assembly. II. Assembly of forward fuselage and three-part fuselage. Join up: Production of wing torsion box and machining wing skins. III. Polishing wing-skins and forming to aerofoil curvature: torsion-box assembly. Aircr. Production **21** (1959) 7 258—269, 8/9 290—302, 10 358—367.

Seilbahnen **6.255**

Baud, R. V. u. *J. Meyer:* Magnetische Prüfung von Kabeln von Drahtseilbahnen, Kabelkranen u. dgl. Wirtsch. Techn. Transp. **24** (1955) 1/6 50—55 bzw. 96—101 [6.261.1].

Bittner, Karl: Fortschritte auf dem Gebiete des Seilbahnbaues. Wirtsch. Techn. Transp. **24** (1955) 7/12 86—95.

Hug, Adolphe-M.: Die Seilschwebebahnen des „Weißen Tales" (Chamonix-Entrèves). Les Téléphériques de la vallée blanche (Chamonix-Entrèves). Wirtsch. Techn. Transp. **25** (1956) 10/12 148—152, **26** (1957) 1/3 10—16, 4/6 57—59.

Schmid, V.: Seilbahnkabinen aus Leichtmetall und deren Weiterentwicklung. Aluminium **32** (1956) 8 494—495; Nachr.-Bl. AGM Leichtbau **5** (1956) 9/10 7.

Weisgerber, J.: 10-Katzen-Seilbahn-Traverse aus Leichtmetall auf der Deutschen Werft, Hamburg. Schiff u. Hafen **8** (1956) 1 22—25.

Schrödl: Richtlinien für die Durchführung der technischen Aufsicht bei Personen-Seilschwebebahnen. Verkehr u. Techn. **11** (1958) 5 136—137.

Stirzel, Hans: Die neuen Seilbahnvorschriften. Verkehr u. Techn. **11** (1958) 2 41—43.

Wolff: Gestaltfestigkeitsfragen im Seilbahnbau. Verkehr u. Techn. **11** (1958) 4 105—107.

Engel, E.: Verdrehungerscheinungen an Seilen bei Seilbahnen. Öst. Ing.-Z. **2** (1959) 6 215—220.

Malota, Friedrich: Kautschuk als Konstruktionselement für Seilrollenfütterungen. Verkehr u. Techn. **12** (1959) 7 222—225.

Wolff, J. u. R. Westhäußer: Ermittlung der Schwingungsbeanspruchungen von Kabinen- und Sesselgehängen bei verschiedenen Seilbahnbauarten mit Hilfe von Dehnungsmeßstreifen. Inst. Physics, London, Stress Analysis Group — Inst. T. N. O. Delft Conf. 31./3.—4./4. 1959 Advance Copy 41 10 S.

Förderanlagen	**6.26**
Hebezeugbau	**6.261**
Allgemeines	**6.261.1**

Baud, R. V. u. J. Meyer: Magnetische Prüfung von Kabeln von Drahtseilbahnen, Kabelkranen u. dgl. Wirtsch. Techn. Transp. **24** (1955) 1/6 50—55 bzw. 96—101 [6.255].

Penkov, A. M. u. M. S. Krolevec: Stahlseile als Zugorgan bei Fördermitteln. Bergbautechnik **5** (1955) 4 190—193.

Schmoll, K.: Fördermittel für Lasten unter rd. 10 t. Z. VDI **98** (1956) 2 74—77 43 Lit.-St.

Vierling, Albert: Fördertechnik. Hebezeuge — Aufzüge — Stetigförderer — Flurförderer. Z. VDI **98** (1956) 21 1107—1112 7 Lit.-St.

Bückreiß, H. u. Th. Schaaf: Neuzeitliche Schweißkonstruktionen bei Förderanlagen. Schweißen u. Schneiden **9** (1957) 6 257—260.

Hönisch, W.: Das Drahtseil in der Hebe- und Fördertechnik. Dtsch. Hebe- u. Fördertechn. (1957) Juli 52, 56, Okt. 46—47; Draht **9** (1958) 6 219, 8 334.

Ricken, Theodor: Hebezeuge aller Art. Handkabelwinden, Elektro-Seilwinden, Krankatze in Leichtbauausführung, Handflaschenzüge, Elektrozüge, kombinierte Zieh- und Hubgeräte, Lastaufnahmemittel, Hubverlader, hydraulische Hebezeuge, Preßlufthebezeuge, mechanische Hebebühnen. Fördern u. Heben **7** (1957) 7 283—290.

Schmidt, A.: Konstruktionsmäßiges Ausnutzen der Schweißtechnik für Spezialmaschinen für die Ernährungsindustrie. Schweißen u. Schneiden **9** (1957) 6 332—334 [6.28].

— Welded aluminium gantry cranes. Light Metals **20** (1957) 229 114—115; Aluminium **33** (1957) 9 A 258.

Lüttgerding, Heinrich: Leichtbau für Hebezeuge und Förderanlagen. „Leichtbau-Konstruktionen", VDI-Ber. Bd. 28 1958 113—120 47 Lit.-St.

Nickel, Paul: Grundlagen zur Ermittlung der Betriebsbiegezahlen von Kranseilen. Z. VDI **101** (1959) 26 1225—1236.

Schulz, Ehrenfried: Torsionsbelastung von Verladebrücken-Stützen. Fördern u. Heben **9** (1959) 1 38—41.

Krane **6.261.2**

Bleicher, W.: Aluminium als Baustoff in der Fördertechnik. Vorteile bei Baggern und Kranen. Fördern u. Heben **5** (1955) Messe-S. H. 68—75.

Götzlinger, J. and S. Johnsson: Dynamic forces in cranes. Acta Polytechn. Scand. 175, Mech. Engng. Ser. **3** (1955) 7 34 p.; AMR **9** (1956) 2 58 [1.14].

Larkin, F. J.: Aluminum booms boost capacity of derrick boats. Modern Metals **11** (1955) 3 74, 76; AB **26** (1955) 5 268.

Naß, E.: Hafenwippdrehkran in Schalenbauart mit zug- und druckfester Kugeldrehverbindung. Z. VDI **97** (1955) 23 789—792 4 Lit.-St.

Fackert, H.: Großkrane und Verladebrücken. Z. VDI **98** (1956) 2 73—74 17 Lit.-St.

Ernst, H.: Krane. Z. VDI **99** (1957) 2 75—77 20 Lit.-St.

Nicolay, K.-H.: Hinweis für den Entwurf der Stahlkonstruktion von Verladebrücken. Techn. Mitt. Krupp **15** (1957) 8 272—276.

Wellnitz, Willi: Wirtschaftliche Überlegenheit der geschweißten Stahlleichtbau-Konstruktion im modernen Kranbau. Schweißen u. Schneiden **9** (1957) 6 253—257.

— Kaiser's new cranes are aluminum. Steel **140** (1957) 2 88—89; AB **28** (1957) 2 72—73.

— Wirtschaftliche Wege zum Leichtbau von Kranen. Fördern u. Heben **7** (1957) 9 453—454.

Eckinger, Karl: Geschweißte Wippausleger in Fachwerk- und in Vollwand-Leichtbauweise. Schweißen u. Schneiden **10** (1958) 6 247—250 7 Lit.-St.

Ernst, Hellmut: Krane. Z. VDI **100** (1958) 2 74—76 41 Lit.-St.

Ernst, Hellmut: Die Entwicklung neuer Kranformen mit Hilfe von Modell- und Großversuchen. MAN Forsch.-H. 8 1958 5—27 16 Lit.-St.

Koeßler, Paul: Fahrzeuge und Fördermittel. Z. VDI **100** (1958) 24 1181—1183 [6.252.41].

Rose, Gerhard: Ein Beitrag zur Berechnung von Kranbahnen. Stahlbau **27** (1958) 6 154—158.

Soiné, Hansgert: Krane, Mobilkrane. Bericht über die Deutsche Industriemesse Hannover 1958. Fördern u. Heben **8** (1958) 7 377—383.

Stoll, Alfred: Geschweißte vollwandige Außenkranbahn. Schweißen u. Schneiden **10** (1958) 6 245—247.

Terpstra, M.: Lichtmetaallegeringen voor kraanconstructies. Polytechn. T. (A) **13** (1958) 47/48 1133a—1136a; Metall **13** (1959) 2 128.

Bückreiß, H. u. H. Berthold: Vollständig geschweißter Doppellenker-Wippdrehkran. Schweißen u. Schneiden **11** (1959) 6 256—258.

Czichon, G.: Die Berechnung von Wippkran-Auslegern nach der Spannungstheorie II. Ordnung. Fördern u. Heben **9** (1959) 5 305—308.

Ding, Sigmund: Technische und wirtschaftliche Gesichtspunkte bei Konstruktion und Anwendung von fahrbaren Kranen. Z. VDI **101** (1959) 3 88—96.

Ernst, Hellmut: Krane. Z. VDI **101** (1959) 2 69—71 52 Lit.-St.

Herpertz, F.: Neuzeitliche Krane in geschweißter Kastenbauweise. Schweißen u. Schneiden **11** (1959) 6 253—255.

Kabisch: Durchbiegung der Tragwerke von Laufkranen — Diskussionsbeitrag. Technik (Berlin) **14** (1959) 1 31—33.

Linde, R.: Neue Konstruktionen des VEB Kranbau Eberswalde. Technik (Berlin) **14** (1959) 1 27—30.

Schulz, Ehrenfried: Berechnungsgrundlage für verdrehungssteife Kastenträger im Kranbau. Fördern u. Heben **9** (1959) 9 597—602.

Fördermaschinen, Aufzüge usw.   **6.261.3**

— Aircraft carriers will utilize huge aluminum elevators; first installed. Amer. Metal Market **62** (1955) 75 10—11; AB **26** (1955) 5 267—268.

Hughes, G. and C. B. Robinson: All welded aluminum lift installed on Essex carrier "Bon Homme Richard". Welding J. **35** (1956) 12 1231—1232; Aluminium **33** (1957) 5 A 138.

Darby, K.: Reusable aluminum skids. Modern Metals **13** (1957) 7 72, 74, 76; Aluminium **33** (1957) 12 A 346.

Schröder, Joris: Personenaufzüge. Planung und Bemessung. Z. VDI **99** (1957) 18 805—808.

Domke, K.: Förderbandausleger in geschweißter Aluminiumkonstruktion. Aluminium **34** (1958) 8 481—482.

Engel, E.: Stabilität von Flaschenzügen. Öst. Ing.-Z. **2** (1959) 7 257—260.

Füchslin, K.: Zur technischen Enwicklung des Eisenbahnwagen- und Aufzugbaues. Techn. Rdsch. (Bern) **51** (1959) 18 1—2; Leichtbau d. Verkehrsfahrzeuge **3** (1959) 4 135 [6.252.21].

Fördergeräte   **6.262**

Sandgänger, Karl: Bandabwurfwagen mit Leichtmetallausleger. Fördern u. Heben **5** (1955) 9 700—701.

Matting, Alexander: Versuche zur Klärung der Lebensdauer von Gummi-Textil-Fördergurten. Maschinenschaden **29** (1956) 9/10 145—152.

Salzer, Gert: Stetigförderer. Z. VDI **99** (1957) 2 77—80 55 Lit.-St.

Bär, Siegfried: Die Verbindung zwischen Förderseil und Klemmkausche unter statischer und dynamischer Belastung. Glückauf **94** (1958) 37/38 1289—1303.

Frenzel, Walter u. *Horst Rothe:* Theoretische Ermittlung der in Förderbändern auftretenden Zug- und Biegespannungen. Faserforsch. u. Textiltechn. **9** (1958) 6 203—213.

Förderung im Bergbau   **6.263**

Allgemeines   **6.263.1**

Duruy, M.: Les conditions extrêmes d'emploi des cables d'extraction en acier. Annales des Mines (1955) 9 3—12.

Eisenstecken, F.: Korrosion und Korrosionsschutz im Bergbau. Werkstoffe u. Korrosion **7** (1956) 6 309—321; Mitt. Forsch. Ges. Blechverarb. (1959) 711.

Meebold, R.: Die Entwicklung der Schachtförderseile. Industriekurier, Techn. u. Forsch. **9** (1956) 24 57—58; Draht **7** (1956) 9 365—366.

Ruhe, F.: Kunststoffe im Bergbau. Techn. Mitt. HdT (Essen) **49** (1956) 475—483; Werkstoffe u. Korrosion **8** (1957) 10 623.

Kusche, U. J.: Kunststoffe im Bergbau. Bergbau **10** (1959) 10 227—234.

Förderanlagen   **6.263.2**

Hanefeld, O.: Über die Anwendung und Bewährung von Leichtmetall bei Förderkörben. Aluminium **32** (1956) 12 785.

Krekel, Paul: Aluminium bei Förderbändern. Aluminium **32** (1956) 4 217—218.

Otto, Karl: Die Bewährung des PVC-Fördergurtes unter Tage. Glückauf **95** (1959) 21 1308—1311.

Grubenausbau (Strecken- und Strebausbau)   6.263.3

Pfuhl, K. H.: Der Stand des Grubenbaues für Streben und Strecken im west-
deutschen Steinkohlenbergbau. Techn. Mitt. HdT (Essen) **49** (1956) 10 456—469.

Batzel, Siegfried: Der hydraulische Strebausbau. Glückauf **94** (1958) 7/8 237—254.

Krippner, Erich u. *Fritz Schuermann:* Gedanken über die zweckmäßige Ausführung des Streckenausbaues. Glückauf **94** (1958) 37/38 1236—1244.

Lowens, Heinz: Die Entwicklung des Verbrauchs von Grubenrundholz und der
Verwendung metallenen Strebausbaus in den westeuropäischen Bergbau-
ländern. Glückauf **94** (1958) 49/50 1742—1747.

Spruth, Fritz: Kosten und Bewirtschaftung des Strecken- und Strebausbaus in
Stahl und Leichtmetall. Glückauf **94** (1958) 7/8 280—292.

Winkhaus, Gerd Paul: Der gegenwärtige Stand des Strecken- und Strebausbaus.
Neue Erkenntnisse und Forderungen an die Weiterentwicklung. Glückauf
94 (1958) 7/8 217—236.

Krippner, Erich u. *Siegfried Batzel:* Der Grubenausbau auf der Deutschen
Bergbau-Ausstellung 1958. Glückauf **95** (1959) 5 273—290.

Kuhn, Otto: Die Mechanisierung des Strebausbaus. Glückauf **95**(1959)9 502—518.

Schaefer, Wilhelm: Die Bedeutung der Anordnung stählernen Ausbaus im Streb
für das Verhalten des Hangenden. Glückauf **95** (1959) 19 1181—1192.

Bauwesen   **6.27**

Allgemeines   **6.270**

Brüning, H., K. Egner, H. Kolb, F. Mlynek, K. Möhler u. *W. Stoy:* Versuche für
den Holzbau. II. (Fortschritte u. Forsch. Bauwes. Reihe D H. 20) Stuttgart:
Franckh 1953 108 S.

Lohse, G.: Untersuchungen über das dynamische Verhalten elastisch eingespannter Bauwerke. Diss. TH Hannover 1954 87 Bl.

Sandow, W.: La protection contre la corrosion des constructions en metal
léger. Aluminium (Suisse) **4** (1954) 6 193—198; AB **26** (1955) 1 35.

Bräutigam, C.: Holz im Bauwesen. Von der Dreiländer-Holztagung 1954. Z. VDI
97 (1955) 21 723—724.

Ghaswala, S. K.: Aluminium in building construction. Indian Builder (1955) Aug.
6 p.; AB **26** (1955) 12 679.

Stern. E. G.: The status of wood construction. Timber Technol. **63** (1955) 2192
305—307, 2193 365—366; Holz als Roh- u. Werkstoff **13**(1955)8 319, **15**(1957)6
279.

Wolf, W.: Korrosionsschutz im Stahlbau. Z. VDI **97** (1955) 25 860.

— ALCAN architectural aluminum. Handbook. Montreal: Aluminum Co. of
Canada 1955 24 p.; AB **26** (1955) 6 342.

— Aluminium in building. Light Metals **18** (1955) 213 393—396.

— NORAL high-purity aluminium for roofing and flashing. Northern Aluminium Co. Ltd., London, 1955 6 p.; AB **27** (1956) 2 71.

Angas, W. Mack: Glasfaserverstärkte Kunststoff-Stäbe als Bewehrung von
Spannbeton. Kunststoffe **46** (1956) 1 37—39.

Beyer, Waldemar: Glasfaserkunststoffe für die Bautechnik. Kunststoffe **46**
(1956) 12 591—595.

Cosandey, M. u. *E. Rosetti:* Einige Bemerkungen zu zwei Leichtmetallkonstruktionen. Aluminium (Suisse) **6** (1956) 6 185—190.

van de Loo, K. J.: Aluminium in der holländischen Architektur. Aluminium
(Suisse) **6** (1956) 6 204—205.

Maus, C.: Die Berechnung von Bauwerken für die Belastung durch den Luft-
stoß von Atombomben. Bautechnik **33** (1956) 8 278—287.

6.270

Panseri, Carlo: Eine neue Leichtlegierung für das Bauwesen. Berg- u. Hütten-männ. Mh. **101** (1956) 12 397—402.

Roehm, J. M.: Cores and adhesives for aluminum curtain wall panels. Modern Metals **12** (1956) 1 42, 44, 46, 49; Aluminium **32** (1956) 7 A 195.

v. Walthausen, L.: Aluminiumguß im Bauwesen. Dtsch. Bau-Z. (1956) 9 1039—1042, 1068.

— Laminated timber-arches. Timber Technol. **64** (1956) 2203 252—254; Holz als Roh- u. Werkstoff **15** (1957) 9 399.

Albrecht, Walter, Karl Egner u. *Gustav Weil:* Die wichtigsten Baustoffe für den Hochbau. Z. VDI **99** (1957) 18 797—803 34 Lit.-St.

Brace, A. W.: Dyed anodic finishes in architecture. Light Metals **20** (1957) 227 61—64; Aluminium **33** (1957) 7 A 190.

Chatterjee, P. N.: A numerical method for determination of critical buckling loads of two-hinged elastic arches. J. Technol. **2** (1957) 2 145—159; AMR **12** (1959) 3 164.

Fischer, E. u. *H. Voßkühler:* Verhalten von Aluminiumlegierungen gegenüber Mörtelmischungen. Aluminium **33** (1957) 9 606—612 [1.361].

Gottschalk, M.: Aluminium-Legierungen für Architektur- und Bau-Konstruktionen. Metall **11** (1957) 3 202—208 28 Lit.-St. [1.323.210].

Krüger, H. E.: Kunststoff-Folien im Bauwesen. Kunststoffe **47** (1957) 10 589—591.

Paffrath, H. W.: Offenzellige Schaumstoffe für akustische Zwecke im Bauwesen. Kunststoffe **47** (1957) 11 638—640.

Papsdorf, W.: Einige Beispiele für die Bewährung von Aluminium im Bauwesen. Aluminium **33** (1957) 7 461—464 11 Lit.-St.

Wood, Lyman W.: Recommended building code requirements for wood or wood-base materials. FPL Rep. 2075 Sept. 1957 78 p. 44 ref.

Worth, Willard J.: Use of composition board and other wood-base products in mass building. Forest Products J. **7** (1957) 5 155—158.

— Leichtmetall im Bauwesen. Technik (Berlin) **12** (1957) 9 643.

— Metallbau mit Aluminium. 2. Aufl. Aluminium Zentrale Düsseldorf Ber. 9 44 S.

Craggs, H. R.: Recent structural aluminium developments in Belgium. Light Metals **21** (1958) 244 213—218, 245 248—250; Aluminium **35** (1959) 3 A 62.

Ernst, J.: Les constructions en aluminium dans le génie civil. Rev. Aluminium **35** (1958) 257 885—894; Aluminium **35** (1959) 1 A 12.

Forte, Attilio: Reinforced plastics in architectural application. Prepr. 13th Ann. Techn. & Management Conf., Reinforced Plastics Div., Sect. 7-C 1958 3 p.

Fritz, B.: Radial vorgespannte, stählerne Stabhängewerke und ihre Verwendungsmöglichkeiten. Stahlbau **27** (1958) 5 113—117.

Köller: Einflußfelder für die Hauptträgerschnittkräfte zweistegiger Plattenbalkensysteme. Bautechn.-Archiv. H. 16 1958 31 S.

Krause, K. H.: Schaumpolystyrolplatten als verlorene Schalung. Kunststoff-Rdsch. **5** (1958) 5 188—191; Adhäsion **2** (1958) 4 186.

Schroeder, J.: Bauen mit Aluminium. Bauwirtschaft **12** (1958) 14 297—300.

Bianchi, T.: Applicazioni delle materie plastiche nella prefabbricazione edilizia. (Verwendung von Kunststoffen im vorfabrizierenden Bauwesen.) Poliplasti **7** (1959) 32 16—23.

van Dugteren, J. O. W.: Kunststoftoepassingen in de bouwnijverheid. (Kunststoff-Anwendung im Bauwesen.) Plastica (Delft) **12** (1959) 4 270—273, 5 344—347.

Schwabe, A.: Bauen mit Kunststoffen. (RKW Schr.-Reihe „Der Querschnitt" H. 2). Darmstadt: Justus-von-Liebig-Verl. 1959 56 S.

v. Tannenberg, W.: Insect-wing metal panel. Product Engng. **30** (1959) 11 62—63; Konstruktion **11** (1959) 9 370.

v. Walthausen, L.: Aluminiumfolie im Bauwesen. Aluminium **35** (1959) 8 453—457.

— Plastics in building. Brit. Plastics **32** (1959) 12 534—539.

Wentworth, V. H.: Building with plastics. Plastics **24** (1959) 259 123—126.

Häuser 6.271

— Aluminium windows — notes on design and manufacture. Devel. Bull. Oct. 1954 37 p.; AB **26** (1955) 1 9.

Dehousse, N. M.: Circular cylindrical shells. (In French.) Bull. Centre d'Étude de Rech. et de Essais Sci. des Constructions du Génie Civil et d'Hydraulique Fluviale **7** (1955) 3—118; AMR **9** (1956) 9 377.

Faisst, W.: Eine moderne Dachhaut und Wandverkleidung aus Aluminium. Metall **9** (1955) 191—193; Werkstoffe u. Korrosion **7** (1956) 4 216.

Herke, Fr.: Neuartige Deckenkonstruktion im Stahlskelettbau. Bau-Ing. **30** (1955) 8 299—301 [6.273].

Stern, E. G.: How to build nailed trussed rafters. Practical Builder Nov. 1955 50 p.; AMR **9** (1956) 5 202.

Weiß, E.: Das Alcoa-Building in Pittsburgh (USA). Bauing. **30** (1955) 9 342—344.

— Aluminium-Dächer. 3. Aufl. Aluminium Zentrale Düsseldorf Ber. 6 39 S.

— Aluminiumbedachung (Firste, Maueranschlüsse, Traufen u. a.). Aluminium-Merkblatt A 3, Düsseldorf: Aluminium-Zentrale 1955 12 S.

— Rugged doors. Modern Plastics **33** (1955) 3 98—99; AB **26** (1955) 12 681—682.

Darby, K.: Aluminium in home building. Modern Metals **12** (1956) 2 42—44; Aluminium **32** (1956) 8 A 216.

Diem-Schenker, K.: „Shadelite"-Vordächer. Aluminium (Suisse) **6** (1956) 2 59—62.

Gottschalk, M.: Leichtmetallfenster. Metall **10** (1956) 5/6 216—219; Aluminium **32** (1956) 7 A 195.

Kawada, A.: School building construction with light weight steel frames. Nippon Kokan Techn. Rep. (Japan) No. 6 July 1956 157—174.

Kentzler, H. u. J. Schroeder: Aluminium-Dachdeckung und Wandverkleidung. Aluminium **32** (1956) 3 147—150.

Kulli, W.: Aluman-Bedachung. Aluminium (Suisse) **6** (1956) 3 97—102.

Luxford, R. F. and E. C. O. Erickson: Rigidity and strength of houses built of plywood stressed-cover panels. Amer. Soc. Testing Mater. 2nd Pacific Area Nat. Meeting, Sept. 1956, Pap. 114; AMR **10** (1957) 11 510.

Müller, E.: Anwendungbeispiele von Aluminium im Fensterbau. Aluminium (Suisse) **6** (1956) 6 206—210.

Rhode, H.: Neuartige Fassadengestaltung durch Aluminium. Umbau des Kaufhauses Defaka in Krefeld. Aluminium **32** (1956) 7 428—431.

Ringo, B. C.: Limit design for buildings. Proc. ASCE Vol. 82, ST 3 (J. Struct. Div.), Pap. 986 May 1956 15 p.; AMR **9** (1956) 12 523.

Robé, E.: Abschmelzschweißen von Leichtmetall-Fensterrahmen. Werkstatt u. Betrieb **89** (1956) 6 309—311.

Scherrer, C. E.: Alumanbedachungen auf einem Fabrikneubau in Schaffhausen. Aluminium (Suisse) **6** (1956) 6 212—215.

Schiller, M.: Überblick über die Verwendung von Fassadenelementen in Frankreich. Aluminium **32** (1956) 2 81—87.

Spescha, M.: Leichtmetall in Schulbauten. Aluminium (Suisse) **6** (1956) 3 90—96.

Victor, M.: Les panneaux à peau tendue. Rev. Aluminium **33** (1956) 233 590—592; Aluminium **32** (1956) 12 A 346.

Zurbrügg, E.: Wärmeisolierende Anticorodal-Fensterrahmen. Aluminium (Suisse) **6** (1956) 2 41—49; Aluminium **32** (1956) 8 A 216.

— A laminated timber roof structure. Timber Technol. **64** (1956) 2209 577—579;
AMR **10** (1957) 12 561.

— Aluminium reservoir roofs. Metallurgia **54** (1956) 326 289—290; Aluminium
33 (1957) 6 A 164.

— Aluminium + Architektur. Düsseldorf: Aluminium Verl. 1956 54 S.

Chevrier, A.: La fenêtre "réversible" Schwartz-Hautmont en alliage léger. Rev.
Aluminium **34** (1957) 240 163—170.

Esmay, M. L. and *J. S. Boyd:* Gable and single slope wood truss design. Amer.
Soc. Agric. Engrs. 1957 Meeting, Chicago, Ill., Dec. 1957 Pap. 57-572 17 p.;
AMR **11** (1958) 9 485.

Gottschalk, M.: Neuartige Aluminiumgeländer für Balkone, Terrassen und
Treppen. Aluminium **33** (1957) 7 452—454.

Heine, K. A. jr.: 20jährige Aluminiumbedachung im Schwarzwald. Aluminium
33 (1957) 7 456—457.

Moss, D. H.: Problems of jointing. Pt. 1—5. Wood (London) **22** (1957) 5 184, 6
230, 7 284, 8 326, 10 407—408; Holz als Roh- u. Werkstoff **16** (1958) 7 281.

Müller, E.: Aluminiumfassaden. Aluminium (Suisse) **7** (1957) 2 56—58.

Nelson, G. L.: A new light-weight trussed rafter. Amer. Soc. Agric. Engrs.
1957 Meeting, Chicago, Ill., Dec. 1957 Pap. 57-571 13 p.; AMR **11** (1958) 9 485.

Norén, Bengt: Pakänningar i trätakstolar resultat av modellprovningar. Svenska
Träforskningsinstitutet (Stockholm) Medd. 86 B 1957 16 S.

Perry, T. D.: Plywood for construction. Wood (London) **22** (1957) 4 120—123;
Holz als Roh- u. Werkstoff **16** (1958) 11 451.

Schlegel, H.: Entwicklung von Klebkonstruktionen aus Glaskresit für Trennwände. Plaste u. Kautschuk **4** (1957) 7 251—255; Adhäsion **1** (1957) 5 236.

Schroeder, J.: Das neue Verwaltungsgebäude der AIAG in Zürich. Aluminium
33 (1957) 9 597—601.

Spescha, M.: Eine schweizerische Aluminium-Geländerkonstruktion. Aluminium
33 (1957) 7 454—455.

Spescha, M.: Leichtmetall in Schulbauten. Aluminium (Suisse) **7** (1957) 2 59—67.

Stern, E. G.: Wood, plywood or steel gusset plates for nailed trussed rafters.
Virginia Polytechn. Inst. Wood Res. Lab. Bull. 29 March 1957 12 p.; AMR
10 (1957) 10 465.

— Verkleidung von Wänden und Decken mit Holzspanplatten. Dtsch. Zimmermeister **59** (1957) 1/2 10.

Domke, K.: Aluminiumdachbinder mit der größten Stützweite der Welt. Aluminium **34** (1958) 5 283—285.

Frenz, Reinhold: Weich-PVC-Profile auf Stahlträgern als Konstruktions-Elemente
für Fenster, Türen und Trennwände. Kunststoffe **48** (1958) 4 161—164; Mitt.
Forsch.-Ges. Blechverarb. (1958) 17/18 207—208.

Herber, Karl-Heinz: Bemessung von Tankdächern mit Rippenrostgespärren.
Stahlbau **27** (1958) 9 237—246 10 Lit.-St.

Jesumann, Albert: Baustoffe. Z. VDI **100** (1958) 25 1240—1241 20 Lit.-St.

Lipski, A.: Aluminum roof proves economical. (Transportation pavilion at
Brüssels World's Fair). Civil Engng. (New York) **28** (1958) 10 46—51.

Luxford, R. F.: Light wood trusses. U. S. Forest Prod. Lab. Rep. 2113 Apr. 1958
14 p. (Reprinted Proc. ASCE ST 7 (J. Struct. Div.) **84** (1958) Pap. 1839 48 p.;
AMR **12** (1959) 3 173.

Prouvé, J.: La maison du désert. Rev. Aluminium **35** (1958) 255 659—661; Aluminium **34** (1958) 11 A 316.

Reischl, A.: Ein umgestaltbares und verlegbares Wohnhaus aus Aluminium.
Aluminium **34** (1958) 8 470—473.

Scherrer, C. E.: Zeitgemäße Alumanbedachungen. Aluminium (Suisse) **8** (1958) 5
143—147; Aluminium **34** (1958) 12 A 344.

Simpson, H.: Design of folded plate roofs. Proc. ASCE Vol. 84, ST 1 (J. Struct. Div.), Pap. 1508 Jan. 1958 22 p.

Wintergerst, Louis: Nordbrücke Düsseldorf. III. Statik und Konstruktion der Strombrücke. Stahlbau **27** (1958) 6 147—154, 7 184—188.

Wood, L. W.: Sandwich panels for building construction. FPL Rep. 2121 Oct. 1958.

— Aluminiumbedachung (Einführung). Aluminium-Merkblatt A 1, 4. Aufl., Düsseldorf: Aluminium-Zentrale 1958 6 S.

— Aluminium in school construktion. Modern Metals **14** (1958) 2 28, 30, 32, 34, 36; Aluminium **34** (1958) 7 A 194.

— Plywood folded plate roofs, a tentative design method. Douglas Fir Plywood Association, Techn. Dept. Nov. 1958 31 p.; AMR **12** (1959) 4 256.

— Richtlinien für die Ausbildung der Dachunterkonstruktion bei Aluminiumdächern. Aluminium-Merkblatt A 4, Düsseldorf: Aluminium-Zentrale 1958 14 S.; Aluminium **34** (1958) 4 224—226.

Dickinson, T. A.: Plastics in building construction. Plastics **24** (1959) 256 9—11.

Hempel, Gerhard: Werkstoffe im Häuserbau — Holz und Holzbaustoffe. Holz-Zbl. **85** (1959) 152 2039—2040.

Lenzini, M. e *G. Putti:* Impiego di laminato di poliestere rinforzato con fibre di vetro come coperture di ambienti di lavoro. (Verwendung von glasfaserverstärkten Polyesterharz-Schichtstoffen als Decken für Arbeitsräume. Materie Plastiche (Milano) **25** (1959) 5 365—370.

Müller, E.: Alumanbedachung und -verkleidung der neuen Busgarage der Zürcher Verkehrsbetriebe. Aluminium (Suisse) **9** (1959) 2 65—70; Aluminium **35** (1959) 7 A 174.

Norén, Bengt: Takstolar av trä. Small timber roof trusses and their design. Statens Nämnd för Byggnadsforskning Handl. 37 1959 129 S.

Stoll, A.: Geschweißte Hohlkastenkonstruktion für das Maschinenhaus eines Kraftwerkes. Schweißen u. Schneiden **11** (1959) 6 258—260.

Victor, M.: Le quartier général de la Reynolds Metals à Richmond. Rev. Aluminium **36** (1959) 262 222—230; Aluminium **35** (1959) 7 A 174.

Brücken

Hrennikoff, Alexander: Elastic stability of a pony truss. Publ. Int. Ass. Bridge & Struct. Engng. **3** (1935) 192—221.

Kriso, Karl: Die Knicksicherheit der Druckgurte offener Fachwerkbrücken. Abh. Int. Vereinig. Brücken- u. Hochbau **3** (1935) 271—294.

Albenga, Da Guiseppe: Il ponte e la costruzione metallica leggera. Milano: Assoziazione fra i Costruttori in Acciaio Italiani 1953 34 p.

Bleicher, Waldemar: Aluminium im Brückenbau. Europa-Verkehr (1955) 8 S.

Erzen, Cevdet Z.: Analysis of suspension bridges by the minimum energy principle. Publ. Int. Ass. Bridge & Struct. Engng. **15** (1955) 51—68; AMR **10** (1957) 1 16.

Freyer, F.: Beitrag zur genaueren Berechnung der Zusatzbeanspruchungen in Fahrbahnrosten von Eisenbahnbücken infolge elastischer Dehnung der Hauptträgergurte unter besonderer Berücksichtigung der Quer- und Längsträgeranschlüsse. Diss. TH Braunschweig 1955.

Hendry, Arnold W. and *Leslie G. Jaeger:* The load distribution in interconnected bridge girders with special reference to continuous beams. Publ. Int. Ass. Bridge & Struct. Engng. **15** (1955) 95—116 5 ref.; AMR **10** (1957) 4 150 [1.212.3].

Hoyden, A.: Näherungsberechnung von erdverankerten Hängebrücken unter Berücksichtigung des veränderlichen Trägheitsmomentes des Versteifungsträgers. VDI-Forsch.-H. 452 1955 39 S.; AMR **10** (1957) 1 16.

Little, G. and *R. E. Rowe:* Load distribution in multi-webbed bridge structures from tests on plastic models. Mag. Concrete Res. **7** (1955) 21 133—142; AMR **9** (1956) 10 424.

Marquard, E.: Zur Berechnung von Brückenschwingungen unter rollenden Lasten. Ing. Arch. **23** (1955) 1 19—35.

Moppert, Hugo: Statische und dynamische Berechnung erdverankerter Hängebrücken mit Hilfe von Greenschen Funktionen und Integralgleichungen. Veröff. Dtsch. Stahlbau-Verband H. 9, Köln: Stahlbau-Verl. 1955 114 S.; Z. VDI **98** (1956) 35 1946.

Noske, E.: Die Eigenfrequenzen der lotrechten ungedämpften Eigenschwingungen teilverankerter Hängebrücken; exakte Frequenzgleichungen für die lotrechten Schwingungen echter und unechter Hängebrücken. Diss. TH Darmstadt 1955.

Pucher, A.: Über die Biegungsmomente der Randträger von kreuzweise bewehrten Fahrbahnplatten. Bautechn.-Archiv H. 10 1955.

Werhahn, O.: Beitrag zur Spannungsermittlung in Knotenpunkten geschweißter stählerner Fachwerkbrücken. Diss. TH Hannover 1955.

— Aerodynamic stability of suspension bridges. Trans. ASCE **120** (1955) 721—781; AMR **11** (1958) 5 242.

— Pontonbrücken aus Aluminium. Technica **4** (1955) 6 243—246; AB **26** (1955) 7 416—417.

v. Beek, C.: Een lichtmetalen brug in Nederland. Polytechn. T. (B) **11** (1956) 37/38 679b—682b.

Beisswenger, K.: Ein Beitrag zur konstruktiven Gestaltung der Endquerträger als Spannhaupt von vorgespannnten Brücken und Spannklötzen auf Grund spannungsoptischer Untersuchungen. Diss. TH Stuttgart 1956.

Bleicher, Waldemar: Aluminium als Werkstoff im Brückenbau. Aluminium **32** (1956) 8 464—465.

Cassé, B.: Détermination de la résistance d'un tablier de pont-rail à poutrelles enrobées par essai poussé à la ruine. Publ. Ass. Int. Ponts & Charpentes **16** (1956) 39—54.

Chilver, A. H.: A note on the Mise-Kunii theory of bridges vibrations. Quart. J. Mech. & Appl. Math. **9** (1956) 2 207—211; AMR **10** (1957) 7 287.

Domke, K.: Konstruktive und wirtschaftliche Betrachtungen zur Anwendung von Aluminium im Brückenbau. Aluminium **32** (1956) 2 70—74; AB **27** (1956) 3 149—150.

Domke, K.: Aluminium im Brückenbau. Bau **9** (1956) 8 224—227.

Domke, K.: Aluminium im Brückenbau. Bau-Ztg. **61** (1956) 8 322—324.

Eckstein, Karl: Geschweißte Eisenbahnblechträgerbrücke — eingleisig — mit geschlossener Fahrbahn. (Schulbeispiel.) Frankfurt/M.—Berlin-Zehlendorf: Dr. Arthur Tetzlaff-Verl. 1956 58 S.

Egerváry, E.: Begründung und Darstellung einer allgemeinen Theorie der Hängebrücken mit Hilfe der Matrizenrechnung. Abh. Int. Vereinig. Brücken- u. Hochbau **16** (1956) 149—184.

Görtz, Wilhelm: Zügelgurtbrücken. Z. VDI **98** (1956) 35 1909—1916 16 Lit.-St.

Koloušek, Vladimir: Schwingungen der Brücken aus Stahl und Stahlbeton. Abh. Int. Vereinig. Brücken- u. Hochbau **16** (1956) 301—332 [1.273].

Latzin, K.: Geschweißte Bunkergleisbrücken. Schweißen u. Schneiden **8** (1956) 3 89—91.

Leonhardt, Fritz: Brückenbau. Z. VDI **98** (1956) 17 944—949 30 Lit.-St.

Marsh, C.: Bau einer Aluminium-Fußgängerbrücke für den Golf-Klub Genf. Aluminium (Suisse) **6** (1956) 3 77—81.

Marsh, Cedric: Design thoughts on aluminium bridges. Devel. Bull. Jan. 1956 19 p.; AB **27** (1956) 3 149.

Marsh, C.: Footbridge in formed aluminium sheet. Light Metals **19** (1956) 216 91—93; Aluminium **32** (1956) 6 A 171.

McGahan, A. F.: Timber footbridges are cheap to maintain, strong, durable. Municipal Engng. July 1956; AMR **10** (1957) 9 409.

Mise, K. and S. Kunii: A theory for the forced vibrations of a railway bridge under the action of moving loads. Quart J. Mech. & Appl. Math. **9** (1956) 2 195—206; AMR **10** (1957) 7 287.

Roloff, H. J.: Die Leichtmetallbrücke über den Datteln-Hamm-Kanal bei Lünen. Stahlbau **25** (1956) 10 232—235.

de la Serve: Les ponts levants. Ann. Ponts Chaussées **126** (1956) 5 629—677; Bau-Ing. **33** (1958) 10 395—398.

Steinman, D. B.: Mackinac bridge — Designed for complete aerodynamic stability. Civil Engng. (New York) **26** (1956) 5 37—41; AMR **9** (1956) 9 381—382.

Westhaus, K. H.: Die erste deutsche Straßenbrücke aus Aluminium. Aluminium **32** (1956) 8 466—475.

— Interessante Einzelheiten an einer Aluminium-Fußgängerbrücke (Genf). Techn. Rdsch. (Bern) **48** (1956) 26 31—33.

— Neue Fußgängerbrücke aus Aluminium. Aluminium **32** (1956) 10 631—632.

Biggs, J. M., H. S. Suer and J. M. Louw: The vibration of simple span highway bridges. Proc. ASCE Vol. 83, ST 2 (J. Struct. Div.), Pap. 1186 March 1957 33 p.; AMR **11** (1958) 1 12.

Courbon, J.: Calcul des ponts à poutres consoles réunies par des articulations. Publ. Ass. Int. Ponts & Charpentes **17** (1957) 9—22.

Eichenmüller, W.: Die neue Straßenbrücke Speyer, die erste nahezu vollkommen geschweißte Rheinbrücke. Oerlikon Schweiß-Mitt. **15** (1957) 28 5—12.

Eichenmüller, W.: Die Straßenbrücke Speyer: Die erste weitgehend geschweißte vollwandige Rheinbrücke. Schweißen u. Schneiden **9** (1957) 6 239—241.

Hacker, J. C.: A simplified design of composite bridge stringers. Proc. ASCE Vol. 83, ST 6 (J. Struct. Div.), Pap. 1432 1957 7 p.; AMR **11** (1958) 11 607—608.

Hampel, H.: Eine Straßenbrücke aus Leichtmetall. Bauing. **32** (1957) 1 17—22; Aluminium **33** (1957) 6 A 164.

Konishi, I. and S. Komatsu: Three-dimensional stress analysis of a box-girder bridge. (In Japanese). Trans. Japan Soc. Civil Engng. **43** (1957) Febr. 1—10; AMR **11** (1958) 1 18.

Kramer, A.: Kurzer Rundblick auf den neuzeitlichen Stahlbrückenbau. Techn. Mitt. Krupp **15** (1957) 8 210—213.

Krosse, H.: Die Wellstahlplatte — eine Neuentwicklung auf dem Gebiet des Stahlbrückenbaues. Techn. Mitt. Krupp **15** (1957) 8 214—225.

Marsh, C.: Betrachtungen zum Bau von Aluminiumbrücken. Aluminium **33** (1957) 7 465—469.

Pelikan, W. u. M. Eßlinger: Die Stahlfahrbahn, Berechnung und Konstruktion. MAN Forsch.-H. 7/1957 321 S.

Popp, C.: Zur genaueren Berechnung der Fahrbahn-Längsträger stählerner Eisenbahnbrücken. II. Zahlentafeln zur Berechnung der Einflußlinien. (Forsch.-H. Stahlbau H. 10a) Köln: Stahlbau-Verl. 1957 45 S.

Selberg, Arne: Aerodynamic stability of suspension bridges. Publ. Int. Ass. Bridge & Struct. Engng. **17** (1957) 209—216 14 ref.

Sih, N. S.: Torsion analysis for suspension bridges. Proc. ASCE ST 6 (J. Struct. Div.) **83** (1957) Pap. 1431 9 p.; AMR **12** (1959) 1 29.

Ziller, Felix: Über die Flatterschwingungen von Hängebrücken. Z. VDI **99** (1957) 10 405—415 10 Lit.-St.

— All-welded aluminium footbridge. Sixty foot span at Rogerstone. Metallurgia **55** (1957) 331 245—246.

Ashton, Ned L.: First welded aluminum girder bridge spans Interstate Highway in Iowa. Civil Engng. (New York) **28** (1958) 10 78—80.

Barbré, Rudolf u. *Rolf Ibing:* Windkanalversuche über die Sicherheit gegen winderregte Schwingungen bei der Hängebrücke Köln-Rodenkirchen. Stahlbau **27** (1958) 7 169—176.

Baumli, E.: Geländer aus Leichtmetall. Aluminium (Suisse) **8** (1958) 4 117—133; Aluminium **34** (1958) 12 A 344.

Chevrier, A.: Un pont routier en aluminium soudé. Rev. Aluminium **35** (1958) 258 1013—1016; Aluminium **35** (1959) 3 A 62.

Dörnen, K.: Eisenbahnüberführung Kettwiger Straße am Hbf. Essen, ein geschweißtes Einkasten-Hohlrahmen-Tragsystem. Schweißen u. Schneiden **10** (1958) 6 230—233.

Domke, K.: Erste geschweißte Aluminium-Straßenbrücke in Verbundbauweise. Aluminium **34** (1958) 8 480—481.

Ferguson, F. u. *P. Poulin:* Geschweißter Fußgängersteg in Leichtmetall. Techn. Rdsch. (Bern) **50** (1958) 21 9—13; Aluminium **34** (1958) 10 A 290.

v. Gegerfelt, G. u. *C.-A. Granholm:* Geschweißte Fußgängerbrücke aus Aluminium in Schweden. Aluminium **34** (1958) 2 95—100; Aluminium **34** (1958) 3 A 68.

Giencke, Ernst: Die Berechnung von durchlaufenden Fahrbahnplatten. Stahlbau **27** (1958) 9 229—237, 11 291—298, 12 326—332 7 Lit.-St.

de Jager, W. G.: Gewichtsvermindering bij bruggen in Duitsland en Nederland. Polytechn. T. (B) **13** (1958) 23/24 411b—417b.

Krause, H.: Dattelner Hafenbrücke, eine ganzgeschweißte Straßenfachwerkbrücke. Schweißen u. Schneiden **10** (1958) 6 237—239.

Lee, S. L. and *R. W. Clough jr.:* Stability of pony-truss bridges. Publ. Int. Ass. Bridge & Struct. Engng. **18** (1958) 91—112.

Leonhardt, Fritz: Brückenbau. Z. VDI **100** (1958) 18 784—788 17 Lit.-St.

Naruoka, M. and *H. Yonezawa:* A study on the period of the free lateral vibration of the beam bridge by the theory of the orthotropic rectangular plate. Ing. Arch. **26** (1958) 1 20—29.

Naruoka, Masao, Toshimasa Okabe and *Koichi Hori:* An experimental study on model continuous beam bridge with steel deck. Publ. Int. Ass. Bridge & Struct. Engng. **18** (1958) 137—170.

— Aluminum bridge for Iowa State Highway Commission. Modern Metals **14** (1958) 2 26—27; Aluminium **34** (1958) 7 A 192.

— Aluminum bridge of aircraft design. Mech. Engng. **80** (1958) 10 76—77.

Dörnen, Klaus: HV-Schrauben im Brückenbau. Ingenieur **71** (1959) 32 121B—134B.

Domke, K.: Neue Aluminiumbrücken in den Vereinigten Staaten. Aluminium **35** (1959) 2 92—94.

Feder, D.: Die Fairchild-Aluminium-Brücke. Stahlbau **28** (1959) 9 257—259.

Hess, Walter: Geschweißter Langerbalken mit Druckgurt aus Rohren. Stahlbau **28** (1959) 6 152—156.

Lange, Karl: Neue Stahlbrückenkonstruktionen. Z. VDI **101** (1959) 5 163—173 16 Lit.-St.

Lesniak, Z. K.: Geschweißte Eisenbahnbrücken in Polen. Schweißen u. Schneiden **11** (1959) 11 428—432 8 Lit.-St.

Lund, C. V.: Timber bridges on the railways. Proc. ASCE ST 1 (J. Struct. Div.) **85** (1959) Pap. 1912 77—86; AMR **12** (1959) 9 621.

Näser, R.: Studienprojekt einer Leichtmetall-Hängebrücke. Technik (Berlin) **14** (1959) 1 22—26.

Schau, Rudolf u. *Rudolf Lüttges:* Hohenzollernbrücke Köln — Wiederherstellung des 3. und 4. Gleises. Stahlbau **28** (1959) 10 261—265.

Steinman, D. B.: Brücken mit großen Spannweiten. Stahlbau **28** (1959) 1 1—6 6 Lit.-St.

Sutter, K. u. *A. M. Mackie:* Versteifungsträger von zwei Hängestegen in Leichtmetall. Techn. Rdsch. (Bern) **51** (1959) 3 9—11, 13, 17, 19, 21, 23, 25, 27; Aluminium **35** (1959) 5 A 128.

Tabakeya, F.: Vierendeelträger-Brücken und die Probleme der Spannungsverminderung. Acier-Stahl-Steel **24** (1959) 7/8 348—357.

— Aluminium-alloy footbridge. Light Metals **22** (1959) 251 64—65.

— Prefabricated bridge construction in aluminium. Light Metals **22** (1959) 251 57.

Hochbau, Hallenbau, Industriebauten

Ellinger, A. u. *F. M. Reinhart:* Korrosion von Getreidesilos aus Aluminium. Agric. Engng. **34** (1953) 545—549; Werkstoffe u. Korrosion **6** (1955) 3 151.

Kruglikow, A.: Schweißerfahrungen im Hochbau. (Übers. aus dem Russ.) (Schr.-Reihe Verl. Technik Bd. 129). Berlin: Verl. Technik 1953 24 S.

*) *(Witt, P. J.):* Proceedings of the Symposium on concrete shell roof construction. London: Cement & Concrete Ass. 1954 258 p.

Herke, Fr.: Neuartige Deckenkonstruktion im Stahlskelettbau. Bau-Ing. **30** (1955) 8 299—301 [6.271].

Papak, V.: Ganzglas-Aluminium-Fassade für die Kaufhof AG. in Köln. Aluminium **31** (1955) 3 99—102; AB **26** (1955) 4 188.

Suhr, O.: Flugzeughalle aus Leichtmetall. Bau-Ing. **30** (1955) 3 104—105.

Wolf, Walter, Hans Marti u. *Maurice Cosandey:* Mehrgeschoßbauten und Hochhäuser. (Mitt. Techn. Komm. Verband Schweiz. Brückenbau- u. Stahlhochbau-Unternehmungen, Nr. 12) Zürich: Verl. V.S.B. 1955 54 S.

— Glass-aluminium towers. Modern Metals **11** (1955) 10 72, 74, 76; Aluminium **32** (1956) 4 A 91.

Benito, C.: Etude expérimentale sur modèles réduits de toitures en voiles minces. (Conclusion). Publ. Ass. Int. Ponts & Charpentes **16** (1956) 35—38.

van der Eb, W. J.: A new method of calculating circular cylindrical shells. Publ. Int. Ass. Bridge & Struct. Engng. **16** (1956) 101—148 [1.245].

Eby, R. E.: Developments in structural glued laminated construction. Amer. Soc. Testing Mater. 2nd Pacific Area Nat. Meeting, Sept. 1956, Pap. 90; AMR **10** (1957) 11 510.

Herber, K.-H.: Bemessung von Rippenkuppeln und Rippenschalen für Tankdächer. Stahlbau **25** (1956) 9 216—225.

Klingholz, R.: Kunststoffschäume für Wärme- und Schalldämmung im Hochbau. Bauwelt **47** (1956) 49 1153—1155, 51 1208—1210.

Lutz, F.: Eine interessante Anwendung von Aluminium im Hochbau. Aluminium **32** (1956) 1 28—31; AB **27** (1956) 3 149.

Spescha, M.: Normalisierte Leichtmetallgeländer im Hochbau. Aluminium (Suisse) **6** (1956) 1 3—9; Aluminium **32** (1956) 5 A 135; AB **27** (1956) 3 158.

Ikert, B.: Über die Verwendung von Polystyrol-Schaumstoffen im Hochbau. Kunststoffe **47** (1957) 10 579—580.

Jordan, P.: Ein interessantes Beispiel der Anwendung von Aluminium im konstruktiven Fassadenbau. Aluminium **33** (1957) 1 24—30.

Kollbrunner, Curt F.: Neuzeitlicher Stahlhochbau. Zürich: Leemann 1957 56 S.

Müller, E.: Leichtmetallfassade eines zehnstöckigen Hochhauses, in einem Tag montiert. Aluminium (Suisse) **7** (1957) 4 148—149; Aluminium **33** (1957) 11 A316.

Wrycza, Walter: Die große Ausstellungshalle auf dem Killesberg in Stuttgart als Beispiel für die weitreichende Bedeutung der Schweißtechnik im Stahl hochbau. Schweißen u. Schneiden **9** (1957) 6 245—247.

— Glued beams and lattice trusses. Aero Res. TN Bull. 176 Aug. 1957 10 p. Holz als Roh- u. Werkstoff **16** (1958) 7 283.

— Glued portal frames. Strength, grace and economy in building. Aero Res. TN Bull. 175 July 1957 8 p.; Holz als Roh- u. Werkstoff **16** (1958) 11 451.

— Two unusual timber structures. Timber Technol. **65** (1957) 2218 403—405; AMR **11** (1958) 1 17—18.

Brechtel, R.: Eine vorgefertigte transportable Ausstellungshalle aus Aluminium Aluminium **34** (1958) 8 466—469.

Brosch, Friedrich: Der italienische Atomreaktor So.R.I.N. Milano — Die Kreiszylinderschale mit Kugelkalotte. Bautechnik **35** (1958) 8 324—328, 9 360—364.

Cornelius, W.: Die statische Berechnung eines seilverspannten Daches am Beispiel des US-Pavillons auf der Weltausstellung in Brüssel 1958. Stahlbau **27** (1958) 4 98—103.

Domke, K.: Aluminium im konstruktiven Ingenieurbau. Stahlbau **27** (1958) 12 317—325.

Domke, K.: Aluminium für tragende Bauteile. Bauwirtschaft **12** (1958) 48 1088—1091.

Fialkow, M. N.: Limit analysis of simply supported circular shell roofs. Proc. ASCE EM3 (J. Engng. Mech. Div.) **84** (1958) Pap. 1706 40 p.; AMR **12** (1959) 2 93.

Gerard, F. A.: The analysis of a cylindrical shell roof with edge beams. Trans. Engng. Inst. Canada **2** (1958) 4 168—174; AMR **12** (1959) 11 757.

Grix, H. H.: Gasgeschweißte zerlegbare Hallen aus Leichtmetall. Schweißen u. Schneiden **10** (1958) 6 241—242.

Kordina, Karl: Zur Berechnung von Spannbetonbauteilen nach der Verformungstheorie. (Ein Beitrag zum „Dischinger-Effekt"). Abh. Int. Vereinig. Brücken- u. Hochbau **18** (1958) 81—90.

Morris, I. E.: Die Alexander-Memorial-Sporthalle in Atlanta, USA. Stahlbau **27** (1958) 5 132—133.

Schwabe, A.: Kunststoffe auf der Interbau. Kunststoffe **48** (1958) 1 10—12.

Stoy, Wilhelm: Der Wellstegträger. Ein erfolgreicher Versuch für die industrielle Serienfertigung von geleimten Holzbauelementen. Holz als Roh- u. Werkstoff **16** (1958) 7 274—276.

Vogel, Th.: Flugzeughallentore. Mitt. Forsch.-Ges. Blechverarb. (1958) 1 2—7.

Wood, Randal Herbert: The stability of tall buildings. Proc. ICE **11** (1958) Sept. 69—102.

Wrycza, Walter: Die neue DIN 4100 — Geschweißte Stahlhochbauten, Berechnung und bauliche Durchbildung — im Blickpunkt der Wirtschaftlichkeit. Schweißen u. Schneiden **10** (1958) 10 401—404.

— Aluminiumanwendung bei den Bauten der Weltausstellung Brüssel 1958. Aluminium **34** (1958) 4 231—234.

— Glued laminated timber structures at the Brussels International Exhibition. CIBA (ARL) TN 187 July 1958 10 p.

Bimboes, Karl: Kunststoffe im Hochbau. Eisenbahntechn. Rdsch. **8** (1959) 10 432—438.

Bongard, W.: Zur Theorie und Berechnung von Schalentragwerken in Form gleichseitiger hyperbolischer Paraboloide. Diss. TH Karlsruhe 1959; Bautechn.-Arch. H. 15 1959 IV, 44 S.; Bauing. **34** (1959) 8 334.

Domke, K.: Aluminiumdachkonstruktion für das neue Empfangsgebäude des Flughafens Brüssel-National. Aluminium **35** (1959) 2 94—97.

Erdmann, Werner: Kunstharzverleimte Holzkonstruktionen für Bahnsteig- und Rampendächer. Eisenbahntechn. Rdsch. **8** (1959) 7 292—309.

Fritz, Bernhard: Weitgespannte stählerne Hallendächer und Kuppeln. Z. VDI **101** (1959) 5 173—180.

Kollbrunner, C. F.: Neuzeitlicher Stahlhochbau. Zürich: Leemann 1957 56 S.; AMR **12** (1959) 7 471.

Moser, E.: Die Aluminiumfassade für das Hochhaus der Phoenix-Rheinrohr AG in Düsseldorf. Aluminium **35** (1959) 6 339—343.

— Aluminium-Fassaden. 2. Aufl. Aluminium Zentrale Düsseldorf Ber. 5 47 S.

— DIN 4113 — Aluminium im Hochbau. Aluminium **35** (1959) 2 99.

Fliegende Bauten   **6.274**

— Light-weight articulated gangways. Shipbuilding & Shipping Rec. **85** (1955) 23 751; AB **26** (1955) 8 483.

— Smart design with extrusions in aluminium movable partitions. Modern Metals **11** (1955) 8 35, 36, 38; Aluminium **32** (1956) 3 A 70.

— Passagiertreppen für die Trans-Canada-Airlines. Aluminium (Suisse) **6** (1956) 3 107—108.

Rösch, H.: Transportabler Steg aus Aluminium. Aluminium **33** (1957) 7 470—472.

Sutter, K.: Verkehrswege und Lawinenverbau. Voies publiques et leur protection contre avalanches. Wirtsch. Techn. Transp. **26** (1957) 4/6 50—52.

— Neue englische Gangways aus Aluminium. Aluminium **33** (1957) 11 741.

Schramme, W.: Leichtmetalleitern. Aluminium (Suisse) **8** (1958) 5 161—166; Aluminium **34** (1958) 12 A 344.

— Neue verstellbare Fluggasttreppen aus Aluminium. Aluminium **34** (1958) 10 588—589.

Faißt, H. W.: Höhenverstellbarer Ein- und Ausstieg für Verkehrsflugzeuge. Aluminium **35** (1959) 8 461—462.

Stephan, E.: Montagefähiger Freigeländemessestand aus Aluminium. Aluminium **35** (1959) 2 82—86.

Mastenbau   **6.275**

— Les poutres rétractables le Roy des Ets Brissoneau et Lotz. Rev. Aluminium **31** (1954) 213 274—275; AB **26** (1955) 1 8.

Grindrod, J.: Aluminum sheet used for construction of Kitimat power transmission tower. Sheet Metal Industries **32** (1955) 344 932—934; Aluminium **32** (1956) 3 A 71.

Hanna, O. A.: Laminated crossarms. Forest Prod. J. **5** (1955) 2 127—130; Holz als Roh- u. Werkstoff **15** (1957) 2 112.

— Les mâts de pavoisement de la gare du Nord. Rev. Aluminium **32** (1955) 225 932—933; Aluminium **32** (1956) 4 A 91.

Evermann, E.: Umsetzbarer Antennenmast aus Leichtmetall. Aluminium **32** (1956) 10 617—621.

Meyer, H.: Neuzeitliche Mastkonstruktionen für Höchstspannungs-Freileitungen. Elektrotechn. Z. (A) **77** (1956) 8 225—233.

Miesel, Kurt: Die Berechnung mehrfach abgespannter Mastgruppen. Forsch.-H. Stahlbau H. 12 1956 43 S.

Seiter, W.: Korrosionsschutz von Stahlrohr- und Stahlgittermasten. Elektrizitätswirtschaft **55** (1956) 23 844—849.

— Umsetzbarer Antennenmast aus Aluminium. Aluminium **32** (1956) 8 502—503.

Diem, K.: Aluminiummaste aus dünnwandigen, konischen Rohren. Aluminium (Suisse) **7** (1957) 1 3—13; Aluminium **33** (1957) 5 A 138.

Gewecke, Hermann: Die Frischimprägnierung von Masten aus Fichten- und Tannenholz nach dem Saftverdrängungsverfahren. Holz als Roh- u. Werkstoff **15** (1957) 3 119—124 6 Lit.-St.

Poócza, Antal: Minimalgewicht von auf Torsion beanspruchten Gittermasten. Bautechnik **35** (1958) 10 399—400.

Sonstige Zweige (Nahrungsmittelindustrie, Verpackung usw.) **6.28**

Abel, D. H.: Aluminium in agriculture — present and future prospect. Light Metals **17** (1954) 200 367—368; AB **26** (1955) 1 14.

Prévot, Pierre: Sachets d'emballage étanches en complexes d'aluminium. Rev. Aluminium **32** (1955) 226 1025—1031; AB **27** (1956) 2 77.

Reck, Robert: Behälter, Apparate und Geräte aus Aluminium in der Milchindustrie. Aluminium (Suisse) **5** (1955) 5 163—174; AB **26** (1955) 12 684; Aluminium **32** (1956) 3 A 71.

Rutz, O.: La feuille d'aluminium utilisée comme emballage des produits laitiers. Aluminium (Suisse) **5** (1955) 5 175—177; AB **26** (1955) 12 684.

— Fabrication de pièces en alliage léger, destinées à l'industrie alimentaire. Fonderie (1955) 112 4526—4527; AB **26** (1955) 8 487—488.

Altenpohl, Dietrich: Korrosionsbeständigkeit des Al im Kontakt mit Lebensmitteln. Verpackungs-Rdsch. (1956) 10 67—70; Aluminium **32** (1956) 9 A 263.

Ambler, J. A.: Aluminium — the material for packaging. Light Metals **19** (1956) 218 146—148; Aluminium **32** (1956) 9 A 267.

Behrens, F. St.: Aluminium in der Verpackung. Metall **10** (1956) 19/20 958—959; Aluminium **33** (1957) 3 A 73.

Burkhalter, M.: Verwendung von Aluminiumbehältern beim Transport von Silozement. Aluminium (Suisse) **6** (1956) 5 158—160; Aluminium **33** (1957) 2 A 45.

Konrad, Martin: Die Technik der Aerosolverpackung. Teil 1. Entwicklung, Systematik, Rümpfe und Falzverbindungen. Z. VDI **98** (1956) 12 543—548 15 Lit.-St.

Schnell, R.: Eigenschaften und Verarbeitungsmöglichkeiten von Aluminiumfolien. Verpackungs-Rdsch. (gelbe Beilage) **7** (1956) 4 32—36; Aluminium **32** (1956) 11 A 323.

Stastny, Fritz: Schaumkunststoffe als Verpackungsmaterial. Kunststoffe **46**(1956)6 302—304.

Taranger, A.: Aluminium for rigid wall cans. Light Metals **19** (1956) 225 387—394; Aluminium **33** (1957) 5 A 140.

Taranger, A.: Die Verwendung von Aluminium für Büchsen mit starren Wandungen. Berg- u. Hüttenmänn. Mh. **101** (1956) 12 413—420.

— Aluminium — the material for packaging. Light Metals **19** (1956) 218 146—148.

Arnold, H.-D.: Ein neuer Verwendungszweck für Aluminiumfolie. Aluminium **33** (1957) 10 662—664.

Clarke, E. H.: Evaluation for container-grade paper-overlaid veneer panel boxes for overseas use. Appendix I: Paper-overlaid veneer compliance requirements. Appendix II: Statistical analysis of the data. WADC TN 55-328 (AD 142004) Sept. 1957 26 p.

Farrell, E. A.: Packaging: 12 billion target for aluminum. Modern Metals **13** (1957) 6 38—40, 42, 44, 45; Aluminium **33** (1957) 12 A 348.

Heebink, T. B.: Evaluation of nine styles of fiberboard boxes with more than four sides. FPL Rep. 2110 Aug. 1957 18 p.

Klutmann, A. u. A. V. Lovell: Die AC-Linie, eine automatische Fertigungslinie für die Herstellung von Aluminiumdosen. Aluminium **33** (1957) 10 655—658.

Linicus, W. u. W. Papsdorf: Aluminium als Verpackungswerkstoff für Nahrungs- und Genußmittel. Aluminium **33** (1957) 10 644—648.

Locher, E.: Die Folien der Verpackungsindustrie. Aluminium (Suisse) **7** (1957) 3 92—97; Aluminium **33** (1957) 10 A 284.

Lowig, E. u. K. Broockmann: Beitrag zur Frage der Insektenfestigkeit von Aluminiumfolien und Aluminium-Kunststoff-Verbundfolien. Aluminium **33** (1957) 10 649—654.

Patzke, G.: Das Aluminiumfaß als Verpackungselement. Verpackungs-Rdsch. (1957) Sonderausg. Verpackungs-Wirtsch. 111—112.

Reinhard, Hans: Kunststoffe in der Verpackung. Verpackungs-Rdsch. (1957) 7 393—398; Adhäsion **1** (1957) 5 236.

Schmidt, A.: Konstruktionsmäßiges Ausnutzen der Schweißtechnik für Spezialmaschinen für die Ernährungsindustrie. Schweißen u. Schneiden **9** (1957) 6 332—334 [6.261.1].

Schnell, R.: Metallfolien als Packstoff. Verpackungs-Rdsch. (1957) Sonderausg. Verpackungs-Wirtsch. 36—51.

Taranger, A.: Europäische Aerosoldosen aus Aluminium. Aluminium **33** (1957) 10 659—662.

— Aluminium als Verpackungsmaterial in Frankreich. Aluminium **33** (1957) 1 50—51.

Becker, Max G.: Klebstoffprobleme in der Wellpappenindustrie. Adhäsion **2** (1958) 5 208—209.

Bétant, A.: Die Aluminiumfolie in der Verpackung von Pralinen und Schokolade-Kleinwaren. Aluminium (Suisse) **8** (1958) 2 48—55; Aluminium **34** (1958) 9 A 258.

Childers, Sidney and *Sidney Allinikov:* The development of a non-adhering chemically foamed-in-place polyurethane cushioning material for packaging purposes. WADC Techn. Rep. 57-682 (AD 142282) Jan. 1958 18 p. [1.324.313].

Herrmann, J. u. B. Müller: Die Konservendose aus Aluminium und ihre Einsatzmöglichkeiten. Lebensmittelindustrie **5** (1958) 3 126—132; Mitt. Forsch.-Ges. Blechverarb. (1959) 545.

Herrmann, Otto: Weiterentwicklung und Charakterisierung von Kunststoff-Verpackungsfolien. Kunststoffe **48** (1958) 2 45—51.

Robinson-Görnhardt, L.: Kunststoffe in der Lebensmittelverpackung. Die Untersuchung von Kunststoff-Folien zur Lebensmittelverpackung durch Gebrauchsteste. Kunststoffe **48** (1958) 10 463—469.

Schmalenbach, K.: Sickenprobleme in der Emballagenindustrie. Mitt. Forsch.-Ges. Blechverarb. (1958) 15 165—173.

Stoeckhert, Klaus: Die Verwendung von Kunststoffen in der Verpackungstechnik. Z VDI **100** (1958) 4 125—131.

Stoeckhert, Klaus: Kontinuierliches Verpacken mit Kunststoffen. Z VDI **100** (1958) 8 321—325.

Swann, L. W.: The manufacture and chief uses of aluminium foil. Light Metals **21** (1958) 244 221—223, 245 255—257, 246 293—295; Aluminium **35** (1959) 3 A64.

— List of publications on box and crate construction and packaging data. FPL Rep. 791 Jan. 1958 26 p.

Bertin-Roulleau, J.: Plaste als Verpackungsmaterial für Lebensmittel. Plaste u. Kautschuk **6** (1959) 8 359—360.

Coulls, B. H.: Plastic films and foils for packaging trends in Australia. Austral. Plastics & Rubber J. **15** (1959) 163 21—23.

Löbner, H.: Plaste in der Landwirtschaft. Dtsch. Agrartechn. **9** (1959) 6 257—260; Plaste u. Kautschuk **6** (1959) 11 557.

Ludwig, W.: Plaste in der Lebensmittelindustrie, mit besonderer Berücksichtigung der Getränkeindustrie. Plaste u. Kautschuk **6** (1959) 8 356—359 10 Lit.-St.

Schmülling, E.: Die Verwendung von Kunststoffen zur Verpackung fetter und fetthaltiger Nahrungsmittel. Fette, Seifen, Anstrichmittel (1959) 2 117—119; Adhäsion **3** (1959) 6 322.

Uhlig, H.: Rationelle Fertigung von Dosen aus Aluminium. Industrie-Anz. **81** (1959) 6 71—76; Mitt. Forsch.-Ges. Blechverarb. (1959) 546.

Wansink, A. G.: Kunststoffen als verpakkingmateriaal. Plastica (Delft) **12** (1959) 10 756—759, 12 928—932.

— Aluminium in the world of packaging. Light Metals **22** (1959) 255 185—186.

Gelenkte Flugkörper **6.29**

Kölle, H. H.: Verfahren zur Bestimmung der minimalen Startgewichte und der günstigsten Konstruktionsgrundwerte von Raumfahrzeugen. Ges. f. Weltraumforsch. (Stuttgart) Ber. 5 1950 22 S.

Casiraghi, G. P.: Materials for rocket frame and motor construction. IV. Int. Astron. Kongr. Zürich 1953 163—170 [6.211.4].

Bell, A. J.: Magnesium in the fabrication of guided missiles. Light Metal Age **11** (1954) 11/12 25—27; AB **26** (1955) 2 101; Index Aeron. **11** (1955) 7 135—136.

Shaw, Spencer L.: Selecting metals for supersonic aircraft and guided missiles. Mater. & Meth. **40** (1954) 6 89—92; AB **26** (1955) 2 60 [6.254.0].

Vertregt, M.: Calculation of step-rockets. V. Int. Astron. Kongr. Innsbruck 1954 157—161.

Gardner, G. W. H.: Guided missiles. Chartered Mech. Engr. (1955) Jan. 5—22; Aeron. Engng. Rev. **14** (1955) 4 126.

Hoff, N. J.: Stress distribution in the presence of steady creep. Proc. Conf. on High-speed Aeronautics, Polytechn. Inst. Brooklyn, Jan. 1955 271—310; AMR **10** (1957) 4 160—161.

Lusser, Robert: 27 rules for guided missile design engineers. Tele-Techn. (1955) Aug. 86—87.

Warren, Forrest: Magnesium protection methods for missiles. Light Metal Age **13** (1955) 8 14—15; AB **26** (1955) 9 598—599.

Zaehringer, Alfred J.: Factors in solid missile booster design. Aero Dig. **71** (1955) Aug. 38, 40, 42; Aeron. Engng. Rev. **14** (1955) 11 134.

Grant, H. R.: Cold-forming methods for fabrication of inert rocket components during development. Jet Propulsion **26** (1956) 12 1088—1090; Index Aeron. **13** (1957) 3 71.

Levy, A. V.: Some new materials for missile and power-plant applications. Aircr. Engng. **28** (1956) 332 357—361; Index Aeron. **12** (1956) 11 95; Titanium Abstr. Bull. **2** (1956/57) 144—145 [6.211.2].

Miller, K. Dexter jr. and *Steven M. Breslau:* Fiberglas-reinforced plastic as a rocket structural material. Jet Propulsion **26** (1956) Nov. 969—972; Aeron. Engng. Rev. **16** (1957) 2 128; AMR **10** (1957) 4 156.

North, Lowell O.: Design data on high temperature resistant reinforced plastics and the design, fabrication, and evaluation of a reinforced plastic missile component. WADC Techn. Rep. 56-355 Pt. I Nov. 1956 199 p.

— Castings for missile design: modern methods improve aluminum castings. Missile Design & Devel. (New York) (1956) Oct. 14—16; Aeron. Engng. Rev. **17** (1958) 1 118.

Carter, W. J.: Optimum nose shapes missiles in the super aerodynamic region. J. Aerodyn. Sci. **24** (1957) 527—532.

Bossart, K. J.: Design problems of large rockets. Engineer **204** (1957) 19./7. 90—91; Aeron. Engng. Rev. **16** (1957) 11 140.

Gerstin, Harry: Polyurethane foams in aircraft and missiles. Western Aviation (1957) June 10—12; Aeron. Engng. Rev. **16** (1957) 10 148 [6.254.0].

Jeffs, George W.: Factors in missile design. Western Aviation (1957) June 6—8; Aeron. Engng. Rev. **16** (1957) 10 152.

Kattus, J. R.: Structural materials for missile applications at very high temperatures. Jet Propulsion **27** (1957) 6 644—649; Index Aeron. **13** (1957) 9 88; Aeron. Engng. Rev. **16** (1957) 8 124.

Lux, John H. and *Robert L. Noland:* Non-metallics for missiles. Missiles & Rockets (1957) Sept. 137—144; Aeron. Engng. Rev. **16** (1957) 12 124.

Mathews, Donald: Magnesium-thorium alloys as missile materials. Western Aviation (1957) May 6—8; Aeron. Engng. Rev. **16** (1957) 8 142.

Mociun, A. T.: Titanium applications and design problems in today's missiles. Amer. Soc. Metals Titanium Conf., Los Angeles, March 1957 28 p.; Titanium Abstr. Bull. **3** (1957/58) 116—117 [1.323.23].

Moser, Walter P.: Shell construction. Araldite bonds give strength to Swiss A-A missile. Aviation Age (1957) Apr. 108—115.

North, Lowell O.: A reinforced plastic sandwich missile structure designed for use at 650°F. Soc. Aircr. Mater. & Process Engrs., Proc. Conf. on Adhesive Bonded Structures for Aircraft, Los Angeles, Jan.—Febr. 1957 Pap. 33 18 p.; Aeron. Engng. Rev. **16** (1957) 12 136.

Pergent, J.: "Veronique", la fusée expérimentale française. (In French). Air Rev. (1957) Juin 363, 365.

Prager, William: Total creep under varying loads. J. Aeron. Sci. **24** (1957) 2 153—155 5 ref.; Index Aeron. **13** (1957) 3 45; Aeron. Engng. Rev. **16** (1957) 3 158.

Stencel, F. B.: Beam-riding anti-aircraft missile. The part of Araldite in airframe construction. Aluminium (Suisse), Aero Res. TN Bull. 173 May 1957 8 p.

Wood, K. D.: Data gives estimate for winged missile perfomance. Aviation Week **66** (1957) 21 56—58, 63—67; Index Aeron. **13** (1957) 7 31; Raketentechn. u. Raumf.-Forsch. **1** (1957) 3 88; Aeron. Engng. Rev. **16** (1957) 8 148.

Zaehringer, Alfred J.: Zur Verwendung von Kunststoffen in der Raketentechnik. Rakentechn. u. Raumf.-Forsch. **1** (1957) 3 57—59, 77 9 Lit.-St.; Aeron. Engng. Rev. **17** (1958) 2 100 [6.211.4].

— Cold forming in missiles production. Missiles & Rockets (1957) Oct. 118—119.

Baird, B. L. and *C. W. Handova:* Joint design for titanium missile applications. II. Industry & Welding **31** (1958) 3 56—58; Titanium Abstr. Bull. **3** (1957/58) 520.

Baker, N. L.: Silicone applications in the missile industry. Missiles & Rockets (1958) March 118—126; Aero Space Engng. **17** (1958) 7 88, 90.

Bozzacco, Francis and *Paul Swanson:* Radome materials for operating temperatures above 500 degrees Fahrenheit. Prepr. 13th Ann. Techn. & Management Conf., Reinforced Plastics Div., Sect. 8-C 1958 9 p.

Caywood, W. C. and *E. M. Rivello:* Material strengths under missile load conditions. John Hopkins Univ., APL BB Rep. 270 1958 6—10; Aero Space Engng. **17** (1958) 9 90.

Dickinson, Thomas A.: Laminates for space flight. Plastics **23** (1958) 246 110.

Dobrin, Saxe: Estimating missile proportions. Aircr. & Missiles Mfg. (1958) Apr. 16—20; Aero Space Engng. **17** (1958) 9 100.

Duke, M. C.: Fabricating the Redstone ballistic missile. Modern Metals **14** (1958) 3 72—74, 76; Aluminium **34** (1958) 11 A 316.

ten Dyke, R. P.: Computation of rocket step weights to minimize initial gross weight. Jet Propulsion **28** (1958) May 338—340; Index Aeron. **14** (1958) 8 90; Aero Space Engng. **17** (1958) 8 98.

Fabun, Don: Aluminum for missiles in production. Missiles & Rockets (1958) March 85—87; Raketentechn. u. Raumf.-Forsch. **2** (1958) 2 69; Aero Space Engng. **17** (1958) 7 88.

Fabun, D.: Aluminum in rockets and missiles. Modern Metals **14** (1958) 3 30—32, 34, 36, 38, 41, 42, 44; Aluminium **34** (1958) 11 A 316.

Gerard, George: An evaluation of structural sheet materials in missile applications. Jet Propulsion **28** (1958) Aug. 511—520 19 ref.; Aero Space Engng. **17** (1958) 10 94.

Gray, E. Z.: Missile structures and materials. AGARD Rep. 218 Oct. 1958 22 p. 8 ref.

Gröttrup, Helmut: Aus den Arbeiten des deutschen Raketen-Kollektivs in der Sowjet-Union. Raketentechn. u. Raumf.-Forsch. **2** (1958) 2 58—62; Index Aeron. **14** (1958) 7 63—64; Aero Space Engng. **17** (1958) 8 98 [6.211.4].

Hall, H. H. and *E. D. Zambelli:* On the optimization of multistage rockets. Jet Propulsion **28** (1958) 7 463—465 4 ref.; Index Aeron. **14** (1958) 9 69; Raketentechn. u. Raumf.-Forsch. **2** (1958) 4 142.

Kubow, R. M. and *N. J. Linardos:* How to design radome structures for high speed aircraft and missiles. Aviation Age **28** (1958) 8 74—79; Aero Space Engng. **17** (1958) 5 98 [6.254.3].

Kucharcik, Lothar: Die Werkstoffe schneller Flugkörper und ihr Verhalten im Temperaturbereich zwischen 5000—15 000 °C. Techn. Rdsch. (Bern) **50** (1958) 5 2—7.

Lewin, Joseph S.: Thin pressurized shells look best for space structures. Aviation Age **29** (1958) 4 178—179, 181—185.

Loiseau, H.: Essais de flottement sur maquettes autopropulsées sol-sol, dans le domaine transsonique. Comparaison des résultats obtenus en air libre et des résultats calculés ou obtenus en soufflerie. Rech. Aéron. (1958) 66 43—51 4 réf.

Long, John V. and *George D. Cremer:* High temperature brazing looks good for missile parts. Aviation Age **29** (1958) 5 30—31, 33 [2.512].

Martin, D. J.: Summary of flutter experiences as a guide to the preliminary design of lifting surfaces on missiles. NACA TN 4197 Febr. 1958 17 p. 13 ref.; J. Roy. Aeron. Soc. **62** (1958) 570 464; AMR **11** (1958) 11 634; Index Aeron. **14** (1958) 5 23; Aero Space Engng. **17** (1958) 6 78.

Nonweiler, T. R. F.: Ballistic missiles. Aeronautics **38** (1958) March 28—31; Index Aeron. **14** (1958) 4 93; Aero Space Engng. **17** (1958) 7 94.

Riedinger, L. A.: Limit design for economical missile structures. Aviation Age **30** (1958) 4 32—39.

Rosato, D. V.: Asbestos reinforced plastics for rockets and missiles. Aircr. & Missiles Mfg. (1958) Jan. 66—71.

Sandorff, Paul E.: Structures and materials. Pressure-stabilized structures likely for manned vehicles. Probability analysis may take place of safety margins. Prediction and control of material behavior is needed. Aviation Age **28** (1958) 9 50—53, 59—60, 62—63.

Serby, J. E.: Guided weapons and aircraft — some differences in design and development. J. Roy. Aeron. Soc. **62** (1958) 567 187—202; Index Aeron. **14** (1958) 4 94; Aero Space Engng. **17** (1958) 7 92, 94.

Stambler, Irwin: New graphites beat missile hot spots. Aviation Age **29** (1958) 4 86—88, 90—92.

Stump, C. O.: Soldering process needs upgrading for missile work. SAE.-J. **66** (1958) 2 72.

Subotowicz, M.: The optimization of the N-step rocket with different construction parameters and propellant specific impulses in each stage. Jet Propulsion **28** (1958) 7 460—463; Index Aeron. **14** (1958) 9 68; Raketentechn. u. Raumf.-Forsch. **2** (1958) 4 142.

Swaney, F. R.: Missile production requires new techniques. Tool Engr. (1958) May 81—84; Aero Space Engng. **17** (1958) 8 102.

Watter, Michael: A new missile material — welded stainless steel hollow core. Missiles & Rockets **3** (1958) March 104—110; Index Aeron. **14** (1958) 5 62; Aero Space Engng. **17** (1958) 7 88.

Weisbord, L.: A generalized optimisation procedure for N-staged missiles. Jet Propulsion **28** (1958) 3 164—167 3 ref.; Raketentechn. u. Raumf.-Forsch. **2** (1958) 3 107; Index Aeron. **14** (1958) 6 74.

Westrup, Robert W. and *Philip Silver:* Some effects of curvature on frames. Inst. Aeron. Sci. 26th Ann. Meeting, New York, Jan. 1958, Prepr. 778 1958 22 p.; J. Aero Space Sci. **25** (1958) 9 567—572; Index Aeron. **14** (1958) 6 79— 80; Aeron. Engng. Rev. **17** (1958) 2 87—88 [1.212.4].

Zaehringer, A. J. and *R. M. Nolan:* Missile materials review. Missiles and Rockets (1958) 3 69—75; Raketentechn. u. Raumf.-Forsch. **2** (1958) 2 69.

Hoffman, G. A.: The structural design of maximum-area astronautical vehicles. Inst. Aeron. Sci. Nat. Summer Meeting, Los Angeles, June 1959, Rep. 59—89.

van Kann, H.: Titan als Werkstoff für den Flugzeug- und Flugkörperbau. Flugkörper **1** (1959) 1 25—29 39 Lit.-St.; Leichtbau d. Verkehrsfahrzeuge **3** (1959) 4 138.

Lazan, B. J. and *Jerome E. Ruzicka:* Damping adhesives solve missile vibration problems. Soc. Automotive Engrs. Pap. 100 U, 100 Y Dec. 1959; SAE.-J. **67** (1959) 12 69—71.

Loughran, R. H. and *L. A. Nelson:* Ways to cut weight of missile structures. Soc. Automotive Engrs. Pap. 106 U Dec. 1959; SAE.-J. **67** (1959) 12 76—77.

Raech, Harry jr.: Reinforced plastics sandwich construction for space vehicles. Prepr. 14th Ann. Techn. & Management Conf., Reinforced Plastics Div., Sect. 8-A 1959 14 p. 8 ref. [6.15].

Reichel, Rudolf H.: Unbemannte Flugkörper. Z. VDI **101** (1959) 11 436—438 42 Lit.-St.

Rosato, D. V.: High temperature asbestos reinforced plastic missile parts. Prepr. 14th Ann. Techn. & Management Conf., Reinforced Plastics Div., Sect. 2-B 1959 9 p.

— Welding the Jupiter. Machinery (New York) **65** (1959) 8 111—115; Aluminium **35** (1959) 11 A 306.

Gewichtsunterlagen 7

Allgemeines **7.1**

Schrenk, Martin: Das theoretische Mindestgewicht des freitragenden Flügels in Abhängigkeit von seiner Form. DVL.-Jb. 1937 175—190 [6.254.1].

Anderson, R. A.: Weight-efficiency analysis of thin-wing construction. Amer. Soc. Mech. Engrs. Aviation Conf., Los Angeles, March 1956, Pap. 56-AV-13 12 p.; Trans. ASME **79** (1957) 5 974—979; Index Aeron. **12** (1956) 7 93; Aeron. Engng. Rev. **16** (1957) 10 125; AMR **11** (1958) 6 295 [6.254.1].

Ayers, K. B.: Struts of minimum weight. Theoretical properties of struts of maximum efficiency and practical approximations. Aircr. Engng. **28** (1956) 324 43—45.

Freiberger, Walter: Minimum weight design of cylindrical shells. Amer. Soc. Mech. Engrs. Prepr. 56-APM-33 1956 5 p.; J. Appl. Mech. **23** (1956) 4 576—580; Index Aeron. **12** (1956) 8 71; Aeron. Engng. Rev. **16** (1957) 3 158.

Kramer, C. R. and *A. Kastelowitz:* These forgings in aircraft save weight improve design. Mater. & Meth. **43** (1956) 3 106—108 [6.254.9].

van Nes, W. u. *O. Köhler:* Der Gewichtsanteil der tragenden Teile am Flügelgewicht. Luftf.-Techn. **2** (1956) 11 206—210; Aeron. Engng. Rev. **16** (1957) 2 120 [6.254.1].

Sloan, B. G.: Strength-weight characteristics of metals for high speed aircraft structures. Aero Dig. **72** (1956) 4 38, 40, 42, 44, 46.

Barta, J.: On the minimum weight of certain redundant structures. Repr. Acta Technica Acad. Sci. Hungaricae 1957.

Drucker, D. C. and R. T. Shield: Bounds on minimum weight design. Quart. Appl. Math. **15** (1957) 3 269—281 12 ref.; Aeron. Engng. Rev. **16** (1957) 12 108; AMR **11** (1958) 6 296; Index Aeron. **14** (1958) 2 85.

Freiberger, Walter F.: On the minimum weight design problem for cylindrical sandwich shells. J. Aeron. Sci. **24** (1957) 11 847—848 9 ref.

Heal, Mervyn G.: Problems in estimating structure weights. Aeron. Engng. Rev. **16** (1957) 3 52—56 2 ref.; Index Aeron. **13** (1957) 4 100.

Howe, D.: Initial aircraft weight predicition. Coll. Aeron. Cranfield Note 77 Dec. 1957 25 p. 19 ref.; J. Roy. Aeron. Soc. **62** (1958) 570 468; Aero Space Engng. **17** (1958) 5 111—112; Index Aeron. **14** (1958) 4 110; Aircr. Engng. **30** (1958) 356 319.

Sanders, K. L.: Abschätzung des Flügelgewichtes. Luftf.-Techn. **3** (1957) 10 224 3 Lit.-St.; Aeron. Engng. Rev. **17** (1958) 2 112 [6.254.1].

Woolley, R. L.: Die Minimalgewichtsanalyse von Bauteilen. Konstruktion **9** (1957) 6 238—240.

Dobbins, R. A.: The minimum weight of a structure protected against short duration aerodynamic heating by means of thermal insulation. Inst. Aeron. Sci. 26th Ann. Meeting, New York, Jan. 1958, Prepr. 773 1958 14 p.; Aeron. Engng. Rev. **17** (1958) 2 89; Index Aeron. **14** (1958) 6 93.

Dykes, J. C.: The economic value of weight saving. Aeroplane **94** (1958) 2426 294—299; Titanium Abstr. Bull **3** (1957/58) 444—445; Index Aeron. **14** (1958) 4 110; Aero Space Engng. **17** (1958) 6 119.

Green, Lyle D. and Joseph Mudar: Estimating structural box weight. Aeron. Engng. Rev.**17** (1958) 2 48—50 7 ref.

Jex, Henry R.: Duration of a constant-mass aircraft with a given airframe weight and arbitrary energy-source weight. J. Aero Space Sci. **25** (1958) 8 525—526; Index Aeron. **14** (1958) 9 88.

Saelman, B.: A note on the optimum distribution of material in a beam for stiffness. J. Aeron. Sci. **25** (1958) 4 268; Index Aeron. **14** (1958) 5 72.

— Gewichtsverminderung im Flugzeugbau durch papierdünnes Stahlblech. Mater. in Design Engng. **47** (1958) 4 128—133; Mitt. Forsch.-Ges. Blechverarb. (1958) 15 174.

Zahlenwerte

Currey, Norman S.: Das Flugwerkgewicht. Interavia **4** (1949) 2 89—92.

Vautier, M. et M. Dieudonné: Le problème des poids dans l'aviation. Tome 1 et 2. Ed. Service de Documentation et d'Information Technique de l'Aéronautique, Paris 1949 156 p., Translation T 3737 48 p. Ministry of Supply, London, TPa 3/TIB; Index Aeron **7** (1951) 3 68.

Driggs, I. H.: Aircraft design analysis. J. Roy. Aeron. Soc. **54** (1950) 470 65—116; AMR **4** (1951) 9 524.

Driggs, I. H.: The airplane growth and how to control it. Aeron. Eng. Rev. **11** (1952) 9 28—41; Index Aeron. **9** (1953) 1 69.

Ljungström, O.: Wing structures of future aircraft. Aircr. Engng. **25** (1953) 291 128—132; AMR **6** (1953) 12 554.

Blume, W.: Der Gewichtsanteil der tragenden Teile am Fluggewicht und Gewichtsunterlagen für Flugzeuge. 2 Teile. Ing.-Büro f. Leichtbau u. Strömungstechn. Prof. W. Blume, Duisburg-Ruhrort, Ber. A7-02 1955 34 S., 68 S. Luftf.-Techn. **2** (1956) 9 VI.

VIII. Sachverzeichnis

(Die Ziffern beziehen sich auf die Seiten des Abschnitts VII)

Ackerwagen 529
Allgemeiner Maschinenbau 472
Aluminium, Festigkeits- und Form-
  änderungseigenschaften
  (Knet-Legierungen) 178
Aluminium-Gußlegierungen 185
Aluminium-Knetlegierungen
  (Kriechverhalten) 181
Aluminium-Sinterwerkstoffe 187
Aluminium und Aluminium-
  legierungen 174
Aluminium und Aluminium-
  Legierungen, Ermüdungs-
  festigkeit 281
Angefachte Schwingungen
  (Flattern) 556
Anhänger, Lastwagen- 526
Anhänger, Omnibus- 524
Anisotrope Platten — s. Platten
Anisotrope unversteifte Schalen-
  elemente 117
Anlagen, elektrische 494
Anstrichverfahren für
  Metalle 423
  Nichtmetalle 424
Anwendungsgebiete für den
  Leichtbau 446
Apparate 501
Aufgelöste Querschnitte (Beulen
  und Knicken infolge Druck-
  beanspruchung) 293
Aufzüge 588
Aushärtbare Kunststoffe 238
Ausschnitte — s.
  Platten mit Störungen
  Schalen mit Störungen
Außendruck-Belastung
  unversteifter Schalenelemente .. 117
  unversteifter isotroper
    zylindrischer Vollschalen 124
  unversteifter Vollschalen
    beliebiger Form 135

Bauelemente, Gestaltung und
  Festigkeit 341
Bauelemente, genormte und
  teilweise genormte 343

Bauteil-Schwingungen 146
Bauten, fliegende 599
Bauwesen 589
Bauwesen, Beanspruchungen, Last-
  annahmen, Sicherheiten, Vor-
  schriften 84
Beanspruchungen, Lastannahmen,
  Sicherheiten, Vorschriften
    Bauwesen 84
    Brückenbau 84
    Fahrzeugbau 75
    Förderanlagen 83
    Hochbau 84
    Luftfahrzeugbau 76
    Maschinenbau 75
    Straßenfahrzeugbau 76
    Wasserfahrzeugbau 76
Beförderungsmittel 506
Behälter 501
Betriebsfestigkeit — s. Gestalt-
  festigkeit bei wechselnder
  Beanspruchung
Beulen und Knicken infolge Druck-
  beanspruchung, Gestaltfestigkeit 287
    aufgelöste Querschnitte 293
    geschlossene Hohlquerschnitte 292
    offene Profile 293
Biegebeanspruchung einschl.
  Kippen, Gestaltfestigkeit 294
Biegebeanspruchung unversteifter,
  isotroper, zylindrischer Voll-
  schalen 123
Biegebeanspruchung versteifter,
  isotroper. zylindrischer Voll-
  schalen 130
Biegen von Metallen
  (Fertigungsvorgang) 388
Biegen von Nichtmetallen
  (Fertigungsvorgang) 389
Biegetheorie der Schalen 140
Biegeträger, gerade, Holz,
  aufgelöster Querschnitt 144
Biegeträger, gerade, Holz,
  Vollquerschnitt 143
Biegeträger, Holz 143
Biegewechselbeanspruchung,
  Gestaltfestigkeit 310

Biegungsverdrehung,
  Gestaltfestigkeit 301
Biegung von isotropen Platten
  senkrecht zur Plattenebene
  s. Platten
Bleche, Gestaltung u. Festigkeit .. 341
Boote 534
Brennschneiden 387
Brückenbau 593
Brückenbau, Beanspruchungen,
  Lastannahmen, Sicherheiten,
  Vorschriften 84

Chemische Oberflächenbehandlung
  von Leichtmetallen 420
Chemische Oberflächenbehandlung
  von Stahl 420

Dämpfung von Schwingungen 156
Dauerfestigkeit von Kleb-
  verbindungen 368
Dauerfestigkeit von Niet-
  verbindungen 372
Dauerfestigkeit von Schrauben und
  Bolzenverbindungen 376
Dauerfestigkeit von Schweißver-
  bindungen 355
Dauerfestigkeit von Werkstoffen
  s. Ermüdungsfestigkeit
Drähte, Gestaltung und Festigkeit 341
Drillbeanspruchung, Gestalt-
  festigkeit 299
Drillbeanspruchung, reine 299
Drillbeanspruchung unversteifter,
  isotroper, zylindrischer Voll-
  schalen 123
Drillbeanspruchung versteifter,
  isotroper, zylindrischer Voll-
  schalen (s. a. Torsion) 130
Drillknicken — s. Verdrehungs-
  knickung
Druckbeanspruchung unversteifter,
  anisotroper Platten 96
Druckbeanspruchung unversteifter,
  isotroper Platten 93
Druckbeanspruchung unversteifter,
  isotroper Schalenelemente 117
Druckbeanspruchung unversteifter,
  isotroper, zylindrischer
  Vollschalen 122
Druckbeanspruchung unversteifter
  Vollschalen beliebiger Form ... 135
Druckbeanspruchung versteifter,
  anisotroper Platten (Sperrholz) . 102

Druckbeanspruchung versteifter,
  isotroper Platten 100
Druckbeanspruchung versteifter,
  isotroper Schalenelemente 118
Druckbeanspruchung versteifter,
  isotroper, zylindrischer
  Vollschalen 129
Druckbeanspruchung versteifter,
  orthotroper Platten 103
Drücken 389
Druckgießen 378
Durchlaufträger 86
Dynamik
  (mechanische Schwingungen) .. 144
Dynamische Bauteilprüfung 437
Dynamische Prüfung ganzer
  Konstruktionen 442

Eigenschaften rostfreier Stähle ... 168
Eisengußarten 170
Eisengußarten, Wärmebehandlung 170
Eisenwerkstoffe 160
Elektrische Anlagen 494
Elektrische Geräte 494
Elektrische Maschinen 494
Elektrische Spannungsmeß-
  verfahren 437
Elektrische Teile 494
Elektrische zerstörungsfreie
  Werkstoffprüfung 436
Elektrolytische Oberflächen-
  behandlung von Leichtmetallen 420
Elektrolytische Oberflächen-
  behandlung von Stahl 420
Elliptische Platten — s. Platten
Ermüdung, Korrosions- 329
Ermüdungsfestigkeit von
  Werkstoffen 270
Ermüdungsfestigkeit von
  Aluminium und Legierungen ... 281
  Gummi 285
  Gußeisen 280
  Faserstoffen 286
  Holz- und Holzwerkstoffen 284
  Kunststoffen 285
  Lagenhölzern 285
  Leichtmetallen 280
  Magnesium und Legierungen .. 284
  Platten mit Fasern und Spänen . 285
  Rohhölzern 284
  Schwermetallen 280
  Stählen 277

Fachwerke, Statik der 84
Fachwerkträger 85

Fahrräder 528
Fahrwerk, Flugzeug- 575
Fahrzeugbau, Beanspruchungen,
  Lastannahmen, Sicherheiten
  Vorschriften 75
Fahrzeuge, sonstige 529
Faltwerk 142
Fasererzeugnisse 257
Faserstoffe 257
Federungselemente 344
Feingeräte 505
Feinmaschinen 505
Fertigung 378
Fertigung, Flugzeug-, spezielle ... 580
Fertigungsverfahren, spezielle ... 416
Fertigungsverfahren für Verbund-
  bauweisen mit Füllstoffen
  (Sandwich-Konstruktionen) 416
Fertigung, wirtschaftliche 377
Feste Verbindungen, Festigkeit .. 351
Festigkeits- und Formänderungs-
  eigenschaften von
    Aluminium-Knet-Legierungen 178
    legierten Stählen 164
Festigkeitsprüfung von
  Metallen 426
  Nichtmetallen 428
  Werkstoffen 426
Festigkeit und andere Eigen-
  schaften von Werkstoffen 157
Festigkeit von
  Gemischtbauweisen 144
  genormten und teilweise
    genormten Bauteilen 343
  Halbzeugen und Elementen 341
  Holzkonstruktionen 143
  unversteiften Platten — s. Platten
  unversteiften Schalenelementen 116
  Verbindungselementen 350
    Bolzenverbindungen 374
    feste Verbindungen 351
    Kleb-Verbindungen 358
    Leim-Verbindungen 359
    lösbare Verbindungen 374
    Löt-Verbindungen 358
    Nagel-Verbindungen 373
    Niet-Verbindungen 370
    Schrauben-Verbindungen 374
    Schweiß-Verbindungen 351
  Verbundbauweisen 144
  versteiften Platten — s. Platten
  versteiften Schalenelementen .. 117
  Vollschalen 118
Flechtwerke 89

Fliegende Bauten 599
Fließpressen 384
Flügel, Flugzeug 548
Flügelschwingungen 562
Flugkörper, gelenkte 602
Flugzeuge 536
Flugzeug-
  Fahrwerk 575
  Fertigung 580
  Flattern 556
  Flügel 548
  Leitwerk 548
  Schwimmwerk 577
  Schwingungen 556
  Steuerwerk 578
  Teile 579
  Tragwerke 548
  Triebwerkseinbau 578
Förderanlagen 586
Förderanlagen, Beanspruchungen,
  Lastannahmen, Sicherheiten,
  Vorschriften 83
Förderanlagen im Bergbau 588
Förderung im Bergbau 588
Fördergeräte 588
Formänderungseigenschaften von
  Aluminium-Knet-Legierungen .. 178
  legierten Stählen 164
Formänderungsprüfung von
  Metallen 426
  Nichtmetallen 428
  Werkstoffen 426
Formung
  spangebende 392
  spanlose 383
Fügen durch Stoffschluß 394
Fügen (Verbinden) 393

Gasturbinen 480
Gelenkte Flugkörper 602
Gemischtbauweisen, Statik
  und Festigkeit 144
Genaugießen 378
Genormte und teilweise genormte
  Bauelemente 343
Gerade Biegeträger, Holz,
  Vollquerschnitt 143
Gerade Biegeträger, Holz,
  aufgelöster Querschnitt 144
Geräte, elektrische 494
Geschichtete Kunststoffe 239
Geschlossene Hohlquerschnitte,
  Beulen und Knicken infolge
  Druckbeanspruchung 292

Gestaltfestigkeit bei
  Beulen und Knicken infolge
    Druckbeanspruchung 287
      aufgelöste Querschnitte 293
      geschlossene Hohlquerschnitte 292
      offene Profile 293
  Biegebeanspruchung
    einschl. Kippen 294
  Biegungsverdrehung 301
  Drillbeanspruchung 299
  Knickbiegung 302
  Schubbeanspruchung 301
    Schubmittelpunkt 301
  Spannungsunstetigkeiten 310
  wechselnder Beanspruchung ... 305
    Zug — Druck 309
    Biegung 310
    sonstige 310
    Verdrehung 310
  zügiger Beanspruchung 286
  Zugbeanspruchung 287
  zusammengesetzter
    Beanspruchung 303
Gestaltung und Festigkeit von
  Bauelementen 343
    Federungselemente 344
    Sicherungselemente 344
    Verbindungselemente 343
      Nägel 344
      Niete 343
      Muttern 343
      Schrauben 343
  Halbzeugen 341
    Bleche 341
    Drähte 341
    offene Profile 343
    Seile 341
Gestaltung von
  Gußteilen 444
  Kunstharzpreßteilen 445
  Schmiedeteilen 445
  Schweißteilen 445
Gewichtsunterlagen 605
Gewichtsunterlagen, Zahlenwerte. 606
Gießen 378
Glasfaser-Kunststoffe 239
Glasgewebe-Kunststoffe 239
Grauguß 173
Grubenausbau 589
Grundlagen — s. Theorie und
  Grundlagen
Güterwagen 514
Gummi 249
Gummi, Ermüdungsfestigkeit 285

Gummifedern 346
Gußeisen, Ermüdungsfestigkeit .. 280
Gußeisen mit Kugelgraphit 171
Gußlegierungen von
  Aluminium 185
  Magnesium 190
Gußteil-Gestaltung 444

Härteprüfung 431
Halbzeuge und Elemente,
  Gestaltung und Festigkeit 341
Hallenbau 597
Häuserbau 591
Hebezeugbau 586
Hitzebeständige keramische
  Werkstoffe 269
Hochbau 597
Hochbau, Beanspruchungen,
  Lastannahmen, Sicherheiten
  Vorschriften 84
Hochfrequenz-Verleimung 415
Hohlquerschnitte, geschlossene,
  Beulen und Knicken infolge
  Druckbeanspruchung 292
Hohlschalen mit Füllstoffen 128
Holz und Holzwerkstoffe 225
Holz und Holzwerkstoffe,
  Ermüdungsfestigkeit 284
Holzbiegeträger 143
Holzbiegeträger, gerade 143
  aufgelöster Querschnitt 144
  Vollquerschnitt 143
Holzfaserwerkstoffe 228
Holzknickstäbe 143
Holzkonstruktionen, Statik und
  Festigkeit 143
Holzleichtbau 455
Holz-Rahmen-Tragwerke 144
Holz, Schrauben- und Bolzen-
  verbindungen 376
Holzspanwerkstoffe 229
Holzträger-Knickbiegung 144
Holzvergütung 225

Industriebau 597
Innendruck-Belastung
  unversteifter Schalenelemente . 117
  unversteifter, isotroper,
    zylindrischer Vollschalen 124
  unversteifter, isotroper Voll-
    schalen beliebiger Form 135
Isotrope Platten — s. Platten
Isotrope unversteifte Schalen-
  elemente 116

Isotrope unversteifte Vollschalen . 119
Isotrope versteifte Schalen-
    elemente 117

Kastenträger 141
Kegelräder 348
Keramische Überzüge 268
Keramische Werkstoffe,
    hitzebeständige 269
Kerben und Löcher,
    Spannungserhöhung bei
        dynamischer Belastung 316
        statischer Belastung 311
Kernmaterial (Sandwich-Platten) . 98
Kesselwagen 515
Kippen, Gestaltfestigkeit 294
Kitte 252
Kleben 409
Klebstoffe 251
Klebverbindungen 358
    Dauerfestigkeit 368
    Holz 359
    Metall 361
    Metall-Holz 368
    Prüfungen 369
    Sonstige 368
Knetlegierungen von
    Aluminium 178
    Magnesium 189
Knickbiegung, Gestaltfestigkeit . . 302
Knickbiegung von Holzträgern . . . 144
Knickstäbe, Holz 143
Knicken und Beulen infolge Druck-
    beanspruchung 287
        aufgelöster Querschnitt 293
        geschlossene Hohlquerschnitte 292
        offene Profile 293
Kolbenmaschinen 475
Kolbenpumpen 492
Konstruktionslehre im Leichtbau . 443
Korrosion
    nicht oberflächenbehandelter
        Werkstoffe 322
    oberflächenbehandelter
        Werkstoffe 327
Korrosionsermüdung 329
Korrosionsprüfverfahren 442
Korrosionsschutzmittelprüfung . . . 442
Korrosion, Spannungs- 327
Krafteinleitung in
    versteifte und unversteifte,
        isotrope Platten 103
    versteifte und unversteifte,
        anisotrope Platten 104

Krafteinleitung in
    Sperrholz-Platten 104
    auf Biegung beanspruchte Platten
    Schalen 113
Kraftmaschinen 475
Krafträder 528
Kraftwagen 518
Kraftwagen, Personen- 521
Krane 587
Kreisförmige Platten, Biegung
    — s. Platten 109
Kreuzwerke 90
Kriechverhalten von
    Aluminium-Knetlegierungen . . . 181
    legierten Stählen 165
Kugelstrahlen 425
Kunstharz-Preßhölzer 227
Kunstharz-Preßteil-Gestaltung . . . 445
Kunststoffe 233
Kunststoffe, aushärtbare 238
Kunststoffe, Ermüdungsfestigkeit . 285
Kunststoffe mit Füllstoffen 238
Kunststoffe, geschichtete 239
Kunststoffe mit Glasfaser- oder
    Glasgewebeeinlage 239
Kunststoffe, leichte 247
Kunststoffe, Schrauben- und
    Bolzenverbindungen 376
Kunststoff-Leichtbau 455

Lackrißprüfung 440
Lagenhölzer, Ermüdungsfestigkeit 285
Lager 346
Landfahrzeuge 506
Landmaschinen 498
Landmaschinen, Beanspruchungen,
    Lastannahmen, Sicherheiten,
    Vorschriften 75
Lastannahmen — s. Beanspruchun-
    gen, Lastannahmen, Sicherheiten,
    Vorschriften 75
Lastwagen 526
Lastwagen-Anhänger 526
Legierte Stähle, Festigkeit und
    Formänderungseigenschaften . . 164
Legierte Stähle,
    Kriecheigenschaften 164
Leichtbau-Anwendungsgebiete . . . 446
Leichtbau in Hölzern, Kunststoffen 455
Leichtbau in den einzelnen
    Industrien 452
Leichtbau-Konstruktionslehre 443
Leichtbau im Leichtmetall 451
Leichtbau in Stahl 449

Leichtbau in Verbundbauweisen
mit Füllstoffen
(Sandwich-Bauweisen) 467
Leichtbau in den einzelnen
Zweigen der Technik 472
Leichte Kunststoffe 247
Leichtmetalle 173
Leichtmetalle, Ermüdungsfestigkeit 280
Leichtmetall-Leichtbau 451
Leichtmetall-Nietverbindungen .. 371
Leichtmetall-Rohrbau 455
Leichtmetall-Schrauben- und
Bolzenverbindungen 375
Leichtmetall-Schweißverbindungen 354
Leime 251
Leime, Pflanzen- 252
Leime, synthetische 252
Leime, tierische 252
Leimen 409
Leimen mittels Hochfrequenz 415
Leim-Verbindungen bei
Holz 359
Holz-Metall 368
Metall 361
Löcher, Spannungserhöhung bei
dynamischer Belastung 316
statischer Belastung 311
Lösbare Verbindungen, Festigkeit 374
Löten 406
Lötverbindungen 358
Lokomotiven 515
Luftfahrzeuge 536
Luftfahrzeuge, Beanspruchungen,
Lastannahmen, Sicherheiten,
Vorschriften 76
Luftschrauben 578

Magnesium-Gußlegierungen 190
Magnesium-Knetlegierungen 189
Magnesium-Legierungen 189
Magnesium-Legierungen,
Ermüdungsfestigkeit 284
Magnetische zerstörungsfreie
Werkstoffprüfung 436
Maschinenbau, Allgemeiner 472
Maschinenbau, Beanspruchungen,
Lastannahmen, Sicherheiten,
Vorschriften 75
Maschinen, Elektrische 494
Maschinen, Fein- 505
Maschinen, Land- 498
Maschinen, Textil- 504
Maschinen, Werkzeug- 505
Mastenbau 599

Mechanische Schwingungen 144
Mechanische Spannungs-
Meßverfahren 437
Membrantheorie 139
Messen 426
Metall-Federn 344
Metall-Holz-Verbindungen 368
Metall-Kleb-Verbindungen 361
Metall-Legierungen, sonstige 219
Metall-Schichthölzer 228
Metallspritzen 424
Methoden der Spannungs-
ermittlung 437
Mittragende Breite versteifter
anisotroper Platten 102
isotroper Platten 101
Motoren, Elektro- 494
Motoren, Kolben- 475
Motorräder 528
Muttern, Gestaltung und Festigkeit 343

Nagel-Verbindungen 373
Nägel, Gestaltung und Festigkeit 344
Nahrungsmittelindustrie 600
Nichteisen-Metalle 173
Nichteisenmetallische Werkstoffe 225
Nicht oberflächenbehandelte
Werkstoffe, Korrosion 322
Niete, Gestaltung und Festigkeit . 343
Nieten 408
Niet-Verbindungen 370
Dauerfestigkeit 372
Leichtmetalle 371
Stähle 371
Nitrieren 424
Normung 425

Oberflächenbehandelte Werkstoffe,
Korrosion 327
Oberflächenbehandlung, allgemein 418
Oberflächenbehandlung, elektro-
lytisch und chemisch für
Leichtmetalle 420
Stähle 420
Oberflächendrücken 425
Oberflächenhärten 424
Oberflächenschutzmittel für
Holz 268
Leichtmetall 267
Stahl und Eisen 265
Obusse 524
Omnibus-Anhänger 524
Omnibusse 524
Offene Profile, Beulen und Knicken
infolge Druckbeanspruchung ... 293

Offene Profile, Gestaltung und
   Festigkeit 343
Orthotrope Platten — s. Platten
Orthotrope unversteifte Schalen-
   elemente 117
Orthotrope unversteifte Voll-
   schalen 128

Personenwagen 510
Personenkraftwagen 521
Pflanzenleime 252
Platten aus faserigem und
   stückigem Rohholz 228
Platten aus Fasern und Spänen,
   Ermüdungsfestigkeit 285
Plattenbiegung anisotroper,
   insbesondere orthotroper Platten 112
   Verbund-(Sandwich-)Platten ... 113
Plattenbiegung isotroper Platten
   kreisförmige und elliptische ... 109
   quadratische und rechteckige .. 107
   Sonderfälle 112
Platten, mehrachsig beansprucht
   in und senkrecht zur Platten-
   ebene 114
Platten, Sandwich-, bei
   Druckbeanspruchung 97
   Schubbeanspruchung 98
   zusammengesetzter
     Beanspruchung 98
Platten, Sonderprobleme 115
Platten, Sperrholz-, unversteift bei
   Druckbeanspruchung 97
   Schubbeanspruchung 97
Platten, Sperrholz-, versteift, bei
   Druckbeanspruchung 102
   mittragende Breite 102
Platten mit Störungen
   isotrope Platten 104
   anisotrope Platten 105
Platten mit Störungen
   Sperrholz-Platten 105
Platten, unversteifte, anisotrope, bei
   Druckbeanspruchung 96
   Schubbeanspruchung 96
   zusammengesetzter
     Beanspruchung 97
Platten, unversteifte, isotrope, bei
   Druckbeanspruchung 93
   Schubbeanspruchung 95
   zusammengesetzter
     Beanspruchung 95

Platten, versteifte, anisotrope
   (Sperrholz) bei
   Druckbeanspruchung 102
   mittragende Breite 102
Platten, versteifte, isotrope, bei
   Druckbeanspruchung 100
   mittragende Breite 101
   Schubbeanspruchung 101
   Zugdiagonalen-Feld 102
   zusammengesetzter
     Beanspruchung 102
Platten, versteifte (orthotrope)
   bei Druckbeanspruchung 103
Platten, Verbund-, mit Füllstoffen
   (Sandwich), bei
   Druckbeanspruchung 97
   Schubbeanspruchung 98
   zusammengesetzter
     Beanspruchung 98
Pressen 384
Preßsperrhölzer 227
Preßteilgestaltung, Kunstharz- ... 445
Profile, offene, Beulen und
   Knicken infolge
   Druckbeanspruchung 293
Profile, offene, Gestaltung und
   Festigkeit 343
Propeller 578
Prüfen 426
Prüfung von
   Klebverbindungen 369
   Schweißverbindungen 356
Prüfung, statische, von
   Metallen 426
   Nichtmetallen 428
   Werkstoffen 426
Prüfung, technologische Eigen-
   schaften von
   Metallen 441
   Nichtmetallen 441
Prüfung der Werkstoff-Dauer-
   festigkeit 430
Pumpen 492

Quadratische Platten —
   s. Plattenbiegung
Querschnitte, aufgelöste, Beulen
   und Knicken infolge Druckbeanspruchung 293

Rahmen — s. Statik der Fachwerke,
   Vollwandträger und Rahmen
Rahmen und rahmenartige Träger. 86
Rahmen, räumliche 89

Rahmenartige Tragwerke,
   räumliche 89
Rahmentragwerke, Holz 144
Raketentriebwerke 490
Rechteckige Platten — s. Platten-
   biegung
Röntgenstrahlen-Werkstoffprüfung
   und verwandte Prüfverfahren .. 432
Rohhölzer 225
Rostfreie Stähle, Eigenschaften ... 168
Rumpf, Flugzeug- 572
Rumpf-Schwingungen 572

Sandwich-Bauweisen 467
Sandwich-Bauweisen-Fertigung .. 416
Sandwich-Platten — s. Platten
Sandwich-Vollschalen 128
Schalen beliebiger Form,
   unversteifte, isotrope, bei
      Biegebeanspruchung 135
      Druckbeanspruchung 135
      Torsionbeanspruchung 135
      zusammengesetzter
         Beanspruchung 135
Schalen beliebiger Form, versteifte 136
Schalen-Biegetheorie 140
Schalen-Elemente, Stabilität und
   Festigkeit
      unversteift 116
      versteift 117
Schalen-Elemente, Statik der 115
Schalen-Elemente mit Störungen .. 118
Schalen-Elemente, unversteifte,
   anisotrope (orthotrope) 117
   isotrope, bei
      Druckbeanspruchung 117
      Schubbeanspruchung 117
      zusammengesetzter
         Beanspruchung 117
      Sperrholz 117
Schalen-Elemente, versteifte,
   isotrope, bei
      Druckbeanspruchung 118
Schalen, Hohl-, mit Füllstoffen
   (Sandwich-Schalen) 128
Schalen, Krafteinleitung bei 137
Schalen, Spantprobleme bei 138
Schalen, Stabilität und Festigkeit . 118
Schalen mit Störungen 138
Schalen, zylindrische, unversteifte,
   isotrope, bei
      Biegebeanspruchung 123
      Drillbeanspruchung 123
      Druckbeanspruchung 122

Schalen, zylindrische, unversteifte,
   isotrope, bei
      zusammengesetzter
         Beanspruchung 124
Schalen, zylindrische, unversteifte,
   orthotrope 128
Schalen, zylindrische, unversteifte,
   Sperrholz 128
Schalen, zylindrische, versteifte,
   isotrope, bei
      Biegebeanspruchung 130
      Drillbeanspruchung 130
      Druckbeanspruchung 129
      zusammengesetzter
         Beanspruchung 130
Schalen, zylindrische, versteifte,
   Sperrholz 131
Schaumstoffe 247
Schichthölzer, Ermüdungsfestigkeit 285
Schienenfahrzeuge 507
Schienenfahrzeuge, Beanspruchun-
   gen, Lastannahmen, Sicherheiten,
   Vorschriften 75
Schienenomnibusse 517
Schiestrabusse 517
Schiffe 531
Schlepper 528
Schmieden 384
Schmiedeteil-Gestaltung 445
Schneckenräder 348
Schneiden 387
Schrauben, Gestaltung und
   Festigkeit 343
Schrauben- u. Bolzenverbindungen 374
   Dauerfestigkeit 376
   Holz 376
   Kunststoffe und sonstige Werk-
      stoffe 376
   Leichtmetalle 375
   Stähle 375
Schubbeanspruchung, Gestalt-
   festigkeit 301
Schubbeanspruchung bei Platten —
   s. Platten
Schubbeanspruchung bei Schalen-
   elementen — s. Schalenelemente
Schubmittelpunkt 301
Schweißen, allgemein 394
Schweißen von
   Kunststoffen 406
   Leichtmetallen 402
   Stählen 399
Schweißteil-Gestaltung 445

Schweißverbindungen 351
  Dauerfestigkeit 355
  Leichtmetalle 354
  Prüfungen 356
  Stähle 352
Schwellfestigkeit — s. Ermüdungs-
  festigkeit
Schwimmwerk, Flugzeug- 577
Schwingungen, angefachte 556
Schwingungen (Flattern) 556
Schwingungen, mechanische 144
Schwingungen von
  Bauteilen 146
  Flugzeugen 556
  Flügeln 562
  Leitwerken 571
  Rümpfen 572
  Tragwerken 151
Schwingungs-Dämpfung 156
Schwingungs-Verhütung 156
Seilbahnen 585
Seile, Gestaltung und Festigkeit .. 341
Sicherheiten — s. Beanspruchungen,
  Lastannahmen, Sicherheiten,
  Vorschriften 75
Sicherungselemente 344
Sintereisen 173
Sinterwerkstoffe von Aluminium . 187
Sinterwerkstoffe, warmfeste 219
Sonderhölzer 232
Spangebende Formung 392
Spanlose Formung 383
Spannungs-
  Erhöhung bei Kerben und Löchern
    dynamische Belastung 316
    statische Belastung 311
  Ermittlungs-Methoden 437
  Korrosion 327
  Meßverfahren
    elektrische 437
    mechanische 437
  Optik 438
  Störungen in
    anisotropen Platten 105
    auf Biegung beanspruchten
      Platten 113
    isotropen Platten 104
    Schalen 138
    Schalenelementen 118
    Sperrholz-Platten 105
  Unstetigkeiten infolge von
    Kerben, Löchern
      dynamische Belastung 316
      statische Belastung 311

Sperrhölzer 227
Sperrhölzer, Preß- 227
Sperrholzplatten — s. Platten
Sperrholz-Schalen-Elemente —
  s. Schalenelemente
Sperrholz-Schalen — s. Schalen
Stabilität und Festigkeit von Platten
  unversteift 92
  versteift 99
Stabilität und Festigkeit von
  Schalen-Elementen
  unversteift 116
  versteift 117
Stabilität und Festigkeit von Schalen
  unversteift 119
  versteift 129
Stähle,
  Ermüdungsfestigkeit 277
  legierte 164
  unlegierte 163
  Wärmebehandlung 160
Stahlguß 170
Stahl-Leichtbau 449
Stahl-Nietverbindungen 371
Stahl-Rohrbau 450
Stahl, Schrauben- und Bolzen-
  verbindungen 375
Stahl-Schweißverbindungen 352
Stanzen 388
Statik und Dynamik 84
Statik der Fachwerkträger, Voll-
  wandträger und Rahmen 84
Statik und Festigkeit von
  Gemischt-Bauweisen 144
  Holzkonstruktionen 143
  Platten 91
  Schalelementen 115
Statische Prüfung von
  Bauteilen 437
  ganzen Konstruktionen 442
  Werkstoffen 426
Staustrahltriebwerke 489
Steuerwerk, Flugzeug- 578
Stirnräder 348
Stoßbeanspruchung bei
  Konstruktions-Elementen 303
  Platten und Schalen 305
Straßenbahnwagen 515
Straßenfahrzeuge 518
Straßenfahrzeuge, Beanspruchun-
  gen, Lastannahmen, Sicherheiten,
  Vorschriften 76
Strebausbau 589

Streckenausbau 589
Streckziehen 389
Streifen — s. Schalenelemente
Synthetische Leime 252

Technologische Eigenschafts-
  prüfung von
    Metallen 441
    Nichtmetallen 441
Temperguß 171
Textil-Maschinen 504
Theorie und Grundlagen 75
Thermoplaste 234
Tiefziehen 389
Tierische Leime 252
Titan 191
Torsionsbeanspruchung, Gestalt-
  festigkeit (s. auch Drillbeanspr.) 299
Torsionsbeanspruchung, reine 299
Torsionsbeanspruchung
  unversteifter Vollschalen
    beliebiger Form 135
Torsionswechselbeanspruchung .. 310
Transportbehälter 517
Tragwerk, Rahmen-, Holz 144
Tragwerke, ebene 85
Tragwerke, Flugzeug- 548
Tragwerke, räumliche 89
Tragwerk-Schwingungen 562
Trägerroste 90
Traktoren 528
Triebwagen 517
Triebwerke,
    Kolbenmaschinen 475
    Gasturbinen 480
    Staustrahl- 489
    Raketen- 490
Triebwerkseinbau, Flugzeug- 578
Triebwerkszubehör, Flugzeug- ... 579

Ueberzüge, keramische 268
Ultraschall-Werkstoff-Prüfung ... 434
Unlegierte Stähle 163
Untergrundbahnwagen 515
Untersuchung ganzer
    Konstruktionen, dynamisch 442
    thermisch 442
Unversteifte Platten — s. Platten

Unversteifte Schalenelemente
  anisotrope 117
  isotrope 116
Unversteifte Sperrholz-Schalen-
  elemente 117
Unversteifte Vollschalen beliebiger
  Form 133
Unversteifte zylindrische Vollschalen 119
Ursprungsfestigkeit —
  s. Ermüdungsfestigkeit

Verbindungen, feste 351
Verbindungen, Kleb- 358
Verbindungen, lösbare 374
Verbindungen, Löt- 358
Verbindungen, Nagel- 373
Verbindungen, Niet- 370
Verbindungen, Schrauben- und
  Bolzen- 374
Verbindungen, Schweiß- 351
Verbindungen, sonstige 377
Verbindungselemente 343
    Nägel 344
    Niete 343
    Schrauben, Muttern 343
Verbundbauweisen, Statik und
  Festigkeit 144
Verbundplatten mit Füllstoffen —
  s. Platten
Verdichter 492
Verdrehungsbeanspruchung —
  s. Drillbeanspruchung und
  Torsionsbeanspruchung
Verdrehungsknickung 293
Verdrehungswechsel-
  beanspruchung 310
Verhütung von Schwingungen 156
Verpackungsindustrie 600
Versteifte isotrope zylindrische
  Vollschalen bei
    Biegebeanspruchung 130
    Drillbeanspruchung 130
    Druckbeanspruchung 129
    zusammengesetzter
      Beanspruchung 130
Versteifte isotrope Vollschalen
  beliebiger Form 136
Versteifte Platten — s. Platten
Versteifte Schalenelemente —
  s. Schalenelemente

Versteifte zylindrische Vollschalen
aus Sperrholz 131
Vollschalen beliebiger Form,
unversteifte, isotrope, bei
    Biegebeanspruchung 135
    Druckbeanspruchung 135
    Torsionsbeanspruchung 135
    zusammengesetzter
    Beanspruchung 135
Vollschalen beliebiger Form
versteifte, isotrope 136
Vollschalen, Stabilität und
Festigkeit 118
Vollschalen, zylindrische, unver-
steifte, isotrope, bei
    Biegebeanspruchung 123
    Drillbeanspruchung 123
    Druckbeanspruchung 122
    zusammengesetzter
    Beanspruchung 124
Vollschalen, zylindrische, unver-
steifte, orthotrope 128
Vollschalen, zylindrische, unver-
steifte, aus Sperrholz 128
Vollschalen, zylindrische,
versteifte, isotrope, bei
    Biegebeanspruchung 130
    Drillbeanspruchung 130
    Druckbeanspruchung 129
    zusammengesetzter
    Beanspruchung 130
Vollschalen, zylindrische,
versteifte, aus Sperrholz 131
Vollwandträger 85
Vorschriften — s. Beanspruchungen,
Lastannahmen, Sicherheiten,
Vorschriften 75

Wärmebeanspruchungsprobleme . 331
Wärmebehandlung von
Aluminium und Aluminium-
    legierungen 174
    Eisengußarten 170
    Magnesium und Magnesium-
    legierungen 189
    Stählen 160
Wärmeprüfungen 442
Warmfeste Sinterwerkstoffe 219
Wasserfahrzeuge 529
Wasserfahrzeuge, Beanspruchun-
gen, Lastannahmen, Sicherheiten,
Vorschriften 76

Wechselnde Beanspruchung,
    Gestaltfestigkeit, allgemein ... 305
    Biegebeanspruchung 310
    Verdrehungsbeanspruchung ... 310
    Zugdruck-Beanspruchung 309
    sonstige Beanspruchung 310
Werkstoffe, hitzebeständige,
keramische 269
Werkstoffestigkeit, allgemeine
Grundlagen 157
Werkstoffestigkeit und andere
Eigenschaften 158
Werkstoffestigkeit von Metallen . 158
Werkstoffe, nicht oberflächen-
behandelt (Korrosion) 322
Werkstoffe, oberflächenbehandelt
(Korrosion) 327
Werkstoff-Prüfung, zerstörungs-
freie 430
Werkstoffverhalten bei Korrosion 320
Werkzeug-Maschinen 505
Wirtschaftliche Fertigung 377
Wirtschaftlichkeitsfragen des
Leichtbaues 377

Zahnräder 348
Zeitfestigkeit von Werkstoffen —
s. Ermüdungsfestigkeit
Zeitfestigkeit von Bauteilen —
s. Gestaltfestigkeit bei
wechselnder Beanspruchung
Zerstörungfreie Werkstoff-
Prüfung 430
Ziehen 384
Zügige Belastung
(Gestaltfestigkeit) 286
Zugbeanspruchung
(Gestaltfestigkeit) 287
Zugdiagonalenfeld versteifter
isotroper Platten 102
Zusammengesetzte Beanspruchung
(Gestaltfestigkeit) 303
Zusammengesetzte Beanspruchung
unversteifter
    anisotroper Platten 97
    isotroper Platten 95
    Verbund-Platten mit
    Füllstoffen 98
    versteifter isotroper Platten ... 102
    unversteifter isotroper Schalen-
    elemente 117

Zusammengesetzte Beanspruchung
  unversteifter isotroper Voll-
    schalen beliebiger Form 135
  unversteifter isotroper,
    zylindrischer Vollschalen 124
  versteifter isotroper,
    zylindrischer Vollschalen ... 130
Zylindrische Vollschalen,
  unversteifte, isotrope, bei
    Biegebeanspruchung 123
    Drillbeanspruchung 123
    Druckbeanspruchung 122
    zusammengesetzter
      Beanspruchung 124
Zylindrische Vollschalen, unversteifte, orthotrope 128

Zylindrische Vollschalen, unversteifte, aus Sperrholz 128
Zylindrische Vollschalen, unversteifte Hohlschalen mit
    Füllstoffen 128
Zylindrische Vollschalen, versteifte
  isotrope, bei
    Biegebeanspruchung 130
    Drillbeanspruchung 130
    Druckbeanspruchung 129
    zusammengesetzter
      Beanspruchung 130
Zylindrische Vollschalen, versteifte
  aus Sperrholz 131

IX. Autoren-Verzeichnis

Eingeklammerte Ziffern hinter der Seitenzahl geben an, wie oft ein Autor auf der betreffenden Seite vertreten ist.

Aas-Jakobsen, A. 29
Abbassi, M. M. 299, 476
Abbett, R. W. 48
Abd-El-Wahed, A. M. 355
Abdank, R. 27
Abe, Kunio 391
Abel, D. H. 600
Abel, R. Cox 78
Abelson, R. J. 265
Abesser, Klaus 406
Abir, David 340
Abkowitz, S. 207
Abraham, E. D. 317
Abraham, Lewis H. 442
Abramson, H. N. 54, 294, 558, 560
Acharya, Y. V. G. 296
Achbach, W. P. 158, 199
Acherman, W. L. 209
Acimovic, Simeon 325, 420
Acker, L. W. 80
Acum, W. E. A. 562, 567
Adam, E. S. 424
Adamec, J. B. 200
Adams, C. H. 233
Adams, D. F. 355, 405
Adams, D. S. 192, 194
Adams, Ernst 482, 484, 487, 493
Adams, E. H. 146
Adams, E. T. 207
Adams, G. B. 264
Adams, H. W. 264
Adams, L. 403
Adams, N. 258
Adams, R. G. 241
Adamson, Bo 146, 156
Adaridi, B. 343, 372, 409
Addison, Herbert 51
Adenstedt, H. K. 194
Ades, Clifford S. 110, 124, 296, 313, 438
Adle, J. M. 48
Adler, Alfred A. 146, 148
Aeckersberg, G. 384
Aepfelbacher, M. 342
Aepli, Alfred 484
Afanassjew, A. M. 54
Ahlborn, Mathilde 225

Ahrens, H. 520
Aiken, William S. jr. 437
Ainley, D. G. 482, 484
Akagawa, N. 258
Akasaka, T. 553
Akimow, G. W. 40, 408
Akino, Kinji 132, 140
Akita, Y. 353
Alagia, J. S. 358
Albenga, Da Guiseppe 593
Albert, A. L. 445
Albert, Louis 495
Albertson, C. P. 434
Alblas, J. B. 104, 108
Albrecht, C. 408
Albrecht, H. 446
Albrecht, Walter 590
Albrecht, W. 429
Albrecht, W. M. 215
Albright, S. L. 345
Alexander, A. L. 326
Alexander, D. 462(2)
Alexander, Donald C. 341
Alexander, H. R. 577
Alexandrow, W. L. 54
Algra, E. 465
Allemann, K. 233
Allen, C. H. 476
Allen, F. A. 43
Allen, G. 405
Allen, H. G. 86, 87(2)
Allen, J. E. 79
Allen, N. P. 159, 277
van Allen, Ralph G. 225
Allen, Sidney 490(2)
Allendorf, H. 43
Allinikov, Sidney 248, 601
Allison, I. M. 316
Allsebrook, W. E. 418
Allsop, R. T. 216, 218
Alsobrook, B. R. 354
Alsobrook, R. S. 352
Alt, C. 439
Alten, Heinz 517
Altenpohl, Dietrich 34, 177, 324, 382, 496, 600

A

Alter, Horace J. 579
Althof, F. C. 329, 442
Althof, Walter 555
Altholz, E. 581(2)
Altmann, F. J. 581
Altmeyer, Georg 342(2)
Altpeter, H. 341
Alvermann, W. 481
Amakasu, T. 319
Amba Rao, C. L. 439
Ambartsumyan, S. A. 132, 140
Ambler, H. R. 320
Ambler, J. A. 600
Ambs, Otto 50, 52
van Amerongen, G. J. 249, 519
Ames, J. 250
Ammeling, Th. 404
Ammon, G. 429
Ammon, P. 505
Amouroux, E. 429
Anders, G. 518
Anders, H. 170, 264, 329, 401(2), 423(4), 482
Anders, Heinz 456, 506, 507
Anders, W. 394(2)
Anderson, A. C. 243
Anderson, David F. 243
Anderson, H. L. 180
Anderson, Melvin S. 93, 97(2), 98, 288, 337, 469
Anderson, R. A. 93, 100, 548, 550, 605
Anderson, William D. 385
Ando, N. 353
Ando, S. 399
Ando, Tsuneyo 110
Ando, Yoshio 357, 403
Ando, Zenji 277
Andresen, A. 249
Andrew, Ralph Parkinson 181
Andrew, Richard H. 582
Andrews, Robert E. 562, 566, 571
Andrews, S. J. 492, 493
Anevi, Gunnar 87, 88, 301
Angas, W. Mack 589
Angell, B. 169, 184
Anger, Georg 27
Angus, H. T. 172
Anliker, Max 146, 147, 337
Anrecht, H. 529
Anspach, K. E. 497
Antes, H. W. 194, 207
Anthony, R. L. 249
Antonewich, J. N. 398
Antonoff, M. 428

Aoki, Shigeki 529(2)
Aoyama, Yoshio 321
Apel, H. G. 521, 523
Apetaur, Milan 518
Appeltauer, Josef 89, 151
Araki, Mikio 360
Araki, T. 199, 205
Arata, W. H. 537
Arblaster, H. E. 536
Arcangeli, A. 56
Archbold, H. D. 533
Archer, F. E. 295
Archer, R. R. 117, 136
Arend, Heinrich 33
Argyris, J. H. 84, 85, 104, 138, 301, 338, 537, 545, 547, 550, 553, 554, 575
Arkenbout Schokker, J. C. 53
Arkilic, G. M. 115
Arldt, H. 520
Armstrong, Durward 581
Armstrong, G. M. 233
Armstrong, L. V. 50
Armstrong, W. D. 483
Arnold, H.-D. 600
Arnold, J. S. 369, 435
Arnold, Lee 558
Arnold, R. N. 150
Arnold, W. 52
Arslan, Albert 39
Arter, W. L. 212
Arthur, J. B. 402
Artigaud, R. M. 547
Arzt, P. R. 393(2)
Asbeck, O. 175, 186
Ashburn, A. 194, 199
Asher, Harold 377
Ashley, Holt 54, 559, 564
Ashley, H. R. 418, 470
Ashton, Ned L. 596
Ashwell, D. G. 139
Aspenberg, Erik 511, 513, 525
Asplund, Sven Olof 86
Ast, F. 401
Atkin, R. L. 520(2)
Atkinson, C. P. 557
Atkinson, R. J. 78, 442
Atscherkan, N. S. 52
Atsumi, Akita 312, 314(2)
Attia, A. 350
Attinello, John S. 552
Atwood, J. M. 325
Au, T. 136
Aubrey, E. 82
Auelmann, R. R. 115

Aughtie, F. 430
Augsburg, Ernst Peter 268
Augustin, U. 518
Auld, J. H. 184
Ault, G. M. 34, 223
Aumund, Heinrich 55
Ausländer, J. 494
Averbach, B. L. 185
Avery, Ch. 180
Axer, Heinrich 393
Axilrod, B. M. 235
Axon, H. J. 180
Ayers, K. B. 605
Ayling, P. W. 533
Ayre, Robert S. 31
Ayvazian, Mihran 77,78
Aziz, P. M. 322
Azou, P. 173

Baals, Donald D. 537
Babcock, R. S. 387
Bacha, C. P. 32
Bachmann, W. 504
Backensto, A. B. 188(2)
Backensto, E. B. 325
Backofen, W. 381
Backus, W. E. 585
Bader, W. 332, 356
Badley, S. R. 251
Badré, Paul 582(3)
Baechler, R. H. 225
Bächtiger, Alfred 511
Bäder, E. 255, 365
Baer, H. W. 287
Bär, Siegfried 588
Baerlecken, Ewald 167, 329
Bäseler, W. 511
Bagen, Carl H. 455
Bagley, J. A. 458
Bahke, Erich 137, 286, 446
Bailey, C. 406
Bailey, C. M. 564
Bailey, D. F. 379
Bailey, J.C. 404, 421, 495
Bailey, S. B. 171
Bailey, W. H. 167
Bailey, W. K. 413, 458, 554
Bain, A. A. J. 320
Baird, B. L. 212(2), 603
Baird, J. H. 379
Baird, R. B. 442
Baiter, H. J. 549
Bajko, L. 455
Baker, A. 252, 254, 258, 259(2), 260, 363

Baker, H. 189(2)
Baker, John E. 569, 578
Baker, J. F. 55, 56, 312
Baker, M. B. 48
Baker, N. L. 603
Baker, Samuel W. 420, 421
Baker, W. O. 237
Balasa, U. M. 325
Baldauf, Heinrich 27, 85
Baldié, R. 510
Baldock, J. C. A. 572
Baldwin, F. P. 249
Baldwin, W. M. 212
Balicki, M. 190(2)
Ballard, D. W. 431
Ballingall, J. G. 407
Ballman, R. L. 382
Balmer, Hans A. 91
Balogh, A. 146
Baltrukonis, J. H. 335, 340
Bammert, Karl 482, 484
Ban, Shizuo 92
Bandaruk, William 253, 254, 362, 469
Bandet, Pierre 452, 511, 513, 515(3)
Bandow, K. 478
Banke, K.-H. 259
Banks, F. R. 582
Barat, I. J. 55
Barber, Antony D. 335(2)
Barbré, Rudolf 28, 596
Barby, G. 472
Bardgett, W. E. 165, 166
Barducci, I. 149
Bardzil, P. 219
Barfield, N. A. 545
Bark, R. 475
Barkei, Wilhelm 465
Barker, A. 50, 480
Barker, F. H. 502
Barlow, D. A. 383(2)
Barlow, H. 581
Barnes, Grover C. 457
Barnes, W. A. 495
Barnett, O. T. 194
Barnett, W. J. 165
Barnhart, K. E. jr. 304(2)
Barnoff, R. M. 87
Baron, H. G. 179
Baron, J. J. 506
Baron, M. L. 152, 305(2)
Barr, H. F. 522
Barrekette, Euval S. 332, 337
Barrett, J. C. 199
Barrett, J. O. 81

B

Barriage, J. 311, 312
Barrois, W. 540
Barron, L. J. 203, 207
Barry, E. R. 484
Barry, H. H. 207
Bart, R. 125
Barta, J. 288, 289, 299, 606
Barta, Th. 89
Barth, F. 53
Barth, R. 521
Barth, W. 102
Barthel, F. 531
Bartholomew, E. R. 250
Bartocci, A. 449
Bartoe, W. F. 235
Barton, C. S. 304
Barton, H. K. 378, 380, 444
Barton, M. V. 299, 542
Bartzsch 465
Barwell, F. T. 239, 428
Barzelay, M. E. 335
Basinski, Z. S. 184
Bassali, W. A. 106(2), 107(2), 108, 110(3), 111(2), 112, 113, 114(2)
Bassin, J. D. 255
Bastenaire, F. 271 (2), 306
Batdorf, Samuel B. 540
Bateman, E. H. 332
Bateson, S. 243
Batrakow, W. P. 40
Batten, B. K. 531
Batten, G. H. 404
Batterson, Sidney A. 576
Batzel, Siegfried 589(2)
Baud, R. V. 585, 586
Bauer, A. F. 380, 382(3), 476, 477, 479(2)
Bauer, B. 481
Bauer, Fr. 515
Bauer, G. William 197, 209, 210, 211
Bauer, M. H. 425, 426
Bauer, W. 523
Bauernstein, Bernhard 519, 520
Baum, Queenie 79, 80
Baumann, H. 248, 465, 534
Baumann, W. A. 374
Baumeister, Gordon B. 434
Baumli, E. 596
Baur, Eberhard 229
Baur, Helmut 511(2), 513
Baur, P. 423
Bauser, Martin 182
Bautz, Wilhelm 309
Bautze, H. 531
Bax Stevens, O. 128

Bazin, R. E. 398
Bazzocchi, E. 576
Beach, James B. 577
Beals, Thomas H. 245
Beals, V. L. jr. 558
Bear, H. Robert 347(2)
Béatrix, C. 558, 559
Beaumont, G. R. 343
Becher, G. 377
Bechert, H. G. 84
Bechert, Hch. 88
Becht, E. F. 220
Bechtloff, G. 350, 393
Béchu, Xavier 188
Beck; C. E. 182
Beck, F. H. 327
Beck, Günter 386
Beck, Hans 48, 234
Beck, Hubert 88, 89
Beck, Max 293
Beck, R. 240
Becken, O. 394
Becker, E. 433
Becker, Gerhard 327
Becker, G. 268, 344
Becker, Herbert 93, 99, 117(2), 123, 129(2), 130, 131, 132, 133, 134, 136
Becker, Max G. 601
Becker, O. 428
Becker, P. 509, 514
Becker, W. 409
Beckett, C. 192
Beckim, R. W. 582
Beckmann, P. A. jr. 558
Bedford, J. 416
Béduneau, H. 256
Beedle, Lynn S. 27, 290, 296, 302
v. Beek, C. 594
van Beek, Edward 536, 537
van Beek, E. J. 540
Beeler, De E. 81
Been, Jerome L. 410
Beer, Ferdinand P. 27, 31
Beér, Franz 233, 241(2), 245(2), 381(2), 406, 416, 456, 457, 504, 527
Beermann, Hans-Joachim 76(2), 521
Begley, R. T. 484
Behlendorff, Erika 139
Behnke, Edith 455
Behrends, E. 409
Behrendt, F. 515
Behrens, Franz 164
Behrens, F. St. 600
Behrens, S. F. 407

Beier, H. 456
Beisswenger, K. 594
Belcher, G. L. 371, 550
Belgaumkar, B. M. 532
Bell, A. J. 602
Bell, C. 53
Bellosillo, Simplicio B. 428
Bellware, M. D. 408
Belov, V. M. 382
Bender, F. 229
Benderly, A. A. 256
Benders, J. F. 519
Bendix, H. 83
Benecke, Th. 57
Benesovsky, F. 34(3), 35, 219
Benito, C. 597
Benjamin, Jack R. 28
Benjamin, R. J. 126, 127
Benker, Ludwig 357, 406
Benndorf, K. L. 451
Bennet, R. B. 415
Bennett, Charles V. 579
Bennett, Dwight G. 192, 254
Bennett, G. D. 362, 410
Bennett, John A. 270, 271, 284(2), 320
Bennion, Frances L. 557
Beno, J. H. 241
Bensend, D. W. 368
Benson, L. E. 399
Benson, L. R. 203
Bent, Ralph D. 50
Benthem, J. P. 92, 95, 102, 243, 288, 304, 361, 365, 576
Bentz, W. 435
Benz, H. 227
Benz, Walter 145(2), 475
Berard, Samuel J. 49
Béres, E. 90
Beresford, H. 165
van Berg, D. 526
Berg, J. 507
Berg, K. H. 506
van den Berg, R. V. 267, 421
Berg, Stig 329
Bergemann, A. 535
Berger, H. M. 105
Berger, J. A. 433
Berger, L. W. 196, 207, 216
Berger, Rudolf 216
Berger, R. A. 480
Berger, W. 406
Berghaus, H. J. 438
Bergman, J. W. 484

Bergmann, Walter 161, 302, 311, 353(2), 443, 446, 449(2), 450(2), 472, 498, 526
Bergqvist, B. 467
Bergsman, E. Börje 432
Berkovits, Avraham 123
Berman, Irwin 334(2), 551
Berman, J. H. 564
Bernardin, F. 505
Berndorfer, H. 478
Berndtsson, B. 245, 247, 252, 253
Bernhard, Paul 175, 251, 378, 455, 456, 468
Berninghaus, H. 550
Bernstein, H. 199
Bernstein, S. 141, 549
Berretta, V. 482
Berridge, R. A. 413, 545
Berry, J. G. 137, 154
Berry, J. W. 284
Berry, R. L. P. 215
Berry, W. R. 345, 425
Bert, C. W. 346
Berthold, H. 587
Bertin-Roulleau, J. 601
Berton, A. 493
Bertossa, R. C. 266
Bertram, Eduard 184(2), 185, 381
Bertram, W. 376
Beskin, Leon 104, 294
Besseling, J. F. 93, 101, 292, 293
Besserer, C. W. 57, 59
Besson, G. 264
Best, G. E. 323
Bestelink, P. N. 429
Bétant, A. 601
Betser, A. A. 304
Betteridge, W. 34, 168, 219, 220, 221, 223
Bettzieche, P. 167, 441
Betzhold, Ch. 509(4)
Bevan, William 274
Bever, M. B. 280
Beyeler, E. 423
Beyer, A. 421
Beyer, H. 329, 330
Beyer, Waldemar 36, 240, 455, 461, 589
Bhat, G. 162
Bhat, G. K. 347
Biais, R. 407
Bianchi, T. 590
Biber, Walter 438
Bibring, H. 220
Bichsel, H. J. 395
Bickel, E. 33
Bickford, Hamilton J. 258(2), 580

Bickley, W. G. 84
Biechler, F. J. 267
Bieger, K. W. 141
Biegler, H. 34
Bielmann, R. 344
Bienert, Gerhard 85
Bier, Gerhard 236
Bierett, G. 163, 446
Biermann, David 578
Biermann, W. 28, 85
Bierwirth, Günter 435
Biezeno, C. B. 29, 31, 50
Bigelow, W. C. 223
Biggs, J. M. 39, 595
Bijlaard, P. P. 93, 94, 96, 97, 101, 104, 120, 131, 137(2), 287, 291, 337(2), 340
Bikermann, J. J. 359
Bild, H.-P. 106
Billing, B. F. 163, 221
Bimboes, Karl 598
Binder, F. 433
Bingham, S. H. 513
Binning, M. S. 163, 169, 184(2), 221
Biot, M. A. 332, 340, 550, 564, 566
Birchon, D. 279
Birdsall, G. W. 444
Birkhead, M. 397
Birman, G. 386
Birnthaler, W. 465
Birot, Ch. 577(2)
Bischof, George P. 49
Bischoff, Herbert 456
Bish, P. R. 197
Bishop, R. E. D. 31(2), 146, 149(2), 152, 156(3), 157
Bishop, S. M. 309
Bishop, W. H. 207
Bisplinghoff, Raymond L. 54, 332, 337, 540, 554, 557, 559
Bittner, Karl 585
Björklund, A. 301
Bjorklund, K. 269
Bjorksten, J. 36
Black, D. O. 80
Black, John, M. 253, 254, 362, 365(2), 367
Black, Paul H. 49
Black, T. W. 398, 461
Blackburn, W. S. 126, 127, 141
Blackwell, B. D. 494
Blais, John F. 37
Blakeley, T. H. 485(2)
Blamauer, Otto 86, 109
Blanchard, J. D. 370

Blanchart, A. 236
Bland, J. 399
Bland, R. B. 77
Bland, William M. jr. 268
Blank, F. 234, 248, 250
Blankenstein, Curt 31, 35, 48, 252, 268
Blasberg, Fr. 38, 46
Blatherwick, A. A. 271
Blau, H. H. 134, 438
Bleibtreu, H. 508, 510, 513, 514
Bleich, H. H. 146, 305, 579
Bleicher, Waldemar 451, 452, 472, 509, 512, 587, 593, 594
Bleilöb, Franz 342
Blinkhorn, J. W. 82, 577
Blizard, J. W. F. jr. 174
Bloc, M. B. 492
Bloch, Ernst A. 181, 451
Blodgett, O. W. 446
Blohm, E. 407
Blomquist, Kurt E. 183
Blomqvist, R. F. 227, 253(4), 254, 362, 365(2), 367, 410
Blondel, P. 261
Bloom, M. 288, 538
Bloomer, N. T. 274, 307, 308
Bloss, R. L. 376
Blow, C. M. 249
Blume, Walter 100, 545, 573, 606
Blumenthal, H. 197, 204, 213
Blunden, W. R. 540
Blyler, L. L. 461
Blythe, B. A. 242(2)
Bobbin, J. E. 436
Bobco, Richard P. 288
Bobek, E. 261
Bobek, Karl 49, 394, 495
Bobeth, W. 242, 261
Boccon-Gibod, R. 534
Bockhoff, F. 348
Bockhoff, F. J. 45
Bockrath, R. E. 189
Bode, F. 511
Bode, Otto 76(4), 519
Boden, R. H. 491
Bodet, Pol 549
Bodey, A. 475
Bodine, E. G. 158, 371(2), 374
Bodnar, M. I. 255, 368, 412
Bodner, S. R. 128, 129(2), 130, 131, 288
Boeckhaus, K. 395, 399, 401
Boegehold, A. L. 480, 481, 518(2)
Böhle, Fritz 174
Böhm, H. 207

Boehm, J. G. 382
Boehm, Werner H. 245
Böhme, Werner 378, 435, 436
Böhne, Clemens 391
Böhning, A. 108
Bölke, Uta 366
Börner, Franz 27
Börsch-Supan, Wolfgang 99, 101
Börsig, F. 327
Bogdanoff, J. L. 288
Boggs, H. D. 461
Boghen, Jacques 187(4)
Boghossian, V. 379
Bogunović, V. 86
Bohannon, George S. 379
Bohn, G. H. 358
Bohnsack, Hans 518, 522, 524(2)
Boichenko, M. S. 383
Du Bois, J. H. 520
Bolcskei, E. 289
Boley, Bruno A. 87, 295, 304, 331, 332(2), 335(3), 337
Boley, Sara R. 101
Bolland, O. 507
Bollard, R. J. H. 151, 301
Bollenrath, Franz 162, 177, 188(2), 274, 279, 304,424, 537, 540
Boller, Kenneth H. 98, 239, 242(2), 246, 285, 467
Bolton, A. 302
Bomberger, H. B. 194, 199, 207
Bomhardt, Warren 180
Bommer, A. 514
Bonacker, H.-H. 397
Bond, W. E. 183
Bones, J. A. 124, 127(2)
Bongard, W. 598
Bonneau, E. 566
Bonney, E. A. 59
Boomsma, M. 374, 376
Booser, E. Richard 42
Booth, A. G. 518
Booth, C. C. 227, 256(2)
Borcherding, W. 522
Bore, C. L. 306, 340
Boresi, A. P. 115, 124, 125, 126(4)
Borg, M. F. 104, 120, 134
Borgwardt, A. 237
Born, Erhard 52, 507, 508, 511, 517
Born, Joachim 29
Born, J. S. 137, 331
Bornscheuer, F.-W. 396
Borup, Lennart 374
Bosc, J. 29

Bosch, Robert 52
Bosdorf, L. 421
Bossard, H. 409
Bossart, K. J. 602
Bosschaart, A. C. A. 562, 563, 564
Bosshard, H. 452
Bossu, B. 234
Bostörm, S. 37
Boston, O. W. 194
Botman, M. 101(2), 311
Le Boucher, B. 320
Boulanger, C. 161, 179
Bound-Pearce, A. G. 100
Bourbon, R. 422
Bourgarel, C. 490
Bowditch, W. R. 242
Bowerman, R. D. 492
Bowman, C. E. 277
Bowman, Norman J. 59
Boyce, William E. 110, 289, 298, 303
Boyce, William 149
Boyd, G. 502
Boyd, G. M. 351
Boyd, J. S. 592
Boyd, W. K. 324
Boyet, J. 164
Boz, C. A. 176
Bozajian, John M. 91, 119, 122
Bozzacco, Francis 603
Braathen, Bo 288, 289
Brace, A. W. 43, 343, 418, 421, 422, 529, 590
Bradford, F. 554
Bradley, P. 357, 404
Bradley, W. W. 38
Bradstreet, B. J. 399
Bradt, R. 236
Bräutigam, C. 589
Bragard, E. 396
Braithwaite, C. 193
Braley, S. A. jr. 249
Bramall, B. 438
Brambles, J. H. 135
Bramer, Saul E. 224(2)
Brammertz, E. 397
Brandenberger, E. 356, 457, 465
Brandes, E. A. 161
Brandis, H. 162
Brandt, D. 520
Brandt, H. G. 485
le Bras, Jean 37, 251
Bratt, Erik 554
Braun, Winfried 81, 545, 576
Braunbek, W. 145(2)

B

Brauns, Otto 229
Braybrook, A. 382
Brebera, A. 341
Brechtel, R. 598
Breden, C. R. 321
Bredschneider, Klaus 477
Bredzs, N. 358
Breen, J. E. 356
Breitling, W. 434
Brenet, G. 492
Brennan, J. N. 31, 39
Brenner, Claude W. 77
Brenner, H. S. 207
Brenner, Paul 176, 177, 178(2), 179(2), 282, 323, 451, 506, 527
Brenner, W. 247
Breslau, Steven M. 602
Bresson, Y. 391
Le Breton, H. 379
Breuer, F. D. 298
Breyer, N. N. 387
Briar, H. P. 262
Briggs, C. W. 277(2)
Briggs, J. Z. 220, 222
Bright, Philip N. 480, 481
Brighton, C. A. 461
Brill, A. 513
Brimelow, E. J. 56
Brindley, W. F. 329
Bringewald, A. R. 207
Britton, S. C. 265, 327
Broadbent, E. G. 556, 557(3), 558, 559(2), 562, 570
Broadbent, H. R. 507
Broadbent, P. A. 383
Brocard, Jean 536
Brock, G. R. 373(2)
Brock, J. S. 312, 315
Brockmüller, Fritz 377, 456
Le Brocq, D. 343, 344
Brodrick, Ronald F. 425(2), 578
Bröckel, Gerhard 261
Brönn, Carl E. 81
Broglio, Luigi 108, 109, 536, 549, 550, 552, 556, 562, 564
Brokate, Kl. 157
Bromberg, Eleazer 110
Broockmann, K. 325, 423, 601
Broodo, A. 370
Brooks, G. W. 157
Brooks, H. 207, 208
Brooks, P. D. 306
Brooks, William A. jr. 335, 338
Broom, T. 177(2), 180, 274, 282, 283

Brosch, Friedrich 598
Brosheer, Ben C. 199, 457
Brossy, J. Frees 243
Brotzen, F. 280
Brotzen, F. R. 193
Brotzmann, Karl 424
Brouns, R. C. 442
Brouse, Don 251
Brouwer, G. 88
Brown, A. F. C. 315
Brown, A. R. G. 199, 208
Brown, C. S. 266
Brown, E. H. 103, 124
Brown, F. G. J. 269
Brown, Grant 243, 429
Brown, H. 171
Brown, J. H. 370
Brown, J. J. jr. 262
Brown, P. V. 487, 498
Brown, R. P. 573
Brown, S. C. 564, 567, 570
Brown, W. F. jr. 166, 167, 221, 313
Browne, M. T. 156
Bruce, H. D. 368
Bruce, W. E. 142
Bruchanow, A. N. 44
v. Bruchhausen, H. 521
Bruckmayer, Friedrich 449
Bruckner, W. H. 354
Brühl, Christian 128
Brümmer, R. 515
Brüning, Helmut 225, 416, 428, 589
Brünn, E. 44
van der Bruggen, B. 420
Brugger, Hans 348, 350
Bruhn, E. F. 54(2)
Brull, M. A. 334
Bruner, G. 468, 549
Brunhuber, Ernst 34, 43, 381
de la Bruniere, B. 325
Bruno, C. 403
Brunot, A. W. 480
Brunst, Walter 46
v. Brunswik, C. 457
Brush, D. O. 127
de Bruyne, Norman Adrian 42, 46, 253(2), 365, 411, 413
Bryan, D. F. 552
Bryant, R. S. 370
Bubenzer, Gotthold 408, 436(2)
Bubser, W. 252, 261
Bucey, Boyd K. 584(2)
Buchele, K. 413
Buchenau, H. 56

Bucher, G. 41
Buchholz, A. 504
Buchwald, V. T. 106
Buck, J. C. 186
Buck, Werner 53, 518
Buckeley, August 187
Buckley, S. N. 179
Budesheim, R. 237
Budiansky, Bernard 93, 141, 311, 550
Bueche, F. 233, 250
Büchen, W. 280
Büchner, Hermann 43
Bücken, C. 476, 477, 519
Bückle, H. 221, 431, 432(2)
Bückreiß, H. 450, 586, 587
Bühler, Hans 170, 271, 342(2), 424(2),
    437, 507
Buendia, M. 456
Bünger, J. 325
Bürger, G. 384
Bürgermeister, Gustav 39, 84
Bürnheim, H. 341
Büscher, G. 112
Büssing, Hans-Jürgen 510
Büstraan, P. 57
Büttner, D. 409
Buettner, G. S. 250
Bufler, H. 478
Bukowiecki, A. 324, 326, 342
Bullen, N. I. 81(2), 83
Bullock, H. R. 451
Bulson, P. S. 287
Bungardt, Karl 166, 167, 208, 219, 224,
    427
Bungeroth, A. 382
Bunk, W. 391
Bunshah, R. F. 199, 208
Burat, Fritz 398
Buray, Z. 44
Burch, W. L. 354
Burchell, R. W. 476
Burdon, W. H. 270
v. Burg, E. 184
Burg, E. V. 409
Burges, N. T. 529
Burgess, Ch. O. 173
Burgess, H. J. 373
Burgess, M. F. 579
Burgess, N. T. 357
Burghardt, H. 351
Burghgraef, B. 53, 115, 532
Burgis, A. W. 262
Burgreen, D. 150
Burk, R. E. 520

Burkhalter, M. 600
Burkhard, Hans 524
Burnard, L. G. 199, 391, 393, 584(2)
Burnett, H. C. 345
Burns, Anne 79(3), 552, 555
Burns, R. M. 38
Burquest, M. O. 579
Burr, Horace K. 232
Burrows, C. 472
Burrows, R. A. 493
Bursztyn, I. 255, 363, 365
Burt, R. R. 168
Burton, C. A. 397
Burton, G. 398
Burton, Ralph A. 31
Burton, T. L. 467
von Busch, H. 27
Busch, L. S. 197, 199
Buser, K. 367
Bush, A. J. 246
Buske, A. 346
Busse, F. 396
Buswell, R. W. A. 481
Buszka, H. 397
Butcher, R. 168, 221
Butler, A. R. 574
Butler, L. H. 328
Butler, Robert H. 347(3)
Buttrey, D. N. 252
Butzko, Robert L. 44
Buxbaum, Hans 229
Bycroft, G. N. 147
Byrdsong, T. A. 556, 571

Cabarat, Robert 174
Cadambe, F. 107
Cadambe, V. 105, 130, 148, 153, 193, 303
Caddell, R. M. 194
Cahen, G. L. 553
Cahill, William F. 300, 556
Cain, William R. 394(2)
Calais, R. 526
Calderwood, R. H. 245, 246
Caldwell, D. 189
Caldwell, J. B. 101, 533(2)
Calkins, William H. 245
Callahan, W. R. 148
Calligeros, J. M. 80, 565
Callinan, T. D. 270
Calvert, H. F. 487
Calvert, N. G. 163(2), 285
Calvo, Jesús 235
Campbell, Frank R. 288
Campbell, G. C. 208

C

Campbell, G. P. 199
Campbell, H. C. 168
Campbell, I. E. 34, 267
Campbell, John B. 190
Campbell, J. D. 139, 164
Campbell, O. F. jr. 370
Campus, F. 167, 293
Cannizzo, G. 388
Canon, R. 529
Capey, E. C. 93, 552, 554
Capitaine, H. 378
Caprino, J. C. 250
Carah, A. J. 469
Carew, William F. 192(2), 199, 208(3)
Carey, R. H. 285
Carlsen, K. M. 321, 324, 325
Carlson, Carl L. 256, 496(2)
Carlson, H. C. R. 345
Carlson, John F. 182
Carlson, P. G. 536
Carlson, R. L. 182, 183, 287, 288, 291(2),
   312, 371, 374
Carlsson, G. 362(3)
Carlsson, K. E. 229
Carmichael, Edward P. 469
Carmichael, T. E. 155
Carnegie, W. 487
Carpenter, Carey 225
Carpenter, J. E. 579
Carpenter, J. R. 191
Carpenter, L. G. 188
Carpenter, S. R. 199, 208, 385
Carr, Eric J. 208
Carr, W. L. 199(2)
Carreker, R. P. 177
Carrier, G. F. 105
Carruthers, M. E. 162, 169
Carson, W. G. 245
Carstairs, D. H. 457
Carta, F. O. 77
Carter, A. D. S. 492(4), 493(3)
Carter, R. H. 347
Carter, Thomas L. 347(4)
Carter, W. J. 298, 300, 602
Carter, W. K. 580
Carvell, J. E. 381
Carwile, Nesbit L. 195, 209, 217, 312
Casacci, S. 29
Casamassa, Jack V. 50
Case, James W. 240, 243
Casiraghi, G. P. 490, 602
Cason, Durward 295
Cassé, B. 594
Cassé, M. 311

Cassidy, John C. 515
Cassie, Norman 247
Castell, W. F. 420
Castner, S. V. 370
Castro, R. 279
Catella, A. 498
Cates, David M. 258(2)
Catudal, F. W. 131
Caudill, C. L. 412
Causemann, K. A. 521
Cavallari, A. 371
Caywood, W. C. 483, 603
Cazaud, R. 38, 39, 271
Chadwick, R. 328
Chaikin, M. 261
Chakravorti, Amitava 302
Chakravorty, J. G. 137(2)
Chalk, Charles 79
Chambers, Richard E. 243(2), 246(2),
   256
Champion, F. A. 176, 265, 327
Chan, A. S. L. 142, 296, 574
Chance, L. H. 257
Chandler, D. B. 90
Chang, Ch. C. 97
Chang, H. C. 158
Chapkis, R. L. 315
Chaplin, R. 492
Chapman, J. C. 106(2), 289
Chapple, E. W. 563, 569, 570, 572
Charlton, T. M. 87
Charon, P. 28
Chase, H. 523
Chattarji, P. P. 132, 314, 477
Chatterjea, A. B. 265
Chatterjee, B. B. 482, 485
Chatterjee, P. N. 590
Chaudhuri, A. R. 185
Chawla, Jagannath P. 559
Chen, L. K. 88
Chen, M. M. 567
Cheney, A. J. 258, 394, 406, 461
Cheng, C.-M. 146
Chentre, V. 164
Chéritat, R. 251
Chessin, N. 243
Chesson, E. 371
Chevalier, R. 323, 476
Chevigny, R. 179, 282
Chevrier, A. 455, 534, 592, 596
Chiarito, P. T. 489
Chien, W.-Z. 108, 135
Chiesa, Arturo 520(2)
Childers, Sidney 248, 601

Childs, J. K. 279
Chillon, P. 33
Chilton, J. E. 420
Chilver, A. H. 78, 87, 101, 288, 305, 594
Chinn, J. L. 547
Chinneck, A. 565
Chipman, R. D. 287
Chitale, A. G. 263
Chizallet, G. 455
Chopin, J. 384
Chopin, Robert 384, 385, 390(2)
Chopin, S. 569
Choudhary, J. P. 306
Choudhury, Pritindu 103, 113, 338
Chrenow, K. K. 44(2), 45
Christian, George L. 580
Christian, M. 443
Christiansson, Eric Th. 534
Christoph, H. 387(2)
Chronowicz, A. 29, 120, 132, 140
Chu, Hu-Nan 96, 564
Chu, Wen-Hwa 560
Church, Austin H. 31
Chwalla, Ernst 92, 99, 291
Chwick, A. 288
Chyle, John J. 398
Ciaparelli, C. 503
Cina, B. 279
Clad, Werner 255, 360(2), 370, 413
Clair, William E. St. 254, 255
Clark, B. W. 471
Clark, C. L. 165
Clark, D. 202
Clark, H. 246
Clark, J. W. 92, 156, 296, 298
Clark, Ken 584
Clark, L. E. 257, 416
Clark, L. G. 287
Clark, Marlyn E. 287, 290, 293, 303(2)
Clark, R. A. 116, 123, 133, 136
Clark, R. W. 394
Clark, W. D. 322
Clarke, E. H. 600
Clarke, E. T. 433
Clarke, J. T. 377
Clarkson, B. L. 540
Clarkson, J. 90, 108, 533
Clarkson, R. M. 485
Class, J. 501(2)
Classens, W. 516
Claus, Kurt 216
Clausen, I. M. 139, 140
Clausen, O. 516
Clauser, H. R. 208, 221

Clauss, F. J. 221, 280, 481
Claxton, E. E. 250
Clayman, Herbert S. 83
Clayton-Cave, J. 280
Cleaver, P. C. 124
Cledwyn-Davies, D. N. 277
Clegg, P. L. 236, 237(2)
Clemen, Arthur, T. 540
Clemens, Julius 522, 524, 526(2), 527
Clerc, D. 144, 560(4), 562, 568
Clevenson, Sherman A. 83, 564(2)
Clifton, F. 343, 344
Close, G. C. 199
Clough, R. W. 85, 91, 118, 596
Clough, W. R. 171(2)
Clougherty, L. B. 370
Coates, B. 344
Coates, G. 208
Cochran, W. C. 321
Codik, A. 77
Coffin, L. F. jr. 277, 332, 335
Coggeshall, A. D. 431
Cohen, Hirsch 144, 153
Cohen, H. M. 324
Cohen, Merrill 254, 255
Cohen, V. 235
Cohn, C. C. 418
Coker, E. G. 46
Colao, J. J. 243
Colbeck, E. W. 278
Colbeck, H. G. M. 227(2)
Colbus, J. 352, 358(5), 407
Coldren, A. Phillip 167
Cole, A. G. 315, 375
Cole, E. B. 31
Cole, Henry A. jr. 557, 560, 567
Cole, H. G. 423
Cole, J. D. 135, 147
Cole, R. A. 482
Coleman, Bernard D. 260
Coleman, Beverly 359
Coleman, Frederick M. 534
Coleman, Thomas L. 78, 569
Collar, A. R. 556, 561
Collins, D. W. L. 190
Collins, F. R. 404
Collins, J. A. 273, 330
Collins, J. C. 216, 401
Collins, J. H. 461
Colner, W. H. 329
Colomb, Robert 445
Colombo, R. 274
Colton, R. A. 426
Colwell, A. T. 481

C

Colwell, D. L. 382
Colwell, L. V. 194
Comstock, George F. 34
Conenburg, M. L. 267
Conlee, R. E. 521
Connelly, T. J. 229
Conner, Jack G. 174
Conrad, Carl M. 261(2)
Conrad, D. A. 139
Conroy, M. F. 304
Constanza, Leo J. 240
Conway, H. D. 104, 109, 111(2), 149, 296, 311
Conway, H. G. 54(2), 538
Coogan, C. K. 281
Cook, E. 199
Cook, Francis E. 575, 576
Cook, H. R. 418
Cook, L. A. 404
Cooley, R. A. 384
Cools, J. J. 465
Coombes, L. P. 536
Cooney, T. V. 79
Coons, K. W. 429
Cooper, D. H. 520
Cooper, D. W. 56, 370, 410
Cooper, R. M. 109, 120, 121, 137, 147, 148
Cooper, W. E. 502
Coplan, Myron J. 258
Copleston, F. W. 397
Corbetta, Giovanni 549
Corcoran, E. F. 534
Corelli, Riccardo Masaniello 194, 223, 270
Coriou, H. 323, 325
Corlett, E. C. B. 533
Cornelius, E. A. 310(2), 367, 477
Cornelius, W. 598
Cornford, M. M. 239, 240
Cornillon, J. 306
Cornwell, A. C. 248
Correy, Th. B. 404
Corten, H. T. 198, 212, 214
Cosandey, Maurice 589, 597
Cosgrove, L. A. 436
Costa, Rudolf 513
Costeraste, M. 452
Cotter, B. A. 294, 304
Cottingham, W. S. 359
Cotton, J. B. 208
Cottrell, A. H. 179
Cottrell, C. L. M. 399
Couling, S. L. 189, 190

Coulls, B. H. 601
Coupland, H. T. 391
Coupry, G. 577, 560, 571(2)
Courbon, J. 32, 595
Covert, Eugene E. 112
Covington, P. C. 469
Cox, Donald D. 540, 545
Cox, F. G. 396, 407
Cox, Harald Roxbee 50
Cox, Hugh L. 90, 94, 96(2), 99, 100, 101, 107, 150, 151, 152(2), 371, 430, 519, 560
Craemer, Hermann 86, 105
Craggs, H. R. 590
Craighead, C. M. 202
Cranch, E. 148
Crandall, L. W. 374
Crandall, Stephen H. 39, 125, 309
Crandall, W. B. 220
Crasemann, J. H. 446, 450
Craven, Arthur H. 563
Cravina, P. B. F. 29
Crawford, J. R. 135
Crawford, R. F. 101, 106, 555
Crede, C. E. 303
Cremer, George D. 408(2), 467, 468, 469, 538, 604
Cresswell, R. A. 396
Cretin, André 43
Crewe, P. R. 77
Cripe, Alan R. 514
Crisp, John D. C. 558, 560, 561, 569
Croan, L. S. 208
Crofut, Willard 417(2), 549
Cron, R. G. 180
Crook, G. M. 355
Croseck, Heinrich 76, 524(3), 526
Cross, Arthur K. 561
Cross, Howard C. 35
Crossland, B. 124, 127(2), 320
Crossley, Frank A. 192(2), 199, 208(3), 217
Crouse, J. E. 492
Crouzet-Pascal, Jacques 125, 126
Crowther, J. 384, 435
Crum, Ralph G. 275
Crumb, S. F. 156
Crussard, C. 161, 179(2), 276
Csokan, P. 479
Csonka, P. 90, 116(2), 133(5), 287
Cukurs, A. 88, 297
Culwick, Edward F. 535(2)
Cummings, H. N. 278, 279(2)
Cunningham, D. M. 304
Cunningham, Herbert J. 563, 572

Cunningham, J. H. 440
Cunningham, J. R. 285
Cunningham, J. W. 199
Cuno, H. 457
Curran, M. T. 205, 221
Curren, A. N. 485
Currey, Norman S. 606
Curry, W. T. 227
Curson, C. A. 264, 503
Cutcliffe, J. L. 100, 290
Cuthill, J. R. 268
Cutt, P. J. 557
Cypher, George A. 255
Czaika, Norbert 438(2)
Czaykowski, T. 80, 157
Czech, Friedrich 397, 398
Czerny, F. 109
Czerwenka, Gerhard 131, 455, 552
Czichon, G. 587

Daeves, Karl 33
Dahl, N. C. 125
Dahl, W. 342
Dahms, Herbert 502, 504
Daley, Daniel M. 200, 208(3)
Dalgleish, J. E. 490
Dally, J. W. 319, 440(2)
Dalmasso, A. 495
Damerow, E. 46
Damm, O. 267
Dammer, O. 406, 504
Dance, J. H. 221
Danhier, F. 397
Daniel, H. 112
Daniels, N. H. G. 183
Daniels, R. H. 581
Dann, W. H. 532
Dannehl, E. 518
D'Antonio, C. 190
D'Appolonia, E. 192
Darby, Kim 390, 501, 511, 521, 522, 527, 588, 591
Darling, R. F. 485(2)
Darnault, G. 438, 440, 476
Darnbrough, G. 260
Das, N. R. 253, 361
Das, Sisir Chandra 135(2)
Das Baul, R. 86
Dassetto, G. 495(3), 496(4), 497(3), 530
Dat, Roland 156, 560, 569(2)
Davenport, William W. 151, 152
David, H. G. 125
David, L. 173, 174
Davidson, I. M. 492

Davidson, Ian 563
Davidson, John R. 368
Davidsson, W. 341
Davies, A. C. 44
Davies, D. M. 245, 337
Davies, H. 498
Davis, Elbert 264
Davis, E. M. 230
Davis, Harmer E. 46
Davis, Richard A. 404
Davison, E. H. 481(2)
Dawley, E. R. 141
Dawoud, R. H. 110, 111, 113, 114
Dawson, D. 107
Dawson, D. E. 193
Day, D. L. 213
Day, M. K. B. 181
Deakin, J. 430
Dean, R. H. 520
Dean, R. S. 191
Dearden, J. 324
Debout, E. 536
Deck, W. 430
de Decker, H. C. J. 519
Decker, K.-H. 42
Decker, R. F. 223(2)
Deem, H. W. 200
Defize, L. F. 401
Degen, R. A. 159
Dehalu, J. M. 509
Dehlinger, Ulrich, 182
Dehousse, N. M. 591
Deinhardt, H. 489
Deist, H. H. 346
Deleeuw, L. L. 496
Delfosse, P. 237(2)
Dellaria, J. F. 250
Delmas, R. 476
Del Mastro, A. J. 32
Delmonte, John 244, 329, 505
Delorme, Jean 48
Del Pozo, F. 134, 143
DeLuca, L. B. 262
Demarkles, L. R. 361, 370
Demer, L. J. 156, 274, 318
Demmler, A. W. jr. 193, 200
Demol, L. 287, 371(2), 374
Dengler, E. 519
Dengler, M. A. 304
Denke, Paul H. 90, 152, 550
Dent, Robert A. 479
Deresiewicz, H. 148, 151, 152
Déribéré, M. 265
Derndinger, Hans-Otto 477(2), 478

D

Dernedde, Wolfgang 28
Derrick, G. 167, 183, 205
Deryagin, B. V. 358
Desai, M. B. 246(2)
Desherault, J. J. 383
D'Estout, Henri G. 54
Destuynder, R. 562, 569
Dettmering, W. 481
Dettner, H. W. 266
Deutler, H. 426, 507
Deutsch, George C. 195, 197(2), 223, 481,
    482(2), 486
Deveikis, William D. 94, 100, 182,
    184(2), 333
Develay, R. 177, 181(2)
Deverall, L. I. 106
Dewez, F. J. 161
Deyarmond, Albert 39
Dhingra, D. R. 420
Dickenscheid, W. 180
Dickerson, P. B. 404
Dickinson, R. O. jr. 576
Dickinson, Thomas A. 195, 200(2), 265,
    267, 396, 403, 417, 582(2), 593, 603
Diederich, Franklin W. 540, 552, 564
Diederich, W. 545
Diedrich, G. 234, 236, 238(2), 457, 466
Diem, K. 599
Diem-Schenker, K. 591
Dies, K. 328
Dies, R. 388
Dietrich, G. 349
Dietz, John 160, 164(2), 538
Dietz, K. 455
Dietzmann, A. 540
Dieudonné, J. 531
Dieudonné, M. 606
Dill, E. H. 155
Dillon, Charles P. 323
Dillon, L. 326
Ding, Sigmund 587
Dirkes, W. E. 317, 471
Dischka, G. 286
Distefano, J. N. 352
Ditaranto, R. A. 149
Ditter, H. 523, 526
Dittmar, Charles B. 209
Dittrich, W. 374, 376
Dix, E. H. jr. 183
Dixmier, G. 246, 456
Dixon, H. E. 399
Dixon, R. R. 236, 242
Doane, D. V. 264
Dobbins, R. A. 606

Dobrin, Saxe 603
Dobrochotow, M. N. 52
Döring, Werner 279, 436
Dörnen, Albert 375, 450
Dörnen, Klaus 375, 596(2)
Doerr, D. D. 173, 191
Doerpinghans, E. H. 502
Doetsch, J. 450
Dohr, A. W. 226
Dohrmann, H. 530(2), 531(3), 532
Dolan, T. J. 38, 198, 214, 276, 277, 281,
    501
Dolezalek, C. M. 457
Dolphin, J. W. 88, 89
Domagala, R. F. 222, 266
Doman, J. P. 100
Domayer, Rudolf 49
Dombrowski, A. 357
Domes, Theodor 506, 529, 530(2), 531(2),
    534
Dominic, Randolph P. 222
Domke, K. 387, 403, 451, 452(2), 588, 592,
    594(3), 596(2), 598(3)
Domke, Wilhelm 424
Donegan, James J. 156, 570
Donelan, J. A. 352, 398(2)
Donelly, D. 317
Donely, Philip 77(2), 80
Donley, John C. 220
Donnell, L. H. 125, 127, 287
Donovan, A. F. 548
Dor, J. 545
Dorléac, B. 92, 335, 469, 540, 545
Dorman, E. N. 461
Dorn, J. E. 180, 182, 183, 184(3), 236
Dorn, W. S. 87
Dorner, Harro 519
Dorrat, J. A. 531
Dorsey, J. J. 269
Dosoudil, Anton 228, 229(2)
Doss, R. D. 331
Dotson, Clifford L. 164, 331
Doussin, L. 255, 365
Doussot, J. 361
Dove, A. B. 373
Dove, Richard 285
Dow, Marvin B. 130
Dow, Norris F. 99, 131, 573
Dow, Richard B. 59
Dowd, J. D. 403, 407
Dowell, A. M. 241
Dowman, R. D. 243
Downing, B. P. 208
Doyle, Charles D. 246

Doyle, D. V. 144, 225, 457
Doyle, H. J. 244
Doyle, W. M. 188, 329
Draeger, Hein 384
Drake, H. M. 542
Draley, J. E. 322, 323
Draper, Charles S. 347
Drechsler, Friedrich 506
Dreher, Robert C. 82, 576
Drew, R. E. 325
Dreyer, H. J. 122
Driggs, Ivan H. 50, 606(2)
Drischler, Joseph A. 550, 552
Driscoll, D. E. 193
Driscoll, George C. jr. 290, 296, 302
Dröge, G. 31
Dröge, Karl-Heinz 389, 390
Droscha, H. 379
Drow, J. T. 429, 438
Drucker, D. C. 113, 295, 443, 503, 606
Drückler, Friedrich 117
Drumm, Herbert 155, 352
Dryden, Hugh L. 305, 536, 557
Dryland, P. W. 576
Dubach, P. 261
Dubas, Charles 99, 102
Dubas, Pierre 30, 99, 102
Duberg, John E. 442, 557
Dublin, Michael 152
Dubois, P. 234
Dubuc, J. 501, 502
DuCane, R. C. 532
Duchêne, B. 259
Duckworth, W. H. 158, 491
Dudley, D. W. 41(2)
Dudzinski, N. 179
Dück, W. 513
Dümpelmann, R. 395
Duff, M. G. 530
Duffin, D. J. 36
Duffy, H. T. 411
Duffy, W. H. 193
Duflos, J. 242, 457
Dugdale, D. S. 276, 318, 432
van Dugteren, J. O. W. 590
Dugundji, John 563, 569
Duke, M. C. 603
DuMond, T. C. 383
Duncan, R. C. 198
Duncan, T. F. 232
Dundurs, J. 85
van den Dungen, F. H. 156
Dunham, J. 494(2)
von der Dunk, G. 327

Dunker, H. W. 144
Dunn, M. B. 124, 547
Dunn, P. A. 254, 461
Dunne, P. C. 100
Dupius, H. 76
Dupont, Werner 251, 257(2), 361(2), 413, 414, 415, 465
Durant, N. J. 576
Durelli, A. J. 46, 311, 312, 314, 319, 331, 440(4)
Durham, R. J. 182
Duruy, M. 588
Dutheil, Jean 288, 294(2), 299
Dutschke, W. 391
Dutt, S. B. 138
Duvall, Jacques L. 582
van Duzee, G. R. 430
Dwyer, Arthur S. 356
Dyckes, G. W. 250
ten Dyke, R. P. 603
van Dyke, J. C. 456
Dykes, J. C. 606
Dyment, I. 236

Eason, G. 115, 146
Eaton, Jan D. 319, 373, 377
van der Eb, W. J. 140, 597
Ebcioglu, I. K. 97
Ebel, Heinz 122
Ebeling, Hans 517
Ebeling, W. E. 394, 406, 461
Eberan v. Eberhorst, Robert 477
Eberhard, Friedrich 424
Eberle, E. 121
Eberle, F. 172
Ebersbach, Hans-Walter 237
Ebert, Karl-August 418
Ebert, L. J. 277(2)
Ebner, Hans 81, 449, 501, 537, 538
Eby, R. E. 360, 597
van Echo, J. A. 158, 166, 181, 183
Eck 489
Eck, Bruno 51
Ecker, R. 249
Eckert, Bruno 489, 494
Eckert, E. J. 528
Eckert, Konrad 478
Eckhaus, W. 563
Eckhouse, R. D. 415
Eckinger, Karl 587
Eckstein, Karl 594
Edeleanu, C. 328
Edelman, R. E. 194, 207
Eder, Franz Xaver 162

E

Edge, P. M. jr. 81(3)
Edman, J. L. 576
Edmunds, H. G. 314
Edmunds, W. T. 384
Edwards, A. 225
Edwards, J. A. 362
Edwards, J. O. 281, 282
Edwards, R. D. 390(2), 584(2)
Edwards, Walter M. 245
Eeg-Olofsson, T. 260, 261
Effertz, K. H. 446
Egerváry, E. 594
Eggleston, John M. 81, 573
Eggwertz, Sigge 80, 141, 307
Egner, Karl 225(2), 368, 410, 428, 432, 589, 590
Ehlers, G. 425, 426, 465
Ehmsen, Emil 476, 477, 478
Ehrenberg, H. 398
Ehrich, F. F. 132, 148, 298
Eich, K. 577
Eichelberg, G. 477
Eichelbrenner, E.-A. 492
Eichenmüller, W. 595(2)
Eichholtz, Konrad 489
Eichhorn, Fr. 163, 351(2)
Eichinger, Wilhelm 517
Eickner, Herbert W. 255, 361, 362, 363, 365, 368(2), 370, 411
Eid, Abdel-Rahman 92, 115
Eifflaender, Kurt 237(2)
Eilers, J. 465
Eirich, F. R. 32
Eisele, Felix 155, 352
Eisenkolb, Friedrich 33, 34, 46, 173, 222(2), 390, 441
Eisenstecken, F. 324, 588
Eisler, Paul 580
Eisley, J. G. 556
Eitel, M. 518
El-Behery, H. M. A. E. 260, 261
Elberskirch, K. 516
Elenz, H. 390
Elghozi, Claude 398
El-Hashimy, Mohamed M. 106
Elkan, R. M. L. 385
Ellenberger, Walter 413
Ellersiek, Kurt 527
Ellinger, A. 597
Ellington, J. P. 90, 299, 315, 485
Elliott, B. J. 180
Elliott, E. 176(2), 177, 178
Elliott, H. E. 378
Ellis, J. 269

Ellis, J.-S. 291
Elsea, A. R. 165
Elsesser, T. M. 310
Elssner, G. 422
Elster, C. Chr. 400
Elze, H. 102
Elze, J. 266, 321, 420
Emerson, R. W. 353
Emley, E. F. 455, 547(2)
Emschermann, Hans-Heinrich 305, 426
Emslie, B. 95
Encke, W. 492
Endo, Hikozo 320
Endo, K. 330
Endres, R. 423
Eneo, H. 267
Engel, E. 342, 429, 586, 588
Engel, R. 490
Engel, S. J. 77
Engel, Thomas 504, 535
Engeler, A. 443
Engelhardt, W. 383(2), 391, 441
Engels, Hans Reiner 519
Enger, G. 450
Englehart, E. T. 321, 326
Engler, S. 187
Englesson, T. 359
Englisch, Carl 50
Engquist, R. D. 170
Enneking, H. 286
Enneper, P. 88
Ensrud, Alf Fridtjof 469, 541, 545
Entwistle, K. M. 177, 179
Enzensberger, Walter 359, 360, 441
Eppler, R. 471, 546
Epstein, G. 491
Eras, G. 102
Erb, R. B. 547
Erbin, E. F. 217
Erdmann, Werner 598
Erdmann-Jesnitzer, Friedrich 42, 44(2), 178, 187, 314, 321, 355, 394, 396, 397, 398
Erdmenger, Franz 57
Ericksen, W. S. 97(2), 123(2), 467(2)
Erickson, Burton 111, 121, 288(2), 333, 335, 551
Erickson, E. C. O. 239(3), 591
Erickson, P. W. 429
Eringen, A. C. 128, 151, 308, 467
Erker, Armin, 42, 48, 286, 349, 351, 378, 445
Erlinghagen, Ludwig 505
Ernst, Hellmut 55

Ernst, Hellmut 587(4)
Ernst, J. 590
Ernst, Mathias 252
Ernst, U. 465
Ervin, C. E. 480
Erz, Karl 518, 519
Erzen, Cevdet Z. 107, 593
Escales, Erich E. 461
Eschemann, Hans 512
Eschmann, F. 348
Eschmann, P. 348
Esgar, J. B. 485
Eshelman, R. 418
Eshman, Andrew N. 200, 217
Esmay, M. L. 592
Esquerré, R. 276, 283
Esser, F. 406, 411
Essers, Ernst 76, 527, 528
Esslinger, P. 391
Eßlinger, Maria 52, 113, 595
Estermann, K. H. 310
de l'Estoile, H. 560
Etchells, E. B. 476
Etienne, Ch. 418, 422
Eubanks, R. A. 233, 249
Euchler, W. 308
Eugster, U. A. 324
Eulitz, Werner 234
Eurich, J. V. 461
Evans, E. B. 277(2)
Evans, E. W. 279
Evans, J. Harvey 531
Evans, N. 411
Evans, R. H. 287
Evans, U. R. 40, 320, 327
Evans, W. 421
Everest, A. B. 172
Everhart, John L. 162, 186, 209(3), 222, 384, 388, 445
Evermann, E. 599
Evers, Dillon 207, 209, 210
Eversheim, Paul 188, 452, 497
Evteev, D. P. 383
Ewald, P. R. 259
Ewald, Richard 235, 238(2)
van Ewijk, Leopold J. G. 174, 175, 178, 186
Ewing, H. G. 578
Ewing, J. F. 335

Fabian, Robert J. 264, 265, 267
Fabre, G. 233(2), 234, 497, 580
Fabritius, Heinz 167
Fabun, Don 603(2)

Fackert, H. 587
Fahmy, F. O. 532
Fahrni, Fred 230(2)
Fahy, F. 233
Fairbanks, H. V. 161
Fairhurst, L. G. 578
Faißt, H. W. 599
Faißt, W. 591
Falch, W. 257
Falconer, J. M. 389
Falk, G. 465
Falk, Sigurd 86, 88, 90, 288, 476, 478
Falkenheiner, Helmut 560
Falkenmayer, K. 408
Falkenstätter, F. 268
Faller, F. E. 323, 324, 419
Fallows, John 379
Falls, Henry S. 244
Famme, J. H. 582(3)
Fancutt, F. 320
Fannon, R. 200
Faquet, J. 276
Farbridge, J. E. F. 564
Farmer, M. H. 183
Farmer, P. J. 393, 433
Farmery, H. K. 327
Farnell, K. 164
Farrar, D. J. 538
Farrell, B. 534
Farrell, E. A. 495, 600
Farrell, William J. 395
Farrow, B. 258
Fast, J. D. 400
Fauconnier, M. 164
Faulkner, G. E. 192(2) 193, 195, 200, 202, 203, 209(2), 210, 212, 417
Faulstich, R. 504
Faupel, J. H. 236
Faure, G. 493
Favre, H. 107, 125
Fears, Charles L. 535
Feder, D. 596
Federighi, T. 177
Federn, Klaus 145, 475
Fehlemann, L. 524
Fehrle, Ludwig 477
Feild, A. L. 162
Feldmann, Heinz Dieter 44, 342(2), 386(2), 444, 497
Felgar, R. P. 145(2), 154, 275, 425
Felix, W. 161
Feltham, P. 275
Feng, I. Ming 322
Fenn, A. P. 267, 383

F

Fenner, A. J. 330
Fenton, J. R. 204
Fentress, D. Wendell 485
Fentzahn, Friedrich 230
Feofanow, A. F. 54
Feola, N. J. 159, 202(2), 211(2), 217
Ferguson, F. 596
Ferling, W. Ph. 393
Ferrante, W. R. 152
Ferrero, R. 423
Ferro, A. 271, 274
Fessler, H. 319
Fester, Joachim 516
Fetner, Mary W. 78
Fettis, Henry E. 155
Feughelman, M. 260
Fiala, E. 81, 523
Fialkow, M. N. 598
Fibich, Siegfried 441
Ficht, Kurt 516
Fichter, W. B. 155
Ficker, E. 494
Fidgeon, F. 404
Fiecke, D. 547
Fiehn, H. 351, 354, 357, 401
Field, F. A. 127
Field, J. E. 330, 377
Fielder, E. A. 493
Fielding, J. 200, 385
Figge, P. Kurt 171
Filippi, F. J. 472(2)
Filon, L. N. G. 46
Finch, Volney C. 50
Findley, William N. 233, 235, 240, 242,
    270, 271(2), 276, 281(2), 294
Fine, M. 82
Fink, Frederick W. 205, 214(2), 322(3),
    324
Fink, Kurt 46
Finlay, W. L. 195, 200
Finn, E. 76
Finnern, Bruno 276(2), 308, 424, 425
Finney, J. M. 282, 283(2), 317
Finnie, Iain 32, 127, 294
Finnorn, W. J. 360
Fiorio, Franco 233
Fischbein, William F. 230
Fischer, Arno 581
Fischer, E. 321, 590
Fischer, F. 427
Fischer, Friedrich 416(2)
Fischer, Georg 93, 162, 339
Fischer, H. 160, 329
Fischer, M. 503

Fischer, Oskar 424
Fischer, R. W. 196, 204, 326
Fisher, G. P. 291
Fisher, Harry L. 37, 249(2)
Fisher, J. C. 426
Fisher, W. A. P. 81, 305, 306(2), 317, 319,
    376, 554
Fisher, W. T. 575
Fishlock, D. J. 420
Fister, W. 481
Fitch, I. C. 397
Fitchie, J. W. 311, 317
Fitzer, E. 219(2), 220
Fitzgeorge, D. 173, 203, 582
Flachskampf, H. 409
Flamant, A. 465
Fleischhauer, H. 420
Fleischmann, W. L. 434
Fletcher, L. 382, 451
Fleuriel, P. 409
de Fleury, R. 158, 187
Flint, A. R. 529
Flint, G. N. 168
Flodin, K. 541
Floe, C. F. 280
Flössel, Eckhard 516
Flößner, H. 314
Floor, W. K. G. 114, 293
Floreen, S. 485
Floßmann, R. 305(2)
Floyd, D. E. 37
Floyd, E. 253
Flügge, Wilhelm 30(2), 31, 139(3)
Flusin, F. 327, 418, 422
Flynt, J. D. 244
Föppl, L. 46
Föppl, Otto, 316
Förster, B. 521
Förster, F. 436
Förster, Franz 381
Foerster, G. S. 189
Förster, S. 483
Förster, Siegfried 357
Foley, F. B. 171(2)
Folkman, R. L. 200, 209
Foltin, E. 52
Fomitschewa, M. M. 250
Fonrobert, F. 31(2)
Fontana, Mars G. 168, 200, 321, 322, 323,
    327(2)
Foody, J. J. 563
Forcht, B. A. 365, 413
Ford, D. G. 306, 555
Ford, H. 314, 315, 316

Forgeson, B. W. 326
Forkel, Walter 138
Forray, Marvin J. 109, 288, 333, 338(3), 340
Forrest, G. 179, 283
Forrest, J. 580
Forrest, P. G. 277, 279(2), 317
Forrester, Andrew L. 582
Forscher, F. 163(2)
Forshaw, J. R. 485, 492, 493
Forsyth, J. I. M. 207, 208
Forsyth, P. J. E. 274, 282(3), 283, 330(2)
Forte, Attilio 590
Fortney, R. E.180
Fortune, J, A. 485
Forwergk, K. H. 378
Foss, K. A. 78(2)
Foster, B. K. 274, 307, 308
Foster, R. N. 217
Fouad, M. G. 325, 326
Foulon, A. 267, 465
Foulon, Emile 85
Fourné, H. 259
Fournier, Maurice 48
Foussard, H. 379
Fo-Van, Chang 109
Fox, D. K. 187
Fox, G. 258
Fox, J. A. 117(2)
Fox, M. 259
Fox, S. P. 360
Fraeys de Veubeke, B. M. 148, 556
Fralich, R. W. 309, 541, 569
Francis, A. J. 371
Francis, H. T. 329
Francis, R. K. 221
Frandsen, J. 395
Frangos, Thomas F. 223
Frank, F. 580
Frank, Karl 46, 47(2)
Frank, R. C. 275
Frank, W. 505
Franke, Ernst A. 341
Frankland, J. M. 303
Franklin, A. W. 220, 280
Franklin, J. N. 560
Fransson, A. 306
Franta, I. 256
Franz, Anselm 485, 489
Franz, G. 127
Franz, H. 427
Franz, Hermann 34
Franz, K. 254
Franz, W. 388

Frary, F. C. 200
Fraser, A. F. 142
Fraser, H. P. 548
Fraser, William M. 219
Frasier, J. T. 103
Frazer, R. A. 563, 564
Freas, Alan D. 227, 240, 360
Freche, John C. 482
Freda, D. 88
Frederick, D. 109
Fredericks, S. 390
Freedman, S. 407
Freeman, H. A. 361
Freeman, James W. 167, 169(2), 184, 192, 193(2), 195, 200, 209(2), 223(2), 280, 315, 335
Freeman, Robert R. 219, 220, 222
Freeman, T. F. 469, 470
Freiberger, Walter F. 120, 299, 605, 606
Frei-Ischer, E. 406
French, F. W. jr. 88, 121, 335
Frenkel, R. E. 182
Frenz, Reinhold 592
Frenzel, Walter 429, 588
Frères, H. F. 379
Fretigny, G. 142, 468
Freudenthal, Alfred M. 32, 38, 39, 54, 81(2), 271(3), 276, 305, 306, 307(2)
Freundner, H. 292
Frey, Donald N. 482
Frey, Hans-Helmut 237(2)
Frey, K. 361
Frey, M. 262(2)
Frey, Paul 452, 505, 521
Freyer, F. 593
Freyer, G. 430
Freytag, F. 377
Frick, A. 56
Friedel, J. 179
Friedmann, N. E. 303
Friedrich, Hans 489
Friedrich, Hans R. 152
Frisch, J. 274
Frischbier, E. 363, 410
Frischherz, Adolf 49
Friswell, J. K. 79
Frith, P. H. 34, 174, 277(2)
Fritts, Harry W. 175
Fritz, Bernhard 590, 599
Fritz, F. C. 397
Fritz, Wilfried 238
Fritze, Hans Werner 400
Frocht, Max M. 304, 310, 439(2), 440
Froede, W. 528

Frohmberg, R. P. 431(2), 491, 492
Frohne, E. 510, 511
Frost, E. A. 563
Frost, N. E. 163, 182, 271(2), 274, 276, 284, 317, 318(3), 319
Frost, Paul D. 174, 195, 197, 200, 209, 213, 217, 218, 322
Frost, Richard H. 579
Frostne, H. 407
Frücht, Helga 429
Fry, Adolf 164
Fry, J. M. 263
Fry, R. A. 306
Fuchs, C. 353
Fuchs, H. 425, 478
Fuchs, K. H. 260
Fuchs, O. 237
Fuchslocher, Eugen 51
Füchslin, K. 510, 513, 588
Füllenbach, H. 352, 358, 407, 518
Fürst, O. 374
Fuhrer, R. A. 413
Fuhrke, Hartmut 146, 152
Fuhrmann, Bruno 525
Fuhrmeister, H. E. 200
Fujii, T. 313
Fujimoto, I. 93, 371
Fujita, Yuzuru 324
Fujitani, Keizo 318
Fujiwara, K. 534
Fukita, Hiroshio 154
Fukui, Hisashi 360
Fukui, Shinji, 277, 391(2)
Fukuzono, Y. 400
Fulchino, V. L. 505
Fuller, E. W. 542
Fuller, Kenneth E. 332
Fuller, R. M. 220
Funayama, I. 241
Funck, A. 279
Funderburk, James 580
Fung, Y. C. 54, 124, 126, 146(2), 153, 556, 567(2), 569, 575
Funk, Roland 389
Funke, Paul jr. 218
Fusner, G. R. 489
Fyall, A. A. 442

Gabrielli, G. 449, 541
Gadd, E. R. 477, 482
Gadow, J. 477(2)
Gaier, M. 278, 280
Gain, W. R. 217
Gall, W. R. 403

Galletly, G. D. 125, 130(2), 138(2), 151, 338
Galloway, D. F. 392
Galperine, M. J. 320
Games, Robert H. 555
El Gammal, M. 204, 209
Ganesan, G. 226
Ganow, D. C. 185
Garbers, F. 99, 449
Gardam, G. E. 421
Gardner, G. W. H. 602
Gardner, J. F. 186, 251
Gardner, N. K. 396
Gardner, T. W. 520
Garges, J.-P. Donald 549
Garner, F. H. 251
Garner, H. C. 567
Garner, K. A. 99
Garner, Russell H. 379
Garnier, Henri 186, 383
Garofalo, F. 166, 168
Garr, L. 311
Garrick, I. E. 557, 558
Garrod, R. I. 184
Garve, Alexander 51
Garwood, M. F. 518, 522
Gasior, E. 265
Gasparovic, N. 485
Gassner, Ernst 306, 307(4), 316, 538
Gassner, R. H. 581
Gates, G. H. 249(2)
Gates, P. M. R. 199, 208
Gatewood, B. E. 40, 50, 54, 282, 335, 338
Gatland, Kenneth W. 59
Gattnar, Anton 57
Gatto, F. 177, 179, 270(2), 272, 275, 281(2), 282(2), 283(2), 284(2), 426
Gatz, Hermann 494, 495
Gatzka, K. 253
Gaube, E. 235, 236, 237, 238(2), 466
Gaudfernau, C. L. 439
Gaukroger, D. R. 563, 565(3), 569, 571, 578
Gauß, F. 518
Gauzy, H. 557, 560
Gay, Charles Merrick 57
Gaydon, F. A. 110, 301
Gaylord, Charles N. 56
Gaylord, Edwin H. jr. 56
Gaymann, Th. 439, 440
Gebauer, Richard 53
Gebhardt, E. 220, 230
Gebhardt, H. 51
Gebler, K. 520

Gee, S. W. 281, 573
van Geel, P. 517
Gegel, H. L. 217
v. Gegerfelt, G. 596
Geier, B. 122, 292
Geiger, J. 152, 475
Geiger, Th. 161
Geil, Glen W. 195, 209, 217, 312
Geitel, K. 261
Gellatly, R. A. 471
Gemmell, Gordon D. 184
Gemmer, E. 265
Gemmill, M. G. 166(2), 167
Gendriesch, Herbert 263
Gengenbach, Otto 395, 519
Genin, G. 497
Gentieu, Norman P. 423
Gentric, A. 576
Gentzsch, Gerhard 44(2)
George, D. A. 235
George, R. W. 282
Georges, J. P. 475
Georgian, J. C. 114
Gerard, F. A. 598
Gerard, George 30, 92, 93(2), 94, 100(2),
    101, 117, 119, 121(2), 122, 123(2), 126,
    134, 159(2), 164, 180, 184, 288, 291, 293,
    294, 298, 331, 336, 340(2), 439, 440, 536,
    604
Gere, J. M. 149
Gerecke, G. 351
Gerischer, H. 328
Gerischer, Karl 510
Gerken, J. M. 209, 351
Gerlach, A. 75
Gerlach, Hans 475
v. Gersdorff, K. 478, 482(2), 487
Gerstin, Harry 541, 602
Gerth, R. 52
Geschelin, Joseph 391, 487
Gesell, W. 425
Gessner, G. 449
Gessner, Wolfgang 263
Getty, Raymond 327
Getzlaff, Günter 75(2)
Gewecke, Hermann 599
Geyer, H. J. 420
Geyling, F. T. 139
Ghaswala, S. K. 85, 92, 282, 288, 589
Giaccherino, Ch. 415
Giangreco, E. 140
Gianola, Cornelio 172
Giaver, I. 340
Gibbon, A. 501

Gibbs, R. L. 190
Gibbs, T. W. 189
Gibson, J. E. 56, 116, 296, 312
Giddings, H. 538(2)
Gideon, D. N. 309, 546
Giedt, W. H. 164
Giencke, Ernst 596
Gietzelt, Rudolf 416
Gilbert, Arthur C. 93, 121, 439, 478
Gilbert, G. N. J. 172, 280
Gilbert, P. T. 330
Gilbraith, Allan C. 170(2), 217
Gilde, W. 400
Giles, C. G. 251
Gill, C. B. 192
Gill, R. C. 252
Gille, G. 436
Gillemot, L. 200, 426, 449
Gilles, D. C. 134
Gillies, D. B. 558
Gillig, F. J. 193, 200(2)
Gilliland, Harry J. 392
Gillis, F. J. 195
Gilman, Lucius 242
Gimbel, G. 374
Gimmel, Paul 33, 356, 357
Giordano, Felix M. 381
Giordano, G. 35
Girkmann, Karl 30
Gisen, F. 433
Gish, Marvin 243
Gisolf, J. H. 237
Gittings, M. G. 186
Gittleman, W. 302
Gitz, John 581
Gladwell, G. M. L. 107
Glaser, Frank W. 197, 204, 213, 219
Glatz, R. 28
Glaubitz, Heinz 349(3), 350(3), 385, 479,
    520(2), 526, 527
Gleitz, H. 508
Gleitz, K. 309
Glen, J. 164, 167(2)
Glen, W. 465
Glenny, E. 338
Glocker, Richard 47
Gloss, R. H. 361, 374
Gluck, J. V. 169(2), 184, 192, 193(2), 195,
    200, 209(2)
Goda, S. 167
Godard, Hugh P. 320, 322(2), 326, 442,
    451
Goddeyne, D. J. 421
Goddeyne, L. G. 421

G

Goder, W. 89, 291, 292
Godfrey, D. E. R. 105
Godfrey, David W. H. 584
Göbel, E. F. 41, 346, 419, 424
Goederitz, A. H. F. 43
Göhl, K. 143, 288
Göhre, Kurt 35(3), 268
Göring, R.-U. 348
Görlich, H. K. 171
Goerner, E. 134
Görtz, Wilhelm 594
Goetzel, Claus G. 200, 220, 223, 486
Götzlinger, J. 83, 587
Goff, Wilfred E. 585(2)
Gohl, Walter 431
Goland, Martin 304, 548, 558, 562
Golbs, Heinz 230
Gold, Sam 254
Goldberg, H. 59
Goldberg, J. 241
Goldberg, John E. 88, 133, 143, 146, 288
Goldberg, Martin A. 332
Goldberg, Perry D. 213
Golden, L. B. 209
Goldenblat, I. I. 30, 31, 39
Goldenstein, Adolph W. 200, 209
Goldenveiser, A. L. 134
Goldfein, S. 242(2)
Goldin, Robert 336(2), 541
Goldman, G. M. 81
Goldman, R. L. 567, 571
Goldsmith, W. 437
Goldsmith, Werner 304(3)
Golecki, J. 113
Goltz, H. 516
Golubovie, G. 134
Gomza, Alexander 314
Gondikas, P. C. 129, 146
Good, C. L. 239
Goodal, B. J. 356
Goodey, W. J. 138, 298, 311, 573
Goodger, A. H. 330
Goodier, J. N. 30, 299, 336, 338, 548
Goodman, S. 338
Goodrick, F. E. 361
Goodyear, J. H. 267
Gorbatov, N. 134
Gordon, G. R. 417
Gordon, J. E. 538
Gordon, S. A. 38, 39, 158(2), 201(2), 309, 377, 537, 538, 539, 546
Gorman, E. F. 201
Gormly, R. W. 255
Gorten, George 349

Gosman, Albert L. 288
Goss, W. 233, 250
Gossi, A. 302
Goto, H. 258
Goto, Ryozo 360
Gottfeldt, Harry 352, 450
Gottsch, H. 27(6), 84
Gottschalk, M. 177, 419, 590, 591, 592
van Goudoever, H. 237
Gough, V. E. 520
Goulard, Madeline 301
Gould, A. J. 330
Gould, Bernhard 251, 253, 363, 411(2)
Gould, J. V. 393(2)
Gourd, L. M. 397
Gouza, J. J. 235
Gowen, J. A. 478
Grabendörfer, W. 435(2)
Grable, G. B. 192
Gräfen, H. 326, 328, 329
Graf, K. 483, 485
Graf, Ludwig 328, 329(4)
Graf, Otto 47
Graf, Ulrich 47
Graft, W. H. 193, 195, 201, 209
Grafton, P. E. 494
Graham, A. 166, 220, 276
Graham, A. Kenneth 46
Graham, Donald L. 248, 466
Graham, I. D. G. 530
Graham, J. W. 487
Graham, P. H. 415
Grahl, F. 402, 409
Grainger, H. B. 328
Grainger, J. A. 390(2)
Grala, Edward M. 213, 483
Grall, L. 323, 325
Grammel, R. 29, 31, 50
Grand, Louis 185, 186, 323
Grandvalet, Y. 239
Grandvoinnet, J. 210
Granholm, C.-A. 596
Granholm, H. 368
Granjon, H. 431
Grant, H. R. 602
Grant, J. N. 262
Grant, Nicholas J. 158(2), 184, 185, 194, 203
Grasshoff, Heinz 86
Grassie, J. C. 28
Grassmann, P. 358
Gratzer, Josef 346
Graudenz, M. 28
Gravitz, Sidney I. 560

Gray, E. Z. 604
Gray, Larry B. 210
Gray, Lysle B. 535
Gray, T. H. 210
Greco, C. 88
Green, A. E. 30, 126, 128
Green, A. P. 296, 312(2)
Green, B. A. 465
Green, E. A. 547
Green, H. W. 353, 355
Green, J. D. 468
Green, John G. jr. 254
Green, Lyle D. 606
Green, R. S. 353
Green, W. A. 149(2)
Green, W. L. 352
Greenberg, Herbert J. 87, 116(2)
Greenberg, S. 321
Greenberg, S. A. 394
Greene, G. E. 376
Greene, N. D. 322
Greenlee, M. L. 217
Greenspan, Frank P. 257
Greenspon, J. E. 108, 154, 567
Grefkes, H. 162, 177
Grefkes, Horst 436
Gregg, J. F. 223
Gregor, V. 352
Grehn, W. 172
Greiner, Karl 359
Greulich, Erich 161
Greutert, H. 535
Grevesmühl, Alfred 512, 515
Gries, Heinz 171, 443
Griese, F. W. 472
Griest, Andrew J. 213, 217
Griffin, K. H. 142(2)
Griffith, George E. 332, 335
Griffith, J. E. 235
Griffiths, T. G. 507
Grigoljuk, E. I. 97, 128, 291
Grigorowitsch, J. A. 47
Grimes, David L. 471, 545
Grimm, D. W. 343
Grinberg, M. J. 44
Grindrod, John 434, 599
Grinyer, C. A. 485
Grix, H. H. 598
de Groat, George H. 217(2), 583, 584, 585
Grobe, A. H. 380
Grobecker, D. W. 54, 59
Grobéty, J. 529
Grodner, A. 502
Grodzinski, P. 431

Grönegreß, H. W. 424
Gröschel, Hans 76
Gröttrup, Helmut 491, 604
Grogan, G. C. jr. 554
Grohmann, Herbert 344, 374
Groot, C. 324
Grosch, H. 413
Groschopp, Heinz 261
Grosmangin, J. 253
Gross, Georg 143
Gross, H. 505
Gross, Siegfried 41, 345, 346
Gross, W. A. 296
Grosse, G. 359(2), 368, 415
Grossmann, G. 300
Großmeyer, J. 456
Grote, Paul 492
Groth, Paul 530
Groth, Willis G. 403
Grover, H. J. 38, 39, 192, 281, 309(2), 317, 319, 546
Grube, W. L. 38
Gruber, Ernst 85
Gruber, Josef 494
Gruber, M. M. 461
Grubitsch, H. 321
Grüninger, Chr. 528
Gruntfest, Irving J. 234, 244(2), 246(2), 461
Grunwald, Henryk 263
Gruschwitz, E. 556
Grzedzielski, A. L. M. 547
Gualandi, D. 182, 323
Guard, R. W. 158, 183
Guarnieri, G. J. 159, 166(2), 167, 182(2), 183, 205, 219(2)
Guder, E. 508, 514(2)
Gudkow, W. J. 509
Günther, H. 503
Günther, Werner 44
Günther, Wilhelm 40
Gürtler, Gustav 186, 372, 452, 523(2), 530, 531
Guest, J. 94, 97, 100, 114, 115
Güttler, Hermann 261
Gueussier, A. 279
Guibert, M. P. 54
Guichard, M. 383
Guilhaudis, A. 177, 185, 323, 325(2), 423
Guinard, Ch. 507, 522
Guitton, L. 168
Guldan, Richard 28(3)
Guler, K. 408
Gumbel, E. J. 271, 272, 536

Gundermann, W. 481
Gunn, K. 179, 317
Gunn, N. J. F. 210, 365, 369
Gunnert, R. 47
Gunston, W. T. 541
Gupta, M. G. 420
Gupta, R. C. 226
Gurland, J. 219, 220
Gursahaney, H. J. 226
Gurvitch, M. M. 243
Gutowski, Roman 156
Guttenplan, Jack D. 442(4)
Guyett, P. R. 570
Guzzetti, A. J. 432
Gwinner, E. 239
Gynn, Gilbert M. 242

Haaijer, G. 93, 95
Haarlammert, Friedrich 248
Haarmann, Karl 341
Haas, B. 489
Haas, Tibor 306, 309
Haase, K. 478
Habel, Alfred 291
Haberäcker, Leonhard 57
Haberstolz, F. 525
Hache, A. 324
Hacker, D. E. 487
Hacker, J. C. 595
Hackman, Lloyd E. 300
Hackman, R. L. 405
Hacquard, J. 413
Hadamovsky, H. 178
Haddon, J. D. 343, 371
Hadert, Hans 255
Hadley, B. F. 210
Hadley, R. L. 323
Hadlock, Ivan 79, 80
Hädrich, J. 343
Häfele, Albrecht 437
Hänchen, Richard 49, 75, 479
Haener, J. 150
Hänsel, H. 477
Härer, A. 391
Härting, Werner 440
Haessly, W. F. 210, 402
Haessner, Frank 341
Hafer, R. F. 419(2), 421
Haffer, Dieter 218
Haffner, E. K. L. 385
Hafner, Th. 416
Haft, Everett Eugene 128
Hagberg, E. H. 417
Hagel, W. C. 156, 220

Hagen, Gustav 253
Hagen, Harro 36, 242, 244, 246(3), 252,
  285, 457
Hagen, Hermann 481
Hagiwara, K. 403
Hahn, Guido 429
Hahn, H. G. 478
Hahn, Josef 28, 115
Hahn, Karl Friedrich 347, 362, 363, 364,
  365(2), 366, 367(3), 369(2), 410, 411,
  412, 413(2), 415
Hahne, H. U. 123
Hahne, K. H. 496
Hahnemann, H. W. 518
Hahner, C. H. 235
Haile, David A. 230
Haim, George 36, 44(2)
Hain, Kurt 498
Hains, Franklin D. 560
Hajdin, N. 292
Hajmásy, T. 286
Hakkinen, Raimo J. 81
v. Halasz, Robert 31
Halbritter, Franz 90
Haldenwanger, H. 237, 406
Hale, A. L. 445
Halfman, Robert L. 54, 557
Halgren, J. A. 349
Hall, Albert H. 301, 305, 554, 562, 567
Hall, A. M. 169
Hall, A. W. 82
Hall, H. 565, 568, 570(2), 572
Hall, H. H. 604
Hall, J. B. jr. 142, 337, 339
Hall, K. 194
Hall, L. G. 583(3)
Hall, Nathaniel 46
Hall, Robert W. 224
Halsey, N. 376
van der Ham, I. 532
Ham, R. K. 274
Hamad, M. F. 352
Hamada, M. 112
Hamada, S. 400
Hamer, R. D. 379
van Hamersveld, John 195, 210, 217
Hamilton, William F. 537
Hamm, Bruno 375
Hammer, E. Walter jr. 292
Hammond, J. R. 528
Hampe, E. A. 523
Hampel, H. 595
Hampp, Wilhelm 348
Hanau, Heinz 347(3), 483

Hancke, Adolf 344, 375
Hancock, C. P. 256
Hancock, W. V. 227
Handa, B. K. 252
Handelman, George 144, 148, 149(2), 153
Handforth, J. R. 175, 176, 475
Handova, C. W. 193, 197, 210, 603
Hanefeld, O. 588
Hanf, S. 391
Hangan, M. 88
Hanink, D. K. 476, 480, 481
Hanke, E. 47, 433, 436(2)
Hanks, Sydney A. 410
Hanly, F. J. 476
Hann, R. A. 232
Hanna, I. E. 215
Hanna, M. M. 134
Hanna, O. A. 599
Hannah, John 31
Hannemann, G. 528
Hannon, E. 382
Hansbo, Sven 87
Hansel, G. 358
Hansen, H. H. 519
Hansen, Johannes 530(2), 531(2), 532, 533
Hansen, K. 529
Hansen, M. 192, 201
Hansen, Robert J. 39
Hanson, M. P. 492
Hanson, P. W. 567
Hanstock, R. F. 282(2)
Hanzel, R. W. 192
Hara, S. 330
Hardman, J. H. 520
Hardouin, Maurice 190, 267, 327
Hardrath, Herbert F. 180, 281, 307, 308, 310, 318, 330
Hardy, H. K. 179(2)
Hargan, Augustus D. 42
Harmon, E. L. 193, 201, 210
Harms, Hans 533
Harper, H. E. 432
Harper, J. G. 184(2)
Harpur, N. F. 82, 545
Harriman, J. F. 578
Harrin, E. N. 576
Harris, Ernest C. 48
Harris, Frederick F. 244
Harris, G. T. 159, 166, 382
Harris, J. G. 435
Harris, Leonhard A. 115, 125, 126, 127(2)
Harris, S. L. 349, 350
Harris, Thomas 461

Harris, W. 487
Harris, W. J. 201, 213, 217, 276, 284
Harrison, W. N. 268
Hartbower, Carl E. 200, 201, 208(2)
van Hartesveldt, C. H. 461
Hartley, E. L. 492
Hartley, E. V. 559
Hartman, A. 175, 195, 240, 244, 281, 309(2), 358, 361(2), 362(2), 363(2), 366, 369(3), 372(4), 373(2)
Hartman, J. B. 50
Hartmann, F. V. 579
den Hartog, J. P. 31, 145(2)
Hartung, G. 406
Harvey-Bailey, A. H. 485
Harvie, James 535
Harwell, R. H. jr. 376
Harwood, J. 220
Harwood, J. J. 338, 442
Harwood, R. W. 461
Hasbach, Erich 530
Hasbargen, L. 348
Hasbrook, A. Howard 580(2)
Hasegawa, M. 149, 151, 152
Haselbach, Arthur 28, 29
Hasenjäger, S. 27(6), 84
Hashimoto, Tatsuya 354
Hassan, H. A. 297
Hasselgruber, H. 148, 479, 494
Hatano, S. 108
Hatch, D. M. jr. 417, 549
Hatfield, Ira 268
Hauck, Charles A. 220, 268, 269
Hauk, V. 173, 433
Hauri, Markus 517
Hauschild, Louis W. 307
Hausen, Josef 465
Hauser, G. B. 511
Haussner, H. H. 35, 36, 38
Havekotte, W. L. 220
de Havilland, G. 239
Havner, K. S. 89
Hawkes, G. A. 299
Hawranek, Alfred 57
Hawthorne, Randolph 385, 481, 580
Hawthorne, W. R. 483
Hayashi, I. 104
Hayashi, R. 76
Hayashi, T. 553
Hayasi, M. 167
Hayes, J. M. 290
Hayes, R. A. 250(2)
Hayes, W. D. 152
Hays, L. C. 210

H

Haythornthwaite, E. 246
Haythornthwaite, R. M. 110(3), 298
Hayward, D. C. 184, 188, 195, 222
Haywood, J. H. 305
Hazard, R. F. 575
Hazen, R. M. 475
Hazony (Hasanovitsh), Dov 288
Head, A. K. 270, 272
Head, J. W. 479
Heal, Mervyn G. 606
Healy, J. H. 243
Heaps, H. S. 100, 290
Heaps, N. S. 332
Hearle, J. W. S. 260, 261
Hearmon, R. F. S. 146, 148, 150, 151
Heath, B. O. 541, 545
Heath, W. G. 340, 541
Heath-Smith, J. R. 81
Hébrant, F. 287, 371(2), 374, 375
Hechelhammer, W. 237, 381
Hechtman, R. A. 314
Heck, F. H. 323
Heckner, J. 344
Hedgecock, P. D. 430
Hedgepeth, John M. 151, 565(2), 567(2),
    568, 569, 571, 572
Hedges, E. S. 347
Hedges, F. 89
Hédiard, M. 236, 237
Heebink, Bruce G. 232, 240(3), 241(2),
    416, 467(3)
Heebink, T. B. 359, 579, 600
Heerwagen, R. 501
Hefele, H. 419
Hegmann, W. 388, 405, 419
Hehemann, R. F. 34
Heiba, A. E. 151
Heide, H. 28
Heidebroek, Enno 41
Heidmann, M. F. 491
Heimann, K. W. 378
Heimerl, George J. 159, 182, 201, 220,
    331
Heine, K. A. jr. 592
Heinemann, E. H. 537
Heinemann, H. 452
Heinen, Richard 107
Heiner, H. 465
Heinrich, W. 521
Heinrichs, R. 267
Heiß, A. 49
Heitkotter, R. H. 490
Heldenfels, Richard R. 336, 442
Heldt, P.-M. 50

Helke, G. 145
Helle, J. N. 329
Heller, J. T. 244
Heller, Paul A. 171, 173
Heller, Robert A. 276, 306, 307,
Heller, William R. 32
Helling, J. 528
Helmholz, R. H. 59
Hemp, W. S. 85, 91(2), 95, 141(2), 332,
    549
Hempel, Gerhard 56(2), 593
Hempel, Max 275, 277(3), 279(2), 280,
    283, 308, 316, 318, 342, 350, 357, 430(2)
Henderson, J. 160, 163, 182, 185, 190,
    289
de C. Henderson, J. C. 84
Hendry, Arnold W. 86, 593
Henke, R. W. 320, 321
Henning, A. R. 240, 522
Henning, Hans Joachim 47
Henriot, G. 41
Henry, D. L. 277
Henry, G. 276
Henry, O. H. 201
Henschke, W. 53
Hense, L. 401
Hensley, Reece V. 485(2)
Henson, Jimmy 203
Hentschel, G. 348, 547
Hentze, H. 173, 350
Henze, H. 495
Heppe, R. R. 541
Herb, Ch. O. 217
Herb, Hellmut 545
Herber, Karl-Heinz 87, 89, 289, 592, 597
Herbert, Hans 436
Herbert, James S. 495
Hérenguel, Jean 176(2), 187(4), 323(2),
    326, 421, 422
Herhahn, A. 495
Herke, Fr. 591, 597
Herman, M. 218
Hermann, G. 95
Hermsen, H. W. 42, 48
Herpertz, F. 587
Herr, A. 46
Herrmann 144
Herrmann, A. 236
Herrmann, E. 43, 382, 423
Herrmann, George 92(2), 96(2), 120, 121,
    133, 134, 147, 148(2), 153, 154, 156, 564
Herrmann, J. 110, 601
Herrmann, Otto 601
Herrmann, Robert H. 382, 383(2)

Herrmann, Willi 514
Hertel, Heinrich 48, 54, 300, 449, 537,
 538, 545, 546, 547, 549(2)
Hertling, Wilfried 443
Herzfeld, Walter 387(3)
Herzog, A. 485
Herzog, E. 164
Hese, H. 529
Hess, H. 398
Hess, Robert W. 310, 488, 541
Hess, W. 244, 443
Hess, Walter 596
Hesse, E. 381
Hesse, Walter J. 50, 51
Hessen, R. 461
Hetenyi, M. 133
Heubner, Ulrich 163
Heusler, H. 504
Heuvers, A. 444
Heyer, Hans 170
Heyer, Siegried 231, 437, 466
Heyman, J. 28, 56, 88
Heywood, R. B. 307, 309, 317, 377
Hiba, Z. 84
Hibbard, W. R. 177, 183
Hibert, C. L. 583
Hickel, Robert O. 484
Hickerson, T. F. 88
Hicks, Raymond 104(2), 114(2), 315, 503
Hieke, Max 150
Hierl, J. 458
Higashi, Y. 108
Higdon, D. T. 571
Higgins, C. C. 210
Higginson, G. R. 125
Higuchi, Seiichi 150
Hijab, Wasfi A. 103, 118, 140, 272, 273
Hilbert, C. L. 320
Hilbert, Heinrich L. 44
Hildebrand, R. D. 158
Hildesheimer, H. 280, 427
Hilgendorff, H. J. 496
Hilken, Ivar 509
Hill, Clyde S. 418
Hill, Friedrich Wilhelm 321
Hill, Kenneth A. 379
Hillenhagen, E. 279
Hiller, Walter 170
Hiltbold, F. 440
Hilton, Harry H. 291
Hiltscher, Rudolf 143, 439
Himmelreich, Werner 443
Hinchcliffe, M. R. 186
Hine, J. M. 232, 256

Hines, Helen E. 225, 538
Hines, J. G. 327
Hinkle, R. 346
Hinkle, Rolland T. 49
Hinrich, M. 329
Hinxman, H. 383
Hinz, W. 242
Hirai, N. 111
Hirai, Shinji 230, 360
Hiraki, Itu 201
Hirsch, Gerhard 487, 493, 494
Hirsch, Walter 400
Hirschberg, Marvin H. 333, 438, 488
Hirschfeld, Kurt 28
Hirschfield, J. A. 404
Hirschmann, F. 396
Hirth, J. P. 323
Hishida, T. 76
Hitchcock, L. M. 573
Hitt, W. C. 434, 436
Hivert, A. 223
Hiza, M. J. 256
Hjelte, F. 565
Hlinka, J. H. 336
Hoar, T. P. 321, 327
Hobbs, Norman P. 77, 553
Hochstaedter, L. 261
Hockney, M. G. D. 254
Hodge, P. G. jr. 30, 39, 87, 111(2), 119,
 121, 122, 124, 125, 126(2), 127, 130, 146,
 296, 300, 301(2), 303(2), 305, 313, 314,
 315
Hodgdon, F. W. 576
Höchtlen, A. 233(2)
Hoefer, H. W. 217
Höffler, E. 323
Högberg, Hilding 235(2), 495
Höhne, Erich 350, 416, 424(2)
Hoeland, Günter 106(2), 107
Hölken, W. 505
Hönisch, W. 586
Hörmann, E. 399
Hoerner, A. H. 254
Hoeschel, A. G. 292
v. Hofe, Hans 395, 424, 452
Hofer, H. 348
Hoff, E. A. W. 236, 237
Hoff, Hubert 162, 450, 507
Hoff, Nicholas John 39, 40, 54(2), 80, 88,
 91, 93, 111, 119, 120, 121, 122, 126, 128,
 129, 133, 140, 288(2), 289, 290, 291, 292,
 293, 331(3), 333(6), 335, 336, 538(2),
 550(3), 551, 554, 602
Hoffman, George A. 98, 174, 452, 605

H

Hoffmann, Heinz 479
Hoffmann, Norbert 438
Hoffstädt, W. W. 465
Hofmann, W. 457
Hofmann, Wilhelm 164, 351, 352, 395,
  397, 398(2), 400(2)
Hofstatter, A. F. 265, 269
Hogg, R. W. 237
Hoglund, G. O. 402
Hohf, J. P. 229
Hojo, K. 210
Hoke, J. H. 172
Holand, Ivar 30
Holden, F. C. 195, 201(3), 210(5), 212,
  214, 217
Holden, G. 260, 261
Holdt, H. 163
Holister, G. S. 313, 315, 317
Holland, B. 192(2)
Holland, L. 38
Holleman, E. C. 560, 564, 567
Holley, Myle J. jr. 39
Holley, S. F. 224
Hollingum, S. W. 357
Holloway, G. F. 335
Holm, Ove Falck 342
Holman, D. F. 90
Holmes, E. 355
Holmgren, Björn 228
Holste, W. 150, 151, 152, 154, 525
Holt, A. 417, 471
Holt, J. T. D. 195
Holt, Maurice 373, 377, 501, 560
Holzer, Paul J. 261
Homann, D. 249
Homberg, Hellmut 28, 30
Home, M. R. 88
Honaker, J. P. 282
Hondet, Jean 558
Hondo, M. 312
Hondros, G. 90
Honeyman, A. J. K. 390
Honsel, H.-Fr. 191
Hooke, F. H. 78, 80, 538, 540
Hopff, H. 475
Hopkins, H. G. 106, 110(2), 113, 124, 294
Hopkins, I. L. 237
Hoppe, Peter 233, 239, 248, 541, 546
Hoppin, G. S. III 408
Hoppmann, W. H. II 112(2), 130(2), 148,
  154(2), 155(2)
Hordon, M. J. 185
Horger, Oscar J. 38, 330
Hori, Koichi 596

Horii, Haruo 165
Horioka, Kunisuke 227
Horlock, J. H. 51, 493
Horn, C. E. 370
Horn, H. A. 42, 402
Horn, James A. 384
Hornaday, J. R. 218
Hornauer, Helmut 581
Hornauer, H. 386
Horne, E. L. 427
Horne, G. T. 279
Horne, M. R. 56, 302
Horne, Walter B. 577(3)
Hornig, Günter 450
Hornung, R. 434, 436
Horridge, G. A. 240
Horsley, R. A. 238
van der Horst, H. M. P. 433
Horst, Ralph L. jr. 175, 451
Horton, Richard C. 244
Horton, W. H. 537
Horvay, G. 137, 139, 140, 331, 340
Horwood, T. 404
Hoschtalek, M. 476
Hoskin, B. C. 104, 548
Hottinger, Karl 534
Houbolt, John C. 541, 546, 549
Houck, J. A. 210, 217
Houdremont, Eduard 33, 351
Houghton, D. S. 131, 142, 296, 574
Houghton, R. A. 580
Houldcroft, P. T. 402, 403, 404(2), 405
House, Raymond N. jr. 295, 297(2)
Houston, John V. jr. 186
van Houten, G. R. 408
Houwink, R. 36, 42
Houze, Armand 243
Hovell, P. B. 574
Hovis, V. M. 211
Howard, Darnley M. 309
Howard, E. D. 43
Howard, F. 388
Howard, H. B. 157
Howard, J. B. 237
Howe, D. 142, 372, 550, 606
Howell, F. M. 281(2)
Howell, W. J. 251
Hoyden, A. 594
Hoyle, Robert J. jr. 230
Hrennikoff, Alexander 593
Hruban, K. 134
Hryniszak, Waldemar 483
Hsu, C. C. 558, 561
Hsu, Pao-Tan 567

Hu, H.-C. 135
Hu, L. W. 124, 163, 189, 276, 289
Huang, P. C. 334, 339
Huang, T. C. 150
Huang, Y. P. 211, 266
Hubbard, Harvey H. 310, 541, 579
Huber, A. 135
Huber, Alfons W. 291
Huber, Rudolf 343, 345, 346
Huber, R. W. 199
Huber, W. 268, 321
Hubka, Ralph E. 99
Huckel, Vera 561, 565, 570
Huddleston, J. V. 120, 133
Hudson, J. G. 320, 323, 325, 423
Hübner, Erhard 31
Hübner, Walther W. G. 46, 423
Hübscher, M. 457
Hüller, F. 503
Hürlimann, Jos. 525
Huet de la Tour, R. 478
Hütter, L. 403
Hüttner, E. 488, 489
Hützen, E.-H. 260
Huffington, N. J. jr. 106, 154
Huffman, C. J. 385
Huffman, James W. 164, 201
Hug, Adolphe-M. 289, 508, 512(2), 586
Hug, H. 175, 179
Hugentobler, P. E. 350
Hughes, Ch. A. 211
Hughes, G. 588
Hughes, Hazel P. 493
Hughes, M. L. 265
Hughes, Philip J. 175
Hughes, R. T. 469
Hugo, J. 465
Hugo, M. 164
Hugo, R. L. 385
Hugonnet, Henri 514
Hogony, E. 324, 325
Hulbert, G. C. 240
Hull, F. H. 101
Hull, W. G. 307, 405
Hulsing, K. L. 480
Hult, Jan 293, 319
Hult, J. A. H. 300, 310, 314, 319
Humberstone, J. H. 397
Humenic, Michael jr. 220
Humke, R. K. 98, 471(3)
Hummel, E. 443
Hummitzsch, W. 353, 354, 400(2)
Humphries, John 59
Hundt, Eberhard 479

Hundy, B. B. 296, 312
Hunn, B. A. 556, 563
Hunt, J. B. 164
Hunt, P. M. 538, 558
Hunter, H. F. 201
Hunter, R. J. E. 363, 412(2)
Huppert, P. A. 269(2)
Huré, J. 323, 325
Hurst, R. L. 520
Huschke, E. G. jr. 408
Huss, Carl R. 156, 570
Huston, Wilber B. 81, 437, 556
Hutchinson, E. 425
Hutchison, M. M. 162
Huth, J. H. 135, 147, 299
Hutter, G. 86
Hyam, E. D. 161
Hyatt, B. Z. 201
Hybre, R. 465(2)
Hyler, John E. 409, 410(2)
Hyler, W. S. 192, 194, 196(2), 202, 216, 281, 309, 317(2), 546

Iablokoff, A.-Kh. 236, 237, 240, 285
Ibing, Rolf 596
Ibuki, Yukihiko 278
Iburg, H. 495
Ideguchi, Yoshiharu 161, 165, 353
Iglisch, I. 497
Ignaczak, J. 338
Iijima, H. 526
Iijima, Kitaro 529(2)
Iinuma, Kazukiyo 150
Ijff, J. 562(2)
Ikai, Junji 358
Ikeda, A. 261
Ikeda, Eizo 323
Ikeda, 142
Ikeda, M. 534
Ikegami, Y. 261
Ikeno, Takashi 174
Ikert, Boris 248, 597
Ikeya, Mitsue 281
Illg, Walter 180, 283, 284, 317
Illgen, W. 524
Illgner, K. H. 219
Illmann, Alfred 41
Imata, Junichi 231
Imhof, A. 496
Imig, Charles S. 379
Imura, Sumio 227
Ineson, E. 280
Inge, John E. 182, 201, 220, 331
Inglis, N. P. 185, 330

Inosemzew, N. W. 50
Inoue, H. 86
Inoue, Kiyoshi 353
Inoue, Nobuo 149
Inoue, Yukihiko 359, 364
Intrater, J. 323
Iodice, T. P. 215
Ireland, S. 548
Irish, Carolyn R. 165
Irmann, Roland 43, 186, 187(4), 188(7),
  379
Irvine, K. J. 164
Irwin, G. R. 314
Isakson, Gabriel 77(2), 336
Isaksson, Ake 290, 336
Isendahl, H. 528
Isham, Allan B. 247
Ishida, Shiro 389
Ishida, Takenori 278
Ishii, I. 87
Ishikawa, Jiro 349
Isibasi, Tadasi 163, 272, 313, 317(2)
Isida, Makoto 313
Isken, H. 428
Isono, Eiji 378
Isono, J. 205
Ito, K. 391, 428
Ito, Sukemito 354, 402
Iungmann, Georges 518
Ivanova, V. S. 278
Ivanovszky, L. 257
Ivey, D. G. 285
Ivory, J. E. 249
Iwamoto, K. 330
Iwasa, E. 534
Iwase, M. 171
Iwinski, T. 113
Izumi, T. 403

Jaatinen, Ingmar 229
Jacker, Oswald 437
Jackson, C. E. 394
Jackson, Charles E. 83
Jackson, J. H. 322
Jackson, L. R. 38, 39, 159, 195(2) 201,
  309, 538(2), 539
Jackson, R. J. 190
Jackson, Roger S. 244
Jackson, R. W. 353
Jackson, W. J. 171
Jacobi, R. 234
Jacobi, H. R. 285, 347, 472
Jacobs, F. A. 317, 319, 363, 369(2),
  372(2), 373

Jacobs, Hans 54
Jacobs, W. Ch. 546
Jacobsen, Lydik S. 31
Jacobson, J. M. 102, 370
Jacobson, M. A. 349
Jacobson, M. I. 407
Jacobson, R. H. 440(2)
Jacobson, U. 237
Jacomet, P. 496
Jacquesson, R. 272
Jacquet, P. A. 420(2), 421, 422, 443
Jäger, Berthold 348, 489
Jaeger, H. E. 532
Jaeger, Leslie G. 86, 90, 593
Jaffe, Edwin H. 465
Jaffe, Leonard D. 195, 196(2)
Jaffee, R. I. 195, 196(2), 197, 201(2), 202,
  204, 207, 210(4), 211(3), 212, 214(2),
  215(2), 216, 217
de Jager, W. G. 596
Jagn, J. I. 301
Jahn, E. 501, 524
Jahn, H. 238, 252(2), 362, 363, 411(2)
Jahnke, W. E. 471
Jahns, F. William jr. 239
Jahns, W. 413, 497
Jahsman, W. E. 129
Jain, B. K. 290, 297
Jaklitsch, Franz 472
Jalenques, E. 415
James, P. J. 211
James, R. W. 255
James, W. L. 438
Jamison, E. W. 488
Jamison, R. R. 490(3)
Jamm, W. 426, 501
Janin, R. 560
Jansen, W. 425
Jante, A. 50, 53
Janus, Thomas 217
Jaoul, Bernard 174
Jaray, F. F. 241, 504(2)
Jarman, Hugh G. 532(2)
Jarry, Jules 539
Jasper, N. H. 579
Jaumann, Ant. 38
Jayne, B. A. 434
Jedlicka, H. 412
Jefferys, R. A. 203
Jeffrey, W. G. 100
Jeffs, George W. 602
Jeffs, R. A. 492
Jelinek, R. V. 265
Jellinghaus, Werner 224(2)

Jenkins, D. E. 87
Jenkins, F. 297
Jenkins, I. 483
Jenkins, S. P. 216, 401
Jenkins, W. M. 296, 312
Jenkinson, E. A. 167
Jenkinson, P. M. 469
Jenks, I. H. 402, 403
Jenne, Gustav 89
Jennings, J. 295
Jensen, A. 42(2)
Jensen, Jorgen A. 86
Jensen, W. R. 574
Jentsch, E. 444
Jentzsch, Hermann 531
Jepson, K. S. 202
Jeske, O. ·439
Jessome, A. P. 360(2)
Jessop, H. T. 313, 315, 317
Jesumann, Albert 592
Jewell, R. C. 407(2)
Jex, Henry R. 606
Jez-Gala, C. 84
Jindra, E. 95
Jira, R. 235
Jöllenbeck, E. 502
Jörn, Raoul 507, 508, 509
Joga, Rao, C. V. 154
Johansen, H. A. 264
Johannsen, Peter 519
Johannson, Johannes 28
Johansson, A. 277
Johansson, Eric 228
John, A. St. 568
John, W. T. 461
Johns, David John 119, 131, 338(2), 340,
   554, 570
Johnson, A. E. jr. 96, 97, 160, 163, 182,
   185, 190, 289, 331, 483, 548
Johnson, A. J. 533
Johnson, C. H. J. 338, 488, 489
Johnson, D. C. 31(2), 157
Johnson, Donald F. 493
Johnson, E. 423
Johnson, E. E. 136, 501
Johnson, E. L. 242
Johnson, G. B. 246
Johnson, H. A. 190
Johnson, H. H. 162
Johnson, K. L. 359
Johnson, L. F. 573
Johnson, Leonard G. 276
Johnson, L. P. jr. 86
Johnson, M. W. 123, 155

Johnson, R. 189
Johnson, R. A. 410, 415(2)
Johnson, R. C. 439, 468
Johnson, R. D. 182
Johnson, W. 295, 297, 298, 302, 383, 390
Johnsson, S. 75, 83, 587
Johnston, Chris 257
Johnston, E. Russell jr. 27, 31
Johnston, J. R. 489(3)
Johnston, M. L. 192
Johnston, R. D. 417
Johnstone, W. W. 282, 375, 539
Jojic, K. V. 100
Jombock, J. R. 296
Jominy, W. E. 164
Jones, B. D. 196
Jones, D. T. 179
Jones, E. Edryd 295
Jones, E. H. 486
Jones, F. W. 480
Jones, G. L. 421
Jones, J. 33, 371
Jones, J. B. 355, 395, 396, 397, 405, 407(2)
Jones, M. H. 166, 167
Jones, P. D. 106
Jones, Rodney, A. 541
Jones, R. G. 329
Jones, R. P. N. 145
Jones, T. B. 395
Jones, T. E. M. 399
Jones, W. P. 563, 564, 565, 567, 571, 572
Jordan, K. 196
Jordan, Otto 412
Jordan, P. 597
Jordan, Peter F. 558, 563, 565, 567
Jordan, W. D. 135
Jorgensen, R. W. 456
Joseph, A. D. 193
Joshi, G. 420
Joumat, P. 354
Joyce, N. B. 573
Jubé, G. 456
Juchhoff, Wolfgang 437
Judd, N. C. W. 242
Judge, Arthur W. 50(5)
Judson, C. A. 493
Juilfs, J. 443
Julien, A. 368
Julien, M. M. 578
Jung, A. 445
Jung, H. 162, 504
Jung-König, W. 174
Jungbluth, Hans 173
Jungbluth, O. 450

J/K

Junger, M. C. 147
Jungnickel, Heinz 36, 457
Juniere, P. 501
Junker, G. 344
Jurczyk, K. 501
Justis, H. 403

Kaar, P. H. 297
Kabin, S. P. 285
Kabisch 587
Kaechele, L. 125
Kägi, H. 429
Kaelble, D. H. 257
Kaempf, Paul 41
Kafka, P. G. 124
Kaiser, Hans-Rolf 419
Kaißling, Karl 507, 512
Kajiwara, N. 258
Kakita, T. 400
Kakuzen, Hideo 278
Kalinin, N. G. 54
Kaliske, Gisbert 362
Kallas, Hans 496(2)
Kalnin, A. 50
Kalpers, H. 265, 266
Kammerer, A. 272
Kamphaus, W. 425
Kan, S. N. 30, 39, 54
Kanae, Yoshioki 201
Kanai, T. 259
Kanamori, M. 166
Kanazawa, Takeshi 324
Kani, Gaspar 28(2), 56
van Kann, Helmut 198, 202(2), 204,
    211(3), 407, 605
Kanno, Tomonobu 381, 382
Kantham, C. L. 155
Kantorowitch, S. B. 52
Kaplan, A. 146, 153
Kapoor, A. N. 265
Kappeler, F. 472
Kapucuoglu, R. 89
Kappus, Robert 550, 560(4), 562, 568
Karas, Karl 139, 140
Karlsson, K. I. 501
Kasen, M. B. 405
Kastelowitz, A. 582, 605
Kasthuri, S. 488
Kaswell, Ernest R. 258
Katagiri, I. 170
Kato, Masao 186(2)
Kato, Tosio 154
Kato, Yozo 277
Katomin, B. N. 383

Katsuya, Tohoru 358
Kattus, J. Robert 159, 160, 164, 167, 169,
    177, 190, 212, 213, 222, 331, 334, 603
Katz, I. 241
Katz, W. 321, 325
Kaufman, André 483(2), 494
Kaufman, Stanley 139, 574
Kaufmann, D. W. 200, 202, 539
Kaufmann, Walther 28
Kaul, B. 385
Kaul, Hans W. 76(2)
Kaul, R. K. 94, 105, 107, 148
Kautz, Kurt 352
Kawabata, Shigekatsu 272
Kawabe, H. 258
Kawabe, T. 313
Kawachi, Rihei 175, 322
Kawada, A. 591
Kawada, Yuichi 272(2), 376
Kawai, Tadahiko 112(2), 171
Kawakami, O. 111
Kawakami, T. 258
Kawamoto, Minoru 272, 277, 278(3), 318
Kawamoto, S. 171
Kawamura, T. 400
Kawasaki, Tadashi 161, 278, 319
Kawashima, S. 155
Kayama, N. 170
Kayser, Karlheinz 342
Kazama, S. 258
Kazennor, S. A. 382
Kearns, W. H. 192, 194, 196(2)
Keast, F. H. 483, 486
Keating, F. H. 33
Keck, K. F. 41
Kedzie, D. P. 279
Kee, H. 267
Keel, C. G. 387
Keeler, J. H. 174
Keeler, J. R. 421
Keen, E. D. 583
Keene, M. 259
Kegel, J. 406, 502
Kehoe, J. W. 395
Keil, E. 181
Keil, Joachim, 528
Keitel, Helmut 345(2)
Kelemen, I. 259
Kellenberger, Walter 479
Keller, A. 159, 276
Keller, E. G. 575
Keller, Fr. 409
Keller, George R. 54
Keller, H. 383, 419

K

Keller, Herbert B. 112, 116(2), 136
Keller, K. 386
Keller, L. B. 417
Keller, R. J. 395
Keller, Wolfgang 478
Kellermann, Rudolf 374
Kellett, E. 493
Kelley, B. W. 349
Kellick, R. R. 268
Kellner, R. G. 418
Kelly, R. G. 121, 126
Kelsey, K. E. 226
Kelsey, S. 100, 104, 138, 369, 372, 471, 547, 550, 575
Kemp, R. H. 438, 486
Kempf, Theo 465
Kempner, Joseph 121, 125, 126, 135, 137(2), 140, 293
Kendrick, S. 532
Kenedi, R. N. 532
Kennard, E. H. 120, 121, 131
Kennedy, A. J. 158, 218, 275
Kennedy, E. M. jr. 266, 316
Kennedy, G. Robert 515
Kennedy, R. R. 217
Kennedy, W. D. 233
Kenneford, A. S. 165, 168
Kennicott, W. L. 202
Kenny, P. 261
Kentzler, H. 591
Kepert, J. L. 306, 307(2), 549, 550, 551(2)
Kerekes, J. 433
Kerkhof, W. P. 501
Kerley, J. J. jr. 149
Kern, W. F. 465
Kerper, M. J. 224, 235
Kerr, Clark jr. 574
Kersten, Carl 57
Kerth, W. 442
Kessler, Hermann 178, 185, 186, 382, 383, 422
Kessler, H. D. 192(2), 196, 200, 203, 205, 208, 211, 213(2), 217, 218(2)
Ketchum, V. 456(2)
Ketter, Robert L. 291
Ketterl, H. 420, 422
Kettlewell, J. 578
Keylwerth, Rudolf 228(2), 229(2), 231, 232, 456, 465
Kheiralla, A. A. 272(2)
Khosla, Gautam 233, 235
Kidwell, A. S. 250
Kieffer, Richard 34, 35, 219
Kiehl, R. A. 202, 211

v. Kienlin, Markus 480
Kienzle, Otto 99, 383, 385, 386(4) 387, 389, 446
Kies, J. A. 244
Kiessler, Heinz 162
Kihara, Hiroshi 164, 353, 357, 400(2)
Kihlgren, T. E. 224
Kikuchi, K. 161
Kikuchi, S. 315
Kilb, Ernst 515(2)
Kilbourne, F. L. jr. 250
Kilduff, J. T. 256
Kilger, H. 34
Kilpatrick, D. A. 492(3), 493(3)
Kilpatrick, S. A. 585
Kimata, N. 399
Kimel, W. R. 115(3), 468(2)
Kindervater, R. 83
Kinelski, E. H. 406, 433
King, C. W. 100
King, E. G. 226
King, F. W. 228
King, J. W. H. 87
Kingcome, J. C. 530
Kingery, W. D. 269(2)
Kingston, R. S. T. 226
Kinman, M. D. 203, 582
Kinnaman, E. B. 504
Kinney, Gilbert Ford 36, 48
Kinney, J. Sterling 28
Kinsey, H. V. 196(2), 211
Kirchberg, G. 488
Kirchner, G. 119
Kirkby, D. A. 90
Kirkby, H. W. 167
Kirkpatrick, James S. 202(4), 211, 583
Kirsch, A. A. 78(2)
Kirste, Leo 87, 112, 122, 446(2), 507
Kirstein, A. F. 125, 130
Kissel, M. A. 183
Kisser, Josef 228, 230, 458
Kita, Yukizumi 161, 319
Kitagawa, H. 313
Kitamura, H. 76
Kitamura, Hiroshi 231
Kitazawa, G. 232
Kitchen, E. M. 295
Kitchen, L. J. 250(2)
Kitchenside, A. W. 546
Kito, Fumiki 153
Kittner, R. H. 250
Kittredge, J. S. 534
Kiuchi, Atsushi 148(2)
Klaassen, W. 372

K

Klain, Paul 404, 405
Klas, Heinrich 40
Klatte, H. 327
Klauditz, Wilhelm 225, 230(2), 231, 232
Kleeman, P. W. 101, 114, 155, 338
Kleen, E. D. 536
Klein, Bertram 93, 94(2), 95, 96(3), 100,
    101, 124, 129(3), 135, 136, 138, 142,
    151, 153, 287, 290, 541, 547, 548, 553
Klein, G. 264
Klein, Hans-Christof 344, 374, 375
Klein, H. W. 441
Klein, J. D. 269
Klein, Rudolf 513
Klein, W. G. 262
Kleine-Albers, August 235(2)
Kleinheins, Stefan 443
Kleinlogel, Adolf 28(3), 29
Kleint, R. E. 180
Klema, Fr. 253
Klement, Richard 90
Klemin, Alexander 48
Klemmt, K. H. 89
Klie, Ludolf 510
Klier, E. P. 159, 162, 165, 202(2), 211(2),
    278, 311, 313
Kline, Albert A. 232
Kline, G. M. 235
Kline, Leo V. 235, 319
Kling, H. P. 222
Klingel, G. 327
Klinger, R. F. 371
Klingholz, R. 597
Klingler, Rud. 385
Klönne, Aug. 502
Klöppel, Kurt 30, 88, 99(3), 292, 293,
    338, 356
Kloeris, P. W. 309
Kloos, J. 79, 80
Kloos, K. H. 392
Kloot, N. H. 311
Klose, Gerhard 29(2)
Klosner, J. M. 333, 338
Klosse, E. 424
Kloth, E. 434
Kloth, Willi 75, 161, 353, 441, 444, 446,
    449, 498, 528
Klotter, Karl 145(2), 156(2)
Klüsener, O. 480
Kluge, G. 407
Kluge, Hans G. 387
Klutmann, A. 600
Kluz, S. 194
Knaak, R. 508

Knapp, Bernhard 381
Knapp, W. J. 270
Knappe, W. 237
Knecht, H. 509
Knickrehm, H. 582
Knight, A. B. 574
Knipp, Erwin 33
Knipp, Ulrich 251
Knoche, H.-J. 328
Knöll, H. 56
Knoell, Sandra S. 359
Knoll, A. H. 298
Knoll, K.-H. 410
Knopf, Heinz 517
Knorr, W. 198, 202, 204(3), 211(2), 218(2)
Knott, H. 83
Knox, Andrew G. 260
Knuchel, H. 35
Knudson, Rodney O. 141
Knüppel, Helmut 424, 437
Kobatake, Yonosuke 359, 364
Kobayashi, Albert S. 98, 314
Kobayashi, J. 322
Kobayashi, Tojiro 388
Koch, E. 502
Koch, Helmut 358(2), 395
Koch, M. 280, 425, 431
Koch, Paul-August 47
Koch, Walter 168, 181
Koch, Werner 57
Kochanski, S. L. 338, 553, 554
Kochendörfer, A. 159, 161, 165, 279, 280
    316
Koda, Shigeyasu 378
Kodama, Shotaro 272(2)
Köcher, R. 398
Köhler, G. 49, 52
Köhler, Otto 551, 573, 577, 605
Köhler, P. 379
Köhler, Rudolf 256, 416
Köhler, W. 233, 358
Köhling, Klaus 248
Köhlinger, H. 367
Kölbl, F. 219
Kölle, D. E. 491
Kölle, H. H. 602
Köller 590
König, Ewald 35
König, Hans-Joachim 239
König, Helmut 235(2), 236, 238(2)
König, H. 348, 379, 456, 508, 509, 514
Koenig, J. H. 269(2), 270
Koenigsberger, F. 351, 353, 355

Koeßler, Paul 76, 518, 519(2), 520(3), 521, 587
Köster, Werner 427
Kötzschke, P. 508
Kohl, Ernst 29
Kohl, H. 309, 480
Kohler, W. 480
Kohlhase, Fritz 342
Kohli, R. C. 252(2)
Kohn, L. S. 254
Kohn, M. L. 203, 211
Kohn, S. 257
Koiter, W. T. 103, 108, 118, 314, 546
Kokkonen, V. 441
Kolb, Hans 370, 413, 432, 589
Kolb, John 223
Koldijk, S. S. 516
Kollbrunner, Curt F. 30, 39, 84(4), 91, 92(2), 95, 96, 125, 131, 292, 356, 597, 599
Kollmann, Franz 143, 225(2), 226, 228(2), 229(2), 230(3), 232, 428
Kollmar, A. 278, 353
Kolousek, Vladimir 31, 153, 594
Komatsu, K. 356
Komatsu, S. 595
Kominami, H. 171
Kommerell, Otto 355
Kommers, W. J. 284, 285
Kondo, Seiji 298
Konishi, Ichiro 278, 307, 353, 595
Konopásek, M. 429
Konrad, Martin 600
Konrad, O. 501
Kooistra, L. F. 502
Kopineck, Hermann-Josef 436
Kopituk, R. C. 491(2)
Kopp, Lothar 154
Koppe, Eberhard 106, 123
Koppelmann, Jan 233, 237, 428
Kopriva, Jaroslav 412
Kopzon, G. I. 153(2)
Korányi, I. 96
Kordes, Eldon E. 147, 153, 155, 549, 568(2), 571
Kordes, H. 508
Kordina, Karl 598
Korhammer, A. 345
Kori, Toshinori 273
Kornberger, G. 351, 395
Kosara, J. 101
Koshiba, S. 165
Kosko, E. 553
Kosla, G. (s. a. Khosla) 242

Kosman, Hans 481
Koss, J. 395
Kostzewske, H. 431
Kotal, M. 300
Kotanchik, J. N. 331, 442
Koterasawa, R. 278
Kothari, N. 173
Kotitschke, J. 76
Kotowski, G. 304, 305
Kotthaus, E. 349
Kotthaus, H. 390, 445, 521
Kotschergin, K. A. 45
Kozai, Yasuaki 360
Koziarski, J. 404
Kozol, J. 201, 210
Krächter, Hans 436
Krägeloh, Egon 441, 504
Krämer, Erwin 479
Kraemer, Otto 227, 252
Kraemer, Otto 478
Kraft, Richard 458
Kraft, W. 231, 391
Krahnstöver, M. J. 237
Krainer, H. 382, 431
Kramer, A. 595
Kramer, C. R. 582, 605
Kramer, James H. 507
Krames, V. 252
Kramm, M. 532(2), 534
Kratz, Wolfgang 231
Kratzsch, B. H. 479
Kraus, L. 298
Krause, Günter 365(2)
Krause, H. 596
Krause, H. H. 248
Krause, K. 174, 211, 362, 410
Krause, K. H. 590
Krause, Norman A. 541
Krause, Rolf 384, 486(2)
Krause-Dietering, Hans 358, 388, 407
Krauss, W. 458
Krautkrämer, J. 434, 435(2)
Krautmacher, H. 385
Kravic, A. 190
Krebs, I. 446
Krebs, T. M. 211, 212
Krech, Hans 229
Kreft, L. 446, 461, 472, 502
Kreibaum, Otto 230
Kreisel, Helmut 41
Kreiskorte, Heinz 528
Kreißig, Ernst 53, 508
Krekel, Paul 75, 174, 176(2), 178, 341, 372, 375, 392(2), 395, 405, 409(2), 449,

451, 476, 479, 480, 506, 512(2), 514(2), 516, 518, 519, 521, 522(3), 523(7), 524, 525(6), 526(4), 528, 529(2), 541, 582, 588
Krekeler, K. 235(2), 353, 355, 362(2), 366, 367, 394, 395, 406, 413, 465
Krekeler, K. A. 379
Kremer, Heinrich 75
Krenkler, K. 266
Krenz, F. H. 325
Kress, Herwig 417
Kresser, Theodore O. J. 36
Krettner, J. 469
Kretzschmar, E. 347, 475
Kretzschmar, H. 366, 411, 413, 475
Kreyszig, E. 145
Krippner, Erich 589(2)
Krisch, Alfred 165, 166, 168(2), 432, 441(2)
Krishan, S. 130, 295, 297, 299, 303
Kriso, Karl 593
Krist, Thomas 44, 45(2)
Kristen, Th. 458
Kritzer, R. 479
Krivetzky, Alexander 92, 120
Krolevec, M. S. 586
Kroll, W. D. 570
Kroll, W. J. 196
Kron, Gabriel 89
Kroneis, M. 163
Kropf, H. 512, 517
Krosse, H. 595
Krotz, A. S. 519
Kruckenberg, Franz 506
Krüger, Alfred 165
Krüger, H. 549
Krüger, H. E. 590
Krug, Frederick C. 541(2)
Krug, Hans 505
Kruglikow, A. 597
Krumhaar, H. 82
Kruschik, Julius 50, 481
Kruszewski, Edwin T. 147, 151, 153, 568(2), 571
Krutikow 52
Ku, C. L. 139
Kubitzky, Carl 257, 413(2), 465
Kubo, K. 313
Kubo, T. 104
Kubow, R. M. 574, 604
Kucharcik, Lothar 604
Kübler, Hans 226, 227
Küch, Wilhelm 359, 360, 411, 536
Küchler, R. 344
Kuehl, Donald K. 258(2), 580

Kühn, M. 265
Kühne, H. 225
Kümmerle, Rudolf 185(2), 186, 381
Künnemeyer, Otto 228
Küntscher, W. 34
Kuenzi, Edward W. 98(2), 117, 128(2), 129, 137, 248, 254, 363, 373, 376, 428, 467(4), 468, 469(4), 471
Kürkçübasi, Raman 298
Küssner, Hans Georg 557(2), 558, 562, 568
Kufner, M. 439
Kuhlenkamp, A. 506
Kuhn, Otto 589
Kuhn, Paul 30, 54, 281, 305, 318, 536, 539, 548(2), 574(2)
Kuipers, J. 121
Kukin, N. G. 260
Kula, E. 196
Kula, Eric B. 202, 426
Kulakowski, L. J. 555
Kulli, W. 591
Kulp, John 486
Kumai, T. 154, 532(3)
Kumar, Vidya Bhushan 226, 229(2)
Kumarasamy, K. 373
Kumaraswamy, M. P. 153
Kunii, S. 595
Kunimoto, Takashi 323
Kuno, T. 165
Kuntke, K. 507
Kuntze, A. 458, 461
Kunz, H. G. 352, 530
Kurata, M. 108
Kurg, Ivo M. 168, 189, 201, 220, 222
Kurotschkin, P. W. 262
Kurz, Hubert 76
Kusche, U. J. 588
Kushida, A. 529
Kushnerick, J. P. 348, 585
Kuske, Albrecht 47, 440(2), 480
Kußmann, Ernst 84
Kussmann, H. 427
Kutzelnigg, A. 442
Kuwabara, A. 295
Kuwschinski, E. W. 250
Kynch, G. J. 149(2)

Labessoulhe, J.-M. 486
Labombard, Emerson 214
Laborie, M. 50
Lachenaud, R. 161, 175, 546
de Lacombe, Jean 158
Lacombe, P. 176, 321

Lacy, C. E. 174
Laeis, W. 465
Laeis, W. 465
Lafont, D. 498
Lage, Arnold P. 196, 395, 582
Lahde, Peter P. 535(2)
Laidlaw, W. R. 558
Laird, J. A. 237, 238
Laitone, E. V. 157
Lake, G. F. 502
Laks, H. 183, 184
Lakshmana Rao, S. K. 153
Lakshmi Kantham, C. 109, 112, 150, 154, 155
LaMarca, J. L. 202, 483
Lamberts, Kurt 230, 416
Lambourne, N. C. 560, 562, 563, 565, 568, 572
Lampert, Helmut 228, 412
Lancaster, J. F. 402, 405
Lancaster, Otis E. 50
Landahl, Marten T. 570
Landau, H. G. 336
Landens, J. 262
Landerl, H. 344, 495
Landers, Charles B. 281, 307, 318
Landstreet, C. B. 259
Lane, D. H. R. 356
Lane, Frank 484, 493(2)
Lane, Frank B. 389, 409, 581, 583
Lane, I. R. jr. 199
Lane, J. 165
Lang, Georg 478
Lang, Gerhard 433
Langdon, Palmer H. 46
Lange, H. 408
Lange, Karl 596
Lange, Kurt 44, 385, 386(3), 387
Langefors, B. 546
Langegger, M. 451
van Langendonck, Telemaco 144
Langer, B. F. 339
Langer, H. 471, 546
Langford, P. S. 538
Langhaar, H. L. 124, 125, 126(4), 291, 294, 548
Langlois, M. 573
Langsdorf, B. F. T. 254
Lanker, J. 233
Lanning, H. J. 265
Lanoy, Henry 50, 54
Lansac, M. 456
Lansard, R. 311
Lanusse, P. 271

Lanzara, A. A. 417, 471
Lape, E. M. 311
Laporte, F. 37, 246
LaQue, F. L. 326, 443
Lardge, H. E. 272
Larke, E. C. 185
Larke, L. W. 202
Larke, E. C. 330
Larkin, F. J. 587
Larmore, F. D. 232
LaRocca, E. W. 486
Larrabee, C. P. 168
Larras, J. 121
Larson, Frank R. 196, 202, 426
Larson, W. M. 249(2)
Larsson, K. H. 483
Larsson, L. Hannes 289
Lasday, Albert H. 243
Laskus, August 57
Lassiter, Leslie W. 310, 488
Lattey, R. 327, 420, 422
Latzin, K. 594
Laue, Kurt 86, 381, 386
Laughner, Vallory H. 42
Laurent, P. 272
Laurien, F. 526
Laushey, L. M. 85
Lauten, William T. jr. 568
Laux, Leon E. 418(2)
Laux, R. J. 308
LaVelle, D. L. 426
Lavery, T. F. 250
Lavigne, M. J. 326
Lawendel, H. W. 486
Lawrence, Ch. 403
Lawson, K. T. 287
Laycock, G. H. 250
Layrangues, M. 139
Lazan, B. J. 38, 157, 221, 271, 273(2), 275(2), 280, 336, 605
Lazar, Lawrence S. 247, 285, 341
Lazar, N. M. 168, 173
Leadbetter, Sumner A. 83, 564
Leaf, G. A. V. 291
Leathard, J. F. 533
Leclerc, J. 494(2)
Lederman, Samuel 121, 333(2), 335, 337, 551(2)
Ledwoch, K. D. 429
Lee, E. H. 126, 311(2)
Lee, Henry L. 37
Lee, Lawrence H. N. 124, 299
Lee, Lieng Huang 256, 313
Lee, S. L. 596

L

Lee, W. M. 247(2)
Lefebvre, André 181, 186, 380
LeFevre, Kenneth G. 515
Lefferdink, T. B. 262
Lefort, Henry G. 254
Lefort, P. 219
Legate, A. C. 350
Legette, M. A. 438
Legg, K. L. C. 196, 539, 546
Legrand, R. 283
Lehmann, H. 47
Lehmann, Heinrich 53
Lehmann, H. A. 31
Lehmann, Theodor 388, 504
Lehmann 99
Lehr, G. 555
Lehrian, Doris E. 565(2), 568, 570
Leicher, Erich 511
Leinß, Helmut 346
Leist, Karl 481, 483(5), 488(2), 489
Leith, R. H. 436
Leitner, M. 249
Lelong, P. 323, 326
Lemaitre, J. 284
Lemcoe, M. M. 279
Lement, B. S. 185, 217
Lemon, R. C. 186
Lemprière, B. M. 339, 372
Lenaghan, James 532, 533
Lenel, F. V. 188(2)
Lengbridge, J. W. 390
Lengrüsser, P. 497
Lenhart, R. E. 431
Lenk, G. 441
Lenk, W. 446
Lenning, G. A. 196(2), 202, 217
Lenzini, M. 246(2), 593
Leonard, Robert W. 141, 150, 568, 572
Leonhardt, Fritz 594, 596
Leontis, T. E. 452
Lequear, H. A. 183
Lequeux, P. 252, 416
Lerner, R. 323
Lesniak, Z. K. 596
Lessells, J. M. 425
Leszynski, Werner 34, 35
Leu, K. W. 329
Leuchs, Ottmar 236
Leunig, Günther 476
Leve, Howard L. 143
Leveau, Carl W. 530(2)
Leven, M. M. 311, 439
Levenetz, B. 472
Lever, A. E. 36, 47

Levick, R. 489
Levin, Günter 91, 119, 292, 299, 302(3)
Levine, Harold H. 254
Levinson, D. W. 195, 196, 201, 208, 222, 266
Levy, Alan V. 160, 169, 174, 189, 196(2), 224(4), 268, 269(2), 481, 483, 489, 490(2), 602
Levy, John C. 308
Levy, Samuel 333, 556(2)
Levy, Sidney 461
Lew, H. G. 117(2)
Lewe, Hermann-Dietrich 488, 489
Lewin, Joseph S. 604
Lewis, F. G. 285
Lewis, G. I. 202, 207, 208, 210
Lewis, J. E. 178
Lewis, S. R. 549
Lewis, T. E. 496
Lewis, Wayne C. 113, 141, 230, 359, 468
Lewis, W. J. 196, 202, 203, 212, 417
Lewis, William L. 537
Lexa, Jaroslav 254
Leybold, Herbert A. 307, 310, 330
Leyda, W. E. 172
Leyds, J. 565
Leyensetter, W. 44
L'heureux, P. 108
Li, J. P. 296
Li, S. P. 88
Li, Ta 563
Li, W.-H. 145
Lianis, F. 314
Lianis, George 294, 315, 316
Libby, H. L. 436
Libert, R. D. 212
Libove, Charles 99, 101
Libsch, J. F. 162
Lickteig, E. 374
Lidařík, M. 257
Lidbro, N. 539
Liddiard, E. A. G. 179
Lieb, Joel H. 245
Liebig, W. 583
Lieblein, J. 347
Lieby, Gustav 378, 382
Liechti, F. 188(2)
Liedtke, R. 534
Liedtke, W. 273
van Lierde, P. 303
Liese, Horst 252
Lightfoot, E. 87
Lightfoot, E. A. 90
Lillie, C. R. 194, 196, 197

Lin, H. 77(5), 78
Lin, T. C. 120, 126, 147, 148
Lin, T. H. 94, 287, 293
Lin, Y. K. 149
Lin, Y.-K. M. 293
Linardos, N. J. 574, 604
Lincoln, J. jr. 328
Lind, N. C. 503
Linde, R. 587
Lindemann, Herbert 248, 418
van der Linden, C. A. M. 333
Lindenthal, John W. 222
Linder, R. 466
Lindner, W. 41
Lindquist, Dean C. 575
Linek, A. 350
Ling, Chih-Bing 313, 315(2)
Linge, John R. 275, 319, 439, 441
Linhart, V. 475
Linicus, W. 451, 455, 503, 512, 533, 600
Link, Heinz 124
Linke, Johannes 345, 539
Linkous, C. 137
Linnert, George E. 400
Lintner, K. 324, 431
Lips, E. M. H. 33, 48
Lippenberger, D. V. 186
Lippmann, Horst 229
Lipsitt, H. A. 279
Lipski, A. 592
Lisarelli, Frederick R. 39
Liska, J. A. 227, 572, 573(2)
Lisowski, A. 122, 135, 154
Lissner, H. R. 47, 437
Lister, T. S. 203, 582
Lißner, O. 272
Little, G. 594
Litz, E. 363, 364, 369, 418, 471, 526, 583
Liu, H. W. 212
Liu, S. W. 580
Livesley, R. K. 90
Ljungström, O. 333, 367, 606
Lloyd, R. C. 384
Lo, H. 151, 288, 301
Lobenhoffer, Hans 268
Lobsinger, R. J. 325
Locati, L. 272, 369
Locher, E. 600
Locke, Arthur S. 59
Lockwood, L. F. 405
Lockwood, W. H. 368, 413, 414
Lockyer, G. 435
Lodder, L. A. J. 267
Loebich, O. 265

Löbner, H. 461, 601
Löffler, Fr. 351
Löffler, Kurt 340, 476, 486
Löhberg, K. 284
Löhner, Kurt 476, 477, 478
Lösche, Artur 437
Loesche, K. H. 380, 496
Loescher, H. 164
Loetscher, J. 497
Loewen, E. G. 203
Loewenfeld, K. 91, 148, 449, 469
Lofthouse, T. S. 581
Loftis, J. D. 511
Logan, H. L. 328, 329
Lohmann, F. 503, 582
Lohmann, Wolfgang 238
Lohrke, E. 378
Lohse, G. 589
Lohse, W. 481(2)
Loiseau, H. 156, 569, 570, 571, 604
Lomas, T. W. 278
Long, H. F. 439
DeLong, H. K. 421
Long, John V. 408(2), 467, 604
Long, Leland W. 218
Longoni, G. 466
Longson, Jennifer 552
van de Loo, K. J. 589
Loo, Kenneth 212
Loo, Tsu-Tao 117(2), 124, 126
Lorant, M. 197, 221, 234, 323, 389, 548, 581(2)
Lord, Joan 441
Lorentz, G. 455, 461
Lorenz, K. 329
Loria, Edward A. 167, 168(2), 450
Lott, W. 43
Louat, N. 162
Loucks, J. 419
Loughran, R. H. 605
Louis, J. F. 493
Louw, L. M. 87, 595
Lovass-Nagy, V. 90
Love, J. 343
Love, R. J. 475
Lovell, A. V. 600
Lovesey, A. C. 489
Low, A. C. 284, 377(2)
Low, Bevis Brunel 33
Low, Emmet F. jr. 118, 138
Lowell, C. M. 476
Lowens, Heinz 589
Lowig, E. 601
Lowry, J. R. 245

Lubahn, J. D. 163, 183, 311, 312, 315
Lubkin, James L. 358(2), 565
Lubkin, Samuel 127, 136, 290
Lucas, A. G. 203
Lucas, Geoffrey 50
Luce, Walter A. 168, 169
Lucien, René 577
Lucks, C. F. 200
Ludington, E. N. 159
v. Ludwig, Davidlee 43
Ludwig, N. 432, 441
Ludwig, O. 49
Ludwig, W. 601
Lueb, H. 169, 401
Lübbert, Wolfgang 251, 415
Lück, Herbert 54
Lüder, Erich 46, 408
Lueg, Werner 218, 342(2), 384
Lührs, Hermann 528
Lünenschloss, J. 262(3), 443
Lüpfert, H. 33
Lürenbaum, K. 493
Luetgebrune, H. 520
Luetkens, Otto 55
Lüttgen, C. 37
Lüttgerding, Heinrich 586
Lüttges, Rudolf 597
Luft, E. 49
Luft, G. 182, 323, 325, 419
Luft, V. 122
Luke, Yudell L. 565, 568
Lula, R. A. 169
Lummus, M. H. 398
Lunchick, M. E. 131(2)
Lund, C. V. 596
Lund, J. 380
Lundberg, Bo K. O. 77(2), 80, 306(2), 307,
    308, 537(2), 541, 546
Lundgren, S. Ake 228(3), 229
Lundquist, C. H. 584
Lunsford, J. 194
Lusa, R. 535
Lusby, W. E. jr. 203
Lushey, R. D. S. 186
Lusser, Robert 602
Luster, D. R. 197, 203(2)
Luttrell, G. W. 191
Luttropp, H. 251, 461
Lutz, F. 444(2), 455, 597
Lutz, H. 240
Lutz, Otto 350(2), 393, 477, 481(3), 483,
    486, 488, 489, 490, 491
Lux, John H. 603
Luxa, M. 429

Luxford, R. F. 591, 592
Lyle, J. P. jr. 188
Lynch, J. F. 491
Lynn, J. Edward 461
Lyons, W. J. 286
Lysaght, V. E. 432

Maacks, H. 178
Maag, H. 345(2)
Maaß, Harald 350
Maaß, K. 506
MacArthur, I. A. 402, 403
MacDonnell, J. S. jr. 572
MacDonald, N. F. 179
MacDonald, R. J. 183, 312
Macduff, J. N. 145(2), 154
MacGregor, C. W. 426
MacGuire, John W. 57
Macherauch, E. 181
Machlanski, S. H. 490
Machu, Willi 38, 325, 326, 420, 421
MacInnes, I. 366
Mack, C. E. 556
Mackie, A. M. 597
Mackrin, George S. 393
MacLeod, A. 234
MacNeal, R. H. 573
Madelung, Georg 446
Mader, Fritz W. 107, 109, 138
Maduschka, Ludwig 375
Maeda, H. 440
Maeda, K. 400
Maeda, M. 262
Maeda, Y. 303
Maeder, E. G. 390
Maglieri, D. J. 157
Magness, L. S. 154
Magnus, Herbert A. 108(2), 169
Magyar, Adam 89
Mahalingam, S. 145, 151
Mahle, Ernst 480
Mahlo, H. P. 527
Mahly, Werner 27
Maiden, C. J. 164
Maier, A. F. 446, 501
Maier, G. 181
Maier, J. III 387
Maillard, F. 429
Mainstone, R. I. 437
Mainzer, F. J. 503
Majima, U. 170
Major, H. 192
Maku, Takamaro 230
Malisius, Richard 43, 45(2), 445

Mallett, M. W. 215
Malmqvist, S. 468
Maloney, B. 390
Maloney, W. J. jr. 430
Malota, Friedrich 586
Manabe, D. 80
Manabe, T. 258
Mandler, H. 36
Mangurian, George N. 81
Manjoine, M. J. 166
Manly, W. D. 479
Mann, H. D. 404
Mann, J. Y. 38, 39, 281, 284, 317, 318, 330
Mann, Karl Ernst 189, 381
Manning, George C. 53
Manning, G. K. 158, 165, 178, 182, 183,
    185(2), 291(2), 371(2), 374
Mansfield, E. H. 102(2), 104, 105, 114,
    136, 152, 154, 155, 291, 299, 313, 339,
    426, 553, 555
Mansfield, H. 381, 427
Mansfield, O. 562
Mansford, R. E. 266
Manson, S. S. 331, 336, 339
Mantel, W. 395, 403, 405(3)
Mantell, Charles L. 32
Mar, James W. 80, 142, 336, 541, 565
Maranchik, J. 203
Maranchik, John jr. 393(2)
Marble, J. D. 486
Marcel, M. 212
March, H. W. 98(2), 104, 113, 128(3),
    129, 467
Marchal, R. 475
Marchin, J. M. 176
Marciniak, F. P. 580
Marco, S. M. 273, 330
Marcovic, Tihomil 323, 325
Marfels, W. 357, 508
Margolin, H. 194, 199, 208
Marguerre, Karl 148, 289, 300
Marguier, S. 260
Marian, J. E. 46, 231, 359(2)
Marianeschi, E. 435
Marin, Joseph 32, 104, 124, 157, 163, 189,
    235, 275, 285, 286, 319, 503
Marin, W. A. 54
Maringer, R. E. 178
Mark, J. W. 437
Mark, Richard 268
Markrides, N. 212
Markwardt, L. J. 225, 229, 428, 429
Marmion, W. J. 252
Maroselli, J. C. 512

Marquard, E. 520, 594
Marra, A. 428
Mars, Arne 168, 173
Marschall, H. J. 437
Marsh, Cedric 451, 455, 595(4)
Marsh, L. E. 186
Marsh, L. L. jr. 178, 183, 185
Marsh, V. R. 228
Marshall, Andrew 471
Marshall, A. C. 470
Marshall, L. 165
Marshall, T. 320
Marshall, W. T. 116
Marti, Hans 597
Martin, A. F. 470
Martin, A. I. 153, 300, 486
Martin, A. J. 328
Martin, D. C. 192, 196(2), 400, 407
Martin, D. E. 281
Martin, D. J. 604
Martin, Erich 431
Martin, F. A. E. 519
Martin, G. E. 192, 193
Martin, H. 246, 262(2)
Martin, H. C. 85, 91, 118
Martin, J. W. 272
Martin, Morgan 456, 466
Martin, O. 170
Martin, W. E. 368, 466
Martinaglia, L. 377, 475
Martini, L. 89
Martucelli, J. R. 559
Maruhn, K. 574
Marx, S. 353
Marx, W. R. 30
Mascré, Claude 180, 181, 186, 427
Masing, Georg 33, 341
Masino, G. 517
Maslen, Stephen H. 480
Mason, C. R. 224
Mason, E. W. 351
Mason, F. H. 518, 522
Mason, P. 250
Mason, R. E. 291
Massonnet, Ch. 293, 371, 374
Masteller, R. D. 190
Masubuchi, K. 351
Masuda, H. B. 183
Masuo, Ryuiti 273
Masur, E. F. 88, 93, 295, 297
Mataich, P. F. 192
Matchett, R. M. 398
Matey, G. J. 212, 218
Mathar, H. 354

M

Mathauser, Eldon E. 94, 98, 100, 123, 182, 183(2), 184, 333, 541
Mathers, G. B. 180
Matheson, J. A. L. 29, 88
Mathews, Donald 190, 603
Mathias, K.-H. 397
Mathieu, M. 221, 325
Mathur, P. N. 270, 271
Mathur, V. D. 160, 185, 190, 289
Matousek, Robert 49
Matt, G. 496
Matthäi, G. 249
Matthaes, Kurt 286, 314, 328(2), 329
Matthiesen, R. B. 373, 377
Matthieu, Paul 150
Matting, Alexander 45, 159, 347, 352, 356, 364, 366(2), 367(4), 387(4), 394, 395, 396, 397(2), 399, 411, 412, 413, 415, 424, 539, 588
Matulat, Gerhard 390, 456
Matuo, T. 357
Matuszeski, Richard A. 403
Matzek, Robert 230(2), 231
Mau, Karl 406
Mauderli, B. 175
Maugh, L. C. 90
Maunder, L. 115, 297
Maus, C. 589
Maushake, W. 400
Mavis, F. T. 275
Maxwell, Bryce 233, 234
Maxwell, J. W. 232
May, George 233, 471
May, Otto 386(2)
von May, R. 352
Maychrzak, H. 526
Mayers, J. 93, 550
Maykuth, D. J. 212
Maylahn, Karlheinz 349
Mayne, C. R. 353
Maynor, H. W. jr. 203
Mayor, Y. 462
Mays, George W. 254
Mays, W. A. 212, 218
Mazet, R. 31, 442, 557(2), 558, 562, 571
Mazza, J. A. 180, 283
Mazzucchelli, A. P. 462, 505
McAndrew, J. B. 203, 214(2)
McBee, Frank W. jr. 203
McBrearty, J. F. 81, 539(2)
McCabe, J. L. 202, 483
McCaffrey, G. F. W. 576(2)
McCalley, R. B. jr. 121, 126, 308
McCallion, H. 90, 249, 485

McCammon, R. D. 275
McCarthy, John F. jr. 77, 78(2), 557
McCauley, R. B. 352, 353
McChesney, V. A. 385
McClintick, R. J. 197
McClintock, F. A. 270, 306, 318(2), 319
McClintock, R. M. 248, 256
McComb, Harvey G. jr. 91, 95, 118, 119, 138(2), 290, 468
McCormack, P. H. 253(2), 257, 368, 410
McCrackin, F. L. 257(2), 258, 263
McCready, Newton W. 327
McCreery, L. H. 160, 164(2), 381, 538
McDevit, William F. 260
McDonald, A. S. 407
McDougal, R. L. 77
McDougall, John 518
McDowell, E. L. 134, 333, 336(2)
McElrath, T. 399
McEvily, Arthur J. jr. 159, 175, 180, 283, 284
McFee, W. E. 265, 393
McGahan, A. F. 595
McGarry, Frederick J. 243, 244, 246(6), 256
McGeary, F. L. 326
McGill, C. R. 250
McGlone, W. R. 242
McGonnagle, W. J. 430
McGrew, J. W. 323
McGuigan, M. J. jr. 552
McHenry, Howard T. 222, 224
McHenry, K. E. 457
McKay, J. M. 82
McKenzie, K. I. 110, 554
McKeown, J. 186, 320
McKillop, J. A. 560
McLaren, A. S. 366
McLarren, Robert 491
McLean, D. 159, 183
McMaster, Robert C. 404
McMillan, O. J. 257
McMillen, C. R. 528
McMullen, P. L. 242
McMullin, J. G. 320
McNeill, William 267
McPartland, C. G. 203
McPherson, A. T. 48
McPherson, Donald J. 194, 199, 203, 222
McQuarrie, M. C. 269
McQuillan, A. D. 34
McQuillan, M. K. 34, 203
McVicker, R. E. 244
McWaters, R. J. 424

McWithey, Robert R. 569
Mead, A. R. 382
Mead, D. J. 156
Meader, A. L. 246
Meadows, J. C. jr. 143
Meadows, May T. 79(2), 80, 569
Meakin, K. S. 458
Mebus, H. G. 47, 50
Mechtold, Fritz 55
Meckelburg, Heinz 359, 366(2), 367, 368, 370(2), 414, 415, 437, 555
Medwadowski, S. J. 107
Meebold, R. 41, 588
Meekins, J. C. 496
van der Meer, S. 88
Meesen, H. 530
Megson, N. J. L. 234
Mehdorn, Kurt 457
Mehl, Willi 367, 370
Mehmel, M. 270
Mehnert, Karl 234
Meier, A. 479
Meier, H. 497
Meier, J. W. 191
Meier-Dörnberg, Karl-Ernst 140
de Meij, S. 249
Meikle, G. 177, 542
Meincke, H. 346, 504
Meister, Martin 30, 39, 91
Meister, R. 433, 434
Melan, Ernst 41
Melara, P. 434
Melchior, P. 426
Melcon, M. A. 165
Mele, M. 320
Melezinek, O. 505
Melle, Gerhard 90
Meller, A.-G. 493
Meller, F. 328
Mellor, P. B. 298, 302, 390
Melonas, J. V. 167, 190, 212
Melosh, Robert J. 142
Mendelson, Alexander 333, 336, 488
Menges, Georg 393
Menger, Reinhard 520
Mentel, T. J. 304, 310
Menyhard, I. 131
Mercer, R. 185
Merchant, H. J. 384
Meredith, B. L. 175
Meredith, H. L. 197
Meredith, Russell 212(3)
Merriam, J. C. 378, 384
Merrill, Grayson 59(2)

Merriman, H. R. 361, 362, 369, 410
Merritt, J. C. 265
Merritt, Richard G. 142
Mersmann, Fr. 400
Mesmer, Gustav 140, 439
Messerle, H. K. 540
Metcalfe, Arthur G. 209
Mettler, E. 145, 147
Metzger, M. 323, 328
Meudt, G. 427
Meuth, H. O. 270
Mew, W. E. 186
Mewes, Ernst 75(2), 498(2)
Meyer, Adolf 373
Meyer, André J. jr. 195, 197, 223, 481, 482, 483(2)
Meyer, F. R. 405
Meyer, G. 238
Meyer, H. 599
Meyer, Heinrich 76(3)
Meyer, H.-J. 431
Meyer, H. M. 197(2)
Meyer, H. R. 239(2)
Meyer, J. 585, 586
Meyer, John H. 553
Meyer, K. 432(2)
Meyer, Oskar 240, 242
Meyer, R. 222
Meyer, Wilhelm 316
Meyerhans, Konrad 253, 254, 363, 411
Meyer-Hartwig, Eberhard 219
Meyer-Rässler, E. 421
Meynard, C. Thelamon 412
Meynis de Paulin, J. J. 267, 363, 364, 409, 411
v. Meysenbug, C. M. 348, 428(3), 429, 458
Meyus, G. 509
Mezoff, John G. 444
Michalos, J. 29, 87
Michel, K. 503
Michely, W. 490, 491
Michl, Karl-Heinz 237
Mickelson, C. G. 170
Midgley, P. J. 297
Midlin, R. D. 151
Mieck, K. P. 430
Mielentz, W. 502
Mielich, Adolf 512, 513, 526
Mienes, Karl 233, 446, 455, 456, 462, 466
Miesel, Kurt 599
Migney, Pierre 346
Miki, S. 277

M

Mikolajewski, E. 259
Mikulak, J. 446
Mikulla, L. 348
Milbradt, K. P. 295
Milek, J. T. 193
Miles, John W. 148, 152, 549, 559, 562, 566
Miller, D. E. 169, 184
Miller, D. G. 436
Miller, G. L. 34
Miller, H. J. 341
Miller, J. A. 34, 445
Miller, J. L. 281
Miller, K. Dexter jr. 602
Miller, M. A. 351
Miller, Norman B. 244(2)
Miller, P. D. 191, 203
Milligan, I. S. 359, 573
Mills, F. J. 451
Mills, J. A. 253(2)
Mills, W. R. 339, 555
Milne, R. D. 556
Milner, D. R. 352, 399
Milosavljevic, S. 84(2), 125, 131, 292
Miltonberger, G. H. 332
Milwitzky, Benjamin 82, 575(2), 576
Minami, John K. 39
Mindlin, R. D. 152
Miner, Douglas F. 32
Minhinnick, I. T. 559, 568, 572
Minikus, A. 462
Minkewitsch, A. N. 46
Minor, Milton A. 305
Mirabal, J. A. 340
Mirsky, I. 120, 121, 133, 147, 153, 154, 334, 551
Mise, K. 595
Mishima, Yoshitsugu 183
Mishler, Herbert W. 401
Miske, Jack C. 479
Missel, L. 203, 212
Missoshnikow, W. M. 44
Misztal, F. 118
Mitchell, Bruce 450, 471, 546
Mitchell, E. 345
Mitchell, F. P. 537
Mitchell, Lane 269(2)
Mitchell, L. H. 102, 103, 295, 312
Mitchell, R. G. B. 248
Mitchell, T. P. 298
Mitchell, W. I. 281(2)
Mitlin, L. 231(2)
Mitsche, R. 221
Mitschke, Manfred 76, 506, 519, 520, 521

Mittag, M. 56
Mittelmann, Goswin 140
Mitton, Daryl G. 584
Mitton, M. T. 263(2)
Miura, K. 551
Mixon, J. S. 81
Miyairi, M. 241
Miyamoto, H. 313
Miyano, K. 400
Miyao, Kazyu 313, 316
Miyao, Y. 330
Miyashita, Satoru 259
Miyazaki, S. 170
Mizoguchi, K. 123
Mizuno, M. 400
Mlynek, F. 589
Moakes, R. C. W. 251
Mociun, A. T. 212, 603
Modlich, H. 261
Moe, Johannes 130
Möckel, H. 525
Möhler, Karl 84, 143(2), 360, 367, 373(2), 375, 377, 589
Mölbert, F. 513
Möller 343
Möller, H. 357
Moeller, P. T. R. 533
Mönch, Ernst 46, 116, 349, 439, 440, 494
Mönck, W. 31
Mohammed, I. A. 105
Mohan, R. 294, 296
Mohler, J. B. 419
Mohr, E. 273, 286
Mohr, Rudolf 446, 450
Mohr, W. 26
Mohsin, M. E. 351
Molby, G. F. 244
Molineux, J. H. 282
Moll, R. 267
Mollö-Christensen, Erik 559, 561
Moluf, P. E. 444
Molyneux, W. G. 80, 156, 557, 559, 561(2), 562, 563, 566(2), 568(3), 572
Mombach, M. 86
Mombrun, A. 397
Monaghan, R. J. 79, 336, 542
Moncrieff, R. W. 38
Mondina, Aldo 47
Monecke, Otto 253
Mong, L. E. 224
Monkman, F. C. 203
Monnier, R. 469
Monroe, R. E. 398
Montanari, E. 535

Montantême, G. 468
Montariol, Frédéric 178
Monticelli, M. 324
Montieth, O. V. 475
Mooney, Rodney D. 246
Moor, E. 501
Moore, D. 535
Moore, D. C. 179, 205
Moore, Franklin K. 480
Moore, John R. 580
Moore, K. W. 389
Moore, L. Dow 535
Moore, M. B. 47
Moore, R. G. 384
Moore, Robert L. 330
Moore, T. J. 168
Moorshead, T. C. 413
van de Moortel, D. 342
Moppert, Hugo 57, 594
Morcock, D. S. 574
Mordfin, Leonard 350, 353, 371, 376
Moreland, W. J. 576
Moressée, M. G. 483
Morgan, G. W. 120, 126, 147, 148, 152
Morgan, Homer G. 561, 570
Morgan, J. E. 476
Morgan, P. A. 489
Morgan, Philippe 36(4)
Morgan, William C. 195, 197(2), 481,
  482(2), 486(2)
Mori, Daikichiro 289, 303
Mori, L. 179, 181, 441
Mori, Shigeru 227
Moriarty, C. D. 434
Moriguchi, S. 400
Morinaga, Takuichi 175, 420
Moritz, Hans Elmar 294
Moritz, Helmut 235
Morlet, J. G. 162
Morley, L. S. D. 122, 129, 553
Moroney, T. S. 250
Morral. F. R. 222, 225
Morri, D. 284
Morrill, B. 31
Morris, I. E. 598
Morrison, Joseph D. 159, 334
Morrison, J. L. M. 320
Morrison, Robert S. 456
Morrogh, H. 172
Mors, H. 497
Morse, C. R. 438
Morse, I. 346
Morton, J. P. 551
Morz, Z. 114

Moser, E. 599
Moser, Frank 359
Moser, J. C. 80
Moser, Walter P. 603
Moss, C. E. 492
Moss, D. H. 592
Mosser, I. 497
Motalik, F. 392
Mote, M. W. jr. 190, 197
Motherwell, George W. 284
Mott, B. W. 47(2)
Mott, N. F. 33, 275, 276
Mottram, S. 466
Motz, J. 172
Moudry, G. A. 197, 385
Moult, Roy H. 254, 255
Moulton, A. E. 346
Mousley, R. F. 343, 344
Movchan, A. A. 566, 571(2)
Moynahan, F. 399
Mrosko, K. 162
Mróz, Z. 106
Mucha, E. 576
Muchnick, Samuel N. 411
Muckhoff, F. 518
Muckle, William 53, 104, 530, 532(2),
  533(3)
Mudar, Joseph 606
Müggenburg, Hans 111
Mühlberger, Horst 172(2), 480
Mülders, Otto 167, 427
Müller, Adelheid 458
Müller, B. 601
Müller, C. Th. 508
Müller, E. 591, 592, 593, 597
Müller, E. A. W. 47, 435
Mueller, Edward E. 269
Müller, F. 404
Müller, F. H. 249
Müller, Gerhard 356(2), 367(2)
Müller, Gg. 423
Müller, H. 286
Müller, Hans 529(2)
Müller, Hans-Guido 433
Mueller, James I. 269
Müller, Joachim 43, 452
Müller, Johannes 424
Müller, L. 350
Müller, P. 181
Müller, Reinhard 353, 397, 400(2), 401,
  478
Müller, T. W. 520
Müller, U. 513
Müller, W. 504

Müller-Busse, A. 45, 355(2), 356, 530
Münch, G. 433
Müssig, Willi 508(2), 509, 512(2)
Muhlenbruch, Carl 32
Muhr, K.-H. 441
Muir, N. B. 328
Muller, G. 350
Muller, H. H. 582
Munro-Smith, R. 533
Munse, W. H. 356, 358, 371(2)
Munser, F. 505
Munz, Walter 49
Mura, T. 334, 351
Murakami, Zeiichi 357
Murasawa, M. 322
Murase, T. 355, 403(2)
Murata, Yojiro 278
Murayama, Shohei 282
Muriset, G. 497
Murphy, A. J. 542
Murphy, Glenn 285
Murray, J. D. 167
Murray, J. M. 531
Murray, N. W. 87, 88
Murray, W. M. 47, 438
Murrow, H. N. 553
Murthy, P. N. 440
Murzewski, J. 113(3)
Muse, James W. jr. 257
Musette, L. 90
Musgrove, M. D. 547
Mushtari, Kh. M. 127, 136(2)
Muster, D. 233, 249
Muster, D. F. 111
Muvdi, B. B. 162, 278, 313
Myer, R. T. 585
Myklestad, Nils O. 31

Naboka, M. W. 46
Nachbar, W. 108, 129
Nachtigall, E. 176(2), 321, 324(2), 344,
  455, 495
Nägele, H. 471, 546
Naerlovich, Natalija 534
Näser, R. 597
Nagai, T. 92
Nagel, Felix E. 292
Naghdi, P. M. 113, 116, 118(3), 119, 120,
  121, 133(3), 140, 141, 147, 148, 340
Naito, M. 161
Nakagawa, T. 272
Nakagawa, Y. 261
Nakai, T. 530

Nakajima, M. 166, 400
Nakamura, Hiroshi 389
Nakamura, H. 273, 319
Nakamura, I. 328
Nakamura, K. 502
Nakamura, Yasuji 186(2)
Nakanishi, F. 300
Nakata, Yoshimoto 154
Nakayama, Takakado 358, 402, 420
Nakazawa, H. 477
Naleszkiewicz, J. 286
Namyet, Saul 39
Nandeeswararaiya, N. S. 375
Narasimhamurthy, P. 336
Narayanamurti, D. 226, 252(3), 256, 361,
  428
Narayanamurti, V. 226
de Narbonne, R. 542
Nardo, S. V. 120, 126, 129, 288, 340
Narracott, E. S. 253
Naruoka, Masao 112, 113, 596(2)
Nash, William A. 118, 121, 123(3),
  124(2), 125, 130, 140, 141, 273
Nasitta, Karlheinz 112, 113
Naß, E. 587
Nass, R. 348, 397
Nassif, M. 107
Natsuno, Mikio 174
Naumann, F. K. 161
Naumow, J. W. 509
Naunton, W. J. S. 249, 409
Nazarov, A. A. 132
Neal, B. G. 29(2), 88, 310
Nearn, W. T. 361, 377
Nebel, R. W. 262
Nedbal, Frantisek 432
Nedey, G. 423
Needham, J. C. 403
Needham, Robert A. 141, 301, 549
Neel, Carr B. 546
Neese, H. 45
Neff, R. J. 260
Neffson, Ben A. 303
Negoro, Shosaburo 287, 290
Nehrenberg, A. E. 347
Neider, Rudolf 433
Nelson, B. W. 506
Nelson, Ch. E. 189
Nelson, G. L. 592
Nelson, Herbert C. 563, 568
Nelson, H. M. 88
Nelson, K. E. 190
Nelson, L. A. 605
Nelson, R. L. 582

Nemec, Jaroslav 52
van Nes, W. 551, 605
Nestelberger, Franz 262(2)
Nestorides, E. J. 51
Neubauer, Erwin 53
Neubauer, L. G. 320
Neuber, H. 39, 145
Neuerburg, E. M. 53
Neufert, Ernst 56
Neuhaus, Werner 33
Neumann, A. 42, 48, 84, 351, 356, 450
Neumann, Friedrich 56
Neumann, Herbert 396
Neumann, J. A. 45
Neumann, K. 498(2)
Neumark, S. 557
Neunzig, H. 327(2)
Neuringer, Joseph 563
Neuschaefer, W. 523
Neußer, H. 411
van der Neut, A. 79, 82, 101(2), 102, 118, 334(2)
Neville, Kris D. 37
Newberg, Robert F. 466
Newell, A. F. 555, 575
Newell, G. S. 469
Newell, J. S. 536
Newell, W. C. 43
Newhouse, D. L. 489
Newkirk, H. W. jr. 224
Newlin, J. A. 144(2)
Newman, D. P. 166, 167
Newman, D. R. 485
Newman, Marcel K. 304
Newman, Morris 154
Newman, R. P. 356(2)
Newman, S. B. 247, 346
Newmark, N. M. 110, 139, 147(2), 152, 270
Newton, Clarence J. 438
Niblett, L. T. 549, 566, 568
Nicholas, M. G. 352, 399
Nichols, R. 98
Nichols, R. W. 341
Nickel, Paul 587
Nickel, Otto 433
Nickerson, W. H. 248
Nicolas, J. 570
Nicolaus, H. O. 168
Nicolay, K.-H. 587
Niedenfuhr, F. W. 93, 578
Niederhoff, O. 386
Niederstadt, Günter 245
Nield, B. J. 184

Nielsen, H. 186, 187(2), 449
Nielsen, John P. 218
Nielsen, Lawrence E. 285
Niemann, Gustav 41, 42, 49(2), 172, 349(2), 350
Niepostyn, D. 128
Niepoth, George W. 480
Nies, W. 518
Niesen, Herbert 424
Niezoldi, O. 46, 502
Nightingale, J. M. 580
Niizawa, Jun-etsu 123, 124
Nijhawan, B. R. 265
Niklas, Hans 237(2)
Niklas, L. 435
Nippes, E. F. 212
Nishihara, Toshio 161, 163, 273(3), 276, 278(2), 313
Nishino, Kichiji 566
Nishioka, K. 277
Nishirura, Hiroshi 323
Nisida, M. 312
Niskanen, E. 359, 457
Nissan, A. H. 251
Nitsch, A. 477
Nixon, D. 565
Nixon, Frank 488
Noack, D. 225
Noble, C. E. 338
Noble, K. G. F. 102
Noble, L. D. 203
Noguchi, Mihoko 227
Nokkentved, Chr. 287
Nolan, R. M. 605
Noland, Robert L. 603
Nolen, R. K. 218
Nomura, Y. 316
Nonweiler, T. R. F. 50, 334, 546, 549, 551, 604
Norbury, J. F. 336, 486
Nordmark, Glenn E. 319
Nordell, G. 422
Norén, Bengt 84, 143, 225, 227, 359, 373, 592, 593
Norén, Tore 45
Norris, Charles B. 97(2), 98, 239, 244, 438
Norris, C. H. 39, 120, 128, 467
Norrish, P. F. 266
North, Lowell O. 602, 603
Northcott, P. L. 227(2)
Northmann, D. 238
Norton, J. T. 219, 220, 221(2)
Nosek, S. 262

Noske, E. 594
Noton, Bryan R. 98, 288, 289, 364, 467, 468(4), 470(5), 471(2), 548, 581
Nopolsky, V. I. 523
Novác, O. 29
Novinski, J. 286
Nowacki, L. J. 264
Nowacki, N. 121
Nowacki, Witold 94, 152, 334, 340
Nowak, Paul 256
Nowinski, J. 113
von der Nuell, Werner T. 51, 486, 489
Nümann, Erwin 238(2)
Nutt, A. E. Woodward 76
Nuttall, H. 110, 301
Nutting, J. 161, 180
Nygren, G. 441
Nylander, Henrik 296, 300

Oakes, G. 287
Oberlin, F. H. 436
Oberst, Hermann 457
Oblesby, Sabert jr. 469
O'Brien, R. L. 387
O'Brien, T. F. 77(2), 78(2), 133, 332
O'Bryan, T. C. 579(2)
Obst, Hans Kurt 41
Oburger, Wilhelm 494
Ochi, K. 534
Ochner, Paul 76
Oda, T. 166(2), 400
Oding, I. A. 273, 278
Odqvist, Folke K. G. 39, 40, 146, 286
Oechsle, S. John jr. 515
Oeckl, Otto 551, 584
Oehler, Gerhard 96, 371, 384, 388(7), 391(3), 419, 441, 444, 449, 450, 523
Oehmischen, Manfred 486, 488
Oelsner, G. 322
Oelze, Heinz 458
Öry, H. 55
van Oeteren-Pankhäuser, K. A. 266, 444
Özden, K. 106
Ôgane, Kôichi 231
Ogarkov, B. I. 284
Ogasawara, Mitsunobu 334
Ogata, H. 241
Ogburn, F. 267
Ogden, H. R. 195, 197, 201(2), 203, 210(4), 212(2), 214, 217
Ogg, R. S. 466
Ogura, N. 357
Ohashi, Masamitsu 258, 353
Ohasi, Yosio 282

Ohira, G. 378
Ohlinger, Helmut 36
Ohlmer, E. 462, 555
Ohlson, J. M. 197
Ohmura, Hiroshi 113
Ohno, I. 310
Ohtani, Namio 320
Ohwa, T. 400
Ojalvo, M. 101
Oji, Kiyotsugu 163
Okabe, Toshimasa 596
Okada, O. 111
Okamoto, I. 400
Okamoto, S. 205, 313
Okano, I. 261
Okerblom, N. O. 42
Okubo, H. 311, 312, 313, 315
Okubo, S. 440(2)
Oldenburger, R. 32, 55
Older, J. C. 451
Oldrieve, Robert E. 482
O'Leary, W. C. 470
Olesiak, Z. 111(2)
Oliver, A. C. 424
Oliver, D. A. 203, 582
Olofson, C. T. 213
Olsen, Björn 235
Olsen, Gerner A. 33
Olsen, Hugo 30
Olson, E. C. 178
Olson, G. B. 186
Olson, G. C. 382
Olson, P. E. 75
Olson, W. Z. 227, 253, 368
Olszak, W. 106, 113(3), 114, 132(2)
Onami, M. 161
Onaran, K. 162
Onat, E. T. 87, 110(2), 111, 115, 118, 122, 127, 295
Onishi, I. 400
Onitsch-Modl, E. M. 188, 221
Ono, K. 400
van Oost, P. 262
Opie, B. P. 355
Opinsky, A. J. 194, 197, 203
Opitz, Herwart 378, 392, 393
Opladen, Klaus 89, 294
Oppel, G. U. 432
Oppenheim, R. 163, 548
Oravas, Gunhard-Aestius 116, 134(2), 141(3)
Orchin, Milton 267
Ordahl, D. D. 491
Ordway, Donald Earl 114, 551

Orefince, Franco Silvano 513, 516, 525
Oroveanu, T. 315
Orr, R. S. 262
Orton, L. H. 403
Osborn, A. B. 184
Osborn, H. B. jr. 395
Oschanitzky, Hermann 496, 497
Ose, Karl 83
Osken, Helmuth 466
O'Sullivan, W. J. jr. 336
Ôta, Motoi 231
Ota, S. 351
Otaka, K. 402, 420
Otani, Buntaro 378
Ontani, Kockichi 432
Otani, M. 161, 351, 353
Otori, S. 416
Otsuki, S. 244
Ott, Percy W. 578
Otten, F. 497
Otto, Ernst A. 355, 403, 404, 405
Otto, Gerd 55
Otto, Karl 588
Otto, W. H. 242
Otzen, Uwe 345(4)
Ouchida, H. 319
Oujik, G. V. 320
Oulton, G. M. 479
Outwater, John Ogden jr. 241(2), 247
van Ouwerkerk, L. 431
Owen, J. B. B. 302
Owen, T. H. 186
Oyler, G. W. 387

Pabst, F. 36
Paddock, R. K. 378
Paerels, Frans 441
Paffrath, H. W. 248, 590
Paganelli, M. 323
Pagliaro, Ernest H. 259
Pagonis, George A. 34
Paine, R. E. 185
Pailloux, H. 148
Painter, G. W. 249
Pallez, A. 426
Palm, Joachim 346(2)
Palmer, K. B. 280
Palmer, P. J. 107, 351
Palmgren, Arvid 346
Pandalai, K. A. U. 125, 126, 142, 299, 300, 302
Panknin, W. 345, 384, 385(2), 391(2)
Panny, Anton 511
Panowko, J. G. 30, 39, 54

Panseri, Carlo 35, 176, 177, 275, 281(2), 590
Papadopoulos, J. G. 570
Papak, V. 597
Papirno, R. 164, 180
Papke, W. H. 357
Pappis, J. 269
Papsdorf, Werner 342(2), 422(2), 503, 590, 600
Paquin, Alfred Max 37
Pardo, R. J. 203
Paret, R. E. 419
Paria, G. 103
Paricaud 581
Parikh, Miranjan M. 220
Paris, M. 325
Park, F. R. 397, 401
Parker, D. B. V. 248, 255
Parker, Harry 57
Parker, Earl R. 352
Parker, R. 78, 79
Parker, R. J. 213
Parkes, E. W. 295, 334(2), 337, 339(2), 536, 551, 555
Parkins, R. N. 327
Parks, Gordon 583
Parks, V. J. 440
Parkus, Heinz 41(2), 331
Parlanti, Conrad A. 381
Parme, A. L. 134, 286
Parrini, P. 498
Parris, W. M. 200, 213, 217
Parry, J. S. C. 320
Parson, Nels A. jr. 59
Parsons, H. W. 108
Parszewski, Z. 139
Parthey, H. 408
Partridge, David A. 585
Partridge, F. M. 458
Parzen, Emanuel 276
Paschkis, V. 336
Paslay, P. R. 518, 521, 527(2)
Patching, C. A. 307, 550, 573
Patel, Sharad A. 88, 111, 121, 126, 142, 288(2), 289, 293, 299, 300(2), 301, 302, 335
De Pater, A. D. 293
Paton, B. E. 396
Paton, E. O. 45
Patriarca, P. 479
Patrick, R. L. 411
Patrie, J. 496
Patten, P. G. 213
Patterson, T. J. 232

P

Patterson, Wilhelm 172, 185(2), 187
Pattison, J. R. 156
Patton, Rollin M. 274
Patton, W. G. 425
Patzke, G. 601
Paul, August 527
Paul, B. 127
Paulton, R. 392
Pautsch, E. 292
Pawlik, Kurt 266
Pawlow, Ig. M. 204
Paxson, Edward 189
Payer, A. 266
Payne, A. O. 307, 359, 539, 549, 551(4), 555(2)
Payne, A. R. 250(2)
Payne, C. B. 553
Payne, L. E. 154
Peacock, H. G. S. 563, 571
Pearlstein, F. 324
Pearsall, G. W. 189
Pearson, Carl E. 302
Pearson, H. J. 393(2), 584
Pearson, R. G. 429
Pearson, T. G. 177
Pechhold, Wolfgang 429
Pederson, R. 349
Peel, E. W. 384
Peilstöcker, G. 237
Peiter, Arnold 437
Peithman, H. W. 240
Pekol, Theodor 525
Pelikan, W. 595
Pell, W. H. 145
Pelou, Maurice 34
Penel, P. 409
Penkov, A. M. 586
Pennell, M. L. 546
Penney, D. 348
Pennington, W. J. 224
Pensien, J. 142
Pentz, P. G. 505
Peoples, R. S. 205, 214(2)
Pepper, K. W. 239
Peppler, W. 444, 507
Percival, Edgar 546
Perez, M. 265
Pergent, J. 603
Perizzolo, C. F. 246
Perkerson, F. S. 257
Perkins, H. C. 288
Perkitny, Tadeusz 226, 413
Perner, H. 428
Perot, G. 578

Perret, J. 342
Perrone, A. 176, 497
Perrone, Nicholas 120, 313, 314
Perry, C. C. 47, 437
Perry, E. R. 483
Perry, Henry Alexander jr. 42, 46, 366, 429
Perry, Thomas D. 227, 368, 410(2), 416, 592
Perry, T. G. 388
Person, N. L. 273
Pertusini, R. 503, 530, 532
Pesak, F. J. 385
Pesman, Gerard J. 82, 83
Peter, August 384
Peter, John 56
Petermann, H. 493
Peters, G. 320, 472, 483, 493
Peters, Henry 249, 368, 413, 414
Peters, Roger W. 131, 573, 574(2)
Peters, Werner 420
Petersen, Alfred H. 165, 213, 222, 393
Petersen, Heinrich 502(2)
Petersen, Robert E. 292
Petersen, W. 516
Peterson, James P. 100, 130(2), 131, 142, 371, 574
Peterson, R. E. 273
Peterson, R. W. 415
Petrick, H. 438
Petrussewitsch, A. I. 307
Pettersson, Ove 87, 114(2), 299, 302
Petur, A. 55
Petz, A. 253
Petzel, Hermann 498
Petzold, Armin 269
Petzold, W. 513(2)
Peukert, Heinz 235, 366(3), 368, 376, 406, 411, 413, 414(2), 437, 465
Pezzi, A. C. 222
Pezzoli, G. 115
Pfaffinger, K. 197, 204, 213
Pfau, Hans 494
Pfender, Max 352, 426, 430
Pfennings, J. 513(2)
Pfleiderer, Carl 51(2)
Pflüger, Alf 30, 95, 96, 103
Pflug, Erhard 53
Pflug, Horst 400
Pfluger, A. R. 405
Pfützenreuter, A. 204
Pfuhl, K. H. 589
Phelps, Charles W. 49
Philippe, J. 521

P

Philipps, Arthur L. 45
Philipps, T. E. 247
Phillips, Aris 32, 125
Phillips, C. E. 271(2), 318(3), 330
Phillips, E. A. 46
Phillips, H. W. L. 177
Phillips, L. N. 248, 466
Phillips, T. L. 248
Phillips, William H. 82
Phillipson, J. 429
Pian, T. H. H. 77(6), 78(2), 80, 93, 290,
   291, 296, 297, 371, 438, 565
Piazolli, G. 560
Picht, Horst 456
Pickartz, L. 525
Piechottka, G. 261
Pier, G. 326(2)
Piganiol, P. 406
Pignet, J. L. 47, 435
Pilia, F. J. 395
Pilny, Franz 426, 466
Piltz, G. 462
Pilz, Dietrich 85
Pines, B. I. 222
Pines, Samuel 557, 563
Pinkel, B. 197, 482
Pinkel, I. I. 580
Pinkney, H. F. L. 567
Pinner, R. 46, 419, 421
Pinner, S. H. 238
Pinsker, W. J. G. 572
Pinto, E. H. 37
Pipitz, E. 221
Pironneau, Y. 304, 560
Pischke, Hans 406
Pisent, G. 149
Pister, K. S. 107, 155
Pitchford, J. H. 478
Pitts, R. E. 204
Piwowarsky, Eugen 34, 170(2)
Plankenhorn, W. J. 192
Planner, Bernhard P. 175
Plant, H. T. 247, 341
Plantema, F. J. 307, 358
Plass, H. J. jr. 156, 470, 549
Plateau, J. 276
Plath, Erich 232, 251, 358, 360, 414, 429,
   443, 458, 537
Plath, Lore 414, 458
Platte, William N. 395
Plawinski, W. I. 55
Pleines, Ernst Wilhelm 254, 363, 408,
   411, 418, 470, 471(2), 537, 539, 542,
   546(2)

Pleß, Eckhart 531
Ploch, Siegfried 262
Ploch, W. 239
Plor, H. W. 486
Plumb, R. C. 178
Pocock, Walter E. 267
Poczatek, J. J. 294
Podbreznik, F. 325
Podmore, E. 423
Podnieks, E. R. 157, 273
Pölzguter, Franz 378, 380(3), 382
Pönitz, Walter 358
Pönitzsch, O. 584
Poesch, William L. 292
Pohl, A. 366, 414, 514
Pohl, Dieter 381
Pohl, E. 434
Pohl, H. 502
Pohle, Frederick V. 120(2), 121, 129,
   137(2), 334(2), 538, 551
Pohlman, R. 434, 435
Poincaré, L. 483
Pollack, A. 268
Polleys, R. W. jr. 268
Pollock, James Francis 50
Polmear, I. J. 175, 177(2)
Polushkin, E. P. 33
Polz, Karl 89
Pomey, J. 330, 475
Poniatowski, St. 35
del Ponte, P. 408
Poócza, Antal 600
Pope, A. W. 488(2)
Pope, J. A. 38, 173(2), 307, 308
Popov, E. P. 105, 305
Popow 52
Popp, C. 595
Popp, Ewald 514
Popp, H. G. 309, 546
Poppe, W. 76
Poppinga, R. 477
Porter, F. C. 181
Portevin, Albert 158
Portz, A. G. 484
Posner, H. 86
Pospechow, I. T. 41
Potenski, A. R. 434
Poth, Karl-Ludwig 358
Potter, Dext M. 575
Potthoff, W. C. 355, 396, 397, 407
Potyka, K. 432
Poulignier, J. 220
Poulin, P. 290, 596
Poulos, N. E. 224

Pound, J. 416(3)
Povey, H. 364, 412
Powell, A. 309
Powell, C. F. 267
Powell, G. W. 280
Powell, H. H. 418(2)
Powers, J. J. jr. 395
Powers, W. J. 256
Powis, C. N. 256, 366, 414
Praceus, Ewald 394
Pradeau, Raoul 191(3)
Prager, William 29, 30, 39, 87, 91(2), 105, 110, 115, 118(2), 138, 157, 331, 334, 603
Pramaggiore, C. 497
Pramanik, S. 171
Prasse, Walter 516(2)
Prati, A. 268
Pratt, K. G. 78(2)
Pray, H. A. 191, 203, 322, 324
Pray, R. F. 214
Predvoditelev, A. A. 270
Preece, R. L. 204
Preis, H. 356
Preisendanz, H. 220
Preller, H. 221
Prentiss, F. L. 580
Prenzlow, Curt 29
Press, Harry 77, 79(2), 80, 569
Preston, G. Merritt 82, 83
Preston, Harold M. 238, 243
Preston, J. B. 160
Preston, Oliver 158
Preston, R. D. 260
Preston, T. E. W. 204
Prette, P. 380
Preuß, M. 524
Prévot, Pierre 600
Price, P. 121, 149
Pride, Richard A. 95, 98, 142, 337(2), 339, 548
Priebe, O. 506
Priem, R. J. 491
Prier, E. 491
Priest, D. K. 327
Prieux, Jean 496, 497
Prieux, Robert 495
Prigge, W. 431, 510(2)
Pringle, O. A. 343
Prinz, Rudolf 131(2), 132(3), 227
Prior, J. E. 325
Pritchard, W. H. 382
Probert, R. P. 490(2)
Probst, H. B. 222, 224
Procter, A. N. 289, 303

Prohl, M. A. 484
Proksa, F. 388
Promisel, N. E. 157, 213(2)
Proske, G. E. 368(2)
Prot, E. Marcel 82, 320
Prout, P. E. 490
Prouvé, J. 592
Pruett, Carl E. 501
Przemieniecki, J. S. 93, 331, 573, 575(2)
Pucher, Adolf 107, 594
Puchner, O. 352
Puchta, Walter 235
Puckett, Allen E. 59
Püngel, W. 341
Pugh, J. W. 219, 224, 427
Pugsley, Alfred G. 57, 77, 377, 446, 562
Pull, John 584
Pulsifer, V. 192
Pum, Ernst 341, 449
Pumphrey, W. I. 179, 354, 402(2), 404
Pungs, Leo 230, 416
Pungs, W. 466
Purcell, J. 195
Purkhiser, R. E. 404
Purnell, R. E. 471
Purslow, D. F. 266
Puschner, M. 357
Putti, G. 593
Puttock, D. R. 80
Pysz, Gottfried 397

Quadri, E. 170
Quarrel, A. G. 184
Quassius, A. R. 247(2)
Quick, A. W. 57, 494
Quick, G. Willard 270, 320
Quinlan, P. M. 109, 115, 301
Quinn, Herbert 429
Quinn, James G. 213
Quirk, J. F. 491

Raab, K. 514
Raabe, W. 424(2)
Rabald, E. 321
Rabe, K. 445, 497, 506
Rabenau, F. W. 346
Rabotnov, G. N. 94, 167, 290
Rachner, M. 346
Racké, H. H. 439
Rácz, E. 55, 494, 536
Raczat, Günther 28
Radcliffe, B. M. 373, 428
Radek, H. 56
Rademacher, Leo 342

Radhakrishnan, S. 122(2), 123, 126
Radkowski, P. P. 135, 312
Radok, J. R. M. 99, 104, 126, 548
Raech, Harry jr. 244, 472, 605
Rädeker, W. 162, 163, 328, 352, 401
Ragg, Manfred 38
Rahr, W. D. 204
Rainey, A. G. 566, 571
Rait, J. R. 278, 386
Raithby, K. R. 552
v. Rajakovics, E. 355
Ralston, A. 132
Ramachandra, S. M. 578
Ramaszéder, Károly 429
Ramm, Hermann 56
Ramo, Simon 59
Ramsey, P. W. 279
Rance, V. E. 320
Ransley, C. E. 179
Ransom, J. T. 273
Rapatz, F. 392
Raring, R. H. 313
Rasmussen, J. G. 435
Rassweiler, G. M. 38
Rasul, Abdur-Rahman S. 293
Raub, E. 327
Rauch, A. H. 228
Rauche, A. 341
Rauchfuß, W. 354, 401
Rauhut, H. U. 33
Rausch, E. 32
Rauschert, M. 326
Rautenberg, W. 509
Rauterkus, Werner 357, 436
Raven, F. H. 348
Raville, Milton E. 113, 128(3), 467
Rawat, B. S. 226
Rawe, A. W. 466
Rawuka, Andrew C. 467, 470
Read, J. H. 277
Read, W. J. 244
Rebelski, A. W. 44
Rebeski, Hans 366(2), 414, 553(2), 555(2), 584
Rebholz, M. J. 292, 298
Rechlin, F. F. 471
Reck, Robert 600
Reckling, Karl-August 93
Redd, J. W. 561
Reddaway, J. L. 553
Redfarn, C. A. 36, 416
Redmond, J. C. 204, 213
Redstone, S. I. 383
Reed, F. H. 422

Reed, Wilmer H. 561
Rees, J. 456
Reesing, Harlan A. 213
Reeves, L. W. 99
Rehling, Karl 437
Reich, Murray 257
Reichel, Kurt 162, 176(2), 542
Reichel, Rudolf H. 491, 605
Reichelt, W. 521
Reichenbächer, Hans 53
Reichenecker, W. J. 187
Reicherter, Georg 47
Reid, D. R. 238(2)
Reid, L. 563
Reid, T. J. 556
Reidemeister, Fritz 508, 509, 511
Reihle, Markus 388
Reilly, Charles B. 267
Reimer, Kurt 517
v. Reimer, Vinzenz 43
Reindl, H. J. 264
Reinecke, H. 505, 535
Reiner, H. 158, 501
Reinert, H. 422
Reinfeld, Herbert 516(2)
Reinhard, Hans 601
Reinhardt, K.-G. 247
Reinhart, F. M. 267, 328, 597
Reinhart, F. W. 239, 245, 247, 346
Reinholdt, W. 456
Reininger, Hans 185, 264(2), 266(2), 394, 396, 407, 424, 444
Reinitzhuber, Fritz 30, 288, 290
Reinsch, Hans H. 414
Reintgen, R. J. 204
Reiprich, Johannes 35, 403, 529, 530, 531
Reischl, A. 592
Reiss, Edward L. 92(2), 116(2), 117, 127, 136(2)
Reissner, Eric 105, 112, 115, 123(2), 125(2), 127, 133, 136, 139(2), 141(2), 147(3), 150, 152(2), 154, 155
Rellensmann, K.-H. 397
Rembold, Ulrich 364, 366
Rendl, Jaroslav 228
v. Renesse, H. 33
Renfrew, A. 36
Renman, Göte 324
Renner, U. 242, 246
Rennerfelt, Erik 374
Renouard, G. M. 176, 177, 178, 180, 343, 391
Renshaw, W. G. 169, 197
Resinger, Fritz 86(2), 142

Resow, H. 170
Rettig, H. 172, 348, 349(2), 350
Rey, W. K. 204, 280
Reyer, E. K. 434
Reynolds, T. E. 129, 130
Rhines, F. N. 183, 184
Rhode, H. 591
Rhode, Richard V. 77, 305, 536
Rhyne, R. H. 553
Rhys, J. 36, 47
Ribner, H. S. 571
Ricard, Georges 546
Rice, J. L. 382
Rice, M. R. 310, 372, 552
Richard, Kurt 162, 234, 235, 236, 238(4), 457, 466
Richards, D. B. 361
Richards, G. W. 384(2)
Richards, J. 507
Richards, R. S. 213, 218
Richardson, A. S. jr. 81, 82, 559
Richardson, D. W. 226
Richardson, L. 194
Richaud, H. 204, 213
Richmond, F. M. 159, 169, 222
Richmond, Paul G. 285
Richter, E. 344
Richter, F. 380
Richter, H. 181
Richter, P. 503
Richter, W. 112, 222
Ricken, Theodor 34, 35(2), 395, 505, 586
Le Ricolais, R. V. 548
de Ridder, E. J. 451, 507
Riddle, Johnny 348
Rider, J. G. 281
Ridland, D. M. 577(2)
Ridpath, C. H. E. 496
Riebensahm, P. 427
Rieckmann, Paul 435, 520
Ried, H. J. 247
Riedinger, L. A. 604
Riegert, R. P. 193, 221
Riel, Frank J. jr. 255, 364
Rieppel, P. J. 196, 202, 212, 417
Riese, Wolfram A. 248
Rieß, Kurt 396
Rigal, J. 176
Rigby, B. J. 260
de Rijk, P. 366, 369, 372, 373
Riley, Malcolm W. 180, 234, 242, 250, 268
Riley, R. E. 219
Rimrott, F. 158

Rinebolt, J. A. 313
Ringo, B. C. 591
Ringueberg, N. 415
Rinne, V. J. 227
Riparbelli, Carlo 105(4), 108, 114, 551
Ripling, E. J. 189, 197
Riplog, P. M. 139
Rister, Leopold 443
Ritchie, J. 367, 375, 492, 493
Ritchie, O. T. 547
Rittenhouse, J. B. 204
Ritter, E. J. 252, 417
Ritter, Franz 40(2), 265
Ritter, K. A. 498
Rivat-Lahousse, A. 37
Rivello, E. M. 603
Rivello, Robert M. 299, 301
Rix, Johannes 520
Rizzitand, F. J. 208
Rjanizyn, A. R. 92, 116, 118
Ro, Bo-Shin 420
Roach, D. B. 169
Roach, R. E. 303
Robba, M. 434
Robbins, W. H. 486
Robé, E. 591
Roberson, A. H. 213(2)
Robert, E. 90
Roberts, C. S. 35, 189
Roberts, E. A. 319
Roberts, G. A. 380
Roberts, H. 488
Roberts, J. E. 354, 402
Robertshaw, T. L. 159, 169
Robertson, J. G. 307, 550
Robertson, William D. 40
Robin, Maxime 549
Robins, D. A. 204
Robins, Leonard 213
Robinson, C. B. 588
Robinson, D. C. 417
Robinson, Herbert A. 213, 217
Robinson, I. B. 407
Robinson, J. R. 97, 98
Robinson, L. M. C. 529
Robinson-Görnhardt, L. 601
Rocard, Y. 53, 55, 57
Rocha, H. A. F. 434(2)
Rochel, U. 53
Rockey, K. C. 99, 101, 102(2), 296, 297, 301, 303
Rockliff, R. J. 566
Rodden, William P. 548
Roe, W. P. 160, 169, 177, 213, 222

Roebuck, A. H. 321
Rögnitz, H. 49, 52
Roehm, J. M. 590
Röhm, W. 458
Röhrle, Manfred 480
Röll 396
Roes, H. L. 170
Rösch, H. 599
Roesch, Karl 171(3), 172(2)
Rösch, Volker 527(2)
Rößner, W. 506
Roff, W. J. 36, 37
Rogers, Grover L. 32
Rogers, H. C. 161
Rogers, Milton 339
Rogué, C. 234
Rohan, T. M. 583
Rohde, Helga 168
Rohde, Helmut 393
Rohlik, H. E. 492
Rohn, K. 345
Rohrbach, Christof 46, 161(2), 438(2)
Rohs, W. 262
Roik, K. H. 294
Roinet, Ch. 186, 187, 444, 477
Roll, F. 43, 172
Roloff, H. J. 595
Roloff, Paul 48
Rols, René 495(2)
Romano, F. 124, 125
Romualdi, I. P. 192
Rongved, L. 103, 133
Rooney, R. J. 214
Roop, W. P. 316
de Rop, C. 396, 397
Roper, E. H. 387
Rordorf, G. 38
Ros, Mirko Gottfried 275
Rosanowa, N. P. 262
Rosato, D. V. 604, 605
Rose, Adolf 342
Rose, Arnold S. 197(2), 482
Rose, Gerhard 587
Rose, K. 407
Rose, M. V. 188(2)
Rosen, B. W. 552
Rosenbaum, Harold 256, 471
Rosenberg, A. J. 488
Rosenberg, E. G. 580
Rosenberg, H. M. 275
Rosenberg, Samuel J. 165
Rosenblueth, E. 117
Rosenkranz, Wilhelm 180, 181, 190, 328, 386

Rosenthal, E. 303
Rosenthal, Emanuel 49
Rosentreter, Georg 505
Rosetti, E. 589
Ross, A. L. 92
Ross, S. T. 164
Ross, T. K. 266
Rossetti, U. 271
Rossi, A. 385, 390
Rossipaul, L. 247
Rossow, E. 432
Rost, Arno 426
Rostoker, William 193, 195, 200, 201, 209(2), 219, 266, 386
Roszler, J. J. 192
Roth, A. 170, 378
Roth, Gilbert L. 331, 537
Roth, H. 506
Roth, W. 435
Rothe, Horst 588
Rothermel, Roy R. 400
Rothert, H. 495
Rothman, M. 110, 315
Rothmund, A. 368
Rotter, Herbert 399
Rotter, Richard 515, 517
Rottner, Emil 36, 458, 462, 503
Rouffignac, C. 494
Roux, A. 325
Rowe, J. P. 223
Rowe, R. E. 594
Roy, A. K. 349
Roy, S. K. 331
Royer, J. 456
Royez, A. 330, 475
Royle, B. W. 166
Royston, M. G. 338, 339
Rozalsky, I. 178
Rubesin, Morris W. 546
Rubin, Sheldon 578
Rubo, E. 160, 278, 321, 352, 354, 363, 367, 369, 403, 406, 411, 415, 502, 504(2)
Rudd, Wallace C. 398
Ruddle, R. W. 382
Ruddlesden, F. 557, 562, 566, 568
Rudmann, Karl 56
Rudnai, G. 55, 449, 518
Rudnick, A. 291
Rudnicki, Zbigniew 226
Rudy, John F. 204, 214(2), 218, 353
Rüdel, F. W. 357
Rüdiger, D. 30, 119, 139(3), 142, 143
Rüdiger, O. 198, 204(3)
Rüdinger, Klaus 208, 218(2), 219

Rüegg, W. 381
Rühenbeck, A. 165
Rühl, Karl H. H. 48, 161(2), 305, 427(2), 441, 444, 449
Ruehrwein, C. V. 486
Rüsch, H. 458
Ruff, P. E. 378
Ruff, W. 427
Ruge, Jürgen 42, 354, 396, 398, 401
Ruger, G. R. 234
Ruhe, F. 588
Ruhfus, Heinrich 34
Rumble, O. L. 585
Rumjanzew, S. W. 47
Rumpel, G. 115
Runyan, Harry L. 556, 561, 566(2), 570, 571
Ruoff, A. L. 580
Ruppenicker, G. F. 262
Rush, H. M. 417
Rusk, Thomas L. jr. 258(2), 580
Russell, A. E. 546
Russell, E. W. 236, 244
Russell, G. I. 265
Russell, J. E. 318
Russell, P. A. 382
Russell, S. B. 338
Russell, W. E. 408
Rustay, A. L. 205
Rutes, V. S. 383
Ruther, W. E. 322, 323
Rutherford, J. J. B. 401
Rutherford, J. L. 218
Ruttmann, W. 329
Rutz, O. 600
Rutzky, H. 503
Rutzler, John E. jr. 359
Ruzicka, Jerome E. 605
Rykalin, N. N. 45
van Rysselberghe, P. 264

Saarman, Endel 227, 376
Sabey, B. E. 251
Sabroff, Alvin M. 213
Sacchi, F. 267, 419(2)
Sachenkov, A. V. 127, 136
Sachs, George 162, 214, 278, 311, 313
Sadowsky, M. A. 111, 135, 312
Sadowy, M. 505
Saechtling, Hans-Jürgen 36, 56(2)
Saelman, B. 297, 303, 606
Saenger, Eugen 59
Safee, W. W. 425
Saffire, V. N. 246(2)
Saffran, G. 248, 250, 251

Saga, Jiro 342
Sagel, K. 434
Sahmel, Paul 48, 289, 353
Saisho, Yutaka 420
Saito, A. 111(3)
Saito, H. 313
Saito, J. 111
Saito, Koichi 176
Sakagami, Kenji 322, 388
Sakato, Y. 170
Sakurai, Tadakazu 161, 278, 319
Salaün, P. 559, 562
Saleme, E. M. 315, 316
Salet, G. 440
Saller, H. A. 181, 421
Salles, Francisque 92
Salmassy, O. K. 158, 183
Salmon, H. I. 267
Salokangas, J. 278
Salomon, Maurice 581
Salvadori, M. G. 116, 118, 120, 133(2), 135, 139, 331
Salvaggi, John 337
Salzer, Gert 588
Salzinger, Sam G. 243, 245
Salzmann, G. 247
Sama, L. 194, 197, 203
Samu, B. 55, 524
Sander, Herbert 301
Sandermann, Wilhelm 228
Sanders, J. Lyell jr. 91, 119(2), 290, 316, 552, 556
Sanders, Karl L. 542, 553, 606
Sanders, William B. jr. 486
Sanderson, L. 204
Sandgänger, Karl 588
Sandifer, R. H. 80
Sandiford, F. G. C. 394
Sandorff, P. E. 77, 303, 604
Sandow, W. 589
Sandven, O. A. 223
Sandweg, Karl 416
Sankaranarayanan, R. 303, 315
Sans, M. 466
Sansone, L. F. 466
van Santen, G. W. 32
Santini, P. 553
de Santo, D. F. 128, 558
dos Santos, Sydney M. G. 297
Sanz, M. C. 214, 417, 581(2)
Sarazin, A. C. 567
Sardinero, Enrique Julio Garcia 330
Sarna, Ed. 329
Saroja, B. V. 315

Sasaki, Hikaru 230
Sasaki, Shigeo 484
Sasayama, T. 400
Sass, Friedrich 51
Sathicq, R. 396, 404
Satlow, Günther 259, 262, 263(2)
Sato, H. 552
Sato, K. 299
Sato, M. 163
Sato, S. 311, 313(2)
Sato, Tadao 270
Sattler, Konrad 91
Sauer, E. 251, 369
Sauer, Hubert 240, 245, 256
Sauerwald, F. 237
Sauerwein, K. 433
Saulnier, A. 176, 185, 323
Saunders, J. J. 362, 410
Saunders, K. D. 546
v. Saurma-Jeltsch, Hans-Harald 143
Sauter, E. 145
Sauter, Patrick 458
Sautner, K. 191
Sautter, Wolfgang 521
Savage, Richard M. 250
Savage, W. F. 212
Savitsky, Daniel 535
Sawall, H. 230
Sawin, G. N. 39
Sawyer, H. A. jr. 86
Sawyer, J. W. 468
Sawyer, R. H. 82
Saxon, V. L. 305
Sayles, J. H. 354
Saylor, John C. 259
Scala, E. 218
Scanlan, J. V. 386
Scarpa, Thomas J. 408
Scavuzzo, John J. 462
Schaaber, O. 276
Schaaf, Th. 450, 586
Schaar, K. 219, 309, 425
Schachtel, Fr. 341, 388
Schacknow, A. 152
Schade, H. 345
Schade, H. A. 533(2)
Schaeben, Leopold 169
Schäfer, Ferdinand 458
Schaefer, H. 476
Schäfer, W. 253, 255, 256, 362, 363, 366,
    380, 410, 411(2), 412, 414
Schaefer, Wilhelm 589
Schäfers, Gerd 263
Schärrer, K. 398

Schairer, George S. 83
Schaller, W. 363
Schapiro, Leo 207, 214
Schapitz, Eberhard 91, 119(2), 446
Schardt, R. 293
Scharf, A. 444
Scharfstein, L. R. 329
Scharschmidt, S. 357, 430
Schatt, W. 222
Schatz, E. 292
Schatz, O. 569
Schatz, Werner 378, 398, 399
Schau, Rudolf 597
Schaub, C. 273
Schaupp, Fritz 379
Scheer, Joachim 30, 86, 99(3), 102, 293,
    294, 299
Scheffer, K. D. 193
Scheffler, W. 377, 378
Scheibe, Alfred 486
Scheibe, W. 204
Scheibert, W. 35
Scheidecker, M. 176
Scheil, E. 172
Schemmer, Karl 342(2)
Schenck, H. 162
Schenk, W. 326
Schenkel, Gerhard 456
Scherb, Johannes 427
Scherer, Alfons 112
Scherrer, C. E. 591, 592
v. Schertel, Hanns Frhr. 534
Scheruhn, H. 401
Scheuble, W. 436(2)
Scheuch, J. W. 472
Schiantarelli, E. 214
Schichtel, Georg 35
Schick, Joachim 251
Schiebold, E. 433
Schiebuhr, Friedrich 517
Schiefer, H. F. 257(2), 258(2), 263
Schieferdecker, F. D. 386
Schiffers, H. 173
Schijve, J. 280, 308, 317, 319, 364, 370(3),
    372(2), 436
Schikorr, Gerhard 321, 326, 327
Schildwächter, H. 352, 398
Schilhansl, M. J. 488
Schiller, M. 591
Schillmöller, P. 427
Schiltknecht, A. 46
Schimkat, Gerrit 309, 542
Schimpke, Paul 33, 42
Schindler, A. 561, 571

S

Schings, P. 516
Schippers, M. 176
Schirm, H. 510
Schirmer, E. V. 451
Schirmer, H. 254
Schittenhelm, R. 433
Schjelderup, H. C. 276
Schlain, D. 209
Schlechte, Floyd R. 91, 119, 290
Schlechten, A. W. 192, 215
Schlegel, E. 354
Schlegel, H. 364, 367(3), 368, 412, 414, 592
Schleicher, Eugen 55
Schleicher, Ferdinand 29, 56, 290
Schleicher, Hans Walter 204
Schleicher, R. L. 539
Schleiermacher, K. 483
Schlenker, H. 263
Schlesinger, Georg 52
Schley, A. 238
Schliekelmann, R. J. 241, 364, 366, 412, 536, 537(3), 539, 542
Schlüter, W. 441
Schmalenbach, K. 518, 601
Schmid, A. 399
Schmid, C. 478, 527
Schmid, E. 324, 431, 451
Schmid, Franz J. 449
Schmid, V. 586
Schmid, Wolfgang 344, 375
Schmidt, A. 586, 601
Schmidt, E. 389
Schmidt, Fr. 49, 475
Schmidt, Fritz 478
Schmidt, Gerhard K. 433
Schmidt, H. 398
Schmidt, Hans 419
Schmidt, Kurt 128, 502, 504
Schmidt, Kurt A. F. 243, 522, 523, 535
Schmidt, L. C. 85
Schmidt, Oskar 522
Schmidt, P. 249
Schmidt, P. W. 427
Schmidt, R. 484
Schmidt, W. 160, 510
Schmidt, Werner 427
Schmidt-Bach, H. 396
Schmidt-Hellerau, Christof 412
Schmidtmann, E. 162
Schmieden, C. 145
Schmihing, Matthias 255
Schmit, L. A. 541
Schmitt, Alfred F. 54, 304, 305, 566

Schmitt, Hans 181
Schmitt, Heinrich 57
Schmitt, Werner 420
Schmitz, Hermann 344, 374
Schmitz, W. 406
Schmoll, K. 586
Schmücker, B. 512
Schmülling, E. 601
Schmutzler, Karl 260
Schnarz, R. 354
Schneck, Adolf G. 57
Schneeweiß, G. 426
Schneider, Alexander 268
Schneider, Heinrich 43, 45
Schneider, K. 477(2), 519
Schneider, Kurt A. 462
Schneider, M. 380
Schneider, Paul 234
Schneider, P. J. 331
Schneider, Ph. 186
Schneider, R. W. 131
Schneider, Victor 509(2)
Schneider, W. 423
Schneider-Bürger, Martha 342, 343
Schnell, R. 600, 601
Schnell, Walter 100, 128, 339
Schnitt, Arthur 334
Schnittger, Jan R. 492
Schnitzer, H. C. 488
Schnitzlein, Gerhard 519
Schnülle, Friedhelm 230
Schoeller, W. C. 337, 470
Schoen, Josef 561
Schönbach, W. 338
Schönborn, H. H. 383
Schönemann, E. 388
Scholz, E. 465
Scholz, W. 393(2)
Schormair, Josef 321
Schott, G. J. 305
Schott, Russell L. 79
Schrade, Jean 37
Schrader, Angelika 168, 277, 283
Schrader, W. 45, 48
Schrader, W. H. 255, 412
Schramme, W. 599
Schreiber, Charles F. 320
Schreiber, W. 271, 280
Schrenk, Ernst 458
Schrenk, Martin 548, 605
Schreyer, C. 56
Schrode, H. 575
Schröder, Ernst 75, 508, 517
Schröder, Hans 57

Schröder, Joris 588
Schroeder, J. 590, 591, 592
Schrödl 586
Schroers, Robert J. 579
Schropp, H. 33, 189, 191
Schubart, Hans 146
Schücker, Emil 342
Schülde, F. 238
Schüller, Hans-Jürgen 356, 396, 397
Schürenkämper, Albert 165, 316
Schuermann, Fritz 589
Schütz, E. N. jr. 434
Schuh, H. 332
Schuh, Walter 309
Schulenburg, A. 43
Schuler, Hans 516(2)
Schuler, Louis 389
Schuler, Max 32
Schulte, Klaus 230
Schulte, W. C. 278, 279(2)
Schultz, Kurt 535(2)
Schultz-Grunow, Fritz 158
Schulz, Ehrenfried 587, 588
Schulz, Georg 234, 264, 503
Schulz, Hans 446
Schulz, Hellmuth 51
Schulz, R. W. 198, 241, 243, 417, 581
Schulze, Bruno 268
Schulze, Hermann 498
Schulze, R. 160
Schulze-Bahr, G. 502
Schum, E. F. 485
Schumacher, E. 577(2), 578
Schumacher, H. 443
Schumacher, John 534
Schumacher, Walter 380, 381, 444(2), 445
Schuman, W. J. 285
Schumann, F. 520
Schumann, Walter 105, 107(2), 111
Schumpich, G. 85
Schussler, M. 200, 209
Schutra, F. 422
Schutte, E. H. 306
Schutz, R. 260
Schwab, J. 219
Schwab, Raymond J. 470
Schwab, Robert H. 83
Schwabe, A. 56, 590, 598
Schwaighofer, J. 440
Schwalbe, W. L. 116
Schwalje, J. L. 32
Schwartz, E. B. 100
Schwartz, H. 228
Schwartz, Irwin L. 269

Schwartz, R. T. 362
Schwartz, W. 458
Schwartzbart, Harry 214(3), 218, 358
Schwartzberg, F. R. 204, 214(2), 215
Schwarz, A. 266
Schwarz, Adolf 236
Schwarz, Anton 190, 534
Schwarz, H. 394, 401
Schwarz, Hermann 236, 245, 362, 364(2),
    367(2), 368, 410, 412(2), 415, 419, 535
de Schwarz, M. J. 121
Schwarz, Otto 366, 413, 414, 437
Schwarze, Gerhard 118, 119(2)
Schwarzkopf, Paul 34, 35, 221
Schwarzmaier, Waldemar 43
Schwarzwalder, F. 510
Schweiker, J. W. A. 503
Schweisheimer, W. 377
Schwengler, Joh. 55
Schwerd, Friedrich 52
Schwier, Fritz 342(2)
Schwope, A. D. 182, 214, 287
Scofield, F. 265
Scott, D. D. 248
Scott, L. R. 469
Scott-Young, P. 177
Scotte Lavina, G. 477
Scruton, C. 561(2), 566
Seaman, F. D. 204
Seames, A. E. 296
Searcy, Alan W. 223
Searle, Andrew 199
Seary, W. W. jr. 512
Seastone, John B. 32
Sebisty, J. J. 281, 282
Sechler, E. E. 92, 118, 124, 126, 146, 153,
    289
Seely, Fred B. 39
Seemann, H. J. 180, 273, 435
Segal, C. L. 245
Segitz, W. 530, 533
Segler, C. 516
Segler, Georg 52, 498, 501
Segond, R. 267
Segring, S. Bertil 228
Seibold, Wilhelm 490
Seide, Paul 95(2), 129, 133, 134, 135(2),
    295, 467
Seidl, Robert J. 468
Seifert, A. 480, 528
Seifert, H. 399, 503, 509
Seifert, Karl 230
Seifert, Richard 480
Seigle, L. L. 194, 197, 203

S

Seika, Masaichiro 137, 138
Seiler, J. A. 304
Seip, D. R. 231
Seiter, W. 599
Seizer, O. 482
Sekhar, A. C. 225, 226(2)
Seki, Morio 278, 313, 318
Sekido, Yoshito 376
Selberg, Arne 595
Selbo, M. L. 256
Sellier, E. 396, 400
Sellin, Walter 389
Selmer, Ed. 219
v. Selzam, H. 346
Semonian, Joseph W. 97, 100(2), 371, 471, 555
Sen, B. R. 295
Sen Gupta, A. M. 312
Sendorek, A. 181
Senior, B. W. 297
Serabian, S. 435
Serbin, H. 147
Serby, J. E. 604
Serensen, S. W. 40
Sergejew-Feigenson 45
Sergesen, R. 169
Sergev, S. 293
Sernka, R. P. 164
Sertour, G. 204, 276
de la Serve 595
Serwe, Günter 380
Sessler, J. G. 221, 313
Setapen, A. M. 408
Setterholm, Vance C. 98, 248, 428, 467, 469(2)
Seulen, Gerhard 420, 424
Sewall, John L. 569, 570
Seyffarth, W. 367, 414, 462
Seymour, Raymond B. 36, 233(2)
Shafer, D. G. 404
Shaffer, Bernard W. 295, 297(2)
Shahinian, P. 165, 166
Shakely, B. L. 197
Shank, M. E. 161, 171(2)
Shanley, F. R. 32, 38, 40, 270, 273, 275, 536
Sharma, Brahmadev 334, 337
Sharma, M. G. 503
Sharman, P. W. 83
Sharp, E. B. 233
Sharp, W. H. 214, 241, 487(2)
Sharpe, G. D. 556
Shaw, Arthur R. 346
Shaw, Homer L. 161

Shaw, F. S. 121
Shaw, M. C. 198
Shaw, Spencer, L. 536, 602
Shearer, Andrew W. 257, 368, 415
Sheffield, F. C. 51
Shek, Henry 535
Sheldrick, K. R. 375
Shelson, W. 439
Shelton, F. J. 410
Shen, K. C. 227
Shen, S. F. 78, 561, 562, 563
Sheng, James 137(2)
Sheng, P. L. 141
Shenker, Lawrence H. 244(2), 246(2)
Shenstone, B. S. 581
Shepard, A. P. 424
Shepard, L. A. 164, 184
Shepheard, V. 533
Sheppard, A. W. 583(3)
Sheppard, H. R. 245, 498
Sherby, O. D. 180, 182, 183, 184, 236
Sherman, M. A. 235
Sherman, R. 135
Sherman, R. G. 196, 205, 213
Sherman, R. J. jr. 328
Shermer, Carl L. 29
Sherrard-Smith, K. 236, 237
Sherrer, R. E. 364
Shesterikov, S. A. 94, 290
Shetty, K. V. 299
Shevlin, Thomas S. 220, 222
Shevloff, N. P. 556
Shibaoka, Yoshio 94, 153
Shield, R. T. 111, 115, 146, 295, 364, 443, 503, 606
Shifrin, G. A. 109
Shigley, Joseph Edward 49
Shih, S. T. 215
Shih, Tsze-Sheng 136
Shimada, Heihachi 316
Shimada, Kijuro 353
Shimamura, Shoji 201, 314
Shimizu, H. 328
Shimizu, K. 530
Shimizu, Takashi 231
Shimizu, Takishi 323
Shimodaira, Saburo 320
Shinn, D. A. 157
Shinoda, G. 258
Shinohara, U. 416
Shinozuka, M. 278, 307
Shioiri, J. 484
Shioya, S. 316
Shiratori, Eiryo 484

Shirely, L. K. 301
Shirie, Motooki 231
Shitkow, D. G. 41
Short, R. D. jr. 131
Short, R. E. 506(2)
Shorter, S. A. 259
Shreeves, R. W. 293
Shufflebarger, C. C. 553
Shuin, Toshimori 224(2)
Shuleshko, P. 94(2), 96, 103, 109
Shusman, T. 382
Sias, Charles B. 245
Sicha, W. E. 186
Sidebottom, O. M. 287, 290, 293, 303(2)
Sidlovsky, J. 247
Siebel, Erich 47(4), 159, 278, 385(2), 386, 389(3), 444
Siebel, G. 390(2)
Sieber, Karl 383
Siegel, H. J. 198
Siegenthaler, H. P. 387, 433
Siegfried, W. 484
Siesel, H. 380
Sievritts, A. 426
Signorelli, R. A. 485, 489
Sigwart, Hans 444
Sih, N. S. 595
Sikora, Paul F. 224
Silberberg, M. 239, 249
Silberstein, J. P. O. 114
Silkes, B. 191
Sille, G. 267
Silsby, Norman S. 82, 575
de Silva, C. Nevin 133(4), 134, 135, 140(2)
Silveira, M. A. 157
Silver, I. 429
Silver, I. R. 185
Silver, Philip 89, 605
Silverberg, Samuel 145
Silwones, S. S. 159
Simcoe, C. R. 214
Simkovich, E. A. 542
Simmons, J. C. 95, 276
Simmons, J. T. 194
Simmons, Ward F. 35, 157, 242, 312, 317
Simon, Gernot 155
Simon, M. E. 204
Simon, R. 158, 472
Simonds, Herbert R. 36, 37
Simons, R. M. 133, 141
Simor, P. 263
Simpson, H. 593
Simpson, J. 259

Sinclair, G. M. 198, 212, 214, 281
Sines, George 38, 40, 55, 270
Singer, Fritz 391
Singer, Josef 154, 337(2), 554(2), 555
Sink, G. T. 421
Sinn, H. 410
Sinnott, M. J. 193, 200, 277
Sinter, J. W. 198
Sippel, Arnulf 234, 258, 260, 263
Sippell, Karl Wilhelm 419
Sipple, H. B. 542
Siskind, Charles S. 52
Sisler, H. H. 224
Sisow, A. M. 30, 31, 39
Sistiaga, J. M. 400
Sistino, Alphonse J. 302
Siuta, V. P. 190
Sjoberg, J. W. 325
Skaar, Chr. 428
Skaer, P. D. 182
Skalak, Richard 304
Skark, Leopold 227, 231, 255
Skeist, Irving 37, 254
Skene, William T. 126, 127(2)
Skinner, G. 192
Skinner, Selby M. 256
Sklarew, S. 268, 269
Skolnick, L. P. 220
Skoog, R. B. 559
Skopinski, T. H. 437, 556
Slachta, A. G. 427
Slankard, R. C. 124, 130(3)
Slater, D. 405(2)
Slater, P. M. 450
Slatford, Jean E. 106(2), 289
Slattenschek, A. 426
Slaughter, G. M. 479
Slechta, R. F. 580
Sledd, M. B. 120, 127(2)
Slibar, A. 518, 521, 527
Sloan, B. G. 606
Sloan, R. G. 539
Small, N. C. 339
Smart, J. S. jr. 379
Smart, R. F. 174, 218
Smellie, W. J. 324, 358
Smelt, R. 50
Smiley, J. R. 83
Smiley, Robert F. 576, 577(4)
Smirnov, B. A. 270
Smirnow 52
Smith, A. A. 405
Smith, A. D. N. 570
Smith, A. G. 82

S

Smith, A. I. 167
Smith, A. L. 245(2)
Smith, A. Q. 421
Smith, C. 384
Smith, C. B. 113, 128, 467
Smith, C. R. 317, 373, 547
Smith, C. W. 51
Smith, D. 248
Smith, D. K. 263
Smith, E. A. 218, 249, 330
Smith, E. F. 241
Smith, E. L. 266
Smith, E. T. B. 491
Smith, F. 563
Smith, Frank C. 309
Smith, F. H. 185, 186, 187
Smith, F. M. 250(2), 251
Smith, F. R. 238
Smith, G. C. 272, 275
Smith, G. Geoffrey 51
Smith, G. M. 151
Smith, G. T. 487
Smith, G. V. 166, 168
Smith, Ira 309
Smith, J. C. 257(2), 258, 263
Smith, J. M. 415
Smith, James M. 479
Smith, James O. 39
Smith, K. W. 82
Smith, L. W. 193
Smith, Lyle 585
Smith, M. Bruce 255
Smith, P. W. jr. 120, 147
Smith, R. E. 293
Smith, R. K. 198
Smith, R. L. 218
Smith, S. S. 196, 205
Smith, Sydney 250
Smith, W. A. 250
Smith, W. Mayo 37
Smith, W. S. 532
Smoke, E. J. 269(2)
Snell, C. 313, 315, 317
Sniderman, A. 308
Snoddon. William J. 364
Snodgrass, J. D. 232
Snowden, P. P. 328
Soare, Mircea 140(2)
Soderberg, C. R. 157
Sodhi, Jagdip Singh 360(3), 411
Söhne, Walter 75(2)
Söhngen, H. 482(2), 494
Söhngen, Rudolf 446, 503
Soete, W. 351

Soffa, L. 309
Soiné, Hansgert 360, 587
Sokolnikoff, I. S. 40
Sokolovskij, V. V. 32
Sokolowski, M. 94
Soldan, H. M. 353
Soled, Julius 41
Sollars, A. R. 218
Solow, G. 242
Solowjew, A. N. 260
Solvey, J. 97, 295, 298, 467
van Someren, E. H. S. 402
Sommer, H. 263
Sommer, W. 238(2)
Sommerfeldt, Horst 347, 508
Sommermeyer, Ingrid 259
Sonneborn, Ralph H. 241, 247
Sonnemann, G. 337
Sonnen, F. J. 75
Sonntag, G. 121, 137
Sonntag, Rudolf 478, 501
Sontag, Heinz 381, 412
Sontheimer, Georg 515, 527
Soper, W. G. 109
Sopher, Raeman P. 401
Sopwith, D. G. 308, 377
Sorenson, Gordon 487
Soroka, W. W. 157
Sorsa, Bror 227
Sossenheimer, H. 85
Souriou, G. 498
Southwell, C. R. 326
Soxman, E. J. 205
Späth, Wilhelm 33, 37(2), 47, 158, 160,
    243, 368, 426, 434, 441
Spalding, D. P. 462
Spangenberg, Dietrich 354
Spark, L. C. 260
Sparling, Kenneth 583(2)
Spaulding, E. H. 539, 542
Speith, K. G. 382
Spencer, A. J. M. 128
Spencer, F. E. V. 270
Spencer, L. F. 169
Spencer, R. W. 469, 470
Spengler, H. 358
Sperling, Emil 53, 509(4)
Spescha, M. 542, 507, 591, 592(2), 597
Spiegel, F. 392
Spies, K. 386
Spillett, E. E. 175, 176, 451
Spindler, H. 236, 266
Spinner, Sam 151
Spiotta, R. H. 405, 582

Spizig, S. 387
Splittgerber, E. 327
Spoehr, T. F. 198
Spooner, J. B. 369, 372
Spooner, R. C. 419
Sprague, G. H. 334, 339
Sprague, Lynn 421
Spriegel, W. 498
Spriggs, Richard M. 254
Sprigings, William J. 388
Springer, A. 37
Spruth, Fritz 55, 589
Spurgeon, J. R. 579
Srinath, L. S. 439
Srivastava, K. C. 193
Staab, F. 488
Staats, H. 273
Stacy, J. T. 181
Stadelmaier, Hans H. 113
Stäblein, F. 437
Stäger, Hans 52, 234, 353, 430, 433, 434
Staehelin, J. 455, 502
Stahl, Günter 476, 477, 478(2), 479(2)
Stahle, C. V. 572
Stalker, K. W. 389
Stalla, M. C. 481
Stallmeyer, J. E. 356
Stambler, Irwin 160, 221, 234, 256, 385,
    470, 542, 554, 559, 575(2), 581, 604
Stamm, Alfred J. 232
Standring, P. T. 260
Stanek, F. J. 109
Stanišić, Milomir M. 150, 301
Stanners, J. F. 323, 325
Stansbury, John G. 236, 458, 575
Stanton, Peter Y. 258
Stargardter, A. R. 169
Stark, L. B. 214
Starkey, W. L. 273(2), 330, 430
Starzmann, F. 428
Stastny, Fritz 248(2), 458, 600
Staudinger, H. 424
Staufenbiel, R. 83
Stauffer, W. 159, 276
Stauffer, Werner A. 170, 171
Staugaitis, C. L. 345
Stavrolakis, J. A. 219
Stearns, L. B. 585(2)
Stebleton, L. F. 264
Stecher, Heinz 255, 257
Steeg, P. 343, 372
Steele, M. C. 297
Steele, R. C. 470
van Steenderen, C. 575

Stefani, B. 532
Stefaniak, Jan 226
Stefanich, J. G. 198
Steffens, H. D. 356, 369, 387
Stegmann, G. 57
Stegmann, Günther 230, 231
Stein, Bland A. 169(2)
Stein, G. 517
Stein, H. 263
Stein, M. 552
Stein, P. 91, 109
Stein, P. K. 47, 438
Stein, W. 423
Steinbach, W. 298
Steinbacher, F. R. 536
von den Steinen, A. 168, 489
Steiner, Klaus 231
Steiner, R. 77
Steiner, Robert H. 36
Steinhardt, Otto 57, 143, 360, 373, 375(2),
    377
Steinitz, Robert 198, 220, 223, 224
Steinman, D. B. 595, 597
Steinrath, Heinrich 40, 322
Steller, Arpad 347
Stelzenmüller, H. 172
Stemmer, J. 59
Stencel, F. B. 451, 603
Stender, Walter 548, 549, 575
Steneroth, E. 532, 533
Stenersen, S. S. 495
Stenger, W. 502
Stensrud, R. K. 410
Stepanoff, Alexey J. 51(3)
Stepanov, R. D. 570, 572
Stephan, E. 599
Stephenson, C. V. 153
Stephenson, N. 276
Stephenson, W. B. 218
Stepka, Francis S. 484
Stericker, William 327
Stern, E. G. 373(2), 374(4), 589, 591, 592
Stern, Marvin 144, 332
Sternberg, Eli 134, 311, 333, 336, 339
Sternberg, Wolfgang 528
Sterry, W. M. 269
Steskal, G. 457
Stetza, Günter 511, 512, 515, 516(3),
    517(3), 524, 525
Steup, Herbert 39
Steurer, W. H. 159, 339
Stevens, B. 117
Stevens, G. 546
Stevens, G. H. 245

S

Stevens, R. C. 31
Stevenson, J. R. 522
Steward, C. W. 350, 402
Steward, R. C. 389
Steward, W. B. 174, 198
Stewart, W. D. 379
Stiasny, E. J. Adolf 348
Sticha, E. A. 205
Stickley, G. W. 180
Stiefel, M. B. 224
Stieler, C. 356, 380, 381
Stieler, M. 306
Stierli, R. 255
Still, Alfred 52
Stillinger, J. R. 232
Stinnes, W. 324
Stippes, M. 108
Stirzel, Hans 586
Stivala, S. S. 256
Stock, Werner 525(2)
Stockbower, E. A. 267, 422
Stockhausen, W. 429
Stockklausner, H. 515, 516
Stoeckhert, Klaus 37, 49, 233, 601(2)
Stoessel, R. F. 542
Štofko, Ján 231
Stois, A. 458
Stokes, R. J. 179
Stoll, Alfred 48, 587, 593
Stoll, Reiner G. 462
Stolze, B. 31
Stolze, H. 414
Stone, Irving 417
Stone, W. K. 257, 258(2)
Storch, 534
Stott, L. L. 236
Stott, T. C. F. 520
Stough, D. W. 205, 214(3)
Stout, H. P. 260
Stout, R. D. 354(2)
Stowell, Elbridge Z. 160(2), 339
Stoy, Wilhelm 31(2), 373, 589, 598
Stradley, James G. 222
Stradthausen, E. 55
Stradtmann, F. H. 49
Strain, R. N. C. 442
Strand, Algot 229
Strang, W. J. 223, 243, 269(2)
Stranski, I. N. 408
Strasburger, E. 53
Strass, H. Kurt 335
Strasser, F. 349, 445
Strasser, Gabor 552, 555
Straßburg, F. W. 503

Straub, H. 526, 528
Straube, E. 282
Straumanis, M. E. 192, 211, 215, 266
Strauss, Eric L. 244(2), 247(2), 316(2)
Street, A. C. 422
Streicher, Michael A. 326
Strels, E. 109
Strenge, H. 348, 462
Streuli, L. J. 452
Strickler, M. D. 232
Strien, W. 519, 527
Strifler, P. 443
Strobel, Werner K. 378, 523
Stroehlen, R. 484
Strohbeck, D. D. 281
Stromberg, R. R. 247(2)
Stroppel, Theodor 501
Struble, R. A. 117
Struwe, Walter 516(2), 517
Stscherbakow 52
Stubbington, C. A. 283(2), 284, 330
Stuber, A. 173
Stüssi, Fritz 30, 40, 56(2), 99, 102, 271, 294(2), 356
Stüwe, Hein Peter 341
Stuhlmann, Walter 424
Stulen, F. B. 278, 279(2), 578
Stump, C. O. 604
Stump, E. 525
Stumpff, Georg 410
Stutz, H. 263
Stutzman, M. J. 224
Styer, E. F. 494
Styka, A. 192
Sublette, Richard A. 259
Subotowicz, M. 604
Subramoniam, R. 295
Suchoversky, Ihor E. 445
Suchsland, Karl 360
Suchsland, Otto 361
Sudasch, Erich 42, 45, 352(2), 396, 398
Suddarth, S. K. 428
Sudhansurajan Pramanik, B. E. 170
Suer, Herbert S. 126, 127(2), 595
Sugawara, H. 267
Sugier, H. 429
Sugimoto, Yasujiro 358
Sugiyama, Hideo 226(2)
Suhr, O. 597
Sukhinin, N. I. 222
Sullivan, Jay 488, 585(2)
Sullivan, J. F. 196
Sullivan, S. L. 478
Sully, A. H. 264

Sulzer, Walter 380, 444
Sunakawa, M. 142
Sundström, Erik 122, 127, 128
Sundström, M. 541
Suolahti, O. 226
Supnik, R. H. 239, 249
Suppiger, Edward W. 149
Suppus, H. F. W. 449(2), 506, 518, 519(2), 521, 522, 523, 527
Surre, E. 252
Susse, Christiane 188
Sussman, Vincent 410
Sutherland, George S. 490
Sutor, Kurt 521
Sutter, K. 292, 452, 597, 599
Sutton, G. P. 51
Suzuki, Haruyoshi 164, 353, 357, 400, 403(2)
Suzuki, M. 319
Suzuki, Megumu 259
Suzuki, S. 241
Svennerud, A. 533
Svenson, Otto 521
Svensson, F. 361
Svensson, N. L. 502, 503
Sverepa, Otakar 326
Swainson, Eric 215, 218
Swallow, J. E. 259(3)
Swaney, F. R. 604
Swann, L. W. 601
Swann, R. T. 339
Swanson, J. M. 462
Swanson, Paul 603
Sweet, C. V. 455
Swets, D. E. 275
Swift, R. E. 198, 203
Swindale, J. D. 324
Switney, William 496(2)
Swoboda, L. 518
de Sy, Albert 172
Sychrovsky, H. 166, 482
Sye, J. H. 169
Sylvester, Maurice A. 566, 579
Symann, Walter 514
Symes, W. S. 260
Symonds, Malcolm F. 102
Symonds, P. S. 88, 294, 304(2), 310
Synge, J. L. 300
Syre, R. 215
Szabó, J. 90, 91, 112
Szalla, K. 503
Szelagowski, F. 103, 138
v. Szénasy, St. 524, 526
Szmodits, K. 116

Sztatecsny, St. 438
Szumachowski, E. R. 421
Szurrat, J. 257
Szymanski, A. 532(2), 534(2)

Tabakeya, F. 597
Tabakman, H. D. 123
Tada, M. 552(2)
Tadros, A. Z. 304
Tagawa, N. 166, 324
Taira, Shuji 104, 161, 163, 278(2), 298
Tait, D. B. 529
Takagi, Rütsu 223
Takahashi, Naoaki, 183
Takahashi, S. 155
Takahashi, T. 175
Takei, T. 215
Takeyama, Hisao 149
Taleb, Nazih J. 149
Talke, Kurt 83
Talmage, Robert 223, 224
Tamate, Osamu 113, 114, 314, 316
Tameroğlu, S. 155
Tamura, Hiroshi 164, 357, 400
Tamura, Kiyoshi 223
Tamura, Yoshio 223
Tan, Tomas G. 245
Tanaka, Kichinosuke 161, 163, 278(2)
Tanaka, N. 76
Tangerman, E. J. 417, 583(2)
Tangorra, Giorgio 520(2)
Tani, Yasumasa 281
v. Tannenberg, W. 590
Tanner, F. 349
Tapp, P. F. 370
Taranger, A. 600(2), 601
Di Taranto, R. A. 150, 151, 296
Tardif, H. P. 165
Targoff, W. P. 559, 561
Tarkow, Harold 359
Tarmann, B. 382
Taschinger, Otto 507, 510(2), 511, 512(3), 513(2)
Tasker, Marilyn 226
Tatarinow, N. G. 260
Tatnall, F. G. 437
Tatu, Henri 48
Tatur, André 379
Taubert, E. 344
Tauschek, M. J. 476
Tauscher, Herbert 49, 280
Taylor, C. E. 116, 135, 136, 503
Taylor, C. F. 475
Taylor, D. B. C. 304

T

Taylor, E. A. 205, 405
Taylor, G. H. 554
Taylor, H. 492
Taylor, H. M. 263
Taylor, J. 78, 539, 542
Taylor, James 340, 547
Taylor, J. Lockwood 302, 574
Taylor, J. R. 233
Taylor, R. J. 273, 280
Tazima, K. 400
Teague, J. M. jr. 134, 439
Teale, K. 418
Techel, J. 245
Teepe, W. 127, 440
Teeple, H. O. 220
Teichmann, Alfred 29, 316, 556
Teichmann, Frederick K. 55
Teiner, A. Roland 389
Tekinalp, Bekir 111
Templeton, Haydn 55, 556, 557, 566, 571
Templin, R. L. 281
Tenenbaum, M. R. 380
Terai, K. 357
Terai, Shiro 185
Terato, Shiro 378
Ternes, Helmut 322
Terpstra, M. 587
Terrington, J. S. 300, 301
Terry, C. A. 405
Terry, J. H. 269
Teske, Karl 351, 354, 357, 387, 401(2)
Tesmen, A. 386
Tetzlaff, W. 30
Tewari, S. G. 94, 107, 297
Thakur, V. M. 260, 261
Thamm, Stephan 472
Thatcher, C. R. 401
Thater, R. 238
Theile, Hans Ulrich 416
Theiner 376
Theocaris, P. S. 312
Theodorides, P. J. 554
Thiel, A. 458
Thiel, Hanns 85, 105
Thiel, R. 437
Thiel, Roman 75(4)
Thiele, W. 419
Thielemann, Wilhelm 96(2), 97(2), 122,
    144, 542, 547, 548
v. Thielmann, Carl Adolf 49, 231
Thielmann, Herbert 357
Thielsch, Helmut 399, 400
Thinius, K. 359(2), 368, 415
Thoelz, W. 53

Thömke, H. 52
Thomann, A. 510(2)
Thomann, G. E. A. 547, 564, 566
Thomas, A. K. 41
Thomas, Arthur N. jr. 490
Thomas, C. 467
Thomas, Christian 364, 370
Thomas, David E. 182
Thomas, G. 180, 286
Thomas, Hans-Joachim 488(2)
Thomas, John G. 407
Thomas, J. L. 509
Thomas, J. M. 256
Thomas, John M. 182
Thomas, J. P. 257
Thomas, Klaus 346
Thomas, Loyl R. 392
Thomas, P. M. A. 524
Thomas, R. D. jr. 399, 402
Thomas, R. J. 361
Thomas, W. R. 418
Thomassen, L. 193, 200
Thompson, N. 274, 276, 281
Thompson, P. F. F. 536
Thompson, R. J. 236
Thomson, A. G. 173, 188
Thomson, R. A. 440
Thomson, R. F. 476
Thomson, Robert G. 556(2), 569
Thomson, T. R. 184
Thomson, W. T. 542
Thornber, W. 457
Thorwarth, J. 386
Thümmler, Fritz 34
Thürlimann, Bruno 95, 112, 290, 293
Thum, August 162, 280
Thunell, Bertil 84, 226, 430, 462
Thurston, G. A. 98
Thury, W. 177
Thyssen, Fritz 357
Tiedemann, J. B. 158
Tiedemann, Werner 35
Tiemann, H. D. 36
Tieslink, J. 414
Tietze, A. 280
Tiffen, R. 105
Tilch, Kurt 511
Tili, T. 435
Tillmann, T. 347
Tilsley, R. 388
Timmerbeil, Fr. W. 389
Timmerbeil, Helmut 171, 172
Timms, R. J. 133
Timoshenko, Stephen 30, 32, 40

Tiner, N. A. 205
Ting, L. 137, 138(2)
Tinklepaugh, J. R. 193, 205, 220, 221
Tipler, H. R. 279
Tipper, C. F. 312
Tipton, H. 286
Tischler, A. O. 490
Tittelbach, F. 514(2)
Titterton, George F. 32
Toaz, M. W. 189
Tobak, Murray 554
Tobias, S. A. 150
Tochtermann, Walter 49, 446
Todd, Victor A. 535
Todorow, Marko 86, 89
Tödt, F. 40(2), 321
Toeldte, W. 264
Toellner, Henry M. 245
Tömöry, M. 330
Toft, L. H. 168
Tolefson, H. B. 79
Toler, H. R. jr. 192, 198
Tolins, I. S. 295
Tomashov, N. D. 321
Tombach, Harold 359, 364
Tomlinson, J. E. 405(2)
Tompkins, J. 255
Toner, S. D. 245
Tonks, W. G. 172
Tonski, Albert 493, 569
Toor, H. L. 382
Topelian, P. J. 422
Topp, L. J. 85, 91, 118
Topping, A. D. 574
Toralballa, Leopoldo V. 491
Tottenham, H. 102
Touchet, F. 29
Tournaire, M. 177(2), 178, 180, 343
Towne, Kathryn M. 258
Towner, R. J. 188
Trabant, E. A. 486
Traill-Nash, R. W. 559, 561, 564
Tramitz, Werner 57
Tramposch, Herbert 298, 340(2), 440
Trankla, J. E. 422
Traupel, Walter 487
Travaille, Jacques 432
Trayer, G. W. 144(2)
Trbojevic, M. 349
Tremmel, Erwin 332
Treppschuh, Helmut 393
Treptow, K. H. 384
Treue, Wilhelm 37
Trevaskis, H. W. 577(2)

Trier, Hermann 349, 350
Trietsch, F. K. 364, 410, 519
Triner, N. H. 289
Tringham, T. C. E. 55
Trippe, P. 399
Trittler, G. 375
Trivedi, S. S. 263
Trivisonno, Nicholas M. 256
Troche, A. 462
Troesch, Max 525
Troiano, A. R. 162, 165, 193, 201, 210
Trommer, W. 170
Trommler, H. 435
Troost, Alex 157, 286, 304, 501
Trostel, Rudolf 297, 335(2), 340(2)
Troughton, Alan J. 369(2), 415(2)
Troutner, V. H. 326
Troxell, George Earl 46
Trozera, T. A. 180
Trubert, M. 569
Trübswetter, Thomas 231, 232
Trümner, K. 446
Truesdale, R. S. 221
Truesdell, C. 140
Trumper, R. 426
Trysna, Franz 57
Tsao, C. H. 46, 122, 331
Tschirch, Erich 252
Tschirf, L. 432(2)
Tschumi, F. 508
Tsien, V. C. 287
Tsuboi, Yoshikatsu 132, 140
Tsumura, Yoshishige 185
Tsutsumi, Juichi 231
Tu, Yih-O 148, 149
Tuchschmid, H. E. 356
Tucker, L. M. 103
Tulloch, Helen A. 567
Tuma, J. J. 89
Tuovila, W. J. 567
Turnbull, J. S. 379
Turner, D. 270
Turner, F. 80(2), 308, 539
Turner, Fred H. 183, 187, 191
Turner, Harry M. 576
Turner, M. J. 85, 91, 118
Turner, P. S. 239
Turner, P. W. 346
Turner, R. C. 493
Turner, S. 237, 429
Turunen, L. 245, 247, 252, 253
Tweedie, A. S. 263(2)
Twiss, R. B. 103
Twiss, Sumner B. 370, 442(4)

Twitchell, Frank A. 174
Tye, W. 80
Tyler, R. G. 89
Tymms, Frederick 79
Tyrrell, J. F. 383
Tyson, S. E. 168

Uchida, A. 400, 403
Udea, Shigemoto 265
Udy, M. J. 35
Uebing, Dietrich 160(2)
Ueda, S. 319
Uehara, Torazo 381, 382
Uemura, Masuji 136, 316(2)
Uhlemann, W. 480
Uhlig, H. 328, 602
Uhlig, Herbert H. 322(2)
Ukita, Isamu 354
Ulbricht, H. J. 231
Ulmer, K. 367, 415
Umminger, Otto 238(2)
Umstätter, Hans 233
Underwood, Ervin E. 165, 183, 185(2), 427
Unger, Hans 41
Uno, T. 166
Unterberg, Walter 490
Updegraff, Richard G. 97, 131, 469
Urban, J. 30
Urbanczyk, G. W. 261
Urbanowski, W. 132(2)
Urlaub, J. 434
Urry, S. A. 32
Uryu, T. 313, 317, 319
v. Uslar 421
Utley, E. C. jr. 281
Uzac, R. 37
Uzhik, G. V. 318

Vaccaro, Robert J. 128, 484, 493, 558
Vachet, Pierre 218
Vagi, J. J. 400
Vaidyanath, L. R. 352, 399
Valenta, J. 504
Valentine, K. B. 476
Valette, R. 57
Vallat, Paul 542, 574(2)
Valluri, S. R. 275, 283(2), 284(2)
Valore, R. C. jr. 151
Valorinta, V. 162
Valovage, W. D. 158
Vanderbilt, Byron M. 246, 247
Vanderploeg, E. J. 383
Vanecho, John A. 242

Vanek, M. 465
Vargo, Edward J. 380
Vargo, Louis C. 85
Varley, P. C. 181
Vartak, G. V. 114
Vasarhelyi, Desi D. 141, 314
Vassel, K. R. 392
Vatter, A. 38
Vaughan, W. A. 411
Vaupel, Otto 48, 431(2)
Vautier, M. 606
Vawter, F. J. 167, 183, 205
Vedeler, G. 153
Veit, H. J. 48
Veletsos, A. S. 147(2), 152
Venkatraman, B. 87, 112, 300, 301, 337
de Vere Stacpoole, R. W. 265, 327
Verelst, Johann 172
Verhoeven, H. 353, 355, 394, 395
Verma, G. R. 123
Vertregt, M. 602
Vessey, H. F. 548
Vetter, H. 29
Vibrans, G. 280
Victor, M. 521, 522, 523, 526, 528, 535, 591, 593
Vidal, G. 271(2)
Vidal, P. 506, 529
Videm, K. 326
Vidensek, R. J. 311
Vidmar, Milan 52, 495
Vierling, Albert 586
Vieweg, W. 457
Vieyra, M. 475
Viggiano, A. 159
Viglione, Joseph 198, 215, 351, 375
Vigor, C. W. 218
Villasor, A. P. jr. 117
Vince, S. C. 522
Vincent, P. I. 237
Vinson, J. R. 340
Visscher, J. H. 533
Vitovec, F. H. 221, 280, 337
de Vitry, Raoul 205
Vlasov, V. Z. 117
van Vliet, A. C. 227
van Voast, J. 380
Vocke, Wolfgang 300
Vodicka, Vaclav 107, 120, 332, 335
Völckers, J. 340
Völker, H. 534
Vogel, Karl 389
Vogel, Th. 598
Vogelpohl, Georg 41, 346, 347(2)

Vogels, H. A. 166, 168
Vogler, K. H. 480
Voldrich, C. B. 192(3), 193, 196
Volkersen, Olaf 109
Volterra, E. 150, 233, 249
van de Vooren, A. I. 365, 562, 563, 564, 569
van de Vooren, J. 102
Voorhees, Howard R. 169(2), 184, 315
Vordermayer, K. 169
Vorovich, I. I. 116, 117
Voss, Klaus 228, 229, 255
Voßkühler, H. 321, 328(2), 329, 590
Vossnack, E. J. 53, 533
Vosteen, Louis F. 160, 332, 336, 569
Votta, Frank A. jr. 345
Vreedenburgh, C. G. J. 351
de Vries, Gerhard 152, 361, 549, 558, 562, 569, 573
de Vries, J. P. 132, 298
Vuckovic, S. 325

Waas, Heinrich 534
Wachter, J. 438
Wade, B. F. 385
Wade, D. H. 355
Wade, E. A. 580
Wadsworth, N. J. 276, 539
Wächter, Arthur 510
Waeser, B. 321, 443(2)
Wästberg, Göte 416
Wagenknecht, E. 35
Wagle, V. 333, 551
Wagner, Erich 47, 263
Wagner, F. C. 192
Wagner, Hans 291, 502
Wagner, J. C. 186
Wagner, Richard H. 415
Wagner, W. 56
Wah, Thein 84, 107
Wahl, A. M. 110, 139, 484, 487
Wahl, Norman E. 238, 239, 243, 247, 417
Waid, J. S. 435
Waine, A. H. 386
Waisman, J. L. 38, 40, 55, 309
Waite, D. E. 217
Waite, G. A. C. 404
Waite, M. J. 402
Waitt, L. W. 487
Waitzmann, Karel 432
van der Wal, A. A. 466(2)
Wald, G. G. 542
Walden, Ruth F. 225, 538
Waldo, C. T. 205

Waldron-Trowman, F. D. 422
Walker, D. V. 318
Walker, J. 251
Walker, Percy B. 331, 335, 377, 540(3), 548, 572, 573(2), 575
Walker, R. W. 580
Walker, Walter G. 77, 78(2), 79(2)
Wall, P. H. 329
Wall, Robert A. 285
Wallace, C. F. 392
Wallace, J. 280
Wallace, R. H. 192
Wallén, Aini 226
Wallenbrock, R. E. 376
Waller, Geoffrey 51
Waller, Jason J. 412, 540
Walles, K. F. A. 166, 220, 276
Wallgren, Gunnar 271, 275, 281, 317
Wallhäußer, H. 239
Wallisch, W. 153
Walls, J. H. 575
Wallskog, Harvey A. 563
Walser, H. 405
Walsh, H. C. 252
Walter, H. 440
Walter, J. 450
Walter, Reinhard 238, 253, 457, 458, 466
v. Walthausen, L. 590, 591
Walton, C. F. 173, 444
Walton, C. J. 326
Walton, J. D. 224
Walz, Fr. 261
Walz, Karlheinz 345
Wandeberg, Erich 37, 49
Wandelt, M. 357
Wandrei, Richard 509
Waner, P. G. jr. 567, 571(2)
Wang, Alexander J. 138, 311(2), 331
Wang, Chi-Teh 92, 128, 484, 493, 558
Wansink, A. C. 602
Wansleben, Fritz 291, 300
Wapler, D. 443
Warburton, F. L. 286
Ward, D. 232
Ward, E. D. 280
Ward, J. O. 278
Ward, N. F. 351
Ward, R. G. 283(2)
Ward, S. G. 495
Wargon, A. 299
Warren, C. H. E. 82
Warren, Forrest 602
Warring, R. H. 407
Warsewa, Hans R. 346

W

Washizu, Kyuichiro 133, 150, 332
Wason, R. A. 392
Wassermann, G. 181, 188
Wassilieff, B. 389
Wassipaul, F. 144
Waßmann, Karl 223, 268
Watanabe, K. 400
Watanabe, Masanori 161, 165, 167, 353, 357
Watanabe, Toichi 342
Watari, Hikoshiro 277
Waterhouse, R. B. 320
Waters, Everett O. 49
Waters, H. 153
Waters, H. C. 382
Waters, W. J. 489
Watkins, H. C. 407
Watkinson, J. F. 279
Watson, C. E. 476
Watson, D. 452
Watson, H. 90
Watson, M. T. 233
Watson, S. J. 399
Watter, Michael 605
Watts, A. B. 180, 343, 529
Watts, A. F. 578
Watts, S. B. 215
Wayman, C. M. 354(2)
Weatherwax, R. C. 359
Webber, A. C. 234
Webber, C. H. 455
Webbere, F. J. 480, 481
Weber, Constantin 40
Weber, E. 501
Weber, E. P. 205(2), 215
Weber, Friedjof 256
Weber, F. J. 520(2)
Weber, G. 523
Weber, Joseph 483, 488(2), 494
Weber, K. 472
Weber, M. K. 241
Weber, R. 188
Weber, W. 347
Weber, W. 398
Webster, R. T. 192
Weck, R. 306
Wedemeyer, E. A. 53
v. Wedemeyer, Hans Werner 232
Wedler, Bernhard 27, 57, 84(2)
Wegener, Walther 259(2), 263(5), 286(3)
Wegner, Udo 108, 292
Wegman, R. F. 368
Wehe, R. L. 348
Wehmer, F. J. 414

Wehr, Georg 345
Wehrli, C. 477
Wehrmann, R. 194
Weibel, E. S. 116, 132
Weibull, J. 422
Weibull, Waloddi 39, 40, 158, 274(3), 283, 306, 308(2), 318(2), 374, 376
Weidenhammer, F. 149, 153, 476, 518
Weidlinger, Paul 56
Weidman, D. J. 568(2), 571
Weidmann, W. 236, 472
Weigand, A. 32, 157
Weigand, H. H. 224, 401
Weihermüller, H. 356
Weik, H. 174
Weikel, Raymond C. 98
Weil, Gustav 590
Weil, N. A. 110, 139, 504
Weill, A. R. 330
Weinberg, J. G. 215, 284
Weinberger, H. F. 154
Weinel, E. 115
Weiner, Jerome H. 271, 331, 335
Weiner, R. 264, 419
Weinert, Otto 438, 510, 515
Weingarten, Victor I. 94, 95, 96
Weinhold, J. 302, 303
Weinitschke, H. J. 136
Weinmeister, Josef 28
Weir, C. D. 127
Weis, Anton 401
Weisbart, H. 247, 521
Weisbord, L. 605
Weise, H.-D. 433, 434
Weisert, P. 236, 458, 462
Weisgerber, J. 586
Weiß, E. 591
Weiß, H. 389
Weiss, Marshall D. 247
Weiss, V. 159
Weißenberger, G. 497
Weißler, E. P. 322
Weisz, M. 271, 276
Welch, C. W. 234
Wellard, R. 476
Wellinger, Karl 33, 159, 160(2), 181, 351(2), 356(2), 357(2), 366
Wellnitz, Willi 587
Wells, A. A. 353
Wells, E. W. 80
Welsh, R. I. 51
Welte, A. 472, 475
Welter, G. 501, 502
Welti, O. 513

Weltman, W. C. 526
Welz, Alfons 508
Wende, A. 245, 462, 535
Wendell, G. E. 192
Wenk, E. jr. 116, 124, 125, 130, 131
Wentworth, V. H. 591
Wentz, W. W. 200
Wenzel, Willi 53
Wepner, W. 161, 165
Werhahn, O. 594
Werner, A. 400
Werner, A. C. 265
Werner, E. 38
Werner, H. 505
Werner, K. H. 168
Werner, Otto 160
Werner, Richard 171
Wernick, S. 46, 419
Wernz, Donald E. 407, 408
Werren, Fred 240(4), 241(3), 243, 245,
    370
Werthmüller, L. 264
van Wesel, H. 528
West, E. G. 404, 529
Westbrook, J. H. 487
Westfall, John R. 82
Westhäußer, R. 476, 586
Westhaus, K. H. 595
Westhoff, W. 458
Weston, D. 429
Westphal, H. 215
Westrop, K. L. 260
Westrup, Robert W. 89, 605
Westwood, A. R. C. 177(2)
Wetherall, W. F. 256
Wetternik, L. 167
Wetzel, Frank H. 429
Wever, Franz 161, 224, 277, 279(4)
Weyl, A. R. 535
Whaley, Richard E. 308, 310, 552, 554
Whalley, E. 502
Wheatley, C. 173
Wheeler, J. E. 552
Wherry, John E. 83
Whitaker, M. 380
White, A. 328
White, D. 82
White, E. E. 498
White, E. P. 321
White, J. P. 144
White, J. S. 247
White, M. W. 293
White, R. P. jr. 559, 561
White, R. W. 224

Whiteson, B. V. 308
Whiting, J. F. 175, 176, 326
Whitman, J. G. 356
Whitmore, R. W. 168
Whittaker, R. A. 167
Whittaker, V. N. 180, 282, 283
Whittick, J. S. 204
Whyte, R. R. 484
Wichmann, Wolfgang 394
Wick, C. H. 215
Wick, Georg 235(2), 236, 238(2), 249, 379
Wicka, Bernhard 90, 292
Wickens, Alan H. 559
Wickersham, P. D. 304
Wickham, R. 196(2), 205
Widmayer, Edward jr. 82, 83(2), 564
Widmer, R. 160
Wiebke, Herbert 525
Wiecking, K. 53
Wiederholt, W. 46, 266, 326, 443(2)
Wiegand, Heinrich 161, 165, 170, 172,
    173, 219, 223, 224, 280, 309, 350, 392,
    419(2), 425(2), 431, 540, 547
Wiene, P. E. 356
Wiens, G. 514
Wiepking, C. A. 225
Wierzbicki, A. 35
Wiesner, E. 515
Wiester, H.-J. 326, 354
Wiethoff, Gert 437
Wigglesworth, L. A. 315
Wight, K. C. 564
Wigle, B. M. 579
van Wijk, D. J. 456
Wilbur, D. E. 264
Wilcock, Donald F. 42
Wilde, F. 409(2)
Wilde, P. 103
Wile, G. J. 205, 484
Wilensky, Lester E. 445
Wilfert, K. 523
Wilhelm, K. A. 582
Wilkes, E. W. 122
Wilkins, E. W. C. 308
Wilkins, W. 381
Wilkinson, R. G. 189
Wille, Fritz 143
Wille, G. 118
Willer, Kurt 374, 376
Willging, J. F. 323
Williams, A. E. 365, 412
Williams, A. N. 472
Williams, A. W. 385
Williams, Clifford D. 48

W

Williams, C. G. 343
Williams, D. 552, 559, 573(2), 574, 575, 576
Williams, D. E. 561, 571, 572
Williams, D. N. 207, 214, 215(2)
Williams, E. J. 429
Williams, F. D. M. 487
Williams, G. L. 475
Williams, Harry A. 294
Williams, J. 566
Williams, J. K. 80, 540
Williams, M. L. 105, 107, 314, 315, 491
Williams, R. E. 194
Williams, T. 168
Williams, T. R. G. 176, 178(2), 310
Williams, W. jr. 232
Williams, W. C. 542
Williams, W. E. 439
Williams, W. L. 191, 194, 328
Williams, W. M. 493
Williamson, F. L. 361
Willibald, Helmut 377
v. Willich, G. P. R. 132
van der Willigen, P. C. 354, 401
Willis, E. J. 379, 380
Willis, J. G. 470
Willis, W. M. 489
Wilms, G. R. 183
Wilson, B. J. 249
Wilson, C. 175, 385, 386, 444, 445, 452
Wilson, D. V. 391
Wilson, I. J. 198, 215(3)
Wilson, I. W. 495
Wilson, J. C. 491
Wilson, J. K. 422
Wilson, P. R. 215
Wilson, R. E. 324
Wilson, W. Ker 32, 487
Wilts, C. H. 569, 571
Wincierz, P. 167, 223, 347, 519, 526
Windels, R. 141
Windsor, E. P. L. 561
Wingerath, J. 401
Wink, W. 159
Winkhaus, Gerd Paul 589
Winkler, A. L. 215(2)
Winkler, F. 259, 430
Winkworth, W. J. 305, 376
Winslow, A. M. 109
Winter, D. E. 415(2)
Winter, G. 291, 375
Winter, H. 357
Winter, Hans 42, 348, 349(3)

Winter, Hermann 91, 119, 122, 131(2), 132(3), 143, 144(2), 225, 227, 231(2), 245, 251, 259, 292(2), 294, 302(3), 315, 359, 360, 365(2), 366(2), 368, 370(2), 414, 428(2), 437(2), 466, 555
Winter, R. G. 266
Wintergerst, Louis 593
Wintergerst, S. 342
Winterstein, H. L. 422
Wippenhohn, H. 36, 458
Wirbitzky, G. 527
Wischniakoff, A. W. 578
Wiseman, C. D. 183, 184
Wiskocil, Clement T. 46
Wisner, J. P. 408
Wisotzki, Hans-Joachim 162
Wisser, J. 507
Wistreich, J. G. 392
Witbeck, Norman C. 485(2)
Withum, Dieter 138(2)
Witmer, E. A. 540
Witt, Erwin 386
Witt, H. P. 437
Witt, P. J. 597
Witte, A. 348
Witte, Horst 103, 303
Witte, K. 299
Witthoff, J. 393
Wittig, P. 525
Witting, E. 387, 397
Wittke, W. 522(3), 523
Wittman, R. E. 362
Wittmeyer, H. 151(2), 153, 155(2), 300(2), 566
Wittmoser, Adalbert 170, 171, 172(2), 382
Wittrick, W. H. 95(2), 119
Witzky, Julius E. 478
Wlassow, W. S. 30
Woebcken, W. 384, 430
Wöller, Günter 86
Woerner, L. A. 264
Woinowsky-Krieger, S. 30, 90, 101, 106, 110, 111, 113
Wolf, Anton F. 263, 264,
Wolf, E. 49
Wolf, H. 312, 356
Wolf, Helmut 440
Wolf, K. 462
Wolf, W. 381, 589
Wolf, Walter 597
Wolfe, M. O. W. 558
Wolff, F. 466(2)
Wolff, J. 586(2)

Wolff, L. 403, 405(2)
Wolford, Don S. 292, 298
Wolko, H. S. 334
Wollenteit, Ulrich 305
Wolock, Irvin 235, 239, 245
Wong, R. E. 503
Wood, D. R. 223
Wood, Geoffrey 535
Wood, Harold F. 445
Wood, J. D. 127
Wood, John D. 324, 403
Wood, K. D. 603
Wood, L. A. 251(2)
Wood, Lyman W. 143, 225, 226(2), 590, 593
Wood, Noel H. 264
Wood, Randal Herbert 598
Wood, Rawson L. 43
Wood, R. P. 247
Wood, W. A. 274(2), 276
Wood, William W. 388
Woodcock, D. L. 566, 568, 572
Wooden, E. A. 215
Woodham, R. M. 83
Woodhouse, J. W. 370
Woodman, J. F. 520
Woodman, M. J. 435
Woodward, F. A. 564, 566
Woodword, D. 522
Woolf, J. R. 469
Woolf, S. 456
Woolley, R. L. 606
Woolpert, Bruce G. 294
Woolston, Donald S. 556, 562, 566(2), 570, 571
Worley, Will J. 104, 240, 297, 298(3)
Worlton, D. C. 435
Wormald, D. 236
Worp, J. 466
Worth, Willard J. 590
Wray, Robert I. 423
Wright, D. F. 82, 343
Wright, D. T. 88
Wright, George T. 579
Wright, J. H. 243
Wright, J. P. 205, 414
Wright, K. H. R. 330
Wright, T. P. 77
Wright, W. W. 240, 242(2)
Wroten, W. L. 491
Wruck, D. A. 205
Wrycza, Walter 598(2)
Wu, Ching-Sheng 108
Würfel, Joachim 389

Wulff, F. 436
Wullhorst, B. 421
Wulpi, D. J. 349
Wuppermann, A. Th. 478
Wurzel, Georg 405
Wyganowski, Z. 35
Wyon, G. 176
Wyslouch, W. 515(2)
Wyss, Oswald 231
Wyss, Theophil 41

Yada, T. 351
Yamada, M. 175
Yamadá, M. 88
Yamada, Toshiro 273(2), 276
Yamagishi, Yoshiyasu 230
Yamaguchi, Hideo 343
Yamaguchi, K. 356
Yamaguchi, Shigeto 321, 437
Yamaguchi, T. 215
Yamaguchi, Tsuneaki 165
Yamaki, Noboru 94, 95(2), 103, 114
Yamamoto, A. S. 219
Yamamoto, Jungyo 343
Yamamoto, Toshio 477
Yamamoto, Y. 93
Yamazaki, M. 322
Yang, C. T. 198
Yanowitch, Michael 94, 111
Yardley, J. F. 547
Yates, Clyde I. 412
Yavorsky, J. M. 370, 440
Yeh, G. C. K. 108
Yeh, K.-Y. 108(2)
Yeh, T. H. 214
Yehia Kabil, M. S. E. 160
Yen, C. S. 308, 309
Yeomans, H. 306, 317
Yerkovich, L. A. 160, 167, 183, 191, 205, 219
Yitzhaki, D. 57
Ylinen, Arvo 226(2), 227, 289
Yntema, R. T. 147
Yokobori, Takeo 271, 274, 275
Yokoi, Motoaki 480
Yolton, L. A. 469
Yonezawa, H. 596
Yoshida, K. 530
Yoshida, Kiyota 391(2)
Yoshida, S. 205(2)
Yoshiki, Masao 324
Yoshimoto, K. 353
Yoshimura, T. 87
Yoshimura, Yoshimaru 122, 123, 124

Y/Z

Yossifovitch, Mirko 376
Young, A. G. 531
Young, A. P. 182
Young, Dana 287
Young, D. H. 32
Young, E. H. 395
Young, Harold 583
Young, J. G. 402, 403, 532
Young, K. B. 223
Young, Louis 536
Young, L. E. 151
Young, R. B. 264
Youngquist, W. G. 137, 428, 429, 438
Youngs, Robert L. 226, 240(2), 241(3), 243(2)
Yu, Yi-Yuan 106, 107, 112, 119, 120, 121, 147, 149, 154, 155
Yuan, S. W. 137(2), 138(2)
Yüksel, H. 127, 340
Yukawa, S. 320
Yuri, Hirozo 391
Yusuff, Syed 101(2)

Zabek, V. J. 431
Zachmanoglou, E. C. 150
Zade, Hans Peter 45(2), 406
Zaehringer, Alfred J. 491, 602, 603, 605
Zagar, L. 270
Zahn, E. 506, 524, 525, 527
Zahn, H. 259, 534
Zahoransky, H. 316
Zaid, Melvin 103, 109, 113, 338
Zambelli, E. D. 604
Zand, St. J. 578
Zander, K. 150
Zangl, Wolfgang 491
Zapf, Gerhard 472
Zartarian, Garabed 559, 564
Zatloukal, M. 443
Zaustin, M. 573
Zaytzeff, S. 29
Zbinden, H. 431
Zbrozek, J. K. 82, 83
Zebrowski, W. 36
v. Zeerleder, Alfred 188(3), 380
de Zeeuw, C. 428
Zehetner, J. 528
Zeiger, H. 326
Zeilberger, Ernest J. 245, 491
Zeitlin, Alexander 391
Zeitlin, E. A. 332
Zelbstein, U. 48
Zelen, M. 347
Zelenka, R. 104

Zelinger, J. 256
Zellerer, Ernst 85, 105, 469
Zeman, J. 350
Zender, George W. 95, 337, 540, 550, 552
Zentzytzki, St. M. 528
Zerna, W. 30, 140
Zeuner, Hans 163, 170(2), 171, 444, 542
Zeyen, K. L. 163, 354, 357, 394, 398, 401(3)
Zickel, H. 392
Zickel, J. 295
Ziebland, H. 236
Ziegler, H. 91
Ziegler, Mandell S. 245
Ziemba, S. 150, 157(3)
Zilahi, N. 259(2)
Ziller, Felix 596
Zimmer, A. 291
Zimmerman, W. F. 487
Zimmermann, E. 32, 48
Zimmermann, K. 420
Zimmermann, Kurt 382, 383
Zimmermann, P. 191
Zimmermann, R. 328
Zimmermann, R. Z. jr. 88
Zimmermann, W. 341
Zinner, Karl 476, 477, 478
Zinzen, A. 426
Zitter, H. 325(2)
Zitzelsberger, Werner 398, 402
Zlatin, N. 215
Zoeppritz, H. P. 523
Zoller, K. 145
Zollinger, R. M. 228
Zotovič, Slobodan 125
Zottmann, Wolfgang 508, 509
Zucker, Charles 183
Zuckerman, Bert M. 268
Zucrow, M. J. 51, 59, 490
Zuech, R. 180
Zünkler, Bernhard 442
Zürn, R. 476
Zuhn, Walter 524
Zuk, William 337
Zumbühl, Hans 51
Zurbrügg, E. 325, 394, 404, 591
Zurmühl,, Rudolf 146, 479
v. Zwehl, Wilhelm 35, 342, 452, 496, 497
Zweifel, O. 508
Zweig, S. 379
Zwick, S. A. 337
Zwicker, Ulrich 174, 215, 218, 219
Zyczkowski, M. 121
Zysset, H. 514